首届全国教材建设奖全国优秀教材一等奖配套教材
21世纪化学规划教材·基础课系列

基础有机化学（第4版）

习题解析

裴伟伟 裴坚 编著

图书在版编目(CIP)数据

基础有机化学(第 4 版)习题解析/裴伟伟，裴坚编著. —北京：北京大学出版社，2018. 1
（21 世纪化学规划教材 · 基础课系列）
ISBN 978-7-301-29133-7

Ⅰ. ①基… Ⅱ. ①裴… ②裴… Ⅲ. ①有机化学—高等学校—题解 Ⅳ. ①O62-44

中国版本图书馆 CIP 数据核字（2017）第 327515 号

书　　名　基础有机化学(第 4 版)习题解析
　　　　　JICHU YOUJI HUAXUE（DI-SI BAN）XITI JIEXI
著作责任者　裴伟伟　裴　坚　编著
责 任 编 辑　郑月娥
标 准 书 号　ISBN 978-7-301-29133-7
出 版 发 行　北京大学出版社
地　　址　北京市海淀区成府路 205 号　100871
网　　址　http://www.pup.cn　新浪微博: @ 北京大学出版社
编辑部信箱　lk2@pup.pku.edu.cn
总编室信箱　zpup@pup.pku.edu.cn
电　　话　邮购部 62752015　发行部 62750672　编辑部 62767347
印 刷 者　河北博文科技印务有限公司
经 销 者　新华书店
　　　　　889 毫米 × 1194 毫米　16 开本　30.5 印张　800 千字
　　　　　2018 年 1 月第 1 版　2025 年 4 月第 17 次印刷
定　　价　85.00 元

前　　言

本书是与邢其毅、裴伟伟、徐瑞秋、裴坚等编著的《基础有机化学》(第4版)配套的习题集，既可以与教材配套使用，也可以单独使用。

编写本配套习题集旨在协助读者在学习过程中深入了解有机化学反应的基本规律，巩固所学习的知识点和内容，检验自己的学习效果。实际上，做习题是训练学生各种能力的有效途径之一，不仅能促进思考，还能指出不足甚至找到专业知识的空白。解题重在思考、推理和分析，它的基本价值在于解决问题过程的智力训练，因此，使用习题集的最好方法是先自己解题，再去核对答案，或者对已作了努力而仍未解决的问题去寻求解释。

本习题集共27章，各章由内容提要和习题解析两部分组成。“内容提要”的编排与第4版教材的章节一致，用极简的语言突出概述教材中的基本概念和知识点，以帮助学习者复习概念、梳理思路、掌握知识的重点和要点。“习题解析”包括习题和答案，所有的习题与教材的习题基本一致，分两类，一类是基本题，旨在帮助学生理解所学的基本知识，大多放在教材章节各内容层次中；另一类是综合训练题，大多集中在教材章末。随着有机化学学科的快速发展，有机化学的教学目的已不仅仅是简单的知识传输和接受，还应让学习者了解有机化学的发展脉络、当前的研究重点和后续的发展方向，因此，本书中也包含了若干与科研相关的习题，使学习者能更为准确地去理解科学发展的规律，使从事科学研究的工作者能更为清楚每一个时代的科学家们思考问题和解决问题的方式。

本书第1～13章由裴伟伟编写，第14～27章由裴坚编写。本书在录入过程中得到了许多北大化学院本科生的帮助，第14～27章的习题答案由柳晗宇、陆作雨等同学帮助完成，在此特表感谢。此外，本书的责任编辑郑月娥副编审为此书的出版做了许多细致的工作，感谢她为本书出版付出的艰辛劳动。

本书难免会有疏漏和不当之处，敬请读者批评指正。

编者

2017年12月于北京大学化学学院

目　　录

1

第 1 章

绪　　论

基础有机化学课程是高等学校化学及相关专业的重要基础课之一。它主要介绍有机化学的基本概念和基本原理，有机化合物的基本反应、基本合成方法及其结构测定。通过学习，使读者能运用所学知识解决一些有机化学的问题，并逐步掌握有机化学研究中分析问题和解决问题的思路和方法，为今后更深入的专业学习打下良好的基础。本章概述有机化学的定义、有机化合物的特点和结构要点、化学键的概念和类别、酸碱理论。

内容提要

1.1 有机化学和有机化合物的特性

有机化学是研究碳化合物的化学。它的产生和发展与人类的生活、生产有密切的关系。有机化合物具有分子组成复杂、容易燃烧、熔点低、难溶于水、反应速率比较慢和副反应较多等特点。

1.2 结构概念和结构理论

有机化学的结构概念和结构理论是在不断探索与思考中逐渐建立起来的。它的主要内容有：(1) 碳原子是四价的；(2) 碳原子不但能与其他原子结合成键，还能自相结合成键；(3) 分子不是原子的简单堆积，而是通过复杂的化学结合力按一定的顺序结合起来的，这种原子之间的相互关系及结合方式即为化合物的分子结构；(4) 碳原子具有四面体模型，有机分子具有一定的立体形象。

1.3 化学键

将分子中的原子结合在一起的作用力称为化学键。有三种典型的化学键：离子键、共价键和金属键。(1) 依靠正、负离子间的静电引力形成的化学键是离子键；(2) 两个或多个原子通过共用电子对而形成的化学键是共价键，共价键有方向性和饱和性，共价键有键长、键能和键角；(3) 金属原子的价电子脱离原子核的束缚，变为自由电子，自由电子与金属正离子互相吸引，使原子紧密堆积起来形成金属晶体，这种使金属原子结合成金属晶体的化学键称为金属键，金属键无方向性和饱和性。

1.4 酸碱的概念

有下列酸碱理论：(1) 酸碱**电离理论**。其要点是：凡在水溶液中能电离并释放出 H^+ 的物质叫酸；能电离并释放出 OH^- 的物质叫碱。(2) 酸碱的**溶剂理论**。其要点是：能生成和溶剂相同的正离子者为酸，能生成和溶剂相同的负离子者为碱。(3) 酸碱的**质子理论**。其要点是：酸是质子的给予体，碱是质子的接受体。(4) 酸碱的**电子理论**。其要点是：酸是电子的接受体，碱是电子的给予体。(5) **软硬酸碱理论**。其要点是：体积小、正电荷数高、可极化性低的中心原子称为硬酸，反之为软酸；将电负性高、可极化性低、难被氧化的配位原子称为硬碱，反之为软碱。并提出"硬亲硬，软亲软"的经验规则。

习题解析

习题 1-1 写出符合下列分子式的链形化合物的同分异构体。

(i) C_4H_{10} (ii) C_5H_{10}

答 (i) C_4H_{10} 符合链烷烃的通式 C_nH_{2n+2}，所以分子式为 C_4H_{10} 的所有链形烷烃均符合题意要求。共有 2 个同分异构体，结构简式如下：

$CH_3CH_2CH_2CH_3$　　$CH_3CH(CH_3)CH_3$

(ii) C_5H_{10} 符合链形单烯烃的通式 C_nH_{2n}，所以分子式为 C_5H_{10} 的所有链形单烯烃均符合题意要求，共有 6 个同分异构体，结构简式如下：

$CH_3CH_2CH_2CH{=}CH_2$　　(H₃C)(H)C=C(H)(CH₂CH₃)　　(H₃C)(H)C=C(CH₂CH₃)(H)

$CH_2{=}CHCH(CH_3)_2$　　$H_3CHC{=}C(CH_3)_2$　　$CH_3CH_2C(CH_3){=}CH_2$

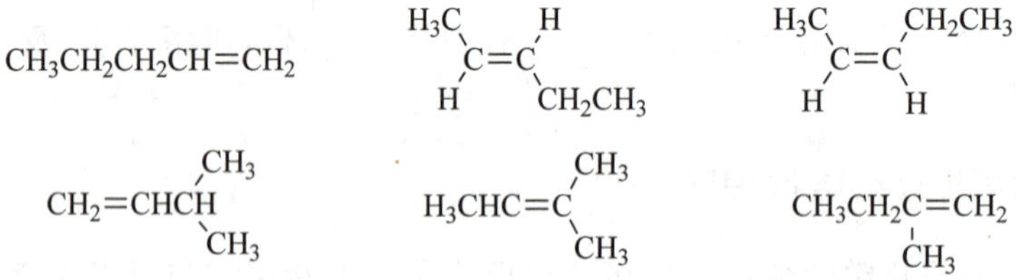

习题 1-2 用伞形式表达下列化合物的两个立体异构体。

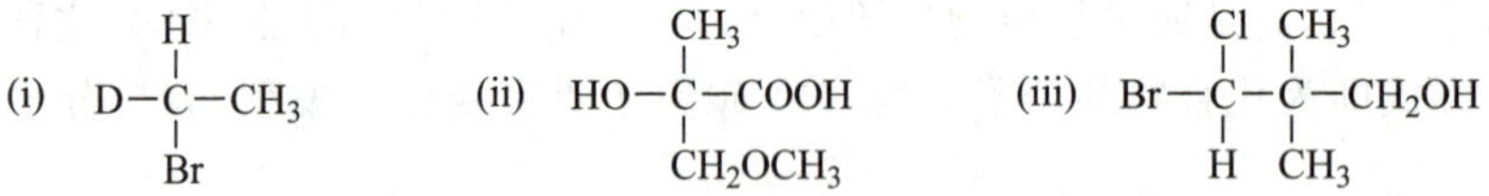

(i) D—C(H)(Br)—CH_3　　(ii) HO—C(CH_3)(CH_2OCH_3)—COOH　　(iii) Br—C(Cl)(H)—C(CH_3)(CH_3)—CH_2OH

答 题中每一个化合物均含有一个手性碳原子，因此每个化合物均可写出一对对映体，即有两个立体异构体：

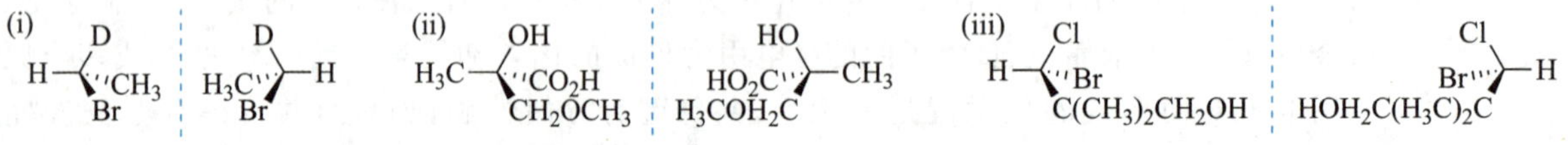

(i) H—C(D)(Br)—CH_3 ┊ H_3C—C(D)(Br)—H　(ii) H_3C—C(OH)(CO_2H)(CH_2OCH_3) ┊ HO_2C—C(HO)(H_3COH_2C)—CH_3　(iii) H—C(Cl)(Br)—$C(CH_3)_2CH_2OH$ ┊ $HOH_2C(H_3C)_2C$—C(Cl)(Br)—H

习题 1-3 写出下列分子或离子的一个可能的 Lewis 结构式，若有孤对电子，请用黑点标明。

(i) H_2SO_4 (ii) CH_3CH_3 (iii) $^+CH_3$ (iv) $CH_2{=}\bar{C}H$ (v) NH_3 (vi) $HC(=O)NH_2$ (vii) H_2NCH_2COOH

答

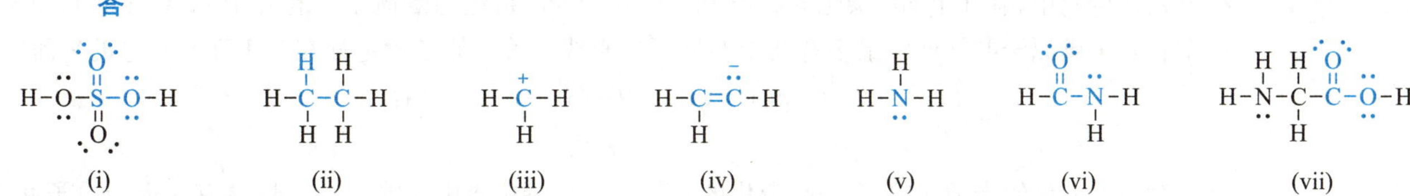

习题 1-4 根据八隅规则，在下列结构式上用黑点标明所有的孤对电子。

(i) $HO\overset{\overset{O}{\|}}{C}OCH_3$ (ii) (iii) $\left[C_6H_5-\overset{+}{N}\equiv N\right]Cl^-$

答 (i) $H-\ddot{\underset{..}{O}}-\overset{\overset{\ddot{O}}{\|}}{C}-\ddot{\underset{..}{O}}-\overset{\overset{H}{|}}{\underset{\underset{H}{|}}{C}}-H$ (ii) (iii) $\left[C_6H_5-N\equiv N:\right]^+ \ :\ddot{\underset{..}{Cl}}:^-$

习题 1-5 下列化合物中，哪些是离子化合物？哪些是极性化合物？哪些是非极性化合物？

KBr，I_2，CH_3CH_3，CH_3Br，CH_3OH

答 KBr 是离子化合物，CH_3Br、CH_3OH 是极性化合物，I_2、CH_3CH_3 是非极性化合物。

习题 1-6 结合教材表 1-3 中的数据回答下列问题：

(i) 下列化合物中，编号所指三根 C—H 键的键长是否相等？为什么？

$$\underset{H①}{\overset{H}{}}C=CH-\underset{\underset{H}{|②}}{CH}-C\equiv C-H_{③}$$

(ii) 下列化合物中，编号所指碳碳键的键长是否相等？为什么？

$$CH_2\overset{①}{=}CH\overset{②}{-}\underset{③|\ CH_3}{CH}-CH_2\overset{④}{-}C\overset{⑤}{\equiv}C-CH_3$$

(iii) 卤甲烷中，碳氟键与碳碘键的键长为什么不同？

(iv) 氯甲烷和氯乙烷中，碳氯键的键长是否相等？为什么？

答 (i) 编号所指三根 C—H 键的键长不相等。因为碳原子的杂化轨道中 s 成分的含量越多，该碳原子的电负性越大。电负性大的碳原子对电子的吸引强，相应的 C—H 键键长会短一些。因此这三根碳氢键的键长顺序为：②>①>③。

(ii) 编号所指五根碳碳键的键长不相等。④是碳碳叁键，一根 $C_{sp}—C_{sp}\ \sigma$ 键和两根 $C_p—C_p\ \pi$ 键。①是碳碳双键，一根 $C_{sp^2}—C_{sp^2}\ \sigma$ 键和一根 $C_p—C_p\ \pi$ 键。②③⑤虽然均为碳碳单键，但碳原子成键的杂化轨道不同，⑤为 $C_{sp^3}—C_{sp}\ \sigma$ 键，②为 $C_{sp^3}—C_{sp^2}\ \sigma$ 键，③为 $C_{sp^3}—C_{sp^3}\ \sigma$ 键。由于键级不同和形成 σ 键的杂化轨道不同，所以它们的键长不相等。这五根碳碳键的键长顺序为：④<①<⑤<②<③。

(iii) 由于氟原子的电负性大于碘原子的电负性，且氟原子的半径小于碘原子的半径，所以在卤甲烷中，C—I 键的键长大于 C—F 键的键长。

(iv) 不相等。氯乙烷的 C—Cl 键键长比氯甲烷的短。因为氯甲烷的碳原子形成一根 C—Cl 键和三根 C—H 键，而氯乙烷中的碳原子形成一根 C—Cl 键、两根 C—H 键和一根 C—CH_3 键，由于甲基的给电子效应，使得 C—Cl 键具有更大的极性，碳、氯两个原子靠得更近。

习题 1-7 在下列化合物中，有几个 sp^3 杂化的碳原子？有几个 sp^2 杂化的碳原子？有几个 sp 杂化的碳原子？最多有几个碳原子共平面？最多有几个碳原子共直线？哪些原子肯定处在两个互相垂直的平面中？

$$CH_2{=}C{=}CH{-}\underset{\displaystyle CH_2CH_3}{\underset{|}{CH}}{-}CH_2{-}C{\equiv}C{-}CH_3$$

答 有 5 个 sp^3 杂化的碳原子，2 个 sp^2 杂化的碳原子，3 个 sp 杂化的碳原子。最多有 8 个碳原子共平面。最多有 4 个碳原子共直线。联烯部分，1 号碳原子所连的两个氢原子和 3 号碳原子所连的一个碳原子和一个氢原子肯定处于两个互相垂直的平面上。

$$\overset{1}{H_2C}{=}\overset{2}{C}{=}\overset{3}{CH}{-}\underset{\displaystyle CH_2CH_3}{\underset{|}{\overset{4}{CH}}}{-}\overset{5}{CH_2}{-}\overset{6}{C}{\equiv}\overset{7}{C}{-}\overset{8}{CH_3}$$

习题 1-8 将下列各组化合物中有下划线的键按键解离能由大到小排列成序。

(i) $CH_3CH_2{-}H$　　$CH_3CH_2CH(CH_3){-}H$　　$C_6H_5{-}H$　　$CH_3C(=O){-}H$

(ii) $C_6H_5{-}F$　　$C_6H_5CH_2{-}I$　　$C_6H_5CH_2{-}OH$　　$C_6H_5CH_2{-}NH_2$　　$C_6H_5{-}CN$

(iii) $CH_3{-}H$　　$CH_3CH_2{-}F$　　$(CH_3)_2CH{-}Cl$　　$CH_2{=}CHCH_2{-}OH$　　$CH_3C(=O){-}I$　　$CH_2{=}CH{-}CN$

答 (i) $C_6H_5{-}H$ > $H_3CH_2C{-}H$ > $(H_3C)_2CH{-}H$ > $H_3C(C=O){-}H$

(ii) $C_6H_5{-}CN$ > $C_6H_5{-}F$ > $C_6H_5{-}CH_2OH$ > $C_6H_5{-}CH_2NH_2$ > $C_6H_5{-}CH_2I$

(iii) $CH_2{=}CH{-}CN$ > $CH_3CH_2{-}F$ > $CH_3{-}H$ > $(CH_3)_2CH{-}Cl$ > $CH_2{=}CHCH_2{-}OH$ > $CH_3C(=O){-}I$

习题 1-9 按酸碱的质子论，下列化合物哪些为酸？哪些为碱？哪些既能为酸，又能为碱？

H_2S　NH_3　SO_3^{2-}　H_3^+O　HClO　$^-NH_2$　HSO_4^-　F^-　HCN

答 H_2S、H_3O^+、HClO、HCN 为酸；NH_3、H_2N^-、HSO_4^- 既能为酸，又能为碱；SO_3^{2-}、F^- 为碱。

习题 1-10 按酸碱的电子论，在下列反应的化学方程式中，哪个反应物是酸？哪个反应物是碱？

(i) $^-NH_2 + H_2O \longrightarrow NH_3 + HO^-$

(ii) $HS^- + H^+ \longrightarrow H_2S$

(iii) ⬡NH + HCl ⟶ ⬡$\overset{+}{N}H_2\ Cl^-$

(iv) $CH_3C(=O)Cl + AlCl_3 \longrightarrow CH_3\overset{O}{\overset{\|}{C}}{}^+ + AlCl_4^-$

(v) $CH_3OC_6H_5 + BH_3 \longrightarrow (H_3C)(C_6H_5)O{\rightarrow}BH_3$

(vi) $CuO + SO_2 \longrightarrow CuSO_3$

答 (i) H_2O 是酸，H_2N^- 是碱；　(ii) H^+ 是酸，HS^- 是碱；

(iii) HCl 是酸，⬡NH 是碱；　(iv) $AlCl_3$ 是酸，CH_3COCl 是碱；

(v) BH_3 是酸，$CH_3OC_6H_5$ 是碱；　(vi) SO_2 是酸，CuO 是碱。

习题 1-11 略

习题 1-12 写出所有分子式为 C_4H_8O 且含碳碳双键的同分异构体。

答 分子式为 C_4H_8O，只有一个不饱和度，因为 C═C 双键消耗一个不饱和度，所以在同分异构体中不可能有环，也不可能有 C═O 双键，即符合题意的化合物是链形的烯醇或烯醚类化合物。烯醇类化合物有以下 12 个：

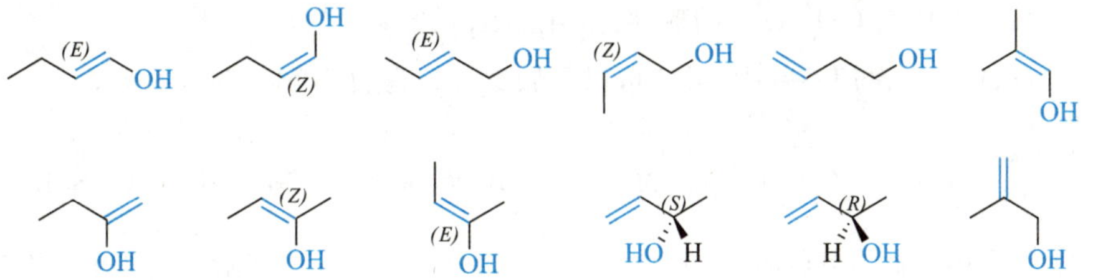

烯醚类化合物有以下 5 个：

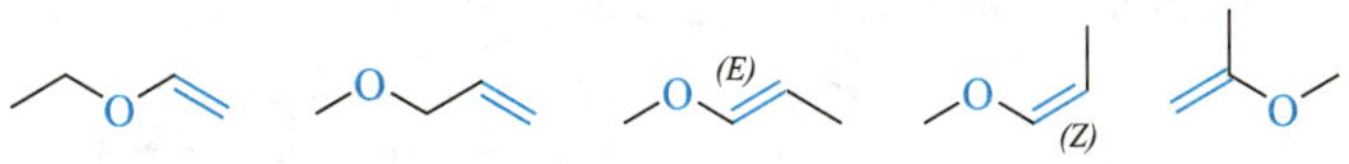

习题 1-13 对下列化合物，(i) 根据教材表 1-3，推测分子中各碳氢键和各碳碳键的键长数据（近似值）；(ii) 根据教材表 1-4，推测分子中各键角的数据（从左至右排列）（近似值）；(iii) 根据教材表 1-5，表 1-6 推测分子中各碳氢键和各碳碳键的键解离能数据（近似值）。

$$H_2C{=}CH{-}\underset{\displaystyle CH_3}{\underset{|}{CH}}{-}C{\equiv}CH$$

答 (i)

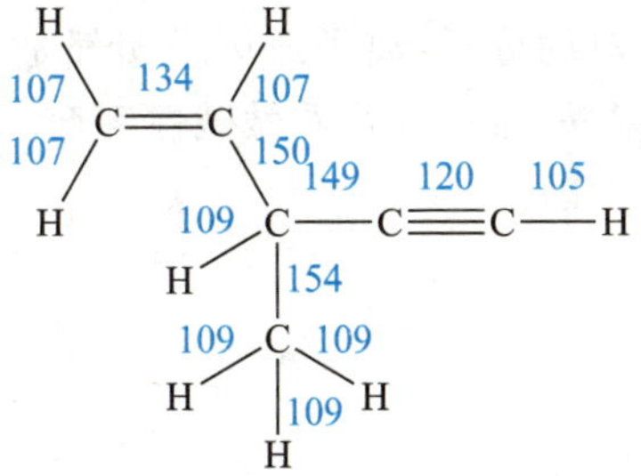

单位：pm

(ii)

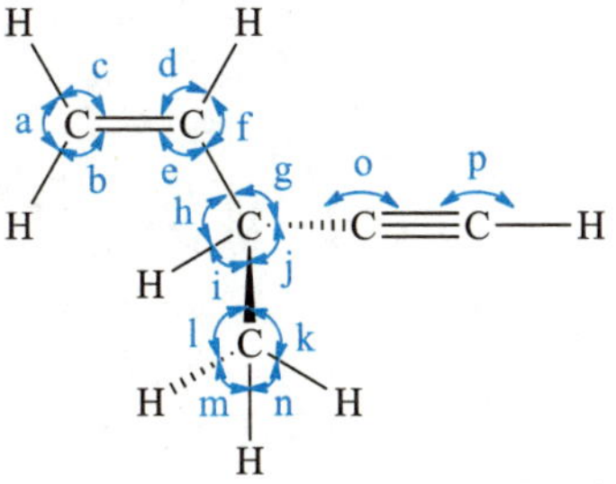

a, f	116°±2°
b, c, d, e	122°±2°
g, h, i, j, k, l, m, n	≈109°28′
o, p	180°

(iii)

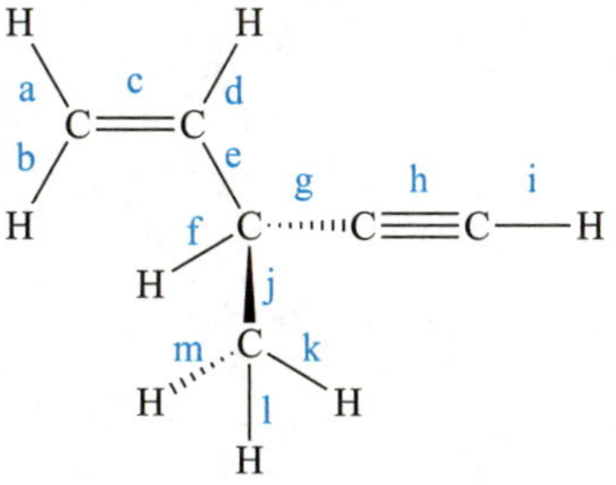

a, b, d	460.2
c	347.3×2
e, g	418.4
f, k, l, m	410.0
h	347.3×3
i	464.2
j	309.6

单位：$kJ\cdot mol^{-1}$

习题 1-14　回答下列问题：

(i) 在下列反应中，H_2SO_4 是酸还是碱？为什么？

$$HONO_2 + 2H_2SO_4 \rightleftharpoons H_3O^+ + 2HSO_4^- + {}^+NO_2$$

(ii) 为什么 CH_3NH_2 的碱性比 $CH_3\overset{O}{\overset{\|}{C}}NH_2$ 强？

(iii) 下列常用溶剂中，哪些可以看做 Lewis 碱性溶剂？为什么？

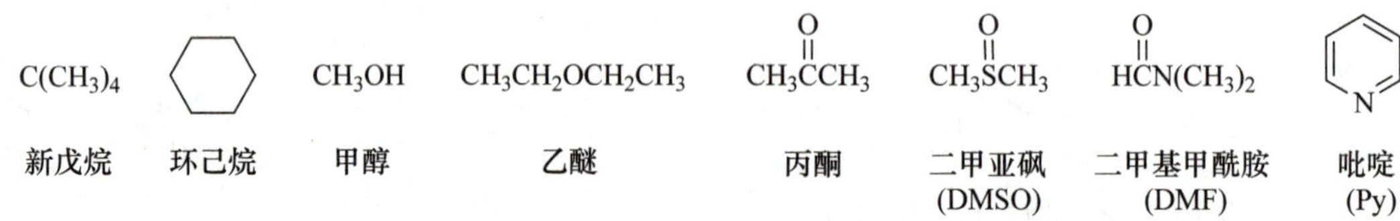

(iv) 在下列反应中，哪个反应物是 Lewis 酸？哪个反应物是 Lewis 碱？

$$C_6H_6 + 2Br_2 \longrightarrow \left[C_6H_6 \rightarrow Br\right]^+ + Br_3^-$$

答　(i) H_2SO_4 是酸，因为它在反应中提供 H^+。

(ii) 由于在 CH_3NH_2 中，CH_3 具有给电子诱导效应和给电子超共轭效应，而在$CH_3\overset{O}{\overset{\|}{C}}NH_2$中，$CH_3\overset{O}{\overset{\|}{C}}$具有吸电子诱导效应和吸电子共轭效应，因此 CH_3NH_2 中的氮原子比$CH_3\overset{O}{\overset{\|}{C}}NH_2$中的氮原子提供孤对电子的能力更强，也即 CH_3NH_2 具有更强的碱性。

(iii) Lewis 酸碱电子理论认为：凡是能给出电子对的分子、离子或原子团都是碱，所以在所提供的溶剂中，甲醇、乙醚、丙酮、二甲亚砜、二甲基甲酰胺、吡啶均可看做碱性溶剂。

(iv) 在上面的反应中，Br_2 是 Lewis 酸，苯是 Lewis 碱。

2 第 2 章 有机化合物的分类 表示方式 命名

有机化合物数目繁多,掌握有机化合物的分类、系统命名及其表达方式是学习有机化合物的第一步。

内容提要

2.1 有机化合物的分类

有机化合物有两种主要的分类方法。按碳架分类,各类化合物的关系如下:

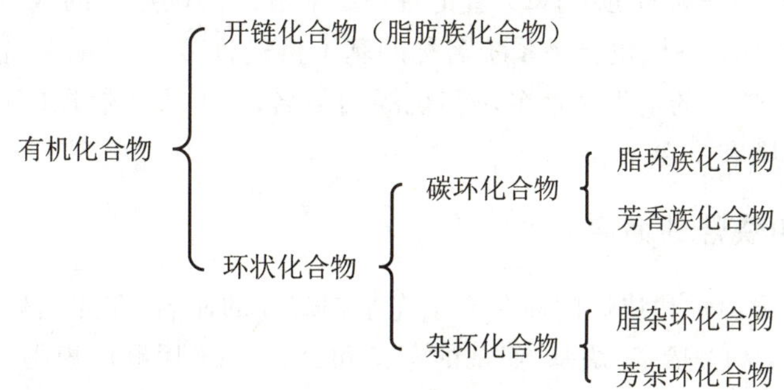

按官能团分类,有机化合物可分为:烷烃(母体,无官能团)、烯烃、炔烃、卤代烃、醇、酚、硫醇、硫酚、醚、醛、酮、磺酸、羧酸、酰卤、酸酐、酯、酰胺、胺、亚胺、硝基化合物、亚硝基化合物、腈等。

2.2 有机化合物的表示方式

分子中,原子的连接次序和键合性质叫**构造**。表达分子构造的化学式叫**构造式**。构造式有Lewis结构式、蛛网式、结构简式和键线式四种表达方式。不仅表示分子中各原子的连接次序和键合性质,还表示原子在空间排列的化学式称为**立体结构式**,有伞形式、锯架式、Newman投影式和Fischer投影式。其中表达伞形式的规定是:处于纸面上的键用实线表示,用虚楔形线表示伸向纸面里的键,用实楔形线表示伸向纸面外的键。

2.3 有机化合物的同分异构体

在有机化学中,具有相同分子式而具有不同结构的现象称为**同分异构现象**。具有相同分子式而结构不同的化合物互称为**同分异构体**,也称为结构异构体。同分异构体可以划分成各种类型，它们的关系如下：

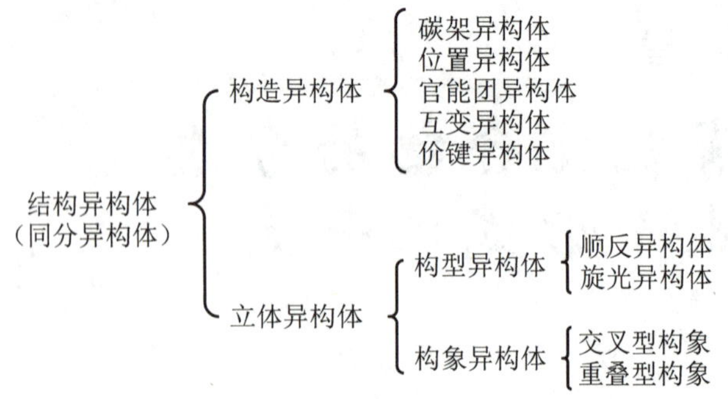

有机化合物的命名

有机化合物有各种命名方法，最重要的是**系统命名法**。IUPAC 命名法是国际通用的系统命名法；CCS 命名法是中文的系统命名法，它是中国化学会结合 IUPAC 命名原则和我国文字特点制定的。

2.4 烷烃的命名

学习烷烃的命名必须正确理解和掌握如下基本知识：(1) 直链烷烃、支链烷烃、环烷烃、桥环烷烃、螺环烷烃的定义；(2) 直链烷烃的名称；(3)碳原子的级；(4) 烷基的命名规则和名称；(5) 顺序规则；(6) 有机化合物系统名称的基本格式；(7) 烷烃的系统命名原则和步骤；(8) 烷烃的普通命名法、烷烃的衍生物命名法和烷烃的俗名；(9) 桥环烷烃的命名原则和步骤；(10) 螺环烷烃的命名原则和步骤。

2.5 烯烃和炔烃的命名

学习烯烃和炔烃的命名必须先掌握烷烃的命名，在此基础上，还必须正确理解和掌握如下基本知识：(1) 烯基、炔基、亚基的定义和命名；(2) 用顺序规则确定手性碳的 *R*、*S* 构型和碳碳双键的 *Z*、*E* 构型；(3) 单烯烃和单炔烃的命名原则和步骤；(4) 多烯烃和多炔烃的命名原则和步骤。

2.6 芳香烃的命名

在学习烷烃、烯烃和炔烃命名的基础上，芳香烃的命名还必须掌握如下基本知识：(1) 单环芳烃的定义和命名原则；(2) 多环芳烃的定义和命名原则；(3) 多苯代脂烃的定义和命名原则；(4) 联苯型化合物的定义和命名原则；(5) 稠环芳烃的定义、基本母环的结构、名称、编号和命名原则；(6) 非苯芳烃的定义，轮烯的定义和命名原则。

2.7 烃衍生物的系统命名

须掌握如下基本知识：(1) 烃衍生物的定义；(2) 常见官能团的词头、词尾名称；(3) 单官能团化合物的命名原则和步骤；(4) 多官能团化合物的命名原则和步骤。

习题解析

习题 2-1 用键线式和结构简式写出 C_5H_{12}，C_6H_{14} 的所有构造异构体。

答 C_5H_{12} 的构造异构体有 3 个。其结构简式表达如下：

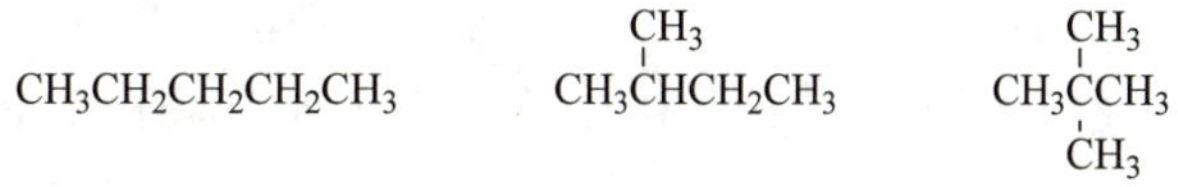

$CH_3CH_2CH_2CH_2CH_3$　　$CH_3CH(CH_3)CH_2CH_3$　　$CH_3C(CH_3)_2CH_3$

其键线式表达如下：

C_6H_{14} 的构造异构体有 5 个。其结构简式表达如下：

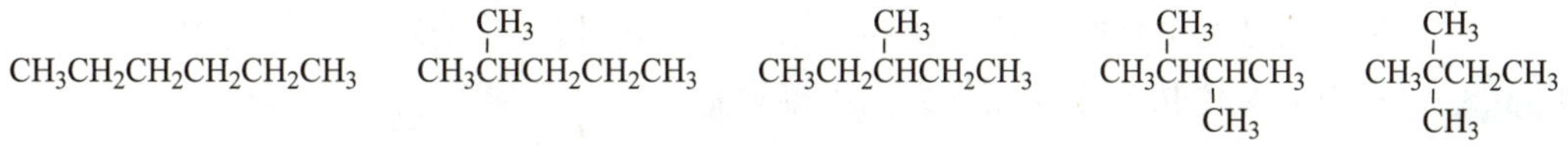

$CH_3CH_2CH_2CH_2CH_2CH_3$　　$CH_3CH(CH_3)CH_2CH_2CH_3$　　$CH_3CH_2CH(CH_3)CH_2CH_3$　　$CH_3CH(CH_3)CH(CH_3)CH_3$　　$CH_3C(CH_3)_2CH_2CH_3$

其键线式表达如下：

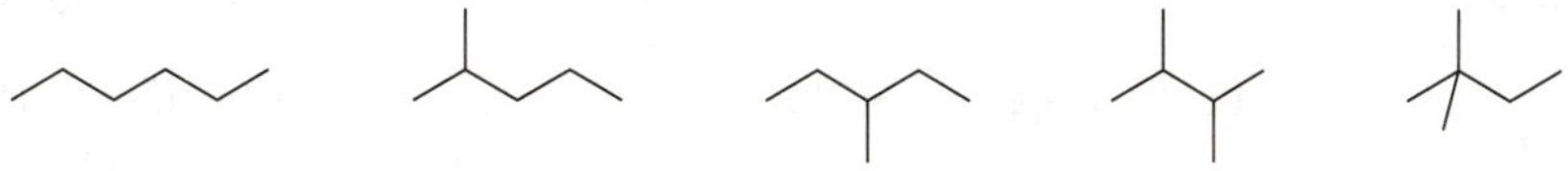

习题 2-2 将下列化合物改写成键线式。

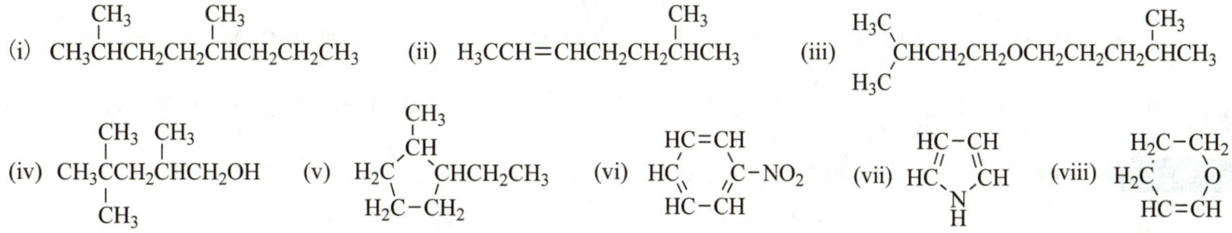

(i) $CH_3CH(CH_3)CH_2CH_2CH(CH_3)CH_2CH_2CH_3$　(ii) $H_3CCH{=}CHCH_2CH_2CH(CH_3)CH_3$　(iii) $(H_3C)_2CHCH_2CH_2OCH_2CH_2CH_2CH(CH_3)CH_3$

(iv) $CH_3C(CH_3)_2CH_2CH(CH_3)CH_2OH$　(v) H_2C—$CH(CH_3)$—$CHCH_2CH_3$，H_2C—CH_2（五元环）　(vi) HC=CH，HC　C—NO_2，HC—CH（苯环）　(vii) HC—CH，HC　CH，N，H（五元环）　(viii) H_2C—CH_2，H_2C　O，HC=CH（六元环）

答 (i)　(ii)　和　(iii) O

(iv) OH　(v)　(vi) NO_2　(vii) N H　(viii) O

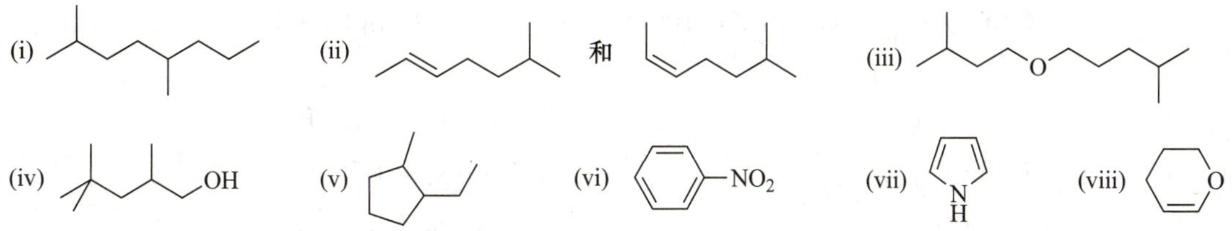

习题 2-3 写出分子式为 C_3H_6O 的所有的构造异构体。

答 共有 9 个构造异构体。其结构简式如下：

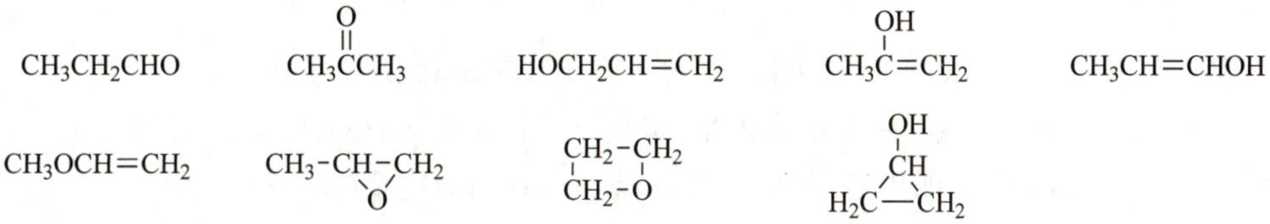

CH_3CH_2CHO　　$CH_3C(=O)CH_3$　　$HOCH_2CH{=}CH_2$　　$CH_3C(OH){=}CH_2$　　$CH_3CH{=}CHOH$

$CH_3OCH{=}CH_2$　　CH_3-CH-CH_2（—O—环）　　CH_2-CH_2，CH_2-O（四元环）　　OH，CH，H_2C—CH_2（三元环）

习题 2-4 写出分子式为 C_3H_9N 的所有的构造异构体。

答 共有 4 个构造异构体。其结构简式如下：

$CH_3CH_2CH_2NH_2$　　$CH_3CH(NH_2)CH_3$　　$CH_3CH_2NHCH_3$　　$(CH_3)_3N$

习题 2-5 在下列构造式中，指出有几个一级碳原子、二级碳原子、三级碳原子和四级碳原子，并用虚线圈出一级烷基、二级烷基和三级烷基各一个。

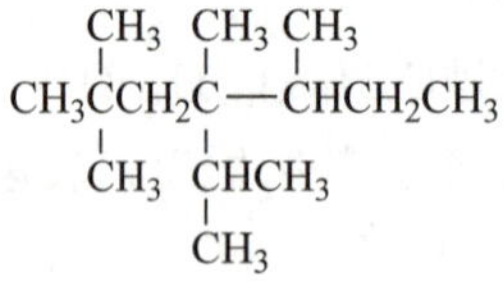

$$
\begin{array}{c}
\quad CH_3\ \ CH_3\ CH_3 \\
CH_3\overset{|}{\underset{|}{C}}CH_2\overset{|}{\underset{|}{C}}-\overset{|}{C}HCH_2CH_3 \\
\quad CH_3\ \ CHCH_3 \\
\qquad\quad |\ \ \\
\qquad\quad CH_3
\end{array}
$$

答 共有 8 个一级碳原子，2 个二级碳原子，2 个三级碳原子，2 个四级碳原子。

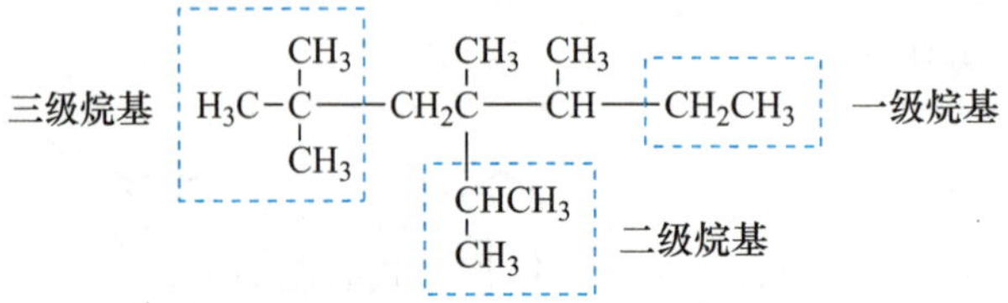

$$
\begin{array}{c}
\qquad CH_3 \qquad\qquad CH_3\ \ CH_3 \\
\text{三级烷基}\ \boxed{H_3C-\overset{|}{\underset{|}{C}}-}\ CH_2\overset{|}{\underset{|}{C}}-\overset{|}{C}H-\boxed{CH_2CH_3}\ \text{一级烷基} \\
\qquad CH_3 \qquad\qquad \boxed{\begin{array}{c}CHCH_3\\|\\CH_3\end{array}}\ \text{二级烷基}
\end{array}
$$

注：也可圈出别的烷基，只要符合定义，均算对。

习题 2-6 将下列基团按顺序规则由大到小排列：

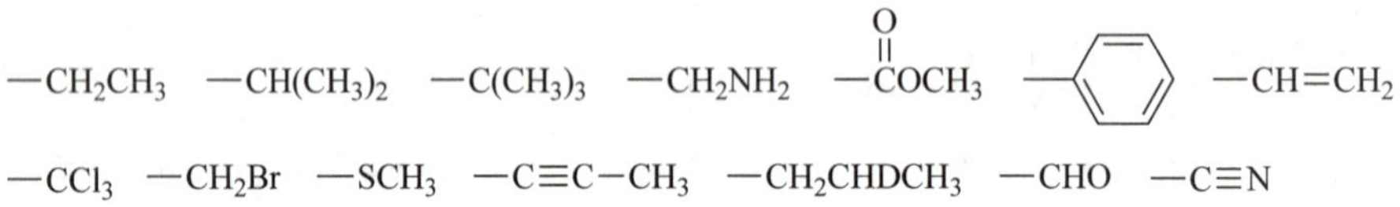

$-CH_2CH_3$　$-CH(CH_3)_2$　$-C(CH_3)_3$　$-CH_2NH_2$　$-\overset{O}{\overset{\|}{C}}OCH_3$　$-C_6H_5$（苯基）　$-CH{=}CH_2$

$-CCl_3$　$-CH_2Br$　$-SCH_3$　$-C{\equiv}C-CH_3$　$-CH_2CHDCH_3$　$-CHO$　$-C{\equiv}N$

答

$-SCH_3 > -CH_2Br > -CCl_3 > -\overset{O}{\overset{\|}{C}}OCH_3 > -CHO > -C{\equiv}N > -CH_2NH_2 > -C{\equiv}CCH_3$

$> -C_6H_5$（苯基）$> -C(CH_3)_3 > -\underset{H}{C}{=}CH_2 > -CH(CH_3)_2 > -CH_2CHDCH_3 > -CH_2CH_3$

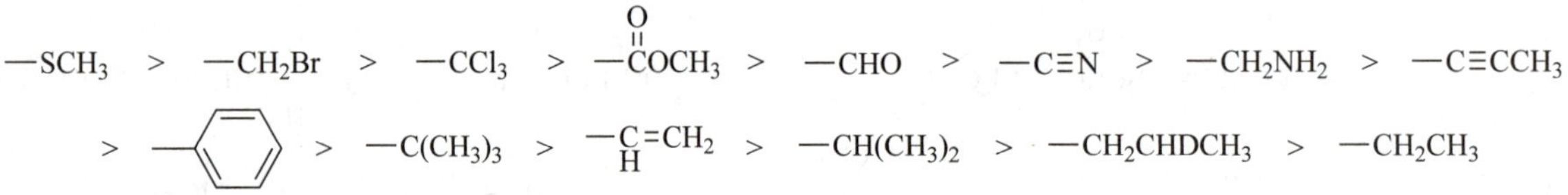

习题 2-7 请写出下列化合物的中、英文系统名称。

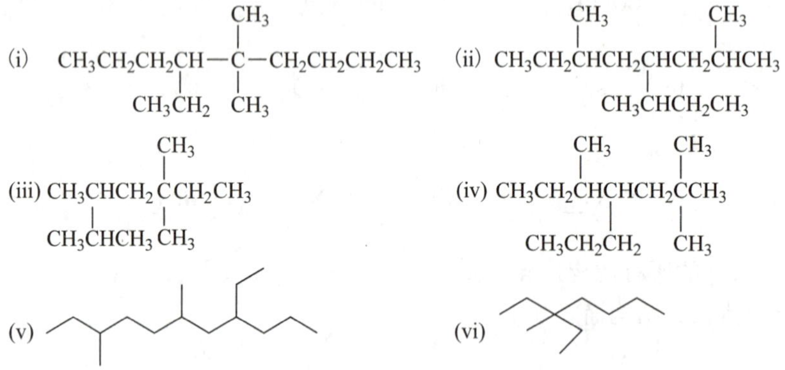

(i)
$$
\begin{array}{c}
\qquad\qquad\qquad CH_3 \\
CH_3CH_2CH_2\underset{|}{C}H-\overset{|}{\underset{|}{C}}-CH_2CH_2CH_2CH_3 \\
\qquad\quad CH_3CH_2\quad CH_3
\end{array}
$$

(ii)
$$
\begin{array}{c}
\qquad CH_3 \qquad\qquad CH_3 \\
CH_3CH_2\overset{|}{C}HCH_2\underset{|}{C}HCH_2\overset{|}{C}HCH_3 \\
\qquad\qquad CH_3CHCH_2CH_3
\end{array}
$$

(iii)
$$
\begin{array}{c}
\qquad\qquad CH_3 \\
CH_3\underset{|}{C}HCH_2\overset{|}{\underset{|}{C}}CH_2CH_3 \\
CH_3CHCH_3\ CH_3
\end{array}
$$

(iv)
$$
\begin{array}{c}
\qquad\quad CH_3 \qquad\quad CH_3 \\
CH_3CH_2\overset{|}{C}H\underset{|}{C}HCH_2\overset{|}{\underset{|}{C}}CH_3 \\
\qquad CH_3CH_2CH_2 \qquad CH_3
\end{array}
$$

(v)

(vi)

答 (i) 5,5-二甲基-4-乙基壬烷　　4-ethyl-5,5-dimethylnonane

(ii) 2,6-二甲基-4-(1-甲基丙基)辛烷　　2,6-dimethyl-4-(1-methylpropyl)octane

(iii) 2,3,5,5-四甲基庚烷　　2,3,5,5-tetramethylheptane

(iv) 2,2,5-三甲基-4-丙基庚烷　　2,2,5-trimethyl-4-propylheptane

(v) 3,6-二甲基-8-乙基十一烷　　8-ethyl-3,6-dimethylundecane

(vi) 3-甲基-3-乙基庚烷　　3-ethyl-3-methylheptane

习题 2-8 写出庚烷的各种构造异构体，用中英文系统命名法命名，并指出在这些化合物中，1°，2°，3°，4°碳原子各有几个。若有丙基、异丙基、正丁基、二级丁基、异丁基、三级丁基，请各圈出一个。

答

	各构造异构体的键线式	命名	1° C 个数	2° C 个数	3° C 个数	4° C 个数
(i)	正丁基 正丙基	正庚烷 *n*-heptane	2	5	0	0
(ii)	异丙基	2-甲基己烷 2-methylhexane	3	3	1	0
(iii)	二级丁基	3-甲基己烷 3-methylhexane	3	3	1	0
(iv)	三级丁基	2,2-二甲基戊烷 2,2-dimethylpentane	4	2	0	1
(v)		2,2,3-三甲基丁烷 2,2,3-trimethylbutane	5	0	1	1
(vi)		3,3-二甲基戊烷 3,3-dimethylpentane	4	2	0	1
(vii)		2,3-二甲基戊烷 2,3-dimethylpentane	4	1	2	0
(viii)	异丁基	2,4-二甲基戊烷 2,4-dimethylpentane	4	1	2	0
(ix)		3-乙基戊烷 3-ethylpentane	3	3	1	0

习题 2-9 写出下列化合物的中英文名称。

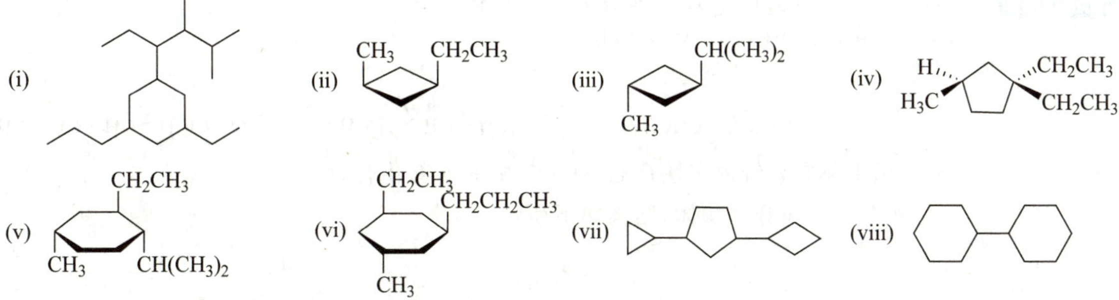

答 (i) 1-乙基-3-丙基-5-(2,3-二甲基-1-乙基)丁基环己烷　1-ethyl-5-(1-ethyl-2,3-dimethyl)butyl-3-propylcyclohexane

(ii) 顺-1-甲基-3-乙基环丁烷　*cis*-1-ethyl-3-methylcyclobutane

(iii) 反-1-甲基-3-异丙基环丁烷　　*trans*-3-isopropyl-1-methylcyclobutane

(iv) (*R*)-3-甲基-1,1-二乙基环戊烷　　(*R*)-1,1-diethyl-3-methylcyclopentane

(v) (1*S*,2*R*,4*S*)-4-甲基-2-乙基-1-异丙基环己烷　　(1*S*,2*R*,4*S*)-2-ethyl-1-isopropyl-4-methylcyclohexane

(vi) (1*R*,3*R*,5*S*)-1-甲基-3-乙基-5-丙基环己烷　　(1*R*,3*R*,5*S*)-1-ethyl-3-methyl-5-propylcyclohexane

(vii) 1-环丙基-3-环丁基环戊烷　　1-cyclobutyl-3-cyclopropylcyclopentane

(viii) 环己基环己烷　　cyclohexylcyclohexane

习题 2-10　用中英文命名下列化合物[(iii)至(ix)不要求写构型]。

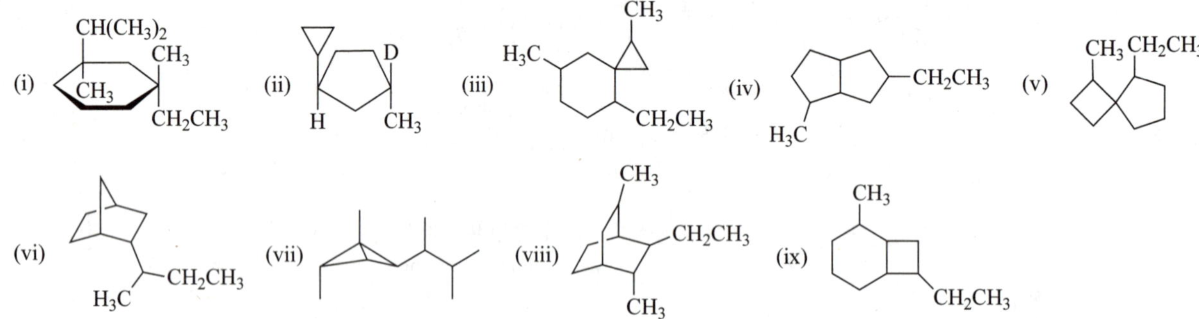

答　(i) (1*R*,3*R*)-1,3-二甲基-1-乙基-3-异丙基环己烷　　(1*R*,3*R*)-1-ethyl-1,3-dimethyl-3-isopropylcyclohexane

(ii) (1*S*,3*S*)-1-氘-1-甲基-3-环丙基环戊烷　　(1*S*,3*S*)-1-*D*-3-cyclopropyl-1-methylcyclopentane

(iii) 1,7-二甲基-4-乙基螺[2.5]辛烷　　4-ethyl-1,7-dimethylspiro[2.5]octane

(iv) 2-甲基-7-乙基二环[3.3.0]辛烷　　7-ethyl-2-methylbicyclo[3.3.0]octane

(v) 1-甲基-5-乙基螺[3.4]辛烷　　5-ethyl-1-methylspiro[3.4]octane

(vi) 2-(1-甲基)丙基二环[2.2.1]庚烷　　2-(1-methyl)propylbicyclo[2.2.1]heptane

(vii) 1,2-二甲基-4-(1,2-二甲基)丙基二环[1.1.0]丁烷　　1,2-dimethyl-4-(1,2-dimethyl)propylbicyclo[1.1.0]butane

(viii) 2,5-二甲基-3-乙基二环[2.2.2]辛烷　　3-ethyl-2,5-dimethylbicyclo[2.2.2]octane

(ix) 2-甲基-7-乙基二环[4.2.0]辛烷　　7-ethyl-2-methylbicyclo[4.2.0]octane

习题 2-11　(i) 写出分子式为 C_4H_8 的所有同分异构体；

(ii) 写出下列化合物的立体异构体：

(a) ClCH=CHCH$_3$　　(b) ICH=CHC(H)(Cl)CH$_2$CH$_3$　　(c) ClCH=CH−CH=CHF

(iii) 用中英文系统命名法命名(i)、(ii)中的所有化合物。

答　(i) 共有 6 个同分异构体，结构如下所示：

(ii) (a) 有一对几何异构体：

(b) 有 4 个立体异构体：

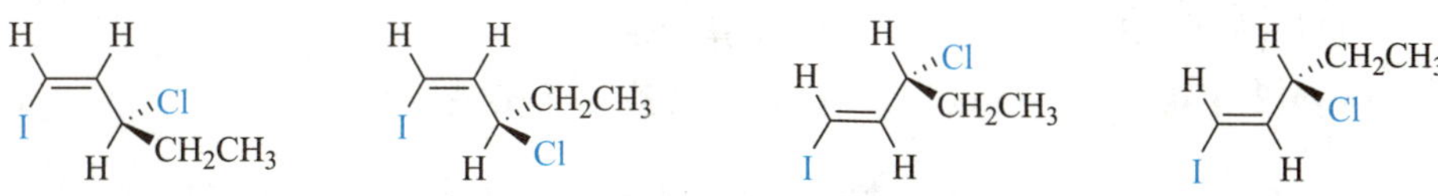

(c) 有 4 个立体异构体：

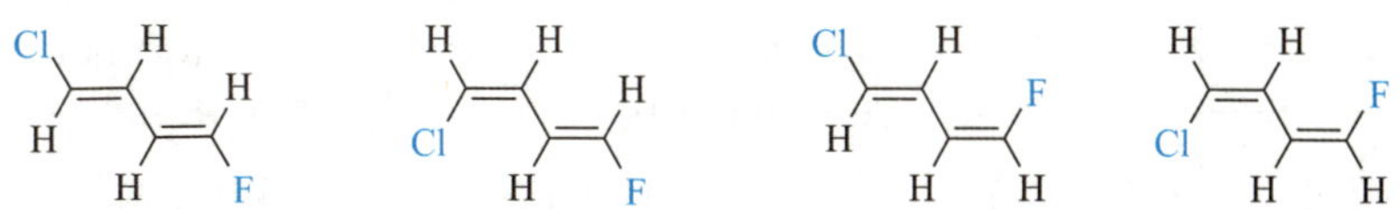

(iii) (i) 中 6 个异构体的中英文系统命名依次为：

1-丁烯　1-butene　(*E*)-2-丁烯　(*E*)-2-butene　(*Z*)-2-丁烯　(*Z*)-2-butene

2-甲基-1-丙烯　2-methyl-1-propene　甲基环丙烷　methylcyclopropane

环丁烷　cyclobutane

(ii) 中(a)的一对异构体的中英文系统命名依次为：

(*E*)-1-氯-1-丙烯　(*E*)-1-chloro-1-propene　(*Z*)-1-氯-1-丙烯　(*Z*)-1-chloro-1-propene

(b) 的 4 个立体异构体的中英文系统命名依次为：

(3*S*,1*Z*)-3-氯-1-碘-1-戊烯　(3*S*,1*Z*)-3-chloro-1-iodo-1-pentene

(3*R*,1*Z*)-3-氯-1-碘-1-戊烯　(3*R*,1*Z*)-3-chloro-1-iodo-1-pentene

(3*R*,1*E*)-3-氯-1-碘-1-戊烯　(3*R*,1*E*)-3-chloro-1-iodo-1-pentene

(3*S*,1*E*)-3-氯-1-碘-1-戊烯　(3*S*,1*E*)-3-chloro-1-iodo-1-pentene

(c) 的 4 个立体异构体的中英文系统命名依次为：

(1*E*,3*E*)-1-氟-4-氯-1,3-丁二烯　(1*E*,3*E*)-1-chloro-4-floro-1,3-butadiene

(1*E*,3*Z*)-1-氟-4-氯-1,3-丁二烯　(1*Z*,3*E*)-1-chloro-4-floro-1,3-butadiene

(1*Z*,3*E*)-1-氟-4-氯-1,3-丁二烯　(1*E*,3*Z*)-1-chloro-4-floro-1,3-butadiene

(1*Z*,3*Z*)-1-氟-4-氯-1,3-丁二烯　(1*Z*,3*Z*)-1-chloro-4-floro-1,3-butadiene

习题 2-12　用中英文系统命名法命名下列化合物。

(i) 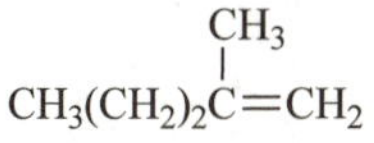 $CH_3(CH_2)_2C(CH_3)=CH_2$

(ii) 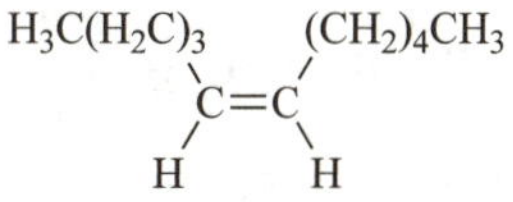 $H_3C(H_2C)_3(H)C=C(H)(CH_2)_4CH_3$（$H_3C(H_2C)_3$ 与 $(CH_2)_4CH_3$ 在双键同侧，两个 H 在同侧）

(iii) 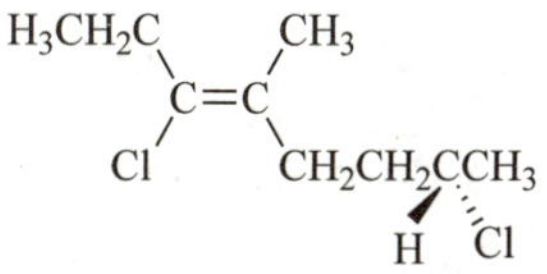 $H_3CH_2C(Cl)C=C(CH_3)CH_2CH_2CH(Cl)CH_3$（$H_3CH_2C$ 与 CH_3 在上，Cl 与 $CH_2CH_2CCH_3$ 在下；手性碳上 H、Cl）

(iv) 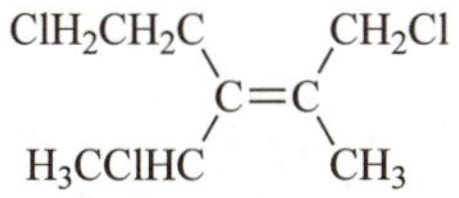 $ClH_2CH_2C(H_3CClHC)C=C(CH_2Cl)CH_3$（$ClH_2CH_2C$ 与 CH_2Cl 在上，H_3CClHC 与 CH_3 在下）

(v) $CH_2=CHCH_2Br$

(vi) 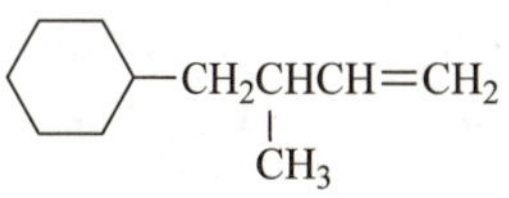 环己基—$CH_2CH(CH_3)CH=CH_2$

答　(i) 2-甲基-1-戊烯　2-methyl-1-pentene

(ii) (*Z*)-5-十一碳烯　(*Z*)-5-undecene

(iii) (7*S*,3*Z*)-4-甲基-3,7-二氯-3-辛烯　(7*S*,3*Z*)-3,7-dichloro-4-methyl-3-octene

(iv) (2*E*)-2-甲基-3-(2-氯乙基)-1,4-二氯-2-戊烯　(2*E*)-1,4-dichloro-3-(2-chloroethyl)-2-methyl-2-pentene

(v) 3-溴-1-丙烯　3-bromo-1-propene

(vi) 3-甲基-4-环己基-1-丁烯　4-cyclohexyl-3-methyl-1-butene

习题 2-13　写出下列化合物或基的构造式。

(i) 2-氯-3-溴-2-丁烯　　(ii) 4-甲基-4-氯-2-戊烯
(iii) 亚乙基环己烷　　(iv) 异丙烯基
(v) 2-丁烯基　　(vi) 2-己基-3-丁烯基

答

(i) $CH_3C{=}CCH_3$（C-2 上连 Cl，C-3 上连 Br）　(ii) $(CH_3)_2CCH{=}CHCH_3$（C-4 上连 Cl）　(iii) 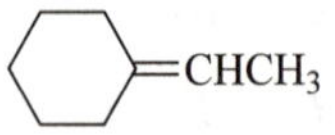 环己烷$=CHCH_3$

(iv) $H_2C{=}C(CH_3){-}$　(v) $CH_3CH{=}CHCH_2{-}$　(vi) $CH_2{=}CHCH((CH_2)_5CH_3)CH_2{-}$

习题 2-14　写出分子式符合 C_5H_8 的所有链形构造异构体，及这些同分异构体的中英文系统名称。

答　符合要求的构造异构体如下所示：

结构简式	命名	结构简式	命名
$CH_3CH_2CH_2C{\equiv}CH$	1-戊炔 1-pentyne	$H_2C{=}C(CH_3){-}CH{=}CH_2$	2-甲基-1,3-丁二烯 2-methyl-1,3-butadiene
$CH_3CH_2C{\equiv}CCH_3$	2-戊炔 2-pentyne	$CH_2{=}C{=}CHCH_2CH_3$	1,2-戊二烯 1,2-pentadiene
$CH_3CH(CH_3)C{\equiv}CH$	3-甲基-1-丁炔 3-methyl-1-butyne	$CH_2{=}C{=}C(CH_3)CH_3$	3-甲基-1,2-丁二烯 3-methyl-1,2-butadiene
$CH_2{=}CHCH_2CH{=}CH_2$	1,4-戊二烯 1,4-pentadiene	$CH_3CH{=}C{=}CHCH_3$	2,3-戊二烯 2,3-pentadiene
$CH_2{=}CH{-}CH{=}CHCH_3$	1,3-戊二烯 1,3-pentadiene		

习题 2-15　用中英文命名下列化合物或基。

(i) $(CH_3)_2CHC{\equiv}CH$　(ii) 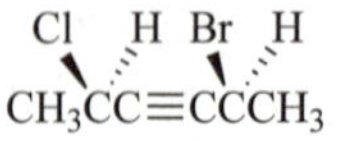 $CH_3CC{\equiv}CCCH_3$（C-2 上连 Cl、H，C-5 上连 Br、H）

(iii) $HC{\equiv}C{-}C{\equiv}CH$　(iv) $CH_2{=}CHCH_2CH{=}CHC{\equiv}CH$

(v) $CH_2{=}CHC{\equiv}CCH{=}CH_2$　(vi) $CH_3C{\equiv}CCH_2{-}$

(vii) $HC{\equiv}CCH{=}CHCH_2{-}$　(viii) 1-环己烯基$-C{\equiv}C-$1-环己烯基

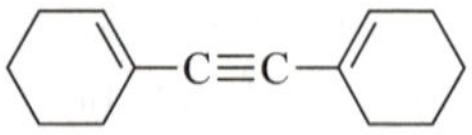

答

(i) 异丙基乙炔　　isopropylacetylene
(ii) (2*R*,5*S*)-2-氯-5-溴-3-己炔　　(2*S*,5*R*)-2-bromo-5-chloro-3-hexyne
(iii) 乙炔基乙炔或丁二炔　　ethynylacetylene 或 butadiyne
(iv) 3,6-庚二烯-1-炔　　3,6-heptadien-1-yne
(v) 1,5-己二烯-3-炔　　1,5-hexadien-3-yne
(vi) 2-丁炔基　　2-butynyl
(vii) 2-戊烯-4-炔基　　2-penten-4-ynyl
(viii) 二(1-环己烯基)乙炔　　di(1-cyclohexenyl)acetylene

习题 2-16　写出分子式符合 C_6H_{10} 的所有共轭二烯烃的同分异构体及其中英文系统名称。

答

结构简式	命名	结构简式	命名
$H_2C=CH\quad CH_2CH_3$ $C=C$ $H\quad H$	(3*Z*)-1,3-己二烯 (3*Z*)-1,3-hexadiene	H_3C $H\quad C=CH_2$ $C=C$ $H_3C\quad H$	(3*E*)-2-甲基-1,3-戊二烯 (3*E*)-2-methyl-1,3-pentadiene
$H_2C=CH\quad H$ $C=C$ $H\quad CH_2CH_3$	(3*E*)-1,3-己二烯 (3*E*)-1,3-hexadiene	H_3C $H_3C\quad C=CH_2$ $C=C$ $H\quad H$	(3*Z*)-2-甲基-1,3-戊二烯 (3*Z*)-2-methyl-1,3-pentadiene
$H_3C\quad H$ $C=C\quad CH_3$ $H\quad C=C$ $H\quad H$	(2*Z*,4*E*)-2,4-己二烯 (2*Z*,4*E*)-2,4-hexadiene	$CH_2=CH-C=CH_2$ CH_2CH_3	2-乙基-1,3-丁二烯 2-ethyl-1,3-butadiene
$H\quad H$ $H_3C\quad C=C$ $C=C\quad CH_3$ $H\quad H$	(2*Z*,4*Z*)-2,4-己二烯 (2*Z*,4*Z*)-2,4-hexadiene	$H_3C\quad HC=CH_2$ $C=C$ $H\quad CH_3$	(3*Z*)-3-甲基-1,3-戊二烯 (3*Z*)-3-methyl-1,3-pentadiene
$H_3C\quad H$ $C=C\quad H$ $H\quad C=C$ $H\quad CH_3$	(2*E*,4*E*)-2,4-己二烯 (2*E*,4*E*)-2,4-hexadiene	$H_3C\quad CH_3$ $C=C$ $H\quad HC=CH_2$	(3*E*)-3-甲基-1,3-戊二烯 (3*E*)-3-methyl-1,3-pentadiene
$H_2C=CH-CH=C-CH_3$ CH_3	4-甲基-1,3-戊二烯 4-methyl-1,3-pentadiene	$CH_2=C-C=CH_2$ $CH_3\ CH_3$	2,3-二甲基-1,3-丁二烯 2,3-dimethyl-1,3-butadiene

习题 2-17 写出下列二烯烃的构造式，并指出它们分别是哪种类型的二烯烃。

(i) 2-甲基-1,4-戊二烯　　(ii) (2*E*,4*E*)-2,4-己二烯

(iii) 1,2-丁二烯　　(iv) 3,5-辛二烯

答

(i) $CH_2=C(CH_3)-CH_2-CH=CH_2$　孤立二烯烃

(ii) $H_3C\quad H$ / $C=C\quad H$ / $H\quad C=C$ / $H\quad CH_3$　共轭二烯烃

(iii) $CH_2=C=CHCH_3$　累积二烯烃

(iv) $CH_3CH_2CH=CH-CH=CHCH_2CH_3$　共轭二烯烃

习题 2-18 写出下列化合物的中英文系统名称。[(i)(ii)标出 *s*-顺和 *s*-反]

(i) $H_3CHC\quad CH_2$ / $C-C$ / $H\quad H$

(ii) $H_3CHC\quad H$ / $C-C$ / $H\quad C(CH_3)_2$

(iii) $H\quad H$ / $H_3C\quad CH_3$ / $H\quad H$

(iv) $H\quad CH_3$ / $H_3C\quad H$ / $H\quad H$

注：根据顺序规则，在同样条件下，基团列出顺序，*R* 与 *S*,*R* 优先；*Z* 与 *E*,*Z* 优先；顺与反，顺优先。

答 (i) 1,3-戊二烯或 *s*-顺-1,3-戊二烯　　(ii) 2-甲基-2,4-己二烯或 *s*-反-2-甲基-2,4-己二烯

(iii) (2*Z*,4*Z*)-2,4-己二烯　　(iv) (2*Z*,4*E*)-2,4-己二烯

习题 2-19 写出下列化合物的中英文名称。

(i) ⌬$-CH_2CH_3$　(ii) ⌬$-C(=CHCH_3)-CH_3$　(iii) H_3C-⌬$-CH_2CH_3$

(iv) ⌬ (CH_2CH_3, $-CH(CH_3)_2$)　(v) ⌬ (CH_2CH_3, CH_2CH_3)　(vi) ⌬ (H_3C, H_3C, $-CH=CH_2$)

答 (i) 乙苯　ethylbenzene　(ii) 2-苯基-2-丁烯　2-phenyl-2-butene

(iii) 对乙基甲苯　*p*-ethyltoluene　(iv) 邻乙基异丙苯　*o*-ethylcumene

(v) 间二乙苯　*m*-diethylbenzene　(vi) 3,5-二甲基苯乙烯　3,5-dimethylstyrene

习题 2-20 写出下列化合物的构造式和中文名称。

(i) 1-phenylheptane　(ii) 3-propyl-*O*-xylene

(iii) 2-ethylmesitylene　(iv) 2-methyl-3-phenylpentane

(v) 2,3-dimethyl-1-phenyl-1-hexene　(vi) 3-phenyl-1-propyne

答

(i) 1-苯基庚烷

(ii) 3-丙基邻二甲苯

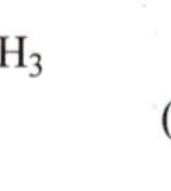

(iii) 2-乙基均三甲苯

(iv) 2-甲基-3-苯基戊烷

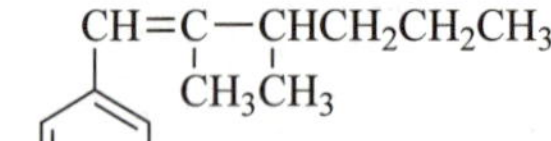

(v) 2,3-二甲基-1-苯基-1-己烯

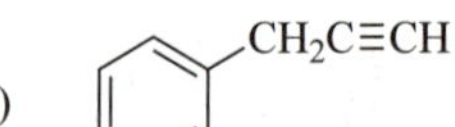

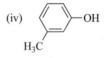

(vi) 3-苯基-1-丙炔

习题 2-21 写出下列化合物的构造式。

(i) 邻硝基苯甲醛　(ii) 3-羟基-5-碘苯乙酸

(iii) 对亚硝基溴苯　(iv) 间甲苯酚

答

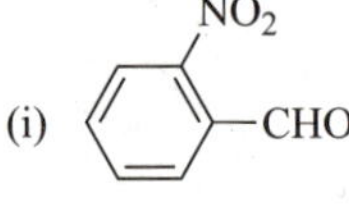

(i)　(ii)

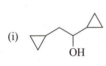

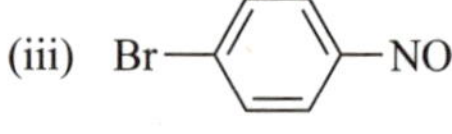

(iii)　(iv)

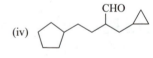

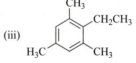

习题 2-22 用中英文系统命名法命名下列化合物。

(i)　(ii)

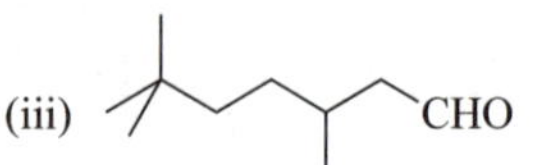

(iii)　(iv)

(v)　(vi)

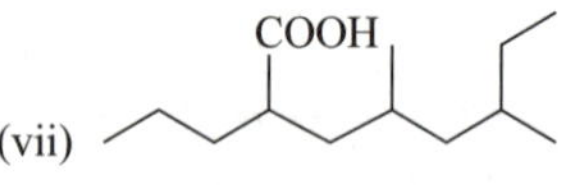

(vii)

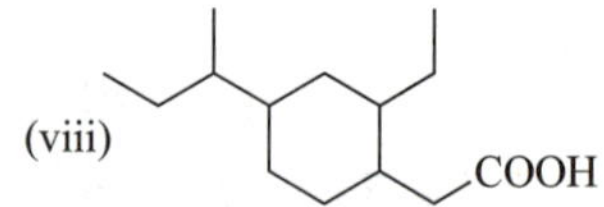

(viii)

(ix)　(x)

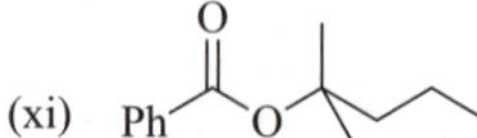

(xi)　(xii)

(xiii)　(xiv)

答 (i) 1,2-二环丙基乙醇　1,2-dicyclopropylethanol

(ii) 1-异戊基-4-(1-乙氧基)乙基环己烷　　1-(1-ethoxyl)ethyl-4-isopentylcyclohexane

(iii) 6,6-二甲基-3-乙基庚醛　　3-ethyl-6,6-dimethylheptanal

(iv) 2-环丙基甲基-4-环戊基丁醛　　4-cyclopentyl-2-cyclopropylmethylbutanal

(v) 3,4-二甲基-2-戊酮　　3,4-dimethyl-2-pentanone

(vi) 3-甲基环戊基-3-乙基环己基酮　　3-ethylcyclohexyl-3-methylcyclopentyl ketone

(vii) 4,6-二甲基-2-丙基辛酸　　4,6-dimethyl-2-propyloctanoic acid

(viii) 2-(2-乙基-4-二级丁基)环己基乙酸　　2-(2-ethyl-4-secbutyl)cyclohexylethanoic acid

(ix) (2-甲基)环己基甲酰氯　　(2-methyl)cyclohexylmethanoyl chloride

(x) 乙酸异戊酸酐　　ethanoic isopentanoic anhydride

(xi) 苯甲酸(1,1-二甲基)丁酯　　(1,1-dimethyl)butyl benzoate

(xii) *N*-乙基-*N*-异丙基乙酰胺　　*N*-ethyl-*N*-isopropylethanamide

(xiii) 甲基乙基异丁基胺　　ethylisobutylmethylamine

(xiv) 二甲基(2-甲基)环己基胺　　dimethyl(2-methyl)cyclohexylamine

习题 2-23　写出下列化合物的键线式和英文名称。

(i) 2-甲基-2-戊醇　　(ii) 4,4-二甲基-3-异丙基己醛

(iii) 5-甲基-3-辛酮　　(iv) 2-环丙基丙酸

(v) 4-甲基-2-乙基戊酸　　(vi) 丙酸-2-甲基环己酯

(vii) 二乙胺　　(viii) 戊酰碘

(ix) 乙丁酐　　(x) *N*,2-二甲基己酰胺

答

(i) 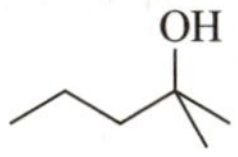 OH

2-methyl-2-pentanol

(ii) 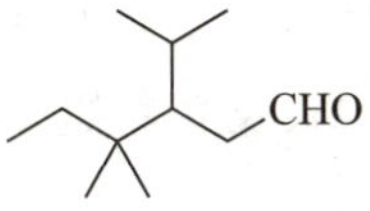 CHO

3-isopropyl-4,4-dimethylhexanal

(iii) 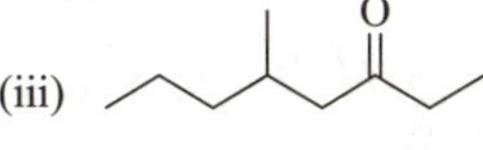

5-methyl-3-octanone

(iv) 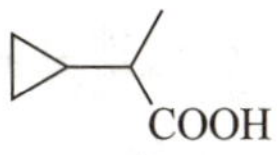 COOH

2-cyclopropyl propanoic acid

(v) 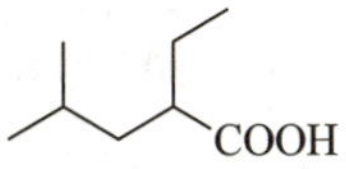 COOH

2-ethyl-4-methyl pentanoic acid

(vi) 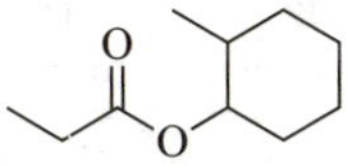 O O

2-methylcyclohexyl propanoate

(vii)  N H

diethylamine

(viii) O I

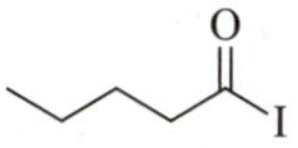

pentanoyl iodide

(ix) 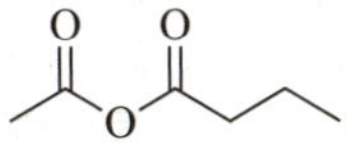 O O O

acetic butyric anhydride

(x) 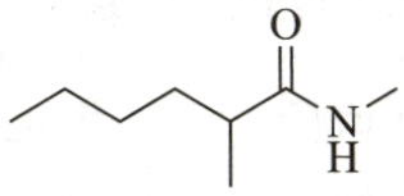 O N H

N,2-dimethyl hexanamide

习题 2-24　用中英文命名法命名下列化合物。(注：可用系统命名法命名，也可参照各章的普通命名法命名)

(i) 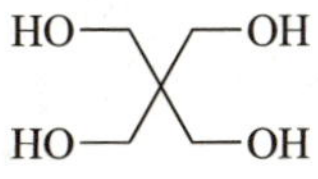 HO OH HO OH

(ii) 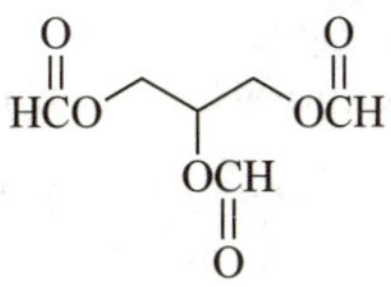 O HCO O OCH OCH O

(iii) 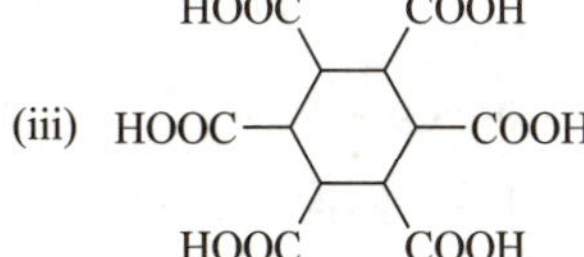

(iv) 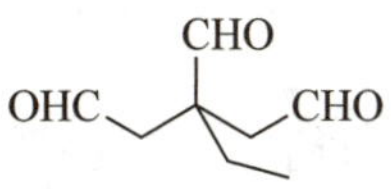 OHC CHO CHO

(v) 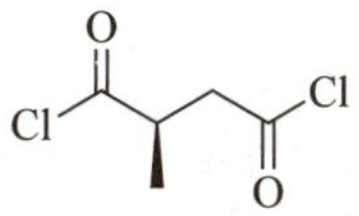 O Cl Cl O

(vi) 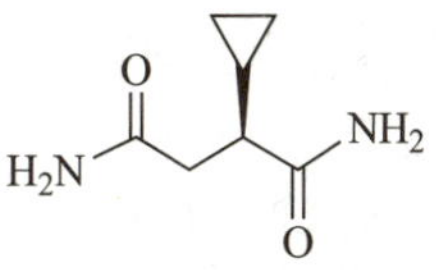 O H_2N NH_2 O

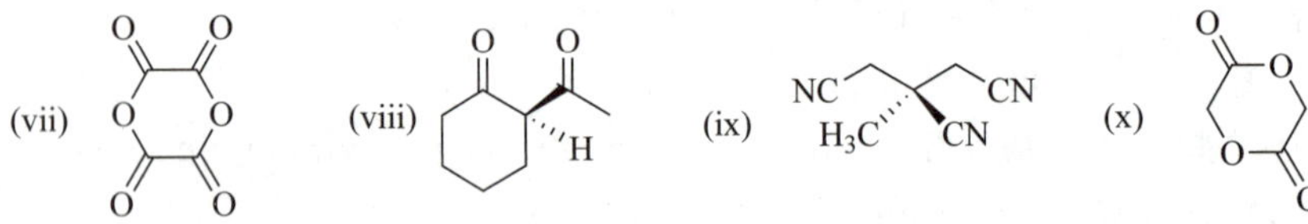

答 (i) 2,2-二羟甲基-1,3-丙二醇　2,2-dihydroxymethyl-1,3-propanediol

(ii) 三甲酸甘油酯　glycerol triformate

(iii) 环己烷-1,2,3,4,5,6-六羧酸　cyclohexane-1,2,3,4,5,6-sixcarboxylic acid

(iv) 3-乙基-3-甲酰基戊二醛　3-ethyl-3-formylpentanedial

(v) (*R*)-2-甲基丁二酰氯　(*R*)-2-methylbutanedioyl dichloride

(vi) (*S*)-2-环丙基丁二酰胺　(*S*)-2-cyclopropylbutanediamide

(vii) 二乙二酸二酐　dioxalic dianhydride

(viii) (*R*)-2-乙酰基环己酮　(*R*)-2-acetocyclohexanone

(ix) 3-甲基-3-氰基戊二腈　3-methyl-3-cyanopentanedinitrile

(x) 乙交酯　glycollide

习题 2-25 写出分子式为 $C_4H_8O_2$ 且含有羰基的所有同分异构体的结构式，并用中英文命名法命名之。

答 含酯羰基的同分异构体有 4 个。其结构式及名称如下：

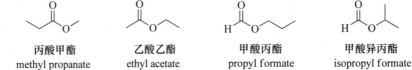

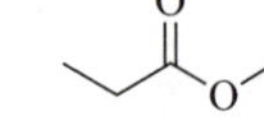

丙酸甲酯
methyl propanate

乙酸乙酯
ethyl acetate

甲酸丙酯
propyl formate

甲酸异丙酯
isopropyl formate

含醛基和羟基的同分异构体有 8 个，其结构式及名称如下：

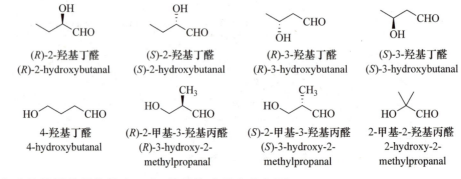

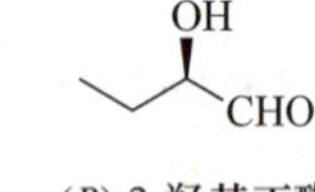

(*R*)-2-羟基丁醛
(*R*)-2-hydroxybutanal

(*S*)-2-羟基丁醛
(*S*)-2-hydroxybutanal

(*R*)-3-羟基丁醛
(*R*)-3-hydroxybutanal

(*S*)-3-羟基丁醛
(*S*)-3-hydroxybutanal

4-羟基丁醛
4-hydroxybutanal

(*R*)-2-甲基-3-羟基丙醛
(*R*)-3-hydroxy-2-methylpropanal

(*S*)-2-甲基-3-羟基丙醛
(*S*)-3-hydroxy-2-methylpropanal

2-甲基-2-羟基丙醛
2-hydroxy-2-methylpropanal

含醛基和醚基的同分异构体有 4 个，其结构式及名称如下：

3-甲氧基丙醛
3-methoxypropanal

乙氧基乙醛
ethoxyethanal

(*R*)-2-甲氧基丙醛
(*R*)-2-methoxypropanal

(*S*)-2-甲氧基丙醛
(*S*)-2-methoxypropanal

含酮羰基和羟基的同分异构体有 4 个，其结构式及名称如下：

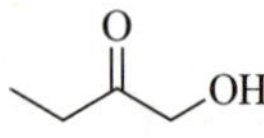

1-羟基-2-丁酮
1-hydroxy-2-butanone

(*R*)-3-羟基-2-丁酮
(*R*)-3-hydroxy-2-butanone

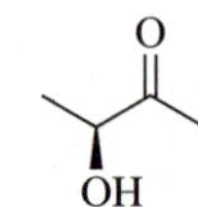

(*S*)-3-羟基-2-丁酮
(*S*)-3-hydroxy-2-butanone

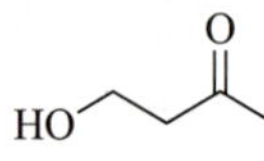

4-羟基-2-丁酮
4-hydroxy-2-butanone

含酮羰基和醚基的同分异构体有 1 个，其结构式及名称如下：

1-甲氧基丙酮
1-methoxypropanone

含羧基的同分异构体有 2 个，其结构式及名称如下：

丁酸
butanoic acid

2-甲基丙酸
2-methylpropanoic acid

习题 2-26 将下列化合物改写成键线式，并写出其中英文系统名称。

(i) $CH_3CH_2\overset{CH_3}{\overset{|}{C}}HCH_2\overset{Cl}{\overset{|}{C}}HCHCH_2$（O 桥连末两个碳）　(ii) $H_2C{=}CHCH{-}\overset{CH_2CH_3}{\overset{|}{C}}HCHC{\equiv}CH$（O 桥连中间两个 CH）　(iii) $CH_3CH_2\overset{CH_3}{\overset{|}{C}}HCHCH_2$（O 桥连）

答

(i) 5-甲基-1,3-环氧-2-氯庚烷
2-chloro-1,3-epoxy-5-methylheptane

(ii) 5-乙基-3,4-环氧-1-庚烯-6-炔
3,4-epoxy-5-ethyl-1-heptene-6-yne

(iii) 2-甲基-1,3-环氧戊烷
1,3-epoxy-2-methylpentane

习题 2-27 写出下列化合物的中英文名称。

(i) 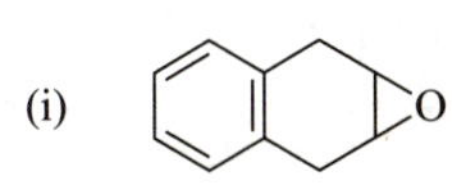　(ii) 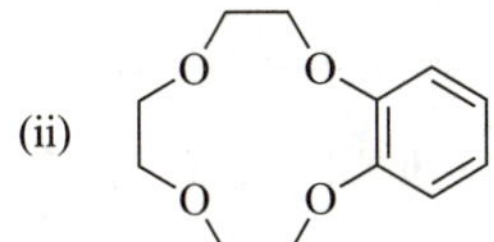　(iii) 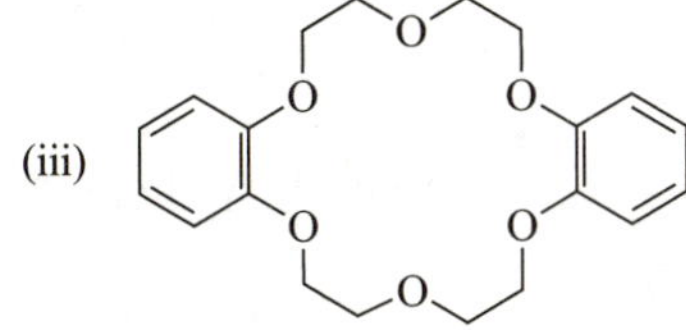

答 (i) 2,3-环氧-1,2,3,4-四氢萘　2,3-epoxy-1,2,3,4-tetrahydronaphthalene

(ii) 苯并-12-冠-4　benzo-12-crown-4

(iii)（对称）二苯并-18-冠-6　dibenzo-18-crown-6

习题 2-28 用结构简式写出分子式为 C_3H_8O 的所有同分异构体，并用中英文系统命名法命名这些化合物。

答 共有 3 个，其结构简式及中英文系统名称如下：

$CH_3CH_2CH_2OH$	$CH_3\overset{OH}{\overset{|}{C}}HCH_3$	$CH_3CH_2OCH_3$
1-丙醇	2-丙醇	甲氧基乙烷
1-propanol	2-propanol	methoxyethane

习题 2-29 用键线式写出分子式为 C_3H_7Br 的所有同分异构体，并用中英文系统命名法命名这些化合物。

答 共有 2 个，其键线式和中英文系统名称如下：

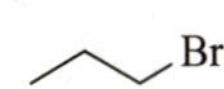

1-溴丙烷
1-bromopropane

2-溴丙烷
2-bromopropane

习题 2-30 用键线式写出分子式为 C_3H_4O 的所有同分异构体，并用中英文系统命名法命名这些化合物。

答 共有 11 个，其键线式和中英文系统名称如下：

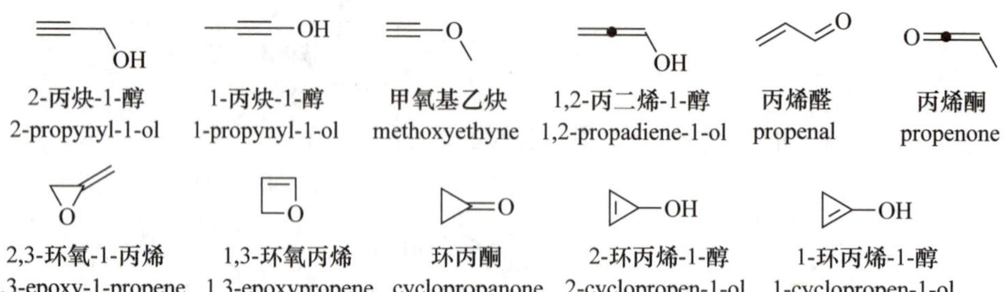

习题 2-31 写出符合下列条件的结构式及它们的中文系统名称。

(i) 分子式为 C_8H_{12}　(ii) 无侧链的链形化合物　(iii) C_4 与 C_5 用叁键相连

答 共有 3 个，其结构式及中文系统名称如下：

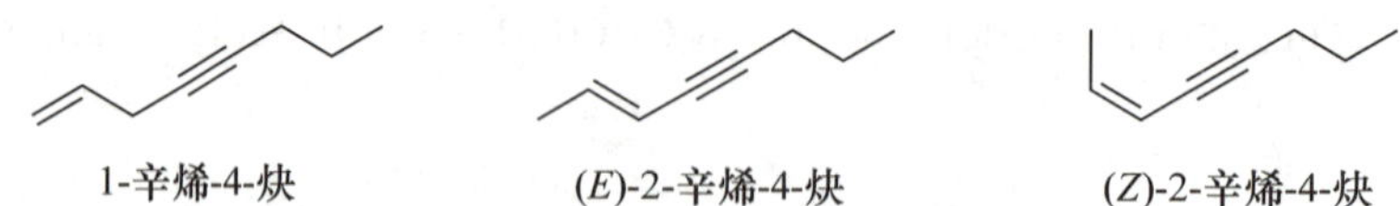

习题 2-32 写出分子式为 $C_{10}H_{14}$ 的含苯芳香烃的结构式及它们的中文系统名称。

答 只有甲基取代的有 3 个，其结构式及中文系统名称如下：

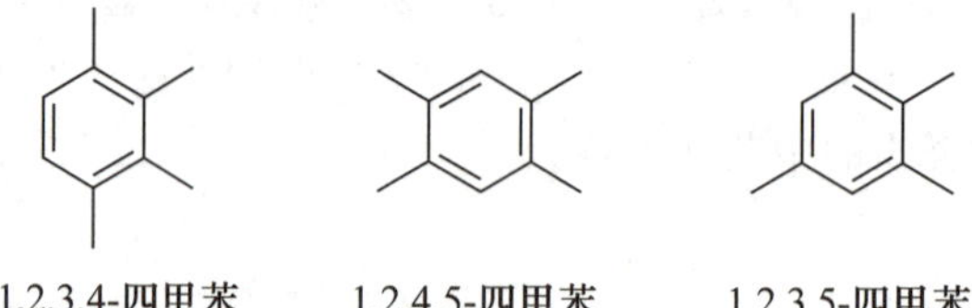

含有甲基和乙基取代的有 6 个，其结构式及中文系统名称如下：

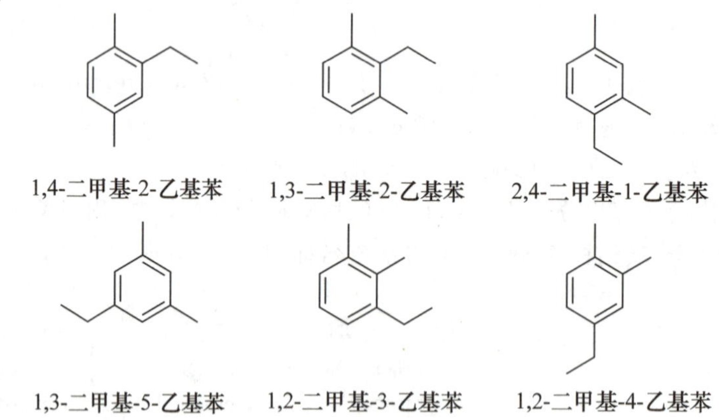

只有乙基取代的有 3 个，其结构式及中文系统名称如下：

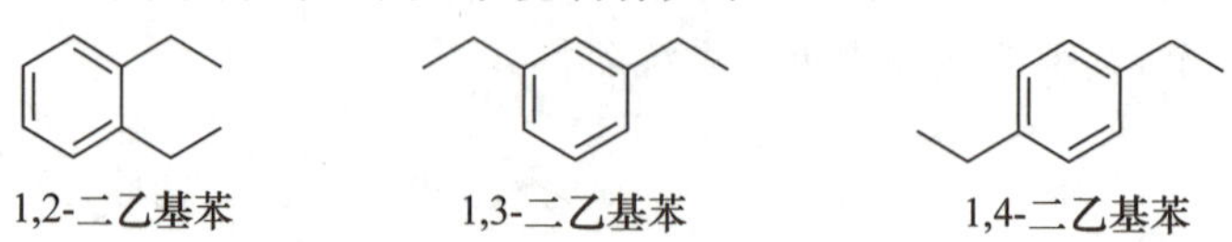

含有甲基和丙基取代的有 6 个，其结构式及中文系统名称如下：

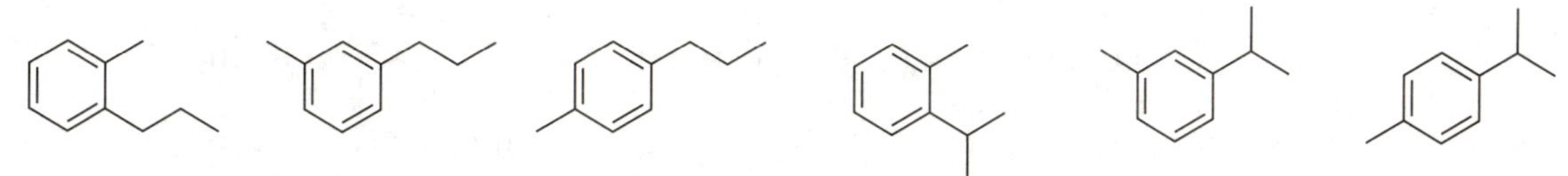

1-甲基-2-丙基苯　1-甲基-3-丙基苯　1-甲基-4-丙基苯　1-甲基-2-异丙基苯　1-甲基-3-异丙基苯　1-甲基-4-异丙基苯

只含有丁基取代的有 4 个，其结构式及中文系统名称如下：

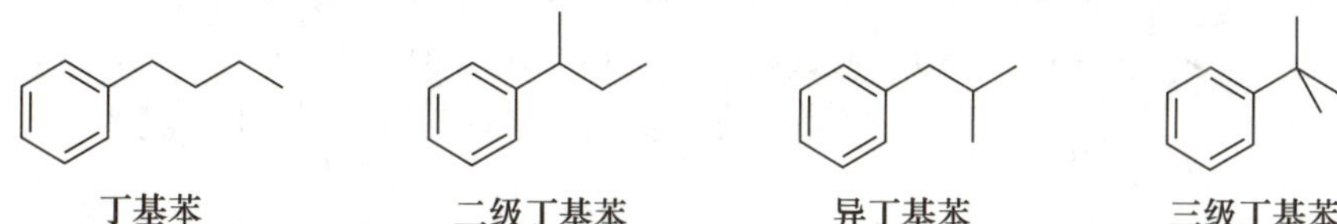

丁基苯　二级丁基苯　异丁基苯　三级丁基苯

习题 2-33　写出 1-甲基-2-溴环戊烯所有含最小螺环结构的构造异构体及其中文系统名称。

答　共有 3 个符合要求的构造异构体，其构造式及中文系统名称如下：

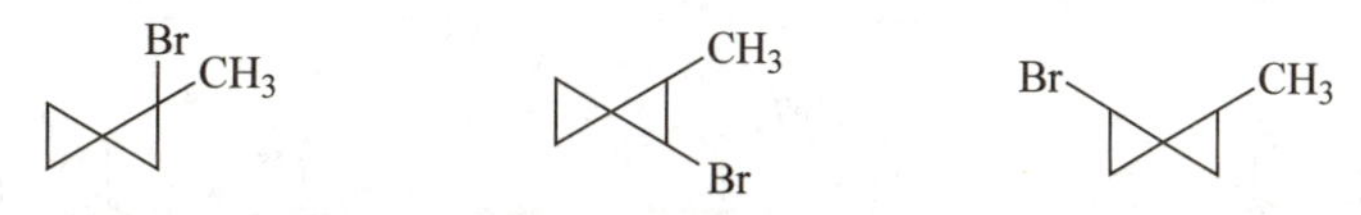

1-甲基-1-溴螺[2.2]戊烷　1-甲基-2-溴螺[2.2]戊烷　1-甲基-4-溴螺[2.2]戊烷

习题 2-34　写出所有含二取代苯环和含羰基的下面化合物的构造异构体。

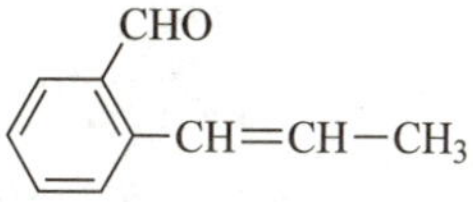

CHO；$CH=CH-CH_3$

答　符合要求的构造异构体共有 56 个，如下所示：

(1) 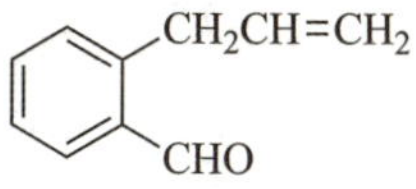 $CH_2CH=CH_2$；CHO

(2) 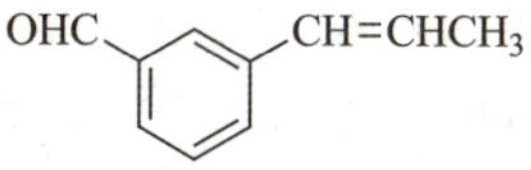 OHC；$CH=CHCH_3$

(3) OHC；$CH_2CH=CH_2$

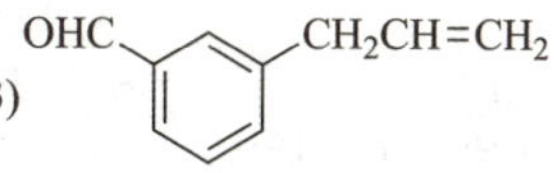

(4) 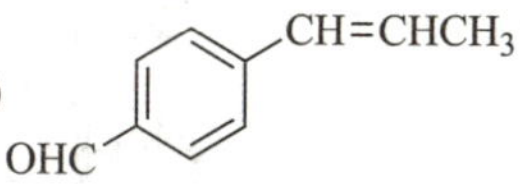 $CH=CHCH_3$；OHC

(5) 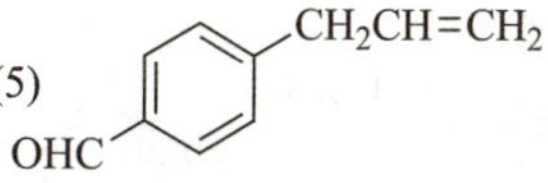 $CH_2CH=CH_2$；OHC

(6) 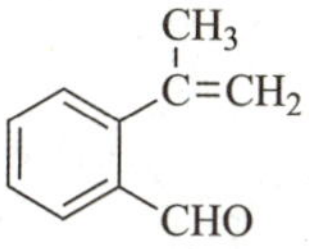 CH_3，$C=CH_2$；CHO

(7) 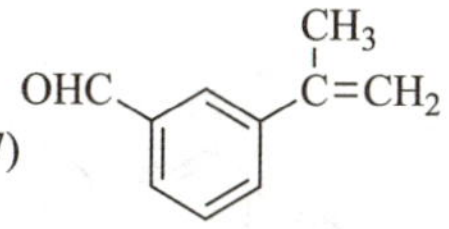 OHC；CH_3，$C=CH_2$

(8) 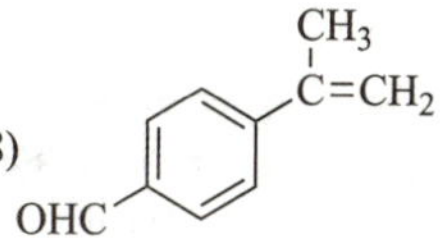 CH_3，$C=CH_2$；OHC

---

(9) 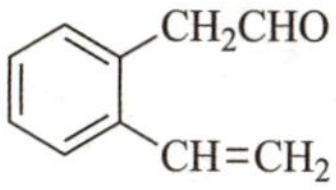 CH_2CHO；$CH=CH_2$

(10) 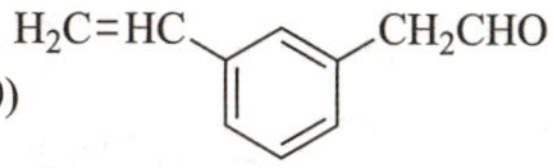 $H_2C=HC$；CH_2CHO

(11) 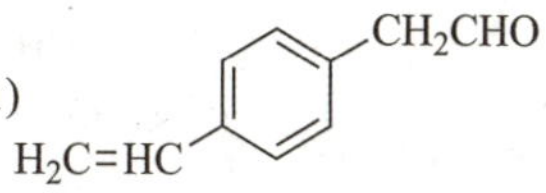 CH_2CHO；$H_2C=HC$

(12) 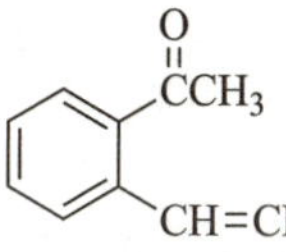 O，$\overset{\|}{C}CH_3$；$CH=CH_2$

(13) 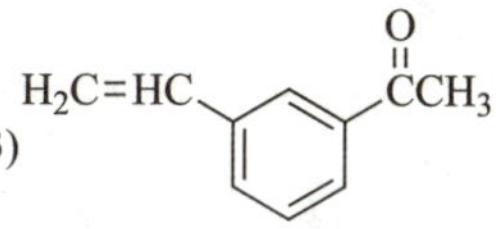 $H_2C=HC$；O，$\overset{\|}{C}CH_3$

(14) 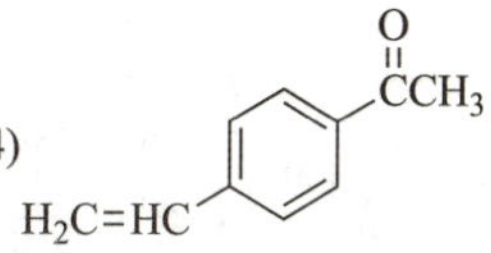 O，$\overset{\|}{C}CH_3$；$H_2C=HC$

---

(15) 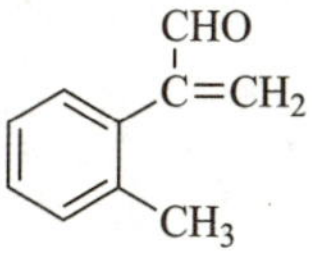 CHO，$C=CH_2$；CH_3

(16) 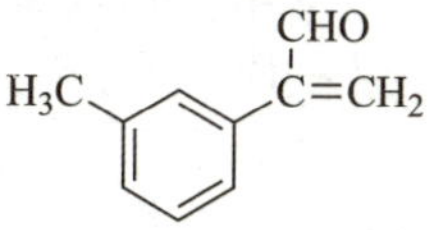 H_3C；CHO，$C=CH_2$

(17) 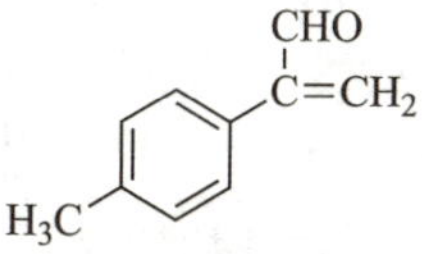 CHO，$C=CH_2$；H_3C

(18) 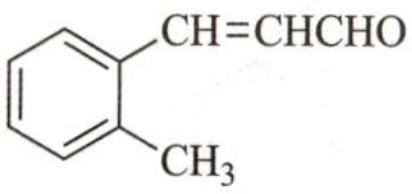 $CH=CHCHO$；CH_3

(19) 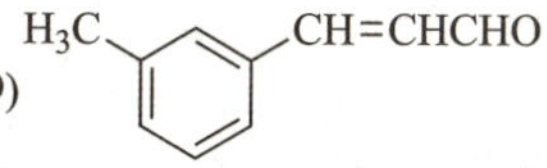 H_3C；$CH=CHCHO$

(20) 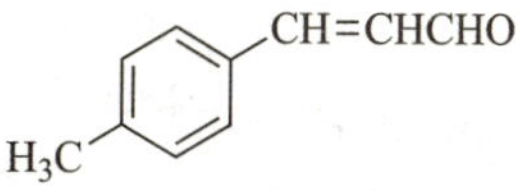 $CH=CHCHO$；H_3C

---

(21)–(56) [chemical structures]

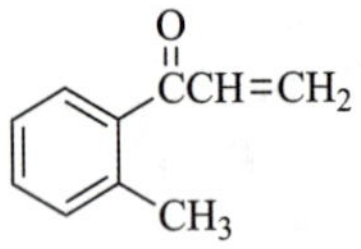

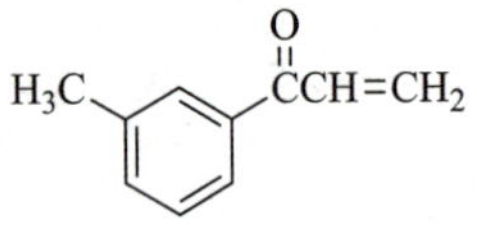

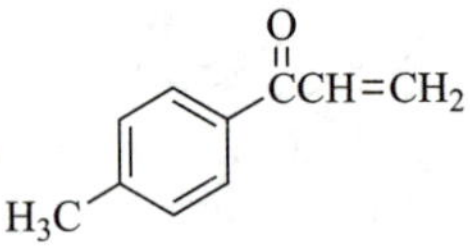

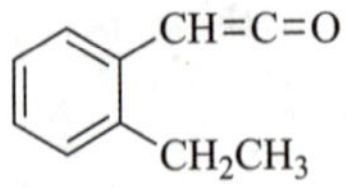

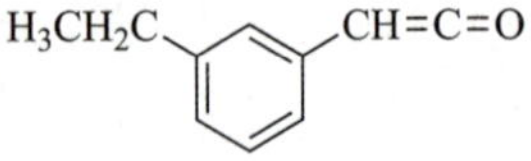

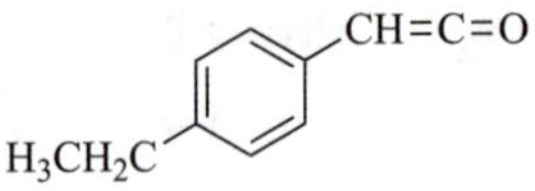

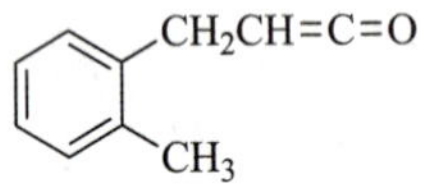

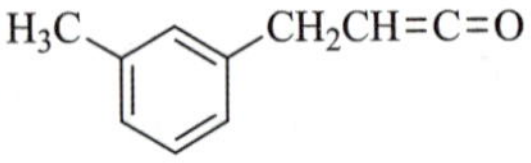

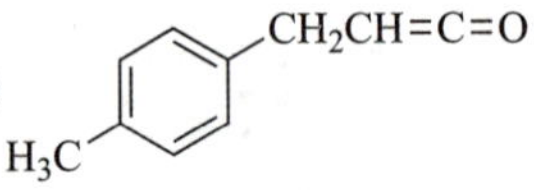

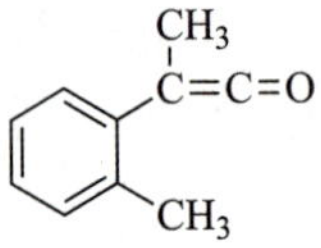

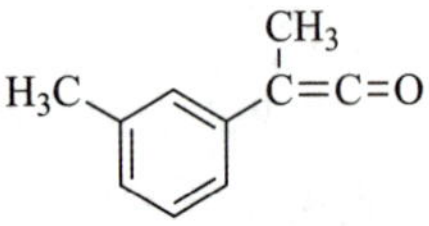

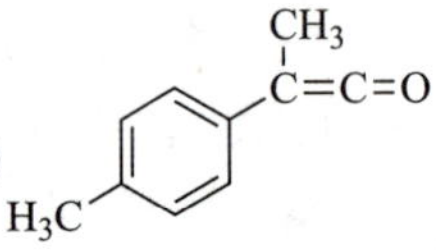

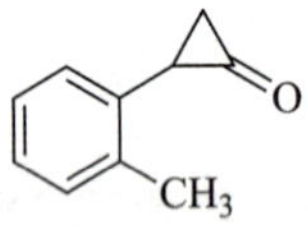

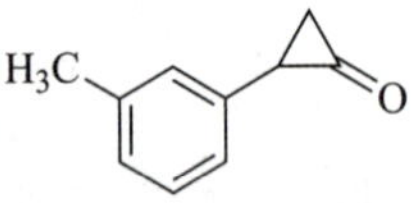

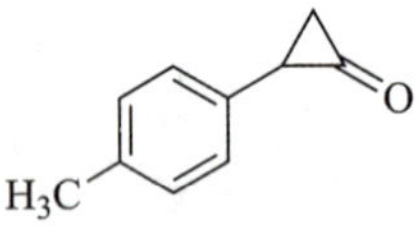

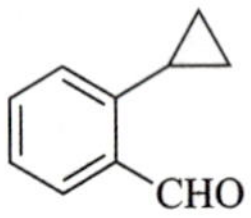

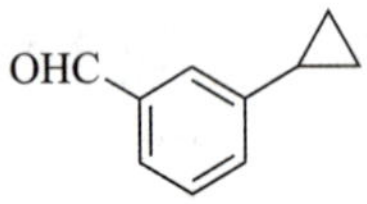

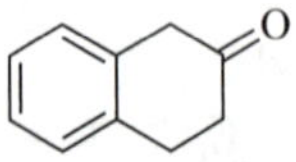

习题 2-35 分别写出下列化合物的无环状结构、无 C═C═O 结构且含羰基的构造异构体的个数。

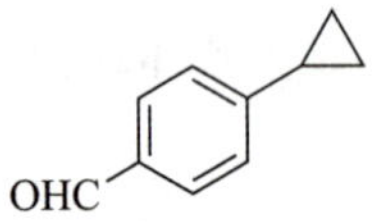

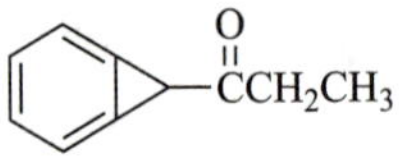

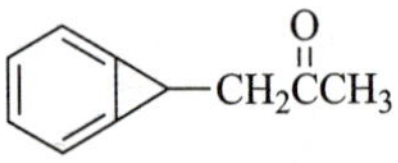

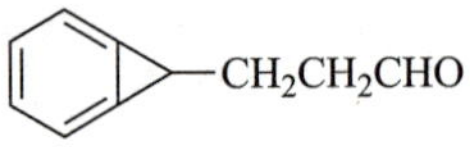

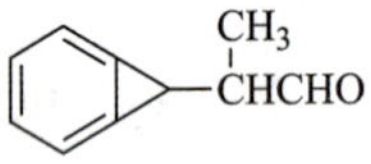

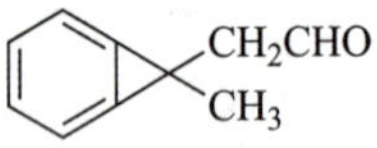

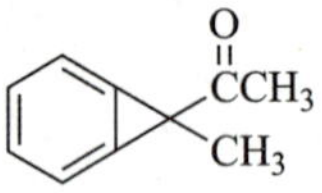

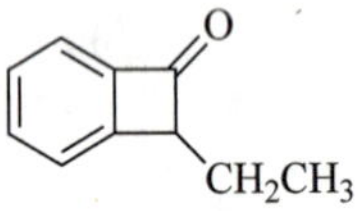

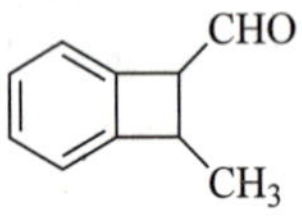

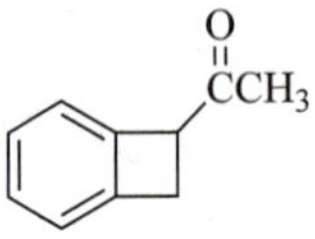

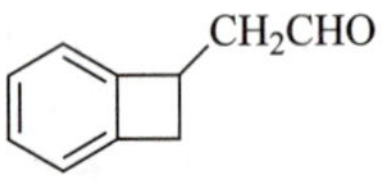

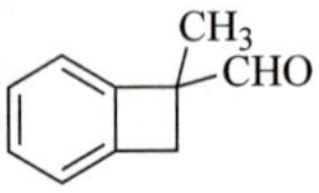

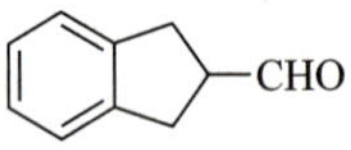

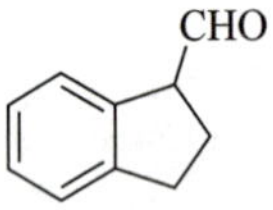

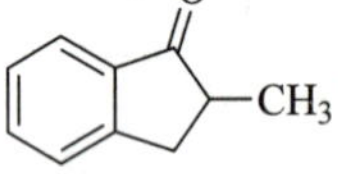

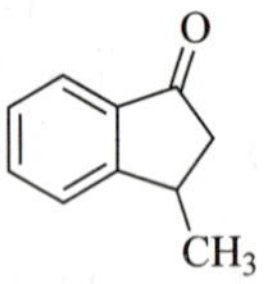

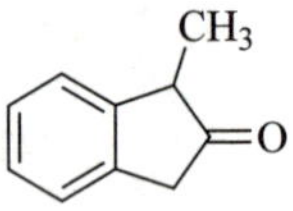

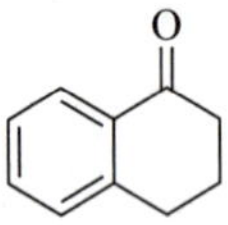

(i) 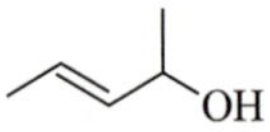 (ii)

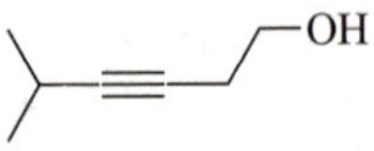

答 (i) 的符合要求的构造异构体共有 7 个，如下所示：

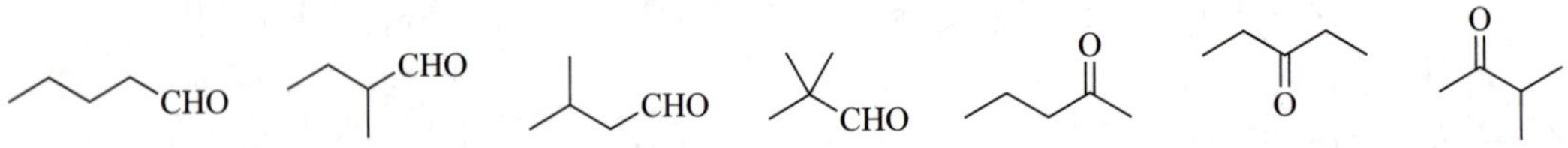

（ii）的符合要求的构造异构体共有 95 个。

其中碳链无分叉的异构体共有 15 个，如下所示：

(1) $CH_3CH_2CH_2CH_2CH{=}CHCHO$　(2) $CH_3CH_2CH_2CH{=}CHCH_2CHO$　(3) $CH_3CH_2CH{=}CHCH_2CH_2CHO$

(4) $CH_3CH{=}CHCH_2CH_2CH_2CHO$　(5) 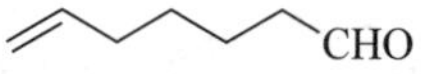 CHO　(6) $CH_3CH_2CH_2CH{=}CH\overset{O}{\overset{\|}{C}}CH_3$

(7) $CH_3CH_2CH{=}CHCH_2\overset{O}{\overset{\|}{C}}CH_3$　(8) $CH_3CH{=}CHCH_2CH_2\overset{O}{\overset{\|}{C}}CH_3$　(9) 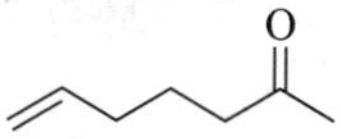 O

(10) 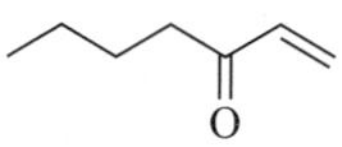 O　(11) $CH_3CH_2CH{=}CH\overset{O}{\overset{\|}{C}}CH_2CH_3$　(12) $CH_3CH{=}CHCH_2\overset{O}{\overset{\|}{C}}CH_2CH_3$

(13) 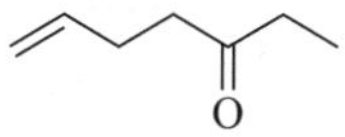 O　(14) 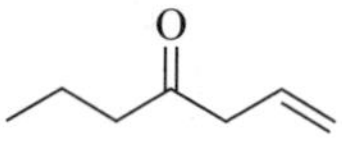 O　(15) $CH_3CH_2CH_2\overset{O}{\overset{\|}{C}}CH{=}CHCH_3$

其中最长链为 6 碳链，在 6 碳链的 2 位碳上有一碳分叉的构造异构体共有 18 个，如下所示：

(16) 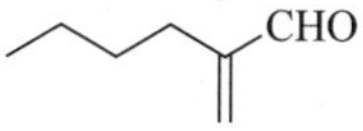 CHO　(17) $CH_3CH_2CH_2CH{=}\underset{CH_3}{\underset{|}{C}}CHO$　(18) $CH_3CH_2CH{=}CH\underset{CH_3}{\underset{|}{C}H}CHO$　(19) $CH_3CH{=}CHCH_2\underset{CH_3}{\underset{|}{C}H}CHO$

(20) 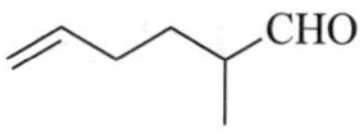 CHO　(21) 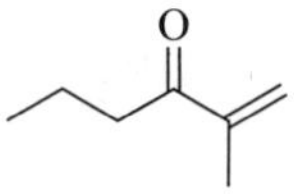 O　(22) $CH_3CH{=}CH\overset{O}{\overset{\|}{C}}\underset{CH_3}{\underset{|}{C}H}CH_3$　(23) 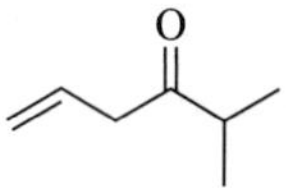 O

(24) 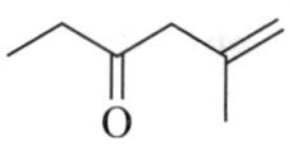 O　(25) 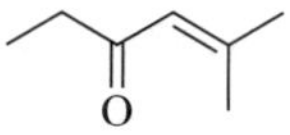 O　(26) 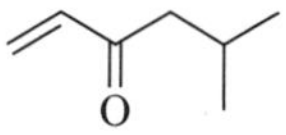 O　(27) 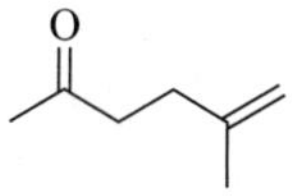 O

(28) 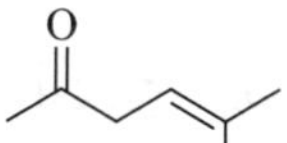 O　(29) $CH_3\overset{O}{\overset{\|}{C}}CH{=}CH\underset{CH_3}{\underset{|}{C}H}CH_3$　(30) 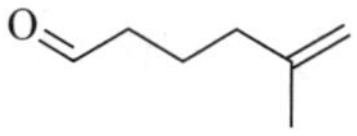 O　(31) 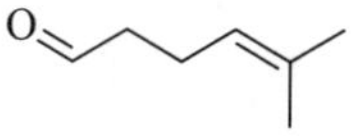 O

(32) $CH_3\underset{CH_3}{\underset{|}{C}H}CH{=}CHCH_2CHO$　(33) $CH_3\underset{CH_3}{\underset{|}{C}H}CH_2CH{=}CHCHO$

其中最长链为 6 碳链，在 6 碳链的 3 位碳上有一碳分叉的构造异构体共有 27 个，如下所示：

(34) $CH_3CH_2CH_2\overset{CH_3}{\overset{|}{C}}{=}CHCHO$　(35) 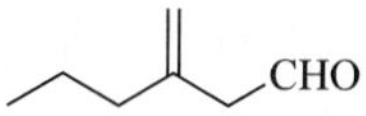 CHO　(36) $CH_3CH_2CH{=}\overset{CH_3}{\overset{|}{C}}CH_2CHO$　(37) $CH_3CH{=}CH\overset{CH_3}{\overset{|}{C}H}CH_2CHO$

(38) 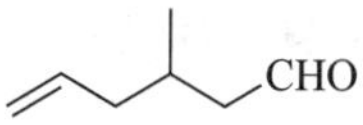 CHO　(39) 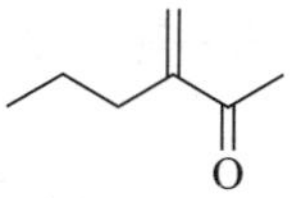 O　(40) $CH_3CH_2CH{=}\underset{CH_3}{\underset{|}{C}}\overset{O}{\overset{\|}{C}}CH_3$　(41) $CH_3CH{=}CH\underset{CH_3}{\underset{|}{C}H}\overset{O}{\overset{\|}{C}}CH_3$

(42) 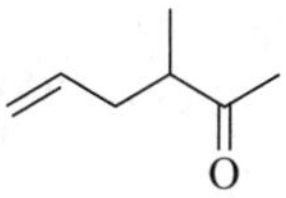 O　(43) 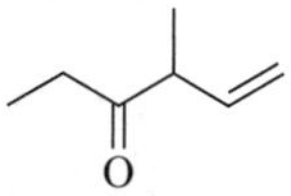 O　(44) $CH_3CH_2\overset{O}{\overset{\|}{C}}\underset{CH_3}{\underset{|}{C}}{=}CHCH_3$　(45) 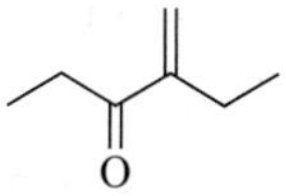 O

(46) 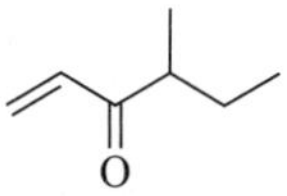 O　(47) 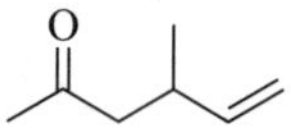 O　(48) $CH_3\overset{O}{\overset{\|}{C}}CH_2\underset{CH_3}{\underset{|}{C}}{=}CHCH_3$　(49) 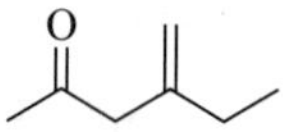 O

(50) $CH_3\overset{O}{\overset{\|}{C}}CH{=}\underset{CH_3}{\underset{|}{C}}CH_2CH_3$　(51) 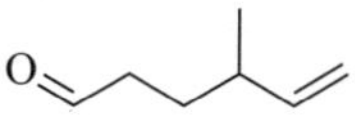 O　(52) $OHCCH_2CH_2\underset{CH_3}{\underset{|}{C}}{=}CHCH_3$　(53) 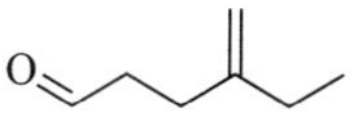 O

(54) $OHCCH_2CH{=}\underset{CH_3}{\underset{|}{C}}CH_2CH_3$　(55) $OHCCH{=}CH\underset{CH_3}{\underset{|}{C}H}CH_2CH_3$　(56) 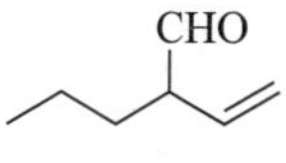 CHO　(57) $CH_3CH_2CH_2\overset{CHO}{\overset{|}{C}}{=}CHCH_3$

(58) $CH_3CH_2CH{=}\overset{CHO}{\overset{|}{C}}CH_2CH_3$　(59) $CH_3CH{=}CH\overset{CHO}{\overset{|}{C}H}CH_2CH_3$　(60) 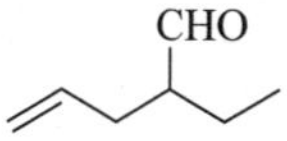 CHO

其中最长链为 5 碳链，在 5 碳链的 2 位碳上有两个一碳分叉的构造异构体共有 4 个，如下所示：

(61) 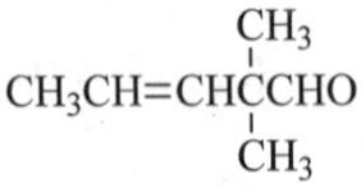 $CH_3CH{=}CHC(CH_3)_2CHO$　(62) 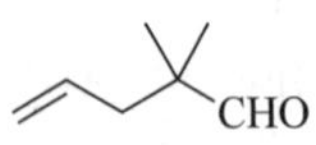 CHO　(63) 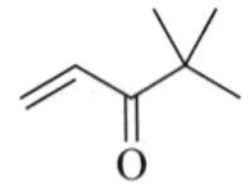 O　(64) 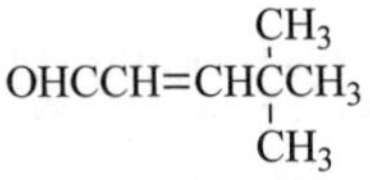 $OHCCH{=}CHC(CH_3)_2CH_3$

其中最长链为 5 碳链，在 5 碳链的 3 位碳上有两个一碳分叉的构造异构体共有 3 个，如下所示：

(65) 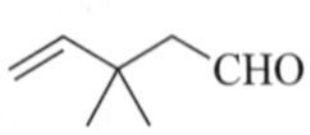 CHO　(66) 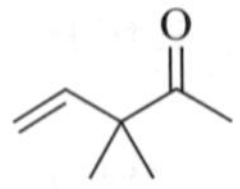 O　(67) 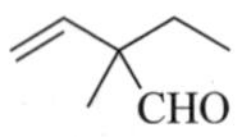 CHO

其中最长链为 5 碳链，在 5 碳链的 2 位碳、3 位碳上各有一个一碳分叉的构造异构体共有 16 个，如下所示：

(68) 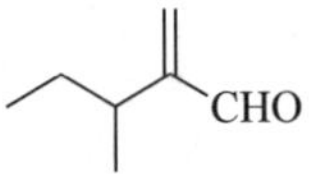 CHO　(69) 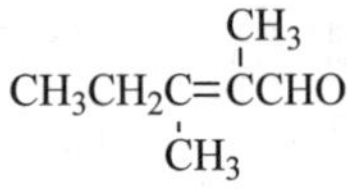 $CH_3CH_2C(CH_3){=}C(CH_3)CHO$　(70) 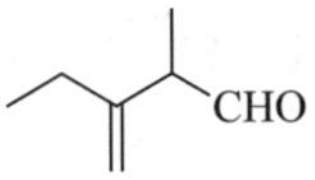 CHO　(71) 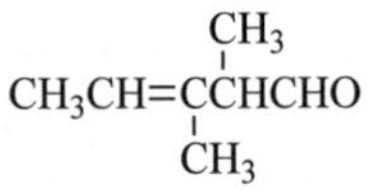 $CH_3CH{=}C(CH_3)CH(CH_3)CHO$

(72) 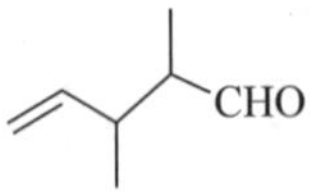 CHO　(73) 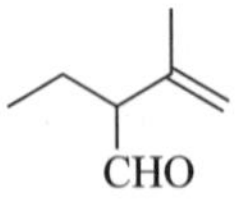 CHO　(74) 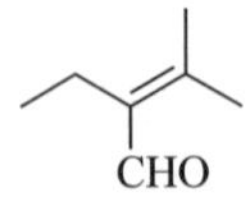 CHO　(75) 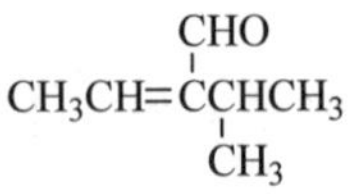 $CH_3CH{=}C(CHO)CH(CH_3)CH_3$

(76) 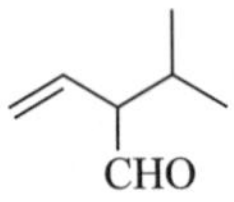 CHO　(77) 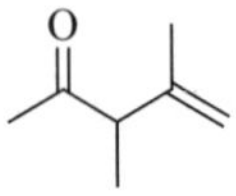 O　(78) 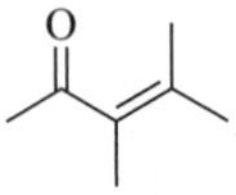 O　(79) 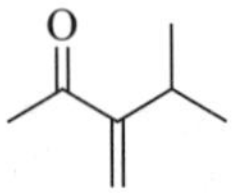 O

(80) 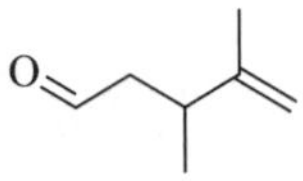 O　(81) 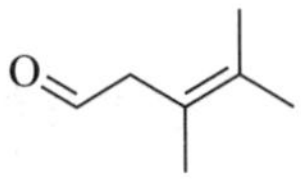 O　(82) 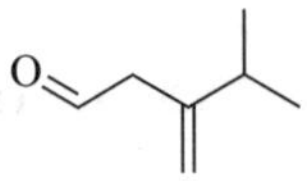 O　(83) 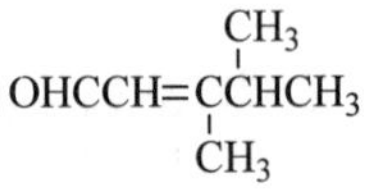 $OHCCH{=}C(CH_3)CH(CH_3)CH_3$

其中最长链为 5 碳链，在 5 碳链的 2 位碳、4 位碳上各有一个一碳分叉的构造异构体共有 5 个，如下所示：

(84) 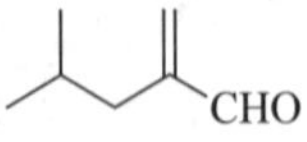 CHO　(85) 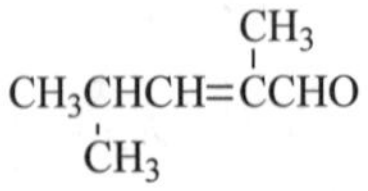 $CH_3CH(CH_3)CH{=}C(CH_3)CHO$　(86) 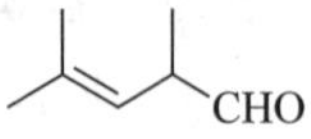 CHO　(87) 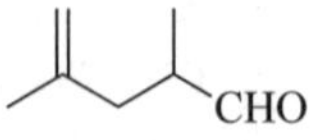 CHO　(88) 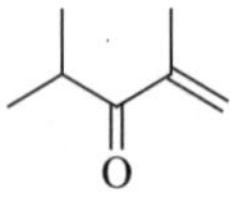 O

其中最长链为 5 碳链，在 5 碳链的 3 位碳上有一个二碳分叉的构造异构体共有 5 个，如下所示：

(89) 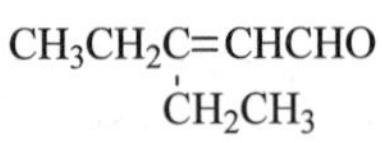 $CH_3CH_2C(CH_2CH_3){=}CHCHO$　(90) 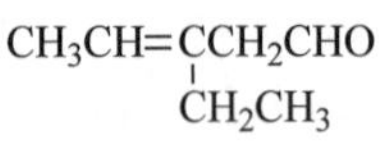 $CH_3CH{=}C(CH_2CH_3)CH_2CHO$　(91) 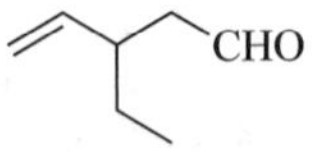 CHO　(92) 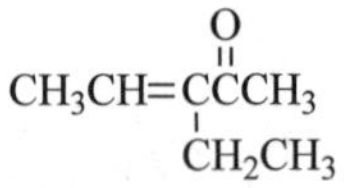 $CH_3CH{=}C(CH_2CH_3)C(=O)CH_3$　(93) 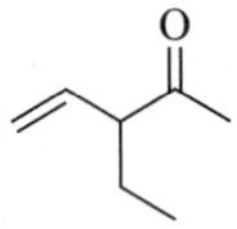 O

其中最长链为 4 碳链，在 4 碳链上有 3 个甲基取代基的构造异构体共有 2 个，如下所示：

(94) 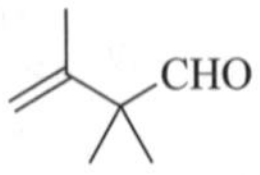 CHO　(95) 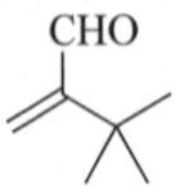 CHO

3

第 3 章

立体化学

立体化学是研究分子的立体结构、反应的立体性及其相关规律和应用的科学。分子的立体结构是指分子内原子所处的空间位置及这种结构的立体形象，研究分子的立体结构及这种结构和分子物理性质之间的关系属于**静态立体化学**的范畴。本章主要学习静态立体化学的内容。

内容提要

3.1 轨道的杂化和碳原子价键的方向性

碳原子位于周期表第二周期ⅣA族。在有机化合物中，碳总是四价，有三种不同类型的价键取向。甲烷是最简单的烷烃。其碳原子为 sp^3 杂化，碳原子位于四面体的中心，碳原子的四根键指向四面体的四个顶点，甲烷呈正四面体型。乙烯是最简单的烯烃。其碳原子为 sp^2 杂化，三个 sp^2 杂化轨道位于同一平面，每个碳原子各用两个 sp^2 杂化轨道和两个氢原子的 1s 轨道形成碳氢 σ 键，各用一个 sp^2 杂化轨道通过轴向重叠形成碳碳 σ 键，五个 σ 键处在同一个平面上。两个碳原子各剩一个与此平面垂直的 p 轨道，两个 p 轨道通过侧面重叠形成碳碳 π 键。乙烯是平面型分子。乙炔是最简单的炔烃。其碳原子为 sp 杂化，两个 sp 杂化轨道位于同一直线，每个碳原子各用一个 sp 杂化轨道和氢原子的 1s 轨道形成碳氢 σ 键，各用一个 sp 杂化轨道通过轴向重叠形成碳碳 σ 键，三个 σ 键处在同一直线上。两个碳原子各剩两个与此直线垂直且互相正交的 p 轨道，四个 p 轨道通过两两侧面重叠形成两个正交的碳碳 π 键。乙炔是直线形分子。

构象、构象异构体

3.2 链烷烃的构象

单键的自由旋转使分子中的原子或基团产生不同的空间排列，这种特定的排列形式称为**构象**。有**重叠型**构象、**交叉型**构象和**扭曲型**构象。重叠型构象是不稳定的构象，交叉型构象是稳定的构象。能量最低的稳定的构象称为**优势构象**。重叠型构象和交叉型构象是构象异构体的两种极端情况，也称之为**极限构象**。其他构象为扭曲型构象。由单键旋转而产生的异构体称为**构象异构体**。在动态平衡中，各构象所占的比例称为**构象分布**。

3.3 环烷烃的构象

环丙烷的三个碳原子必须在同一平面上。三个碳碳键为弯曲的 σ 键，分子为重叠型构象。环丁烷的重叠型构象为平面型构象，其折叠型构象为稳定构象，两个折叠型构象可以通过环的翻转互变。环戊烷的重叠型构象为平面型构象，其信封型和半椅型构象为稳定构象。环己烷的极限构象有椅型构象、半椅型构象、船型构象和扭船型构象。椅型构象是环己烷的稳定构象，在椅型构象中，环中的碳原子处在一上一下的位置，向上的三个碳原子组成的平面和向下的三个碳原子组成的平面互相平行。分子中存在一个 C_3 对称轴，C_3 对称轴通过分子的中心并垂直上述两个平面。环己烷的 C—H 键分为两组，六个 C—H 键与 C_3 对称轴平行，称为**直立键**（a 键）；六个 C—H 键与 C_3 对称轴大致垂直，都伸向环外，称为**平伏键**（e 键），三个 a 键略向上伸，三个 e 键略向下伸。通过碳碳键的旋转，一个椅型构象可以转变为另一个椅型构象，这两个椅型构象互称为构象转换体。顺十氢化萘也有一对构象转换体。

旋光异构体

3.4 旋光性

只能在一个平面振动的光称为平面偏振光。能使平面偏振光旋转一定角度的物质称为**旋光物质**，这种性质称为**旋光性**。某纯净液态物质在管长为 1 dm、密度为 1 g · cm^{-3}、温度为 t、波长为 λ 时的旋光度称为**比旋光度**，用 $[\alpha]_\lambda^t$ 表示。

3.5 手性和分子结构的对称因素

一种物质不能与其镜像重合的特征称为**手性**。具有这种特征的分子称为手性分子。手性分子都具有旋光性。有反轴的分子不是手性分子。有对称面的分子必然有一阶反轴，有对称中心的分子必然有二阶反轴，因此有对称面的分子或有对称中心的分子不是手性分子。

3.6 含手性中心的手性分子

若分子的手性是由于分子中的原子或基团围绕某一点的非对称排列而产生的，则这个点称为**手性中心**。与四个不同原子或基团相连的碳原子称为手性碳原子或不对称碳原子，手性碳原子就是一个手性中心。互为实物和镜像又不能重合的分子互称为**对映体**。对映体的内能是相同的，在非手性环境中，它们的物理性质和化学性质基本上也是相同的，但在手性环境中，它们的物理性质和化学性质基本上是不相同的。将一对对映体等量混合，称之为**外消旋体**。

由 Fischer 提出的表达化合物立体结构的式子称为 **Fischer 投影式**。画 Fischer 投影式要符合如下规定：(1) 碳链要尽量放在垂直方向，氧化态高的在上，氧化态低的在下，其他基团放在水平方向；(2) 垂直方向伸向纸面后方，水平方向伸向纸面前方；(3) 将分子结构投影到纸面上，横线和竖线的交叉点表示碳原子。

以甘油醛的构型为参照标准而确定的构型称为**相对构型**，相对构型以 D-L 构型标记法标记。能真实反映分子空间排列的构型称为**绝对构型**，绝对构型是根据手性碳原子上四个原子或基团在“顺序规则”中的先后次序来确定的，用 R-S 构型标记法标记。不呈镜像关系的旋光异构体称为非对映体。

含有两个或多个手性碳原子的旋光异构体，若只有一个手性碳原子的构型不同，则这两个旋光异构体称为**差向异构体**。在分子内含有相同手性碳原子的一组立体异构体中，常存在一个(或多个)在分子的构型上具有对称因素的化合物，此类化合物称为**内消旋体**。一个碳原子若和两个相同取代的不对称碳原子相连，且当这两个取代基构型相同时，该碳原子为对称碳原子；而当这两个取代基构型不同时，该碳原子为不对称碳原子，这样的碳原子称为**假不对称碳原子**。其他原子，若与四个不同基团相连，也是手性中心，也有旋光异构体存在。

3.7 含手性轴的旋光异构体

分子中存在一根轴，通过轴能找到两个在轴两侧有不同基团的平面，这类分子也会产生实物与镜像不能重合的对映体，这类旋光异构体称为含手性轴的旋光异构体。这根轴称为**手性轴**。

3.8 含手性面的旋光异构体

因分子内存在扭曲的面而产生的旋光异构体称为含**手性面**的旋光异构体。

3.9 消旋、拆分和不对称合成

由纯的光活性物质转变为外消旋体的过程称为**消旋**。将外消旋体分开成纯左旋体和纯右旋体的过程称为**拆分**。在合成中，使新产生的非对称基团形成非等量的对映体，此类合成为**不对称合成**。

习题解析

习题 3-1 略

习题 3-2 请用伞形式、锯架式和 Newman 式画出 1,3-二氯丙烷的优势构象。

答

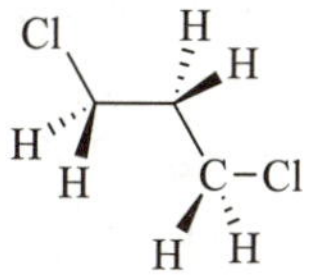

伞形式 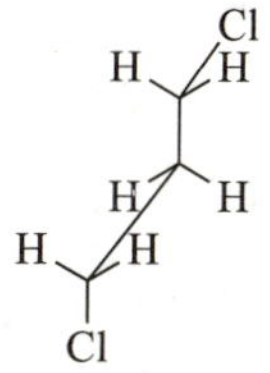　　锯架式 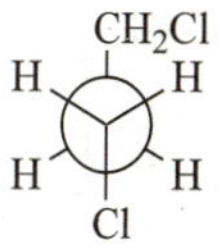　　Newman 式

习题 3-3 画出下列分子的优势构象，用伞形式、锯架式、Newman 式分别表示。

(i) 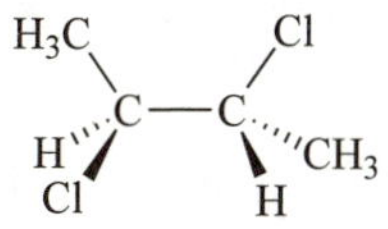　　(ii) 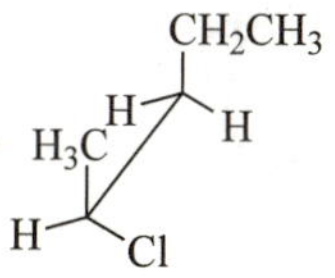　　(iii)

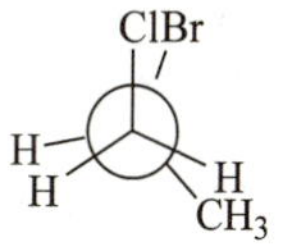

答 (i) 优势构象为

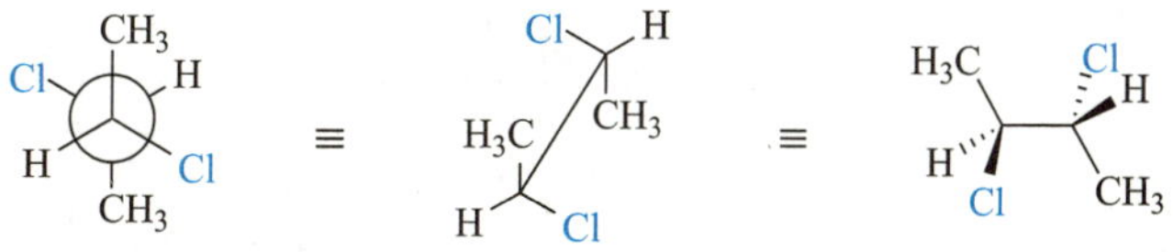

≡　　≡

(ii) 优势构象为

(iii) 优势构象为

或

习题 3-4　画出下面化合物最稳定的构象，并用 Newman 式表示它的三种重叠型构象。

答　最稳定的构象为

三种重叠型构象为

习题 3-5　画出以新戊烷分子中某根 C—C 键为轴旋转 360°时各种构象的势能关系图。

答

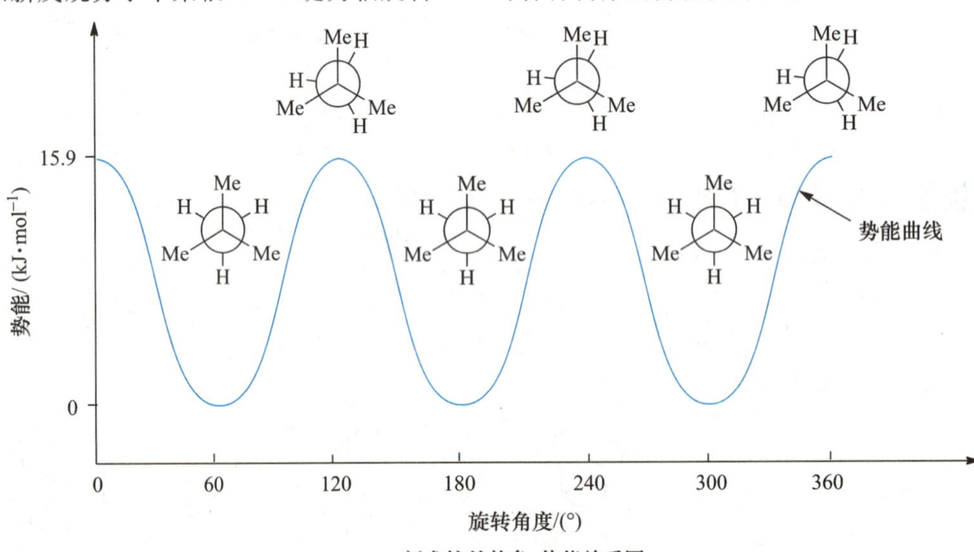

新戊烷的构象-势能关系图

习题 3-6 请分析：环丙烷为什么特别容易发生开环反应？

答 环丙烷易发生开环反应是由于以下因素引起的：(1) 分子为全重叠型构象；(2) 键角不符合 sp^3 杂化的角度产生角张力；(3) C—C σ 键没有按轴向重叠，电子云重叠少；(4) 不同碳上的两个氢原子之间的距离小于 van der Waals 半径之和，有排斥力。

习题 3-7 画出下列化合物的构象转换体，并计算(i)中直键取代与平键取代的平衡常数 K 及百分含量(25℃)。

(i) 乙基环己烷　　(ii) 环己甲醇　　(iii)环己甲腈

答 (i)  （直立键 C_2H_5 椅式构象）⇌（平伏键 C_2H_5 椅式构象）

乙基取直立键和平伏键的势能差 $\Delta E=-7.5\ \text{kJ}\cdot\text{mol}^{-1}$，将数据代入 Boltzmann 平衡分布公式得

$$-7.5\ \text{kJ}\cdot\text{mol}^{-1}=-RT\ln K=-(8.31\times10^{-3}\ \text{kJ}\cdot\text{mol}^{-1}\cdot\text{K}^{-1})\times298\ \text{K}\times\ln K,\quad K=20.66$$

因为
$$K=\frac{[\text{平伏键构象}]}{[\text{直立键构象}]}=20.66$$

所以
$$[\text{平伏键构象}]=\frac{20.66}{20.66+1}\times100\%\approx95.4\%$$

$$[\text{直立键构象}]=\frac{1}{20.66+1}\times100\%\approx4.6\%$$

即(i) 中的平衡常数 K 为 20.66，直立键构象的含量为 4.6%，平伏键构象的含量为 95.4%。

(ii)  （直立键 CH_2OH 椅式构象）⇌（平伏键 CH_2OH 椅式构象）

(iii)  （直立键 CN 椅式构象）⇌（平伏键 CN 椅式构象）

习题 3-8 画出下列化合物椅型构象的一对构象转换体，指出其中哪一个是优势构象，并计算它们的势能差。

(i) 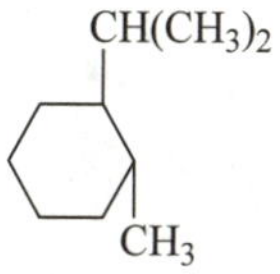 （$CH(CH_3)_2$、CH_3 取代环己烷）　(ii) 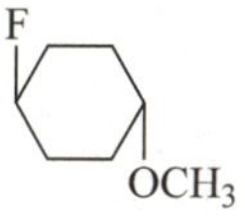 （F、OCH_3 取代环己烷）　(iii) 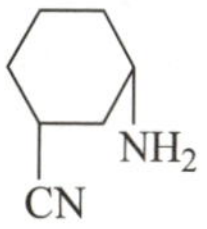 （NH_2、CN 取代环己烷）　(iv) 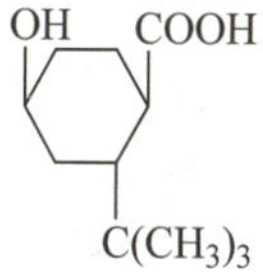 （OH、COOH、$C(CH_3)_3$ 取代环己烷）

答 (i) 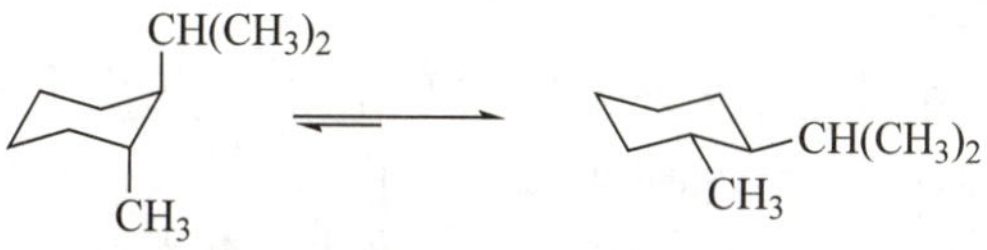 （$CH(CH_3)_2$ 直立键、CH_3 直立键椅式构象）⇌（$CH(CH_3)_2$ 平伏键、CH_3 平伏键椅式构象）

甲基取直立键和平伏键的势能差为 $7.1\ \text{kJ}\cdot\text{mol}^{-1}$，异丙基取直立键和平伏键的势能差为 $8.8\ \text{kJ}\cdot\text{mol}^{-1}$。左式比右式能量高：$7.1\ \text{kJ}\cdot\text{mol}^{-1}+8.8\ \text{kJ}\cdot\text{mol}^{-1}=15.9\ \text{kJ}\cdot\text{mol}^{-1}$，所以右式比左式稳定，右式是优势构象。

(ii) 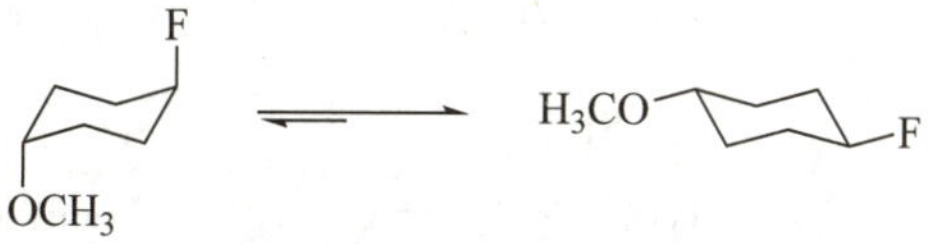 （F 直立键、OCH_3 直立键椅式构象）⇌（H_3CO 平伏键、F 平伏键椅式构象）

F 取直立键和平伏键的势能差为 $0.8\ \text{kJ}\cdot\text{mol}^{-1}$，甲氧基取直立键和平伏键的势能差为 $2.9\ \text{kJ}\cdot$

mol^{-1}。左式比右式能量高：0.8 kJ·mol^{-1}+2.9 kJ·mol^{-1}=3.7 kJ·mol^{-1}，右式比左式稳定，所以右式是优势构象。

(iii)

NH_2 取直立键和平伏键的势能差为 6.3 kJ·mol^{-1}，CN 取直立键和平伏键的势能差为 0.8 kJ·mol^{-1}。右式比左式能量高：6.3 kJ·mol^{-1}+0.8 kJ·mol^{-1}=7.1 kJ·mol^{-1}，左式比右式稳定，所以左式是优势构象。

(iv)

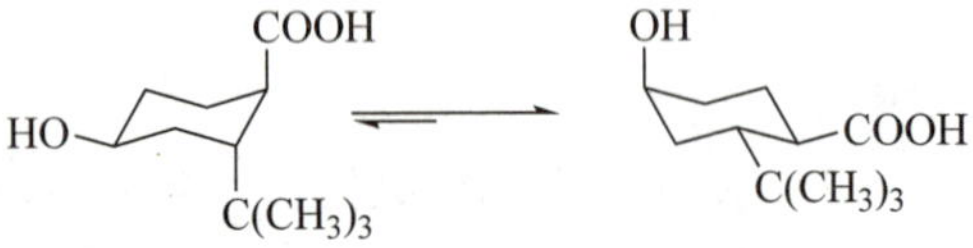

COOH 取直立键和平伏键的势能差为 5.0 kJ·mol^{-1}，$C(CH_3)_3$ 取直立键和平伏键的势能差大于 18.4 kJ·mol^{-1}，HO 取直立键和平伏键的势能差为 3.3 kJ·mol^{-1}。左式比右式能量至少高：5.0 kJ·mol^{-1}+18.4 kJ·mol^{-1}−3.3 kJ·mol^{-1}=20.1 kJ·mol^{-1}，右式比左式稳定，所以右式是优势构象。

习题 3-9 画出下列化合物的优势构象。

(i) 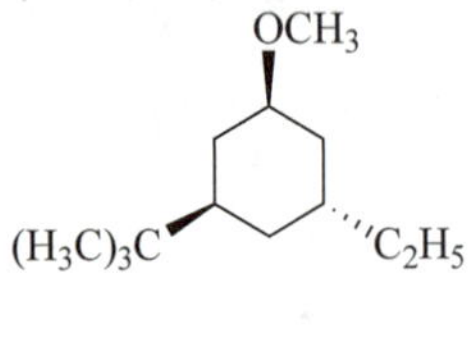 (ii) 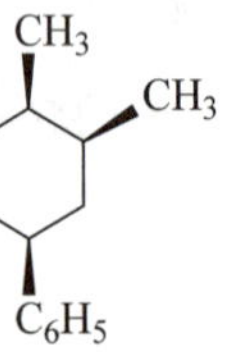 (iii) 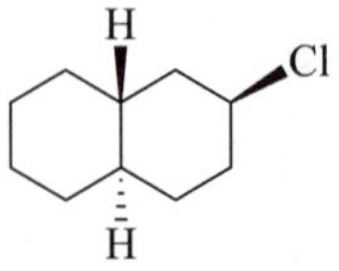 (iv)

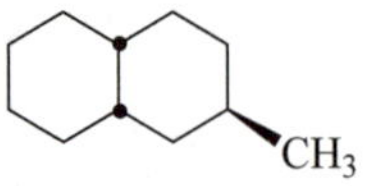

答 (i) 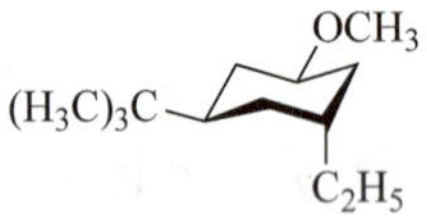 (ii)  (iii) 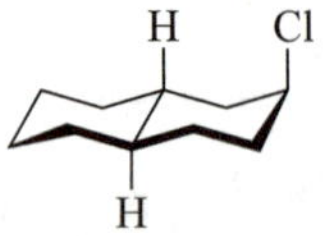 (iv)

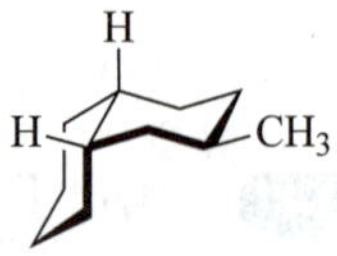

习题 3-10 比较下列两个化合物的稳定性(提示：计算甲基对两个环的作用，再考虑顺和反十氢化萘的稳定性)。

(i) 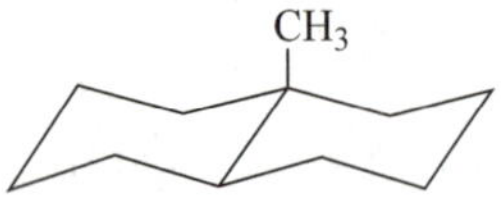 (ii)

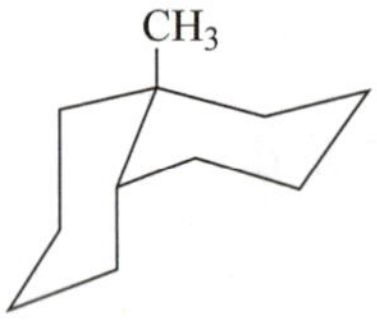

答 在(i)中，甲基对两个环均为直立键，有四个邻交叉型的相互作用，即比反十氢化萘不稳定 4×3.8 kJ·mol^{-1}。在(ii)中，甲基对一个环为直立键，对另一个环为平伏键，因此只有两个邻交叉型的相互作用，即比顺十氢化萘不稳定 2×3.8 kJ·mol^{-1}。反十氢化萘比顺十氢化萘稳定 3×3.8 kJ·mol^{-1}，因此(ii)比(i)不稳定 3.8 kJ·mol^{-1}。

习题 3-11 下列化合物有几个对称面？

(i) 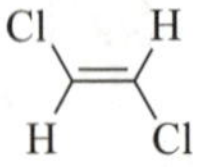 (ii) 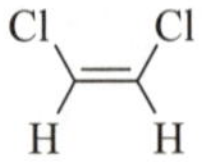 (iii) CH_2Br_2 (iv) $CHBr_3$

(v) CO_2 (vi)  (vii)  (viii)

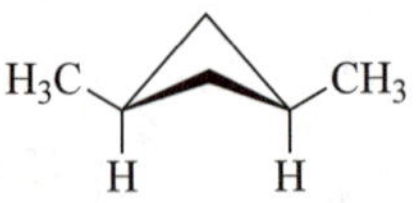

(ix) 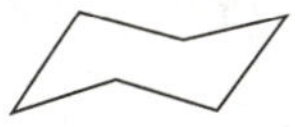 (x)  (xi) 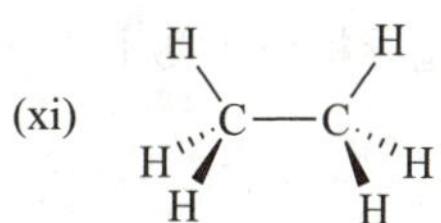 (xii) 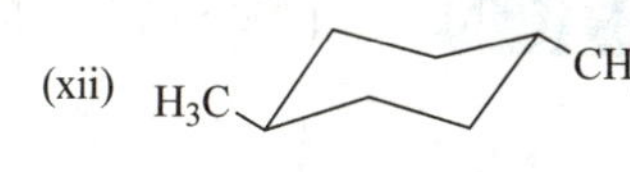

答 (i) 1 个　(ii) 2 个　(iii) 2 个　(iv) 3 个

(v) 1 个对称面通过 C，无数个对称面通过 O═C═O 轴

(vi) 7 个　(vii) 1 个　(viii) 2 个　(ix) 3 个

(x) 1 个　(xi) 4 个　(xii) 1 个

习题 3-12 下列化合物有无简单对称轴？

(i) 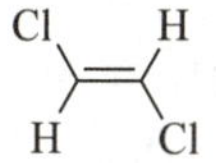　(ii) $CHBr_3$　(iii) CO_2　(iv) 　(v) 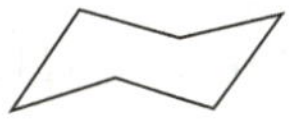　(vi) 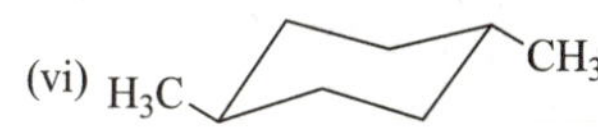

(vii) 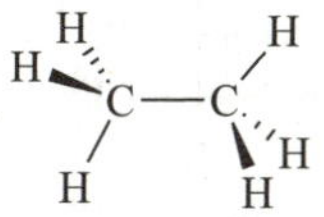　(viii) 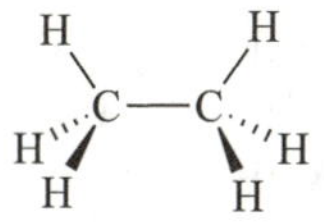　(ix) 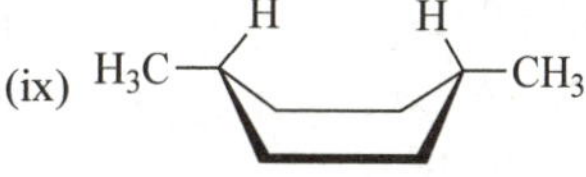　(x) 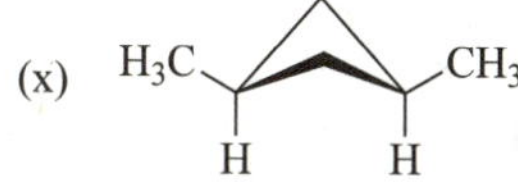

答 (i) 1 个 C_2　(ii) 1 个 C_3

(iii) 无数个 C_2 通过 C，1 个 C_2 通过 O═C═O　(iv) 1 个 C_6，6 个 C_2

(v) 1 个 C_3，3 个 C_2　(vi) 1 个 C_2

(vii) 1 个 C_3，3 个 C_2　(viii) 1 个 C_3，3 个 C_2

(ix) 1 个 C_2　(x) 1 个 C_2

习题 3-13 指出下列化合物的中心对称位置。

(i) 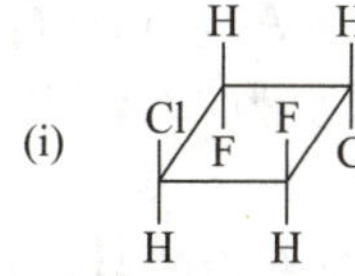　(ii) 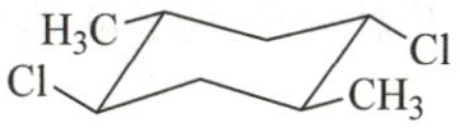　(iii) 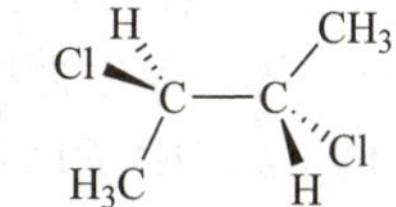　(iv)

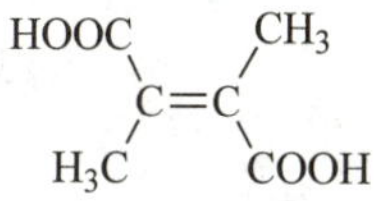

答 (i) 四元环的中心　(ii) 六元环的中心

(iii) C_2 与 C_3 键线的中心　(iv) 碳碳双键的中心

习题 3-14 写出下列四式的关系，并标明分子中不对称碳原子的构型。

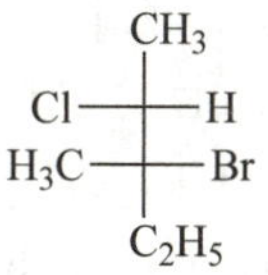

(A) 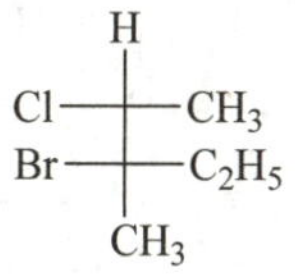　(B) 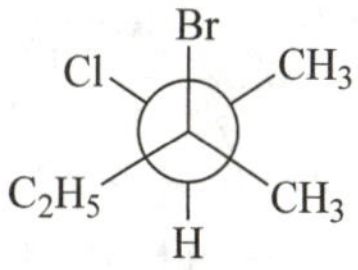　(C) 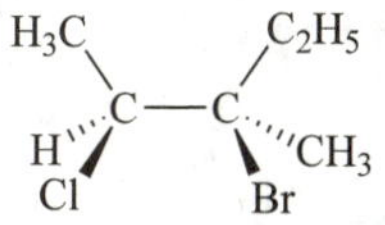　(D)

答 (A)与(B)，(A)与(D)是非对映体；(C)与(B)，(C)与(D)也是非对映体。(A)与(C)是对映体，(B)与(D)是相同化合物。

习题 3-15 写出 (2*R*, 3*S*)-3-溴-2-碘戊烷的 Fischer 投影式，并写出其优势构象的锯架式、伞形式、Newman 式。

答

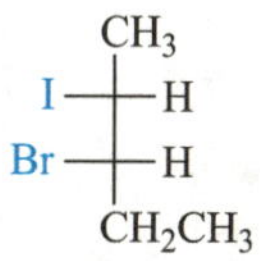

Fischer 投影式 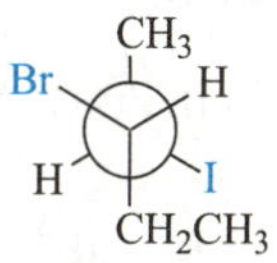　Newman式 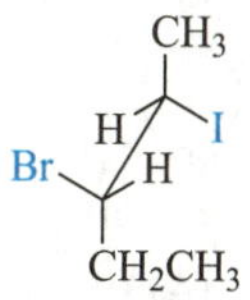　锯架式 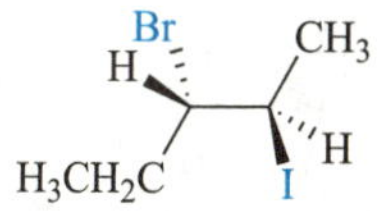　伞形式

习题 3-16 计算下面分子的旋光异构体的数目。有几对对映体？每一个化合物有几个非对映体？

CHO
H—OH
H—OH
H—OH
CH_2OH

答 $2^3=8$，有 8 个旋光异构体。有 4 对对映体。每一个化合物有 6 个非对映体。

习题 3-17 判断下列化合物的关系[指(B)，(C)，(D)，(E)与(A)的关系是相同化合物、对映体、非对映体还是差向异构体]，并指出分子中不对称碳原子的构型。

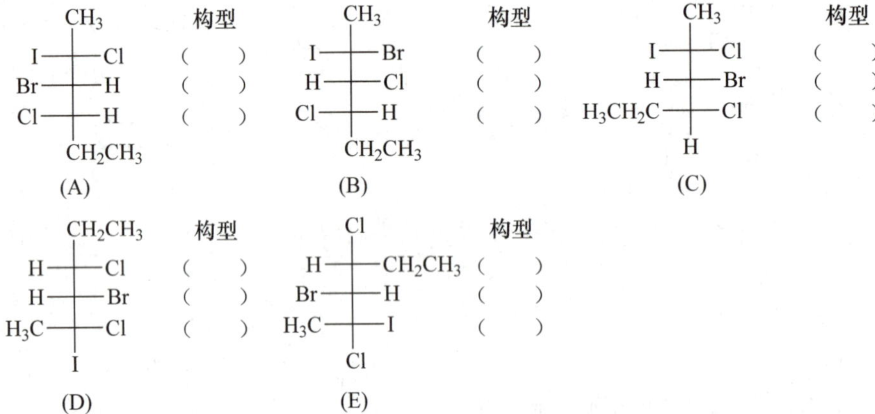

答 (A)与(B)是完全不相同的化合物。(A)与(C)是 C_3 差向异构体。(A)与(D)是相同化合物。(A)与(E)是对映体。各化合物中，不对称碳原子的构型从上至下依次为：(A) *RSS*，(B) *RRS*，(C) *RRS*，(D) *SSR*，(E) *RRS*。

习题 3-18 指出(a)与(b)，(c)，(d)，(e)的关系[即等同、对映体、非对映体、不同化合物的关系]，并用 *R*，*S* 标明不对称碳原子的构型。它们是否是手性分子？若不是手性分子，请指出对称因素。

(a) OH；H_3C—H；H_3C—OH；H
(b) OH；H—CH_3；HO—H；CH_3
(c) CH_3；H—OH；HO—CH_3；H
(d) OH；H—CH_3；H—OH；CH_3
(e) OH；H—CH_3；HO—C_2H_5；H

答 (a)(d)(e)均为手性分子；(b)(c)均为非手性分子，均有对称面。(a)与(b)，(a)与(c)是非对映体关系，(a)与(d)互为对映体，(a)与(e)是不同的化合物。各化合物中，不对称碳原子的构型从上至下依次为：(a) *SS*，(b) *RS*，(c) *SR*，(d) *RR*，(e) *RR*。

习题 3-19 将下列各式改为 Fischer 投影式，并用中英文写出其系统名称。判别哪个分子是非手性的，并阐明原因。

(A) Br，Br，H，H，COOH，COOH
(B) H_3C，H，Br，Br，CH_3，C_2H_5
(C) Br，H_3C，H，H，CH_3，Br

答

(A)
$$\begin{array}{rcl} & \mathrm{COOH} & \\ \mathrm{H} & + & \mathrm{Br}\ (S) \\ \mathrm{Br} & + & \mathrm{H}\ (S) \\ & \mathrm{COOH} & \end{array}$$
手性分子

(2*S*,3*S*)-2,3-二溴丁二酸
(2*S*,3*S*)-2,3-dibromo-butanedioic acid

(B)
$$\begin{array}{rcl} & \mathrm{CH_3} & \\ \mathrm{H} & + & \mathrm{Br}\ (S) \\ \mathrm{Br} & + & \mathrm{CH_3}\ (S) \\ & \mathrm{CH_2CH_3} & \end{array}$$
手性分子

(2*S*,3*S*)-3-甲基-2,3-二溴戊烷
(2*S*,3*S*)-2,3-dibromo-3-methylpentane

(C)
$$\begin{array}{rcl} & \mathrm{CH_3} & \\ \mathrm{Br} & + & \mathrm{H}\ (R) \\ \mathrm{Br} & + & \mathrm{H}\ (S) \\ & \mathrm{CH_3} & \end{array}$$
非手性分子，有对称面

(2*R*,3*S*)-2,3-二溴丁烷
(2*R*,3*S*)-2,3-dibromobutane

习题 3-20 将下列两组中各化合物改写成 Fischer 投影式，判断它们的关系，并分别写出每一个化合物的一个差向异构体。

(i) H, OH, $\mathrm{H_3C}$, Br, C—C, H, $\mathrm{CH_2CH_3}$　　Br, H, $\mathrm{CH_2CH_3}$, H, $\mathrm{H_3C}$, C—C, OH

(ii) $\mathrm{CH_3}$, $\mathrm{H_3C}$, H, $\mathrm{H_3CH_2C}$, Br, $\mathrm{CH_2CH_3}$　　$\mathrm{CH_2CH_3}$, H, $\mathrm{CH_3}$, $\mathrm{H_3C}$, Br, $\mathrm{CH_2CH_3}$

答

(i) (左)
$$\begin{array}{rcl} & \mathrm{CH_3} & \\ \mathrm{Br} & + & \mathrm{H}\ (R) \\ \mathrm{H} & + & \mathrm{OH}\ (R) \\ & \mathrm{CH_2CH_3} & \end{array}$$
(右)
$$\begin{array}{rcl} & \mathrm{CH_3} & \\ \mathrm{Br} & + & \mathrm{H}\ (R) \\ \mathrm{H} & + & \mathrm{OH}\ (R) \\ & \mathrm{CH_2CH_3} & \end{array}$$

这是两个相同的化合物。它们有两个差向异构体，Fischer 投影式分别为

$$\begin{array}{rcl} & \mathrm{CH_3} & \\ \mathrm{H} & + & \mathrm{Br} \\ \mathrm{H} & + & \mathrm{OH} \\ & \mathrm{CH_2CH_3} & \end{array} \qquad \begin{array}{rcl} & \mathrm{CH_3} & \\ \mathrm{Br} & + & \mathrm{H} \\ \mathrm{HO} & + & \mathrm{H} \\ & \mathrm{CH_2CH_3} & \end{array}$$

答案中写任一个都对。

(ii) (左)
$$\begin{array}{rcl} & \mathrm{CH_2CH_3} & \\ \mathrm{H_3C} & + & \mathrm{Br}\ (S) \\ \mathrm{H_3C} & + & \mathrm{H}\ (S) \\ & \mathrm{CH_2CH_3} & \end{array}$$
(右)
$$\begin{array}{rcl} & \mathrm{CH_2CH_3} & \\ \mathrm{Br} & + & \mathrm{CH_3}\ (R) \\ \mathrm{H} & + & \mathrm{CH_3}\ (R) \\ & \mathrm{CH_2CH_3} & \end{array}$$

两个化合物互为对映体。它们也各有两个差向异构体，Fischer 投影式分别为

$$\begin{array}{rcl} & \mathrm{CH_2CH_3} & \\ \mathrm{Br} & + & \mathrm{CH_3} \\ \mathrm{H_3C} & + & \mathrm{H} \\ & \mathrm{CH_2CH_3} & \end{array} \qquad \begin{array}{rcl} & \mathrm{CH_2CH_3} & \\ \mathrm{H_3C} & + & \mathrm{Br} \\ \mathrm{H} & + & \mathrm{CH_3} \\ & \mathrm{CH_2CH_3} & \end{array}$$

注意：左式和右式的差向异构体是相同的。答案写任一个都对。

习题 3-21 判断下列化合物是否有旋光性。请标明不对称碳原子的构型并写出它们的中英文系统名称。

(i)
$$\begin{array}{rcl} & \mathrm{CH_2CH_3} & \\ \mathrm{H} & + & \mathrm{Cl} \\ \mathrm{HO} & + & \mathrm{H} \\ \mathrm{H} & + & \mathrm{Cl} \\ & \mathrm{CH_2CH_3} & \end{array}$$
(ii)
$$\begin{array}{rcl} & \mathrm{CH_2Cl} & \\ \mathrm{Br} & + & \mathrm{H} \\ \mathrm{Cl} & + & \mathrm{H} \\ \mathrm{H} & + & \mathrm{CH_2Cl} \\ & \mathrm{Br} & \end{array}$$
(iii)
$$\begin{array}{rcl} & \mathrm{CH_2Br} & \\ \mathrm{Cl} & + & \mathrm{H} \\ \mathrm{H} & + & \mathrm{OH} \\ \mathrm{BrH_2C} & + & \mathrm{H} \\ & \mathrm{Br} & \end{array}$$
(iv)
$$\begin{array}{rcl} & \mathrm{CH_2Cl} & \\ \mathrm{H} & + & \mathrm{Br} \\ \mathrm{HO} & + & \mathrm{H} \\ \mathrm{ClH_2C} & + & \mathrm{Br} \\ & \mathrm{H} & \end{array}$$

答 (i) 非手性分子，内消旋体，无旋光性，不对称碳原子的构型依次为：*S*、*r*、*R*。

(ii) 非手性分子，内消旋体，无旋光性，不对称碳原子的构型依次为：*R*、*s*、*S*。

(iii) 手性分子，有旋光性，不对称碳原子的构型依次为 *S*、*S*、*S*。

(iv) 手性分子,有旋光性,不对称碳原子的构型依次为 R、R。

中文系统名称和英文系统名称如下:

(i) (3*R*,4*r*,5*S*)-3,5-二氯-4 庚醇　　(3*R*,4*r*,5*S*)-3,5-dichloro-4-heptanol

(ii) (2*R*,3*s*,4*S*)-1,3,5-三氯-2,4-二溴戊烷　　(2*R*,3*s*,4*S*)-2,4-dibromo-1,3,5-trichloropentane

(iii) (2*S*,3*S*,4*S*)-2-氯-1,4,5-三溴-3-戊醇　　(2*S*,3*S*,4*S*)-1,2,5-tribromo-4-chloro-3-pentanol

(iv) (2*R*,4*R*)-1,5-二氯-2,4-二溴-3-戊醇　　(2*R*,4*R*)-2,4-dibromo-1,5-dichloro-3-pentanol

习题 3-22　写出下列化合物的立体异构体,标明不对称碳原子的构型,并用中英文命名。

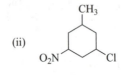

(i) [3-溴环己醇: OH, Br]　　(ii) [CH_3, O_2N, Cl 取代环己烷]

答　(i)

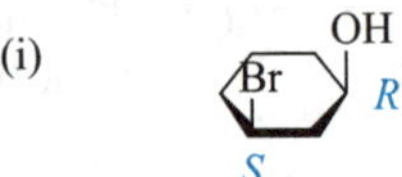

(1*R*,3*S*)-3-溴-1-环己醇

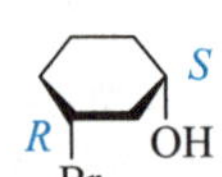

(1*S*,3*R*)-3-溴-1-环己醇

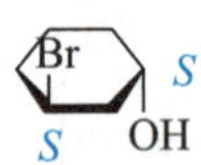

(1*S*,3*S*)-3-溴-1-环己醇

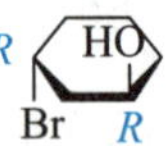

(1*R*,3*R*)-3-溴-1-环己醇

(ii)

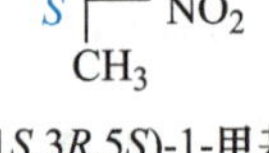

(1*S*,3*R*,5*S*)-1-甲基-3-硝基-5-氯环己烷

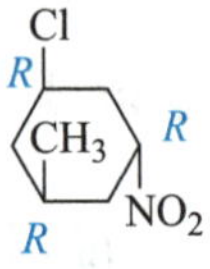

(1*R*,3*R*,5*R*)-1-甲基-3-硝基-5-氯环己烷

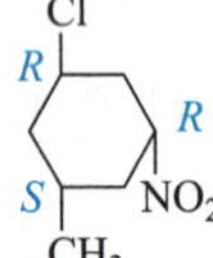

(1*S*,3*R*,5*R*)-1-甲基-3-硝基-5-氯环己烷

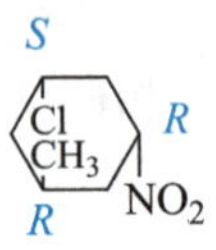

(1*R*,3*R*,5*S*)-1-甲基-3-硝基-5-氯环己烷

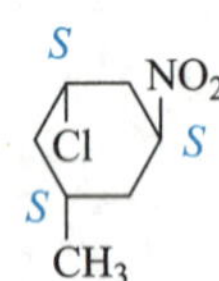

(1*S*,3*S*,5*S*)-1-甲基-3-硝基-5-氯环己烷

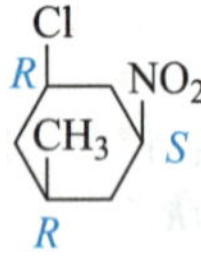

(1*R*,3*S*,5*R*)-1-甲基-3-硝基-5-氯环己烷

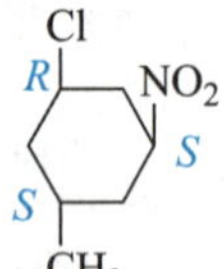

(1*S*,3*S*,5*R*)-1-甲基-3-硝基-5-氯环己烷

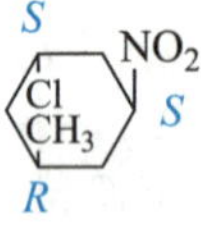

(1*R*,3*S*,5*S*)-1-甲基-3-硝基-5-氯环己烷

习题 3-23　指出下列化合物有否旋光性。

(i)

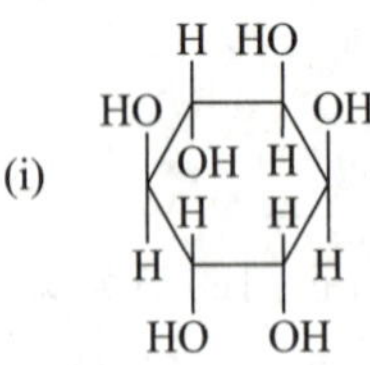

(ii) [H, CH_3, CH_2CH_3 取代的环己烷构象式]

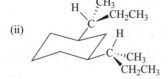

(iii)

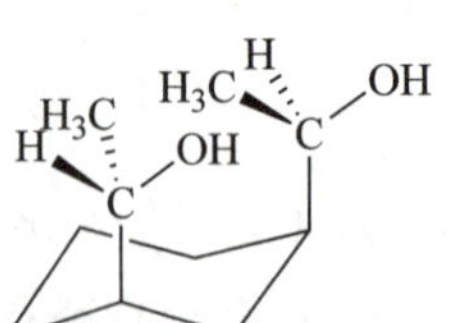

(iv)

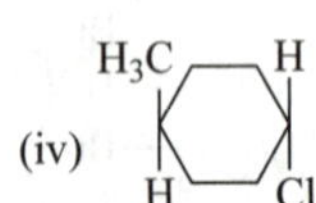

(v)

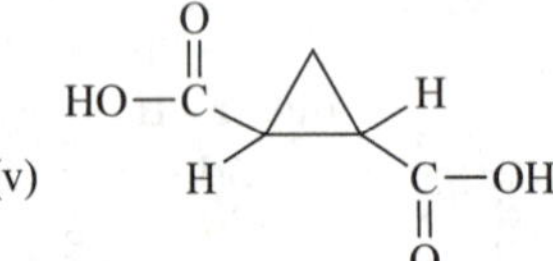

答　(i)(ii)(v)有旋光性,(iii)(iv)无旋光性。

习题 3-24　判断下列化合物是否有旋光性,并分别用平面式及构象式对判断作出分析。

(i) 顺-1,3-二甲基环己烷　　(ii) (1*R*,3*R*)-1,3-二甲基环己烷

(iii) 反-1,3-二甲基环己烷　　(iv) 顺-1,4-二甲基环己烷

(v) 反-1,4-二甲基环己烷

答　(i) 无旋光性　平面式：有对称面，所以无旋光性。

构象式：由无数个有对称面的构象混合而成，所以整体无旋光性。

(ii) 有旋光性　平面式：既无对称面，又无对称中心，所以有旋光性。

构象式：由无数个既无对称面又无对称中心的构象混合而成，因为每个构象都有旋光性，所以整体也有旋光性。

(iii) 有旋光性　分析同(ii)。

(iv) 无旋光性　平面式：有对称面，所以无旋光性。

构象式：由无数个有对称面的构象混合而成，因为每个构象均无旋光性，所以整体无旋光性。

(v) 无旋光性　平面式：既有对称面，又有对称中心，所以无旋光性。

构象式：由无数个有对称面和对称中心的构象组成，因为每个构象均无旋光性，所以整体也无旋光性。

习题 3-25　指出下列化合物有无旋光性。

(i) Cl(Br)C=C=C(Cl)(Br)　(ii) H_3C(C_6H_5)C=C=C(CH_3)(CH_3)

(iii) H(H)C=C=C=C(Cl)(D)　(iv) C_2H_5(H)C=C=C(C_2H_5)(H)

(v) H_3C(C_6H_5)-环己烷螺环丁烷-C(R-CHClCOOH)(S-CHClCOOH)　(vi) HOOC(Cl)-环丁烷螺环丁烷-C(COOH)(Cl)

(vii) H_2N(H_3CH_2C)-环己烷螺环丁烷-C(NH_2)(CH_2CH_3)　(viii) H_3C(H_3C)-环己亚基=C($CONH_2$)(H)

答　(i)(iv)(vi)(vii)有旋光性，(ii)(iii)(v)(viii)无旋光性。

习题 3-26　下列化合物是否有旋光性？

(i) 2,6-二氨基苯基—(2-羧基-6-碘苯基)联苯　(ii) 2-甲氧基-6-羧基苯基—(2-甲氧基-6-乙氧基苯基)联苯

(iii) 8-羧基-1-萘基—(8-羧基-1-萘基)联萘　(iv) 3-氯-4-吡啶基—(2-甲基-6-羧基苯基)

答　(i) 无旋光性，(ii)(iii)(iv) 有旋光性。

习题 3-27　三个把手型化合物的结构简式如下：

(a) (b) (c)

(i) 当 $n=2, m=3$ 时,上述化合物均有一对旋光异构体,请画出它们的立体结构。

(ii) 分析随着 n, m 由小变大,化合物的旋光性会发生什么变化,并阐明理由。

答　(i) (a) $n=2$　　(b) $n=2$

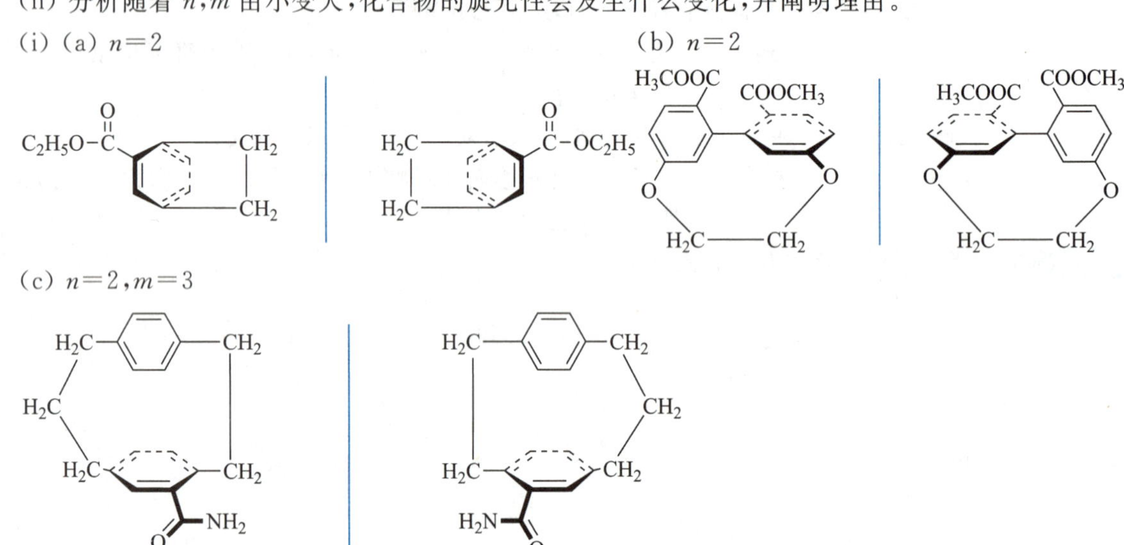

(ii) 随着 n、m 由小变大,化合物的旋光性会慢慢变小,消旋化程度逐渐增大。最后完全消旋。

习题 3-28 画出下列旋光化合物的对映体。

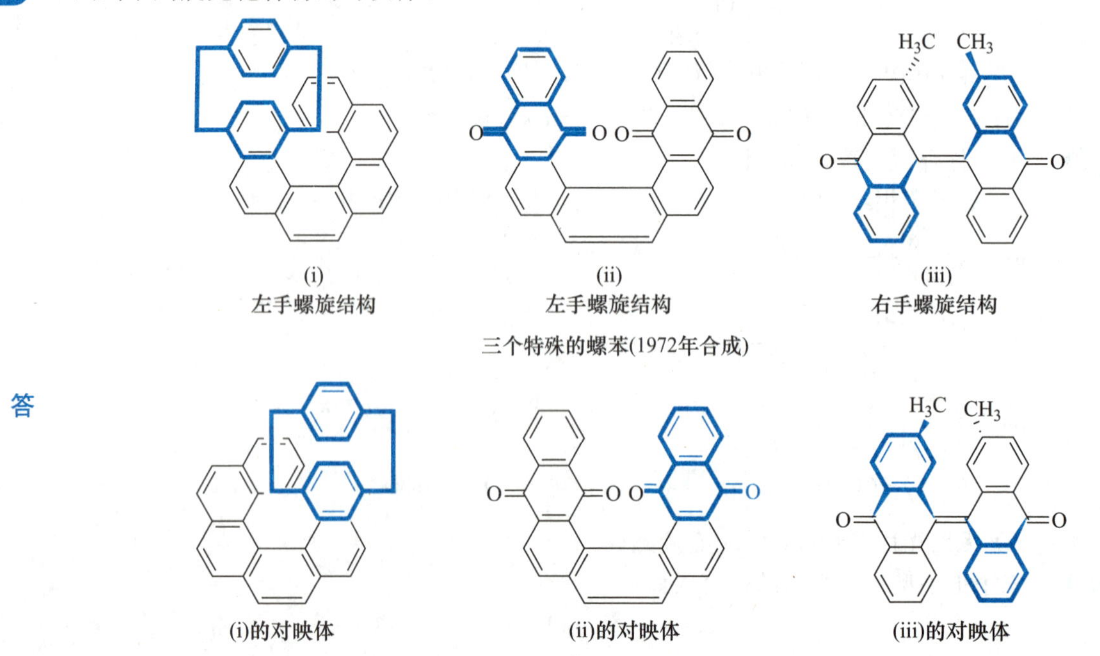

习题 3-29 写出(i)在酸作用下的消旋化过程;(ii)在碱作用下的消旋化过程。

(i) 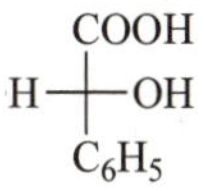 Fischer 投影式:COOH / H—C—OH / C_6H_5　　(ii) 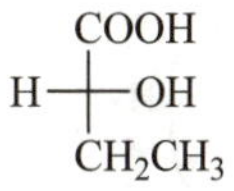 Fischer 投影式:COOH / H—C—OH / CH_2CH_3

答 (i) 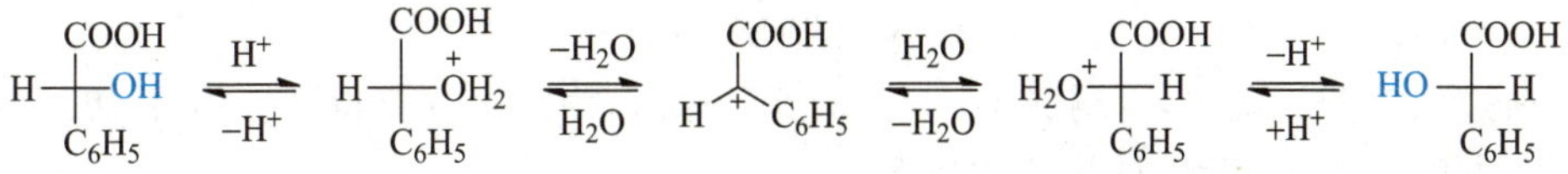 H—C(COOH)(OH)—C_6H_5 $\underset{-H^+}{\overset{H^+}{\rightleftharpoons}}$ H—C(COOH)($\overset{+}{O}H_2$)—C_6H_5 $\underset{H_2O}{\overset{-H_2O}{\rightleftharpoons}}$ H—$\overset{+}{C}$(COOH)—C_6H_5 $\underset{-H_2O}{\overset{H_2O}{\rightleftharpoons}}$ $H_2\overset{+}{O}$—C(COOH)(H)—C_6H_5 $\underset{+H^+}{\overset{-H^+}{\rightleftharpoons}}$ HO—C(COOH)(H)—C_6H_5

(ii) 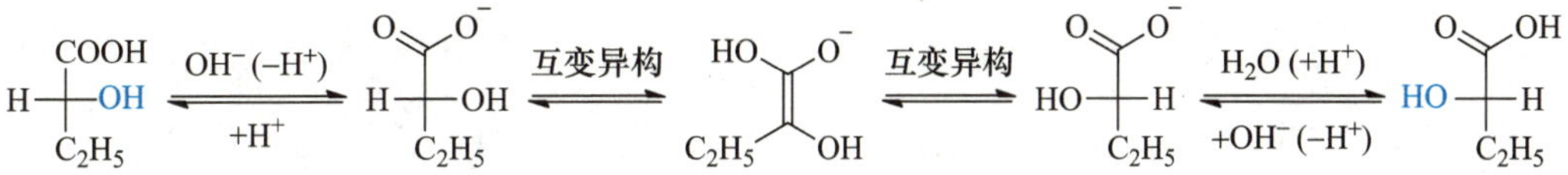 H—C(COOH)(OH)—C_2H_5 $\underset{+H^+}{\overset{OH^-(-H^+)}{\rightleftharpoons}}$ H—C(COO^-)(OH)—C_2H_5 $\overset{互变异构}{\rightleftharpoons}$ HO(O^-)C=C(OH)C_2H_5 $\overset{互变异构}{\rightleftharpoons}$ HO—C(COO^-)(H)—C_2H_5 $\underset{+OH^-(-H^+)}{\overset{H_2O(+H^+)}{\rightleftharpoons}}$ HO—C(COOH)(H)—C_2H_5

习题 3-30 L-(+)-假麻黄素的 Fischer 投影式如下:

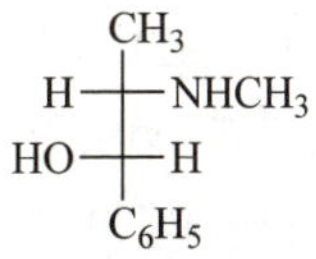

CH_3 / H—C—$NHCH_3$ / HO—C—H / C_6H_5

(A)

(i) 写出(A)的系统名称;(ii) 将(A)在 25% HCl 中加热微沸 60 h,得到部分(A)的 C_1 差向异构体(B),写出此转化过程;(iii) 查阅文献,列举(B)在医学上的作用。

答 (i) (1*S*,2*S*)-1-苯基-2-甲氨基-1-丙醇

(ii)

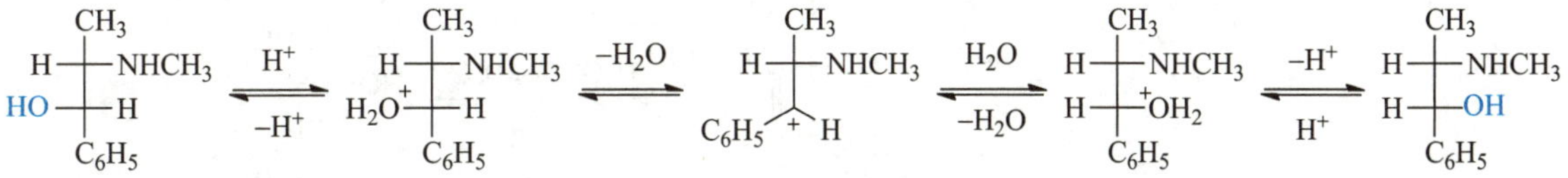

(A) [CH_3 / H—C—$NHCH_3$ / HO—C—H / C_6H_5] $\underset{-H^+}{\overset{H^+}{\rightleftharpoons}}$ [CH_3 / H—C—$NHCH_3$ / $H_2\overset{+}{O}$—C—H / C_6H_5] $\overset{-H_2O}{\rightleftharpoons}$ [CH_3 / H—C—$NHCH_3$ / C_6H_5—$\overset{+}{C}$—H] $\underset{-H_2O}{\overset{H_2O}{\rightleftharpoons}}$ [CH_3 / H—C—$NHCH_3$ / H—C—$\overset{+}{O}H_2$ / C_6H_5] $\underset{H^+}{\overset{-H^+}{\rightleftharpoons}}$ [CH_3 / H—C—$NHCH_3$ / H—C—OH / C_6H_5] (B)

(iii) 自查。

习题 3-31 画出(−)-乳酸-(−)-薄荷酯的结构式和优势构象式。该化合物有几个手性碳?有几个旋光异构体?画出其对映体的平面式及优势构象式。

答 (−)-乳酸-(−)-薄荷酯的结构式如下:

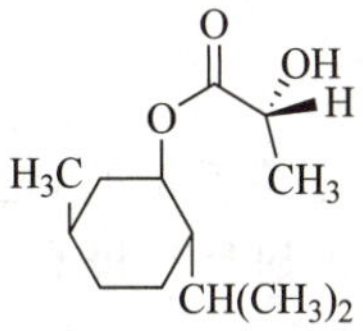

[结构式:O, OH, H, O, H_3C, CH_3, $CH(CH_3)_2$]

其优势构象式如下:

[构象式:HO, H, O, CH_3, H_3C, O, $CH(CH_3)_2$]

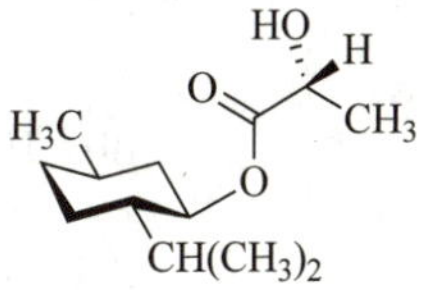

该分子中有 4 个手性碳。该化合物有 15 个旋光异构体(注:4 个手性碳应有 16 个旋光异构体,其中一个是(−)-乳酸-(−)-薄荷酯本身,其余 15 个是它的旋光异构体)。其对映体的平面式及优势构象式如下:

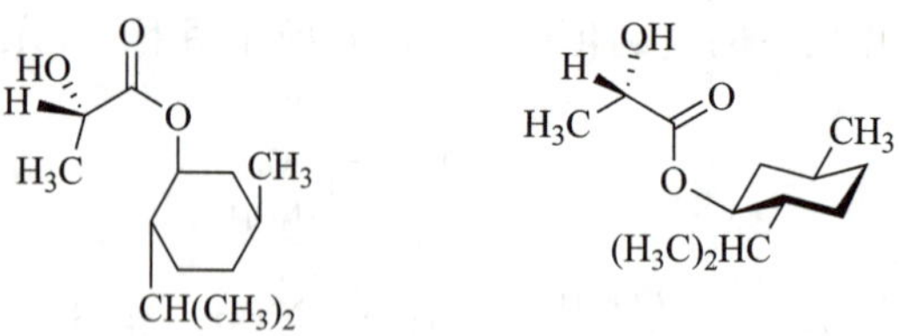

习题 3-32 通过构象分析说明，丙酮酸-(－)-薄荷酯还原时，为什么主要得到(－)-乳酸-(－)-薄荷酯？

答 丙酮酸-(－)-薄荷酯的构象式如下：

CH_3 H_3C O O O $CH(CH_3)_2$

(－)-薄荷醇有手性，在成酯反应过程中，未涉及手性碳的四根键，所以形成酯后，其手性碳的构型没有变化。丙酮酸-(－)-薄荷酯还原时，酮羰基还原会产生一个新手性碳，反应物分子中的原手性碳对新产生的手性碳有诱导作用，使反应朝空间有利的一侧进行。所以主要产物为(－)-乳酸-(－)-薄荷酯。

习题 3-33 下列实验事实说明了什么？

(i) 在富马酸酶的作用下，反丁烯二酸(即富马酸)可以发生加水反应，而顺丁烯二酸(即马来酸)不能发生加水反应。

(ii) 富马酸是体内新陈代谢的一个重要中间体，在富马酸酶作用下发生加水反应，产物只是一对旋光异构体中的一个，即 S 构型的苹果酸。

H COOH / HOOC H (富马酸) $\xrightleftharpoons{H_2O,\ 富马酸酶}$ ^{1}COOH, HO—^{2}C—H, $^3CH_2$, ^{4}COOH (苹果酸)

富马酸　　苹果酸

(iii) 富马酸用重水进行水合时，应产生两个不对称碳原子，但产物只是四个旋光异构体中的一个。

COOH
DO—^{2}C—H
D—^{3}C—H
COOH

(iv) 上述反应是可逆的，在逆向反应时，是 D 和 OD 消去。

答 上述实验事实均说明酶催化剂具有极高的选择性，即具有作用专一性(底物专一性)和立体专一性。

习题 3-34 下列化合物有无立体异构体？用投影式表示它们的数目和彼此间的关系，并用 R,S 表示手性碳原子的构型。

(i) $CH_3CHBrCHBrCOOH$　　(ii) HOOC—CHBr—CHBr—COOH

(iii) C_6H_5—CHOH—C(=O)—C_6H_5　　(iv) HOOC—(环戊烷)—CH_3

答 (i) 有以下 4 个立体异构体，其中(a)与(b)为对映体，(c)与(d)为对映体，(a)与(c)(d)为非对映体，(b)与(c)(d)为非对映体：

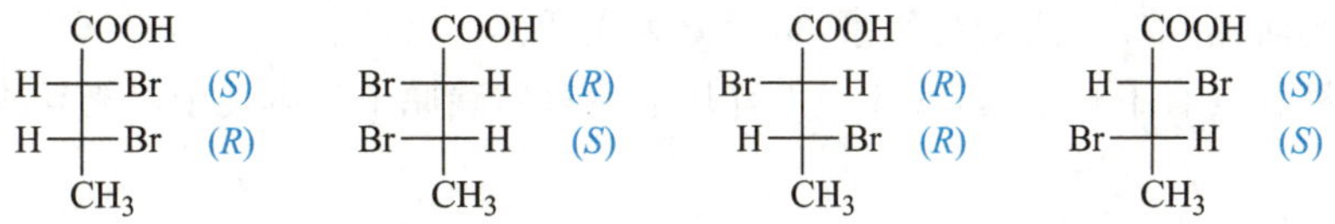

(a) (b) (c) (d)

(ii) 有以下 3 个立体异构体，其中(a)与(b)为对映体，(a)与(c)为非对映体，(b)与(c)为非对映体：

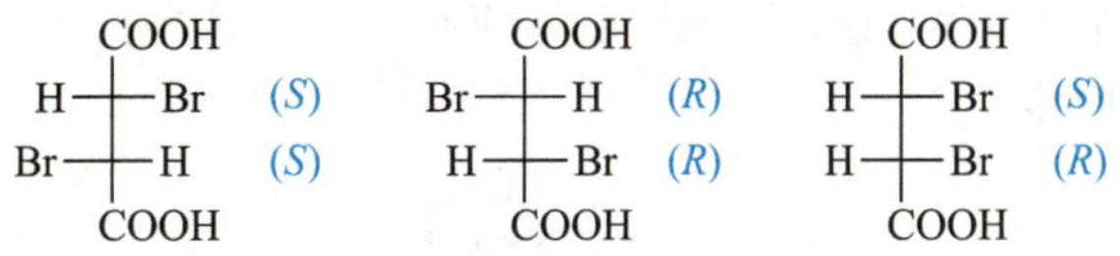

(a) (b) (c)

(iii) 有以下 2 个立体异构体，(a)与(b)为一对对映体：

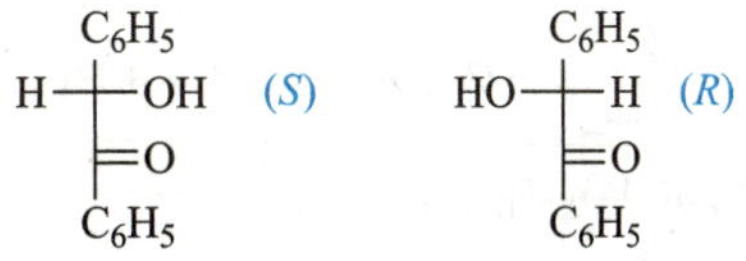

(a) (b)

(iv) 有以下 4 个立体异构体，其中(a)与(b)，(c)与(d)为对映体，(a)与(c)(d)为非对映体，(b)与(c)(d)为非对映体：

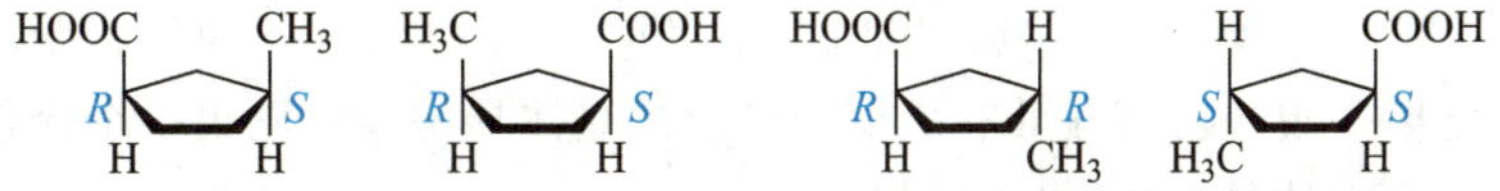

(a) (b) (c) (d)

习题 3-35 下列各对非对映异构体中，哪一对是差向异构体？哪一对差向异构体容易彼此转变？

(i) 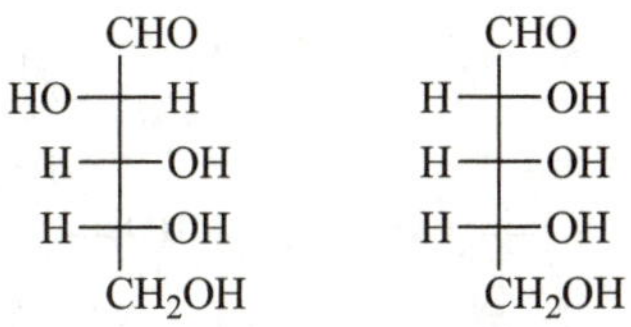 (ii) 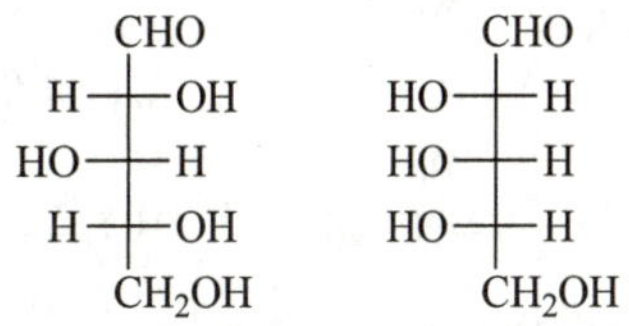

(iii) 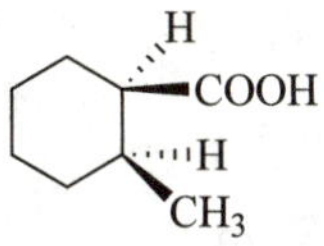 (iv) 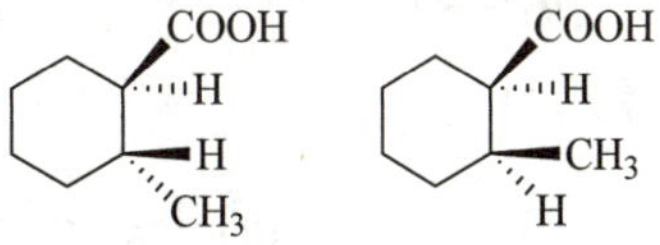

答 (i) 是差向异构体，容易发生异构化。(ii) 有两个不同构型的不对称碳原子，不是差向异构体。(iii) 是差向异构体，可以发生转换，但羧羰基不如醛羰基活泼，所以转换比(i)困难。(iv) 是差向异构体，但由于不对称碳原子不是羰基化合物的 α 碳，所以不易转换。

习题 3-36 下列联苯衍生物中，哪一个有可能拆分为旋光异构体？

(i) 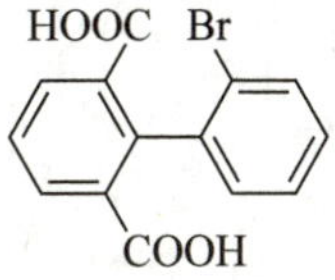 (ii) 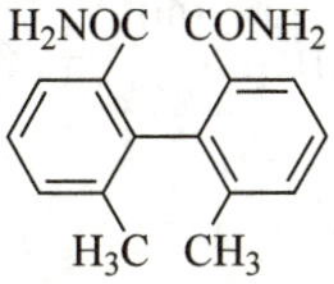 (iii) 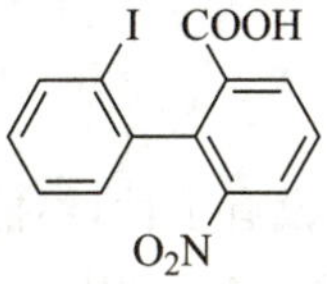 (iv) 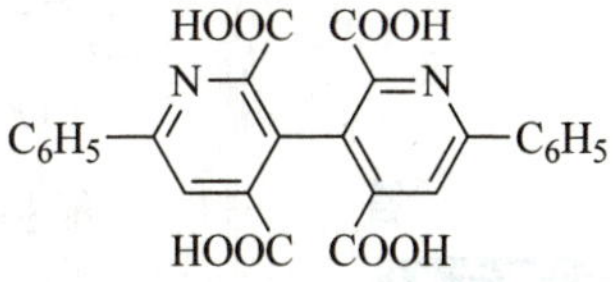

答 (i) 有对称因素，无光活对映体。(ii) 无对称因素，可拆分为光活体。(iii) 无对称因素，可拆分为光活体。(iv) 无对称因素,可拆分为光活体。

习题 3-37 樟脑具有下列结构,其分子中有几个不对称碳原子?有几个旋光异构体存在?

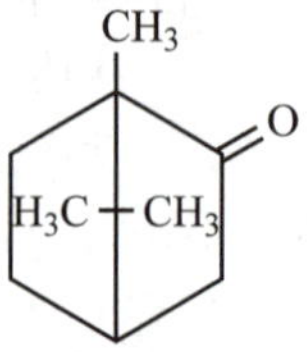

答 樟脑有 2 个不对称碳原子,理论上讲应有 4 个旋光异构体。实际上,由于桥键的制约,只能得到 2 个旋光异构体。

习题 3-38 麻黄碱的构造式为:C_6H_5—CH(OH)—CH(NHCH$_3$)—CH$_3$,画出它所有的旋光异构体的构型。

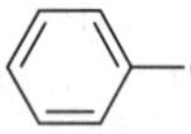

答 有 4 个旋光异构体,可表示如下:

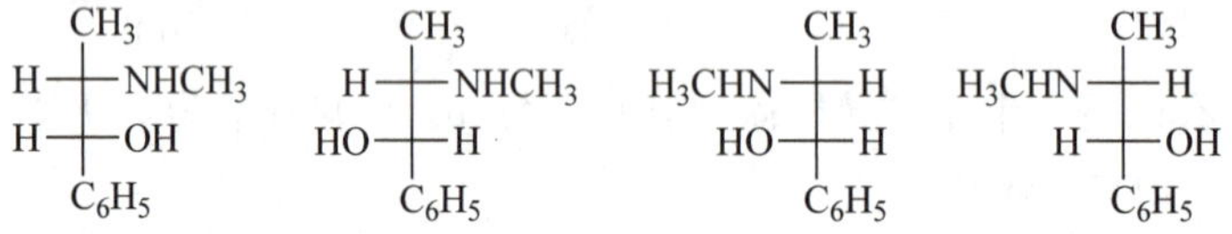

(a) (b) (c) (d)

习题 3-39 4-羟基-2-溴环己烷羧酸有多少个可能的立体异构体?画出一个最稳定的构象式。

答 有 8 个立体异构体,可表示如下:

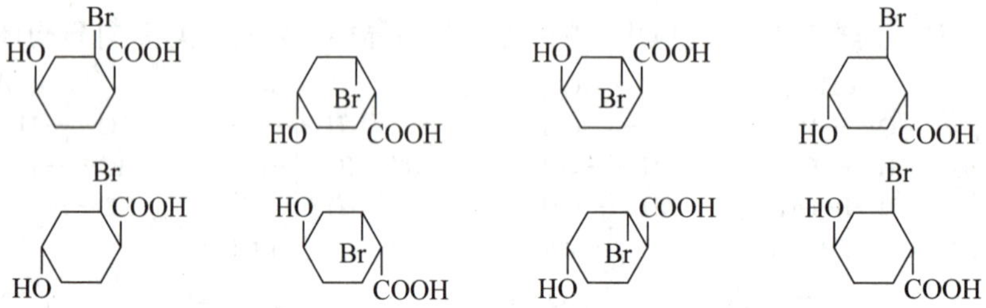

最稳定的构象式为

习题 3-40 下列化合物能否拆分出对映体?

(i) 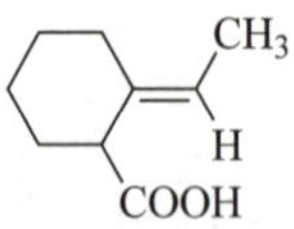 (ii) 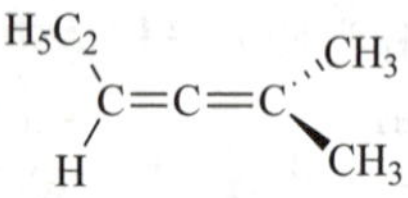 (iii)

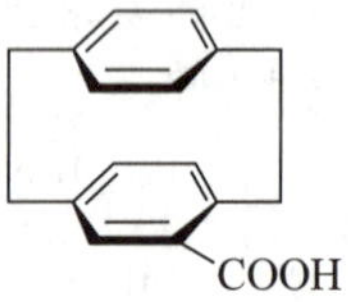

答 (i)(iii) 能拆分;(ii) 没有手性,不能拆分。

习题 3-41 说明下列几对投影式是否是相同化合物。

(i) 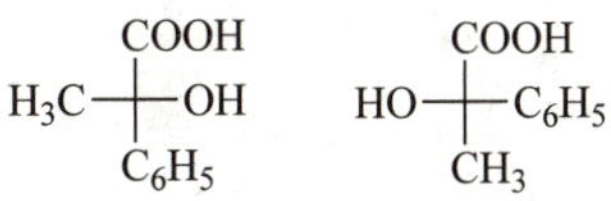 上 COOH，左 H_3C，右 OH，下 C_6H_5；上 COOH，左 HO，右 C_6H_5，下 CH_3
(ii) 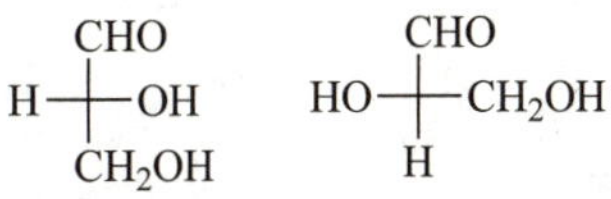 上 CHO，左 H，右 OH，下 CH_2OH；上 CHO，左 HO，右 CH_2OH，下 H
(iii) 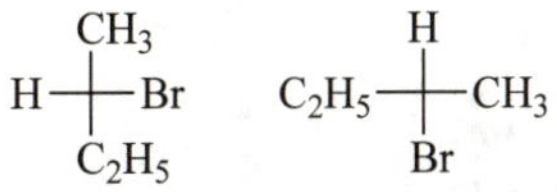 上 CH_3，左 H，右 Br，下 C_2H_5；上 H，左 C_2H_5，右 CH_3，下 Br
(iv) 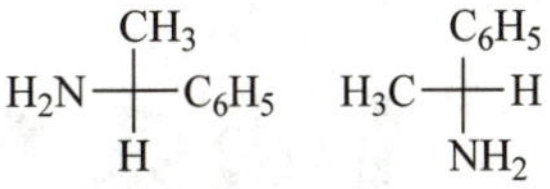 上 CH_3，左 H_2N，右 C_6H_5，下 H；上 C_6H_5，左 H_3C，右 H，下 NH_2

答 (i) 一对投影式是相同化合物。(ii) 一对投影式是相同化合物。(iii) 一对投影式是 2 个不相同的化合物(对映体)。(iv) 一对投影式是 2 个不相同的化合物(对映体)。

习题 3-42 分析下列化合物的各种可能的异构体的结构及彼此间的关系。

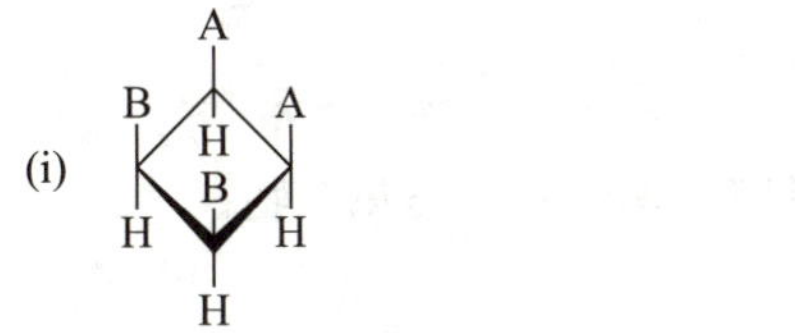

(ii) 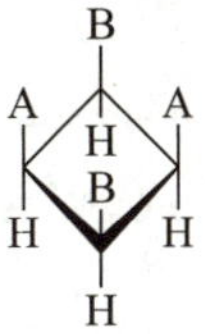 B, A, A, H, B, H, H, H

答 (i) 有 2 个内消旋体，4 对外消旋体。

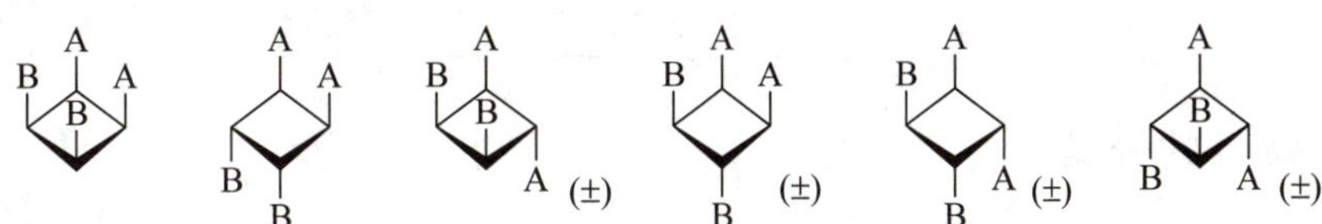

(ii) 有 5 个内消旋体。

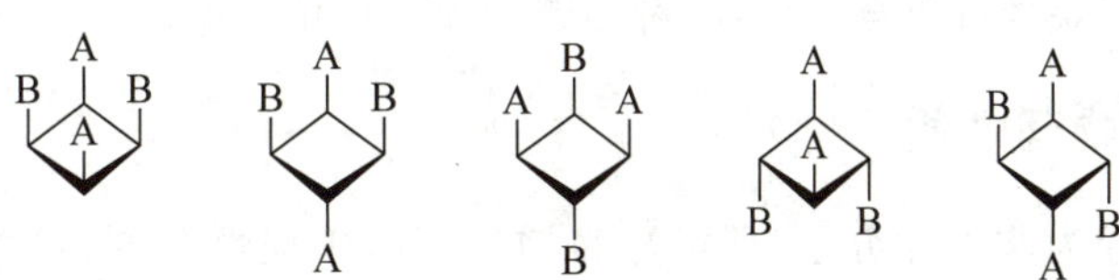

习题 3-43 将下列两个化合物写成立体式或构象式。

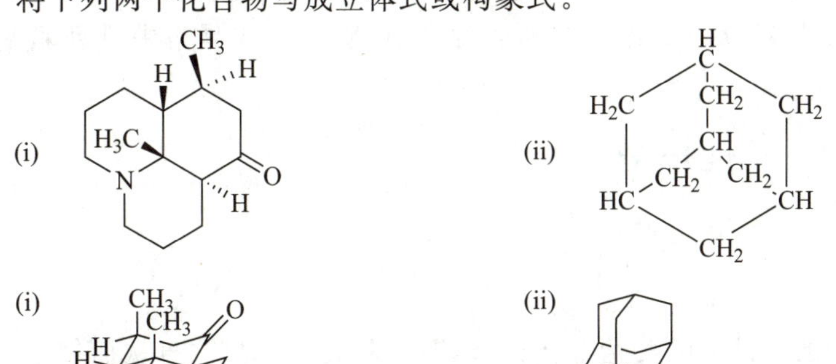

答 (i) 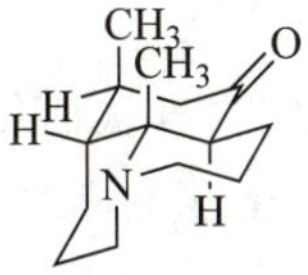 (ii)

第 4 章 烷烃 自由基取代反应

4

烷烃是由碳和氢两种元素组成、碳与碳均以单键相连的一大类化合物。

内容提要

4.1 烷烃的分类

烷烃分为链烷烃和环烷烃两大类。链烷烃的通式为 C_nH_{2n+2}。环烷烃有单环烷烃和多环烷烃。多环烷烃有集合环烷烃、桥环烷烃和螺环烷烃等。

4.2 烷烃的物理性质

烷烃为非极性分子，偶极矩为零。不溶于极性溶剂，可溶于非极性溶剂。正烷烃的沸点随相对分子质量的增加而升高，在同分异构体中，直链烷烃的沸点通常比叉链烷烃的沸点高。固体烷烃分子的熔点既随相对分子质量的增加而升高，也随分子在晶格中排列紧密度的增加而升高。

烷烃的反应

4.3 预备知识

有机化合物分子中的成键电子发生重新分布，旧键断裂、新键形成，从而使原分子中原子间的组合发生了变化，新分子产生，这种变化过程称为**有机反应**。按化学键断裂和形成方式，有机反应分为自由基反应、离子型反应和协同反应。按反应物和生成物的结构关系，有机反应分为酸碱反应、取代反应、加成反应、消除反应、重排反应、缩合反应、氧化还原反应等。

反应机理是对一个反应过程的详细描述，在表述反应机理时，必须指出电子的流向，并规定用箭头表示一对电子的转移，用鱼钩箭头表示一个电子的转移。**过渡态理论**认为：任何一个化学反应都要经过一个过渡态才能完成。过渡态是旧键未完全断开、新键未完全形成的一种状态，能量高、极不稳定、不能分离得到。**Hammond 假设**提出：过渡态总是与能量相近的分子的结构相近似。以反应进程为横坐标，以反应物、过渡态和生成物的势能为纵坐标来作图，这种图称为**反应势能图**。由反应物转变为过渡态所需要的能量称为**活化能**。

4.4 烷烃的结构和反应性分析

烷烃分子中只有碳碳 σ 键和碳氢 σ 键，碳碳 σ 键和碳氢 σ 键易均裂，因此烷烃易发生自由基反应。

4.5 自由基反应

带有孤电子的原子或基团称为**自由基**。孤电子在碳原子上的自由基称为碳自由基，其稳定性为 3°C 自由基＞2°C 自由基＞1°C 自由基＞甲基自由基。由自由基引发的反应称为**自由基反应**。自由基反应包括链引发、链转移、链终止三个阶段。

4.6 烷烃的卤化

烷烃的**卤化**是自由基取代反应。应用较为广泛的是氯化和溴化。在氯化和溴化反应中，氢的反应性为 3°H＞2°H＞1°H，氯化比溴化的反应速度快，溴化比氯化对氢的选择性好。

4.7 烷烃的热裂

无氧存在时，烷烃在高温发生碳碳键断裂的反应称为烷烃的**热裂**。烷烃的热裂反应是自由基反应。

4.8 烷烃的氧化

所有的烷烃都能燃烧，生成二氧化碳和水，同时放出大量热。烷烃的燃烧属于氧化反应。

4.9 烷烃的硝化

烷烃在硝化试剂作用下直接生成硝基化合物的反应称为烷烃的**硝化**。该反应是自由基反应。

4.10 烷烃的磺化及氯磺化

烷烃在高温和磺化试剂作用下直接生成烷基磺酸的反应称为烷烃的**磺化**。该反应是自由基反应。

4.11 小环烷烃的开环反应

三元、四元的小环烷烃既能发生自由基取代反应，也能发生离子型的**开环**反应。在催化氢化条件下，也能开环加氢。

烷烃的制备

4.12 烷烃的来源

烷烃的主要来源是天然气和石油。

习题解析

习题 4-1 解释下列化合物的熔点或沸点顺序。

(i)	戊烷	异戊烷	新戊烷		
沸点/℃	36.1	28	9		
(ii)	己烷	2-甲基戊烷	3-甲基戊烷	2,3-二甲基丁烷	2,2-二甲基丁烷
沸点/℃	68.7	60.3	63.3	58.0	49.7
(iii)	异丁烷	异戊烷	2-甲基戊烷	2,2-二甲基丁烷	
熔点/℃	−145.0	−159.9	−153.6	−100.0	

答 (i)(ii) 沸点随分子间作用力增大而增高。在烷烃的同分异构体中，有叉链的烷烃，由于叉链的位阻作用，分子间不易接近，分子间作用力减少。叉链越多，作用力减少越厉害。所以直链烷烃沸点比碳原子数相同的有叉链的烷烃高，随着叉链增多，沸点逐渐降低。

(iii) 熔点高低取决于两个因素：① 分子间作用力越大，熔点越高；② 晶体排列越紧密，熔点越高。分子间作用力随相对分子质量增高而增大，所以六碳烷烃的熔点＞五碳烷烃的熔点＞四碳烷烃的熔点。同样是六碳烷烃，分子对称性好，排列紧密，熔点相对较高。

习题 4-2 化合物 A 转变为化合物 B 时的焓变为 $-7\ \text{kJ}\cdot\text{mol}^{-1}$(25℃)，若 $\Delta S^{\ominus}$可忽略不计，请计算平衡常数 K，并指出 A 与 B 的百分含量。

答 计算平衡常数 K：

$$\text{A} \longrightarrow \text{B} \qquad \Delta H^{\ominus} = -7\ \text{kJ}\cdot\text{mol}^{-1}\ (25℃)$$

根据公式 $\Delta H^{\ominus} - T\Delta S^{\ominus} = -RT\ln K$，因为 $\Delta S^{\ominus}$忽略不计，故

$$\Delta H^{\ominus} = -RT\ln K$$

已知

$$R = 8.314\times10^{-3}\ \text{kJ}\cdot\text{mol}^{-1}\cdot\text{K}^{-1}, \qquad T = (273+25)\ \text{K}$$

故

$$\ln K = \frac{\Delta H^{\ominus}}{-RT} = \frac{-7\ \text{kJ}\cdot\text{mol}^{-1}}{-[8.314\times10^{-3}\ \text{kJ}\cdot\text{mol}^{-1}\cdot\text{K}^{-1}\times(273+25)\text{K}]} = 2.825$$

$$K = 16.87$$

如 A、B 的百分含量分别记作 a，b($a+b=1.00$)，则

$$\frac{b}{a} = K = 16.87$$

解得

$$b = 0.944, \qquad a = 0.056$$

故 A 的百分含量为 5.6%，B 的百分含量为 94.4%。

习题 4-3 下列反应在某温度的反应速率常数 $k = 6.0\times10^{-6}\ \text{L}\cdot\text{mol}^{-1}\cdot\text{s}^{-1}$，请根据已给的浓度计算反应速率：

$$CH_3Cl + OH^- \longrightarrow CH_3OH + Cl^-$$

(i) $0.1\ \text{mol}\cdot\text{L}^{-1}$ CH_3Cl 和 $1.0\ \text{mol}\cdot\text{L}^{-1}$ OH^-；

(ii) 0.01 mol·L^{-1} CH_3Cl 和 1.0 mol·L^{-1} OH^-；

(iii) 0.01 mol·L^{-1} CH_3Cl 和 0.01 mol·L^{-1} OH^-。

答 (i) 反应速率$=6\times10^{-6}$ L·mol^{-1}·$s^{-1}\times0.1$ mol·$L^{-1}\times1.0$ mol·$L^{-1}=6\times10^{-7}$ mol·L^{-1}·s^{-1}

(ii) 反应速率$=6\times10^{-6}$ L·mol^{-1}·$s^{-1}\times0.01$ mol·$L^{-1}\times1.0$ mol·$L^{-1}=6\times10^{-8}$ mol·L^{-1}·s^{-1}

(iii) 反应速率$=6\times10^{-6}$ L·mol^{-1}·$s^{-1}\times0.01$ mol·$L^{-1}\times0.01$ mol·$L^{-1}=6\times10^{-10}$ mol·L^{-1}·s^{-1}

习题 4-4 将下列自由基按稳定性顺序由大到小排列。

$CH_3CH_2\dot{C}H_2$　　$CH_3CH_2\dot{C}HCH_3$　　$(CH_3CH_2)_3\dot{C}$　　$\cdot CH_3$

$H_3CHC{=}CH\dot{C}H_2$　　$C_6H_5\dot{C}H_2$　　$C_6H_5\cdot$

答 $C_6H_5\dot{C}H_2$ > $CH_3CH{=}CH\dot{C}H_2$ > $(CH_3CH_2)_3\dot{C}$ > $CH_3CH_2\dot{C}HCH_3$ > $CH_3CH_2\dot{C}H_2$ > $\cdot CH_3$ > $C_6H_5\cdot$

习题 4-5 计算下列自由基的 $\Delta H_f^\ominus$。

(i) $CH_3\dot{C}H_2$　　(ii) $CH_3\dot{C}HCH_3$　　(iii) $(CH_3)_3C\cdot$

提示 (1) 在标准状态下，由元素生成 1 mol 化合物时焓的变化称为生成热，用 $\Delta H_f^\ominus$ 表示。

已知：$\Delta H_f^\ominus(H\cdot)=218.0$ kJ·mol^{-1}

$\Delta H_f^\ominus(CH_3CH_3)=-84.5$ kJ·mol^{-1}

$\Delta H_f^\ominus(CH_3CH_2CH_3)=-103.7$ kJ·mol^{-1}

$\Delta H_f^\ominus((CH_3)_3CH)=-135.6$ kJ·mol^{-1}

(2) 键解离能用 $\Delta H^\ominus$ 表示。

已知：$\Delta H^\ominus(CH_3CH_2{-}H)=410.0$ kJ·mol^{-1}

$\Delta H^\ominus((CH_3)_2CH{-}H)=397.5$ kJ·mol^{-1}

$\Delta H^\ominus((CH_3)_3C{-}H)=389.1$ kJ·mol^{-1}

答 (i) $CH_3\dot{C}H_2$ 的 $\Delta H_f^\ominus$

$$CH_3CH_2{-}H \longrightarrow CH_3CH_2\cdot + H\cdot$$

$$\Delta H^\ominus(CH_3CH_2{-}H)=\Delta H_f^\ominus(CH_3CH_2\cdot)+\Delta H_f^\ominus(H\cdot)-\Delta H_f^\ominus(CH_3CH_3)$$

$$\begin{aligned}\Delta H_f^\ominus(CH_3CH_2\cdot)&=\Delta H_f^\ominus(CH_3CH_3)-\Delta H_f^\ominus(H\cdot)+\Delta H^\ominus(CH_3CH_2{-}H)\\&=[(-84.5)-(+218.0)+(+410.0)]\ \text{kJ}\cdot\text{mol}^{-1}\\&=+107.5\ \text{kJ}\cdot\text{mol}^{-1}\end{aligned}$$

(ii) $(CH_3)_2CH\cdot$ 的 $\Delta H_f^\ominus$

$$CH_3\overset{H}{\overset{|}{C}}HCH_3 \longrightarrow CH_3\dot{C}HCH_3 + H\cdot$$

$$\Delta H^\ominus(CH_3\overset{H}{\overset{|}{C}}HCH_3)=\Delta H_f^\ominus(CH_3\dot{C}HCH_3)+\Delta H_f^\ominus(H\cdot)-\Delta H_f^\ominus(CH_3CH_2CH_3)$$

$$\begin{aligned}\Delta H_f^\ominus(CH_3\dot{C}HCH_3)&=\Delta H_f^\ominus(CH_3CH_2CH_3)-\Delta H_f^\ominus(H\cdot)+\Delta H^\ominus(CH_3\overset{H}{\overset{|}{C}}HCH_3)\\&=[(-103.7)-(+218.0)+(+397.5)]\ \text{kJ}\cdot\text{mol}^{-1}\\&=+75.8\ \text{kJ}\cdot\text{mol}^{-1}\end{aligned}$$

(iii) $(CH_3)_3C\cdot$ 的 $\Delta H_f^\ominus$

$$(CH_3)_3C—H \longrightarrow (CH_3)_3C\cdot + H\cdot$$

$$\Delta H^\ominus((CH_3)_3C—H) = \Delta H_f^\ominus((CH_3)_3C\cdot) + \Delta H_f^\ominus(H\cdot) - \Delta H_f^\ominus((CH_3)_3CH)$$

$$\Delta H_f^\ominus((CH_3)_3C\cdot) = \Delta H_f^\ominus((CH_3)_3CH) - \Delta H_f^\ominus(H\cdot) + \Delta H^\ominus((CH_3)_3C—H)$$

$$= [(-135.6) - (+218.0) + (+389.1)]\ kJ\cdot mol^{-1}$$

$$= +35.5\ kJ\cdot mol^{-1}$$

习题 4-6 下列两种物质，哪种可作为自由基反应的引发剂？哪种是自由基反应的抑制剂？为什么？

(i) $C_6H_5\overset{O}{\overset{\|}{C}}—O—O—\overset{O}{\overset{\|}{C}}C_6H_5$　　(ii) O_2

答 (i) $(C_6H_5CO_2)_2$ 是自由基反应的引发剂。因为该化合物极易均裂产生自由基，从而引发自由基反应：

$$(C_6H_5COO)_2 \xrightarrow[\text{苯}]{55\sim85\ ^\circ C} 2\ C_6H_5COO\cdot \xrightarrow{-CO_2} 2\ C_6H_5\cdot$$

其中 $C_6H_5CO_2\cdot$ 和 $C_6H_5\cdot$ 均可引发自由基反应。

(ii) O_2 是自由基反应的抑制剂。因为 O_2 是双自由基，极易与其他自由基结合，结合后形成的单自由基属于较为稳定的自由基，几乎能使反应停止。例如在下面的反应中，$CH_3OO\cdot$ 的活泼性远不如 $\cdot CH_3$，所以 O_2 是自由基反应的抑制剂：

$$:\ddot{O}=\ddot{O}: \equiv :\ddot{O}-\ddot{O}: \quad \cdot CH_3 \longrightarrow \cdot O—O—CH_3$$

相对稳定的自由基

习题 4-7 写出环己烷在光作用下溴化产生溴代环己烷的反应机理。

答

$$C_6H_{12} + Br_2 \xrightarrow{\text{光}} C_6H_{11}—Br + HBr$$

反应机理如下：

链引发：　步(1)　$Br_2 \xrightarrow{\text{光}} 2\ Br\cdot$

链转移：　步(2)　$Br\cdot + C_6H_{11}—H \longrightarrow C_6H_{11}\cdot + HBr$

　　　　　步(3)　$C_6H_{11}\cdot + Br_2 \longrightarrow C_6H_{11}—Br + Br\cdot$

链终止：　步(4)　$Br\cdot + Br\cdot \longrightarrow Br_2$

　　　　　步(5)　$C_6H_{11}\cdot + C_6H_{11}\cdot \longrightarrow C_6H_{11}—C_6H_{11}$

　　　　　步(6)　$C_6H_{11}\cdot + Br\cdot \longrightarrow C_6H_{11}—Br$

习题 4-8 写出分子式为 $C_5H_{11}Cl$ 的所有可能的构造异构体和每个异构体的中英文系统名称。指出与氯原子相连的碳原子的级数。

答 有 8 个构造异构体：

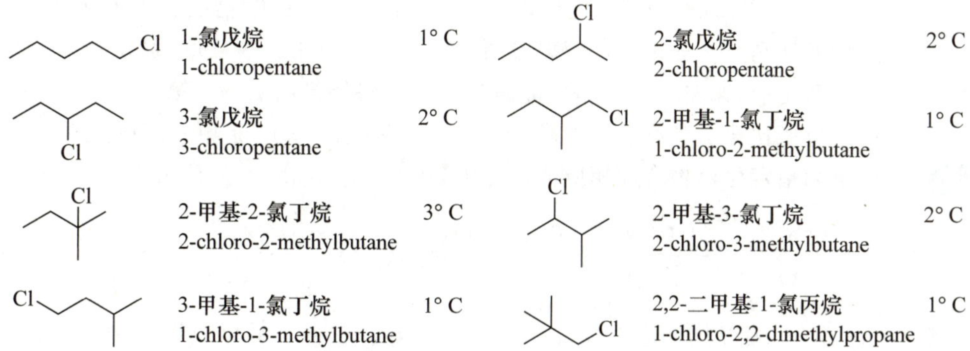

习题 4-9 参照相关数据，定性画出溴与甲基环戊烷反应生成 1-甲基-1-溴代环戊烷链转移反应阶段的反应势能图。在图中标明反应物、中间体、生成物、过渡态的结构及其相应位置，并指出反应的决速步是哪一步。

答

(1) Br—Br ⟶ 2 Br• $\Delta H^{\ominus} = 192.5\ \text{kJ}\cdot\text{mol}^{-1}$

(2) Br• + (甲基环戊烷，C上连 CH_3、H) ⟶ (环戊基自由基)—CH_3 + H—Br $\Delta H^{\ominus} = 23.0\ \text{kJ}\cdot\text{mol}^{-1}$

(3) (环戊基自由基)—CH_3 + Br—Br ⟶ (环戊烷，C上连 CH_3、Br) + Br• $\Delta H^{\ominus} = -87.8\ \text{kJ}\cdot\text{mol}^{-1}$

(2) + (3) $\Delta H^{\ominus} = -64.8\ \text{kJ}\cdot\text{mol}^{-1}$ 放热反应

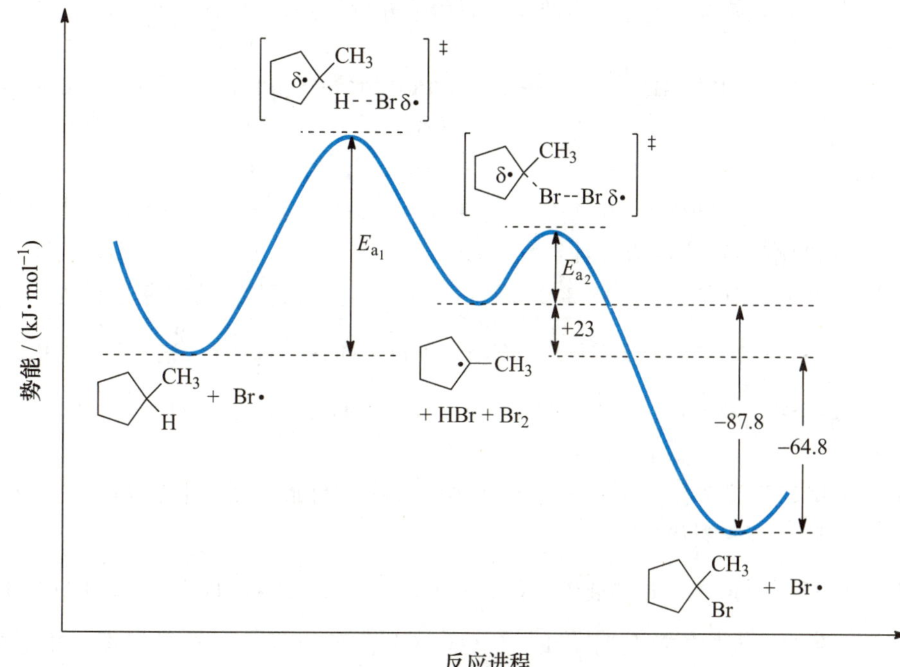

溴自由基与甲基环戊烷反应的势能图

溴化反应步(1)需要＋192.5 kJ・mol^{-1}，将 Br—Br 断裂生成 Br・，引发反应。步(2)是吸热反应，需要 $+23\ kJ\cdot mol^{-1}$，但要进行反应，分子需要活化，需要如图所示 E_{a_1} 高度的活化能，才能越过势能最高点——第一过渡态，进行反应。步(3)是放热反应，放出能量 $-87.8\ kJ\cdot mol^{-1}$，但也需要活化能，如图所示 E_{a_2}，才能越过第二个势能最高点——第二过渡态，形成产物。因为第一过渡态势能比第二过渡态势能高，因此步(2)是慢的一步，是甲基环戊烷溴化反应中的决速步。

习题 4-10 由下列指定化合物合成相应的卤化物，用 Cl_2 还是 Br_2？为什么？

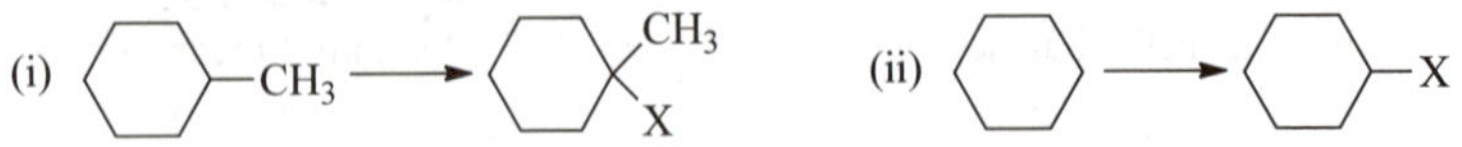

(i) 甲基环己烷 ⟶ 1-甲基-1-卤代环己烷（CH_3, X）　(ii) 环己烷 ⟶ 卤代环己烷（—X）

答 (i) 溴化，因溴化反应选择性比氯化反应好。三种氢的反应性分别为：氯化 3°H∶2°H∶1°H≈5∶3∶1，溴化 3°H∶2°H∶1°H≈1600∶82∶1。

(ii) 氯化、溴化均可。但氯化反应速度快，选氯化更好。因为环己烷卤化时，不存在选择性，速度越快越好。

习题 4-11 解释下列反应主要得此两种产物的原因，并估计哪一种产物较多。

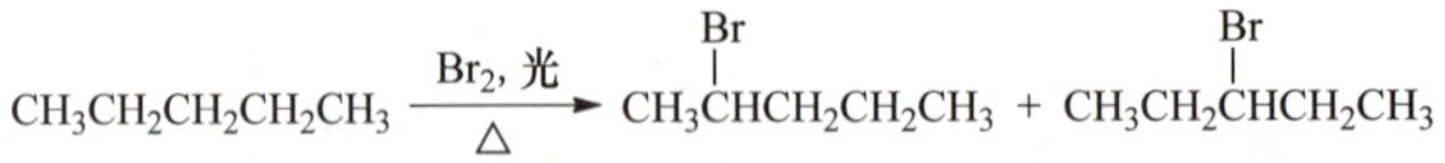

$$CH_3CH_2CH_2CH_2CH_3 \xrightarrow[\triangle]{Br_2,\ 光} CH_3\underset{}{\overset{Br}{C}}HCH_2CH_2CH_3 + CH_3CH_2\overset{Br}{C}HCH_2CH_3$$

答 溴化的选择性高，主要是 2°H 反应。在分子中有 2 种 2°H，C_2、C_4 上的 2°H 是等同的，共有 4 个；C_3 上的 2°H 只有 2 个。因此 C_2、C_4 上的 2°H 反应会多，主要产物为 2-溴戊烷（键线式，Br）。

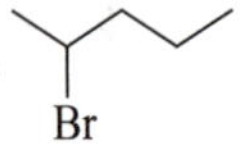

习题 4-12 2-甲基丁烷氯化时产生四种可能的构造异构体，其相对含量如下：

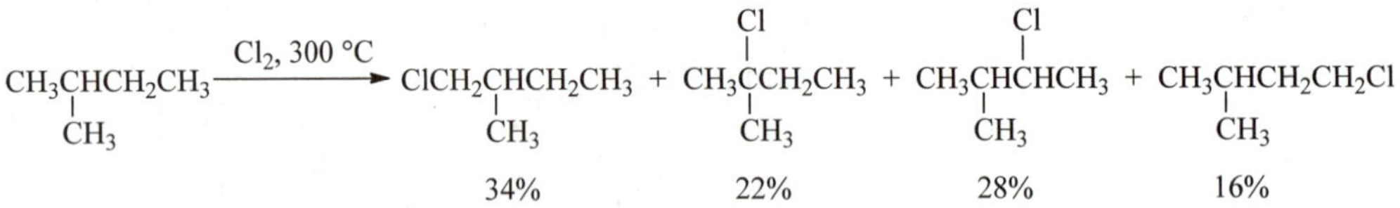

$$\underset{CH_3}{CH_3CHCH_2CH_3} \xrightarrow{Cl_2,\ 300\ ^\circ C} \underset{\underset{34\%}{CH_3}}{ClCH_2CHCH_2CH_3} + \underset{\underset{22\%}{CH_3}}{CH_3\overset{Cl}{C}CH_2CH_3} + \underset{\underset{28\%}{CH_3}}{CH_3CH\overset{Cl}{C}HCH_3} + \underset{\underset{16\%}{CH_3}}{CH_3CHCH_2CH_2Cl}$$

上述反应结果与碳自由基的稳定性 3°>2°>1°是否矛盾？请解释。并计算 1°H，2°H，3°H反应活性之比(两种 1°H 合并计算)。

答 2-甲丁烷中有 9 个 1°H，2 个 2°H，1 个 3°H，各级氢的反应速率之比为

$$v(1^\circ H) : v(2^\circ H) : v(3^\circ H) = \frac{34+16}{9} : \frac{28}{2} : \frac{22}{1} = 1 : 2.5 : 4$$

反应速率是 3°H>2°H>1°H，由于 1°H，2°H 比 3°H 多，因此产物相对含量较多。与自由基稳定性 3°>2°>1°没有矛盾。

习题 4-13 2-甲基丁烷中有三种 C—C 键，在热裂反应中可形成哪些自由基(一次断裂)？根据键解离能，推算哪一种断裂优先。

答 $(CH_3)_2CHCH_2CH_3$ 热裂产生 $CH_3\cdot$，$CH_3\dot{C}HCH_2CH_3$，$CH_3\dot{C}HCH_3$，$CH_3CH_2\cdot$，$(CH_3)_2CHCH_2\cdot$ 共 5 种自由基。在断裂时 $CH_3\dot{C}HCH_3$，$CH_3CH_2\cdot$ 优先。这是根据自由基的稳定性顺序 3°>2°>1°>$CH_3\cdot$ 以及分子在中间断裂的 $\Delta H^\ominus$ 最小，因此机会较多来推断的。

习题 4-14 用反应式写出环己烷热裂产生乙烯和 1,3-丁二烯的过程。

答 环己烷 $\xrightarrow[\triangle]{-H\cdot}$ 环己基自由基 ⟶ 开链自由基 $\xrightarrow{-H_2C=CH_2}$ 自由基 $\xrightarrow{-H\cdot}$ 1,3-丁二烯

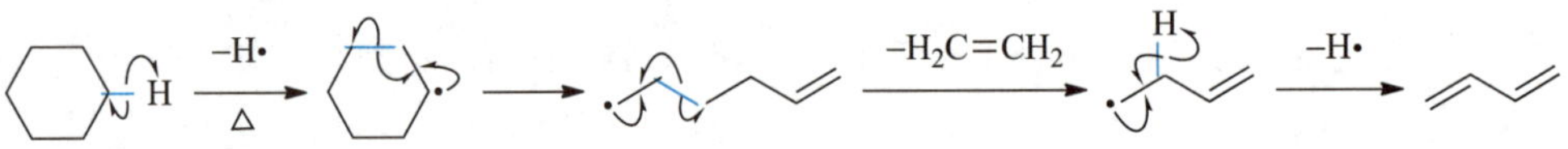

习题 4-15 写出 ▷—$C(CH_3)_3$ 在下列条件下反应的化学方程式，并指出哪些是自由基型反应，哪些是离子型反应。

(i) 燃烧　　(ii) HI　　(iii) Br_2，室温　　(iv) Cl_2，$FeCl_3$　　(v) Cl_2，$h\nu$

答

(i) 2 ▷—$C(CH_3)_3$ + 21 O_2 ⟶ 14 CO_2 + 14 H_2O　　自由基型反应

(ii) ▷—$C(CH_3)_3$ + HI ⟶ $H-CH_2CH_2CHI-C(CH_3)_3$　　离子型反应

(iii) ▷—$C(CH_3)_3$ + Br_2 ⟶ $BrCH_2CH_2CHBr-C(CH_3)_3$　　离子型反应

(iv) ▷—$C(CH_3)_3$ + Cl_2 $\xrightarrow{FeCl_3}$ $ClCH_2CH_2CHCl-C(CH_3)_3$　　离子型反应

(v) ▷(H)—$C(CH_3)_3$ + Cl_2 $\xrightarrow{h\nu}$ ▷(Cl)—$C(CH_3)_3$ + HCl　　自由基型反应

习题 4-16 写出所有五碳烷烃的结构式及中英文系统命名。

答

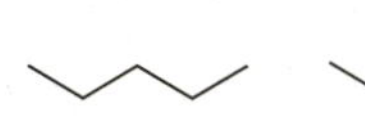
戊烷
pentane

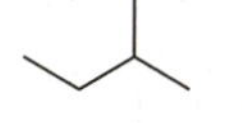
2-甲基丁烷
2-methylbutane

2,2-二甲基丙烷
2,2-dimethylpropane

环戊烷
cyclopentane

甲基环丁烷
methylcyclobutane

乙基环丙烷
ethylcyclopropane

1,1-二甲基环丙烷
1,1-dimethylcyclopropane

顺-1,2-二甲基环丙烷
cis-1,2-dimethylcyclopropane

(1*R*,2*R*)-1,2-二甲基环丙烷
(1*R*,2*R*)-1,2-dimethylcyclopropane

(1*S*,2*S*)-1,2-二甲基环丙烷
(1*S*,2*S*)-1,2-dimethylcycloproane

习题 4-17 画出 C_1～C_{20} 的直链烷烃的熔点曲线图，并对图中熔点变化的规律作出分析。

答 参见教材第 115 页的图 4-2 和表 4-1 的数据自己完成。

习题 4-18 标准状态下，22.4 L 甲烷、乙烷的等物质的量的混合气体完全燃烧后得多少升二氧化碳和多少克 H_2O？（列式计算）

答 甲烷 11.2 L，0.5 mol

$$0.5CH_4 + O_2 \longrightarrow 0.5CO_2 + H_2O$$

0.5 mol　　　　0.5 mol　1 mol

乙烷 11.2 L，0.5 mol

$$0.5CH_3CH_3 + 1.75O_2 \longrightarrow CO_2 + 1.5H_2O$$

0.5 mol　　　　1 mol　1.5 mol

CO_2：0.5 mol＋1 mol＝1.5 mol，　22.4 L/mol×1.5 mol＝33.6 L

H_2O：1 mol＋1.5 mol＝2.5 mol，　18 g/mol×2.5 mol＝45 g

因此，得 33.6 L 二氧化碳、45 g 水。

习题 4-19 请填充下列空白或选择括号中正确的回答：一个能量可变的体系，能量越________越稳定；在放热反应过程中，体系（获得、失去）的能量越多，最后达到的状态越________。

答 低、失去、稳定（或：低、获得、不稳定）。

习题 4-20 化合物（结构式）可以生成哪几种类型的自由基？写出它们的结构简式，并按稳定性由大到小的顺序排列。

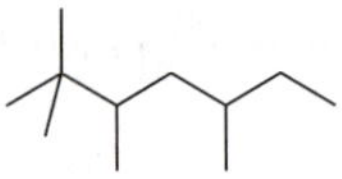

答 有下列自由基，稳定性由大到小的顺序如下：

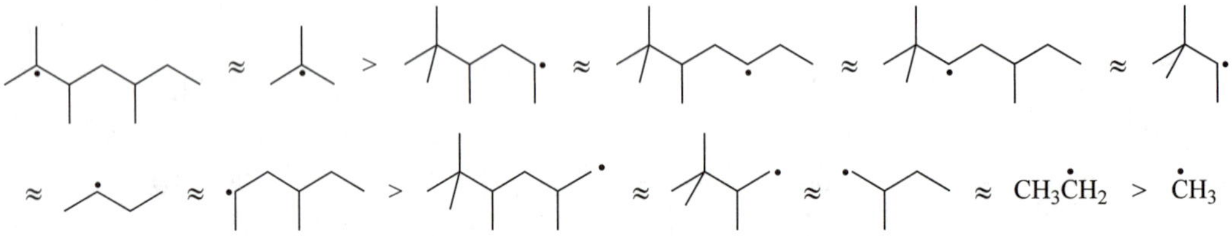

$CH_3\dot{C}H_2 > \dot{C}H_3$

习题 4-21 写出分子式为 C_7H_{16} 的所有构造异构体的键线式。指出其中含一级碳原子最多的化合物是______（写系统名称），该化合物含二级碳原子____个，含三级碳原子____个，含四级碳原子____个。该异构体有几种一氯取代产物？

答 所有构造异构体的键线式如下：

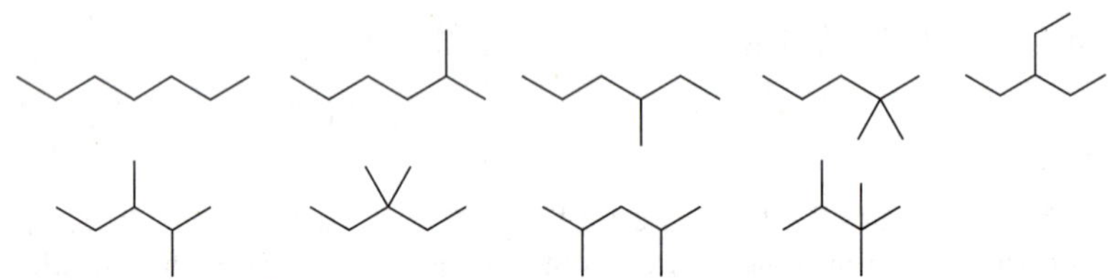

含一级碳原子最多的化合物是 2,2,3-三甲基丁烷，该化合物无二级碳原子，含 1 个三级碳原子，含 1 个四级碳原子。它可以有 3 种一氯代产物。

习题 4-22 写出所有符合下列要求的化合物的结构式并命名：

(i) 分子式为 C_7H_{14}；　(ii) 只含一个一级碳；　(iii) 饱和烃。

答 符合要求的化合物的结构式及系统名称如下：

甲基环己烷　乙基环戊烷　丙基环丁烷　丁基环丙烷

习题 4-23 写出由新戊烷生成一氯代产物的反应机理，并绘制链转移阶段的反应势能图。

答 反应机理如下：

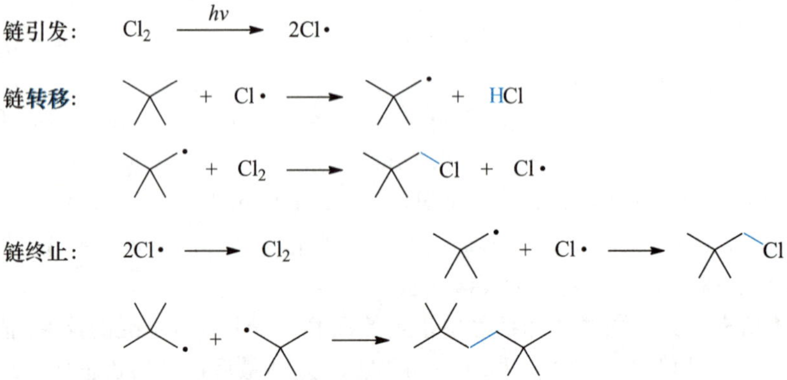

链引发：$Cl_2 \xrightarrow{h\nu} 2Cl\cdot$

链转移：新戊烷 + Cl· ⟶ 新戊基自由基 + HCl

新戊基自由基 + Cl_2 ⟶ 新戊基氯 + Cl·

链终止：$2Cl\cdot \longrightarrow Cl_2$　　新戊基自由基 + Cl· ⟶ 新戊基氯

新戊基自由基 + 新戊基自由基 ⟶ 2,2,5,5-四甲基己烷

反应势能图：参见教材第 125 页的图 4-6 自制。

习题 4-24　在温度不太高时，1，1′-联环丙烷可生成几种一氯代产物？写出反应的化学方程式，并估算产物的百分含量。若反应温度超过 450℃，产物的百分含量会发生什么变化？为什么？

答　可以生成 3 种一氯代产物，反应的化学方程式如下：

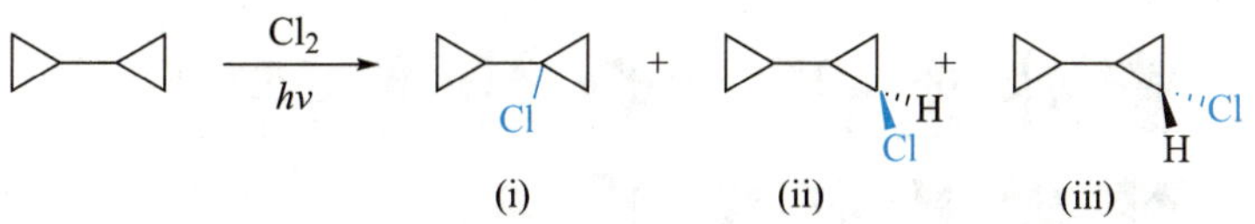

$\xrightarrow[h\nu]{Cl_2}$ (i) + (ii) + (iii)

氯化时，3 种氢的反应性大致为 3°H：2°H：1°H＝5：3：1，该反应物中有 2 个等同的 3°H，有 8 个等同的 2°H，没有 1°H。综合 3°H 和 2°H 的反应性和数目比，可计算得 3°H 被取代的产物(i)的百分含量为

$$\frac{5\times2}{5\times2+8\times3}\times100\%=29.4\%$$

2°H 被取代的产物(ii)和(iii)的百分含量均为

$$\frac{8\times3}{5\times2+8\times3}\times100\%\times1/2=35.3\%$$

反应温度升高，2°H 被取代的产物增加。因为 3°碳自由基比 2°碳自由基稳定，所以生成 2°碳自由基的活化能高于生成 3°碳自由基的活化能。升高反应温度，会提高分子的能量，并增加体系中活化分子的含量，从而提高 2°碳上的氢被取代的产物。

习题 4-25　在温度不太高时，异辛烷可生成哪几种一溴代产物？写出它们的结构式。其中哪种产物含量最多，哪种产物含量最少？简述理由。

答　异辛烷的结构式如下：

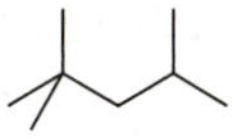

它可以生成下面 5 种一溴代产物：

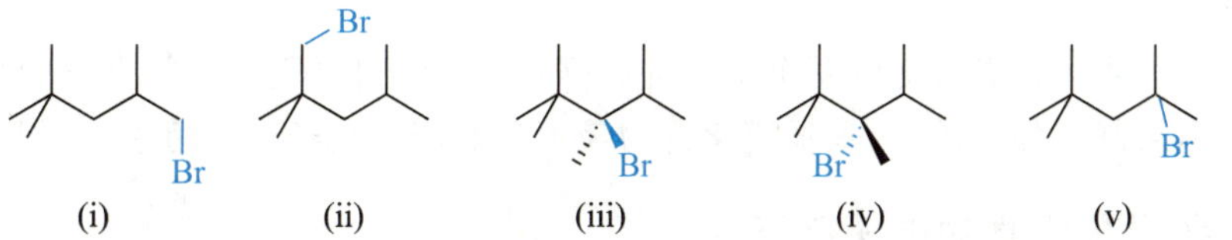

(i)　(ii)　(iii)　(iv)　(v)

溴化时，3 种氢的反应性大致为 3°H：2°H：1°H≈1600：82：1。反应物分子中共有 18 个 H，其中 1°H 15 个，2°H 2 个，3°H 1 个。从反应性和氢的数目比可以判断，3°H 被溴取代的产物最多，1°H 被取代的产物最少。（请同学自己列式计算）

第 5 章

5 紫外光谱 红外光谱 核磁共振和质谱

紫外光谱、红外光谱、核磁共振和质谱广泛用于有机化合物分子结构的测定。

内容提要

(一) 紫外光谱

5.1 紫外光谱的基本原理

许多有机分子的**价电子跃迁**须吸收波长在 200～1000 nm 范围内的光，恰好落在紫外-可见光区域。因此，紫外吸收光谱是由于分子中价电子的跃迁而产生的。有机分子最常见的电子跃迁是$\sigma\to\sigma^*$，$\pi\to\pi^*$，$n\to\sigma^*$，$n\to\pi^*$。

5.2 紫外光谱图

紫外光谱图提供两个重要的数据：吸收峰的位置和吸收光谱的吸收强度。在多数文献中，并不绘制紫外光谱图，只报道化合物最大吸收峰的波长及与之相应的摩尔吸光系数。

5.3 各类化合物的电子跃迁

烷烃只发生$\sigma\to\sigma^*$跃迁，不饱和脂肪族化合物可以发生$\pi\to\pi^*$，$n\to\pi^*$跃迁。共轭体系吸收带的波长在近紫外，对于判断分子结构很有用。芳香族化合物都具有环状的共轭体系，一般都有三个吸收带。

5.4 影响紫外光谱的因素

分子结构中的生色团、助色团、能产生红移现象或蓝移现象的结构、能产生增色效应或减色效应的结构等均会对紫外光谱产生影响。

5.5 λ_{max}与化学结构的关系

参见各种经验规则。

(二) 红 外 光 谱

5.6 红外光谱的基本原理

红外光谱是分子**振动能级的跃迁**而产生的。分子的振动分为伸缩振动和弯曲振动两大类。伸缩振动是键长改变的振动，弯曲振动是键角改变的振动。

5.7 红外光谱图

红外光谱图的横坐标是红外光的波数(或波长)，纵坐标是吸光度(或透过率)。吸收峰的形状一般分为宽峰、尖峰、肩峰、双峰等类型。红外光谱可分为官能团区和指纹区两大区域。**官能团区**的吸收带对于基团的鉴定十分有用，**指纹区**的吸收带对于用已知物来鉴别未知物十分重要。

5.8 重要官能团的红外特征吸收

查阅教材。

(三) 核 磁 共 振

5.9 核磁共振的基本原理

核磁共振主要是由原子核的自旋运动引起的。原子核在外磁场中的取向是量子化的，每一种取向都代表了核在该磁场中的一种能量状态。让处于外磁场的自旋核受一定频率的电磁波辐射，当辐射的能量恰好等于自旋核两种不同取向的能量差时，处于低能态的自旋核吸收电磁辐射能跃迁到高能态。这种现象称为核磁共振。^{1}H 发生核磁共振的条件必须符合电磁波的辐射频率等于^{1}H 的进动频率，即 $\nu_{射}=\nu_0$。可以采用扫频或扫场两种方法来达到 $\nu_{射}=\nu_0$。

氢 谱

5.10 化学位移

同种核由于在分子中的化学环境不同而在不同共振磁感应强度下显示吸收峰，这称为**化学位移**。

5.11 特征质子的化学位移

参见教材中数据。

5.12 耦合常数

原子核之间的相互作用称为自旋-自旋耦合，简称**自旋耦合**。因自旋耦合而引起谱线增多的现象称为自旋-自旋裂分，简称**自旋裂分**。自旋耦合的量度称为自旋的耦合常数。只有化学不等价的质子才能显示出自旋耦合。在一级图谱中，^{1}H 谱的自旋裂分的峰数目符合 $n+1$ 规律，一组裂分峰的各峰的高度比与二项式$(a+b)^n$ 的展开式的各项系数比一致。

5.13 醇的核磁共振

羟基氢的核磁共振信号有如下特点：羟基氢的化学位移随结构而变，随浓度、温度和溶剂的性质而变；有时，羟基氢能被邻近的质子裂分，它也能裂分邻近的质子，有时，它既不能被邻近的质子裂分，也不能裂分邻近的质子；活泼氢在重水中共振信号消失；羟基氢的核磁共振峰有时为一尖锐的单峰，有时为一宽峰。

5.14 积分曲线和峰面积

核磁共振谱中，共振峰下面的面积与产生峰的质子数成正比。现在，核磁共振仪用电子积分仪来测量峰的面积，在谱图上直接用数字显示出来。

5.15 ^{1}H NMR 图谱的剖析

(1) 标识杂质峰；(2) 根据化学位移确定峰的归属；(3) 根据峰的形状和耦合常数确定基团之间的相互关系；(4) 采用重水交换的方法识别活泼氢；(5) 综合各种分析，推断分子结构并对结构进行核对。

碳谱（略）

（四）质　　谱

5.21 质谱分析的基本原理和质谱仪

质谱分析的基本原理是：使待测的样品分子气化，用具有一定能量的电子束轰击气态分子，使其失去一个电子而成为带正电的**分子离子**，分子离子还可以断裂成各种**碎片离子**，所有的正离子在电场和磁场的综合作用下，按**质荷比**(m/z)大小依次排列而得到谱图。

5.22 质谱图的表示

质谱图用棒图表示，每一条线表示一个峰，图中高低不同的峰各代表一种离子，横坐标是离子质荷比的数值，最高的峰称为**基峰**，并人为地把它的高度定为100，其他峰的高度为该峰的相对百分比，称为**相对强度**，以纵坐标表示之。

5.23 离子的主要类型、形成及其应用

在质谱中出现的离子有：分子离子、同位素离子、碎片离子、重排离子、多电荷离子、亚稳离子等。分子被电子束轰击失去一个电子形成的离子称为**分子离子**，相应的峰为分子离子峰。分子离子峰的质量数要符合氮规则，分子离子峰对测被测物的相对分子质量十分有用。含有同位素的离子称为**同位素离子**，相应的峰为同位素离子峰。同位素离子峰的强度与同位素的丰度是相当的，对测定含丰富同位素的原子很有用。分子离子在电离室中进一步发生断裂生成的离子称为**碎片离子**，裂解是按一定规律进行的，因此，碎片离子可以提供化合物裂解过程的线索，对化合物的鉴定十分有用。

5.24 影响离子形成的因素

影响各种离子形成的因素有：原子和官能团的相对空间位置、键的相对强度、所产生离子的稳定性。

习题解析

习题 5-1 某电子跃迁需要吸收 4 eV 的能量，它跃迁时应该吸收波长多少纳米的光？

答

$$\lambda=\frac{4.136\times10^{-15}\ \text{eV}\cdot\text{s}\times2.998\times10^{10}\text{cm}\cdot\text{s}^{-1}}{4\ \text{eV}}=3.100\times10^{-5}\ \text{cm}=310\ \text{nm}$$

该电子跃迁时，应吸收 310 nm 波长的光。

习题 5-2 乙烯能发生哪些电子跃迁？哪一种跃迁最易发生？

答 乙烯能发生 $\sigma\rightarrow\sigma^*$，$\sigma\rightarrow\pi^*$，$\pi\rightarrow\pi^*$，$\pi\rightarrow\sigma^*$ 的跃迁，最易发生的是 $\pi\rightarrow\pi^*$ 跃迁。

习题 5-3 甲醇能发生什么电子跃迁？为什么？

答 氧原子上有孤对电子，可以跃迁至反键轨道。故甲醇能发生 $\sigma\rightarrow\sigma^*$，$n\rightarrow\sigma^*$ 跃迁。

习题 5-4 丙酮可以发生什么电子跃迁？在丙酮的紫外光谱图中，只在 279 nm 处有一个弱吸收带，这是什么跃迁的吸收带？

答 丙酮能发生 $n\rightarrow\pi^*$，$n\rightarrow\sigma^*$，$\sigma\rightarrow\pi^*$，$\sigma\rightarrow\sigma^*$，$\pi\rightarrow\pi^*$，$\pi\rightarrow\sigma^*$ 的跃迁。279 nm 处的吸收是 $n\rightarrow\pi^*$ 跃迁。在众多的跃迁中，$n\rightarrow\pi^*$ 的跃迁的能级差最小，相应吸收光的波长应该最大。由于丙酮在可见光区并无吸收，因此，在紫外光谱图中，若只观察到一个吸收带，一定是 $n\rightarrow\pi^*$ 的跃迁吸收带。

习题 5-5 将 9.73 mg 2,4-二甲基-1,3-戊二烯溶于 10 mL 乙醇中，然后将其稀释到 1000 mL，用 1 cm 长的样品池测定该溶液的紫外吸收，吸光度 A 为 1.02，求该化合物的摩尔吸光系数 ε。

答

$$\text{摩尔吸光系数}\ \varepsilon=\frac{A}{(\text{物质的量浓度}\ c\times L)}=\frac{1.02}{(9.73\div96)\times10^{-3}\times1}\text{L}\cdot\text{mol}^{-1}\cdot\text{cm}^{-1}$$

$$=10\ 000\ \text{L}\cdot\text{mol}^{-1}\cdot\text{cm}^{-1}$$

习题 5-6 乙烷能发生什么电子跃迁？它的跃迁吸收带处在什么区域？为什么在测定紫外光谱时可以用烷烃做溶剂？

答 乙烷能发生 $\sigma\rightarrow\sigma^*$ 的跃迁。它的跃迁吸收带处在真空紫外区，因为烷烃在近紫外区没有吸收，所以它们可以用做测定紫外光谱的溶剂。

习题 5-7 下面四种化合物，哪几种可用做测定紫外光谱的溶剂？为什么？

(i) 环己烷　(ii) 乙醇　(iii) 丙酮　(iv) 碘甲烷

答 环己烷和乙醇可以用做测定紫外光谱的溶剂，因为它们在近紫外区没有吸收。

习题 5-8 乙醛有两个吸收带：$\lambda_{max}^1=190\ \text{nm}(\varepsilon_1=10\ 000)$，$\lambda_{max}^2=289\ \text{nm}(\varepsilon_2=12.5)$。试问这两个吸收带各相应于乙醛的什么跃迁？

答 λ_{max}^1对应于 $\pi\rightarrow\pi^*$ 跃迁；λ_{max}^2对应于 $n\rightarrow\pi^*$ 跃迁。

习题 5-9 $\lambda_{max}^1=295\ \text{nm}(\varepsilon_1=27\ 000)$，$\lambda_{max}^2=171\ \text{nm}(\varepsilon_2=15\ 530)$，$\lambda_{max}^3=334\ \text{nm}(\varepsilon_3=40\ 000)$，$\lambda_{max}^4=258\ \text{nm}$ $(\varepsilon_4=35\ 000)$，这四组数据各对应于下面哪个化合物？

(i) $CH_2=CH_2$　　　　(ii) $CH_2=CH-CH=CH-CH=CH_2$

(iii) $C_6H_5-CH=CH-C_6H_5$　　　　(iv) $C_6H_5-CH=CH-CH=CH-C_6H_5$

答　λ^1_{max}对应于(iii)；λ^2_{max}对应于(i)；λ^3_{max}对应于(iv)；λ^4_{max}对应于(ii)。

习题 5-10　写出乙酰乙酸乙酯的酮式及其烯醇式的互变异构体。今有两张紫外光谱图，一张在204 nm 处有弱吸收，另一张在245 nm 处有强的吸收带($\varepsilon=18\ 000$)，试问这两张图谱各对应于什么异构体？并阐明作出判断的依据。

答

烯醇式 ⇌ 酮式

$\lambda_{max}=245$ nm，$\varepsilon=18\ 000$ 的强吸收带对应烯醇式异构体的图谱，因为烯醇式中存在共轭双键。

习题 5-11　芳香族化合物的紫外吸收光谱的共同特点是什么？

答　芳香族化合物紫外吸收光谱的共同特点是一般都有 3 个吸收带。苯及其衍生物的带Ⅰ在真空紫外区，带Ⅱ、带Ⅲ均在近紫外区。稠环化合物的共轭体系比苯大，故带Ⅰ、带Ⅱ、带Ⅲ均在近紫外区吸收。

习题 5-12　CH_3I 的最低能量跃迁是什么跃迁？相应的最大吸收波长是多少？请判断 CH_3I 是否有生色团。

答　$n\rightarrow\sigma^*$ 跃迁，$\lambda_{max}=258$ nm，已进入近紫外区。CH_3I 有生色团，生色团是 I。

习题 5-13　下列化合物哪些有生色团？它们的生色团各是什么？

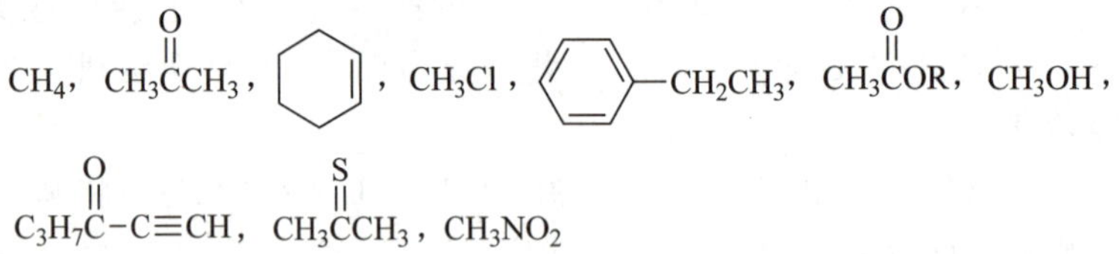

CH_4，CH_3COCH_3（$CH_3\overset{O}{\overset{\|}{C}}CH_3$），环己烯，$CH_3Cl$，$C_6H_5-CH_2CH_3$，$CH_3\overset{O}{\overset{\|}{C}}OR$，$CH_3OH$，

$C_3H_7\overset{O}{\overset{\|}{C}}-C\equiv CH$，$CH_3\overset{S}{\overset{\|}{C}}CH_3$，$CH_3NO_2$

答　下列化合物有生色团(它们的生色团分别写在括号中)：

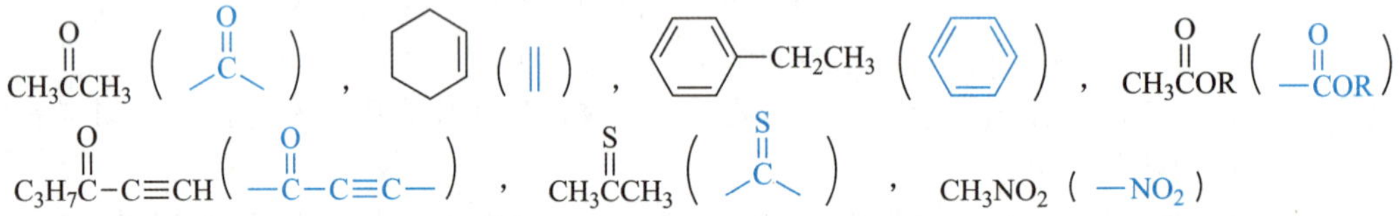

$CH_3\overset{O}{\overset{\|}{C}}CH_3$ ($>C=O$)，环己烯 ($C=C$)，$C_6H_5-CH_2CH_3$ (苯环)，$CH_3\overset{O}{\overset{\|}{C}}OR$ ($-\overset{O}{\overset{\|}{C}}OR$)

$C_3H_7\overset{O}{\overset{\|}{C}}-C\equiv CH$ ($-\overset{O}{\overset{\|}{C}}-C\equiv C-$)，$CH_3\overset{S}{\overset{\|}{C}}CH_3$ ($>C=S$)，CH_3NO_2 ($-NO_2$)

习题 5-14　用碘逐个替代甲烷中的氢，紫外光谱图将发生什么变化？为什么？

答　用碘逐个替代甲烷中的氢，紫外吸收峰会朝长波方向移动。因为碘是一个很好的助色团，碘原子上的 n 电子也能与 C—H 键的 σ 电子共轭。

习题 5-15　举例说明：共轭双键越多，红移现象越显著，吸收强度也明显增强。并阐明发生上述变化的原因。

答

烯烃	乙烯	1,3-丁二烯	1,3,5-己三烯
λ_{max}/nm	171	217	258
ε	15 530	21 000	35 000

上述数据表明，随着共轭双键增多，吸收光逐渐红移，吸收强度也明显增大。原因如下：受紫外光照时，共轭烯烃分子成键轨道上的电子会吸收能量，被激发至反键轨道。从下方的能级图可以看

出，发生跃迁时，乙烯吸收光的能量最大，1，3，5-己三烯吸收的能量最小。由于 $E=hc/\lambda$，故乙烯吸收峰的波长最小。此外，能量差较大时，跃迁概率也会随之减小，所以吸收强度降低。

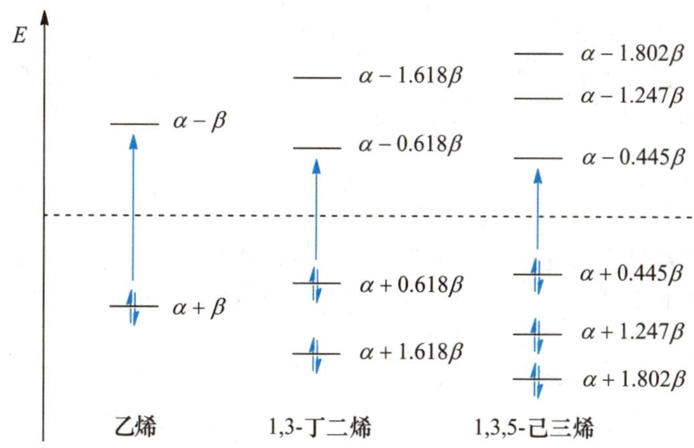

习题 5-16 苯与硝基苯的 $\lambda^{\mathrm{II}}(\varepsilon)$ 和 $\lambda^{\mathrm{III}}(\varepsilon)$ 是否相同？为什么？

答 苯和硝基苯的 $\lambda^{\mathrm{II}}(\varepsilon)$，$\lambda^{\mathrm{III}}(\varepsilon)$ 不相同。因为 NO_2 与苯环能发生共轭，所以硝基苯的带Ⅱ、带Ⅲ均向长波方向移动，跃迁概率也增大。

习题 5-17 若分别在己烷或水中测定三氯乙醛的紫外吸收光谱，这两张紫外光谱图有什么不同？为什么会产生这种不同？

答 三氯乙醛在己烷中测定的 $\lambda_{max}=290$ nm($\varepsilon=33$)，在水中测定，该峰消失。

在水中测定时，三氯乙醛羰基上的氧发生质子化，质子化后的杂原子增加了吸电子的作用，吸引 n 轨道上的电子更靠近核而能量降低，即基态分子的 n 轨道能值降低，从而使 $n\rightarrow\pi^*$ 能差增大，吸收峰由长波向短波方向移动，所以其吸收峰在紫外区消失。另外，能差增大，跃迁概率也将减少。

习题 5-18 估算下列化合物紫外吸收的 λ_{max} 值（乙醇溶剂）。

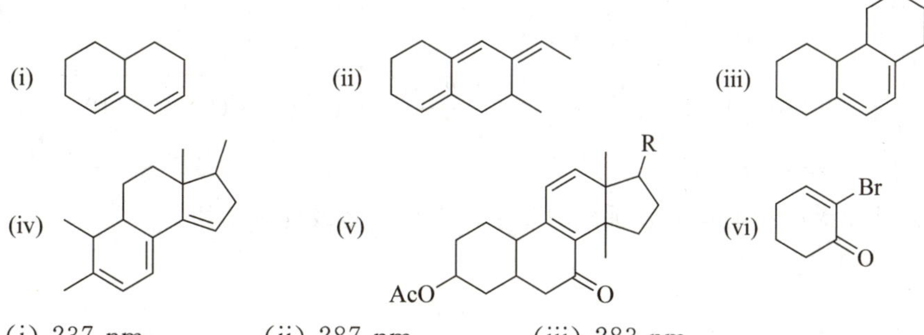

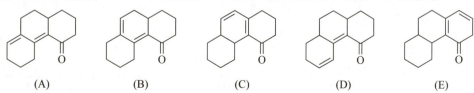

答 (i) 237 nm　(ii) 287 nm　(iii) 283 nm

(iv) 318 nm　(v) 324 nm　(vi) 252 nm

习题 5-19 测得某化合物的 λ_{max} 为 357 nm（乙醇溶剂）。试问该化合物符合下面哪一个构造式？

(A)　(B)　(C)　(D)　(E)

答 用 Woodward-Fieser 经验规则进行计算,只有(B)的 $\lambda_{max}=357$ nm,所以该化合物符合(B)结构式。

习题 5-20 你能否用紫外光谱来鉴别下列两组异构体?

(i) 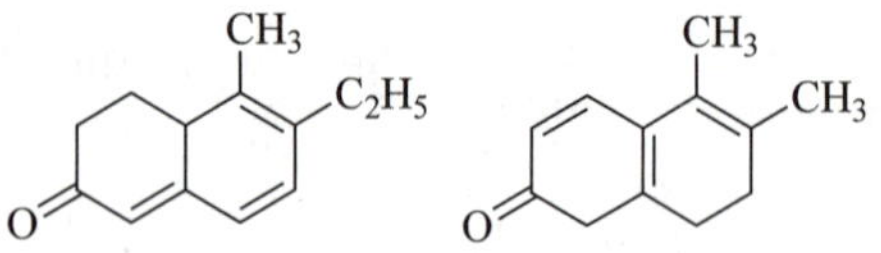 (A) (B)　(ii) 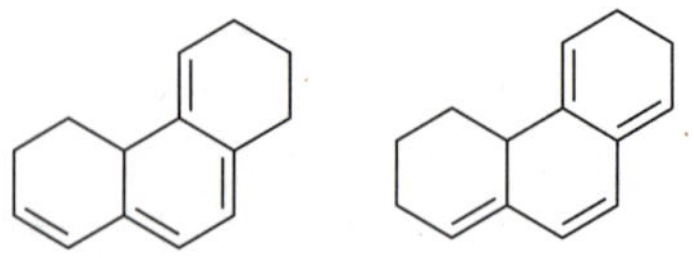 (A) (B)

答 (i) 两者吸收峰波长分别为 385,338 nm,可以用紫外光谱鉴别。

(ii) 两者吸收峰波长分别为 353,283 nm,可以用紫外光谱鉴别。

注:应用 Woodward-Fieser 经验规则进行计算时,若既有环内双键,又有环外双键,以环内双烯作为主体。若既有 $\rangle C=C-C=C\langle$ 共轭,又有 $\rangle C=C-C=O$ 共轭,以 $\rangle C=C-C=O$ 为主体。

习题 5-21 已知乙烷中 C—C 单键的力常数为 5×10^5 g·s^{-2},乙烯中 C═C 双键的力常数为 10.8×10^5 g·s^{-2},丙炔中 C≡C 叁键的力常数为 14.7×10^5 g·s^{-2},计算三个化合物中 C—C,C═C,C≡C 的红外吸收的基频位置。

答

$$\tilde{\nu}_{(C-C)}=\frac{1}{2\pi\times(3\times10^{10}\ \text{cm}\cdot\text{s}^{-1})}\times\sqrt{5\times10^{5}\ \text{g}\cdot\text{s}^{-2}\times\left[\frac{12+12}{12\times12}\text{mol}\cdot\text{g}^{-1}\times(6.023\times10^{23}\ \text{mol}^{-1})\right]}=1188\ \text{cm}^{-1}$$

$$\tilde{\nu}_{(C=C)}=\frac{1}{2\pi\times(3\times10^{10}\ \text{cm}\cdot\text{s}^{-1})}\times\sqrt{10.8\times10^{5}\ \text{g}\cdot\text{s}^{-2}\times\left[\frac{12+12}{12\times12}\text{mol}\cdot\text{g}^{-1}\times(6.023\times10^{23}\ \text{mol}^{-1})\right]}=1746\ \text{cm}^{-1}$$

$$\tilde{\nu}_{(C\equiv C)}=\frac{1}{2\pi\times(3\times10^{10}\ \text{cm}\cdot\text{s}^{-1})}\times\sqrt{14.7\times10^{5}\ \text{g}\cdot\text{s}^{-2}\times\left[\frac{12+12}{12\times12}\text{mol}\cdot\text{g}^{-1}\times(6.023\times10^{23}\ \text{mol}^{-1})\right]}=2037\ \text{cm}^{-1}$$

习题 5-22 说明下列红外光谱中用阿拉伯数所标的吸收峰是什么键或什么基团的吸收峰。

(i) 2,4-二甲基戊烷

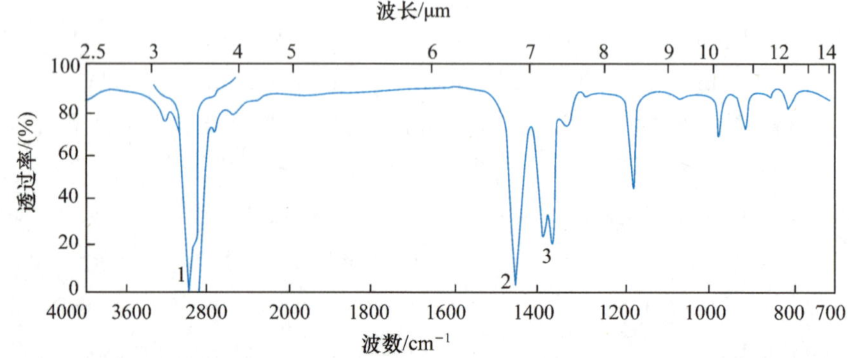

(ii) 2,3-二甲基-1,3-丁二烯

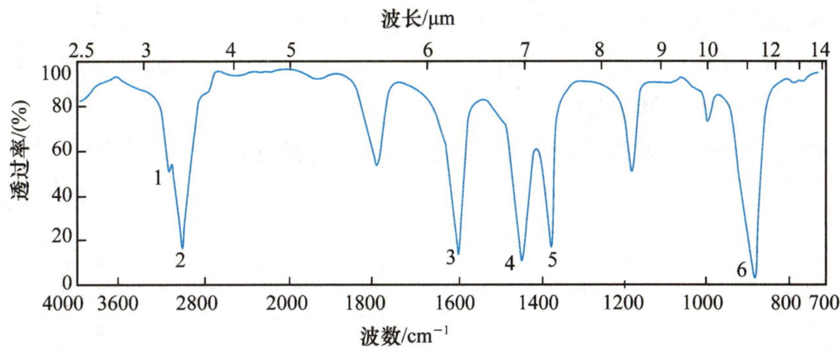

答 (i) 图中：1 为—C—H 拉伸振动；2 为 CH_2 弯曲振动；3 为异丙基分裂。

(ii) 图中：1 为C=C—H 拉伸振动；2 为—C—H拉伸振动；3 为共轭体系中 C=C 拉伸振动(由于分子对称，只出现一个峰)；4 为 CH_2 弯曲振动；5 为 CH_3 弯曲振动；6 为C=C(H)(H) 面外弯曲振动。

习题 5-23 指出下面两张图谱哪一张代表顺-4-辛烯，哪一张代表反-4-辛烯。为什么？说明图中标有数字的峰的归属。

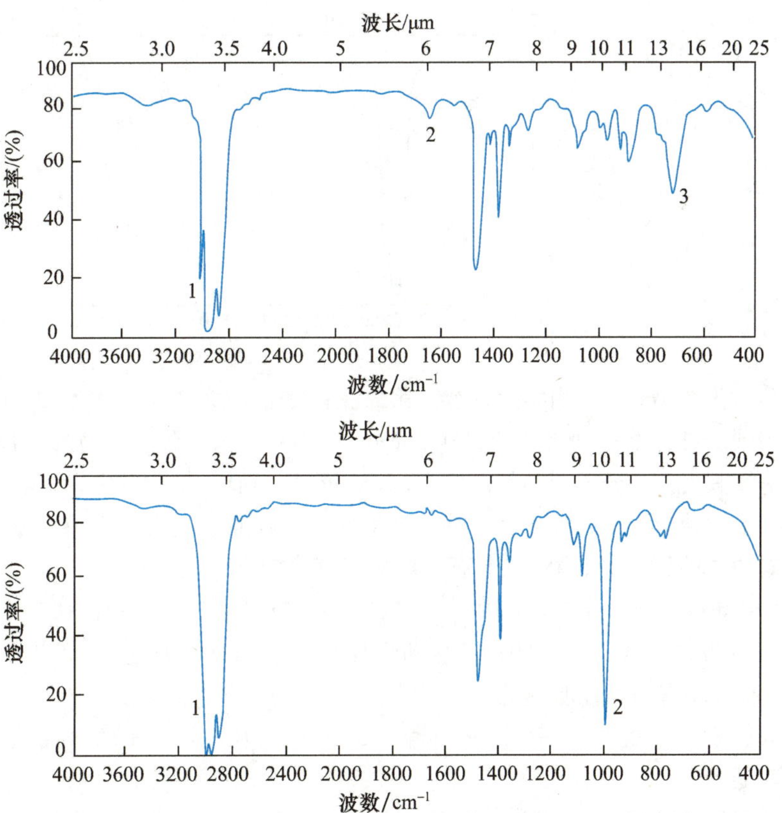

答 第一张图谱代表顺-4-辛烯。图中，1 为=C—H 伸缩振动吸收峰，2 为 C=C 的伸缩振动吸收峰，

3 为═C—H 面外摇摆振动吸收峰。

第二张图谱代表反-4-辛烯。图中，1 为═C—H 伸缩振动吸收峰，2 为═C—H 面外摇摆振动吸收峰。由于反-4-辛烯具有更高的对称性，碳碳双键的伸缩振动不会改变分子偶极矩，故碳碳双键的伸缩振动吸收峰消失。

习题 5-24 指出下面两张图谱哪一张代表 2-甲基-2-戊烯，哪一张代表 2，3，4-三甲基-2-戊烯，并简单阐明理由。

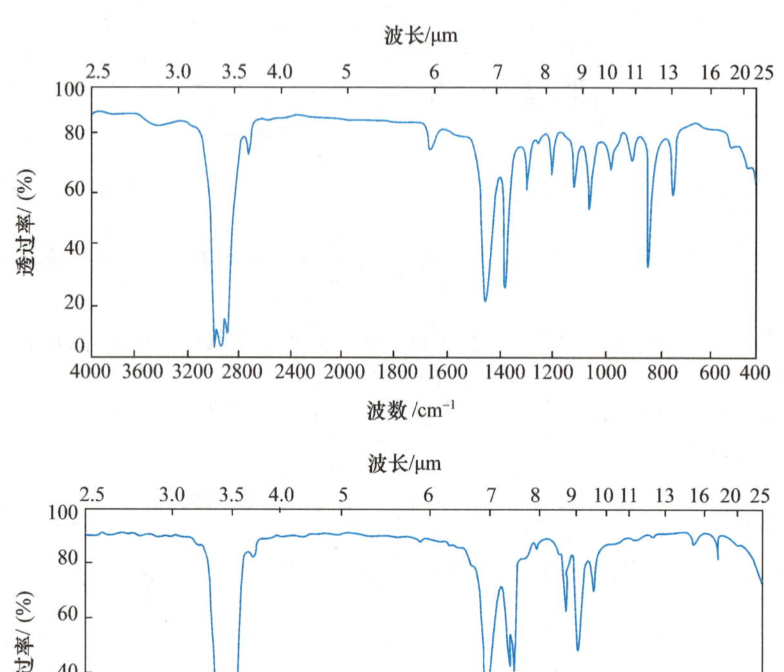

答 第一张图谱代表 2-甲基-2-戊烯；第二张图谱代表 2，3，4-三甲基-2-戊烯。

碳碳双键伸缩振动吸收位置在 1680～1620 cm^{-1}，其强度和位置取决于双键碳原子上取代基的数目及其性质：分子对称性越高，吸收峰越弱；当有 4 个取代基时，常常不能看到它的吸收峰。根据以上规律，由于 2，3，4-三甲基-2-戊烯的双键碳原子上有 4 个取代基，而第二张谱图中没有碳碳双键的伸缩振动吸收峰，与上面的规律相符。

习题 5-25 1-己炔在 3305 cm^{-1}，2110 cm^{-1}，620 cm^{-1} 处有吸收峰。指出这三个吸收峰的归属。

答 3305 cm^{-1} 处是≡C—H 伸缩振动吸收峰；2110 cm^{-1} 处是 C≡C 伸缩振动吸收峰；620 cm^{-1} 处是≡C—H 弯曲振动吸收峰。

习题 5-26 为什么 2-辛炔的 C≡C 键的伸缩振动吸收以及≡C—H 的弯曲振动吸收强度都比 1-辛炔大为降低？

答 不同烷基的电荷密度较为接近，而氢与烷基的电荷密度有一定差异。因此，2-辛炔的碳碳叁键伸缩振动时产生的偶极变化明显比 1-辛炔更小，所对应的伸缩振动吸收峰强度大为降低。

习题 5-27 判别下面三张图哪张代表邻二甲苯，哪张代表间二甲苯，哪张代表对二甲苯。简单阐明理由并指出标有数字的峰的归属。

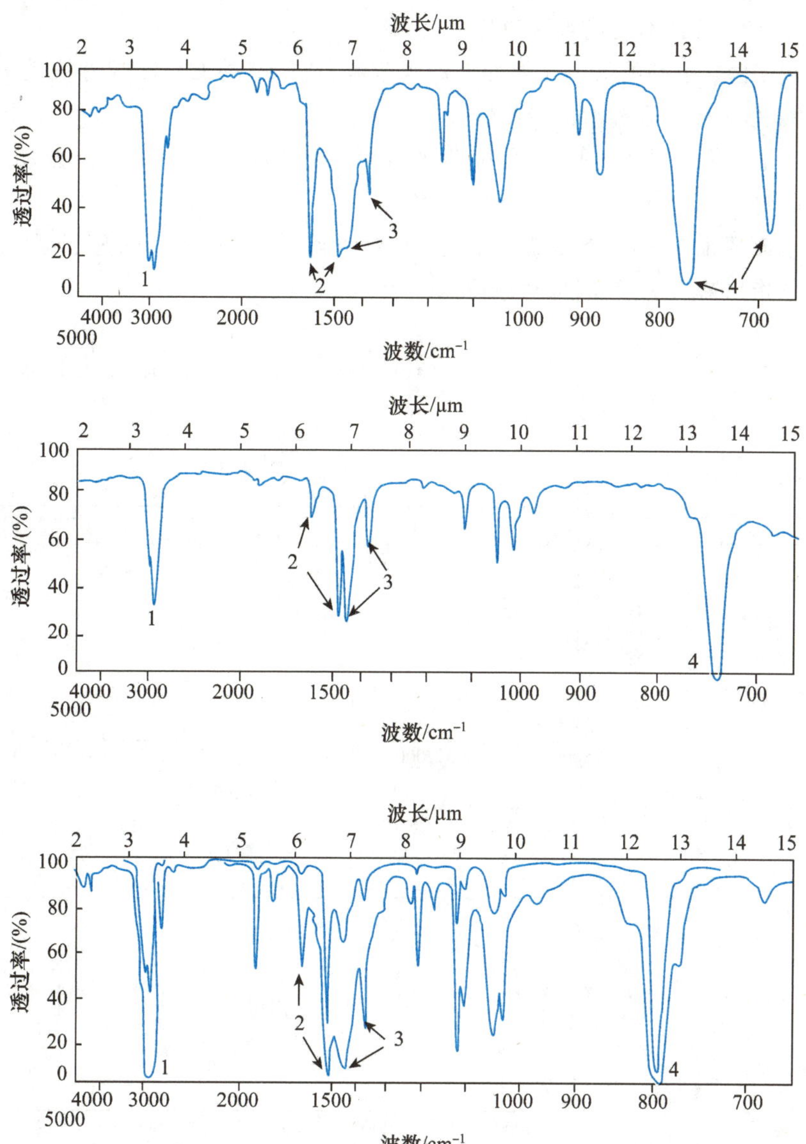

答　第一张图为间二甲苯：1 为 —C—H，Ar—H 伸缩振动吸收峰；2，3 为芳环伸缩振动吸收峰；4 为间二取代苯的 C—H 面外弯曲振动吸收峰。

第二张图为邻二甲苯：1，2，3 所指示的峰的归属与间二甲苯相同；4 是邻二取代苯的 C—H 面外弯曲振动吸收峰。

第三张图为对二甲苯：1，2，3 所指示的峰的归属与间二甲苯相同；4 是对二取代苯的 C—H 面外弯曲振动吸收峰。

习题 5-28　在丙烯醇、2-丙醇、正丁醇和乙醚的红外图谱中，分别会出现哪些特征吸收峰？

答　丙烯醇：C═C 拉伸振动吸收峰、═C—H 弯曲振动吸收峰、O—H 缔合和游离吸收峰、C—O 拉伸振动吸收峰、亚甲基的 C—H 拉伸振动吸收峰。

异丙醇：甲基的 C—H 拉伸振动吸收峰、次甲基的 C—H 拉伸振动吸收峰、C—O 拉伸振动吸收峰、O—H 缔合和游离吸收峰。

正丁醇：甲基的 C—H 拉伸振动吸收峰、亚甲基的 C—H 拉伸振动吸收峰、C—O 拉伸振动吸收峰、O—H 缔合和游离吸收峰。

乙醚：甲基的 C—H 拉伸振动吸收峰、亚甲基的 C—H 拉伸振动吸收峰、C—O 拉伸振动吸收峰。

习题 5-29 下面两张图谱，请判断哪一张是异丙醇的红外谱图，哪一张是丁酮的红外谱图。简单阐明理由，并指出箭头所指吸收带的归属。

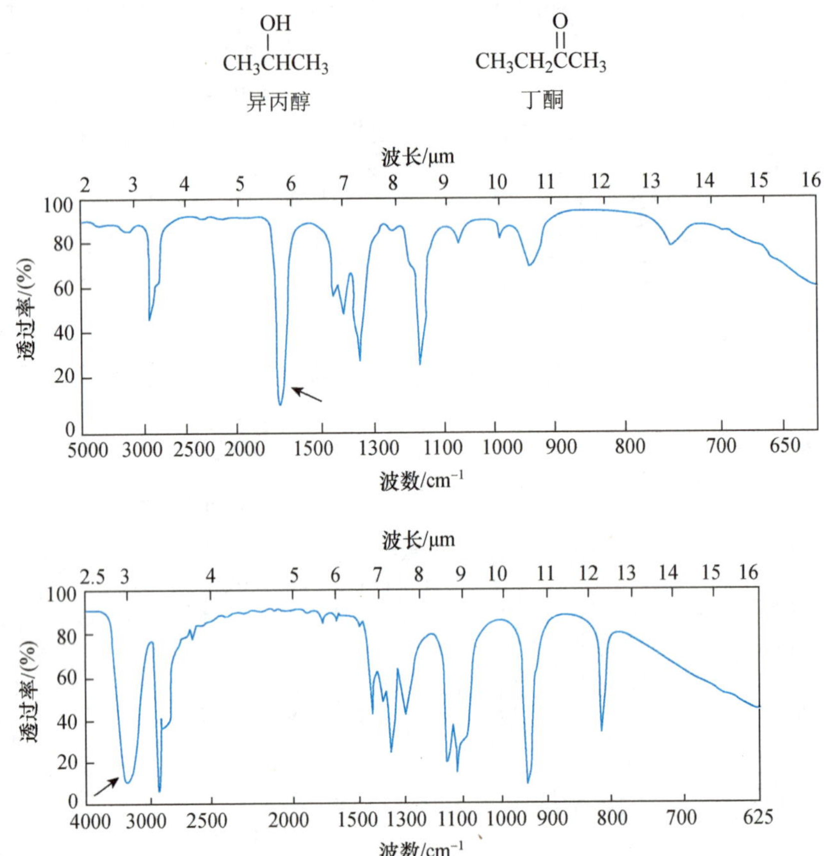

答 第一张谱图是丁酮，箭头所指峰(约 1700 cm^{-1}处)是羰基吸收峰。第二张谱图是异丙醇，箭头所指峰(约 3400 cm^{-1}处)是羟基吸收峰。

习题 5-30 游离羧酸 C═O 的吸收频率为 1760 cm^{-1}左右，而羧酸二聚体的 C═O 吸收频率为 1700 cm^{-1}左右，试阐明理由。

答 二聚体中的 C═O 双键因形成氢键而导致键的力常数降低，所以波数下降。

习题 5-31 为什么丙二酸和丁二酸的羰基都有两个吸收峰？

$HOOCCH_2COOH$　　$\tilde{\nu}_{C═O}$ 1740 cm^{-1}　1710 cm^{-1}

$HOOCCH_2CH_2COOH$　　$\tilde{\nu}_{C═O}$ 1780 cm^{-1}　1700 cm^{-1}

答 因为发生了振动耦合。

习题 5-32 已知苯甲酰卤羰基的基频是 1774 cm^{-1}，碳碳弯曲振动的频率是 880～860 cm^{-1}，为什么在图谱上却出现了 1773 cm^{-1} 和 1736 cm^{-1} 两个羰基的吸收峰？

答 因为发生了 Fermi 共振。

习题 5-33 查阅甲酸乙酯、3-溴丙酰氯、戊内酰胺、苯丙腈的红外光谱图，分别指出各图谱中主要吸收峰的归属。

答 略

习题 5-34 查阅苯甲胺、三乙胺的红外光谱图，并指出各图主要吸收峰的归属。

答 略

习题 5-35 下列原子核，哪些是非自旋球体？哪些是自旋球体？哪些是自旋椭圆体？

^{1}H，^{2}H，^{12}C，^{13}C，^{35}Cl，^{37}Cl，^{79}Br，^{81}Br，^{127}I，^{19}F，^{14}N，^{15}N，^{16}O，^{17}O，^{32}S，^{33}S，^{31}P

答 ^{12}C，^{16}O，^{32}S 核是非自旋球体。^{1}H，^{13}C，^{15}N，^{19}F，^{31}P 是自旋球体。^{2}H，^{35}Cl，^{37}Cl，^{79}Br，^{81}Br，^{127}I，^{14}N，^{17}O，^{33}S 是自旋椭圆体。

习题 5-36 用草图表示 $CH_3CH_2CH_2I$ 的三类质子在核磁共振图谱中的相对位置，并简单阐明理由。

答

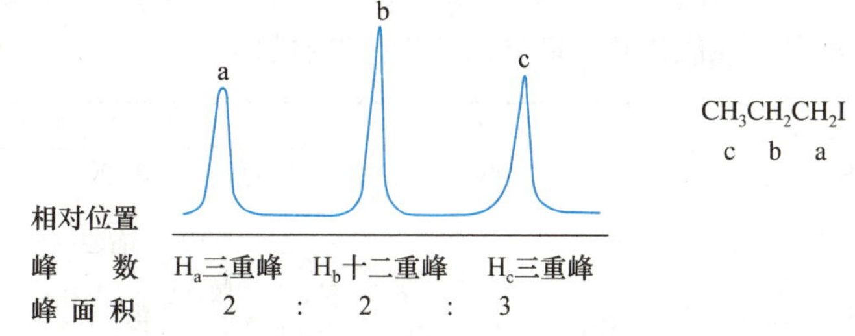

H_a，H_b，H_c 三类质子在核磁共振图谱中的相对位置如上图所示。因为在 $CH_3CH_2CH_2I$ 分子中，I 具有吸电子诱导效应，它能减少 H_a，H_b，H_c 周围的电子云密度，与 I 相距最近的 H_a 受影响最大，H_b 其次，距离最远的 H_c 受影响最小，所以 H_a 的吸收峰在最低场，H_b 适中，H_c 在高场。

习题 5-37 用羰基的磁各向异性效应解释：为什么醛基上质子的化学位移处于低场（δ 为 8～10）？

答 如图，醛基上的氢原子处于去屏蔽区，故化学位移处于低场。

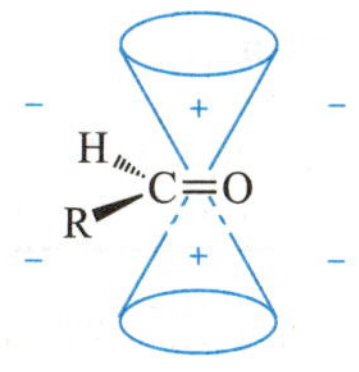

习题 5-38 为什么下面化合物环内氢的 δ 为 -2.99，而环外氢的 δ 为 9.28？

答 因为环内氢处于屏蔽区，环外氢处于去屏蔽区，所以二者分别处于高场和低场。

习题 5-39 根据教材表 5-15 提供的数据，估算下列化合物中各质子的化学位移。

(i) CH_3CH_2Br　(ii) $H_2C{=}CH{-}CH_2{-}C{\equiv}CH$　(iii) $(H_3C)_3C{-}C_6H_4{-}\overset{O}{\overset{\|}{C}}CH_3$

(iv) $HO{-}C_6H_4{-}CH_2OH$　(v) $H\overset{O}{\overset{\|}{C}}OCH_3$　(vi) $H_3C{-}\underset{}{\overset{NH_2}{\overset{|}{C}H}}{-}COOH$

答

(i) $CH_3{-}CH_2{-}Br$：0.9　3.5~4

(ii) $H_2C{=}CH{-}CH_2{-}C{\equiv}CH$：4.5~5.9　≈5.3　≈1.7　1.7~3.5

(iii) $(H_3C)_3C{-}C_6H_4{-}\overset{O}{\overset{\|}{C}}CH_3$：0.9　6~8.5　3.5~4

(iv) $HO{-}C_6H_4{-}CH_2OH$：4.5~7.7　2.2~3　3.4~4

(v) $H\overset{O}{\overset{\|}{C}}OCH_3$：9~10　3.7~4

(vi) $H_3C{-}\overset{NH_2}{\overset{|}{C}H}{-}COOH$：$NH_2$ 0.5~5；≈1　2~2.6　10~12

习题 5-40 烯氢的化学位移也可以用下面的公式来近似估算：

$$\delta_{C=C-H}=5.25+Z_{同}+Z_{顺}+Z_{反}$$

下表列出了一些取代基对烯氢化学位移影响的 Z 值：

取代基(A—)	$Z_{同}$	$Z_{顺}$	$Z_{反}$	取代基(A—)	$Z_{同}$	$Z_{顺}$	$Z_{反}$
R—	0.44	−0.26	−0.29	RCOO—	2.09	−0.40	−0.67
—C=C— (两碳各带一竖键)	0.98	−0.04	−0.21	OHC—	1.03	0.97	1.21
—C≡C—	0.50	0.35	0.10	RCO—	1.10	1.13	0.81
Ar—	1.35	0.37	−0.10	HOOC—	1.00	1.35	0.74
$ArCH_2$—	1.05	−0.29	−0.32	ROOC—	0.84	1.15	0.56
F—	1.03	−0.89	−1.19	ClCO—	1.10	1.41	0.19
Cl—	1.00	0.19	0.03	—NCO— (N上带一竖键)	1.37	0.93	0.35
Br—	1.04	0.40	0.55	R_2N—	0.69	−1.19	−1.31
I—	1.14	0.81	0.88	—NCH_2— (N上带一竖键)	0.66	−0.05	−0.23
RO—	1.38	−1.06	−1.28	NC—	0.23	0.78	0.58

请应用以上公式和表中的数据计算下列化合物中烯氢的化学位移。

(i) $CH_3CH_2O(H)C{=}C(H)OCH_2CH_3$（$CH_3CH_2O$ 与 OCH_2CH_3 在上方，两个 H 在下方）

(ii) $Cl(H)C{=}C(Cl)CH_2I$（两个 Cl 在上方，H 与 CH_2I 在下方）

(iii) $Ar(H_b)C{=}C(H_a)COOH$（Ar 与 H_a 在上方，H_b 与 COOH 在下方）

(iv) $Br(H)C{=}C(I)CHO$（Br 与 I 在上方，H 与 CHO 在下方）

(v) $H_3C(H_a)C{=}C(H_b)O\overset{O}{\overset{\|}{C}}CH_3$（$H_3C$ 与 $OCCH_3$ 在上方，H_a 与 H_b 在下方）

(vi) $NC(H)C{=}C(CH_2NH_2)OCH_3$（NC 与 CH_2NH_2 在上方，H 与 OCH_3 在下方）

答

(i) $\delta_H=5.25+1.38-1.28=5.35$

(ii) $\delta_H=5.25+1.00+0.03-0.26=6.02$

(iii) $\delta_{H_a}=5.25+1.00+0.37=6.62$

$\delta_{H_b}=5.25+1.35+1.35=7.95$

(iv) $\delta_H=5.25+1.04+0.88+0.97=8.14$

(v) $\delta_{H_a}=5.25+0.44-0.67=5.02$

$\delta_{H_b}=5.25+2.09-0.29=7.05$

(vi) $\delta_H=5.25+0.23-0.23-1.06=4.19$

习题 5-41 指出下列化合物有几组[1]H NMR 峰。请按化学位移由大到小的次序排列，并阐明理由。

$$CH_2{=}CH-C(CH_3)_2-CH_2-C{\equiv}CH$$

答 H_a，H_b，H_c 互相裂分，均为四重峰；H_d 为单峰；H_e 与 H_f 互相裂分，H_e 为双峰，H_f 为三重峰。

$$\overset{a}{H}\overset{b}{H}C{=}C\overset{c}{H}-\overset{d}{C(CH_3)_2}-\overset{e}{CH_2}-C{\equiv}\overset{f}{CH}$$

化学位移由大到小的顺序为：$H_a \approx H_b \approx H_c > H_f > H_e > H_d$。

习题 5-42 芳环氢的化学位移也可用经验公式 $\delta = 7.27 - \sum S$ 来估算。$\sum S$ 表示所有取代基对芳氢化学位移的影响。下表列出了取代基对苯基芳氢影响的 S 值：

取代基	$S_{邻}$	$S_{间}$	$S_{对}$	取代基	$S_{邻}$	$S_{间}$	$S_{对}$
CH_3—	0.17	0.09	0.18	CH_3O—	0.43	0.09	0.37
CH_3CH_2—	0.15	0.06	0.18	OHC—	−0.58	−0.21	−0.27
$(CH_3)_2CH$—	0.14	0.09	0.18	CH_3CO—	−0.64	−0.09	−0.30
$(CH_3)_3C$—	−0.01	−0.10	0.24	HOOC—	−0.8	−0.14	−0.2
RCH═CH—	−0.13	−0.03	−0.13	ClCO—	−0.83	−0.16	−0.3
$HOCH_2$—	0.1	0.1	0.1	CH_3OOC—	−0.74	−0.07	−0.20
Cl_3C—	−0.8	−0.2	−0.2	CH_3COO—	0.21	0.02	—
F—	0.30	0.02	0.22	NC—	−0.27	−0.11	−0.3
Cl—	−0.02	−0.06	0.04	O_2N—	−0.95	−0.17	−0.33
Br—	−0.22	−0.13	0.03	H_2N—	0.75	0.24	0.63
I—	−0.40	−0.26	0.03	$(CH_3)_2N$—	0.60	0.10	0.62
HO—	0.50	0.14	0.4	CH_3CONH—	−0.31	−0.06	—

请应用以上公式和表中的数据计算下列化合物芳环氢的化学位移：

OH, OCH_3, $COCH_3$, H_a, $(CH_3)_3C$, H_b, H_c, H_d, $COOCH_2CH_3$

答 分子中共有 4 种环上的氢，它们的化学位移估算值如下：

$$\delta_{H_a} = 7.27 - 0.50 - (-0.01) - 0.15 - 0.18 = 6.45$$

$$\delta_{H_b} = 7.27 - (-0.01) - 0.14 - 0.06 - 0.4 = 6.68$$

$$\delta_{H_c} = 7.27 - 0.14 - 0.06 - (-0.09) - 0.37 = 6.79$$

$$\delta_{H_d} = 7.27 - 0.64 - 0.09 - 0.09 - 0.18 = 6.27$$

习题 5-43 分别将下列各化合物的质子按化学位移由大到小排列成序。(初步判断)

(i) $(CH_3)_2CHCHO$ (ii) H_2NCH_2COOH (iii) F_2CHCH_2Br (iv) $CH_3\overset{O}{\overset{\|}{C}}NH_2$ (v) $(CH_3)_2CHCH_2I$

(vi) $CH_3CH_2OCH_2CH_2OH$ (vii) 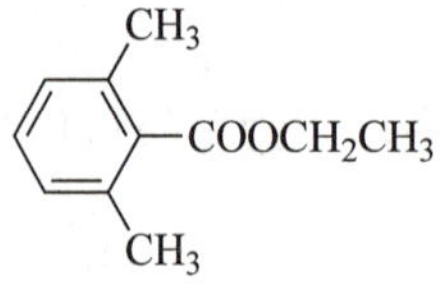 2,6-二甲基苯甲酸乙酯(苯环上2,6位为 CH_3,1位为 $COOCH_2CH_3$) (viii) $HO-C_6H_4-CH_2CN$(对位)

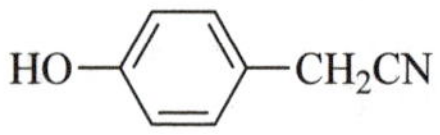

答

(i) $(CH_3)_2CHCHO$:③ ② ①

(ii) H_2NCH_2COOH:② ③ ①

(iii) F_2CHCH_2Br:① ②

(iv) $CH_3\overset{O}{\overset{\|}{C}}NH_2$:② ①

(v) $(CH_3)_2CHCH_2I$:③ ② ①

(vi) $CH_3CH_2OCH_2CH_2OH$:④ ③ ① ②

(vii) 苯环上H:①;CH_3:④;$COOCH_2CH_3$:② ③

(viii) HO:②;苯环上H:①;CH_2CN:③

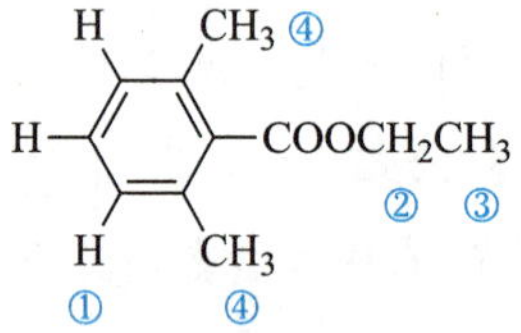

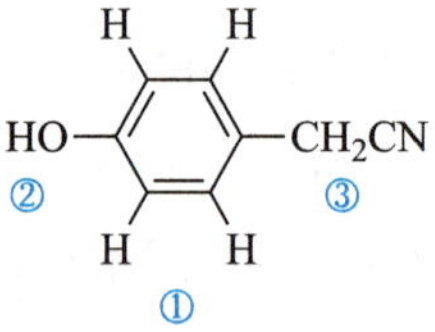

注:(ii) 胺 N 上的活泼 H 的化学位移在 0~5 范围变化。(iv) 酰胺 N 上活泼 H 的化学位移在 5~9.4 范围变化,$COCH_3$ 中 H 的化学位移在 2~3 之间。(vi) OH 上的活泼 H 的化学位移在 0~5 范围变化。(viii) 酚羟基上 H 的化学位移一般为 4.5~7.7,分子内缔合为 10.5~16,芳环上的 H 的化学位移为 6~8.5。

习题 5-44 下列化合物中,哪些质子可以互相耦合?

(i) $\underset{a}{CH_3}-\underset{b}{CH_2}-\underset{c}{CH_3}$ (ii) $\underset{a}{CH_3}-CCl_2-\underset{b}{CH_3}$ (iii) 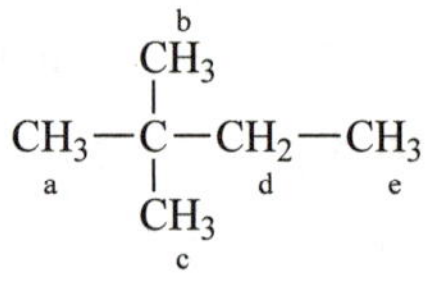 $\underset{a}{CH_3}-C(\overset{b}{CH_3})(\underset{c}{CH_3})-\underset{d}{CH_2}-\underset{e}{CH_3}$

(iv) 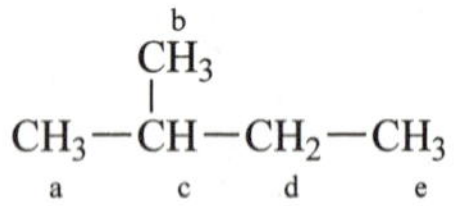 $\underset{a}{CH_3}-\underset{c}{CH}(\overset{b}{CH_3})-\underset{d}{CH_2}-\underset{e}{CH_3}$ (v) 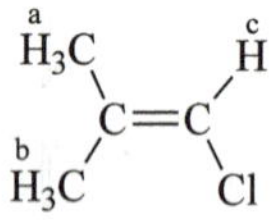 $(\overset{a}{H_3C})(\overset{b}{H_3C})C=C(\overset{c}{H})Cl$ (vi) 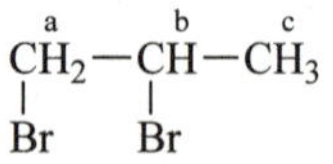 $\overset{a}{CH_2}(Br)-\overset{b}{CH}(Br)-\overset{c}{CH_3}$

答 (i) H_a 与 H_b 可以耦合;H_b 与 H_c 可以耦合。(ii) H_a 与 H_b 不能耦合。
(iii) H_d 与 H_e 可以耦合,其余 H 之间不能耦合。(iv) H_a 与 H_c,H_b 与 H_c,H_c 与 H_d,H_d 与 H_e 可以耦合。
(v) H_a 与 H_c,H_b 与 H_c 可以耦合。(vi) H_a 与 H_b,H_b 与 H_c 可以耦合。

习题 5-45 下列化合物中,哪些质子间的耦合常数相等?

(i) $\underset{a}{CH_3}\underset{b}{CH_2}Cl$ (ii) $\underset{a}{CH_3}\underset{b}{CH_2}\overset{O}{\overset{\|}{C}}O\underset{c}{CH_3}$ (iii) 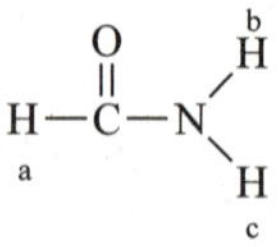 $\underset{a}{H}-\overset{O}{\overset{\|}{C}}-N(\overset{b}{H})(\underset{c}{H})$ (iv)  环氧化合物:$\overset{a}{H}$、$\overset{c}{H}$、$\underset{b}{H_3C}$、Cl

答 (i) $J_{ab}=J_{ba}$ (ii) $J_{ab}=J_{ba}$ (iii) $J_{ab}=J_{ba}$,$J_{ac}=J_{ca}$,$J_{bc}=J_{cb}$ (iv) $J_{ab}=J_{ba}$,$J_{ac}=J_{ca}$

习题 5-46 下列化合物中的 H_a 与 H_b 哪些是磁不等价的?

(i) 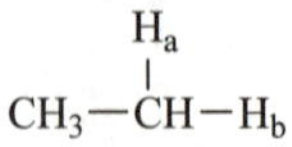 $CH_3-CH(H_a)-H_b$ (ii) 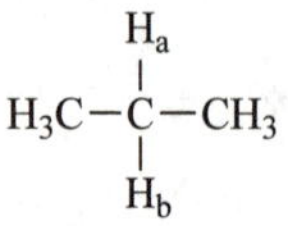 $H_3C-C(H_a)(H_b)-CH_3$ (iii) $H_a-C\equiv C-H_b$ (iv) 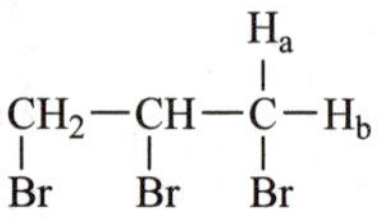 $CH_2(Br)-CH(Br)-C(H_a)(Br)-H_b$ (v) 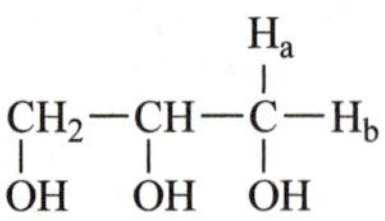 $CH_2(OH)-CH(OH)-C(H_a)(OH)-H_b$

(vi) $CH_3-\overset{O}{\overset{\|}{C}}-N(H_a)(H_b)$　(vii) H_a、H_b 邻位取代的 C_6H_4—OC_2H_5　(viii) $H_a-C_6H_2Cl_2-H_b$　(ix) $CH_2{=}CH-CH{=}C(H_a)(H_b)$　(x) $CH_3-N(H_a)(H_b)$

答　(iv)(v)(vi)(vii)(viii)(ix)中的 H_a 和 H_b 是磁不等价的。

习题 5-47　下面是氯乙烷的低分辨及高分辨的核磁共振图谱，这两张图谱有什么区别？为什么会产生这种区别？高分辨图谱中三重峰和四重峰是怎样产生的？

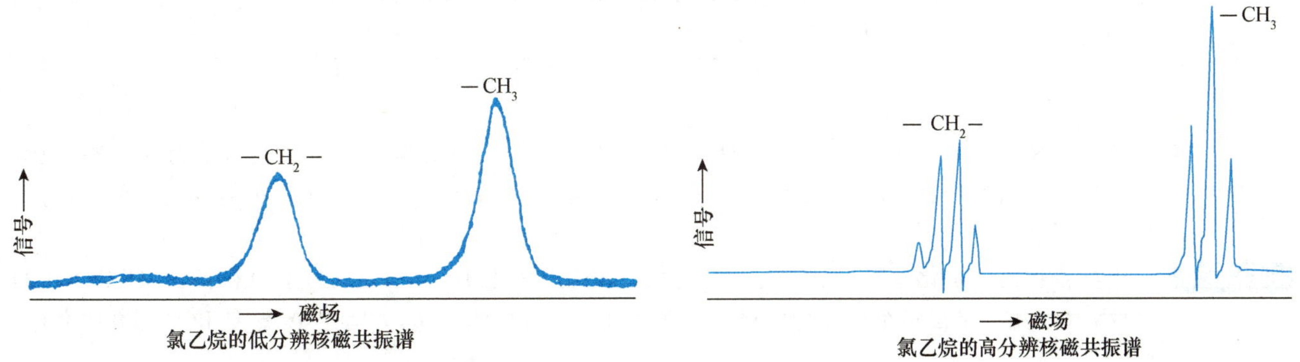

氯乙烷的低分辨核磁共振谱　　氯乙烷的高分辨核磁共振谱

答　高分辨图谱中的四重峰是被甲基上的 3 个 H 自旋裂分引起的；三重峰是被亚甲基上的 2 个 H 自旋裂分引起的。低分辨图谱中只有 2 个单峰，是由于仪器分辨率过低，无法识别裂分。

习题 5-48　下列化合物的高分辨核磁共振图谱中，各组氢分别呈几重峰？

(i) $\underset{a}{CH_2}Cl\underset{b}{CH}Cl_2$　(ii) $\underset{a}{CH_3}\underset{b}{CH_3}$　(iii) $\underset{a}{CH_3}CCl_3$　(iv) $\underset{a}{CH_3}\underset{b}{CH}Br_2$

答　(i) H_a 二重峰、H_b 三重峰。(ii) 只有一个单峰。(iii) H_a 单峰。(iv) H_a 二重峰、H_b 四重峰。

习题 5-49　请指出下面图谱是 1-氯丙烷的核磁共振谱，还是 2-氯丙烷的核磁共振谱。判别图谱中各组峰的归属并提出判别的依据。

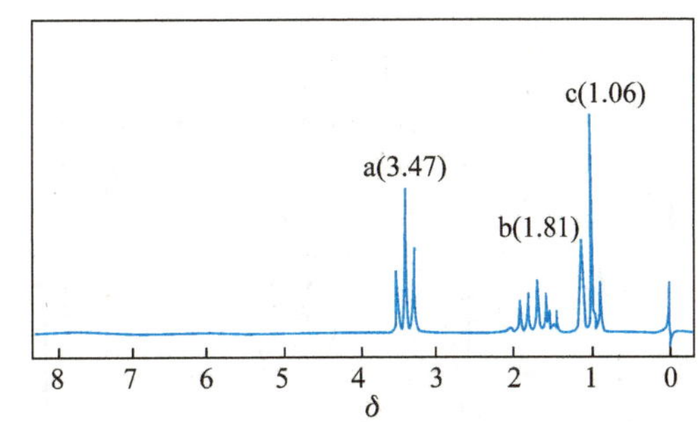

答　该谱图是 1-氯丙烷（$ClCH_2CH_2CH_3$）的核磁共振氢谱图。其中 3.47 为与 Cl 相连的亚甲基(2H，t)，1.81 为 2 号位亚甲基(2H，m)，1.06 为甲基(3H，t)。t 和 m 分别代表三重峰和多重峰。

2-氯丙烷的核磁共振氢谱图应该只有两组峰：两个甲基(6H，d)和次甲基(1H，sept)，与上面的图谱不符。d 和 sept 分别代表二重峰和七重峰。

习题 5-50　请指出下面图谱是 3,3-二甲基-1-丁烯的核磁共振谱，还是 3,3-二甲基-1-丁炔的核磁共振谱。判别图谱中各组峰的归属并提出判别的依据。

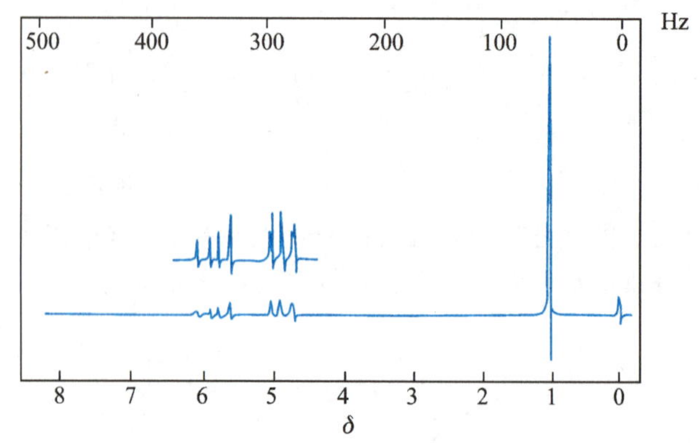

答 该谱图属于3,3-二甲基-1-丁烯$(CH_3)_3C—CH═CH_2$的核磁共振谱。该化合物有四组峰，但双键碳上的氢的峰有可能重叠。而3,3-二甲基-1-丁炔$(CH_3)_3C—C≡CH$只可能有两个单峰，与上面的谱图不符。

习题 5-51 下面依次是芳香化合物A($C_9H_{12}O$)、芳香化合物B($C_8H_8O_2$)、C($C_4H_8O_2$)和D(C_3H_5Br)的^1H NMR图谱。指出每个化合物所对应的图谱及图中各峰的归属，并写出A、B、C和D的系统名称。

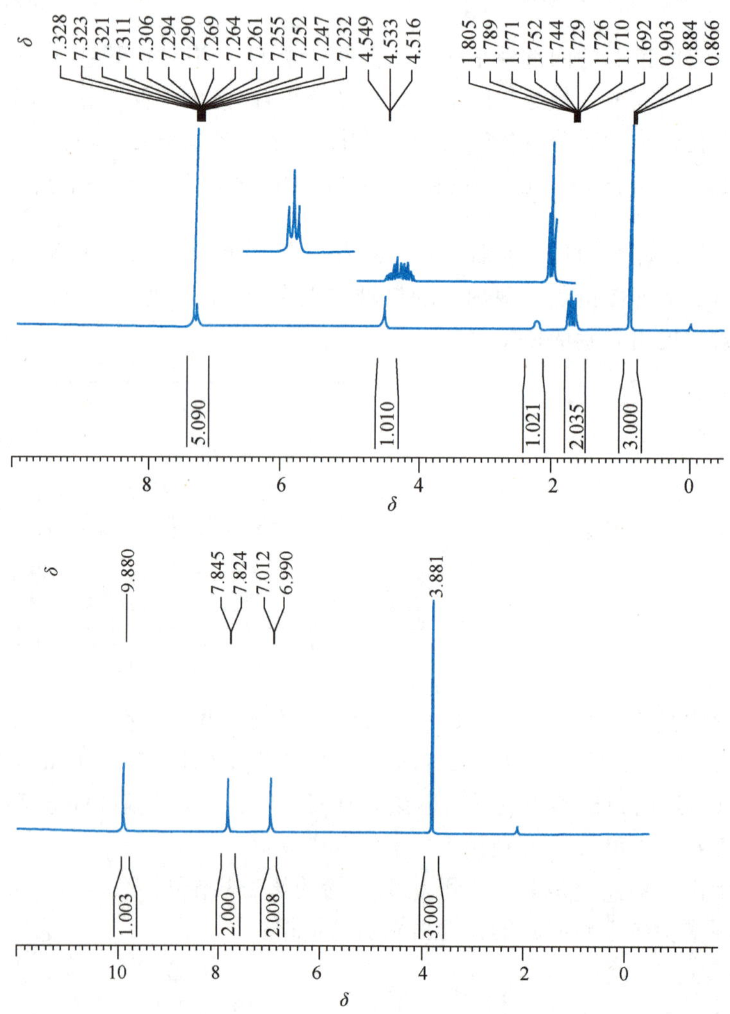

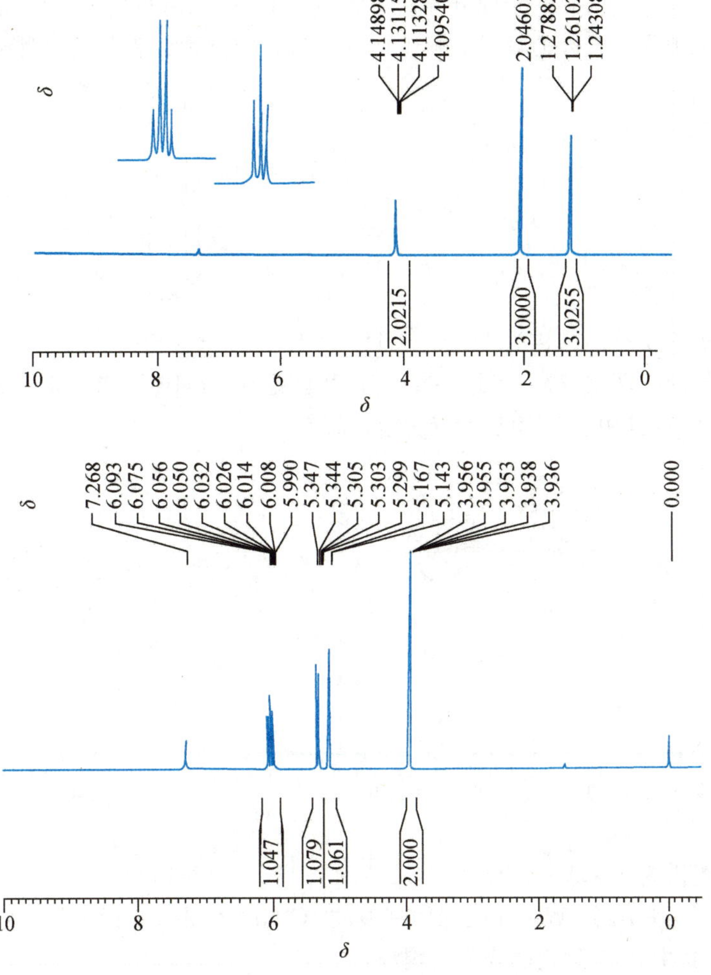

答 从上到下依次为 A(1-苯基-1-丙醇)、B(4-甲氧基苯甲醛)、C(乙酸乙酯)、D(烯丙基溴)的核磁共振氢谱图。理由及分析略。

习题 5-52 糠醛的 $^{13}C\{^{1}H\}$ 谱及 3 位氢、4 位氢、5 位氢、醛基氢的选择去耦谱图如下，请标识各碳核在谱图上的位置(受醛基的影响，C-2 峰会发生一些小裂分)。

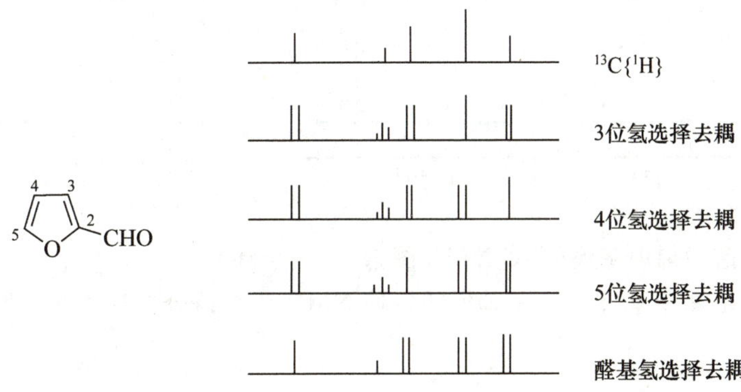

答 从低场至高场依次为：醛基碳原子、2 号位碳原子、5 号位碳原子、3 号位碳原子、4 号位碳原子。

习题 5-53 下图是辛烷的某一个同分异构体的$^{13}C\{^1H\}$谱。请写出与该谱图相符的结构式并阐明判断理由。谱图中强度较大的峰是 c 峰还是 b 峰？它们分别代表分子中哪类碳？为什么？

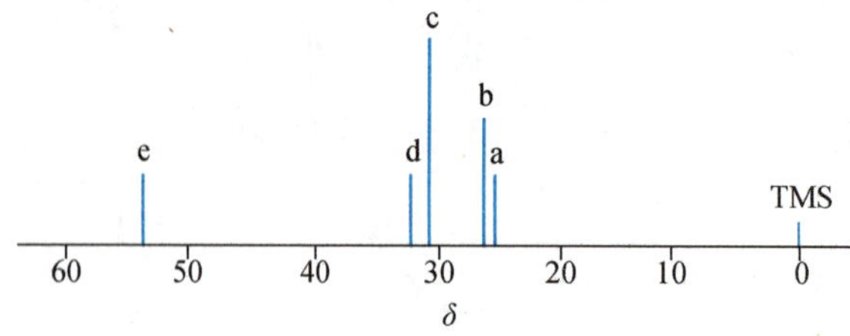

答 与谱图相符的结构为 $Me_3C—CH_2—CHMe_2$。(分析略)

习题 5-54 下面两张图谱，哪一张是 1-苯基-1-丙醇的^{13}C NMR 图谱？指出图中各峰的归属并阐述作出判断的理由(其中 δ 77 附近的峰为溶剂峰)。

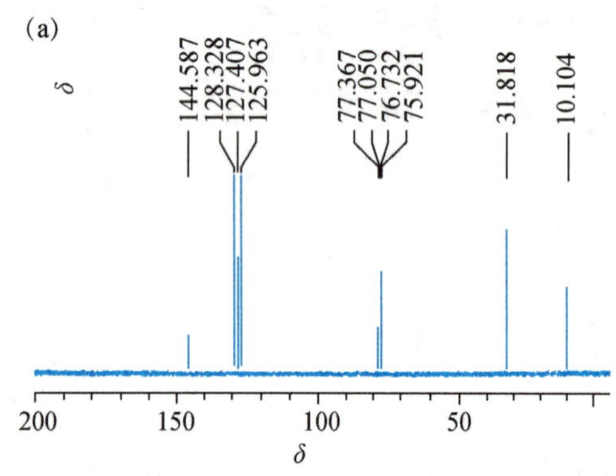

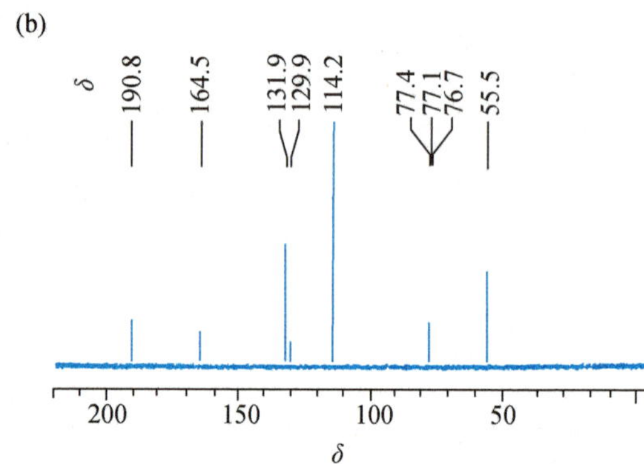

答 左图谱为 1-苯基-1-丙醇的^{13}C NMR 图谱。(分析略)

习题 5-55 下面两张图谱，哪一张是烯丙基溴的^{13}C NMR 图谱？指出图中各峰的归属并阐述作出判断的理由(其中 δ 77 附近的峰为溶剂峰)。

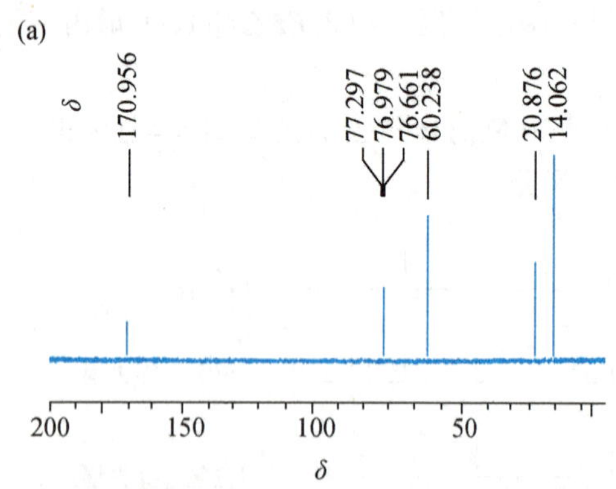

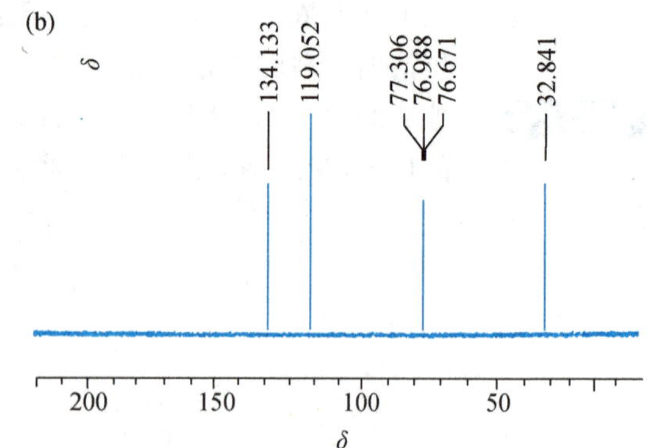

答 右图谱为烯丙基溴的^{13}C NMR 图谱。(分析略)

习题 5-56 下面是 5-甲基-2-异丙基苯酚的各种 NMR 谱。请分析这些图谱给出了哪些结构信息。

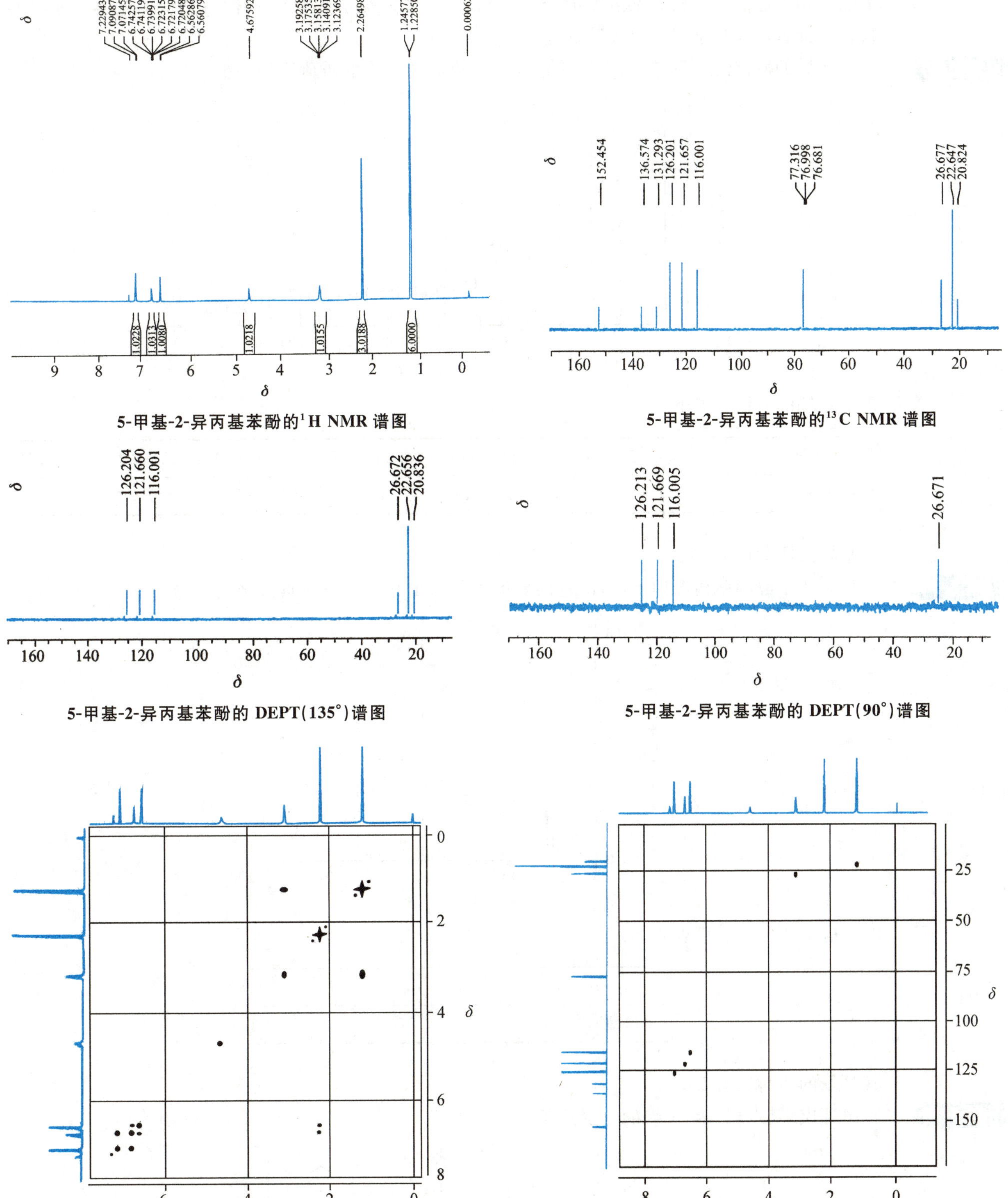

5-甲基-2-异丙基苯酚的^{1}H NMR 谱图

5-甲基-2-异丙基苯酚的^{13}C NMR 谱图

5-甲基-2-异丙基苯酚的 DEPT(135°)谱图

5-甲基-2-异丙基苯酚的 DEPT(90°)谱图

5-甲基-2-异丙基苯酚的^{1}H-^{1}H 二维谱图

5-甲基-2-异丙基苯酚的^{13}C-^{1}H 二维谱图

答 本题应用了氢谱、碳谱、二维谱鉴定分子结构，不属于基础有机化学课程对知识的基本要求。有兴趣的读者可以自学相关内容后解题。

习题 5-57 正十八烷的质谱图如下，写出它的质谱表并指出它的基峰的质荷比是多少。

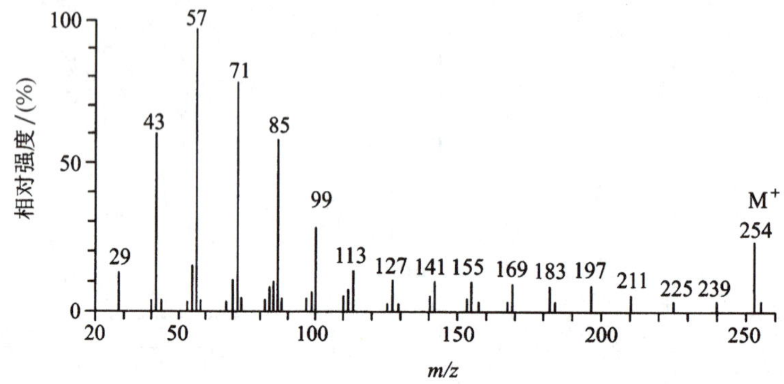

答 正十八烷的质谱表如下：

m/z	29	43	57	71	85	99	113	127	141	155	169	183	197	211	225	239	254
相对强度/(%)	13	62	100	77	57	29	13	12	10	10	9	8	7	4	2	2	25

其基峰的质荷比为 57。

习题 5-58 2-甲基-2-丁醇的质谱图如下，写出它的质谱表并指出它的基峰的质荷比是多少。

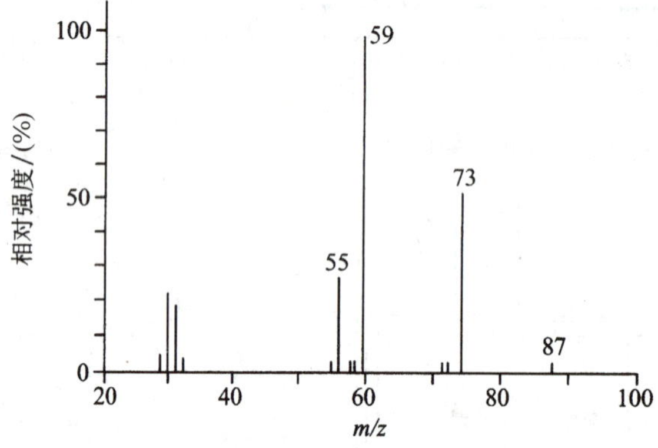

答 2-甲基-2-丁醇的质谱表如下：

m/z	55	59	73	87
相对强度/(%)	28	100	54	3′

其基峰的质荷比为 59。

习题 5-59 写出环戊烯、丙酮、苯、丁烷的分子离子峰。

答

环戊烯　丙酮　苯　丁烷

习题 5-60 下列化合物的分子离子峰的质荷比是偶数还是奇数？

(i) CH_3I (ii) $CH_3-C\equiv N$ (iii) $CH_3CH_2NH_2$ (iv)  吡咯（五元环，N—H） (v) $H_2NCH_2CH_2NH_2$

答 (i)(v) 的分子离子峰的质荷比为偶数；(ii)(iii)(iv) 的分子离子峰的质荷比为奇数。

习题 5-61 写出 CH_3I 的分子离子峰及与之相对应的同位素离子峰。

答 CH_3I 的分子离子峰为 $CH_3I^{+\cdot}$。其同位素离子峰为

$$^{13}CH_3I^{+\cdot}, ^{13}CH_2DI^{+\cdot}, ^{13}CHD_2I^{+\cdot}, ^{13}CD_3I^{+\cdot}, CH_2DI^{+\cdot}, CHD_2I^{+\cdot}, CD_3I^{+\cdot}$$

习题 5-62 $CHCl_3$ 的质谱中出现了 $M, M+2, M+4, M+6$ 的峰，计算这些峰的强度比（只考虑氯的同位素）。

答 利用二项式展开计算：

$$M:(M+2):(M+4):(M+6)=(75.8^3):(3\times75.8^2\times24.2):(3\times75.8\times24.2^2):(24.2^3)$$
$$\approx 3:3:1:0.1$$

习题 5-63 CCl_4 的质谱中会出现哪些特征的同位素离子峰？它们的强度比是多少？

答 会出现 $M+2, M+4, M+6, M+8$ 的特征的同位素离子峰。其强度比可用 $(75.8+24.2)^4$ 的展开项来推导。

习题 5-64 样品甲和样品乙分别给出下列质谱数据，现请根据分子裂解过程判别哪个样品是正丁醇？哪个样品是乙醚？

样品	$M^{+\cdot}$	最强离子峰
甲	74	m/z 73, 59, 45, 31, 29, 27
乙	74	m/z 56, 43, 41, 31, 29, 27

答 甲样品是乙醚；乙样品是正丁醇。

习题 5-65 2,2-二甲基丁烷的质谱数据如下：

m/z	14	28	40	44	57	72
相对强度/(%)	1.00	5.00	3.00	3.00	100.00	5.00

问：(i) 它的分子离子峰的相对强度是多少？为什么？

(ii) 基准峰的质荷比是多少？该离子峰是怎样产生的？写出裂解过程。

答 (i) 该分子的相对分子质量为 86，并未观测到该峰，故分子离子峰的相对强度为 0。

(ii) 基准峰的质荷比为 57。$57=M-29$，故裂解过程为

$$(H_3C)_3C-CH_2CH_3 \xrightarrow{-e^-} (CH_3)_3C\overset{+\cdot}{}CH_2CH_3 \xrightarrow{\text{碳碳键一般裂解}} (CH_3)_3C^+ + \cdot CH_2CH_3$$

习题 5-66 脂肪羧酸及其酯的最特征峰是 $m/z=60$，该峰是 Mclafferty 重排裂解产生的碎片离子峰。写出 $RCH_2CH_2CH_2COOH$ 产生 $m/z=60$ 峰的裂解过程。

答

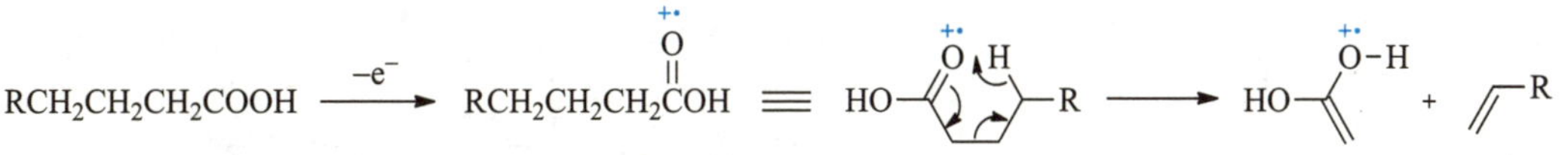

$$RCH_2CH_2CH_2COOH \xrightarrow{-e^-} RCH_2CH_2CH_2\overset{\overset{+\cdot}{O}}{\overset{\|}{C}}OH \equiv \text{HO—(六元环过渡态，}\overset{+\cdot}{O}\text{…H)—R} \longrightarrow HO-C(=CH_2)-\overset{+\cdot}{O}-H + CH_2=CH-R$$

习题 5-67 指出下列化合物能量最低的跃迁是什么。

(i) $CH_3CH=CHCH_3$ (ii) $CH_3CH_2CH(NH_2)CH_3$ (iii) 环氧乙烷 (iv) $CH_3CH_2CH=CHNH_2$ (v) $CH_3C(=S)CH_3$

(vi) $CH_3CH_2CH_2Br$ (vii) $CH_3CH_2C\equiv CH$ (viii) $CH_3CH_2SCH_2CH_3$ (ix) $CH_3CH_2CH_2CH_2OH$ (x) CH_3CH_2CHO

答 (i) $\pi\rightarrow\pi^*$ (ii) $n\rightarrow\sigma^*$ (iii) $n\rightarrow\sigma^*$ (iv) $n\rightarrow\pi^*$ (v) $n\rightarrow\pi^*$
(vi) $n\rightarrow\sigma^*$ (vii) $\pi\rightarrow\pi^*$ (viii) $n\rightarrow\sigma^*$ (ix) $n\rightarrow\sigma^*$ (x) $n\rightarrow\pi^*$

习题 5-68 指出下列哪些化合物的紫外吸收波长最长，并按顺序排列。

(i) $CH_2{=}CHCH_2CH{=}CHNH_2$ (A) $CH_2{=}CHCH{=}CHNH_2$ (B) $CH_3CH_2CH_2CH_2CH_2NH_2$ (C)

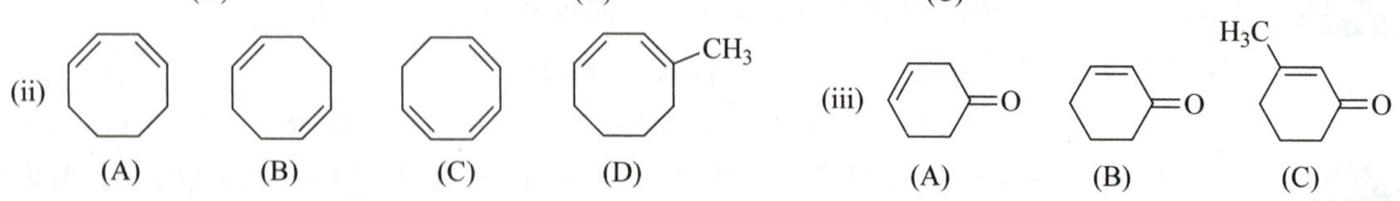

答 (i) (B)＞(A)＞(C) (ii) (C)＞(D)＞(A)＞(B) (iii) (C)＞(B)＞(A)

习题 5-69 应用 Woodward-Fieser 规则，计算下列化合物大致在什么波长吸收。

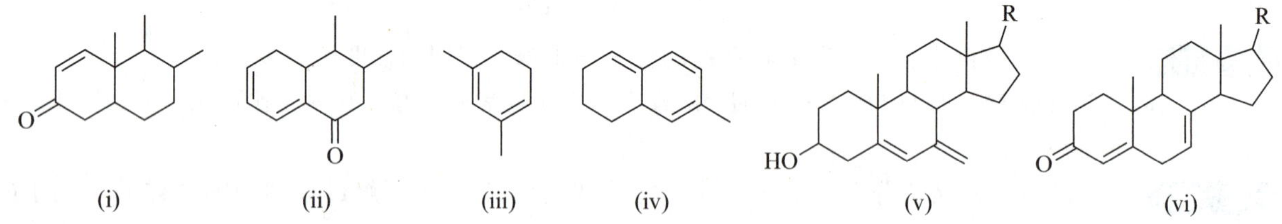

答 (i) 227 nm (ii) 317 nm (iii) 273 nm (iv) 308 nm (v) 239 nm (vi) 244 nm

习题 5-70 用紫外光谱鉴别下列化合物。

(i) (ii)

答 根据 Woodward-Fieser 经验规则计算：$\lambda_{max}^{(i)}=244$ nm，$\lambda_{max}^{(ii)}=229$ nm。然后分别作这两个化合物的紫外光谱，根据光谱图中最大吸收峰的位置，即可将这两个化合物鉴别出来。

习题 5-71 下面为香芹酮在乙醇中的紫外吸收光谱，请指出图中的两个吸收峰各属于什么类型，并根据经验规则计算一下是否符合。

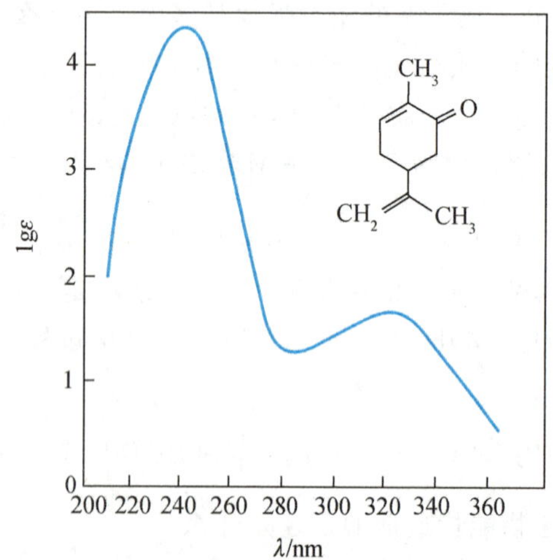

答 λ_{max}的峰对应 C═C—C═O 的 $\pi\rightarrow\pi^*$ 跃迁。根据经验规则计算，得

$$\lambda_{max}=215\ \text{nm(母体)}+10\ \text{nm(}\alpha\text{ 取代)}+12\ \text{nm(}\beta\text{ 取代)}=237\ \text{nm}$$

与紫外光谱图基本符合。较小的吸收峰对应 C═C—C═O 的 $n\rightarrow\pi^*$ 跃迁。

习题 5-72 查阅十二个单官能团的三碳有机物的红外光谱（化合物的官能团均不相同），并对这些谱图作出分析。

答 略

习题 5-73 在下列各化合物中，有多少组不等同的质子？

(i) $CH_3CH_2OCH_2CH_3$　(ii) $CH_3-\underset{}{\overset{CH_3}{\overset{|}{C}}}HCH_2OH$　(iii) $\begin{matrix}Cl & & H\\ & C=C & \\ H & & Cl\end{matrix}$　(iv) $\begin{matrix}Cl & & Cl\\ & C=C & \\ H & & H\end{matrix}$　(v) $\begin{matrix}H & & H\\ & C=C & \\ Br & & H\end{matrix}$

(vi) $ClCH_2CH_2Br$　(vii) $CH_3\overset{OH}{\overset{|}{C}}HCH_2CH_3$　(viii) CH_3CH_2Cl

答 (i)～(viii)依次为：2 组；4 组；1 组；1 组；3 组；2 组；6 组；2 组。

习题 5-74 粗略绘出下列各化合物的[1]H NMR 图谱，并指出每组峰的耦合情形和 δ 的大致位置。

(i) Cl_2CHCH_2Cl　(ii) CH_3CHO　(iii) CH_3COOH　(iv) $ClCH_2CH_2CH_2Br$

(v) $CH_3\overset{O}{\overset{\|}{C}}OCH_2CH_3$　(vi) $C_6H_5CH_2CH_2CH_3$　(vii) $C_6H_5CH(CH_3)_2$

答

(i) $Cl_2\overset{b}{C}H\overset{a}{C}H_2Cl$

a: $\delta \approx 4\sim5$
b: $\delta \approx 6$

(ii) $\overset{b}{C}H_3\overset{a}{C}HO$

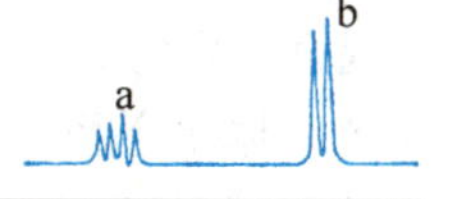

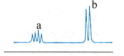

a: $\delta \approx 10$
b: $\delta \approx 2$

(iii) $\overset{b}{C}H_3COO\overset{a}{H}$

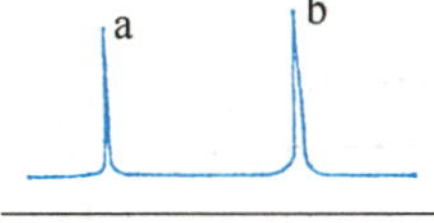

a: $\delta \approx 9\sim13$
b: $\delta \approx 2.08$

(iv) $Cl\overset{c}{C}H_2\overset{b}{C}H_2\overset{a}{C}H_2Br$

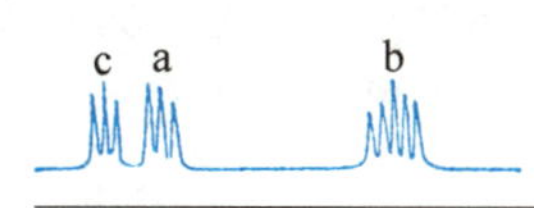

a: $\delta \approx 3.35$
b: $\delta \approx 2$
（在高分辨仪器中为9重峰）
c: $\delta \approx 3.5$

(v) $\overset{c}{C}H_3\overset{O}{\overset{\|}{C}}O\overset{b}{C}H_2\overset{a}{C}H_3$

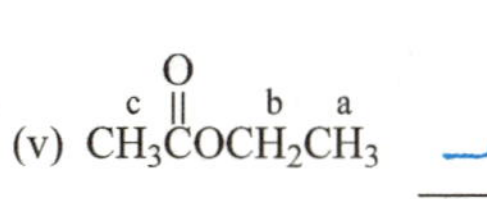

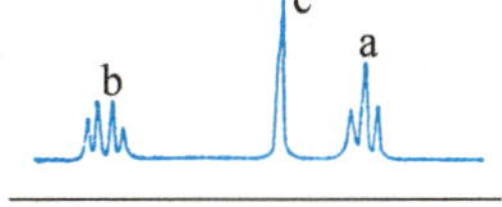

a: $\delta \approx 1.2$
b: $\delta \approx 4.1$
c: $\delta \approx 2.09$

(vi) $\overset{d}{C_6H_5}\overset{c}{C}H_2\overset{b}{C}H_2\overset{a}{C}H_3$

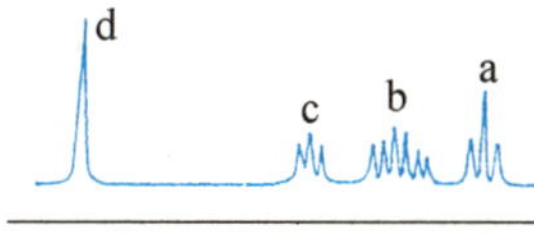

a: $\delta \approx 0.95$
b: $\delta \approx 1.65$
（在高分辨仪器中为12重峰）
c: $\delta \approx 2.59$
d: $\delta \approx 7.3$

(vii) $\overset{c}{C_6H_5}\overset{b}{C}H(\overset{a}{C}H_3)_2$

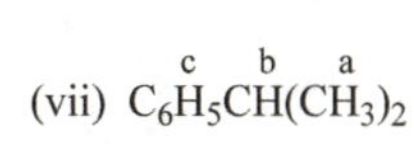

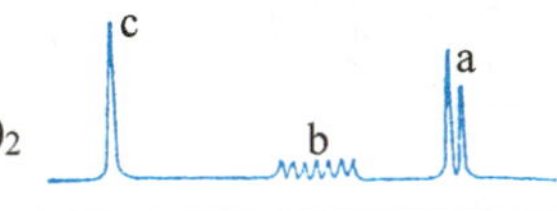

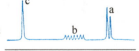

a: $\delta \approx 1.25$
b: $\delta \approx 2.89$
c: $\delta \approx 7.2$

(vi)和(vii)中，未考虑苯环上氢的裂分。

习题 5-75 芳香化合物 A，B，C 的分子式均为 $C_{10}H_{14}$，它们的[1]H NMR 图谱如下所示，确定它们的结构并指出各化合物分子中的氢在[1]H NMR 图谱上的归属。

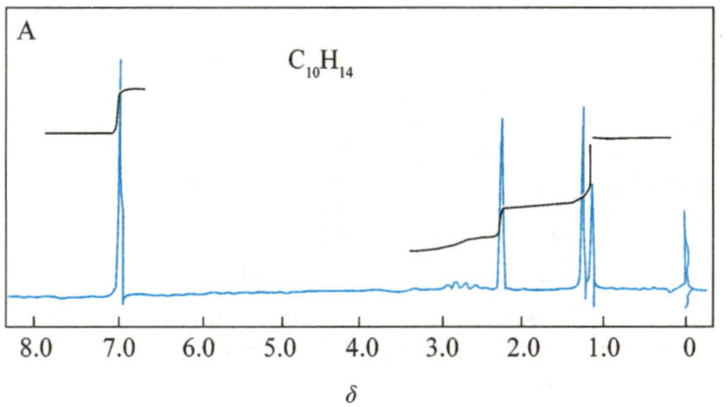

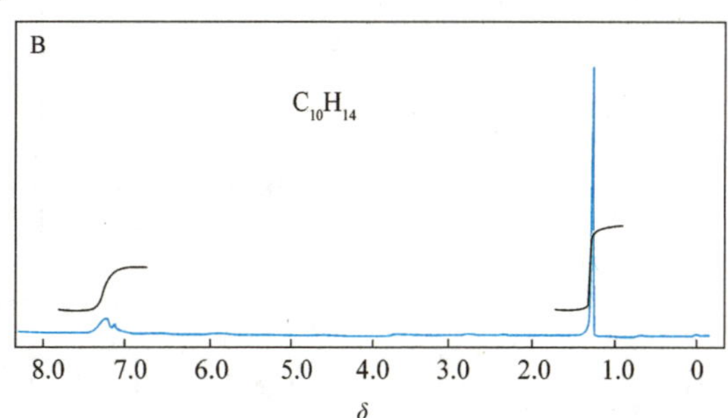

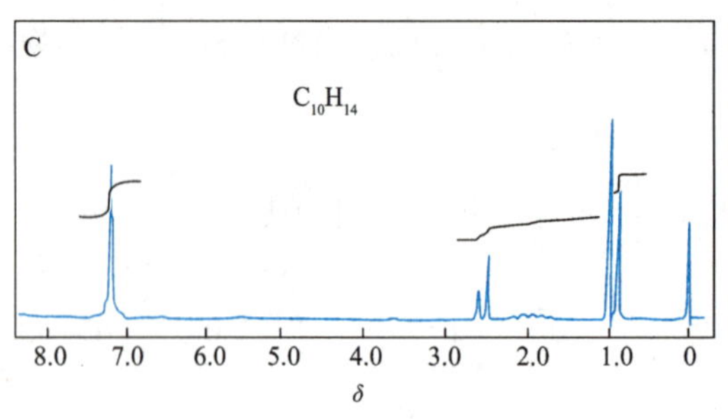

答 (A) H_3C—C_6H_4—$CH(CH_3)_2$ （H_3C: 2.25；苯环 H: 7.05；CH: 2.8；CH_3: 1.24）

(B) C_6H_5—$C(CH_3)_3$ （苯环 H: 7.25；CH_3: 1.35）

(C) C_6H_5—CH_2—$CH(CH_3)_2$ （苯环 H: 7.15；CH_2: 2.5；CH: 1.9；CH_3: 0.9）

习题 5-76 苯环上间位氢的耦合常数约为 2.5 Hz，下列三个卤代苯中哪一个的耦合常数应为 2.5 Hz？

(i) 1,2-二氯-3,4-二溴苯（Cl, Br, Cl—, —Br）　(ii) Cl—, Br, —Br, Cl　(iii) Cl—, Cl, Cl（1,3,5-三氯苯）

答 (ii) 的耦合常数为 2.5 Hz。

习题 5-77 有一无色液体化合物，分子式为 C_6H_{12}，它与溴的四氯化碳溶液反应，溴的棕黄色消失。该化合物的核磁共振谱中，只在 δ=1.6 处有一个单峰，写出该化合物的构造式。

答 该化合物的构造式为：$(CH_3)_2C{=}C(CH_3)_2$。

习题 5-78 一个无色的固体 $C_{10}H_{13}NO$，它的核磁共振谱如下，试推测它的结构。

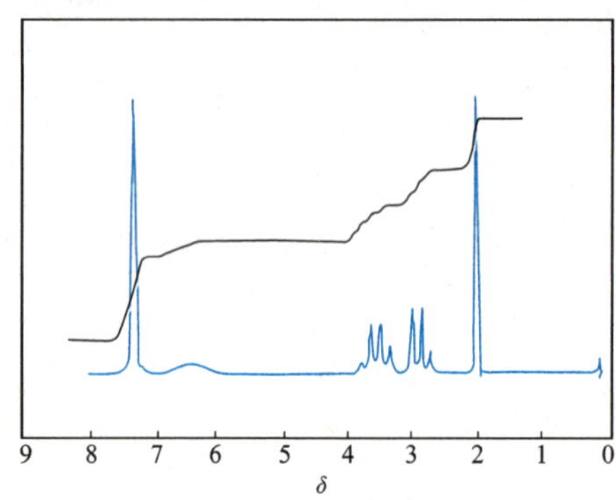

答 该化合物的结构式为：$PhCH_2CH_2NHCOCH_3$。

习题 5-79 一个硝基化合物，其分子式为 $C_3H_6ClNO_2$，推测它的结构。试解释 δ=2.3 处多重峰的产生。

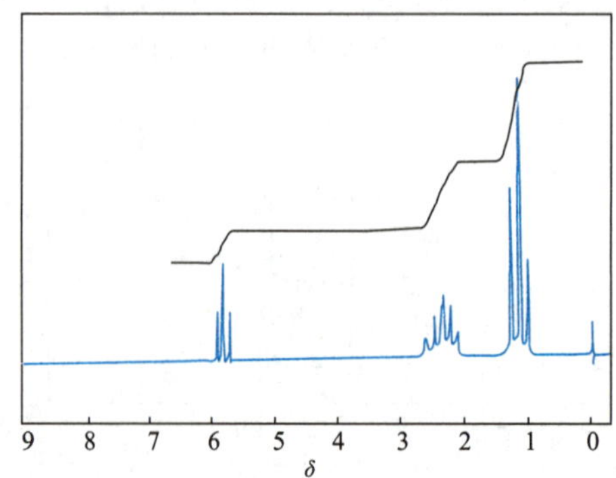

答 该化合物结构为：$\underset{c}{CH_3}\underset{b}{CH_2}\underset{a}{\overset{Cl}{|}{C}}HNO_2$。a 处 $\delta=5.8$(1H,t)；b 处 $\delta=2.3$(2H,dq)；c 处 $\delta=1.15$(3H,t)。t 和 dq 分别代表三重峰和八重峰。b 的两个 H 在 2.3 处出现双四重峰，因被 CH_3 上的三个 H 裂分成四重峰，再被 CH 上的 H 裂分成双四重峰。

习题 5-80 1,2-二溴-1-苯乙烷有几组不等同的质子？它的核磁共振谱如下：

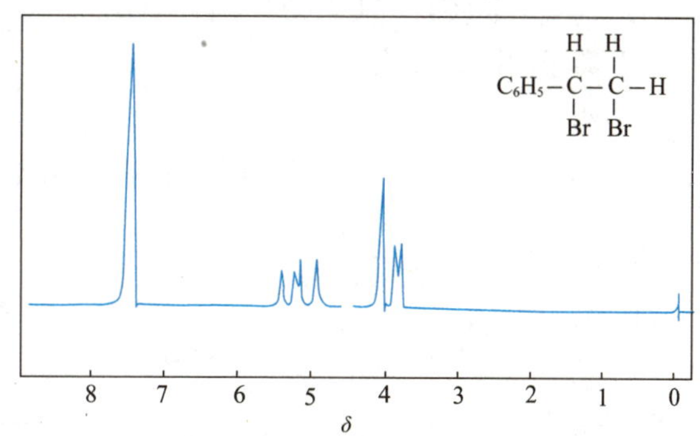

图中有三组峰，指明每组峰信号的质子。你能否解释 $\delta=4$ 处的三重峰是怎样产生的？(提示：考虑各种可能的不同的耦合常数。)

答 与 H_c 相连的碳为不对称碳原子，故 H_a，H_b 是不等性的，H_c 既被 H_a 裂分，又被 H_b 裂分，故为四重峰。H_a 既被 H_b 裂分，又被 H_c 裂分；H_b 既被 H_a 裂分，又被 H_c 裂分，也都应该是四重峰，但由于 H_a 与 H_b 之间耦合常数非常小，分裂看不出来，故 H_a，H_b 从图谱上看似乎是三重峰。

H_c H_b
C_6H_5—C—C—H_a
Br Br

c　b a　J_{ac}　J_{bc}　J_{ac}　J_{ab}　J_{bc}　J_{ba}

习题 5-81 化合物 A 的分子式为 C_8H_9Br。在它的核磁共振图谱中，在 $\delta=2.0$ 处有一个二重峰(3H)；$\delta=5.15$ 处有一个四重峰(1H)；$\delta=7.35$ 处有一个多重峰(5H)。写出 A 的构造式。

答 A 的构造式为 $PhCHBrCH_3$。

习题 5-82 你能否作图比较 $\rangle C=C\langle$ 和 $\rangle C=O$ 在外界磁场作用下对和它们相连的质子所产生的影响？两者的质子的共振吸收都向低场位移，但后者要强得多，为什么？

答

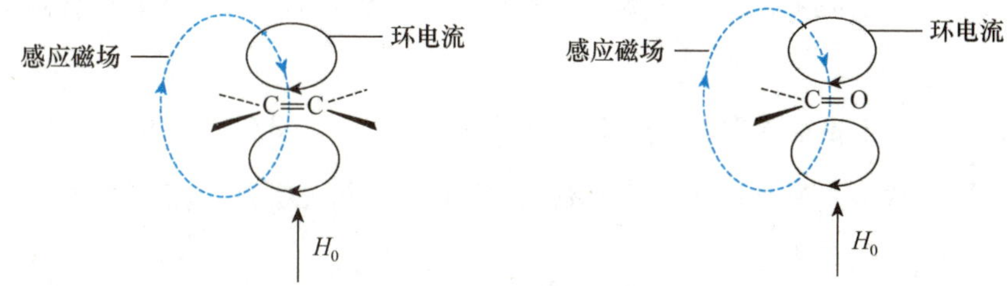

二者的感应磁场在质子处均和外界磁场方向一致，故增强了它的强度，所以只需要比原磁场小的强度即可发生核磁共振，在较低场出现吸收峰。由于羰基氧的电负性比碳大，所以羰基碳原子显正电性，其吸电子作用使氢原子周围的电子云密度降低，表现出较大的去屏蔽作用，故吸收峰出

现在低场且接近 $\delta=10$。

习题 5-83 有一未知物经元素分析：C 68.13%，H 13.72%，O 18.15%，测得相对分子质量为 88.15；与金属钠反应可放出氢气，与碘和氢氧化钠溶液反应可产生碘仿(反应可参看教材 10.7.4)；该未知物的核磁共振谱在 $\delta=0.9$ 处有一个二重峰(6H)，$\delta=1.1$ 处有一个二重峰(3H)，$\delta=1.6$ 处有一个多重峰(1H)，$\delta=2.6$ 处有一个单峰(1H)，$\delta=3.5$ 处有一个多重峰(1H)。推测该未知物的结构。

答 该化合物的结构式为：$(CH_3)_2CHCH(OH)CH_3$。

习题 5-84 写出下列分子离子的断裂方式：

(i) $[CH_3CH_2CH(CH_3)CH_3]^{+\cdot}$ (ii) $R-CH(\overset{+\cdot}{O}H)-R'$ (iii) $RCH_2-\overset{+\cdot}{O}-CH_2R'$ (iv) $R-CH(\overset{+\cdot}{N}H_2)-R'$ (v) $CH_3-C(=\overset{+\cdot}{O})-CH_3$ (vi) 2-甲基四氢吡喃分子离子($O^{+\cdot}$)

答

(i) $[CH_3CH_2CH(CH_3)CH_3]^{+\cdot}$ → $CH_3CH_2\overset{+}{C}HCH_3$ + $\cdot CH_3$；→ $CH_3CH_2\cdot$ + $CH_3\overset{+}{C}HCH_3$

(ii) $R-CH(\overset{+\cdot}{O}H)-R'$ → $R\cdot$ + $H\overset{+}{O}=CHR'$；→ $RHC=\overset{+}{O}H$ + $\cdot R'$

(iii) $RCH_2-\overset{+\cdot}{O}-CH_2R'$ → $RCH_2-\overset{+}{O}=CH_2$ + $\cdot R'$；→ $R\cdot$ + $H_2C=\overset{+}{O}-CH_2R'$

(iv) $R-CH(\overset{+\cdot}{N}H_2)-R'$ → $RHC=\overset{+}{N}H_2$ + $\cdot R'$；→ $R\cdot$ + $R'HC=\overset{+}{N}H_2$

(v) $CH_3-C(=\overset{+\cdot}{O})-CH_3$ ⟶ $H_3CC\equiv\overset{+}{O}$ + $\cdot CH_3$

(vi) 2-甲基四氢吡喃分子离子($O^{+\cdot}$) ⟶ 环状氧鎓离子($\overset{+}{O}=CH$，六元环) + $\cdot CH_3$

习题 5-85 写出下列各化合物的分子离子断裂时，生成的最稳定离子。

(i) $HOCH_2CH_2OH$ (ii) $CH_3CH(OH)-CH_2OH$ (iii) $CH_3-O-CH_2CH_2OH$ (iv) $CH_3CH(OCH_3)-CH(OH)CH_3$

答 (i) $H_2C=\overset{+}{O}H$ (ii) $CH_3CH=\overset{+}{O}H$ (iii) $CH_3-\overset{+}{O}=CH_2$ (iv) $CH_3CH=\overset{+}{O}CH_3$

习题 5-86 一个戊酮的异构体，分子离子峰为 m/z 86，并在 m/z 71 和 m/z 43 处各有一个强峰，但在 m/z 58 处没有峰，写出该酮的构造式；另一个戊酮在 m/z 86 及 57 处各有一个强峰，它的构造式是什么？

答 第一个戊酮的构造式为 $CH_3\overset{O}{\overset{\|}{C}}CH(CH_3)_2$，因为该化合物没有 γ 氢，故没有 m/z 58 的峰。

第二个戊酮的构造式为 $CH_3CH_2\overset{O}{\overset{\|}{C}}CH_2CH_3$，$m/z$ 86 为分子离子峰，m/z 57 为 $CH_3CH_2C\equiv O^+$ 的峰。

习题 5-87 一个化合物的分子式为 C_7H_7ON，计算它的环和双键的总数，并由所得数值推测一个适合该化合物的构造式。该化合物的质谱在 m/z 121，105，77，51 处有较强的峰，写出产生这些离子的断裂方式。

答 该分子不饱和度 $\Omega=\frac{1}{2}(2+2n_4+n_3-n_1)=\frac{1}{2}(2+2\times7+1-7)=5$，环和双键的总数为 5。分子的构造式为 $PhCONH_2$。该化合物按如下方式断裂，产生题中相应的 m/z 值。

$PhCONH_2$ $\xrightarrow{-e^-}$ $[PhC(=O)NH_2]^{+\cdot}$ (m/z 121) $\xrightarrow{-\dot{N}H_2}$ $PhC\equiv O^+$ (m/z 105) $\xrightarrow{-CO}$ $C_6H_5^+$ (m/z 77) $\xrightarrow{-HC\equiv CH}$ $C_4H_3^+$ (m/z 51)

第 6 章

6 卤代烃　饱和碳原子上的亲核取代反应　β-消除反应

内容提要

烃分子中的氢被卤原子取代后的化合物称为**卤代烃**。

6.1 卤代烃的分类

有三种分类方法：按与卤原子连接的烃基结构分类，可分为饱和卤代烃、不饱和卤代烃和芳香卤代烃；按分子中卤原子的数目分类，可分为一卤代烃、二卤代烃、三卤代烃，其余类推；按与卤原子相连的碳原子的级数分类，可分为一级卤代烃、二级卤代烃、三级卤代烃。

6.2 卤代烃的命名(略)

6.3 卤代烃的结构

碳卤键不同，结构有差别，化学性质也有差别。一般来讲，烯丙型卤代烃、炔丙型卤代烃、苯甲型卤代烃最活泼，饱和卤代烃活泼性居中，烯型卤代烃、炔型卤代烃、苯型卤代烃最不活泼。

6.4 卤代烃的物理性质(略)

卤代烃的反应

卤原子是卤代烃的官能团，也是这类化合物的反应中心。

6.5 与有机反应相关的若干预备知识

有机化学中的**电子效应**有诱导效应、共轭效应、超共轭效应和场效应，它们对化学反应有极大的影响。含有一个只带 6 个电子的带正电荷碳的碳氢基团称为**碳正离子**。碳正离子都是不稳定的，其相对稳定性为 $3^\circ > 2^\circ > 1^\circ > {}^+CH_3$，一个相对不稳定的碳正离子总是倾向于重排成相对稳定的碳正离子，这类反应称为碳正离子**重排反应**。如果一个反应涉及手性碳的一根键的变化，则将新键在旧键断裂方向形成的情况称为**构型保持**；将新键在旧键断裂的相反方向形成的情况称为**构型翻转**。在动力学上，将反应速率与反应物浓度一次方成正比的反应称为**一级反应**，将反应速率与反应物浓度二次方成正比的反应称为**二级反应**。在化学反应中,将决定整个反应速率的某一步反应称为**决速步**或**速控步**,只有一种分子参与了决速步的反应称为**单分子反应**,有两种分子参与了决速步的反应称为**双分子反应**。

6.6 饱和碳原子上的亲核取代反应

饱和碳原子上的一个原子或基团被亲核试剂取代的反应称为**饱和碳原子上的亲核取代反应**,用S_N表示。该类反应可按**单分子亲核取代(S_N1)**、**双分子亲核取代(S_N2)**、**紧密离子对机理(S_Ni)**进行。可以在分子间发生,也可以在分子内发生。S_N1反应也可以是**溶剂解反应**。影响该类反应的因素主要有:反应底物的烃基结构、离去基团的离去能力、试剂的亲核性及溶剂在反应中的影响。饱和碳原子上的亲核取代反应在合成中应用极广,在鉴别化合物方面也有应用。

6.7 β-消除反应

一个有机分子在两个相邻的碳原子上各消去一个基团,并在这两个碳原子之间形成一个新的π键的反应称为**1,2-消除**或**β-消除**。卤代烃的β-消除可按**单分子消除(E1)**、**双分子消除(E2)**、**单分子共轭碱消除(E1cb)机理**进行。卤代烃的β-消除反应是制备烯烃、炔烃和共轭烯烃的重要方法。

6.8 卤代烃的还原

卤代烃被还原剂还原成烃的反应称为卤代烃的**还原**。可用的还原剂有氢化铝锂、硼氢化钠、钠与液氨、锌和盐酸、氢碘酸、催化氢化等。用催化氢化法使碳与杂原子之间的键断裂,称为催化氢解。

6.9 卤仿的分解反应

氯仿遇空气或日光分解成剧毒光气的反应称为**卤仿的分解反应**。

6.10 卤代烃与金属的反应

金属和碳直接相连的一类有机化合物称为**有机金属化合物**。有机金属化合物分子中存在着碳-金属键。由于金属元素的电负性小于碳元素的电负性,所以,碳原子带负电荷,金属带正电荷。金属与碳的键合性质分下列几种:碳与碱金属形成离子键;碳与ⅡA族、ⅢA族原子形成具有极性的共价键——三中心两电子键;碳与ⅣA族、ⅤA族原子形成正常的共价键。卤代烃可以和许多金属反应生成有机金属化合物。格氏试剂和有机锂试剂是常用的有机金属化合物。格氏试剂是用卤代烃和镁直接反应来制备的,有机锂试剂是用卤代烃和锂直接反应来制备的,反应须在无水、无氧、无二氧化碳、无活泼氢化合物的体系中进行。通常是在纯氮或氩气流中进行。有机金属化合物具有碱性和亲核性。作为碱性试剂,它能与含活泼氢的化合物发生酸碱反应;作为亲核试剂,它可以参与各种亲核反应。有机金属化合物作为亲核试剂,与卤代烃通过亲核取代形成碳碳键的反应称为卤代烃与有机金属化合物的**偶联反应**。

有机卤化物的制备

6.11 一般制备方法

工业上,常采用烃的高温卤化制备。实验室,常采用:(1) 醇与氢卤酸或其他卤化试剂反应;

(2) 烯烃(或炔烃)与氢卤酸或卤素加成;(3) 醛、酮在酸性或碱性条件下与卤素发生 α-卤代;(4) 卤代烷与卤原子置换等方法制备。

6.12 氟代烷的制法

氟代烷和多氟代烷常用卤代烷与无机氟化物反应制备。

习题解析

习题 6-1 用普通命名法命名下列化合物(中英文)。

(i) $(CH_3)_2CHCH_2CH_2Cl$　　(ii) □—Br

答 (i) 异戊基氯 isopentyl chloride　　(ii) 环丁基溴 cyclobutyl bromide

习题 6-2 写出下列化合物的构造式。

(i) 三级戊基氟　　(ii) 异己基氟　　(iii) 环戊基氯

答

(i) 

(ii) 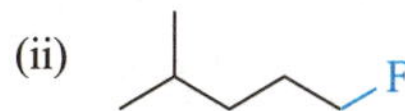

(iii) 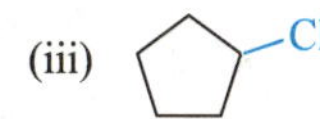

习题 6-3 请根据下列键长数据判断能否形成长链的碳氟化合物和长链的碳氯化合物。

$$-CF_2-[CF_2]_n-CF_2-$$

长链碳氟化合物

$$-CCl_2-[CCl_2]_n-CCl_2-$$

长链碳氯化合物

C—H	C—F	C—C	C—Cl	C—Br	C—I
110 pm	139 pm	154 pm	176 pm	194 pm	214 pm

答 由于 C—F 键比 C—C 键短,所以可以形成长链的碳氟化合物。C—Cl 键比 C—C 键长,不能形成长链的碳氯化合物,因为氯原子太大,会把碳链撑断。

习题 6-4 1,1,2-三氯乙烷有 A,B,C 三种较稳定的构象异构体,A 与 B 稳定性相等,与 C 在气相中的势能差为 10.9 kJ · mol^{-1}。

(i) 画出 A,B,C 的构象。哪种构象更稳定?

(ii) C 在液相中势能差降低到 0.8 kJ · mol^{-1},请解释原因。

(iii) A,B 两种构象互相转化约需转动能垒 8.4 kJ · mol^{-1},A 或 B 转为 C 约需 20.9 kJ · mol^{-1}。请解释为什么转动能垒不同。

答

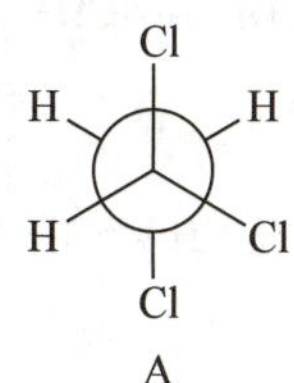

A　　B　　C

(i) A,B 更稳定。

(ii) 在液相中降低了邻交叉的偶极-偶极相互作用,排斥力降低,故势能差降低。

(iii) A 与 B 互相转化，需要经过重叠型构象 D；A 或 B 转化为 C，需要经过重叠型构象 E。因为所经过的重叠型构象不同，因此转动能垒也不同。

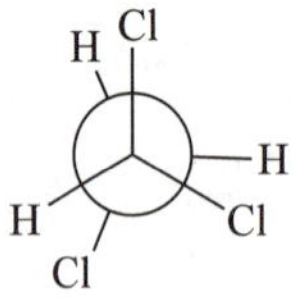

D

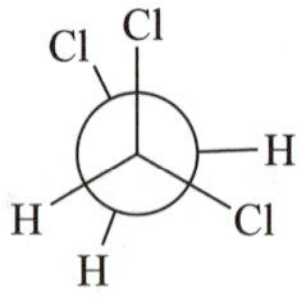

E

习题 6-5 根据一般规律，推测下列化合物的沸点排序，简述按此排列的理由，并查阅手册进行核对(结构式中的 X=Cl、Br、I)。

(i) $CH_3(CH_2)_4X$ (ii) $CH_3(CH_2)_5X$ (iii) $CH_3CH_2CH(CH_3)CH_2X$ (iv) $CH_3CH(CH_3)CH_2CH_2X$ (v) $CH_3CH_2C(CH_3)_2X$

答 一般规律，在直链同系物中，相对分子质量增大，沸点升高；在构造异构体中，叉链越多，沸点越低。根据此规律可推知：碳原子数相同，碳架结构相同时，碘代烷的沸点大于溴代烷，两者又都大于氯代烷；卤原子相同时，碳原子数多的沸点高，若卤原子和碳原子数均相等，则叉链越多，沸点越低(顺序自排)。

文献数据如下：

X	(i)	(ii)	(iii)	(iv)	(v)
Cl	108℃	132℃	97～99℃	98.9℃	80℃
Br	130℃	156℃	120～121℃	120.6℃	120.1℃
I	157℃	180℃	148℃	148℃	125.8℃

习题 6-6 根据下列实验数据判断：与羧基相连的基团的诱导效应是吸电子的还是给电子的？并将它们按吸电子诱导效应(或给电子诱导效应)由大到小的顺序排列。

化合物	CH_3COOH	$ClCH_2COOH$	CH_3OCH_2COOH	$HC\equiv CCH_2COOH$	$C_6H_5CH_2COOH$
pK_a	4.74	2.86	3.53	3.82	4.31
化合物	CH_3COCH_2COOH	$CH_3SO_2CH_2COOH$	O_2NCH_2COOH	$(CH_3)_3\overset{+}{N}CH_2COOH$	
pK_a	3.58	2.36	1.68	1.83	

答 吸电子诱导效应：

$O_2NCH_2{-}>(CH_3)_3N^+CH_2{-}>CH_3SO_2CH_2{-}>ClCH_2{-}>CH_3OCH_2{-}>CH_3COCH_2{-}>HC\equiv CCH_2{-}>C_6H_5CH_2{-}>CH_3{-}$

习题 6-7 请分析下列画线基团的电子效应，并用箭头表示。

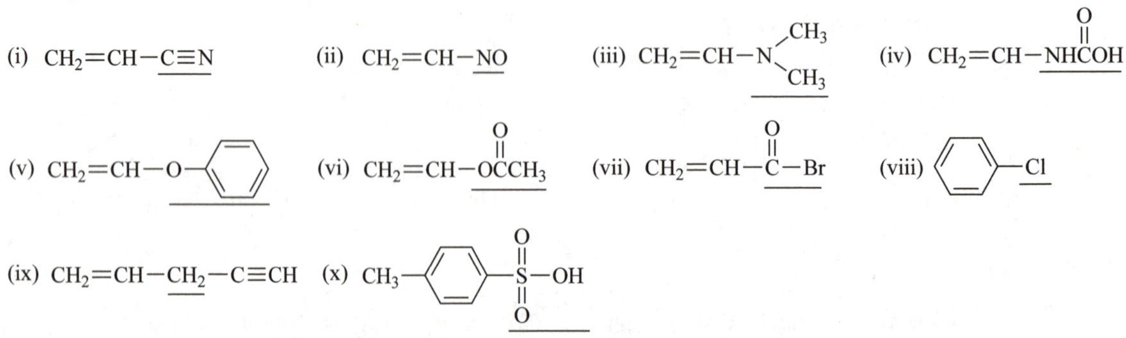

(i) $CH_2{=}CH{-}\underline{C\equiv N}$ (ii) $CH_2{=}CH{-}\underline{NO}$ (iii) $CH_2{=}CH{-}\underline{N(CH_3)_2}$ (iv) $CH_2{=}CH{-}\underline{NHCOH}$

(v) $CH_2{=}CH{-}\underline{O{-}C_6H_5}$ (vi) $CH_2{=}CH{-}\underline{OCOCH_3}$ (vii) $CH_2{=}CH{-}\underline{COBr}$ (viii) $C_6H_5{-}\underline{Cl}$

(ix) $CH_2{=}CH{-}\underline{CH_2}{-}C\equiv CH$ (x) $CH_3{-}C_6H_4{-}\underline{SO_2OH}$

答 (i) $CH_2{=}\underset{H}{C}\rightarrow \underline{C{\equiv}N}$ 有吸电子诱导效应和吸电子共轭效应。

(ii) $CH_2{=}\underset{H}{C}\rightarrow \underline{N{=}O}$ 有吸电子诱导效应和吸电子共轭效应。

(iii) $CH_2{=}\underset{H}{C}\rightarrow \underline{\ddot{N}(CH_3)_2}$ 有吸电子诱导效应和给电子共轭效应。

(iv) $CH_2{=}\underset{H}{C}\rightarrow \underline{\underset{H}{\ddot{N}}\rightarrow \overset{O}{\overset{\|}{C}}OH}$ 有吸电子诱导效应和给电子共轭效应。

(v) $CH_2{=}\underset{H}{C}\rightarrow \underline{\ddot{O}{-}C_6H_5}$ 有吸电子诱导效应和给电子共轭效应。

(vi) $CH_2{=}\underset{H}{C}\rightarrow \underline{\ddot{O}\rightarrow \overset{O}{\overset{\|}{C}}CH_3}$ 有吸电子诱导效应和给电子共轭效应。

(vii) $CH_2{=}\underset{H}{C}\rightarrow \underline{\overset{O}{\overset{\uparrow\|}{C}}\rightarrow Br}$ 有吸电子诱导效应和吸电子共轭效应。

(viii) $C_6H_5\rightarrow \underline{\ddot{Cl}}$ 有吸电子诱导效应和给电子共轭效应。

(ix) $CH_2{=}CH{-}\underline{\overset{H}{\underset{H}{C}}}{-}C{\equiv}CH$ 对两边均有超共轭效应。

(x) $CH_3{-}C_6H_4\rightarrow \underline{\overset{O}{\overset{\uparrow\|}{\underset{\underset{O}{\|}}{S}}}{-}OH}$ 有吸电子诱导效应和吸电子共轭效应。

习题 6-8 请用电子效应解释下列实验事实：

(i) 顺丁烯二酸的 pK_{a_1} 为 1.90，pK_{a_2} 为 6.50；反丁烯二酸的 pK_{a_1} 为 3.00，pK_{a_2} 为4.20。

(ii)

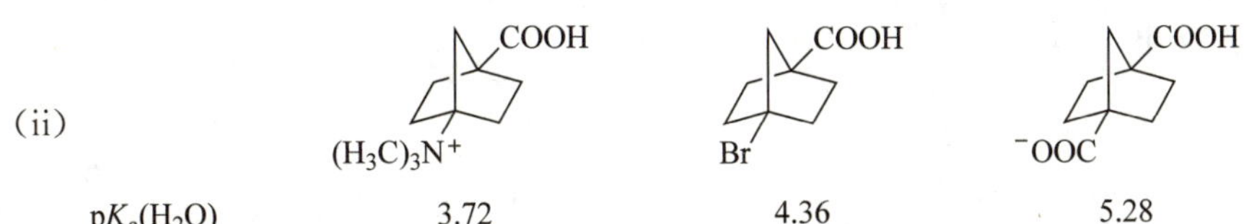

$pK_a(H_2O)$	3.72	4.36	5.28

答 (i) 请读者结合诱导效应和场效应自己作出分析并答题。

(ii) $(CH_3)_3N^+$—具有吸电子诱导效应和吸电子场效应，所以相应羧酸的酸性最强；Br—具有吸电子诱导效应和给电子场效应，相应羧酸的酸性居中；—COO^- 具有给电子诱导效应和给电子场效应，相应羧酸的酸性最弱。

习题 6-9 请按要求排序并简单阐明作出排序的理由。

(i) 酸性大小： HCOOH　CH_3COOH　$ClCH_2COOH$　FCH_2COOH

(ii) 亲核性大小：$CH_3CH{=}CH_2$　$(CH_3)_2C{=}CH_2$　$(CH_3)_2C{=}C(CH_3)_2$

答 (i) 酸性：$FCH_2COOH > ClCH_2COOH > HCOOH > CH_3COOH$

因为基团的吸电子能力 F>Cl>H，而 CH_3 具有给电子能力。

(ii) 亲核性：$(CH_3)_2C=C(CH_3)_2 > (CH_3)_2C=CH_2 > CH_3CH=CH_2$

因为双键碳上连的给电子基团越多，双键上的电子云密度就越大，化合物的亲核性就越强。

习题 6-10 下列化合物通过 C—C 键异裂及碳负离子接受质子后可形成哪几种碳正离子(不考虑重排)？将它们按稳定性由大到小的顺序排列，并阐明按此排列的理由。

(i) $CH_3-C(CH_3)(H)-CH_2-CH_3$ (ii) 降冰片基—CH_2CH_3

答 (i) 共形成 5 种碳正离子，其稳定性由大至小的排序为

$$CH_3\overset{+}{C}HCH_2CH_3 > CH_3\overset{+}{C}HCH_3 > (CH_3)_2CH\overset{+}{C}H_2 > CH_3\overset{+}{C}H_2 > \overset{+}{C}H_3$$

排序的依据是：带正电荷碳上连接的给电子基团越多，正电荷越分散，相应的碳正离子相对更稳定一些。

(ii) 共形成 14 种碳正离子，其稳定性由大至小的排序为

（结构式排序：…≈…>…≈…>…≈…≈…>…≈…>…≈…> $CH_3\overset{+}{C}H_2$ > $\overset{+}{C}H_3$ > 降冰片基正离子）

排序的依据是：(1) 正电荷越集中，碳正离子越不稳定；(2) 碳正离子刚性越大，越难以形成碳正离子 sp^2 杂化的平面型结构，碳正离子越不稳定。

习题 6-11 画出由 $(CH_3)_3CCH_2\overset{+}{C}H_2$ 转变为 $(CH_3)_2\overset{+}{C}CH(CH_3)_2$ 的反应机理。

答

（反应机理图：伯碳正离子 → [δ+ H 迁移过渡态]‡ → 仲碳正离子 → [δ+ Me 迁移过渡态]‡ → 叔碳正离子）

习题 6-12 请判断，在下列反应中哪些反应发生了构型翻转？

(i) $(CH_3)_2CH-Br + NaOH \xrightarrow{H_2O} (CH_3)_2CH-OH$

(ii) （H₃C 取代环己基溴）$\xrightarrow{HS^-}$（H₃C 取代环己基硫醇，SH）

(iii) $CH_2=CH-C(H)(Cl)(C_2H_5) \xrightarrow{NaCN} CH_2=CH-C(H)(C_2H_5)(CN)$

(iv) $CH_3-C_6H_4-C(CH_3)(H)-OSO_2-C_6H_5 \xrightarrow{CH_3COO^-} CH_3-C_6H_4-C(CH_3)(H)-OCCH_3$（$\overset{\|}{O}$）

(v) $C(H)(H_3C)(C_2H_5)-OH + HI \longrightarrow C(H)(H_3C)(C_2H_5)-I$ (±)

答 (ii)(iii)(iv) 中所有产物均发生了构型翻转。(v) 中有 50%产物构型翻转。

(i) 中反应物的中心碳原子不是手性碳，不存在构型问题。若仅从反应过程分析，有部分产物存在新形成键在断裂键反面进攻的问题(或将其看做是构型翻转)。

习题 6-13 根据下表中数据判断四个溴代烷的水解反应各为几级反应：

溴代烷水解的反应速率常数(在体积分数 80%乙醇的水溶液中，55℃)

溴代烷	一级反应速率常数 $k_1/(10^{-5}\ s^{-1})$	二级反应速率常数 $k_2/(10^{-5}\ L\cdot mol^{-1}\cdot s^{-1})$
CH_3Br	0.35	2140
CH_3CH_2Br	0.14	171
$(CH_3)_2CHBr$	0.24	4.75
$(CH_3)_3CBr$	1010	

答 $(CH_3)_3CBr$ 是一级反应；CH_3Br，CH_3CH_2Br，$(CH_3)_2CHBr$ 是二级反应。

习题 6-14 根据下列反应式答题：

$H_2N(CH_2)_4I$ —一定反应条件→ 四氢吡咯 + HI

(i) 指出上述反应中的底物、亲核试剂、中心碳原子、离去基团和产物。

(ii) 写出此反应的反应机理，并判断此反应的反应类别。

答 (i) $H_2N(CH_2)_4I$ 既是反应底物，又是亲核试剂(具体讲，N 是亲核试剂)。与 I 相连的碳是中心碳原子，I^- 是离去基团，四氢吡咯是产物。

(ii) 反应机理如下：

$H_2N(CH_2)_4I$ —$-I^-$→ (环状铵离子，N^+H_2) —$-H^+$→ 四氢吡咯

该反应属于饱和碳原子上的亲核取代反应，按 S_N2 机理进行。

习题 6-15 写出下列离子发生分子内 S_N2 反应的反应式，并判断哪个反应最易发生。

(i) $BrCH_2CH_2O^-$ (ii) $BrCH_2CH_2CH_2O^-$ (iii) $BrCH_2CH_2CH_2CH_2O^-$

答 (i) $BrCH_2CH_2O^-$ —S_N2→ 环氧乙烷 (ii) $BrCH_2CH_2CH_2O^-$ —S_N2→ 氧杂环丁烷

(iii) $BrCH_2CH_2CH_2CH_2O^-$ —S_N2→ 四氢呋喃

反应(iii)最容易发生。

习题 6-16 写出下列离子发生分子内 S_N2 反应的反应产物。

(i) Br—C(D)(H)—$CH_2CH_2COO^-$ (ii) H_3C—C(Br)(H)—$CH_2CH_2COO^-$ (iii) H_3C—C(Br)(C_2H_5)—$CH_2CH_2COO^-$

答 (i) D，H 取代的γ-丁内酯 (ii) H_3C，H 取代的γ-丁内酯 (iii) H_3C，C_2H_5 取代的γ-丁内酯

习题 6-17 完成下列反应式。

(i) Br—环己烷—Br + H_2O —OH^-→ (ii) 环戊烷(取代基 CH_2CH_2Br，CH_2Br) + $C_2H_5NH_2$ →

答 (i)  (ii)

习题 6-18 选择合适的卤代烃为原料，并用合适的反应条件合成。

(i)  (ii)

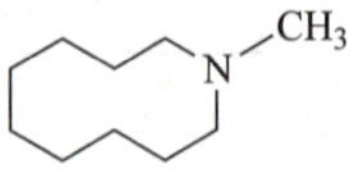

答

(i) $CH(CH_2CH_2Br)_3$ + $4NH_3$ ⟶  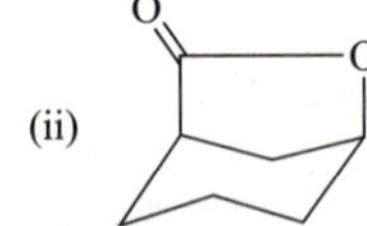 + $3NH_4^+Br^-$

(ii) $Br(CH_2)_9Br$ + $3CH_3NH_2$ ⟶ 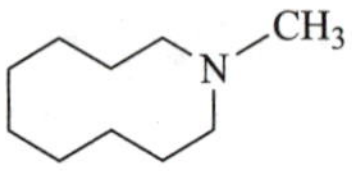 + $2CH_3NH_3^+Br^-$

习题 6-19 选用合适的原料合成下列化合物。

(i) 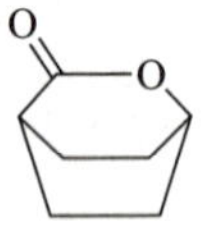 (ii) (iii)

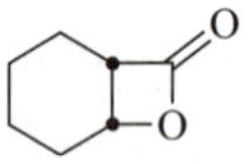

答 (i) 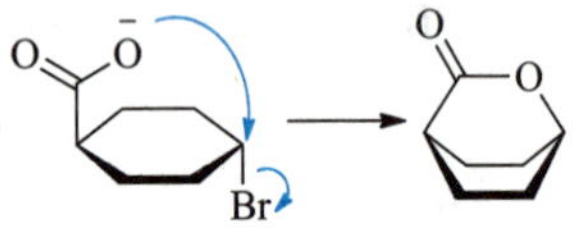 ⟶ (ii) 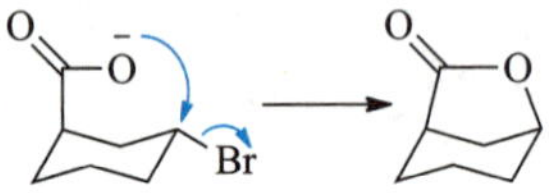 ⟶ (iii) 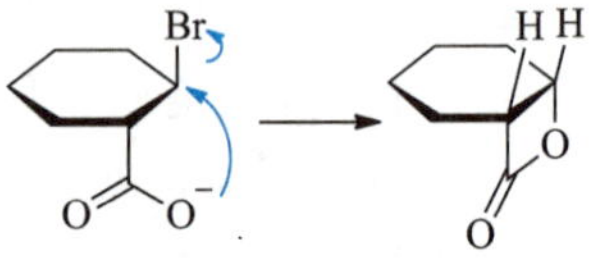 ⟶

习题 6-20 写出(*R*)-α-甲基苄溴在氢氧化钠水溶液中水解的反应机理，并画出相应的反应势能变化示意图。

答

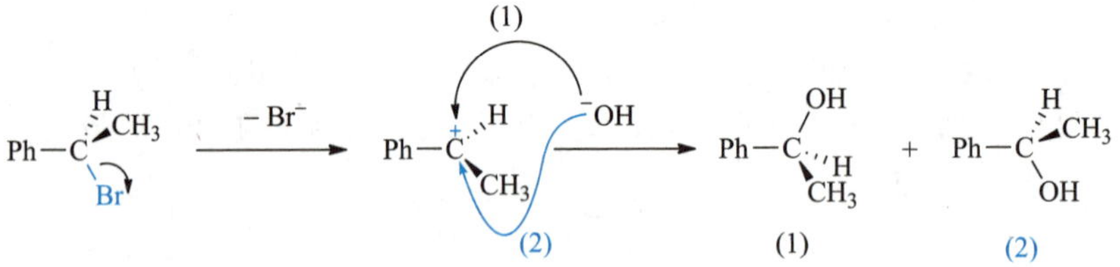

Ph—C(H)(CH₃)Br —(−Br⁻)⟶ Ph—C⁺(H)(CH₃) + ⁻OH ⟶ Ph—C(OH)(H)(CH₃) (1) + Ph—C(H)(CH₃)(OH) (2)

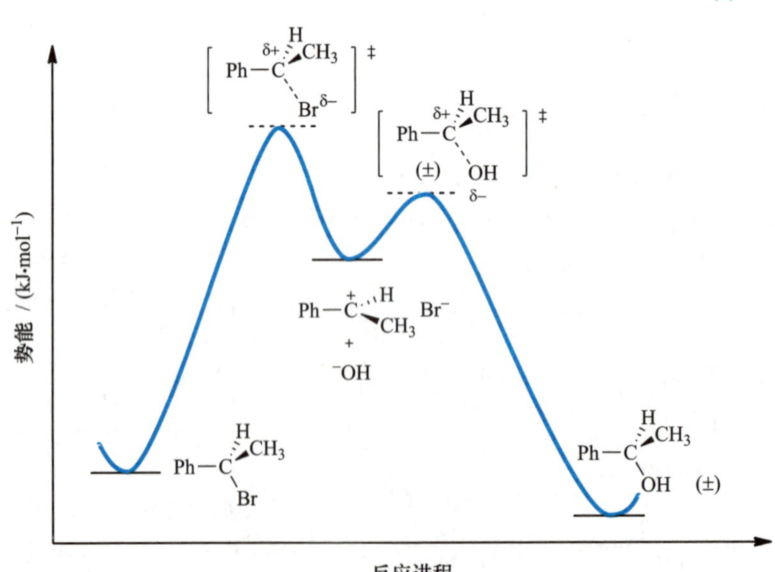

习题 6-21 以(R)-2-氯丁烷为底物,在水中进行溶剂解反应得到产物 2-丁醇。用图示的方法阐明各在什么反应阶段可得到:(i) 构型翻转的产物;(ii) 构型翻转的产物多于构型保持的产物;(iii) 消旋产物。

答 在水中进行溶剂解反应,水既是溶剂,又是亲核试剂,反应是按 S_N1 机理进行的。在此反应中,由反应物(R)-2-氯丁烷转变为碳正离子中间体需经历下面过程:

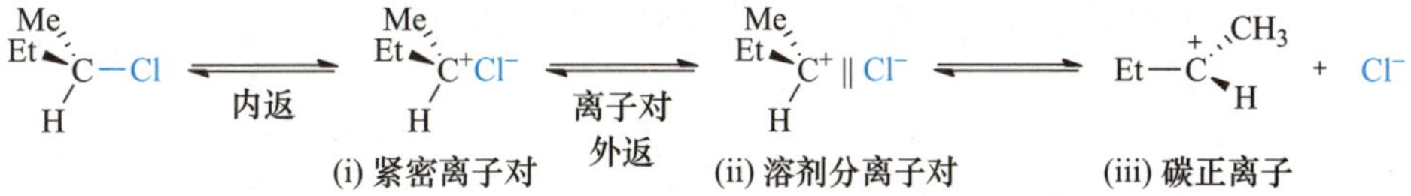

Me,Et,H–C–Cl ⇌(内返) Me,Et,H–C^+Cl^- ⇌(离子对外返) Me,Et,H–$C^+ \parallel Cl^-$ ⇌ Et–$\overset{+}{C}$(CH_3)(H) + Cl^-

(i) 紧密离子对　(ii) 溶剂分离子对　(iii) 碳正离子

H_2O 在紧密离子对阶段反应,由于 Cl^- 的阻挡,H_2O 只能从远离 Cl^- 的一侧进攻碳正离子,最后只得到构型翻转的产物;H_2O 在溶剂分离子对阶段反应,大部分 H_2O 分子仍从远离 Cl^- 的一侧进攻碳正离子,但由于 Cl^- 和 C^+ 之间已有一些间隔,少数水分子也能从 Cl^- 的一侧进攻碳正离子,所以构型翻转的产物多于构型保持的产物;H_2O 在碳正离子与氯负离子完全分离的阶段进攻,此时碳正离子两侧的空阻相同,H_2O 从两侧进攻的概率也相等,所以得消旋产物。

习题 6-22 下列各组中,哪一种化合物更易进行 S_N1 反应?

(i) CH_3CH_2Br　$(CH_3)_2CHBr$　$(CH_3)_3CBr$　(ii) 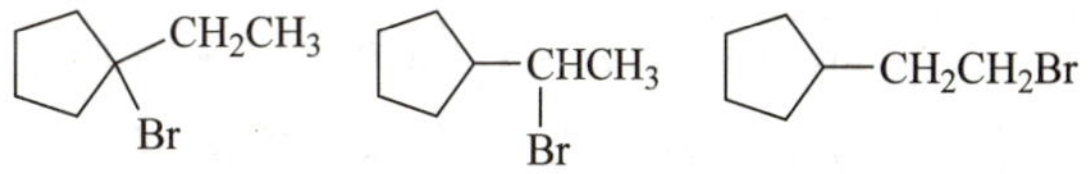 1-溴-1-乙基环戊烷(CH_2CH_3, Br)　环戊基-$\underset{Br}{CHCH_3}$　环戊基-CH_2CH_2Br

(iii) 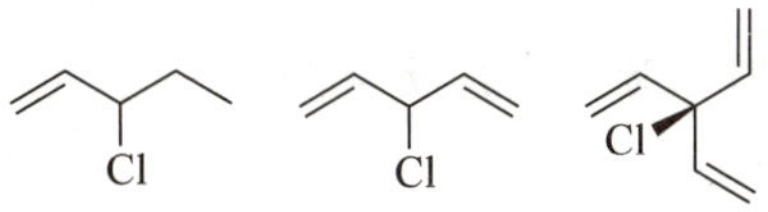 CH_2=CH–CH(Cl)–CH_2CH_3　CH_2=CH–CH(Cl)–CH=CH_2　$(CH_2=CH)_3CCl$　(iv) 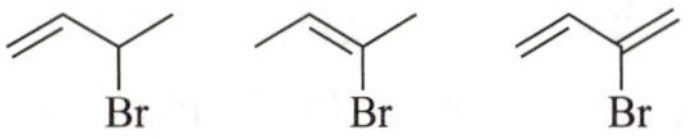 CH_2=CH–CH(Br)–CH_3　CH_3–CH=C(Br)–CH_3　CH_2=CH–C(Br)=CH_2

答 (i) $(CH_3)_3CBr$　(ii)  1-溴-1-乙基环戊烷(Et, Br)　(iii) 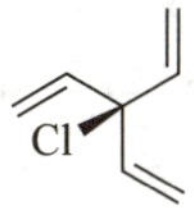 $(CH_2=CH)_3CCl$　(iv) 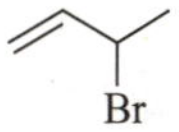 CH_2=CH–CH(Br)–CH_3

习题 6-23 乙酸钠与下列哪些化合物能发生饱和碳原子上的亲核取代反应?写出相应反应的化学方程式。

(i) CH_3CH_2OH　(ii) CH_3CH_2Br　(iii) CH_3CH_2CN　(iv) $CH_3CH_2\overset{+}{N}(CH_3)_3$

(v) 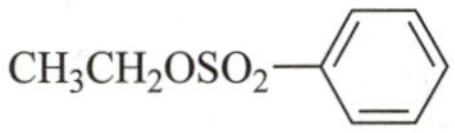 $CH_3CH_2OSO_2$–C_6H_5　(vi) $CH_3CH_2OCH_2CH_3$

答 与(ii)(iv)(v)能发生饱和碳原子上的亲核取代反应。相应方程式如下:

(ii) $CH_3COONa + CH_3CH_2\mathbf{Br} \longrightarrow CH_3COOCH_2CH_3 + Na\mathbf{Br}$

(iv) $CH_3COONa + CH_3CH_2\mathbf{N^+(CH_3)_3} \longrightarrow CH_3COOCH_2CH_3 + \mathbf{(CH_3)_3N} + Na^+$

(v) $CH_3COONa + CH_3CH_2\mathbf{OSO_2Ph} \longrightarrow CH_3COOCH_2CH_3 + \mathbf{PhSO_3}Na$

习题 6-24 将下列试剂按亲核性由大到小的顺序排列,并简单阐明理由。

(i) F^-　Cl^-　Br^-　I^-

(ii) $CH_3CH_2O^-$　$CH_3CH_2\bar{N}H$　$CH_3CH_2\bar{C}H_2$

答 (i) $I^- > Br^- > Cl^- > F^-$,因为它们的可极化性依次降低。

(ii) $CH_3CH_2\bar{C}H_2 > CH_3CH_2\bar{N}H > CH_3CH_2O^-$,因为它们的碱性逐渐减弱,可极化性也逐渐降低。

习题 6-25 请比较下列亲核试剂在质子溶剂中与 CH_3CH_2Cl 反应的速率。

H_2O　HO^-　$CH_3CH_2CH_2CH_2OH$　$CH_3CH_2CH_2CH_2O^-$　$CH_3CH_2\underset{CH_3}{CHO^-}$

$(CH_3)_3CO^-$　CH_3COOH　CH_3COO^-

答 $CH_3CH_2CH_2CH_2O^- > CH_3CH_2CH(CH_3)O^- > (CH_3)_3CO^- > HO^- > CH_3COO^- >$
$CH_3CH_2CH_2CH_2OH > H_2O > CH_3COOH$

习题 6-26 SO_3^{2-} 是不是两位负离子？作出判断并提出合理的解释。

答 SO_3^{2-} 是两位负离子。氧端碱性强，硫端亲核性强。在质子溶剂中，是氧端发生反应；在亲核取代反应中，是硫端发生反应。所以可以将其看做是两位负离子。

$$O{=}S(O^-)O^- \xrightarrow{H^+} O{=}S(OH)O^-$$

$$O{=}S(O^-)O^- \xrightarrow{CH_3I} H_3C{-}S(=O)_2{-}O^-$$

习题 6-27 下列反应在水和乙醇的混合溶剂中进行，如果增加水的比例，对反应有利还是不利？

(i) $CH_3CH_2CH_2CH_2I + N(CH_3)_3 \longrightarrow CH_3CH_2CH_2CH_2\overset{+}{N}(CH_3)_3I^-$

(ii) $CH_3CH_2CH(Br)CH_2CH_3 + H_2O \longrightarrow CH_3CH_2CH(OH)CH_2CH_3 + HBr$

(iii) $(CH_3)_3CBr + C_2H_5OH \longrightarrow (CH_3)_3COC_2H_5 + HBr$

答 (i) 产物极性大，增加水的比例，有利反应。

(ii) 增加水可增加亲核试剂浓度及反应物的解离，利于进行反应。

(iii) 增加水可增加反应物的解离，利于进行 S_N1 反应。

习题 6-28 三级氯丁烷在甲醇中比在乙醇中反应快 8 倍(25℃)，指出是何类反应(S_N1 或 S_N2)，并解释其原因。

答 是 S_N1 反应，因甲醇的介电常数(32.7)比乙醇(24.6)大，即极性大，有利于碳氯键的异裂，即有利于进行 S_N1 反应。

习题 6-29 写出 CH_3CH_2Br 与教材表 6-4 中各亲核试剂反应的化学方程式，并写出各产物的名称。

答 产物列于下表：

底　物	亲核试剂	产　物
C_2H_5Br	I^-(碘负离子)	C_2H_5I(碘乙烷)
	OH_2(水)	C_2H_5OH(乙醇)
	OH^-(羟基负离子)	C_2H_5OH(乙醇)
	$^-OCH_3$(甲氧基负离子)	$C_2H_5OCH_3$(甲乙醚)
	$^-OCOCH_3$(乙酰氧基负离子)	$CH_3COOCH_2CH_3$(乙酸乙酯)
	NH_3(氨)	$C_2H_5NH_3^+Br^-$(溴化乙铵)
	$N(CH_3)_3$(三甲胺)	$(CH_3)_3N^+C_2H_5Br^-$(溴化三甲基乙基铵)
	$^-ONO_2$(硝酸根负离子)	$C_2H_5ONO_2$(硝酸乙酯)
	$^-NO_2$(亚硝酸根负离子)	$C_2H_5NO_2$(硝基乙烷)
	$^-N_3$(叠氮基负离子)	$C_2H_5N_3$(叠氮乙烷)
	^-CN(氰基负离子)	C_2H_5CN(丙腈)
	$^-C{\equiv}CCH_3$(1-丙炔基负离子)	$C_2H_5{-}C{\equiv}C{-}CH_3$(2-戊炔)
	$^-CH(COOCH_3)_2$(丙二酸二甲酯负离子)	$C_2H_5CH(COOCH_3)_2$(乙基丙二酸二甲酯)
	^-SH(巯基负离子)	C_2H_5SH(乙硫醇)
	$^-SCH_3$(甲硫基负离子)	$C_2H_5SCH_3$(甲乙硫醚)
	^-SCN(硫氰基负离子)	C_2H_5SCN(硫氰酸乙酯)
	$S(CH_3)_2$(二甲硫醚)	$(CH_3)_2S^+C_2H_5Br^-$(溴化二甲基乙基锍)
	$P(CH_3)_3$(三甲膦)	$(CH_3)_3P^+C_2H_5Br^-$(溴化三甲基乙基鏻)

相关的方程式自己完成。

习题 6-30 完成下列反应。

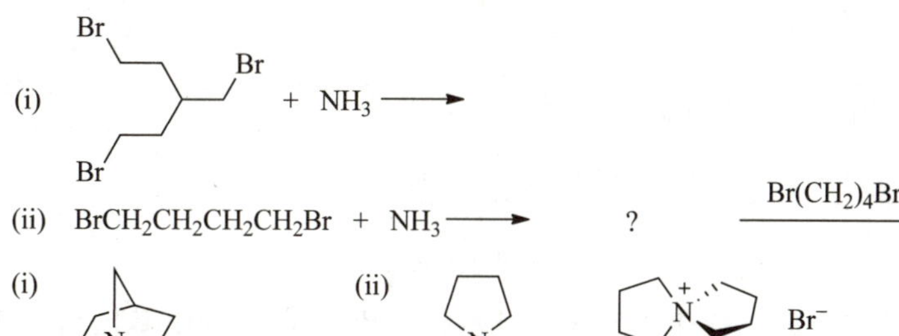

答 (i) (ii) Br^-

习题 6-31 如何将 1,5-二溴化合物合成环醚(A)?用什么原料可合成环醚(B)?合成环醚(B)时需要什么特殊条件?

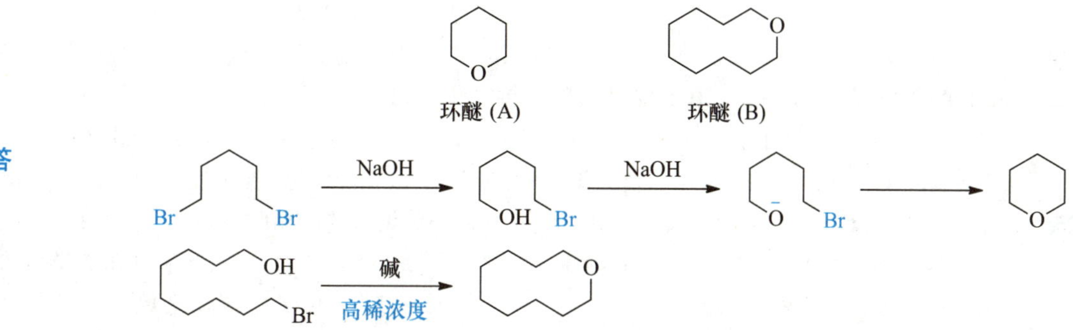

习题 6-32 下列化合物(A)与(B)进行 S_N1 反应,哪一个化合物反应快?

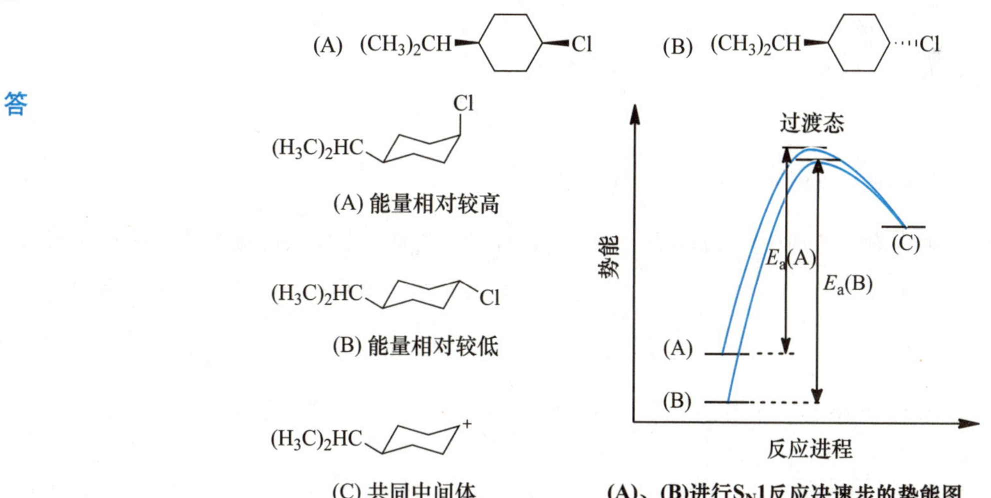

(A)、(B)进行S_N1反应决速步的势能图

决速步是解离为相同的活性中间体碳正离子(C),过渡态势能与活性中间体接近,但也受反应物势能高低的影响。由于(A)比(B)势能高,活化能 $E_a(A) < E_a(B)$,因此反应速率(A)比(B)快。

习题 6-33 化合物(A)进行 S_N2 反应比化合物(B)快,请解释。

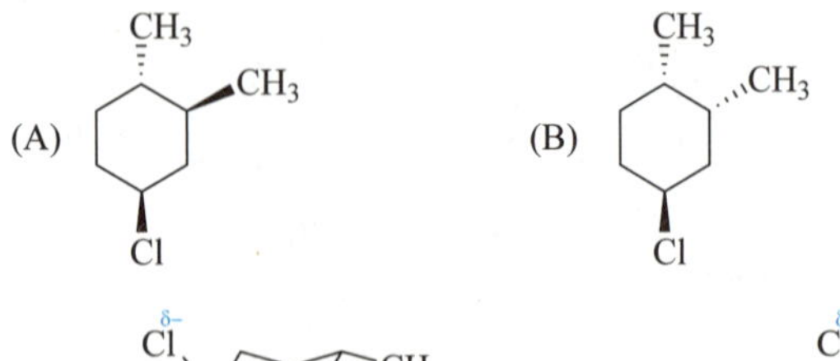

答 (A) (B)

在亲核试剂进攻时，其过渡态(A)受直立键氢的排斥力，(B)受直立键甲基的排斥力，(B)所受排斥力较(A)大，过渡态势能高，因此(B)反应速率较(A)慢。

习题 6-34 用简单方法鉴别下列各组化合物。

(i) 1-溴丙烷　1-碘丙烷　(ii) 1-溴丁烷　1,1-二溴丁烷

(iii) 1-氯丁烷　三级氯丁烷　(iv) 烯丙基溴　1-溴丙烷

答 (i) $AgNO_3$-C_2H_5OH：1-碘丙烷立即产生 AgI↓，1-溴丙烷需温热数分钟才产生 AgBr↓。

(ii) $AgNO_3$-C_2H_5OH：1-溴丁烷温热数分钟产生 AgBr↓，1,1-二溴丁烷不易反应。

(iii) $AgNO_3$-C_2H_5OH：三级氯丁烷立即产生 AgCl↓，1-氯丁烷需温热数分钟才产生沉淀。

(iv) $AgNO_3$-C_2H_5OH：烯丙基溴立即产生 AgBr↓，1-溴丙烷需温热数分钟才产生沉淀。

习题 6-35 写出下列化合物在 KOH-C_2H_5OH 中消除一分子卤化氢后的产物(提示：反应构象应是优势构象)。

(i) (1*R*,2*S*)-1,2-二苯基-1,2-二溴丙烷　(ii) (1*S*,2*S*)-1,2-二苯基-1,2-二溴丙烷

(iii) 顺-1-苯基-2-氯环己烷　(iv) 反-1-苯基-2-氯环己烷

(v) (1*R*,2*S*)-1-乙基-2-溴反十氢化萘　(vi) (1*S*,2*S*)-1-乙基-2-溴反十氢化萘

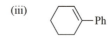

(i)
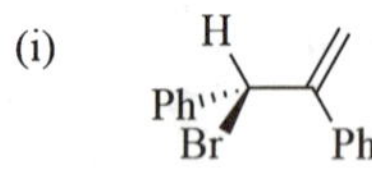

(ii) Br Ph / Ph CH_3

(iii)
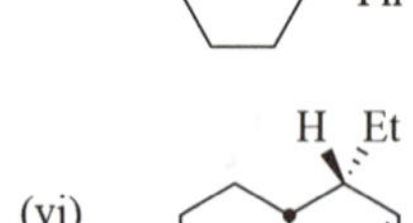

(iv)

(v) Et

(vi) H Et

习题 6-36 下列试剂在质子溶剂中与 CH_3CH_2I 反应，请问它们主要发生什么反应？并请比较它们的反应速率。

(i) $CH_3CH_2CH_2O^-$　$(CH_3CH_2CH_2)_3C^-$　$(CH_3CH_2CH_2)_2N^-$　(ii) $CH_3CH_2COO^-$　$CH_3CH_2O^-$　$CH_3CH_2S^-$

(iii) $CH_3CH_2O^-$　$C_6H_5S^-$　$(CH_3)_3CO^-$　(iv) $C_6H_5O^-$　$CH_3CH_2O^-$　HO^-

(v) $CH_3CH_2CH_2CH_2O^-$　$(CH_3)_3CO^-$　$CH_3CH_2CH(CH_3)O^-$

答 (i) 主要发生消除反应。$(CH_3CH_2CH_2)_3C^- > (CH_3CH_2CH_2)_2N^- > CH_3CH_2CH_2O^-$，考虑碱性强弱。

(ii)～(v) 主要发生亲核取代反应。

(ii) $CH_3CH_2S^- > CH_3CH_2O^- > CH_3CH_2COO^-$，考虑亲核性强弱。

(iii) $PhS^- > CH_3CH_2O^- > (CH_3)_3CO^-$，考虑亲核性强弱及空阻大小。

(iv) $CH_3CH_2O^- > HO^- > PhO^-$，考虑亲核性强弱。

(v) $CH_3CH_2CH_2CH_2O^- > CH_3CH_2CH(CH_3)O^- > (CH_3)_3CO^-$，考虑空阻大小。

习题 6-37 括号中哪一个试剂给出消除/取代的比值大？

(i) (Me_3CO^- 或 CH_3O^-) + 环己基-Br　　(ii) CN^- + ($CH_3CH_2CHBrCH_2CH_3$ 或 $(CH_3CH_2)_3CBr$)

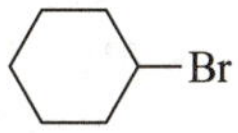

(iii) RS^- + ($CH_3CH_2CH_2CH_2Br$ 或 $CH_3CH_2CH(CH_3)CH_2Br$)　　(iv) $^-NH_2$ + ($CH_3CH_2CHBrCH_3$ 或 $CH_3CH_2CH_2CH_2Br$)

(v) $C_2H_5O^-$ + ($CH_2{=}CHCH_2CH_2Br$ 或 $CH_3CH_2CH_2CH_2Br$)

答 (i) Me_3CO^-，碱性强。

(ii) Et_3CBr，三级卤代烃易发生消除反应。

(iii) $CH_3CH_2CH(CH_3)CH_2Br$，空阻大，不易发生 S_N2 反应。

(iv) $CH_3CH_2CHBrCH_3$，二级卤代烃比一级卤代烃易发生消除反应。

(v) $CH_2{=}CHCH_2CH_2Br$，溴 β 位碳上的氢活泼，易消除且形成共轭体系。

习题 6-38 请设计一个实验方案，证明 E1cb 是反式共平面消除。

答 (i) 选(1*R*,2*S*)-1,2-二苯基-1,2-二溴乙烷为原料，在 I^- 作用下，若发生反式共平面消除，产物应为(*E*)-1,2-二苯基乙烯；(ii) 选(1*R*,2*R*)-1,2-二苯基-1,2-二溴乙烷为原料，在 I^- 作用下，若发生反式共平面消除，产物应为(*Z*)-1,2-二苯基乙烯。

(i)
Ph; Br, *R*, H; Br, *S*, H; Ph ≡ H, Ph; Br; Br; Ph, H $\xrightarrow{I^-}$ H, Ph; Ph, H

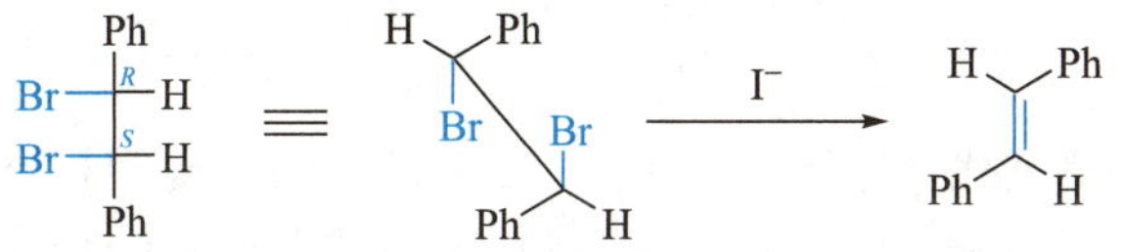

(ii)
Ph; Br, *R*, H; H, *R*, Br; Ph ≡ H, Ph; Br; Br; H, Ph $\xrightarrow{I^-}$ H, Ph; H, Ph

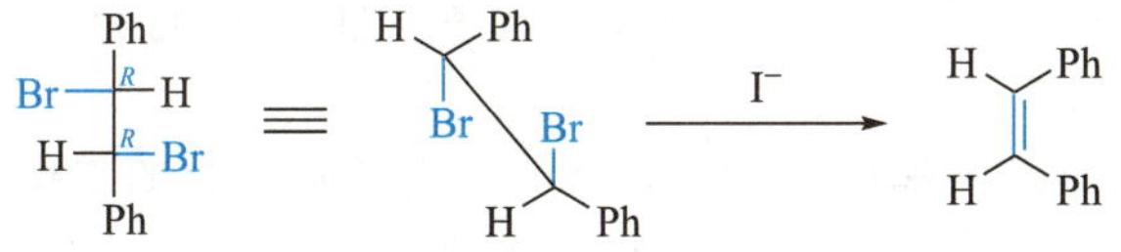

习题 6-39 选择合适的卤代烃为原料，制备下列化合物。

(i) $CH_3CH_2CH{=}CH_2$　　(ii) $CH_3CH_2C{\equiv}CH$　　(iii) $CH_3CH{=}CHCH_3$

(iv) $CH_3C{\equiv}CCH_3$　　(v) $CH_2{=}CH{-}CH{=}CH_2$　　(vi) $HC{\equiv}C{-}CH{=}CH_2$

答 (i) $CH_3MgI+BrCH_2CH{=}CH_2 \longrightarrow CH_3CH_2CH{=}CH_2$

(ii) $CH_3CH_2Br+NaC{\equiv}CH \longrightarrow CH_3CH_2C{\equiv}CH$

(iii) $CH_3CH_2CHBrCH_3+KOH \longrightarrow CH_3CH{=}CHCH_3$

(iv) $CH_3C{\equiv}CNa+CH_3I \longrightarrow CH_3C{\equiv}CCH_3$

(v) $ClCH_2CH_2CH_2CH_2Cl+KOH \longrightarrow CH_2{=}CHCH{=}CH_2$

(vi) $CH_2{=}CHC(Cl){=}CH_2+KOH \longrightarrow CH_2{=}CHC{\equiv}CH$

习题 6-40 完成下表(填写结构式)：

类型	具体化合物	适用的还原剂	产物
一级卤代烃			
二级卤代烃			
三级卤代烃			
乙烯型卤代烃			
苯甲型卤代烃			

答

类型	具体化合物	适用的还原剂	产物
一级卤代烃	CH_3CH_2I	Zn, HCl	CH_3CH_3
二级卤代烃	$CH_3CHClCH_3$	$LiAlH_4$(THF)	$CH_3CH_2CH_3$
三级卤代烃	$(CH_3)_3CCl$	$NaBH_4$	$(CH_3)_3CH$
乙烯型卤代烃	$(H_3C)(C_2H_5)C{=}C(CH_3)Cl$	$Na, NH_3(l)$	$(H_3C)(C_2H_5)C{=}C(CH_3)H$
苯甲型卤代烃	$PhCH_2Cl$	H_2 / Pd	$PhCH_3$

习题 6-41 将下列化合物用中英文命名。

(i) $CH_3CH_2CH_2CH_2Na$ (ii) $CH_3CH_2CH_2K$ (iii) $(CH_3CH_2CH_2CH_2)_3B$ (iv) $(CH_3)_2Mg$

(v) $(CH_3CH_2CH_2CH_2)_2Zn$ (vi) $(CH_3)_2CHMgBr$

答 (i) 丁基钠 butylsodium (ii) 丙基钾 propylpotassium

(iii) 三丁基硼 tributylborane (iv) 二甲基镁 dimethylmagnesium

(v) 二丁基锌 dibutylzinc (vi) 溴化异丙基镁 isopropylmagnesium bromide

习题 6-42 写出下列化合物的中文名称及相应的构造式。

(i) cyclohexylmagnesium bromide (ii) dipentylcadmium

(iii) ethyltrimethylsilane (iv) 2-methylbutylmercuric chloride

(v) trimethylalumium (vi) dipropylzinc

答 (i) 溴化环己基镁 CyMgBr(Cy 代表环己基) (ii) 二戊基镉 $(CH_3CH_2CH_2CH_2CH_2)_2Cd$

(iii) 三甲基乙基硅 $(CH_3)_3SiCH_2CH_3$ (iv) 氯化 2-甲基丁基汞 $CH_3CH_2CH(CH_3)CH_2HgCl$

(v) 三甲基铝 $(CH_3)_3Al$ (vi) 二丙基锌 $(CH_3CH_2CH_2)_2Zn$

习题 6-43 写出下列化合物的结构式。

(i) $(CH_3CH_2)_2Mg$ 单体在四氢呋喃中 (ii) $(CH_3CH_2CH_2)_3B$ 的二聚体

(iii) $(C_2H_5)_4Pb$ (iv) $(CH_3)_3Bi$

(v) $CH_3(CH_2)_3MgCl$ 在四氢呋喃(0.8 mol · L^{-1})中

(i)

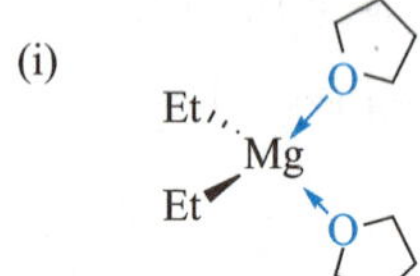

(ii)

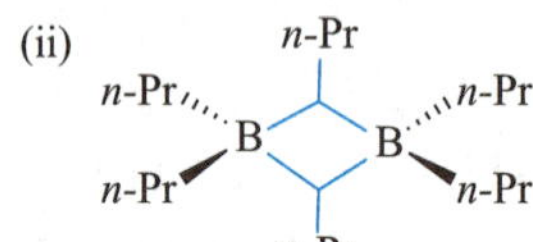

(iii)

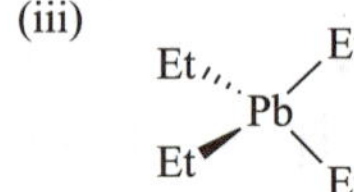

(iv) H_3C—Bi(—CH_3)—CH_3

(v) n-Bu Mg Cl Cl Mg n-Bu O O

习题 6-44 如何从相应的烷烃、环烷烃或环烯烃来制备下列化合物?

(i) $(CH_3)_3CD$ (ii) $(CH_3CH_2)_3CCHCH_3$ (D) (iii) CH3, D (iv) CH3, D

答 (i) $(CH_3)_3CH \xrightarrow[h\nu]{Br_2} (CH_3)_3CBr \xrightarrow[THF]{Mg} (CH_3)_3CMgBr \xrightarrow{D_2O} (CH_3)_3CD$

(ii) $(CH_3CH_2)_4C \xrightarrow[h\nu]{Br_2} (CH_3CH_2)_3CCHCH_3$ (Br) $\xrightarrow[THF]{Mg} \xrightarrow{D_2O} (CH_3CH_2)_3CCHCH_3$ (D)

(iii) 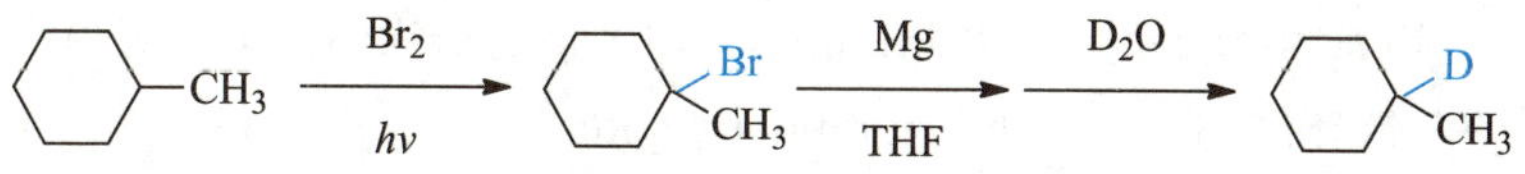 cyclohexane–CH_3 $\xrightarrow[hv]{Br_2}$ 1-Br-1-CH_3-cyclohexane $\xrightarrow[THF]{Mg}$ $\xrightarrow{D_2O}$ 1-D-1-CH_3-cyclohexane

(iv) 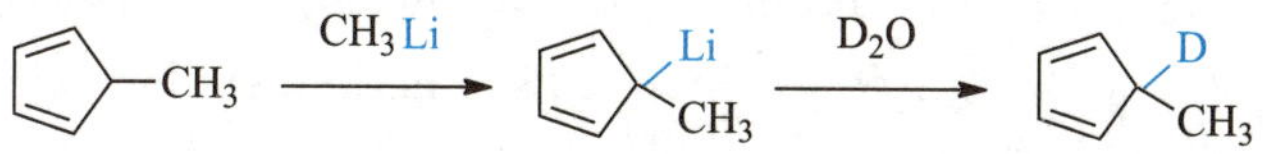 cyclopentadiene–CH_3 $\xrightarrow{CH_3Li}$ Li, CH_3 $\xrightarrow{D_2O}$ D, CH_3 （或仿照前三小问的做法）

习题 6-45 根据下列每一个反应中元素的电负性来确定反应能否进行，并推测平衡常数 $K>1$ 还是 $K<1$。

(i) $2(C_2H_5)_3Al + 3CdCl_2 \rightleftharpoons 3(C_2H_5)_2Cd + 2AlCl_3$

(ii) $(C_2H_5)_2Hg + ZnCl_2 \rightleftharpoons (C_2H_5)_2Zn + HgCl_2$

(iii) $2(C_2H_5)_2Mg + SiCl_4 \rightleftharpoons (C_2H_5)_4Si + 2MgCl_2$

(iv) $C_2H_5Li + HCl \rightleftharpoons C_2H_6 + LiCl$

(v) $(C_2H_5)_2Zn + 2LiCl \rightleftharpoons 2C_2H_5Li + ZnCl_2$

答 (i) 电负性 Al(1.5)比 Cd(1.7)小，反应能进行，$K>1$。

(ii) 电负性 Hg(1.9)比 Zn(1.6)大，反应不能进行，$K<1$。

(iii) 电负性 Mg(1.2)比 Si (1.7)小，反应能进行，$K>1$。

(iv) 电负性 Li(1.0)比 H(2.2)小，反应能进行，$K>1$。

(v) 电负性 Zn(1.6)比 Li(1.0)大，反应不能进行，$K<1$。

习题 6-46 用六个碳或六个碳以下的卤代烃合成下列化合物。

(i) $CH_3(CH_2)_8CH_3$ (ii) $CH_3(CH_2)_5CH=CH_2$ (iii) 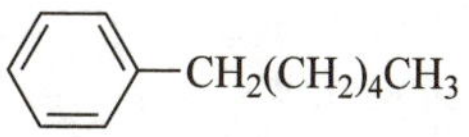 C_6H_5–$CH_2(CH_2)_4CH_3$ (iv) 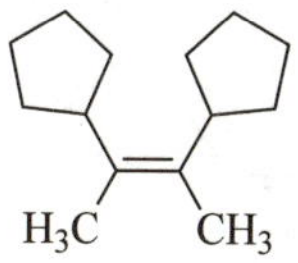 (cyclopentyl)(H_3C)C=C(CH_3)(cyclopentyl)

答

(i) $2\ CH_3(CH_2)_3CH_2Cl \xrightarrow{Na} CH_3(CH_2)_8CH_3$

(ii) $CH_3(CH_2)_3CH_2Cl \xrightarrow{Mg} CH_3(CH_2)_3CH_2MgCl \xrightarrow{CH_2=CHCH_2Cl} CH_3(CH_2)_5CH=CH_2$

(iii) 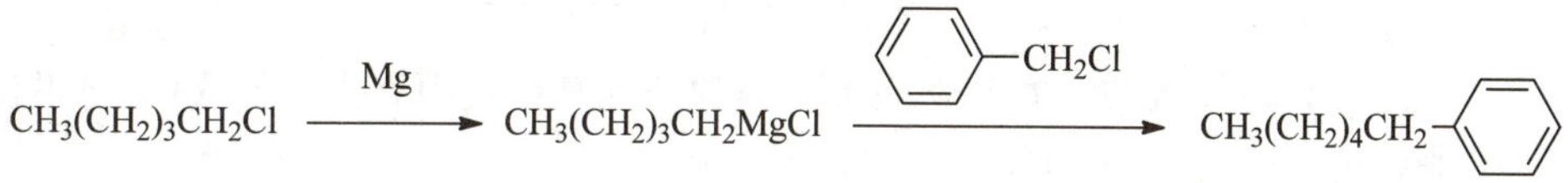 $CH_3(CH_2)_3CH_2Cl \xrightarrow{Mg} CH_3(CH_2)_3CH_2MgCl \xrightarrow{C_6H_5-CH_2Cl} CH_3(CH_2)_4CH_2-C_6H_5$

(iv) 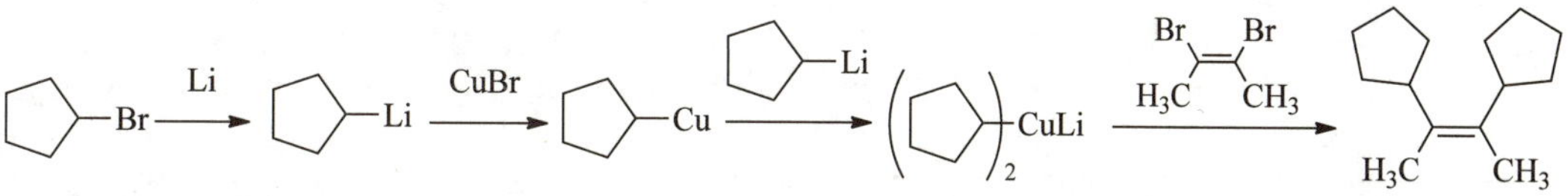 cyclopentyl–Br $\xrightarrow{Li}$ cyclopentyl–Li $\xrightarrow{CuBr}$ cyclopentyl–Cu $\xrightarrow{\text{cyclopentyl–Li}}$ (cyclopentyl)$_2$CuLi $\xrightarrow{\text{Br}(H_3C)C=C(CH_3)\text{Br}}$ (cyclopentyl)(H_3C)C=C(CH_3)(cyclopentyl)

习题 6-47 用中英文系统命名法命名下列化合物。

(i) 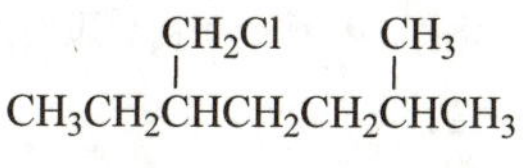 $CH_3CH_2CH(CH_2Cl)CH_2CH_2CH(CH_3)CH_3$ (ii) 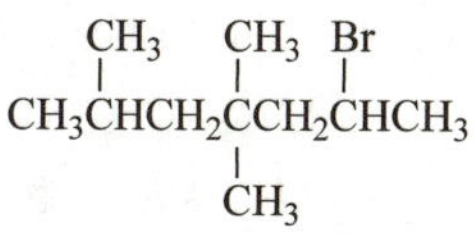 $CH_3CH(CH_3)CH_2C(CH_3)_2CH_2CH(Br)CH_3$ (iii) 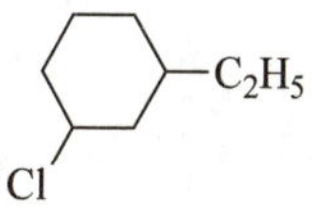 1-Cl-3-C_2H_5-cyclohexane (iv) 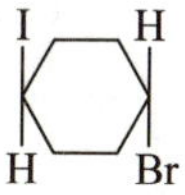 cyclohexane with I, H, H, Br

(v) 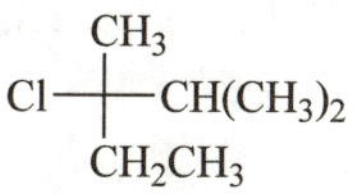 $Cl-C(CH_3)(CH_2CH_3)-CH(CH_3)_2$ (vi) 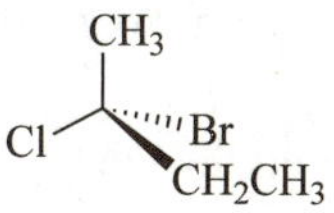 $Cl-C(CH_3)(Br)(CH_2CH_3)$ (vii) 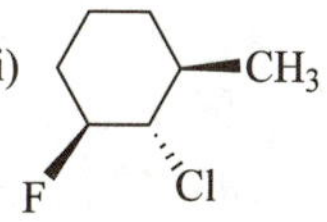 cyclohexane with CH_3, Cl, F (viii) $H-C(Cl)(CH_3)-C(Cl)(Br)(CH_2CH_3)$

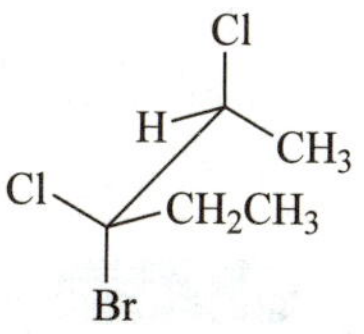

答 (i) 2-甲基-5-氯甲基庚烷 5-chloromethyl-2-methylheptane

(ii) 2,4,4-三甲基-6-溴庚烷　　2-bromo-4,4,6-trimethylheptane

(iii) 1-乙基-3-氯环己烷　　1-chloro-3-ethylcyclohexane

(iv) 反-1-溴-4-碘环己烷　　*trans*-1-bromo-4-iodocyclohexane

(v) (*R*)-2,3-二甲基-3-氯戊烷　　(*R*)-3-chloro-2,3-dimethylpentane

(vi) (*R*)-2-氯-2-溴丁烷　　(*R*)-2-bromo-2-chlorobutane

(vii) (1*R*,2*S*,3*S*)-1-甲基-3-氟-2-氯环己烷　　(1*S*,2*S*,3*R*)-2-chloro-1-fluoro-3-methylcyclohexane

(viii) (2*S*,3*S*)-2,3-二氯-3-溴戊烷　　(2*S*,3*S*)-3-bromo-2,3-dichloropentane

习题 6-48　写出下列化合物的结构式。

(i) (*R*)-2-甲基-4-氯辛烷　　(ii) (2*S*,3*S*)-2-氯-3-溴丁烷

(iii) (*S*)-4-甲基-5-乙基-1-溴庚烷　　(iv) (1*R*,3*R*)-1,3-二溴环己烷

答

(i) 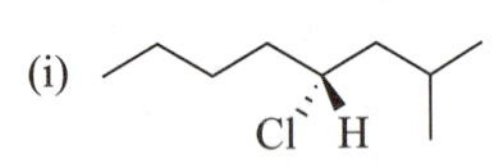

(ii) Br H H Cl Me Me

(iii) 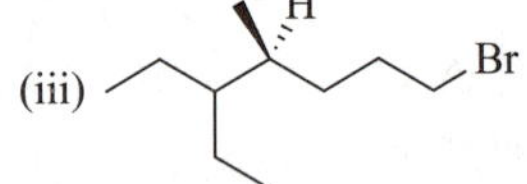

(iv) 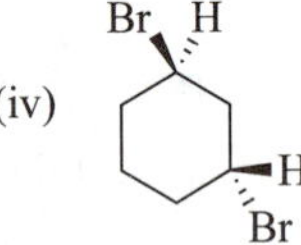

习题 6-49　解释下列问题。

(i) (*S*)-3-甲基-3-溴己烷在水-丙酮中反应得外消旋体 3-甲基-3-己醇。

(ii) (*R*)-2,4-二甲基-2-溴己烷在水-丙酮中反应得旋光的 2,4-二甲基-2-己醇。

(iii) 顺-1-甲基-4-碘环己烷在 NaI 的丙酮溶液中发生取代反应，产物是什么？在达到平衡时，求混合物中各成分的质量分数。(提示：参看教材表 3-2，计算平衡常数 *K*。)

答　(i) 二级卤代烃在极性溶剂中发生 S_N1 反应，得外消旋产物。

Br　水-丙酮　S_N1　OH　(±)

(ii) 发生反应的碳原子不是手性碳原子，分子中的手性碳原子未发生反应，因此产物仍有旋光性。

H　Br　水-丙酮　H　OH

(iii) 发生 S_N1 反应。查教材表 3-2，碘原子在环己烷中直立键取代(a)与平伏键取代(b)构象的势能差为 $-1.7\ \text{kJ}\cdot\text{mol}^{-1}$。

Me　I　(a)　Me　+　I^-　Me　I　(b)

$$\Delta G^{\ominus} = -1.7\ \text{kJ}\cdot\text{mol}^{-1} = -RT\ln K$$

$$-1.7\ \text{kJ}\cdot\text{mol}^{-1} = -(8.314\times10^{-3}\ \text{kJ}\cdot\text{mol}^{-1}\cdot\text{K}^{-1})\times(298\ \text{K})\ln K$$

$$\ln K = 0.686,\qquad K = 1.986$$

若(a),(b)的质量分数分别记做 a,b($a+b=1.00$)，则

$$K=\frac{b}{a}=\frac{b}{1.00-b}=1.986,\quad 解得\quad b=0.6651,\quad a=0.3349$$

故在平衡时的质量分数：(a) 为 33.49%，(b) 为 66.51%。

习题 6-50　溴代环己烷与下列试剂反应，请写出反应的主要产物。

(i) NaHS　　(ii) C_2H_5ONa，C_2H_5OH　　(iii) NaI(在丙酮中)

(iv) $NaSCH_3$　　(v) CH_3COONa(在丙酮中)　　(vi) CH_3NH_2

答

(i) —SH　(ii)　(iii) —I　(iv) —SMe　(v)　(vi) —NHMe

习题 6-51 请比较下列各组化合物进行 S_N2 反应时的反应速率。

(i) (a) —$CHBrCH_3$　(b) —CH_2Br　(c) —$CBr(CH_3)_2$

(ii) (a) —I　(b) —Cl　(c) —Br

(iii) (a) $CH_3(CH_2)_4Br$　(b) $CH_3(CH_2)_2CH(CH_3)CH_2Br$　(c) $CH_3(CH_2)_2C(CH_3)_2CH_2Br$　(d) $CH_3CH_2CH(CH_3)CH_2CH_2Br$

答 (i) (b)>(a)>(c)　(ii) (a)>(c)>(b)　(iii) (a)>(d)>(b)>(c)

习题 6-52 请比较下列各组化合物进行 S_N1 反应时的反应速率。

(i) 苄基溴(苯甲基溴)　α-苯基溴乙烷　β-苯基溴乙烷

(ii) 3-甲基-1-溴戊烷　2-甲基-2-溴戊烷　2-甲基-3-溴戊烷

答 (i) α-苯基溴乙烷>苄基溴>β-苯基溴乙烷

(ii) 2-甲基-2-溴戊烷>2-甲基-3-溴戊烷>3-甲基-1-溴戊烷

习题 6-53 下面所列的每对亲核取代反应中,哪一个反应更快?请解释原因。

(i) (a) $(CH_3)_3CBr + H_2O \xrightarrow{\triangle} (CH_3)_3COH + HBr$

(b) $CH_3CH_2CH(CH_3)Br + H_2O \xrightarrow{\triangle} CH_3CH_2CH(CH_3)OH + HBr$

(ii) (a) $CH_3CH_2CH_2Br + NaOH \xrightarrow{H_2O} CH_3CH_2CH_2OH + NaBr$

(b) $CH_3CH_2CH(CH_3)Br + NaOH \xrightarrow{H_2O} CH_3CH_2CH(CH_3)OH + NaBr$

(iii) (a) $CH_3CH_2Cl + NaI \xrightarrow{\text{丙酮}} CH_3CH_2I + NaCl$

(b) $(CH_3)_2CHCl + NaI \xrightarrow{\text{丙酮}} (CH_3)_2CHI + NaCl$

(iv) (a) $CH_3CH_2CH_2I + NaCN \longrightarrow CH_3CH_2CH_2CN + NaI$

(b) $(CH_3)_2CHI + NaCN \longrightarrow (CH_3)_2CHCN + NaI$

(v) (a) $CH_3CH_2CH_2Cl + CH_3NH_2 \longrightarrow CH_3CH_2CH_2\overset{+}{N}H_2CH_3\ Cl^-$

(b) $CH_3CH_2CH(CH_3)Cl + CH_3NH_2 \longrightarrow CH_3CH_2CH(CH_3)\overset{+}{N}H_2CH_3\ Cl^-$

(vi) (a) $CH_3CH_2CH_2Br + NaSH \xrightarrow{H_2O} CH_3CH_2CH_2SH + NaBr$

(b) $CH_3CH_2CH_2Br + NaOH \xrightarrow{H_2O} CH_3CH_2CH_2OH + NaBr$

(vii) (a) $CH_3CH_2Br + SCN^- \xrightarrow{C_2H_5OH\text{-}H_2O} CH_3CH_2SCN$

(b) $CH_3CH_2Br + SCN^- \xrightarrow{C_2H_5OH\text{-}H_2O} CH_3CH_2NCS$

(viii) (a) $CH_3CH_2CH_2Br$ + C_6H_5ONa ⟶ $CH_3CH_2CH_2O-C_6H_5$ + NaBr

(b) $CH_3CH_2CH_2Br$ + CH_3ONa ⟶ $CH_3CH_2CH_2OCH_3$ + NaBr

(ix) (a) $CH_3CH_2OSO_2OCH_2CH_3$ + Cl^- ⟶ CH_3CH_2Cl + $^-OSO_2OCH_2CH_3$

(b) CH_3CH_2F + Cl^- ⟶ CH_3CH_2Cl + F^-

(x) (a) $CH_3CH_2Br + HS^- \xrightarrow{CH_3OH} CH_3CH_2SH + Br^-$

(b) $CH_3CH_2Br + HS^- \xrightarrow{HC(=O)N(CH_3)_2} CH_3CH_2SH + Br^-$

(xi) (a) $CH_3Br + (CH_3)_3N \longrightarrow (CH_3)_4\overset{+}{N}Br^-$

(b) $CH_3Br + (CH_3)_3P \longrightarrow (CH_3)_4\overset{+}{P}Br^-$

答 (i) (a)快，S_N1 溶剂解反应，三级卤代烃易解离。

(ii)～(v) 均是(a)快，S_N2 反应，一级卤代烃快于二级卤代烃，因为空阻小。

(vi) (a)快，S_N2 反应，^-SH 亲核性更强。

(vii) (a)快，S_N2 反应，^-SCN 中，S 较 N 亲核性更强。

(viii) (b)快，S_N2 反应，$^-OCH_3$ 亲核性更强。

(ix) (a)快，S_N2 反应，$^-OSO_2OCH_2CH_3$ 是一个好的离去基团。

(x) (b)快，S_N2 反应，偶极非质子溶剂使反应更易进行。

(xi) (b)快，S_N2 反应，$(CH_3)_3P$ 亲核性更强。

习题 6-54 卤代烷与 NaOH 在水与乙醇混合物中进行反应，请指出哪些属于 S_N2 机理，哪些属于 S_N1 机理。

(i) 产物的绝对构型完全转化
(ii) 有重排产物
(iii) 碱的浓度增加，反应速率加快
(iv) 三级卤代烷速率大于二级卤代烷
(v) 增加溶剂含水量，反应速率明显加快
(vi) 反应过程中只有一种过渡态
(vii) 进攻试剂亲核性越强，反应速率愈快
(viii) 反应过程中有两种过渡态
(ix) 产物是一对外消旋体
(x) 构型翻转的产物多于构型保持的产物
(xi) 随着碱浓度的增大和反应温度的升高，产率增加

答 (i)(iii)(vi)(vii)(xi) 属于 S_N2 机理；(ii)(iv)(v)(viii)(ix)(x) 属于 S_N1 机理。

习题 6-55 试比较下列化合物在浓 KOH 醇溶液中脱卤化氢的反应速率，并阐明判断的依据。

(i) (a) $CH_3CH_2CH_2CH_2Br$ (b) $CH_3CH_2CHBrCH_3$ (c) $CH_3CH_2CBr(CH_3)_2$

(ii) (a) 环戊烯基$-CH_2CHBrCH_3$ (b) 环戊烯基$-CH_2CH_2CHBrCH_3$

答 (i) (c)＞(b)＞(a) (ii) (a)＞(b) （判断依据请自行分析）

习题 6-56 完成下列反应，写出主要产物。

(i) $CH_3-C_6H_{10}=O$（4-甲基环己酮）+ PCl_5 ⟶

(ii) $CH_3-C_6H_4-OH$ + $C_2H_5OSO_2OC_2H_5 \xrightarrow{NaOH}$

(iii) $CH_3(CH_2)_3Br$ + SbF_3 ⟶

(iv) $CH_3CH_2CHBrCH_3$ + AgONO ⟶

(v) $C_6H_{11}Cl$（环己基氯） + $P(C_2H_5)_3$ $\longrightarrow$

(vi) 1-甲基-1-溴环己烷 + NaCN $\longrightarrow$

(vii) $C_6H_{11}CH_2Br$ + NaCN $\longrightarrow$

(viii) CH_3—C_6H_{10}—I + HI $\longrightarrow$

(ix) 1-溴环己烯 + $(CH_3)_2CuLi$ $\longrightarrow$

(x) $(CH_3CH_2)(CH_3)C{=}C(CH_2CH_2CH_3)Br$ $\xrightarrow{Na+NH_3(l)}$

(xi) $4CH_3MgCl + SiCl_4 \longrightarrow$

(xii) $2CH_3CH_2CH(CH_3)MgCl + HgCl_2 \longrightarrow$

(xiii) $(CH_3CH_2)_3CLi + H_2O \longrightarrow$

(xiv) $Br(CH_2)_4Br \xrightarrow{NaHS(1\ mol)} \xrightarrow{NaOH}$

(xv) $(CH_3)_2CHC(CH_3)_3 \xrightarrow[光]{Br_2(1\ mol)} \xrightarrow[无水乙醚]{Mg} \xrightarrow{D_2O}$

答

(i) H_3C—C_6H_{10}—Cl_2（1,1-二氯-4-甲基环己烷）　(ii) H_3C—C_6H_4—OCH_2CH_3　(iii) $CH_3CH_2CH_2CH_2F$　(iv) $(CH_3)_2CH$—O—N=O

(v) $C_6H_{11}\overset{+}{P}Et_3\ Cl^-$　(vi) 1-甲基环己烯（—CH_3）　(vii) $C_6H_{11}CH_2CN$　(viii) H_3C—C_6H_{11}　(ix) 1-甲基环己烯（—CH_3）

(x) Et(Me)C=CH(n-Pr)　(xi) $Si(CH_3)_4$　(xii) $(CH_3CH_2CH(CH_3))_2Hg$　(xiii) $(CH_3CH_2)_3CH$　(xiv) 四氢噻吩　(xv) $(CH_3)_2CDC(CH_3)_3$

习题 6-57　完成下列反应，注意立体构型。

(i) CH_3—C_6H_4—SO_2O—$C(H)(C_2H_5)(CH_3)$ + NaSH $\longrightarrow$

(ii) $CH(CH_3)_2$—C(H)(H_3C)—Br + CH_3NH_2 $\longrightarrow$

(iii) 1-溴-1,3,3-三甲基环戊烷 $\xrightarrow{CH_3OH}$

(i) Et—C(Me)(H)—SH (±)　(ii) $CH(CH_3)_2$—C(MeHN)(H)(Me)　(iii) 1-甲氧基-1,3,3-三甲基环戊烷（Me, OMe; Me, Me） (±)

习题 6-58　下列试剂以醇为溶剂与三级溴代烷进行反应，请按消除/取代比率大小，排列成序。

(i) CH_3CH_2ONa　(ii) C_6H_5—SNa　(iii) $(CH_3)_3COK$

答　$(CH_3)_3COK > CH_3CH_2ONa > PhSNa$

习题 6-59　预测下列反应哪些可以进行。若能进行，请完成。

(i) $(CH_3)_3Al + CdCl_2 \longrightarrow$　(ii) $(CH_3)_2Hg + AlCl_3 \longrightarrow$　(iii) $CH_3CH_2MgBr + CH_3COOH \longrightarrow$

(iv) $CH_3CH_2CH_2CH_2Cl + (CH_2{=}C(CH_3))_2CuLi \longrightarrow$　(v) C_6H_5—Cl $\xrightarrow[无水乙醚]{Mg}$

答 (i) $2(CH_3)_3Al+3CdCl_2 \longrightarrow 3(CH_3)_2Cd+2AlCl_3$ (ii) 不能进行。

(iii) $CH_3CH_3+CH_3COOMgBr$ (iv) $CH_2=C(CH_3)CH_2CH_2CH_2CH_3$

(v) 不能，需用四氢呋喃做溶剂才能进行反应。

习题 6-60 化合物 CH₃CH(Br)CH(Br)CH₂CH₃ 和 顺-1,2-二溴环己烷 均为邻二卤代烃。为什么前者消去二分子溴化氢生成炔，而后者消去二分子溴化氢得共轭双烯？

答 卤代烃消除卤化氢的反应为 E2 反应机理，反应的立体化学要求是反式共平面消除。

前者是链形化合物，经单键旋转，C_2 和 C_4 上的 H 均能转至与 C_3 上的 Br 成反式共平面的位置。C_2 上的 H 活性强，消去后生成 $CH_3C(Br)=CHCH_2CH_3$，进一步消除可生成炔或联烯。但联烯不稳定，也会转化为炔。

后者为环状化合物，经 E2 机理消除能形成较稳定的环状共轭双烯，而不能形成环己炔。这是因为炔碳为 sp 杂化，要求 C—C≡C—C 共直线，这在六元环中不可能实现。

习题 6-61 写出(i)，(ii)的反应式及其相应的反应机理。

(i) 1,2-二苯基-1,2-二溴乙烷在 I^- 的作用下发生消除反应。

(ii) (1*R*,2*R*)-1,2-二甲基-1,2-二溴环己烷在 Zn 作用下发生消除反应。

答 (i) 1,2-二苯基-1,2-二溴乙烷在 I^- 作用下的消除反应为 E1cb 反应机理，即经反式共平面消去两个 Br 原子。1,2-二苯基-1,2-二溴乙烷有三种不同的立体构型：(1) (*R*,*R*)构型；(2) (*S*,*S*)构型；(3) (*R*,*S*)构型。在 I^- 作用下，(1)和(2)均生成(*Z*)-1,2-二苯基乙烯，而(3)则生成(*E*)-1,2-二苯基乙烯。以(*R*,*S*)-1,2-二苯基-1,2-二溴乙烷为例，反应式及机理如下：

(*R*,*S*)-PhCH(Br)–CH(Br)Ph $\xrightarrow{I^-}$ (*E*)-PhCH=CHPh

反应机理：PhCH(Br)–CH(Br)Ph（I^- 进攻 Br） $\longrightarrow$ 碳负离子中间体（Br 离去） $\longrightarrow$ (*E*)-PhCH=CHPh

(ii) 反应式及反应机理如下：

(1*R*,2*R*)-1,2-二甲基-1,2-二溴环己烷（Me、Br） $\xrightarrow{Zn}$ 1,2-二甲基环己烯（Me、Me）

反应机理：二溴化物（Br ← :Zn） $\longrightarrow$ 中间体（Br 离去） $\longrightarrow$ 1,2-二甲基环己烯（Me、Me）

习题 6-62 用六个碳或六个碳以下的卤代烷合成下列化合物。

(i) $C_6H_5CH(CH_3)CH=CH_2$ (ii) $C_6H_5CH_2C(CH_3)=CHCH_3$ (iii) $CH_2=CHCH_2CH_2CH(CH_3)_2$ (iv) (环戊基)(H_3C)C=C(H)(CH_3)

答

(i) $C_6H_5Cl \xrightarrow[THF]{Mg} C_6H_5MgCl \xrightarrow{CH_2=CHCH(Cl)CH_3} C_6H_5CH(CH_3)CH=CH_2$

(ii) $CH_3C(Cl)=CHCH_3 \xrightarrow[Et_2O]{Mg} CH_3C(MgCl)=CHCH_3 \xrightarrow{C_6H_5CH_2Cl} C_6H_5CH_2-C(CH_3)=CHCH_3$

(iii) Cl $\xrightarrow[\text{Et}_2\text{O}]{\text{Mg}}$ MgCl $\xrightarrow{\text{Cl}}$

(iv) H, Cl, H_3C, CH_3 $\xrightarrow{(\text{cyclopentyl})_2\text{CuLi}}$ H, H_3C, CH_3

7 第 7 章 醇和醚

内容提要

（一）醇

脂肪烃分子中的氢原子或芳香烃侧链上的氢原子被羟基取代后的化合物称为醇。羟基是醇的官能团。

7.1 醇的分类

按分子中所含羟基的数目分，含一个羟基为一元醇，含两个羟基为二元醇，其余类推。按与羟基相连的碳原子的级数分，可分为一级醇、二级醇、三级醇。羟基与双键碳相连，称为烯醇；羟基与叁键碳相连，称为炔醇。

7.2 醇的命名(略)

7.3 醇的结构

碳和氧的电负性不同，碳氧键是极性键，醇是极性分子。氧和饱和碳原子相连时，氧的 sp^3 杂化轨道与碳的 sp^3 杂化轨道形成 σ 键；氧和双键碳原子相连时，氧的 sp^3 杂化轨道与碳的 sp^2 杂化轨道形成 σ 键；氧和叁键碳原子相连时，氧的 sp^3 杂化轨道与碳的 sp 杂化轨道形成 σ 键。结构有差别，化学性质也有差别。

7.4 醇的物理性质(略)

醇的反应

羟基是醇的官能团，也是醇的反应中心。

7.5 醇羟基上氢的反应

醇羟基上的氢具有一定的活性，可以作为酸与碱反应，也可以与活泼金属反应，放出氢气。

7.6 醇羟基上氧的反应

醇羟基上的**氧**能提供未共用电子对与氢离子结合，也可以进攻其他带正电荷的原子或基团，因此醇具有**碱性**和**亲核性**。

7.7 醇羟基转换为卤原子的反应

醇中的碳氧键是极性键，可以发生异裂。羟基不是好的离去基团，在酸的作用下可以转变为好的离去基团。当羟基与饱和碳相连的醇与氢卤酸、卤化磷、亚硫酰氯等反应时，羟基被卤原子**取代**。这是由醇制备卤代烃常用的方法。

7.8 醇的β-消除　E1 反应

醇的**失水**反应属于β-消除反应，反应须在酸性条件下按 E1 机理进行。该反应是可逆的，在反应中可能会得到双键移位产物和重排产物。反应的区域选择性符合 Zaitsev 规则，产物有顺反异构体时，主要生成 *E* 型产物。在工业上，常用醇于 350～400℃在氧化铝或硅酸盐表面上脱水，此脱水反应不发生重排。

7.9 醇的氧化

在高锰酸钾、重铬酸钾、硝酸等强氧化剂的作用下，一级醇先**氧化**成醛，继而氧化成酸；二级醇氧化成酮；三级醇与醇羟基相连的碳原子上没有氢，不易被氧化，如在酸性条件下，易脱水成烯，然后碳碳双键氧化断裂，形成小分子化合物。在温和氧化剂的作用下，一级醇氧化成醛，二级醇氧化成酮，三级醇不被氧化。

7.10 醇的脱氢

在**脱氢**试剂的作用下，一级醇脱氢生成醛，二级醇脱氢生成酮。

7.11 多元醇的特殊反应

邻二醇用高碘酸的水溶液氧化，可以使 1,2-二醇的碳碳键断裂，醇羟基转变为相应的醛或酮。该反应是定量的，根据高碘酸的消耗量，可推知多元醇中所含相邻醇羟基的数目，根据产物可推知原化合物的结构。α-羟基酸、α-二酮、α-氨基酮、1-氨基-2-羟基化合物也能进行类似的反应。邻二醇用四醋酸铅在醋酸或苯溶液中氧化，情况相似。

邻二醇在酸的作用下发生重排生成酮的反应称为**频哪醇重排**。

醇 的 制 备

7.12 几个常用醇的工业生产(略)

7.13 醇的实验室制备法

实验室制备醇的主要方法有：(1) 卤代烃的水解；(2) 烯烃的水合；(3) 烯烃的硼氢化-氧化；

(4) 烯烃的羟汞化-还原;(5) 羰基化合物的还原;(6) 用格氏试剂与环氧化合物或羰基化合物反应制备。

(二) 醚

水分子中的两个氢原子均被烃基取代的化合物称为醚。醚类化合物都含有醚键。

7.14 醚的分类

两个烃基均为脂肪烃基的醚称为脂肪醚,其中一个烃基或两个烃基均为芳烃基的醚称为芳香醚。两个烃基相同的醚称为对称醚或简单醚,两个烃基不相同的醚称为不对称醚或混合醚。环上含氧的醚称为内醚或环氧化合物,含有多个氧、形如皇冠的大环醚称为冠醚。

7.15 醚的命名(略)

7.16 醚的结构

醚键中的氧原子取 sp^3 杂化。两对孤对电子分占两个 sp^3 杂化轨道,另外两个 sp^3 杂化轨道分别与碳形成 σ 键。碳氧键是极性键。

7.17 醚的物理性质(略)

醚的反应

醚基是醚的官能团,也是醚的反应中心。醚基中的氧具有碱性和亲核性,碳氧键可异裂,α 碳上的氢易被氧化。

7.18 醚的自动氧化

醚易发生自动氧化,反应在醚的 α 碳氢键之间发生。反应是通过自由基机理进行的。产物过氧化醚是爆炸性极强的物质。

7.19 形成𬭩盐

醚基中的氧具有碱性,与酸反应形成𬭩盐。

7.20 醚的碳氧键断裂反应

醚与浓的氢卤酸反应,可发生碳氧键的断裂,生成卤代烃和醇。

7.21 1,2-环氧化合物的开环反应

1,2-环氧化合物在酸或碱的催化下均能发生开环反应,酸性开环的区域选择性是电荷控制的,碱性开环的区域选择性是位阻控制的。大多数此类反应的立体选择性为构型翻转,与氢化铝锂或甲硼烷反应的立体选择性为构型保持。

醚的制备

7.22 Williamson 合成法

醇钠与卤代烃在无水条件下生成醚的反应称为 Williamson 合成法。此法可制备各种醚。

7.23 醇分子间失水

在浓硫酸作用下，两分子醇发生分子间失水生成醚。反应是可逆的。在此酸条件下，醇也能发生分子内失水和与硫酸发生成酯反应。要注意反应的竞争。

7.24 烯烃的烷氧汞化-去汞法

烯烃与三氟乙酸汞加成，再被硼氢化钠还原去汞生成醚的反应。反应遵循马氏规则。

7.25 醚类化合物的应用(略)

7.26 相转移催化作用及其原理

可穿过两相的界面并能把一个反应实体从这一相转移到另一相，把另一个反应实体从另一相转移到这一相的催化剂称为相转移催化剂。相转移催化剂在两相反应中十分有用。

习题解析

习题 7-1 用普通命名法命名下列化合物(用中、英文)。

(i) $H_2C{=}CHCH_2OH$　　(ii) $(CH_3)_3CCH_2OH$　　(iii) $(CH_3)_2CHCH_2CH_2OH$

答 (i) 烯丙醇 allyl alcohol　(ii) 新戊醇 neopentyl alcohol　(iii) 异戊醇 isopentyl alcohol

习题 7-2 用系统命名法命名下列化合物(用中、英文)。

(i) $(CH_3)_3CCH_2CH_2OH$　　(ii) $CH_3CH{=}C(CH_2CH_3)CH_2OH$　　(iii) $HC{\equiv}CCH_2CH_2OH$

(iv) $CH_2{=}CHCH(OH){-}CH(OH)CH{=}CH_2$　　(v) $HOCH_2C{\equiv}C{-}C{\equiv}CCH_2OH$　　(vi) （环己烷结构：CH_3CH_2、H、H、OH）

答 (i) 3,3-二甲基-1-丁醇　　3,3-dimethyl-1-butanol

(ii) 2-乙基-2-丁烯-1-醇　　2-ethyl-2-buten-1-ol

(iii) 3-丁炔-1-醇　　3-butyn-1-ol

(iv) 1,5-己二烯-3,4-二醇　　1,5-hexadiene-3,4-diol

(v) 2,4-己二炔-1,6-二醇　　2,4-hexadiyne-1,6-diol

(vi) 反-4-乙基-1-环己醇　　*trans*-4-ethyl-1-cyclohexanol

习题 7-3 比较正戊烷、正丙基氯、正丁醇的沸点，并加以解释。

答 正戊烷，$M_r=72$，bp 38℃；正丙基氯，$M_r=74$，bp 47℃；正丁醇，$M_r=74$，bp 118℃。

沸点的高低与化合物分子间的作用力有关，相对分子质量比较接近的分子，沸点的高低与分子的极性有关，极性越大，分子间偶极-偶极作用大，也即分子间作用力增大，沸点升高。所以，正丙基氯的沸点比正戊烷的沸点高。正丁醇分子间不但有偶极-偶极作用，还能在分子间形成氢键，所以沸点更高。

习题 7-4 1,2-环戊二醇有顺反异构体，一个异构体的红外吸收在 3633 cm^{-1}，3572 cm^{-1} 处有两个吸收峰，另一个异构体在 3620 cm^{-1} 处有一个吸收峰。如果将它们高度稀释，这些吸收峰仍不消失。请解释这些现象，并分别指出异构体的名称。

答 顺-1,2-环戊二醇除有游离 O—H 吸收峰（3633 cm^{-1}）外，由于有分子内氢键，还有缔合 O—H 的吸收峰（3572 cm^{-1}），如果高度稀释，分子内缔合仍存在，因而两个吸收峰仍不消失；反-1,2-环戊二醇无分子内氢键，在高度稀释时只有游离 O—H 的吸收峰（3620 cm^{-1}）。

顺-1,2-环戊二醇　　　反-1,2-环戊二醇

习题 7-5 某化合物的分子式为 $C_8H_{10}O$，IR，波数/cm^{-1}：3350（宽峰），3090，3040，3030，2900，2880，1600，1500，1050，750，700 有吸收峰；NMR，δ_H：2.7（三重峰，2H），3.15（单峰，1H），3.7（三重峰，2H），7.2（单峰，5H）有吸收峰，若用 D_2O 处理，δ_H 3.15 处吸收峰消失。试推测该化合物的构造式。

答 该化合物的构造式为

OH

各峰归属如下：

IR，波数/cm^{-1}：3350（O—H，伸缩）；3090，3040，3030，2900，2880（脂肪与芳香 C—H，伸缩）；1600，1500（芳烃 C＝C，伸缩）；1050（C—O，伸缩）；750，700（一取代苯环上的 C—H，面外弯曲）。

NMR，δ_H：2.7（CH_2，碳与苯环相连），3.15（O—H），3.7（CH_2，碳与羟基氧连接），7.2（Ar—H）。

习题 7-6 工业上是通过乙醇和氢氧化钠在苯中加热反应来制备乙醇钠的醇溶液的。请对此制备方法的合理性作出分析。

提示：乙醇-苯-水组成三元共沸混合物，共沸点为 64.9℃（乙醇 18.5%、苯 74%、水 7.5%）；

苯-乙醇组成二元共沸混合物，共沸点为 68.3℃（乙醇 32.4%、苯 67.6%）；

乙醇-水组成二元共沸混合物，共沸点为 78.2℃（乙醇 95.6%、水 4.4%）。

答 乙醇和氢氧化钠在苯中加热反应的化学方程式如下：

$$\text{OH} + \text{NaOH} \xrightarrow{C_6H_6} \text{ONa} + H_2O$$

从化学方程式可知：反应体系中有乙醇、苯和水，水最少，如能将水不断移走，对正反应有利。乙醇-苯-水组成三元共沸混合物，成分比为：乙醇 18.5%，苯 74.1%，水 7.4%，共沸点为 64.9℃，首先被蒸出。而水被移出后，苯和乙醇组成二元共沸混合物，成分比为：乙醇 32.4%，苯67.6%，沸点为 68.3℃，接着被蒸出。此时，体系中基本已无水，即使有，也已极少量，可以通过乙醇-水组成的二元共沸物（乙醇 95.6%，水 4.4%）被蒸出除去。所以可用此法制备乙醇钠的醇溶液。

习题 7-7　(i) 若将下列各类醇的共轭酸放在水中，请判别它们的酸性大小，并阐明理由(从空间位阻角度分析)：

$$(CH_3)_2CH\overset{+}{O}H_2 \quad C_2H_5\overset{+}{O}H_2 \quad (CH_3)_3C\overset{+}{O}H_2 \quad CH_3\overset{+}{O}H_2$$

(ii) 将下列化合物按酸性由大到小排列成序：

苯—H　环己基—OH　1-甲基环己醇　F_3CCH_2OH　$ClCH_2CH_2OH$

$CH_3CH_2CH_2CH_2OH$　$CH_3CH_2C{\equiv}CH$　$CH_3CH_2CH_2CH_3$

答　(i) 酸性：

$$(CH_3)_3C\overset{+}{O}H_2 > (CH_3)_2CH\overset{+}{O}H_2 > C_2H_5\overset{+}{O}H_2 > CH_3\overset{+}{O}H_2$$

各类醇的共轭酸在水中酸性的强弱，由它们的共轭酸在水中的稳定性来决定，共轭酸的空间位阻小，与水形成氢键而溶剂化的程度大，这个共轭酸就稳定，质子不易离去，酸性就较弱。若空间位阻大，溶剂化作用小，质子易离去，则酸性强。

(ii) 酸性：

F_3CCH_2OH > $ClCH_2CH_2OH$ > $CH_3CH_2CH_2CH_2OH$ > 环己基—OH > 1-甲基环己醇 > $CH_3CH_2C{\equiv}CH$ > 苯—H > $H_3CCH_2CH_2CH_3$

习题 7-8　将下列化合物按碱性由大到小排列成序。

$(CH_3CH_2)_2CHO^-$　$(CH_3CH_2)_3CO^-$　O_2N—C_6H_4—O^-　C_6H_5—O^-　Cl—C_6H_4—O^-　$CH_3CH_2CH_2O^-$

答　碱性：

$(CH_3CH_2)_3CO^-$ > $(CH_3CH_2)_2CHO^-$ > $CH_3CH_2CH_2O^-$ > C_6H_5—O^- > Cl—C_6H_4—O^- > O_2N—C_6H_4—O^-

习题 7-9　请为下列反应提出一个合理的反应机理。

$$CH_3CH_2OH + HOSO_2Cl \longrightarrow CH_3CH_2OSO_2OH$$

答

$$HO\text{-}SO_2\text{-}Cl + HO\text{-}Et \longrightarrow HO\text{-}S(O^-)(O)(Cl)\text{-}\overset{+}{O}(H)Et \xrightarrow{-H^+} HO\text{-}S(O^-)(O)(Cl)\text{-}OEt \xrightarrow{-Cl^-} HO\text{-}SO_2\text{-}OEt$$

习题 7-10　请提出一个用 HCl-ZnCl₂ 与一级醇(S_N2)、三级醇(S_N1)反应的机理。

答　一级醇(S_N2)：

$$RCH_2\text{-}OH + ZnCl_2 \rightleftharpoons RCH_2\text{-}\overset{+}{O}(H)\text{-}\overset{-}{Z}nCl_2 \xrightarrow{Cl^-} \left[\overset{\delta-}{Cl}\cdots C(H)(H)(R)\cdots \overset{\delta+}{O}(H)\cdots \overset{\delta-}{Z}nCl_2\right]^{\ddagger} \longrightarrow$$

$$Cl\text{-}CH_2R + [HOZnCl_2]^- \xrightarrow{H^+} H_2O + ZnCl_2$$

三级醇(S_N1)：

$$R_3C{-}OH + ZnCl_2 \rightleftharpoons R_3C{-}\overset{+}{O}(H){-}\overset{-}{Zn}Cl_2 \longrightarrow R_3C^+ + [HOZnCl_2]^-$$

$$R_3C^+ \xrightarrow{Cl^-} R_3CCl \qquad [HOZnCl_2]^- \xrightarrow{H^+} H_2O + ZnCl_2$$

习题 7-11 请为下述反应提出合理的反应机理。

(i) 赤型 (2*R*, 3*S*)-3-溴-2-丁醇 $\xrightarrow{HBr}$ (ii) 内消旋

答

(2*R*,3*S*)-3-溴-2-丁醇 $\xrightarrow{H^+}$ $\xrightarrow{-H_2O}$ 溴鎓离子 (Br⁻ 从 (1)、(2) 两侧进攻) → (2) + (1)

内消旋体-2,3-二溴丁烷

习题 7-12 完成下列反应，并提出合理的反应机理。

(i) $(CH_3CH_2)_3CCH_2OH \xrightarrow[H_2SO_4,\ \triangle]{HBr}$　(ii) 1-甲基环己醇 $\xrightarrow[0\ °C]{HBr(气体)}$

(iii) 环丁基甲醇 $\xrightarrow[H_2O]{H_2SO_4}$　(iv) 2-甲基环己醇 $\xrightarrow[\triangle]{HBr}$　(v) 反-2-溴环己醇 $\xrightarrow{HBr}$

答

(i) 产物：3-溴-3-乙基己烷；反应机理如下：

$\xrightarrow{H^+}$ $-\overset{+}{O}H_2$ (重排) $\xrightarrow{-H_2O}$ 碳正离子 $\xrightarrow{Br^-}$ 产物

(ii) 产物：1-溴-1-甲基环己烷；反应机理如下：

1-甲基环己醇 + H—Br → $-\overset{+}{O}H_2$ → 碳正离子 $\xrightarrow{Br^-}$ 1-溴-1-甲基环己烷

(iii) 产物：环戊醇（cyclopentyl—OH）；反应机理如下：

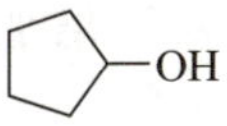

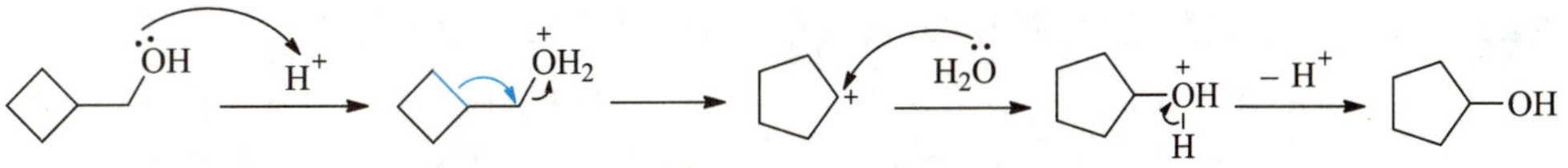

(iv) 产物：1-甲基-1-溴环己烷 + 反式/顺式 1-溴-2-甲基环己烷；反应机理如下：

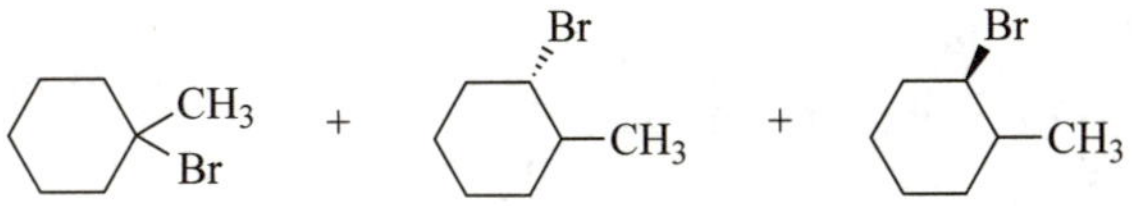

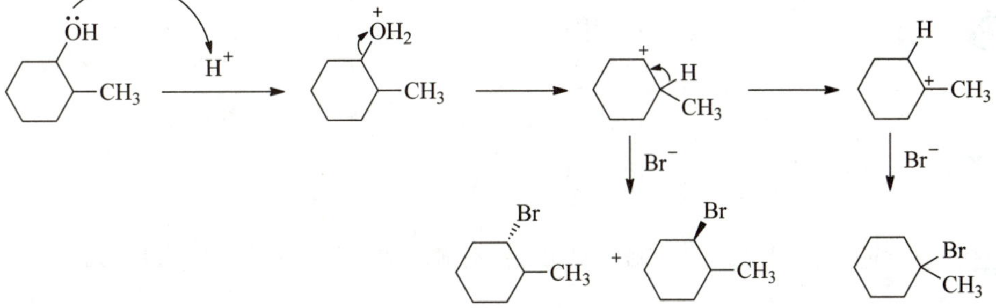

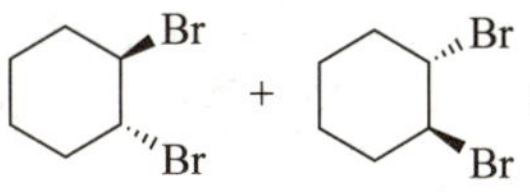

(v) 产物：(1S,2S)- + (1R,2R)-1,2-二溴环己烷；反应机理如下：

(1) (S,S)　　(2) (R,R)

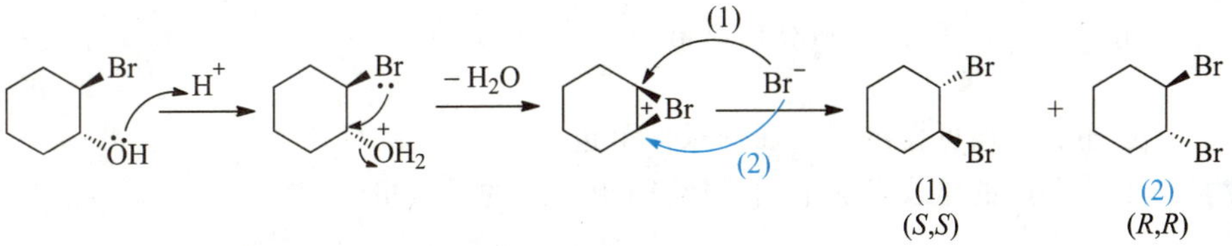

习题 7-13 预测下列两组醇与氢溴酸进行 S_N1 反应的相对速率。

(i) (a) $CH_2{=}CH{-}CH_2OH$　(b) $O_2N{-}CH{=}CH{-}CH_2OH$　(c) $CH_3O{-}CH{=}CH{-}CH_2OH$

(ii) (a) $CH_2{=}CHCH_2CH_2OH$　(b) $CH_2{=}CHCH_2OH$　(c) $CH_2{=}CHCH(OH)CH_3$

答 (i) (c)＞(a)＞(b)　　(ii) (c)＞(b)＞(a)

习题 7-14 2-环丁基-2-丙醇与 HCl 反应得 1,1-二甲基-2-氯环戊烷；2-环丙基-2-丙醇与 HCl 反应得 2-环丙基-2-氯丙烷，而不是 1,1-二甲基-2-氯环丁烷。请提出一个合理的解释。

答

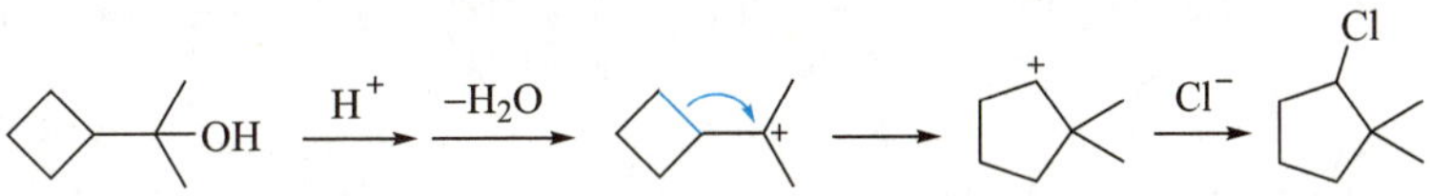

环丁烷环张力大，重排为环戊烷后环张力小(环丁烷张力能为 110 kJ · mol^{-1}，环戊烷为 27 kJ · mol^{-1})。

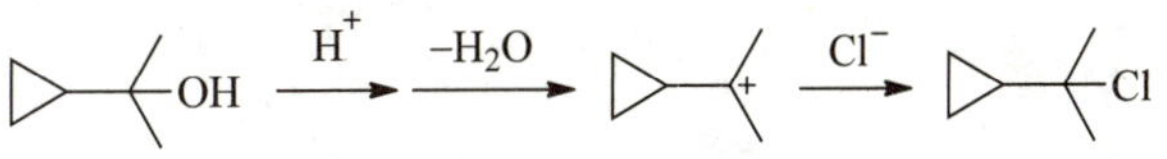

上述反应未重排，因环丙烷总张力能为 115.5 kJ · mol^{-1}，与环丁烷差别不是很大，如重排为环丁烷：

虽然减轻一些环张力，但需从三级碳正离子重排为二级碳正离子，增加不稳定性较多，因此不易重排。

习题 7-15 请写出下列醇转化为相应卤代烷所需的试剂及反应条件。

(i) $CH_3CH_2CH_2OH \longrightarrow CH_3CH_2CH_2I$　(ii) $CH_3CH_2CH(CH_3)CH_2OH \longrightarrow (CH_3)_2CBrCH_2CH_3$

(iii) $CH_3CH_2CH(OH)CH_3 \longrightarrow CH_3CH_2CHBrCH_3$　(iv) 环戊基(H)$CH_2OH \longrightarrow$ 环戊基(H)CH_2Br

答 (i) $P+I_2$　(ii) PBr_3　(iii) PBr_3，<0℃　(iv) PBr_3，<0℃

习题 7-16 完成下列反应，写出主要产物。

(i) (*R*)-$CH_3CH_2CH(OH)CH_3$ + $SOCl_2$ $\xrightarrow{\text{吡啶}}$　(ii) (*S*)-$CH_3CH_2CH(OH)CH_3$ + $SOCl_2$ $\longrightarrow$

答 (i) (*S*)-2-氯丁烷（Cl 虚楔键）　(ii) (*S*)-2-氯丁烷（Cl 虚楔键）

习题 7-17 选择合适的反应条件和合适的醇与苯磺酰氯反应，制备下列化合物。

(i) $C_6H_5SO_2OCH_3$　(ii) $C_6H_5SO_2OCH(CH_3)CH_2CH_3$　(iii) $C_6H_5SO_2OC(H)(CH_3)CH_2CH_2CH_3$

答 (i) $C_6H_5SO_2Cl + CH_3OH$　(ii) $C_6H_5SO_2Cl$ + 2-丁醇　(iii) $C_6H_5SO_2Cl$ + 2-戊醇（OH 楔键）

上述反应均可在吡啶存在的条件下进行。

习题 7-18 设计合适的路线完成下列转换，写出相应的反应机理。

$CH_3(H)(D)C—OH \longrightarrow\longrightarrow CH_3(D)(H)C—I$

答 $H_3C(H)(D)C—OH \xrightarrow[\text{Py}]{PhSO_2Cl} H_3C(H)(D)C—OSO_2C_6H_5 \xrightarrow[\text{丙酮}]{NaI} H_3C(D)(H)C—I$

习题 7-19 完成下列消除反应，写出主要产物。

(i) $(CH_3)_2CHCH(CH_3)CH_2OH \xrightarrow[\triangle]{H_2SO_4}$　(ii) $(CH_3)_2CHCH(CH_3)CH_2OH \xrightarrow[\triangle]{Al_2O_3}$　(iii) 2,2-二甲基环丁基$CH_2OH \xrightarrow[\triangle]{H_2SO_4}$

(iv) 2,2-二甲基环丁基$CH_2OH \xrightarrow[\triangle]{Al_2O_3}$　(v) 1-甲基环戊基$CH(OH)CH_3 \xrightarrow[\triangle]{H_2SO_4}$　(vi) 1-甲基环戊基$CH(OH)CH_3 \xrightarrow[\triangle]{Al_2O_3}$

答 (i) 2,3-二甲基-2-丁烯 或 2-甲基-2-戊烯　(ii) 2,3-二甲基-1-丁烯　(iii) 1-异丙基-2-甲基环戊烯（结构式）

(iv) 2,2-二甲基-1-亚甲基环丁烷　(v) 1,2-二甲基环己烯　(vi) 1-甲基-1-乙烯基环戊烷

习题 7-20 完成下列反应，写出主要产物。

(i) $n\text{-}C_6H_{13}CH_2OH \xrightarrow[H^+]{KMnO_4}$

(ii) $C_6H_5CH_2OH \xrightarrow[\triangle]{KMnO_4,\ H_2O}$

(iii) $CH_3CH{=}CHC(CH_3){=}CHCH_2OH \xrightarrow[\text{戊烷, 25 °C}]{MnO_2}$

(iv) $H_3CHC{=}C(CH_3){-}CH(OH)CH_3 \xrightarrow[\text{戊烷, 25 °C}]{MnO_2}$

(v) 2-甲基环己醇 (H, OH, CH_3) $\xrightarrow[H_2O,\ C_6H_6,\ CH_3COOH,\ 10\ °C]{Na_2Cr_2O_7,\ H_2SO_4}$

(vi) HO–环戊烯–OH $\xrightarrow[H_2O,\ CH_2Cl_2,\ -5\sim0\ °C]{CrO_3,\ H_2SO_4}$

(vii) $HC{\equiv}CCH_2OH \xrightarrow[H_2O,\ 25\ °C]{CrO_3,\ H_2SO_4}$

(viii) $C_6H_5CH_2OH \xrightarrow[CH_2Cl_2,\ 25\ °C]{(C_5H_5N)_2\cdot CrO_3}$

(ix) 八氢萘醇 (H, OH) $\xrightarrow[\text{H}_2\text{O, 丙酮}]{CrO_3,\ H_2SO_4}$

(x) C_6H_5–环丙烷–$CH(OH)C_6H_5$ $\xrightarrow[CH_2Cl_2,\ 25\ °C]{(C_5H_5N)_2\cdot CrO_3}$

(xi) $CH_2{=}CHCH_2CH(OH)CH_3 + CH_3C(=O)CH_3$ (过量) $\xrightarrow{[(CH_3)_3CO]_3Al}$

(xii) $C_6H_5CH(OH)CH_3 \xrightarrow[H_3PO_4]{DCC,\ DMSO}$

答

(i) $CH_3(CH_2)_5COOH$ (ii) C_6H_5COOH (iii) $CH_3CH{=}CHC(CH_3){=}CHCHO$ (iv) $CH_3CH{=}C(CH_3){-}C(=O)CH_3$

(v) 2-甲基环己酮 (O, CH_3) (vi) 环戊-4-烯-1,3-二酮 (vii) $HC{\equiv}CCHO$ (viii) C_6H_5CHO

(ix) 八氢萘酮 (=O) (x) Ph–环丙基–C(=O)Ph (xi) $CH_2{=}CHCH_2C(=O)CH_3$ (xii) $C_6H_5C(=O)CH_3$

习题 7-21 用高碘酸的水溶液与下列化合物反应，请写出试剂消耗量及氧化产物的结构。

(i) $RCH(OH){-}CH(OH){-}CHO$ (ii) $CH_2(OH){-}CH(OH){-}CH(NH_2){-}CH(OH){-}CH_2OH$ (iii) $CH_3(CH_2)_7CH(OH)CH(OH)(CH_2)_7CHO$

(iv) 环己烷多元醇 (OH, OH, HO, HO, OH) (v) 2-羟甲基-6-甲基环己醇 (CH_2OH, OH, CH_3, OH) (vi) HOH_2CH_2C–呋喃糖环 (H, OH, OH, H, H, H, OH)

答 (i) 2 mol，2HCOOH，RCHO (ii) 4 mol，2HCHO，2HCOOH，$HCONH_2$

(iii) 1 mol，$CH_3(CH_2)_7CHO$，$OHC(CH_2)_7CHO$ (iv) 3 mol，HCHO，$HOOCCH_2CHO$，$OHCCH_2CHO$

(v) 1 mol，$OHCCH(CH_2OH)CH_2CH_2CH_2C(=O)CH_3$ (vi) 2 mol，HCOOH，$OHCCH_2CH(CHO)CH_2CH_2OH$

习题 7-22 顺-1,2-环己二醇与高碘酸的氧化反应比反式异构体快，请解释原因。

答

顺-1,2-环己二醇与高碘酸氧化反应的环状酯中间体　　反-1,2-环己二醇与高碘酸氧化反应的环状酯中间体

因为反-1,2-环己二醇与高碘酸的氧化反应的环状酯中间体增加了六元环的扭曲，故反应慢。

习题 7-23 写出下列化合物与四醋酸铅在醋酸或苯中反应的主要产物。

(i) $CH_2{=}CH(CH_2)_8CH(OH)CH_2OH$　　(ii) 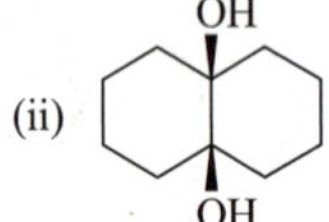　　(iii) $C_6H_5COCH_2OH$ (少量C_2H_5OH)

(iv) $CH_3O-C_6H_4-CO-CH(OH)-C_6H_4-OCH_3$ (少量H_2O)

答

(i) $CH_2{=}CH(CH_2)_8CHO$ + HCHO　　(ii) 环癸-1,6-二酮

(iii) C_6H_5COOH + HCHO　　(iv) $H_3CO-C_6H_4-COOH$ + $H_3CO-C_6H_4-CHO$

习题 7-24 写出下列化合物在酸作用下的重排产物。

(i) $(C_6H_5)_2C(OH)-C(OH)(C_6H_5)_2$　　(ii) $(C_6H_5)_2C(OH)-CH(OH)C_6H_5$　　(iii) 1,1'-联环戊基-1,1'-二醇

(iv) $CH_3O-C_6H_4-C(OH)(C_6H_5)-C(OH)(C_6H_5)-C_6H_4-OCH_3$

答

(i) $Ph_3C-CO-Ph$　　(ii) Ph_3C-CHO　　(iii) 螺[4.5]癸-6-酮　　(iv) $(H_3CO-C_6H_4)_2C(C_6H_5)-CO-C_6H_5$

习题 7-25 下列两个化合物在酸作用下发生重排反应，哪一个反应快？为什么？

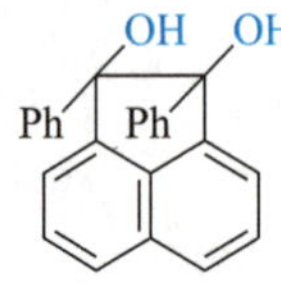

答　顺式的二醇反应速率快，因为重排基团 Ph 从离去基团的背后进攻。

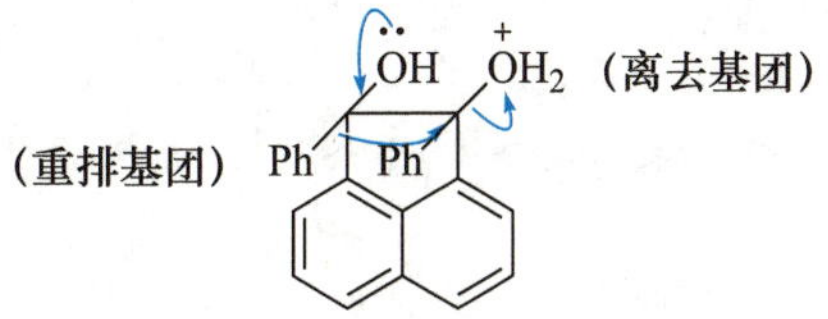

(重排基团)　Ph　Ph　OH　$\overset{+}{O}H_2$　(离去基团)

习题 7-26　完成下列反应。

(i) $HOCH_2CH_2CH_2CH_2\overset{O}{\overset{\|}{C}}CH_3$ + CH_3CH_2MgBr ⟶

(ii) $HC{\equiv}CCH_2CH_2CH_2CHO$ + C_6H_5MgBr ⟶

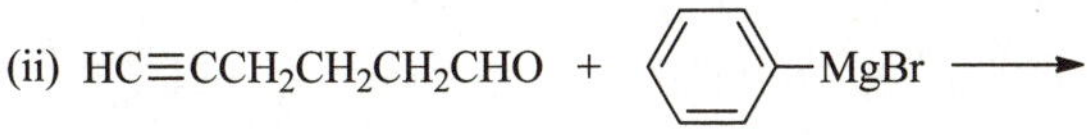

(iii) $CH_3\overset{O}{\overset{\|}{C}}CH_2CH_2CH_2COOH$ + CH_3MgBr ⟶

答　(i) H_3C—CO—$(CH_2)_4$—OMgBr + CH_3CH_3　(ii) OHC—$(CH_2)_3$—C≡C—MgBr + 苯

(iii) H_3C—CO—$(CH_2)_3$—COOMgBr + CH_4

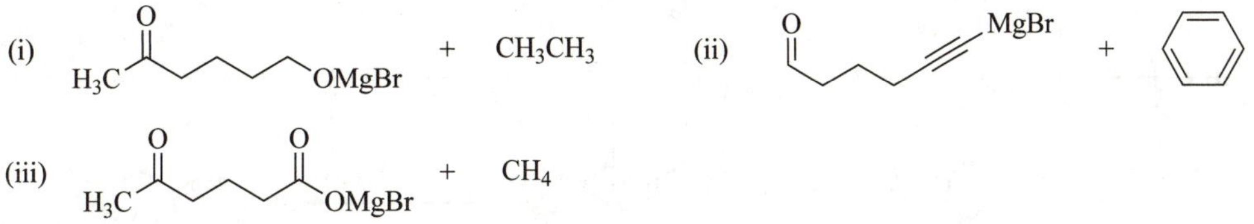

习题 7-27　略

习题 7-28　欲用格氏试剂与含氧有机化合物为原料通过一步亲核反应，然后水解来制备 4-甲基-3-庚醇。请问，共有多少种组合方式？哪种组合最好？为什么？

答　有下列三种方法。

方法一：

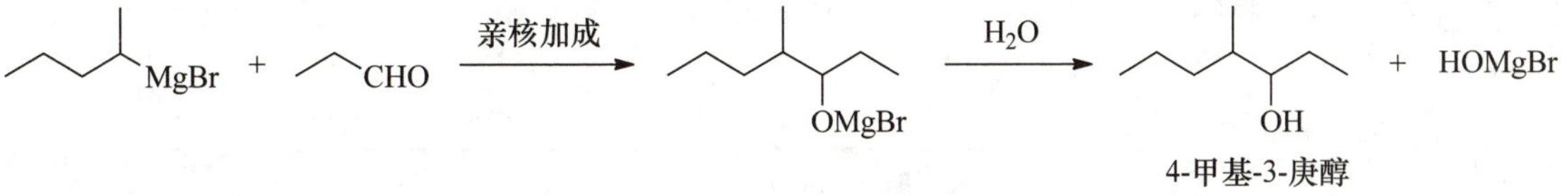

$CH_3CH_2CH_2CH(CH_3)MgBr$ + CH_3CH_2CHO $\xrightarrow{\text{亲核加成}}$ $CH_3CH_2CH_2CH(CH_3)CH(OMgBr)CH_2CH_3$ $\xrightarrow{H_2O}$ $CH_3CH_2CH_2CH(CH_3)CH(OH)CH_2CH_3$ + HOMgBr

4-甲基-3-庚醇

方法二：

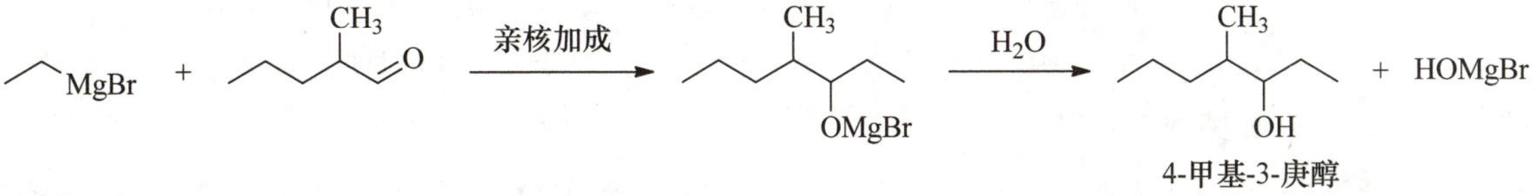

CH_3CH_2MgBr + $CH_3CH_2CH_2CH(CH_3)CHO$ $\xrightarrow{\text{亲核加成}}$ $CH_3CH_2CH_2CH(CH_3)CH(OMgBr)CH_2CH_3$ $\xrightarrow{H_2O}$ $CH_3CH_2CH_2CH(CH_3)CH(OH)CH_2CH_3$ + HOMgBr

4-甲基-3-庚醇

方法三：

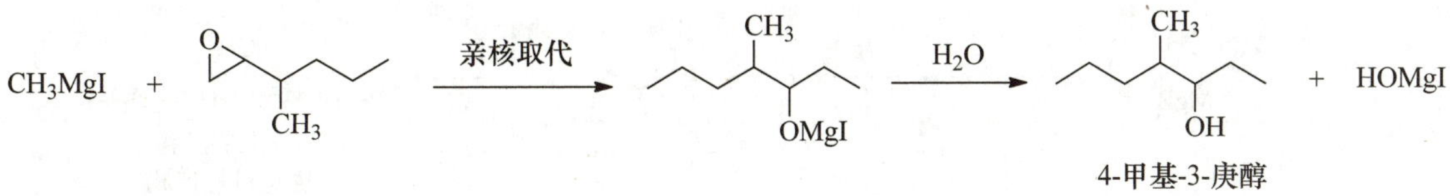

CH_3MgI + 2-(1-甲基丁基)环氧乙烷（CH_3） $\xrightarrow{\text{亲核取代}}$ $CH_3CH_2CH_2CH(CH_3)CH(OMgI)CH_2CH_3$ $\xrightarrow{H_2O}$ $CH_3CH_2CH_2CH(CH_3)CH(OH)CH_2CH_3$ + HOMgI

4-甲基-3-庚醇

方法二较好，原料相对易得。

注：用甲酸酯制对称的二级醇很好，但是不适宜制备不对称的二级醇。此处未列举。

习题 7-29　欲用格氏试剂来制备 2-苯基-2-丁醇，共有几种方法可供选择？哪种方法最好？为什么？

答 方法一：

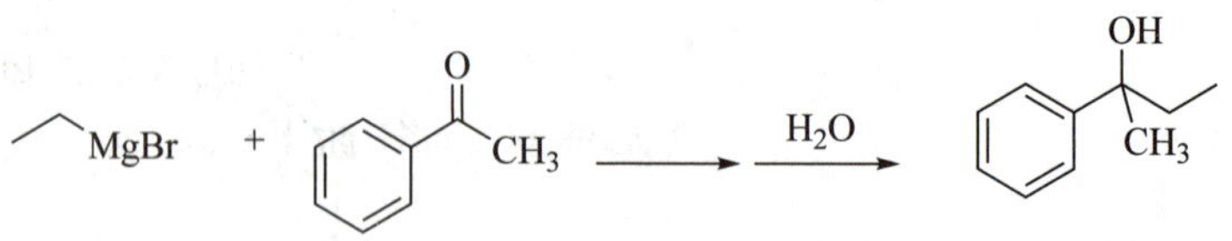

$$\text{CH}_3\text{CH}_2\text{MgBr} + \text{PhCOCH}_3 \longrightarrow \xrightarrow{H_2O} \text{PhC(OH)(CH}_3\text{)CH}_2\text{CH}_3$$

方法二：

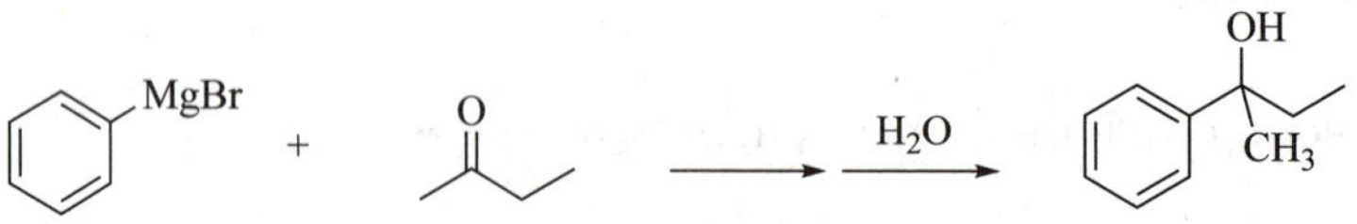

$$\text{PhMgBr} + \text{CH}_3\text{COCH}_2\text{CH}_3 \longrightarrow \xrightarrow{H_2O} \text{PhC(OH)(CH}_3\text{)CH}_2\text{CH}_3$$

方法三：

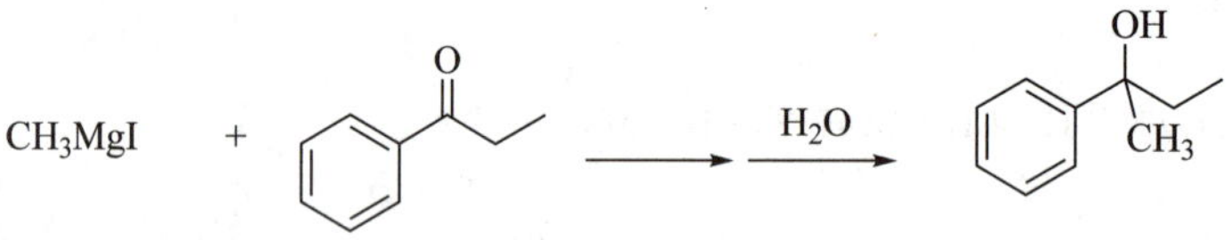

$$\text{CH}_3\text{MgI} + \text{PhCOCH}_2\text{CH}_3 \longrightarrow \xrightarrow{H_2O} \text{PhC(OH)(CH}_3\text{)CH}_2\text{CH}_3$$

方法四：

$$\text{CH}_3\text{MgI} + \text{2-甲基-2-苯基环氧乙烷} \longrightarrow \xrightarrow{H_2O} \text{PhC(OH)(CH}_3\text{)CH}_2\text{CH}_3$$

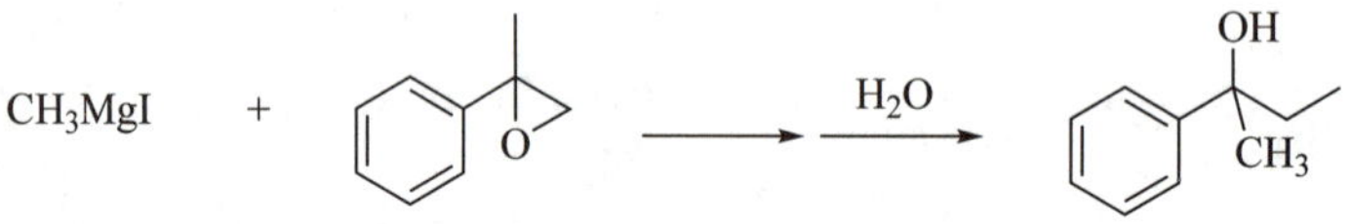

方法一较好，原料相对易得。

注：用酯制备对称的三级醇很好，但不适宜制不对称的三级醇，此处未列举。

习题 7-30 用不超过四个碳原子的有机物为原料，设计四条不同的合成路线合成 3-甲基-2-己烯，并对这些路线的优劣作出分析和评价。

答 合成路线一：

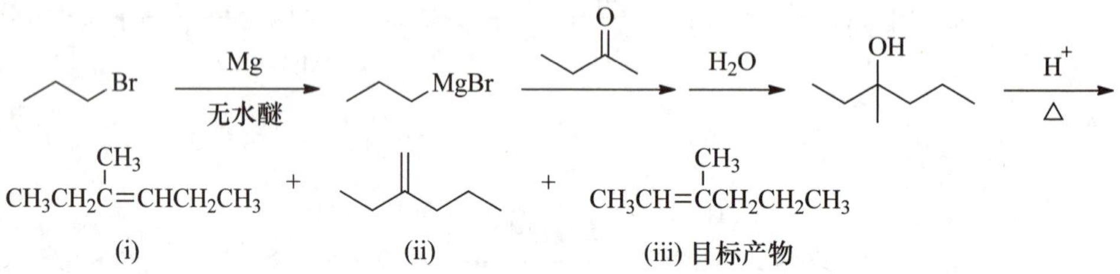

$$\text{CH}_3\text{CH}_2\text{CH}_2\text{Br} \xrightarrow[\text{无水醚}]{Mg} \text{CH}_3\text{CH}_2\text{CH}_2\text{MgBr} \xrightarrow{\text{CH}_3\text{COCH}_2\text{CH}_3} \xrightarrow{H_2O} \text{CH}_3\text{CH}_2\text{C(OH)(CH}_3\text{)CH}_2\text{CH}_2\text{CH}_3 \xrightarrow[\triangle]{H^+}$$

$$\underset{\text{(i)}}{\text{CH}_3\text{CH}_2\overset{\text{CH}_3}{\overset{|}{\text{C}}}\text{=CHCH}_2\text{CH}_3} + \underset{\text{(ii)}}{\text{CH}_3\text{CH}_2\text{C(=CH}_2\text{)CH}_2\text{CH}_2\text{CH}_3} + \underset{\text{(iii) 目标产物}}{\text{CH}_3\text{CH=}\overset{\text{CH}_3}{\overset{|}{\text{C}}}\text{CH}_2\text{CH}_2\text{CH}_3}$$

合成路线二：

$$\text{CH}_3\text{CH}_2\text{CH}_2\text{Br} \xrightarrow[\text{无水醚}]{Mg} \text{CH}_3\text{CH}_2\text{CH}_2\text{MgBr} \xrightarrow{\text{CH}_3\text{CHO}} \xrightarrow{H_2O} \text{CH}_3\text{CH}_2\text{CH}_2\text{CH(OH)CH}_3 \xrightarrow{PBr_3} \text{CH}_3\text{CH}_2\text{CH}_2\text{CHBrCH}_3 \xrightarrow[\text{无水醚}]{Mg}$$

$$\text{CH}_3\text{CH}_2\text{CH}_2\text{CH(MgBr)CH}_3 \xrightarrow{\text{CH}_3\text{CHO}} \xrightarrow{H_2O} \text{CH}_3\text{CH(OH)CH(CH}_3\text{)CH}_2\text{CH}_2\text{CH}_3 \xrightarrow[\triangle]{H^+} \underset{\text{(i) 主要产物 也是目标产物}}{\text{CH}_3\text{CH=}\overset{\text{CH}_3}{\overset{|}{\text{C}}}\text{CH}_2\text{CH}_2\text{CH}_3} + \underset{\text{(ii) 次要产物}}{\text{CH}_2\text{=CHCH(CH}_3\text{)CH}_2\text{CH}_2\text{CH}_3}$$

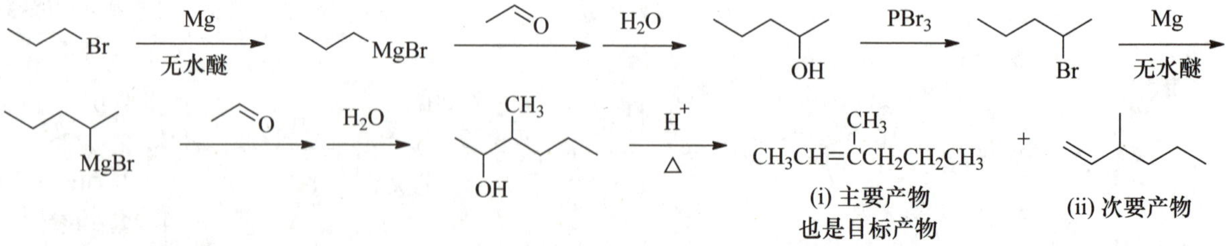

合成路线三：

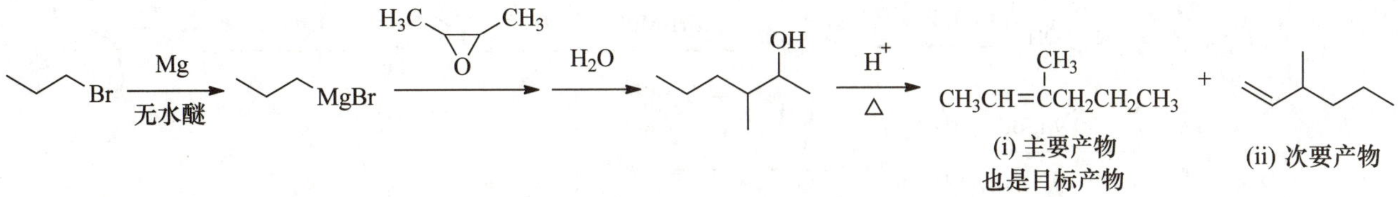

$\ce{CH3CH=C(CH3)CH2CH2CH3}$ (i) 主要产物 也是目标产物 + (ii) 次要产物

(Scheme: propyl bromide + Mg (无水醚) → propyl-MgBr; + 2,3-dimethyloxirane (H_3C, CH_3, O); H_2O → 3-methylhexan-2-ol (OH); H^+, △ → $CH_3CH{=}\overset{CH_3}{C}CH_2CH_2CH_3$ (i) 主要产物 也是目标产物 + (ii) 次要产物)

合成路线四：

2 (propyl)Br $\xrightarrow[\text{无水醚}]{Li}$ 2 (propyl)Li $\xrightarrow{CuCl}$ (propyl)$_2$CuLi $\xrightarrow{CH_3\overset{Cl}{C}{=}CHCH_3}$ $CH_3CH{=}\overset{CH_3}{C}CH_2CH_2CH_3$ 目标产物

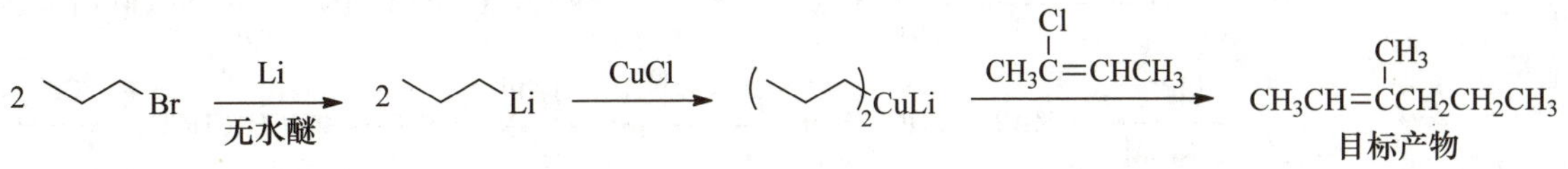

注：读者也可自行设计合成路线。评价由读者完成。

习题 7-31 用不超过三个碳原子的醇及必要的试剂合成下列化合物。

(i) $(CH_3)_2CHCH_2CH_2OH$　(ii) $CH_3CH_2CH_2\overset{OH}{C}HCH_2CH_2CH_3$　(iii) $(CH_3CH_2)_2\overset{OH}{C}CH_2CH_2CH_3$

(iv) $(CH_3)_2CH\overset{Cl}{C}HCH_2CH_3$　(v) $(CH_3)_2C{=}CHCH_3$　(vi) $CH_2{=}CH{-}CH{=}CH{-}CH_3$

(vii) $CH_3\overset{OH}{C}(CH_2CH_3)CH_2CH_2CH_3$　(viii) $CH_3CH{=}CHCH_2{-}\overset{CH_3}{\underset{OH}{C}}{-}CH(CH_3)_2$

答

(i) 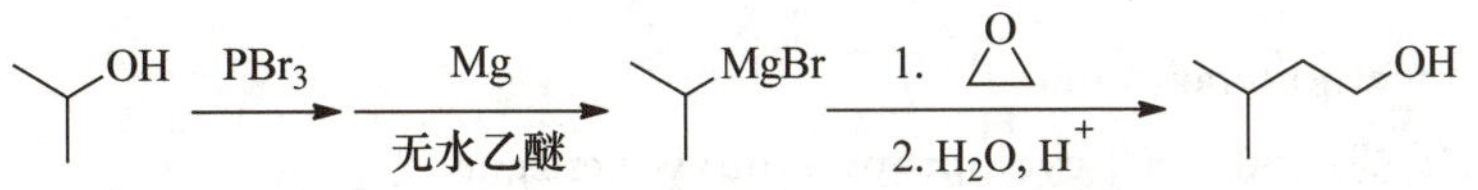 (isopropyl)OH $\xrightarrow{PBr_3}$ $\xrightarrow[\text{无水乙醚}]{Mg}$ (isopropyl)MgBr $\xrightarrow[2.\ H_2O,\ H^+]{1.\ \text{环氧乙烷}}$ 3-methylbutan-1-ol (OH)

(ii) 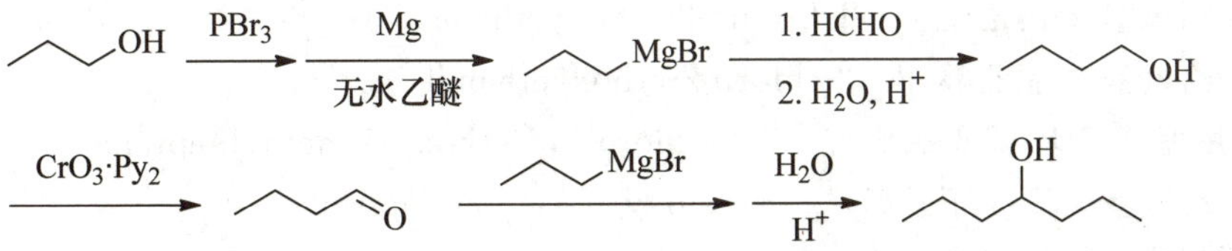 (ethyl)OH... $CH_3CH_2CH_2OH$ $\xrightarrow{PBr_3}$ $\xrightarrow[\text{无水乙醚}]{Mg}$ (propyl)MgBr $\xrightarrow[2.\ H_2O,\ H^+]{1.\ HCHO}$ (butan-1-)OH

$\xrightarrow{CrO_3\cdot Py_2}$ butanal (O) $\xrightarrow{\text{(propyl)MgBr}}$ $\xrightarrow[H^+]{H_2O}$ heptan-4-ol (OH)

(iii) 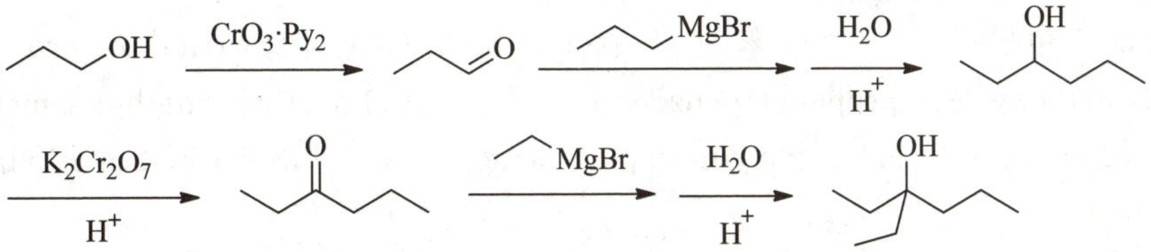 propan-1-ol (OH) $\xrightarrow{CrO_3\cdot Py_2}$ propanal (O) $\xrightarrow{\text{(propyl)MgBr}}$ $\xrightarrow[H^+]{H_2O}$ hexan-3-ol (OH)

$\xrightarrow[H^+]{K_2Cr_2O_7}$ hexan-3-one (O) $\xrightarrow{\text{(ethyl)MgBr}}$ $\xrightarrow[H^+]{H_2O}$ 3-ethylhexan-3-ol (OH)

(iv) 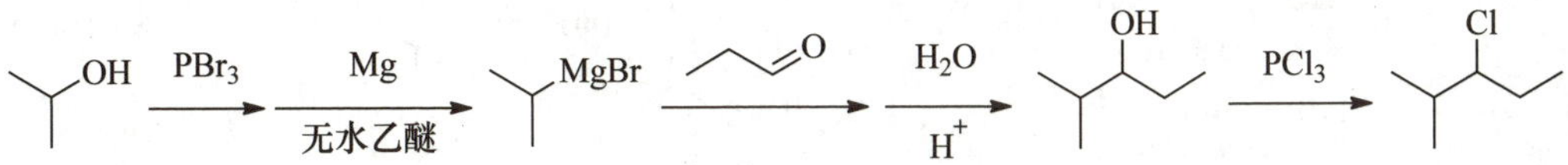 (isopropyl)OH $\xrightarrow{PBr_3}$ $\xrightarrow[\text{无水乙醚}]{Mg}$ (isopropyl)MgBr $\xrightarrow{\text{propanal (O)}}$ $\xrightarrow[H^+]{H_2O}$ 2-methylpentan-3-ol (OH) $\xrightarrow{PCl_3}$ 3-chloro-2-methylpentane (Cl)

(v) 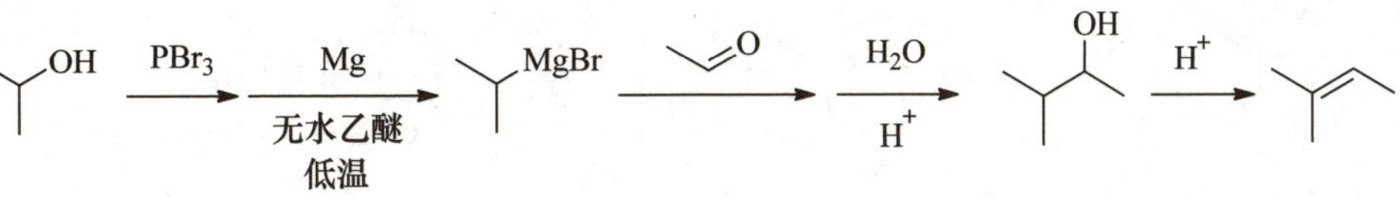 (isopropyl)OH $\xrightarrow{PBr_3}$ $\xrightarrow[\text{无水乙醚 低温}]{Mg}$ (isopropyl)MgBr $\xrightarrow{\text{acetaldehyde (O)}}$ $\xrightarrow[H^+]{H_2O}$ 3-methylbutan-2-ol (OH) $\xrightarrow{H^+}$ 2-methylbut-2-ene

(vi) 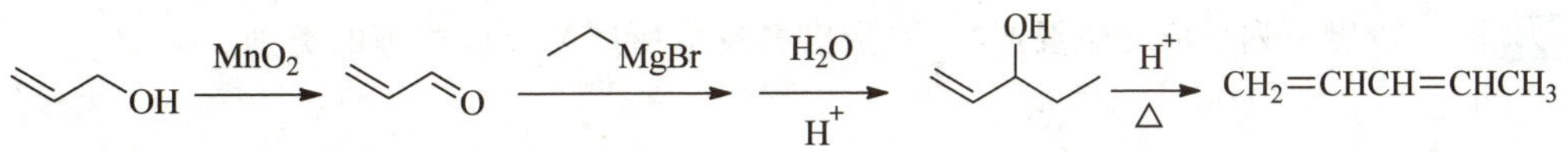 (allyl)OH $\xrightarrow{MnO_2}$ acrolein (O) $\xrightarrow{\text{(methyl)MgBr}}$ $\xrightarrow[H^+]{H_2O}$ but-3-en-2-ol (OH) $\xrightarrow[\triangle]{H^+}$ $CH_2{=}CHCH{=}CHCH_3$

(vii) 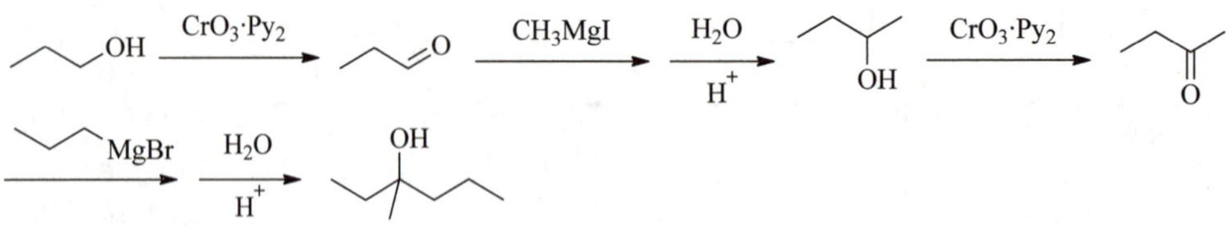 1-丙醇 (OH) $\xrightarrow{CrO_3 \cdot Py_2}$ 丙醛 (O) $\xrightarrow{CH_3MgI}$ $\xrightarrow[H^+]{H_2O}$ 2-丁醇 (OH) $\xrightarrow{CrO_3 \cdot Py_2}$ 2-丁酮 (O)

$\xrightarrow{\text{丙基}MgBr}$ $\xrightarrow[H^+]{H_2O}$ 叔醇 (OH)

(viii) 乙醛 (O) $\xrightarrow{\text{乙基}MgBr}$ $\xrightarrow[H^+]{H_2O}$ 2-丁醇 (OH) $\xrightarrow[\triangle]{H^+}$ $CH_3CH{=}CHCH_3$ $\xrightarrow[h\nu]{Cl_2}$ $CH_3CH{=}CHCH_2Cl$

$\xrightarrow[\text{无水乙醚，低温}]{Mg}$ $CH_3CH{=}CHCH_2MgBr$ $\xrightarrow{\text{乙醛}}$ $\xrightarrow[H^+]{H_2O}$ $CH_3CH{=}CHCH_2CH(OH)CH_3$ $\xrightarrow{CrO_3 \cdot Py_2}$

$CH_3CH{=}CHCH_2C(=O)CH_3$ $\xrightarrow{\text{异丙基}MgBr}$ $\xrightarrow[H^+]{H_2O}$ $CH_3CH{=}CHCH_2C(CH_3)(OH)CH(CH_3)_2$

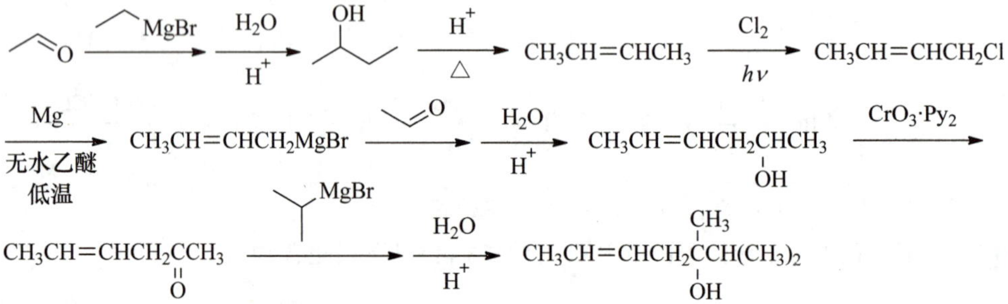

注：格氏试剂的制备方法与(i)相同。

习题 7-32 用系统命名法命名下列化合物(用中、英文)。

(i) 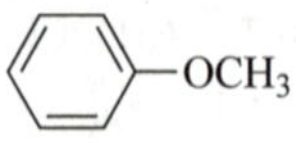 C_6H_5—OCH_3 (ii) 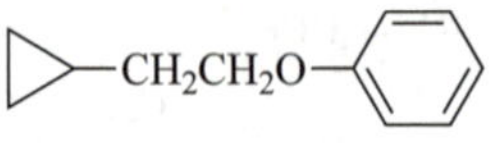 环丙基—CH_2CH_2O—C_6H_5 (iii) $CH_3CH_2OCH_2CH_2Br$

(iv) $CH_3CH_2OCH(Cl)CH_2OH$ (v) 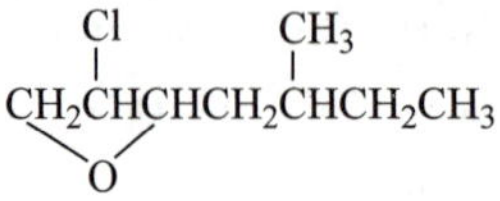 $CH_2CH(Cl)CHCH_2CH(CH_3)CH_2CH_3$（1,3位以O相连） (vi) $CH_3CH_2OCH_2-CH(OH)-CH(OH)-CH_2OH$

答 (i) 甲氧基苯　　methoxybenzene

(ii) (2-环丙基乙氧基)苯　　(2-cyclopropylethoxy)benzene

(iii) 1-乙氧基-2-溴乙烷　　1-bromo-2-ethoxyethane

(iv) 2-乙氧基-2-氯乙醇　　2-chloro-2-ethoxyethanol

(v) 5-甲基-1,3-环氧-2-氯庚烷　　2-chloro-1,3-ethoxy-5-methylheptane

(vi) 4-乙氧基-1,2,3-丁三醇　　4-ethoxy-1,2,3-butanetriol

习题 7-33 写出下列化合物的构造式。

(i) 甘油-2-甲醚　　(ii) 苯并-15-冠-5　　(iii) 1,2,3-triethoxypropane

(iv) 1-methoxy-4-(1-propenyl)benzene　　(v) 1-ethoxymethyl-4-methoxynaphthalene

(vi) 1,2-epoxy-1,2,3,4-tetrahydronaphthalene　　(vii) 1,3-epoxy-2-methylpentane

答

(i) 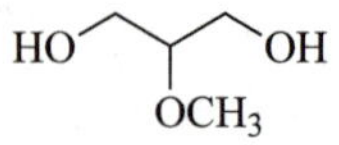 $HOCH_2CH(OCH_3)CH_2OH$　(ii) 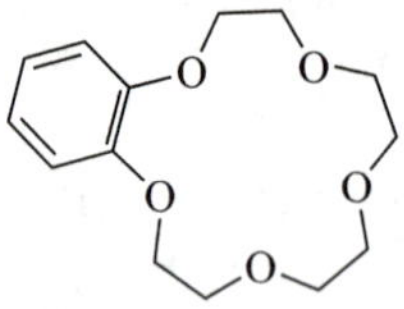 苯并-15-冠-5 结构　(iii) 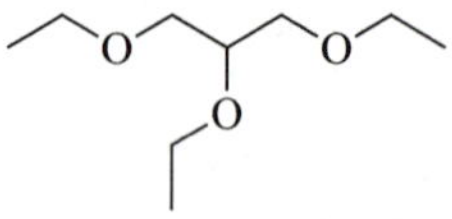 $CH_3CH_2OCH_2CH(OCH_2CH_3)CH_2OCH_2CH_3$　(iv) 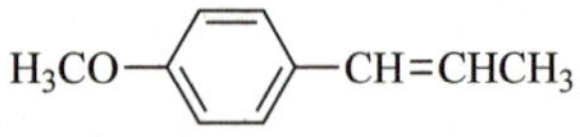 H_3CO—C_6H_4—$CH{=}CHCH_3$

(v) 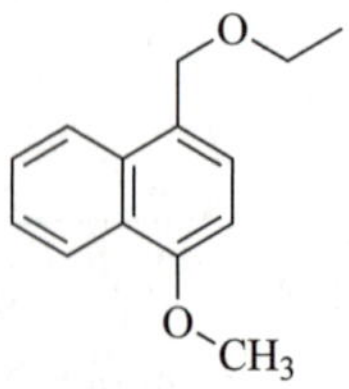 1-($CH_2OCH_2CH_3$)-4-(OCH_3)萘　(vi) 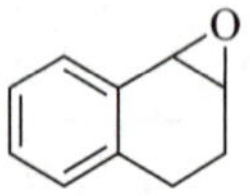 1,2-环氧四氢萘结构　(vii) 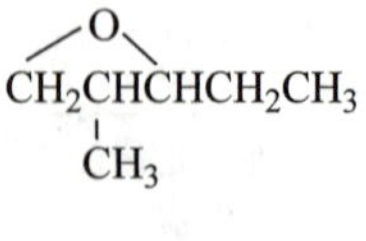 $CH_2CH(CH_3)CHCH_2CH_3$（1,3位以O相连）

习题 7-34 写出下列反应的主要产物，并指出各反应所属的反应机理的类别。

(i) $CH_3CH_2OCH(CH_3)_2$ + HBr(48%) ⟶　(ii) $CH_3CH_2OCH_2CH_2CH_3$ + HBr(过量, 48%) ⟶

(iii) $(CH_3CH_2)_3COCH_2CH_2CH_3$ + HBr(48%) ⟶　(iv) C_6H_5—OCH_2—C_6H_5 + HBr(48%) ⟶

(v) CH_3—C_6H_4—$OCH_2CH_2CH_3$ + HBr(48%) ⟶　(vi) $(CH_3)_3COC(CH_3)_3$ $\xrightarrow[\triangle]{H_2SO_4}$

答　(i) S_N1　OH + $(CH_3)_2CHBr$　(ii) S_N2　Br + Br

(iii) S_N1　OH + Br　(iv) S_N1　Br + OH

(v) S_N2　H_3C—C_6H_4—OH + Br　(vi) S_N1+E1　OH + $^+$

H^+ ↓ $-H_2O$　↓ $-H^+$

习题 7-35　完成下列反应，写出主要产物。

(i) CH_3, C_2H_5, H, CH_3, O $\xrightarrow{CH_3O^-}$　(ii) O, CH_3 $\xrightarrow{B_2H_6}$ $\xrightarrow{H_2O}$　(iii) O, CH_3 $\xrightarrow{H_2O, H^+}$

(iv) $(CH_3)_3C$, O $\xrightarrow{LiAlH_4}$ $\xrightarrow{H_2O}$　(v) $(CH_3)_2C$—CH_2 (O) $\xrightarrow[醚]{RMgBr}$ $\xrightarrow{H_2O, H^+}$

(vi) C_6H_5CH—CH_2 (O) $\xrightarrow{CH_3NH_2}$　(vii) C_6H_5CH—CH_2 (O) $\xrightarrow{HCN}$　(viii) O, CH_2OH $\xrightarrow{H_2O, OH^-}$

答　(i) HO, H, CH_3, H_3C, Et, OCH_3　(ii) OH, CH_3　(iii) OH, CH_3, OH　(iv) OH, t-Bu, CH_3　(v) OH, R

(vi) OH, Ph, H, N, CH_3　(vii) CN, Ph, OH　(viii) OH, H, O

习题 7-36　用不超过三个碳原子的化合物及必要的试剂合成下列化合物。

(i) $(ClCH_2CH_2)_2O$　(ii) $CH_3O(CH_2CH_2O)_2CH_3$　(iii) $CH_3OCH_2CH(CH_3)OCH_2CH(CH_3)OH$　(iv) $CH_3CH_2OCH_2CH_2OCH_2CH_2OCH_3$

答　(i) Cl⌒ONa + Cl⌒Cl ⟶ Cl⌒O⌒Cl

(ii) CH_3ONa + 2 (O) $\xrightarrow{CH_3OH}$ H_3C—O⌒O⌒OH $\xrightarrow{Na}$

H_3C—O⌒O⌒ONa $\xrightarrow{CH_3I}$ H_3C—O⌒O⌒O—CH_3

(iii) CH_3ONa + 2 (2-甲基环氧乙烷) $\xrightarrow{CH_3OH}$ $H_3C-O-CH_2CH(CH_3)-O-CH_2CH(CH_3)-OH$

(iv) CH_3CH_2ONa + 2 (环氧乙烷) $\xrightarrow{EtOH}$ $CH_3CH_2OCH_2CH_2OCH_2CH_2OH$ $\xrightarrow{Na}$

$CH_3CH_2OCH_2CH_2OCH_2CH_2ONa$ $\xrightarrow{CH_3I}$ $CH_3CH_2OCH_2CH_2OCH_2CH_2O-CH_3$

习题 7-37 用合适原料合成下列化合物。

(i) $N(CH_2CH_2OH)_3$ (ii) $C_{18}H_{37}O\leftarrow CH_2CH_2O\rightarrow_n H$ (iii) $S(CH_2CH_2OH)_2$

(iv) 间苯二甲酸二(缩水甘油)酯：$C_6H_4(COOCH_2CH-CH_2)_2$（环氧）

(v) $H_2C-CHCH_2O-$（四溴苯基）$-C(CH_3)_2-$（四溴苯基）$-OCH_2CH-CH_2$（环氧）

答 (i) NH_3 + 3 (环氧乙烷) ⟶ (ii) $C_{18}H_{37}ONa$ + n (环氧乙烷) ⟶ $\xrightarrow{EtOH}$

(iii) Na_2S + 2 $ClCH_2CH_2OH$ ⟶ (iv) 间苯二甲酸二钠（COONa，COONa）+ 2 $ClCH_2$-环氧乙烷 $\xrightarrow{相转移催化剂}$

(v) HO-（四溴苯基, Br×4）$-C(CH_3)_2-$（四溴苯基, Br×4）-OH + 2 $ClCH_2$-环氧乙烷 $\xrightarrow{NaOH}$

习题 7-38 下列化合物发生分子内的 Williamson 合成，请写出反应过程及产物，并标明构型。

(i) Fischer投影式：CH_3；H—C—OH；H—C—Br；C_6H_5 (ii) Fischer投影式：CH_3；HO—C—H；H—C—Cl；CH_2CH_3

答

(i) CH_3；H—C(S)—OH；H—C(R)—Br；Ph ≡ ≡ $\xrightarrow{:B}$ (O⁻ 进攻，Br 离去) ⟶ Ph, H (S)(S) H, CH_3 环氧化物

(ii) CH_3；HO—C(R)—H；H—C(R)—Cl；Et ≡ ≡ $\xrightarrow{:B}$ (O⁻ 进攻，Cl 离去) ⟶ Et, H (S)(R) CH_3, H 环氧化物

习题 7-39 为什么用 Williamson 合成法合成脂肪醚须在醇钠及无水条件下进行，而合成芳醚则可以在氢氧化钠的水溶液中进行？

答 水的酸性比醇强，醇钠遇水易转化为氢氧化钠和醇

$$RONa + H_2O \rightleftharpoons ROH + NaOH$$

合成脂肪醚若在水溶液中进行，体系无法提供足量的 RO^-，成醚反应很难进行，所以要用无水条件。

酚的酸性比水强，合成芳香醚类在水中进行时，氢氧化钠水溶液和酚能顺利反应并提供充足的酚氧负离子，以保证成醚反应的需要。

$$ArOH + NaOH \rightleftharpoons ArONa + H_2O$$

所以合成芳香醚可以在氢氧化钠的水溶液中进行。

习题 7-40 用不超过六个碳原子的有机物合成下列化合物。

(i) $CH_3CH_2OC(CH_3)_3$ (ii) $CH_3OCH(CH_3)_2$ (iii)

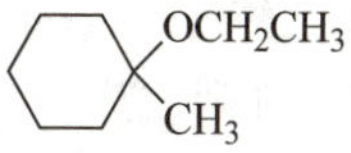

答

(i)

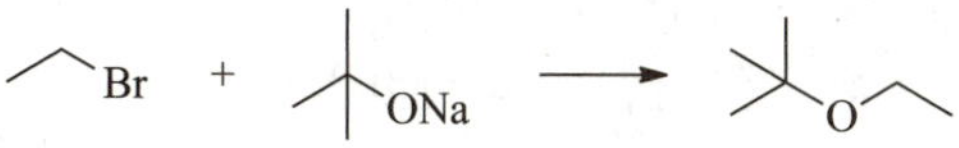

(ii)

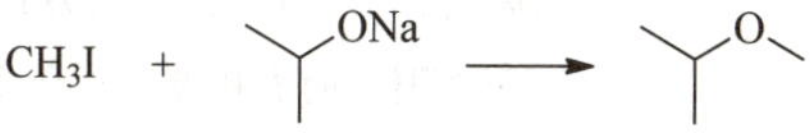

(iii)

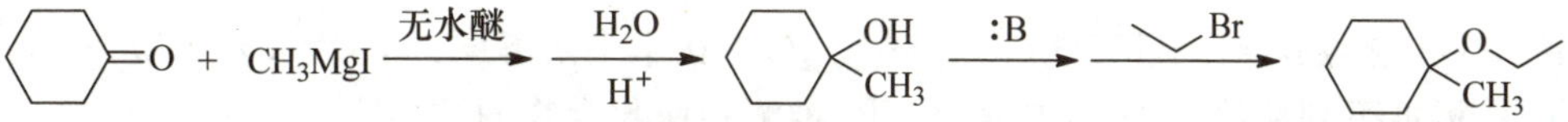

习题 7-41 写出下列有机物的立体异构体以及它们的优势构象，并指出哪一个立体异构体可以经分子内失水成醚，用反应式表达成醚反应（须写出失水过程涉及的构象式）。

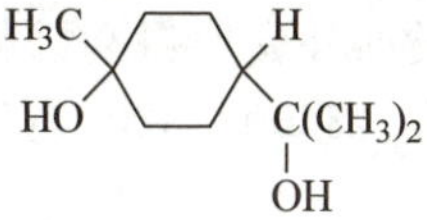

答 有顺、反两个异构体

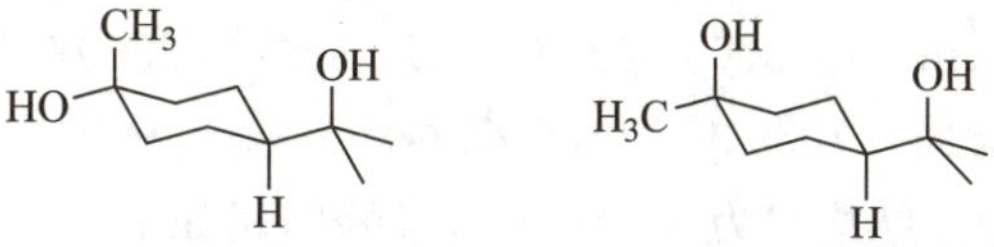

反式　　　　顺式

顺式构型可以失水成醚，失水过程如下：

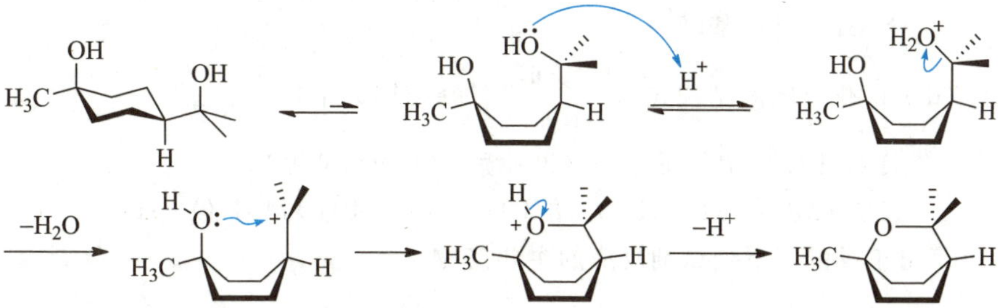

习题 7-42 写出下列化合物在浓硫酸作用下脱水成醚的可能产物。

(i) $CH_3CH_2OH + CH_3CH_2CH_2OH$ (ii) $(CH_3)_2CHOH + CH_3CH_2CH_2OH$

(iii) $(CH_3)_3COH + CH_3CH_2OH$ (iv) $(CH_3)_3COH + (CH_3)_2CHOH$

答 (i)(ii) 产物均是 3 种醚的混合物。

(iii)

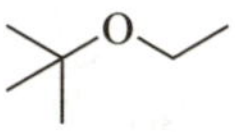

(iv)

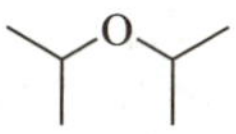

习题 7-43 用中英文命名下列化合物。

(i) 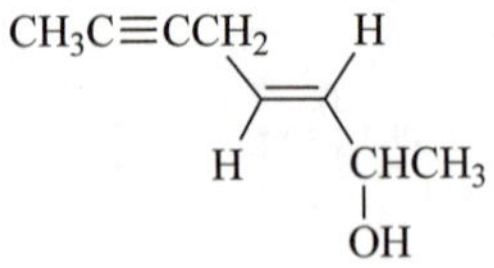 $CH_3C\equiv CCH_2$ / H / H / $CHCH_3$ / OH (ii) 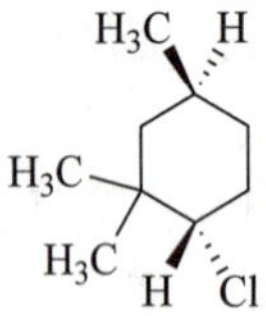 H_3C H / H_3C / H_3C H Cl (iii) 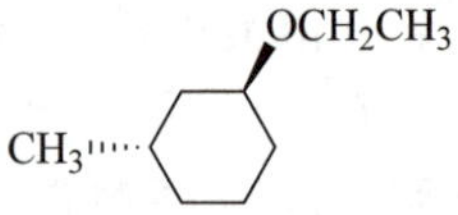 OCH_2CH_3 / CH_3 (iv) 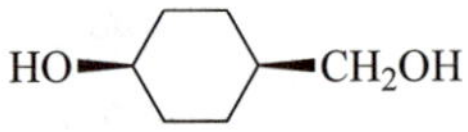 HO / CH_2OH

答 (i) (*E*)-3-辛烯-6-炔-2-醇　(*E*)-3-octen-6-yn-2-ol

(ii) (1*S*,4*S*)-1,1,5-三甲基-2-氯环己烷　(1*S*,4*S*)-2-chloro-1,1,5-trimenthylcyclohexane

(iii) (1*S*,3*S*)-1-甲基-3-乙氧基环己烷　(1*S*,3*S*)-1-ethoxy-3-methylcyclohexane

(iv) 顺-4-羟甲基环己醇　*cis*-4-hydroxymethylcyclohexanol

习题 7-44 按指定性质从大到小排列成序。

(i) 沸点：(a) 甘油 (b) 1-*O*-甲基甘油 (c) 丙醇 (d) 甲丙醚

(ii) 在水中的溶解度：(e) 4-甲氧基-1-丁醇 (f) 1,4-二甲氧基丁烷 (g) 1,2,3,4-丁四醇 (h) 1,4-丁二醇

答 (i) 沸点：(a)>(b)>(c)>(d)　(ii) 在水中溶解度：(g)>(h)>(e)>(f)

习题 7-45 根据下列所给分子式的 IR,NMR,推测相应化合物的结构式。

(i) C_3H_6O IR,波数/cm^{-1}：3300(宽),2960,1645,1430,1030,995,920。

(ii) C_4H_8O IR,波数/cm^{-1}：3010,2950,1612(强),1312,1200,1030,962,806；NMR：有乙基吸收峰[提示：乙烯醚类面外变形振动已移至正常范围(990,910 cm^{-1})之外]。

(iii) C_3H_8O IR,波数/cm^{-1}:3600～3200(宽)；NMR δ_H:1.1(二重峰,6H),3.8(多重峰,1H),4.4(二重峰,1H)。

答 (i) 该化合物的结构式为 OH,各吸收峰归属如下：

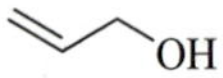

IR,波数/cm^{-1}：3300(宽)(O—H,伸缩),2960(C—H,伸缩),1645(C ═C,伸缩),1430(C—H,弯曲),1030(C—O,伸缩),995,920(═C—H,面外摇摆)。

(ii) 该化合物的结构式为 O ,各峰归属如下：

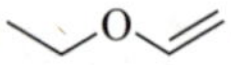

IR,波数/cm^{-1}：3010(═C—H,伸缩),2960(C—H,伸缩),1612(强)(C ═C,伸缩),1312(C—H,弯曲),1200,1030(C—O,伸缩),962,806(═C—H,面外摇摆)。

NMR：有乙基峰。

(iii) 该化合物的结构式为 OH ,各峰归属如下：

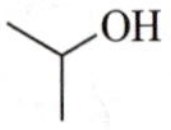

IR,波数/cm^{-1}：3600～3200(宽)(O—H,伸缩)。

NMR,δ_H：1.1(CH_3),3.8(CH,与甲基相连),4.4(O—H)。

习题 7-46 写出正戊醇与下列试剂反应的主要产物。

(i) Na (ii) PBr_3 (iii) H_2SO_4(冷) (iv) H_2SO_4, 170 °C (v) 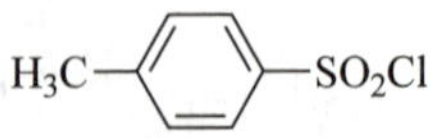 H_3C—C₆H₄—SO_2Cl (vi) CH_3COOH, H^+,△

(vii) CrO_3, HOAc (viii) $KMnO_4$,△ (ix) CH_3CH_2MgBr (x) HCl-$ZnCl_2$,△

答 (i) 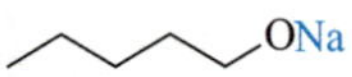 ONa (ii) 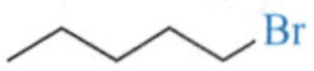 Br (iii)  OSO_2OH (iv) 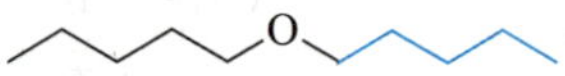 O

(v) 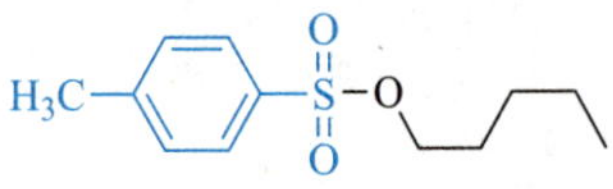 H_3C O S O O (vi) 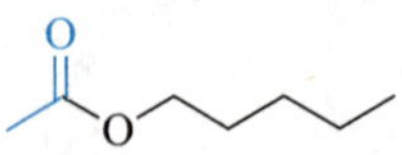 O O (vii) 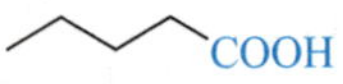 COOH

(viii) COOH (ix) 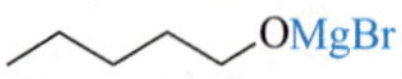 OMgBr (x) 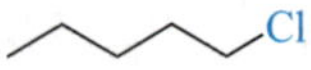 Cl

习题 7-47 完成下列反应,写出主要产物。

(i) $(CH_3)_3CBr + CH_3CH_2CH_2ONa \longrightarrow$　(ii) 四氢呋喃 $+ O_2 \longrightarrow$　(iii) 环己基$-CH_2OH \xrightarrow[\triangle]{H^+}$

(iv) $C_6H_5COCH_3 \xrightarrow{I_2, NaOH}$　(v) $C_6H_5CH_2CH(OH)CH_2CH_3 \xrightarrow[\triangle]{H^+}$　(vi) 四氢呋喃 $\xrightarrow[\triangle]{HI(过量)}$

(vii) $ClCH_2CH_2CH_2CH_2OH \xrightarrow{NaOH}$　(viii) $CH_2{=}CHCH_2OH \xrightarrow{HI(过量)}$　(ix) $CH_3CH{=}CHCH_2CH_2OH \xrightarrow{H^+}$

(x) $CH_2{=}CHCH_2CH_2CH{=}CH_2 \xrightarrow[H_2O]{2Hg(OAc)_2} \xrightarrow{NaBH_4}$　(xi) $(CH_3)_2C{=}CHCH(OH)CH_3 \xrightarrow[CH_3COCH_3, \triangle]{[(CH_3)_3CO]_3Al}$

(xii) $CH_3CH_2C(OH)(H)(D) \xrightarrow[吡啶]{CH_3-C_6H_4-SO_2Cl} \xrightarrow[丙酮]{NaI}$　(xiii) $(CH_3)_3CCH_2OH \xrightarrow[\triangle]{HCl-ZnCl_2}$

答

(i) $(CH_3)_2C{=}CH_2$　(ii) 2-氢过氧基四氢呋喃(OOH)　(iii) 1-甲基环己烯 + 环庚烯　(iv) $C_6H_5COONa + CHI_3$　(v) $PhHC{=}CHCH_2CH_3$

(vi) $ICH_2CH_2CH_2CH_2I$　(vii) 四氢呋喃　(viii) CH_3CHICH_2I　(ix) 2-甲基四氢呋喃(CH_3)　(x) $CH_3CH(OH)CH_2CH_2CH(OH)CH_3$

(xi) $(CH_3)_2C{=}CHCOCH_3$　(xii) $CH_3CH_2C(D)(H)-O-SO_2-C_6H_4-CH_3$, $CH_3CH_2C(H)(D)I$　(xiii) $(CH_3)_2CClCH_2CH_3$ (重排)

习题 7-48 选择适当试剂,完成下列反应。

(i) $CH_3CH_2CH{=}CHCH_2OH \longrightarrow CH_3CH_2CH{=}CHCHO$　(ii) 2-环己烯-1-醇 $\longrightarrow$ 2-环己烯-1-酮

(iii) $CH_3(CH_3CH_2)C\overset{O}{—}C(H)CH_3 \longrightarrow CH_3-C(OH)(C_2H_5)-CH_2CH_3$　(iv) $(CH_3)_2C\overset{O}{—}C(H)CH_3 \longrightarrow (CH_3)_2CHCH(OH)CH_3$

答 (i) 新制的 MnO_2　(ii) $CrO_3 \cdot Py_2$

(iii) ① $LiAlH_4$,② H_2O　(iv) ① B_2H_6,② H_2O

习题 7-49 从环戊烷、不超过三个碳原子的化合物及其他必要试剂合成下列化合物。

(i) 联环戊烷　(ii) $C_6H_5C(CH_3)(OC_2H_5)CH_2CH_3$　(iii) $CH_2{=}CHOCH{=}CH_2$　(iv) $(CH_3)_2C\overset{O}{—}CH_2$

(v) $CH_3CH\overset{O}{—}CHCH_3$　(vi) $CH_3CH_2CH\overset{O}{—}CH_2$　(vii) 2-甲基四氢呋喃(CH_3)　(viii) $(CH_3)_2CHOCH_2CH(OH)-CH_2(OH)$

答

(i) 2 环戊烷 $\xrightarrow[h\nu]{Br_2}$ 2 环戊基$-Br$ $\xrightarrow{Na}$ 联环戊烷

(ii) $CH_3CH_2CHO \xrightarrow[无水醚]{CH_3MgI} \xrightarrow[H^+]{H_2O} CH_3CH_2CH(OH)CH_3 \xrightarrow[H^+]{K_2Cr_2O_7} CH_3CH_2COCH_3 \xrightarrow[无水醚]{PhMgBr}$

$\xrightarrow[H^+]{H_2O} CH_3CH_2C(CH_3)(Ph)OH \xrightarrow{Na} \xrightarrow{CH_3CH_2Br} CH_3CH_2C(CH_3)(Ph)OCH_2CH_3$

(iii) 2 Cl–CH₂CH₂–OH $\xrightarrow{H^+}$ Cl–CH₂CH₂–O–CH₂CH₂–Cl $\xrightarrow{NaNH_2}$ CH₂=CH–O–CH=CH₂

(iv) CH_3COCH_3 $\xrightarrow[\text{无水醚}]{CH_3MgI}$ $\xrightarrow[H^+]{H_2O}$ $(CH_3)_3C$–OH $\xrightarrow{H^+}$ $(CH_3)_2C=CH_2$ $\xrightarrow[Na_2CO_3]{PhCO_3H}$ 2,2-二甲基环氧乙烷

(v) CH_3CH_2MgBr + CH_3CHO $\xrightarrow{\text{无水醚}}$ $\xrightarrow[H^+]{H_2O}$ $CH_3CH_2CH(OH)CH_3$ $\xrightarrow{H^+}$ $CH_3CH=CHCH_3$ $\xrightarrow[Na_2CO_3]{PhCO_3H}$ $CH_3CH–CHCH_3$（O 桥连两个 CH）

(vi) CH_3CH_2MgBr $\xrightarrow{HC\equiv CNa}$ $CH_3CH_2C\equiv CH$ $\xrightarrow[NH_3(l)]{Na}$ $CH_3CH_2CH=CH_2$ $\xrightarrow[Na_2CO_3]{PhCO_3H}$ 乙基环氧乙烷

(vii) CH_3CHO $\xrightarrow[\text{无水醚}]{CH_2=CHCH_2MgBr}$ $\xrightarrow[H^+]{H_2O}$ $CH_2=CHCH_2CH(OH)CH_3$ $\xrightarrow{B_2H_6}$ $\xrightarrow[OH^-]{H_2O_2}$ $HOCH_2CH_2CH_2CH(OH)CH_3$ $\xrightarrow{H_2SO_4}$ 2-甲基四氢呋喃（CH_3）

(viii) $(CH_3)_2CH$–OH $\xrightarrow{Na}$ $(CH_3)_2CH$–ONa $\xrightarrow{ClCH_2\text{-环氧乙烷}}$ $(CH_3)_2CH$–O–CH_2–环氧乙烷 $\xrightarrow{H_2O}$ $(CH_3)_2CH$–O–$CH_2CH(OH)CH_2$–OH

习题 7-50 用乙烯为原料合成下列化合物。

(i) $CH_3CH_2CH_2CH_2OH$　(ii) $CH_3CH_2CH(OH)CH_2CH_3$　(iii) $CH_3(CH_2)_3CH(CH_3)OCH_2CH_3$

答

(i) $H_2C=CH_2$ $\xrightarrow[Ag]{O_2}$ 环氧乙烷

$H_2C=CH_2$ + H_2O $\xrightarrow{H^+}$ CH_3CH_2OH $\xrightarrow{SOCl_2}$ CH_3CH_2Cl $\xrightarrow[\text{无水醚}]{Mg}$ CH_3CH_2MgCl

$\xrightarrow{\text{环氧乙烷}}$ $\xrightarrow[H^+]{H_2O}$ $CH_3CH_2CH_2CH_2OH$

(ii) 由(i)得 $CH_3CH_2CH_2CH_2OH$ $\xrightarrow[H^+, \triangle]{HBr(48\%)}$ $CH_3CH_2CH_2CH_2Br$ $\xrightarrow[EtOH]{NaOH}$ $CH_3CH_2CH=CH_2$ $\xrightarrow{O_3}$

$\xrightarrow[H_2O]{Zn}$ CH_3CH_2CHO $\xrightarrow[\text{无水醚}]{CH_3CH_2MgCl}$ $\xrightarrow[H^+]{H_2O}$ $CH_3CH_2CH(OH)CH_2CH_3$

(iii) 由(ii)得 $CH_3CH_2CH_2CH_2Br$ $\xrightarrow[\text{无水醚}]{Mg}$ $\xrightarrow{\text{环氧乙烷}}$ $\xrightarrow[H^+]{H_2O}$ $CH_3(CH_2)_5OH$ $\xrightarrow[H^+, \triangle]{HBr(48\%)}$ $CH_3(CH_2)_5Br$

$\xrightarrow[EtOH]{NaOH}$ $CH_3(CH_2)_3CH=CH_2$ $\xrightarrow[H^+]{H_2O}$ $CH_3(CH_2)_3CH(OH)CH_3$ $\xrightarrow{Na}$ $\xrightarrow{CH_3CH_2Cl}$ $CH_3(CH_2)_3CH(CH_3)OCH_2CH_3$

习题 7-51 下列化合物在氢溴酸的作用下发生反应，写出反应过程及产物的立体构型，并指出产物有无旋光性。

(i)（R)-2-甲基-1-己醇　(ii)（R)-2-庚醇　(iii)（R)-3-甲基-3-己醇

答

(i) n-Bu, H_3C, H–C–CH_2OH $\xrightarrow{HBr}$ n-Bu, H_3C, H–C–CH_2Br

(R)-2-甲基-1-己醇　(R)-2-甲基-1-溴己烷

是 S_N2 反应，反应未涉及手性碳，产物仍是 R 构型，仍有旋光性。

(ii) (R)-2-庚醇 $\xrightarrow{HBr}$ (R)-2-溴庚烷 + (S)-2-溴庚烷

是 S_N1 反应，反应涉及手性碳，因此得到一对外消旋体。

(iii) (R)-3-甲基-3-己醇 $\xrightarrow[0\,^\circ C]{HBr}$ (R)-3-甲基-3-溴己烷 + (S)-3-甲基-3-溴己烷

是 S_N1 反应，反应涉及手性碳，因此得到一对外消旋体。

习题 7-52 用反应机理来说明为何得到所列的产物。

(i) $CH_3CH_2CH(CH_3)CH_2CH_2OH \xrightarrow[HCl]{ZnCl_2} CH_3CH_2CCl(CH_3)CH_2CH_3 + CH_3CH_2C(CH_3)=CHCH_3$

(ii) $(CH_3)_2CI-C(OH)(CH_3)_2 \xrightarrow{Ag^+} (CH_3)_3CCOCH_3$

(iii) (R)-$CH_3CH_2CH_2CHDOH$ $\xrightarrow[吡啶]{SOCl_2}$ (S)-$CH_3CH_2CH_2CHDCl$

(iv) $(CH_3)_2C(OH)CH_2OH \xrightarrow{H^+} (CH_3)_2CHCHO$

答

(i) $\xrightarrow[HCl]{ZnCl_2}$ $\xrightarrow{-[HOZnCl_2]^-}$ $\xrightarrow{重排}$ $\xrightarrow{重排}$ $\xrightarrow{^-Cl}$；$-H^+$ → $CH_3CH_2C(CH_3)=CHCH_3$

(ii) $\xrightarrow[-AgI]{Ag^+}$ → $\xrightarrow{-H^+}$

(iii) n-Pr + $Cl_2S=O$ → $\xrightarrow{-H^+}$ $\xrightarrow{-Cl^-}$ → $\xrightarrow[-Py]{-SO_2}$ Cl—CHD(n-Pr)

(iv) $\xrightarrow[-H_2O]{H^+}$ $\xrightarrow{重排}$ $\xrightarrow{-H^+}$

习题 7-53 写出分子式为 $C_5H_{12}O$ 的醚的所有异构体并命名。同时指出哪些有旋光性，并绘出上述醚异构体的 ^1H NMR 大致可能的图谱。

答　符合分子式 $C_5H_{12}O$ 的醚的同分异构体有 7 个[其中醚(ii)具有一个手性碳原子，它有一对对映异构体]。

(i) 甲基正丁基醚

(a) δ_H：3.5～4，单峰
(b) δ_H：3.5～4，三重峰(2+1)
(c) δ_H：≈1.3，多重峰[(2+1)(2+1)]
(d) δ_H：≈1.3，多重峰[(2+1)(3+1)]，(c)与(d)可能重叠
(e) δ_H：≈0.9，三重峰(2+1)

(ii) 甲基二级丁基醚

(a) δ_H：3.5～4，单峰
(b) δ_H：3.5～4，多重峰[(2+1)(3+1)]
(c) δ_H：≈1.3，多重峰[(1+1)(3+1)]
(d) δ_H：≈0.9，三重峰(2+1)
(e) δ_H：≈0.9，二重峰(1+1)，(d)与(e)可能重叠

(iii) 甲基异丁基醚

(a) δ_H：3.5～4，单峰
(b) δ_H：3.5～4，二重峰(1+1)
(c) δ_H：≈1.5，多重峰[(2+1)(6+1)]
(d) δ_H：≈0.9，二重峰(1+1)

(iv) 甲基叔丁基醚

(a) δ_H：3.5～4，单峰
(b) δ_H：≈0.9，单峰

(v) 乙基正丙基醚

(a) δ_H：≈0.9，三重峰(2+1)
(b) δ_H：≈3.5～4，四重峰(3+1)
(c) δ_H：≈3.5～4，三重峰(2+1)
(d) δ_H：≈1.3，多重峰[(2+1)(3+1)]
(e) δ_H：≈0.9，三重峰(2+1)

(vi) 乙基异丙基醚

(a) δ_H：≈0.9，三重峰(2+1)
(b) δ_H：≈3.5～4，四重峰(3+1)
(c) δ_H：≈3.5～4，七重峰(6+1)
(d) δ_H：≈0.9，二重峰(1+1)

习题 7-54　化合物(A)偶极矩为 0.4 D，经加热处理后得化合物(B)，偶极矩为 0。(B)在酸作用下和水反应生成(C)，(C)与氯的氢氧化钠溶液反应生成 CH_3CH_2COONa 和 $CHCl_3$。请写出化合物(A)的结构式及上述各步反应的反应式。

答　A 的结构式为 (Z)-H_3CCH=CHCH_3（两个 H 同侧），各步反应如下：

(A) $\xrightarrow{\triangle}$ (B) (E)-H_3CCH=CHCH_3 $\xrightarrow[H_2O]{H^+}$ (C) 2-丁醇(OH)

$\xrightarrow[\text{氧化}]{Cl_2+NaOH}$ 丁酮 $\xrightarrow{Cl_2+NaOH}$ CH_3CH_2COONa + $CHCl_3$

习题 7-55　汽油中混有乙醇，设计一个测定其中乙醇含量的方法。

答

$CH_3CH_2OH + Na \longrightarrow CH_3CH_2ONa + 1/2\ H_2\uparrow$　测氢气体积即知乙醇的含量

$CH_3CH_2OH + CH_3MgI \longrightarrow CH_3CH_2OMgI + CH_4\uparrow$　测甲烷体积即知乙醇的含量

习题 7-56 请设计一个合成 15-冠-5 的可行路线。

答

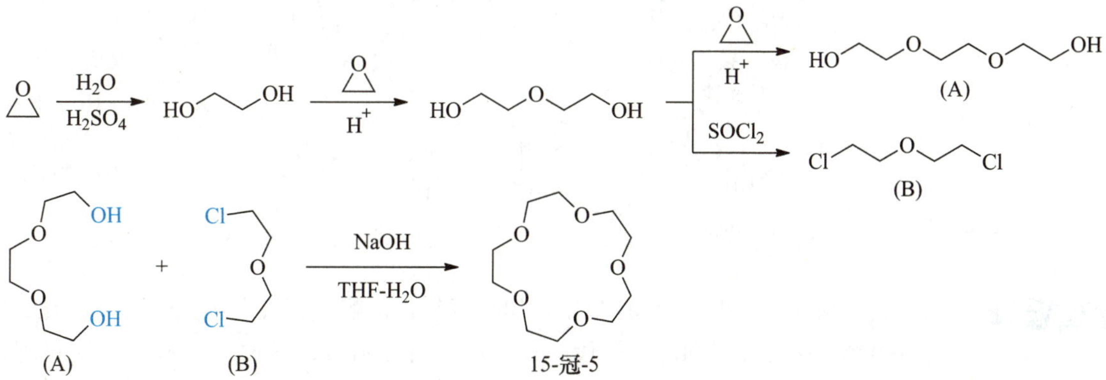

环氧乙烷 $\xrightarrow[H_2SO_4]{H_2O}$ HOCH₂CH₂OH $\xrightarrow[H^+]{\text{环氧乙烷}}$ HOCH₂CH₂OCH₂CH₂OH；再分别 $\xrightarrow[H^+]{\text{环氧乙烷}}$ HOCH₂CH₂OCH₂CH₂OCH₂CH₂OH (A)，$\xrightarrow{SOCl_2}$ ClCH₂CH₂OCH₂CH₂Cl (B)

(A) + (B) $\xrightarrow[THF-H_2O]{NaOH}$ 15-冠-5

习题 7-57 化合物(A)的分子式为 $C_5H_{10}O$，不溶于水，与溴的四氯化碳溶液或金属钠都没有反应，和稀盐酸或稀氢氧化钠溶液反应，得化合物(B)$C_5H_{12}O_2$。(B)与等物质的量的高碘酸的水溶液反应得甲醛和化合物(C)C_4H_8O，(C)可进行碘仿反应。请写出化合物(A)的构造式及各步反应。

答

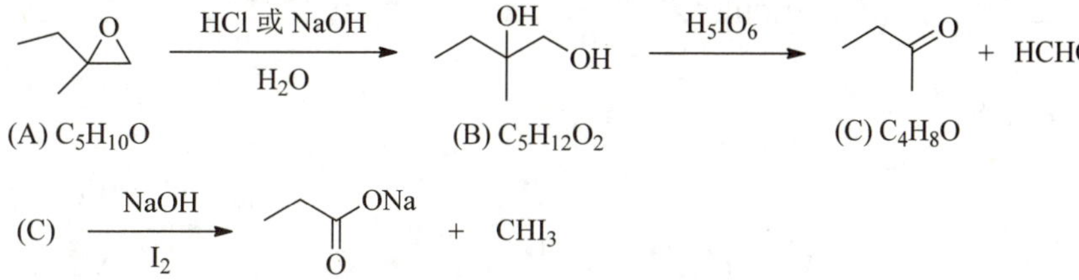

(A) $C_5H_{10}O$ $\xrightarrow[H_2O]{\text{HCl 或 NaOH}}$ (B) $C_5H_{12}O_2$ $\xrightarrow{H_5IO_6}$ (C) C_4H_8O + HCHO

(C) $\xrightarrow[I_2]{NaOH}$ CH_3CH_2COONa + CHI_3

习题 7-58 有旋光性的(2*R*,3*S*)-3-氯-2-丁醇，在氢氧化钠的乙醇溶液中反应得有旋光性的环氧化合物。此环氧化合物用氢氧化钾的水溶液处理得 2,3-丁二醇。请用反应式写出此二反应的立体化学过程，并指出此二醇的构型及是否有旋光性。

答

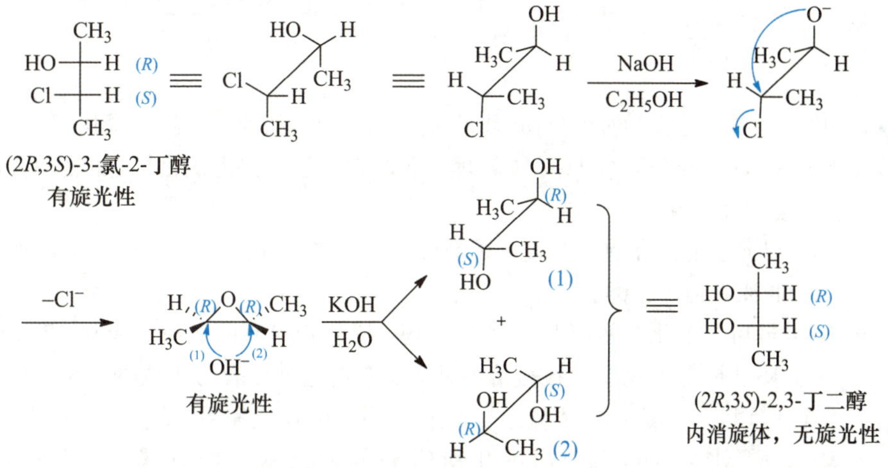

(2*R*,3*S*)-3-氯-2-丁醇
有旋光性

$\xrightarrow[C_2H_5OH]{NaOH}$ $\xrightarrow{-Cl^-}$ (*R*,*R*)环氧化合物，有旋光性 $\xrightarrow[H_2O]{KOH}$ (1) + (2) ≡

(2*R*,3*S*)-2,3-丁二醇
内消旋体，无旋光性

习题 7-59 有旋光性的 5-氯-2-己醇，在氢氧化钾的乙醇溶液中反应，产物为 $C_6H_{12}O$，$[\alpha]_D=0$。请指出具有什么构型的 5-氯-2-己醇能发生此反应，并写出此反应的立体化学过程。

答 (2*R*,5*R*)-5-氯-2-己醇及(2*S*,5*S*)-5-氯-2-己醇均能反应，得无旋光性的产物 $C_6H_{12}O$，反应的立体化学过程如下：

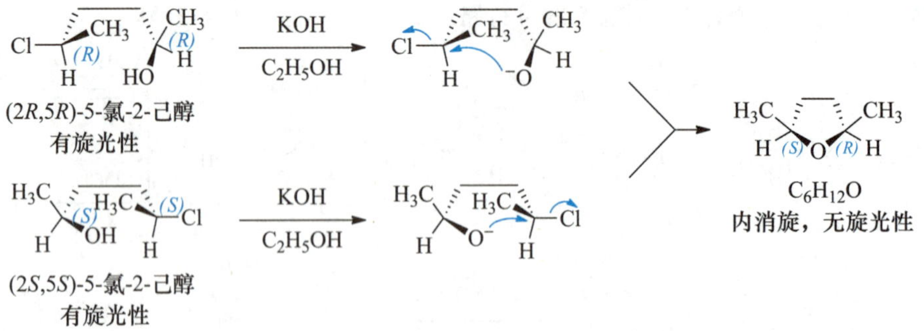

(2R,5R)-5-氯-2-己醇
有旋光性

(2S,5S)-5-氯-2-己醇
有旋光性

$C_6H_{12}O$
内消旋，无旋光性

习题 7-60 如下式所示，(S)-2-甲基-1-溴-2-丁醇用稀氢氧化钠溶液转为有旋光性的环氧化合物，此环氧化合物可用碱或酸开环得到两个取代的邻二醇。请分别写出这两个反应的反应机理，并命名此二反应的产物。

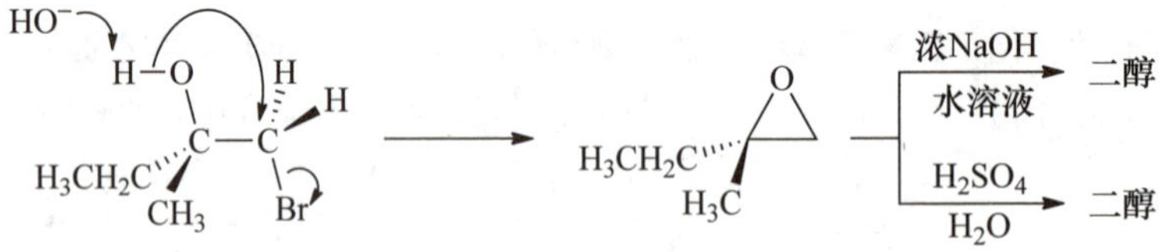

浓NaOH 水溶液 → 二醇

H_2SO_4, H_2O → 二醇

答 在碱中：

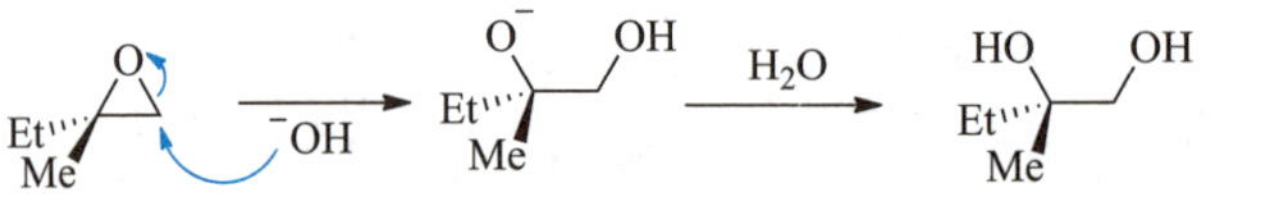

(S)-2-甲基-1,2-丁二醇

在酸中：

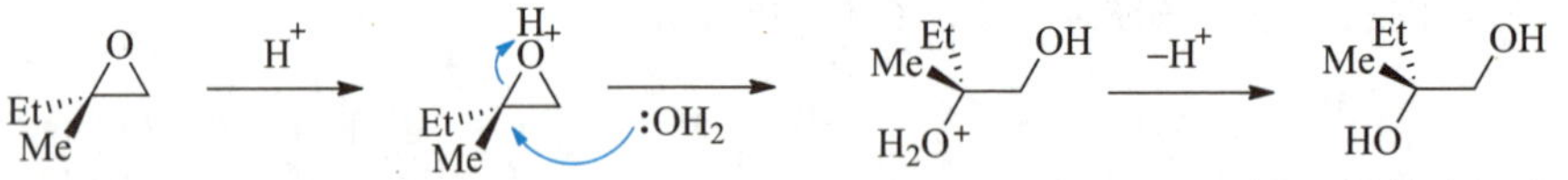

(R)-2-甲基-1,2-丁二醇

习题 7-61 用化学方法鉴别下列化合物：环己烯，三级丁醇，氯化苄，苯，1-戊炔，环己基氯，环己醇。

答 (i) 首先用 $AgNO_3$-C_2H_5OH 处理：立即有白色沉淀为氯化苄，加热后有白色沉淀为环己基氯，其他均无此反应。

(ii) 剩下五个化合物用 Lucas 试剂（$ZnCl_2$＋HCl）处理：振荡后立即混浊者为三级丁醇，过几分钟混浊者为环己醇。

(iii) 最后三个化合物用 Br_2-CCl_4 处理：褪色者为环己烯和 1-戊炔，苯无此反应。

(iv) 环己烯与 1-戊炔用银氨溶液处理：有白色沉淀者为 1-戊炔，环己烯无此反应。

习题 7-62 正己醇用 48％氢溴酸、浓硫酸一起回流 2.5 h，反应完后，反应混合物中有正己基溴、正己醇、氢溴酸、硫酸、水。试提出分离纯化所得到的正己基溴的方法（正己基溴沸点 157℃，正己醇沸点 156℃）。

答

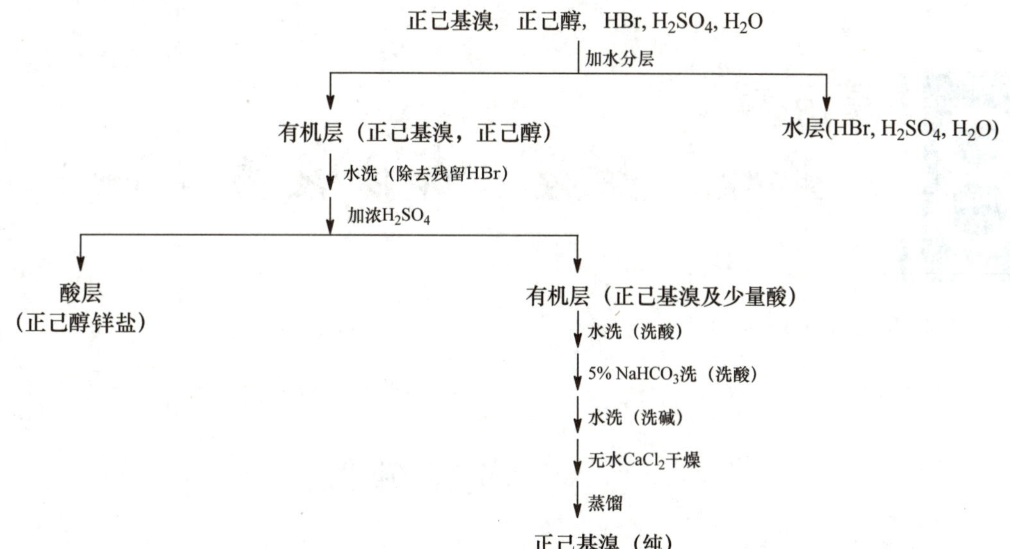

正己基溴，正己醇，HBr, H_2SO_4, H_2O
加水分层
有机层（正己基溴，正己醇）
水层(HBr, H_2SO_4, H_2O)
水洗（除去残留HBr）
加浓H_2SO_4
酸层
（正己醇锌盐）
有机层（正己基溴及少量酸）
水洗（洗酸）
5% $NaHCO_3$洗（洗酸）
水洗（洗碱）
无水$CaCl_2$干燥
蒸馏
正己基溴（纯）

第 8 章
8 烯烃 炔烃 加成反应（一）

内容提要

（一）烯 烃

烯烃是一类含有碳碳双键的碳氢化合物。**碳碳双键**是烯烃的官能团。

8.1 烯烃的分类

含有一个碳碳双键的烯烃称为单烯烃。含有多于一个碳碳双键的烯烃称为多烯烃。碳碳双键数目最少的多烯烃是二烯烃或称为双烯烃，两个碳碳双键连在同一个碳上的双烯烃称为联烯；两个碳碳双键被一个碳碳单键隔开的双烯烃称为共轭双烯；其余的双烯烃称为孤立双烯烃。

8.2 烯烃的命名(略)

8.3 烯烃的结构

在单烯烃中，双键碳取 sp^2 杂化，两个双键碳原子各用一个 sp^2 杂化轨道通过轴向重叠形成 σ 键，各用一个 p 轨道通过侧面重叠形成 π 键。碳碳双键是由一个 σ 键和一个 π 键共同组成的。由于双键不能自由旋转，当两个双键碳均与不同基团相连时，单烯烃有一对几何异构体。孤立二烯烃的双键结构特征与单烯烃类似。共轭双烯的两个 π 键形成一个大 π 键。在联烯中，中间的双键碳为 sp 杂化，两端的双键碳为 sp^2 杂化，两个 π 键呈正交状态。

8.4 烯烃的物理性质(略)

烯烃的反应

烯烃的**双键**能发生亲电加成、自由基加成、氧化反应、催化加氢反应和聚合反应，烯烃的 α 碳上能发生取代反应。

8.5 加成反应的定义和分类

两个或多个分子相互作用，生成一个加成产物的反应称为**加成反应**。加成反应可以是离子型的、自由基型的和协同的。离子型加成反应又分为亲电加成和亲核加成。

8.6 烯烃的亲电加成反应

带正电的原子或基团进攻碳碳不饱和键而引起的加成反应称为**亲电加成反应**。亲电加成反应可以按照“**碳正离子中间体机理**”、“**环正离子中间体机理**”、“**离子对中间体机理**”和“**三中心过渡态机理**”进行。烯烃和氢卤酸、硫酸、水、有机酸、醇和酚的反应是按“碳正离子中间体机理”进行的。烯烃和卤素、次卤酸的加成是按“离子对中间体机理”进行的。

8.7 烯烃的自由基加成反应

溴化氢在光照或过氧化物的作用下与烯烃的加成属于**自由基加成**反应。

8.8 烯烃与卡宾的反应

含二价碳的电中性化合物称为**卡宾**。卡宾有单线态和三线态两种结构。多卤代烷、三氯乙酸可通过 α-消除制取卡宾。乙烯酮、重氮甲烷在光照下裂分也能制得卡宾。卡宾与烯烃反应可制得环丙烷类化合物。

8.9 烯烃的氧化

烯烃能被多种氧化剂氧化。烯烃在过酸作用下生成环氧化物的反应称为烯烃的**环氧化反应**。烯烃被高锰酸钾氧化可生成**顺邻二醇**。邻二醇很容易进一步氧化裂解为酮、酸或酮和酸的混合物。烯烃也能被四氧化锇氧化成顺邻二醇。烯烃在低温和惰性溶剂中和臭氧发生加成生成臭氧化物的反应称为烯烃的**臭氧化反应**。臭氧化物被水分解成醛和酮的反应称为臭氧化物的分解反应。这两个反应合称为烯烃的**臭氧化-分解反应**。

8.10 烯烃的硼氢化-氧化反应和硼氢化-还原反应

烯烃与甲硼烷作用生成烷基硼的反应称为烯烃的**硼氢化**。烷基硼在碱性条件下与过氧化氢作用生成醇的反应称为烷基硼的氧化反应。这两个反应合称为烯烃的**硼氢化-氧化反应**。烷基硼在羧酸作用下生成烷烃的反应称为烷基硼的还原反应。烯烃的硼氢化反应和烷基硼的还原反应合称为烯烃的**硼氢化-还原反应**。

8.11 烯烃的催化氢化反应

在催化剂的作用下，烯烃与氢加成生成烷烃的反应称为**催化氢化**。催化剂不溶于有机溶剂的催化氢化称为异相催化氢化，催化剂溶于有机溶剂的催化氢化称为均相催化氢化。不适于催化加氢的烯烃可用二亚胺加氢。

8.12 烯烃 α 氢的卤化

在高温下，烯烃与卤素作用，双键 α 碳上的氢被卤原子取代的反应称为**烯烃 α 氢的卤化**。[在实验室中，常用 **N-溴代丁二酰亚胺(NBS)** 为溴化试剂。]反应是按自由基机理进行的。

8.13 烯烃的聚合　橡胶

在催化剂的作用下，化合物打开不饱和键按一定的方式自身加成生成长链大分子的反应称为加成聚合反应，简称**加聚反应**。许多合成橡胶都是通过烯烃的加聚反应制备的。

烯烃的制备

8.14 烯烃制备方法的归纳(略)

(二)炔　烃

炔烃是一类含有碳碳叁键的碳氢化合物。**碳碳叁键**是炔烃的官能团。

8.15 炔烃的分类

含有一个碳碳叁键的炔烃称为单炔烃。含有多于一个碳碳叁键的炔烃称为多炔烃。碳碳叁键数目最少的多炔烃是二炔烃，两个碳碳叁键被一个碳碳单键隔开的二炔烃称为共轭二炔烃；其余的二炔烃称为孤立二炔烃。

8.16 炔烃的命名(略)

8.17 炔烃的结构

在炔烃中，叁键碳取 sp 杂化，两个叁键碳各用一个 sp 杂化轨道通过轴向重叠形成 σ 键，各用两个 p 轨道通过侧面重叠形成两个 π 键。碳碳叁键是由一个 σ 键和两个 π 键共同组成的。共轭二炔烃有两个互相垂直的大 π 键。

8.18 炔烃的物理性质(略)

炔烃的反应

炔烃能发生亲电加成、自由基加成、亲核加成、氧化反应、催化加氢反应和聚合反应，炔烃的 α 碳上能发生取代反应。末端炔烃叁键碳上的氢活性较强，能发生酸碱反应和取代反应。

8.19 末端炔烃的特性

末端炔烃与强碱反应可形成金属化合物，称为**炔化物**。炔化物具有**碱性**和**亲核性**。形成炔基银和炔基亚酮的反应可用于末端炔烃的鉴别和提纯。末端炔烃与次卤酸反应，可得到炔基卤化物。

8.20 炔烃的亲电加成

炔烃也能发生**亲电加成**反应，但比烯烃的亲电加成难以进行。炔烃和氢卤酸、硫酸、水、有机酸和酚的反应也是按“**碳正离子中间体机理**”进行的。炔烃和卤素、次卤酸的加成也是按“**离子对中间体机理**”进行的。炔烃与水的加成产物**烯醇**不稳定，易互变异构为醛、酮。

8.21 炔烃的自由基加成

在光照或过氧化物的作用下，炔烃也能与溴化氢发生**自由基加成反应**。

8.22 炔烃的亲核加成

亲核试剂能对炔烃发生**亲核加成**反应。很多产物是有用的单体，可通过加聚反应制备工业产品。

8.23 炔烃的氧化

炔烃被高锰酸钾氧化，可生成 α-二酮或羧酸。炔烃经臭氧化-分解反应也能制备羧酸。

8.24 炔烃的硼氢化-氧化和硼氢化-还原反应

炔烃经硼氢化-氧化反应得到烯醇，烯醇不稳定，互变异构为醛、酮。炔烃经硼氢化-还原反应得到 Z 型烯烃。

8.25 炔烃的还原

在常用催化剂的作用下，炔烃与氢加成生成烷烃。在 Lindlar 催化剂的作用下，炔烃与氢加成生成 Z 型烯烃。炔烃在**液氨**中用**金属钠**还原生成 E 型烯烃。炔烃用氢化铝锂还原，也得到 E 型烯烃。

8.26 乙炔的聚合

乙炔在不同的催化剂作用下，可有选择地聚合成链形或环状化合物。

炔烃的制备

8.27 乙炔的工业生产(略)

8.28 炔烃的实验室制备

邻二卤代烷和偕二卤代烷在碱性试剂作用下失去两分子卤化氢，可生成炔烃；炔化物与卤代烃经 S_N2 反应也能生成炔烃；末端炔烃直接氧化偶联，可用来制备高级炔烃。

习题解析

习题 8-1 (i) 写出 C_4H_8 的所有同分异构体。

(ii) 写出下列化合物的立体异构体。

(a) $ClCH{=}CHCl$　　(b) $ClCH{=}CHCH(Br)CH_2CH_3$　　(c) $ClCH{=}CH{-}CH{=}CHCl$

答 (i) 6 个

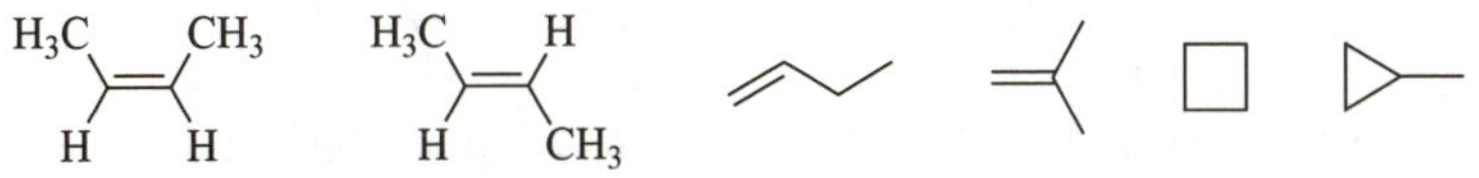

(顺-2-丁烯：H_3C、CH_3 同侧，H、H 同侧；反-2-丁烯：H_3C、H / H、CH_3；1-丁烯；异丁烯；环丁烷；甲基环丙烷)

(ii) (a) 2 个

(b) 4 个

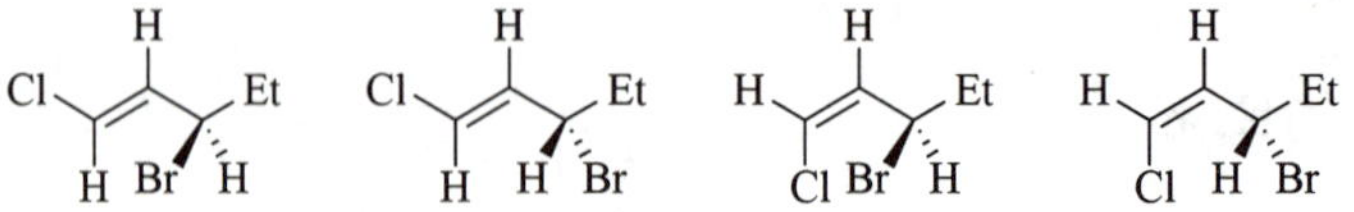

(c) 3 个

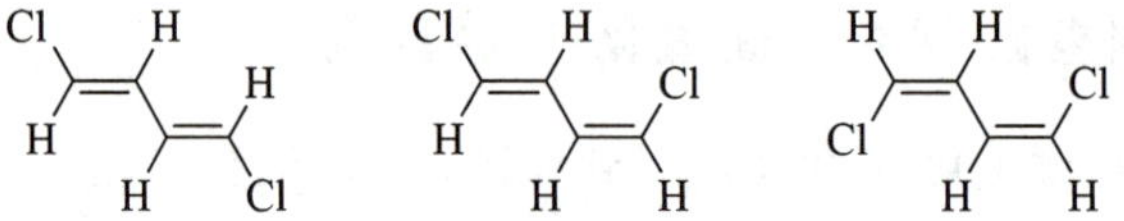

习题 8-2 用中英文系统命名法命名下列化合物。

(i) 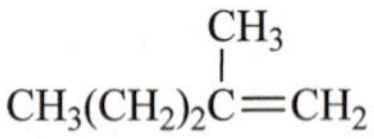 $CH_3(CH_2)_2C(CH_3){=}CH_2$　(ii) 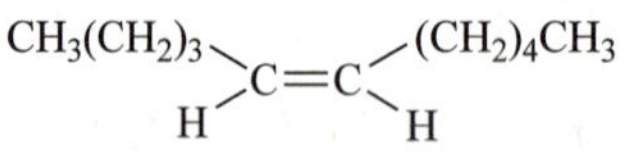 $CH_3(CH_2)_3(H)C{=}C(H)(CH_2)_4CH_3$　(iii) 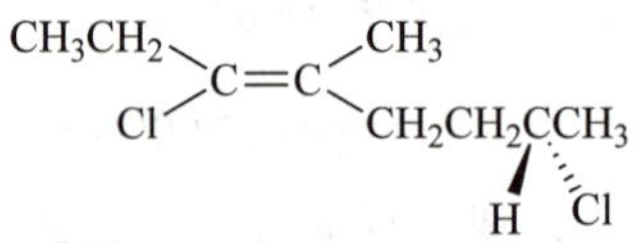 $CH_3CH_2(Cl)C{=}C(CH_3)CH_2CH_2CH(Cl)CH_3$

(iv) $CH_2{=}CHCH_2Br$　(v) 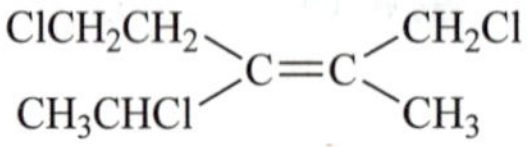 $ClCH_2CH_2(CH_3CHCl)C{=}C(CH_2Cl)CH_3$　(vi) 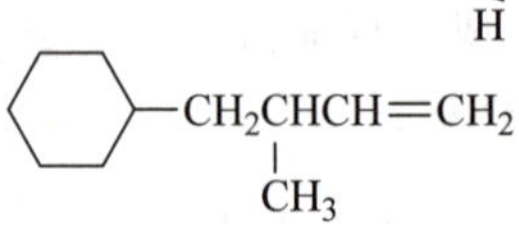 环己基$-CH_2CH(CH_3)CH{=}CH_2$

答　(i) 2-甲基-1-戊烯　2-methyl-1-pentene

(ii) (*Z*)-5-十一碳烯　(*Z*)-5-undecene

(iii) (7*S*,3*Z*)-4-甲基-3,7-二氯-3-辛烯　(7*S*,3*Z*)-3,7-dichloro-4-methyl-3-octene

(iv) 3-溴-1-丙烯　3-bromo-1-propene

(v) (2*E*)-2-甲基-3-(2-氯乙基)-1,4-二氯-2-戊烯　(2*E*)-1,4-dichloro-3-(2-chloroethyl)-2-methyl-2-pentene

(vi) 3-甲基-4-环己基-1-丁烯　4-cyclohexyl-3-methyl-1-butene

习题 8-3 写出分子式为 $C_4H_6Cl_2$ 的所有链形化合物的同分异构体及其中英文系统命名。

答

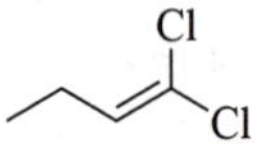

1,1-二氯-1-丁烯　1,1-dichloro-1-butene

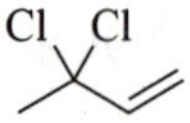

3,3-二氯-1-丁烯　3,3-dichloro-1-butene

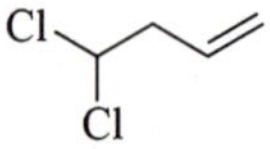

4,4-二氯-1-丁烯　4,4-dichloro-1-butene

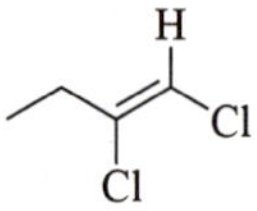

(*Z*)-1,2-二氯-1-丁烯　(*Z*)-1,2-dichloro-1-butene

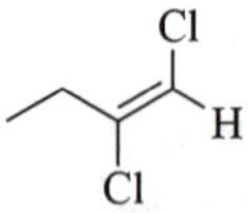

(*E*)-1,2-二氯-1-丁烯　(*E*)-1,2-dichloro-1-butene

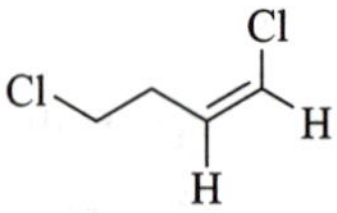

(*Z*)-1,4-二氯-1-丁烯　(*Z*)-1,4-dichloro-1-butene

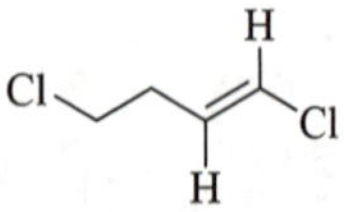

(*E*)-1,4-二氯-1-丁烯　(*E*)-1,4-dichloro-1-butene

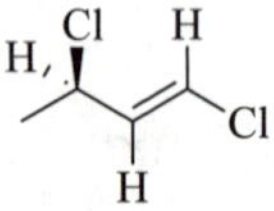

(3*R*,1*E*)-1,3-二氯-1-丁烯　(3*R*,1*E*)-1,3-dichloro-1-butene

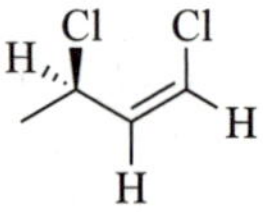

(3*R*,1*Z*)-1,3-二氯-1-丁烯　(3*R*,1*Z*)-1,3-dichloro-1-butene

(3S,1E)-1,3-二氯-1-丁烯

(3S,1E)-1,3-dichloro-1-butene

(3S,1Z)-1,3-二氯-1-丁烯

(3S,1Z)-1,3-dichloro-1-butene

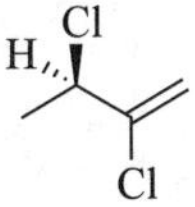

(R)-2,3-二氯-1-丁烯

(R)-2,3-dichloro-1-butene

(S)-2,3-二氯-1-丁烯

(S)-2,3-dichloro-1-butene

2,4-二氯-1-丁烯

2,4-dichloro-1-butene

(S)-3,4-二氯-1-丁烯

(S)-3,4-dichloro-1-butene

(R)-3,4-二氯-1-丁烯

(R)-3,4-dichloro-1-butene

(E)-1,1-二氯-2-丁烯

(E)-1,1-dichloro-2-butene

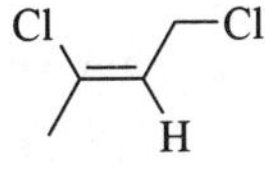

(Z)-1,1-二氯-2-丁烯

(Z)-1,1-dichloro-2-butene

(Z)-1,2-二氯-2-丁烯

(Z)-1,2-dichloro-2-butene

(E)-1,2-二氯-2-丁烯

(E)-1,2-dichloro-2-butene

(Z)-1,3-二氯-2-丁烯

(Z)-1,3-dichloro-2-butene

(E)-1,3-二氯-2-丁烯

(E)-1,3-dichloro-2-butene

(Z)-1,4-二氯-2-丁烯

(Z)-1,4-dichloro-2-butene

(E)-1,4-二氯-2-丁烯

(E)-1,4-dichloro-2-butene

(E)-2,3-二氯-2-丁烯

(E)-2,3-dichloro-2-butene

(Z)-2,3-二氯-2-丁烯

(Z)-2,3-dichloro-2-butene

2-二氯甲基-1-丙烯

2-dichloromethyl-1-propene

2-氯甲基-3-氯-1-丙烯

3-chloro-2-chloromethyl-1-propene

2-甲基-1,1-二氯-1-丙烯

1,1-dichloro-2-methyl-1-propene

(Z)-2-甲基-1,3-二氯-1-丙烯

(Z)-1,3-dichloro-2-methyl-1-propene

(E)-2-甲基-1,3-二氯-1-丙烯

(E)-1,3-dichloro-2-methyl-1-propene

习题 8-4 用图示的方法表示 1,3-戊二烯、1,4-戊二烯和 2,3-戊二烯在结构上有什么不同。

答

1,4-戊二烯

$CH_2=CH-CH_2-CH=CH_2$

$sp^2\ sp^2\ sp^3\ sp^2\ sp^2$

1,3-戊二烯

$CH_2=CH-CH=CH-CH_3$

$sp^2\ sp^2\ sp^2\ sp^2\ sp^3$

2,3-戊二烯

$CH_3-CH=C=CH-CH_3$

$sp^3\ sp^2\ sp\ sp^2\ sp^3$

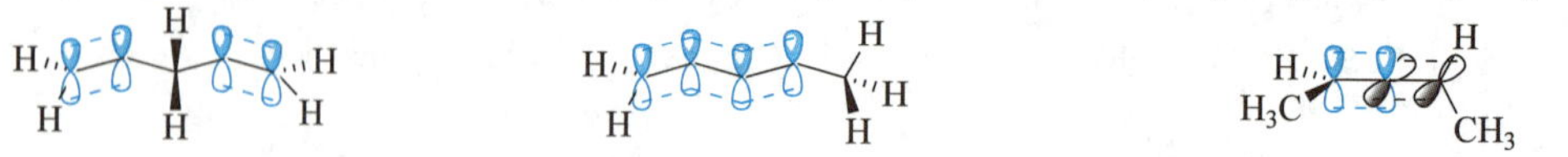

习题 8-5 环己烷(bp 81℃)、环己烯(bp 83℃)很难用蒸馏方法分离,请设计一种方法将它们分离提纯。

答 加溴,使环己烯形成 1,2-二溴环己烷,沸点较高,可以用蒸馏的方法将 1,2-二溴环己烷与环己烷分开。分离后的 1,2-二溴环己烷再用锌(或镁、碘化物等)处理,得到环己烯。

习题 8-6 将下列化合物按指定性能从大到小排列成序。

(i) 沸点: (a) $CH_3CH_2CH_2CH_2CH=CH_2$ (b) $CH_3CH_2(H)C=C(H)CH_2CH_3$ (c) $CH_3CH_2(H)C=C(H)CH_2CH_3$

(ii) 偶极矩: (a) $CH_3CH_2CH_2CH_2CH=CH_2$ (b) $CH_3CH_2CH_2CH_2CH_2CH_3$ (c) $CH_3CH_2CH_2CHClCH=CH_2$

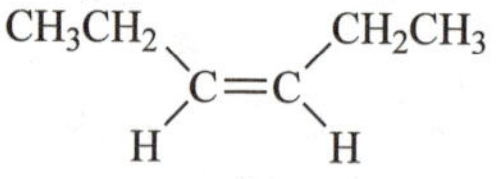

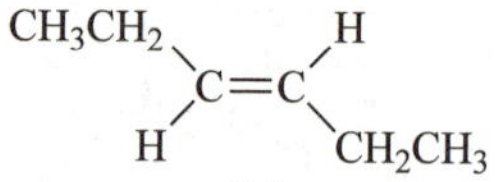

答 (i) (b)>(c)>(a) (ii) (c)>(a)>(b)

习题 8-7 写出 HI 与下列各化合物反应的主要产物。

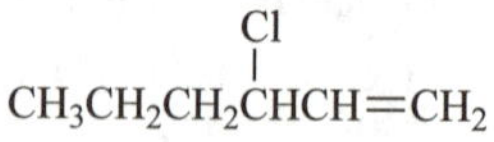

(i) $CH_3CH_2CH=CH_2$ (ii) $(CH_3)_2C=CHCH_3$ (iii) $CH_3CH=CHCH_2Cl$ (iv) $(CH_3)_3\overset{+}{N}CH=CH_2$

(v) $CH_3OCH=CH_2$ (vi) $CF_3CH=CHCl$ (vii) $(CH_3CH_2)_3CCH=CH_2$

答

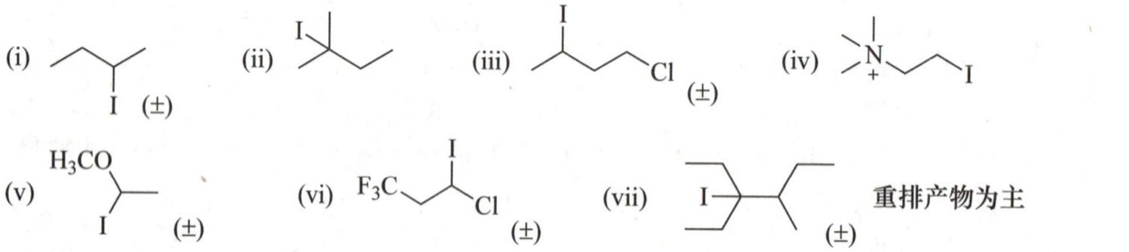

(i) I (±) (ii) I (iii) I, Cl (±) (iv) N, +, I

(v) H_3CO, I (±) (vi) F_3C, I, Cl (±) (vii) I (±) 重排产物为主

习题 8-8 氯化氢与 3-甲基环戊烯加成得 1-甲基-2-氯环戊烷及 1-甲基-1-氯环戊烷混合物,写出此转换的反应机理及其中间体,并加以解释。

答 反应中出现了重排产物,因此反应是按碳正离子机理进行的:

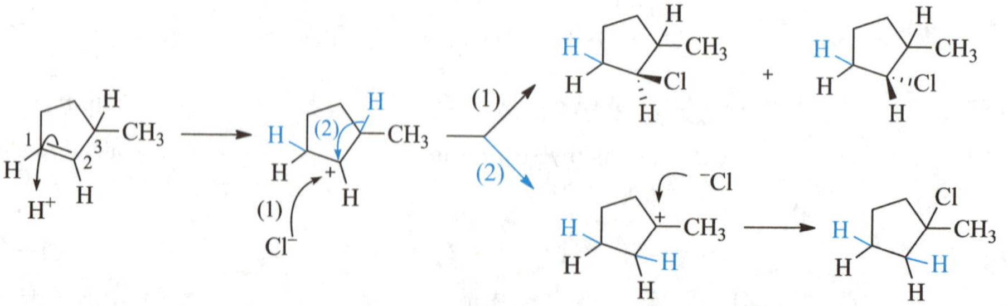

H, CH_3, 1, 2, 3, H, H^+, H → H, (2), H, CH_3, H, +, H, (1), Cl^- (1) → H, H, CH_3, H, Cl, H + H, H, CH_3, H, Cl, H; (2) → ^-Cl, H, H, +, CH_3, H, H → Cl, H, CH_3, H, H, H

首先 H^+ 与 3-甲基环戊烯反应,由于甲基的给电子效应使得 3-甲基环戊烯中 C_1 的 π 电子云密度增加,H^+ 与 C_1 结合得到二级碳正离子中间体。二级碳正离子与 Cl^- 结合得到 1-甲基-2-氯环戊烷。如果二级碳正离子中与甲基相连的碳上的氢,以负氢形式转移,则形成三级碳正离子中间

体。由于三级碳正离子更加稳定，故易于形成。三级碳正离子与 Cl^- 结合得到 1-甲基-1 氯环戊烷。在做题中，当预见到底物可能发生重排反应时，最好写出反应位点附近的全部原子（尤其是氢原子），这样有助于书写反应机理。

思考：该反应中，二级碳正离子中间体可以发生甲基迁移吗？重排产物是什么？为什么答案里没有写出甲基迁移的反应机理？

习题 8-9 写出下列试剂与 1-甲基环己烯反应的产物。

(i) H_2SO_4(0 °C)　(ii) CF_3COOH　(iii) CH_3COOH, H^+　(iv) C_2H_5OH, H^+

答

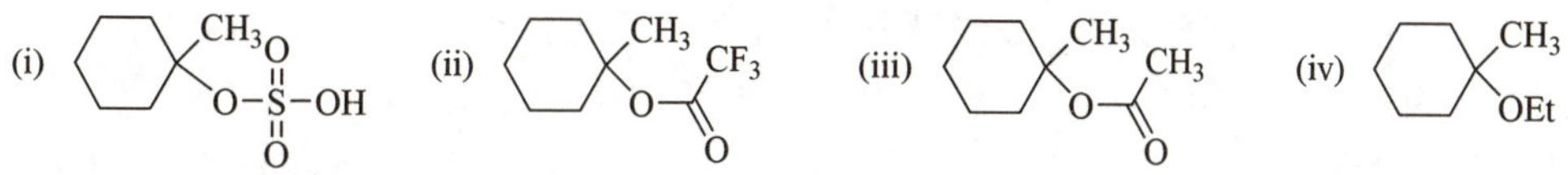

(i) 1-甲基环己基-$O-SO_2-OH$　(ii) 1-甲基环己基-$O-C(=O)CF_3$　(iii) 1-甲基环己基-$O-C(=O)CH_3$　(iv) 1-甲基环己基-OEt

习题 8-10 写出溴与(*E*)-2-丁烯加成的反应机理、主要产物，并用 Fischer 投影式表示。主要产物是苏型的还是赤型的？

答

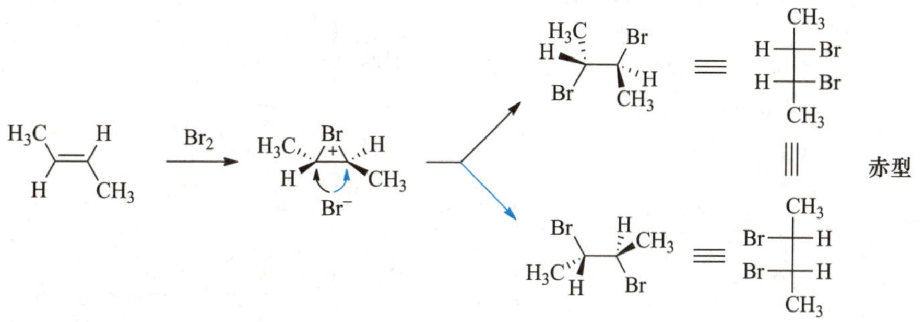

赤型

习题 8-11 写出下列化合物与溴加成的产物。

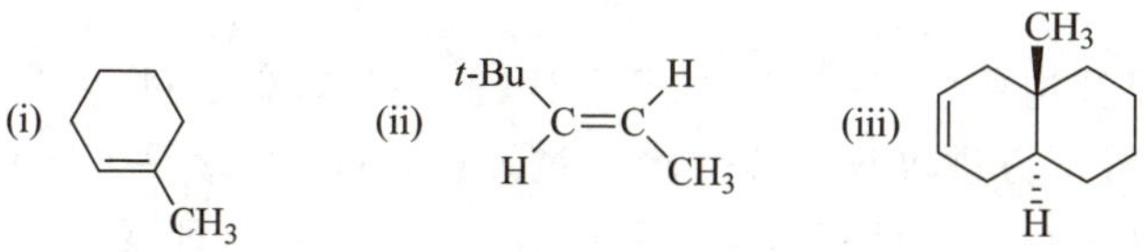

(i)　(ii)　(iii)

答

(i) (±)　(ii) (±)　(iii)

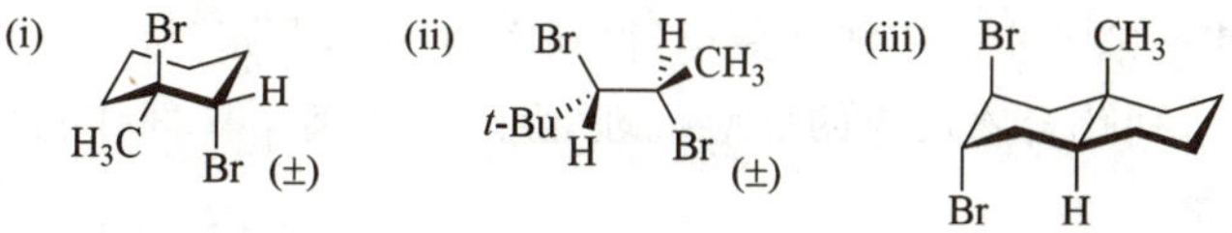

习题 8-12 溴与 1-甲基环己烯的亲电加成，得到一对外消旋体。请写出反应机理，并用电子效应加以解释（注意溴与不对称烯烃加成时的电子效应及构象）。

答

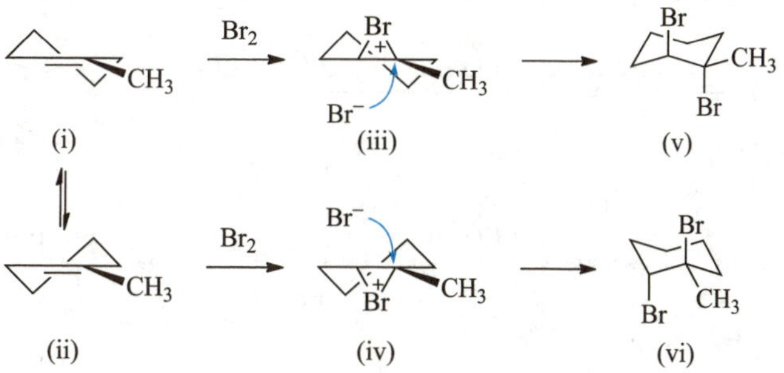

(i)　(iii)　(v)

(ii)　(iv)　(vi)

甲基环戊烯的半椅型构象(i)与(ii)能量相等，均可与 Br_2 反应，生成环溴鎓离子(iii)、(iv)，由于甲基的给电子效应，与甲基相连的碳上出现部分正电荷时比较稳定（具有三级碳正离子的性质），

Br^-与(iii),(iv)中与甲基相连的碳原子结合,形成一对外消旋体(v),(vi)。

习题 8-13 苯乙烯 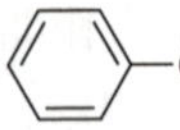 —$CH=CH_2$ 在甲醇溶液中溴化,得到 1-苯基-1,2-二溴乙烷及 1-苯基-1-甲氧基-2-溴乙烷。写出反应机理。

答

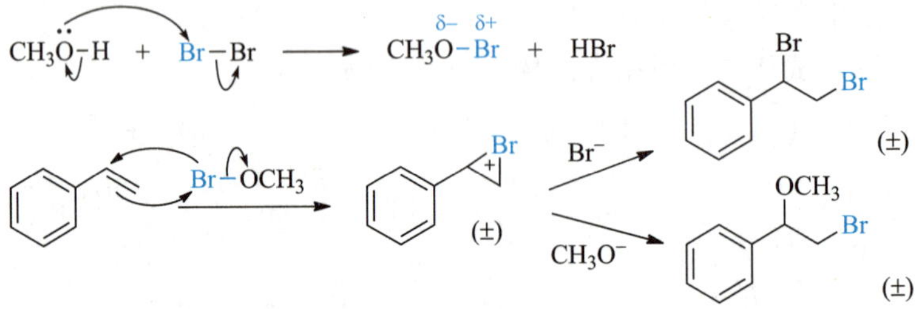

$$CH_3\ddot{O}-H + Br-Br \longrightarrow CH_3\overset{\delta-}{O}-\overset{\delta+}{Br} + HBr$$

(±) (±) (±)

习题 8-14 (*R*)-4-三级丁基环己烯在甲醇中溴化,得两种化合物的混合物,分子式都是 $C_{11}H_{21}BrO$。预言这两个产物的立体结构,并阐明理由。

答

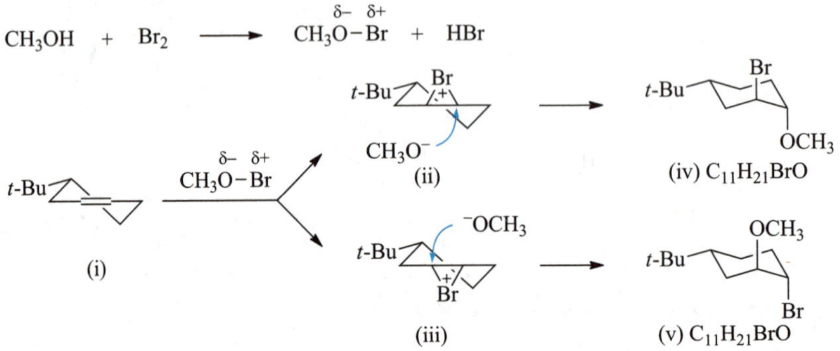

$$CH_3OH + Br_2 \longrightarrow CH_3\overset{\delta-}{O}-\overset{\delta+}{Br} + HBr$$

(i) (ii) (iii) (iv) $C_{11}H_{21}BrO$ (v) $C_{11}H_{21}BrO$

(*R*)-4-三级丁基环己烯的半椅型构象(i)中,*t*-Bu 处于平伏键,能量较低。(i)与 $Br^{\delta+}$ 进行加成反应,$Br^{\delta+}$ 可以从环平面的上方或下方进攻双键,得到溴鎓离子(ii),(iii)。然后 CH_3O^- 从溴原子的背后进攻碳原子,使 $CH_3O—C—C—Br$ 处于双直立键并在同一平面上(即反式共平面加成),同时符合构象最小改变原理,使得第二步反应能垒最小,得到产物(iv),(v)。

习题 8-15 写出溴在碱性稀水溶液中与下列化合物反应的反应机理(经过环正离子中间体),用构象式表示。有几个产物?指出它们的关系。

(i) 环己烯 (ii) 1-甲基环己烯 (iii) (*R*)-4-乙基环己烯

答

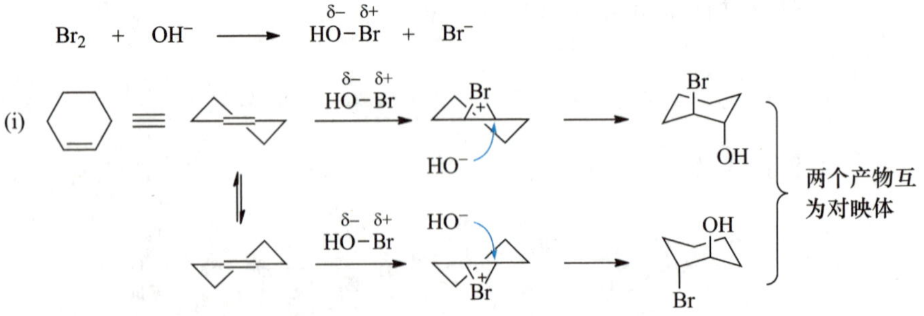

$$Br_2 + OH^- \longrightarrow \overset{\delta-}{HO}-\overset{\delta+}{Br} + Br^-$$

(i)

两个产物互为对映体

(ii) 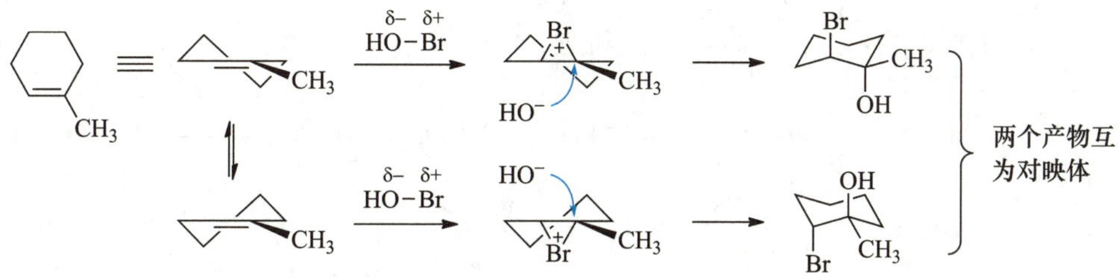 [结构式：1-甲基环己烯 ≡ 两种半椅式构象互变，分别与 $\overset{\delta-}{HO}-\overset{\delta+}{Br}$ 反应，经溴鎓离子，HO^- 从背面进攻，得到产物]

两个产物互为对映体

(iii) 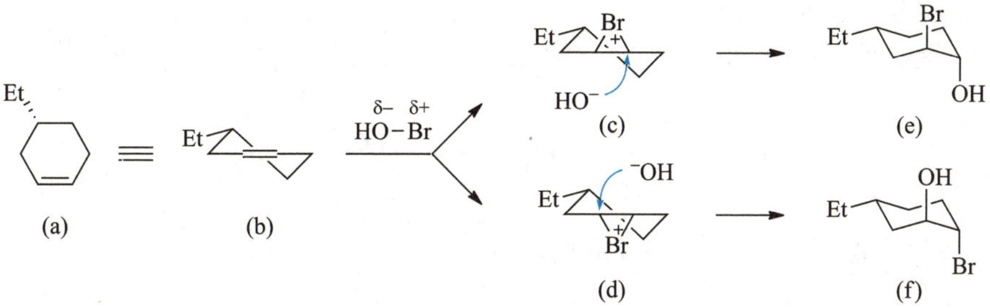 [结构式：(a) 4-乙基环己烯 ≡ (b) 乙基处于平伏键的构象；与 $\overset{\delta-}{HO}-\overset{\delta+}{Br}$ 反应生成溴鎓离子 (c) 和 (d)，HO^- 进攻后分别得到 (e) 和 (f)]

(a) (b) (c) (d) (e) (f)

(*R*)-4-乙基环己烯(a)以乙基处于平伏键的构象(b)比较稳定，因此主要是(b)进行反应。(b)与 $Br^{\delta+}$ 进行反应时，$Br^{\delta+}$ 可以在(b)的平面上方或平面下方进攻，形成环溴鎓离子(c)和(d)，由于环上乙基的影响(影响不大)，(c)和(d)不一定是等量的；OH^- 从 Br 背面进攻与 Br 相连的碳原子，形成 HO—C—C—Br 双直立键(反式共平面)产物(e)和(f)，符合构象最小改变原理。(e)和(f)是同分异构体，不一定是等量的。

习题 8-16 预测下列反应的主要产物，写出相应的反应机理。

(i) 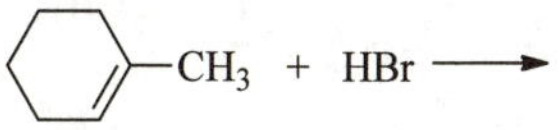 1-甲基环己烯 + HBr ⟶　　(ii) 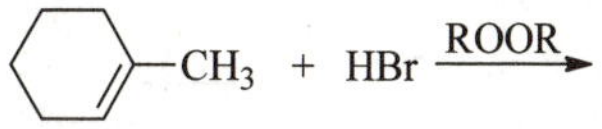 1-甲基环己烯 + HBr $\xrightarrow{ROOR}$

(iii) $CF_2{=}CH_2$ + $CHCl_3$ $\xrightarrow{ROOR}$　　(iv) $CH_3CH{=}CH_2$ + ICF_3 $\xrightarrow{ROOR}$

答 (i) 主要产物：1-溴-1-甲基环己烷；反应机理：

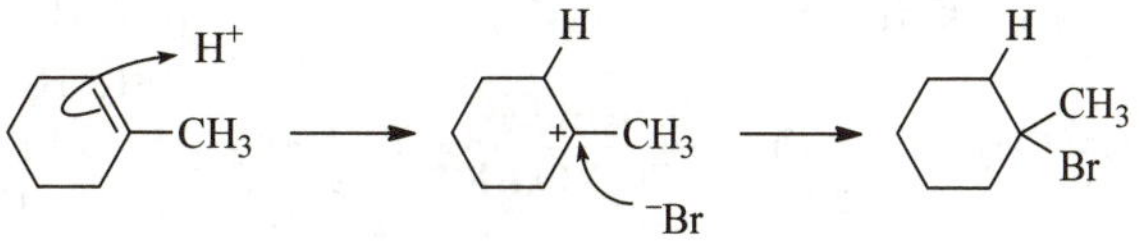

[1-甲基环己烯 + H^+ ⟶ 1-甲基环己基碳正离子，^-Br 进攻 ⟶ 1-溴-1-甲基环己烷]

(ii) 主要产物：2-溴-1-甲基环己烷（Br 与 CH_3 相邻）；反应机理：

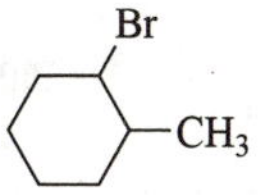

链引发：　RO—OR $\xrightarrow{\triangle}$ 2 RO·　　RO· + H—Br ⟶ RO—H + ·Br

链增长：　1-甲基环己烯 + ·Br ⟶ 2-溴-1-甲基环己基自由基 (±)；+ H—Br ⟶ 1-溴-2-甲基环己烷 (±)(±) + Br·

链终止：　2 Br· ⟶ Br_2　　2-溴-1-甲基环己基自由基 + ·Br ⟶ 1,2-二溴-1-甲基环己烷

2 × 2-溴-1-甲基环己基自由基 ⟶ 偶联二聚产物（两个 Br、两个 CH_3）

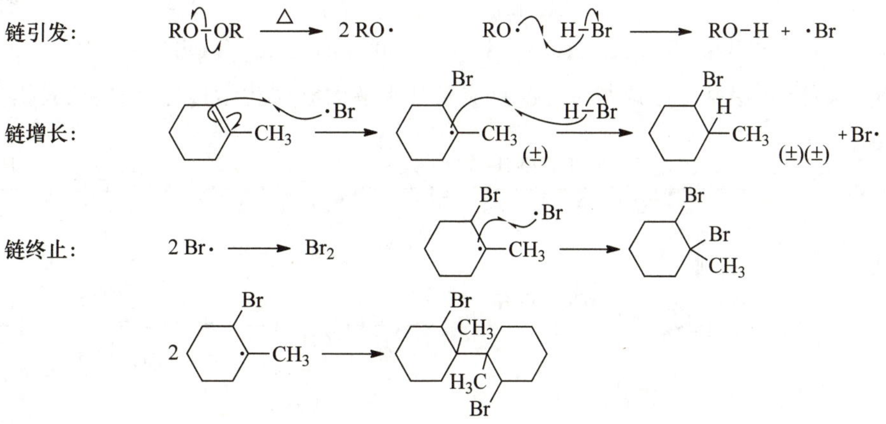

(iii) 主要产物：$CHF_2CH_2CCl_3$；反应机理：

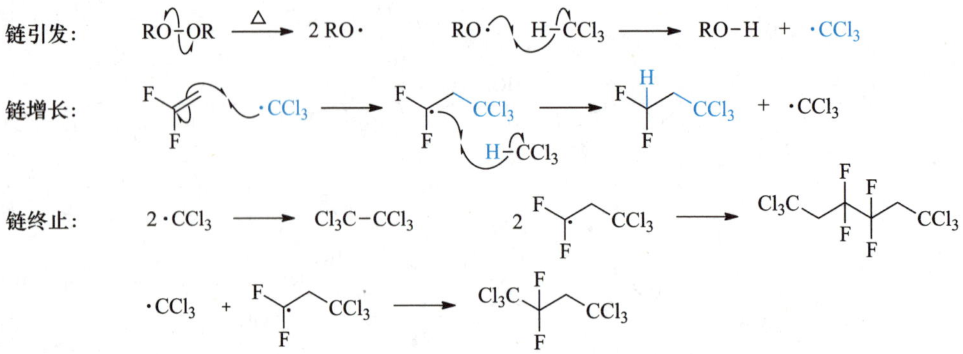

链引发：$RO-OR \xrightarrow{\triangle} 2\,RO\cdot$　　$RO\cdot + H-CCl_3 \longrightarrow RO-H + \cdot CCl_3$

链增长：$F_2C=CH_2 + \cdot CCl_3 \longrightarrow F_2\dot{C}-CH_2CCl_3 \xrightarrow{H-CCl_3} F_2CH-CH_2CCl_3 + \cdot CCl_3$

链终止：$2\cdot CCl_3 \longrightarrow Cl_3C-CCl_3$　　$2\,F_2\dot{C}CH_2CCl_3 \longrightarrow Cl_3CCH_2CF_2-CF_2CH_2CCl_3$

$\cdot CCl_3 + F_2\dot{C}CH_2CCl_3 \longrightarrow Cl_3C-CF_2-CH_2CCl_3$

(iv) 主要产物：$H_3C-CHI-CH_2CF_3$；反应机理：

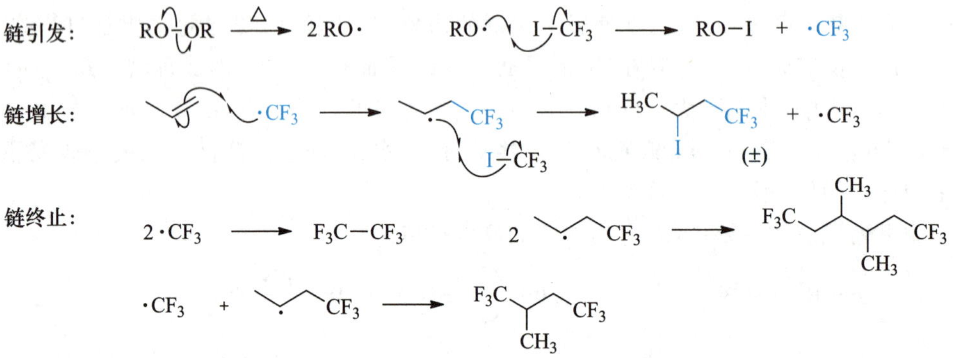

链引发：$RO-OR \xrightarrow{\triangle} 2\,RO\cdot$　　$RO\cdot + I-CF_3 \longrightarrow RO-I + \cdot CF_3$

链增长：$CH_3CH=CH_2 + \cdot CF_3 \longrightarrow CH_3\dot{C}HCH_2CF_3 \xrightarrow{I-CF_3} H_3C-CHI-CH_2CF_3\ (\pm) + \cdot CF_3$

链终止：$2\cdot CF_3 \longrightarrow F_3C-CF_3$　　$2\,CH_3\dot{C}HCH_2CF_3 \longrightarrow F_3CCH_2CH(CH_3)-CH(CH_3)CH_2CF_3$

$\cdot CF_3 + CH_3\dot{C}HCH_2CF_3 \longrightarrow F_3C-CH(CH_3)-CH_2CF_3$

习题 8-17　完成下列反应，写出主要产物。

(i) (E)-$CH_3CH_2CH=CHCH_3$ + $CHBrCl_2$ $\xrightarrow[(CH_3)_3COH]{(CH_3)_3COK}$　(ii) (Z)-$CH_3CH_2CH=CHCH_3$ + CHF_2I $\xrightarrow[(CH_3)_3COH]{(CH_3)_3COK}$

(iii) $(CH_3)_2C=CH_2$ + $CHCl_3$ $\xrightarrow[(CH_3)_3COH]{(CH_3)_3COK}$　(iv) (E)-$C_6H_5CH_2CH=CHCH_3$ + CH_2Br_2 $\xrightarrow[乙醚]{Zn(Cu)}$

答

(i) 反式-1-Et-2-Me-3,3-二氯环丙烷 CCl_2 (±)　(ii) 顺式-1-Et-2-Me-3,3-二氟环丙烷 CF_2 (±)　(iii) $(H_3C)_2C-CH_2$, CCl_2　(iv) 反式-1-PhH_2C-2-Me-环丙烷 CH_2 (±)

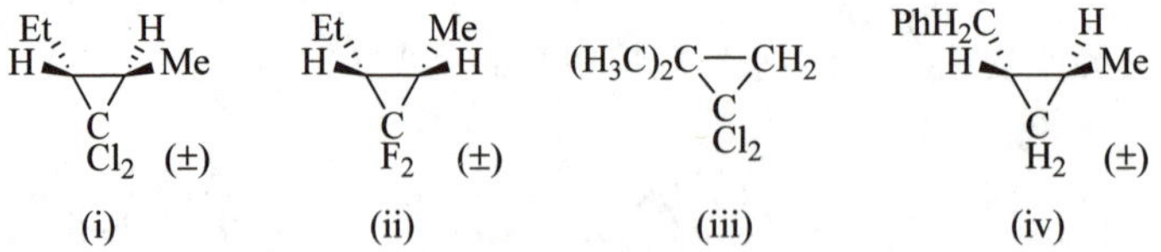

习题 8-18　写出 1-甲基环己烯与过乙酸反应及其水解的立体化学过程(用构象式描述)。

答

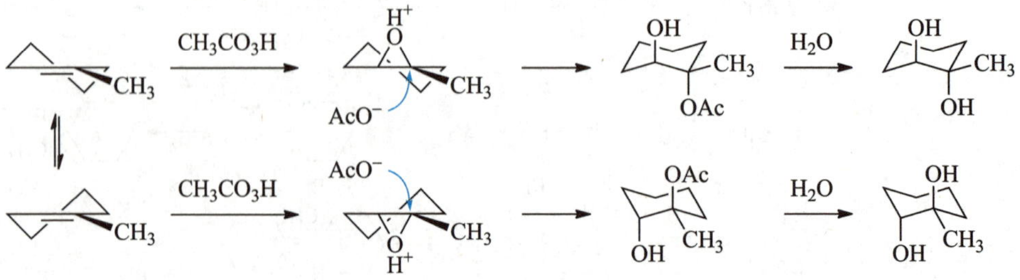

1-甲基环己烯 $\xrightarrow{CH_3CO_3H}$ 质子化环氧化物 (H^+), AcO^- 进攻 $\longrightarrow$ OH, CH_3, OAc 构象式 $\xrightarrow{H_2O}$ OH, CH_3, OH 构象式

⇅

1-甲基环己烯 $\xrightarrow{CH_3CO_3H}$ 质子化环氧化物 (H^+), AcO^- 进攻 $\longrightarrow$ OAc, OH, CH_3 构象式 $\xrightarrow{H_2O}$ OH, OH, CH_3 构象式

习题 8-19 完成下列反应，写出主要产物（反应物摩尔比为 1∶1）。

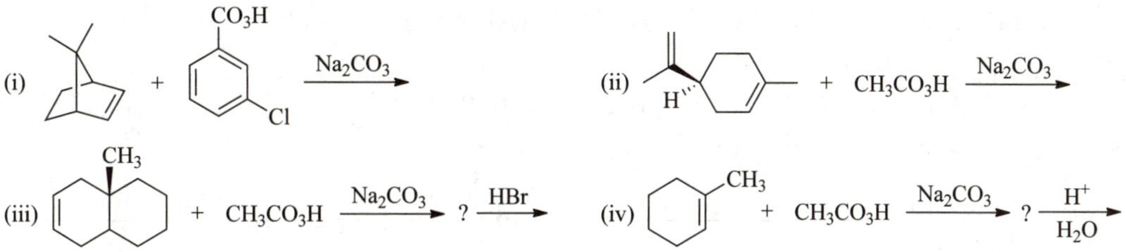

(i) 7,7-二甲基降冰片烯 + 间氯过氧苯甲酸 $\xrightarrow{Na_2CO_3}$　(ii) 柠檬烯 + CH_3CO_3H $\xrightarrow{Na_2CO_3}$

(iii) + CH_3CO_3H $\xrightarrow{Na_2CO_3}$? $\xrightarrow{HBr}$　(iv) + CH_3CO_3H $\xrightarrow{Na_2CO_3}$? $\xrightarrow[H_2O]{H^+}$

答 (i)　(ii)　(iii)　(iv) (±)

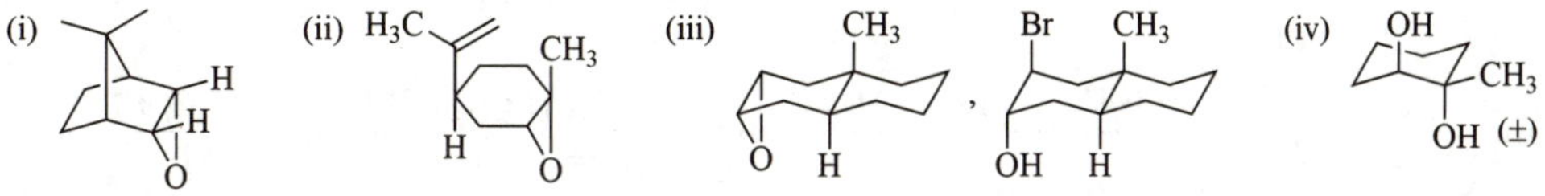

习题 8-20 A，B 两个化合物，分子式均为 C_7H_{14}。A 与 $KMnO_4$ 溶液加热生成 4-甲基戊酸，并有一种气体逸出；B 与 $KMnO_4$ 溶液或 Br_2-CCl_4 溶液都不发生反应，B 分子中有二级碳原子五个，三级和一级碳原子各一个。请写出 A 和 B 所有可能的构造式。

答 A:　B: 环己基—CH_3　环戊基—CH_2CH_3　环丁基—$CH_2CH_2CH_3$

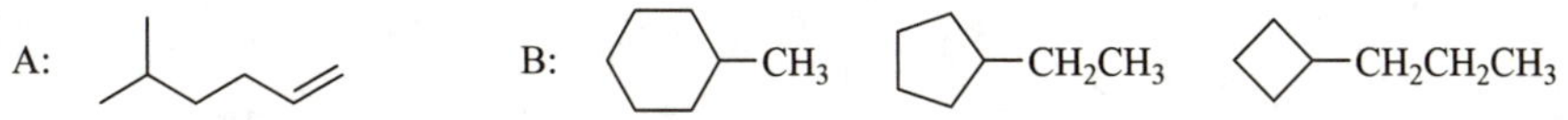

习题 8-21 完成下列反应，写出主要产物。

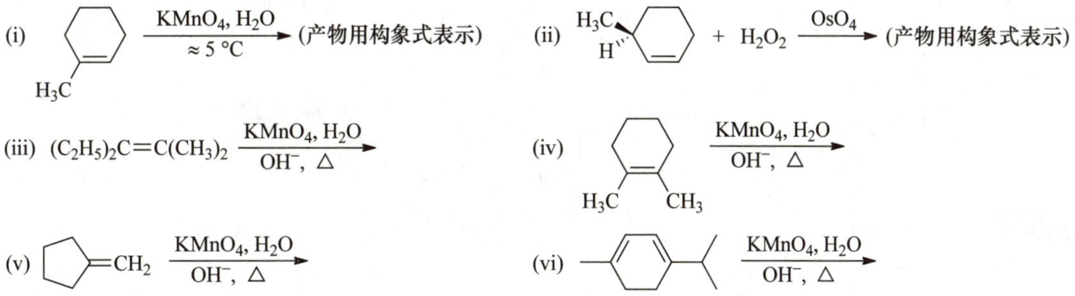

(i) $\xrightarrow[\approx 5\ ^\circ C]{KMnO_4,\ H_2O}$（产物用构象式表示）　(ii) + H_2O_2 $\xrightarrow{OsO_4}$（产物用构象式表示）

(iii) $(C_2H_5)_2C=C(CH_3)_2$ $\xrightarrow[OH^-,\ \triangle]{KMnO_4,\ H_2O}$　(iv) $\xrightarrow[OH^-,\ \triangle]{KMnO_4,\ H_2O}$

(v) 环戊基$=CH_2$ $\xrightarrow[OH^-,\ \triangle]{KMnO_4,\ H_2O}$　(vi) $\xrightarrow[OH^-,\ \triangle]{KMnO_4,\ H_2O}$

答 (i) +　(ii)　(iii) +

(iv)　(v) 环戊酮 + CO_2　(vi) +

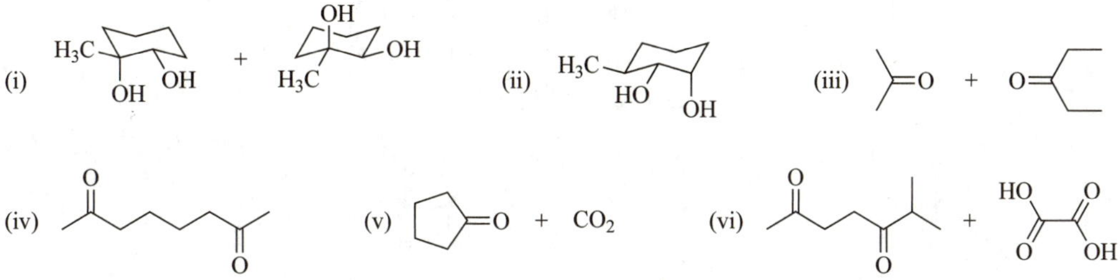

习题 8-22 完成下列反应，写出主要产物。

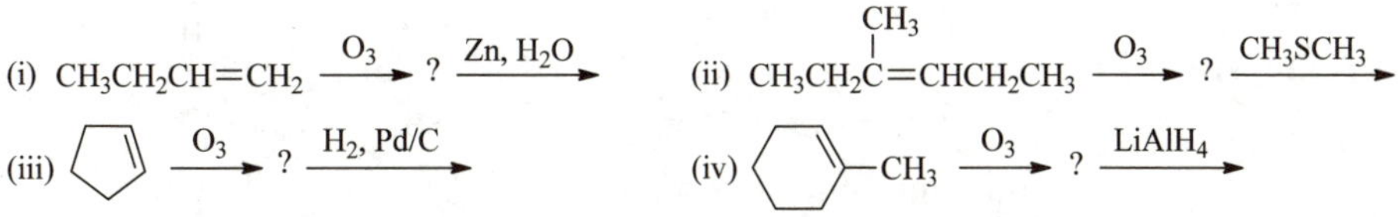

(i) $CH_3CH_2CH=CH_2$ $\xrightarrow{O_3}$? $\xrightarrow{Zn,\ H_2O}$　(ii) $CH_3CH_2\overset{CH_3}{C}=CHCH_2CH_3$ $\xrightarrow{O_3}$? $\xrightarrow{CH_3SCH_3}$

(iii) 环戊烯 $\xrightarrow{O_3}$? $\xrightarrow{H_2,\ Pd/C}$　(iv) 1-甲基环己烯 $\xrightarrow{O_3}$? $\xrightarrow{LiAlH_4}$

答 (i) ， + CH_2O　(ii) ， +

(iii) ，HO～～OH　(iv) ，HO～～OH

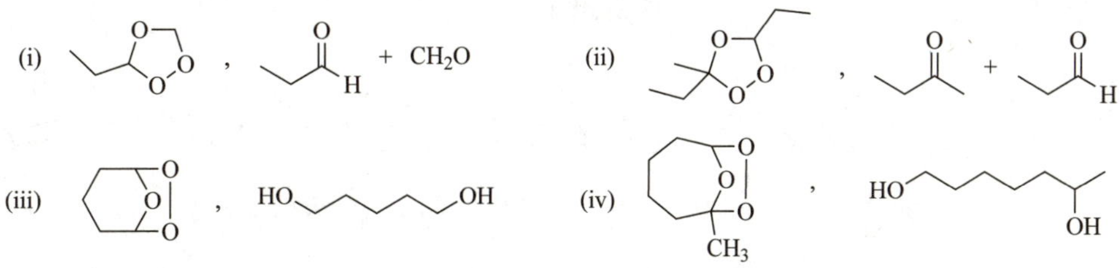

习题 8-23 有 A,B 两个化合物,其分子式都是 C_6H_{12}。A 经臭氧化,并经锌和酸处理得乙醛和甲乙酮;B 经高锰酸钾氧化后只得丙酸。请写出 A,B 的构造式。

答 A: $CH_3CH=C(CH_3)CH_2CH_3$ B: $CH_3CH_2CH=CHCH_2CH_3$

习题 8-24 完成下列反应,写出主要产物。

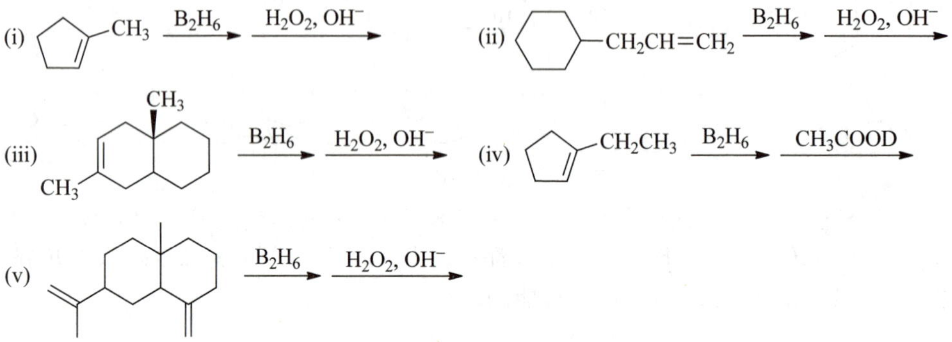

(i) 1-甲基环戊烯 $\xrightarrow{B_2H_6}$ $\xrightarrow{H_2O_2, OH^-}$ (ii) 环己基—$CH_2CH=CH_2$ $\xrightarrow{B_2H_6}$ $\xrightarrow{H_2O_2, OH^-}$

(iii) $\xrightarrow{B_2H_6}$ $\xrightarrow{H_2O_2, OH^-}$ (iv) 1-乙基环戊烯 $\xrightarrow{B_2H_6}$ $\xrightarrow{CH_3COOD}$

(v) $\xrightarrow{B_2H_6}$ $\xrightarrow{H_2O_2, OH^-}$

答

(i) (±) (ii) (iii)

(iv) (±) (v)

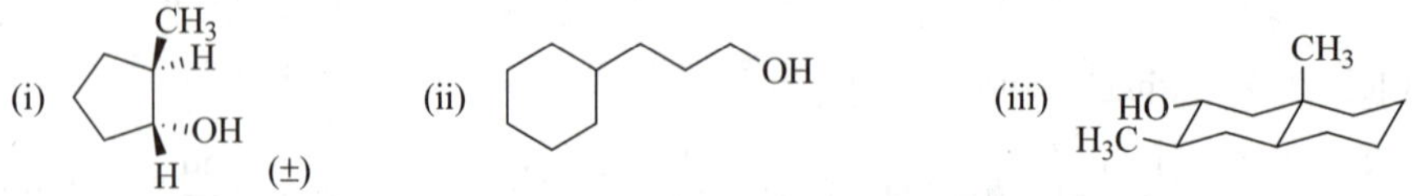

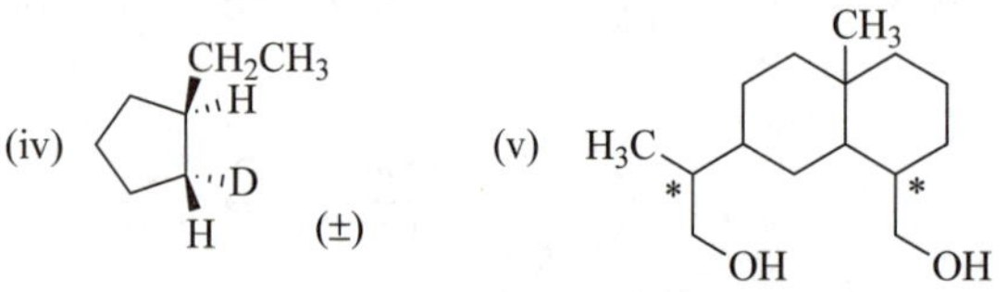

*C 为新产生的手性碳,可有 *RR*, *SS*, *RS*, *SR* 四种。

习题 8-25 写出习题 8-24 中(i),(iii)的反应机理,并加以解释。

答

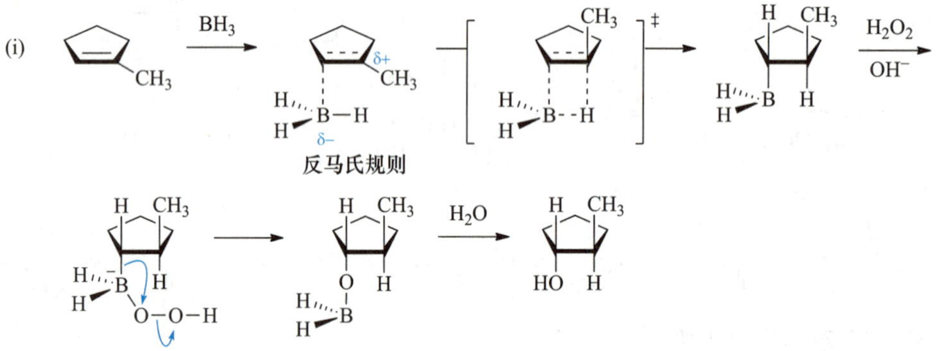

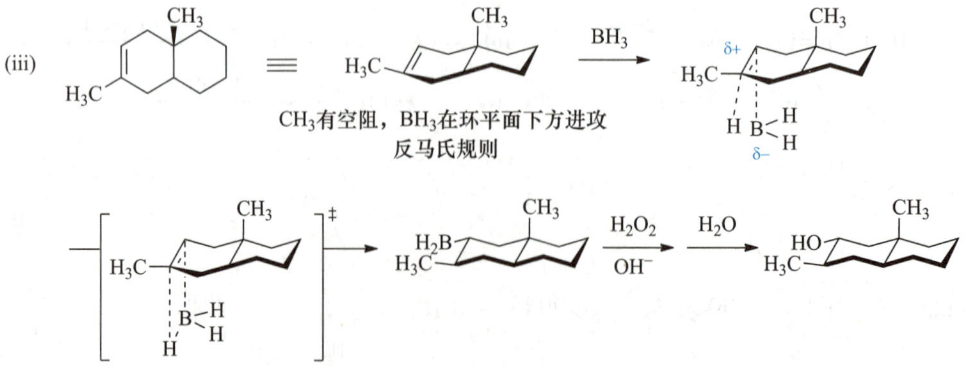

(i) $\xrightarrow{BH_3}$ ... $\xrightarrow{H_2O_2, OH^-}$

反马氏规则

$\longrightarrow$ $\xrightarrow{H_2O}$

(iii) ≡ $\xrightarrow{BH_3}$

CH₃有空阻,BH₃在环平面下方进攻
反马氏规则

$\longrightarrow$ $\xrightarrow{H_2O_2, OH^-}$ $\xrightarrow{H_2O}$

氧化反应一步，其反应机理与(i)同，略。

习题 8-26 完成下列反应，写出主要产物及其构型(用楔形键及虚线表示)。

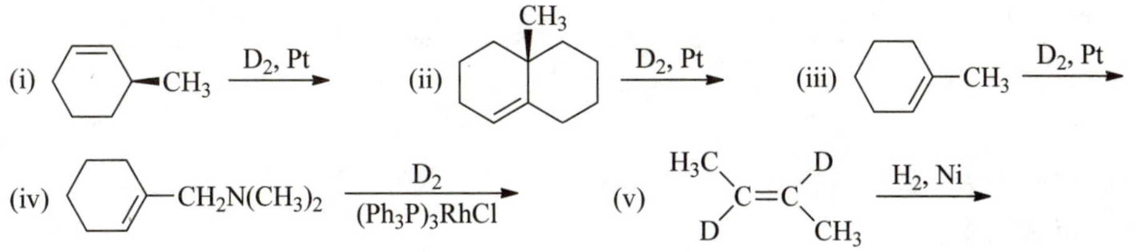

(i) $\xrightarrow{D_2,\ Pt}$ (ii) $\xrightarrow{D_2,\ Pt}$ (iii) $\xrightarrow{D_2,\ Pt}$

(iv) $-CH_2N(CH_3)_2 \xrightarrow[(Ph_3P)_3RhCl]{D_2}$ (v) $\xrightarrow{H_2,\ Ni}$

答

(i) (ii) (iii) (±) (iv) (±) (v) (±)

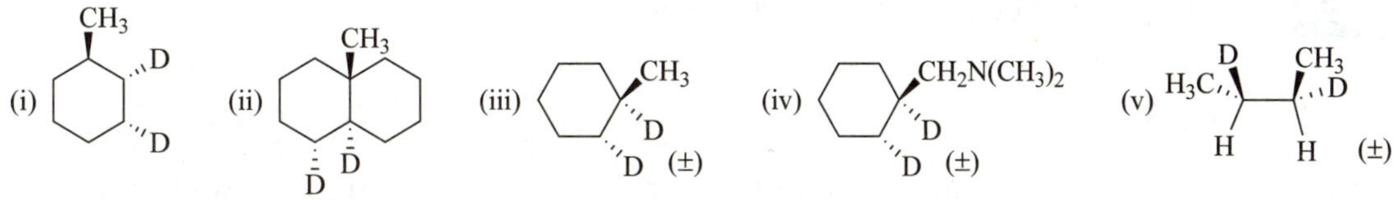

习题 8-27 完成下列反应，写出主要产物(反应物物质的量之比为 1∶1)。

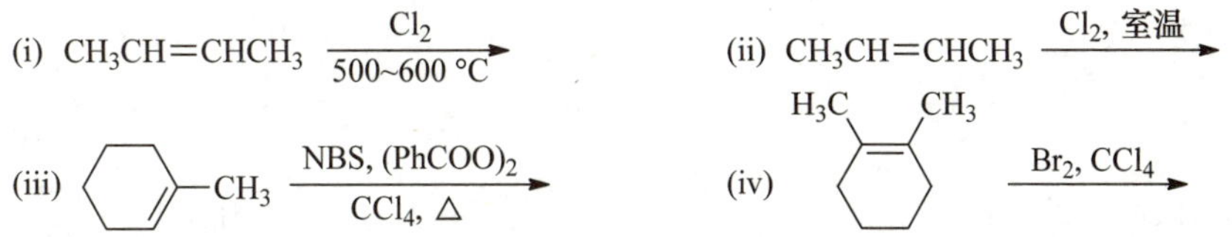

(i) $CH_3CH=CHCH_3 \xrightarrow[500\sim600\ ^\circ C]{Cl_2}$ (ii) $CH_3CH=CHCH_3 \xrightarrow{Cl_2,\ 室温}$

(iii) $-CH_3 \xrightarrow[CCl_4,\ \triangle]{NBS,\ (PhCOO)_2}$ (iv) $\xrightarrow{Br_2,\ CCl_4}$

答

(i) $CH_3CH=CHCH_2Cl$ (ii) $CH_3CH(Cl)-CH(Cl)CH_3$ (iv) (±)

(iii) (±) (±) (±) (±)

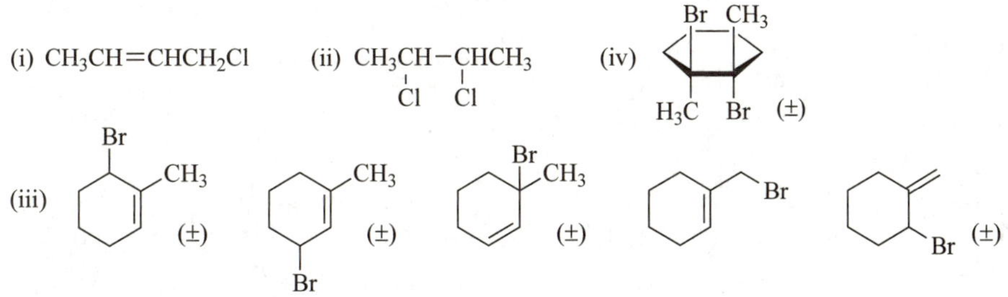

习题 8-28 1-辛烯用 NBS 在过氧化苯甲酰引发下于 CCl_4 中反应，产物为：17％ 3-溴-1-辛烯，44％反-1-溴-2-辛烯和 39％顺-1-溴-2-辛烯。解释得到这三种产物的原因，并写出反应机理。

答 NBS 与反应体系中存在的极少量的酸或水汽作用，产生少量的溴：

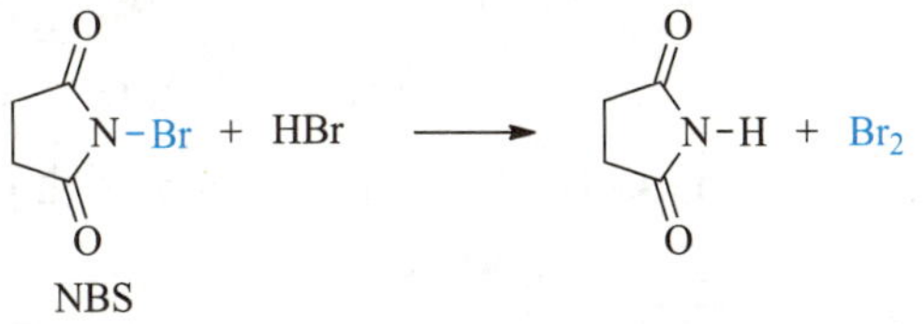

NBS + HBr ⟶ N-H + Br_2

过氧化苯甲酰可以分解产生苯基自由基，与溴单质反应得到溴自由基：

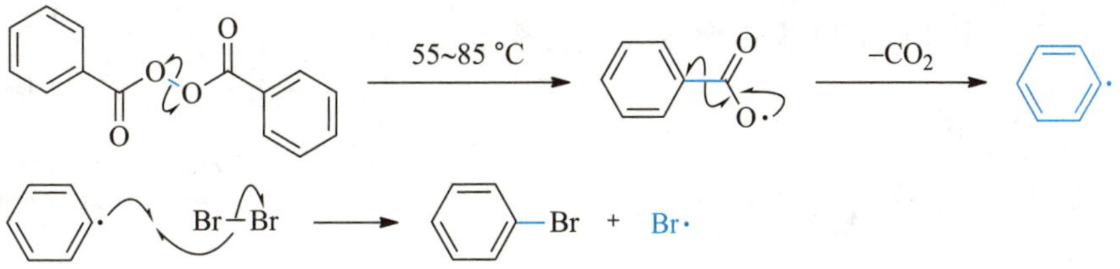

$\xrightarrow{55\sim85\ ^\circ C}$ $\xrightarrow{-CO_2}$

Br—Br ⟶ —Br + Br·

溴自由基与 1-辛烯反应：

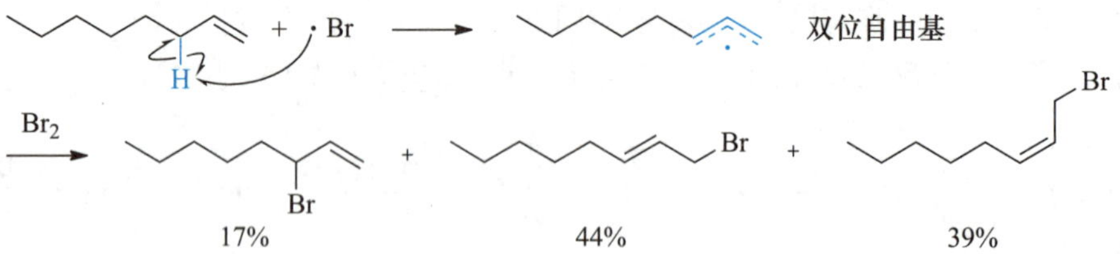

+ ·Br ⟶ 双位自由基

$\xrightarrow{Br_2}$ 17%　　44%　　39%

由于在反应中形成双位自由基，Br_2 可以在两个位置反应，若产物形成的双键有顺式或反式两种构型，以反式为主。

习题 8-29 指出下列哪些单体可以聚合。用什么方法聚合？

(i) 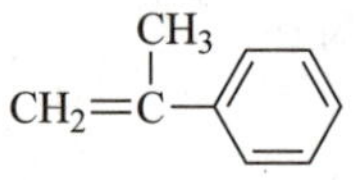 $CH_2=C(CH_3)-C_6H_5$　　(ii) $CH_3CH=CHCH_3$　　(iii) $ClCH=CHCl$

(iv) $CH_2=C(COOCH_3)_2$　　(v) $CH_2=C(CN)_2$　　(vi) $HOOCCH=CHCOOH$

答 (i) 可以聚合，可用自由基、正离子、负离子聚合；(ii)(iii)(vi) 不能聚合；(iv)(v) 可以聚合，可用自由基、负离子聚合。

习题 8-30 完成下列反应，请写出主要产物。

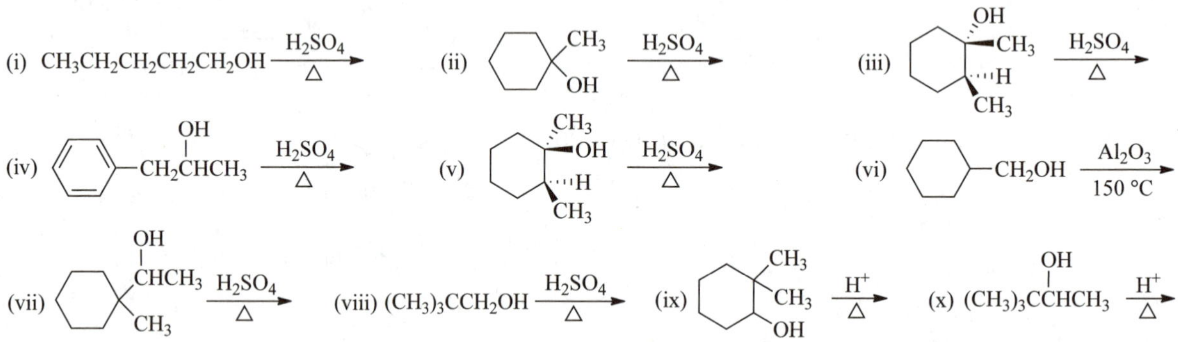

(i) $CH_3CH_2CH_2CH_2CH_2OH \xrightarrow[\triangle]{H_2SO_4}$　　(ii) $\xrightarrow[\triangle]{H_2SO_4}$　　(iii) $\xrightarrow[\triangle]{H_2SO_4}$

(iv) $C_6H_5-CH_2CH(OH)CH_3 \xrightarrow[\triangle]{H_2SO_4}$　　(v) $\xrightarrow[\triangle]{H_2SO_4}$　　(vi) $C_6H_{11}-CH_2OH \xrightarrow[150\ ^\circ C]{Al_2O_3}$

(vii) $\xrightarrow[\triangle]{H_2SO_4}$　　(viii) $(CH_3)_3CCH_2OH \xrightarrow[\triangle]{H_2SO_4}$　　(ix) $\xrightarrow[\triangle]{H^+}$　　(x) $(CH_3)_3CCH(OH)CH_3 \xrightarrow[\triangle]{H^+}$

答

(i) $CH_3CH_2CH=CHCH_3$　　(ii)　　(iii)　　(iv)　　(v)

(vi)　　(vii)　　(viii)　　(ix)　　(x)

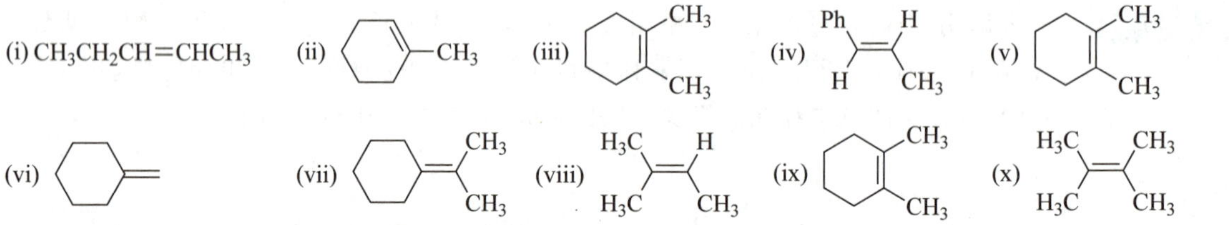

习题 8-31 写出下列化合物在 KOH-C_2H_5OH 中消除一分子卤化氢后的产物。

(i) (1*R*,2*R*)-1,2-二苯基-1,2-二溴乙烷　　(ii) meso-1,2-二苯基-1,2-二溴乙烷

(iii) 顺-1-三级丁基-4-氯环己烷　　(iv) 反-1-三级丁基-4-氯环己烷

(v) (1*R*,2*S*)-1-甲基-2-氯-反十氢化萘　　(vi)

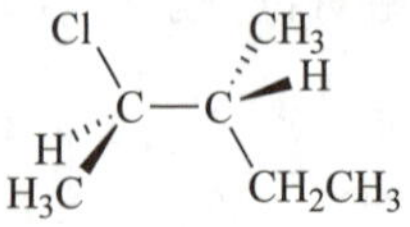

(vii) 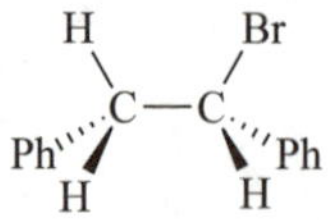　　(viii)

答 (i) 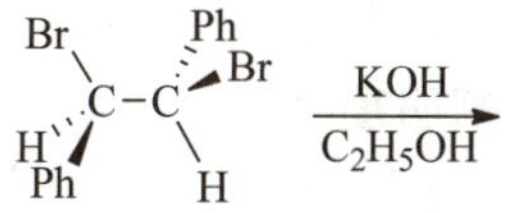 KOH, C_2H_5OH … (ii) 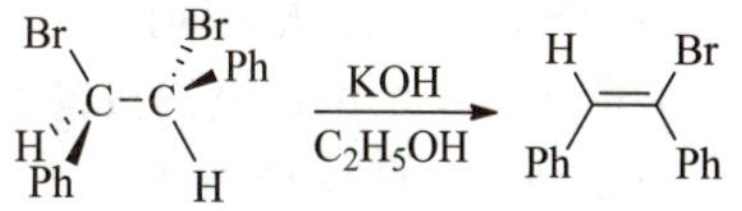 KOH, C_2H_5OH … (iii) 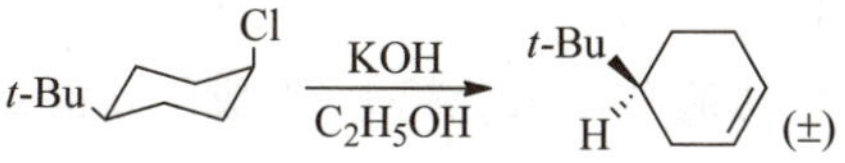 KOH, C_2H_5OH … (±) (iv) 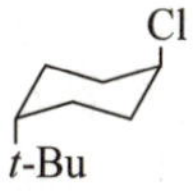 消除构象不是优势构象，因此不易发生反应。 (v) 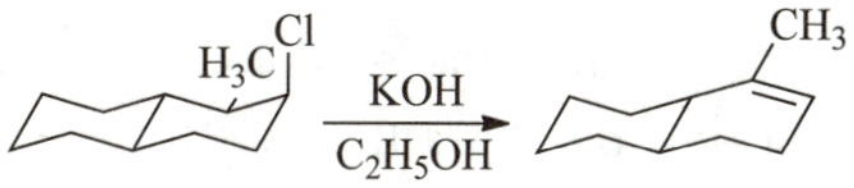 KOH, C_2H_5OH … (vi) 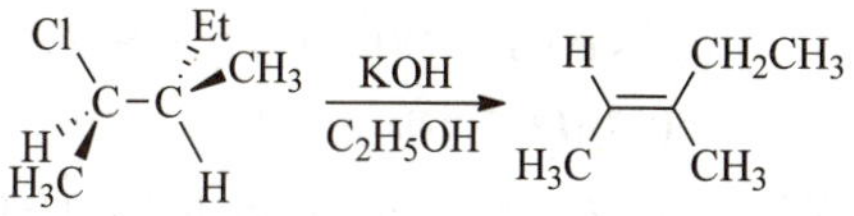 KOH, C_2H_5OH … (vii) 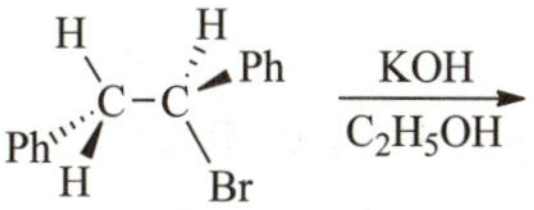 KOH, C_2H_5OH … (viii) KOH, C_2H_5OH …

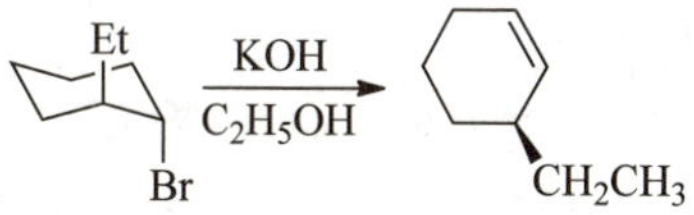

习题 8-32 写出下列化合物在 t-BuOK,t-BuOH 作用下的主要产物。

(i) $CH_3(CH_2)_{15}Br$ (ii) $CH_3CH_2CH_2CHBrCH_3$ (iii) $CH_3CH_2CH_2CH_2CBr(CH_3)_2$

答 (i) $CH_3(CH_2)_{13}CH=CH_2$ (ii)  (iii)

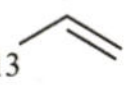

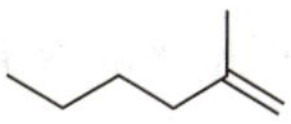

习题 8-33 写出分子式为 C_5H_8 的链形有机物的同分异构体。

答

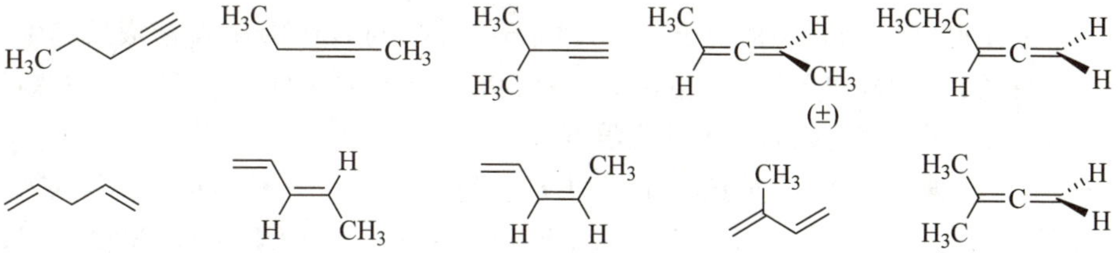

习题 8-34 用中、英文命名下列化合物或基。

(i) $(CH_3)_2CHC\equiv CH$ (ii) $HC\equiv C-C\equiv CH$ (iii) $CH_2=CHC\equiv CCH=CH_2$ (iv) $CH_2=CHCH_2CH=CHC\equiv CH$

(v) $CH_3C\equiv CCH_2-$ (vi) $HC\equiv CCH=CHCH_2-$ (vii) 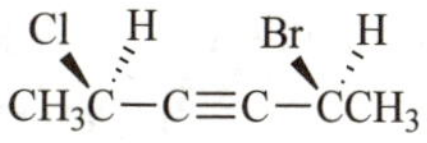 $CH_3C(Cl)(H)-C\equiv C-C(Br)(H)CH_3$ (viii) 1-环己烯基$-C\equiv C-$1-环己烯基

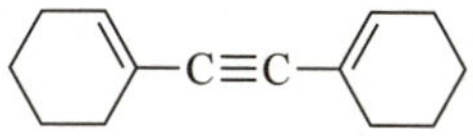

答 (i) 异丙基乙炔　isopropylacetylene

(ii) 丁二炔　butadiyne

(iii) 1,5-己二烯-3-炔　1,5-hexadien-3-yne

(iv) 3,6-庚二烯-1-炔　3,6-heptadien-1-yne

(v) 2-丁炔基　2-butynyl

(vi) 2-戊烯-4-炔基　2-penten-4-ynyl

(vii) (2*R*,5*S*)-2-氯-5-溴-3-己炔　(2*S*,5*R*)-2-bromo-5-chloro-3-hexyne

(viii) 二(1-环己烯基)乙炔　di(1-cyclohexenyl)acetylene

习题 8-35 对于下列分子：

$$\overset{1}{CH_2}=\overset{2}{C}=\overset{3}{C}(\overset{7}{CH_3})-\overset{4}{CH_2}-\overset{5}{C}\equiv\overset{6}{CH}$$

(i) 请将分子中的碳碳键按键长由长到短的次序排列，并阐明理由。

(ii) 请将分子中的碳氢键按键长由长到短的次序排列，并阐明理由。

答 (i) $C_3—C_7 \approx C_3—C_4 > C_4—C_5 > C_2—C_3 \approx C_1—C_2 > C_5—C_6$

(ii) $C_7—H \approx C_4—H > C_1—H > C_6—H$

理由：(1) 单键>双键>叁键；(2) 碳的杂化轨道中，s 成分越大，形成的 σ 键越短。

习题 8-36 根据下列化合物的酸碱性，判断反应能否发生。

(i) $NaNH_2 + RC{\equiv}CH \longrightarrow RC{\equiv}CNa + NH_3$　　(ii) $RONa + RC{\equiv}CH \longrightarrow RC{\equiv}CNa + ROH$

(iii) $CH_3C{\equiv}CNa + H_2O \longrightarrow CH_3C{\equiv}CH + NaOH$　　(iv) $C_2H_5OH + NaOH \longrightarrow C_2H_5ONa + H_2O$

答 (i) 能发生反应，因为 $RC{\equiv}CH$ ($pK_a \approx 25$) 比 NH_3 ($pK_a \approx 34$) 酸性强，所以能形成 $RC{\equiv}CNa$ 与 NH_3。

(ii) 不能发生反应，因为 $RC{\equiv}CH$ 比 ROH ($pK_a \approx 16$) 酸性弱，所以不能形成 $RC{\equiv}CNa$ 与 ROH。

(iii) 能发生反应，因为 H_2O ($pK_a \approx 15.74$) 比 $CH_3C{\equiv}CH$ 酸性强，故能形成 NaOH 与 $CH_3C{\equiv}CH$。

(iv) 是可逆反应，因为 H_2O 比 EtOH($pK_a \approx 15.9$)酸性略强，故平衡趋向 EtOH 与 NaOH 一边。

习题 8-37 化合物(A)和(B)，相对分子质量均为 54，含碳 88.8%，含氢 11.1%，都能使溴的四氯化碳溶液褪色。(A)与 $Ag(NH_3)_2^+$ 溶液反应产生沉淀，(A)经 $KMnO_4$ 热溶液氧化得 CO_2 和 CH_3CH_2COOH；(B)不与银氨溶液反应，用 $KMnO_4$ 热溶液氧化得 CO_2 和 HOOCCOOH。写出(A)和(B)的构造式及有关反应的化学方程式。

答

$$54 \times 88.8\% \div 12 = 4, \qquad 54 \times 11.1\% \div 1 = 6$$

由此得出(A)和(B)的分子式均为 C_4H_6。(A)与 $Ag(NH_3)_2^+$ 溶液反应生成沉淀，说明(A)是末端炔烃。(A)经热 $KMnO_4$ 溶液氧化得到 CO_2 与 CH_3CH_2COOH，说明(A)是直链，即(A)的结构式为 $CH_3CH_2C{\equiv}CH$，相关的化学方程式为

$$CH_3CH_2C{\equiv}CH + Ag(NH_3)_2^+ \longrightarrow CH_3CH_2C{\equiv}CAg\downarrow$$

$$CH_3CH_2C{\equiv}CH + KMnO_4 + H^+ \longrightarrow CH_3CH_2COOH + HCOOH$$

$$HCOOH + KMnO_4 + H^+ \longrightarrow CO_2\uparrow + H_2O$$

(B)为共轭双烯，其结构式为 $CH_2{=}CH—CH{=}CH_2$。相关的化学方程式为

$$CH_2{=}CH—CH{=}CH_2 + KMnO_4 + H^+ \longrightarrow HOOC—COOH + 2HCOOH$$

$$HCOOH + KMnO_4 + H^+ \longrightarrow CO_2\uparrow + H_2O$$

习题 8-38 用化学方法鉴别下列化合物。

$CH_3CH_2CH_2CH_3$，$CH_3CH_2CH{=}CH_2$，$CH_3CH_2C{\equiv}CH$，$CH_3CH_2CH_2CH_2I$，$CH_3CH_2CH_2CH_2Cl$

答

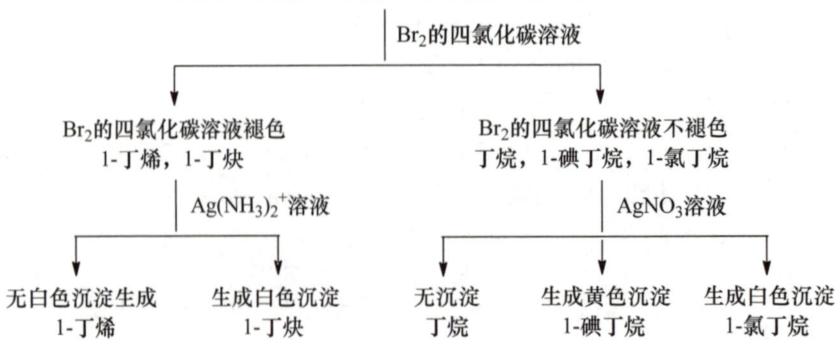

习题 8-39 由乙炔或丙炔为起始原料合成下列化合物。

(i) $CH_3CH_2C\equiv CCH_2CH_2CH_3$　　(ii) $(CH_3)_2C=CHC\equiv C-$（环己烯基）

(iii) $CH_2=CH-C\equiv CH$　　(iv) （环戊烯基）$-C\equiv C-CH_3$

答

(i) $HC\equiv CH \xrightarrow{NaNH_2} HC\equiv CNa \xrightarrow{EtCl} HC\equiv CEt \xrightarrow{NaNH_2} NaC\equiv CEt \xrightarrow{n\text{-}PrCl} n\text{-}PrC\equiv CEt$

(ii) $HC\equiv CH \xrightarrow{NaNH_2} HC\equiv CNa \xrightarrow[2.\ H_2O]{1.\ \text{环己酮}}$ HC≡C–C(OH)（环己基） $\xrightarrow[\triangle]{H^+}$ HC≡C–（环己烯基） $\xrightarrow{NaNH_2}$

NaC≡C–（环己烯基） $\xrightarrow[2.\ H_2O]{1.\ (CH_3)_2CHCHO}$ (CH₃)₂CHCH(OH)C≡C–（环己烯基） $\xrightarrow[\triangle]{H^+}$ (CH₃)₂C=CHC≡C–（环己烯基）

(iii) $2\ HC\equiv CH \xrightarrow[NH_4Cl]{CuCl}$ $CH_2=CH-C\equiv CH$

(iv) $H_3CC\equiv CH \xrightarrow{NaNH_2} H_3CC\equiv CNa \xrightarrow[2.\ H_2O]{1.\ \text{环戊酮}}$ $H_3CC\equiv C-$C(OH)（环戊基） $\xrightarrow[\triangle]{H^+}$ $H_3CC\equiv C-$（环戊烯基）

习题 8-40 写出下列化合物与 2 mol HBr 反应的化学方程式。

(i) （环戊基）$-C\equiv CH$　　(ii) （环己基）$-C\equiv CC(CH_3)_3$

答

(i) （环戊基）–C≡CH $\xrightarrow{HBr}$ （环戊基）–CBr=CH₂ $\xrightarrow{HBr}$ （环戊基）–CBr₂–CH₃

(ii) （环己基）–C≡C–*t*-Bu $\xrightarrow{HBr}$ （环己基）–CBr=CH–*t*-Bu $\xrightarrow{HBr}$ （环己基）–CBr₂–CH₂–*t*-Bu

习题 8-41 下列化合物在 10% H_2SO_4,5% $HgSO_4$ 水溶液中反应,写出主要产物。

(i) $CH_3CH_2C\equiv CH$　　(ii) $CH_3CH_2C\equiv CCH_3$　　(iii) $(CH_3)_3CC\equiv CCH_3$

答 (i) $CH_3CH_2COCH_3$　(ii) $CH_3CH_2COCH_2CH_3$, $CH_3CH_2CH_2COCH_3$　(iii) $(CH_3)_3CCOCH_2CH_3$

习题 8-42 从指定原料合成指定化合物。

(i) $CH_3CH(CH_3)CH_2CBr_2CH_3$ 合成 $CH_3CH(CH_3)COCH_2CH_3$　　(ii) $CH_3CH_2CH_2CHBrCH_3$ 合成 $CH_3CH_2CH_2COCH_3$

答

(i) $(CH_3)_2CHCH_2CBr_2CH_3 \xrightarrow[EtOH]{EtONa} (CH_3)_2CHC\equiv CCH_3 \xrightarrow[H_2O]{HgSO_4,\ H_2SO_4} (CH_3)_2CHCOCH_2CH_3$

(ii) $CH_3CH_2CH_2CHBrCH_3 \xrightarrow[H_2O]{NaOH} CH_3CH_2CH_2CH(OH)CH_3 \xrightarrow[Py]{CrO_3} CH_3CH_2CH_2COCH_3$

习题 8-43 选用合适的试剂鉴别下列化合物。

$CH_3CH_2CH_2CH_2I$, $CH_3CH_2CH_2CH_3$, $CH_3CH{=}CHCH_3$, $CH_3CH_2C{\equiv}CH$, $CH_3C{\equiv}CCH_3$

答

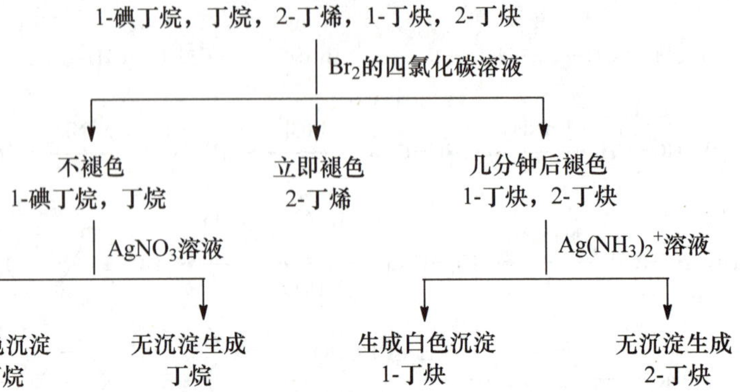
1-碘丁烷，丁烷，2-丁烯，1-丁炔，2-丁炔
Br2的四氯化碳溶液
不褪色
1-碘丁烷，丁烷
立即褪色
2-丁烯
几分钟后褪色
1-丁炔，2-丁炔
AgNO3溶液
Ag(NH3)2+溶液
生成黄色沉淀
1-碘丁烷
无沉淀生成
丁烷
生成白色沉淀
1-丁炔
无沉淀生成
2-丁炔

习题 8-44 碳碳双键和碳碳叁键共轭时加 1 mol 溴和非共轭时加 1 mol 溴有什么区别？为什么？

答 共轭：

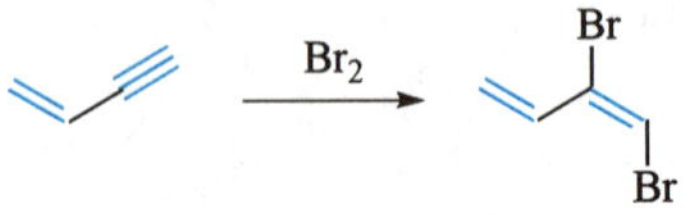
Br2
Br
Br

生成共轭体系更稳定。

非共轭：

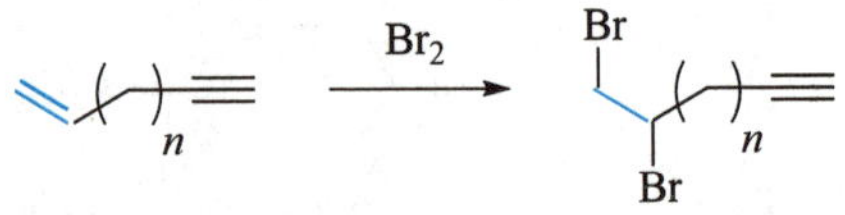
n
Br2
Br
n
Br

烯烃比炔烃更易发生亲电加成反应。

习题 8-45 完成下列反应式并写出相应的反应机理。

(i) 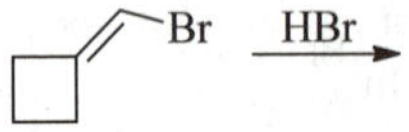
Br
HBr

(ii) 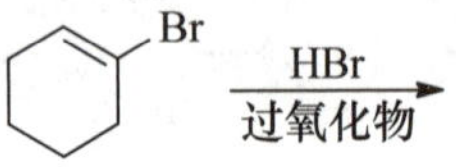
Br
HBr
过氧化物

答

(i) 产物：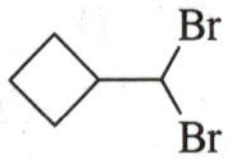
Br
Br
；反应机理：

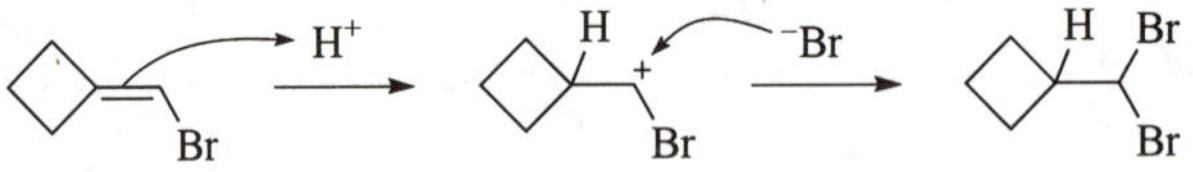
H+
Br
H
+
-Br
Br
H
Br
Br

(ii) 产物：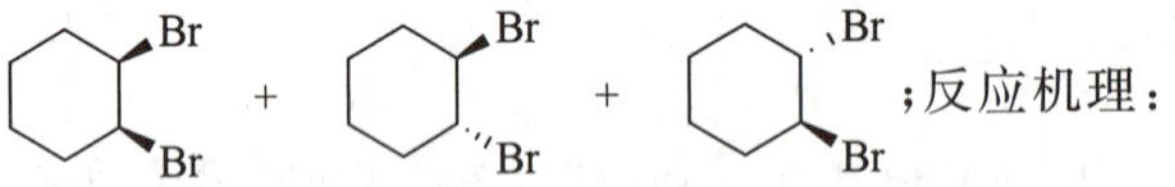
Br
Br
+
Br
Br
+
Br
Br
；反应机理：

$$RO{-}OR \xrightarrow{\triangle} RO\cdot \xrightarrow{HBr} ROH + Br\cdot$$

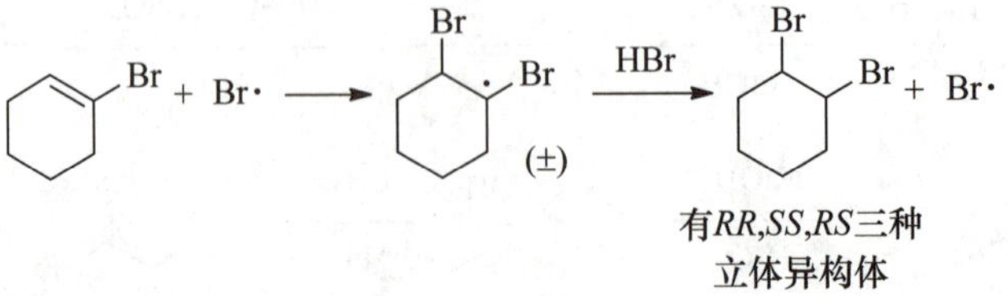
Br
+ Br·
Br
Br
(±)
HBr
Br
Br
+ Br·
有RR,SS,RS三种
立体异构体

链终止略。

习题 8-46 请用乙炔为起始原料制备下列工业产品。

(i) $\text{-}[\text{CH}_2\text{—CH(CN)}]_n\text{-}$ （人造羊毛）　(ii) $\text{-}[\text{CH}_2\text{—CH(OC}_2\text{H}_5)]_n\text{-}$ （黏合剂）　(iii) $\text{-}[\text{CH}_2\text{—CH(OH)}]_n\text{-}$ （现代胶水）

答

(i) $n\ \text{HC≡CH} \xrightarrow[\text{CuCl}_2\text{(aq), 70 °C}]{\text{HCN}} n\ \text{CH}_2\text{=CHCN}$（丙烯腈）$\xrightarrow{\text{聚合}} \text{-}[\text{CH}_2\text{—CH(CN)}]_n\text{-}$

(ii) $n\ \text{HC≡CH} + n\ \text{C}_2\text{H}_5\text{OH} \xrightarrow[\text{150 ~ 180 °C, 0.1 ~ 1.5 MPa}]{\text{C}_2\text{H}_5\text{ONa}} n\ \text{CH}_2\text{=CHOC}_2\text{H}_5$（乙烯基乙基醚）$\xrightarrow{\text{聚合}} \text{-}[\text{CH}_2\text{—CH(OC}_2\text{H}_5)]_n\text{-}$

(iii) $n\ \text{HC≡CH} + n\ \text{CH}_3\text{COOH} \xrightarrow[\text{170 ~ 210 °C}]{\text{Zn(OAc)}_2\text{ / 活性炭}} n\ \text{CH}_2\text{=CHOOCCH}_3$（醋酸乙烯酯）$\xrightarrow{\text{聚合}} \text{-}[\text{CH}_2\text{—CH(OCOCH}_3)]_n\text{-} \xrightarrow{\text{水解}} \text{-}[\text{CH}_2\text{—CH(OH)}]_n\text{-}$

习题 8-47 完成下列反应式。

(i) 环辛炔 $\xrightarrow[\text{H}^+, \triangle]{\text{KMnO}_4}$　　(ii) 4-乙炔基环己烯（环己烯基—C≡CH）$\xrightarrow[\text{H}^+, \triangle]{\text{KMnO}_4}$

答

(i) $\text{HOOC(CH}_2)_6\text{COOH}$

(ii) $\text{HOOC—CH(COOH)—CH}_2\text{CH}_2\text{—COOH} + \text{HCOOH}$；$\text{HCOOH} \xrightarrow[\text{[O]}]{\triangle} \text{CO}_2 + \text{H}_2\text{O}$

习题 8-48 试写出 2-丁炔与臭氧反应的反应机理及水解反应的产物。

答

$\text{CH}_3\text{C≡CCH}_3 + \text{O}_3 \longrightarrow$ 臭氧化物（五元环）$\longrightarrow$ 羰基氧化物（两性离子）$\longrightarrow$ 二氧杂环中间体 $\longrightarrow \text{CH}_3\text{C(=O)OC(=O)CH}_3 \xrightarrow{\text{H}_2\text{O}} 2\ \text{CH}_3\text{COOH}$

习题 8-49 完成下列反应，写出主要产物。

(i) $\text{CH}_3\text{C≡CH} \xrightarrow{\text{B}_2\text{H}_6} \xrightarrow[\text{OH}^-]{\text{H}_2\text{O}_2}$　　(ii) $\text{CH}_3\text{C≡CCH}_3 \xrightarrow{\text{B}_2\text{H}_6} \xrightarrow[\text{OH}^-]{\text{H}_2\text{O}_2}$

(iii) $\text{CH}_3\text{CH}_2\text{C≡CCH}_3 \xrightarrow{\text{B}_2\text{H}_6} \xrightarrow[\text{OH}^-]{\text{H}_2\text{O}_2}$　　(iv) $\text{CH}_3\text{CH}_2\text{C≡CCH}_3 \xrightarrow{\text{B}_2\text{H}_6} \xrightarrow[\text{0 °C}]{\text{CH}_3\text{COOH}}$

(v) 环己基—$\text{C≡CCH}_3 \xrightarrow{\text{B}_2\text{H}_6} \xrightarrow[\text{0 °C}]{\text{CH}_3\text{COOH}}$　　(vi) $\text{(CH}_3)_2\text{CHC≡CCH}_2\text{CH}_3 \xrightarrow{\text{B}_2\text{H}_6} \xrightarrow[\text{0 °C}]{\text{CH}_3\text{COOH}}$

答

(i) $\text{CH}_3\text{CH}_2\text{CHO}$　(ii) $\text{CH}_3\text{COCH}_2\text{CH}_3$　(iii) $\text{CH}_3\text{CH}_2\text{COCH}_2\text{CH}_3$ + $\text{CH}_3\text{CH}_2\text{CH}_2\text{COCH}_3$

(iv) (Z)-$\text{CH}_3\text{CH}_2\text{CH=CHCH}_3$（两个 H 同侧）　(v) (Z)-环己基—$\text{CH=CHCH}_3$（两个 H 同侧）　(vi) (Z)-$\text{(CH}_3)_2\text{CHCH=CHCH}_2\text{CH}_3$（两个 H 同侧）

习题 8-50 完成下列转换。

(i) (a) → (b)；(a) → (c)；(a) → (d)

(ii) 2-溴戊烷 ⟶ (Z)-2-戊烯

(iii) (Z)-2-戊烯 ⟶ (E)-2-戊烯

答 (i) (a)转为(b)：在液氨中用金属钠还原。

(a)转为(c)：用 Lindlar 催化剂(Pd/PbO，$CaCO_3$)及 1 分子氢还原。

(a)转为(d)：用催化加氢的常用催化剂(如铂、钯等)及 2 分子氢还原。

(ii) 2-溴戊烷 $\xrightarrow[C_2H_5OH]{C_2H_5ONa}$ $CH_3CH_2CH{=}CHCH_3$ $\xrightarrow{Br_2}$ 2,3-二溴戊烷 $\xrightarrow[C_2H_5OH,\ \Delta]{KOH}$ 2-戊炔 $\xrightarrow[H_2]{Pd/PbO,CaCO_3}$ (Z)-2-戊烯

(iii) (Z)-2-戊烯 $\xrightarrow{Br_2}$ 2,3-二溴戊烷 $\xrightarrow[C_2H_5OH,\ \Delta]{KOH}$ 2-戊炔 $\xrightarrow{Na + NH_3(l)}$ (E)-2-戊烯

习题 8-51 (i) 用乙炔为起始原料制备 2-氯-1,3-丁二烯。

(ii) 用丙炔为唯一原料制备 1,3,5-三甲基苯。

答

(i) 2 H—C≡C—H $\xrightarrow[NH_4Cl]{CuCl}$ $CH_2{=}CH{-}C{\equiv}CH$ $\xrightarrow{HCl}$ $CH_2{=}CH{-}CCl{=}CH_2$

(ii) 3 $CH_3C{\equiv}CH$ $\xrightarrow[三聚]{500\ °C}$ 1,3,5-三甲基苯

习题 8-52 由乙炔及卤代烷为有机原料合成下列化合物。

(i) $CH_3CH_2CH_2\overset{O}{\overset{\|}{C}}CH_2CH_2CH_2CH_3$　　(ii) $CH_3CH_2CH_2CH_2CHO$

答

(i) HC≡CH $\xrightarrow[-33\ °C]{NaNH_2,\ NH_3(l)}$ HC≡CNa $\xrightarrow{CH_3CH_2CH_2Br}$ HC≡CCH_2CH_2CH_3 $\xrightarrow[-33\ °C]{NaNH_2,\ NH_3(l)}$ NaC≡CCH_2CH_2CH_3 $\xrightarrow{CH_3CH_2CH_2Br}$ CH_3CH_2CH_2C≡CCH_2CH_2CH_3 $\xrightarrow[H_2SO_4,\ HgSO_4]{H_2O}$ $CH_3CH_2CH_2COCH_2CH_2CH_2CH_3$

(ii) HC≡CH $\xrightarrow[-33\ °C]{NaNH_2,\ NH_3(l)}$ HC≡CNa $\xrightarrow{CH_3CH_2CH_2Br}$ HC≡CCH_2CH_2CH_3 $\xrightarrow{B_2H_6}$ $\xrightarrow[OH^-]{H_2O_2}$ H—CO—CH_2CH_2CH_2CH_3

习题 8-53 由相应碳原子数的一卤代烷为原料合成下列化合物。

答 (i) 1-辛炔　　(ii) 2-辛炔

(i) n-Bu—CH_2CH_2CH_2CH_2Br $\xrightarrow[C_2H_5OH]{C_2H_5ONa}$ n-Bu—CH_2CH_2CH=CH_2 $\xrightarrow{Br_2}$ n-Bu—CH_2CH_2CHBrCH_2Br $\xrightarrow[矿物油,\ \Delta]{NaNH_2}$ n-Bu—CH_2CH_2C≡CNa $\xrightarrow{H_2O}$ n-Bu—CH_2CH_2C≡CH

(ii) n-Bu(CH₂CHBrCH₃ skeletal) $\xrightarrow[C_2H_5OH]{C_2H_5ONa}$ n-BuCH$_2$CH=CHCH$_3$ $\xrightarrow{Br_2}$ n-BuCH$_2$CHBrCHBrCH$_3$ $\xrightarrow[EtOH, \triangle]{KOH}$ n-BuCH$_2$C≡CCH$_3$

习题 8-54 由相应碳原子数的烯烃为原料合成下列化合物。

(i) $CH_3C\equiv CCH_2CH_3$　　(ii) $HC\equiv CCH_2CH_2CH_3$

答

(i) $CH_3CH=CHCH_2CH_3 \xrightarrow{Br_2} CH_3CHBrCHBrCH_2CH_3 \xrightarrow{KOH,\ C_2H_5OH,\ \triangle} CH_3C\equiv CCH_2CH_3$

(ii) $CH_2=CHCH_2CH_2CH_3 \xrightarrow{Br_2} BrCH_2CHBrCH_2CH_2CH_3 \xrightarrow[矿物油,\ \triangle]{NaNH_2} NaC\equiv CCH_2CH_2CH_3 \xrightarrow{H_2O} HC\equiv CCH_2CH_2CH_3$

习题 8-55 反-1,2-二溴环己烷在 KOH-C_2H_5OH 中进行消除反应得 1,3-环己二烯，而未得到环己炔。为什么？

答 由于炔键的碳是 sp 杂化，如果形成环己炔，两个炔碳原子与其相邻的两个原子需要在一条直线上，在六元环中，四个碳原子共直线是不可能的，因而得 1,3-环己二烯而未得环己炔。

习题 8-56 从指定原料出发合成：

(i) 从 1-戊烯合成 4,6-癸二炔

(ii) 从 2,2-二甲基-3-溴丁烷合成 2,2,7,7-四甲基-3,5-辛二炔

答

(i) $CH_3CH_2CH_2CH=CH_2 \xrightarrow{Br_2} CH_3CH_2CH_2CHBrCH_2Br \xrightarrow[矿物油,\ \triangle]{NaNH_2} \xrightarrow{H_2O} CH_3CH_2CH_2C\equiv CH$

$\xrightarrow{Cu(NH_3)_2^+} CH_3CH_2CH_2C\equiv CCu \xrightarrow{[O]} CH_3CH_2CH_2C\equiv C-C\equiv CCH_2CH_2CH_3$

(ii) $(CH_3)_3CCHBrCH_3 \xrightarrow[C_2H_5OH]{C_2H_5ONa} (CH_3)_3CCH=CH_2 \xrightarrow{Br_2} (CH_3)_3CCHBrCH_2Br \xrightarrow[矿物油,\ \triangle]{NaNH_2}$

$\xrightarrow{H_2O} (CH_3)_3CC\equiv CH \xrightarrow{Cu(NH_3)_2^+} CuC\equiv CC(CH_3)_3 \xrightarrow{[O]} (CH_3)_3CC\equiv C-C\equiv CC(CH_3)_3$

习题 8-57 从已给原料出发合成指定化合物。

(i) $CH_3CH_2CHBrCH_2CH_3$ 合成 $CH_3(CH_2)_3CHO$　　(ii) $CH_3(CH_2)_3CHBrCH_3$ 合成 (Z)-$CH_3(CH_2)_2CH=CHCH_3$（两个 H 在同侧）

答

(i) $CH_3CH_2CHBrCH_2CH_3 \xrightarrow[C_2H_5OH]{C_2H_5ONa} CH_3CH_2CH=CHCH_3 \xrightarrow{Br_2} CH_3CH_2CHBrCHBrCH_3 \xrightarrow[矿物油,\ \triangle]{NaNH_2} \xrightarrow{H_2O}$

$CH_3CH_2CH_2C\equiv CH \xrightarrow{B_2H_6} \xrightarrow[OH^-]{H_2O_2} CH_3CH_2CH_2CH_2CHO$

(ii) $CH_3(CH_2)_3CHBrCH_3 \xrightarrow[C_2H_5OH]{C_2H_5ONa} CH_3CH_2CH_2CH=CHCH_3 \xrightarrow{Br_2} CH_3CH_2CH_2CHBrCHBrCH_3 \xrightarrow[EtOH,\ \triangle]{KOH} CH_3CH_2CH_2C\equiv CCH_3$

$\xrightarrow{B_2H_6} \xrightarrow[0\ °C]{CH_3COOH}$ (Z)-$CH_3CH_2CH_2CH=CHCH_3$

习题 8-58 试预料只加 1 mol 溴时有选择地与下列化合物中的一个碳碳双键发生加成所得的主要产物。

(i) $CH_3CH_2CH{=}CHCH_2CH{=}CHCl$ (ii) $(CH_3)_2C{=}CHCH_2CH_2CH{=}CH_2$ (iii) $CH_2{=}CHCOOCH{=}CH_2$

(iv) $CH_3CH{=}CHCH_2CH{=}CHCF_3$ (v) $CH_3CH{=}CHCH_2C(CH_3){=}C(CH_3)_2$ (vi) $CH_2{=}CHCH_2CH_2C(CH_3){=}CHCH_3$

答 (i) $CH_3CH_2CHBrCHBrCH_2CH{=}CHCl$ (ii) [结构式] (iii) [结构式]

(iv) $CH_3CHBrCHBrCH_2CH{=}CHCF_3$ (v) $CH_3CH{=}CHCH_2C(CH_3)Br{-}CBr(CH_3)CH_3$ (vi) [结构式]

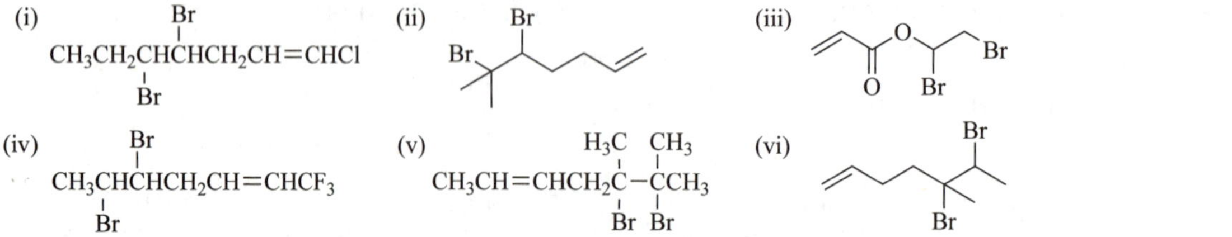

习题 8-59 完成下列反应，注意立体构型。

(i) $CH_3CH(CH_3)CH_2OH \xrightarrow{H^+}$ (ii) $CH_2{=}CHCH_2CH_3 + H_2O \xrightarrow{H^+}$ (iii) $CH_3C(CH_3){=}CH_2 \xrightarrow[\text{冷}]{\text{稀}KMnO_4}$

(iv) $CH_3C(CH_3){=}CH_2 + ICl \longrightarrow$ (v) 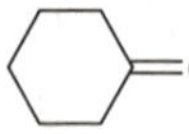 亚甲基环己烷 $+ HBr \longrightarrow$ (vi) 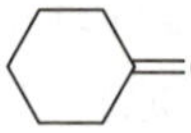 亚甲基环己烷 $+ HBr \xrightarrow{ROOR}$

(vii) $n\text{-}C_6H_5CH{=}CH_2 \xrightarrow{ROOR}$ (viii) $CH_3(H)C{=}C(H)C_6H_5 + CH_3CO_3H \xrightarrow{Na_2CO_3}$

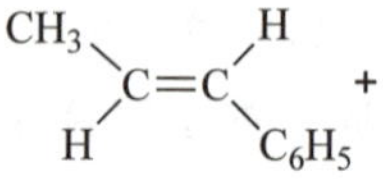

(ix) 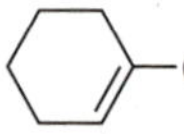 1-甲基环己烯 $+ NOCl \longrightarrow$ (x) $(CH_3)_2C{=}CHCH_3 \xrightarrow[CH_3OH]{Br_2(\text{稀浓度})}\ ?\ \xrightarrow[C_2H_5OH]{C_2H_5ONa}$

(xi) $(CH_3)_2C{=}C(CH_3)_2 + CCl_4 \xrightarrow{h\nu}\ ?\ \xrightarrow[(CH_3)_3COH]{(CH_3)_3COK}$ (xii) $(CH_3)_3CCH_2CH_3 \xrightarrow[h\nu]{1\ mol\ Br_2}\ ?\ \xrightarrow[C_2H_5OH]{KOH}\ ?\ \xrightarrow{HCl}$

答 (i)–(xii) [结构式] (ii) (±) (viii) (±) (ix) (±) (x) (±)， (xii) (±)，

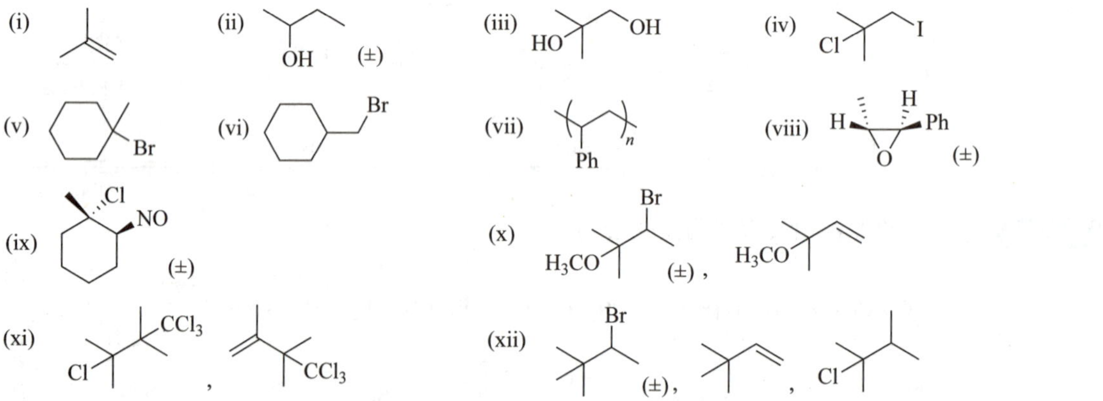

习题 8-60 于 1 g 化合物(A)中加入 1.9 g 溴，恰好使溴完全褪色；(A)与高锰酸钾溶液一起回流后，在反应液中的产物只有甲丙酮 $CH_3COCH_2CH_2CH_3$。请写出化合物(A)的构造式。

答 化合物(A)的构造式为 [结构式]（相对分子质量为 84.15）。1 g 化合物(A)为 0.0118 mol，与 1.9 g 溴的物质的量相同。

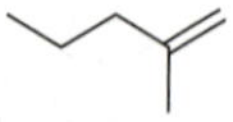

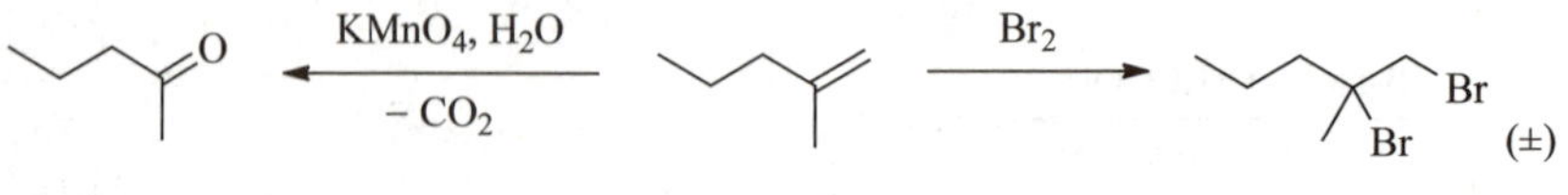

[反应式：产物酮 $\xleftarrow[-CO_2]{KMnO_4,\ H_2O}$ (A) $\xrightarrow{Br_2}$ 二溴化物 (±)]

习题 8-61 2-丁烯通过不同反应生成下列各化合物，请写出产生各化合物的 2-丁烯的几何构型及所进行的反应。

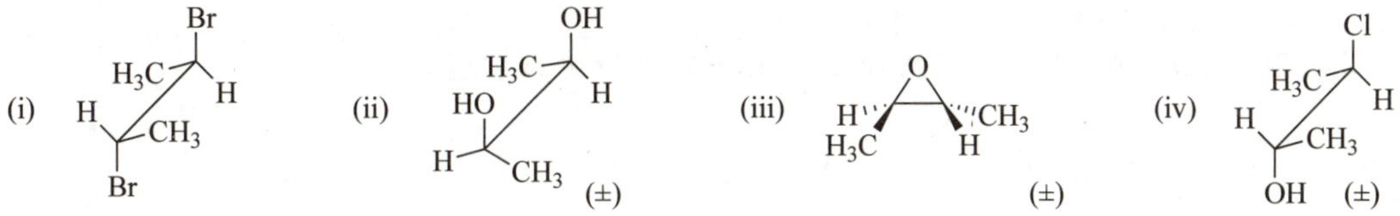

(i) (ii) (±) (iii) (±) (iv) (±)

答

(i) $\xrightarrow[\text{反式加成}]{Br_2}$ 通过环正离子中间体

(ii) $\xrightarrow[\text{顺式加成}]{CH_3CO_3H}$ (±) $\xrightarrow{H^+}$ (±) ⟶ (±) $\xrightarrow[OH^-]{H_2O}$ (±)

从氧原子背后进攻碳原子

(iii) $\xrightarrow[\text{顺式加成}]{CH_3CO_3H}$ (±)

(iv) $\xrightarrow[\text{反式加成}]{HOCl}$ (±) 通过环正离子中间体

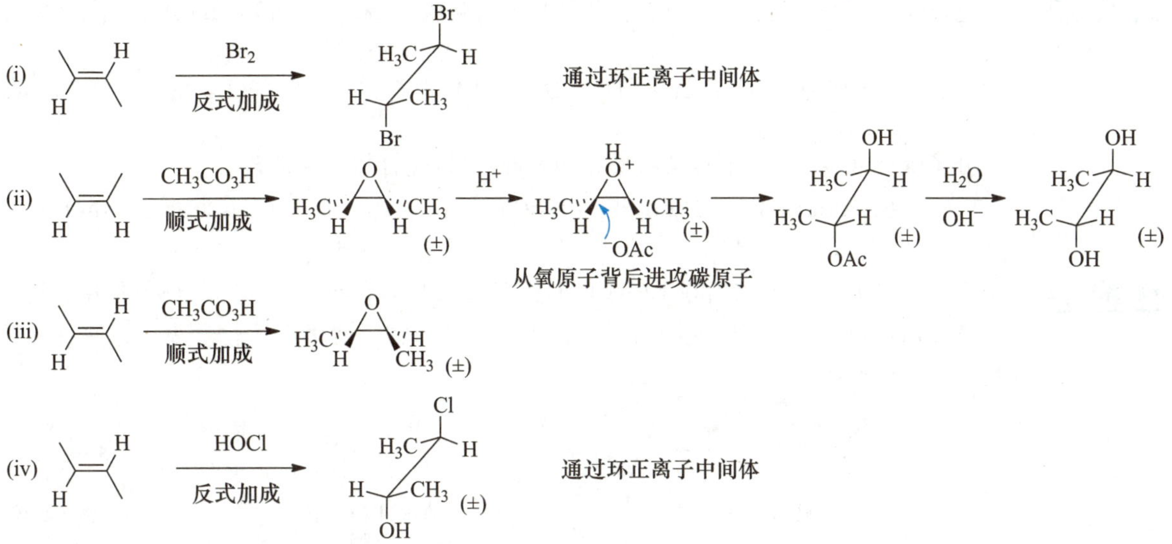

习题 8-62 解释下列反应中为何主要得到(i)，其次是(ii)，而仅得少量(iii)。

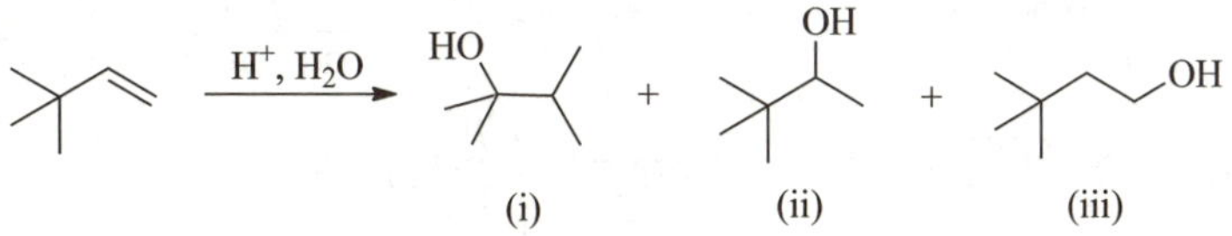

$\xrightarrow{H^+, H_2O}$ (i) + (ii) + (iii)

答 反应时，首先产生二级碳正离子(a)，(a)重排为三级碳正离子(b)，(b)与 H_2O 反应得(i)，(a)与水反应得(ii)，(b)比(a)稳定，因此(i)为主要产物，(ii)为次要产物。

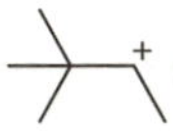

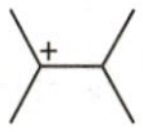

如果反应时产生一级碳正离子(c)，则(c)与 H_2O 反应可得(iii)，由于(c)不太稳定，不易形成，故(iii)很少。

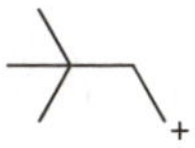

习题 8-63 写出下列反应中(A)，(B)，(C)，(D)，(E)，(F)的构造式。

(i) (A) + Zn ⟶ (B) + $ZnCl_2$

(B) + 热$KMnO_4$溶液 ⟶ CH_3CH_2COOH + CO_2 + H_2O

(ii) (B) + HBr $\xrightarrow{ROOR}$ (C)

(C) + Li $\xrightarrow{\text{醚}}$ (D)

2(D) + CuI ⟶ (E)

(C) + (E) ⟶ (F)

答 (A) (B) (C) (D) (E) (F)

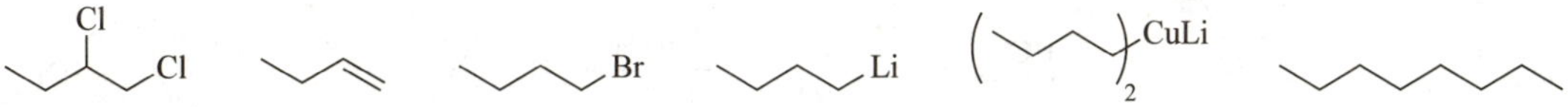

习题 8-64 一化合物(A)的分子式为 C_8H_{12},(A)在催化剂作用下可与 2 mol 氢加成;(A)经臭氧化后,用 Zn 和 H_2O 分解,得一个二醛 $\overset{O}{\overset{\|}{H C}}CH_2CH_2\overset{O}{\overset{\|}{C}}H$。请推测其构造式。

答 (A)的构造式为 (1,5-环辛二烯结构式)。

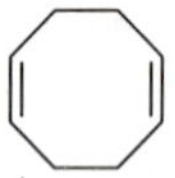

习题 8-65 一化合物(A)的分子式为 $C_{15}H_{24}$,催化氢化可以吸收 4 mol H_2,得到 $CH_3\underset{}{\overset{CH_3}{\overset{|}{C}}}H(CH_2)_3\overset{CH_3}{\overset{|}{C}}H(CH_2)_3\overset{CH_3}{\overset{|}{C}}HCH_2CH_3$。(A)先用臭氧处理,然后用 Zn 和 H_2O 处理,得两分子 $H\overset{O}{\overset{\|}{C}}H$,一分子 $CH_3\overset{O}{\overset{\|}{C}}CH_3$,一分子 $CH_3\overset{O}{\overset{\|}{C}}CH_2CH_2\overset{O}{\overset{\|}{C}}H$,一分子 $H\overset{O}{\overset{\|}{C}}CH_2CH_2\overset{O}{\overset{\|}{C}}\overset{O}{\overset{\|}{C}}H$。不管其顺反异构,试写出该化合物的构造式。

答 $CH_3\underset{CH_3}{\underset{|}{C}}=CHCH_2CH_2\underset{CH_3}{\underset{|}{C}}=CHCH_2CH_2\underset{CH_2}{\underset{\|}{C}}CH=CH_2$ 或 $CH_3\underset{CH_3}{\underset{|}{C}}=CHCH_2CH_2\underset{CH_2}{\underset{\|}{C}}CH=CHCH_2CH_2\underset{CH_3}{\underset{|}{C}}=CH_2$

习题 8-66 用溴处理(*Z*)-3-己烯,然后在 KOH-C_2H_5OH 中反应,可得(*Z*)-3-溴-3-己烯;但用相同试剂及顺序处理环己烯,却不能得到 1-溴环己烯,而得到其他产物。请用立体化学表示这两种烯烃的反应过程及其反应产物。

答

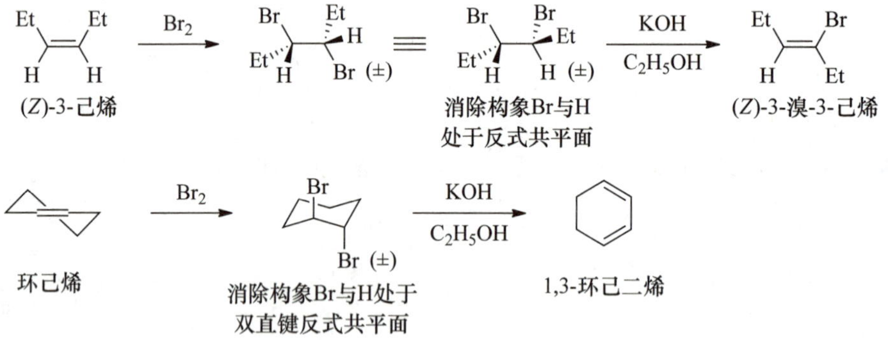

(*Z*)-3-己烯 —Br_2→ (±)-3,4-二溴己烷 ≡ 消除构象Br与H处于反式共平面 (±) —KOH / C_2H_5OH→ (*Z*)-3-溴-3-己烯

环己烯 —Br_2→ 消除构象Br与H处于双直键反式共平面 (±) —KOH / C_2H_5OH→ 1,3-环己二烯

习题 8-67 化合物(A)的分子式为 C_7H_{12},在 $KMnO_4$-H_2O 中加热回流,在反应液中只有 环己酮(结构式);(A)与 HCl 作用得(B),(B)在 C_2H_5ONa-C_2H_5OH 溶液中反应得(C),(C)使 Br_2 褪色生成(D),(D)用 C_2H_5ONa-C_2H_5OH 处理,生成(E),(E)在 $KMnO_4$-H_2O 中加热回流得 $HO\overset{O}{\overset{\|}{C}}CH_2CH_2\overset{O}{\overset{\|}{C}}OH$ 和 $CH_3\overset{O}{\overset{\|}{C}}COOH$;(C)用 O_3 反应后再用 H_2O、Zn 处理得 $CH_3\overset{O}{\overset{\|}{C}}CH_2CH_2CH_2CH_2\overset{O}{\overset{\|}{C}}H$。请写出化合物(A)的构造式,并用反应式说明所推测的结构是正确的。

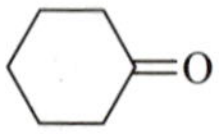

答 (A) 的构造式为 亚甲基环己烷(结构式)。

(A) —$KMnO_4$, H_2O, △→ 环己酮 + HCOOH —△→ CO_2 + H_2O

(A) —HCl→ (B) 1-甲基-1-氯环己烷 —C_2H_5ONa / C_2H_5OH→ (C) 1-甲基环己烯 —Br_2→ (D) 1,2-二溴-1-甲基环己烷 (±)

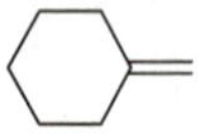

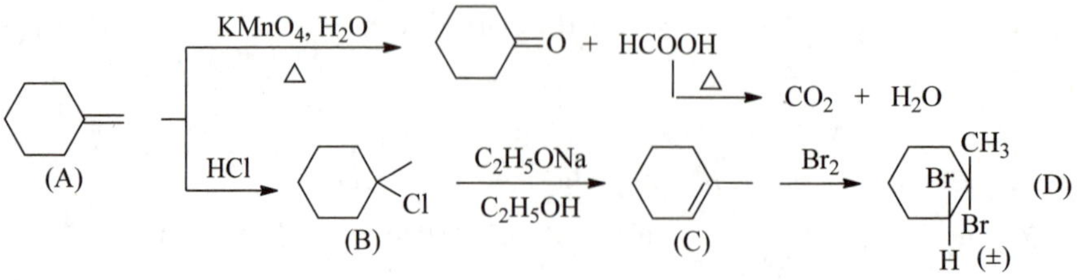

(C) $\xrightarrow{O_3}$ $\xrightarrow{Zn + H_2O}$ (6-oxoheptanal)

(D) (±) $\xrightarrow[C_2H_5OH]{C_2H_5ONa}$ (E) $\xrightarrow[\triangle]{KMnO_4, H_2O}$ $CH_3COCOOH$ + HOOC‒CH₂CH₂‒COOH

习题 8-68 用 1-甲基环己烷为原料，合成下列化合物。

(i) 1-甲基-2-溴环己烷 (ii) 反-2-甲基环己醇 (±) (iii) 1-甲基环己醇 (iv) 顺-1-甲基-1,2-环己二醇 (±) (v) 反-1-甲基-1,2-环己二醇 (±)

答

甲基环己烷 $\xrightarrow[光]{Br_2}$ 1-溴-1-甲基环己烷 $\xrightarrow[C_2H_5OH]{C_2H_5ONa}$ 1-甲基环己烯 $\xrightarrow[ROOR]{HBr}$ (i)

1-甲基环己烯 $\xrightarrow[②\ H_2O_2,\ OH^-]{①\ B_2H_6}$ (±) (ii)

1-甲基环己烯 $\xrightarrow{H^+,\ H_2O}$ (iii)

1-甲基环己烯 $\xrightarrow[②\ H_2O]{①\ OsO_4}$ (±) (iv)

1-甲基环己烯 $\xrightarrow[②\ H_2O,\ OH^-]{①\ 过酸}$ (±) (v)

习题 8-69 从指定原料合成指定化合物，写出各步反应所用的试剂及反应条件。

(i) $CH_3CH_2CH_2OH \longrightarrow CH_3CH(Br)CH_3$ (ii) $CH_3CH(OH)CH_3 \longrightarrow CH_3CH_2CH_2Br$

(iii) 环戊烷 ⟶ 顺-1,2-环戊二醇 (iv) 环戊烷 ⟶ 反-1,2-环戊二醇 (±)

(v) 甲基环戊烷 ⟶ 反-2-甲基环戊醇 (±) (vi) 甲基环戊烷 ⟶ $CH_3COCH_2CH_2CH_2COOH$

答

(i) $CH_3CH_2CH_2OH \xrightarrow[消除]{H^+} \xrightarrow[加成，马氏规则]{HBr}$ 2-溴丙烷

(ii) $CH_3CH(OH)CH_3 \xrightarrow[消除]{H^+} \xrightarrow[加成，反马氏规则]{HBr,\ ROOR}$ 1-溴丙烷

(iii) 环戊烷 $\xrightarrow[溴化]{Br_2,\ 光} \xrightarrow[消除]{C_2H_5ONa,\ C_2H_5OH} \xrightarrow[顺式加成]{KMnO_4,\ 冷稀} \xrightarrow[水解]{H_2O}$ 顺-1,2-环戊二醇

(iv) 环戊烷 $\xrightarrow[\text{溴化}]{Br_2,\text{光}}$ $\xrightarrow[\text{消除}]{C_2H_5ONa, C_2H_5OH}$ $\xrightarrow[\text{环氧化，顺式加成}]{\text{过酸}}$ $\xrightarrow[\text{开环，反式}]{CH_3COOH}$ $\xrightarrow[\text{水解}]{H_2O, OH^-}$ 反-1,2-环戊二醇 (±)

(v) 甲基环戊烷 $\xrightarrow[\text{溴化}]{Br_2,\text{光}}$ $\xrightarrow[\text{消除}]{C_2H_5ONa, C_2H_5OH}$ $\xrightarrow[\text{硼氢化，顺式加成，反马氏规则}]{B_2H_6}$ $\xrightarrow[\text{氧化}]{H_2O_2, OH^-}$ $\xrightarrow[\text{水解}]{H_2O}$ 反-2-甲基环戊醇 (±)

(vi) 甲基环戊烷 $\xrightarrow[\text{溴化}]{Br_2,\text{光}}$ $\xrightarrow[\text{消除}]{C_2H_5ONa, C_2H_5OH}$ $\xrightarrow[\text{氧化}]{KMnO_4, OH^-, H_2O}$ $\xrightarrow[\text{酸化}]{H_2O, H^+}$ $CH_3COCH_2CH_2CH_2COOH$

习题 8-70 $CH_2{=}CHCH_2I$ 在 Cl_2 的水溶液中发生反应，主要产物为 $ClCH_2CHOHCH_2I$，同时还产生少量 $HOCH_2CHClCH_2I$ 和 $ClCH_2CHICH_2OH$。请予以解释。

答 $CH_2{=}CHCH_2I \xrightarrow{Cl_2}$ 氯鎓离子 $\xrightarrow{H_2O}$ $ClCH_2CH(OH)CH_2I$（主要）+ $HOCH_2CHClCH_2I$（少量）

氯鎓离子 ⇌ $ClCH_2\overset{+}{C}HCH_2I$ ⇌ 碘鎓离子 $\xrightarrow{H_2O}$ $ClCH_2CH(OH)CH_2I$（主要）+ $ClCH_2CHICH_2OH$（少量）

习题 8-71 完成下列反应，并写出相应的反应机理。

（八氢并环戊二烯-3a-甲醇）$\xrightarrow[170\,^\circ C]{H^+}$

答 CH_2OH 化合物 $\overset{H^+}{\rightleftharpoons}$ $H_2C-\overset{+}{O}H_2$ $\xrightarrow{-H_2O}$ $\overset{+}{C}H_2$ $\xrightarrow{\text{重排}}$ 六元环碳正离子 $\xrightarrow[\triangle]{-H^+}$ 双环[4.3.0]壬烯（六氢茚）

习题 8-72 将乙醇用硫酸脱水成烯，然后与溴加成得 1,2-二溴乙烷。

(i) 在制备乙烯过程中有什么副产物，是如何除去的？用反应式表示。

(ii) 乙烯加溴得 1,2-二溴乙烷，产物是如何提纯的？

答 (i) 副产物是乙醚、硫酸酯。产物乙烯是气体，将乙烯从反应体系中导出即可。

$$CH_3CH_2OH \xrightarrow[\triangle]{H_2SO_4} H_2C{=}CH_2$$

(ii) 将产物移至分液漏斗中分别用等体积的水、10%NaOH 水溶液各洗一次，然后再用水洗至中性，用无水 $CaCl_2$ 干燥，滤去干燥剂，蒸馏得产品。

习题 8-73 写出下式中(A)，(B)，(C)，(D)各化合物的构造式。

(A) + Br_2 ⟶ (B)，　(B) + 2KOH $\xrightarrow{CH_3CH_2OH}$ (C) + 2KBr + $2H_2O$

(C) + H_2 $\xrightarrow{Pd/CaCO_3, PbO}$ (D)，　(D) + H_2O $\xrightarrow{H^+}$ $CH_3CH(CH_3)-CH(OH)CH_3$

答

$(CH_3)_2CHCH{=}CH_2$ (A) $\xrightarrow{Br_2}$ $(CH_3)_2CHCHBrCH_2Br$ (B) $\xrightarrow[EtOH]{KOH}$ $(CH_3)_2CHC{\equiv}CH$ (C) $\xrightarrow[H_2]{Pd/PbO, CaCO_3}$ $(CH_3)_2CHCH{=}CH_2$ (D) $\xrightarrow{H^+, H_2O}$ $(CH_3)_2CHCH(OH)CH_3$

习题 8-74　用乙炔、丙炔以及其他必要的有机及无机试剂，合成下列化合物。

(i) $CH_3CClBrCH_3$　(ii) $CH_2{=}C(CH_3){-}CH{=}CH_2$　(iii) $CH_2{=}CHC(O)CH_3$　(iv) $CH_2{=}CHOCH_2CH_2CH_3$

(v) $CH_3CH_2(H)C{=}C(H)CH_2CH_3$（顺式）　(vi) $CH_3CH_2CH_2CH_2CHO$　(vii) $CH_2{=}CCl_2$

答

(i) 丙炔 $\xrightarrow{HCl}$ $\xrightarrow{HBr}$ $CH_3CClBrCH_3$

(ii) 丙炔 $\xrightarrow[H_2O]{HgSO_4,\ H_2SO_4}$ 丙酮 $\xrightarrow[KOH]{HC\equiv CH}$ 2-甲基-3-丁炔-2-醇 $\xrightarrow[H_2]{Pd/PbO,\ CaCO_3}$ 2-甲基-3-丁烯-2-醇 $\xrightarrow[\triangle]{Al_2O_3}$ 2-甲基-1,3-丁二烯

(iii) $2\ HC\equiv CH \xrightarrow[CuCl]{NH_4Cl}$ 乙烯基乙炔 $\xrightarrow[H_2O]{HgSO_4,\ H_2SO_4}$ $CH_2{=}CHCOCH_3$

(iv) 丙炔 $\xrightarrow[H_2]{Pd/PbO,\ CaCO_3}$ 丙烯 $\xrightarrow{B_2H_6}$ $\xrightarrow[OH^-]{H_2O_2}$ 正丙醇（OH）$\xrightarrow{碱}$ $\xrightarrow[\triangle]{HC\equiv CH}$ $CH_3CH_2CH_2OCH{=}CH_2$

(v) $HC\equiv CH \xrightarrow[NH_3(l)]{2\ NaNH_2} NaC\equiv CNa \xrightarrow{2\ CH_3CH_2Br}$ 3-己炔 $\xrightarrow[H_2]{Pd/PbO,\ CaCO_3}$ 顺-3-己烯（H、H 同侧）

(vi) $HC\equiv CH \xrightarrow[NH_3(l)]{NaNH_2} HC\equiv CNa \xrightarrow{CH_3CH_2CH_2Br}$ 1-戊炔 $\xrightarrow{B_2H_6}$ $\xrightarrow[OH^-]{H_2O_2}$ 戊醛（CHO）

(vii) $HC\equiv CH \xrightarrow{Cl_2} ClCH{=}CHCl \xrightarrow{HCl} ClCH_2CHCl_2 \xrightarrow[C_2H_5OH]{KOH} CH_2{=}CCl_2$

习题 8-75　完成下列反应。

(i) $2CH_3C\equiv CNa + BrCH_2CH_2CH_2Br \xrightarrow{NH_3(液)}$　(ii) $HC\equiv CNa + Cl(CH_2)_6I \xrightarrow{NH_3(液)}$

(iii) $CH_3CH{=}CHCH(OH)C\equiv CH + H_2 \xrightarrow{Pd/PbO,\ CaCO_3}$　(iv) $CH_3OC(O)(CH_2)_3C\equiv C(CH_2)_3C(O)OCH_3 + H_2 \xrightarrow[喹啉]{Pd/BaSO_4}$

(v) $CH_3C\equiv CCH_2CH_2CH_2C\equiv CCH_3 \xrightarrow{Na+NH_3(液)}$

答　(i) $CH_3C\equiv CCH_2CH_2CH_2C\equiv CCH_3$　(ii) $HC\equiv C(CH_2)_6Cl$ + $HC\equiv C(CH_2)_6C\equiv CH$（少）

(iii) $CH_3CH{=}CHCH(OH)CH{=}CH_2$　(iv) 顺式 $H_3CO(O)C(CH_2)_3CH{=}CH(CH_2)_3C(O)OCH_3$（H、H 同侧）　(v) 反,反-$CH_3CH{=}CHCH_2CH_2CH_2CH{=}CHCH_3$

习题 8-76　一个碳氢化合物 C_5H_8，能使高锰酸钾水溶液和溴的四氯化碳溶液褪色；与银氨溶液反应，生成白色沉淀；与硫酸汞的稀硫酸溶液反应，生成一个含氧的化合物。请写出该碳氢化合物所有可能的构造式。

答　从题意看，必定是末端炔烃，可能的结构式有两个：$CH_3CH_2CH_2C\equiv CH$ 与 $(CH_3)_2CHC\equiv CH$。此两结构均可使高锰

酸钾水溶液和溴的四氯化碳溶液褪色；与银氨溶液均能反应，生成 [结构式]—Ag 或 [结构式]—Ag 白色沉淀；均能与硫酸汞的稀硫酸溶液反应，生成一个含氧的化合物 [结构式] 或 [结构式]。

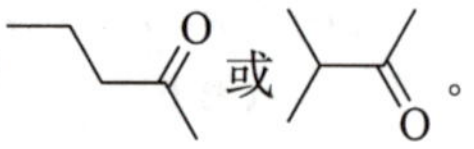

习题 8-77 从指定原料合成指定化合物。

(i) 从 2-丁炔合成 (A) 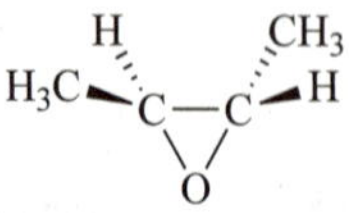 [结构式] 和 (B) 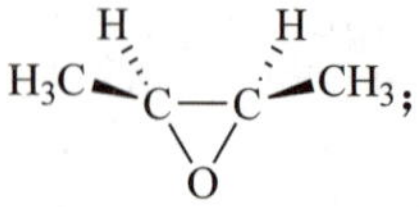 [结构式]；

(ii) 从环十二烷合成顺-和反-1,2-二溴环十二烷。

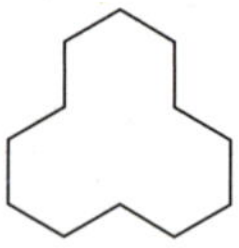

环十二烷

答

(i) [反应式：2-丁炔 经 Na, NH_3(l) 得反-2-丁烯，再经 PhCOOOH/Na_2CO_3 得 (A)；经 Pd/PbO, $CaCO_3$, H_2 得顺-2-丁烯，再经 PhCOOOH/Na_2CO_3 得 (B)]

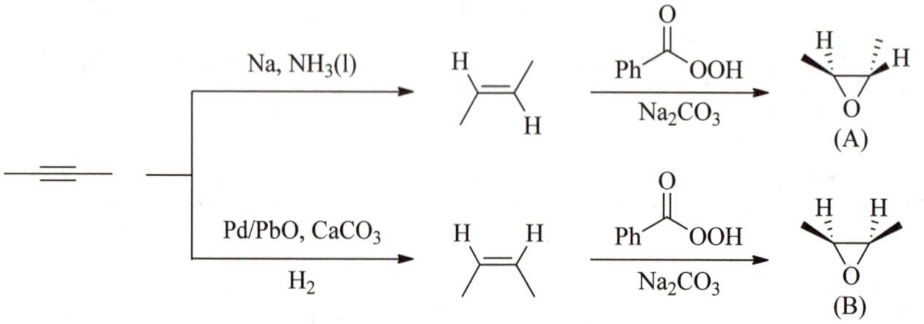

(ii) 环十二烷卤化后消除，得顺和反环十二碳烯，加溴后再消除，得环十二碳炔。(1) 用 Lindlar 催化剂加氢，然后加溴得反-1,2-二溴环十二烷；(2) 用 Na/NH_3(液)处理后，加溴，得顺-1,2-二溴环十二烷。反应如下：

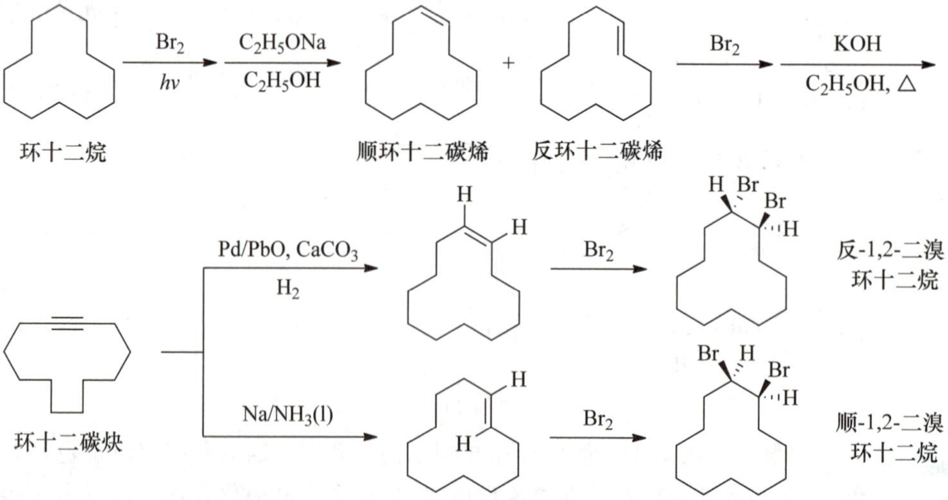

[反应式：环十二烷 经 Br_2/hv，C_2H_5ONa/C_2H_5OH 得 顺环十二碳烯 + 反环十二碳烯，经 Br_2，KOH/C_2H_5OH, △ 得环十二碳炔]

[反应式：环十二碳炔 经 Pd/PbO, $CaCO_3$, H_2 后 Br_2 得 反-1,2-二溴环十二烷；经 Na/NH_3(l) 后 Br_2 得 顺-1,2-二溴环十二烷]

习题 8-78 化合物(A)C_9H_{14}具有旋光性。将(A)用铂进行催化氢化生成(B)C_9H_{20}，不旋光；将(A)用 Lindlar 催化剂小心催化氢化生成(C)C_9H_{16}，也不旋光；但若将(A)置液氨中与金属钠反应，生成(D)C_9H_{16}却有旋光性。试推测(A)，(B)，(C)，(D)的结构。

答

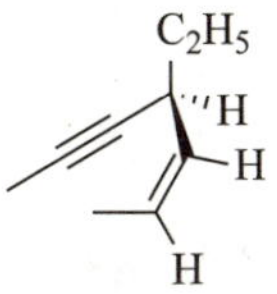

（或对映体）
(A)

$C_2H_5CH(CH_2CH_2CH_3)_2$
(B)

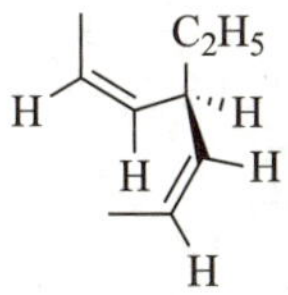

(C)

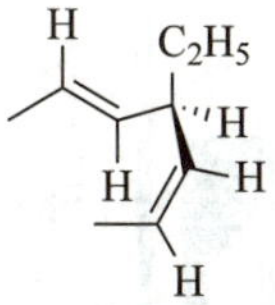

（或对映体）
(D)

习题 8-79 写出 $CH_2{=}CH{-}CH{=}\underset{\underset{\displaystyle CH_3}{|}}{C}{-}CH_2{-}CH_3$ 的中、英文名称和与该化合物化学式相同、碳架相同的其他共轭烯烃的构造式。

答 中文名称：4-甲基-1，3-己二烯

英文名称：4-methyl-1，3-hexadiene

化学式相同、碳架相同的其他共轭烯烃的构造式有

$CH_3CH_2CH{=}\underset{\underset{\displaystyle CH_3}{|}}{C}CH{=}CH_2$　　$CH_3CH{=}CH\underset{\underset{\displaystyle CH_3}{|}}{C}{=}CHCH_3$　　$CH_3CH{=}CH\underset{\underset{\displaystyle CH_2}{\|}}{C}CH_2CH_3$　　$CH_3CH_2CH_2\underset{\underset{\displaystyle CH_2}{\|}}{C}CH{=}CH_2$

9 第 9 章 共轭烯烃 周环反应

内 容 提 要

(一) 共 轭 双 烯

两个双键被一个单键隔开的二烯烃称为**共轭二烯烃**或**共轭双烯**。

9.1 共轭双烯的结构

在共轭双烯中,每个双键碳均为 sp^2 杂化,四个双键碳共平面。相邻的双键碳之间均以 sp^2 杂化轨道沿轴向重叠形成 C—Cσ 键,每个双键碳还有一个 p 轨道,这些 p 轨道均垂直于四个双键碳的平面,且互相平行重叠,形成一个离域的大 π 键。键长平均化是共轭烯烃的共性。

9.2 共轭烯烃的物理性质(略)

9.3 共轭双烯的特征反应——1,4-加成反应

共轭双烯与亲电试剂有两种加成方式。一种方式是试剂只和一个单独的双键加成,称为**1,2-加成反应**。另一种方式是试剂加在共轭双烯两端的碳原子上,同时在中间两个碳上形成一个新的双键,这称为 **1,4-加成反应**。

(二) 共 振 论

9.4 共振论简介

当科学家发现经典结构式不能圆满地表达共轭体系的结构时,L. Pauling 提出了**共振论**。共振论的基本思想是,当一个分子、离子或自由基无法用价键理论以一个经典结构式圆满表达时,可以用若干经典结构式的共振来表达该分子的结构。这些经典结构式称为**共振式**或极限式,相应的结构称为共振结构或极限结构。写共振极限式时,所有的极限式都必须符合 Lewis 结构式,代表同一分子的极限式还必须有相同的原子排列顺序且具有相等的未成对电子数。不同的极限结构稳定性是不同的,越稳定的极限结构对真实分子的贡献越大。共振论解释了不少实验事实,但也有很多不足。

（三）分子轨道理论对共轭多烯的处理

9.5 分子轨道理论的基本思想

分子轨道理论强调分子的整体性，认为分子中的原子是按一定的空间配置排列起来的，然后电子逐个加到由原子实和其余电子组成的“有效”势场中，构成了分子。分子中单个电子的状态函数称为**分子轨道**。分子轨道是按能量高低依次排列的，电子则将按能量最低原理、Pauli 不相容原理和 Hund 规则进占分子轨道。

9.6 1,3-丁二烯的 π 分子轨道及相关知识

1,3-丁二烯有四个 π 分子轨道，两个是成键分子轨道，两个是反键分子轨道。基态时，四个 π 电子占据两个成键分子轨道。

9.7 直链共轭多烯 π 分子轨道的特征

分子轨道都具有对称性。分子轨道的节面数由 ψ_1 到 ψ_n 按 0，1，2，…的顺序依次增加，同一分子中，分子轨道的能量随节面数增多而增高。对于含有 n 个碳原子的直链共轭多烯体系，当 n 为偶数时，有 $n/2$ 个成键轨道和 $n/2$ 个反键轨道；当 n 为奇数时，则有 $(n-1)/2$ 个成键轨道和 $(n-1)/2$ 个反键轨道和一个非键轨道。

9.8 用分子轨道理论解释 1,3-丁二烯的特性

与孤立的烯烃相比，1,3-丁二烯的特性有：(1) 键长平均化；(2) 吸收光谱向长波方向移动；(3) 折射率增高；(4) 稳定性增大；(5) 能发生 1,4-加成。用分子轨道理论解释 1,3-丁二烯的特点(略)。

（四）周环反应

9.9 周环反应和分子轨道对称守恒原理

在化学反应过程中，能形成环状过渡态的协同反应称为**周环反应**。周环反应的主要特点是在加热条件下和在光照条件下反应得到的产物具有不同的立体选择性。**分子轨道对称守恒原理**认为：化学反应是分子轨道进行重新组合的过程，在一个协同反应中，分子轨道的对称性是守恒的。

9.10 前线轨道理论的概念和中心思想

前线轨道理论将 **HOMO、LUMO** 统称为**前线轨道**，处在前线轨道上的电子称为前线电子。**前线轨道理论**认为：在周环反应过程中，最先作用的分子轨道是前线轨道，起关键作用的电子是前线电子。

9.11 电环化反应及前线轨道理论对电环化反应的处理

在光或热的作用下，共轭烯烃末端两个碳原子的 π 电子环合成一个 σ 键，从而形成比原来分子少一个双键的环烯烃的反应及其逆反应统称为**电环化反应**。前线轨道理论认为：一个共轭多烯分子在发生电环化反应时，起决定作用的分子轨道是共轭多烯的 HOMO，为了使共轭烯烃末端两个碳原子的 p

轨道旋转关环生成 σ 键时经过一个能量最低的过渡态，这两个 p 轨道必须发生同位相重叠。

9.12 环加成反应及前线轨道理论对环加成反应的处理

在光或热的作用下，两个或多个带有双键、共轭双键或孤对电子的分子相互作用，形成一个稳定的环状化合物的反应称为**环加成反应**。环加成反应的逆反应称为环消除反应。前线轨道理论认为，两个分子的环加成反应须符合：(1) 一个分子出 HOMO，另一个分子出 LUMO；(2) 两个起决定作用的轨道必须发生同位相重叠；(3) 相互作用的两个轨道能量越接近，反应越易进行。

9.13 Diels-Alder 反应

共轭双烯(**双烯体**)与含有烯键或炔键的化合物(**亲双烯体**)互相作用生成六元环状化合物的环加成反应称为 **Diels-Alder 反应**。反应时，双烯体的两个双键必须取 *s*-顺式构象，1、4 位取代基的位阻不能太大。Diels-Alder 反应是立体专一的顺式加成反应，参与反应的亲双烯体在反应过程中顺反关系保持不变。当双烯体上有给电子基团，而亲双烯体上有不饱和基团与烯键或炔键共轭时，优先生成内型加成产物。

9.14 1,3-偶极环加成反应

能用偶极共振式来描述的化合物称为 **1,3-偶极化合物**，简称 1,3-偶极体。1,3-偶极化合物和烯烃、炔烃或相应衍生物生成五元环状化合物的环加成反应称为 **1,3-偶极环加成反应**。

9.15 σ 迁移反应及前线轨道理论对 σ 迁移反应的处理

在化学反应中，一个 σ 键沿着共轭体系由一个位置转移到另一个位置，同时伴随着 π 键转移的反应称为 **σ 迁移反应**。

前线轨道理论按下列步骤处理[1,*j*]σ 迁移反应：(1) 让发生迁移的 σ 键均裂，产生一个氢原子(或碳自由基)和一个奇数碳共轭体系自由基，把[1,*j*]σ 迁移反应看做一个氢原子(或碳自由基)在一个奇数碳共轭体系自由基上移动来完成的；(2) 在[1,*j*]σ 迁移反应中，起决定作用的分子轨道是奇数碳共轭体系中含有单电子的前线轨道，反应的立体选择性取决于该分子轨道的对称性；(3) 为了满足对称性合适的要求，新 σ 键形成时必须发生同位相重叠。

前线轨道理论按下列步骤处理[*i*,*j*]σ 迁移反应：(1) 让发生迁移的 σ 键均裂，产生两个奇数碳共轭体系自由基，把[*i*,*j*]σ 迁移反应看做是这两个奇数碳共轭体系的相互作用完成的；(2) 在[*i*,*j*]σ 迁移反应中，起决定作用的分子轨道是这两个奇数碳共轭体系的含单电子的前线轨道；(3) 新 σ 键形成时必须发生同位相重叠。

9.16 能量相关理论(略)

9.17 芳香过渡态理论(略)

习题解析

习题 9-1 下列分子中各存在哪些类型的共轭？画出这些共轭体系的 π 轨道示意图，并简述共轭对结构产生的影响。

(i) $CH_3-CH=CH-\overset{+}{C}(CH_3)-CH_3$　　(ii) $CH_2=CH-CH=CH-\dot{C}H_2$

(iii) $CH_2=CH-\dot{C}H-CH=CH_2$　　(iv) $CH_3-\bar{C}H-CH=CH_2$

答　(i) σ-π 共轭、p-π 共轭、p-σ 共轭；(ii) π-π 共轭、π-p 共轭；(iii) p-π 共轭；(iv) σ-p 共轭、p-π 共轭。轨道示意图略。共轭使键长趋于平均化。

习题 9-2　下列各组化合物中哪个化合物更稳定？为什么？

(i) 2-甲基-1,3-丁二烯，1,4-戊二烯　(ii) 2-乙基-1,3-己二烯，2-甲基-1,4-庚二烯

答　(i) 中，2-甲基-1,3-丁二烯更稳定，因为 2-甲基-1,3-丁二烯分子中存在共轭双键，而 1,2-戊二烯分子中不存在共轭双键。

(ii) 中，2-乙基-1,3-己二烯更稳定，原因与(i)相同。

习题 9-3　下列化合物与等物质的量的 Br_2 发生加成反应时，可能得到哪些产物？

(i) $CH_2=CH-CH_2-CH=CH_2$　(ii) $CH_2=CH$, H, C=C, H, CH_3　(iii)　(iv)

答

(i) Br, *, Br (±)　(ii) Br, Br, H, *, H, CH_3 (±)　Br, H, CH_3, H, Br (±)　Br, Br, *, CH_3, H, H (±)　Br, H, H, *, CH_3, Br (±)

(iii) Br, Br (±)　(iv) Br, Br (±)　Br, Br (±)　Br, Br

习题 9-4　下列反应可能生成什么产物？为什么？

(i) $CH_2=C(CH_3)-CH=CH_2$ + (1 mol) HBr $\xrightarrow{\text{无过氧化物}}$　(ii) H, H, C=C, H_3C, C=C, CH_3, H, H + (1 mol) HCl ⟶

(iii) $CH_2=CHCH_2$, CH_3, C=C, H, H + (1 mol) Cl_2 ⟶　(iv) $CH_2=CH$, $CH=CH_2$, C=C, H, H + (1 mol) HBr ⟶

答　(i) 可能生成的产物有

(a) Br　(b) *, Br (±)　(c) Br　(d) Br, H 或 Br, H

(a)和(b)是 1,2-加成产物，是动力学控制的产物；(c)和(d)是 1,4-加成产物，是热力学控制的产物。

(ii) 可能生成的产物有

(a) Cl, *, H, H (±)　(b) H, *, H, Cl (±) 或 Cl, *, H, H (±)

(a)是 1,2-加成产物，是动力学控制的产物；(b)是 1,4-加成产物，是热力学控制的产物。

(iii) 可能生成的产物有

(a) 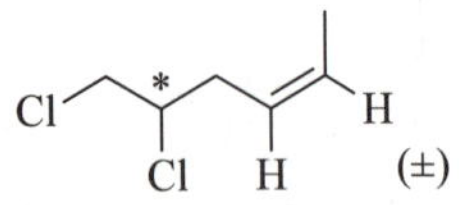 $Cl-CH_2-\overset{*}{C}HCl-CH_2-CH=C(CH_3)H$ (±)　　(b) 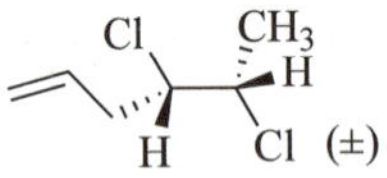 (±)

两个双键不共轭,(a)与(b)均是 1,2-加成产物,没有 1,4-加成产物。

(iv) 可能生成的产物有

(a) 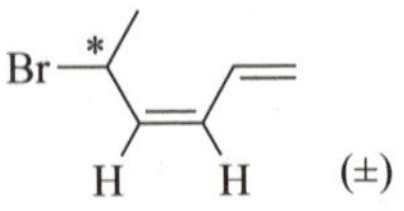 (±)　(b) 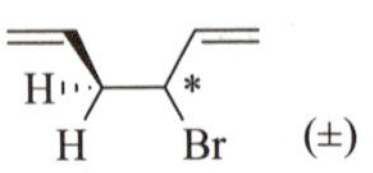 (±)　(c) 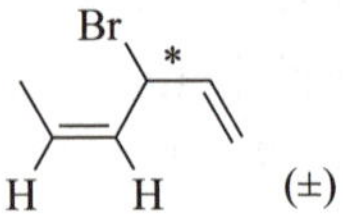 (±)　(d) 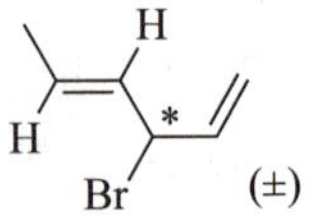 (±)

(e)

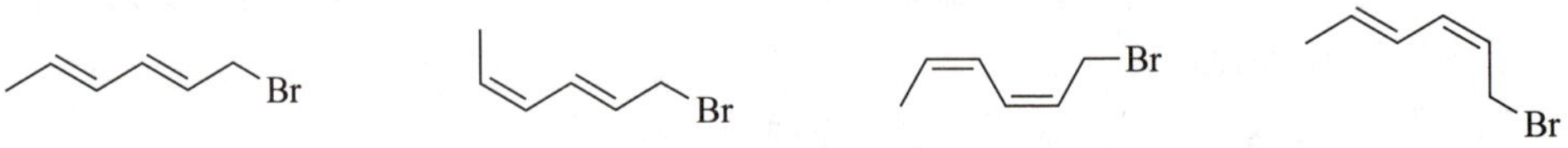

(a)(b) 是 1,2-加成产物,(c)(d) 是 1,4-加成产物,(e) 是 1,6-加成产物。

* 注:亲电加成首先在电荷密度高的双键上发生。

习题 9-5 下列各对极限式中,哪一个极限式代表的极限结构贡献较大?

(i) $CH_3-\overset{+}{C}(CH_3)-CH=CH_2 \longleftrightarrow CH_3-C(CH_3)=CH-\overset{+}{C}H_2$

(ii) $CH_3-\dot{C}H-CH=CH_2 \longleftrightarrow CH_3-CH=CH-\dot{C}H_2$

(iii) $^{-}CH_2-C(=O)-CH_3 \longleftrightarrow CH_2=C(O^-)-CH_3$

(iv) $^{+}CH_2-\ddot{\underset{\cdot\cdot}{O}}-CH_3 \longleftrightarrow CH_2=\overset{+}{\ddot{O}}-CH_3$

(v) $CH_2=CH-CH=CH-\overset{+}{C}H-\overset{-}{C}H_2 \longleftrightarrow {}^{+}CH_2-CH=CH-CH=CH-\overset{-}{C}H_2$

(vi) $CH_2=CH-\ddot{\underset{\cdot\cdot}{Br}}: \longleftrightarrow :\overset{-}{C}H_2-CH=\underset{\cdot\cdot}{Br}:^{+}$

答 (i) 左式>右式,因为左边的正离子离域范围更大。(ii) 左式>右式,因为左边的自由基离域范围更大。(iii) 右式>左式,因为负电荷处在电负性较大的氧上比处在碳上稳定。(iv) 右式>左式,因为在右式中,所有的原子均有完整的价电子层,而在左式中,^{+}C 没有完整的价电子层。(v) 左式>右式,因为正、负电荷分离越开越不稳定。(vi) 左式>右式,因为不带电荷的共振式比带电荷的共振式稳定。

习题 9-6 下列极限式中,哪个式子是错误的?为什么?

(i) $CH_2=CH-\dot{C}H_2 \longleftrightarrow \dot{C}H_2-\dot{C}H-\dot{C}H_2 \longleftrightarrow \dot{C}H_2-CH=CH_2$

(ii) $CH_2=CH-\overset{+}{C}H_2 \longleftrightarrow$ (环状 $CH_2-\overset{+}{C}H$, CH_2) $\longleftrightarrow \overset{+}{C}H_2-CH=CH_2$

(iii) $CH_2=CH-C(=O)-CH_3 \longleftrightarrow CH_2=CH-C(OH)=CH_2 \longleftrightarrow \overset{+}{C}H_2-CH=C(O^-)-CH_3$

(iv) $^{-}\underset{\cdot\cdot}{C}H_2-\overset{+}{N}\equiv N: \longleftrightarrow {}^{-}\underset{\cdot\cdot}{C}H_2-\underset{\cdot\cdot}{N}=\overset{+}{N}: \longleftrightarrow CH_2=N\equiv N:$

答 (i) 中间的式子是错误的,它的孤电子数不对。(ii) 中间的式子是错误的,它的骨架不对。(iii) 中间的式子是错误的,有一个氢的位置不对。(iv) 最后一个式子是错误的,中间的氮不符合八隅体结构。

习题 9-7 碳酸根能写出几个等同的极限式?用共振的方式表示之。

答 碳酸根有三个等同的极限式，可以表示为

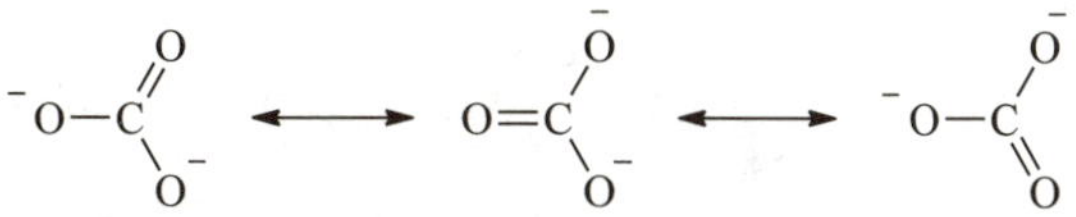

$^{-}O-C(=O)-O^{-} \longleftrightarrow O=C(-O^{-})-O^{-} \longleftrightarrow {}^{-}O-C(-O^{-})=O$

习题 9-8 用共振论解释：为什么丙烯氯比乙烯氯易发生取代反应？

答 因为：(1) 丙烯氯反应时形成的碳正离子比乙烯氯反应时形成的碳正离子稳定。

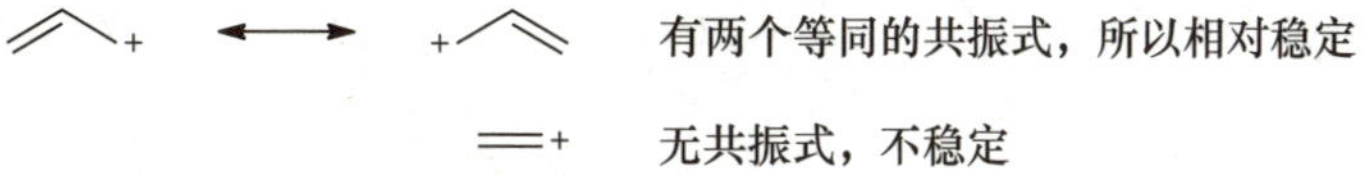

$CH_2=CH-CH_2^{+} \longleftrightarrow {}^{+}CH_2-CH=CH_2$ 有两个等同的共振式，所以相对稳定

$CH_2=CH^{+}$ 无共振式，不稳定

(2) 在乙烯氯中，由于共轭，C—Cl 键有部分双键的性质；而在丙烯氯中，C—Cl 键是单键。

习题 9-9 画出戊二烯基正离子的 π 分子轨道示意图及 π 电子的排布，并指出哪一个轨道是 HOMO，哪一个轨道是 LUMO。

答

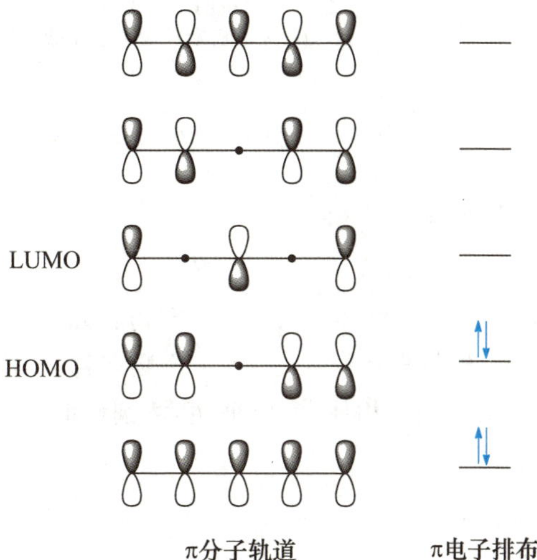

习题 9-10 完成下列反应。

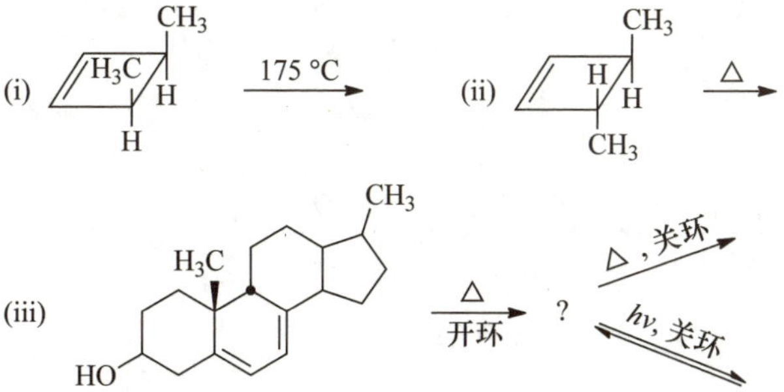

(i) CH_3, H_3C, H, H —— 175 °C → (ii) CH_3, H, H, CH_3 —— △ →

(iii) CH_3, H_3C, HO —— △ / 开环 → ? （△，关环 →；$h\nu$，关环 →）

答

(i) CH_3, H, CH_3, H

(ii) CH_3, H, H, CH_3 (主要产物) + H, CH_3, CH_3, H (位阻太大，不易生成)

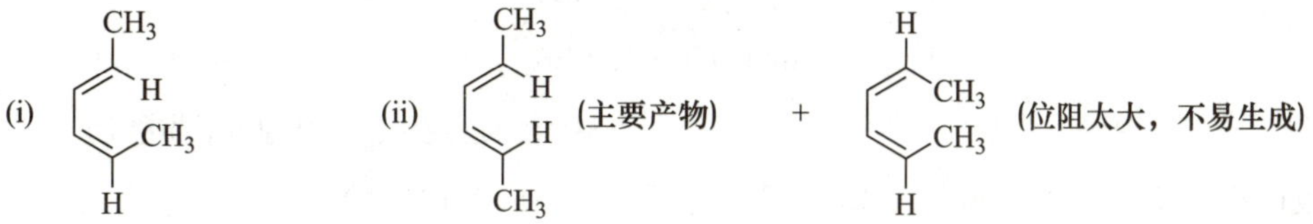

(iii)

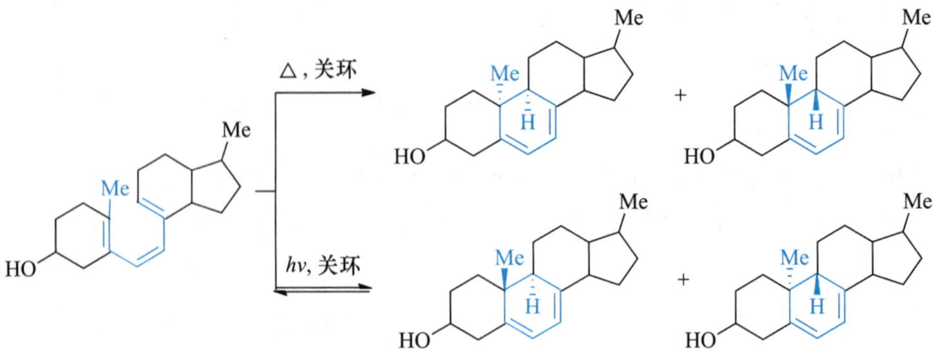

△,关环

$h\nu$,关环

习题 9-11　写出下列反应的条件及产物的名称。

(i)

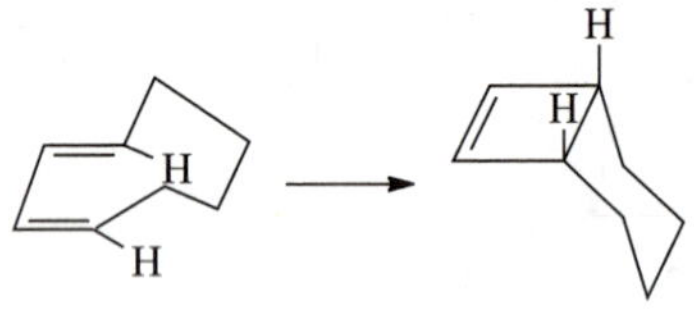

（说明：小于八元碳环的反式环烯烃一般都不稳定，大于十元碳环的反式环烯烃较稳定）

(ii)

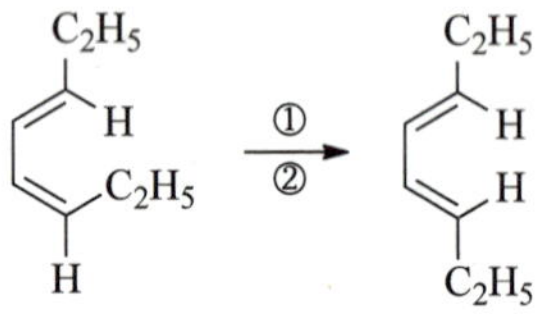

答　(i) 反应条件：△　　产物名称：(7*Z*,顺)-二环[4.2.0]辛-7-烯

(ii) 反应条件：$h\nu$ 然后再△　　产物名称：(3*E*,5*E*)-辛-3,5-二烯

习题 9-12　(甲)和(乙)是一对差向异构体，实验证明，溶剂解时总是和六元环成内侧的离去基团离去。请解释此实验事实。

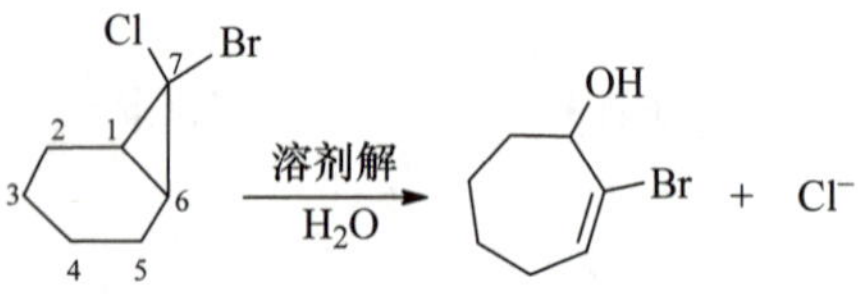

(甲)　溶剂解 H_2O　+ Cl^-

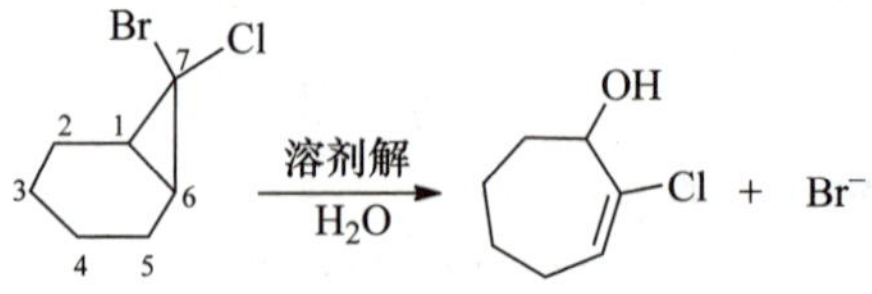

(乙)　溶剂解 H_2O　+ Br^-

答　(甲)的情况分析：

内向对旋　Cl^-离去　　H_2O

几何形象合适

外向对旋　Br^-离去

几何形象不合适（七元非扩张环，不稳定）

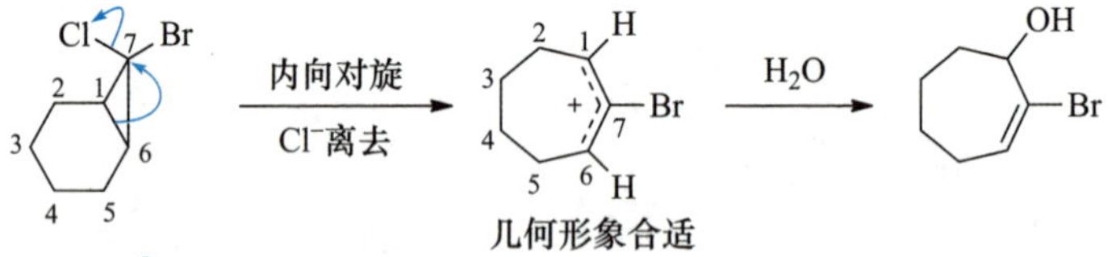

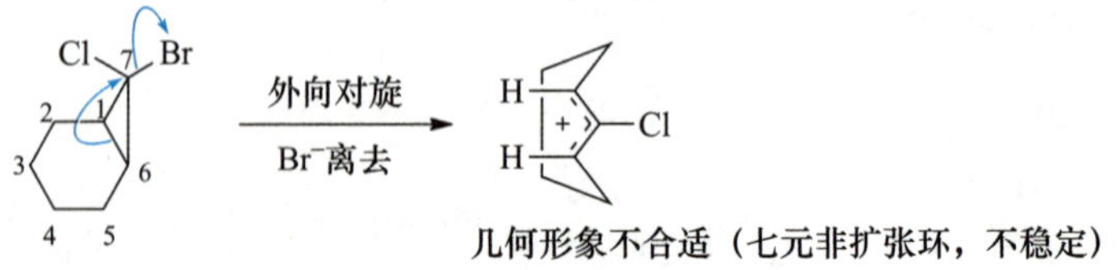

假设离去基团的离去和 C_1—C_6 σ 键的打开(电开环)是协同的。

(乙)的情况分析与(甲)类似，略。

习题 9-13　写出下列转换的反应机理。

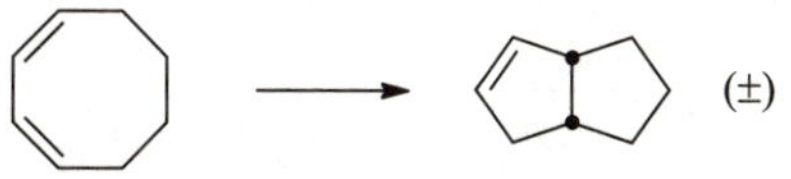

(±)

答

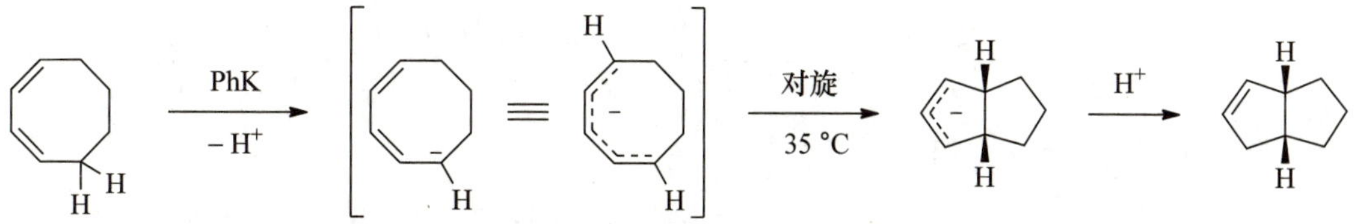

PhK

$-H^+$

H

H

H

H

对旋

35 °C

H

H

H^+

H

H

习题 9-14　写出下列反应的产物,用前线轨道理论解释为什么得此产物。

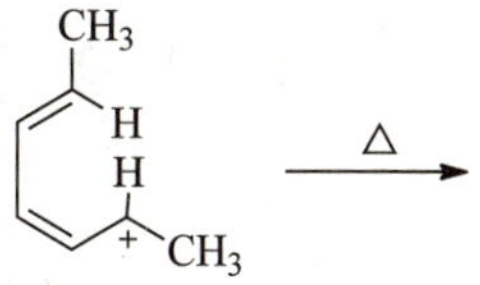

CH_3

H

H

CH_3

△

答

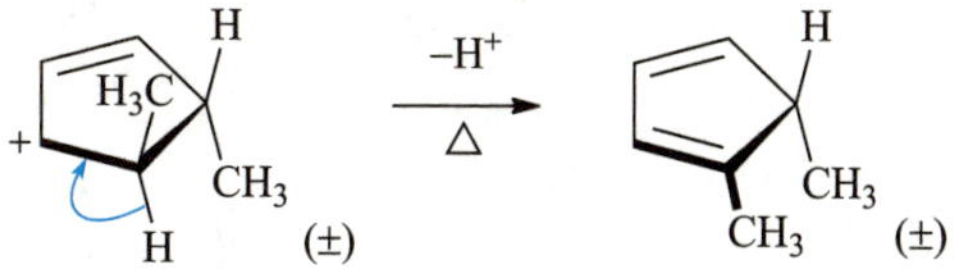

H

H_3C

CH_3

H

(±)

$-H^+$

△

H

CH_3

CH_3

(±)

从前线轨道理论分析:

LUMO

HOMO

H_3C

H

H

CH_3

顺旋

H

H_3C

CH_3

H

(±)

基态电子排布

戊二烯基正离子的π分子轨道

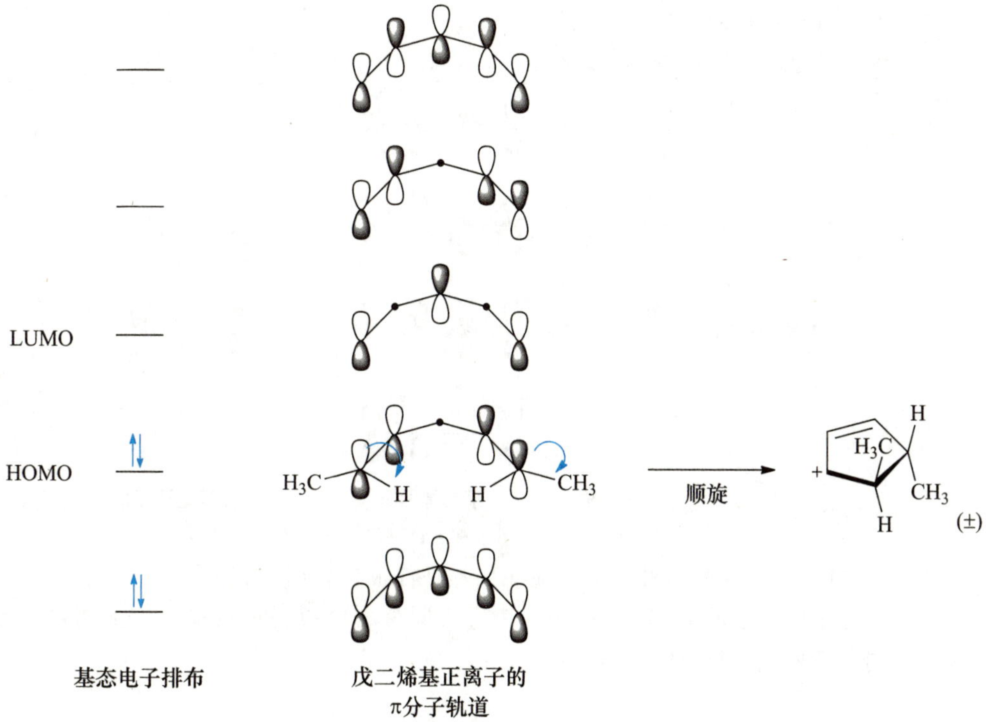

习题 9-15 请用前线轨道理论分析：下列反应应在加热条件下，还是应在光照条件下发生(要写出具体分析过程)？

(i) 同面-同面

(ii) 同面-同面 $\xrightarrow{-H^+}$

答 (i) 反应须在光照条件下进行。

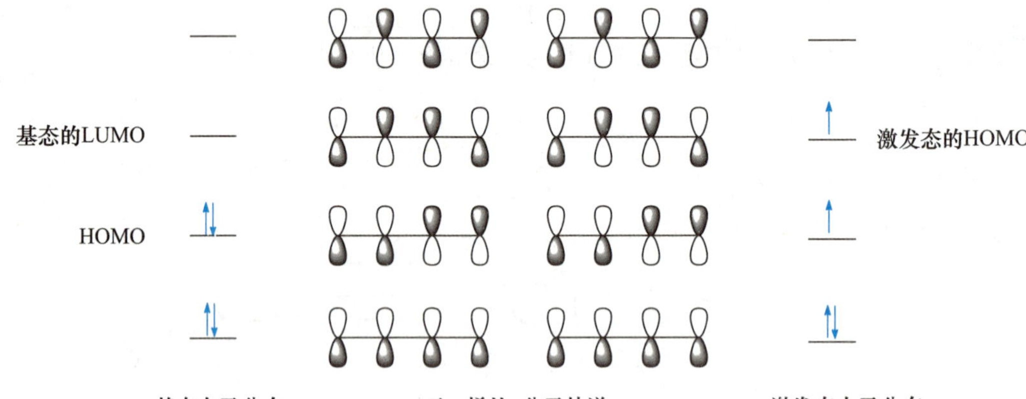

根据前线轨道理论，环加成反应在 $h\nu$ 条件下进行时，必须由一个分子出激发态的 HOMO，另一个分子出基态的 LUMO，两个轨道进行同位相重叠完成反应。由上图可以看出，此时发生同面-同面环加成，对称性是合适的。

(ii) 反应须在加热条件下进行。

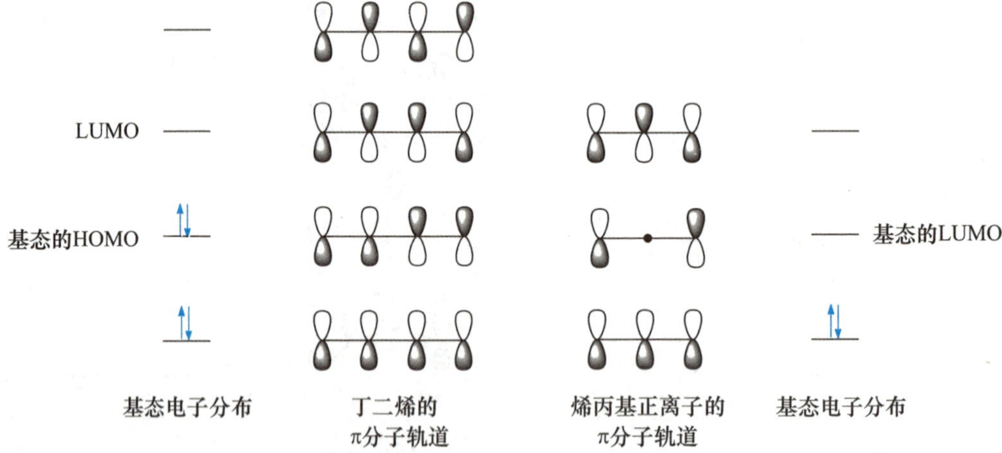

根据前线轨道理论，环加成反应在加热条件下进行时，必须由一个分子出基态时的 HOMO，另一个分子出基态的 LUMO，两个轨道进行同位相重叠完成反应。由上图可以看出，此时发生同面-同面环加成，对称性是合适的。

习题 9-16 完成下列反应式。

(i) O + ‖ $\xrightarrow{h\nu}$ (ii) + ‖ $\xrightarrow{h\nu}$ O (iii) $\xrightarrow{h\nu}$

答 (i) O (ii) O (iii)

习题 9-17 写出下列反应的产物，并用前线轨道理论予以解释。

H, COOH, C=C, Ph, H $\xrightarrow{h\nu}$

答

CO_2H, Ph, Ph, CO_2H + CO_2H, Ph, CO_2H, Ph + Ph, HO_2C, Ph, CO_2H

分析启示：因为反应是在光照条件下进行的，所以主要考虑激发态时的前线轨道。

H, COOH, Ph, H　　H, COOH, Ph, H

激发态的HOMO　　基态的LUMO

根据对称性合适，写出产物。

习题 9-18 写出下列环加成反应的反应条件并全面表达各反应的反应类别。

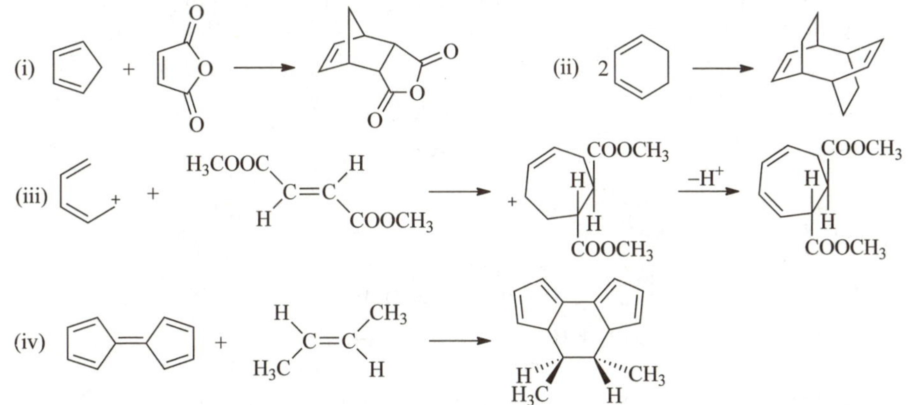

答 (i) 反应条件△　反应类别 $_{\pi}2_s+_{\pi}4_s$　　(ii) 反应条件 $h\nu$　反应类别 $_{\pi}4_s+_{\pi}4_s$

(iii) 反应条件△　反应类别 $_{\pi}2_s+_{\pi}4_s$　　(iv) 反应条件 $h\nu$　反应类别 $_{\pi}2_s+_{\pi}10_s$

习题 9-19 下列双烯体哪些能进行 D-A 反应？哪些不能？为什么？

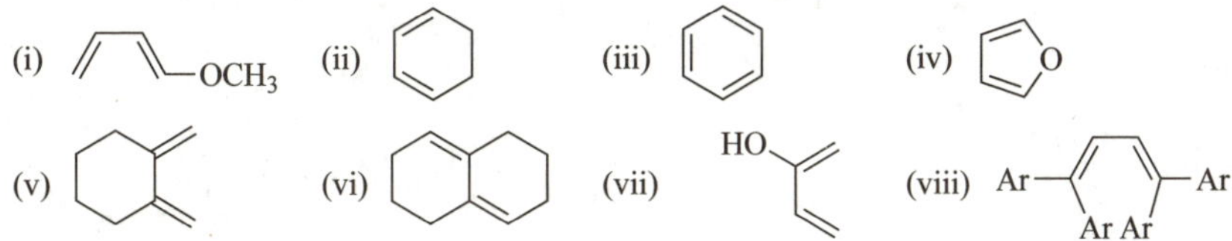

答　(i)(ii)(iv)(v)(vii)能发生 D-A 反应。

(iii) 不能，因为苯环太稳定，加热时不发生反应。

(vi) 不能，因为 s-反式的共轭双烯不能发生 D-A 反应。

(viii) 不能，因为：(1) 空阻太大；(2) 一个大的 π 共轭体系不容易被破坏。

习题 9-20　解释下列实验事实：

双烯体	亲双烯体	相对反应速率
 环戊二烯	 环戊二烯	1
	$CH_2=CH-\overset{O}{\overset{\|\|}{C}}-OC_2H_5$	12.6
	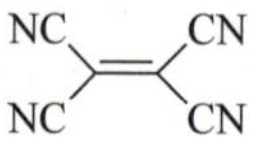 $(NC)_2C=C(CN)_2$	4.6×10^8

答　因为亲双烯体与吸电子基团相连，有利于电子从双烯体流向亲双烯体，从而使反应速率加快。

习题 9-21　下列化合物都能与 $CH_3-CH=CH_2$ 发生正常的 D-A 反应，请将它们按反应速率的大小排列成序。

(i) 1,3-丁二烯　(ii) 2-甲基-1,3-丁二烯　(iii) 2-甲氧基-1,3-丁二烯　(iv) 2-氯-1,3-丁二烯

答　反应速率：(iii)＞(ii)＞(i)＞(iv)。正常的 Diels-Alder 反应是电子从双烯体流向亲双烯体，所以，电荷密度高的双烯体易发生反应。

习题 9-22　完成下列反应。

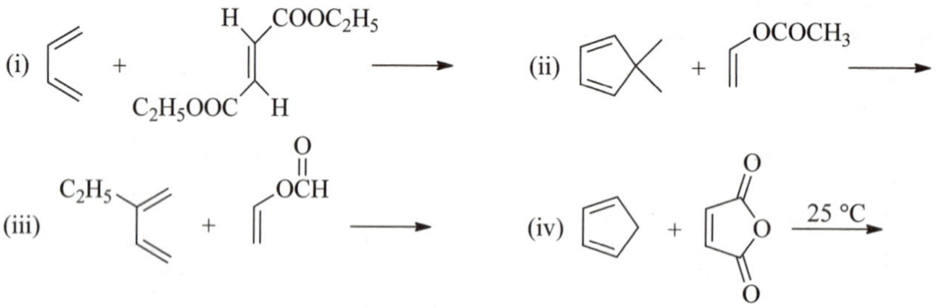

(i) 1,3-丁二烯 + $C_2H_5OOC-CH=CH-COOC_2H_5$（反式）⟶

(ii) 5,5-二甲基环戊二烯 + $CH_2=CH-OCOCH_3$ ⟶

(iii) 2-乙基-1,3-丁二烯 + $CH_2=CH-O\overset{O}{\overset{\|\|}{C}}H$ ⟶

(iv) 环戊二烯 + 马来酸酐 $\xrightarrow{25\ ^\circ C}$

答　(i) 反-4-环己烯-1,2-二甲酸二乙酯（CO_2Et, CO_2Et）(±)

(ii) 7,7-二甲基双环[2.2.1]庚-5-烯-2-基乙酸酯（$OCOCH_3$），两种立体异构体 (±) + (±)

(iii) 4-乙基环己-3-烯基甲酸酯（$O-\overset{O}{\overset{\|\|}{C}}-H$）(±)

(iv) 内型（endo）双环[2.2.1]庚-5-烯-2,3-二甲酸酐（H, H）

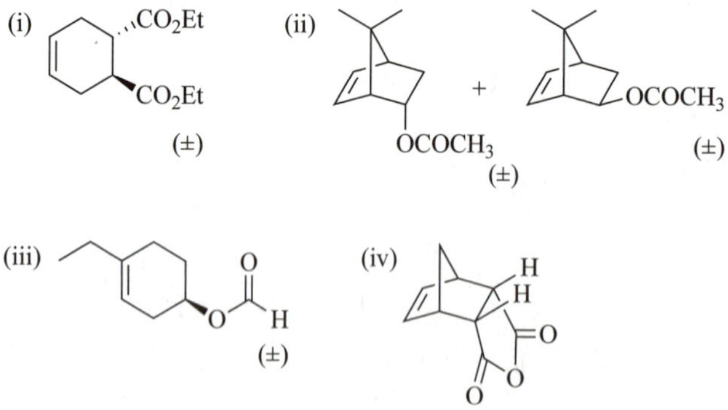

习题 9-23　完成下列反应。

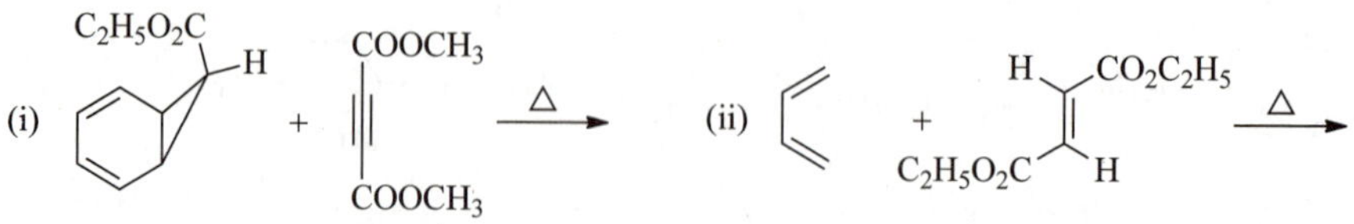

(i) $C_2H_5O_2C$、H 取代的双环化合物 + $CH_3OOC-C\equiv C-COOCH_3$ $\xrightarrow{\triangle}$

(ii) 1,3-丁二烯 + $C_2H_5O_2C-CH=CH-CO_2C_2H_5$（反式）$\xrightarrow{\triangle}$

答

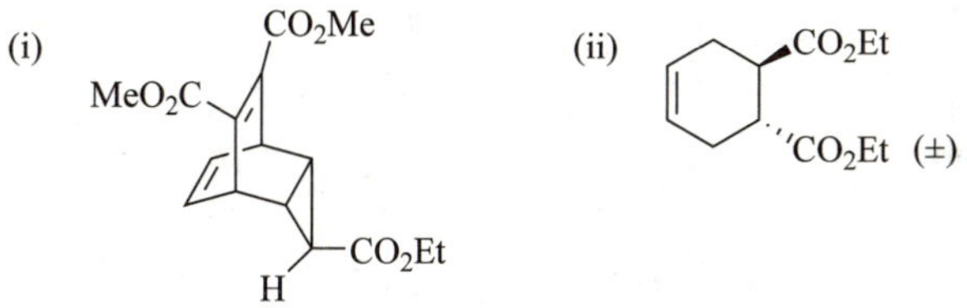

(i) (ii) $(\pm)$

习题 9-24 写出下列转换的反应机理。

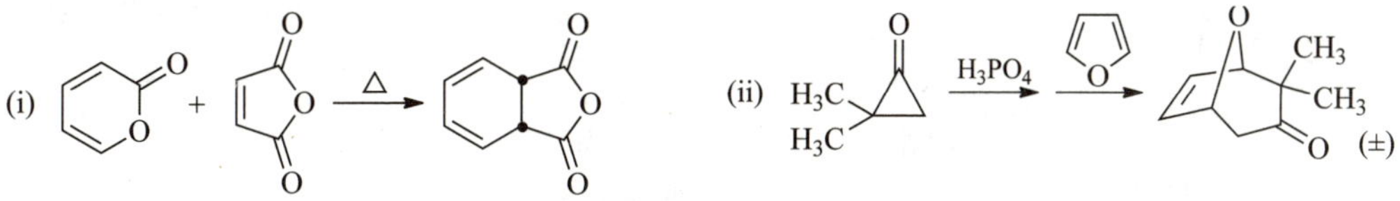

(i) $\xrightarrow{\triangle}$ (ii) $\xrightarrow{H_3PO_4}$ $(\pm)$

答

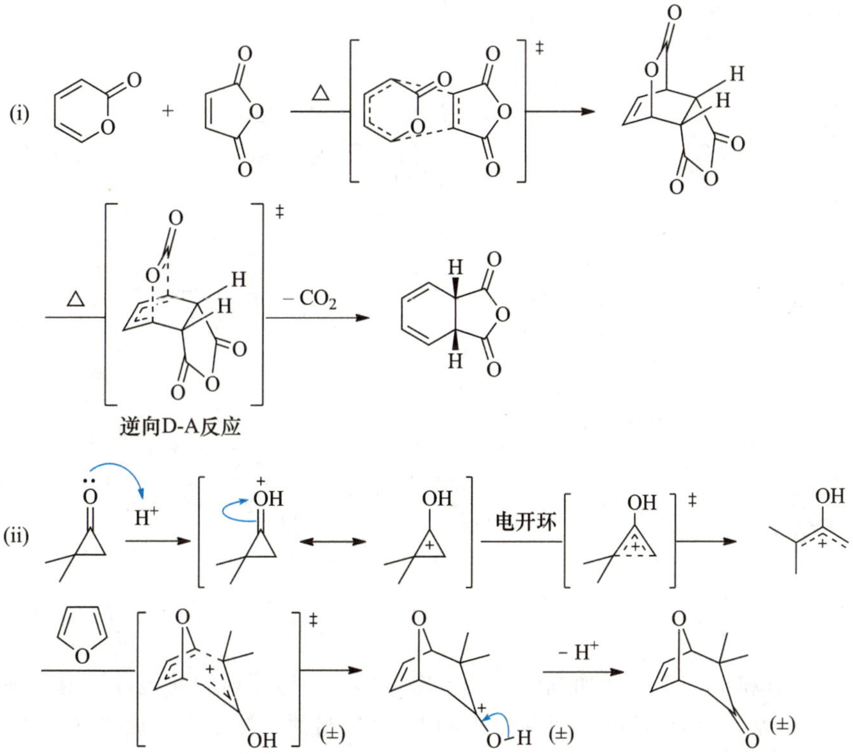

(i) $\xrightarrow{\triangle}$ ‡

$\xrightarrow{\triangle}$ ‡ $\xrightarrow{-CO_2}$

逆向D-A反应

(ii) $\xrightarrow{H^+}$ 电开环 ‡

‡ $(\pm)$ $(\pm)$ $\xrightarrow{-H^+}$ $(\pm)$

习题 9-25 完成下列反应式。

(i) $CH_2N_2 + CH_3OC(=O)-C\equiv C-C(=O)OCH_3 \xrightarrow{\triangle}$ (ii) O_3 + (Z)-$CH_3CH=CHC_2H_5$ $\xrightarrow{\triangle}$

(iii) isoquinoline N-oxide + $CH_2{=}CHCOOCH_3 \xrightarrow{\triangle}$ (iv) bicyclo[2.2.2]octene + p-$N_3C_6H_4NO_2$ $\xrightarrow{\triangle}$

(v) cyclohexenyl-$CH_2-CH_2-C\equiv\overset{+}{N}-O^-$ $\xrightarrow{\triangle}$ (vi) 1,3-dimethylisoindole (NH) + benzyne $\xrightarrow{\triangle}$

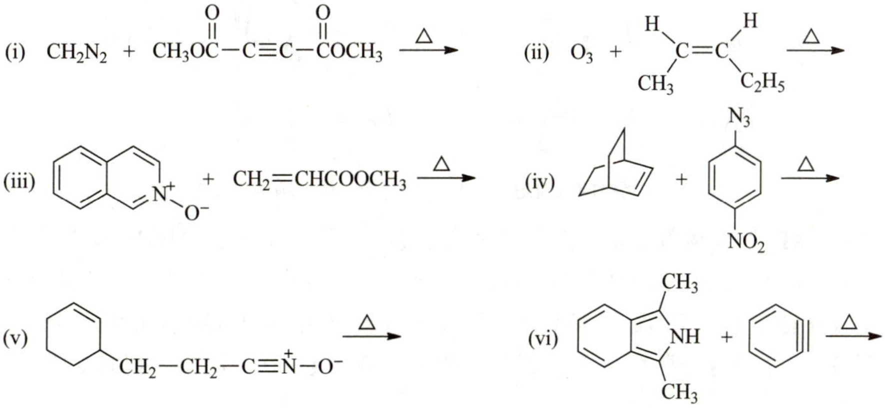

答 (i) (ii) (iii) (iv) (v) (vi)

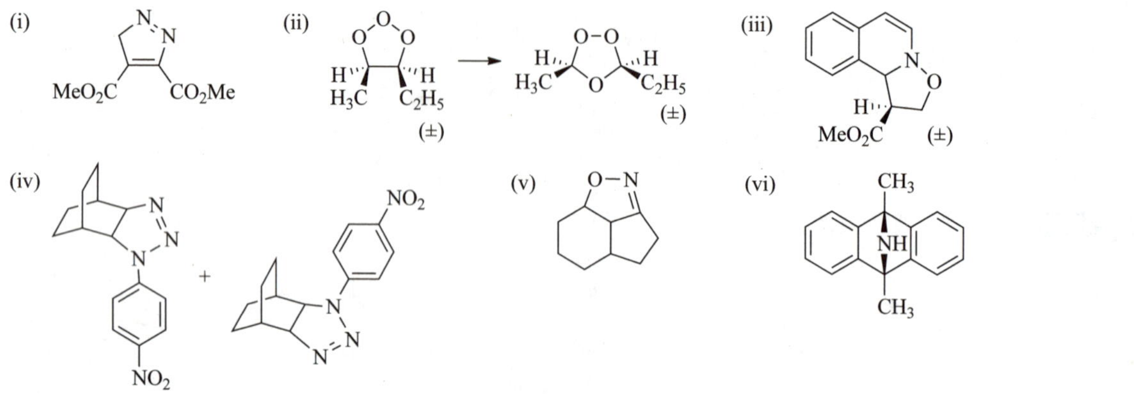

习题 9-26 阐明下列反应的反应机理。

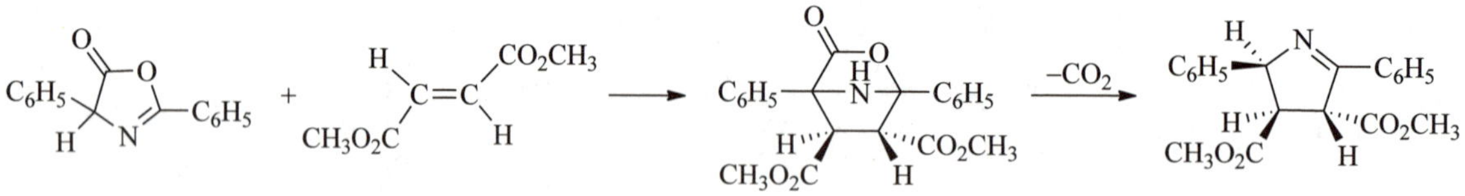

$-CO_2$

答

1,3-偶极环加成

$-CO_2$

逆向1,3-偶极环加成

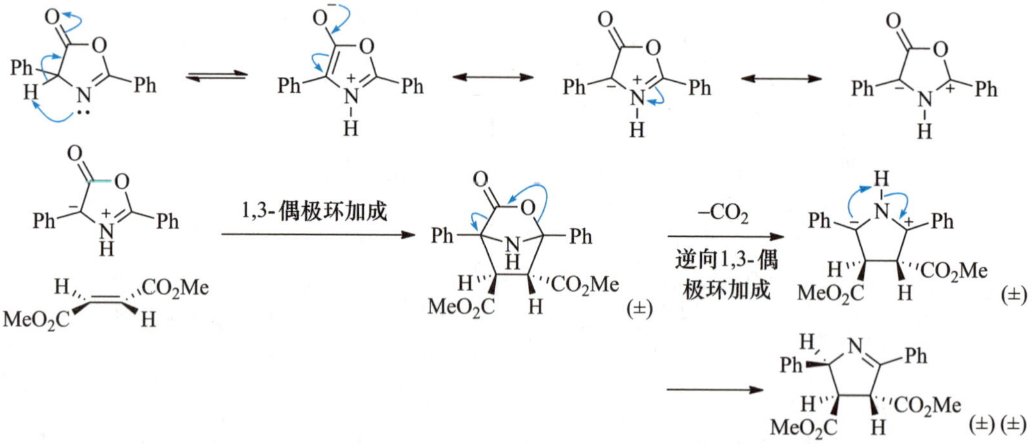

习题 9-27 在加热条件下，臭氧和 1,3-丁二烯加成的主要产物是什么？应用前线轨道理论说明理由。

答 臭氧与 1,3-丁二烯发生反应，可以有两种方式：(1) 臭氧与共轭体系发生加成；(2) 臭氧与共轭体系中的一个双键发生加成。按哪种方式发生反应符合对称性要求呢？

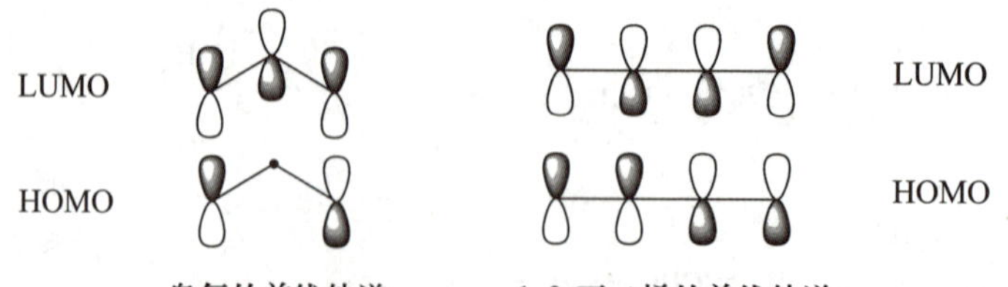

臭氧的前线轨道　　1,3-丁二烯的前线轨道

从轨道的对称性看，如果臭氧与整个共轭体系起反应，无论是臭氧出 HOMO，丁二烯出 LUMO，还是臭氧出 LUMO，丁二烯出 HOMO，对称性均不合适；而臭氧与其中一个双键反应，无论是臭氧出 HOMO，双键出 LUMO，还是臭氧出 LUMO，双键出 HOMO，对称性均是合适的。所以，臭氧和 1,3-丁二烯反应时，是臭氧与 1,3-丁二烯的一个双键起反应，反应方程式如下：

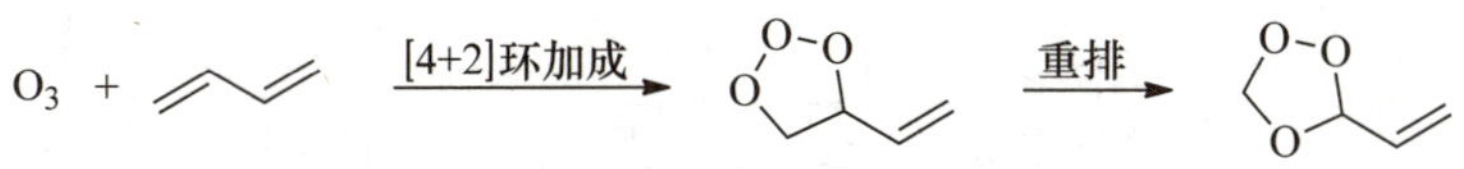

O_3 + [丁二烯] —[4+2]环加成→ [O-O 环状产物] —重排→ [臭氧化物]

习题 9-28 应用前线轨道理论证明：在 C[1,j]σ 迁移时，若迁移碳的构型保持，其立体选择规则与 H[1,j]σ 迁移的立体选择规则相同；若迁移碳的构型翻转，其立体选择规则与 H[1,j]σ 迁移的立体选择规则相反。

答 参阅教材第 435，436 页。

习题 9-29 按前线轨道理论，[3,5]σ 迁移反应可以看做一个烯丙基自由基和一个戊二烯基自由基互相作用完成。请画出它们在基态时及在激发态时的过渡态，并用前线轨道理论说明基态时它们的同面-异面迁移是对称性允许的，激发态时它们的同面-同面迁移是对称性允许的。

答 参阅教材第 436，437 页[i,j]σ 迁移反应，请读者自己回答。

习题 9-30 指出在加热条件下，下列 σ 迁移反应的类别及迁移方式。

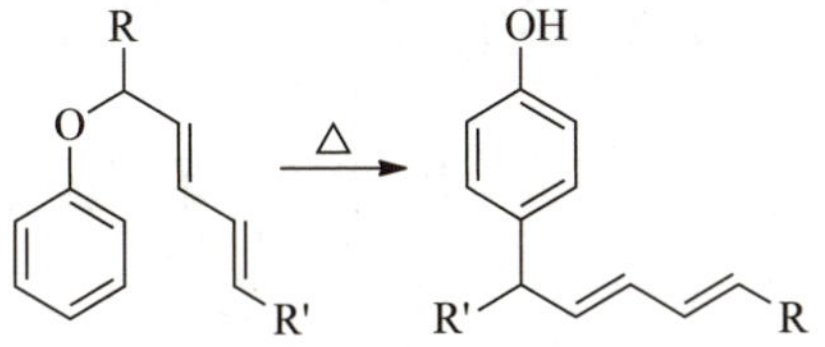

R, O, R' —△→ OH, R', R

答 先进行[5,5]σ 同面-同面迁移，再进行互变异构。

习题 9-31 完成下列反应。

(i) 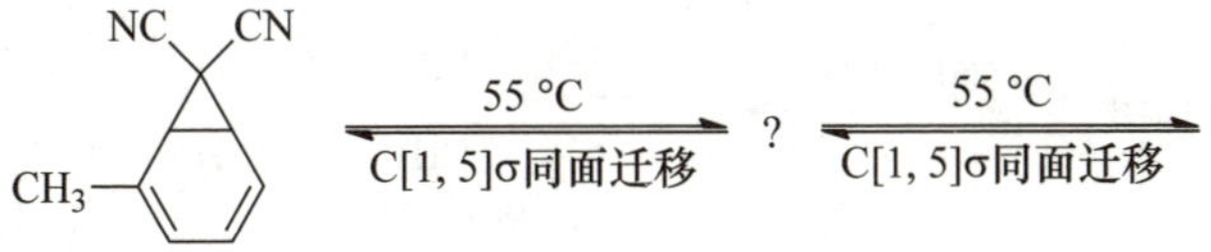 NC CN, CH_3 —55 °C, C[1, 5]σ同面迁移→ ? —55 °C, C[1, 5]σ同面迁移→　(ii) 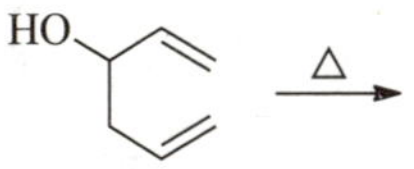 HO —△→

(iii) 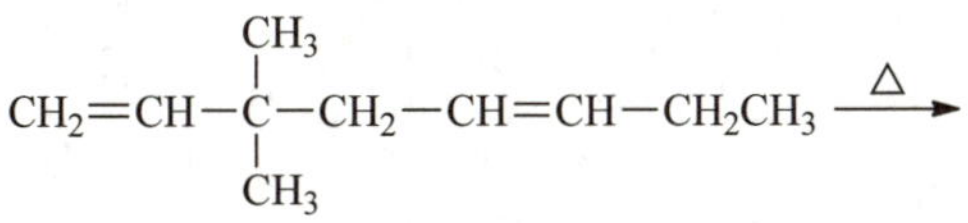 $CH_2{=}CH{-}C(CH_3)_2{-}CH_2{-}CH{=}CH{-}CH_2CH_3$ —△→　(iv) 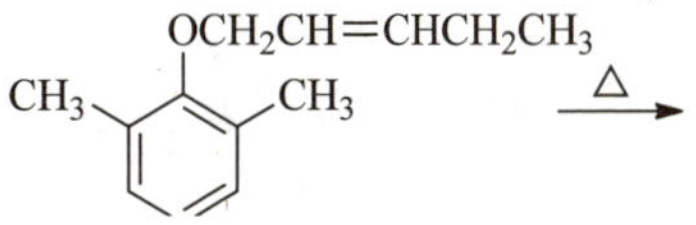 $OCH_2CH{=}CHCH_2CH_3$, CH_3, CH_3 —△→

答

(i) 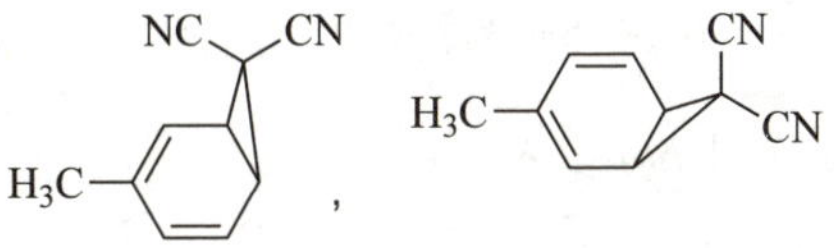 NC CN, H_3C ， H_3C, CN, CN　(ii)  CHO

(iii) 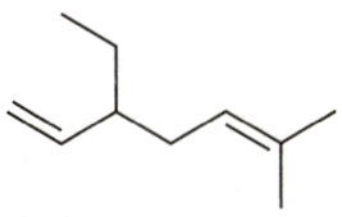　(iv) 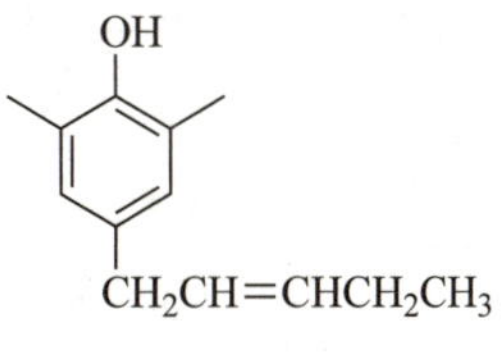 OH, $CH_2CH{=}CHCH_2CH_3$

习题 9-32 写出下述反应的过程，用前线轨道表示其过渡态，并指出反应的类型。

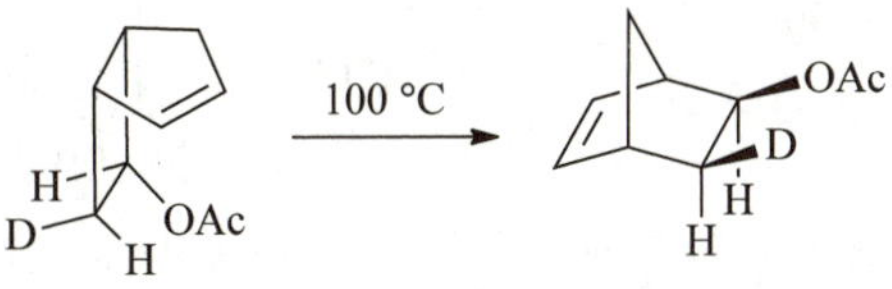

H, D, H, OAc —100 °C→ OAc, D, H, H

答

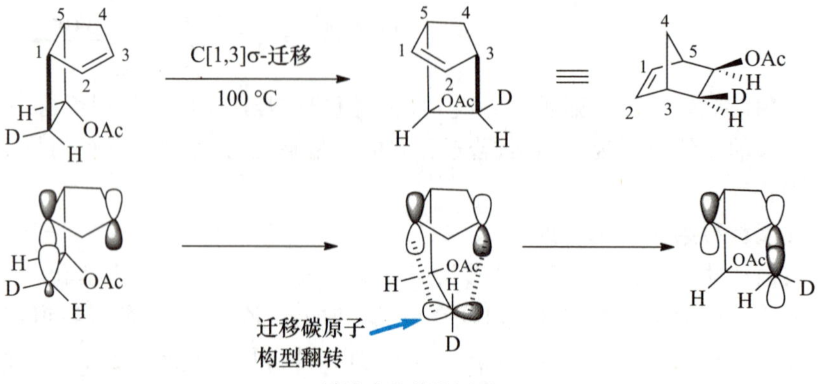

C[1,3]σ-迁移
100 °C

迁移碳原子
构型翻转

过渡态的轨道图形

反应类型：C[1,3] σ 同面迁移，构型翻转。

习题 9-33 具体分析下面的转换是怎样实现的。

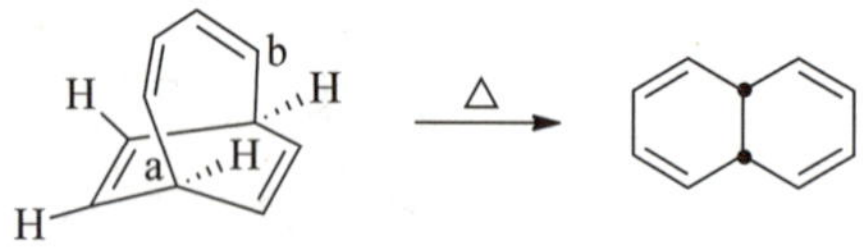

答 b 边发生 C[1,3] σ 异面迁移。

习题 9-34 解释下列实验事实。

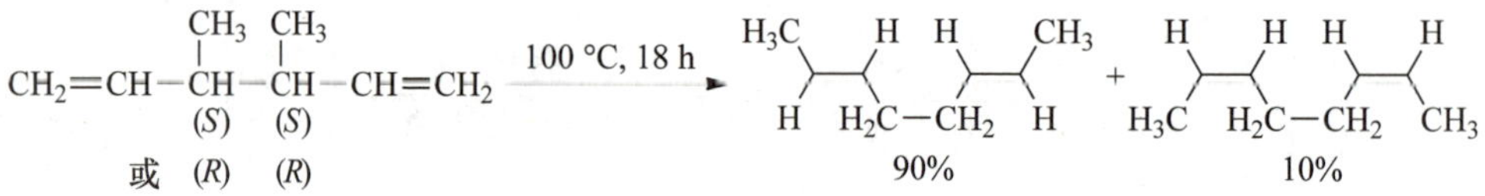

$$CH_2{=}CH{-}\underset{(S)\ 或\ (R)}{\overset{CH_3}{CH}}{-}\underset{(S)\ 或\ (R)}{\overset{CH_3}{CH}}{-}CH{=}CH_2 \xrightarrow{100\ °C,\ 18\ h} (E,E)\ 90\% + (Z,Z)\ 10\%$$

答

对映体之一

(e,e椅型过渡态) (E, E) 90%

(a,a椅型过渡态) (Z, Z) 10%

(船型过渡态) (Z, E) 极少

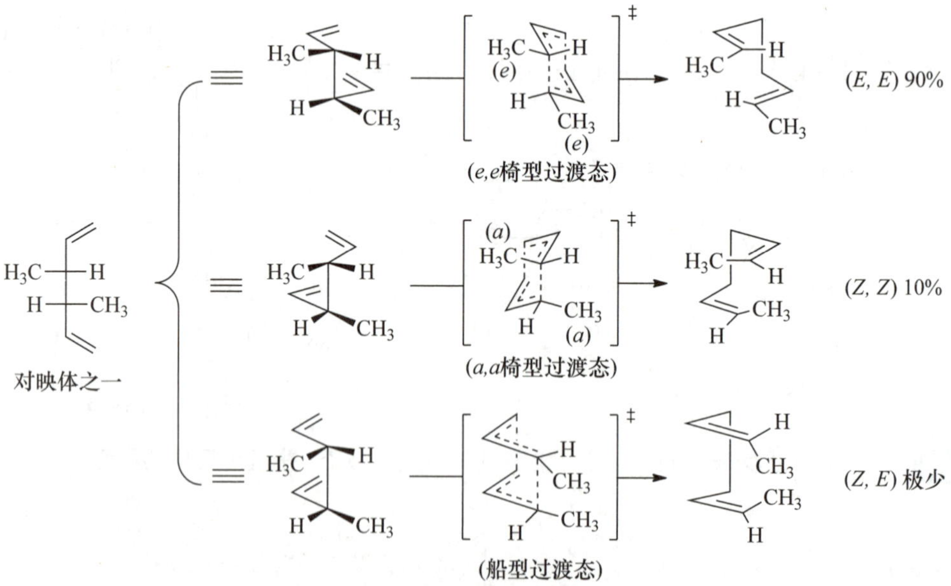

由于船型过渡态能量最高，所以(Z,E)产物极少；ee 椅型过渡态能量最低，所以 90%的产物为(E, E)异构体。

习题 9-35 环丁烯开环形成 1,3-丁二烯是 1,3-丁二烯关环反应的逆反应，这一对可逆反应的能级相关图是否相同？为什么？请根据相关图判断：在加热时，环丁烯通过什么方式开环？在光照时，环丁烯通过什么方式开环？

答　顺旋以 C_2 对称轴为对称元素：

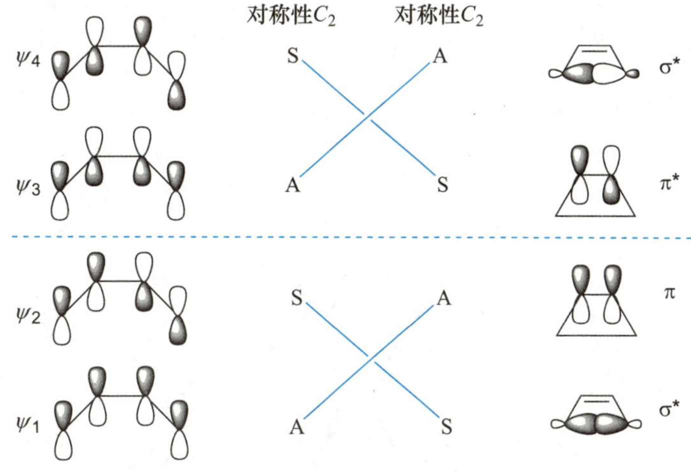

对旋以镜面为对称元素：

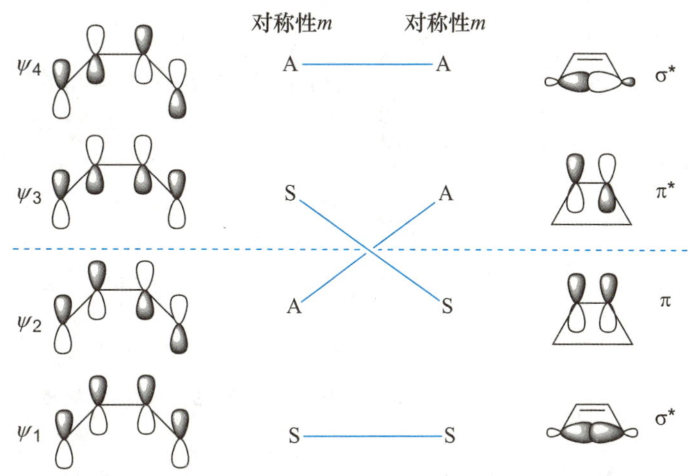

上图是1,3-丁二烯关环形成环丁烯的能级相关图。环丁烯开环形成1,3-丁二烯的能级相关图与此图相同，在处理时，只需将反应物看做产物，产物看做反应物即可，因为这两个反应是途径相同、方向相反的反应。根据上面的能级相关图可以看出，顺旋时，成键轨道与成键轨道相关联，因此加热时反应可以通过顺旋的方式完成；对旋时，成键轨道与反键轨道相关联，因此光照时反应需要通过对旋的方式完成。

习题 9-36　画出1,3,5-己三烯顺旋关环的能级相关图。应用能级相关图判断：反应须在什么条件下发生？所得结论与电环化反应的立体选择规则是否相同？

答　顺旋以 C_2 对称轴为对称元素。

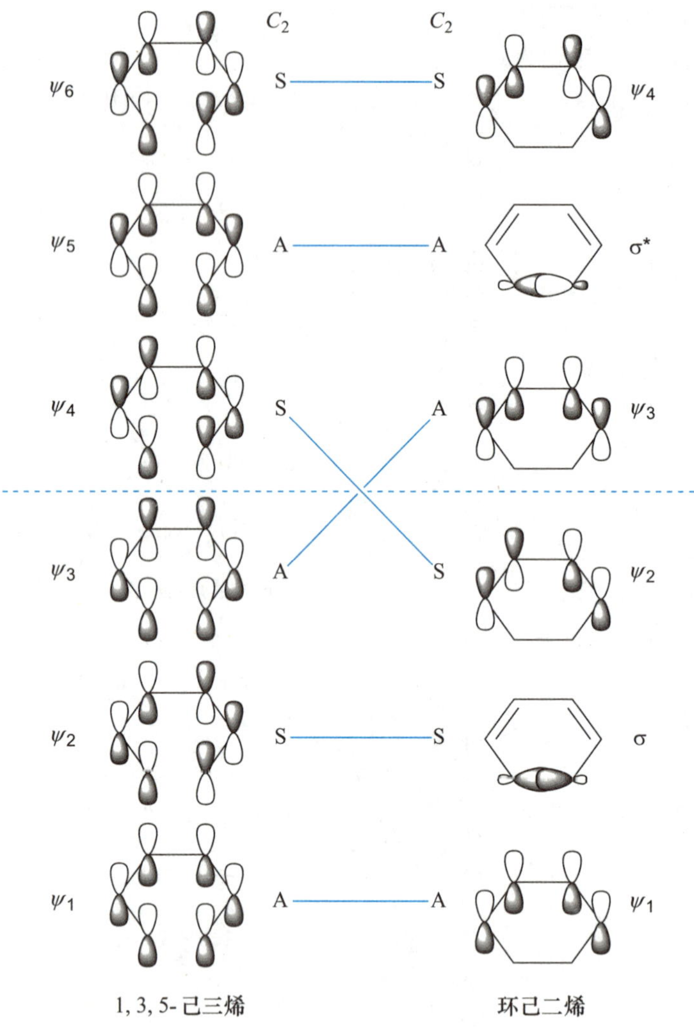

1,3,5-己三烯顺旋关环时的能级相关图

在上面的能级相关图中，反应物的成键轨道与产物的反键轨道相关联，所以反应只有在激发态时才能发生，即光化学反应是对称允许的。根据能级相关图得出的结论和电环化反应的选择规则是相同的。

习题 9-37　完成下面的反应，试用芳香过渡态理论解释此电环化反应。

H　H
H_3C　CH_3　$\xrightarrow{h\nu}$

答　产物为

H　H

应用芳香过渡态理论解释如下：

此电开环反应对旋时的过渡态

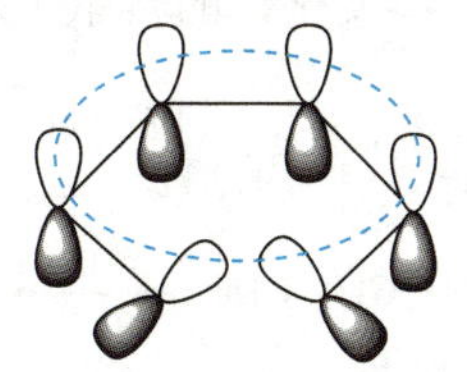

过渡态经0次变号，是Hückel体系

此电开环反应顺旋时的过渡态

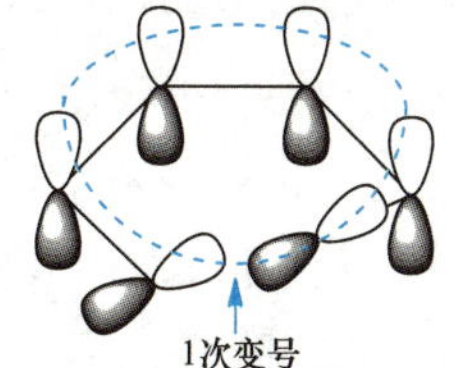

过渡态经1次变号，是Möbius体系

因反应是在光照条件下进行的，环状过渡态必须为反芳香性，反应体系中有 6 个 π 电子参与反应，属于 $4n+2$ 体系，$4n+2$ 体系只有在 Möbius 体系中才是反芳香性的，所以反应经过 Möbius 过渡态进行，即顺旋开环，所得产物是 (Z,Z,E)-1,3,5-己三烯。

习题 9-38 乙烯、1,3-丁二烯、1,3,5-己三烯三个化合物，哪一个最易发生电子跃迁？怎样证明？

答 1,3,5-己三烯最容易发生电子跃迁，可以用紫外光谱图来加以证明。

习题 9-39 比较下面两个化合物，指出它们在结构、物理性质和化学性质上会有什么主要的差别。

(i) $CH_2=CH-CH_2-CH_2-CH=CH_2$ (ii) $CH_3-CH=CH-CH=CH-CH_3$

答

	(i)	(ii)
结构差别	没有共轭双键	有共轭双键
物理性质差别	无紫外吸收	有紫外吸收
化学性质差别	只能发生 1,2-加成 不能作为 D-A 反应的双烯体	既能发生 1,2-加成，也能发生 1,4 加成 能作为 D-A 反应的双烯体

习题 9-40 画出环戊二烯 π 分子轨道示意图，用(+)、(−)号标明不同能量状态时 p 原子轨道的波相。

答

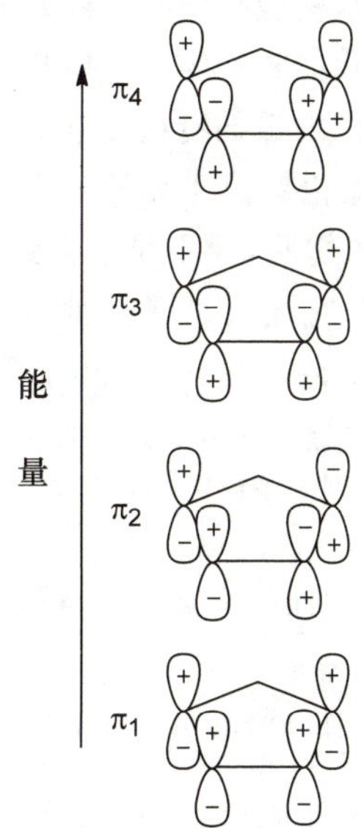

习题 9-41 为什么说烯丙基自由基的 ψ_1 是成键轨道、ψ_2 是非键轨道、ψ_3 是反键轨道？电子进入非键轨道能否为稳定体系作出贡献？

答 因为 ψ_1 中，原子轨道均为同相重叠，使体系能量降低，所以是成键轨道。而 ψ_2 中，原子轨道之间没有重叠，体系的能量没有变化，所以是非键轨道。而 ψ_3 中，原子轨道为异相重叠，使体系能量升高，故为反键轨道。电子进入非键轨道不能为稳定体系作出贡献。

习题 9-42 写出 1,3,5-己三烯的极限式，按它们对共振杂化体的贡献大小排列成序。

答

$$CH_2=CH-CH=CH-CH=CH_2$$

$$\longleftrightarrow \overset{-}{C}H_2-\overset{+}{C}H-CH=CH-CH=CH_2 \longleftrightarrow \overset{+}{C}H_2-\overset{-}{C}H-CH=CH-CH=CH_2$$

$$\longleftrightarrow CH_2=CH-\overset{-}{C}H-\overset{+}{C}H-CH=CH_2 \longleftrightarrow CH_2=CH-\overset{+}{C}H-\overset{-}{C}H-CH=CH_2$$

$$\longleftrightarrow CH_2=CH-CH=CH-\overset{-}{C}H-\overset{+}{C}H_2 \longleftrightarrow CH_2=CH-CH=CH-\overset{+}{C}H-\overset{-}{C}H_2$$

$$\longleftrightarrow \overset{-}{C}H_2-CH=CH-\overset{+}{C}H-CH=CH_2 \longleftrightarrow \overset{+}{C}H_2-CH=CH-\overset{-}{C}H-CH=CH_2$$

$$\longleftrightarrow CH_2=CH-\overset{-}{C}H-CH=CH-\overset{+}{C}H_2 \longleftrightarrow CH_2=CH-\overset{+}{C}H-CH=CH-\overset{-}{C}H_2$$

$$\longleftrightarrow \overset{+}{C}H_2-CH=CH-CH=CH-\overset{-}{C}H_2 \longleftrightarrow \overset{-}{C}H_2-CH=CH-CH=CH-\overset{+}{C}H_2$$

习题 9-43 写出环戊二烯的极限式，用共振的方式表示之，并指出哪些极限式是等价的。

答 共有七个极限式，其共振表达式及等价极限式表达如下：

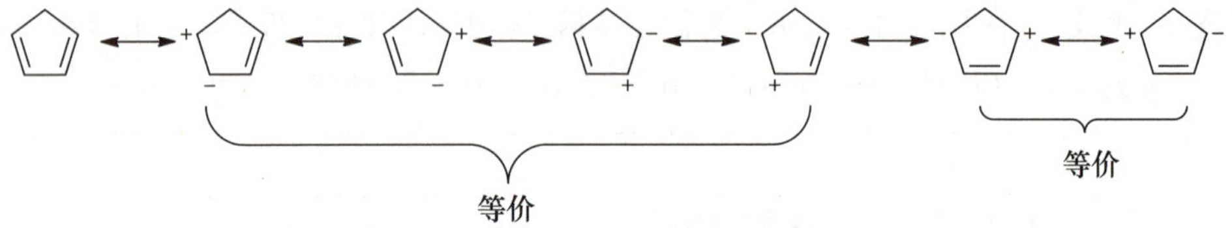

等价

等价

习题 9-44 请指出下列一段文字中与共振论原意不相符的观点：根据共振论的原则，使一个化合物原子核排列方式、几何形象以及电子对的数目保持不变，而改变电子对的排列方式，这样，就可能写出不同的经典结构式。化合物的真正结构相当于这些可能的经典结构的杂化体，或者说是这些结构的混合体，而不是一个单一的物质，所以不能用任何一个可能写出的经典式子表示。这种纸面上可以写出的式子叫做极限式，分子就是这些极限式间彼此共振产生的。共振论规定，所有极限式都需参加共振，参加共振的极限式越多，杂化体越稳定。这些规定都有量子力学基础，而没有人为的因素，所以，共振论是一个定量的理论，并以大量的有机化学实践为依据，因而它的预见大致与事实相符。

答 上述文字中有三点与共振论原意不相符的观点：

(1) 杂化体是一个单一的物质，而不是许多经典式所代表物质的混合体。

(2) 共振论并未规定所有的极限式都参加共振，而是有任意性地省略掉了一些高能量的式子，使参加共振的多少成为可变数，这在一些场合下会造成错误。

(3) 共振论中的规定并无量子力学基础，而且有人为的因素，它只是一个定性的理论。

习题 9-45 写出下列反应的主要产物，并用分子轨道理论或共振论解释为什么得到这些产物。

(i) $CH_2=CH-CH=CH-CH=CH_2 + Br_2 \longrightarrow$

(ii) $CH_2=\underset{}{\overset{Cl}{\overset{|}{C}}}-CH=CH_2 \xrightarrow{\text{聚合}}$

答

(i) $BrCH_2-CH=CH-CH=CH-CH_2Br$

(ii) $\left[CH_2-\overset{Cl}{\overset{|}{C}}=CH-CH_2\right]_n$

上述两个反应都是以共轭加成产物为主。分子轨道理论可以计算出共轭体系 HOMO 上各碳原子的电荷密度以及自由价：电荷密度数据表明，共轭体系的两端最易发生亲电加成；自由价数据表明，共轭体系两端最易发生自由基反应。共振论从分析共振杂化体的稳定性得出结论：只有发生共轭加成，才能在反应过程中获得最稳定的碳正离子和最稳定的自由基。

习题 9-46 下列反应均为周环反应，完成反应式，注明反应类型及反应方式。

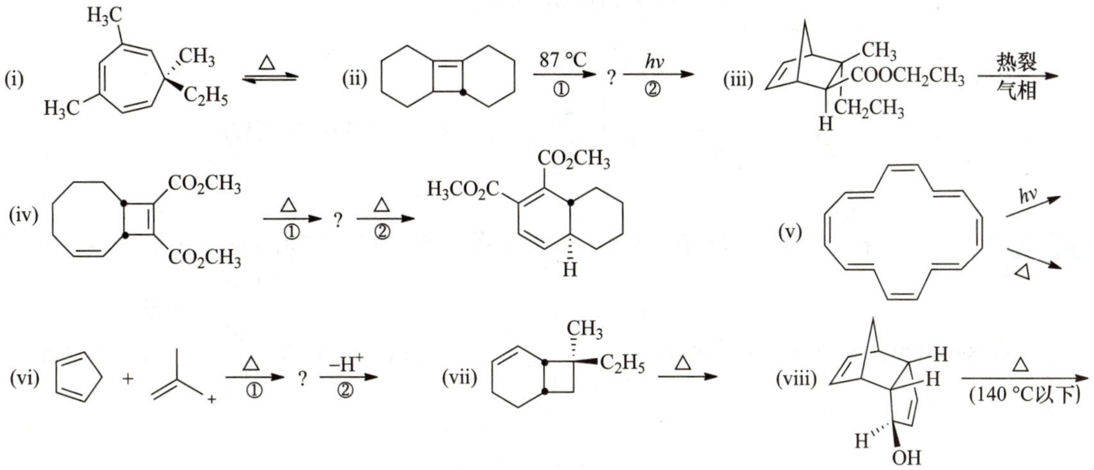

(i) (ii) $\xrightarrow[①]{87\ °C}$? $\xrightarrow[②]{h\nu}$ (iii) $\xrightarrow[气相]{热裂}$

(iv) $\xrightarrow[①]{\Delta}$? $\xrightarrow[②]{\Delta}$ (v) $\xrightarrow{h\nu}$ $\xrightarrow{\Delta}$

(vi) + $\xrightarrow[①]{\Delta}$? $\xrightarrow[②]{-H^+}$ (vii) $\xrightarrow{\Delta}$ (viii) $\xrightarrow[(140\ °C以下)]{\Delta}$

答

(i) 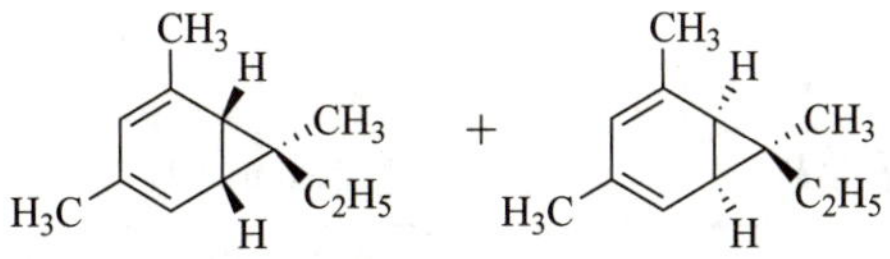 + (电环化反应，6π电子，对旋)

(ii) ① 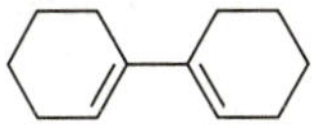 (电开环反应，4π电子，顺旋)

② 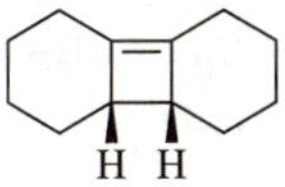 (电环化反应，4π电子，对旋)

(iii) 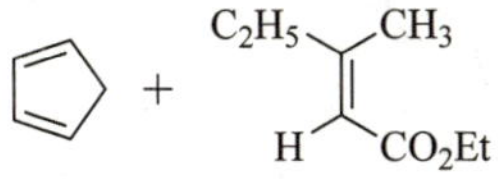 + ($_{\pi}2_s + _{\pi}4_s$，环加成反应的逆反应)

(iv) ① 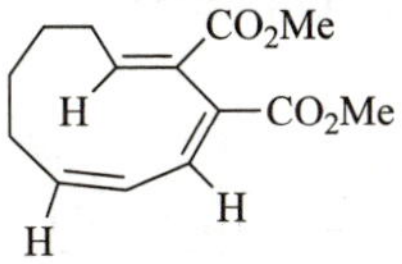 (电开环反应，4π电子，顺旋)

② 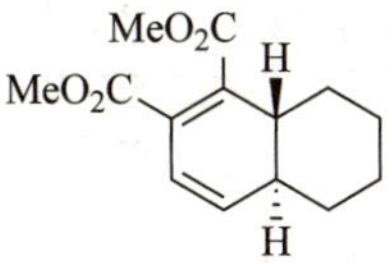 (电环化反应，6π电子，对旋)

(v) 加热产物 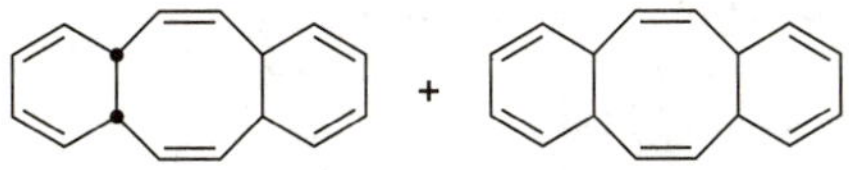 + (电环化反应，6π电子，对旋)

光照产物 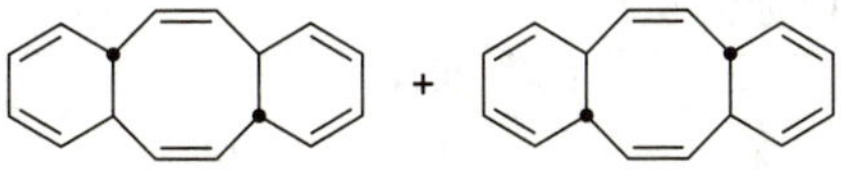 + (电环化反应，6π电子，顺旋)

(vi) ① 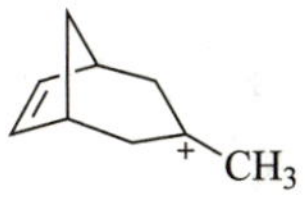 ($_{\pi}2_s + _{\pi}4_s$ 环加成反应)

② 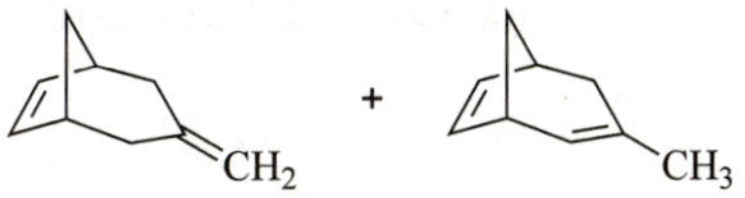 + (失去H^+形成烯烃的反应)

(vii) 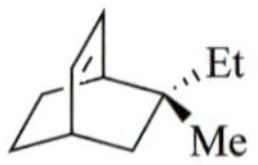 (C[1, 3]σ 同面迁移，碳构型翻转)

(viii) 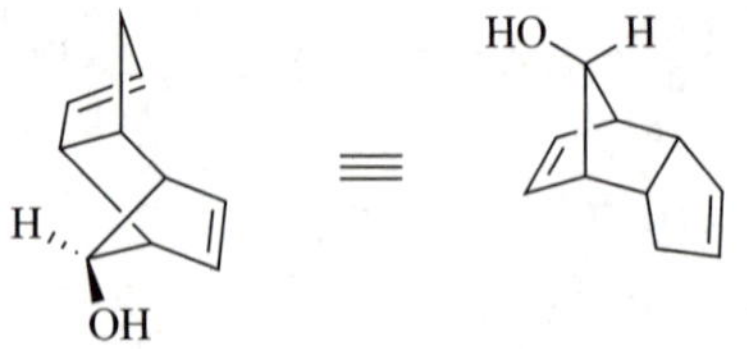 ([3, 3]σ 同面-同面迁移)

习题 9-47 用指定化合物为起始原料，选择合适的其他试剂合成下列化合物，并写出产物的名称。

(i) 起始原料：CH≡CH，目标产物：

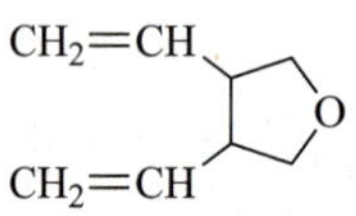

(ii) 起始原料：，目标产物：

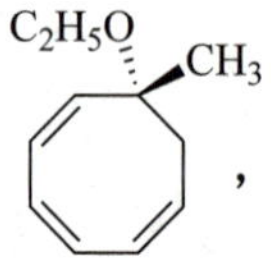

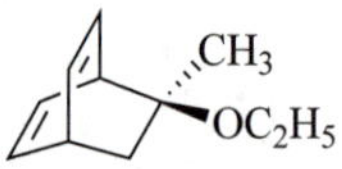

(iii) 起始原料：+ CH≡CH，目标产物：

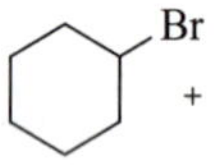

答

(i) 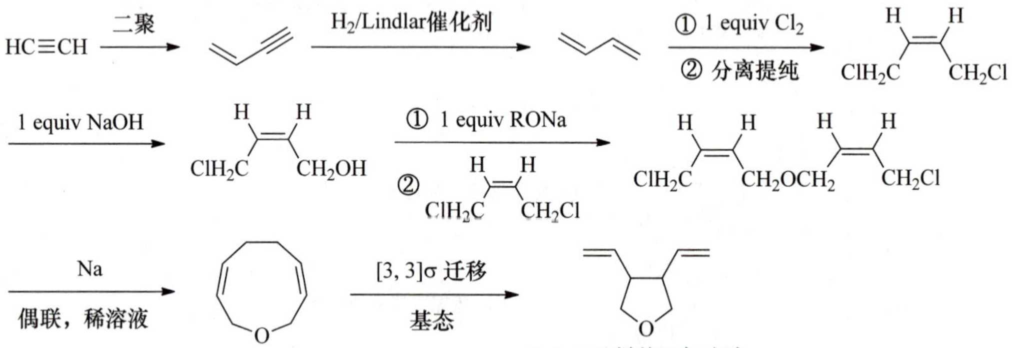 HC≡CH $\xrightarrow{\text{二聚}}$ $\xrightarrow{H_2\text{/Lindlar催化剂}}$ $\xrightarrow[\text{② 分离提纯}]{\text{① 1 equiv } Cl_2}$ ClH_2C—CH=CH—CH_2Cl

$\xrightarrow{\text{1 equiv NaOH}}$ ClH_2C—CH=CH—CH_2OH $\xrightarrow[\text{② } ClH_2C\text{—CH=CH—}CH_2Cl]{\text{① 1 equiv RONa}}$ ClH_2C—CH=CH—CH_2OCH_2—CH=CH—CH_2Cl

$\xrightarrow[\text{偶联，稀溶液}]{Na}$ $\xrightarrow[\text{基态}]{[3, 3]\sigma\text{ 迁移}}$

3, 4-二乙烯基四氢呋喃

(ii) 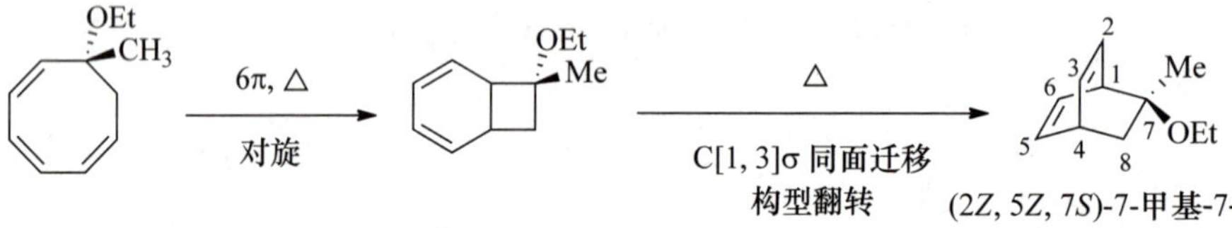 $\xrightarrow[\text{对旋}]{6\pi, \triangle}$ $\xrightarrow[\text{C[1, 3]σ 同面迁移 构型翻转}]{\triangle}$

(2*Z*, 5*Z*, 7*S*)-7-甲基-7-乙氧基二环[2. 2. 2]辛-2, 5-二烯

(iii) 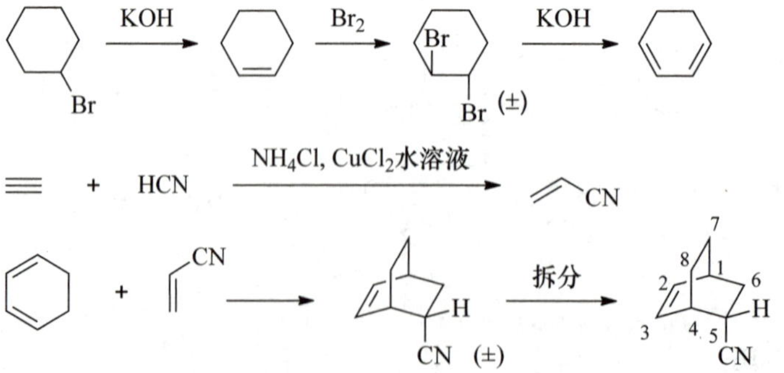 $\xrightarrow{KOH}$ $\xrightarrow{Br_2}$ (±) $\xrightarrow{KOH}$

≡ + HCN $\xrightarrow{NH_4Cl, CuCl_2\text{水溶液}}$

+ ⟶ (±) $\xrightarrow{\text{拆分}}$

5-氰基二环[2. 2. 2]辛-2-烯

习题 9-48 下列化合物可与环己烯发生正常的 D-A 反应，请按反应难易将它们排列成序。

(i) 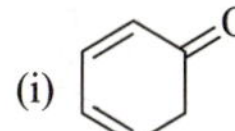 (ii) (iii) CN CN (iv) O

答 (iv)＞(ii)＞(i)＞(iii)

习题 9-49 下列化合物可与 1,3-丁二烯发生正常的 D-A 反应，请按反应难易将它们排列成序。

(i) 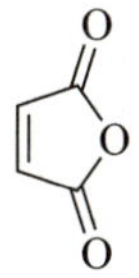 (ii) $H_2C{=}CH{-}CN$ (iii) $CH_3C{\equiv}CCH_3$ (iv) $H_3CO_2CC{\equiv}CCO_2CH_3$

答 (i)＞(ii)＞(iv)＞(iii)

习题 9-50 写出下列反应的过渡态及产物。

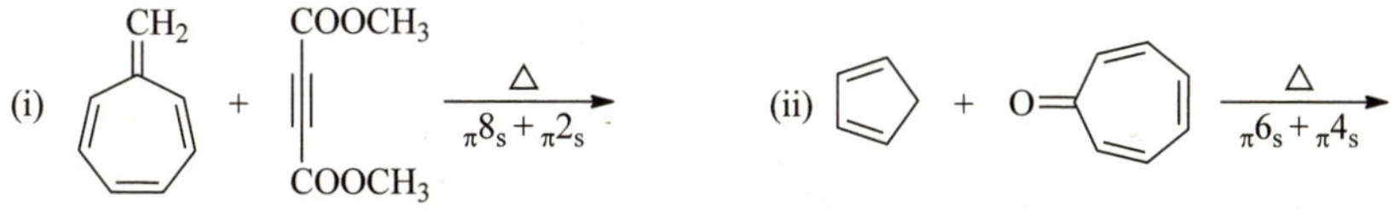

(i) CH_2 ＋ $COOCH_3$ $COOCH_3$ $\xrightarrow[{}_{\pi}8_s + {}_{\pi}2_s]{\triangle}$ (ii) ＋ O= $\xrightarrow[{}_{\pi}6_s + {}_{\pi}4_s]{\triangle}$

答

(i) [CO_2Me CO_2Me]‡ CO_2Me CO_2Me (ii) 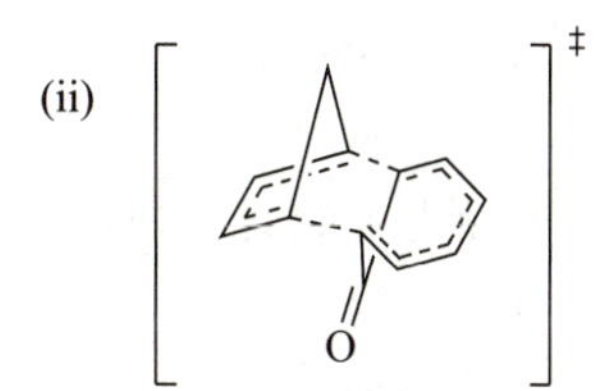 O

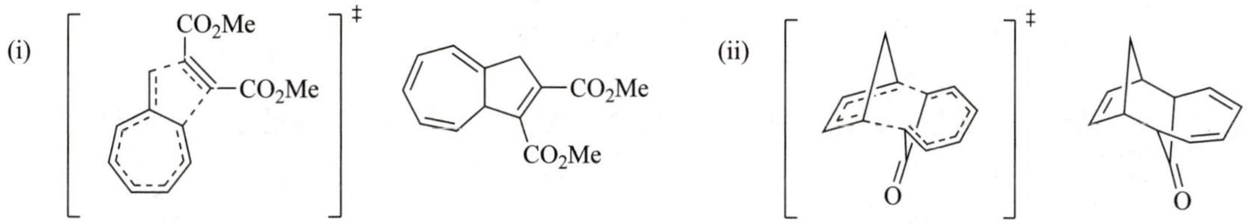

过渡态 产物 过渡态 产物

习题 9-51 解释下列各组实验事实。

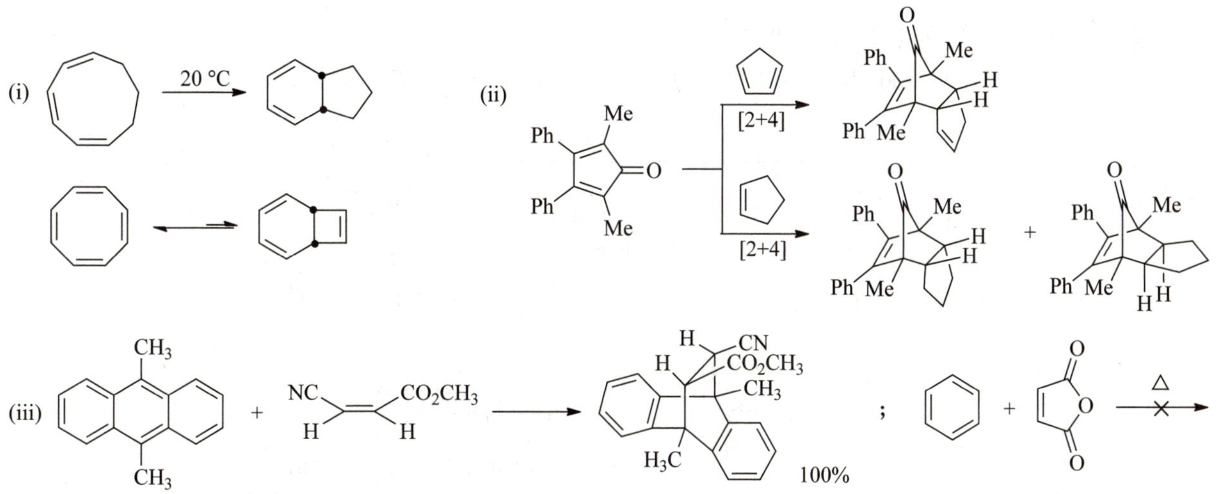

(i) $\xrightarrow{20\ ^{\circ}C}$

(ii) Ph Me Ph Me O [2+4] Ph Me O Me H H Ph [2+4] Ph Me O Me H H Ph ＋ Ph Me O Me H H Ph

(iii) CH_3 CH_3 ＋ NC H CO_2CH_3 H ⟶ H CN H CO_2CH_3 CH_3 H_3C 100%；＋ O O O $\xrightarrow{\triangle}$ ✕

答 (i) 周环反应是可逆反应，反应朝哪一个方向进行，取决于化合物的稳定性。第一个反应的产物为五元环、六元环，比较稳定，所以有利于正反应。

(ii) 上面的反应有次级轨道作用，所以以内型产物为主；下面的反应无次级轨道作用，所以内型、外型产物均有。外型产物更稳定。

(iii) 在加热的条件下，苯环易形成，但不易破坏，因为苯环含有一个封闭的共轭体系，极稳定。

习题 9-52 下列反应中，哪些是能进行的？写出它们的产物。

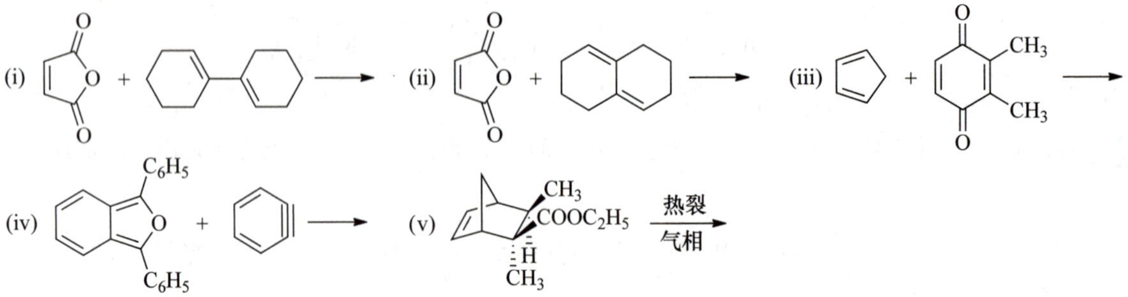

(i) + ⟶ (ii) + ⟶ (iii) + ⟶

(iv) + ⟶ (v) $\xrightarrow[\text{气相}]{\text{热裂}}$

答

(i) (ii) 不能发生 (iii)

(iv) (v) +

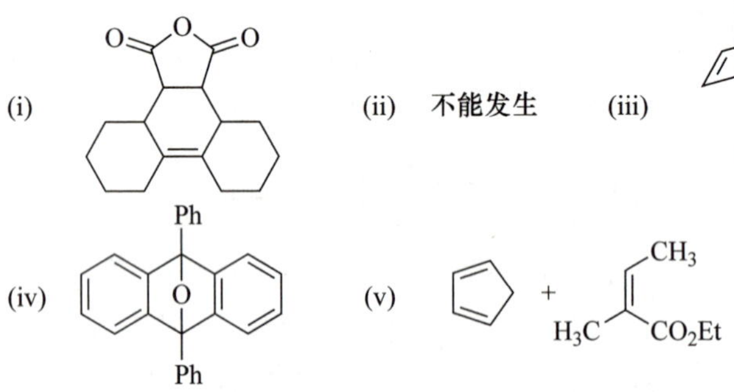

习题 9-53 下列反应中，哪些产物是按协同反应机理形成的？指出相应反应的反应类型和反应条件。

(i) (ii) (iii)

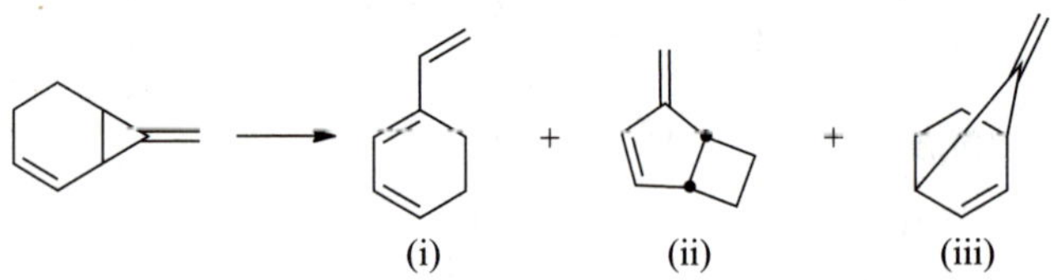

答 产物(i)不是通过协同反应机理形成的。

产物(ii)是通过协同反应机理形成的，反应类型和反应条件如下所示：

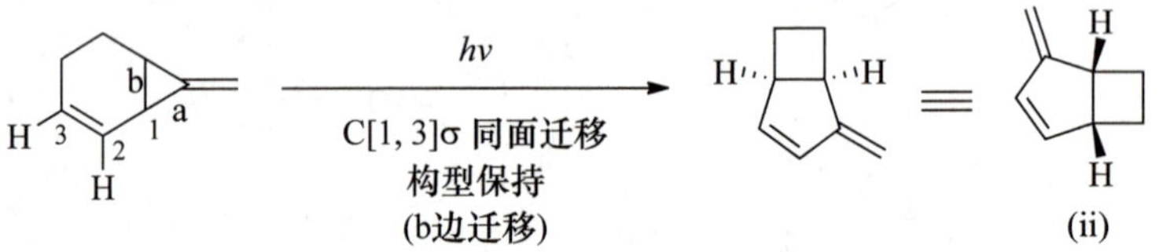

$h\nu$

C[1, 3]σ 同面迁移

构型保持

(b边迁移)

(ii)

产物(iii)是通过协同反应机理进行的，反应类型以及反应条件如下所示：

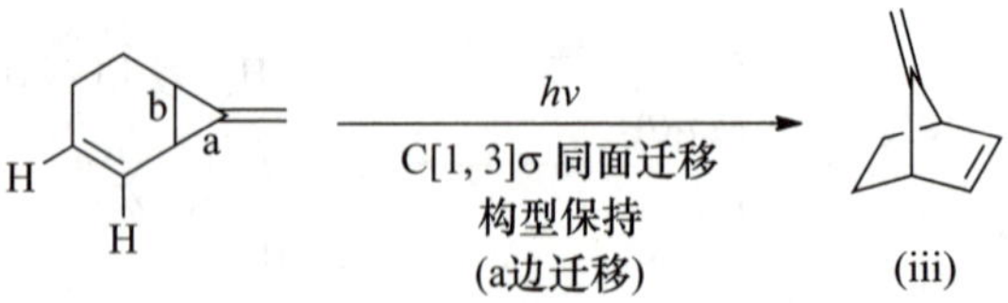

$h\nu$

C[1, 3]σ 同面迁移

构型保持

(a边迁移)

(iii)

习题 9-54 写出下列反应的反应机理。

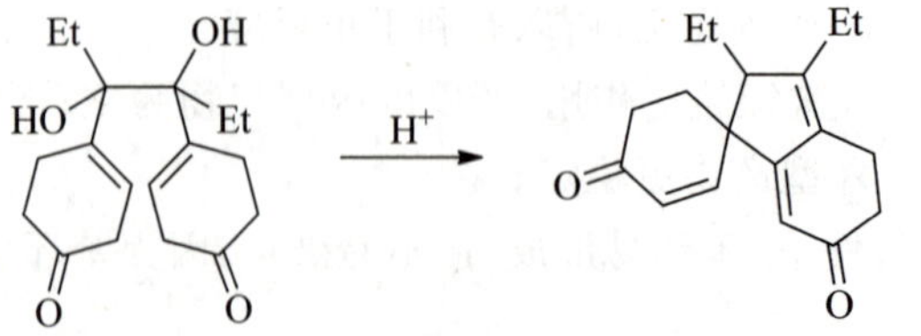

$\xrightarrow{H^+}$

答

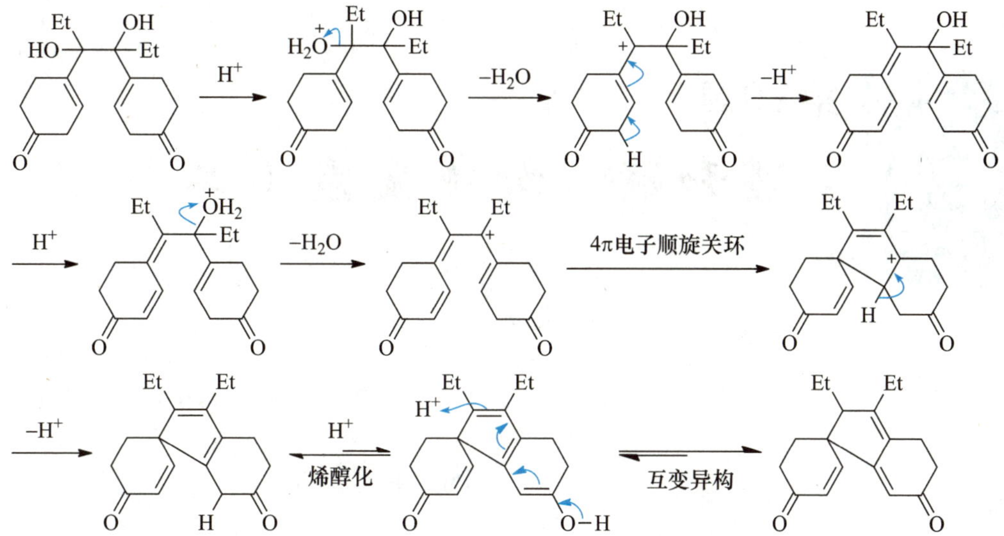

$\xrightarrow{H^+}$ $\xrightarrow{-H_2O}$ $\xrightarrow{-H^+}$

$\xrightarrow{H^+}$ $\xrightarrow{-H_2O}$ $\xrightarrow{4\pi电子顺旋关环}$

$\xrightarrow{-H^+}$ $\underset{烯醇化}{\overset{H^+}{\rightleftharpoons}}$ $\underset{互变异构}{\rightleftharpoons}$

习题 9-55 化合物(i)加热可转变为(ii),(ii)加热可转变为(iii),(iii)加热可转变为(iv)。写出(ii)的结构及(i)→(ii)、(ii)→(iii)、(iii)→(iv)的反应类别。

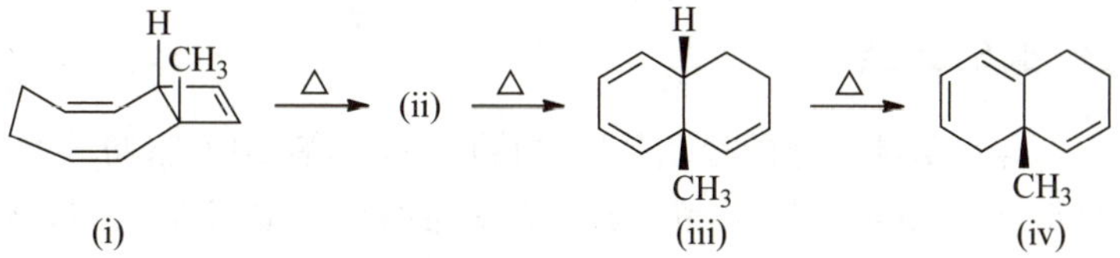

(i) $\xrightarrow{\triangle}$ (ii) $\xrightarrow{\triangle}$ (iii) $\xrightarrow{\triangle}$ (iv)

答

$\xrightarrow[\text{4π电子顺旋电开环反应}]{\triangle}$ $\xrightarrow[\text{6π电子对旋电环化反应}]{\triangle}$ $\xrightarrow[\text{同面迁移}]{H\,[1,5]\,\sigma}$

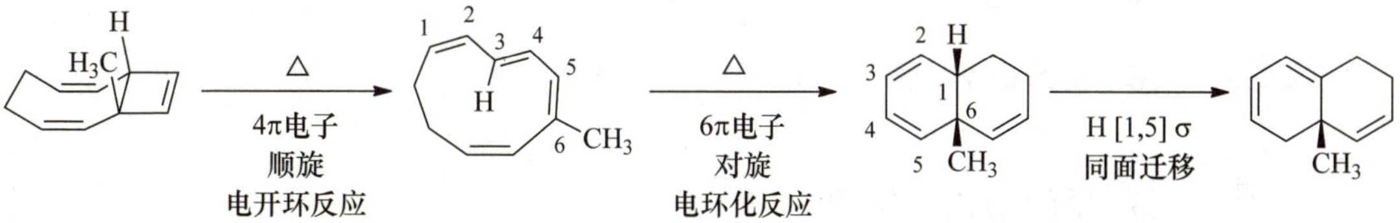

习题 9-56 结合下列反应式回答问题：(i) 该反应属于什么反应类型？(ii) 写出反应机理，画出反应的过渡态并阐明产物为什么具有式中的构型。

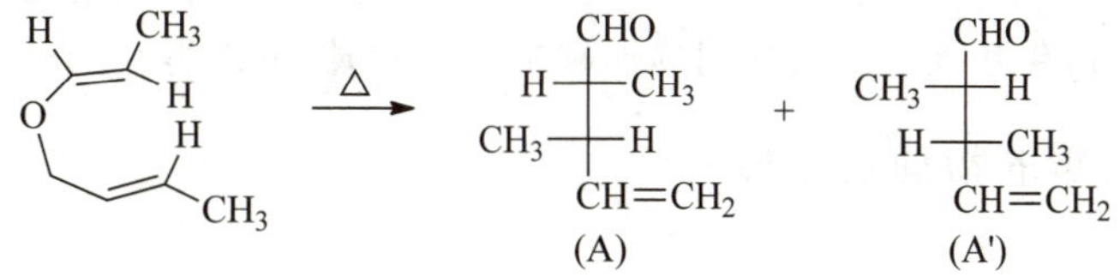

$\xrightarrow{\triangle}$ (A) + (A′)

答 (i) 这是一个[3,3]σ迁移反应。

(ii) 反应是通过椅型过渡态完成的。形成(A)的详细过程如下所示：

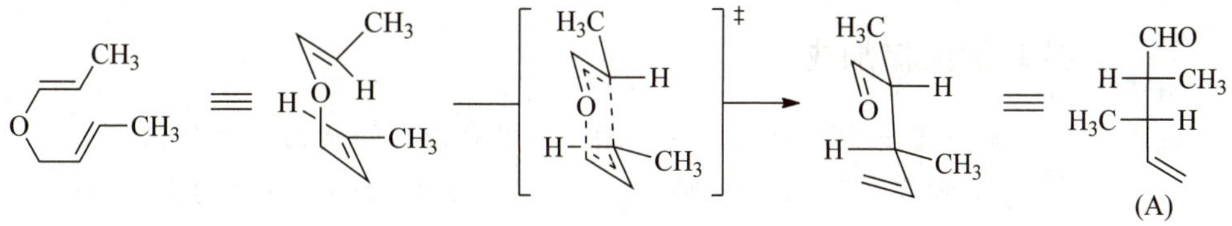

(A)

形成(A′)的过程略。

10

第10章

醛和酮　加成反应（二）

内容提要

碳原子与氧原子用双键相连的基团称为羰基。羰基碳与氢和烃基相连的化合物称为醛，结构中的—CHO称为醛基。羰基碳与两个烃基相连的化合物称为酮，酮分子中的羰基称为酮基。

10.1 醛、酮的分类

与羰基碳相连的烃基是脂肪族烃基，该醛、酮为脂肪族醛、酮；与羰基碳相连的烃基是芳香族烃基，该醛、酮为芳香族醛、酮。羰基与两个相同烃基相连，该酮为对称酮；羰基与两个不相同烃基相连，该酮为不对称酮。

10.2 醛、酮的命名(略)

10.3 醛、酮的结构和构象

羰基中，碳用一个 sp^2 杂化轨道与氧形成 σ 键；碳用一个 p 轨道和氧的一个 p 轨道形成 π 键；羰基的碳氧双键是由一个 σ 键和一个 π 键形成的。羰基是一个极性基团。当醛、酮的 α 碳为手性碳时，羰基羰与 α 碳之间的碳碳单键旋转时，可以得到三种交叉型构象和三种重叠型构象。

10.4 醛、酮的物理性质(略)

醛、酮的反应

羰基是醛、酮的官能团，也是醛、酮的反应中心。

10.5 羰基的亲核加成

羰基是一个具有极性的官能团。带有正性的碳易受亲核试剂进攻，导致 π 键异裂，两个 σ 键形成，这就是羰基的亲核加成反应。亲核试剂分为含碳的亲核试剂、含氮的亲核试剂、含氧的亲核试剂、含硫的亲核试剂。亲核加成反应可以在碱性条件下进行，也可以在酸性条件下进行，采用哪种条件，涉及具体反应要作具体分析。醛比酮更易发生亲核加成反应。

10.6 α,β-不饱和醛、酮的加成反应

α,β-不饱和醛、酮与卤素或次卤酸反应时，只在碳碳双键上发生1,2-亲电加成；与氨及其衍生物，HX、H_2SO_4、HCN等质子酸，H_2O、ROH在酸催化下反应，通常以**1,4-共轭加成**为主；与有机金属化合物反应，既可以发生1,2-亲核加成，也可以发生1,4-亲核加成，要作具体分析。**Michael加成**是亲核的1,4-共轭加成。反应可以在酸催化下进行，也可以在碱催化下进行。

10.7 醛、酮α活泼氢的反应

醛、酮羰基**α碳上的氢**具有一定的活性，可以引发很多反应，如：醛、酮的烯醇化反应，醛、酮α-H的卤化，卤仿反应，羟醛缩合反应等。

10.8 羟醛缩合反应

有α活泼氢的醛、酮在酸或碱的催化作用下，缩合形成β-羟基醛或β-羟基酮的反应称为**羟醛缩合反应**。羟醛缩合反应既可以在酸催化下进行，也可以在碱催化下进行。羟醛缩合反应是可逆反应，温度低有利于正向反应，加热回流有利于逆向反应。产物β-羟基醛或β-羟基酮很容易失水转变为α,β-不饱和醛、酮。

10.9 醛、酮的重排反应

分子的骨架或分子中某一官能团的位置发生变化的一类反应称为**重排反应**。可分为分子内重排和分子间重排。本章介绍了四种重排反应：(1) 酮肟在酸性催化剂作用下重排成酰胺的反应称为**Beckmann重排**。它的特点是：离去基团与迁移基团处于反位，基团的离去与基团的迁移是同步的，迁移基团在迁移前后构型保持。(2) 在醇钠、氢氧化钠、氨基钠等碱性催化剂存在下，α-卤代酮失去卤原子，重排成具有相同碳原子数的羧酸酯、羧酸、酰胺的反应称为**Favorski重排**。(3) 二苯乙二酮在约70%氢氧化钠溶液中加热，重排成二苯乙醇酸的反应称为**二苯乙醇酸重排**。(4) 酮类化合物被过酸氧化，与羰基直接相连的碳链断裂，插入一个氧形成酯的反应称为**Baeyer-Villiger氧化重排**。

10.10 醛、酮的氧化

醛在空气中放置可发生**自氧化反应**；醛能被许多氧化剂氧化成羧酸；无α活泼氢的醛在浓氢氧化钠溶液或在浓氢氧化钾溶液的作用下可发生分子间的氧化还原反应，一分子醛被氧化成酸，另一分子醛被还原成醇，该反应称为**Cannizzaro反应**。

酮一般不易被氧化，遇强烈氧化剂，发生羰基碳与α碳之间的碳链断裂，形成酸。酮还能发生Baeyer-Villiger氧化重排。（参见教材10.9.4）

利用醛、酮氧化性能的区别，可用**Fehling试剂**或**Tollens试剂**迅速鉴别醛和酮。

10.11 羰基的还原

用**Clemmensen还原法**、**Wolff-Kishner-黄鸣龙还原法**、**缩硫酮氢解法**可将醛、酮的羰基还原成亚甲基。用**催化氢化**法、用**氢化金属化合物**($LiAlH_4$、$NaBH_4$)**还原**、用**乙硼烷还原**、**Meerwein-Ponndorf还原**、用**活泼金属的单分子还原**，可将醛、酮的羰基还原成CHOH。酮用活泼金属进行**双分子还原**偶联可生成频哪醇。

10.12 醛、酮的一般制备法

实验室制备醛、酮的主要方法有：(1) 芳烃、烯烃和醇的氧化；(2) 偕二卤代烃的水解；(3) 烯烃的羰基合成；(4) 炔烃加水再互变异构；(5) 羧酸衍生物还原；(6) 格氏试剂与腈反应再水解。

10.13 几个常用醛、酮的工业生产(略)

习题解析

习题 10-1 指出下列化合物各属于哪类醛、酮。

(i) $(CH_3)_2CHCHO$　(ii)  $CH_3-C_6H_4-CHO$（对位）　(iii) 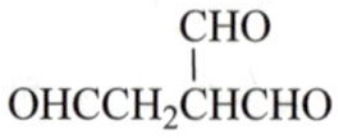 $OHCCH_2CH(CHO)CHO$

(iv) 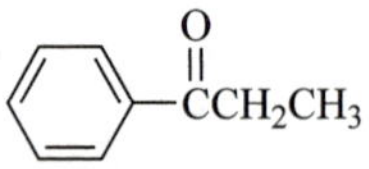 $C_6H_5-\overset{O}{\overset{\|}{C}}CH_2CH_3$　(v) 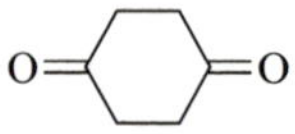 $O=C_6H_8=O$（环己-1,4-二酮）　(vi)  螺环化合物（环戊烷与环己酮螺接）$=O$

答 (i) 脂肪醛/饱和醛/一元醛

(ii) 芳香醛/一元醛

(iii) 脂肪醛/饱和醛/多元醛

(iv) 芳香酮/不对称酮/一元酮

(v) 脂肪酮/饱和酮/二元酮

(vi) 脂肪酮/饱和酮/一元酮

习题 10-2 用普通命名法命名下列化合物(用中、英文)。

(i) 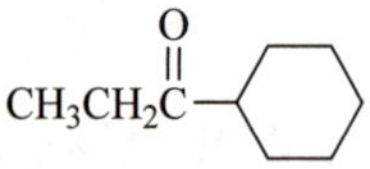 $CH_3CH_2\overset{O}{\overset{\|}{C}}-C_6H_{11}$　(ii) 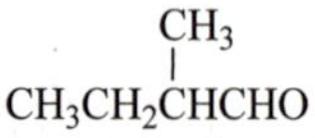 $CH_3CH_2\overset{CH_3}{\overset{|}{C}}HCHO$　(iii) 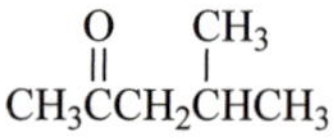 $CH_3\overset{O}{\overset{\|}{C}}CH_2\overset{CH_3}{\overset{|}{C}}HCH_3$　(iv) 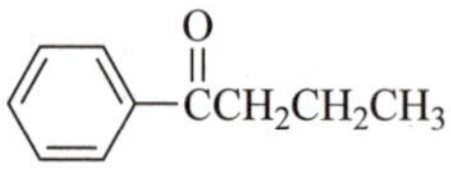 $C_6H_5-\overset{O}{\overset{\|}{C}}CH_2CH_2CH_3$

(v) 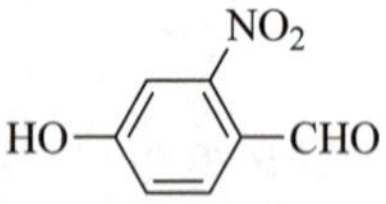 $HO-C_6H_3(NO_2)-CHO$　(vi) 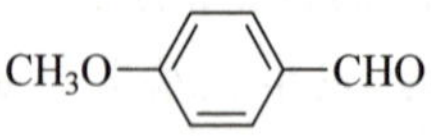 $CH_3O-C_6H_4-CHO$　(vii) $CH_3OCH_2CH_2CH_2CHO$

答 (i) 乙基环己基酮　cyclohexyl ethyl ketone

(ii) α-甲基丁醛　α-methylbutyraldehyde

(iii) 甲基异丁基酮　isobutyl methyl ketone

(iv) 正丙基苯基酮　phenyl *n*-propyl ketone

(v) 邻硝基对羟基苯甲醛　*p*-hydroxy-*o*-nitrobenzaldehyde

(vi) 对甲氧基苯甲醛　*p*-methoxybenzaldehyde

(vii) γ-甲氧基丁醛　γ-methoxybutyraldehyde

习题 10-3 用系统命名法命名下列化合物(用中、英文)。

(i) C_6H_5—CH=CHCHO (ii) C_6H_5—CH_2CHO (iii) $OHC(CH_2)_5CHO$ (iv) C_6H_5—$\overset{O}{\overset{\|}{C}}CH_2CH_3$

(v) O=⬡=O (vi) $CH_3\underset{Br}{\underset{|}{CH}}\overset{O}{\overset{\|}{C}}CH_2CH_2CHO$ (vii) $CH_3\underset{OH}{\underset{|}{CH}}\overset{O}{\overset{\|}{C}}CH_3$ (viii) $OHCCH_2\underset{CHO}{\underset{|}{CH}}CH_2CHO$

(ix) (=O) (x) $C_6H_5(H_3C)C{=}C(CH_3)\overset{O}{\overset{\|}{C}}CH_2CH_3$ (xi) H_3C, Cl, CH_3, O (xii) O

答 (i) 3-苯基-2-丙烯醛 3-phenyl-2-propenal

(ii) 苯乙醛 benzeneacetaldehyde

(iii) 庚二醛 heptanedial

(iv) 苯丙酮 1-phenyl-1-propanone

(v) 1,4-环己二酮 1,4-cyclohexanedione

(vi) 4-氧代-5-溴己醛 5-bromo-4-oxohexanal

(vii) 3-羟基-2-丁酮 3-hydroxy-2-butanone

(viii) 1,2,3-丙烷三甲醛 1,2,3-propanetricarboaldehyde

(ix) 螺[2.5]辛-6-酮 spiro[2.5]octan-6-one

(x) (*E*)-4-甲基-5-苯基-4-己烯-3-酮 (*E*)-4-methyl-5-phenyl-4-hexen-3-one

(xi) (*S*)-3-苯基-3-氯-2-丁酮 (*S*)-3-chloro-3-phenyl-2-butanone

(xii) 1,7,7-三甲基二环[2.2.1]庚-2-酮 1,7,7-trimethylbicyclo[2.2.1]heptan-2-one

习题 10-4 请用伞形式表示下列重叠构象式。

R-S重叠型

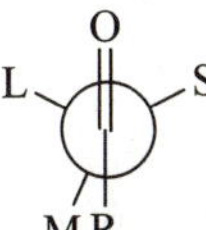

R-M重叠型

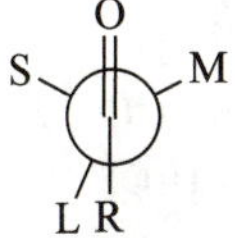

R-L重叠型

答

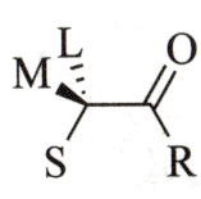

R-S重叠型

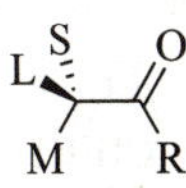

R-M重叠型

M S O L R

R-L重叠型

习题 10-5 预测下列反应的主要产物。

(i) (*R*)-2-甲基丁醛与溴化苄基镁 (ii) (*R*)-2-甲基环己酮与溴化乙基镁

(iii) $C_6H_5C(=O)$—C(H)(CH_3)—C_6H_5(Fischer 投影式:上 $\underset{|}{C_6H_5}$ C=O,左 H,右 CH_3,下 C_6H_5) 与 *p*-ClC_6H_4MgBr

(iv) 上 C_6H_5,左 H,右 C_2H_5,下 CHO 与 CH_3MgI

答

(i) 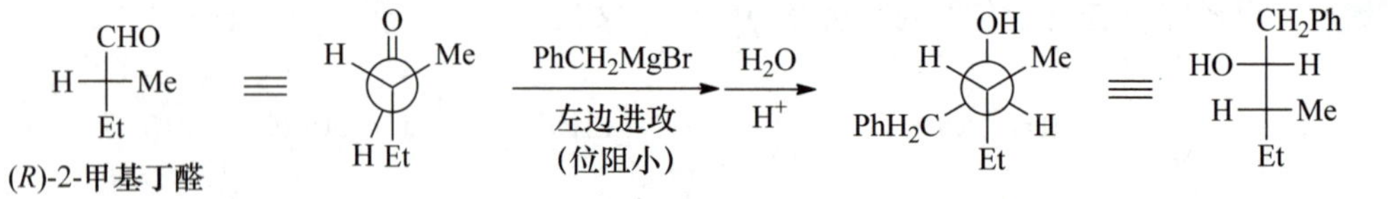 (R)-2-甲基丁醛 $\xrightarrow[\text{左边进攻(位阻小)}]{PhCH_2MgBr}$ $\xrightarrow[H^+]{H_2O}$ (Fischer projection: CHO, H, Me, Et; Newman projections; product: CH_2Ph, HO—H, H—Me, Et)

(ii) 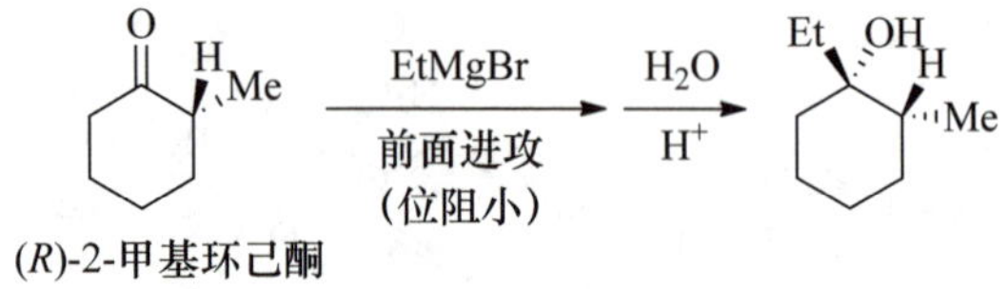 (R)-2-甲基环己酮 $\xrightarrow[\text{前面进攻(位阻小)}]{EtMgBr}$ $\xrightarrow[H^+]{H_2O}$ (product: 1-Et, 1-OH, 2-H, 2-Me cyclohexanol)

(iii) 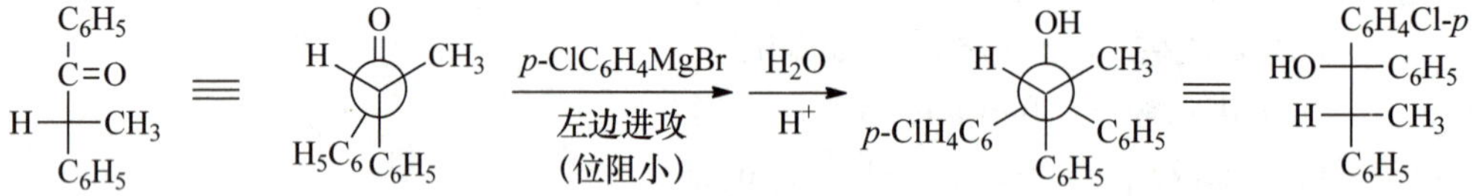 C_6H_5—C=O, H—CH_3, C_6H_5 $\xrightarrow[\text{左边进攻(位阻小)}]{p\text{-}ClC_6H_4MgBr}$ $\xrightarrow[H^+]{H_2O}$ (product: C_6H_4Cl-p, HO—C_6H_5, H—CH_3, C_6H_5)

(iv) 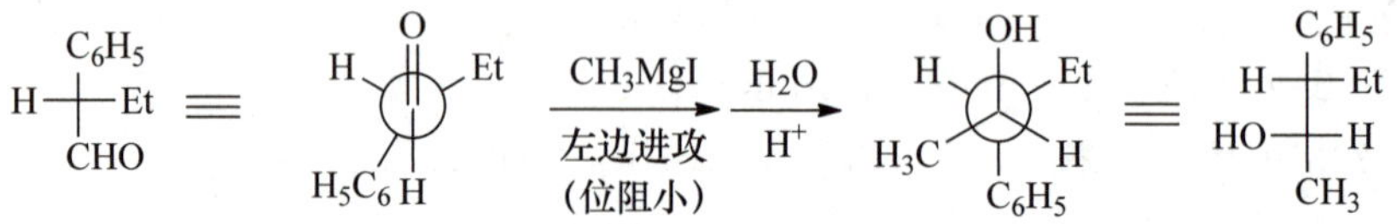 C_6H_5, H—Et, CHO $\xrightarrow[\text{左边进攻(位阻小)}]{CH_3MgI}$ $\xrightarrow[H^+]{H_2O}$ (product: C_6H_5, H—Et, HO—H, CH_3)

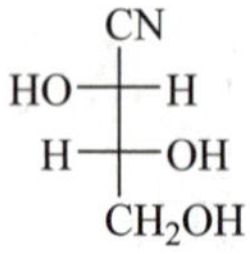

习题 10-6 完成下列反应并写出相应的反应机理。

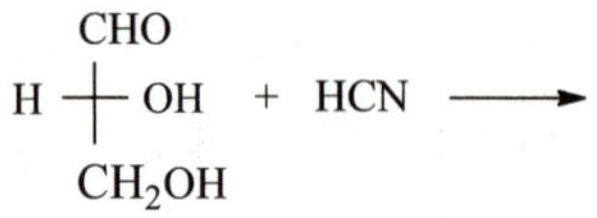

CHO, H—OH, CH_2OH + HCN ⟶

答

产物：CN, HO—H, H—OH, CH_2OH ；反应机理：

CHO, H—OH, CH_2OH ≡ (Newman projection) $\xrightarrow[\text{(位阻小)}]{HCN\ \ ^-CN\text{左边进攻}}$ (Newman projection) ≡ CN, HO—H, H—OH, CH_2OH

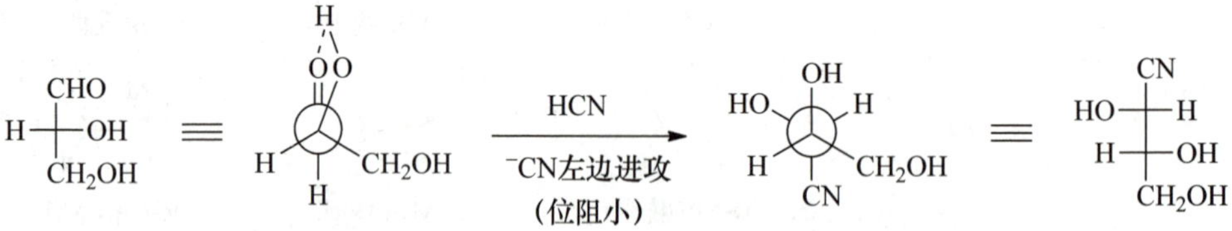

习题 10-7 请用不超过三个碳的有机物为原料合成 2,5-二甲基-1,3,5-己三烯。

答

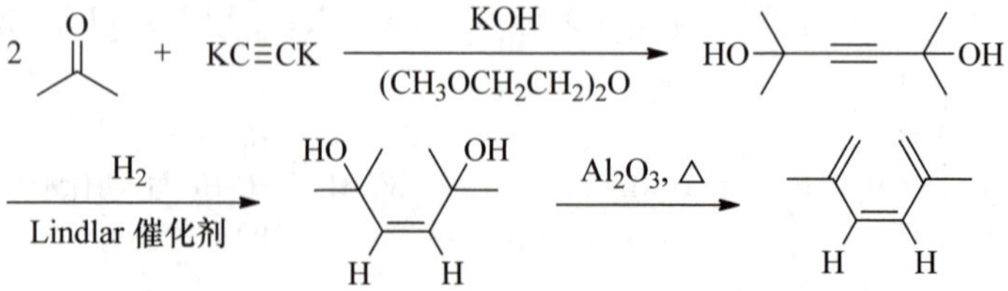

2 (丙酮) + KC≡CK $\xrightarrow[(CH_3OCH_2CH_2)_2O]{KOH}$ HO—C(CH₃)₂—C≡C—C(CH₃)₂—OH

$\xrightarrow[\text{Lindlar 催化剂}]{H_2}$ (Z)-HO(CH₃)₂C—CH=CH—C(CH₃)₂OH $\xrightarrow{Al_2O_3,\ \triangle}$ CH_2=C(CH₃)—CH=CH—C(CH₃)=CH_2

习题 10-8 写出下列化合物的中、英文名称。

(i) $CH_3CH{=}NNH_2$ (ii) 环己亚基=N−NH−(2,4-二硝基苯基) (iii) $(H_3C)_2C{=}NOH$

(iv) $H_2N-C(=O)-NH-N{=}C(CH_3)CH_2CH_3$ (v) $C_6H_5-CH{=}N-NH-C_6H_5$

答 (i) 乙醛腙 acetaldehyde hydrazone

(ii) 环己酮-2,4-二硝基苯腙 cyclohexanono-2,4-dinitrophenyl hydrazone

(iii) 丙酮肟 propanone oxime

(iv) 丁酮缩氨脲 butanone semicarbazone

(v) 苯甲醛苯腙 benzaldehyde phenylhydrazone

习题 10-9 完成下列反应,写出主要产物。

(i) $C_6H_5CHO + H_2NNHCNH_2$ (C=O) $\xrightarrow{HOAc}$ (ii) $C_6H_5COCH_3 + C_6H_5NHNH_2 \cdot HCl \xrightarrow{NaOAc}$

(iii) $CH_3CH_2CCH_3$ (C=O) $+ O_2N-C_6H_3(NO_2)-NHNH_2 \xrightarrow{HOAc}$ (iv) $CH_3CH_2CH_2CHO + H_2N-C_6H_{11} \xrightarrow{HOAc}$

(v) 环戊酮 + 吗啉 (HN O) $\xrightarrow[苯,\ \triangle]{CH_3-C_6H_4-SO_3H}$ (vi) $CH_3CH_2CCH_2CH_3$ (C=O) + 哌啶 (HN) $\xrightarrow[苯,\ \triangle]{CH_3-C_6H_4-SO_3H}$

答

(i) $C_6H_5CH{=}N-NH-C(=O)NH_2$ (ii) $C_6H_5C(CH_3){=}N-NH-C_6H_5$ (iii) 2,4-$(NO_2)_2C_6H_3-NH-N{=}C(CH_3)CH_2CH_3$

(iv) $C_6H_{11}-N{=}CHCH_2CH_2CH_3$ (v) 1-(环戊烯-1-基)吗啉 (vi) 1-(戊-2-烯-3-基)哌啶

习题10-10 指出下列化合物中半缩醛、缩醛、半缩酮、缩酮的碳原子,并说明属于哪一种。

(2-甲氧基四氢吡喃:O, H, OCH_3) (2-羟基四氢吡喃:O, H, OH) (O, CH_3, OCH_3) (O, OH, CH_3) (H, OCH_3, O, OH, H) (O, O, CH_3, CH_3, OH)

答

(O, H, OCH_3) ← 缩醛碳 (O, H, OH) ← 半缩醛碳 (O, CH_3, OCH_3) ← 缩酮碳 (O, OH, CH_3) ← 半缩酮碳

缩醛碳 → (H_3CO, H) O (OH, H) ← 半缩醛碳

缩酮碳 → (CH_3) O O (OH, CH_3) ← 半缩酮碳

习题10-11 从指定原料出发，用四个碳以下的有机物和无机试剂合成目标产物。

(i) 由 $Br(CH_2)_7CH_2OH$ 合成 $CH_3(CH_2)_3CH_2CH{=}CH(CH_2)_8OH$（反式）

(ii) 由 CH_3COCH_2Br 合成 $CH_3COCH_2CH_2CH_2OH$

(iii) 由 $Br(CH_2)_7CH_2OH$ 合成 $CH_3(CH_2)_4CH_2CH{=}CH(CH_2)_8OH$（顺式）

(iv) 由 $CH_2{=}CHCHO$ 合成 $CH_2(OH){-}CH(OH)CHO$

(v) 由 $CH_2{=}CHCH_2CH_2Br$ 合成 $HOCH_2CH_2CH_2CH_2COCH_3$

答

(i)

$$n\text{-BuMgBr} \xrightarrow[\text{无水醚}]{HCHO} \xrightarrow[H^+]{H_2O} n\text{-BuCH}_2OH \xrightarrow[H^+]{HBr} n\text{-BuCH}_2Br$$

$$\xrightarrow{NaC\equiv CH} n\text{-BuH}_2C{-}C\equiv CH \xrightarrow[NH_3(l)]{NaNH_2} \underset{(A)}{n\text{-BuCH}_2C\equiv CNa}$$

$$2\ Br(CH_2)_8OH + HCHO \xrightarrow[\text{无水醚}]{H^+} \underset{(B)}{Br(H_2C)_8OCH_2O(CH_2)_8Br}$$

$$2(A)+(B) \longrightarrow n\text{-BuH}_2C{-}C\equiv C{-}(H_2C)_8OCH_2O(CH_2)_8{-}C\equiv C{-}CH_2Bu\text{-}n \xrightarrow[H^+]{H_2O}$$

$$n\text{-BuH}_2C{-}C\equiv C{-}(CH_2)_8OH \xrightarrow{\text{二氢吡喃}} \xrightarrow[NH_3(l)]{NaNH_2} \xrightarrow[H^+]{H_2O} n\text{-BuH}_2C{-}CH{=}CH{-}(CH_2)_8OH\ (\text{反式})$$

(ii)

$$CH_3COCH_2Br \xrightarrow[H^+\ (\text{无水})]{HOCH_2CH_2OH} \text{缩酮}{-}CH_2Br \xrightarrow[\text{无水醚}]{Mg} \xrightarrow{\text{环氧乙烷}} \xrightarrow[H^+]{H_2O} CH_3COCH_2CH_2CH_2OH$$

(iii)

$$n\text{-BuMgBr} \xrightarrow[\text{无水醚}]{\text{环氧乙烷}} \xrightarrow[H^+]{H_2O} n\text{-BuCH}_2CH_2OH \xrightarrow[H^+]{HBr} n\text{-BuCH}_2CH_2Br$$

$$\xrightarrow{NaC\equiv CH} n\text{-BuCH}_2CH_2C\equiv CH \xrightarrow[NH_3(l)]{NaNH_2} \underset{(C)}{n\text{-BuCH}_2CH_2C\equiv CNa}$$

$$2\ Br(CH_2)_8OH + HCHO \xrightarrow[\text{无水醚}]{H^+} \underset{(B)}{Br(CH_2)_8OCH_2O(CH_2)_8Br}$$

$$2(C)+(B) \longrightarrow \xrightarrow[H^+]{H_2O} H_3C(H_2C)_5C\equiv C(CH_2)_8OH \xrightarrow[\text{Lindlar 催化剂}]{H_2} H_3C(H_2C)_5CH{=}CH(CH_2)_8OH\ (\text{顺式})$$

(iv)

$$CH_2{=}CHCHO \xrightarrow[H^+]{HOCH_2CH_2OH} CH_2{=}CH{-}\text{缩醛} \xrightarrow[OsO_4]{H_2O_2} HOCH_2CH(OH){-}\text{缩醛} \xrightarrow[H^+]{H_2O} HOCH_2CH(OH)CHO$$

(v)

$$CH_2{=}CHCH_2CH_2Br \xrightarrow[\text{无水醚}]{Mg} CH_2{=}CHCH_2CH_2MgBr \xrightarrow{CdCl_2} (CH_2{=}CHCH_2CH_2)_2Cd \xrightarrow{CH_3COCl} CH_2{=}CHCH_2CH_2COCH_3$$

$$\xrightarrow[H^+]{HOCH_2CH_2OH} CH_2{=}CHCH_2CH_2{-}\text{缩酮} \xrightarrow{B_2H_6} \xrightarrow[OH^-]{H_2O_2} HOCH_2CH_2CH_2CH_2{-}\text{缩酮} \xrightarrow[H^+]{H_2O} HOCH_2CH_2CH_2CH_2COCH_3$$

习题10-12 从$BrCH_2CH_2CH_2OH$与$CH_3CH_2C\equiv CNa$合成$CH_3CH_2C\equiv CCH_2CH_2CH_2OH$，若用（二氢吡喃）做醇羟基的保护基，是否可以？若可行，请写出合成的每一步骤，并说明可行的理由。

答 可以，因 $BrCH_2CH_2CH_2OH$ 与二氢吡喃生成的缩醛$BrCH_2CH_2CH_2O$-THP 除酸性水溶液条件外，一般比较稳定，可以进行其他反应，然后在酸性水溶液中四氢吡喃正离子可以脱去，反应式如下：

$$BrCH_2CH_2CH_2OH \xrightarrow[H^+(无水)]{二氢吡喃} BrCH_2CH_2CH_2O\text{-THP} \xrightarrow{H_3CH_2CC\equiv CNa}$$

$$H_3CH_2CC\equiv CCH_2CH_2CH_2O\text{-THP} \xrightarrow[H^+]{H_2O} H_3CH_2CC\equiv CCH_2CH_2CH_2OH$$

习题10-13 写出下列反应的反应机理。

$$\text{环己基}(OCH_3)_2 + 2CH_3CH_2OH \underset{}{\overset{H^+}{\rightleftharpoons}} \text{环己基}(OCH_2CH_3)_2 + 2CH_3OH$$

答

$$\text{C}_6\text{H}_{10}(\ddot{O}Me)(OMe) \overset{H^+}{\rightleftharpoons} \text{C}_6\text{H}_{10}(\overset{+}{O}HMe)(OMe) \overset{-MeOH}{\rightleftharpoons} \text{C}_6\text{H}_{10}{=}\overset{+}{O}Me \overset{Et\ddot{O}H}{\rightleftharpoons} \text{C}_6\text{H}_{10}(\overset{+}{H}OEt)(OMe) \overset{\sim H^+}{\rightleftharpoons}$$

$$\text{C}_6\text{H}_{10}(\overset{+}{O}HMe)(OEt) \overset{-MeOH}{\rightleftharpoons} \text{C}_6\text{H}_{10}{=}\overset{+}{O}Et \overset{Et\ddot{O}H}{\rightleftharpoons} \text{C}_6\text{H}_{10}(\overset{+}{H}OEt)(OEt) \overset{-H^+}{\rightleftharpoons} \text{C}_6\text{H}_{10}(OEt)(OEt)$$

习题10-14 在丙酮亚硫酸氢钠加成物中加入 NaCN(等物质的量)，可以得到什么？为什么？

答

$$(H_3C)_2C(OH)SO_3Na \rightleftharpoons (H_3C)_2C{=}O + NaHSO_3$$

$$(H_3C)_2C{=}O + HCN \longrightarrow (H_3C)_2C(OH)CN$$

$$NaHSO_3 + NaCN \longrightarrow Na_2SO_3 + HCN$$

亚硫酸氢钠与 NaCN 反应会生成亚硫酸钠和 HCN，分子中亚硫酸氢钠的浓度越来越小，迫使丙酮亚硫酸氢钠加成物逆向分解。产生的丙酮不断与 HCN 反应，最后由丙酮的亚硫酸氢钠加成物全部转化为丙酮与 HCN 的加成物。

习题10-15 完成下列反应,写出主要产物,并命名各步产物。

(i) $CH_3CH_2CH_2CHO + NaHSO_3$(饱和) $\longrightarrow$? $\xrightarrow{Na_2CO_3}$

(ii) 环己酮 + $HSCH_2CH_2SH$ $\xrightarrow{H^+}$? $\xrightarrow{HgCl_2,\ HgO}$

(iii) $C_6H_5COC_6H_5 + NaHSO_3$(饱和) $\longrightarrow$

(iv) $CH_3CH_2COCH_2CH_3 + 2CH_3CH_2SH \xrightarrow{H^+}$? $\xrightarrow[\text{兰尼 Ni}]{H_2}$

答 (i) $CH_3CH_2CH_2CH(OH)SO_3Na$, $CH_3CH_2CH_2CHO$

丁醛亚硫酸氢钠加合物

(ii) 环己酮缩乙二硫醇(1,4-二硫杂螺[4.5]癸烷), 环己酮

环己酮缩乙二硫醇

(iii) 不反应

(iv) $(CH_3CH_2)_2C(SCH_2CH_3)_2$, $CH_3(CH_2)_3CH_3$

3-戊酮缩二乙硫醇

习题10-16 请分离提纯下列化合物。

$CH_3(CH_2)_3CHO$ (bp 86 °C)　　$CH_3(CH_2)_3CH=CH_2$ (bp 80 °C)　　$CH_3CH_2CH_2CH_2Cl$ (bp 78 °C)

答 (1) 正戊醛与40%亚硫酸氢钠饱和溶液发生反应,生成正戊醛亚硫酸氢钠加成物,沉淀,分离出来,再用酸分解,提取,干燥,蒸馏,得正戊醛。

(2) 去掉正戊醛后的溶液为1-己烯与1-氯丁烷,沸点相近,如加溴,烯发生加成反应后,得1,2-二溴戊烷,沸点升高,浴温加至100℃左右,可蒸出1-氯丁烷,待1-氯丁烷蒸完后,剩下的1,2-二溴戊烷在金属锌或镁的作用下,失去溴原子再形成烯烃,通过蒸馏提纯。

习题10-17 完成下列反应,写出主要产物,并指出此反应是亲核加成还是亲电加成,是1,2-加成还是1,4-加成。

(i) $CH_3CH=CHCOCH_2CH_3 \xrightarrow{CH_3Li} \xrightarrow{H_2O}$

(ii) $CH_3CH=CHCOCH_2CH_3 \xrightarrow[CuCl]{CH_3MgBr} \xrightarrow{H_2O}$

(iii) $CH_3CH=CHCOCH_2CH_3 \xrightarrow{Et_2CuLi} \xrightarrow{H_2O}$

(iv) $CH_3CH=CHCHO \xrightarrow[-10\ °C]{HCl(\text{气})}$

(v) $CH_3CH=CHCOOC_2H_5 \xrightarrow[H^+]{NaCN} \xrightarrow{H_2O}$

(vi) $(CH_3)_2C=CHCOCH_3 \xrightarrow{CH_3NH_2}$

(vii) 3,5,5-三甲基环己-2-烯酮 $\xrightarrow[CuI]{CH_3MgBr} \xrightarrow{H_2O}$

(viii) $(CH_3)_2C=CHCOCH_3 \xrightarrow[H^+]{CH_3OH}$

答

(i) $CH_3CH{=}CHC(OH)(CH_3)CH_2CH_3$
1,2-加成，亲核加成

(ii) 1,4-加成，亲核加成

(iii) 1,4-加成，亲核加成

(iv) Cl 1,4-加成，亲核加成

(v) CN O OEt 1,4-加成，亲核加成

(vi) N H O 1,4-加成，亲核加成

(vii) =O 1,4-加成，亲核加成

(viii) O O 1,4-加成，亲核加成

习题10-18 3-甲基-2-环己烯酮（H_3C，=O）在 Br_2，NaOAc，HOAc 存在下反应，请写出产物、反应过程及其立体化学(提示：不是共轭加成)。

答

$^-$OAc，H_3C，=O，$\overset{\delta+}{Br}-\overset{\delta-}{Br}$ ⟶ 产物：O，H，Br，OAc，CH_3 (±)

[$^-$OAc，H_3C，=O ⟶ OAc，O^-，H_3C，H，Br−Br ⟶ OAc，O，H_3C，H，Br (±)]

由于 C ═O 的影响，首先是亲核进攻，然后从 $Br^{\delta+}$ 背面进攻，是双键的加成反应。

习题10-19 写出丙二酸二乙酯在乙醇钠乙醇溶液中与下列化合物反应的化学方程式。

(i) 2-环己烯酮（=O）　(ii) $CH_2{=}C(CH_3){-}CO_2C_2H_5$　(iii) $C_6H_5{-}CH{=}CH{-}C(O){-}C_6H_5$

(iv) $(CH_3)_2C{=}CHCCH_3$（C=O）　(v) $C_6H_5{-}CH{=}CH{-}C(O){-}OC_2H_5$

答

(i) 2-环己烯酮 + EtOOCCH_2COOEt $\xrightarrow[C_2H_5OH]{C_2H_5ONa}$ 3-[$(C_2H_5OOC)_2HC$]环己酮

(ii) $CH_2{=}C(CH_3)COOEt$ + EtOOCCH_2COOEt $\xrightarrow[C_2H_5OH]{C_2H_5ONa}$ $(C_2H_5OOC)_2HC{-}CH_2{-}CH(CH_3){-}COOEt$

(iii) $C_6H_5{-}CH{=}CH{-}C(O){-}C_6H_5$ + EtOOCCH_2COOEt $\xrightarrow[C_2H_5OH]{C_2H_5ONa}$ $(C_2H_5OOC)_2HC{-}CH(Ph){-}CH_2{-}C(O){-}Ph$

(iv) $(CH_3)_2C{=}CHC(O)CH_3$ + EtOOCCH_2COOEt $\xrightarrow[C_2H_5OH]{C_2H_5ONa}$ $(C_2H_5OOC)_2HC{-}C(CH_3)_2{-}CH_2{-}C(O){-}CH_3$

(v) $C_6H_5{-}CH{=}CH{-}C(O){-}OEt$ + EtOOCCH_2COOEt $\xrightarrow[C_2H_5OH]{C_2H_5ONa}$ $(C_2H_5OOC)_2HC{-}CH(Ph){-}CH_2{-}C(O){-}OEt$

习题10-20 完成下列反应式，并写出相应的反应机理。

(i) $(CH_3)_2CHNO_2 + H_2C{=}CHCCH_3$ (C=O) $\xrightarrow{C_6H_5CH_2\overset{+}{N}(CH_3)_3OH^-}$

(ii) 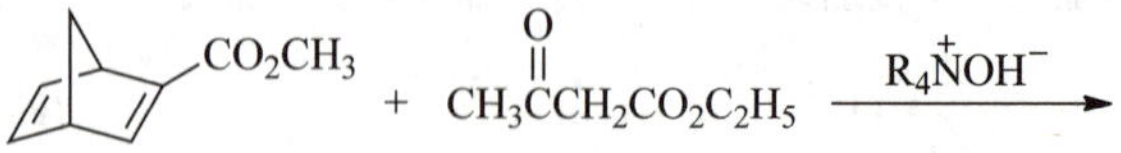 (双环庚二烯-2-CO_2CH_3) + $CH_3\overset{O}{\overset{\|}{C}}CH_2CO_2C_2H_5 \xrightarrow{R_4\overset{+}{N}OH^-}$

答

(i) 产物：(4-甲基-4-硝基-2-戊酮，结构式)；反应机理：

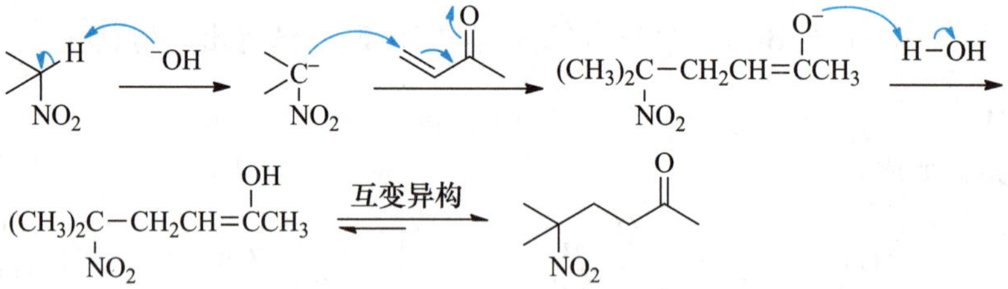

$(CH_3)_2C(H)NO_2 \xrightarrow{^-OH} (CH_3)_2\overset{-}{C}NO_2 \xrightarrow{H_2C=CHCOCH_3} (CH_3)_2C(NO_2)-CH_2CH{=}\overset{O^-}{C}CH_3 \xrightarrow{H-OH}$

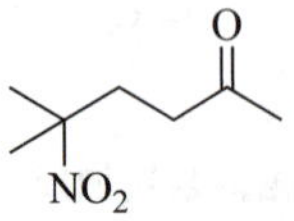

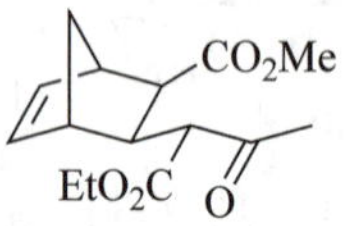

$(CH_3)_2C(NO_2)-CH_2CH{=}\overset{OH}{C}CH_3 \underset{}{\overset{互变异构}{\rightleftharpoons}}$ (4-甲基-4-硝基-2-戊酮)

(ii) 产物：(双环结构，含 CO_2Me、EtO_2C、C=O)；反应机理：

$EtO_2CCH(H)COCH_3 \xrightarrow{^-OH} CH_3\overset{O}{\overset{\|}{C}}\overset{-}{C}H(CO_2Et) \xrightarrow{\text{双环庚二烯-}CO_2Me}$ (烯醇负离子 $=\overset{O^-}{C}-OMe$，$CHCCH_3$，EtO_2C，O) $\xrightarrow{H-OH}$

(烯醇 $=\overset{OH}{C}-OMe$，$CHCCH_3$，EtO_2C，O) $\overset{互变异构}{\rightleftharpoons}$ (产物：含 OMe、EtO_2C、C=O)

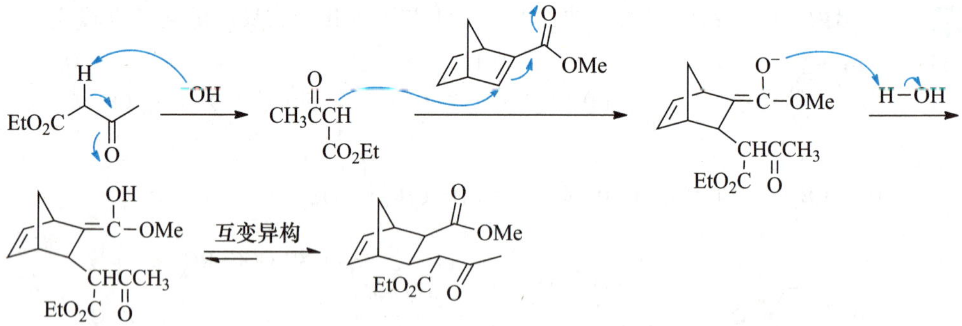

习题10-21 回答下列问题：

(i) 为什么在酸性条件下，不对称酮的烯醇化反应主要得到热力学控制的产物？

(ii) 为什么在碱性条件和无质子溶剂中，不对称酮的烯醇化反应主要得动力学控制的产物？

答 略(请读者参看教材 13.2.3，自己分析写出答案)

习题10-22 指出下列每对化合物，哪一对是互变异构体，哪一对是极限式之间的共振，请用相应符号表示。若为互变异构体，请表示出平衡利于哪一方。

(i) $CH_3CH_2CH_2CHO$　$CH_3CH_2CH{=}CHOH$　(ii) $CH_3CH_2\bar{C}HCH{=}CH_2$　$CH_3CH_2CH{=}CH\bar{C}H_2$

(iii) $CH_3\bar{C}H\overset{O}{\overset{\|}{C}}CH_2CH_3$　$CH_3CH{=}\overset{O^-}{C}CH_2CH_3$　(iv)  $CH_3CH_2CH_2N(=O)\to O$　$CH_3CH_2CH{=}N(OH)\to O$

(v) 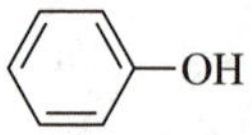 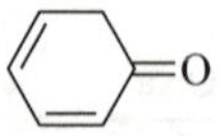 (苯酚 OH)　(环己二烯酮 =O)　(vi) 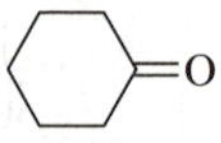 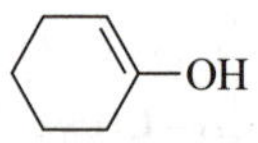 (环己酮 =O)　(环己烯醇 OH)

(vii) $CH_3CH_2CH_2NO$　$CH_3CH_2CH{=}NOH$

答 (i) 互变异构体 $CH_3CH_2CH_2CHO \rightleftharpoons CH_3CH_2CH{=}CHOH$

(ii) 极限式之间共振 $CH_3CH_2\bar{C}HCH{=}CH_2 \longleftrightarrow CH_3CH_2CH{=}CH\bar{C}H_2$

(iii) 极限式之间共振 $CH_3\bar{C}HC(=O)CH_2CH_3 \longleftrightarrow CH_3CH{=}C(O^-)CH_2CH_3$

(iv) 互变异构体 $CH_3CH_2CH_2N(=O)\rightarrow O \rightleftharpoons CH_3CH_2CH{=}N(OH)\rightarrow O$

(v) 互变异构体 苯酚(C₆H₅—OH) ⇌ 环己二烯酮(=O)

(vi) 互变异构体 环己酮(=O) ⇌ 环己烯醇(—OH)

(vii) 互变异构体 $CH_3CH_2CH_2NO \rightleftharpoons CH_3CH_2CH{=}NOH$

习题10-23 预测下列每组化合物中,哪一个烯醇结构较稳定,所占比例较大(热力学控制)?

(i) $CH_3C(=O)CH_2CH_3 \rightleftharpoons CH_2{=}C(OH)CH_2CH_3 \rightleftharpoons CH_3C(OH){=}CHCH_3$

(ii) $CH_3C(=O)CH_2C(=O)CH_2CH_3 \rightleftharpoons CH_2{=}C(OH)CH_2C(=O)CH_2CH_3 \rightleftharpoons CH_3C(OH){=}CHC(=O)CH_2CH_3$

$\rightleftharpoons CH_3C(=O)CH{=}C(OH)CH_2CH_3 \rightleftharpoons CH_3C(=O)CH_2C(OH){=}CHCH_3$

(iii) $CH_3C(=O)CH_2C(=O)OC_2H_5 \rightleftharpoons CH_2{=}C(OH)CH_2C(=O)OC_2H_5 \rightleftharpoons CH_3C(OH){=}CHC(=O)OC_2H_5$

$\rightleftharpoons CH_3C(=O)CH{=}C(OH)OC_2H_5$

答 (i) $CH_3C(OH){=}CHCH_3$ (ii) $CH_3C(OH){=}CHC(=O)CH_2CH_3$ (iii) $CH_3C(OH){=}CHC(=O)OC_2H_5$

习题10-24 预测下列反应式中,哪一个烯醇式是动力学控制的?

(i) $CH_3C(=O)CH_2CH_3 \xrightleftharpoons{RONa} CH_2{=}C(O^-Na^+)CH_2CH_3 \rightleftharpoons CH_3C(O^-Na^+){=}CHCH_3$

(ii) 2-甲基环己酮 $\xrightleftharpoons{RONa}$ 6-甲基环己-1-烯-1-醇钠(O^-Na^+) ⇌ 2-甲基环己-1-烯-1-醇钠(O^-Na^+)

答 (i) $CH_2{=}C(ONa)CH_2CH_3$(键线式) (ii) 6-甲基环己-1-烯-1-醇钠(ONa,键线式)

习题10-25 完成下列反应,写出主要产物。

(i) $CH_3CH_2C(=O)CH_3 + Cl_2\,(1\ mol) \xrightarrow{H_2O,\ HOAc}$

(ii) 2-甲基环己酮(=O, CH_3) + Br_2 (1 mol) $\xrightarrow{H_2O,\ HOAc}$

(iii) $CH_3CH_2CH_2CH(OH)CH_3 \xrightarrow[\text{过量}]{I_2,\ NaOH}$

(iv) $(CH_3)_3CC(=O)CH_3 \xrightarrow[\text{过量}]{Br_2,\ NaOH}$

(v) 2-甲基环己酮(=O, CH_3) $\xrightarrow{2Br_2,\ OH^-}$

答 (i) 3-氯-2-丁酮（结构式） (ii) 2-溴-2-甲基环己酮（结构式） (iii) $CH_3CH_2CH_2COONa$ + CHI_3

(iv) $(CH_3)_3CCOONa$ + $CHBr_3$ (v) 2,2-二溴-6-甲基环己酮（结构式）

习题10-26 从指定原料出发，如何完成下列转变？

(i) 从 $C_6H_5COCH_2CH_3$ 得到 C_6H_5COOH 与 CH_3COOH (ii) 从 5,5-二甲基-1,3-环己二酮 得到 $(CH_3)_2C(CH_2COOH)_2$

答 (i) $PhCOCH_2CH_3$ $\xrightarrow{2\ NaOBr}$ $PhCOCBr_2CH_3$ $\xrightarrow{NaOH}$ $PhCOOH$ + $Br_2^-CHCH_3$ $\longrightarrow$ $PhCOO^-$ + Br_2CHCH_3

$PhCOO^-$ $\xrightarrow{H^+}$ PhCOOH

Br_2CHCH_3 $\xrightarrow{H_2O,\ NaOH}$ CH_3CHO $\xrightarrow{H^+,\ K_2Cr_2O_7}$ CH_3COOH

(ii) 5,5-二甲基-1,3-环己二酮 $\xrightarrow{NaOI}$ 2,2-二碘代物 $\xrightarrow{NaOH}$ $^-OOCCH_2C(CH_3)_2CH_2COCHI_2$ $\xrightarrow[-CHI_3]{NaOI}$ $^-OOCCH_2C(CH_3)_2CH_2COO^-$ $\xrightarrow{H^+}$ $HOOCCH_2C(CH_3)_2CH_2COOH$

习题10-27 请写出 $CH_3CH{=}CHCHO$ 在碱作用下发生逆向羟醛缩合反应生成乙醛的反应机理。

答

$CH_3CH{=}CH{-}CH{=}O$ $\xrightleftharpoons{^-OH}$ $CH_3CH(OH){-}CH{=}CH{-}O^-$ $\xrightleftharpoons{H-OH}$ $CH_3CH(OH){-}CH{=}CH{-}OH$ $\xrightleftharpoons{互变异构}$

$CH_3CH(O{-}H){-}CH_2{-}CH{=}O$ $\xrightleftharpoons{^-OH}$ $CH_3CH(O^-){-}CH_2{-}CH{=}O$ $\rightleftharpoons$ $CH_3CH{=}O$ + $^-CH_2CH{=}O$

$^-CH_2CH{=}O$ + $H{-}OH$ $\longrightarrow$ $CH_3CH{=}O$

习题10-28 完成下列反应，写出主要产物。

(i) $CH_3CH_2CH_2CHO$ $\xrightarrow[H_2O,室温]{NaOH(少量)}$? $\xrightarrow[\triangle]{H^+,\ H_2O}$ (ii) $CH_3CH{=}CHCHO$ $\xrightarrow[C_2H_5OH,\ \triangle]{C_2H_5ONa}$

(iii) C_6H_5CHO + $CH_3COC_6H_5$ $\xrightarrow[20\ ^\circ C]{C_2H_5ONa/C_2H_5OH}$ (iv) $CH_3CCH_2CH_2CCH_3$（2,5-己二酮） $\xrightarrow[100\ ^\circ C]{NaOH-H_2O}$

(v) 糠醛（呋喃-2-CHO） + 环己酮 $\xrightarrow[H_2O]{NaOH}$? $\xrightarrow[NaOH,\ H_2O]{呋喃-2-CHO}$ (vi) 间硝基苯甲醛（O_2N-C_6H_4-CHO） + CH_3CHO $\xrightarrow{NaOH-H_2O}$

(vii) PhCHO + $CH_3COOC_2H_5$ $\xrightarrow[C_2H_5OH]{C_2H_5ONa}$

(viii) C_6H_5–CHO + CH_3NO_2 $\xrightarrow[H_2O]{NaOH}$

(ix) Br–C_6H_4–CHO + 2-甲基环己酮（H_3C, O=） $\xrightarrow[ROH]{NaOH}$

(x) 呋喃-2-CHO + $CH_3\overset{O}{\overset{\|}{C}}CH_2CH_3$ $\xrightarrow{H^+}$

(xi) C_6H_5–CHO + C_6H_5–$CH_2\overset{O}{\overset{\|}{C}}CH_3$ $\xrightarrow[\triangle]{\text{哌啶}, C_6H_6}$

(xii) $CH_3\overset{O}{\overset{\|}{C}}CH_2CH_2CHO$ $\xrightarrow{OH^-}$

(xiii) CH_3NO_2 + HCHO (过量) $\xrightarrow{OH^-}$

(xiv) 环己酮 + $(CH_3)_3CCHO$ $\xrightarrow{OH^-}$

(xv) $CH_3\overset{O}{\overset{\|}{C}}CH(CH_3)_2$ $\xrightarrow[DMF]{LDA}$ $\xrightarrow{(CH_3)_3SiCl}$? $\xrightarrow[CH_2Cl_2, TiCl_4, -78\ ^\circ C]{O_2N-C_6H_4-CHO}$ $\xrightarrow[H^+]{H_2O}$

(xvi) $CH_3\overset{H,\ OH}{C}CH_2CH_2CHO$ $\xrightarrow{OH^-}$ (xvii) 4-甲基-4-乙酰基环己酮（O=, CH_3, $COCH_3$） $\xrightarrow{K_2CO_3}$ (xviii) 环己酮 + 4HCHO $\xrightarrow{OH^-}$

答

(i) $CH_3CH_2CH_2CH(OH)CH(CHO)CH_2CH_3$, $CH_3CH_2CH_2CH{=}\underset{CH_2CH_3}{C}CHO$ (ii) $CH_3CH{=}CHCH{=}CHCH{=}CHCHO$

(iii) $PhCH{=}CH\overset{O}{\overset{\|}{C}}Ph$ (iv) 3-甲基-2-环戊烯酮 (v) 2-(呋喃-2-基亚甲基)环己酮（呋喃–CH=）, 2,6-二(呋喃-2-基亚甲基)环己酮（呋喃–CH= … =CH–呋喃）

(vi) O_2N–C_6H_4–CH=CH–CHO（间位） (vii) Ph–CH=CH–COOEt (viii) Ph–CH=CH–NO_2

(ix) Br–C_6H_4–CH=（2-甲基环己酮-6-亚基） (x) 呋喃–$CH{=}\underset{CH_3}{C}-\overset{O}{\overset{\|}{C}}CH_3$ (xi) $Ph-CH{=}\underset{Ph}{C}-\overset{O}{\overset{\|}{C}}-CH_3$

(xii) 3-羟基环戊酮（O=, OH） 或 2-环戊烯酮（O=） (xiii) $(HOH_2C)_3C-NO_2$ (xiv) 2-(1-羟基-2,2-二甲基丙基)环己酮（O, OH）

(xv) OTMS（烯醇硅醚）, O_2N–C_6H_4–$CH{=}CH-\overset{O}{\overset{\|}{C}}-CH(CH_3)_2$ (xvi) H OH, OHC, HO H, OH（羟醛缩合产物）

(xvii) 双环产物（OH, O） (xviii) 2,2,6,6-四(羟甲基)环己酮（HOH_2C, HOH_2C, CH_2OH, CH_2OH, O）

习题10-29 请用 $CH_3\overset{O}{\overset{\|}{C}}CH_3$ 为原料，选用合适的无机试剂合成$(CH_3)_2C{=}CHCOOH$。

答 2 CH_3COCH_3 $\xrightarrow{Ba(OH)_2}$ $\xrightarrow[\triangle]{I_2}$ $(CH_3)_2C{=}CHCOCH_3$ $\xrightarrow{NaOI}$ $\xrightarrow{H^+}$ $(CH_3)_2C{=}CHCOOH$

习题10-30 完成下列反应式并写出相应的反应机理。

(i) 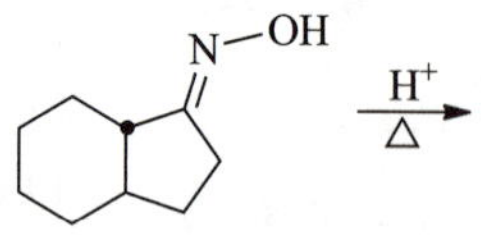 [八氢茚-1-酮肟（N—OH）] $\xrightarrow[\triangle]{H^+}$　　(ii) 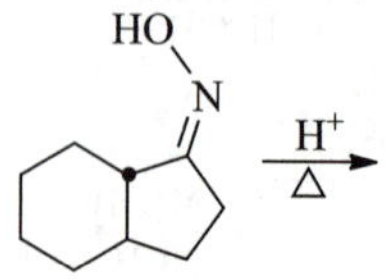 [八氢茚-1-酮肟（HO—N）] $\xrightarrow[\triangle]{H^+}$

答 (i) 产物：[八氢-2(1H)-喹啉酮（NH—C=O）]；反应机理：

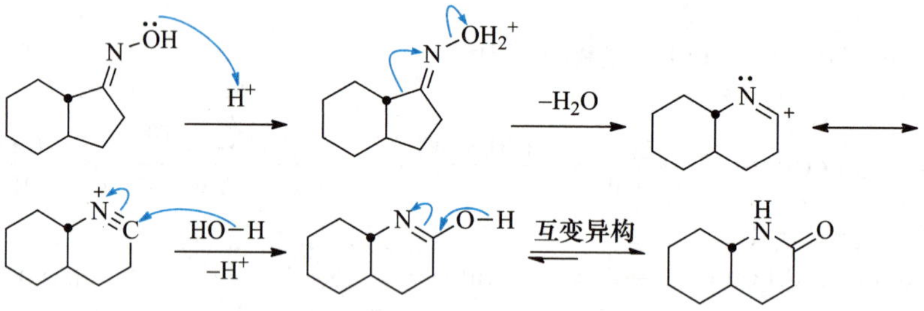

[肟 N—ÖH] $\xrightarrow{H^+}$ [N—OH_2^+] $\xrightarrow{-H_2O}$ [$\ddot{N}$=C$^+$] ⟷ [$^+$N≡C] $\xrightarrow[-H^+]{HO-H}$ [N=C—O—H] $\underset{}{\overset{互变异构}{\rightleftharpoons}}$ [NH—C=O]

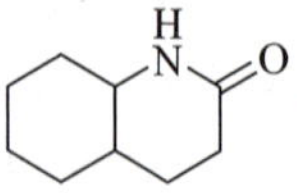

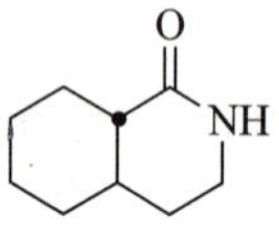

(ii) 产物：[八氢-1(2H)-异喹啉酮（C=O, NH）]；反应机理：

[HÖ—N=] $\xrightarrow{H^+}$ [^+H_2O—N=] $\xrightarrow{-H_2O}$ [C$^+$=$\ddot{N}$] ⟷ [C≡N$^+$] $\xrightarrow[-H^+]{HO-H}$ [O—H, C=N] $\overset{互变异构}{\rightleftharpoons}$ [C=O, NH]

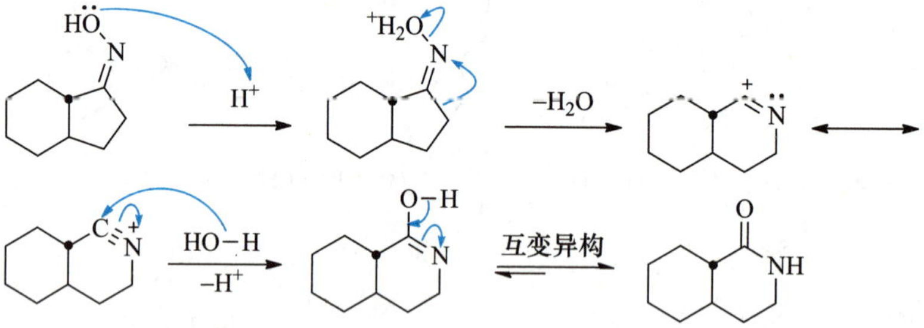

习题10-31 完成下列转换。

(i) $C_6H_5-\overset{O}{\overset{\|}{C}}-C(CH_3)_3 \longrightarrow\!\!\!\!\longrightarrow (CH_3)_3C\overset{O}{\overset{\|}{C}}NHC_6H_5$

(ii) 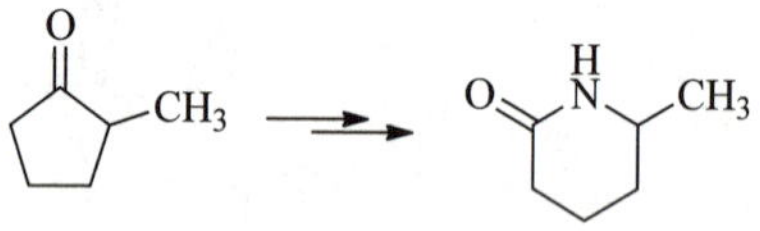 [2-甲基环戊酮] $\longrightarrow\!\!\!\!\longrightarrow$ [6-甲基-2-哌啶酮（O=C—NH—CH(CH_3)）]

(iii) 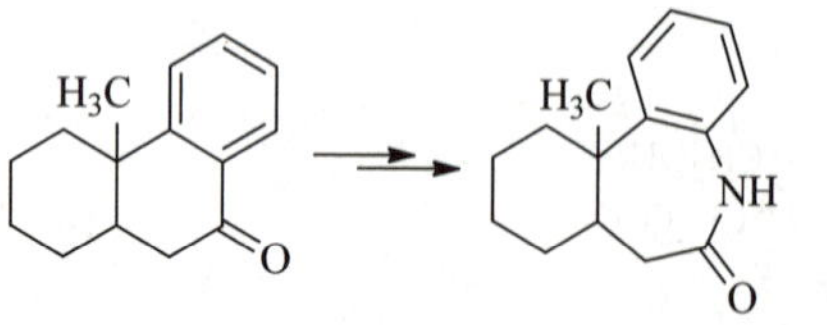 [H_3C 取代的八氢菲酮（C=O）] $\longrightarrow\!\!\!\!\longrightarrow$ [H_3C 取代的苯并氮杂环庚酮（NH, C=O）]

(iv) $CH_3\overset{O}{\overset{\|}{C}}-\underset{CH_3}{\underset{|}{\overset{CH_3}{\overset{|}{C}}}}-COOC_2H_5 \longrightarrow\!\!\!\!\longrightarrow CH_3COOH + (CH_3)_2\underset{NH_2}{\underset{|}{C}}COOH + C_2H_5OH$

答

(i) 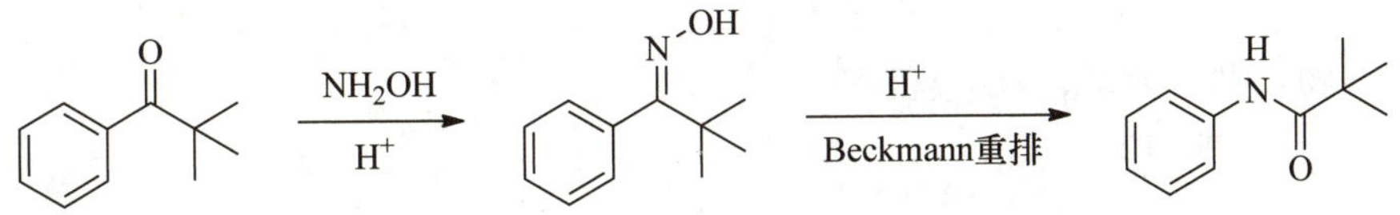 $\xrightarrow[H^+]{NH_2OH}$ $\xrightarrow[\text{Beckmann重排}]{H^+}$

(ii) 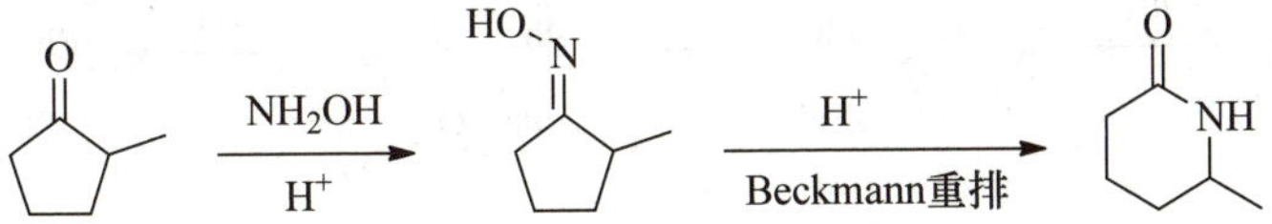 $\xrightarrow[H^+]{NH_2OH}$ $\xrightarrow[\text{Beckmann重排}]{H^+}$

(iii) 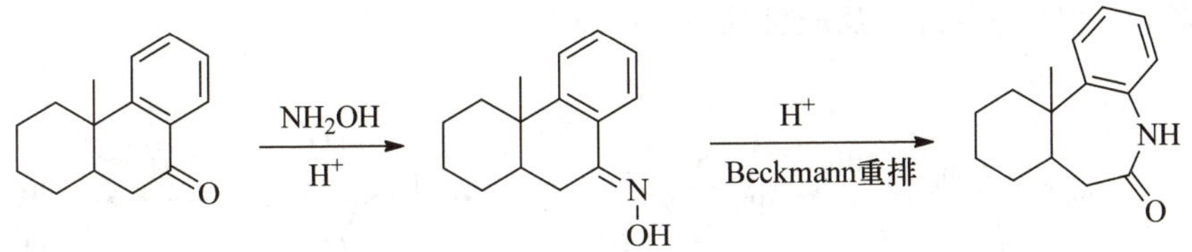 $\xrightarrow[H^+]{NH_2OH}$ $\xrightarrow[\text{Beckmann重排}]{H^+}$

(iv) 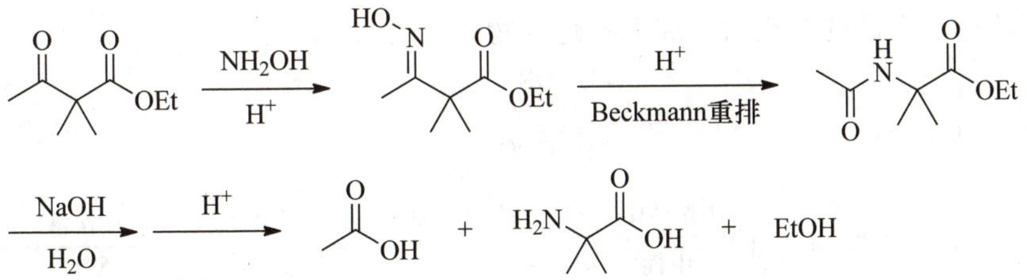 $\xrightarrow[H^+]{NH_2OH}$ $\xrightarrow[\text{Beckmann重排}]{H^+}$

$\xrightarrow[H_2O]{NaOH}$ $\xrightarrow{H^+}$ CH_3COOH + $H_2NC(CH_3)_2COOH$ + EtOH

习题10-32 完成下列反应式,写出主要产物。

(i) $(CH_3)_3C-\overset{O}{\overset{\|}{C}}-CH_2Br \xrightarrow[CH_3OH]{CH_3ONa}$　(ii) 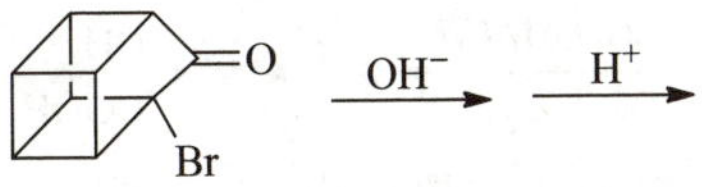 $\xrightarrow{OH^-}$ $\xrightarrow{H^+}$

答 (i) 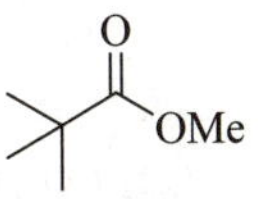 $(CH_3)_3C-COOMe$　(ii) 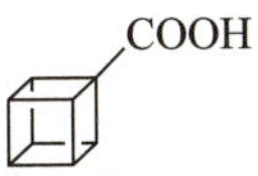 COOH

习题10-33 请为下列转换提出合理的反应机理。

(i) $CH_3CCl_2\overset{O}{\overset{\|}{C}}CH_3 \xrightarrow{OH^-} \xrightarrow{H^+} CH_2=\overset{CH_3}{\overset{|}{C}}-COOH$

(ii) $(CH_3)_2\overset{Br}{\overset{|}{C}}-\overset{O}{\overset{\|}{C}}CHBr_2 \xrightarrow{OH^-} \xrightarrow{H^+} (CH_3)_2C=CBrCOOH$

答

(i) Cl Cl H $^-$OH → Cl $^-$OH → Cl H−OH → Cl OH $\xrightarrow{^-OH}$ O$^-$ $\xrightarrow{H^+}$ OH

(ii) 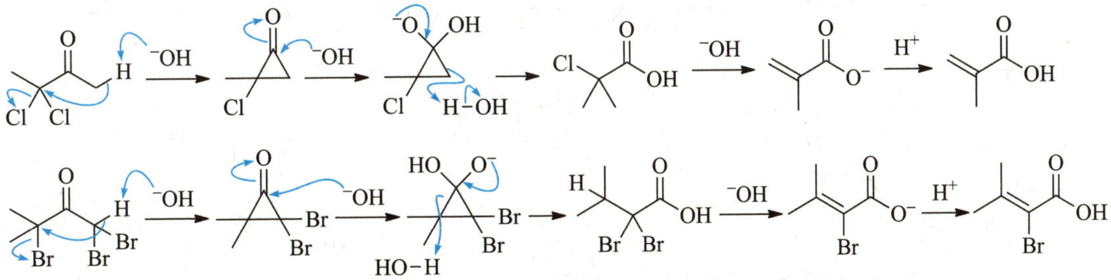 H $^-$OH Br Br Br → Br Br $^-$OH → HO O$^-$ Br Br HO−H → H Br Br OH $\xrightarrow{^-OH}$ Br O$^-$ $\xrightarrow{H^+}$ Br OH

习题10-34 二苯乙二酮在下列条件下加热反应,分别得到什么产物?写出相应的反应机理。

(i) 乙醇钠的乙醇溶液　(ii) 氨基钠的乙醇溶液

答 (i) 产物：$HOC(Ph)_2COOEt$；反应机理：

$$PhCOCOPh \xrightarrow{^{-}OEt} PhC(=O)C(Ph)(O^-)(OEt) \longrightarrow Ph_2C(O^-)COOEt \xrightarrow{H^+} Ph_2C(OH)COOEt$$

(ii) 产物：$HOC(Ph)_2CONH_2$；反应机理：

$$PhCOCOPh \xrightarrow{^{-}NH_2} PhC(=O)C(Ph)(O^-)(NH_2) \longrightarrow Ph_2C(O^-)CONH_2 \xrightarrow{H^+} Ph_2C(OH)CONH_2$$

习题10-35 选择不超过四个碳的有机物合成下列化合物。

(i) 1-羟基环戊烷甲酸 (ii) $(CH_3)_2C(OH)COOH$

答 (i) 丁二烯 + 乙烯 ⟶ 环己烯 $\xrightarrow[\text{中性 温和条件}]{KMnO_4}$ 1,2-环己二醇 $\xrightarrow{CrO_3\cdot Py}$ 1,2-环己二酮 $\xrightarrow[\triangle]{\text{NaOH溶液}}\xrightarrow{H^+}$ 1-羟基环戊烷甲酸（OH, COOH）

(ii) $CH_3COCOCH_3 \xrightarrow[\triangle]{\text{NaOH溶液}}\xrightarrow{H^+} (CH_3)_2C(OH)COOH$

习题10-36 完成下列反应，写出主要产物。

(i) 2,3-二甲基环己酮 + 间氯过氧苯甲酸（Cl, CO_3H）⟶ (ii) $CH_3-C_6H_4-\overset{O}{\overset{\|}{C}}CH_3 + C_6H_5CO_3H \longrightarrow$

(iii) $C_6H_5-CH_2\overset{O}{\overset{\|}{C}}CH_3 + CH_3CO_3H \longrightarrow$ (iv) $CH_3CH_2\overset{O}{\overset{\|}{C}}CH_2CH_3 \xrightarrow{H_2O_2,\ CF_3CO_2H}$

(v) 樟脑类双环酮 $\xrightarrow[CH_3COONa]{CH_3CO_3H,\ CH_3COOH}$ (vi) 芴酮 $\xrightarrow{CH_3CO_3H}$

答 (i) 二甲基取代的七元环内酯 (ii) $CH_3C_6H_4OCOCH_3$ (iii) $C_6H_5CH_2OCOCH_3$

(iv) $CH_3CH_2COOCH_2CH_3$ (v) 双环内酯 (vi) 苯并香豆素（6H-二苯并[b,d]吡喃-6-酮）

习题10-37 完成下列反应，写出主要产物。

(i) 糠醛（呋喃-2-CHO） $\xrightarrow{OH^-}$ $\xrightarrow{H^+}$ (ii) $(CH_3CH_2)_3CCHO$ + HCHO $\xrightarrow{OH^-}$ $\xrightarrow{H^+}$

(iii) $(CH_3)_2CHCHO$ + HCHO(过量) $\xrightarrow{K_2CO_3}$ $\xrightarrow{H^+}$

答 (i) 呋喃-2-COOH + 呋喃-2-CH_2OH (ii) $(CH_3CH_2)_3CCH_2OH$ + HCOOH

(iii) $(CH_3)_2C(CH_2OH)_2$ + HCOOH

习题10-38 试用合适的原料合成下列化合物。

(i) $CH_3C(CH_2OH)_3$ (ii) $(CH_3)_2C(CH_2OH)_2$ (iii) $(CH_3)_2CHCH(OH)C(CH_3)_2CHO$

答

(i) CH_3CH_2CHO + 3 HCHO $\xrightarrow{OH^-}$ 化合物 (i)

(ii) $(CH_3)_2CHCHO$ + 2 HCHO $\xrightarrow{OH^-}$ 化合物 (ii)

(iii) 2 $(CH_3)_2CHCHO$ $\xrightarrow{OH^-}$ 化合物 (iii)

习题10-39 完成下列反应式。

(i) C_2H_5CHO $\xrightarrow{Zn\text{-}Hg,\ 浓HCl}$ (ii) $C_6H_5CH{=}CHCOCH_3$ $\xrightarrow{Zn\text{-}Hg,\ 浓HCl}$

(iii) $CH_3COCH_2COOC_2H_5$ $\xrightarrow[甲苯]{Zn\text{-}Hg,\ 浓HCl}$ (iv) $C_6H_5CO{-}CH_2CH_2COOH$ $\xrightarrow[甲苯]{Zn\text{-}Hg,\ 浓HCl}$

(v) $HOOC(CH_2)_4CO(CH_2)_4COOH$ $\xrightarrow[KOH,\ \triangle]{NH_2NH_2}$ $\xrightarrow{H^+}$ (vi) 樟脑 $\xrightarrow[190\ ^\circ C]{NH_2NH_2,\ C_2H_5ONa}$

答 (i) $CH_3CH_2CH_3$ (ii) $C_6H_5CH_2CH_2CH_2CH_3$ (iii) $CH_3CH_2CH_2COOH$ (iv) $C_6H_5CH_2CH_2CH_2COOH$

(v) HOOC$(CH_2)_9$COOH (vi) 莰烷

习题10-40 完成下列反应,写出主要产物(注意立体构型)。

(i) $(H_3C)_3C$–环己酮 $\xrightarrow[\text{HOAc, HCl, 25 °C}]{H_2\text{, Pt, 0.3 MPa}}$　(ii) H, CH_2COOH, O $\xrightarrow[\text{EtOH, 25 °C}]{H_2\text{, Pt}}$

(iii) $\xrightarrow[\text{EtOH, 少量NaOH}]{\text{Pt, 2 mol } H_2}$　(iv) H_2N, H_3C, H, C—$\overset{O}{\overset{\|}{C}}CH_3$ $\xrightarrow{H_2\text{, Ni}}$

提示: NH_2 与 C=O 以氢键缔合为优势构象

答

(i) t-Bu, OH, H　(ii) H, CH_2COOH, H, OH　(iii) OH, CH_3 (±)　(iv) H_2N, OH, H, H_3C, H, CH_3

习题10-41 预测下列反应的主要产物。

(i) $CH_3CH_2CH{=}CHCHO \xrightarrow{LiAlH_4} \xrightarrow{H_2O}$　(ii) C_2H_5, H, C—CHO, H_3C $\xrightarrow{LiAlH_4} \xrightarrow{H_2O}$

(iii) O, OC_2H_5 $\xrightarrow{LiAlH_4} \xrightarrow{H_2O}$? $\xrightarrow{H^+}$　(iv) O $\xrightarrow{LiAlH_4} \xrightarrow{H_2O}$

(v) H, H_3C, O $\xrightarrow{LiAlH_4} \xrightarrow{H_2O}$　(vi) H_3C, H_3C, O $\xrightarrow{LiAlH_4} \xrightarrow{H_2O}$

(vii) H_3C, H, O $\xrightarrow{LiAlH_4} \xrightarrow{H_2O}$

答

(i) $CH_3CH_2CH{=}CHCH_2OH$　(ii) Et, H, CH_2OH, Me　(iii) OEt, OH $\xrightarrow{H^+}$ OH, $\overset{+}{O}H_2$ $\xrightarrow[-H_2O]{-H^+}$ O

(iv) OH, H　(v) H, H, H_3C, OH　(vi) H_3C, H_3C, OH (±)　(vii) H_3C, OH, H, H

习题10-42 完成下列反应,写出主要产物。

(i) $CH_3CH_2\overset{O}{\overset{\|}{C}}CH_2CH_3 \xrightarrow[\text{苯}]{Mg}$? $\xrightarrow{H_2O}$? $\xrightarrow{H_2SO_4}$　(ii) 环戊酮 $\xrightarrow[\text{苯}]{Mg}$? $\xrightarrow{H_2O}$? $\xrightarrow{H_2SO_4}$

(iii) $C_6H_5\overset{O}{\overset{\|}{C}}{-}CH_3 \xrightarrow[NH_3(\text{液})]{Na}$? $\xrightarrow{H_2O}$　(iv) $CH_3CH{=}CHCH_2\overset{O}{\overset{\|}{C}}CH_3 \xrightarrow[(CH_3)_2CHOH]{[(CH_3)_2CHO]_3Al}$

(v) $C_6H_5\overset{O}{\overset{\|}{C}}CH_2CH_2COOH + NH_2NH_2 \xrightarrow[\approx 200\ °C]{NaOH,\ HO(CH_2)_2OH}$　(vi) $Br{-}C_6H_4{-}CHO \xrightarrow[HCl,\ \triangle]{Zn(Hg)}$

答 (i) 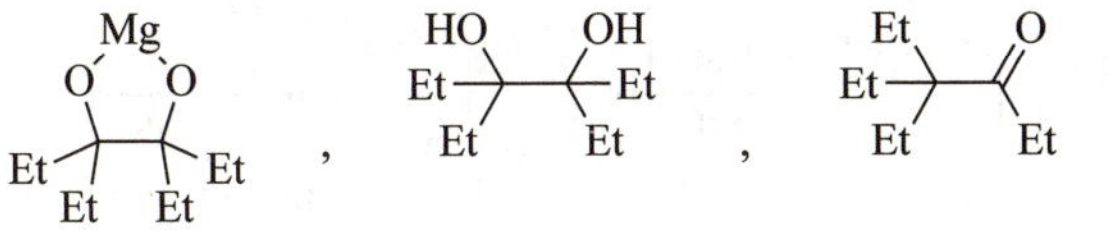 [Mg 螯合物：O—C(Et)₂—C(Et)₂—O], HO/OH $Et_2C(OH)—C(OH)Et_2$, $Et_3C—C(=O)Et$

(ii) 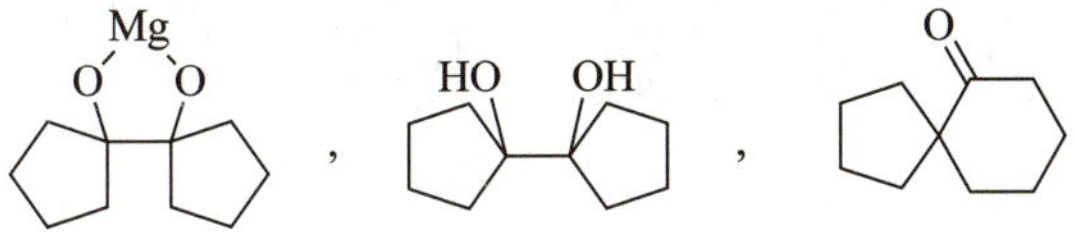 [Mg 螯合物，双环戊基], 双环戊醇, 螺环酮

(iii)  PhCH(ONa)CH₃, PhCH(OH)CH₃　(iv) 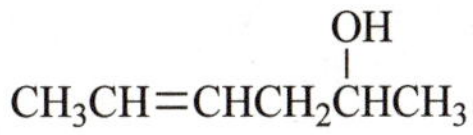 $CH_3CH=CHCH_2\underset{|}{\overset{OH}{C}}HCH_3$

(v) 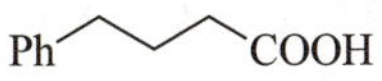 Ph(CH₂)₃COOH　(vi) 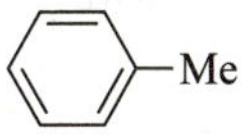 甲苯（Me）

习题10-43 写出 3-甲基-2-环己烯酮与下列试剂反应的主要产物。

(i) H_2,Pd/C,C_2H_5OH

(ii) $LiAlH_4$,乙醚,然后 H_2O

(iii) Li,NH_3(液),然后 H_3O^+

(iv) $NaBH_4$,C_2H_5OH,然后 H_2O

答 (i) 3-甲基环己酮 (1:1,mol)　3-甲基环己醇 (1:2,mol)　(ii) 3-甲基-2-环己烯醇　(iii) 3-甲基环己酮　(iv) 3-甲基环己醇 + 3-甲基-2-环己烯醇

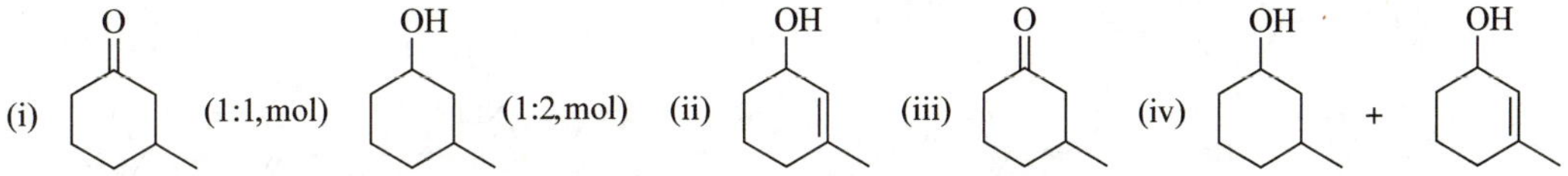

对于(i),碳碳双键与碳氧双键共轭,加氢先还原碳碳双键,氢过量再还原碳氧双键。

习题10-44 用甲苯、1-甲基萘及其他必要的有机、无机试剂合成下列化合物。

(i) 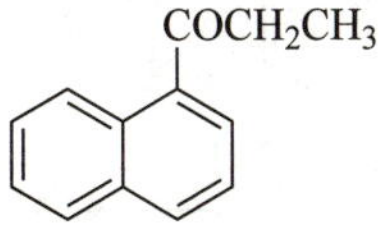 1-萘基—$COCH_2CH_3$　(ii) 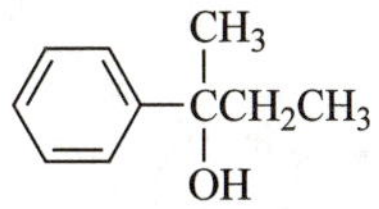 $C_6H_5—\underset{OH}{\overset{CH_3}{C}}CH_2CH_3$

答 (i) 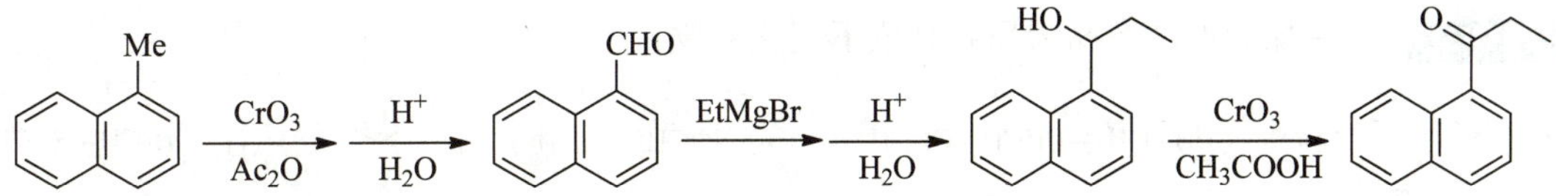 1-甲基萘 $\xrightarrow[Ac_2O]{CrO_3}$ $\xrightarrow[H_2O]{H^+}$ 1-萘甲醛 $\xrightarrow{EtMgBr}$ $\xrightarrow[H_2O]{H^+}$ 1-萘基-CH(OH)CH₂CH₃ $\xrightarrow[CH_3COOH]{CrO_3}$ 1-萘基-COCH₂CH₃

(ii) 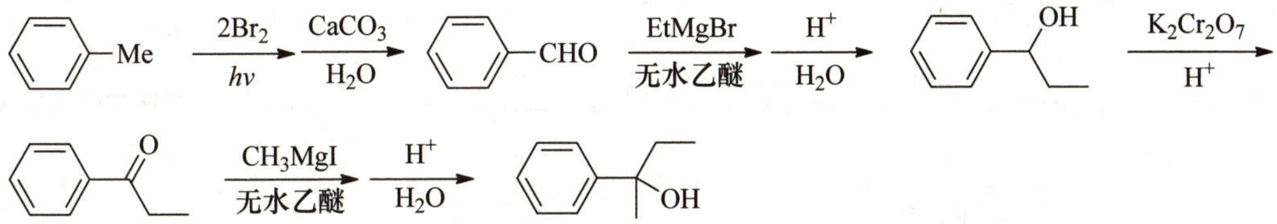 C_6H_5Me $\xrightarrow[h\nu]{2Br_2}$ $\xrightarrow[H_2O]{CaCO_3}$ C_6H_5CHO $\xrightarrow[\text{无水乙醚}]{EtMgBr}$ $\xrightarrow[H_2O]{H^+}$ $C_6H_5CH(OH)CH_2CH_3$ $\xrightarrow[H^+]{K_2Cr_2O_7}$

$C_6H_5COCH_2CH_3$ $\xrightarrow[\text{无水乙醚}]{CH_3MgI}$ $\xrightarrow[H_2O]{H^+}$ $C_6H_5C(CH_3)(OH)CH_2CH_3$

习题10-45 从指定原料及必要的无机和有机试剂合成指定化合物。

(i) 从苯合成 $OHC(CH_2)_4CHO$　(ii) 从环己烷合成 1-环己烯基—$COCH_3$

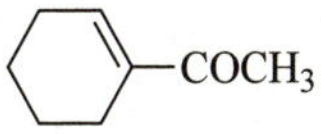

(iii) 从乙苯合成 $C_6H_5—\overset{O}{\overset{\|}{C}}CH_3$　(iv) 从甲苯合成 $C_6H_5—\overset{O}{\overset{\|}{C}}CH_2CH_3$

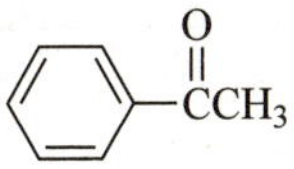

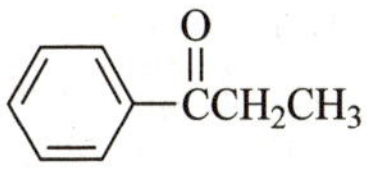

答

(i) 苯 $\xrightarrow[Pt]{H_2}$ 环己烷 $\xrightarrow[hv]{Br_2}$ 溴代环己烷 $\xrightarrow[EtOH]{NaOH}$ 环己烯 $\xrightarrow{O_3}$ $\xrightarrow[H_2O]{Zn}$ 己二醛

(ii) 环己烷 $\xrightarrow[hv]{Br_2}$ 溴代环己烷 $\xrightarrow[EtOH]{NaOH}$ 环己烯 $\xrightarrow[AlCl_3]{CH_3COCl}$ 1-乙酰基环己烯

(iii) 乙苯 $\xrightarrow[H_2SO_4,\ H_2O]{MnO_2}$ 苯乙酮

(iv) Ph–Me $\xrightarrow{KMnO_4}$ Ph–COOH $\xrightarrow{SOCl_2}$ Ph–COCl $\xrightarrow[Et_2O,\ -78\ °C]{(CH_3CH_2)_2CuLi}$ PhCOEt

习题10-46 完成下列反应,写出主要产物。

(i) Ph–Br $\xrightarrow{Li,\ THF}$? $\xrightarrow{CH_3C\equiv N}$? $\xrightarrow{H_2O}$

(ii) Ph–C≡N + BrMg–环戊基 $\xrightarrow{无水醚}$? $\xrightarrow[H_2O]{H^+}$

(iii) CH_3–C₆H₄–C≡N $\xrightarrow{HCl,\ SnCl_2}$? $\xrightarrow{H_2O}$

答

(i) Ph–Br $\xrightarrow[THF]{Li}$ Ph–Li $\xrightarrow{MeCN}$ PhC(=NLi)CH₃ $\xrightarrow{H_2O}$ PhCOCH₃

(ii) Ph–CN + 环戊基–MgBr $\xrightarrow{无水醚}$ PhC(=NMgBr)–环戊基 $\xrightarrow[H_2O]{H^+}$ PhCO–环戊基

(iii) Me–C₆H₄–CN $\xrightarrow{HCl}$ [Me–C₆H₄–C(Cl)=NH] $\xrightarrow{SnCl_2}$ Me–C₆H₄–CH=NH $\xrightarrow{H_2O}$ Me–C₆H₄–CHO

习题10-47 由煤和石油产品为原料合成下列化合物。

(i) $CH_3CH_2CH_2CH_2CHO$ (ii) $CH_2=CHCH=CHCH_3$ (iii) PhCHO (iv) $PhCH_2CH_2CH_3$ (v) $CH_3CH_2C\equiv CH$ (vi) $CH_2=C(CH_3)CH=CH_2$

答

(i) $CH_3CH_2CH_2CH=CH_2$ $\xrightarrow[T,\,p]{CO,\ H_2}$ $CH_3CH_2CH_2CH_2CH_2CHO$

(ii) HC≡CH $\xrightarrow{KOH}$ HC≡CK $\xrightarrow{CH_3CH_2CHO}$ $\xrightarrow{H_2O}$ HC≡C–CH(OH)CH₂CH₃ $\xrightarrow[Al_2O_3]{\triangle}$ HC≡C–CH=CH–CH₃ $\xrightarrow[Lindlar催化剂]{H_2}$ $CH_2=CHCH=CHCH_3$

(iii) $PhCH_3$ $\xrightarrow[H_2SO_4,\ H_2O,\ \triangle]{MnO_2}$ PhCHO

(iv) $H_2C=CH_2$ + HBr ⟶ CH_3CH_2Br $\xrightarrow[无水醚]{Mg}$ CH_3CH_2MgBr $\xrightarrow{PhCHO}$ $\xrightarrow{H_2O}$ PhCH(OH)CH₂CH₃ $\xrightarrow[\triangle]{H^+}$ $PhCH=CHCH_3$ $\xrightarrow[催化剂]{H_2}$ $PhCH_2CH_2CH_3$

(v) 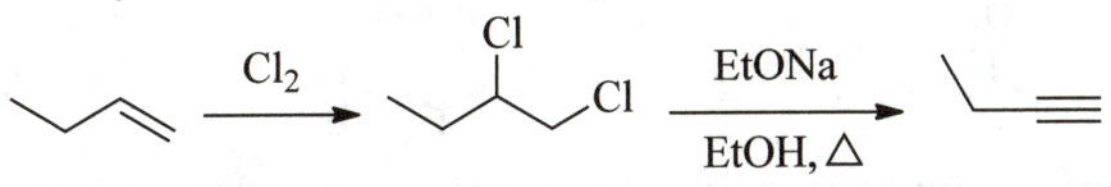 $\xrightarrow{Cl_2}$ Cl, Cl $\xrightarrow[EtOH,\triangle]{EtONa}$

(vi) 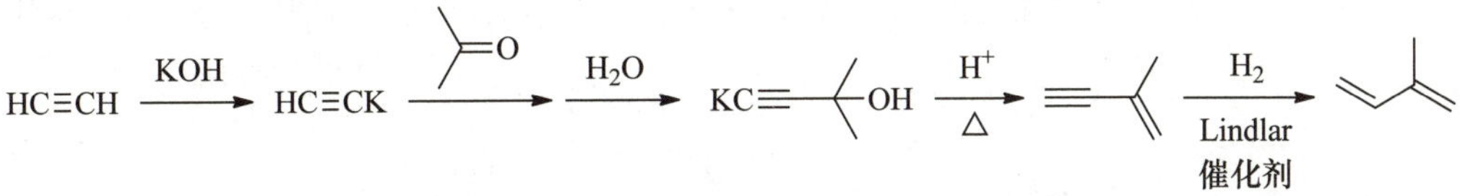 $HC{\equiv}CH \xrightarrow{KOH} HC{\equiv}CK \xrightarrow{\text{(acetone)}=O} \xrightarrow{H_2O} KC{\equiv}\text{–}C(CH_3)_2\text{–}OH \xrightarrow[\triangle]{H^+} \xrightarrow[\text{Lindlar 催化剂}]{H_2}$

习题10-48 请用苯和环己烯为原料制备苯酚和环己酮，并写出由过氧化物生成苯酚和环己酮的反应机理。

答

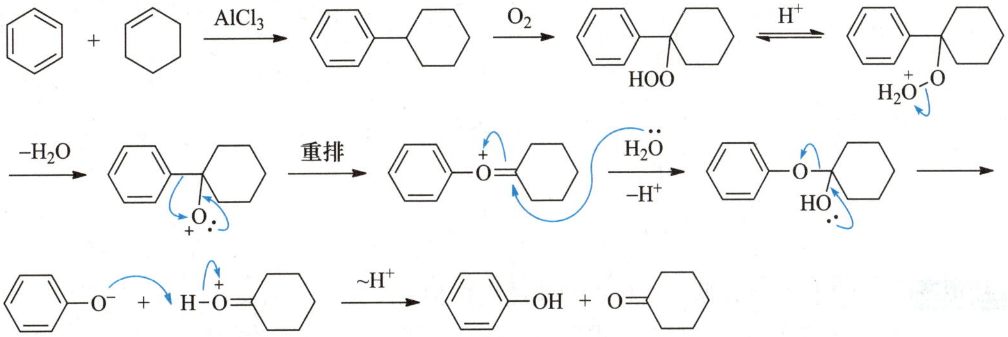

$\text{苯} + \text{环己烯} \xrightarrow{AlCl_3} \xrightarrow{O_2}$ HOO $\overset{H^+}{\rightleftharpoons}$ $H_2\overset{+}{O}$–O

$\xrightarrow{-H_2O}$ $\overset{+}{O}$ $\xrightarrow{\text{重排}}$ $\overset{+}{O}$= $\xrightarrow[-H^+]{H_2\ddot{O}}$ –O– HO $\longrightarrow$

$\text{PhO}^- + H\text{–}\overset{+}{O}\text{=}(\text{环己基}) \xrightarrow{\sim H^+} \text{PhOH} + O\text{=}(\text{环己酮})$

习题10-49 写出分子式为 $C_5H_{10}O$ 的醛和酮的结构式，并用普通命名法及系统命名法命名(用中、英文)。

答

结构式	普通命名法	系统命名法
 CHO	正戊醛 *n*-valeraldehyde	戊醛 pentanal
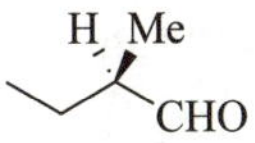 H Me CHO	(*R*)-α-甲基丁醛 (*R*)-α-methylbutyraldehyde	(*R*)-2-甲基丁醛 (*R*)-2-methylbutanal
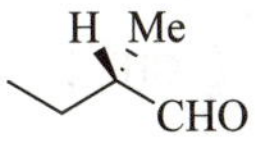 H Me CHO	(*S*)-α-甲基丁醛 (*S*)-α-methylbutyraldehyde	(*S*)-2-甲基丁醛 (*S*)-2-methylbutanal
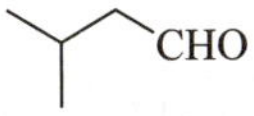 CHO	异戊醛 isovaleraldehyde	3-甲基丁醛 3-methylbutanal
 CHO	α,α-二甲基丙醛 α,α-dimethylpropionaldehyde	2,2-二甲基丙醛 2,2-dimethylpropanal
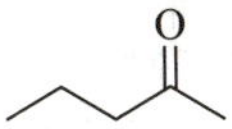 O	甲基正丙基酮 methyl *n*-propyl ketone	2-戊酮 2-pentanone
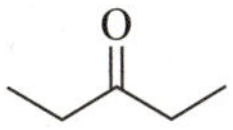 O	二乙酮 diethyl ketone	3-戊酮 3-pentanone
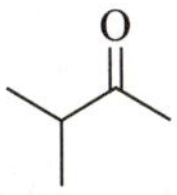 O	甲基异丙基酮 isopropyl methyl ketone	3-甲基-2-丁酮 3-methyl-2-butanone

习题10-50 异丁醛和丙酮与下列试剂有无反应？若有，请写出反应产物。

(i) NaCl　(ii) $CH_3CH_2OH+HCl$(气)　(iii) $H_2N\overset{O}{\overset{\|}{C}}NHNH_2$　(iv) O_2

(v) $LiAlH_4$　(vi) $NaHSO_3$　(vii) Zn(Hg),HCl　(viii) Fehling 试剂

(ix)异丙醇铝　(x) H_2NNH_2,KOH,△

答

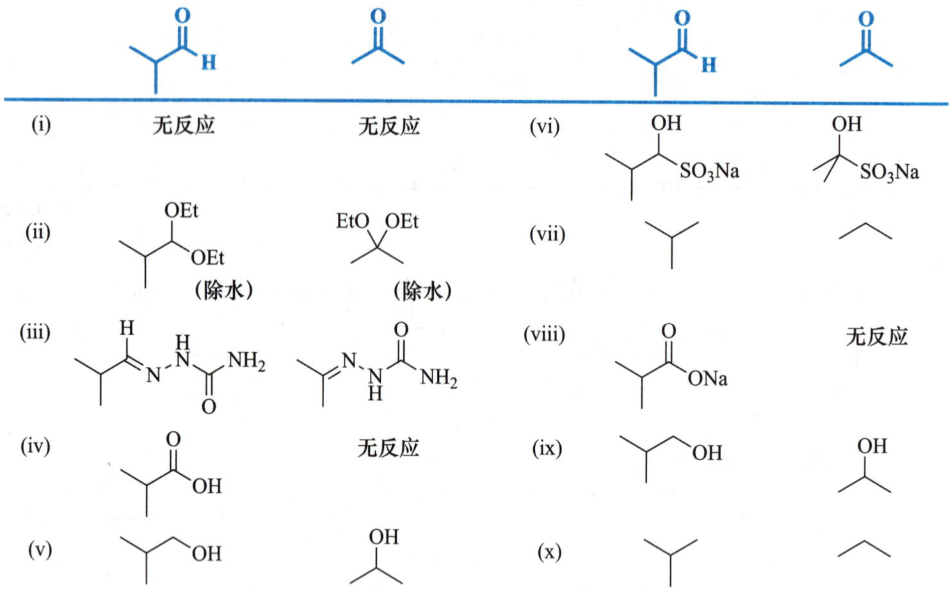

	2-甲基丙醛	丙酮		2-甲基丙醛	丙酮
(i)	无反应	无反应	(vi)	$(CH_3)_2CHCH(OH)SO_3Na$	$(CH_3)_2C(OH)SO_3Na$
(ii)	$(CH_3)_2CHCH(OEt)_2$（除水）	$(CH_3)_2C(OEt)_2$（除水）	(vii)	$(CH_3)_2CHCH_3$	$CH_3CH_2CH_3$
(iii)	$(CH_3)_2CHCH{=}NNHCONH_2$	$(CH_3)_2C{=}NNHCONH_2$	(viii)	$(CH_3)_2CHCOONa$	无反应
(iv)	$(CH_3)_2CHCOOH$	无反应	(ix)	$(CH_3)_2CHCH_2OH$	$(CH_3)_2CHOH$
(v)	$(CH_3)_2CHCH_2OH$	$(CH_3)_2CHOH$	(x)	$(CH_3)_2CHCH_3$	$CH_3CH_2CH_3$

习题10-51 下列化合物，哪一个可以和亚硫酸氢钠发生反应？若发生反应，哪一个反应最快？

（i）苯丁酮　（ii）环戊酮　（iii）丙醛　（iv）二苯酮

答 （iii）最快，（ii）其次，（i），（iv）不能反应。

习题10-52 完成下列反应，写出主要产物。

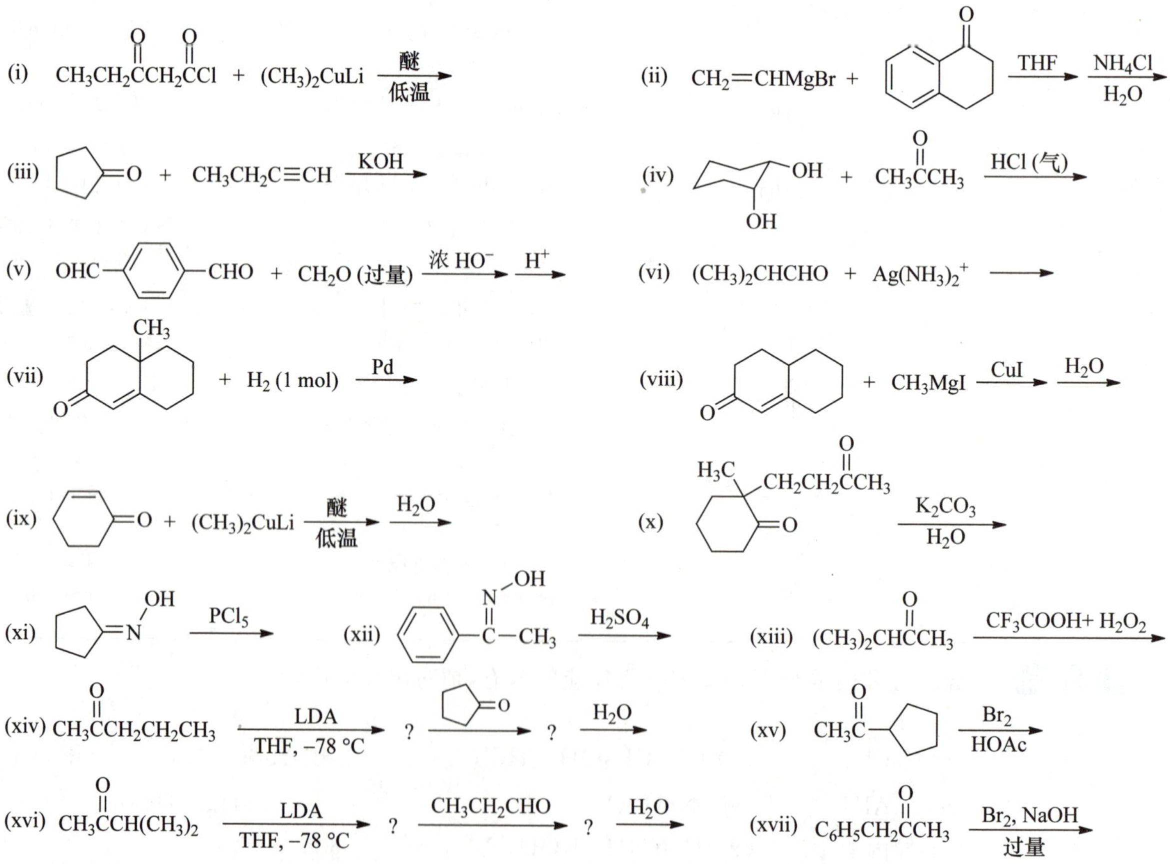

(i) $CH_3CH_2\overset{O}{\overset{\|}{C}}CH_2\overset{O}{\overset{\|}{C}}Cl + (CH_3)_2CuLi \xrightarrow[\text{低温}]{\text{醚}}$

(ii) $CH_2{=}CHMgBr$ + α-四氢萘酮 $\xrightarrow{THF} \xrightarrow[H_2O]{NH_4Cl}$

(iii) 环戊酮 $+ CH_3CH_2C{\equiv}CH \xrightarrow{KOH}$

(iv) 环己-1,2-二醇（椅式） $+ CH_3\overset{O}{\overset{\|}{C}}CH_3 \xrightarrow{HCl\,(气)}$

(v) $OHC{-}C_6H_4{-}CHO + CH_2O\,(过量) \xrightarrow{浓\ HO^-} \xrightarrow{H^+}$

(vi) $(CH_3)_2CHCHO + Ag(NH_3)_2^+ \longrightarrow$

(vii) 4a-甲基-八氢萘-2-酮（烯酮，CH_3） $+ H_2\,(1\ mol) \xrightarrow{Pd}$

(viii) 八氢萘-2-酮（烯酮） $+ CH_3MgI \xrightarrow{CuI} \xrightarrow{H_2O}$

(ix) 环己-2-烯酮 $+ (CH_3)_2CuLi \xrightarrow[\text{低温}]{\text{醚}} \xrightarrow{H_2O}$

(x) 2-甲基-2-($CH_2CH_2\overset{O}{\overset{\|}{C}}CH_3$)环己酮（$H_3C$） $\xrightarrow[H_2O]{K_2CO_3}$

(xi) 环戊酮肟（$=N{-}OH$） $\xrightarrow{PCl_5}$

(xii) $C_6H_5{-}\overset{N-OH}{\overset{\|}{C}}{-}CH_3 \xrightarrow{H_2SO_4}$

(xiii) $(CH_3)_2CH\overset{O}{\overset{\|}{C}}CH_3 \xrightarrow{CF_3COOH+\,H_2O_2}$

(xiv) $CH_3\overset{O}{\overset{\|}{C}}CH_2CH_2CH_3 \xrightarrow[THF,\ -78\ °C]{LDA}\ ?\ \xrightarrow{环戊酮}\ ?\ \xrightarrow{H_2O}$

(xv) $CH_3\overset{O}{\overset{\|}{C}}{-}C_5H_9$（环戊基） $\xrightarrow[HOAc]{Br_2}$

(xvi) $CH_3\overset{O}{\overset{\|}{C}}CH(CH_3)_2 \xrightarrow[THF,\ -78\ °C]{LDA}\ ?\ \xrightarrow{CH_3CH_2CHO}\ ?\ \xrightarrow{H_2O}$

(xvii) $C_6H_5CH_2\overset{O}{\overset{\|}{C}}CH_3 \xrightarrow[过量]{Br_2,\ NaOH}$

答 (i) 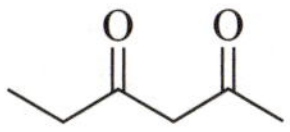 (ii) 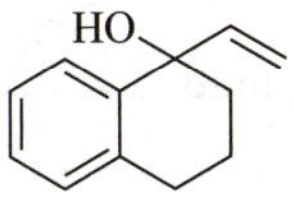 (iii) 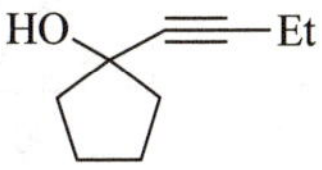 (iv)

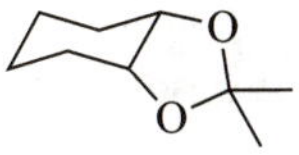

(v) 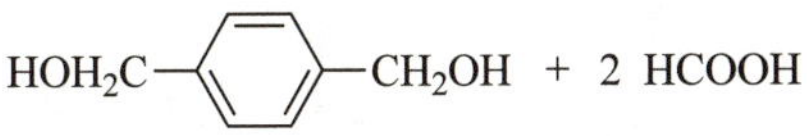 $HOH_2C-C_6H_4-CH_2OH$ + 2 HCOOH (vi) 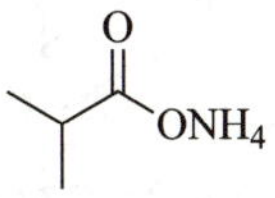 (vii)

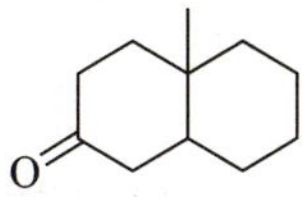

(viii) 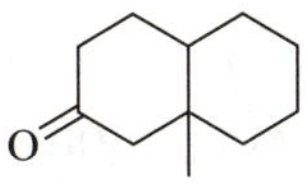 (ix) 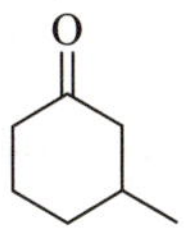 (x)

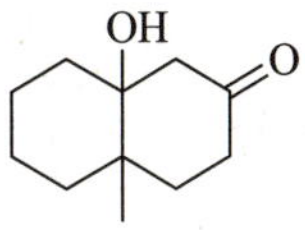

(xi) 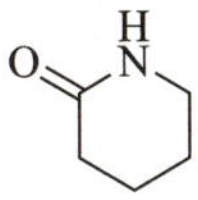 (xii) 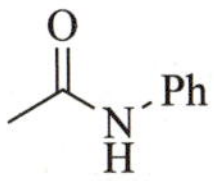 (xiii)

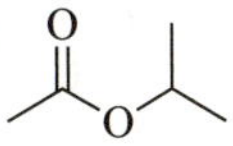

(xiv) 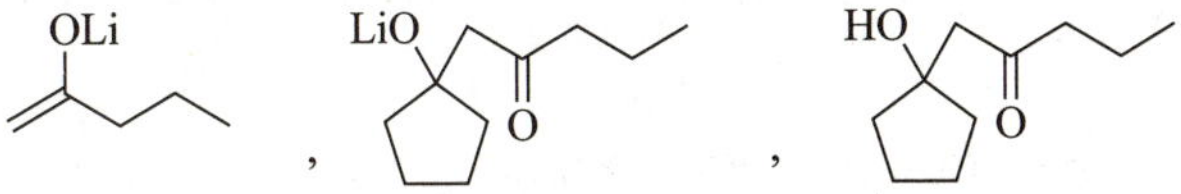 , , (xv)

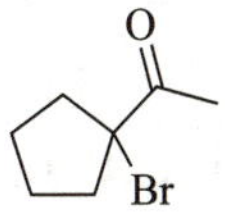

(xvi) 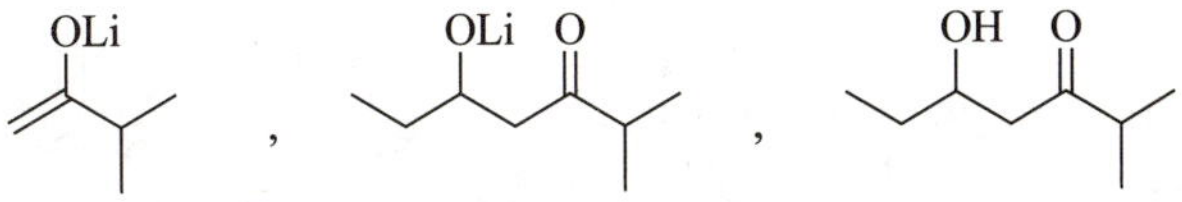 , , (xvii) + $CHBr_3$

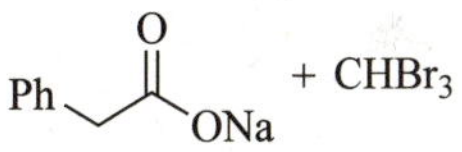

习题10-53 用三个碳以下的醇和其他合适的试剂为原料合成下列化合物。

（i）正戊醇 （ii）2-甲基-2-戊醇 （iii）4-甲基-4-庚醇 （iv）异丁醇

（v）甲基三级丁基酮 （vi）丁酮缩乙二硫醇

答

(i) 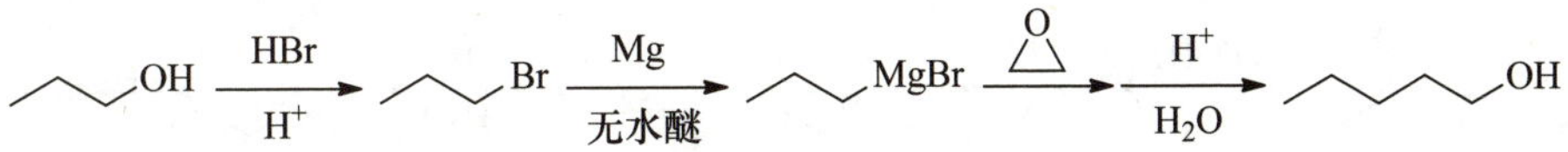 $\xrightarrow[H^+]{HBr}$ $\xrightarrow[无水醚]{Mg}$ $\xrightarrow{}$ $\xrightarrow[H_2O]{H^+}$

(ii) 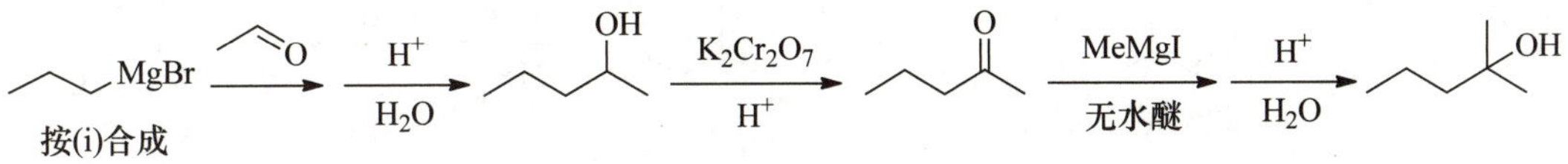 按(i)合成 $\xrightarrow{}$ $\xrightarrow[H_2O]{H^+}$ $\xrightarrow[H^+]{K_2Cr_2O_7}$ $\xrightarrow[无水醚]{MeMgI}$ $\xrightarrow[H_2O]{H^+}$

(iii) 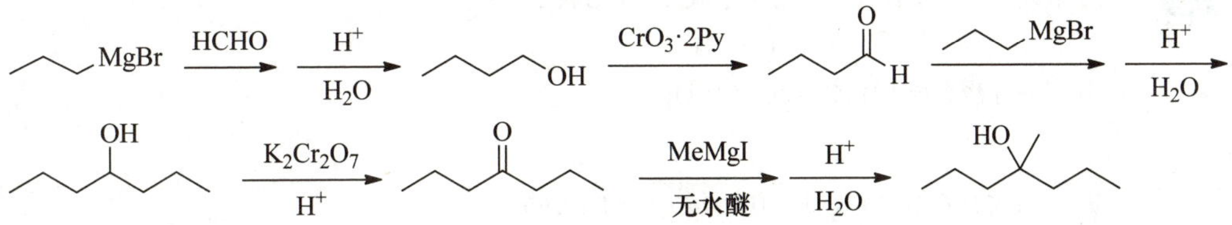 $\xrightarrow{HCHO}$ $\xrightarrow[H_2O]{H^+}$ $\xrightarrow{CrO_3 \cdot 2Py}$ $\xrightarrow{}$ $\xrightarrow[H_2O]{H^+}$

$\xrightarrow[H^+]{K_2Cr_2O_7}$ $\xrightarrow[无水醚]{MeMgI}$ $\xrightarrow[H_2O]{H^+}$

(iv) 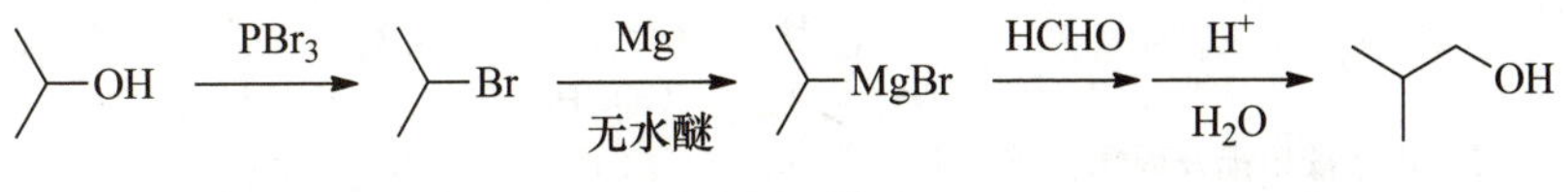 $\xrightarrow{PBr_3}$ $\xrightarrow[无水醚]{Mg}$ $\xrightarrow{HCHO}$ $\xrightarrow[H_2O]{H^+}$

(v) 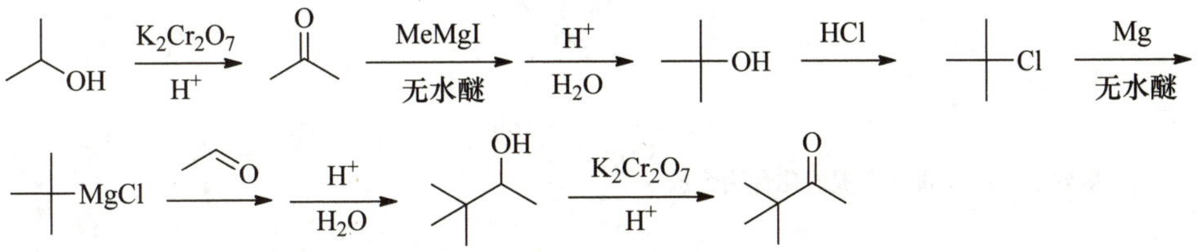 $\xrightarrow[H^+]{K_2Cr_2O_7}$ $\xrightarrow[无水醚]{MeMgI}$ $\xrightarrow[H_2O]{H^+}$ $\xrightarrow{HCl}$ $\xrightarrow[无水醚]{Mg}$

$\xrightarrow{}$ $\xrightarrow[H_2O]{H^+}$ $\xrightarrow[H^+]{K_2Cr_2O_7}$

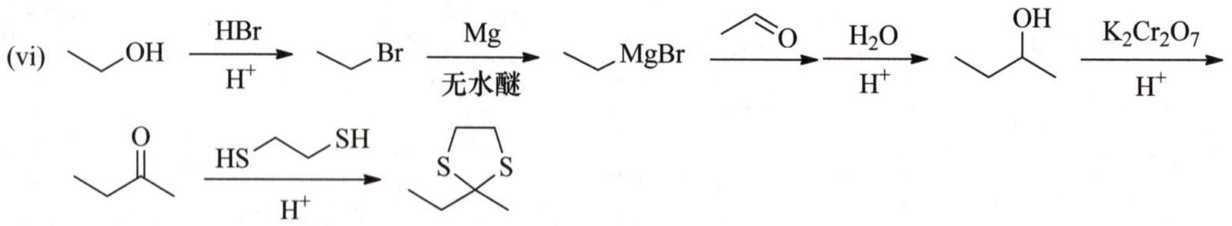

习题10-54 由乙醛或丙酮和必要的其他试剂制备下列化合物。

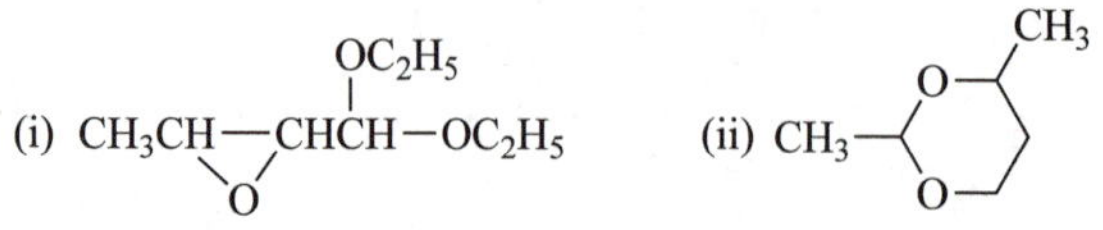

(iii) $(HOCH_2)_3C\overset{O}{\overset{\|}{C}}C(CH_2OH)_3$

(iv) $(CH_3)_2C{=}CH\overset{OH}{\overset{|}{C}}(CH_3)_2$

(v) $(CH_3)_3CCH_2COOH$

答

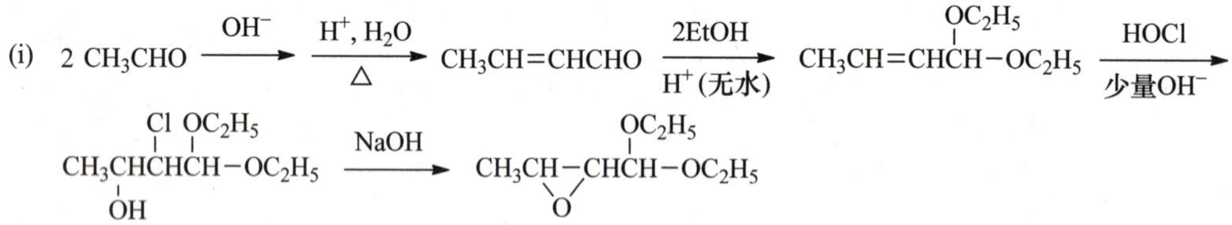

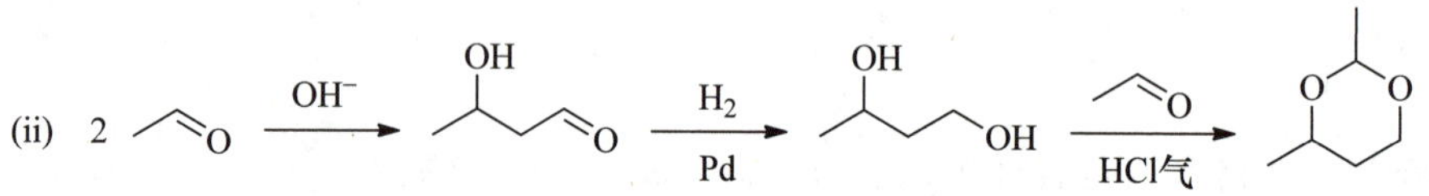

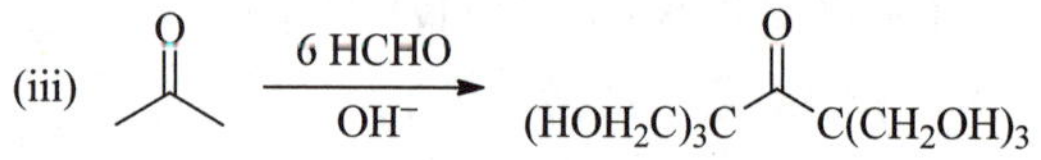

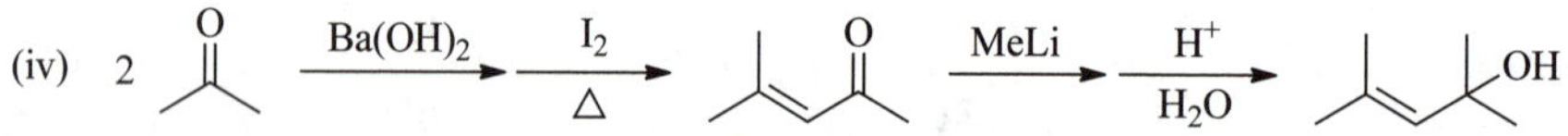

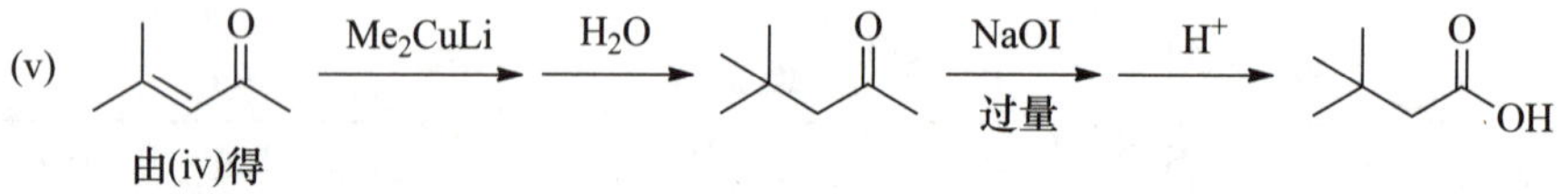

习题10-55 由指定原料及必要的试剂合成下列化合物。

(i) 从正丁醇合成 $CH_3(CH_2)_3\overset{CH_2CH_3}{\overset{|}{C}}HCH_2OH$

(ii) 从 $BrCH_2CH_2CHO$ 合成 $CH_3CH_2\overset{O}{\overset{\|}{C}}CH_2CH_2CHO$

(iii) 从环戊二烯、丙烯酸甲酯及丙酮合成

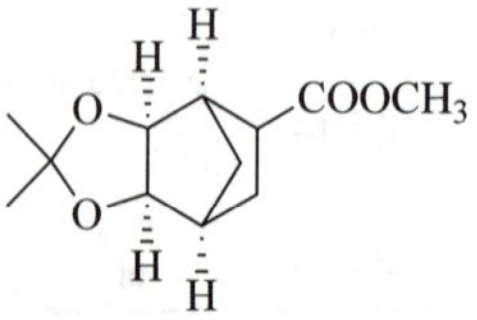

(iv) 从异丁醛以及含一个碳的化合物合成

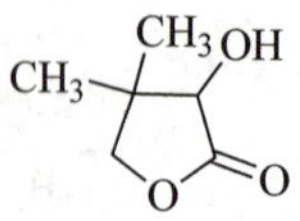

(v) 从丙酮及含两个碳的化合物合成 2,2,5,5-四甲基四氢呋喃-3-酮（结构式）

(vi) 从糠醛及含三个碳以下化合物合成 2-呋喃基-$CH=CHC(OH)(CH_3)_2$

答

(i) 正丁醇 $\xrightarrow{CrO_3\cdot 2Py}$ 正丁醛 $\xrightarrow{OH^-}$ 羟醛加成产物 $\xrightarrow[\triangle]{H^+,H_2O}$

$CH_3CH_2CH_2CH=C(CH_2CH_3)CHO$ $\xrightarrow[Pd]{H_2}$ 2-乙基己醇

(ii) $Br\sim\sim CHO$ $\xrightarrow[HCl气]{EtOH}$ $BrCH_2CH_2CH(OEt)_2$ $\xrightarrow[无水醚]{Mg}$ $BrMgCH_2CH_2CH(OEt)_2$ $\xrightarrow[无水醚]{CH_3CH_2CHO}$ $\xrightarrow[H_2O]{NH_4Cl}$

$CH_3CH_2CH(OH)CH_2CH_2CH(OEt)_2$ $\xrightarrow{CrO_3\cdot 2Py}$ $CH_3CH_2COCH_2CH_2CH(OEt)_2$ $\xrightarrow[H_2O]{H^+}$ $CH_3CH_2COCH_2CH_2CHO$

(iii) 环戊二烯 + $CH_2=CHCOOCH_3$ $\xrightarrow{\triangle}$ 降冰片烯甲酸甲酯 $\xrightarrow[H_2O_2]{OsO_4}$ $\xrightarrow{H_2O}$ 顺式二醇

$\xrightarrow[HCl气]{丙酮}$ 缩丙酮产物

(iv) 异丁醛 $\xrightarrow[OH^-]{HCHO}$ $HOH_2C-C(CH_3)_2-CHO$ $\xrightarrow{HCN}$ $HOH_2C-C(CH_3)_2-CH(OH)CN$ $\xrightarrow[H_2O,\triangle]{OH^-}$ $HOH_2C-C(CH_3)_2-CH(OH)COO^-$ $\xrightarrow{H^+}$ 内酯

(v) 2 丙酮 + $HC\equiv CH$ $\xrightarrow{KOH}$ $HO-C(CH_3)_2-C\equiv C-C(CH_3)_2-OH$ $\xrightarrow[H_2O, H^+]{HgSO_4}$ $\xrightarrow[H_2O]{H^+}$ 2,2,5,5-四甲基四氢呋喃-3-酮

(vi) 糠醛(2-呋喃基-CHO) $\xrightarrow[OH^-]{CH_3CHO}$ 2-呋喃基-$CH=CHCHO$ $\xrightarrow[H^+]{CrO_3}$ 2-呋喃基-$CH=CHCOOH$ $\xrightarrow[H^+]{EtOH}$

2-呋喃基-$CH=CHCOOC_2H_5$ $\xrightarrow[醚]{MeMgI}$ $\xrightarrow[H_2O]{H^+}$ 2-呋喃基-$CH=CHC(OH)(CH_3)_2$

习题10-56 利用 D_2，D_2O，$^{14}CH_3OH$，$H_2{}^{18}O$ 为 D，^{14}C，^{18}O 的来源，选用合适的原料，合成标记化合物。

(i) $^{14}CH_3CH_2CH_2OH$　(ii) $CH_3CH_2{}^{14}CH_2OH$　(iii) $CH_3CH_2CH_2OD$　(iv) $CH_3CH_2CD_2CHO$　(v) $CH_3CH({}^{18}OH)CH_3$

答

(i) 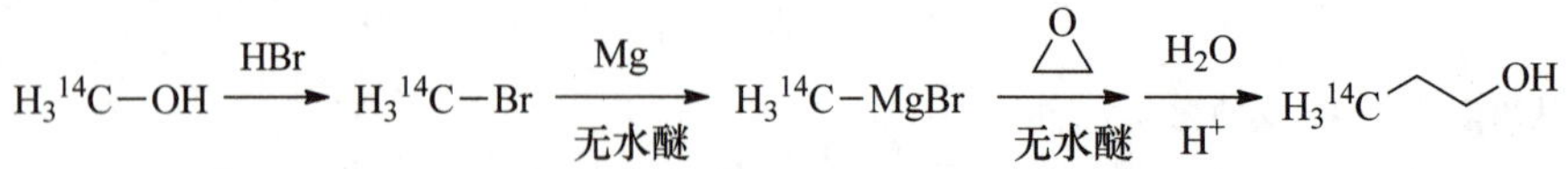 $H_3{}^{14}C-OH \xrightarrow{HBr} H_3{}^{14}C-Br \xrightarrow[\text{无水醚}]{Mg} H_3{}^{14}C-MgBr \xrightarrow[\text{无水醚}]{\text{环氧乙烷}} \xrightarrow[H^+]{H_2O} H_3{}^{14}C\text{–}CH_2CH_2OH$

(ii) 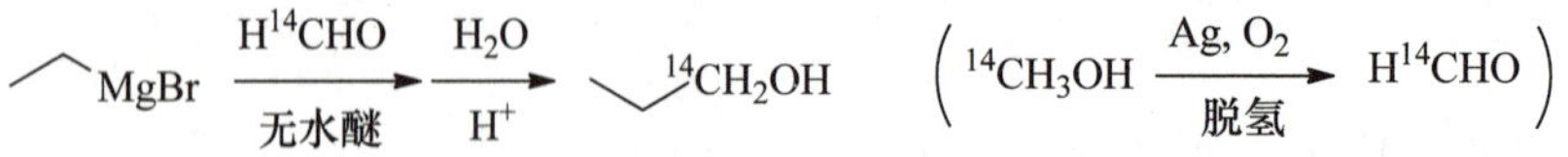 $CH_3CH_2MgBr \xrightarrow[\text{无水醚}]{H^{14}CHO} \xrightarrow[H^+]{H_2O} CH_3CH_2{}^{14}CH_2OH$ $\left({}^{14}CH_3OH \xrightarrow[\text{脱氢}]{Ag, O_2} H^{14}CHO \right)$

(iii) 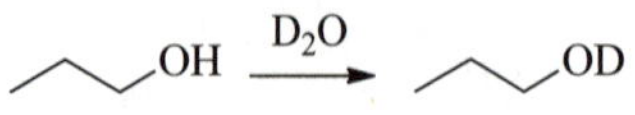 $CH_3CH_2CH_2OH \xrightarrow{D_2O} CH_3CH_2CH_2OD$

(iv) 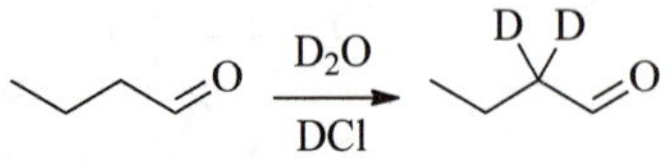 $CH_3CH_2CH_2CHO \xrightarrow[DCl]{D_2O} CH_3CH_2CD_2CHO$

(v) 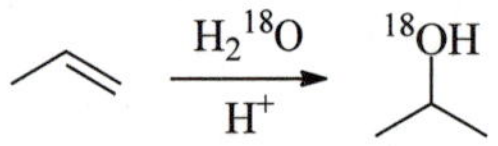 $CH_3CH{=}CH_2 \xrightarrow[H^+]{H_2{}^{18}O} (CH_3)_2CH{}^{18}OH$

习题10-57 写出下列转换的各步反应及重排一步的反应机理。

(i)  八氢萘（双键在两环共用碳原子之间）→ 螺[4.5]癸-6-烯

(ii) 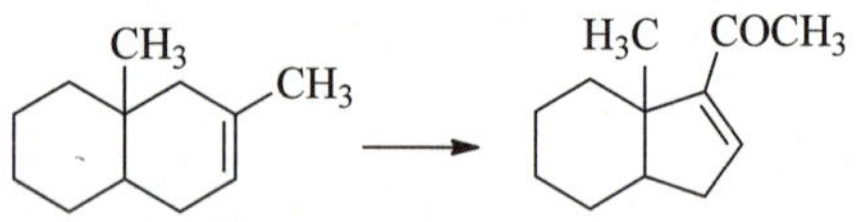 带 CH_3 的双环烯烃 → 含 H_3C 与 $COCH_3$ 的双环烯烃

(iii) 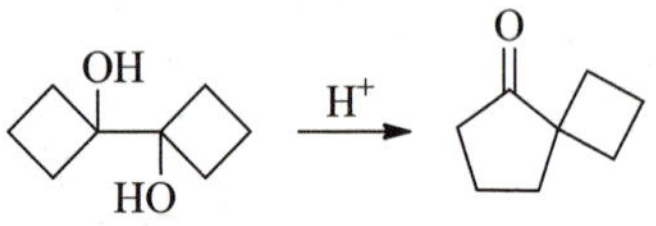 两个环丁醇碳相连的二醇（OH, HO）$\xrightarrow{H^+}$ 螺环酮

(iv) 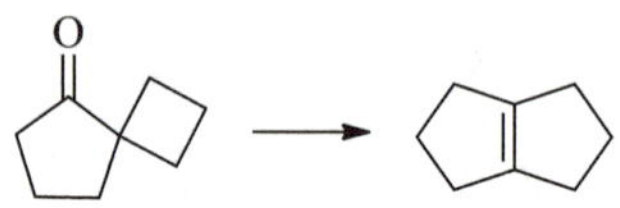 螺环酮 → 双环烯烃

答

(i) 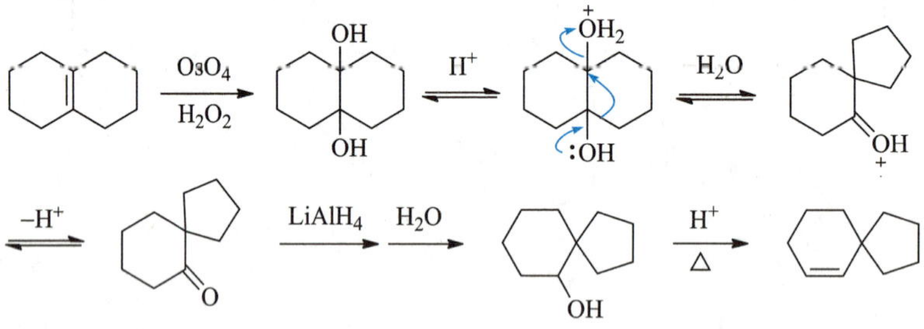 $\xrightarrow[H_2O_2]{OsO_4}$ 二醇（OH, OH） $\underset{}{\overset{H^+}{\rightleftharpoons}}$ $\overset{+}{O}H_2$, :OH $\overset{H_2O}{\rightleftharpoons}$ 螺环 $\overset{+}{O}H$ $\overset{-H^+}{\rightleftharpoons}$ 螺环酮 $\xrightarrow{LiAlH_4}\xrightarrow{H_2O}$ 螺环醇（OH） $\xrightarrow[\triangle]{H^+}$ 螺环烯

(ii) 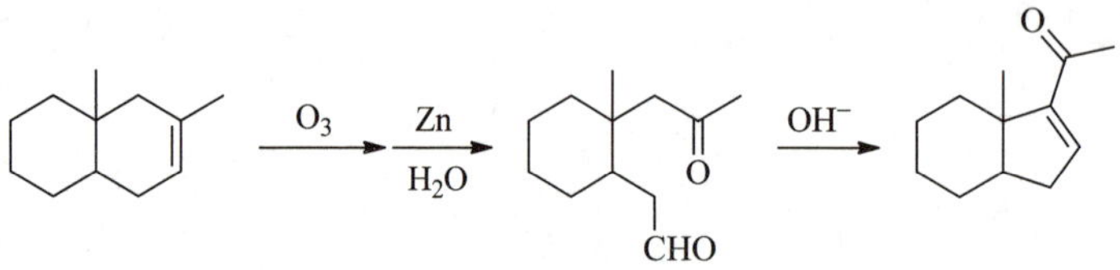 $\xrightarrow{O_3}\xrightarrow[H_2O]{Zn}$ 酮醛（O, CHO） $\xrightarrow{OH^-}$ 产物（O）

(iii) 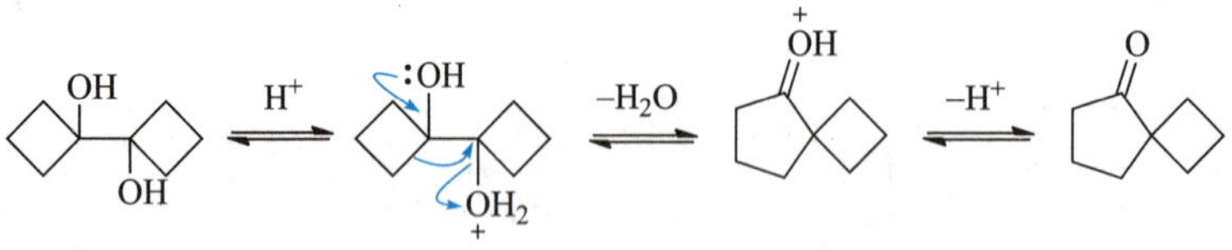 二醇（OH, OH） $\overset{H^+}{\rightleftharpoons}$:OH, $\overset{+}{O}H_2$ $\overset{-H_2O}{\rightleftharpoons}$ $\overset{+}{O}H$ $\overset{-H^+}{\rightleftharpoons}$ 螺环酮（O）

(iv) 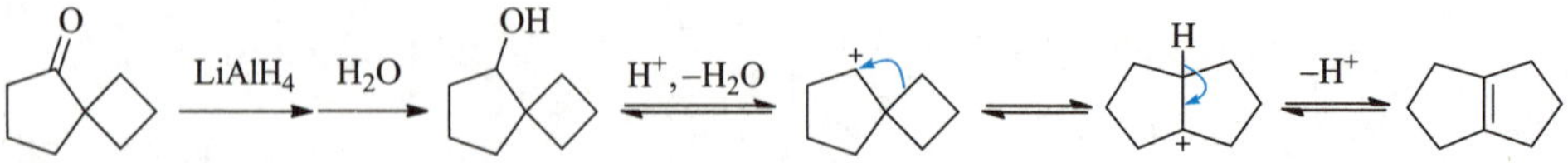 螺环酮（O） $\xrightarrow{LiAlH_4}\xrightarrow{H_2O}$ 螺环醇（OH） $\overset{H^+,-H_2O}{\rightleftharpoons}$ 碳正离子（+） $\rightleftharpoons$ 碳正离子（H, +） $\overset{-H^+}{\rightleftharpoons}$ 双环烯烃

习题10-58 选择简便及经济的方法完成下列转换。

(i) $CH_3CH(CH_3)CH_2COCH_3 \longrightarrow CH_3CH(CH_3)CH_2CH(OH)CH_3$

(ii) $CH_3CH{=}CHCOCH_3 \longrightarrow CH_3CH{=}CHCH(OH)CH_3$

(iii) $CH_3CH_2CH_2OH \longrightarrow CH_3CH_2CHO$

(iv) 2-甲基环戊酮 ⟶ 甲基环戊烷

答　(i) H_2/Ni　　(ii) 异丙醇铝，异丙醇　　(iii) $CrO_3 \cdot 2Py$　　(iv) Zn-Hg，浓 HCl

习题10-59　比较醛和环氧乙烷对下列试剂的作用。

(i) CH_3MgI　　(ii) HCN　　(iii) CH_3OH　　(iv) NH_3

答　(i) 与格氏试剂反应：甲醛得一级醇，其他醛得二级醇；环氧乙烷得一级醇。

$$RCHO + MeMgI \xrightarrow{无水醚} RCH(Me)OMgI \xrightarrow{H_2O} RCH(Me)OH$$ (R=H为一级醇，R为烃基时为二级醇)

$$环氧乙烷 + MeMgI \xrightarrow{无水醚} CH_3CH_2CH_2OMgI \xrightarrow{H_2O} CH_3CH_2CH_2OH$$ (一级醇)

(ii) 与 HCN 反应：醛得 α-羟基酸；环氧乙烷得 β-羟基酸。

$$RCHO + HCN \longrightarrow RCH(OH)CN \xrightarrow[\Delta]{H_2O,\ H^+} RCH(OH)COOH$$ (α-羟基酸)

$$环氧乙烷 + HCN \longrightarrow HOCH_2CH_2CN \xrightarrow[\Delta]{H_2O,\ H^+} HOCH_2CH_2COOH$$ (β-羟基酸)

(iii) 与甲醇反应：醛得 α-羟基醚(半缩醛)；环氧乙烷得 β-羟基醚。

$$RCHO + MeOH \xrightarrow{HCl气} RCH(OMe)OH$$ (α-羟基醚，半缩醛)

$$环氧乙烷 + MeOH \xrightarrow{HCl气} HOCH_2CH_2OMe$$ (β-羟基醚)

(iv) 与氨反应：醛得 α-羟基胺不稳定，失水成亚胺；环氧乙烷得 β-羟基胺。

$$RCHO + NH_3 \longrightarrow RCH(NH_2)OH \longrightarrow RCH{=}NH$$ (α-羟基胺不稳定，失水成亚胺)

$$环氧乙烷 + NH_3 \longrightarrow HOCH_2CH_2NH_2$$ (β-羟基胺)

习题10-60　把下列各组化合物按羰基的活性排列成序。

(i) $(CH_3)_3CCOC(CH_3)_3$，CH_3COCHO，$CH_3COCH_2CH_3$，CH_3CHO，2-萘甲醛(CHO)

(ii) $C_2H_5COCH_3$，CH_3COCCl_3　　(iii) 环己酮，环丁酮，环丙酮

答

(i) CH_3COCHO > CH_3CHO > 2-萘甲醛 > $CH_3COCH_2CH_3$ > $(CH_3)_3CCOC(CH_3)_3$

(ii) CH_3COCCl_3 > $CH_3COCH_2CH_3$

(iii) 环丙酮 > 环丁酮 > 环己酮

习题10-61 将下列化合物按它们的酸性排列成序。

(i) CH_3NO_2，CH_3CHO，CH_3CN，CH_3COCH_3

(ii) $O_2NCH_2NO_2$，$CH_3\overset{O}{\overset{\|}{C}}CH_2\overset{O}{\overset{\|}{C}}CH_3$，$CH_3CH_2\overset{O}{\overset{\|}{C}}CH_2\overset{O}{\overset{\|}{C}}CH_2CH_3$，$C_6H_5\overset{O}{\overset{\|}{C}}CH_2\overset{O}{\overset{\|}{C}}CH_3$，$C_6H_5\overset{O}{\overset{\|}{C}}CH_2\overset{O}{\overset{\|}{C}}CF_3$

答

(i) CH_3NO_2 > CH_3CHO > CH_3COCH_3 > CH_3CN

(ii) $O_2NCH_2NO_2$ > $C_6H_5COCH_2COCF_3$ > $C_6H_5COCH_2COCH_3$ > $CH_3COCH_2COCH_3$ > $CH_3CH_2COCH_2COCH_2CH_3$

习题10-62 把下列化合物按它们烯醇式的含量多少排列成序。

(i) $CH_3\overset{O}{\overset{\|}{C}}CH_2\overset{O}{\overset{\|}{C}}OC_2H_5$ (ii) $CH_3\overset{O}{\overset{\|}{C}}CH_2CH_3$ (iii) $CH_3\overset{O}{\overset{\|}{C}}CH_2\overset{O}{\overset{\|}{C}}CH_3$ (iv) $CH_3\overset{O}{\overset{\|}{C}}CH(COCH_3)\overset{O}{\overset{\|}{C}}CH_3$ (v) $CH_3\overset{O}{\overset{\|}{C}}CH(COCH_3)\overset{O}{\overset{\|}{C}}OC_2H_5$

答 烯醇式含量：(iv)＞(v)＞(iii)＞(i)＞(ii)

习题10-63 呋喃甲醛（呋喃-CHO）和环己酮的混合物与一分子氨基脲反应，过几秒钟后，产物都是环己酮缩氨脲，而过几小时后，产物都是呋喃甲醛缩氨脲。试解释之。

答 呋喃甲醛的醛基与呋喃环共轭而稳定，故与氨基脲反应速率不如环己酮快，但形成的产物呋喃甲醛缩氨脲由于共轭体系增大，比环己酮缩氨脲更稳定。羰基与氨基脲的反应是可逆的，因此最初反应速率快而形成环己酮缩氨脲，经过几小时后，平衡逐渐转移，最终得到的产物是更加稳定的呋喃甲醛缩氨脲。

呋喃甲醛（CHO）/ 环己酮（=O） + $H_2NNHCONH_2$ → 呋喃-$CH{=}NNH\overset{O}{\overset{\|}{C}}NH_2$ （更稳定）

⇌ 环己基$=N-NH-CO-NH_2$ （反应速率快）

习题10-64 有一化合物(A)$C_8H_{14}O$。(A)可以很快地使溴褪色，可以和苯肼发生反应。(A)用 $KMnO_4$ 氧化后得到一分子丙酮及另一化合物(B)；(B)具有酸性，和次碘酸钠反应后再酸化生成碘仿和一分子酸，酸的结构是 $HOOCCH_2CH_2COOH$。写出(A)所有可能的构造式。

答 可能的构造式有两个：

$(CH_3)_2C{=}CHCH_2CH_2COCH_3$ 和 $(CH_3)_2C{=}C(CH_3)CH_2CH_2CHO$

这两个化合物均有 C═C，可使溴褪色；均有 C═O，可与苯肼发生反应；均可被 $KMnO_4$ 氧化及氧化后得到一分子丙酮及另一化合物，该化合物与 NaOI 反应后再酸化得到碘仿与丁二酸，反应过程如下所示：

或

$KMnO_4$ → + COOH

1. NaOI, NaOH 2. H^+ → CHI_3 + HOOC COOH

习题10-65 有一化合物(A)$C_{10}H_{12}O$，与氨基脲反应得(B)$C_{11}H_{15}ON_3$；(A)与 Tollens 试剂无反应，但在 Cl_2 与 NaOH 溶液中反应得一个酸(C)，(C)强烈氧化得苯甲酸。(A)与苯甲醛在 OH^- 作用下得化合物(D)$C_{17}H_{16}O$。请推测(A)，(B)，(C)，(D)的构造式及写出相应的反应。

答 化合物(A)的构造式为 Ph—$CH_2CH_2COCH_3$，各步反应如下：

无反应 ← $Ag(NH_3)_2^+$ — C_6H_5—$CH_2CH_2\overset{O}{\overset{\|}{C}}CH_3$ (A) $C_{10}H_{12}O$ — $H_2NNH\overset{O}{\overset{\|}{C}}NH_2$ → C_6H_5—$CH_2CH_2\overset{NNH\overset{O}{\overset{\|}{C}}NH_2}{\overset{\|}{C}}CH_3$ (B) $C_{11}H_{15}ON_3$

(A) + C_6H_5—CHO, OH^- → C_6H_5—$CH_2CH_2\overset{O}{\overset{\|}{C}}CH{=}CH$—$C_6H_5$ (D) $C_{17}H_{16}O$

(A) — $Cl_2 + NaOH$, H^+ → C_6H_5—CH_2CH_2COOH (C) + $CHCl_3$

(C) — [O] → C_6H_5—COOH

习题10-66 有一化合物(A)$C_6H_{12}O$，与 2,4-二硝基苯肼反应，但与 $NaHSO_3$ 不生成加成物。(A)催化氢化得(B)$C_6H_{14}O$；(B)与浓 H_2SO_4 加热得(C)C_6H_{12}；(C)与 O_3 反应后用 Zn＋H_2O 处理，得到两个化合物(D)和(E)，分子式均为 C_3H_6O；(D)可使 H_2CrO_4 变绿，而(E)不能。请写出(A)，(B)，(C)，(D)，(E)的构造式及相应的反应式。

答 化合物(A)的构造式为$(CH_3)_2CHCOCH_2CH_3$，各步反应如下：

无反应 ← $NaHSO_3$ — (A) $C_6H_{12}O$ — 2,4-$(NO_2)_2C_6H_3$—$NHNH_2$ → O_2N—$C_6H_3(NO_2)$—NHN=$C(CH_2CH_3)CH(CH_3)_2$

(A) — H_2, 催化剂 → (B) $C_6H_{14}O$ — 浓H_2SO_4 → (C) C_6H_{12} — O_3; Zn + H_2O → (D) C_3H_6O + (E) C_3H_6O

(D) — H_2CrO_4 → Cr(III) 颜色变绿 + CH_3CH_2COOH

(E) — H_2CrO_4 → 无反应

习题10-67 有一化合物(A)$C_{12}H_{20}$，具有旋光性，在铂催化下加一分子氢得到两个异构体(B)和(C)，分子式均为$C_{12}H_{22}$。(A)臭氧化只得到一个化合物(D)$C_6H_{10}O$，(D)具有旋光性。(D)与羟胺反应得(E)$C_6H_{11}NO$；(D)与DCl在D_2O中可以与α活泼氢发生交换反应得到$C_6H_7D_3O$，表明有三个α活泼氢；(D)的核磁共振谱表明，只有一个甲基，是二重峰。试推测化合物(A)～(D)的结构式。

答 化合物(A)$C_{12}H_{20}$，有旋光性，具有下列结构，反应如下：

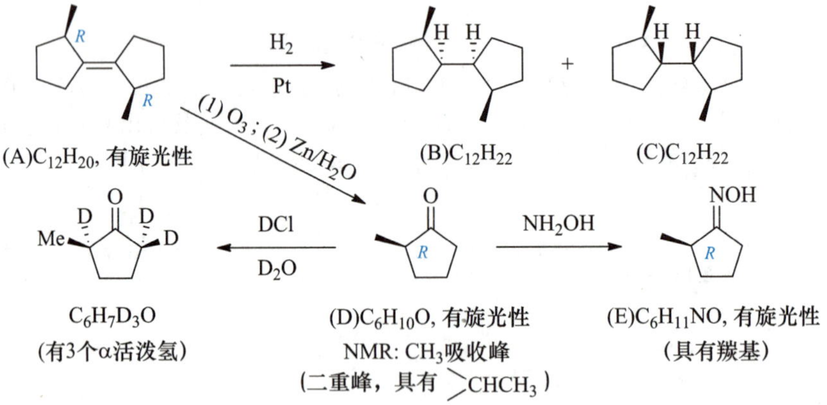

(A)$C_{12}H_{20}$, 有旋光性 —H_2/Pt→ (B)$C_{12}H_{22}$ + (C)$C_{12}H_{22}$

(A) —(1) O_3；(2) Zn/H_2O→ (D)$C_6H_{10}O$, 有旋光性
NMR: CH_3吸收峰
(二重峰，具有 >$CHCH_3$)

(D) —DCl/D_2O→ $C_6H_7D_3O$
(有3个α活泼氢)

(D) —NH_2OH→ (E)$C_6H_{11}NO$, 有旋光性
(具有羰基)

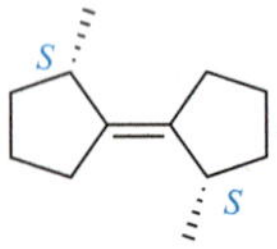

(S,S异构体)与(A)是对映体，均符合上述条件，只是旋光性相反。因此(A)应该是一对对映体中的一个。此外，

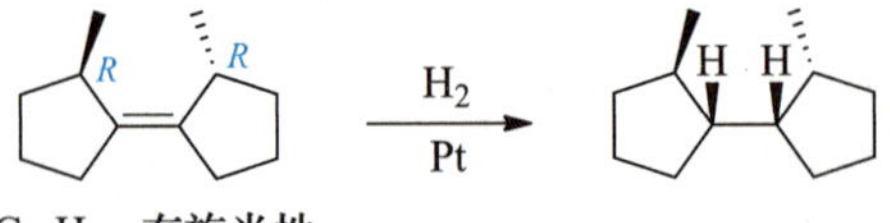

$C_{12}H_{20}$, 有旋光性 —H_2/Pt→

催化氢化后只有一个化合物，没有两个异构体，故排除在外。

习题10-68 化合物(A)和(B)的分子式均为$C_{10}H_{12}O$，IR，在1720 cm^{-1}处均有强吸收峰；NMR，(A)δ_H：7.2(单峰，5H)、3.6(单峰，2H)、2.3(四重峰，2H)、1.0(三重峰，3H)，(B)δ_H：7.1(单峰，5H)、2.7(三重峰，2H)、2.6(三重峰，2H)、1.9(单峰，3H)。试提出(A)和(B)的构造式，并标明各吸收峰的归属。

答

(A) 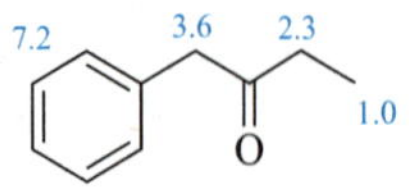 7.2 3.6 2.3 1.0 O　　(B) 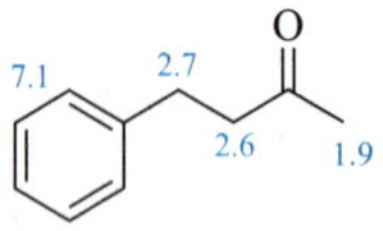 7.1 2.7 2.6 1.9 O

IR/cm^{-1}：(A)和(B)均在1720 cm^{-1}处有强吸收峰(C═O，伸缩)。

NMR：各峰位置已经标注归属。

习题10-69 化合物(A)$C_8H_8O_2$，IR，波数/cm^{-1}：3010，2720，1695，1613，1587，1515，1250，1031，833；NMR，δ_H：9.9(单峰，1H)、7.5(四重峰，4H)、3.9(单峰，3H)。请推测(A)的构造式，并标明各吸收峰的归属。

答

(A) 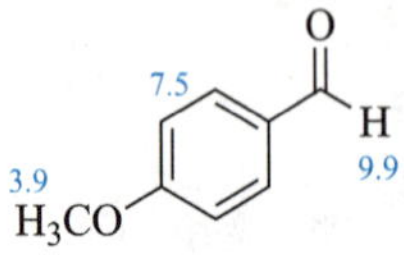 7.5 O H 9.9 3.9 H_3CO

IR/cm^{-1}：3010(Ar—H，伸缩)，2720(醛基 C—H，伸缩)，1695(C═O，伸缩)，1613，1587，1515(芳烃 C═C，伸缩)，1250，1031(C—O，伸缩)，833(1，4-二取代苯环上 C—H，面外弯曲)。

NMR：各峰位置已经标注归属。

习题10-70 化合物(A)$C_4H_8O_2$，IR，1720 cm^{-1}有强吸收峰；NMR，δ_H：4.25(四重峰，1H)、3.75(单峰，1H)、2.15(单峰，3H)、1.35(二重峰，3H)。此化合物若用 D_2O 处理，NMR 在 3.75 处吸收峰消失。请推测(A)的构造式，标明各吸收峰的归属，并解释用 D_2O 处理吸收峰消失的原因。

答

(A) 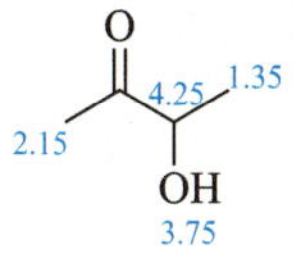 O 2.15 4.25 1.35 OH 3.75

IR/cm^{-1}：1720 (C═O，伸缩)。

NMR：各峰位置已经标注归属。

δ 3.75 处峰用 D_2O 处理时，O—H 中的 H 与 D 发生交换反应形成 O—D，因而峰消失。

习题10-71 化合物(A)C_6H_8O，NMR 有一甲基吸收峰(单峰)。(A)经臭氧化-分解反应只得一个含甲基酮的化合物(B)$C_6H_8O_3$。(A)用 Pd 催化加氢，吸收 1 mol 氢后，得化合物(C)$C_6H_{10}O$，(C)的 IR 有羰基吸收峰。(C)用 NaOD-D_2O 处理，得(D)$C_6H_7D_3O$。(C)与过乙酸反应得化合物(E)$C_6H_{10}O_2$，(E)的 NMR 在 δ_H=1.9 处有一甲基吸收峰(二重峰)，J=8 Hz(可以自由旋转的两个相邻的碳原子上的质子之间的耦合常数 J 在 5～8 Hz 之间)。请推测(A)，(B)，(C)，(D)，(E)的构造式并写出各步反应的反应式。

答

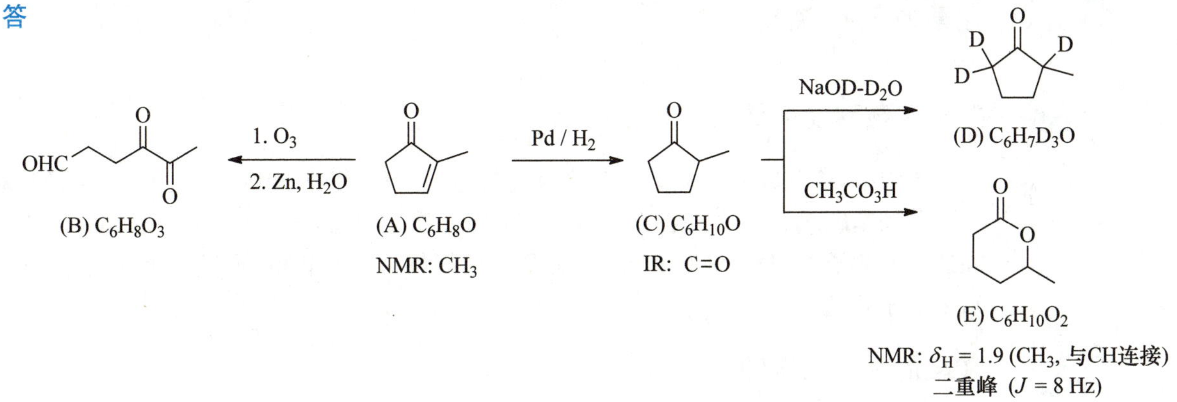

OHC O O (B) $C_6H_8O_3$ ← 1. O_3 2. Zn, H_2O — O (A) C_6H_8O NMR: CH_3 — Pd / H_2 → O (C) $C_6H_{10}O$ IR: C=O

NaOD-D_2O → D D D O (D) $C_6H_7D_3O$

CH_3CO_3H → O O (E) $C_6H_{10}O_2$

NMR: δ_H = 1.9 (CH_3, 与CH连接) 二重峰 (J = 8 Hz)

11

第11章

羧　　酸

内容提要

分子中具有羧基的化合物称为羧酸。羧基是羧酸的官能团。

11.1 羧酸的分类

按与羧基相接的烃基分类，可分为脂肪酸和芳香酸，脂肪酸又可分为饱和羧酸、不饱和羧酸；按分子中羧基的数目分，可分为一元羧酸、二元羧酸、三元羧酸，其余类推。

11.2 羧酸的命名(略)

11.3 羧酸及羧酸盐的结构

羧酸中，羧基碳呈 sp^2 杂化，三个杂化轨道，一个与羰基氧形成 σ 键，一个与羟基氧形成 σ 键，一个与烃基碳或氢形成 σ 键，羧基碳上还剩有一个 p 轨道，与羰基氧的 p 轨道侧面重叠形成 π 键。在羧基负离子中，两个氧原子和一个碳原子各提供一个 p 轨道，形成一个具有四电子三中心的离域 π 分子轨道。

11.4 羧酸的物理性质(略)

羧酸的反应

羧基是羧酸的官能团，也是羧酸的反应中心。

11.5 酸性

羧羟基上氢具有酸性，羧酸可以与碱反应生成羧酸盐。羧酸的钾盐、钠盐、铵盐可溶于水。

11.6 羧酸 α-H 的反应——Hell-Volhard-Zelinsky 反应

羧酸与卤素在催化量的三氯化磷、三溴化磷等作用下，羧酸 α 氢被卤原子取代的反应称为 **Hell-Volhard-Zelinsky 反应**。

11.7 酯化反应

羧酸和醇在酸催化下生成酯的反应称为酯化反应。酯化反应是可逆的。大部分酯化反应是按加成-消除机理进行的。有的酯化反应是按碳正离子机理或酰基正离子机理进行的。酯化反应可以在分子间发生,也可以在分子内发生。

11.8 羧酸与氨或胺反应

羧酸与氨或胺可以形成铵盐,也可以通过加成-消除机理生成酰胺。两个反应都是可逆的,通过控制反应条件可使某一反应成为主要反应。酰胺进一步失水生成腈。

11.9 羧羟基被卤原子取代的反应

羧酸与无机酰氯如亚硫酰氯、三氯化磷、五氯化磷等反应,羧羟基被卤原子取代生成酰氯。

11.10 羧酸与有机金属化合物反应

羧酸与格氏试剂反应生成羧酸镁盐。羧酸与二分子有机锂试剂反应再水解生成酮。

11.11 羧酸的还原

氢化铝锂或乙硼烷能顺利将羧酸还原成一级醇。

11.12 脱羧反应

在合适的条件下,羧酸易发生脱羧(失去 CO_2)反应。当羧酸的 α 碳与不饱和键相连时,一般都通过六元环状过渡态机理脱羧。当羧酸的羧基碳和一个强吸电子基团相连时,常按负离子机理脱羧。羧酸也可以通过自由基机理脱羧。二元羧酸受热易发生分解,由于两个羧基的相互位置不同,有的脱水,有的脱羧,有的同时脱水脱羧。

羧酸的制备

11.13 羧酸的一般制备法

实验室制备羧酸的主要方法有:(1) 烯、炔、芳烃、醇、醛、酮的氧化制备;(2) 羧酸衍生物、腈的水解制备;(3) 羧酸锂盐的烃基化制备;(4) 有机金属化合物与二氧化碳反应制备。

11.14 几个常用羧酸的工业生产(略)

习题解析

习题 11-1 用系统命名法和普通命名法命名下列化合物(用中、英文)。

(i) O_2N—⟨苯环⟩—COOH　(ii) $CH_3CH_2OCH_2COOH$　(iii) O=⟨环己烷⟩—COOH　(iv) HC≡CCOOH

(v) 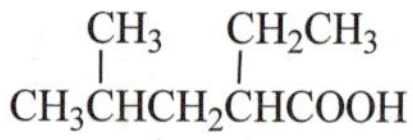 $CH_3CHCH_2CHCOOH$ (with CH_3 and CH_2CH_3 substituents)　(vi) 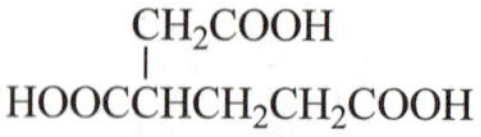 $HOOCCHCH_2CH_2COOH$ (with CH_2COOH substituent)　(vii) 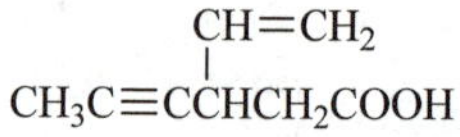 $CH_3C{\equiv}CCHCH_2COOH$ (with $CH{=}CH_2$ substituent)

(viii) $HOOC(CH_2)_4CH{=}CHCOOH$　(ix) 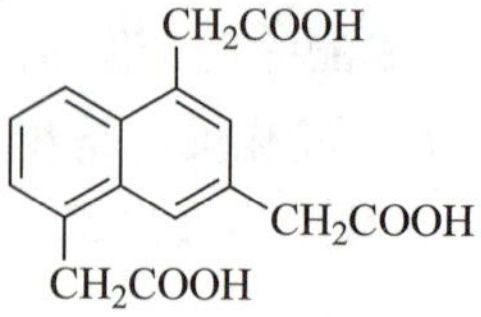 naphthalene with three CH_2COOH groups　(x) 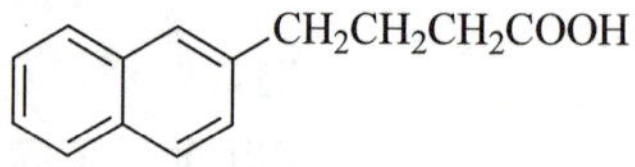 naphthalene-$CH_2CH_2CH_2COOH$

答　(i) 对硝基苯甲酸　*p*-nitrobenzoic acid　(ii) α-乙氧基醋酸　α-ethoxyacetic acid

(iii) 4-氧代环己烷羧酸　4-oxocyclohexanecarboxylic acid

(iv) 丙炔酸　propynoic acid

(v) γ-甲基-α-乙基缬草酸　α-ethyl-γ-methylvaleric acid

(vi) 1,2,4-丁三羧酸　1,2,4-butanetricarboxylic acid

(vii) 3-乙烯基-4-己炔酸　3-vinyl-4-hexynoic acid

(viii) 2-辛烯二酸　2-octenedioic acid

(ix) 1,3,5-萘三乙酸　1,3,5-naphthalene triacetic acid

(x) γ-(2-萘基)酪酸　γ-(2-naphyl)butyric acid

习题 11-2　某羧酸的 Fischer 投影式如下：

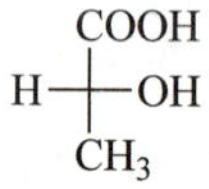

COOH
H—┼—OH
CH_3

(i) 写出它的系统名称；(ii) 写出它的俗名；(iii) 写出它的立体异构体；(iv) 画出它的稳定构象式；(v) 此化合物分子中最多有几个原子共平面？

答
(i) (*R*)-2-羟基丙酸
(ii) (*R*)-(−)-乳酸
(iii) COOH / HO—┼—H / CH_3
(iv) H, O, O, H'', H_3C, OH
(v) 7 个原子共平面

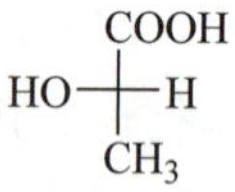

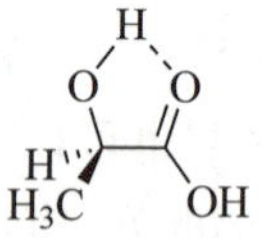

习题 11-3　将下列化合物按沸点由大到小排列，并讨论相对分子质量、结构和沸点的关系。

HCOOH　CH_3COOH　CH_3CH_2COOH　$CH_3CH_2CH_2COOH$　CH_3OH　CH_3CH_2OH

$CH_3CH_2CH_2OH$　$(CH_3)_2CHOH$　$CH_3CH_2CH_2CH_2OH$　$(CH_3)_2CHCH_2OH$　$(CH_3)_3COH$

$HOCH_2CH_2OH$　$HOCH_2CH_2CH_2OH$　$HOCH_2CHCH_2OH$ (OH on C2)

答　沸点数据如下：

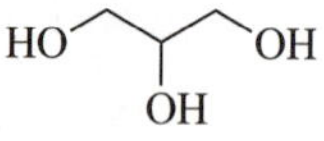

HO/OH/OH (glycerol) 290 °C > HO/OH (1,3-propanediol) 215 °C > HO/OH (ethylene glycol) 197 °C > COOH (butyric acid) 163 °C > COOH (propionic acid) 141 °C >

CH_3COOH 118 °C ≈ OH (1-butanol) 117.8 °C > OH (isobutanol) 107.9 °C > HCOOH 101 °C > OH (1-propanol) 97.2 °C >

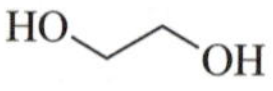

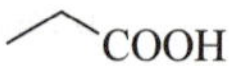

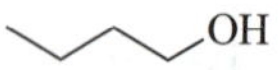

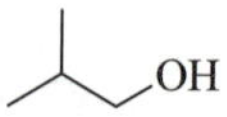

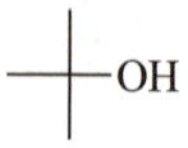

OH (tert-butanol) 82.5 °C ≈ OH (2-propanol) 82.3 °C > OH (ethanol) 78.4 °C > CH_3OH 64.7 °C

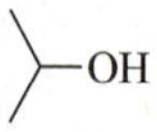

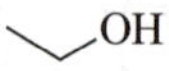

分析：同类分子，相对分子质量越大，沸点越高。相对分子质量相同的同类分子，烃基的叉链多，沸点低；羧酸以二聚体形式存在，所以比相对分子质量相近的醇的沸点高。

习题 11-4 将下列各组化合物按酸性从强到弱的顺序排序。

(i) $CH_3CH(NO_2)CH_2COOH$，$CH_3CH_2CH(NO_2)COOH$，$CH_2(NO_2)CH_2CH_2COOH$
(A) (B) (C)

(ii) FCH_2COOH, $CH_2{=}CHCH_2COOH$, $NCCH_2COOH$, $ClCH_2COOH$, $(CH_3)_2CHCH_2COOH$
(A) (B) (C) (D) (E)

(iii) $HC\equiv C-C_6H_{10}-COOH$, $F-C_6H_{10}-COOH$, $CH_3O-C_6H_{10}-COOH$, $(CH_3)_2N-C_6H_{10}-COOH$, $Cl-C_6H_{10}-COOH$
(A) (B) (C) (D) (E)

(iv) $Cl-C_6H_4-COOH$, $F-C_6H_4-COOH$, $O_2N-C_6H_4-COOH$, $NC-C_6H_4-COOH$, $CH_3O-C_6H_4-COOH$
(A) (B) (C) (D) (E)

(v) CH_3OCH_2COOH, C_6H_5-COOH, CH_3CH_3, CH_3CH_2OH, CH_3COOH, $CH_3CH_2NH_2$, $HC\equiv CH$, $ClCH_2COOH$
(A) (B) (C) (D) (E) (F) (G) (H)

答 (i) (B)＞(A)＞(C)

(ii) (C)＞(D)＞(A)＞(B)＞(E)

(iii) (B)＞(E)＞(A)＞(C)＞(D)

(iv) (C)＞(D)＞(B)＞(A)＞(E)

(v) (H)＞(B)＞(E)＞(A)＞(D)＞(G)＞(F)＞(C)

习题 11-5 将下列各组化合物按碱性从强到弱的顺序排序。

(i) $CH_3CH_2CCl_2COO^-$，$CH_3CH_2CHClCOO^-$，$CH_3CH_2CH(CH_3)COO^-$

(ii) $CH_3-C_6H_4-COO^-$，$HO-C_6H_4-COO^-$，$O_2N-C_6H_4-COO^-$

(iii) $CH_3CH_2CH_2O^-$，$CH_3CH_2COO^-$，$CH_3CHClCOO^-$，$CH_3C\equiv C^-$，$CH_3CH_2NH^-$，$CH_3CH_2CH_2^-$

答

(i) $CH_3CH_2CH(CH_3)COO^-$ > $CH_3CH_2CHClCOO^-$ > $CH_3CH_2CCl_2COO^-$

(ii) $HO-C_6H_4-COO^-$ > $H_3C-C_6H_4-COO^-$ > $O_2N-C_6H_4-COO^-$

(iii) $CH_3CH_2CH_2^-$ > $CH_3C\equiv C^-$ > $CH_3CH_2NH^-$ > $CH_3CH_2CH_2O^-$ > $CH_3CH_2COO^-$ > $CH_3CHClCOO^-$

习题 11-6 请解释邻、间、对-溴苯甲酸的酸性大小顺序。

答 溴原子在苯环上有吸电子诱导效应与给电子共轭效应，吸电子诱导效应大于给电子共轭效应，故邻、间、对溴苯甲酸酸性均较苯甲酸强。

邻溴苯甲酸有吸电子诱导效应和给电子共轭效应，邻溴苯甲酸的吸电子诱导效应最强，此外还有邻位效应，所以酸性最强（$pK_a=2.85$）。间溴苯甲酸只有吸电子诱导效应，但诱导效应比邻位弱，酸性较邻位小（$pK_a=3.81$）。对溴苯甲酸吸电子诱导效应比间溴苯甲酸还弱，给电子共轭效应比间溴苯甲酸强,使酸性进一步降低($pK_a=3.97$)。故酸性顺序:邻位>间位>对位。

习题 11-7 回答下列问题:

(i) 饱和一元羧酸与 Cl_2 或 Br_2 直接作用也能生成 α-卤代酸,但速度很慢。请分析原因。

(ii) 羧酸的 α-卤代实际上是通过哪一类化合物的卤代来完成的?

(iii) 在 Hell-Volhard-Zelinsky 反应中,能否用 10%~30%的乙酰氯或乙酸酐来代替少量磷(或少量三卤化磷)做催化剂?为什么?

(iv) α-卤代酰卤与羧酸的交换反应是可逆的,平衡对逆向反应更有利,为什么羧酸的 α-卤代反应还能顺利进行?

答 (i) 因为羧酸的 α 氢不够活泼,其发生烯醇化反应的速度很慢,所以 α-卤代的速度也很慢。

(ii) 羧酸的 α-卤代实际上是通过酰卤的 α-卤代来完成的。

(iii) 可以用 10%~30%的乙酰氯或者乙酸酐来代替少量磷做催化剂。因为加少量磷做催化剂也是来产生乙酰卤的。

(iv) 因为交换产生的酰卤很快发生 α-卤代反应,消耗尽,所以使平衡继续朝生成酰卤的方向移动。

习题 11-8 下列酸与醇在酸催化下成酯,请按反应速率从快到慢的顺序排列。

(i) $(CH_3)_3CCOOH$ 与 CH_3CH_2OH; CH_3CH_2COOH 与 CH_3CH_2OH; $(CH_3)_2CHCOOH$ 与 CH_3CH_2OH

(ii) CH_3CH_2COOH 与 $CH_3CH_2CH_2OH$; CH_3CH_2COOH 与 $(CH_3)_2CHOH$

答 (i) CH_3CH_2COOH + CH_3CH_2OH > $(CH_3)_2CHCOOH$ + CH_3CH_2OH > $(CH_3)_3CCOOH$ + CH_3CH_2OH

(ii) CH_3CH_2COOH + $CH_3CH_2CH_2OH$ > CH_3CH_2COOH + $(CH_3)_2CHOH$

习题 11-9 请写出 $CH_3C(=O)^{18}OH$ 与 C_6H_5—CH_2CH_2OH在酸催化下发生酯化反应的产物及其反应机理。

答 $CH_3C(=O)^{18}OH$ $\overset{H^+}{\rightleftharpoons}$ $CH_3C(=\overset{+}{O}H)^{18}OH$ $\xrightarrow{HOCH_2CH_2Ph}$ $CH_3C(OH)(^{18}OH)\overset{+}{O}(H)CH_2CH_2Ph$ $\overset{\sim H^+}{\rightleftharpoons}$ $CH_3C(OH)(^{18}\overset{+}{O}H_2)OCH_2CH_2Ph$ + $CH_3C(\overset{+}{O}H_2)(^{18}OH)OCH_2CH_2Ph$

$CH_3C(OH)(^{18}\overset{+}{O}H_2)OCH_2CH_2Ph$ $\underset{H_2{}^{18}O}{\overset{-H_2{}^{18}O}{\rightleftharpoons}}$ $CH_3C(=\overset{+}{O}H)OCH_2CH_2Ph$ $\underset{H^+}{\overset{-H^+}{\rightleftharpoons}}$ $CH_3C(=O)OCH_2CH_2Ph$

$CH_3C(\overset{+}{O}H_2)(^{18}OH)OCH_2CH_2Ph$ $\underset{H_2O}{\overset{-H_2O}{\rightleftharpoons}}$ $CH_3C(={}^{18}\overset{+}{O}H)OCH_2CH_2Ph$ $\underset{H^+}{\overset{-H^+}{\rightleftharpoons}}$ $CH_3C(={}^{18}O)OCH_2CH_2Ph$

习题 11-10 从指定原料出发,选用必要的试剂合成目标化合物:

(i) 从甲苯及乙醇合成乙酸苄酯;

(ii) 从三级丁基氯合成 α,α-二甲基丙酸甲酯;

(iii) 从异丙醇合成 α,α-二甲基丁酸甲酯。

答 (i) $C_6H_5CH_3 \xrightarrow[Cl_2]{h\nu} C_6H_5CH_2Cl$

$CH_3CH_2OH \xrightarrow{KMnO_4} CH_3COOH \xrightarrow{NaOH} CH_3COONa \xrightarrow{PhCH_2Cl} CH_3COOCH_2Ph$

(ii) $(CH_3)_3CCl \xrightarrow[\text{无水醚}]{Mg} \xrightarrow{CO_2} \xrightarrow[H^+]{H_2O} (CH_3)_3CCOOH \xrightarrow{CH_2N_2} (CH_3)_3CCOOCH_3$

在第一步的 Grignard 反应中，将水解改为甲醇解可以直接得到最终产物。

(iii) $CH_3CH(OH)CH_3 \xrightarrow[H^+]{K_2Cr_2O_7} CH_3COCH_3 \xrightarrow[\text{无水醚}]{C_2H_5MgBr} \xrightarrow[H^+]{H_2O} C_2H_5C(CH_3)_2OH \xrightarrow{SOCl_2} C_2H_5C(CH_3)_2Cl$

$\xrightarrow[\text{无水醚}]{Mg} \xrightarrow{CO_2} \xrightarrow[H^+]{H_2O} C_2H_5C(CH_3)_2COOH \xrightarrow{CH_2N_2} C_2H_5C(CH_3)_2COOCH_3$

生成的 Grignard 试剂与 CO_2 反应后直接甲醇解，也可以得目标产物。

习题11-11 完成下列反应，写出主要产物。

(i) $HOCH_2CH_2CHO \xrightarrow{HCN} \xrightarrow[\triangle]{H_3^+O}$

(ii) $H-C(OH)(CH_3)-CH_2CH_2COONa \xrightarrow{H^+}$

(iii) $CH_2{=}CHCH_2CH_2COOH \xrightarrow{\text{稀}\ H_2SO_4}$

(iv) $CH_3CHClCH_2CH_2COOH \xrightarrow{NaOH\text{-}H_2O} \xrightarrow{H_3^+O}$

(v) $CH_2(OH)-CH(OH)-CH(OH)-CH(OH)-CH(OH)COOH \xrightarrow{-H_2O}$

(vi) (顺式)2-(羟甲基)环己烷甲酸 (H, COOH; CH_2OH, H) $\xrightarrow[\triangle]{H^+}$

答 (i) 3-羟基-γ-丁内酯（α-羟基-γ-丁内酯）

(ii) (R/S) 5-甲基-γ-丁内酯（H, CH_3 立体构型）

(iii) H_3C-γ-丁内酯 (±)

(iv) H_3C-γ-丁内酯

(v) HO, OH, HO 取代的 γ-内酯（侧链 $HOCH_2CH(OH)-$）

(vi) 双环内酯（H, H 顺式稠合）

习题11-12 用指定原料及必要的试剂合成下列化合物。

(i) 从$CH_3CH{=}CH_2$ 合成 $CH_3CH{=}CHCOOH$

(ii) 从$HO(CH_2)_6COOH$合成聚酯

(iii) 从CH_3CH_2CHO合成丁交酯

(iv) 从 $CH_3COCH_2CH_2COOH$合成 H_3C-γ-丁内酯

(v) 从$Br(CH_2)_8COOH$合成 十元环内酯

(vi) 从 CH_3—⟨苯环⟩—CHO 合成 CH_3—⟨苯环⟩—CH(OH)COOH

(vii) 从 $HO(CH_2)_{14}COOH$ 合成 环状内酯 $(CH_2)_{14}$ C=O / O

答

(i) 丙烯 $\xrightarrow{HOBr}$ $CH_3CH(OH)CH_2Br$ $\xrightarrow{NaCN}$ $\xrightarrow[H^+]{H_2O}$ $CH_3CH(OH)CH_2COOH$ $\xrightarrow[\triangle]{H^+}$ $CH_3CH=CHCOOH$

(ii) n $HO(CH_2)_7COOH$ $\xrightarrow[\triangle]{Sb_2O_3}$ $H\!\left[O(CH_2)_7C(=O)\right]_n OH$ + $(n-1)\ H_2O$

(iii) CH_3CH_2CHO $\xrightarrow{HCN}$ $CH_3CH_2CH(OH)CN$ $\xrightarrow[OH^-]{H_2O}$ $\xrightarrow{H^+}$ $CH_3CH_2CH(OH)COOH$ $\xrightarrow{\triangle}$ 3,6-二乙基-1,4-二氧六环-2,5-二酮（交酯）

(iv) $CH_3COCH_2CH_2COOH$ $\xrightarrow{NaBH_4}$ $CH_3CH(OH)CH_2CH_2COONa$ $\xrightarrow[\triangle]{H^+}$ γ-戊内酯

(v) $Br(CH_2)_nCOOH$ $\xrightarrow[OH^-]{H_2O}$ $\xrightarrow{H^+}$ $HO(CH_2)_nCOOH$ $\xrightarrow[H^+]{稀溶液}$ 环内酯

(vi) H_3C—⟨苯环⟩—CHO $\xrightarrow{HCN}$ H_3C—⟨苯环⟩—CH(OH)CN $\xrightarrow[OH^-]{H_2O}$ $\xrightarrow[\triangle]{H^+}$ H_3C—⟨苯环⟩—CH(OH)COOH

(vii) $HO(CH_2)_{14}COOH$ $\xrightarrow[H^+]{稀溶液}$ 环状内酯 $(CH_2)_{14}$ C=O / O

习题11-13 环内含有酰胺键的化合物称为内酰胺。己内酰胺开环聚合可以得到尼龙-6。请写出该聚合反应的化学方程式。

答

n 己内酰胺（环状，C=O，NH） $\xrightarrow{\triangle}$ $\left[C(=O)(CH_2)_5NH\right]_n$

习题11-14 羧酸与三氯化磷反应生成酰氯，请提供合理的、可能的反应机理。

答

$RCOOH + PCl_3$ → $RC(=O^+H)OPCl_2$（Cl^- 进攻羰基碳）→ $RC(Cl)(OH)OPCl_2$ → $RCOCl$ + $HOPCl_2$

习题11-15 醇和浓盐酸反应可得到卤代烃，羧酸和浓盐酸反应能否得到酰卤？为什么？

答 羧酸和浓盐酸反应，不能形成酰卤。这是由于羧羟基的氧与羰基共轭，不易与 H^+ 形成𨦡盐，所以羧羟基不易离去。

习题11-16 完成下列反应，写出主要产物。

(i) $(CH_3)_2CHCH_2COOH \xrightarrow{2CH_3Li} \xrightarrow{H_2O}$ (ii) $HOOCCH_2CH_2COOH \xrightarrow{LiAlH_4} \xrightarrow{H_2O}$

(iii) 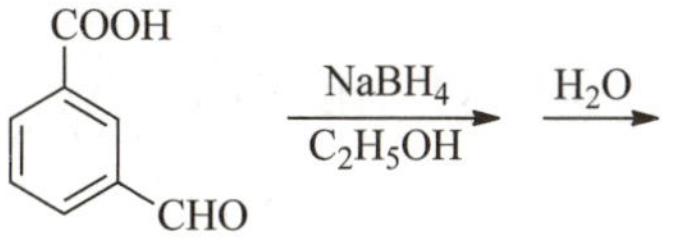 间位 COOH / CHO 取代苯 $\xrightarrow[C_2H_5OH]{NaBH_4} \xrightarrow{H_2O}$ (iv) 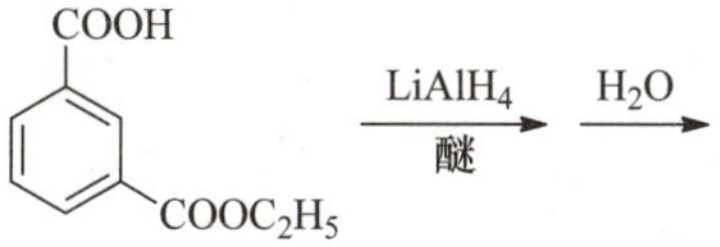 间位 COOH / $COOC_2H_5$ 取代苯 $\xrightarrow[醚]{LiAlH_4} \xrightarrow{H_2O}$

(v) $HOOCCH_2CH_2\overset{O}{\overset{\|}{C}}Cl \xrightarrow{B_2H_6} \xrightarrow{H_2O}$

答 (i) 4-甲基-2-戊酮（键线式，O） (ii) HO～～OH (iii) COOH，CH_2OH（间位取代苯）

(iv) CH_2OH，CH_2OH（间位取代苯） (v) HO～～C(=O)Cl

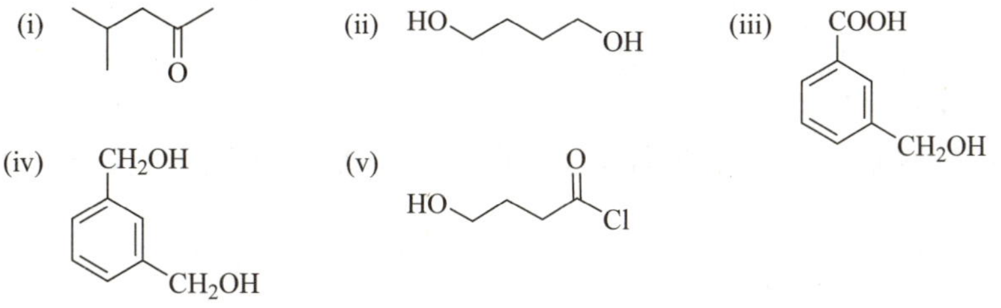

注意各种还原试剂的适用对象以及相应的还原产物。

习题11-17 写出下列化合物脱羧的反应机理。

(i) $CH_3CH_2CH_2\underset{NO_2}{CH}COONa$在水中加热 (ii) $CH_3CH_2CH_2\underset{NO_2}{CH}COOH$

(iii) $CH_3CH_2CH_2\underset{CN}{CH}COOH$ (iv)  邻羟基苯甲酸（COOH，OH），H_2SO_4

答

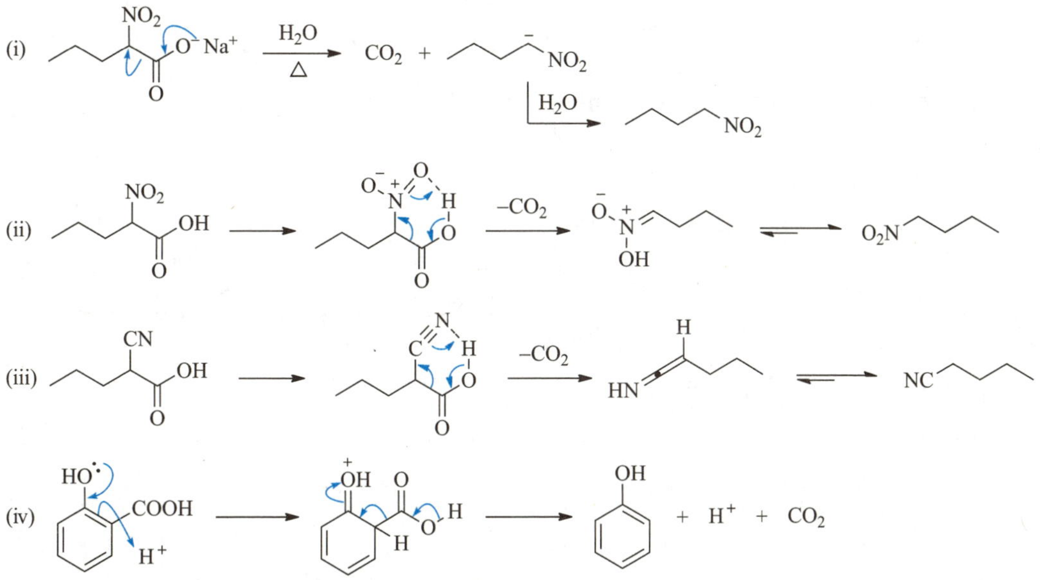

(i) NO_2，O^- Na^+，O $\xrightarrow[\triangle]{H_2O}$ CO_2 + ～～⁻NO_2 $\xrightarrow{H_2O}$ ～～NO_2

(ii) NO_2，OH，O $\longrightarrow$ O^-，N^+，O，H，O，O $\xrightarrow{-CO_2}$ O^-，N^+，OH（=CH～～） $\rightleftharpoons$ O_2N～～

(iii) CN，OH，O $\longrightarrow$ N，C，H，O，O $\xrightarrow{-CO_2}$ HN=C(H)～～ $\rightleftharpoons$ NC～～

(iv) HO:，COOH，H^+ $\longrightarrow$ $\overset{+}{O}H$，O，H，O，H $\longrightarrow$ OH（苯酚） + H^+ + CO_2

习题11-18 解释（COOH，O，CH_3，CH_3 桥环化合物）虽是β-氧代羧酸，但不能脱羧的原因。

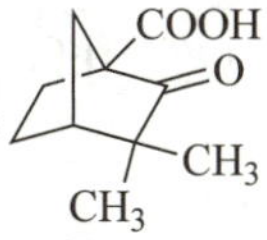

答 因为羧基与桥头碳相连，不易形成六中心过渡态及烯醇，故不易脱羧。

习题11-19 乙酸钠和丙酸钠的混合溶液进行电解反应，会生成哪几种烷烃？

答

$CH_3COO^- \xrightarrow{-e} [CH_3COO\cdot] \longrightarrow \cdot CH_3 + CO_2$

$CH_3CH_2COO^- \xrightarrow{-e} [CH_3CH_2COO\cdot] \longrightarrow \cdot CH_2CH_3 + CO_2$

$\cdot CH_3 + \cdot CH_3 \longrightarrow H_3C-CH_3$

$\cdot CH_3 + \cdot CH_2CH_3 \longrightarrow H_3C-CH_2CH_3$

$\cdot CH_2CH_3 + \cdot CH_2CH_3 \longrightarrow CH_3CH_2CH_2CH_3$

会生成乙烷、丙烷和丁烷三种烷烃。

习题11-20 乙酸钠和丁二酸单甲酯的钠盐的混合物进行电解反应,可生成哪些产物?

答

$CH_3COO^- \xrightarrow{-e} [CH_3COO\cdot] \longrightarrow \cdot CH_3 + CO_2$

$CH_3OOCCH_2CH_2COO^- \xrightarrow{-e} [CH_3OOCCH_2CH_2COO\cdot] \longrightarrow CH_3OOCCH_2CH_2\cdot + CO_2$

$\cdot CH_3 + \cdot CH_3 \longrightarrow H_3C-CH_3$

$CH_3OOCCH_2CH_2\cdot + CH_3OOCCH_2CH_2\cdot \longrightarrow CH_3OOC(CH_2)_4COOCH_3$

$CH_3OOCCH_2CH_2\cdot + \cdot CH_3 \longrightarrow CH_3OOCCH_2CH_2CH_3$

可生成乙烷、己二酸二甲酯和丁酸甲酯三种产物。

习题11-21 写出习题 11-20 的反应机理。

答 见习题 11-20 答案。

习题11-22 完成下列反应,写出主要产物。

(i) 1,1-环己烷二甲酸 (cyclohexane with two COOH on one carbon) $\xrightarrow{\triangle}$ (ii) 顺丁烯二酸 (H–C–COOH = H–C–COOH, cis) $\xrightarrow{\triangle}$ (iii) 1-(2-羧乙基)环己基乙酸 (cyclohexane bearing CH_2CH_2COOH and CH_2COOH on one carbon) $\xrightarrow{\triangle}$

(iv) $m\,HOOC(CH_2)_nCOOH \xrightarrow{\triangle}$

答 (i) 环己基-COOH + CO_2 (ii) 马来酸酐 (cyclic anhydride) + H_2O

(iii) 螺[4.5]癸-2-酮 (spiro cyclohexane–cyclopentanone) + CO_2 + H_2O (iv) $H\!-\![O\!-\!C(=O)\!-\!(CH_2)_n\!-\!C(=O)\!-\!O]_m\!-\!H$ + $(m-1)\,H_2O$

习题11-23 用四个碳以下的醇、对溴甲苯及必要的试剂合成:

(i) 正丁酸 (ii) 正戊酸 (iii) α,α-二甲基丙酸 (iv) 戊二酸

(v) α,α′-二乙基己二酸 (vi) 对溴苯甲酸 (vii) 对甲苯乙酸

答

(i) 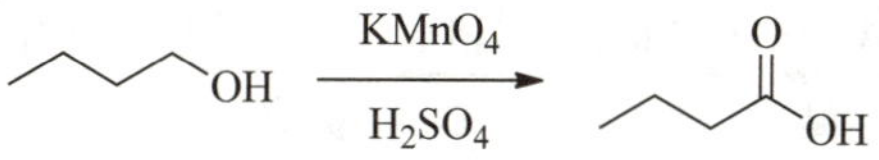 OH $\xrightarrow[H_2SO_4]{KMnO_4}$ O OH

(ii) 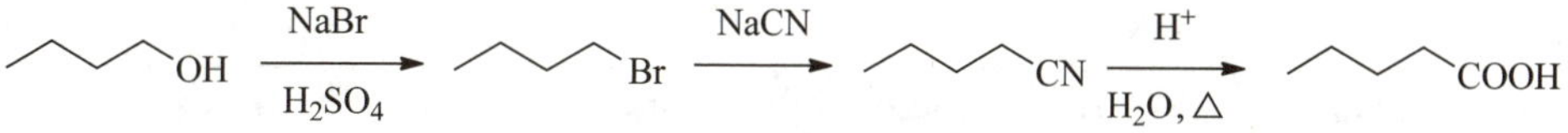 OH $\xrightarrow[H_2SO_4]{NaBr}$ Br $\xrightarrow{NaCN}$ CN $\xrightarrow[H_2O,\triangle]{H^+}$ COOH

(iii) 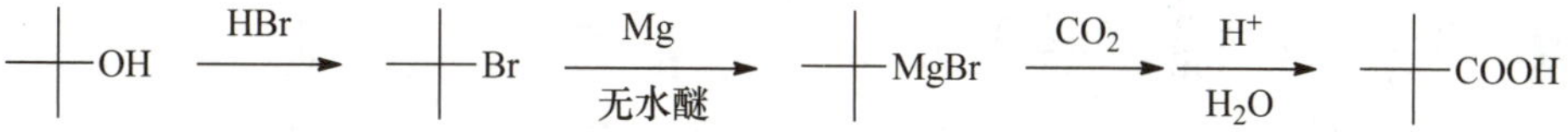 OH $\xrightarrow{HBr}$ Br $\xrightarrow[\text{无水醚}]{Mg}$ MgBr $\xrightarrow{CO_2}$ $\xrightarrow[H_2O]{H^+}$ COOH

(iv) 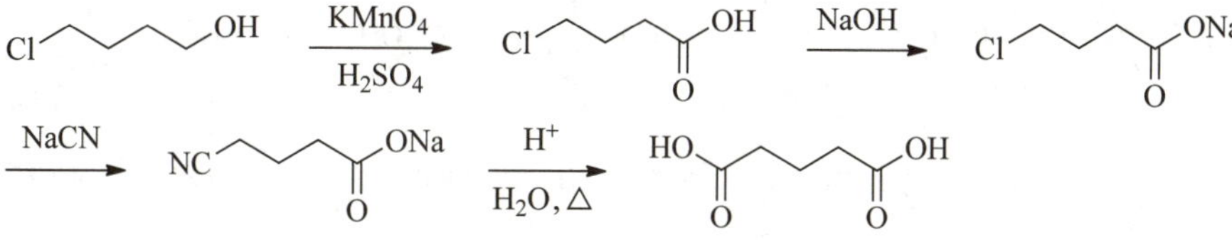 Cl OH $\xrightarrow[H_2SO_4]{KMnO_4}$ Cl OH O $\xrightarrow{NaOH}$ Cl ONa O

$\xrightarrow{NaCN}$ NC ONa O $\xrightarrow[H_2O,\triangle]{H^+}$ HO O OH O

(v) 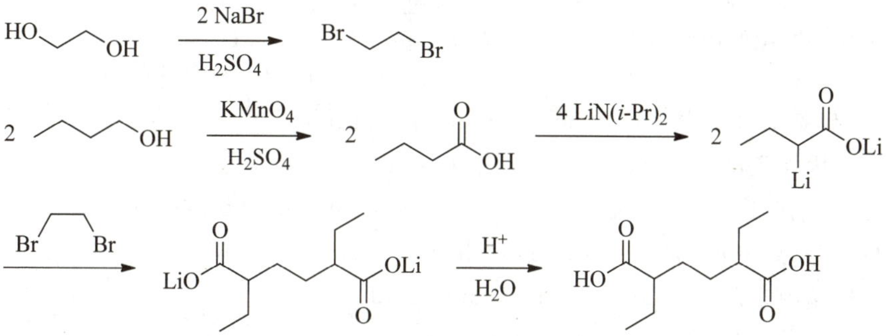 HO OH $\xrightarrow[H_2SO_4]{2\ NaBr}$ Br Br

2 OH $\xrightarrow[H_2SO_4]{KMnO_4}$ 2 O OH $\xrightarrow{4\ LiN(i\text{-}Pr)_2}$ 2 O OLi Li

$\xrightarrow{\text{Br Br}}$ O LiO OLi O $\xrightarrow[H_2O]{H^+}$ O HO OH O

(vi) 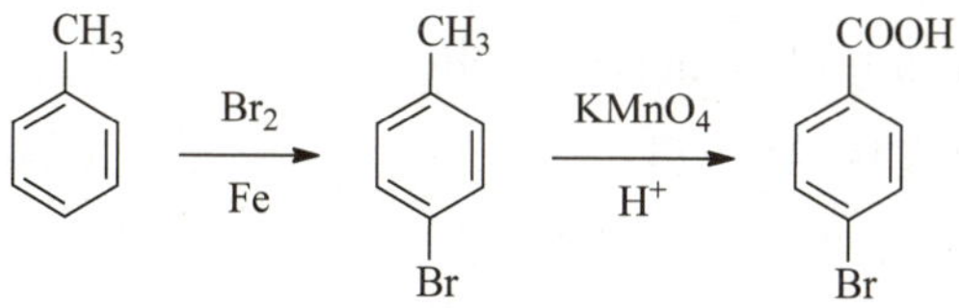 CH_3 $\xrightarrow[Fe]{Br_2}$ CH_3 Br $\xrightarrow[H^+]{KMnO_4}$ COOH Br

(vii) 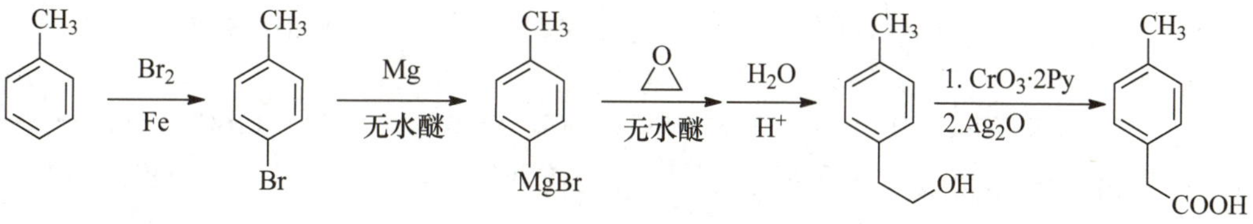 CH_3 $\xrightarrow[Fe]{Br_2}$ CH_3 Br $\xrightarrow[\text{无水醚}]{Mg}$ CH_3 MgBr $\xrightarrow[\text{无水醚}]{\text{O}}$ $\xrightarrow[H^+]{H_2O}$ CH_3 OH $\xrightarrow[2.Ag_2O]{1.\ CrO_3\cdot 2Py}$ CH_3 COOH

习题11-24 用指定化合物和不超过三个碳的有机物合成目标化合物。

(i) 从软脂酸合成 $n\text{-}C_{14}H_{29}COOH$

(ii) 从硬脂酸合成 $n\text{-}C_{17}H_{35}C(OH)(CH_3)_2$

(iii) 从$C_9H_{19}COOH$合成$C_9H_{19}CH(OCOCH_3)CH_2CH_3$

(iv) 从 环戊基$-CH_2OH$合成 环戊基$-CH(OH)CH_2CH_3$

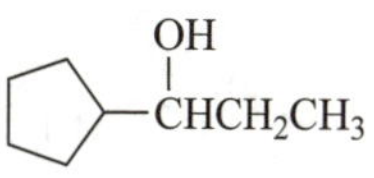

答

(i) 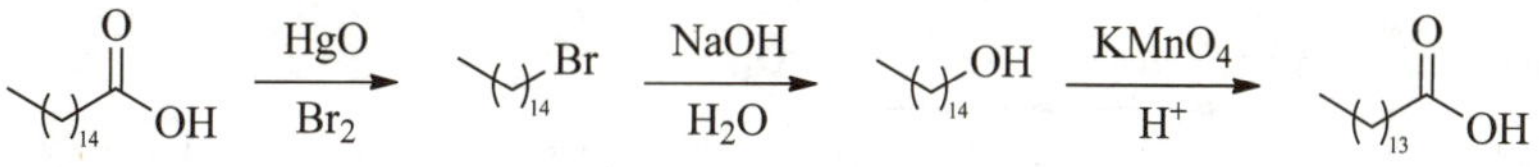 O OH (14) 软脂酸 $\xrightarrow[Br_2]{HgO}$ Br (14) $\xrightarrow[H_2O]{NaOH}$ OH (14) $\xrightarrow[H^+]{KMnO_4}$ O OH (13)

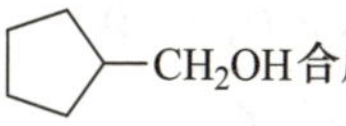

(ii) 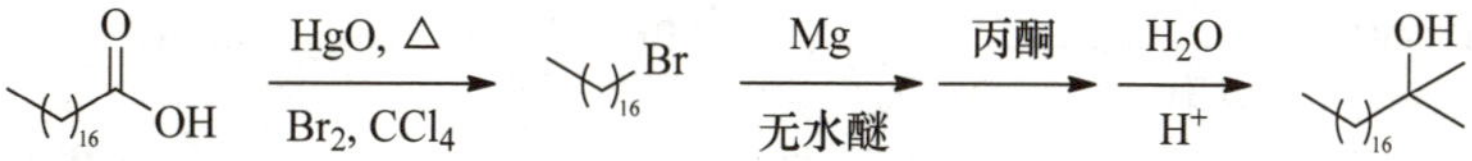 O OH (16) 硬脂酸 $\xrightarrow[Br_2,\ CCl_4]{HgO,\ \triangle}$ Br (16) $\xrightarrow[\text{无水醚}]{Mg}$ $\xrightarrow{\text{丙酮}}$ $\xrightarrow[H^+]{H_2O}$ OH (16)

(iii) $C_9H_{19}COOH \xrightarrow[Br_2,\ CCl_4]{HgO,\ \triangle} C_9H_{19}Br \xrightarrow[无水醚]{Mg} \xrightarrow{CH_3CH_2CHO} \xrightarrow[H^+]{H_2O} C_9H_{19}CH(OH)CH_2CH_3 \xrightarrow{CH_3COCl} C_9H_{19}CH(Et)OCOCH_3$

(iv) 环戊基-$CH_2OH \xrightarrow[H^+]{K_2Cr_2O_7}$ 环戊基-$COOH \xrightarrow[Br_2,\ CCl_4]{HgO,\ \triangle}$ 环戊基-$Br \xrightarrow[无水醚]{Mg} \xrightarrow{CH_3CH_2CHO} \xrightarrow[H^+]{H_2O}$ 环戊基-$CH(Et)OH$

习题11-25 用中、英文命名下列化合物。

(i) $CH_2{=}CHCH(CH_3)COOH$ (ii) 环丙基-CH_2COOH (iii) 3-氧代环戊基-COOH（环戊酮，3位COOH）

(iv) $C_6H_5{-}O{-}C_6H_4{-}COOH$（对位） (v) $CH_3CH(COOH)_2$ (vi) $HOOCCH_2COCH_2COOH$

(vii) HOOCCHClCHClCOOH (viii) $CH_3CH_2CH_2(H)C{=}C(H)CH_2COOH$（反式）

答 (i) 2-甲基-3-丁烯酸　2-methyl-3-butenoic acid

(ii) 环丙烷乙酸　cyclopropaneacetic acid

(iii) 3-氧代-1-环戊烷羧酸　3-oxo-1-cyclopentanecarboxylic acid

(iv) 对苯氧基苯甲酸　4-phenoxybenzoic acid

(v) 甲基丙二酸　methylpropanedioic acid

(vi) 3-氧代戊二酸　3-oxopentanedioic acid

(vii) 2,3-二氯丁二酸　2,3-dichlorobutanedioic acid

(viii) (E)-3-庚烯酸　(E)-3-heptenoic acid

习题11-26 用合适方法转变下列化合物。

(i) $(CH_3CH_2)_2C(CH_3)OH \longrightarrow (CH_3CH_2)_2C(CH_3)COOH$　(ii) $CH_3CH_2CH_2CH_2OH \longrightarrow CH_3CH_2CH_2COCl$

(iii) $CH_3CH(OH)CH_2CH_2Br \longrightarrow CH_3CH(OH)CH_2CH_2COOH$　(iv) $CH_3CH_2CH_2COOH \longrightarrow CH_3CH_2CH_2OH$

(v) 环己基-$CH_2CH_2OH \longrightarrow$ 环己基-$COOH$

答

(i) $(CH_3CH_2)_2C(CH_3)OH \xrightarrow{HBr} (CH_3CH_2)_2C(CH_3)Br \xrightarrow[无水醚]{Mg} \xrightarrow{CO_2} \xrightarrow[H_2O]{H^+} (CH_3CH_2)_2C(CH_3)COOH$

(ii) $CH_3CH_2CH_2CH_2OH \xrightarrow[OH^-,\ \triangle]{KMnO_4} \xrightarrow{H^+} CH_3CH_2CH_2COOH \xrightarrow{SOCl_2} CH_3CH_2CH_2COCl$

(iii) $CH_3CH(OH)CH_2CH_2Br \xrightarrow{KCN} \xrightarrow[OH^-,\ \triangle]{H_2O} \xrightarrow[中和]{H^+} CH_3CH(OH)CH_2CH_2COOH$

(iv) $CH_3CH_2CH_2COOH \xrightarrow[KOH]{AgNO_3} \xrightarrow{Br_2,\ CCl_4} CH_3CH_2CH_2Br \xrightarrow[OH^-]{H_2O} CH_3CH_2CH_2OH$

(v) 环己基乙醇 $\xrightarrow[OH^-, \triangle]{KMnO_4}$ $\xrightarrow{H^+}$ 环己基乙酸 $\xrightarrow[KOH]{AgNO_3}$ $\xrightarrow{Br_2, CCl_4}$ 环己基甲基溴 $\xrightarrow[OH^-]{H_2O}$ 环己基甲醇 $\xrightarrow[OH^-, \triangle]{KMnO_4}$ $\xrightarrow{H^+}$ 环己基甲酸（C₆H₁₁—COOH）

习题11-27 异戊酸与下列试剂发生什么反应？用反应式表示。

(i) $NaHCO_3$，再用酸处理　　(ii) P 催化量＋Br_2，△

(iii) $HgO+Br_2$　　(iv) CH_3CH_2MgCl，乙醚，然后 H^+，H_2O

(v) $LiAlH_4$，乙醚，然后 H_2O　　(vi) $2CH_3Li$，H_2O

(vii) $Pb(OAc)_4$，LiCl　　(viii) Cl_2，光

(ix) 过量 C_2H_5OH，少量 H_2SO_4

答 异戊酸 $(CH_3)_2CHCH_2COOH$：

(i) $\xrightarrow{NaHCO_3}$ $(CH_3)_2CHCH_2COONa$ $\xrightarrow{H^+}$ $(CH_3)_2CHCH_2COOH$

(ii) $\xrightarrow[\triangle]{P(催化量)+Br_2}$ $(CH_3)_2CHCH(Br)COOH$

(iii) $\xrightarrow{HgO+Br_2}$ $(CH_3)_2CHCH_2Br$

(iv) $\xrightarrow[乙醚]{CH_3CH_2MgCl}$ $(CH_3)_2CHCH_2COOMgCl$ $\xrightarrow[H^+]{H_2O}$ $(CH_3)_2CHCH_2COOH$

(v) $\xrightarrow[乙醚]{LiAlH_4}$ $\xrightarrow{H_2O}$ $(CH_3)_2CHCH_2CH_2OH$

(vi) $\xrightarrow{CH_3Li}$ $(CH_3)_2CHCH_2COOLi$ $\xrightarrow{CH_3Li}$ $\xrightarrow{H_2O}$ $(CH_3)_2CHCH_2COCH_3$

(vii) $\xrightarrow[LiCl]{Pb(OAc)_4}$ $(CH_3)_2CHCH_2Cl$

(viii) $\xrightarrow{Cl_2, 光}$ 氯代异戊酸的混合物

(ix) $\xrightarrow[少量H_2SO_4]{过量C_2H_5OH}$ $(CH_3)_2CHCH_2COOCH_2CH_3$

习题11-28 甲苯与下列试剂发生什么反应？用反应式表示。

(i) $KMnO_4$，然后 Na_2CO_3 或 NaOH 处理；

(ii) 三分子 Cl_2 光照，然后用 NaOH 水溶液加热，再用酸处理；

(iii) 与 $KMnO_4$ 反应后再用 CH_3CH_2Li 处理。

答

(i) $C_6H_5-CH_3 \xrightarrow{KMnO_4} C_6H_5-COOH \xrightarrow{Na_2CO_3} C_6H_5-COONa$

(ii) $C_6H_5-CH_3 \xrightarrow[h\nu]{3Cl_2} C_6H_5-CCl_3 \xrightarrow[H_2O]{NaOH} C_6H_5-COONa \xrightarrow{H^+} C_6H_5-COOH$

(iii) $C_6H_5-CH_3 \xrightarrow{KMnO_4} C_6H_5-COOH \xrightarrow{CH_3CH_2Li} C_6H_5-COOLi \xrightarrow{CH_3CH_2Li} \xrightarrow{H_2O} C_6H_5-CO-Et$

习题11-29 由五碳醇以及必要的试剂合成下列化合物。

(i) $CH_3(CH_2)_4CHBrCH_2Br$　(ii) $CH_3CH_2CH_2CH_2CH(CH_3)COOH$　(iii) $CH_3CH(CH_3)CH_2COOC_2H_5$　(iv) $CH_3CH_2CH(OCH_3)CH(Br)COOCH_3$

(v) $CH_3(CH_2)_6COOH$　(vi) CH_3CH_2COOH　(vii) $CH_3(CH_2)_9COOH$　(viii) $CH_3(CH_2)_5{}^{14}COOH$

答

(i) 正戊醇 $\xrightarrow{HBr}$ 1-溴戊烷 $\xrightarrow{NaC\equiv CH}$ 1-庚炔 $\xrightarrow[\text{液氨}]{Na}$ 1-庚烯 $\xrightarrow{Br_2}$ 1,2-二溴庚烷

(ii) 正戊醇 $\xrightarrow{CrO_3\cdot 2\,Py}$ 戊醛(CHO) $\xrightarrow{CH_3MgI}\xrightarrow[H^+]{H_2O}$ 2-己醇(OH) $\xrightarrow{HBr}\xrightarrow[\text{无水醚}]{Mg}\xrightarrow{CO_2}\xrightarrow[H^+]{H_2O}$ 2-甲基己酸(COOH)

(iii) 3-甲基-1-丁醇(OH) $\xrightarrow[OH^-]{KMnO_4}\xrightarrow{H^+}$ 3-甲基丁酸(COOH) $\xrightarrow[H^+]{C_2H_5OH}$ 3-甲基丁酸乙酯($COOC_2H_5$)

(iv) $CH_3CH_2CH{=}CHCH_2OH \xrightarrow{CrO_3,\ H^+} CH_3CH_2CH{=}CHCOOH \xrightarrow{CH_2N_2} CH_3CH_2CH{=}CHCOOCH_3$

$\xrightarrow{CH_3OBr} CH_3CH_2CH(OCH_3)CH(Br)COOCH_3$（$H_3CO$、Br 分别连于 C3、C2）

(v) $CH_3(CH_2)_4OH \xrightarrow{HBr} CH_3(CH_2)_4Br \xrightarrow[\text{无水醚}]{Mg} \xrightarrow{\text{环氧乙烷}} \xrightarrow[H^+]{H_2O} CH_3(CH_2)_6OH$

$\xrightarrow{HBr}\xrightarrow{NaCN}\xrightarrow[\triangle]{H_3O^+} CH_3(CH_2)_6COOH$

(vi) 3-戊醇(OH) $\xrightarrow[\triangle]{H^+} CH_3CH{=}CHCH_2CH_3 \xrightarrow[H^+,\ \triangle]{KMnO_4}\xrightarrow{\text{分离}}$ 丙酸(COOH)

(vii) 由(i)得 n-Bu-$CH_2C\equiv CH$ $\xrightarrow[NH_3\ (l)]{NaNH_2}$ n-Bu-$CH_2C\equiv CNa$ $\xrightarrow{Br(CH_2)_3CN}$ n-Bu-$CH_2C\equiv C(CH_2)_3CN$

$\xrightarrow[H^+,\ \triangle]{H_2O}$ n-Bu-$CH_2C\equiv C(CH_2)_3COOH$ $\xrightarrow[\text{催化剂}]{2\ H_2}$ 十一酸(COOH)

(viii) 正戊醇(OH) $\xrightarrow{HBr}\xrightarrow[\text{无水醚}]{Mg}$ 戊基MgBr $\xrightarrow{HCHO}\xrightarrow[H^+]{H_2O}$ 正己醇(OH)

$\xrightarrow{HBr}\xrightarrow[\text{无水醚}]{Mg}\xrightarrow{^{14}CO_2}\xrightarrow[H^+]{H_2O}$ $CH_3(CH_2)_5{}^{14}COOH$

习题11-30 由指定原料合成下列化合物。

(i) 由甲醇及乙醛合成 2-羟基-2-甲基丙酸

(ii) 由乙醛合成 β-溴代丁酸

(iii) 由四个碳以下化合物合成 $HOOCCH_2CH_2CH(COOH)-CH(COOH)CH_2CH_2COOH$

(iv) 由四个碳以下化合物合成 (3,4-二羟基-1,2-环己烷二甲酸)

(v) 由己二酸及苯甲腈合成 $C_6H_5-CO-C_5H_9$（苯基环戊基甲酮）

(vi) 由 环己酮 合成 (双螺环交酯)

答

(i) $CH_3OH \xrightarrow{P + I_2} CH_3I \xrightarrow[\text{无水醚}]{Mg} CH_3MgI$

$CH_3CHO \xrightarrow[\text{无水醚}]{CH_3MgI} \xrightarrow[H^+]{H_2O} (CH_3)_2CHOH \xrightarrow[H^+]{K_2Cr_2O_7} (CH_3)_2C{=}O \xrightarrow{HCN} (CH_3)_2C(OH)CN \xrightarrow[\triangle]{H_3^+O} (CH_3)_2C(OH)COOH$

(ii) $2\ CH_3CHO \xrightarrow{OH^-} CH_3CH(OH)CH_2CHO \xrightarrow{Ag_2O} \xrightarrow{H^+} CH_3CH(OH)CH_2COOH \xrightarrow{HBr} CH_3CHBrCH_2COOH$

(iii) $HO(CH_2)_3Br \xrightarrow[H^+]{(CH_3)_2C{=}CH_2} (CH_3)_3CO(CH_2)_3Br \xrightarrow{NaC{\equiv}CNa} t\text{-}BuO(CH_2)_3C{\equiv}C(CH_2)_3OBu\text{-}t$

$\xrightarrow[NH_3\ (l)]{Na}$ t-BuO$(H_2C)_3$CH=CH$(CH_2)_3$OBu-t (反式) $\xrightarrow{Br_2}$ t-BuO$(CH_2)_3$CHBrCHBr$(CH_2)_3$OBu-t

$\xrightarrow{NaCN}$ t-BuO$(CH_2)_3$CH(CN)CH(CN)$(CH_2)_3$OBu-t $\xrightarrow[H^+]{H_2O}$ HO$(CH_2)_3$CH(CN)CH(CN)$(CH_2)_3$OH

$\xrightarrow[H^+]{K_2Cr_2O_7}$ HOOC$(CH_2)_2$CH(CN)CH(CN)$(CH_2)_2$COOH $\xrightarrow[H_2O,\ \triangle]{OH^-} \xrightarrow{H^+}$ HOOC$(CH_2)_2$CH(COOH)CH(COOH)$(CH_2)_2$COOH

(iv) 1,3-丁二烯 + 顺丁烯二酸 $\longrightarrow$ 顺-4-环己烯-1,2-二甲酸 $\xrightarrow{CH_3CO_3H} \xrightarrow{H_2O}$ 4,5-二羟基环己烷-1,2-二甲酸

(v) $HOOC(CH_2)_4COOH \xrightarrow{\triangle}$ 环戊酮 $\xrightarrow{H_2,\ Pd}$ 环戊醇 $\xrightarrow{HBr} \xrightarrow[\text{无水醚}]{Mg}$

环戊基-MgBr $\xrightarrow{C_6H_5CN} \xrightarrow[H^+]{H_2O}$ $C_6H_5-CO-C_5H_9$

(vi) 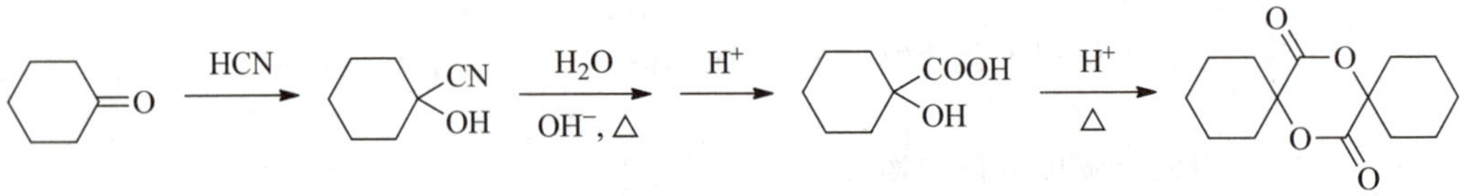 环己酮 $\xrightarrow{HCN}$ 1-羟基环己甲腈（CN, OH） $\xrightarrow[OH^-, \triangle]{H_2O}$ $\xrightarrow{H^+}$ 1-羟基环己甲酸（COOH, OH） $\xrightarrow[\triangle]{H^+}$ 双螺环交酯（O, O）

习题11-31 乙酸中也含有 $CH_3\overset{O}{\overset{\|}{C}}—$ 基团，但不发生碘仿反应。为什么？

答 乙酸在 NaOI 条件下，形成 CH_3COO^-，氧负离子与羰基共轭，电子均匀化的结果，降低了羰基碳的正电性，因此 α 氢活泼性降低，不能发生碘仿反应。

习题11-32 要得到一个旋光性的碳氢化合物，但没有拆分的基团，一般是先用一个可拆分的有旋光性的原料进行反应，最后得到所需要的化合物。你能否设计由(±)-3-苯基丁酸合成下列旋光性化合物？

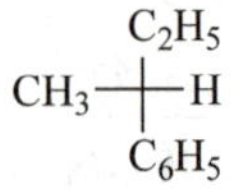

（Fischer 投影式：上 C_2H_5，左 CH_3，右 H，下 C_6H_5）

答 (±)-3-苯基丁酸在有旋光性的碱(如奎宁碱)作用下，形成(+)-酸・奎宁碱以及(−)-酸・奎宁碱；可用结晶法分离，再用 HCl 处理，得到(+)-苯基丁酸以及(−)-苯基丁酸；然后将有旋光性的酸用下法处理：

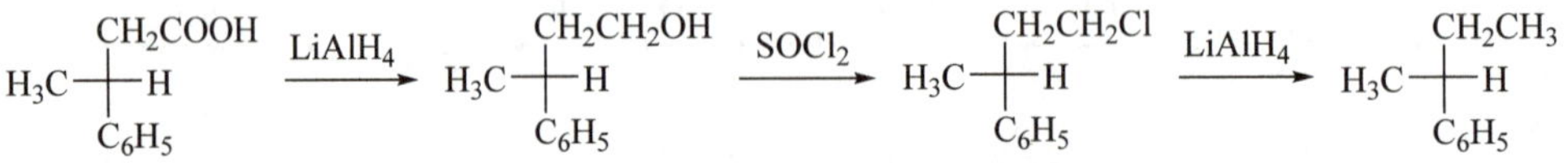

$H_3C—C(CH_2COOH)(H)(C_6H_5)$ $\xrightarrow{LiAlH_4}$ $H_3C—C(CH_2CH_2OH)(H)(C_6H_5)$ $\xrightarrow{SOCl_2}$ $H_3C—C(CH_2CH_2Cl)(H)(C_6H_5)$ $\xrightarrow{LiAlH_4}$ $H_3C—C(CH_2CH_3)(H)(C_6H_5)$

习题11-33 2,5-二甲基-1,1-环戊二羧酸(i)在合成时可得到两个熔点不同的无旋光性的化合物(A)及(B)，试画出它们的立体结构。在加热时，(A)生成两个 2,5-二甲基环戊烷羧酸(ii)，而(B)只生成一对外消旋体。写出(A)及(B)的立体结构。

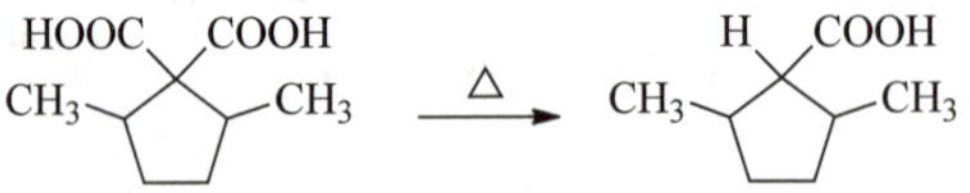

HOOC COOH, CH_3 CH_3 (i) $\xrightarrow{\triangle}$ H COOH, CH_3 CH_3 (ii)

答 (A)是内消旋体，其结构为：（H, R, S, H; H_3C, CH_3; HOOC COOH）

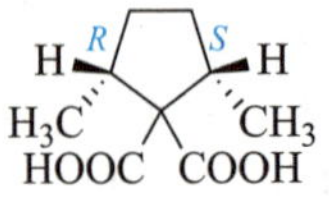

(B)是一对外消旋体，其结构为：（H, R, R, CH_3; H_3C, H; HOOC COOH） （H_3C, S, S, H; H, CH_3; HOOC COOH）

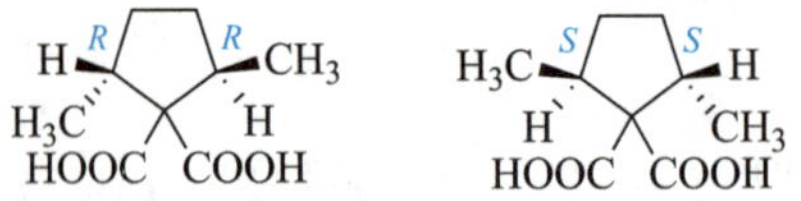

在加热时，(A)生成两个内消旋 2,5-二甲基环戊烷羧酸，(B)生成一对外消旋体，如下所示：

(A): （H, H; H_3C, CH_3; HOOC COOH） $\xrightarrow[\triangle]{-CO_2}$ （H, H; H_3C, CH_3; COOH） + （H, H; H_3C, CH_3; COOH）

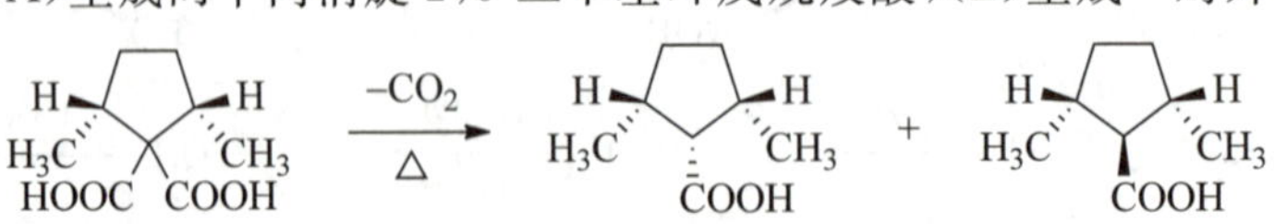

(B): （H, CH_3; H_3C, H; HOOC COOH） + （H_3C, H; H, CH_3; HOOC COOH） $\xrightarrow[\triangle]{-CO_2}$ （H, CH_3; H_3C, H; COOH） + （H_3C, H; H, CH_3; COOH）

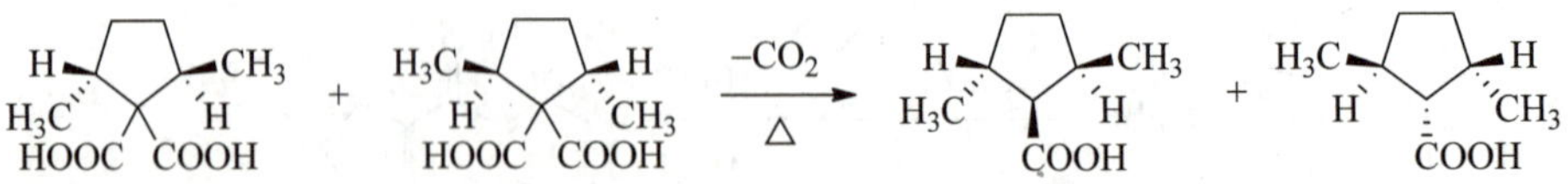

习题11-34 有一个化合物(A)含有碳、氢、氧，相对分子质量为 136，(A)用高锰酸钾加热氧化成(B)，(B)熔点 212～214℃，相对分子质量为 166。当(A)与碱石灰共热，得化合物(C)，沸点 110～112℃；(C)用高锰酸钾氧化转变为(D)，熔点 121～122℃，相对分子质量为 122。推测化合物(A)～(D)的可能构造式。

答　可能的构造式及其反应如下：

(D) mp 121～122 °C, M_r = 122 ←($KMnO_4$)— (C) bp 110～112 °C ←(碱石灰共热)— (A) M_r = 136 —($KMnO_4$, △)→ (B) mp 212～214 °C, M_r = 166

习题11-35　有一个化合物(A)溶于水内，但不溶于乙醚，含有 C，H，O，N。(A)加热后失去一分子水，得一化合物(B)；(B)和氢氧化钠水溶液煮沸，放出一个有气味的气体，残余物经酸化后，得一不含氮的酸性物质(C)；(C)与氢化铝锂反应后的物质用浓硫酸作用，得到一个气体烯烃，相对分子质量 56，臭氧化后用 Zn，H_2O 分解，得到一个醛和一个酮。推断(A)的构造式。

答　化合物(A)的构造式及各步反应如下：

(A) —($-H_2O$, △)→ (B) —(NaOH, H_2O, △; $-NH_3$)→ —(H^+)→ (C) —($LiAlH_4$)→ —(H_2SO_4)→ M_r = 56 —(O_3)→ —(Zn, H_2O)→ + HCHO

习题11-36　有一个化合物(A)$C_6H_{12}O$，(A)与 NaIO 在碱中反应产生大量黄色沉淀，母液酸化后得到一个酸(B)；(B)在红磷存在下加入溴时，只形成一个单溴化合物(C)；(C)用 NaOH 的醇溶液处理时能失去溴化氢产生(D)；(D)能使溴水褪色。(D)用过量的铬酸在硫酸中氧化后蒸馏，只得到一个一元酸产物(E)，(E)相对分子质量为 60。试推测(A)～(E)的构造式，并用反应式表示反应过程。

答　化合物(A)的构造式及各步反应如下：

(A) —(NaIO, OH^-)→ ONa + CH_3I↓（黄色） —(H^+)→ (B) —(P + Br_2)→ (C) —(NaOH, C_2H_5OH)→

$CH_3CH{=}C(CH_3)COONa$ (D) (Br_2-H_2O褪色) —(H_2CrO_4（过量）, H_2SO_4)→ COOH + CH_3COOH (E) M_r = 60

—(进一步氧化脱羧)→ CH_3CHO —([O])→ CH_3COOH (E) M_r = 60 + CO_2

习题11-37　给出与下列各组核磁共振数据相符的化合物的构造式。

(i) $C_3H_5ClO_2$：(a) δ_H：1.73(二重峰，3H)　(b) δ_H：4.47(四重峰，1H)　(c)δ_H：11.22(单峰，1H)

(ii) $C_4H_7BrO_2$：(a) δ_H：1.08(四重峰，3H)　(b) δ_H：2.07(多重峰，2H)　(c) δ_H：4.23(双二重峰，1H)　(d) δ_H：10.97(单峰，1H)

(iii) $C_4H_8O_3$：(a) δ_H：1.27(三重峰，3H)　(b) δ_H：3.36(四重峰，2H)　(c) δ_H：4.13(单峰，2H)　(d) δ_H：10.95(单峰，1H)

答 (i) 构造式为：$CH_3CH(Cl)COOH$

δ_H：1.73(CH_3)，4.47(CH)，11.22(COOH)。

(ii) 构造式为：$CH_3CH_2CH(Br)COOH$

δ_H：1.08(CH_3)，2.07(CH_2)，4.23(CH)，10.97(COOH)。

(iii) 构造式为：$HOOCCH_2OCH_2CH_3$

δ_H：1.27(CH_3)，3.36(CH_2，与 CH_3 连接)，4.13(CH_2，与 COOH 连接)，10.95(COOH)。

习题11-38 一个合成乙酸乙酯的方法是用 15 mL 冰醋酸、23 mL 95%乙醇及7.5 mL 硫酸在水浴上回流半小时，然后蒸出粗乙酸乙酯(含酸、醇及水)。请绘出此反应的装置并设计纯化乙酸乙酯的方法。

答 反应装置为回流以及蒸馏装置(略)。

将 15 mL 冰醋酸、23 mL 95%乙醇，在慢慢摇动下加入7.5 mL 浓硫酸，混合均匀后加入几粒沸石，装上回流冷凝管，在水浴上回流 30 min，稍冷后，改蒸馏装置，水浴加热蒸馏，直至在沸水浴上不再有蒸出物为止(蒸出物为三元共沸混合物，沸点70.3℃，乙酸乙酯 83.2%，乙醇 9.0%，水 7.8%)，将此蒸出物(粗乙酸乙酯)中慢慢加入饱和 Na_2CO_3 水溶液，直至有机相呈中性，将液体转入分液漏斗中，分去水相，有机相用等体积饱和食盐水洗一次(洗去残余的碱等)，然后用 20 mL 饱和氯化钙水溶液分二次洗涤(洗去残余的醇)，有机相用无水硫酸钠干燥，蒸馏，得纯乙酸乙酯。

12

第12章

羧酸衍生物 酰基碳上的亲核取代反应

内容提要

酰基与 W（W＝X，RCOO，RO，NH_2，NHR，NR_2）相连的一大类化合物统称为**羧酸衍生物**。—COW 是这类化合物的官能团。

12.1 羧酸衍生物的分类

酰基与卤原子相连称为**酰卤**，与羧酸根相连称为**酸酐**，与烃氧基相连称为**酯**，与氨基相连称为**酰胺**。

12.2 羧酸衍生物的命名(略)

12.3 羧酸衍生物的结构

羧酸衍生物中，羰基碳呈 sp^2 杂化，三个杂化轨道，一个与羰基氧形成 σ 键，一个与烃基碳或氢形成 σ 键，一个与卤原子，或羧酸根的氧，或烃氧基的氧，或氨基的氮形成 σ 键，羰基碳上还剩有一个 p 轨道，与羰基氧的 p 轨道侧面重叠形成 π 键。由于卤原子，或羧酸根的氧原子，或烃氧基的氧原子，或氨基的氮原子可以与 π 键共轭，所以，它们都形成了一个具有四电子三中心的离域 π 分子轨道。

12.4 羧酸衍生物的物理性质(略)

羧酸衍生物的反应

—COW 是羧酸衍生物的官能团，也是羧酸衍生物的反应中心。

12.5 酰基碳上的亲核取代反应

在羧酸衍生物中，酰基碳上的 W 可以被亲核试剂所取代，这类反应称为**酰基碳上的亲核取代反应**。羧酸衍生物的水解、醇解、胺解均属于此类反应。绝大多数羧酸衍生物是按**加成-消除机理**进行此类反应的。反应可以在酸催化下进行，也可以在碱催化下进行，反应的活泼性为酰卤>

酸酐＞酯＞酰胺。

12.6 羧酸衍生物与有机金属化合物的反应

羧酸衍生物与一分子有机金属化合物反应，经加成-消除机理生成酮。酮与一分子有机金属化合物加成，再水解生成醇。反应控制在哪一步，要作具体分析。酰胺与有机金属化合物反应时，氮上的活泼氢将首先反应。

12.7 羧酸衍生物和腈的还原

酰卤、酸酐、酯、酰胺均能通过催化氢化法还原，但选用的催化剂有所不同。酰卤、酸酐、酯、酰胺还可用常用的金属氢化物还原。在上述的还原反应中，酰卤的还原产物是醇或醛；酸酐的还原产物是醇；酯的还原产物是醇；酰胺的还原产物是胺。此外，酯在醇溶液中和金属钠反应，可发生单分子还原生成醇；酯在乙醚或甲苯等溶剂中和金属钠反应，可发生双分子还原生成 α-羟基酮（酮醇）。

12.8 酰卤 α-H 的卤代

酰卤与卤素反应，生成 α-卤代酰卤的反应称为**酰卤 α-H 的卤代**。反应机理与醛、酮的 α-卤代反应类似。

12.9 烯酮的反应

烯酮含有两个正交的 π 键，含活泼氢化合物与烯酮反应时，先失去活泼氢，然后与烯酮的羰基发生亲核加成再互变异构，反应的最终结果是活泼氢被乙酰基取代，因此烯酮是一个理想的乙酰化试剂。烯酮二聚，或烯酮与甲醛反应，可生成 β-丙内酯类化合物。β-丙内酯类化合物在中性、弱酸性介质中反应，可制 β 取代的羧酸；在碱性或强酸性介质中反应，可制 β 取代的羧酸衍生物。烯酮在光作用下分解，产生亚甲基卡宾。

12.10 酯缩合反应

两分子酯在碱的催化作用下，生成 β-羰基酯的反应称为**酯缩合反应**。酯缩合反应是可逆反应。酯缩合反应可以在分子间发生，也可以在分子内发生。一个有 α 活泼氢的酮和一个没有 α 活泼氢的酯在碱的催化作用下，也能发生类似的缩合反应，产物是各种 β-二羰基化合物。

12.11 酯的热裂

酯在 400～500℃的高温进行裂解，产生烯烃和相应羧酸的反应称为**酯的热裂**。黄原酸酯加热到 100～200℃，也能发生热裂分解生成烯烃。这两个热裂反应均是通过**六元环状过渡态**完成的。

12.12 酰亚胺的酸性

酰亚胺氮上的氢具有一定的酸性，可以和碱发生酸碱反应，还可以与溴发生取代反应。

羧酸衍生物的制备

12.13 酰卤的制备（略）

12.14 酸酐和烯酮的制备

实验室制备酸酐的主要方法有：(1) 用干燥的羧酸钠盐与酰卤反应；(2) 羧酸的脱水；(3) 芳烃氧化；(4) 用羧酸和烯酮反应。

实验室制备烯酮的主要方法有：(1) α-溴代酰溴失去两个溴原子；(2) 酰卤在碱作用下脱卤化氢；(3) α-重氮羰基化合物发生 Wolff 重排；(4) 用乙酸或丙酮热裂。

12.15 酯的制备

实验室制备酯的主要方法有：(1) 酯化反应；(2) 羧酸衍生物的醇解；(3) 羧酸盐与活泼卤代烃反应；(4) 羧酸与烯、炔的加成；(5) 羧酸与重氮甲烷反应。

12.16 酰胺和腈的制备

实验室制备酰胺的主要方法有：(1) 羧酸衍生物的胺解；(2) 腈的控制水解。

实验室制备腈的主要方法有：(1) 卤代烃与氰化钠反应；(2) 酰胺失水。

油脂　蜡　碳酸的衍生物

12.17 油脂(略)

12.18 蜡(略)

12.19 碳酸的衍生物(略)

习题解析

习题 12-1 用普通命名法和系统命名法(中、英文)命名下列化合物。

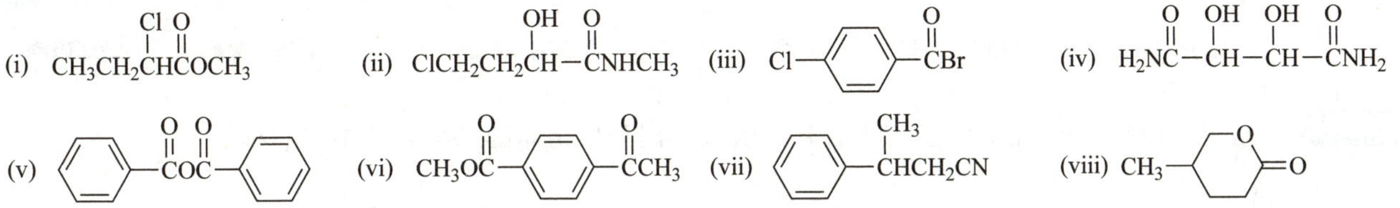

(i) $CH_3CH_2CH(Cl)C(=O)OCH_3$　(ii) $ClCH_2CH_2CH(OH)-C(=O)NHCH_3$　(iii) $Cl-C_6H_4-C(=O)Br$　(iv) $H_2NC(=O)-CH(OH)-CH(OH)-C(=O)NH_2$

(v) $C_6H_5-C(=O)OC(=O)-C_6H_5$　(vi) $CH_3OC(=O)-C_6H_4-C(=O)CH_3$　(vii) $C_6H_5-CH(CH_3)CH_2CN$　(viii) CH_3—(环状内酯，环上 O，=O)

答

	普通命名	系统命名
(i)	α-氯代丁酸甲酯 (methyl α-chlorobutyrate)	2-氯代丁酸甲酯 (methyl 2-chlorobutanoate)
(ii)	*N*-甲基-α-羟基-γ-氯代丁酰胺 (γ-chloro-α-hydroxy-*N*-methylbutyramide)	*N*-甲基-2-羟基-4-氯代丁酰胺 (4-chloro-2-hydroxy-*N*-methylbutanamide)
(iii)	对氯苯甲酰溴 (*p*-chlorobenzoyl bromide)	4-氯苯甲酰溴 (4-chlorobenzoyl bromide)

续表

	普通命名	系统命名
(iv)	α,α′-二羟基丁二酰胺 (α,α′-dihydroxysuccinamide)	2,3-二羟基丁二酰胺 (2,3-dihydroxybutanediamide)
(v)	苯甲(酸)酐 (benzoic anhydride)	苯甲(酸)酐 (benzoic anhydride)
(vi)	对乙酰基苯甲酸甲酯 (methyl *p*-acetylbenzoate)	4-乙酰基苯甲酸甲酯 (methyl 4-acetylbenzoate)
(vii)	β-苯基丁腈 (β-phenylbutyronitrile)	3-苯基丁腈 (3-phenylbutanenitrile)
(viii)	γ-甲基-δ-戊内酯 (γ-methyl-δ-valerolactone)	4-甲基-5-戊内酯 (4-methyl-5-pentanolide)

习题 12-2 写出下列化合物的构造式,并用中文命名。

(i) dimethyl methylidenemaloate (ii) acetonitrile

(iii) *N*-methyl-*N*′-vinylbutanediamide (iv) 3-butenenitrile

(v) haptanedioyl dichloride (vi) glycol diacetate

(vii) monoethyl oxalate (viii) 3-benzoyloxypropionic acid

答

(i) 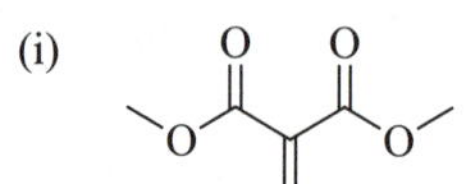

亚甲基丙二酸二甲酯

(ii) CH_3CN

乙腈

(iii) 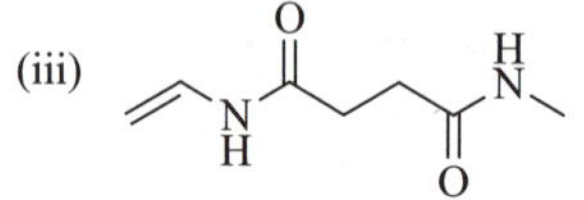

N-甲基-*N*′-乙烯基丁二酰胺

(iv) CN

丁-3-烯腈

(v) 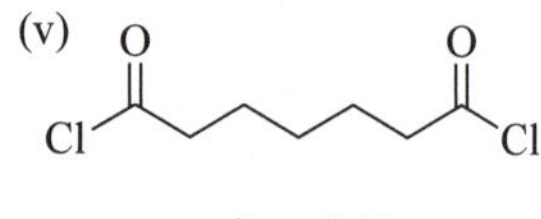

庚二酰氯

(vi) 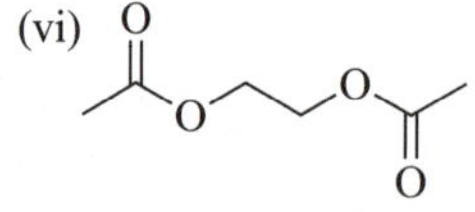

乙二醇二乙酸酯

(vii) 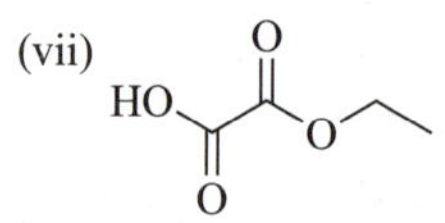

草酸单乙酯

(viii) 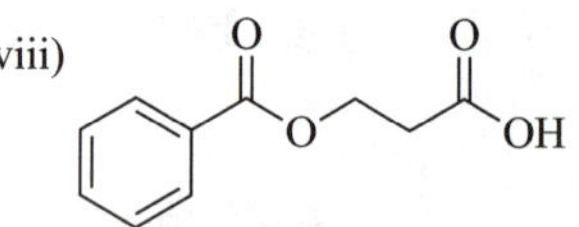

3-苯甲酰氧基丙酸

习题 12-3 写出 $CH_2{=}CH{-}\overset{O}{\overset{\|}{C}}{-}OCH_3$ 所有酯类同分异构体的结构式及中文名称。

答

乙酸乙烯酯

(*E*)-甲酸-1-丙烯酯

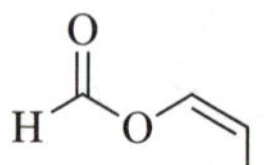

(*Z*)-甲酸-1-丙烯酯

甲酸-2-丙烯酯

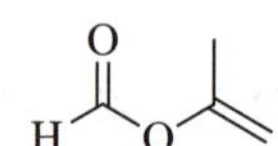

甲酸-1-甲基乙烯酯

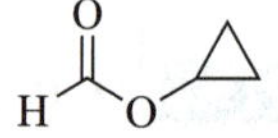

甲酸环丙酯

习题 12-4 写出 $CH_2{=}CH{-}\overset{O}{\overset{\|}{C}}{-}NHCH_3$ 所有不含环的酰胺类同分异构体的结构式及中文名称。

答

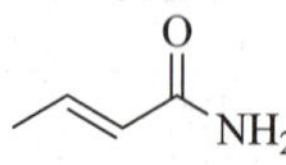

(*E*)-2-丁烯酰胺

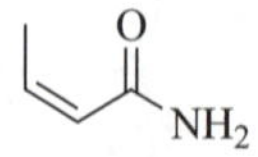

(*Z*)-2-丁烯酰胺

3-丁烯酰胺

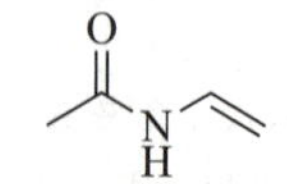

N-乙烯基乙酰胺

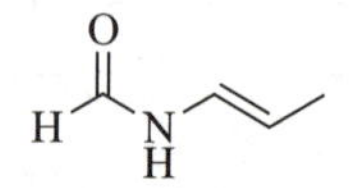

(*E*)-*N*-丙烯基甲酰胺

(*Z*)-*N*-丙烯基甲酰胺

N-烯丙基甲酰胺

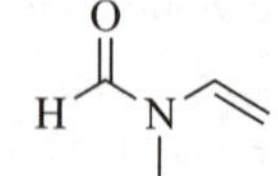

N-甲基-*N*-乙烯基甲酰胺

习题 12-5 以乙酸酐为模板，分析酸酐的结构特征。

答 乙酸酐的结构式如下：

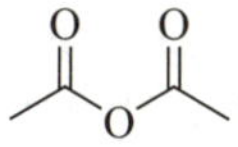

在乙酸酐中，两个甲基碳均为 sp^3 杂化，每个甲基碳都以三个 sp^3 杂化轨道与氢的 s 轨道经轴向重叠形成三个 σ 键，都以一个 sp^3 杂化轨道与羰基碳的一个 sp^2 杂化轨道经轴向重叠形成一个 σ 键。

在乙酸酐中，两个羰基碳和两个羰基氧均为 sp^2 杂化，羰基碳用三个 sp^2 杂化轨道分别与甲基碳的 sp^3 杂化轨道、羰基氧的 sp^2 杂化轨道和成酐氧的 sp^3 杂化轨道形成三个 σ 键。羰基碳和羰基氧各剩一个 p 轨道，经侧面重叠形成 π 键。两个羰基和成酐氧形成一个离域体系。

习题 12-6 查阅下列化合物的沸点，将它们按沸点由大到小的顺序排列，并分析原因。

(i) 乙酰氯 (ii) 乙酰溴 (iii) 乙酸酐 (iv) 乙酸乙酯 (v) 氯乙烷
(vi) 溴乙烷 (vii) 乙醇 (viii) 乙酸 (ix) 乙醚

答 沸点由大至小的顺序为：

乙酸酐	>	乙酸	>	乙醇	>	乙酸乙酯	>	乙酰溴	>	乙酰氯	>	溴乙烷	>	乙醚	>	氯乙烷
140℃		118℃		78.4℃		77℃		76.7℃		51℃		38.4℃		34.6℃		12.3℃

习题 12-7 完成下列反应。

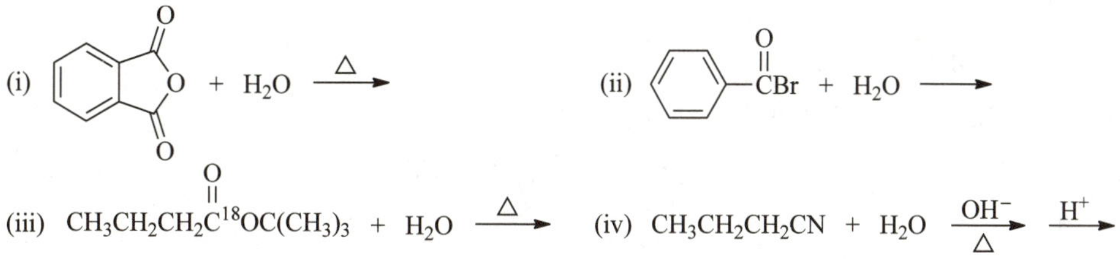

(i) 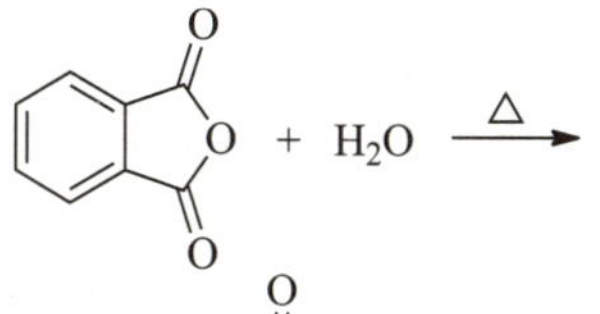

(ii) 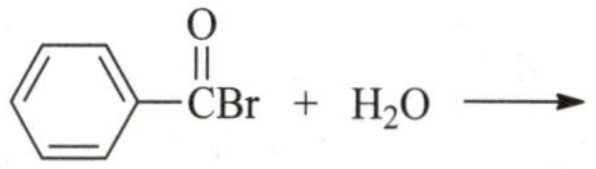

(iii) $CH_3CH_2CH_2\overset{O}{\overset{\|}{C}}{}^{18}OC(CH_3)_3 + H_2O \xrightarrow{\triangle}$

(iv) $CH_3CH_2CH_2CN + H_2O \xrightarrow[\triangle]{OH^-} \xrightarrow{H^+}$

答 (i) 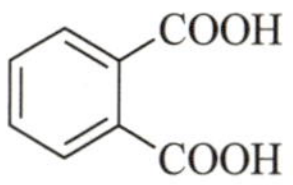 (ii) 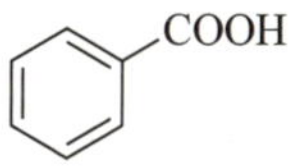 (iii) 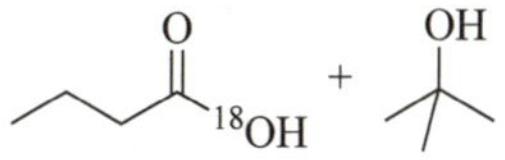 (iv) 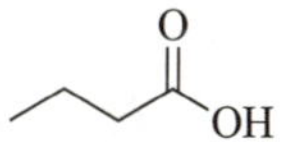

习题 12-8 比较有旋光性的 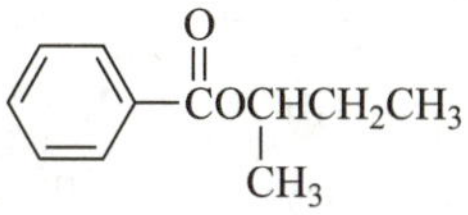 及 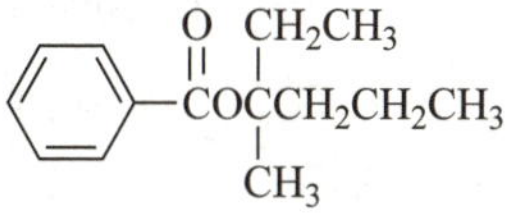 用 $H_2{}^{18}O$ 在酸催化下水解的反应产物，并用反应机理加以说明。

答 (i) 有旋光性的二级醇酯酸催化水解是酰氧键断裂，不影响手性碳，因此产物醇仍保留旋光性：

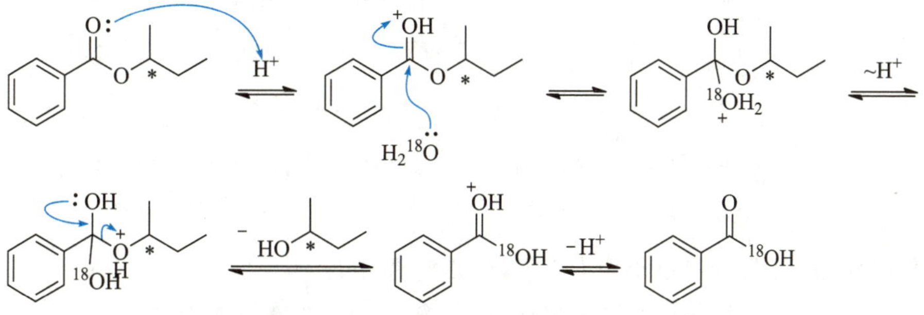

(ii) 有旋光性的三级醇酯酸催化水解是烷氧键断裂，形成三级碳正离子，进一步与水结合，得无旋

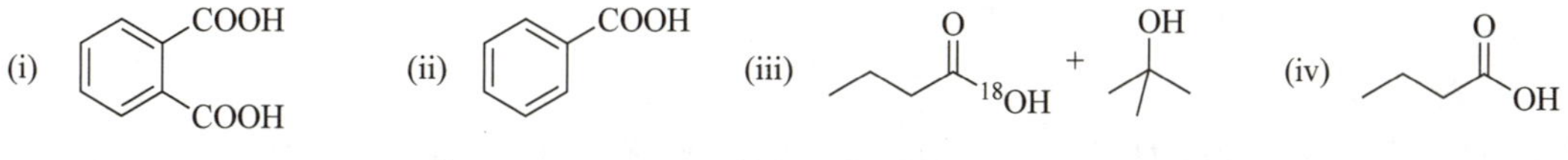

光性的外消旋体：

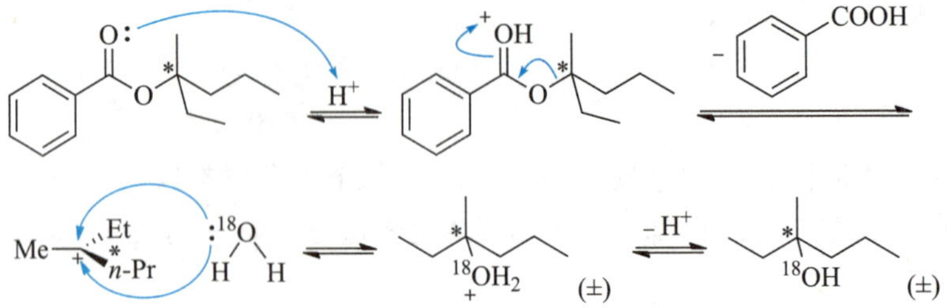

习题 12-9　写出 $CH_3CH_2\overset{O}{\overset{\|}{C}}NHCH_3$ 在酸催化及碱催化下水解的反应机理。

答　酸催化：

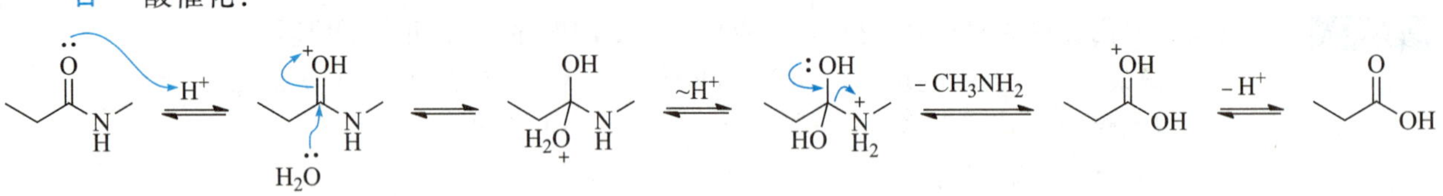

碱催化：

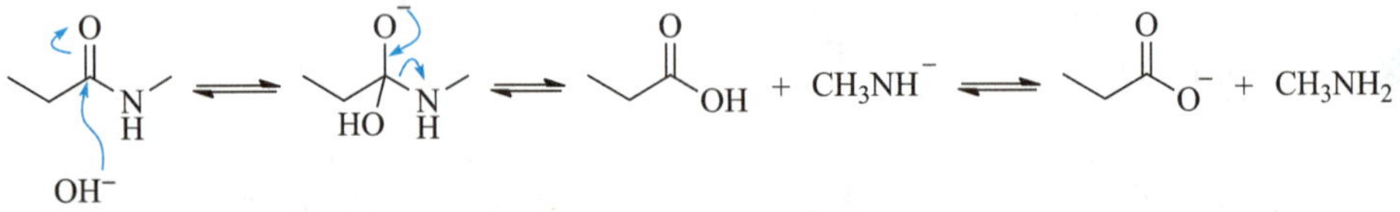

习题12-10　分析下列实验数据，可得出什么结论？

实验一　$RCOOC_2H_5 + H_2O \xrightarrow[25\ ^\circ C]{OH^-} RCOO^- + C_2H_5OH$

R=	CH_3	$ClCH_2$	Cl_2CH	$CH_3\overset{O}{\overset{\|}{C}}$	Cl_3C
$v_{相对}$	1	290	6130	7200	23150

实验二　$RCOOC_2H_5 + H_2O \xrightarrow[C_2H_5OH(87\%)]{30\ ^\circ C} RCOOH + C_2H_5OH$

R=	CH_3	CH_3CH_2	$(CH_3)_2CH$	$(CH_3)_3C$	C_6H_5
$v_{相对}$	1	0.470	0.100	0.010	0.102

实验三　$CH_3COOR + H_2O \xrightarrow[25\ ^\circ C]{70\%\ 丙酮} CH_3COOH + ROH$

R=	CH_3	CH_3CH_2	$(CH_3)_2CH$	$(CH_3)_3C$	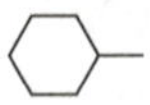 甲基环己基
$v_{相对}$	1	0.431	0.065	0.002	0.042

实验四　$CH_3COOR + H_2O \xrightarrow[25\ ^\circ C]{HCl} CH_3COOH + ROH$

R=	CH_3	CH_3CH_2	$C_6H_5CH_2$	C_6H_5	$(CH_3)_2CH$
$v_{相对}$	1	0.97	0.96	0.69	0.53

答　实验一：R 的吸电子能力越强，酯的水解速度越快。

实验二：R 的给电子能力越强，空阻越大，酯的水解速度越慢。

实验二与实验三对比，溶剂极性大对水解反应有利。

实验四：在酸的催化作用下，水解速度加快。

实验一与实验四对比，碱催化比酸催化更有利，因为碱可以移动平衡。

（还可以作更深入的分析。）

习题12-11 将下列各组化合物按碱性水解反应速率由大到小排列成序。

(i) $CH_3\overset{Cl}{\overset{|}{C}}HCOOCH_3$ (a)　$CH_3\overset{CH_3}{\overset{|}{C}}HCOOCH_3$ (b)　$CH_3\overset{CN}{\overset{|}{C}}HCOOCH_3$ (c)　$CH_3\overset{OCH_3}{\overset{|}{C}}HCOOCH_3$ (d)

(ii) $CH_3CH_2COOC_6H_5$ (a)　$CH_3\overset{CH_3}{\overset{|}{C}}HCOOC_6H_5$ (b)　$CH_3COOC_6H_5$ (c)　$(CH_3)_3CCOOC_6H_5$ (d)

(iii) $CH_3CH_2COOCH_2C_6H_5$ (a)　$CH_3CH_2COOC_6H_5$ (b)　$CH_3CH_2COOC(CH_3)_3$ (c)　$CH_3CH_2COOCH_3$ (d)

答 (i) (c)＞(a)＞(d)＞(b)

(ii) (c)＞(a)＞(b)＞(d)

(iii) (d)＞(a)＞(b)＞(c)

习题12-12 完成下列反应，写出主要产物。

(i) $CH_3CH_2CH_2\overset{O}{\overset{\|}{C}}Cl + HOCH(CH_3)_2 \xrightarrow{\text{吡啶}}$

(ii) 邻苯二甲酸酐 $+ C_2H_5OH \xrightarrow{\triangle} ? \xrightarrow[H^+]{C_2H_5OH}$

(iii) $C_6H_5\overset{O}{\overset{\|}{C}}OC_2H_5 + \underset{\text{过量}}{CH_3(CH_2)_3OH} \xrightarrow{C_2H_5ONa}$

(iv) $CH_3\overset{O}{\overset{\|}{C}}OCH{=}CH_2 + CH_3OH \xrightarrow{CH_3ONa}$

(v) $C_6H_5C{\equiv}N + C_6H_5CH_2OH \xrightarrow{H^+} ? \xrightarrow{H_3O^+}$

(vi) 4,5-二甲基-γ-丁内酯（H_3C，H_3C，O，O） $\xrightarrow[C_2H_5OH]{C_2H_5ONa}$

答

(i) 丁酸异丙酯（O，O）

(ii) 邻苯二甲酸单乙酯（O，O，OH，O），邻苯二甲酸二乙酯（O，O，O，O）

(iii) 苯甲酸正丁酯（O，O） + 乙醇（OH）

(iv) 乙酸甲酯（O，O） + 乙醛（O，H）

(v) $\overset{+}{N}H_2$，O（亚氨酸苄酯），苯甲酸苄酯（O，O）

(vi) OH，O，O（3-甲基-4-羟基戊酸乙酯）

习题12-13 请用不超过五个碳原子的酸或酸酐及必要的试剂合成。

(i) $(CH_3)_3C\overset{O}{\overset{\|}{C}}OCH_2CH_2CH_3$　(ii) $CH_3CH_2\overset{O}{\overset{\|}{C}}OC(CH_3)_3$　(iii) $CH_3CH_2CH_2\overset{O}{\overset{\|}{C}}O{-}C_6H_5$

(iv) $CH_3CH_2\overset{O}{\overset{\|}{C}}OCH_2{-}C_6H_5$　(v) $CH_3\overset{O}{\overset{\|}{C}}O\overset{CH_3}{\overset{|}{C}}HCH_2CH_3$　(vi) $CH_3CH_2O\overset{O}{\overset{\|}{C}}CH_2CH_2CH_2\overset{O}{\overset{\|}{C}}OCH_2CH_2CH_2CH_3$

答

(i) $(CH_3)_3CCOOH \xrightarrow{SOCl_2} (CH_3)_3CCOCl \xrightarrow{CH_3CH_2CH_2OH} (CH_3)_3CCOOCH_2CH_2CH_3$

(ii) 丙酸 $\xrightarrow{SOCl_2}$ 丙酰氯 $\xrightarrow{(CH_3)_3COH}$ 丙酸叔丁酯

(iii) 丁酸 $\xrightarrow{PCl_3}$ 丁酰氯 $\xrightarrow{C_6H_5OH}$ 丁酸苯酯

(iv) 丙酸 $\xrightarrow{NaOH}$ 丙酸钠 $\xrightarrow{C_6H_5CH_2Cl}$ 丙酸苄酯

(v) 乙酸酐 $\xrightarrow{CH_3CH(OH)CH_2CH_3}$ 乙酸仲丁酯

(vi) HO–C(=O)(CH$_2$)$_3$C(=O)–OH $\xrightarrow{\triangle}$ 戊二酸酐 $\xrightarrow{CH_3CH_2OH}$ 戊二酸单乙酯 $\xrightarrow{SOCl_2}$ $\xrightarrow{CH_3CH_2CH_2CH_2OH}$ 戊二酸乙丁酯

习题12-14 完成下列反应,写出主要产物。

(i) $(CH_3CH_2\overset{O}{\overset{\|}{C}})_2O$ + $C_6H_5NH_2$ $\longrightarrow$

(ii) $CH_3CH_2C(CH_3)_2\overset{O}{\overset{\|}{C}}Cl$ + $(CH_3)_2NH$ $\xrightarrow{\text{吡啶}}$

(iii) 丁二酸酐 + $2CH_3NH_2$ $\longrightarrow$? $\xrightarrow{H^+}$

(iv) 丁二酸酐 + CH_3NH_2 $\xrightarrow{300\ ^\circ C}$

(v) γ-丁内酯 + C_2H_5OH $\xrightarrow{H^+}$? $\xrightarrow{HN(CH_3)_2}$

(vi) H_3C-取代γ-丁内酯 + CH_3NH_2 $\longrightarrow$

答

(i) $CH_3CH_2CONHC_6H_5$ (ii) $CH_3CH_2C(CH_3)_2CON(CH_3)_2$ (iii) $MeNHCOCH_2CH_2COO^-\ {}^+NH_3Me$, $MeNHCOCH_2CH_2COOH$

(iv) N-甲基丁二酰亚胺 (v) $HOCH_2CH_2CH_2COOCH_2CH_3$, $HOCH_2CH_2CH_2CON(CH_3)_2$ (vi) $HOCH_2CH(CH_3)CH_2CONHCH_3$

习题12-15 用指定原料及必要的试剂合成。

(i) 从亚甲基环己烷(C_6H_{10}=CH_2)合成 C_6H_{11}–$CH_2\overset{O}{\overset{\|}{C}}N(CH_3)_2$

(ii) 从苯合成 C_6H_5–$CH_2CH_2\overset{O}{\overset{\|}{C}}NHCH_3$

(iii) 从两个碳化合物合成 $CH_3CH_2CH_2\overset{O}{\overset{\|}{C}}NHCH_2CH_3$

(iv) 从两个碳化合物合成 $CH_3\underset{}{\overset{CONH_2}{\overset{|}{C}}}HCH_2CH_3$

答

(i) 亚甲基环己烷 $\xrightarrow[\text{过氧化物}]{HBr}$ $\xrightarrow{KCN}$ 环己基乙腈（CN） $\xrightarrow[\triangle]{H_3O^+}$ $\xrightarrow{SOCl_2}$ $\xrightarrow{(CH_3)_2NH}$ N,N-二甲基环己基乙酰胺

(ii) 苯 $\xrightarrow[Fe]{Br_2}$ 溴苯（Br） $\xrightarrow[\text{无水醚}]{Mg}$ $\xrightarrow{\text{环氧乙烷}}$ $\xrightarrow{H_3O^+}$ 2-苯基乙醇（OH） $\xrightarrow[H^+]{HBr}$ $\xrightarrow[\text{无水醚}]{Mg}$ $\xrightarrow{CO_2}$

$\xrightarrow{H_3O^+}$ 3-苯基丙酸（OH） $\xrightarrow{SOCl_2}$ $\xrightarrow{CH_3NH_2}$ N-甲基-3-苯基丙酰胺（N H）

(iii) 2 CH_3CHO $\xrightarrow[\triangle]{OH^-}$ $CH_3CH{=}CHCHO$ $\xrightarrow{Ag_2O}$ $\xrightarrow[Pd]{H_2}$ 丁酸（OH） $\xrightarrow{PCl_5}$ $\xrightarrow{CH_3CH_2NH_2}$ N-乙基丁酰胺（N H）

(iv) CH_3CH_2MgBr $\xrightarrow[\text{无水醚}]{CH_3CHO}$ $\xrightarrow{H_3O^+}$ 2-丁醇（OH） $\xrightarrow{HBr}$ $\xrightarrow[\text{无水醚}]{Mg}$ $\xrightarrow{CO_2}$ $\xrightarrow{H_3O^+}$ 2-甲基丁酸（O OH） $\xrightarrow{SOCl_2}$ $\xrightarrow{NH_3}$ 2-甲基丁酰胺（O NH_2）

习题12-16 请用图示的方法表明羧酸、羧酸衍生物、腈之间的转换关系。用箭头把它们联系起来，并标明转换反应的试剂及条件。

答 （下图供参考）

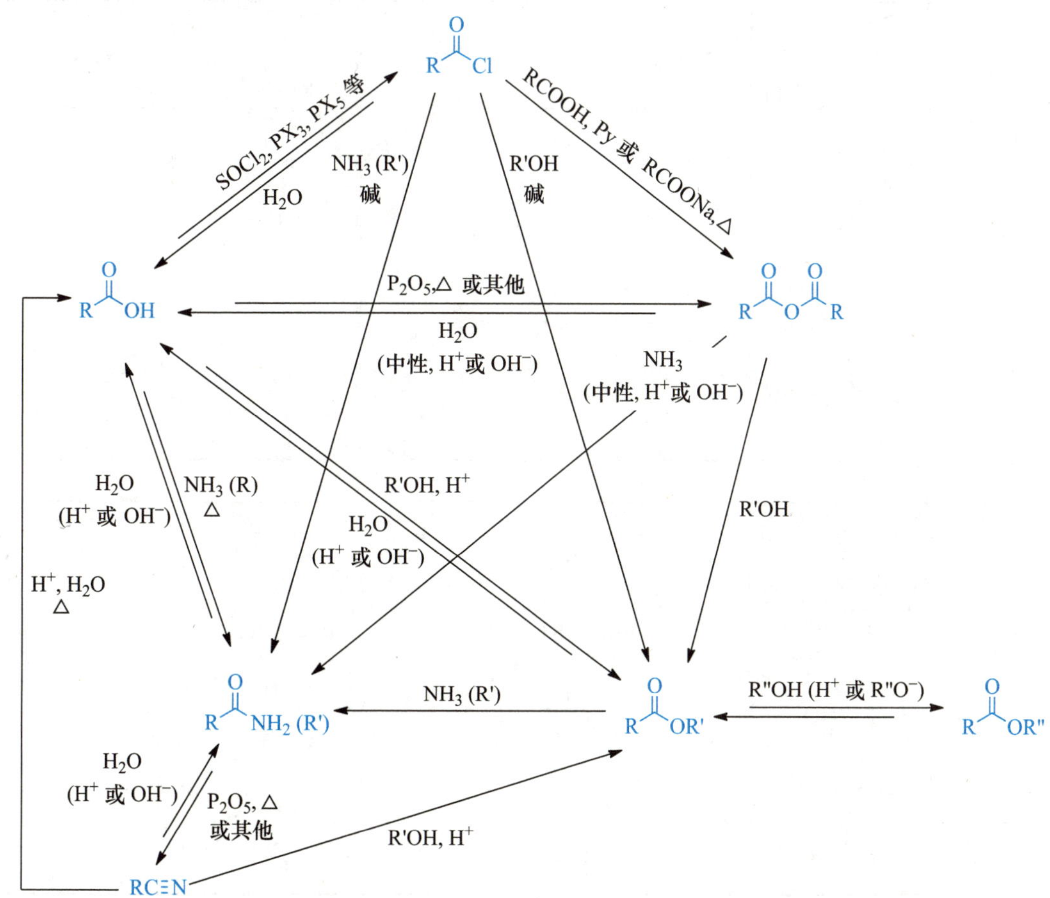

习题12-17 用指定原料及必要的试剂合成。

(i) 从丁酸合成 2-甲基-2-己醇　　(ii) 从丁二酸合成 4-氧代己酸乙酯

(iii) 从丁酸合成 4-氰基-3-己酮

答

(i) 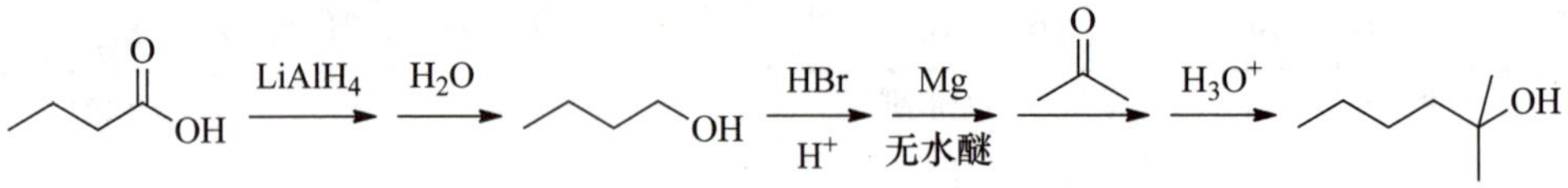 丁酸(O, OH) $\xrightarrow{LiAlH_4}$ $\xrightarrow{H_2O}$ 1-丁醇(OH) $\xrightarrow[H^+]{HBr}$ $\xrightarrow[\text{无水醚}]{Mg}$ $\xrightarrow{\text{丙酮}(O)}$ $\xrightarrow{H_3O^+}$ 2-甲基-2-己醇(OH)

(ii) 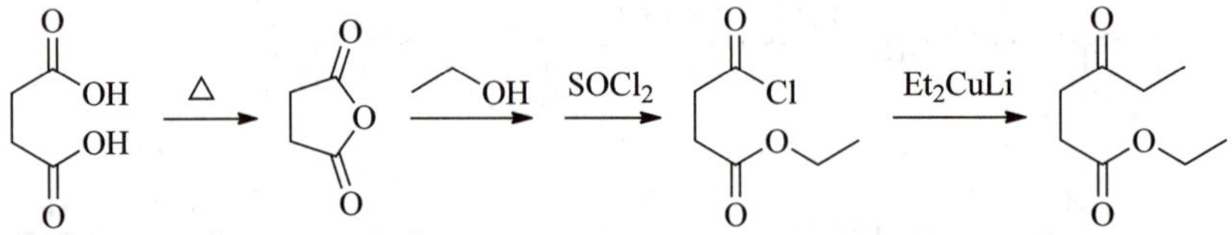 丁二酸(O, OH, OH, O) $\xrightarrow{\triangle}$ 丁二酸酐(O, O, O) $\xrightarrow{\text{乙醇}(OH)}$ $\xrightarrow{SOCl_2}$ (O, Cl, O, O) $\xrightarrow{Et_2CuLi}$ 4-氧代己酸乙酯(O, O, O)

(iii) 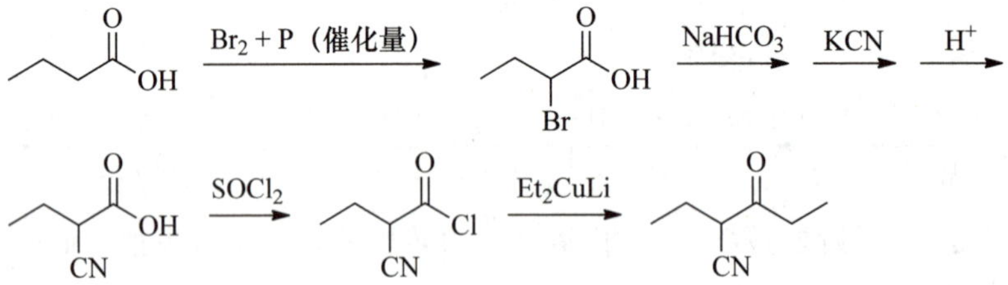 丁酸(O, OH) $\xrightarrow{Br_2 + P\ (\text{催化量})}$ 2-溴丁酸(O, OH, Br) $\xrightarrow{NaHCO_3}$ $\xrightarrow{KCN}$ $\xrightarrow{H^+}$

2-氰基丁酸(O, OH, CN) $\xrightarrow{SOCl_2}$ (O, Cl, CN) $\xrightarrow{Et_2CuLi}$ 4-氰基-3-己酮(O, CN)

习题12-18 完成下表(能反应的,写出反应后再加水所得到的产物;不能反应的,画横线)。

反应物 \ 试剂/产物	RMgX	RLi	R_2CuLi
HCHO			
R′CHO			
$R'\overset{O}{\overset{\Vert}{C}}R''$			
$-\overset{\vert}{C}=\overset{\vert}{C}-\overset{\vert}{C}=O$			
R′COOH			
$R'\overset{O}{\overset{\Vert}{C}}Cl$			
R′C≡N			
CO_2			
环氧乙烷(O)			
R_3CX			

答

反应物 \ 试剂/产物	RMgX	RLi	R_2CuLi
HCHO	RCH_2OH	RCH_2OH	RCH_2OH
R′CHO	R′CH(OH)R	R′CH(OH)R	R′CH(OH)R
R′C(=O)R″	R′C(OH)(R)R″	R′C(OH)(R)R″	能反应,但速度慢

反应物 \ 试剂 \ 产物	RMgX	RLi	R_2CuLi
$CH_2=CHCHO$	$CH_2=CHCH(OH)R$ 或 RCH_2CH_2CHO	$CH_2=CHCH(OH)R$	RCH_2CH_2CHO
$R'COOH$	$R'COOMgX$	$R'COR$	—
$R'COCl$	$R'COR$ 或 $R'C(OH)R_2$	$R'COR$ 或 $R'C(OH)R_2$	$R'COR$（可控在这一步）
$R'CN$	$R'COR$	$R'COR$	—
CO_2	RCOOH	RCOOH	—
环氧乙烷	RCH_2CH_2OH	RCH_2CH_2OH	—
R_3CX	R_3CR	R_3CR	—

习题12-19 完成下列反应，写出主要产物。

(i) $CH_3CH_2CH_2COC_2H_5$（酯） $\xrightarrow{LiAlH_4}$ $\xrightarrow{H_2O}$

(ii) 4-氯-2-萘甲酰氯（COCl，Cl） $\xrightarrow[\text{硫-喹啉}]{H_2, Pd/BaSO_4}$

(iii) $CH_3CH=CHCH_2CH_2COC_2H_5$（酯） $\xrightarrow[EtOH]{Na}$ $\xrightarrow{H^+}$

(iv) $H_5C_2OCCH_2CH_2CCl$（$H_5C_2OOCCH_2CH_2COCl$） $\xrightarrow{LiAlH(t\text{-}OBu)_3}$ $\xrightarrow{H_2O}$

(v) $HC\equiv CCH_2CH_2COC_2H_5$（酯） $\xrightarrow[\text{高温, 高压}]{CuO, CuCrO_4, H_2}$

(vi) 5,5-二甲基吡咯烷-2-酮（N—H，C=O） $\xrightarrow{LiAlH_4}$ $\xrightarrow{H_2O}$

(vii) $CH_3OC(CH_2)_{12}COCH_3$（$CH_3OOC(CH_2)_{12}COOCH_3$） $\xrightarrow[\text{二甲苯}]{Na, \triangle, N_2}$ $\xrightarrow{H^+}$

(viii) CH_3COOCH_2—（2,2-二甲基环丙烷）—CH_2COOCH_3 $\xrightarrow{LiAlH_4}$ $\xrightarrow{H_2O}$

答

(i) $CH_3CH_2CH_2CH_2OH$ (ii) 4-氯-2-萘甲醛（CHO，Cl） (iii) $CH_3CH=CH(CH_2)_3OH$ (iv) $C_2H_5OOCCH_2CH_2CHO$

(v) $CH_2=CHCH_2CH_2CH_2OH$（OH） (vi) 2,2-二甲基吡咯烷（N—H） (vii) 环状 $(CH_2)_{12}$ 连 C=O 与 C—OH（偶姻） (viii) $HOCH_2$—（2,2-二甲基环丙烷）—CH_2CH_2OH

习题12-20 以二甲基乙烯酮为起始原料制备。

(i) $(CH_3)_2CHCOOH$　(ii) $(CH_3)_2CHCCl$ (C=O)　(iii) $(CH_3)_2CHCNHCH_3$ (C=O)

(iv) $(CH_3)_2CHCOCCH_3$ (两个 C=O)　(v) $(CH_3)_2CHCOOCH_2CH_3$

答

(i) $(CH_3)_2C{=}C{=}O \xrightarrow{H_2O} [(CH_3)_2C{=}C(OH)OH] \rightleftharpoons (CH_3)_2CHCOOH$

(ii) $(CH_3)_2C{=}C{=}O \xrightarrow{HCl} [(CH_3)_2C{=}C(OH)Cl] \rightleftharpoons (CH_3)_2CHCOCl$

(iii) $(CH_3)_2C{=}C{=}O \xrightarrow{CH_3NH_2} [(CH_3)_2C{=}C(OH)NHCH_3] \rightleftharpoons (CH_3)_2CHCONHCH_3$

(iv) $(CH_3)_2C{=}C{=}O \xrightarrow{AcOH} [(CH_3)_2C{=}C(OH)OAc] \rightleftharpoons (CH_3)_2CHCOOAc$

(v) $(CH_3)_2C{=}C{=}O \xrightarrow{EtOH} [(CH_3)_2C{=}C(OH)OEt] \rightleftharpoons (CH_3)_2CHCOOEt$

习题12-21 完成下列反应并写出相应的反应机理。

$$CH_2{=}C{=}O \xrightarrow{CH_2O} \xrightarrow[H^+]{CH_3CH_2OH}$$

答 产物：$HOCH_2CH_2COOCH_2CH_3$；反应机理：

$=C=O$ + $=O$ → β-丙内酯 $\xrightarrow{H^+}$ 质子化内酯（^+OH）$\xrightarrow{EtOH}$ 四面体中间体（HO, H, O^+）$\xrightarrow{\sim H^+}$ (^+OH) $\xrightarrow{-H^+}$ $HOCH_2CH_2COOCH_2CH_3$

习题12-22 完成下列反应，写出主要产物。

(i) $2\,CH_3CH_2CH_2COC_2H_5$ (C=O) + Na + C_2H_5OH(少量) $\longrightarrow$

(ii) $2\,CH_3CH_2CH(CH_3)COC_2H_5$ (C=O) + $(C_6H_5)_3C^-\,Na^+$ $\longrightarrow$

(iii) $2\,CH_3CH_2CH(CH_3)COC_2H_5$ (C=O) + Na + C_2H_5OH(少量) $\longrightarrow$

(iv) $CH_3CH_2CCH(CH_3)COC_2H_5$ (两个 C=O) + C_2H_5OH $\xrightarrow{C_2H_5ONa(催化量)}$

(v) $CH_3CCH(CH_3)COC_2H_5$ (两个 C=O) + C_2H_5OH $\xrightarrow{C_2H_5ONa(催化量)}$

(vi) 2-乙氧羰基环戊酮（$COOC_2H_5$, =O）+ C_2H_5OH $\xrightarrow{C_2H_5ONa(催化量)}$

(vii) (2-乙氧羰基环戊酮，$COOC_2H_5$) + Na + C_2H_5OH(少量) $\longrightarrow$

答

(i) $CH_3CH_2CH_2\overset{O^-Na^+}{\overset{|}{C}}=\underset{CH_2CH_3}{\underset{|}{C}}COOC_2H_5$ (ii) Na^+ (iii) 不反应 (iv) 2 (v) + (vi) (vii) O^-Na^+

习题12-23 完成下列反应,写出主要产物。

(i) (3-吡啶基)$COOCH_3$ + $CH_3(CH_2)_2COOC_2H_5$ $\xrightarrow{NaH}$ (ii) (3-呋喃基)$COOC_2H_5$ + $CH_3COOC_2H_5$ $\xrightarrow[C_2H_5OH\ (催化量)]{Na}$

(iii) $C_{10}H_{21}COOC_2H_5$ + $(COOC_2H_5)_2$ $\xrightarrow{C_2H_5ONa}$ $\xrightarrow{160\sim170\ °C}$

(iv) $C_6H_5CH_2CN$ + $(C_2H_5O)_2CO$ $\xrightarrow[甲苯]{C_2H_5ONa}$ (v) 环辛酮 + $H_5C_2O\overset{O}{\overset{\|}{C}}OC_2H_5$ $\xrightarrow[苯]{NaH}$

答

(i) (ii) (iii) C_9H_{19} (iv) CN (v)

习题12-24 完成下列反应,写出主要产物。

(i) $CH_3CH(CH_2CH_2COOC_2H_5)_2$ $\xrightarrow{NaOC_2H_5}$ (ii) $H_5C_2OOCHC\begin{matrix}CH_2COOC_2H_5\\CH_2CH_2COOC_2H_5\end{matrix}$ $\xrightarrow{NaOC_2H_5}$

(iii) $S(CH_2CH_2COOCH_3)_2$ $\xrightarrow{NaH}$ (iv) $PhC(COOCH_3)(CH_2CH_2COOCH_3)_2$ $\xrightarrow{NaOCH_3}$

(v) (CH_3, $COOCH_3$, $COOCH_3$) $\xrightarrow{\text{(2,2,6,6-四甲基哌啶氮负离子)}\ Li^+}$ (vi) $CH_3CH(COOCH_3)CH_2CH_2CH_2CH(COOCH_3)CH_3$ $\xrightarrow{Ph_3C^-K^+}$

答 (i)～(vi) 结构式（略）

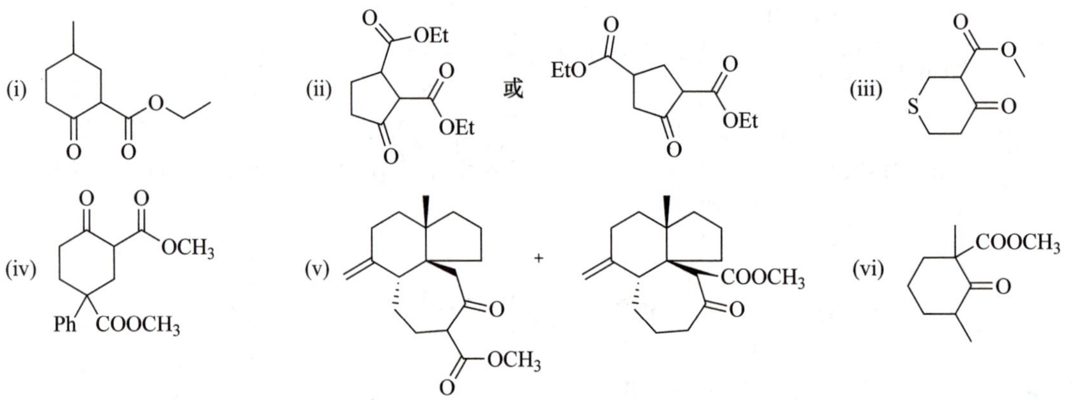

习题12-25 完成下列反应,写出主要产物。

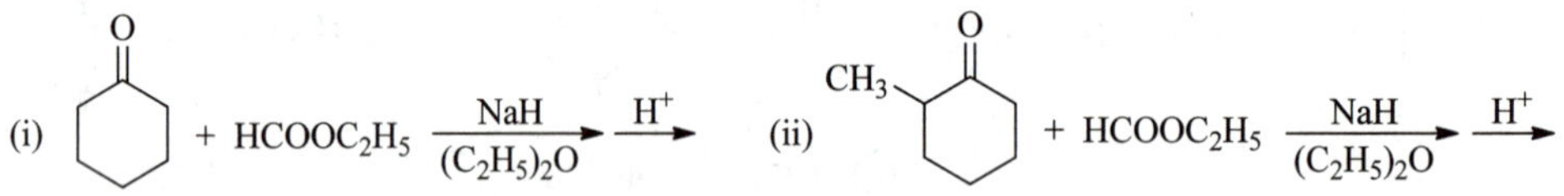

(i) 环己酮 + $HCOOC_2H_5$ $\xrightarrow[(C_2H_5)_2O]{NaH}$ $\xrightarrow{H^+}$　(ii) 2-甲基环己酮（CH_3） + $HCOOC_2H_5$ $\xrightarrow[(C_2H_5)_2O]{NaH}$ $\xrightarrow{H^+}$

答 (i) (ii) 结构式

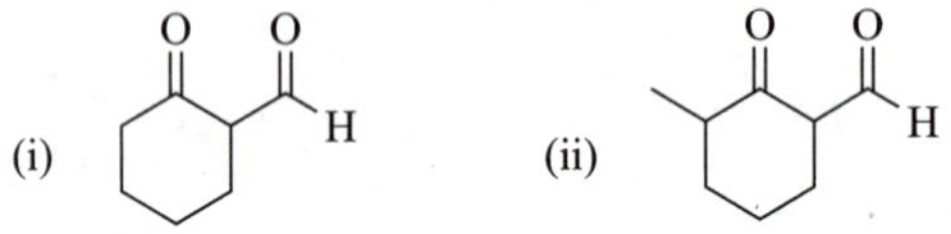

习题12-26 完成下列反应,写出主要产物。

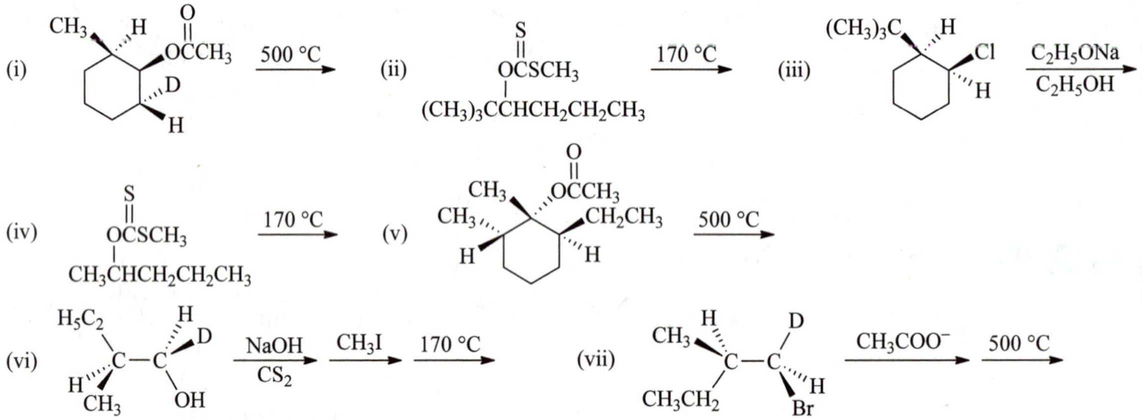

(i) $\xrightarrow{500\ ^\circ C}$　(ii) $(CH_3)_3CCH(OCSCH_3)CH_2CH_2CH_3$ $\xrightarrow{170\ ^\circ C}$　(iii) $\xrightarrow[C_2H_5OH]{C_2H_5ONa}$

(iv) $CH_3CH(OCSCH_3)CH_2CH_2CH_3$ $\xrightarrow{170\ ^\circ C}$　(v) $\xrightarrow{500\ ^\circ C}$

(vi) $\xrightarrow[CS_2]{NaOH}$ $\xrightarrow{CH_3I}$ $\xrightarrow{170\ ^\circ C}$　(vii) $\xrightarrow{CH_3COO^-}$ $\xrightarrow{500\ ^\circ C}$

答 (i)～(vii) 结构式

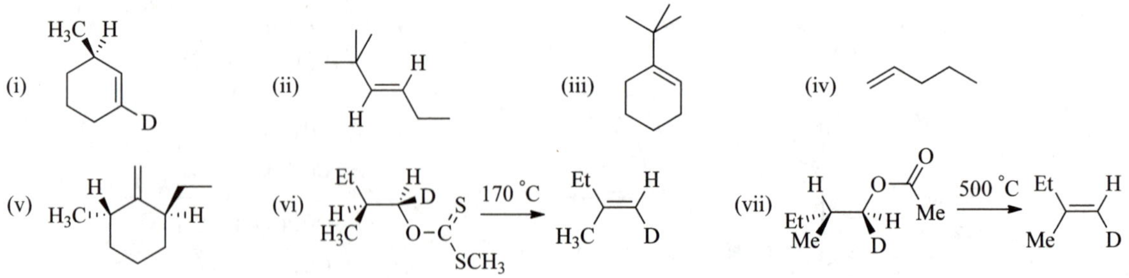

习题12-27 写出下列反应的试剂或产物。

(i) $CH_3CH_2\overset{O}{\overset{\|}{C}}OH \longrightarrow CH_3CH_2\overset{O}{\overset{\|}{C}}Cl$　　(ii) $CH_3-C_6H_4-\overset{O}{\overset{\|}{C}}OH \longrightarrow CH_3-C_6H_4-\overset{O}{\overset{\|}{C}}Cl$

(iii) $CH_3(CH_2)_3\overset{O}{\overset{\|}{C}}OH \longrightarrow CH_3(CH_2)_3\overset{O}{\overset{\|}{C}}Cl$　　(iv) $CH_3(CH_2)_3\overset{O}{\overset{\|}{C}}OH \longrightarrow CH_3(CH_2)_2\overset{Cl}{\overset{|}{C}}HCOOH$

(v) $C_6H_4(COOH)_2 \xrightarrow[\triangle]{(CH_3CO)_2O}$　　(vi) $CH_3CH=C=O + CH_3OH \longrightarrow$

(vii) $C_6H_5-(CH_2)_2COOH + C_2H_5OH \xrightarrow{H^+}$　　(viii) $C_6H_5-CH_2\overset{O}{\overset{\|}{C}}NH_2 \xrightarrow[\triangle]{P_2O_5}$

答　(i) PCl_5　　(ii) $SOCl_2$

(iii) $SOCl_2$　　(iv) Cl_2(1 eq.)＋P(催化量)

(v) 邻苯二甲酸酐　　(vi) $CH_3CH_2COOCH_3$

(vii) $C_6H_5CH_2CH_2COOC_2H_5$　　(viii) $C_6H_5CH_2CN$

习题12-28　试合成下列化合物。

(i) $CH_2=CHCH(OC_2H_5)_2$　　(ii) $Cl\overset{O}{\overset{\|}{C}}OC_4H_9\text{-}n$　　(iii) $Cl\overset{O}{\overset{\|}{C}}OCH_2C_6H_5$

(iv) $H_5C_2O\overset{O}{\overset{\|}{C}}OC_2H_5$　　(v) 咪唑烷-2,4,5-三酮（环状 O=C(NH)C(=O)C(=O)NH）　　(vi) $CH_3NH\overset{O}{\overset{\|}{C}}NHC_2H_5$

答

(i) $CH_2=CHMgBr$ + $HC(OC_2H_5)_3$　　(ii) $ClCOCl$ + $n\text{-}C_4H_9OH$　　(iii) $ClCOCl$ + $C_6H_5CH_2OH$

(iv) $ClCOCl$ + 2 CH_3CH_2OH　　(v) H_2NCONH_2 + $C_2H_5OOC\text{-}COOC_2H_5$

(vi) $ClCOCl + CH_3CH_2NH_2 \longrightarrow ClCONHCH_2CH_3 \xrightarrow{CH_3NH_2} CH_3NHCONHCH_2CH_3$

习题12-29　用中、英文命名下列化合物。

(i) $H_5C_2OOC(CH_2)_4COOH$　　(ii) $ClCH_2CH_2COOC_6H_5$　　(iii) $(CH_3)_2CHCH_2CONH_2$

(iv) $CH_3CH_2\overset{CH_3}{\overset{|}{C}}HCH_2CONHCH_3$　　(v) $C_6H_5COO-C_6H_{11}$（环己基）　　(vi) $C_6H_5-\overset{O}{\overset{\|}{C}}O\overset{O}{\overset{\|}{C}}CH_3$

(vii) 环丁基$-CON(CH_3)_2$　　(viii) $C_6H_5\underset{OH}{\overset{H_3C}{C}}-\overset{Cl}{\overset{|}{C}}HCOOC_2H_5$

答　(i) 己二酸单乙酯　　hexanedioic acid monoethyl ester

(ii) β-氯丙酸苯酯　　phenyl β-chloropropanoate

(iii) 异戊酰胺　　isovaleramide

(iv) N,3-二甲基戊酰胺　　N,3-dimethylpentanamide

(v) 苯甲酸环己酯　　cyclohexyl benzoate

(vi) 乙苯甲酸酐　　acetic benzoicanhydride

(vii) N,N-二甲基环丁甲酰胺　　N,N-dimethyl cyclobutanecarboxamide

(viii) β-甲基-β-羟基-α-氯苯丙酸乙酯　　ethyl α-chloro-β-hydroxy-β-methylbenzenepropanoate

习题12-30 用四个碳以下的醇、甲苯以及必要的无机试剂合成下列化合物。

(i) N-正丁基异戊酰胺　(ii) α-溴代丁酸乙酯　(iii) 二(三级丁基)酮

答

(i) 异丁醇 $\xrightarrow[H_2SO_4]{NaBr}$ 异丁基溴 $\xrightarrow[无水醚]{Mg}$ 异丁基溴化镁 $\xrightarrow{CO_2}\xrightarrow{H_3O^+}$ 异戊酸 $\xrightarrow{SOCl_2}$ 异戊酰氯

正丁醇 $\xrightarrow[H_2SO_4]{NaBr}$ 正丁基溴 $\xrightarrow[过量]{NH_3}$ 正丁胺 $\xrightarrow{异戊酰氯}$ N-正丁基异戊酰胺

(ii) 正丁醇 $\xrightarrow[H^+]{KMnO_4}$ 丁酸 $\xrightarrow{Br_2+P(催化量)}$ α-溴代丁酸 $\xrightarrow[H^+]{EtOH}$ α-溴代丁酸乙酯

(iii) 叔丁醇 $\xrightarrow{HCl}$ 叔丁基氯 $\xrightarrow[无水醚]{Mg}$ 叔丁基氯化镁 $\xrightarrow{CO_2}\xrightarrow{H_3O^+}$ 特戊酸 $\xrightarrow{SOCl_2}$ 特戊酰氯 $\xrightarrow[吡啶]{EtOH}$ 特戊酸乙酯

叔丁基氯 $\xrightarrow{Li}$ 叔丁基锂 $\xrightarrow[无水醚]{特戊酸乙酯}$ 二(三级丁基)酮

习题12-31 将下列各组化合物按反应性排序。

(i) 苯甲酸酯化：正丙醇、乙醇、甲醇、二级丁醇

(ii) 苯甲醇酯化：2,6-二甲苯甲酸、邻甲苯甲酸、苯甲酸

(iii) 用乙醇酯化：乙酸、丙酸、α,α-二甲基丙酸、α-甲基丙酸

答 (i) 苯甲酸酯化：甲醇＞乙醇＞正丙醇＞二级丁醇

(ii) 苯甲醇酯化：苯甲酸＞邻甲苯甲酸＞2,6-二甲苯甲酸

(iii) 用乙醇酯化：乙酸＞丙酸＞α-甲基丙酸＞α,α-二甲基丙酸

习题12-32 (i) 比较 $CH_3CH_2CH{=}\overset{+}{O}H$ 与 $CH_3CH_2CH_2\overset{+}{O}H_2$ 酸性强弱，并说明理由。

(ii) 比较酯、酰胺的羰基氧碱性的强弱，并说明理由。

(iii) 比较酰氯与酰胺中 α 氢的活泼性，并说明理由。

(iv) 比较 $C_6H_5CONH_2$，$C_6H_5CON(CH_3)_2$，$C_6H_5CONHC_6H_5$，邻苯二甲酰亚胺(NH) 的碱性，并说明理由。

答 (i) $CH_3CH_2CH{=}\overset{+}{O}H$ 中氧为 sp^2 杂化，$CH_3CH_2CH_2\overset{+}{O}H_2$ 中氧为 sp^3 杂化。sp^2 杂化的 s 成分较多，氧上的孤对电

子占据 sp^2 杂化轨道，离核较近，氧核对孤对电子的吸引力较大，因此孤对电子对 H^+ 吸引力较小，故 $CH_3CH_2CH{=}\overset{+}{O}H$ 酸性较强，H^+ 较易离去。

(ii) 酰胺与酯中的 N，O 与 C ═O 相连，N 与 O 上孤对电子能把电荷部分转向羰基，使羰基氧上碱性增强。由于氧的电负性较氮的大，当与 C ═O 相连时，羰基氧上的碱性增加较少，故酰胺羰基氧的碱性较强，酯较弱。

(iii) 酰氯中由于氯的吸电子能力较强，使羰基碳上电荷减少，因此吸引 α-碳上电子，使 α-H 易于以 H^+ 的形式离去，α-H 活泼。酰胺中氮的吸电子能力不如酰氯中的氯，α-H 不如酰氯活泼。

(iv) $C_6H_5CON(CH_3)_2$ 中甲基给电子，碱性最强；$C_6H_5CONH_2$ 碱性为第二；$C_6H_5CONHC_6H_5$ 中氮与苯环共轭，电子均匀化，使氮上电子云密度降低，碱性降低，为第三；邻苯二甲酰亚胺（NH）中氮上有两个 C ═O 吸电子，碱性最弱。

习题12-33 用有标记元素的 $H_2{}^{18}O$ 及 ${}^{14}CO_2$ 作为 ${}^{18}O$ 及 ${}^{14}C$ 的来源，并用醇、卤代烷及必要的无机试剂合成下列化合物。

(i) $CH_3CH_2CH_2C({=}{}^{18}O)Cl$　(ii) $CH_3CH_2CH_2C({=}O){}^{18}OCH_2CH_3$　(iii) $C_6H_5{}^{14}C({=}O)CH_2CH_3$　(iv) $CH_3C({=}{}^{18}O)CH_2CH_3$

(v) $CH_3CH_2CH_2{}^{14}CH_2OH$

答

(i) $CH_3CH_2CH_2Cl \xrightarrow{NaCN} CH_3CH_2CH_2CN \xrightarrow[\triangle]{H_3{}^{18}O^+} CH_3CH_2CH_2C({=}{}^{18}O){}^{18}OH \xrightarrow{SOCl_2} CH_3CH_2CH_2C({=}{}^{18}O)Cl$

(ii) $CH_3CH_2CH_2Cl \xrightarrow{NaCN} \xrightarrow[\triangle]{H_3O^+} CH_3CH_2CH_2COOH$

$CH_3CH_2Br \xrightarrow[NaOH]{H_2{}^{18}O} CH_3CH_2{}^{18}OH \xrightarrow[H^+]{CH_3CH_2CH_2COOH} CH_3CH_2CH_2C({=}O){}^{18}OEt$

(iii) $C_6H_5Br \xrightarrow[\text{无水醚}]{Mg} \xrightarrow{{}^{14}CO_2} \xrightarrow{H_3O^+} C_6H_5{}^{14}COOH \xrightarrow{2\ EtLi} \xrightarrow{H_2O} C_6H_5{}^{14}C({=}O)CH_2CH_3$

(iv) $CH_3CH_2Br \xrightarrow{NaCN} CH_3CH_2CN \xrightarrow[\triangle]{H_3{}^{18}O^+} CH_3CH_2C({=}{}^{18}O){}^{18}OH \xrightarrow{2\ CH_3Li} \xrightarrow{H_2O} CH_3CH_2C({=}{}^{18}O)CH_3$

(v) $CH_3CH_2CH_2Br \xrightarrow[\text{无水醚}]{Mg} \xrightarrow{{}^{14}CO_2} \xrightarrow[\triangle]{H_3O^+} CH_3CH_2CH_2{}^{14}COOH \xrightarrow{LiAlH_4} \xrightarrow{H_2O} CH_3CH_2CH_2{}^{14}CH_2OH$

习题12-34 完成下列反应。

(i) $C_6H_5COCl \xrightarrow{(n\text{-}C_4H_9)_2Cd}$　(ii) 环丁基-COCl $\xrightarrow[\text{吡啶}]{\text{环己醇(OH)}}$　(iii) $CH_3CH_2COCl \xrightarrow[\text{乙醚}]{(CH_3)_2CuLi}$

(iv) $CH_3CH_2COOC_2H_5 \xrightarrow[\text{少量}NaOC_2H_5]{CH_3CH_2CH_2OH}$　(v) $O_2N\text{-}C_6H_4\text{-}COCl \xrightarrow[\text{乙醚}]{LiAlH(OC_4H_9\text{-}t)_3\ (1\ mol)} \xrightarrow{H_2O}$

(vi) $C_6H_5CONH_2 \xrightarrow[\triangle]{P_2O_5}$　(vii) $CH_3\text{-}C_6H_4\text{-}COOC_2H_5 \xrightarrow[THF,\ \triangle]{LiBH_4} \xrightarrow{H_2O}$

答

(i) $C_6H_5CO\text{-}n\text{-}C_4H_9$　(ii) 环丁基-COO-环己基　(iii) $CH_3CH_2COCH_3$　(iv) $CH_3CH_2COOCH_2CH_2CH_3$

(v) $O_2N\text{-}C_6H_4\text{-}CHO$　(vi) C_6H_5CN　(vii) $CH_3\text{-}C_6H_4\text{-}CH_2OH$

习题12-35 完成下列转换。

(i) $CH_3\overset{O}{\overset{\|}{C}}CH_2CH_2\overset{O}{\overset{\|}{C}}Cl \longrightarrow CH_3\overset{O}{\overset{\|}{C}}CH_2CH_2\overset{O}{\overset{\|}{C}}CH_3$　(ii) $(CH_3CH_2)_3C\overset{O}{\overset{\|}{C}}NH_2 \longrightarrow (CH_3CH_2)_3CCOOH$

(iii) $C_6H_5CH_2\overset{O}{\overset{\|}{C}}NHCH_3 \longrightarrow C_6H_5CH_2CH_2NHCH_3$

答 (i) $(CH_3)_2CuLi$　(ii) HNO_2, H_2SO_4, H_2O　(iii) $LiAlH_4$

习题12-36 普通酯 RCOOR′在氢氧化钠的 $H_2{}^{18}O$ 溶液中进行水解，在尚未完全水解时就停止反应，发现有 $R\overset{^{18}O}{\overset{\|}{C}}OR'$ 的存在。解释原因。

答 因为酯水解时存在平衡及交换反应：

$$RC(=O)OR' + {}^{18}OH^- \rightleftharpoons RC(O^-)({}^{18}OH)OR' \rightleftharpoons RC(=O){}^{18}OH + R'O^-$$

$$\updownarrow \sim H^+\ (\text{质子交换})$$

$$RC(={}^{18}O)OR' + OH^- \rightleftharpoons RC(OH)({}^{18}O^-)OR' \rightleftharpoons RC(={}^{18}O)OH + R'O^-$$

习题12-37 当 N-环己基氨基甲酸乙酯与 1 mol 氢氧化钾在甲醇中于 65 ℃加热 100 h，此时得到 N-环己基甲酸甲酯，产率 95%。试解释为什么不产生环己胺，用反应式表示。

答 因为氢氧化钾与过量的 CH_3OH 反应，产生较多的 CH_3O^-，CH_3O^- 与 N-环己基氨基甲酸乙酯发生了酯交换反应：

$$C_6H_{11}NHC(=O)OEt + CH_3O^- \rightleftharpoons C_6H_{11}NHC(O^-)(OCH_3)OEt \rightleftharpoons C_6H_{11}NHC(=O)OCH_3 + EtO^-$$

因（环己基 $\bar{N}H$）比 EtO^- 亲核性强，是较 EtO^- 更不易离去的基团，故反应中 EtO^- 离去，即发生了酯交换反应。

习题12-38 区别下列化合物。

(i) $HCOOH$, CH_3COOH　(ii) CH_3COBr, $BrCH_2CH_2CH_3$　(iii) $CH_3COOC_2H_5$, CH_3OCH_2COOH

(iv) CH_3CH_2COOH, $CH_2{=}CHCOOH$

答 (i) $HCOOH$ 能发生银镜反应，CH_3COOH 不能发生银镜反应。

(ii) CH_3COBr 与 $AgNO_3$ 立即有 AgBr 沉淀产生，$CH_3CH_2CH_2Br$ 不能立即产生沉淀。

(iii) CH_3OCH_2COOH 溶于碱，而 CH_3COOEt 不溶。

(iv) $CH_2{=}CHCOOH$ 能与 Br_2 发生加成反应，使 Br_2 褪色，而 CH_3CH_2COOH 无此反应。

习题12-39 从指定原料和必要试剂合成。

(i) 从乙醇合成 $CH_3CH_2CH(CH_2OH)COOC_2H_5$

(ii) 从丁二酸合成 $H_5C_2OOC\text{-}CHBr\text{-}CH_2COOC_2H_5$

(iii) 从 CH_3COOH 合成 $H_2NCH_2CH_2CONH_2$

(iv) 从乙醛合成 $CH_3CH(CH_3)CH_2COOC_2H_5$

(v) 从乙醛合成 $CH_3CH(OH)CH_2COOC_2H_5$

(vi) 从环氧乙烷合成 $CH_3CH_2CON(CH_3)_2$

(vii) 从苯乙酮合成 $C_6H_5COCH_2OCOCH_3$

(viii) 从四个碳以下化合物合成 $CH_3CH_2CH_2CH(CONHCH_3)CH_2CH_2CH_2CH_3$

(ix) 从乙醛、丙醛、丙酸、1,2-环氧丙烷合成 $CH_3CH_2CH(OH)CH(CH_3)COOCH_2CH(CH_3)OCH_2CH_3$

(x) 从苯甲酸、丙酸、二甲胺合成 $(CH_3)_2NCH_2CH(CH_3)C(OCOCH_2CH_3)(C_6H_5)CH_2C_6H_5$

(xi) 从环己酮、环氧乙烷、溴苯合成 1-羟基环己基-$CH(C_6H_5)COOCH_2CH_2NHCH_2CH_3$

答 (i) $CH_3CH_2OH \xrightarrow[H^+]{HBr} CH_3CH_2Br \xrightarrow[\text{无水醚}]{Mg} \xrightarrow{\text{环氧乙烷}} \xrightarrow{H_3O^+} CH_3CH_2CH_2CH_2OH \xrightarrow{KMnO_4} \xrightarrow[\text{P（催化量）}]{Br_2}$

$CH_3CH_2CHBrCOOH \xrightarrow[H^+]{EtOH} CH_3CH_2CHBrCOOEt \xrightarrow[HCHO]{Zn,\ PhH} \xrightarrow{H_2O} CH_3CH_2CH(CH_2OH)COOEt$

(ii) O OH OH O $\xrightarrow{\triangle}$ O O O $\xrightarrow{EtOH}$ O OH OEt O $\xrightarrow[\text{P（催化量）}]{Br_2}$ $\xrightarrow[H^+]{EtOH}$ Br O OEt OEt O

(iii) O OH $\xrightarrow[\triangle]{Br_2, PBr_3}$ Br O OH $\xrightarrow{NaOH}$ Br O ONa $\xrightarrow{NaCN}$ $\xrightarrow{H_3O^+}$ NC O OH

$\xrightarrow{SOCl_2}$ $\xrightarrow{NH_3}$ NC O NH_2 $\xrightarrow{2\ H_2/Ni}$ H_2N O NH_2

(iv) 2 O H $\xrightarrow[\triangle]{OH^-}$ $CH_3CH{=}CHCHO$ $\xrightarrow{CrO_3, H^+}$ $CH_3CH{=}CHCOOH$ $\xrightarrow[H^+]{EtOH}$

$CH_3CH{=}CHCOOEt$ $\xrightarrow[\text{CuI}]{CH_3MgI,\ \text{无水醚}}$ $\xrightarrow{H_3O^+}$ O OEt

(v) O H $\xrightarrow[BrCH_2COOEt]{\text{Zn, 无水醚}}$ $\xrightarrow{H_2O}$ OH O OEt

(vi) CH_3MgI $\xrightarrow[\text{无水醚}]{\text{环氧乙烷}}$ $\xrightarrow{H_3O^+}$ OH $\xrightarrow{KMnO_4}$ $\xrightarrow{SOCl_2}$ $\xrightarrow{(CH_3)_2NH}$ N O

(vii) O $\xrightarrow[H^+]{Cl_2}$ O Cl $\xrightarrow{AcONa}$ O O O

(viii) O H + MgBr $\xrightarrow{\text{无水醚}}$ $\xrightarrow{H_3O^+}$ OH $\xrightarrow[H^+]{HBr}$ $\xrightarrow[\text{无水醚}]{Mg}$

$\xrightarrow{CO_2}$ $\xrightarrow{H_3O^+}$ O OH $\xrightarrow{SOCl_2}$ $\xrightarrow{CH_3NH_2}$ O H N

(ix) O + OH $\xrightarrow{H^+}$ HO O

OH O $\xrightarrow[H^+]{EtOH}$ OEt O $\xrightarrow{LDA}$ $\xrightarrow{\text{CHO}}$ $\xrightarrow{H_2O}$ OEt OH O

$\xrightarrow[\text{酯交换，少量EtONa}]{\text{HO O}}$ O O OH O （一级醇易交换）

(x) 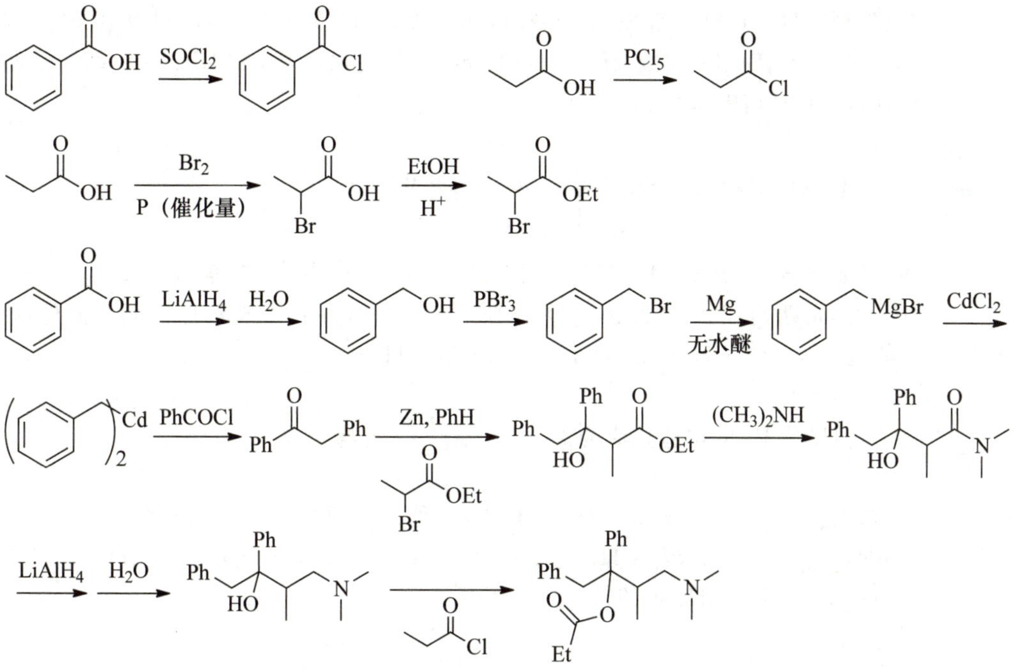 苯甲酸 $\xrightarrow{SOCl_2}$ 苯甲酰氯　　丙酸 $\xrightarrow{PCl_5}$ 丙酰氯

丙酸 $\xrightarrow[P（催化量）]{Br_2}$ 2-溴丙酸 $\xrightarrow[H^+]{EtOH}$ 2-溴丙酸乙酯

苯甲酸 $\xrightarrow{LiAlH_4}\xrightarrow{H_2O}$ $PhCH_2OH$ $\xrightarrow{PBr_3}$ $PhCH_2Br$ $\xrightarrow[无水醚]{Mg}$ $PhCH_2MgBr$ $\xrightarrow{CdCl_2}$

$(PhCH_2)_2Cd$ $\xrightarrow{PhCOCl}$ $PhCOCH_2Ph$ $\xrightarrow[CH_3CHBrCOOEt]{Zn, PhH}$ $PhCH_2C(Ph)(OH)CH(CH_3)COOEt$ $\xrightarrow{(CH_3)_2NH}$ $PhCH_2C(Ph)(OH)CH(CH_3)CON(CH_3)_2$

$\xrightarrow{LiAlH_4}\xrightarrow{H_2O}$ $PhCH_2C(Ph)(OH)CH(CH_3)CH_2N(CH_3)_2$ $\xrightarrow{CH_3CH_2COCl}$ $PhCH_2C(Ph)(OCOEt)CH(CH_3)CH_2N(CH_3)_2$

(xi) 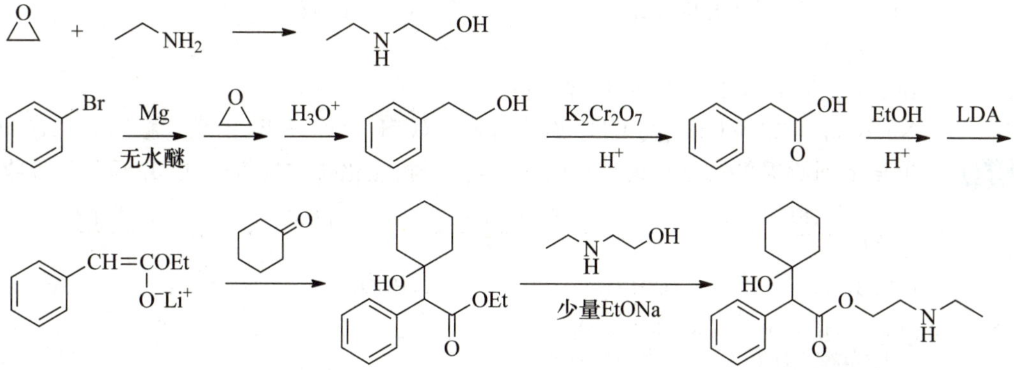 环氧乙烷 + $CH_3CH_2NH_2$ ⟶ $CH_3CH_2NHCH_2CH_2OH$

$PhBr$ $\xrightarrow[无水醚]{Mg}$ $\xrightarrow{环氧乙烷}$ $\xrightarrow{H_3O^+}$ $PhCH_2CH_2OH$ $\xrightarrow[H^+]{K_2Cr_2O_7}$ $PhCH_2COOH$ $\xrightarrow[H^+]{EtOH}$ $\xrightarrow{LDA}$

$PhCH{=}C(OEt)O^-Li^+$ $\xrightarrow{环己酮}$ 1-羟基环己基-$CH(Ph)COOEt$ $\xrightarrow[少量EtONa]{CH_3CH_2NHCH_2CH_2OH}$ 1-羟基环己基-$CH(Ph)COOCH_2CH_2NHCH_2CH_3$

习题12-40　$CH_3OCCH_2CH_2CH_2CH$（$CH_3O\overset{O}{\overset{\|}{C}}CH_2CH_2CH_2\overset{O}{\overset{\|}{C}}H$）与 HCN 反应后用碱处理，得化合物(A)；(A)的相对分子质量为 125，NMR 只有七个质子，IR 在 1735 及 2130 cm^{-1} 处有吸收峰。请推测此化合物的构造式，并提出一个合理的反应机理。

答　化合物(A)的构造式为 6-氰基-δ-戊内酯（六元环内酯，环上 O 旁碳连 CN），$M_r=125$。NMR：7 个质子；IR，波数/cm^{-1}：1735(C═O，伸缩)，2130(C≡N，伸缩)。反应机理如下：

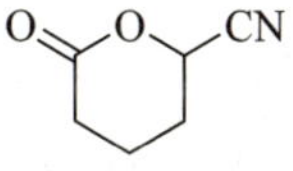

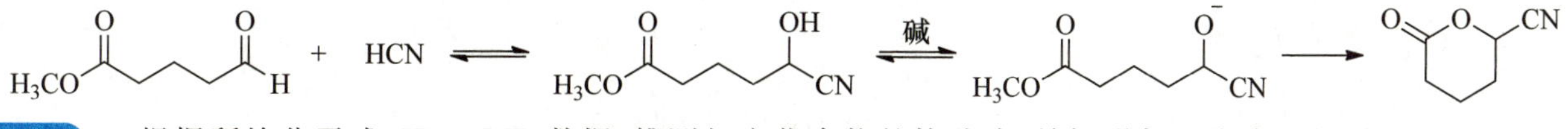

$H_3CO\overset{O}{\overset{\|}{C}}CH_2CH_2CH_2\overset{O}{\overset{\|}{C}}H$ + HCN ⇌ $H_3CO\overset{O}{\overset{\|}{C}}CH_2CH_2CH_2CH(OH)CN$ $\overset{碱}{\rightleftharpoons}$ $H_3CO\overset{O}{\overset{\|}{C}}CH_2CH_2CH_2CH(O^-)CN$ ⟶ 环状内酯（含 CN）

习题12-41　根据所给分子式、IR、NMR 数据，推测相应化合物的构造式，并标明各吸收峰的归属。

(i) $C_9H_{10}O_2$，IR 波数/cm^{-1}：3020，2900，1742，1385，1365，1232，1028，754，699；NMR δ_H：2.1(单峰，3H)，5.1(单峰，2H)，7.3(单峰，5H)。

(ii) $C_7H_{13}O_2Br$，IR 波数/cm^{-1}：2950～2850 cm^{-1} 区域有吸收峰，1740 cm^{-1}（较强）；NMR δ_H：1.0

(三重峰,3H)、1.3(二重峰,6H)、2.1(多重峰,2H)、4.2(三重峰,1H)、4.6(七重峰,1H)。

(iii) $C_6H_{11}O_2Br$,IR 波数/cm^{-1}：1730 cm^{-1}有较强吸收；NMR δ_H：1.25(三重峰,3H)、1.82(单峰,6H)、4.18(四重峰,2H)。

答 (i) $C_9H_{10}O_2$ 的构造式为 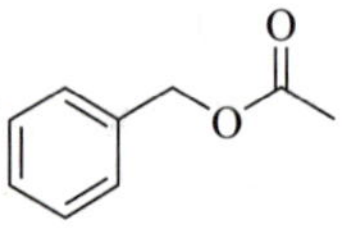 ,各峰归属：

IR,波数/cm^{-1}：3020(Ar—H,伸缩),2900(C—H,脂肪,伸缩),1742(C═O,伸缩),1385,1365(C—H,弯曲),1232,1028(C—O,伸缩),754,699(一取代苯环上 C—H,面外弯曲)。

NMR，δ_H：2.1(CH_3),5.1(CH_2),7.3(Ar—H)。

(ii) $C_7H_{13}O_2Br$ 的构造式应为 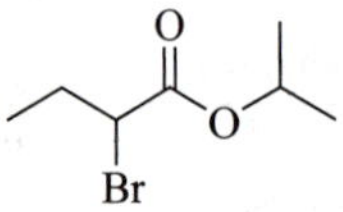 ,各峰归属：

IR,波数/cm^{-1}：2950～2850(C—H,脂肪,伸缩),1740(C═O,伸缩)。

NMR,δ_H：1.0(CH_3,与 CH_2 连接),1.3(CH_3,与 CH 连接),2.1(CH_2),4.2(CH,与 Br 连接),4.6(CH,与两个 CH_3 连接)。

(iii) $C_6H_{11}O_2Br$ 的构造式应为 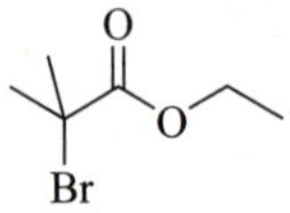 ,各峰归属：

IR,波数/cm^{-1}：1730(C═O,伸缩)。

NMR,δ_H：1.25(CH_3,与 CH_2 连接),1.82(CH_3,与 C—Br 的碳连接),4.18(CH_2)。

习题12-42 根据下列所提供的分子式及其他数据,推测相应化合物的构造式,并标明各吸收峰的归属。

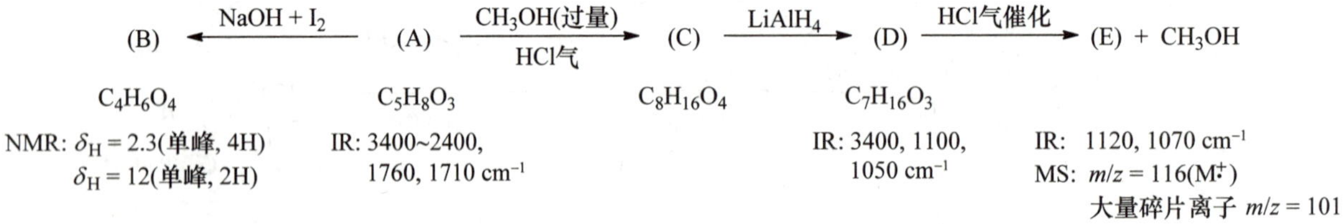

(B) ←(NaOH + I_2)— (A) —(CH_3OH(过量), HCl气)→ (C) —($LiAlH_4$)→ (D) —(HCl气催化)→ (E) + CH_3OH

(B) $C_4H_6O_4$　NMR: δ_H = 2.3(单峰, 4H)　δ_H = 12(单峰, 2H)

(A) $C_5H_8O_3$　IR: 3400~2400, 1760, 1710 cm^{-1}

(C) $C_8H_{16}O_4$

(D) $C_7H_{16}O_3$　IR: 3400, 1100, 1050 cm^{-1}

(E)　IR: 1120, 1070 cm^{-1}　MS: m/z = 116(M^{+})　大量碎片离子 m/z = 101

答 (A) 分子式 $C_5H_8O_3$,构造式应为 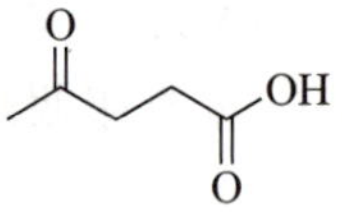 。IR,波数/cm^{-1}：3400～2400(O—H,伸缩),1760(C═O,伸缩),1710(C═O,羧羰基,伸缩)。

(B) 分子式 $C_4H_6O_4$,构造式应为 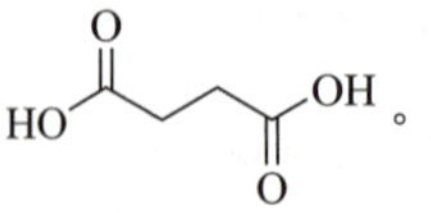 。NMR，δ_H：2.3(CH_2CH_2),12(两个 COOH 的质子)。

(C) 分子式 $C_8H_{16}O_4$,构造式应为 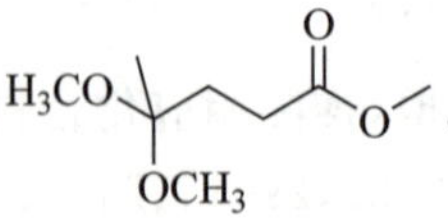 。

(D) 分子式 $C_7H_{16}O_3$,构造式应为 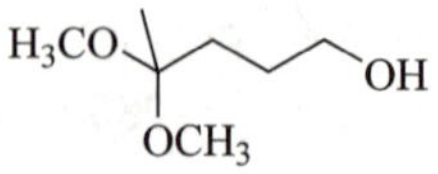 。IR,波数/cm^{-1}：3400(O—H,伸缩),

1100，1050（C—O，伸缩）。

（E）构造式应为（2-甲基-2-甲氧基四氢呋喃结构式：五元环含O，C上连 CH_3 和 OCH_3）。IR，波数/cm^{-1}：1120，1070（C—O，伸缩）；MS：$m/z=116(M^+)$，大量碎片离子 $m/z=101$（$M-CH_3$，即 116−15=101）。

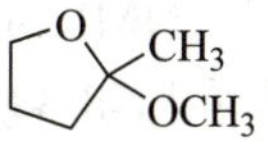

习题12-43　根据所提供分子式及 IR，NMR 的数据，推测相应化合物的构造式，并标明各吸收峰的归属。

(A) $\xrightarrow[\text{② } H_3O^+]{\text{① } NaOCH_3}$ (B) $\xrightarrow{SOCl_2}$ (C) $\xrightarrow[\text{硫-喹啉}]{H_2/Pd\text{-}BaSO_4}$ (D)

(A) $C_5H_6O_3$
IR: 1820, 1755 cm^{-1}
NMR: δ_H = 2.0(五重峰, 2H)
δ_H = 2.8(三重峰, 4H)

(B) IR: 3000(宽), 1740, 1710 cm^{-1}
NMR: δ_H = 3.8(单峰, 3H)
δ_H = 13(单峰, 1H)
此外，还有六个质子吸收峰

(C) IR: 1785, 1735 cm^{-1}

(D) IR: 1740, 1725 cm^{-1}

答　（A）分子式 $C_5H_6O_3$，构造式应为（戊二酸酐结构式）。IR，波数/cm^{-1}：1820，1755（C═O，伸缩）；NMR，δ_H：2.0（CH_2，不与 C═O 连接），2.8（CH_2，与 C═O 连接）。

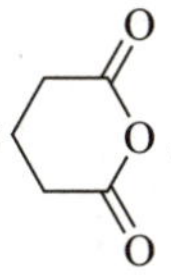

（B）构造式应为 $CH_2(CH_2COOCH_3)(CH_2COOH)$（三个 CH_2 链两端分别连 $COOCH_3$ 和 COOH）。IR，波数/cm^{-1}：3000（O—H，伸缩），1740，1710（C═O，伸缩）；NMR，δ_H：3.8（CH_3），13（COOH 的质子），此外还有 $CH_2CH_2CH_2$ 的质子峰。

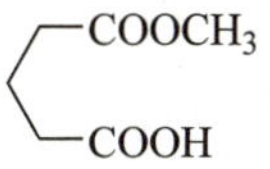

（C）构造式应为（三个 CH_2 链两端分别连 $COOCH_3$ 和 COCl）。IR，波数/cm^{-1}：1785，1735（C═O，伸缩）。

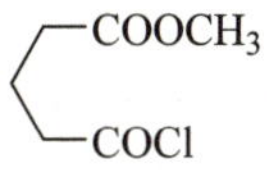

（D）构造式应为（三个 CH_2 链两端分别连 $COOCH_3$ 和 CHO）。IR，波数/cm^{-1}：1740，1725（C═O，伸缩）。

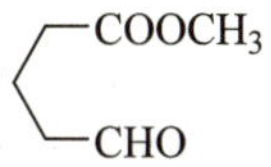

习题12-44　一羧酸衍生物（A）的分子式为 $C_5H_6O_3$，它能与乙醇作用得到两个互为异构体的化合物（B）和（C）；（B）和（C）分别用 $SOCl_2$ 作用后再加入乙醇，都得到同一化合物（D）。试推测（A），（B），（C），（D）的构造式。

答　$C_5H_6O_3$（A）的构造式应为（甲基丁二酸酐结构式），其各步反应如下：

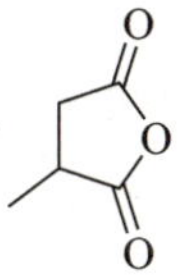

(A) $C_5H_6O_3$ $\xrightarrow{EtOH}$ (B)（OH，OEt）+ (C)（OEt，OH） $\xrightarrow{SOCl_2}$（Cl，OEt）+（OEt，Cl） $\xrightarrow{EtOH}$ (D)（OEt，OEt）

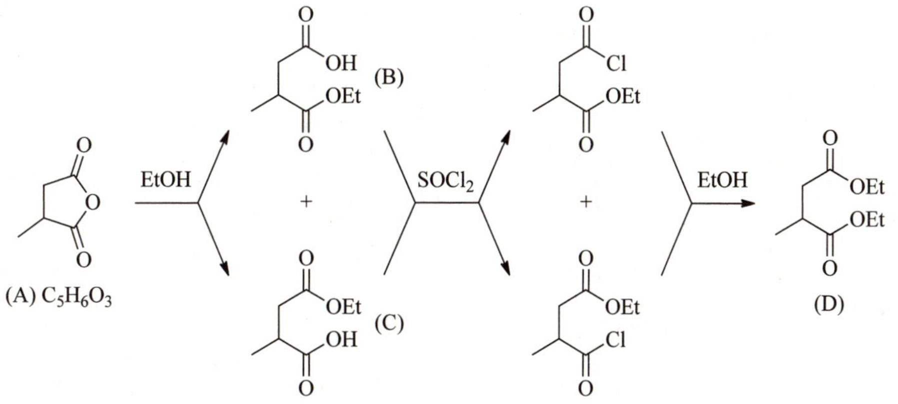

习题12-45 一化合物(A)$C_3H_6Br_2$,与 NaCN 反应生成(B)$C_5H_6N_2$;(B)酸性水解生成(C);(C)与乙酸酐共热生成(D)和乙酸;(D)的 IR 在 1820,1755 cm^{-1}处有强吸收,NMR,δ_H:2.0(五重峰,2H),2.8(三重峰,4H)处有吸收。请推测(A),(B),(C),(D)的构造式,并标明各吸收峰的归属。

答 $C_3H_6Br_2$(A)的构造式为 $BrCH_2CH_2CH_2Br$,其各步反应如下:

$$BrCH_2CH_2CH_2Br \xrightarrow{NaCN} NCCH_2CH_2CH_2CN \xrightarrow[H^+,\triangle]{H_2O} HOOCCH_2CH_2CH_2COOH \xrightarrow[\triangle]{Ac_2O} \text{戊二酸酐} + CH_3COOH$$

(A) $C_3H_6Br_2$　(B) $C_5H_6N_2$　(C)　(D)

IR: 1820, 1755 cm^{-1} (C=O 伸缩)

NMR: $\delta_H = 2.0$ (CH_2, 不与C=O连接)

$\delta_H = 2.8$ (CH_2, 与C=O连接)

13

第13章 缩合反应

内容提要

缩合反应是形成碳碳键的反应，不同的缩合反应可以形成不同的碳架，同一类缩合反应通过选择不同的原料和不同的实验方法也可以形成不同的碳架，因此，缩合反应在有机合成中十分重要。

13.1 氢碳酸的概念和 α 氢的酸性

烃可以看做一个氢碳酸。碳上的氢以正离子解离下来的能力代表了氢碳酸的酸性强弱。

与官能团直接相连的碳称为 α 碳，α 碳上氢的解离能力称为 α 氢的酸性。电子效应、空间效应、几何形状、溶剂效应等都将影响 α 氢酸性的强弱。羰基的吸电子能力很强，因此，羰基化合物的 α 氢都很活泼。

13.2 酮式和烯醇式的互变异构

在羰基化合物中，α 氢可以在 α 碳和羰基氧之间来回移动，因此，羰基化合物存在一对互变异构体：酮式和烯醇式。由酮式转变为烯醇式的反应称为烯醇化反应。烯醇化反应可以在酸催化下进行，也可以在碱催化下进行。一个不对称酮，在碱的作用下，可以产生两种不同的烯醇负离子。烯醇负离子带有负电荷，既具有碱性，又具有亲核性。烯醇负离子的氧端和碳端都带有部分负电荷，因此有两个反应位点，这种具有两位反应性能的负离子称为两位负离子。

13.3 缩合反应概述

将分子间或分子内不相连的两个碳原子连接起来的反应称为缩合反应。在缩合反应中往往有小分子丢失。缩合反应通常需要在缩合剂(如无机酸、碱、盐等)的作用下完成。完成缩合反应的关键是要创造一个正碳体系和一个负碳体系。

13.4 烯醇负离子的烃基化、酰基化反应

烯醇负离子通过饱和碳原子上的亲核取代反应和烃基结合称为烯醇负离子的烃基化反应。烯醇负离子通过酰基碳原子上的亲核取代反应和酰基结合称为烯醇负离子的酰基化反应。酯、酮和醛均能形成烯醇负离子，因此都能发生烃基化、酰基化反应。

13.5 烯胺的结构和反应

具有碳碳双键与氨基相连的结构的化合物称为**烯胺**。氮上没有氢的烯胺是稳定的化合物，氮上有氢的烯胺易重排为亚胺。烯胺分子中，含有一个三原子四电子的共轭体系（$\gt C{=}C{-}N\lt$），所以，烯胺有碱性和亲核性，且具有碳和氮两个反应位点。烯胺可以发生烃基化和酰基化反应。

13.6 β-二羰基化合物的制备、性质及其在有机合成中的应用

乙酰乙酸乙酯和**丙二酸二乙酯**是两个最重要的二羰基化合物。乙酰乙酸乙酯常通过乙酸乙酯的自身缩合或二聚乙烯酮的乙醇解来制备。丙二酸二乙酯可通过丙二酸与乙醇的酯化或用氰乙酸与乙醇反应来制备。β-二羰基化合物既可以发生 α-烃基化、酰基化反应，也可以发生 γ-烃基化、酰基化反应。β-二羰基化合物在稀碱中水解，然后酸化、加热失羧的反应称为**酮式分解**，酮式分解得到丙酮或丙酮的衍生物；β-二羰基化合物在浓碱中水解，然后酸化的反应称为**酸式分解**，酸式分解得到乙酸或乙酸的衍生物。将 β-二羰基化合物的烃基化、酰基化、酮式分解、酸式分解和酯缩合的逆反应结合起来，可以制备各种各样的化合物，在合成上十分有用。

13.7 Mannich 反应

在酸性条件下，具有活泼氢的化合物和甲醛、胺同时缩合，活泼氢被胺甲基代替的反应称为**Mannich 反应**。

13.8 Robinson 增环反应

环己酮及其衍生物在碱的存在下，与曼氏碱的季铵盐作用产生二并六元环的反应称为**Robinson增环反应**。

13.9 叶立德的反应

在相邻位置上带有相反电荷的两性离子称为**叶立德**。由磷形成的叶立德称为磷叶立德。除了磷叶立德外，还有硫叶立德、氮叶立德、砷叶立德。磷叶立德有 Wittig 试剂和 Wittig-Horner 试剂。Wittig 试剂与醛、酮作用生成烯烃的反应称为 **Wittig 反应**。Wittig-Horner 试剂与醛、酮作用生成烯烃的反应称为 **Wittig-Horner 反应**。

13.10 安息香缩合反应

芳香醛在氰化钾的作用下，发生双分子缩合，生成 α-羟基酮的反应称为**安息香缩合反应**。

13.11 Perkin 反应

在碱性催化剂的作用下，芳香醛与酸酐作用生成 α,β-不饱和酸的反应称为 **Perkin 反应**。

13.12 Knoevenagel 反应

在弱碱的催化作用下，醛、酮与含有活泼亚甲基化合物发生的失水缩合反应称为 **Knoevenagel 反应**。

13.13 Reformatsky 反应

醛或酮、α-卤代酸酯、锌在惰性溶剂中相互作用，然后水解，得到β-羟基酸酯的反应称为**Reformatsky 反应**。

13.14 Darzen 反应

醛、酮与α-卤代酸酯在强碱的催化作用下相互作用，生成α,β-环氧酸酯的反应称为**Darzen 反应**。α,β-环氧酸酯在很温和的条件下水解，得到游离的酸，游离的酸很不稳定，受热后即失去二氧化碳，变成烯醇，再互变异构为新的醛或新的酮。

习题解析

习题 13-1 将下列烃分子中的氢按酸性由强到弱的顺序排列，并简单阐明理由。

$$\underset{6}{HC}\equiv C-\underset{5}{CH_2}-\underset{4}{CH}(\overset{7}{CH_3})-\underset{3}{CH_2}-\underset{2}{CH}=\underset{1}{CH_2}$$

答 各种氢酸性由强到弱的排序为

$$H_6>H_5>H_3>H_1>H_2>H_7>H_4$$

参考依据为

	CH_3CH_3	$CH_2=CH_2$	$CH_3CH=CH_2$	$CH\equiv CH$
pK_a	50	40	35	25

理由简述如下：

H_6 为末端炔烃上的氢，与 H_6 相连的碳为 sp 杂化，在碳的杂化轨道中 sp 杂化轨道中的 s 成分最多，所对应碳的电负性最大。由于其电负性比其他碳的电负性大，所以其碳上的氢酸性最强。

H_5 为炔丙位碳上的氢，H_3 为烯丙位碳上的氢，它们的碳氢键均有给电子超共轭效应，所以 H_5 与 H_3 较活泼。因为炔基的吸电子能力比烯基强，所以 H_5 的酸性比 H_3 略强。

H_2 和 H_1 均连在 sp^2 杂化的碳上，酸性应比 sp^3 杂化碳上的氢强(炔丙位、烯丙位除外)。由于 H_2 所连碳与烃基相连，烃基有给电子能力，所以 H_1 的酸性比 H_2 强。

H_4 和 H_7 均连在 sp^3 杂化的碳上，所以酸性最弱。因为与 H_4 相连的碳为三级碳，而与 H_7 相连的碳为一级碳，所以 H_7 的酸性大于 H_4。

习题 13-2 将丙醛、丙酮、丙酸及其衍生物的α-H 按酸性由强到弱的顺序排列，并简单阐明理由。

答 α氢酸性的排序为

$$CH_3CH_2COCl > (CH_3CH_2CO)_2O > CH_3CH_2CHO > CH_3COCH_3 > CH_3CH_2COOH > CH_3CH_2COOR > CH_3CH_2CONH_2$$

参考依据为

	CH_3COCl	CH_3CHO	CH_3COCH_3	CH_3COOCH_3	CH_3CONMe_2
α氢的 pK_a	≈16	17	20	25	30

理由简述如下：

上述化合物中虽然都有羰基，但羰基一侧的结构不同，所以羰基 α 碳上的氢的酸性也不同。在酰氯中，氯的吸电子诱导效应大于给电子共轭效应，它的存在增强了羰基对 α 碳的吸电子能力，从而也增强了 α 氢的酸性。在酸酐中，—OCOR 的吸电子效应也略大于共轭效应，但不如氯，所以酸酐的 α 氢的酸性略低于酰氯，但比其他羰基化合物强。在酯和酰胺中，烷氧基的氧和氨基的氮给电子共轭效应均大于吸电子诱导效应。烷氧基氧的孤对电子和氨基氮的孤对电子均可与羰基共轭而使体系变得稳定，如果解离 α 氢，形成烯醇负离子，需要较大的能量，因此它们的酸性比醛、酮弱。酰胺氮上的孤对电子碱性较强，使共轭体系更加稳定，要解离 α 氢形成烯胺负离子比酯形成烯醇负离子需要的能量更多，故酸性比酯还弱。当醛基中的氢被烷基代替后，由于烷基的空阻比氢大，从某种程度上讲阻碍了碱和氢的反应；另外，由于烷基对羰基具有给电子超共轭效应，因此醛的 α 氢比酮的 α 氢活泼。

习题 13-3 将乙酰乙酸乙酯、2，4-戊二酮、丙二酸二乙酯、α-氰基乙酸乙酯、α-硝基乙酸乙酯的亚甲基上的氢按酸性由强到弱的顺序排列，并简单阐明理由。

答 亚甲基上的氢的酸性由强至弱的排序为

$$O_2NCH_2COOC_2H_5 > NCCH_2COOC_2H_5 > CH_3COCH_2COCH_3 > CH_3COCH_2COOC_2H_5 > C_2H_5OOCCH_2COOC_2H_5$$

理由如下：亚甲基上连的基团的吸电子能力为

$$NO_2 > CN > \overset{O}{\overset{\|}{C}}CH_3 > \overset{O}{\overset{\|}{C}}OC_2H_5$$

所以亚甲基上氢的酸性排序如上所示。

习题 13-4 写出下列化合物的主要互变异构体，指出哪一个异构体最稳定，并将下列化合物按酸性由大到小排列成序。

(i) $CH_3CH_2C(=O)CH[C(=O)CH_2CH_3]C(=O)CH_2CH_3$

(ii) $CH_3CH_2C(=O)-C(CH_3)[C(=O)CH_2CH_3]-C(=O)CH_2CH_3$

(iii) $CH_3CH_2C(=O)CH_2C(=O)OC_2H_5$

(iv) $(CH_3)_2CHC(=O)CH_2C(=O)OC_2H_5$

(v) $CH_3CH_2C(=O)-C(CH_3)_2-C(=O)OC_2H_5$

答 各化合物的主要互变异构体如下：

(i) $CH_3CH_2C(OH)=C[C(=O)CH_2CH_3]-C(=O)CH_2CH_3$

(ii) $CH_3CH=C(OH)-C(CH_3)[C(=O)CH_2CH_3]-C(=O)CH_2CH_3$

(iii) $CH_3CH_2C(OH)=CH-C(=O)OC_2H_5$

(iv) $(CH_3)_2CHC(OH)=CHC(=O)OC_2H_5$

(v) $CH_3CH=C(OH)-C(CH_3)_2-C(=O)OC_2H_5$

(i) 的烯醇式最稳定。

酸性：(i)＞(iii)＞(iv)＞(ii)＞(v)。

习题 13-5 请写出乙酰乙酸乙酯在酸催化下的烯醇化反应机理和碱催化下的烯醇化反应机理。

答 酸催化下烯醇化反应的反应机理如下：

$$CH_3COCH_2COOC_2H_5 \xrightarrow{H^+} CH_3C(=\overset{+}{O}H)CH_2COOC_2H_5 \xrightarrow{-H^+} H_3C-C(OH)=CH-COOC_2H_5$$

碱催化下烯醇化反应的反应机理如下：

$$CH_3COCH_2COOC_2H_5 \xrightarrow{^-OH} H_3C-C(O^-)=CH-COOC_2H_5 \xrightarrow{H-OH} H_3C-C(OH)=CH-COOC_2H_5$$

习题 13-6 请为下列反应提出合理的反应机理，并指出其中哪几步反应体现了烯醇（或烯醇负离子）的亲核性。

$$2\ PhCHO + \text{环己-2-烯酮} \xrightarrow[H_2O]{NaOH} \text{PhCH=(环己二烯酮)=CHPh}$$

答

$$\xrightarrow[①]{^-OH} \xrightarrow[②]{PhCHO} \xrightarrow[③]{H-OH} \xrightarrow[④]{^-OH} \xrightarrow[⑤]{} \xrightarrow[⑥]{^-OH} \xrightarrow[⑦]{PhCHO} \xrightarrow[⑧]{H-OH} \xrightarrow[⑨]{^-OH} \xrightarrow[⑩]{} \text{PhCH=(环己烯酮)=CH-Ph}$$

上述过程中，②⑤和⑦⑩体现了烯醇负离子的亲核反应性。

习题 13-7 将丙酮和乙酸乙酯在碱性体系中反应，能生成几种缩合产物？写出相应的反应机理，并指出每一种缩合产物是通过哪一种类型的缩合反应形成的。

答 将丙酮和乙酸乙酯放在碱性体系中反应，有可能生成四种不同的缩合产物。

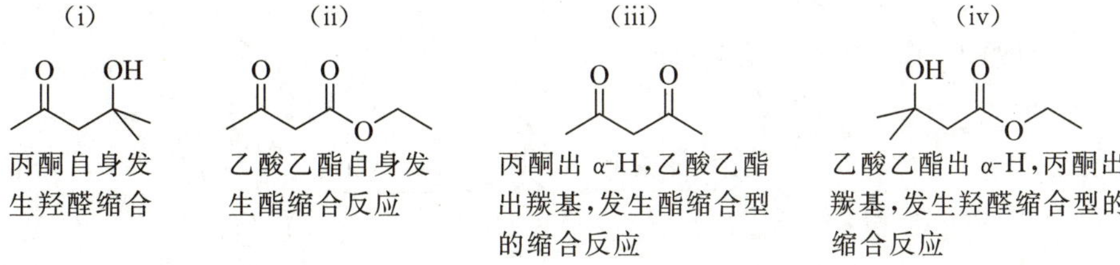

(i)
(ii)
(iii)
(iv)
O OH
O O
O O
OH O
丙酮自身发生羟醛缩合
乙酸乙酯自身发生酯缩合反应
丙酮出 α-H，乙酸乙酯出羰基，发生酯缩合型的缩合反应
乙酸乙酯出 α-H，丙酮出羰基，发生羟醛缩合型的缩合反应

形成(i)的反应机理参见教材第 483 页。形成(ii)的反应机理参见教材第 582 页。

形成(iii)的反应机理如下：

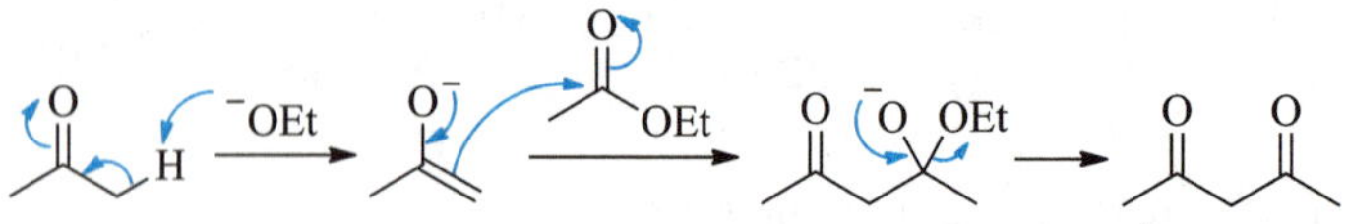

(iii)

形成(iv)的反应机理如下：

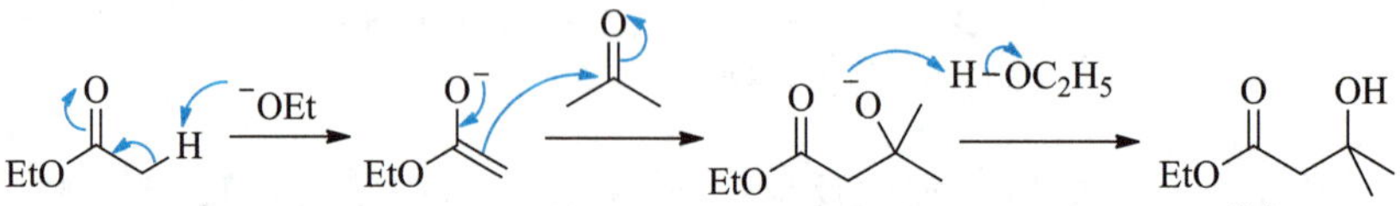

$H-OC_2H_5$

(iv)

习题 13-8 写出乙酸乙酯在乙酰卤作用下发生酰基化反应的反应机理。

答

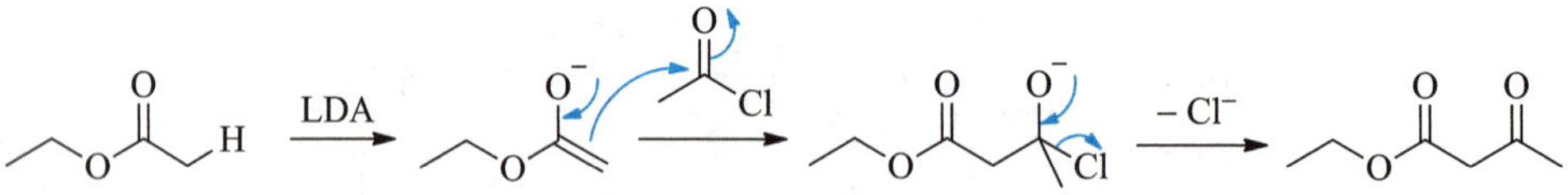

LDA　　　　$-Cl^-$

习题 13-9 对比、分析酯的下列三种酰基化反应。你认为哪一种酰基化反应最实用？为什么？

(i) 用乙酸乙酯作为酰基化试剂；(ii) 用乙酰氯作为酰基化试剂；(iii) 用乙酸酐作为酰基化试剂。

答 用乙酰氯和乙酸酐作为酰基化试剂，需要在非质子溶剂中进行反应，操作比较麻烦。用乙酸乙酯作为乙酰化试剂，可在乙醇钠的乙醇溶液中进行反应，操作较为方便，最为实用。

习题13-10 以 2-甲基环戊酮（CH_3）为原料合成下列化合物。

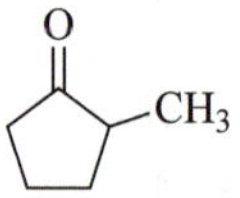

(i) 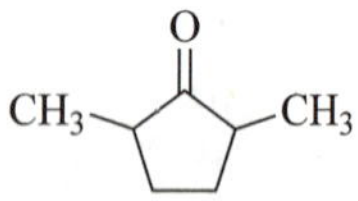　(ii) 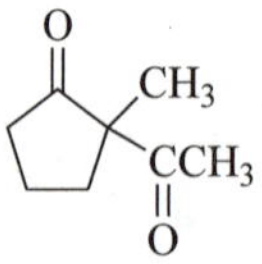　(iii) 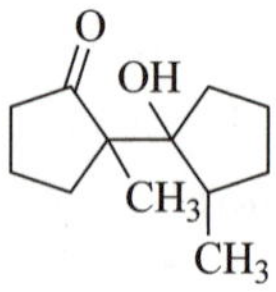　(iv)

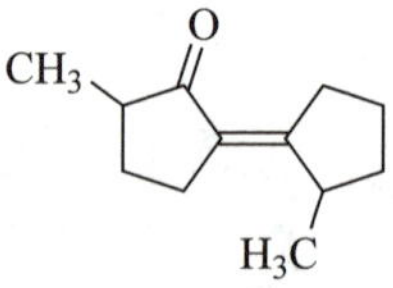

答

(i) 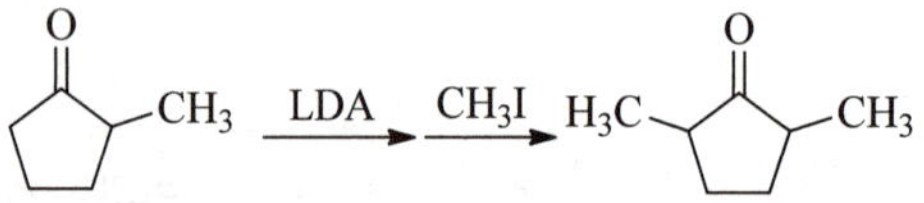 $\xrightarrow{LDA}\xrightarrow{CH_3I}$

(ii) 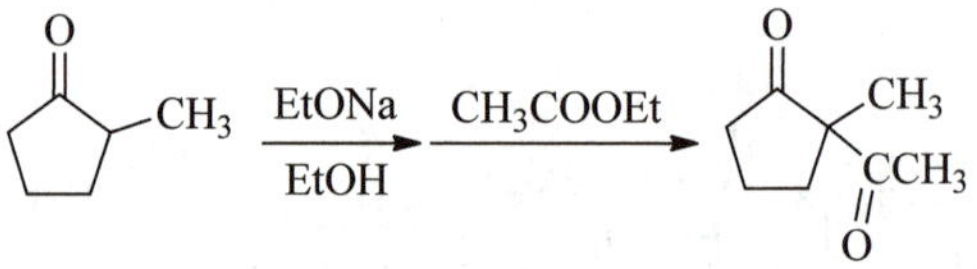 $\xrightarrow[EtOH]{EtONa}\xrightarrow{CH_3COOEt}$

(iii) 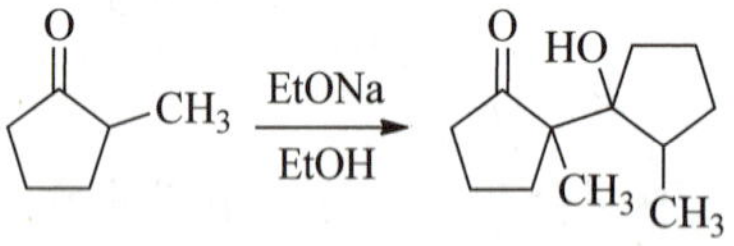 $\xrightarrow[EtOH]{EtONa}$

(iv) 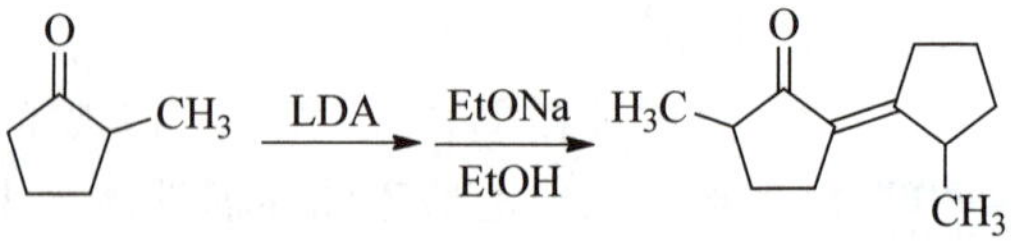 $\xrightarrow{LDA}\xrightarrow[EtOH]{EtONa}$

习题13-11 写出由 2-甲基环戊酮（CH_3）合成习题 13-10 中(ii)和(iv)产物的反应机理。

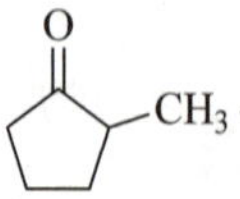

答 习题 13-10 中(ii)的反应机理：

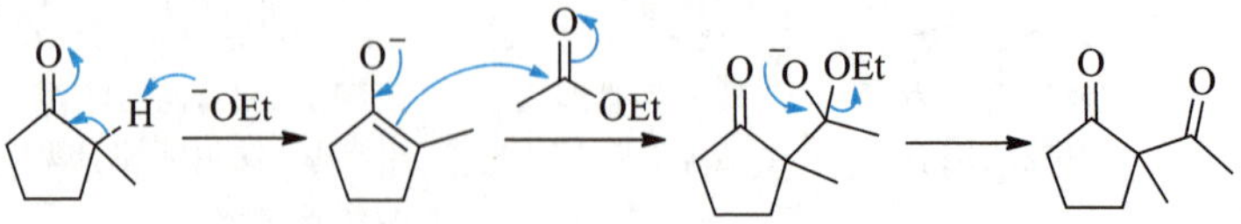

习题 13-10 中(iv)的反应机理：

习题13-12 以 CH_3CH_2CHO 为原料合成下列化合物，并写出相应的反应机理。

(i) $CH_3CH(CH_2CH_3)CHO$　(ii) $CH_3CH_2CH{=}C(CH_3){-}CHO$

答 (i) 合成：

$$\xrightarrow{RNH_2}\ \xrightarrow{LDA}\ \xrightarrow{CH_3CH_2Br}\ \xrightarrow{H_3O^+}$$

反应机理：

$$\xrightarrow{H^+}\quad \xrightarrow{R\ddot{N}H_2}\quad \xrightarrow{\sim H^+}\quad \xrightarrow[-H^+]{-H_2O}\quad \xrightarrow{LDA}$$

$$R-\bar{N}-CH{=}CH-CH_3 \longrightarrow \xrightarrow{H^+}\quad H_2\ddot{O}\quad \xrightarrow{\sim H^+}\quad \xrightarrow[-H^+]{-RNH_2}$$

(ii) 合成：

$$\xrightarrow[H_2O]{NaOH} CH_3CH_2CH{=}C(CH_3)CHO$$

反应机理：

$$^-OH \rightleftharpoons H-\overset{O^-}{C}{=}CH-CH_3 \rightleftharpoons H-OH \rightleftharpoons {^-OH} \rightleftharpoons CH_3CH_2CH{=}C(CH_3)CHO$$

习题13-13 完成下列反应，写出主要产物。

(i) $(CH_3)_2CHCHO + (CH_3)_2NH \xrightarrow{K_2CO_3} ? \xrightarrow{CH_3CH{=}CHCH_2Br} ? \xrightarrow{H^+,\ H_2O}$

(ii) 环己酮 + 四氢吡咯 $\xrightarrow{H^+} ? \xrightarrow{ClCH_2OCH_3} ? \xrightarrow{H^+,\ H_2O}$

(iii) 环戊酮 + 吗啉 $\xrightarrow{H^+} ? \xrightarrow{ClCH_2COOC_2H_5} ? \xrightarrow{H^+,\ H_2O}$

答

(i) $(CH_3)_2CHCHO$ + $(CH_3)_2NH$ $\xrightarrow{K_2CO_3}$ $(CH_3)_2C{=}CHN(CH_3)_2$ $\xrightarrow{CH_3CH{=}CHCH_2Br}$ $(CH_3)_2C(CH_2CH{=}CHCH_3)CH{=}\overset{+}{N}(CH_3)_2$ $\xrightarrow{H_3O^+}$ $(CH_3)_2C(CH_2CH{=}CHCH_3)CHO$

(ii) 环己酮 + 四氢吡咯 $\xrightarrow{H^+}$ 烯胺 $\xrightarrow{ClCH_2OCH_3}$ 亚胺盐 $\xrightarrow{H_3O^+}$ 2-(甲氧甲基)环己酮

(iii) 环戊酮 + 吗啉 $\xrightarrow{H^+}$ 烯胺 $\xrightarrow{ClCH_2COOEt}$ 亚胺盐（含 CH_2COOEt） $\xrightarrow{H_3O^+}$ 2-氧代环戊基乙酸乙酯（CH_2COOEt）

习题13-14 请选用合适的原料合成下列β-二羰基化合物。

(i) $HCCH_2CH$（$\overset{O}{\parallel}$ $\overset{O}{\parallel}$）　(ii) $HCCH_2CCH_3$　(iii) $HCCH_2COC_2H_5$

(iv) $CH_3CCH_2CCH_3$　(v) $C_2H_5CCH_2COC_2H_5$　(vi) $CH_3CH_2CH_2OCCH_2COCH_2CH_2CH_3$

答

(i) CH_3CHO + $HCOOC_2H_5$　(ii) CH_3CHO + $CH_3COOC_2H_5$ 或 CH_3COCH_3 + $HCOOC_2H_5$

(iii) $CH_3COOC_2H_5$ + $HCOOC_2H_5$ 或 CH_3CHO + $C_2H_5OCOOC_2H_5$

(iv) $CH_3COOC_2H_5$ + CH_3COCH_3　(v) $CH_3CH_2COOC_2H_5$ + $CH_3COOC_2H_5$ 或 $CH_3CH_2COCH_3$ + $C_2H_5OCOOC_2H_5$

(vi) $CH_3COOCH_2CH_2CH_3$ + $CH_3CH_2CH_2OCOOCH_2CH_2CH_3$

习题13-15 完成下列反应，写出主要产物。

(i) 5-甲基-2-氧代环戊甲酸乙酯（CH_3–环戊酮–COC_2H_5） $\xrightarrow[液氨]{2KNH_2}$ $\xrightarrow[②\ NH_4Cl]{①\ CH_3I}$　(ii) 6-甲基-2-氧代环己甲酸乙酯（CH_3–环己酮–COC_2H_5） $\xrightarrow[液氨]{KNH_2}$ $\xrightarrow[②\ NH_4Cl]{①\ CH_3CH_2Br}$

(iii) 环己基–$CH_2CCH_2CCH_3$ $\xrightarrow[液氨]{2KNH_2}$ $\xrightarrow[②\ NH_4Cl]{①\ CH_3CH_2CH_2Br}$

答

(i) 5,5-二甲基-2-氧代环戊甲酸乙酯（COC_2H_5）　(ii) 1-乙基-6-甲基-2-氧代环己甲酸乙酯（$COOC_2H_5$）　(iii) 环己基–$CH_2COCH_2CO(CH_2)_4CH_3$

习题13-16 完成下列反应式并写出相应的反应机理。

(i) 2-氧代环己甲酸乙酯（OC_2H_5） $\xrightarrow[C_2H_5OH]{C_2H_5ONa}$　(ii) 2-甲酰基环己酮（CHO） $\xrightarrow[C_2H_5OH]{C_2H_5ONa}$　(iii) 2-乙酰基环己酮 $\xrightarrow[C_2H_5OH]{C_2H_5ONa}$

答 (i) 产物：

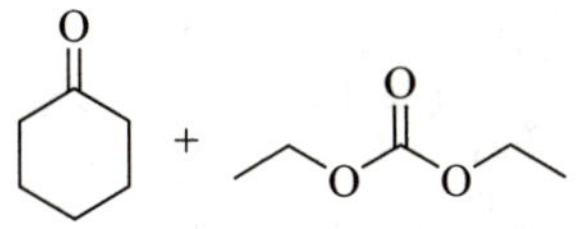

反应机理：

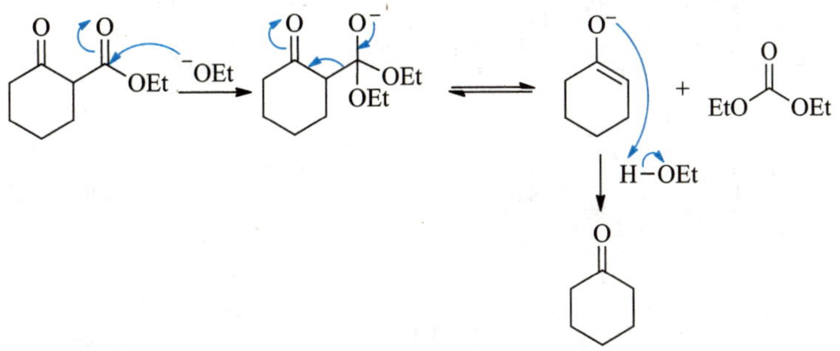

(ii) 产物：

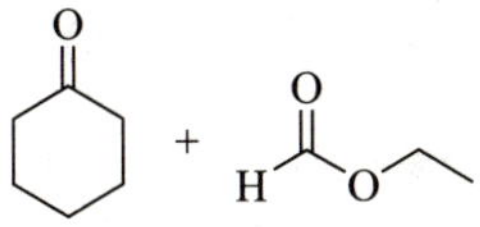

反应机理：

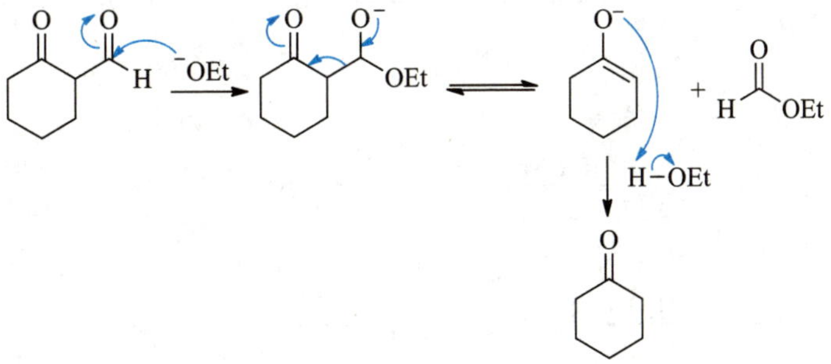

(iii) 产物：

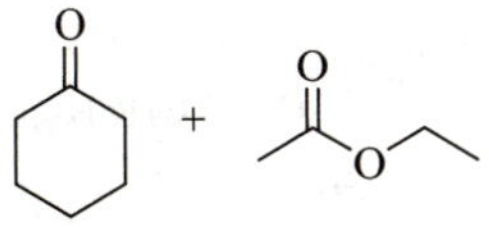

反应机理：

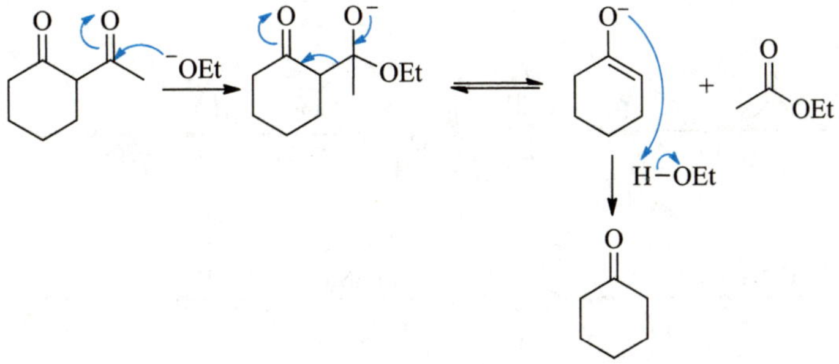

习题13-17 从丙二酸酯及必要试剂(或指定试剂)合成。

(i) $CH_3CH_2CH_2COOH$ (ii) $CH_3CH_2CH(CH_3)CH_2COOH$ (iii) $CH_3CH_2CH(CH_3)COOH$

(iv) 从$HC\equiv CCH_2Br$合成$CH_3\overset{O}{\overset{\|}{C}}CH_2CH_2COOH$ (v) $PhOCH_2CH_2CH_2CH=CH_2$

答

(i) EtO OEt $\xrightarrow{EtONa}$ $\xrightarrow{\text{/\\Br}}$ EtO OEt $\xrightarrow[H_2O,\triangle]{NaOH}$ $\xrightarrow{H^+}$ $\xrightarrow[-CO_2]{\triangle}$ COOH

(ii) EtO OEt $\xrightarrow{EtONa}$ $\xrightarrow{\text{Br}}$ EtO OEt $\xrightarrow[H_2O,\triangle]{NaOH}$ $\xrightarrow{H^+}$ $\xrightarrow[-CO_2]{\triangle}$ COOH

(iii) EtO OEt $\xrightarrow{EtONa}$ $\xrightarrow{CH_3I}$ EtO OEt $\xrightarrow{EtONa}$ $\xrightarrow{\text{/\\Br}}$ EtO OEt $\xrightarrow[H_2O,\triangle]{NaOH}$ $\xrightarrow{H^+}$ $\xrightarrow[-CO_2]{\triangle}$ COOH

(iv) EtO OEt $\xrightarrow{EtONa}$ $\xrightarrow{\text{Br}}$ EtO OEt $\xrightarrow[H_2SO_4,\ H_2O]{HgSO_4}$ $\xrightarrow{\triangle}$ COOH

(v) EtO OEt $\xrightarrow{EtONa}$ $\xrightarrow{\text{Br}}$ EtO OEt $\xrightarrow[H_2O,\triangle]{NaOH}$ $\xrightarrow{H^+}$ $\xrightarrow[-CO_2]{\triangle}$ COOH

$\xrightarrow{LiAlH_4}$ $\xrightarrow{H_2O}$ OH $\xrightarrow{SOCl_2}$ Cl $\xrightarrow[NaOH]{\text{PhOH}}$ O

习题13-18 从乙酰乙酸乙酯及必要试剂(或指定试剂)合成。

(i) $CH_3CH_2CH_2\overset{O}{\overset{\|}{C}}CH_3$ (ii) $CH_3\overset{O}{\overset{\|}{C}}\ \overset{CH_3}{\overset{|}{C}H}CH_2CH_3$ (iii) $CH_3CH_2CH_2CH_2\overset{O}{\overset{\|}{C}}CH_2\overset{O}{\overset{\|}{C}}CH_3$

(iv) $H_3C\overset{O}{\overset{\|}{C}}-$环己基 (v) 从环氧乙烷合成 $CH_3\overset{O}{\overset{\|}{C}}CH_2CH_2CH_2Br$

答

(i) OEt $\xrightarrow{EtONa}$ $\xrightarrow{\text{/\\Br}}$ OEt $\xrightarrow[H_2O,\triangle]{NaOH}$ $\xrightarrow{H^+}$ $\xrightarrow[-CO_2]{\triangle}$

(ii) OEt $\xrightarrow{EtONa}$ $\xrightarrow{CH_3I}$ OEt $\xrightarrow{EtONa}$ $\xrightarrow{\text{/\\Br}}$ OEt $\xrightarrow[H_2O,\triangle]{NaOH}$ $\xrightarrow{H^+}$ $\xrightarrow[-CO_2]{\triangle}$

(iii) 乙酰乙酸乙酯 $\xrightarrow{EtONa}$ $\xrightarrow{CH_3CH_2CH_2COCl}$ $CH_3COCH(COCH_2CH_2CH_3)CO_2Et$ $\xrightarrow[H_2O,\triangle]{NaOH}$ $\xrightarrow{H^+}$ $\xrightarrow[-CO_2]{\triangle}$ $CH_3COCH_2COCH_2CH_2CH_3$

(iv) 乙酰乙酸乙酯 $\xrightarrow{2\ EtONa}$ $\xrightarrow{Br(CH_2)_5Br}$ 1-乙酰基环己烷甲酸乙酯 $\xrightarrow[H_2O,\triangle]{NaOH}$ $\xrightarrow{H^+}$ $\xrightarrow[-CO_2]{\triangle}$ 环己基甲基酮

(v) 乙酰乙酸乙酯 $\xrightarrow{EtONa}$ $\xrightarrow{环氧乙烷}$ $CH_3COCH(CH_2CH_2OH)CO_2Et$ $\xrightarrow[H_2O,\triangle]{NaOH}$ $\xrightarrow{H^+}$ $\xrightarrow[-CO_2]{\triangle}$ $CH_3COCH_2CH_2CH_2OH$ $\xrightarrow{PBr_3}$ $CH_3COCH_2CH_2CH_2Br$

习题13-19 从氰乙酸乙酯及必要试剂合成。

(i) $[(CH_3)_2CH]_2CHCOOH$ (ii) 环丙基-COOH

答

(i) $NCCH_2CO_2Et$ $\xrightarrow{EtONa}$ $\xrightarrow{(CH_3)_2CHBr}$ $NCCH(CH(CH_3)_2)CO_2Et$ $\xrightarrow{EtONa}$ $\xrightarrow{(CH_3)_2CHBr}$ $NCC(CH(CH_3)_2)_2CO_2Et$ $\xrightarrow[H_2O,\triangle]{NaOH}$ $\xrightarrow{H_3O^+}$ $\xrightarrow[-CO_2]{\triangle}$ $[(CH_3)_2CH]_2CHCOOH$

(ii) $NCCH_2CO_2Et$ $\xrightarrow{2\ EtONa}$ $\xrightarrow{BrCH_2CH_2Br}$ 1-氰基环丙烷甲酸乙酯 $\xrightarrow[H_2O,\triangle]{NaOH}$ $\xrightarrow{H_3O^+}$ $\xrightarrow[-CO_2]{\triangle}$ 环丙基-CO_2H

习题13-20 从己二酸酯及必要试剂合成。

(i) 2-苄基环戊酮（2-$CH_2C_6H_5$-环戊酮） (ii) $HOOCCH_2CH_2CH_2CH(CH_2C_6H_5)COOH$

(iii) $H_5C_2OOCCH_2CH_2CH_2CH(CH_2C_6H_5)COOC_2H_5$ (iv) C_2H_5OOC-环戊酮-$CH_2C_6H_5$（2,5-二取代）

答

(i) 己二酸二乙酯 $\xrightarrow{EtONa}$ 2-氧代环戊烷甲酸乙酯 $\xrightarrow{EtONa}$ $\xrightarrow{PhCH_2Br}$ 1-苄基-2-氧代环戊烷甲酸乙酯 (A) $\xrightarrow[H_2O,\triangle]{NaOH}$ $\xrightarrow{H^+}$ $\xrightarrow[-CO_2]{\triangle}$ 2-苄基环戊酮

(ii) (A) $\xrightarrow{浓\ NaOH}$ $\xrightarrow{H^+}$ $HO_2CCH_2CH_2CH_2CH(CH_2C_6H_5)CO_2H$

(iii) (A) $\xrightarrow[逆向酯缩合]{EtONa（催化量）, EtOH}$ $EtO_2CCH_2CH_2CH_2CH(CH_2C_6H_5)CO_2Et$

(iv) (A) $\xrightarrow[逆向酯缩合]{EtONa（催化量）, EtOH}$ $\xrightarrow[正向酯缩合]{EtONa}$ 3-苄基-2-氧代环戊烷甲酸乙酯（EtO_2C-环戊酮-$CH_2C_6H_5$）

习题13-21 从乙酰乙酸乙酯及 $BrCH_2CH_2CH_2Br$ 在醇钠作用下反应，主要得到 CH₃-取代的二氢吡喃（2-甲基-3-乙氧羰基-5,6-二氢-4H-吡喃）而不是 1-乙酰基-1-乙氧羰基环丁烷（$COCH_3$，$COOC_2H_5$）。这是一个例外，请解释其原因。

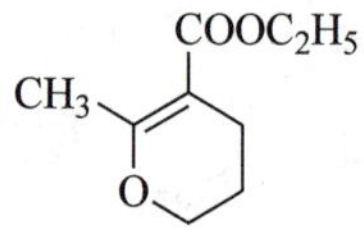

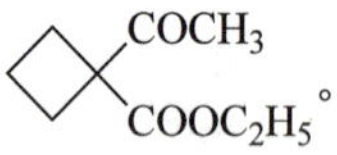

答

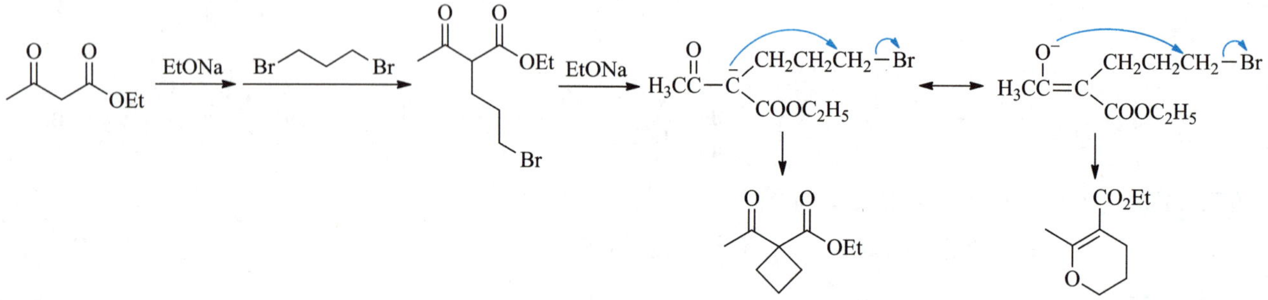

EtONa；$Br(CH_2)_3Br$

四元环不易形成

六元环易形成

习题13-22 由指定原料进行合成。

(i) 由环戊酮合成辛酸　　(ii) 由环己酮及癸二酰氯合成二十二碳二酸

答

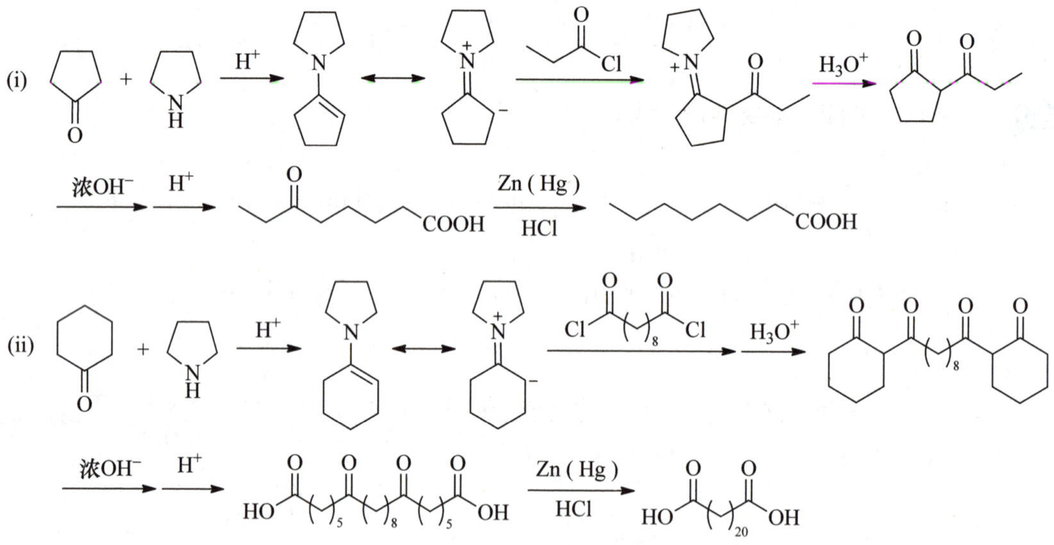

(i) H^+；H_3O^+；浓OH^-；H^+；Zn(Hg)/HCl；COOH

(ii) H^+；H_3O^+；浓OH^-；H^+；Zn(Hg)/HCl

习题13-23 完成下列反应，写出主要产物。

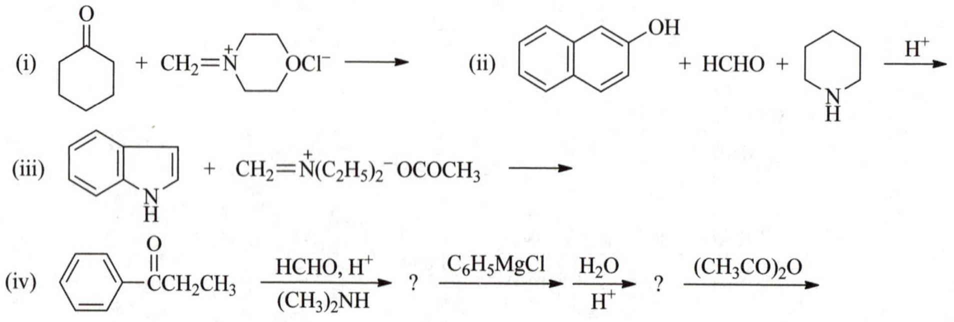

(i) 环己酮 + $CH_2=\overset{+}{N}$(吗啉) Cl^- ⟶

(ii) 2-萘酚 + HCHO + 哌啶 $\xrightarrow{H^+}$

(iii) 吲哚 + $CH_2=\overset{+}{N}(C_2H_5)_2\ {}^-OCOCH_3$ ⟶

(iv) $C_6H_5\overset{O}{\overset{\|}{C}}CH_2CH_3 \xrightarrow[(CH_3)_2NH]{HCHO,\ H^+}$? $\xrightarrow{C_6H_5MgCl}\xrightarrow[H^+]{H_2O}$? $\xrightarrow{(CH_3CO)_2O}$

答

(i) 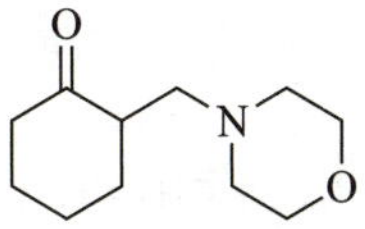 (ii) 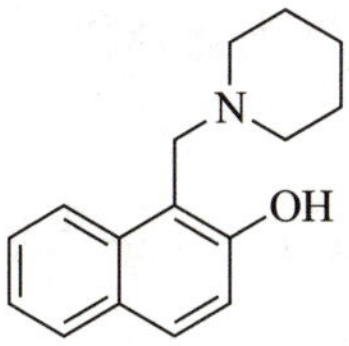 (iii)

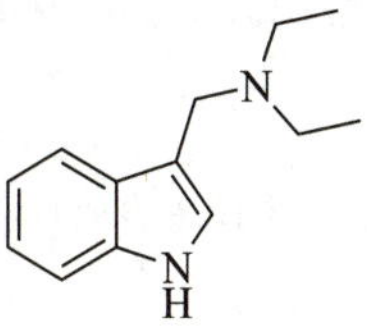

(iv) 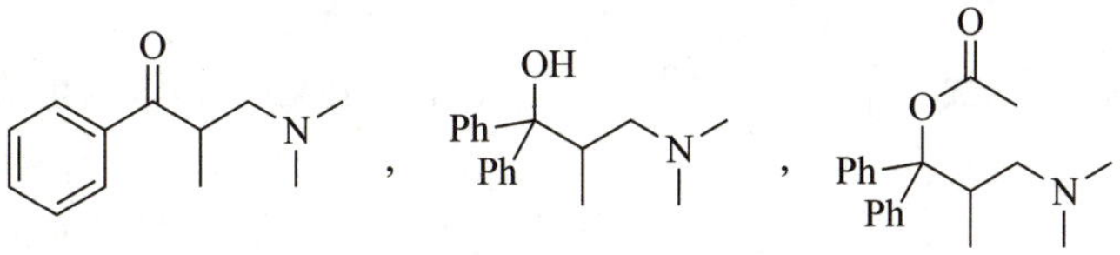 ， ，

习题13-24 完成下列反应，写出主要产物。

(i) 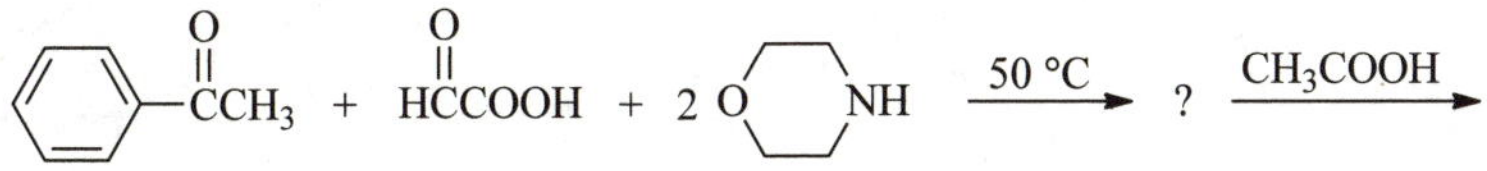 $C_6H_5\overset{O}{\overset{\|}{C}}CH_3$ + $H\overset{O}{\overset{\|}{C}}COOH$ + 2 O⟨⟩NH $\xrightarrow{50\ °C}$? $\xrightarrow{CH_3COOH}$

(ii) 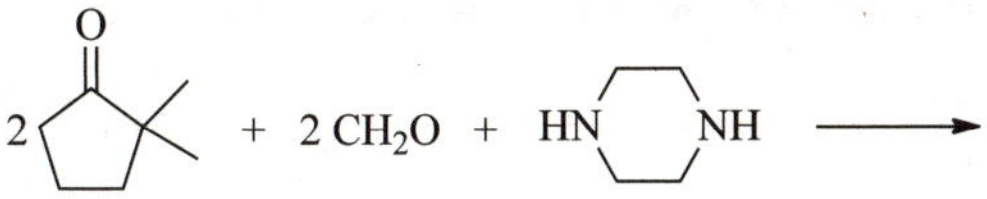 2 + 2 CH_2O + HN⟨⟩NH ⟶

答

(i) 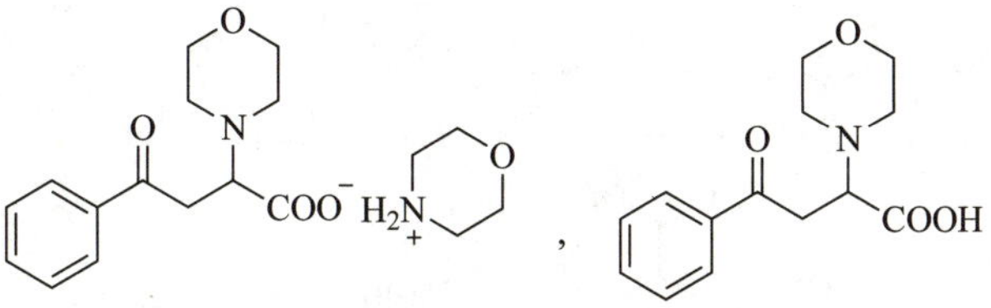 COO^- $H_2\overset{+}{N}$ ， COOH (ii)

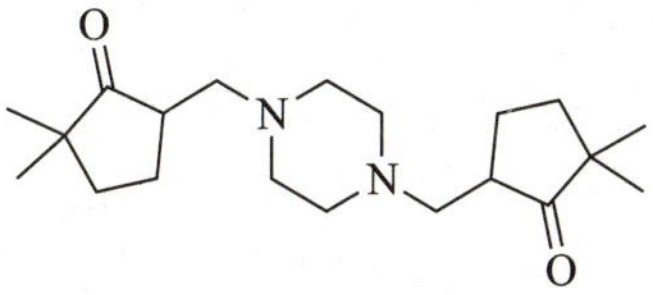

习题13-25 完成下列反应，写出主要产物。

(i) 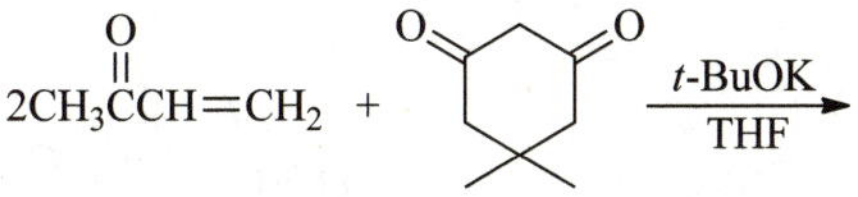 $2CH_3\overset{O}{\overset{\|}{C}}CH{=}CH_2$ + $\xrightarrow[THF]{t\text{-}BuOK}$

(ii) $(CH_3)_2C{=}CH\overset{O}{\overset{\|}{C}}CH{=}C(CH_3)_2$ $\xrightarrow[ROH]{NaOH}$

(iii) $CH_3CH_2NO_2$ + $CH_2{=}CH\overset{O}{\overset{\|}{C}}CH_3$ $\xrightarrow[CH_3OH]{NaOCH_3}$

(iv) $CH_3\overset{O}{\overset{\|}{C}}CH_2CH_2CH_3$ + $Ph\overset{O}{\overset{\|}{C}}CH_2CH_2\overset{+}{N}(CH_3)_3\ ^-OH$ $\xrightarrow{\triangle}$? $\xrightarrow{碱}$

答

(i) 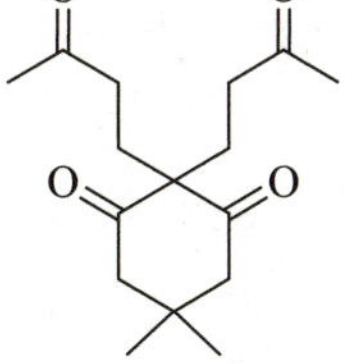 (ii) 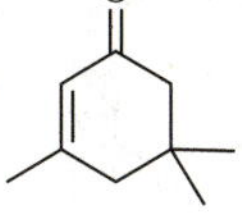 (iii) 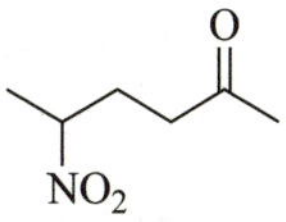 NO_2 (iv)

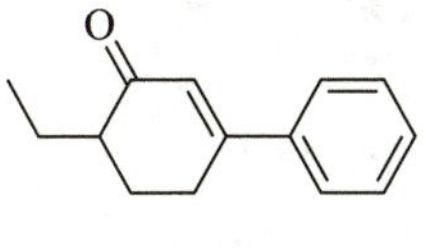

习题13-26 从指定原料出发，用必要的试剂合成下列化合物。

(i) 从$CH_2(COOC_2H_5)_2$，$CH_2=CHCN$合成 O= ⟨cyclohexane⟩ —COOH　(ii) 从 $CH_3\overset{O}{\overset{\|}{C}}CH_2\overset{O}{\overset{\|}{C}}OC_2H_5$，$CH_2=CHCOOC_2H_5$合成 [bicyclic structure: OH, =O]

(iii) 从 [cyclohexanone]，[benzene]，$CH_3\overset{O}{\overset{\|}{C}}CH_2\overset{O}{\overset{\|}{C}}OC_2H_5$ 合成 [structure: Ph]　(iv) 从 $HOOC(CH_2)_4COOH$ 合成 [structure: $COOC_2H_5$, =O]

(v) 从 [benzene]—CH_2COOCH_3，$CH_2=CHCOOCH_3$ 合成 [structure: O, $COOCH_3$, Ph, $COOCH_3$]　(vi) 从 [structure: O, CH_3, O] 合成 [structure: O, CH_3, O]

(vii) 从 $CH_2(COOC_2H_5)_2$，CH_3CH_2I，$CH_2=CHCHO$，$PhCH_2Cl$，$BrCH_2COOC_2H_5$ 合成 C_2H_5OOC [structure: $COOC_2H_5$, OCH_2Ph]

答

(i) [EtO, OEt malonate] $\xrightarrow{EtONa}$ $\xrightarrow{CH_2=CHCN}$ [CN, EtO, OEt] $\xrightarrow{EtONa}$ $\xrightarrow{CH_2=CHCN}$ [NC, CN, EtO, OEt] $\xrightarrow[H_2O,\triangle]{NaOH}$ $\xrightarrow{H^+}$

$\xrightarrow[-CO_2]{\triangle}$ $\xrightarrow[H^+]{EtOH}$ [EtO, OEt, OEt] $\xrightarrow{EtONa}$ [OEt, OEt] $\xrightarrow[H_2O,\triangle]{NaOH}$ $\xrightarrow{H^+}$ $\xrightarrow[-CO_2]{\triangle}$ [OH]

(ii) [OEt] $\xrightarrow{EtONa}$ $\xrightarrow{2\ CH_2=CHCOOEt}$ [OEt, OEt, OEt] $\xrightarrow[H_2O,\triangle]{NaOH}$ $\xrightarrow{H^+}$ $\xrightarrow[-CO_2]{\triangle}$ $\xrightarrow[H^+]{EtOH}$ [OEt, OEt] $\xrightarrow[H^+(无水)]{HOCH_2CH_2OH}$

[OEt, OEt] $\xrightarrow{EtONa}$ [OEt] $\xrightarrow[H_2O,\triangle]{NaOH}$ $\xrightarrow{H^+}$ $\xrightarrow[-CO_2]{\triangle}$ [structure] $\xrightarrow[H_2O]{NaOH}$ [OH, O]

(iii) [benzene] $\xrightarrow[浓HCl]{ZnCl_2,\ HCHO}$ [Cl]　[OEt] $\xrightarrow{EtONa}$ $\xrightarrow{PhCH_2Cl}$ [OEt, Ph]

[cyclohexanone] $\xrightarrow[H^+]{HCHO,\ Me_2NH}$ [N] $\xrightarrow{MeI}$ [$\overset{\oplus}{N}$, $I^{\ominus}$] $\xrightarrow[碱]{[OEt, Ph]}$ [Ph] $\xrightarrow[\triangle]{H_3O^+}$ [Ph]

(iv) HOOC$(CH_2)_4$COOH $\xrightarrow[H^+,\Delta]{EtOH}$ EtOOC$(CH_2)_4$COOEt $\xrightarrow{EtONa}$ 2-乙氧羰基环戊酮 $\xrightarrow{EtONa}$ $\xrightarrow{CH_2=CHCOCH_2CH_3}$ 产物（含 OEt 酯基的双环烯酮）

(v) $PhCH_2COOCH_3$ $\xrightarrow{MeONa}$ $\xrightarrow{2\ CH_2=CHCOOCH_3}$ $H_3COOCCH_2CH_2C(Ph)(COOCH_3)CH_2CH_2COOCH_3$ $\xrightarrow{MeONa}$ 环己酮产物（Ph, $COOCH_3$, $COOCH_3$）

(vi) 2-甲基-1,3-环己二酮 $\xrightarrow{EtONa}$ $\xrightarrow{CH_2=CHCOCH_3}$ 加成产物 $\xrightarrow[H_2O]{NaOH}$ 羟基双环二酮（OH） $\xrightarrow[H^+]{\Delta}$ 双环烯二酮

(vii) EtOOCCH_2COOEt $\xrightarrow{EtONa}$ $\xrightarrow{CH_3CH_2I}$ EtOOC–CH(Et)–COOEt $\xrightarrow{EtONa}$ $\xrightarrow{CH_2=CHCHO}$ EtOOC–C(Et)(CH_2CH_2CHO)–COOEt $\xrightarrow{NaBH_4}$

EtOOC–C(Et)($CH_2CH_2CH_2$OH)–COOEt $\xrightarrow[C_2H_5OH]{C_2H_5ONa}$ $\xrightarrow{ClCH_2Ph}$ EtOOC–C(Et)($CH_2CH_2CH_2OCH_2Ph$)–COOEt $\xrightarrow[H_2O]{NaOH}$ $\xrightarrow{H^+}$ $\xrightarrow[-CO_2]{\Delta}$ $\xrightarrow[H^+]{EtOH}$

EtOOC–CH(Et)–$CH_2CH_2CH_2OCH_2Ph$ $\xrightarrow{Ph_3CNa}$ $\xrightarrow{BrCH_2CO_2Et}$ EtOOC–C(Et)(CH_2CO_2Et)–$CH_2CH_2CH_2OCH_2Ph$

习题13-27 完成下列反应，写出主要产物。

(i) $(C_6H_5)_3P$ + $BrCH_2COOC_2H_5$ $\longrightarrow$? $\xrightarrow{C_2H_5ONa}$? $\xrightarrow{CH_3CH=CHCHO}$

(ii) 环己酮 + CH_3MgX $\longrightarrow$ $\xrightarrow{H_2O}$? $\xrightarrow[\Delta]{H_2SO_4}$

(iii) 环己酮 + $(C_6H_5)_3\overset{+}{P}-\overset{-}{C}H_2$ $\xrightarrow[25\ ^\circ C]{乙醚}$

(iv) H–C(=O)–（γ-丁内酯-5-基） $\xrightarrow{n\text{-}C_8H_{17}\overset{-}{C}H-\overset{+}{P}Ph_3}$

(v) 4,4-二甲基-2-羟基四氢吡喃（半缩醛） $\xrightarrow{Ph_3\overset{+}{P}-\overset{-}{C}HCOOCH_3}$

(vi) HC(=O)–CH(OCH_3)–$CH_2CH_2CH_2CH_3$ $\xrightarrow[t\text{-}BuO^-,\ THF]{(i\text{-}PrO)_2P(O)CH_2COOC_2H_5}$

(vii) 四氢吡喃-3-酮 $\xrightarrow{(CH_3O)_2P(O)\overset{-}{C}HCOOCH_3}$

(viii) 3-乙氧基-2-环己烯酮（OC_2H_5） $\xrightarrow{(C_2H_5O)_2P(O)-\overset{-}{C}HCN}$

(ix) 二甲基环己烯基丁酮 $\xrightarrow{(C_2H_5O)_2P(O)\overset{-}{C}HCOOCH_3}$

(x) 2-环己烯酮 + $Ar_2\overset{+}{S}-\overset{-}{C}(CH_3)_2$ $\xrightarrow{DMF,\ C_6H_6}$

(xi) 苯–CHO + $^-CH_2-\overset{+}{S}(CH_3)_2$ $\xrightarrow[25\ ^\circ C]{DMSO}$

(xii) 2-甲基-1,3-环己二酮 + $BrCH_2C(O)\overset{-}{C}H-\overset{+}{P}Ph_3$ $\xrightarrow[(提示：成环)]{NaH,\ DMF}$

答 (i) $Ph_3P^+CH_2COOEt\ Br^-$, $Ph_3P^+CH^-COOEt$, $CH_3CH=CHCH=CHCOOEt$ (ii) OH (iii) (iv) O O CH=CHC$_8$H$_{17}$-n (v) HO H COOCH$_3$ H (vi) OMe H EtO$_2$C H (vii) CO$_2$CH$_3$ O (viii) OEt CN (ix) CO$_2$Me (x) O (xi) O (xii) O O

习题13-28 用合适的原料(或指定原料)通过 Wittig 反应合成下列化合物。

(i) $C_6H_5CH=CHCH_2CH_3$ (ii) 由异丁醛合成 COOCH$_3$ (iii) $CH_3CH=CHCH=CHC_6H_5$

答 (i) PPh_3 + Br ⟶ Br$^-$ Ph P$^+$ Ph Ph $\xrightarrow{n\text{-BuLi}}$ Ph P$^+$ Ph Ph $^-$ $\xrightarrow{\text{PhCHO}}$ CH=CHCH$_2$CH$_3$

(ii) CHO + EtO–P(=O)(EtO) $^-$ OCH$_3$ ⟶ CO$_2$Me

(iii) $CH_3CH=CHCHO$ + Ph Ph P$^+$ Ph $^-$ ⟶ $CH_3CH=CHCH=CH$–

习题13-29 完成下列反应式,写出相应的反应机理并对结果进行讨论。

CH_3 CH_3 N– –CHO + –CHO $\xrightarrow[\text{醇-水}]{\text{KCN}}$

答 产物:

O N OH ⇌ OH N O

反应机理：

(1) 两种产物均有可能生成；(2) 两种产物也可以通过互变异构互相转换。

习题13-30 完成下列反应，写出主要产物。

(i) $O_2N-C_6H_4-CHO + Ac_2O \xrightarrow[\triangle]{NaOAc}$ (ii) $C_6H_5-CHO + H_5C_2OOCCH_2SO_2CH_3 \xrightarrow[\triangle]{\text{哌啶}, HOAc}$

(iii) 环己酮 + $NCCH_2COOH \xrightarrow{NH_4OAc}$ (iv) 胡椒醛 + $CH_2(COOH)_2 \xrightarrow{\text{哌啶}, \text{吡啶}}$

(v) $CH_3(CH_2)_3CH(CH_2CH_3)CHO + CH_2(COOC_2H_5)_2 \xrightarrow[RCOOH]{\text{哌啶}}$

(vi) $(CH_3)_2N-C_6H_4-CHO + CH_3NO_2 \xrightarrow{C_5H_{11}NH_2}$

答

(i) $O_2N-C_6H_4-CH=CH-CO_2H$ (ii) $C_6H_5-CH=C(SO_2CH_3)CO_2Et$ (iii) $NC(COOH)C=$环己叉

(iv) 3,4-亚甲二氧基苯基$-CH=CH-COOH$ (v) $CH_3(CH_2)_3CH(CH_2CH_3)CH=C(CO_2Et)_2$ (vi) $Me_2N-C_6H_4-CH=CHNO_2$

习题13-31 用苯及不超过三个碳的有机化合物及必要的试剂合成。

(i) 3,4-二甲基环己-3-烯基$-CH=CH-COOH$ (ii) $(H_3C)_2C=C(CN)COOCH_3$ (iii) $C_6H_5-CH=CHCH=C(COOC_2H_5)CN$

答

(i) 2 丙酮 $\xrightarrow[\text{PhH}]{\text{Mg}}$ $\xrightarrow{H_2O}$ 频哪醇(OH, OH) $\xrightarrow[\triangle]{Al_2O_3}$ 2,3-二甲基-1,3-丁二烯 $\xrightarrow{\text{CH}_2=\text{CHCHO}}$ 3,4-二甲基环己-3-烯甲醛(CHO)

$\xrightarrow[\text{哌啶, 吡啶, }\triangle]{CH_2(COOH)_2}$ 3,4-二甲基环己-3-烯基-CH=CH-COOH

(ii) 丙酮 + $NCCH_2CO_2Me$ (OMe) $\xrightarrow[\text{哌啶}]{\text{PhH, }\triangle\text{, HOAc}}$ $(CH_3)_2C=C(CN)CO_2Me$

(iii) CH_3CHO + 环己胺(NH_2) $\longrightarrow$ 环己基-N=CHCH$_3$ $\xrightarrow{\text{LDA}}$ [环己基-$\bar{N}$-CH=CH$_2$ $\longleftrightarrow$ 环己基-$N=CH\bar{C}H_2$] Li^+

苯 $\xrightarrow[AlCl_3,\ CuCl,\ \triangle]{CO,\ HCl}$ 苯-CHO $\xrightarrow{\text{环己基-}N=CH\bar{C}H_2\ Li^+}$ 苯-CH=CHCH=N-环己基 $\xrightarrow{H_3O^+}$

苯-CH=CHCHO $\xrightarrow[\text{HOAc, 哌啶}]{NCCH_2CO_2Et\text{, PhH, }\triangle}$ 苯-CH=CHCH=C(CN)CO$_2$Et

习题13-32 完成下列反应式。

(i) 苯-CHO + $CH_2(COOC_2H_5)_2$ $\xrightarrow{\text{吡啶}}$ (ii) CH_3CHO + $CH_3\overset{O}{\overset{\|}{C}}CH_2\overset{O}{\overset{\|}{C}}OC_2H_5$ $\xrightarrow{\text{吡啶}}$

(iii) $CH_3(CH_2)_3CH(CH_2CH_3)CHO$ + $CH_2(COOH)_2$ $\xrightarrow{\text{吡啶}}$ (iv) $(CH_3)_2N$-C$_6$H$_4$-CHO + CH_3NO_2 $\xrightarrow{C_5H_{11}NH_2}$

(v) 3-O_2N-C$_6$H$_4$-CHO + $CH_2(COOC_2H_5)_2$ $\xrightarrow{\text{吡啶}}$ (vi) $CH_3CH_2\overset{O}{\overset{\|}{C}}CH_3$ + $NCCH_2COOC_2H_5$ $\xrightarrow{\beta\text{-丙氨酸}}$

(vii) 环己酮(=O) + $NCCH_2COOH$ $\xrightarrow{H_4NOAc}$

答

(i) 苯-CH=C(CO$_2$Et)$_2$ (ii) $CH_3CH=C(CO_2Et)COCH_3$ (iii) $CH_3(CH_2)_3CH(CH_2CH_3)CH=C(CO_2H)_2$

(iv) $(CH_3)_2N$-C$_6$H$_4$-CH=CHNO$_2$ (v) 3-NO$_2$-C$_6$H$_4$-CH=C(CO$_2$Et)$_2$ (vi) $CH_3CH_2C(CH_3)=C(CN)CO_2Et$

(vii) 环己亚基=C(CN)CO$_2$H

习题13-33 完成下列反应,写出主要产物。

(i) $(CH_3)_2CHCH_2\overset{O}{\overset{\|}{C}}H + Br\overset{CH_3}{\overset{|}{C}}HCOOC_2H_5 + Zn \xrightarrow{苯} \xrightarrow{H_2O} ? \xrightarrow[\triangle]{CH_3NH_2}$

(ii) $CH_3CH_2\overset{O}{\overset{\|}{C}}CH_3 + BrCH_2COOC_2H_5 + Zn \xrightarrow{苯} \xrightarrow{H_2O} ? \xrightarrow{LiAlH_4} ? \xrightarrow[CH_3-C_6H_4-SO_3H,\ 苯,\triangle]{CH_3\overset{O}{\overset{\|}{C}}CH_3}$

(iii) $C_6H_{11}-CHO + BrCH_2COOC_2H_5 + Zn \xrightarrow{苯} \xrightarrow{H_2O} ? \xrightarrow[\triangle]{H^+}$

(iv) $CH_3CH_2CHO + BrCH_2COOC_2H_5 + Zn \xrightarrow{苯} \xrightarrow{H_2O} ? \xrightarrow{CrO_3\cdot 2C_5H_5N}$

答

(i) OH, CO₂Et (bond-line structure), OH, CONHCH₃ (bond-line structure)

(ii) HO, CO₂Et (bond-line structure), HO, OH (bond-line structure), O, O (cyclic ketal structure)

(iii) OH, CO₂Et (cyclohexyl structure), $C_6H_{11}-CH{=}CHCO_2Et$

(iv) CO₂Et, OH (bond-line structure), CO₂Et, O (bond-line structure)

习题13-34 完成下列反应,写出主要产物。

(i) $C_6H_{10}{=}O + ClCH_2COOC_2H_5 \xrightarrow[HOC(CH_3)_3,\ 10\sim15\ ^\circ C]{KOC(CH_3)_3}$

(ii) $PhCH{=}CHCHO + ClCH_2COOC_2H_5 \xrightarrow[C_2H_5OH]{C_2H_5ONa}$

(iii) $CH_3-C_6H_{10}-CHO + ClCH_2COOC_2H_5 \xrightarrow[C_2H_5OH]{C_2H_5ONa}$

答

(i) EtO_2C, O (spiro-epoxide structure)

(ii) $C_6H_5-CH{=}CH-\underset{O}{CH-CHCO_2Et}$

(iii) CO_2Et, O (epoxide structure)

习题13-35 从指定原料及合适的羧酸通过 Darzen 反应合成下列化合物。

(i) 从苯甲醛合成 $C_6H_5CH_2\overset{O}{\overset{\|}{C}}CH_3$ (ii) 从2-丁酮合成 $CH_3\overset{CHO}{\overset{|}{C}}HCH_2CH_3$ (iii) 从 $C_6H_5\overset{O}{\overset{\|}{C}}CH_3$ 合成 $C_6H_5\underset{CH_3}{\underset{|}{C}}H\overset{O}{\overset{\|}{C}}CH_3$

答

(i) $C_6H_5CHO \xrightarrow[NaNH_2]{Cl\text{-}CH(CH_3)\text{-}CO_2Et}$ (epoxide, CO₂Et) $\xrightarrow{H^+} \xrightarrow{\triangle}$ (product, O)

(ii) (2-butanone, O) $\xrightarrow[NaNH_2]{ClCH_2CO_2Et}$ (epoxide, O, CO₂Et) $\xrightarrow{H^+} \xrightarrow{\triangle}$ (product, CHO)

(iii) (acetophenone, O) $\xrightarrow[NaNH_2]{Cl\text{-}CH(CH_3)\text{-}CO_2Et}$ (epoxide, O, CO₂Et) $\xrightarrow{H^+} \xrightarrow{\triangle}$ (product, O)

习题13-36 完成下列反应。

(i) [5,5-dimethyl-2-methylcyclohexane-1,3-dione: H_3C, CH_3, O, O, CH_3] + ? ⟶ [H_3C, CH_3, O, O, $HOOCH_2CH_2C$, CH_3] $\xrightarrow{?}$ [H_3C, CH_3, O, O, O, CH_3]

(ii) [isoquinolin-7-ol: N, OH] + ? ⟶ [N, OH, H_2C–N(piperidine)]

(iii) [CH_3, CHCHO, H_3C, OH] + ? ⟶ 产物 $\xrightarrow{?}$ [H, H_3C, CH_3, H_3C, CH_3, OH]

(iv) [CHO, H_3C, CH_3] + ? ⟶ [$CH{=}CH_2$, H_3C, CH_3]

(v) 2 [NO_2, $CH{=}CH_2$ (benzene ring)] + $\underset{CH_2COOC_2H_5}{\overset{CN}{|}}$ $\xrightarrow{NaOC_2H_5}$

(vi) $CH_3CH_2CH_2COOCH_3 \xrightarrow{LDA,\ THF} ? \xrightarrow{CH_3CH_2I}$

(vii) $(CH_3)_2CHCOOC_2H_5 \xrightarrow{Ph_3CNa} ? \xrightarrow{CH_3COCl}$

(viii) $CH_3CN + 3\ CH_3(CH_2)_3Br \xrightarrow[甲苯,\triangle]{3\ NaNH_2}$

(ix) [2-oxocyclohexanecarboxylate: $COOC_2H_5$, O] $\xrightarrow{NaOC_2H_5} \xrightarrow{PhCOCOPh} ? \xrightarrow{OH^-} \xrightarrow{H^+} \xrightarrow{\triangle}$

(x) $PhCOCH_3 \xrightarrow{NaNH_2} ? \xrightarrow{PhCH{=}CHCOCl}$

(xi) $NCCH_2COOC_2H_5 \xrightarrow[C_2H_5OH]{NaOC_2H_5} \xrightarrow{CH_3COCH{=}CHPh}$

(xii) [benzene]–CHO + $\underset{CH_2COOC_2H_5}{\overset{Cl}{|}}$ $\xrightarrow[C_2H_5OH]{NaOC_2H_5}$

(xiii) $(CH_3)_2CHCHO$ $\xrightarrow{\text{[cyclohexyl]}-NH_2}$? $\xrightarrow{C_2H_5MgX}$? $\xrightarrow{CH_3(CH_2)_2Cl}$? $\xrightarrow[H_2O]{H^+}$

答

(i) + CN $\xrightarrow{EtONa}$ $\xrightarrow[\triangle]{H_3O^+}$ O O CO_2H $\xrightarrow{HCl}$ O O O

(ii) N OH + HCHO + N H $\xrightarrow{H^+}$ N OH N

(iii) CHO OH + Ph Ph P Ph $\longrightarrow$ H_3C CH_3 $CHCH=CHCH_2CH(CH_3)_2$ OH $\xrightarrow{Pd/H_2}$ OH

(iv) CHO + Ph Ph P Ph $\longrightarrow$

(v) 2 NO_2 + NC CO_2Et $\xrightarrow{EtONa}$ NO_2 CO_2Et NO_2 NC

(vi) CO_2Et $\xrightarrow[THF]{LDA}$ CO_2Et Li^+ $\xrightarrow{CH_3CH_2I}$ CO_2Et

(vii) CO_2Et $\xrightarrow{Ph_3CNa}$ Na^+ CO_2Et $\xrightarrow{CH_3COCl}$ O CO_2Et

(viii) $CH_3CN + 3CH_3(CH_2)_3Br \xrightarrow[\text{甲苯},\ \triangle]{3NaNH_2} [CH_3(CH_2)_3]_3CCN$

(ix) CO_2Et O $\xrightarrow{EtONa}$ $\xrightarrow{PhCOCOPh}$ EtO_2C OH O Ph Ph O $\xrightarrow{OH^-}$ $\xrightarrow{H^+}$ $\xrightarrow{\triangle}$ HO O Ph Ph O

(x) O Ph $\xrightarrow{NaNH_2}$ ONa Ph $\xrightarrow{PhCH=CHCOCl}$ $PhCOCH_2COCH=CHPh$

(xi) NC CO_2Et $\xrightarrow[EtOH]{EtONa}$ $\xrightarrow{CH_3COCH=CHPh}$ O Ph CO_2Et CN

(xii) PhCHO + $ClCH_2CO_2Et$ $\xrightarrow{EtONa}$ $PhCH-CHCO_2Et$ (epoxide, –O–)

(xiii) $(CH_3)_2CHCHO$ $\xrightarrow{C_6H_{11}NH_2}$ $(CH_3)_2CHCH=N-C_6H_{11}$ $\xrightarrow{EtMgX}$ $(CH_3)_2\bar{C}CH=N-C_6H_{11}$ $\xrightarrow{CH_3CH_2CH_2Cl}$ $(CH_3)_2C(CH_2CH_2CH_3)CH=N-C_6H_{11}$ $\xrightarrow{H_3O^+}$ $CH_3CH_2CH_2C(CH_3)_2CHO$

习题13-37 由乙酰乙酸乙酯、指定化合物及必要试剂合成。

(i) 由 环己酮 合成 3-甲基-八氢萘-2-酮（烯酮）

(ii) 由不超过三个碳的化合物合成 3-甲基-6-异丙基-2-环己烯酮

(iii) 由丙烯酸乙酯及 $Ph_3\overset{+}{P}-\bar{C}H_2$ 合成 双环缩酮

(iv) 由苯、不超过四个碳的化合物合成 环戊基$-(CH_2)_3-$苯

(v) 由苯、不超过两个碳的化合物合成 3,5-二苯基-2-$COOC_2H_5$-环己-2-烯酮

(vi) 由不超过三个碳的化合物合成 4-$COOC_2H_5$-3-甲基-环己-2-烯酮

(vii) 由不超过三个碳的化合物合成 $CH_3COCH_2CH_2CH=CHCH_3$（顺式）

答

(i) $CH_3COCH_2CO_2Et$ $\xrightarrow{EtONa}$ $\xrightarrow{CH_3I}$ $CH_3COCH(CH_3)CO_2Et$

环己酮 $\xrightarrow[H^+]{HCHO,\ (CH_3)_2NH}$ 2-(CH_2NMe_2)环己酮 $\xrightarrow{CH_3I}$ $\xrightarrow[\triangle]{Ag_2O}$ 2-亚甲基环己酮 $\xrightarrow{\overset{O^-\ \ CH_3}{CH_3C=CCO_2Et}}$ 2-[$CH_2C(CH_3)(CO_2Et)COCH_3$]环己酮

$\xrightarrow[H_2O]{NaOH}$ 3-甲基-3-CO_2Et-八氢萘-2-酮 $\xrightarrow[H_2O,\triangle]{NaOH}$ $\xrightarrow{H^+}$ $\xrightarrow[-CO_2]{\triangle}$ 3-甲基-八氢萘-2-酮

(ii) CH_3COCH_3 + HCHO $\xrightarrow{OH^-}$ $CH_3COCH=CH_2$

$CH_3COCH_2CO_2Et$ $\xrightarrow{EtONa}$ $\xrightarrow{i\text{-PrBr}}$ $CH_3COCH(i\text{-Pr})CO_2Et$ $\xrightarrow{EtONa}$ $\xrightarrow{CH_3COCH=CH_2}$ $CH_3COC(i\text{-Pr})(CO_2Et)CH_2CH_2COCH_3$ $\xrightarrow[H_2O,\triangle]{NaOH}$ $\xrightarrow{H^+}$ $\xrightarrow[-CO_2]{\triangle}$

$CH_3COCH(i\text{-Pr})CH_2CH_2COCH_3$ $\xrightarrow{EtONa}$ 3-甲基-6-异丙基-2-环己烯酮

(iii) O O OEt $\xrightarrow{EtONa}$ $\xrightarrow{\diagup\!\!\!=\ CO_2Et}$ O O OEt CO_2Et $\xrightarrow[H_2O,\triangle]{NaOH}$ $\xrightarrow{H^+}$ $\xrightarrow[-CO_2]{\triangle}$ O O OEt $\xrightarrow[H^+(无水)]{HO\diagup\diagdown OH}$

O O O OEt $\xrightarrow{LiAlH_4}$ $\xrightarrow{H_2O}$ O O OH $\xrightarrow{CrO_3\cdot 2Py}$ O O O H $\xrightarrow{Ph_3\overset{+}{P}-\overset{-}{C}H_2}$

O O $\xrightarrow[H_2O_2]{OsO_4}$ O O OH OH $\xrightarrow[H_2O]{H^+}$ O OH OH $\xrightarrow[-H_2O]{H_3C-C_6H_4-SO_3H}$ O O

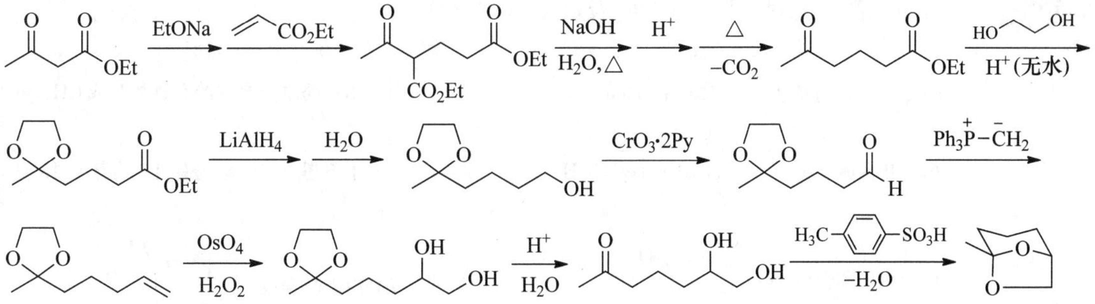

(iv) O O OEt $\xrightarrow{2\ EtONa}$ $\xrightarrow{Br(CH_2)_4Br}$ O O OEt $\xrightarrow[H_2O,\triangle]{NaOH}$ $\xrightarrow{H^+}$ $\xrightarrow[-CO_2]{\triangle}$ O

$\xrightarrow[AlCl_3,\ CuCl,\ \triangle]{CO,\ HCl}$ O H $\xrightarrow[OH^-]{}$ O OH $\xrightarrow[\triangle]{H^+}$ O $\overset{\|}{C}-CH{=}CH-$

$\xrightarrow[H_2]{Pd/C}$ O $\xrightarrow[HCl]{Zn(Hg)}$

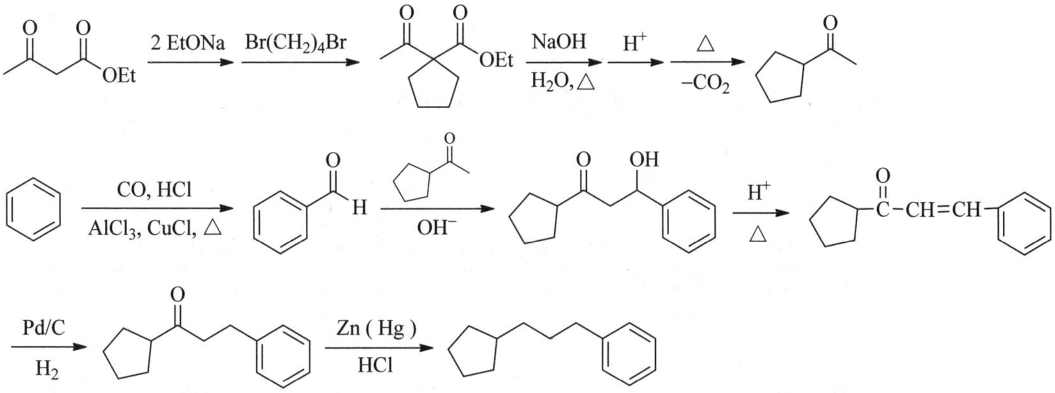

(v) $\xrightarrow[AlCl_3,\ CuCl,\ \triangle]{CO,\ HCl}$ O H $\xrightarrow[AlCl_3]{CH_3COCl}$ O

O + O H $\xrightarrow[\triangle]{OH^-}$ $CH{=}CH\overset{O}{\overset{\|}{C}}$

O O OEt $\xrightarrow{EtONa}$ $\xrightarrow{PhCH{=}CHCOPh}$ O O CO_2Et $\xrightarrow{EtONa}$ EtO_2C O

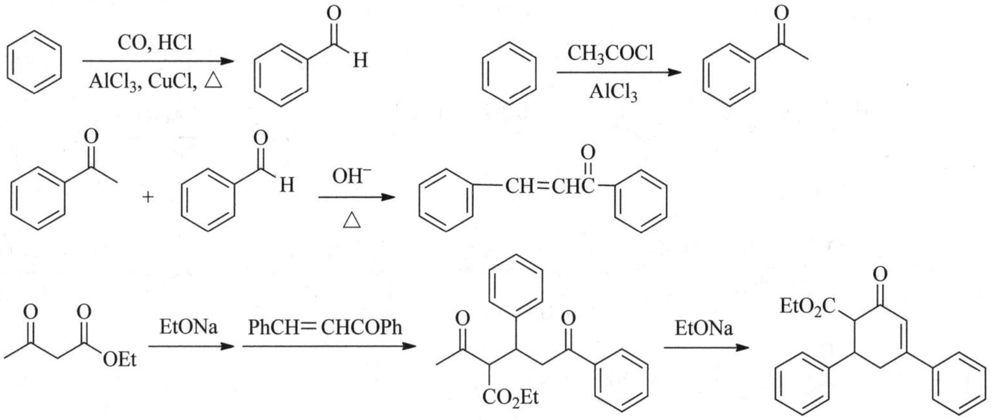

(vi) O + HCHO $\xrightarrow{OH^-}$ O

O O OEt $\xrightarrow{EtONa}$ $\xrightarrow{CH_3\overset{O}{\overset{\|}{C}}CH{=}CH_2}$ O O CO_2Et $\xrightarrow[H_2O]{NaOH}$ CO_2Et O

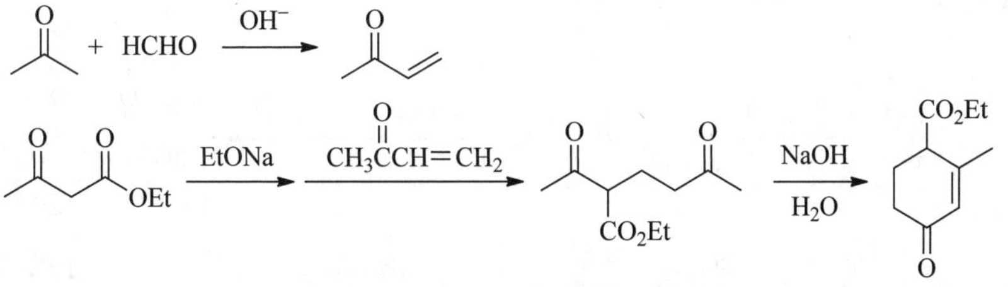

(vii) O O OEt $\xrightarrow{EtONa}$ $\xrightarrow{\equiv\diagup Br}$ O O OEt $\xrightarrow[H_2O,\triangle]{NaOH}$ $\xrightarrow{H^+}$ $\xrightarrow[-CO_2]{\triangle}$ O $\xrightarrow[H^+(无水)]{HO\diagup\diagdown OH}$

$\xrightarrow{NaNH_2}$ $\xrightarrow{CH_3I}$ O O $\xrightarrow[PbO]{H_2,\ Pd\text{-}CaCO_3}$ O O H H $\xrightarrow{H_3O^+}$ O H H

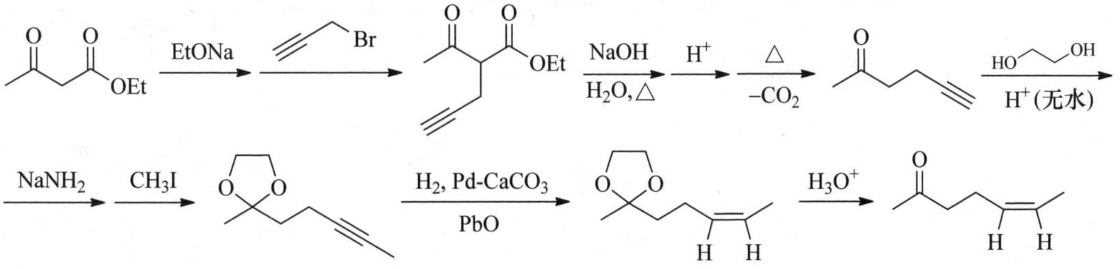

习题13-38 由丙二酸二乙酯、指定化合物及必要试剂合成。

(i) 用丙酮合成 $CH_3\overset{O}{\overset{\|}{C}}CH_2CH_2COOH$

(ii) 用不超过三个碳的有机物合成 $CH_2=CHCH_2\overset{CH_3}{\overset{|}{C}}HCH_2OAc$

(iii) 用丙酮合成 $(CH_3)_3C\overset{O}{\overset{\|}{C}}CH_2CH_2COOH$

(iv) 用不超过三个碳的有机物合成 $CH_3CH_2\underset{CH_3}{\underset{|}{\overset{CH_2OH}{\overset{|}{C}}}}CHO$

(v) 用丙酮合成 5,5-二甲基-1,3-环己二酮

(vi) 用丙酮合成 2,4,4-三甲基-6-氧代四氢吡喃-2-羧酸

(vii) 用环氧乙烷合成 螺[4.4]壬烷-1,6-二酮 （提示：己二酸关环成环戊酮）

答

(i) 丙酮 $\xrightarrow[Br_2]{HOAc}$ $BrCH_2COCH_3$ $\xrightarrow[EtOH]{EtO\overset{O^-}{\overset{|}{C}}=CH\overset{O}{\overset{\|}{C}}OEt}$ $(EtO_2C)_2CHCH_2COCH_3$ $\xrightarrow[H_2O,\triangle]{NaOH}$ $\xrightarrow{H^+}$ $\xrightarrow[-CO_2]{\triangle}$ $CH_3COCH_2CH_2COOH$

(ii) $EtO_2CCH_2CO_2Et$ $\xrightarrow{EtONa}$ $\xrightarrow{CH_3I}$ $EtO_2CCH(CH_3)CO_2Et$ $\xrightarrow{EtONa}$ $\xrightarrow{CH_2=CHCH_2Br}$ $(EtO_2C)_2C(CH_3)CH_2CH=CH_2$ $\xrightarrow[H_2O,\triangle]{NaOH}$ $\xrightarrow{H^+}$ $\xrightarrow[-CO_2]{\triangle}$ $CH_2=CHCH_2CH(CH_3)COOH$ $\xrightarrow{LiAlH_4}$ $\xrightarrow{H_2O}$ $CH_2=CHCH_2CH(CH_3)CH_2OH$ $\xrightarrow{Ac_2O}$ $CH_2=CHCH_2CH(CH_3)CH_2OAc$

(iii) 2 丙酮 $\xrightarrow[PhH]{Mg}$ $\xrightarrow{H_2O}$ $(CH_3)_2C(OH)C(OH)(CH_3)_2$ $\xrightarrow{H^+}$ $CH_3COC(CH_3)_3$ $\xrightarrow[Br_2]{HOAc}$ $BrCH_2COC(CH_3)_3$ $\xrightarrow[EtOH]{EtO\overset{O^-}{\overset{|}{C}}=CH\overset{O}{\overset{\|}{C}}OEt}$ $(EtO_2C)_2CHCH_2COC(CH_3)_3$ $\xrightarrow[H_2O,\triangle]{NaOH}$ $\xrightarrow{H^+}$ $\xrightarrow[-CO_2]{\triangle}$ $HOOCCH_2CH_2COC(CH_3)_3$

(iv) $EtO_2CCH_2CO_2Et$ $\xrightarrow{EtONa}$ $\xrightarrow{CH_3I}$ $EtO_2CCH(CH_3)CO_2Et$ $\xrightarrow{EtONa}$ $\xrightarrow{CH_3CH_2Br}$ $(EtO_2C)_2C(CH_3)CH_2CH_3$ $\xrightarrow[H_2O,\triangle]{NaOH}$ $\xrightarrow{H^+}$ $\xrightarrow[-CO_2]{\triangle}$ $HOOCCH(CH_3)CH_2CH_3$ $\xrightarrow{SOCl_2}$ $ClCOCH(CH_3)CH_2CH_3$ $\xrightarrow{LiAlH(O^tBu)_3}$ $HCOCH(CH_3)CH_2CH_3$ $\xrightarrow[OH^-]{HCHO}$ $HCOC(CH_3)(CH_2OH)CH_2CH_3$

(v) 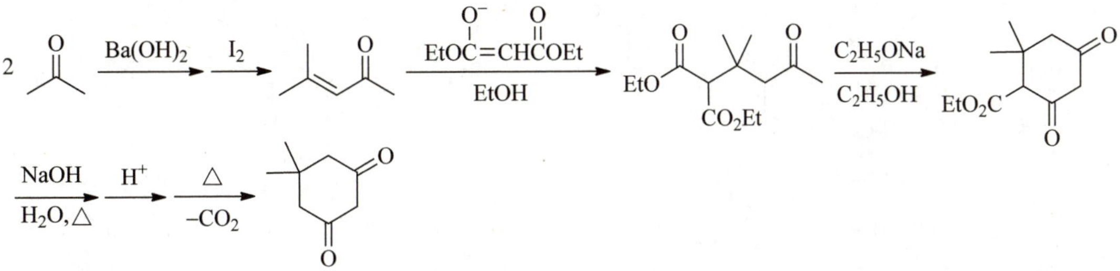 2 (acetone) $\xrightarrow{Ba(OH)_2}$ $\xrightarrow{I_2}$ $\xrightarrow[EtOH]{EtO\overset{O^-}{C}=CH\overset{O}{C}OEt}$ EtO … CO_2Et $\xrightarrow[C_2H_5OH]{C_2H_5ONa}$ EtO_2C …

$\xrightarrow[H_2O,\triangle]{NaOH}$ $\xrightarrow{H^+}$ $\xrightarrow[-CO_2]{\triangle}$

(vi) 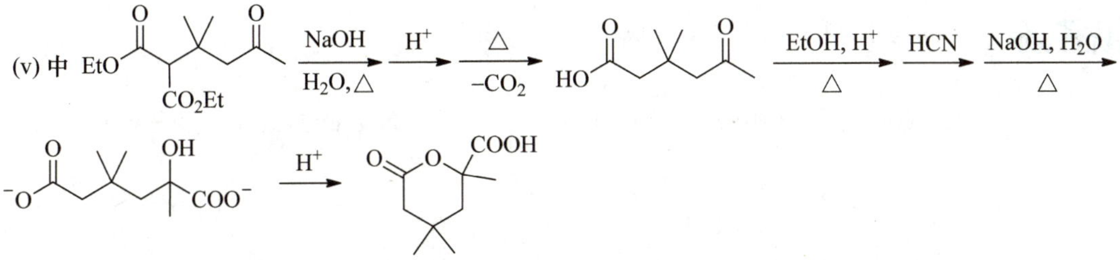 (v) 中 EtO … CO_2Et $\xrightarrow[H_2O,\triangle]{NaOH}$ $\xrightarrow{H^+}$ $\xrightarrow[-CO_2]{\triangle}$ HO … $\xrightarrow[\triangle]{EtOH,\ H^+}$ $\xrightarrow{HCN}$ $\xrightarrow[\triangle]{NaOH,\ H_2O}$

^-O … OH … COO^- $\xrightarrow{H^+}$ … COOH

(vii) 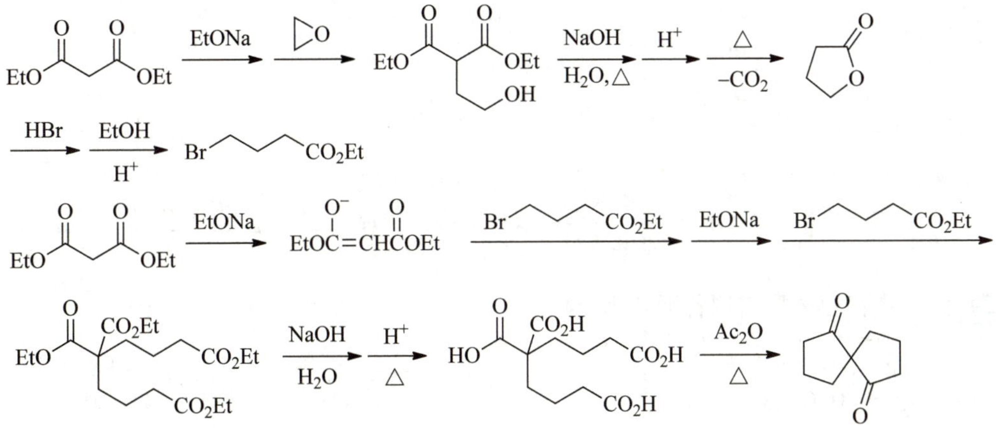 EtO … OEt $\xrightarrow{EtONa}$ $\xrightarrow{\text{环氧乙烷}}$ EtO … OEt … OH $\xrightarrow[H_2O,\triangle]{NaOH}$ $\xrightarrow{H^+}$ $\xrightarrow[-CO_2]{\triangle}$

$\xrightarrow{HBr}$ $\xrightarrow[H^+]{EtOH}$ Br … CO_2Et

EtO … OEt $\xrightarrow{EtONa}$ $EtO\overset{O^-}{C}=CH\overset{O}{C}OEt$ $\xrightarrow{Br\text{…}CO_2Et}$ $\xrightarrow{EtONa}$ $\xrightarrow{Br\text{…}CO_2Et}$

EtO … CO_2Et … CO_2Et … CO_2Et $\xrightarrow[H_2O]{NaOH}$ $\xrightarrow[\triangle]{H^+}$ HO … CO_2H … CO_2H … CO_2H $\xrightarrow[\triangle]{Ac_2O}$

习题13-39 完成下列反应,写出主要产物。

(i) 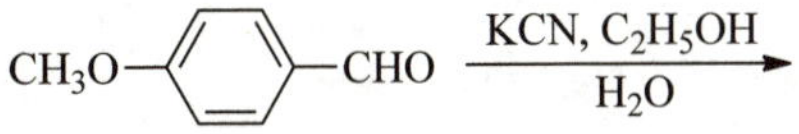 $CH_3O-C_6H_4-CHO$ $\xrightarrow[H_2O]{KCN,\ C_2H_5OH}$

(ii) 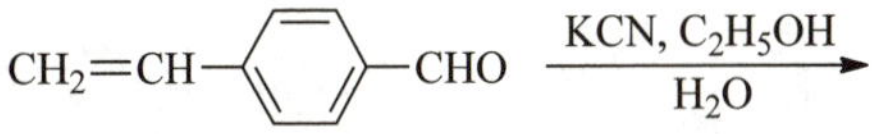 $CH_2=CH-C_6H_4-CHO$ $\xrightarrow[H_2O]{KCN,\ C_2H_5OH}$

(iii) 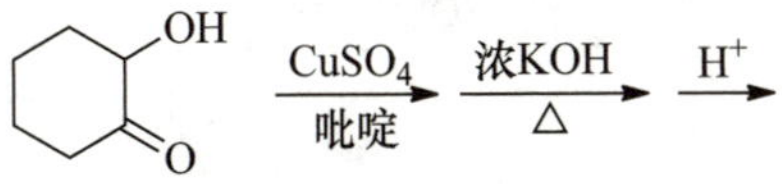 (2-羟基环己酮) $\xrightarrow[\text{吡啶}]{CuSO_4}$ $\xrightarrow[\triangle]{\text{浓}KOH}$ $\xrightarrow{H^+}$

(iv)  $HOOCCH_2\overset{O}{C}\overset{O}{C}CH_2COOH$ $\xrightarrow[\triangle]{\text{浓}KOH}$ $\xrightarrow{H^+}$

(v) 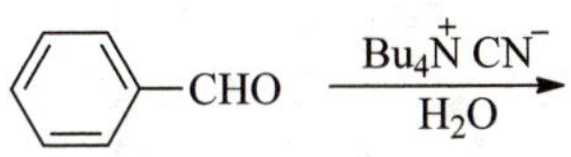 C_6H_5-CHO $\xrightarrow[H_2O]{Bu_4\overset{+}{N}CN^-}$

(vi) 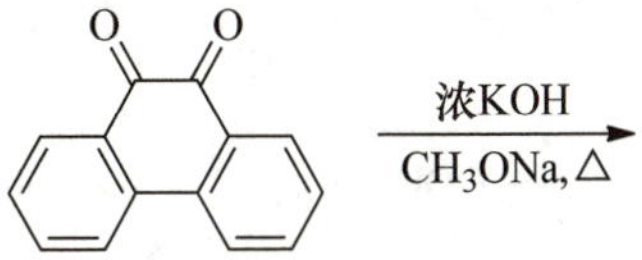 (菲醌) $\xrightarrow[CH_3ONa,\triangle]{\text{浓}KOH}$

(vii) 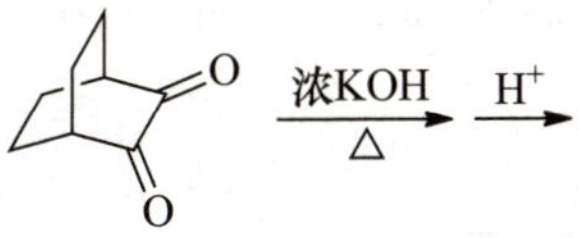 (双环二酮) $\xrightarrow[\triangle]{\text{浓}KOH}$ $\xrightarrow{H^+}$

答

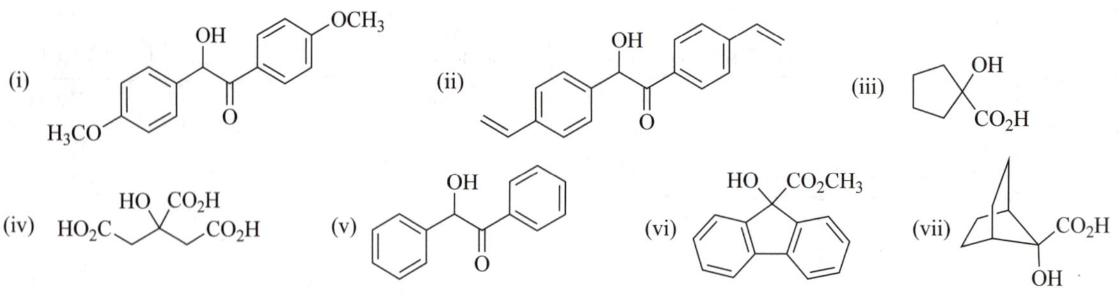

(i) (ii) (iii) (iv) (v) (vi) (vii)

习题13-40 从指定原料及合适试剂合成下列化合物。

(i) 从甲苯合成 $(CH_3-C_6H_4)_2C(OH)COOH$　(ii) 从糠醛合成 $(C_4H_3O)_2C(OH)COOCH_3$

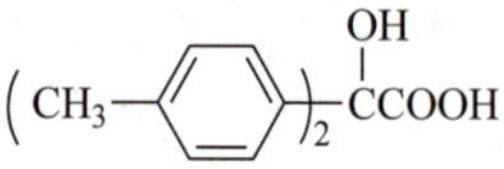

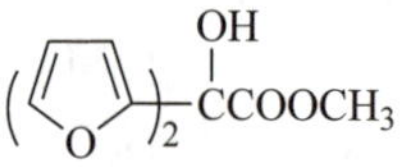

答

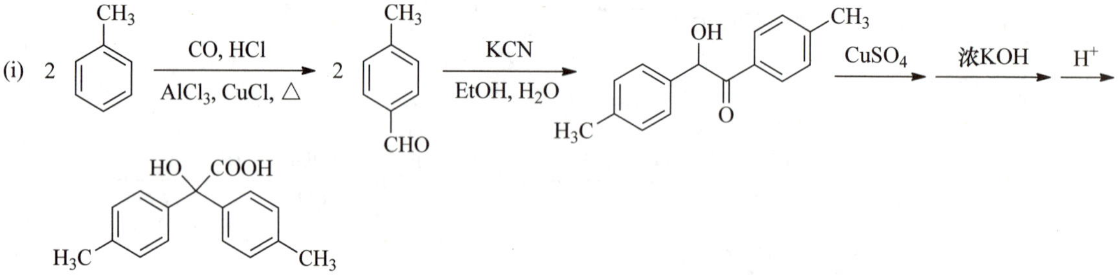

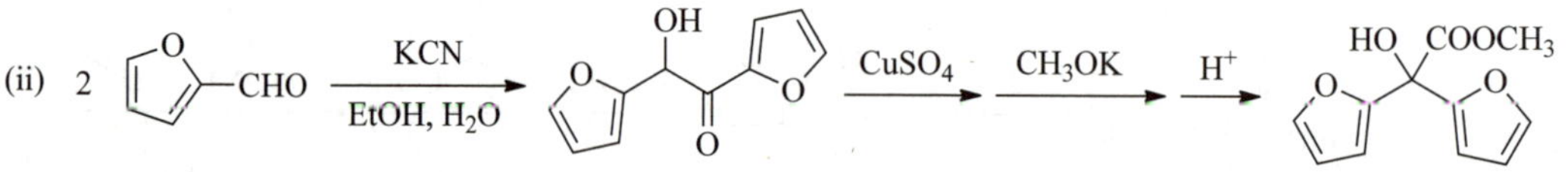

(i) 2 甲苯 $\xrightarrow[AlCl_3,\ CuCl,\ \triangle]{CO,\ HCl}$ 2 对甲基苯甲醛 $\xrightarrow[EtOH,\ H_2O]{KCN}$ 联偶姻 $\xrightarrow{CuSO_4}\xrightarrow{浓KOH}\xrightarrow{H^+}$ 产物

(ii) 2 糠醛 $\xrightarrow[EtOH,\ H_2O]{KCN}$ 糠偶姻 $\xrightarrow{CuSO_4}\xrightarrow{CH_3OK}\xrightarrow{H^+}$ 产物

习题13-41 由简单的原料制备下列化合物。

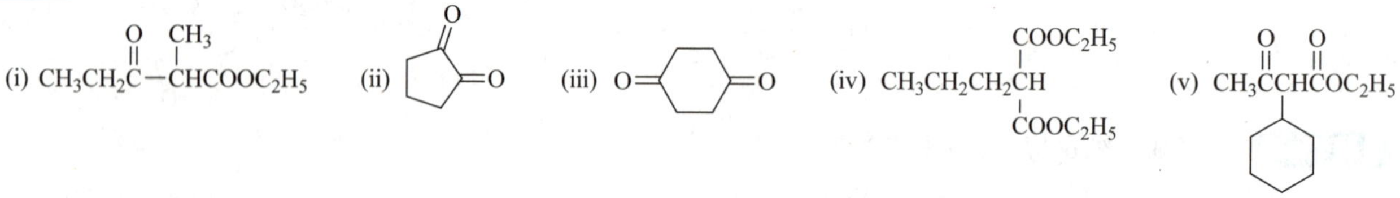

(i) $CH_3CH_2\overset{O}{\overset{\|}{C}}-\overset{CH_3}{\overset{|}{C}}HCOOC_2H_5$　(ii) 环戊-1,2-二酮　(iii) 环己-1,4-二酮　(iv) $CH_3CH_2CH_2CH(COOC_2H_5)_2$　(v) $CH_3\overset{O}{\overset{\|}{C}}\underset{环己基}{C}H\overset{O}{\overset{\|}{C}}OC_2H_5$

答

(i) $CH_3CH_2CO_2H \xrightarrow[H^+]{EtOH} CH_3CH_2CO_2Et \xrightarrow{EtONa}\xrightarrow{H^+}$ $CH_3CH_2COCH(CH_3)CO_2Et$

(ii) $HOOC-COOH \xrightarrow[H^+]{EtOH} EtOOC-COOEt$

$HOOC(CH_2)_3COOH \xrightarrow[H^+]{EtOH} EtOOC(CH_2)_3COOEt \xrightarrow[(COOEt)_2]{EtONa}\xrightarrow{H^+}$ 3,5-二(乙氧羰基)环戊-1,2-二酮 $\xrightarrow[H_2O]{H^+}\xrightarrow[-CO_2]{\triangle}$ 环戊-1,2-二酮

(iii) $HO_2CCH_2CH_2CO_2H \xrightarrow[H^+]{EtOH} EtO_2CCH_2CH_2CO_2Et \xrightarrow{EtONa}\xrightarrow{H^+}$ 2,5-二(乙氧羰基)环己-1,4-二酮 $\xrightarrow[\triangle]{H_3O^+}$ 环己-1,4-二酮

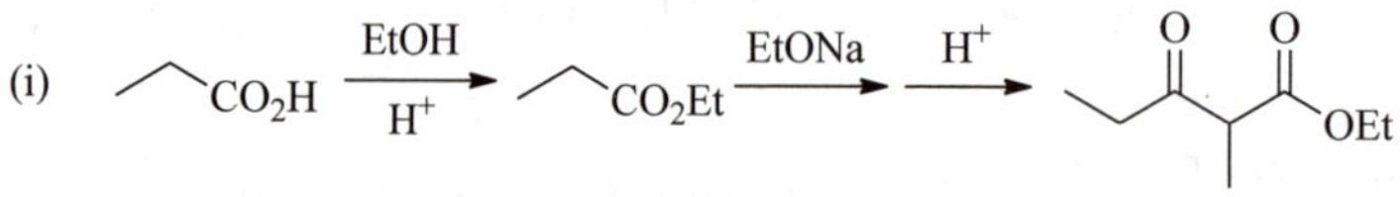

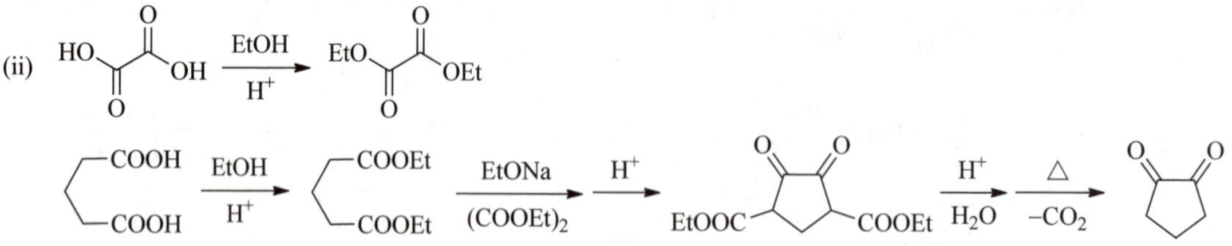

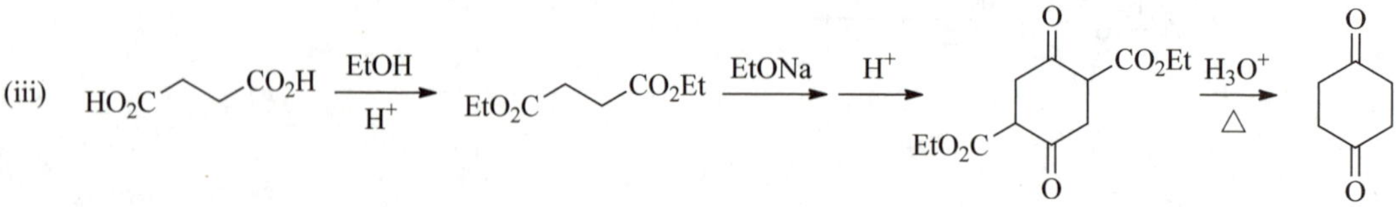

(iv) $CH_3CH_2CH_2CH_2CO_2Et \xrightarrow[(COOEt)_2]{EtONa} \xrightarrow{H^+} CH_3CH_2CH_2CH(COCO_2Et)CO_2Et \xrightarrow{175\ ^\circ C} CH_3CH_2CH_2CH(CO_2Et)_2$

(v) $CH_3COCH_2COOEt \xrightarrow{EtONa} \xrightarrow{\text{氯代环己烷}} CH_3COCH(C_6H_{11})COOEt$

习题13-42 试用两个简单的试剂区别下列两个化合物。

(A) $CH_3COCH_2COOC_2H_5$　　(B) $CH_3C(OH){=}CHCOOC_2H_5$

答 与 $FeCl_3$ 溶液产生颜色反应的或使溴的 CCl_4 溶液快速褪色的是(B)。

习题13-43 写出下列反应的反应机理。

(i) $(CH_3)_2C{=}CH{-}N(\text{四氢吡咯基}) \xrightarrow[②\ H_2O]{①\ (CH_3)_2C=CHCH_2Br} CH_3{-}C(CHO)(CH_3){-}CH_2CH{=}C(CH_3)_2$

(ii) 2-乙基环己酮 + $CH_3COCH_2CH_2\overset{+}{N}(CH_3)_2\ I^-$ $\xrightarrow[H_2O]{NaOH}$ 4a-乙基-八氢萘-2-酮（CH_2CH_3）

(iii) $H_2C{-}CH_2$（环氧乙烷）+ $C_2H_5OOC{-}CH_2{-}COOC_2H_5$ $\xrightarrow[C_2H_5OH]{C_2H_5ONa}$ α-乙氧羰基-γ-丁内酯（$COOC_2H_5$）+ $^-OC_2H_5$

答

(i) 烯胺 + Br（异戊烯基溴）⟶ 亚胺正离子 $\underset{}{\overset{H_2\ddot{O}}{\rightleftharpoons}}$ $\overset{+}{O}H_2$ 加合物 $\overset{\sim H^+}{\rightleftharpoons}$ $\overset{+}{N}$–H, $\ddot{O}H$ 中间体 $\overset{-\text{四氢吡咯}}{\rightleftharpoons}$ H–C=$\overset{+}{O}H$ $\overset{-H^+}{\rightleftharpoons}$ H–C=O 产物

(ii) $CH_3COCH_2CH_2\overset{+}{N}(CH_3)_3\ I^-$ $\xrightarrow{\text{碱}, \triangle}$ $CH_3COCH{=}CH_2$

2-乙基环己酮 + H / ^-OEt ⟶ 烯醇负离子 + $CH_2{=}CHCOCH_3$ ⟶ 2-乙基-2-($CH_2CH{=}C(O^-)CH_3$)环己酮（CH_2CH_3）$\underset{}{\overset{H{-}OEt}{\rightleftharpoons}}$ $\overset{\text{互变异构}}{\rightleftharpoons}$ 二酮 + H / ^-OEt ⟶ 烯醇负离子 ⇌ O^- 双环中间体 $\overset{H{-}OH}{\rightleftharpoons}$ OH 双环酮 + ^-OH ⇌ 烯醇负离子 $\overset{-OH^-}{\rightleftharpoons}$ 产物

(iii) EtOOC–CH(H)–COOEt + ^-OEt ⇌ $EtO\overset{O^-}{C}{=}CHCOEt$ + 环氧乙烷 ⟶ EtOOC–CH(CH_2CH_2O^-)–COOEt ⇌ 四面体中间体（O^-, OEt）$\overset{-EtO^-}{\rightleftharpoons}$ α-乙氧羰基-γ-丁内酯

习题13-44 由指定化合物及必要试剂通过烯胺合成。

(i) 用 环己酮, $HC \equiv CH$, CH_3CH_2CHO, CH_3I 合成 （双环烯酮结构）（提示：$-C \equiv C-\overset{O}{\overset{\|}{C}}-$ 也可进行Michael加成）

(ii) 用 环己酮, $C_6H_5-CH=CH_2$ 合成 2-(2-羟基-2-苯基乙基)环己酮（Ph, OH）

(iii) 用丁醛、不超过四个碳的有机物合成 4-乙基-4-($CH_2CH_2COOCH_3$)环己-2-烯酮（CH_3CH_2, $CH_2CH_2COOCH_3$）

答

(i) $HC \equiv CH$ + CH_3CH_2CHO $\xrightarrow{OH^-}$ $HC \equiv C-CH(OH)CH_2CH_3$ $\xrightarrow{CrO_3 \cdot 2Py}$ $HC \equiv C-COCH_2CH_3$

环己酮 + 四氢吡咯(NH) $\xrightarrow[\triangle]{p\text{-TsOH}}$ 烯胺 $\xrightarrow{CH_3I}$ $\xrightarrow{H_3O^+}$ 2-甲基环己酮 $\xrightarrow[EtOH]{EtONa}$ $\xrightarrow{HC \equiv C-COCH_2CH_3}$

2-甲基-2-($CH=CH\overset{O}{\overset{\|}{C}}CH_2CH_3$)环己酮（$CH_3$） $\xrightarrow[H_2O]{NaOH}$ 产物（双环烯酮）

(ii) 苯乙烯 $\xrightarrow{\text{过氧酸}}$ $C_6H_5-CH\overset{O}{-}CH_2$ $\xrightarrow[\text{[由 (i) 得]}]{\text{环己烯基四氢吡咯}}$ 亚胺盐（$\overset{+}{N}$, OH） $\xrightarrow{H_3O^+}$ 2-(2-羟基-2-苯基乙基)环己酮（OH）

(iii) $CH_3CH_2CH_2CHO$ + $(CH_3)_2NH$ $\xrightarrow{K_2CO_3}$ $CH_3CH_2CH=CHN(CH_3)_2$ $\xrightarrow{CH_2=CHCO_2CH_3}$ $CH_3CH_2\underset{CH_2CH_2COOCH_3}{\underset{|}{C}}=CHN(CH_3)_2$

$\xrightarrow{CH_2=CH\overset{O}{\overset{\|}{C}}CH_3}$ $CH_3CH_2\overset{CH_2CH=\overset{O^-}{\overset{|}{C}}CH_3}{\underset{CH_2CH_2COOCH_3}{C}}-CH=\overset{+}{N}(CH_3)_2$ $\xrightarrow{H_3O^+}$ $CH_3CH_2\overset{CH_2CH_2\overset{O}{\overset{\|}{C}}CH_3}{\underset{CH_2CH_2COOCH_3}{C}}-CHO$ $\xrightarrow[\text{②}CH_3OH, H^+, \triangle]{\text{①}NaOH, H_2O, \triangle}$ 4-乙基-4-($CH_2CH_2CO_2CH_3$)环己-2-烯酮

习题13-45 用不超过四个碳的化合物合成。

(i) $CH_3\underset{CH_3}{\underset{|}{C}H}\overset{OH}{\overset{|}{C}H}\underset{CH_3}{\underset{|}{C}H}\overset{O}{\overset{\|}{C}}OC_2H_5$

(ii) $CH_3CH_2\overset{O}{\overset{\|}{C}}CH_2\overset{O}{\overset{\|}{C}}OC_2H_5$

(iii) $CH_3CH_2\overset{CH_3}{\overset{|}{C}H}COOC_2H_5$

(iv) $CH_3CH_2\underset{CH_3}{\underset{|}{C}H}\overset{O}{\overset{\|}{C}}CH_2\overset{O}{\overset{\|}{C}}OC_2H_5$

答

(i) $CH_3CH_2CO_2H \xrightarrow[Cl_2]{P(催化量)} CH_3CHClCO_2H \xrightarrow[H^+, \triangle]{EtOH} CH_3CHClCO_2Et \xrightarrow{PhH, Zn} \xrightarrow{(CH_3)_2CHCHO} \xrightarrow{H_2O} (CH_3)_2CHCH(OH)CH(CH_3)CO_2Et$

(ii) $HOOCCH_2COOH \xrightarrow[H^+, \triangle]{EtOH} EtOOCCH_2COOEt \xrightarrow[②CH_3CH_2CHO]{①EtONa} \xrightarrow{H^+} CH_3CH_2CH(OH)CH(COOEt)_2 \xrightarrow[H_2O, \triangle]{NaOH} \xrightarrow{H^+} \xrightarrow[-CO_2]{\triangle}$

$CH_3CH_2CH(OH)CH_2COOH \xrightarrow{CrO_3 \cdot 2Py} CH_3CH_2COCH_2COOH \xrightarrow[H^+, \triangle]{EtOH} CH_3CH_2COCH_2COOEt$

(iii) $EtOOCCH_2COOEt$ (由(ii)得) $\xrightarrow{EtONa} \xrightarrow{CH_3I} EtOOCCH(CH_3)COOEt \xrightarrow{EtONa} \xrightarrow{CH_3CH_2Br} EtOOCC(CH_3)(CH_2CH_3)COOEt$

$\xrightarrow[H_2O, \triangle]{NaOH} \xrightarrow{H^+} \xrightarrow[-CO_2]{\triangle} HOOCCH(CH_3)CH_2CH_3 \xrightarrow[H^+, \triangle]{EtOH} EtOOCCH(CH_3)CH_2CH_3$

(iv) $CH_3COOEt \xrightarrow[EtOH]{EtONa} CH_3COCH_2COOEt \xrightarrow{2\,NaNH_2} \xrightarrow{CH_3I} CH_3CH_2C(ONa){=}CHCOOEt \xrightarrow{NaNH_2} \xrightarrow{CH_3CH_2Br}$

$CH_3CH_2CH(CH_3)C(ONa){=}CHCOOEt \xrightarrow{H_2O} CH_3CH_2CH(CH_3)COCH_2COOEt$

14

第14章

脂　肪　胺

内容提要

氨(NH_3)上的氢被烃基取代后的物质称为**胺**,因此胺是氨的衍生物。正如醇和醚的性质与水相关一样,胺的基本化学性质与氨紧密相关。**氨基**($—NH_2$,—NHR,$—NR_2$)属于胺的官能团。

胺常作为亲核试剂,具碱性,也可形成氢键。但由于氮原子的电负性比氧原子小,与醇和醚中氧原子相比,胺中氮原子的亲核能力相对较强。此外,伯胺与仲胺的碱性更强,酸性更弱,其形成的氢键更弱。因此,在学习胺的过程中,需要复习醇和醚的基本性质,并与其进行对比。胺通常分为脂肪胺和芳香胺。本章主要介绍脂肪胺的基本性质、反应以及合成方法。

14.1 胺的分类

根据分子中取代烃基 R 的种类不同,胺可分为脂肪胺和芳香胺。与醇一样,胺也可根据在氮上取代烃基 R 的个数进行分类和命名。按照氮原子上 R 基团的数目,胺可分为一级(伯)胺、二级(仲)胺、三级(叔)胺和四级(季)铵盐。此外,还可根据氨基官能团的个数进行分类。

14.2 胺的命名

由于胺类化合物被发现得较早,因此胺通常有许多俗名,使得胺的命名方法相对比较混乱,存在多种命名方式。常用普通命名法和系统命名法。

14.3 胺的结构

胺(氨)中的氮原子采用接近于 sp^3 杂化轨道与其他原子形成共价键,空间排布基本上近似甲烷的四面体构型。胺的对映体不能分离得到,因此,胺大多被认为没有光学活性。如果氮连接的四个基团不同,四级铵盐应该具有旋光异构体。

14.4 胺的物理性质(略)

14.5 胺的酸、碱性

氨或胺既有酸性又有碱性。胺的酸性来源于 N—H 键中氮原子的吸电子诱导效应。但是,相对于胺的酸性，胺的碱性和亲核性更为重要。胺的化学性质本质上来源于氮原子的孤对电子，它既决定胺的碱性，也决定胺的亲核能力。

14.6 胺的成盐反应及其应用

胺可与盐酸、硫酸、硝酸、醋酸和草酸等酸反应生成铵盐。许多药物和具有生理活性的胺通常以盐的方式保存和使用。

四级铵盐在有机反应中常作为相转移催化剂。

14.7 胺的制备方法一：含氮化合物的还原

硝基化合物、腈、酰胺和肟均可通过还原的方法转化为胺。

14.8 胺的制备方法二：氨或胺的烷基化和 Gabriel 合成法

Hofmann 烷基化反应是卤代烷与氨或胺直接烷基化生成胺的反应。由于卤代烷与氨或胺的反应常生成混合物，这就限制了此类烷基化反应的应用。为了改进此方法，可以利用叠氮化合物代替氨或胺与卤代烷反应，也可以利用邻苯二甲酰亚胺代替胺（**Gabriel 合成法**）。

14.9 胺的制备方法三：醛、酮的还原胺化

氨或胺可与醛或酮缩合，生成亚胺。亚胺中的碳氮双键类似于醛、酮中的碳氧双键，可在催化氢化或氢化试剂作用下被还原为相应的一级、二级或三级胺，这个反应称**还原胺化**反应。这个反应通常采用一锅煮的方式。

14.10 胺的酰基化与 Hinsberg 反应

一级胺、二级胺、三级胺与磺酰氯的反应统称为 **Hinsberg 反应**。此反应通常在碱性条件下进行。

14.11 四级铵碱和 Hofmann 消除反应

四级铵盐在强碱（KOH 或 NaOH）作用下可转化为四级铵碱。四级铵碱是与氢氧化钾、氢氧化钠碱性相当的强碱。

将四级铵碱加热分解成烯烃、三级胺以及水的反应称为 **Hofmann 消除**反应。Hofmann 规则为：(1) 酸性强的氢原子优先离去；(2) 在氢原子的酸性近似的情况下，空阻小的氢原子优先被碱进攻；(3) 处于反式位置的氢原子优先消除；(4) 由构象分析也可看出，反应更倾向于生成遵从 Hofmann 规则的消除产物。

14.12 胺的氧化和 Cope 消除

胺（特别是芳香胺）很容易被氧化。当氧化胺有 β 氢原子时，加热下会发生热分解，生成烯烃及羟胺衍生物，此反应称为 **Cope 消除**。此反应为 E2 顺式消除，形成一个平面的五元环的过渡态，氧化胺的氧负离子作为反应所需的碱。

14.13 胺与亚硝酸的反应

胺与亚硝酸的反应是通过氮上孤对电子对亚硝酰正离子(NO^+)的亲核进攻而发生的,三级脂肪胺与亚硝酸生成 *N*-亚硝铵盐,二级脂肪胺转化为 *N*-亚硝基胺,一级脂肪胺则转化为重氮盐。

胺甲基取代的环烷烃与亚硝酸反应生成了环烷基醇,此反应称为 **Demjanov 反应**。随后,M. Tiffeneau 等发现,1-氨甲基环戊醇用亚硝酸处理时会很快重排为环己酮,称为 **Tiffeneau-Demjanov 重排**。

14.14 重氮甲烷与烷基重氮化合物

重氮甲烷的结构为三原子四电子的大 π 键。重氮甲烷非常活泼,能够与酸性化合物反应形成甲醚,也可以形成卡宾。

α-重氮酮在 Ag_2O 和水的作用下会重排生成乙酸衍生物,此反应称为 **Wolff 重排**。

14.15 胺的制备方法四:酰胺重排

Lossen、Hofmann、Curtius 和 Schmidt 重排反应均生成了不稳定的酰基氮宾,接着迅速重排,烷基转移到氮上生成异氰酸酯。

习题解析

习题 14-1 网络检索各类胺的生理活性,了解它们对生命的影响和作用。

答 列举一些常见的具有生理活性的胺,仅供参考:

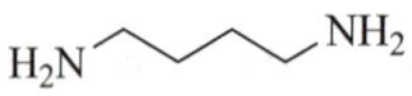

H_2N—$(CH_2)_4$—NH_2
腐胺(丁二胺)
putrescine
(butane-1,4-diamine)

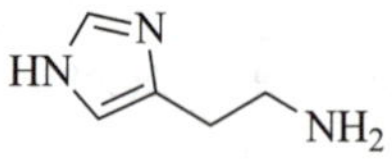

HN, N, NH_2
组胺
histamine

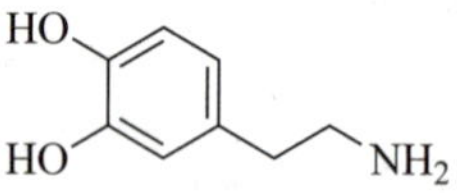

HO, HO, NH_2
多巴胺
dopamine

腐胺广泛存在于各种细胞中,通过升高或降低它的含量水平来控制细胞的 pH。它可与 NMDA 受体的多胺调控位点结合,加强 NMDA 诱导的发生,是亚精胺的前体。研究表明,腐胺在胃肠道黏膜上皮细胞迁移、增殖和分化过程中发挥着重要的作用。

组胺属于身体内的一种化学传导物质,参与中枢与周边的多重生理功能。在中枢系统,组胺由特定的神经细胞所合成(例如位于下丘脑后部的结节-乳头核),神经细胞多向延伸至大脑其他区域与脊椎。因此,组胺可能参与睡眠、荷尔蒙的分泌、体温调节、食欲以及记忆形成等功能。

多巴胺是一种神经传导物质,用来帮助细胞传送脉冲的化学物质。这种脑内分泌物主要负责人的情欲、感觉,以及将兴奋的信息传递,也与某些上瘾有关。

习题 14-2 根据中文名称写出下列化合物的结构式:

(i) *N*-乙基-2,2-二甲基丙胺 (ii) 3-丁炔胺 (iii) 1,5-戊二胺 (iv) (*R*)-反-4-辛烯-2-胺

答 (i)  H N (ii) 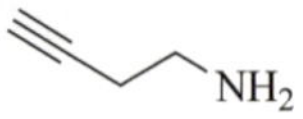 NH_2 (iii)  H_2N—$(CH_2)_5$—NH_2 (iv) 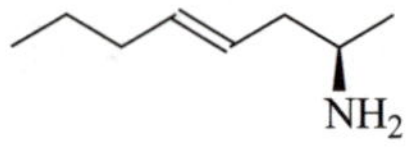 NH_2

习题 14-3 写出以下分子的中英文名称：

(i) $(C_6H_5CH_2)_2NH$　(ii) $(CH_3CH_2CH_2CH_2)_3N$　(iii) $(CH_3CH_2)_3N\cdot HCl$

(iv) $CH_3(CH_2)_4NH_2\cdot HBr$　(v) $C_6H_5CH_2\overset{+}{N}(CH_3)_3Br^-$　(vi) $CH_2CHCH_2NHCH_2CH_2CH_3$

(vii) 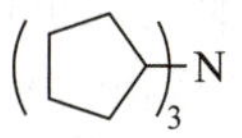 $(C_5H_9)_3N$　(viii) C_6H_5—CH_2NH—C_6H_5　(ix) 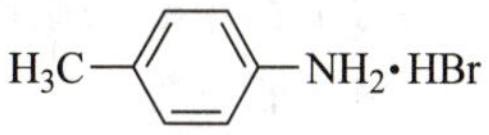 H_3C—C_6H_4—$NH_2\cdot HBr$

(x) 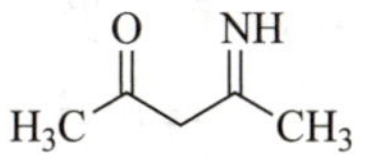 H_3C—C(=O)—CH_2—C(=NH)—CH_3　(xi) 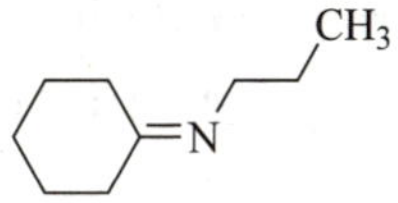 环己基=N—$CH_2CH_2CH_3$

答 (i) 二苄基胺　dibenzylamine

(ii) 三正丁基胺　tributylamine

(iii) 三乙胺盐酸盐　triethylamine hydrochloride

(iv) 正戊胺氢溴酸盐　pentan-1-amine hydrobromide

(v) 溴化三甲基苄铵　trimethylbenzylaminium bromide

(vi) *N*-丙基-丙烯胺　*N*-propylallylamine

(vii) 三环戊基胺　tricyclopentylamine

(viii) *N*-苄基苯胺　*N*-benzylaniline

(ix) 对甲基苯胺氢溴酸盐　*p*-toluidine hydrobromide

(x) 4-亚氨基-2-戊酮　4-iminopentan-2-one

(xi) *N*-丙基环己亚胺　*N*-propylcyclohexanimine

习题 14-4 根据从氨到甲胺的键角和键长的变化推测二甲胺、三甲胺以及四甲基铵基的键角和键长。

答 键角的变化为：甲基引入后，由于甲基与氢以及甲基与甲基之间的空阻增加，∠H—N—H 和∠C—N—H 逐渐变小，而∠C—N—C 逐渐变大。

键长的变化为：随着甲基的引入，N—H 与 N—C 键键长基本不变。

给出参考数据：

化合物	氨	甲胺	二甲胺	三甲胺	四甲铵
键角	∠H—N—H：107.3°	∠H—N—H：105.9° ∠C—N—H：112.9°	∠C—N—H：104° ∠C—N—C：108°	∠C—N—C：108°	∠C—N—C：109.5°
键长	N—H：101 pm	N—H：101 pm N—C：147 pm	N—H：102 pm N—C：147 pm	N—C：147 pm	N—C：147 pm

习题 14-5 通常胺中的碳氮键要比醇中的碳氧键略长一些，说明其原因。

答 氮原子的电负性小于氧原子，2s，2p 轨道更加伸展，与碳原子形成的键更长。

习题 14-6 判断下列化合物是否有光活性：

(i) 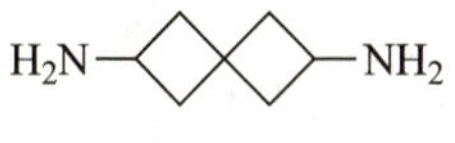 H_2N—(螺[3.3]庚烷)—NH_2　(ii) 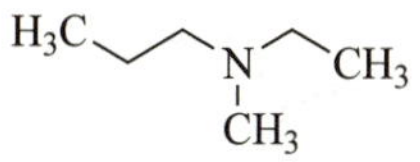 H_3C⌒N(CH_3)⌒CH_3　(iii) 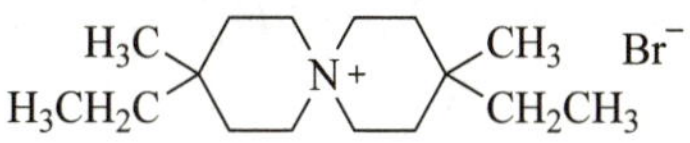 H_3C, H_3CH_2C, N^+, CH_3, CH_2CH_3, Br^-

(iv) 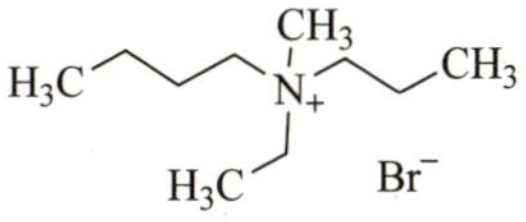 H_3C, CH_3, N^+, CH_3, H_3C, Br^-　(v) 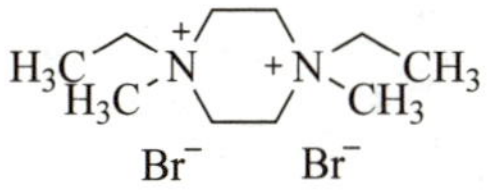 H_3C, H_3C, $\overset{+}{N}$, $\overset{+}{N}$, CH_3, CH_3, Br^-, Br^-

答 (i) 有 (ii) 无 (iii) 有 (iv) 有 (v) 无

习题 14-7 当氮原子为分子中唯一的手性中心时,此分子在室温下为何不可能保持对映体纯的光活性而不发生消旋?

答 以氮原子为手性中心的胺的构象不稳定,氮原子上的孤对电子翻转能垒太小(25 kJ·mol^{-1},对比:PH_3 翻转能垒为 140 kJ·mol^{-1}),使得对映体之间在室温下可以互相快速转化,导致其异构体无法分离。如果有刚性环结构(如 Tröger 碱中)阻止其构型翻转,则可以将对映体分离。

习题 14-8 根据所给化合物的分子式、红外光谱和核磁共振氢谱的基本数据,判断此化合物的可能的结构简式,并标明各峰的归属:

分子式:$C_9H_{13}N$;FT-IR:波数/cm^{-1} 3300,3010,1120,730,700;^{1}H NMR ($CDCl_3$,ppm):δ 1.1 (t,3H),2.65 (q,2H),3.7 (s,3H),7.3 (s,5H)。

答 首先计算不饱和度:

$$\Omega=9+1-(13-1)/2=4$$

结合红外光谱信息(1120,730,700 cm^{-1}),可以推断分子中有一个苯环。其余部分结合核磁数据便很好确定了:

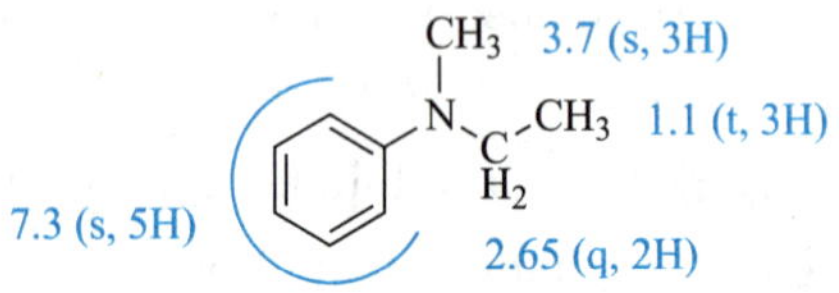

CH_3 3.7 (s, 3H)
N
CH_3 1.1 (t, 3H)
H_2
7.3 (s, 5H)
2.65 (q, 2H)

说明:早期的核磁共振仪的频率低,分辨率比较差,因此对苯环上氢的信号很难进行精细区分,通常只见到一组信号。

习题 14-9 将下列化合物按碱性从强到弱的顺序编号:

NH_2 Cl　NH_2 CH_3　NH_2　NH_2 OCH_3　NH_2 NO_2

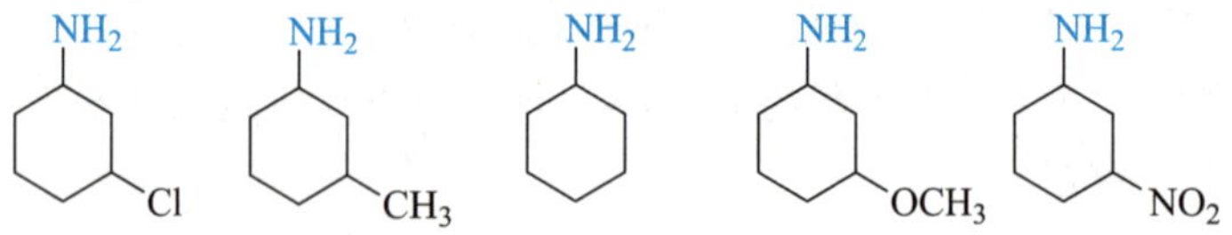

答 环己烷骨架难以传递共轭效应,故取代基的给电子诱导效应越强,分子的碱性越强:

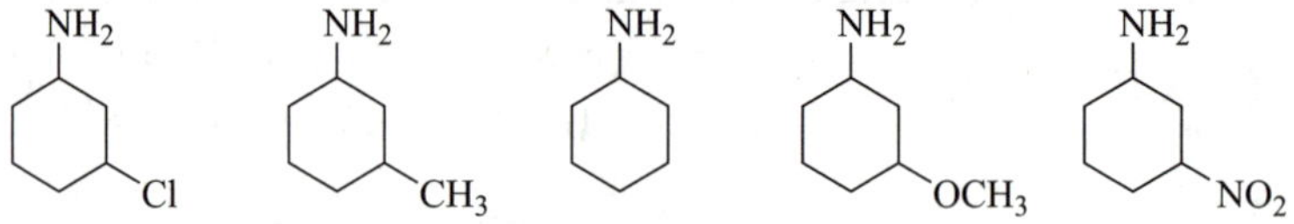

NH_2 Cl　NH_2 CH_3　NH_2　NH_2 OCH_3　NH_2 NO_2

4　2　3　1　5

习题14-10 将下列各组化合物按酸性从强到弱的顺序编号:

(i) $\overset{+}{N}H_3$ O　Cl $\overset{+}{N}H_3$　$\overset{+}{N}H_3$　$\overset{+}{N}H_3$ S O O

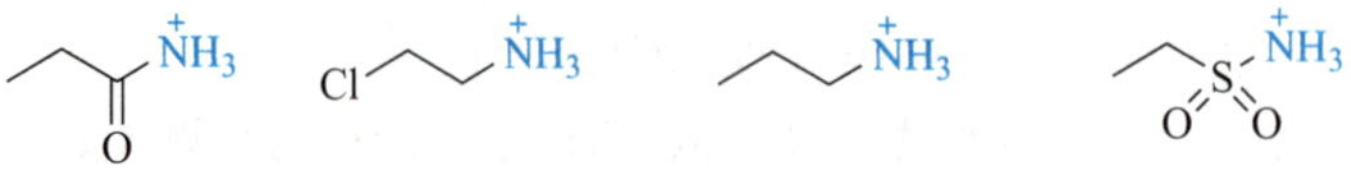

(ii) CH_2OH H_3C　COOH F　C≡CH H_3C　NH_2 H_3C　COOH $(H_3C)_2N$

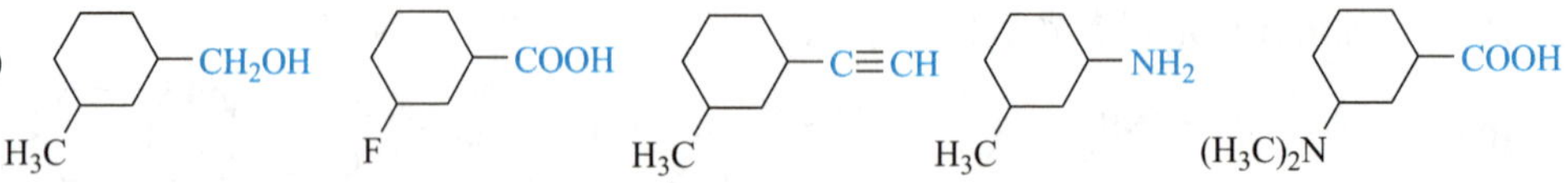

答

(i) 2　3　4　1

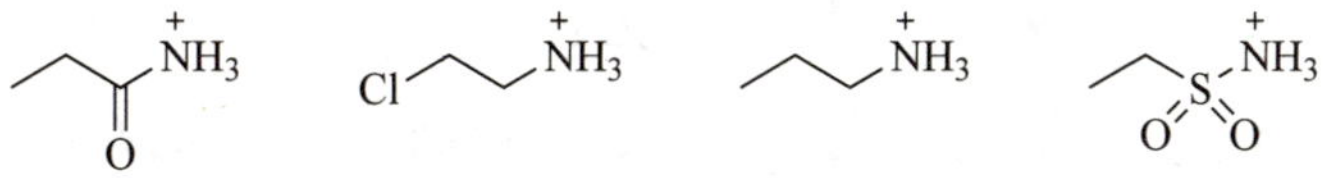

(ii) 3　1　4　5　2

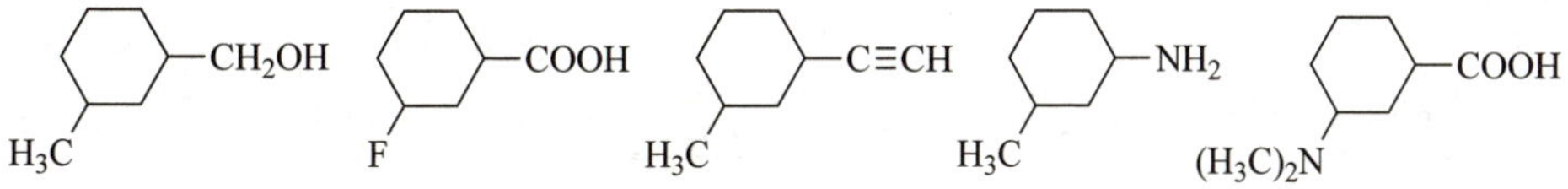

习题14-11　为什么胺的碱性要强于醇或醚？

答　氮原子的电负性小于氧原子，导致氨基氮原子上的孤对电子与质子的结合能力更强，因此胺的碱性强。

习题14-12　解释以下实验事实：

(i) 吗啉盐酸盐的酸性比六氢吡啶盐酸盐的强；

(ii) 3-溴-1-氮杂二环[2.2.2]辛烷共轭酸的酸性比3-氯-1-氮杂二环[2.2.2]辛烷共轭酸的弱；

(iii) 氮丙啶与 H^+ 反应后形成的正离子的 pK_a 小于六氢吡啶正离子的 pK_a。

答　共轭酸的酸性强弱与其共轭碱的碱性关系正好相反。本质上酸碱性的比较是官能团及取代基给、吸电子能力的对比。

(i) 对比吗啉和六氢吡啶：氧取代亚甲基，氧具有更强的吸电子诱导效应。

(ii) 溴原子的吸电子诱导效应弱于氯原子，因此前者的共轭酸酸性更弱。

(iii) 氮丙啶为三元环结构，C—N 键具有更多的 p 轨道成分，氮原子上的孤对电子具有更多的 s 轨道成分，故氮丙啶的碱性比六氢吡啶弱，其共轭酸的 pK_a 比六氢吡啶的要小。

习题14-13　在学习过程中，你会发现四级铵盐相对比较稳定，而稳定的氧鎓盐却相对较少。你能通过网络检索列举一些稳定的氧鎓盐吗？尝试总结一下这些稳定的氧鎓盐的结构特点。

答　稳定的氧鎓盐有：

(i) 四氟硼酸三乙基盐，又被称为 Meerwein 试剂或 Meerwein 盐。此类化合物具有稳定的氧正离子角锥形结构，氧正离子与多个给电子基团相连，是常用的烷基化试剂。

(ii) 吡喃盐类化合物与氧杂稠环化合物。此类化合物具有芳香性单环或稠环，具有稳定的平面结构。

(iii) 氧杂三环癸烷与氧杂三环癸三烯。此类化合物具有碗形结构，氧杂三环癸烷稳定性大于氧杂三环癸三烯(为什么?)，前者甚至可以在水中稳定存在。

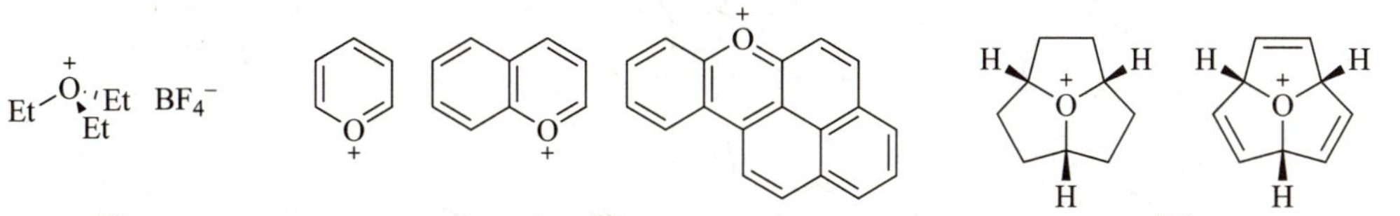

(i)　　(ii)　　(iii)

习题14-14　用环己醇、不超过四个碳的有机物和适当的无机试剂为原料合成下列化合物：

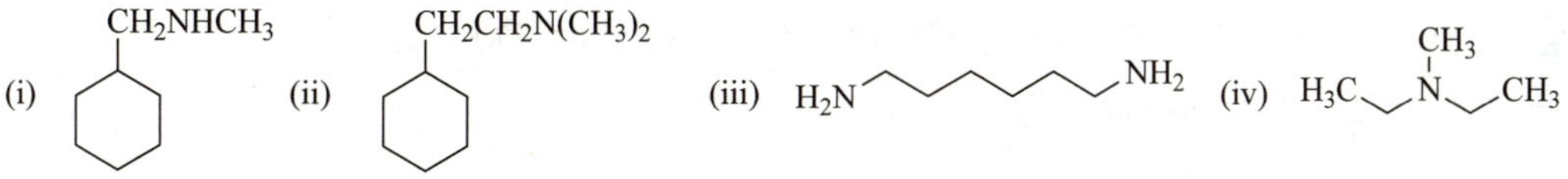

(i) CH_2NHCH_3　(ii) $CH_2CH_2N(CH_3)_2$　(iii) H_2N　NH_2　(iv) H_3C　CH_3　CH_3

答

(i) 环己醇 →[O]→ 环己酮 →$CH_2{=}PPh_3$→ 亚甲基环己烷 →1. B_2H_6; 2. H_2O_2/OH^-→ 环己基甲醇 →$(COCl)_2$, DMSO, Et_3N→ 环己基甲醛(CHO) →$MeNH_2$, $NaBH_3CN$→ 环己基-CH_2NHCH_3

(ii) 环己醇 →PBr_3→ 溴代环己烷 →Mg, Et_2O→ 环己基MgBr →环氧乙烷, H^+→ 环己基-CH_2CH_2OH →1. TsCl; 2. Me_2NH→ 环己基-$CH_2CH_2N(CH_3)_2$

(iii) 环己醇 →H_2SO_4→ 环己烯 →O_3, Zn→ 己二醛(CHO, CHO) →NH_3, $NaBH_4$→ H_2N–(CH₂)₆–NH_2

(iv) CH_3NH_2 →CH_3CHO→ →$NaBH_3CN$→ $CH_3NHCH_2CH_3$ →CH_3CHO→ →$NaBH_3CN$→ $H_3C-N(CH_2CH_3)_2$

习题14-15 以相应的卤代烷为原料,用直接烷基化的方法合成以下化合物:

(i) 1-己胺 (ii) 三甲基正丙基碘化铵 (iii) 六氢吡啶

答

(i) 1-溴己烷(Br) →NH_3 (xs), EtOH→ 1-己胺(NH_2)

(ii) 1-溴丙烷(Br) →NH_3 (xs), EtOH→ 正丙胺(NH_2) →CH_3I (xs)→ $CH_3CH_2CH_2N^+(CH_3)_3$ I^-

(iii) 1,5-二溴戊烷(Br, Br) →NH_3, EtOH→ 六氢吡啶(N–H)

习题14-16 利用 NaN_3 和 Gabriel 合成法合成下列胺:

(i) 1-戊胺 (ii) 环己胺 (iii) 甘氨酸 (iv) 3-乙基己胺

答

(i) 1-碘戊烷(I) →NaN_3→ 戊基叠氮(N_3) →H_2, Pd/C→ 1-戊胺(NH_2)

(ii) 氯代环己烷(Cl) →NaN_3→ 环己基叠氮(N_3) →Ph_3P, THF→ 环己胺(NH_2)

(iii) 邻苯二甲酰亚胺(NH) →KOH→ 邻苯二甲酰亚胺钾(NK) →$ClCH_2COOEt$→ N-CH_2COOEt →H^+/H_2O→ $H_3\overset{+}{N}CH_2COO^-$

(iv) 邻苯二甲酰亚胺(NH) →KOH→ 邻苯二甲酰亚胺钾(NK) →Br-(3-乙基己基)→ N-(3-乙基己基)邻苯二甲酰亚胺 →N_2H_4→ H_2N-(3-乙基己基)

习题14-17 画出在 PPh_3 的作用下,正丁基叠氮转化为正丁胺的反应机理。

答 此反应是 Staudinger 反应:

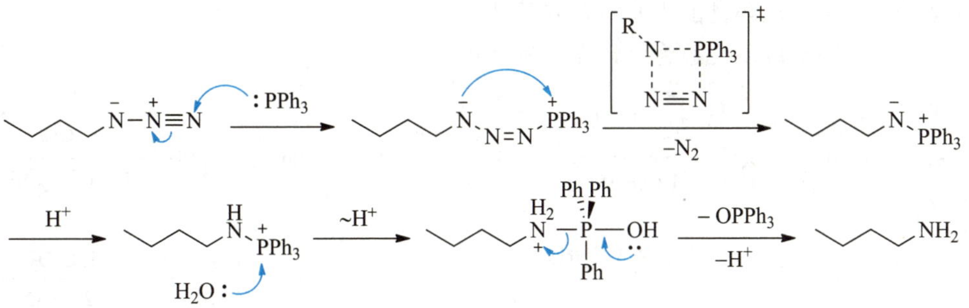

思考：为什么下面的写法是错误的？

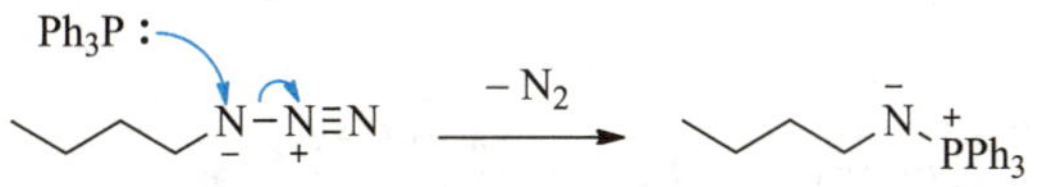

习题14-18 多巴胺(dopamine)属于神经递质的脑内分泌物，可帮助细胞传送脉冲，具有传递快乐、兴奋情绪的功能，又被称做快乐物质，因此医学上被用来治疗抑郁症。此外，吸烟和吸毒都可增加多巴胺的分泌，使吸食者感到兴奋。多巴胺的化学名称为 4-(2-乙氨基)苯-1,2-二酚。画出其结构式，并设计两条以邻苯二酚为原料合成多巴胺的路线。

答

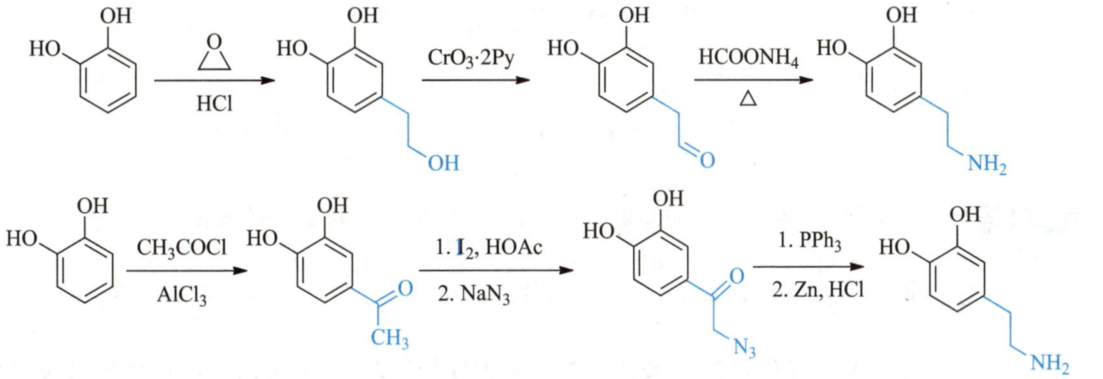

习题14-19 以不超过五个碳的有机物及其他必要试剂通过还原胺化反应合成：

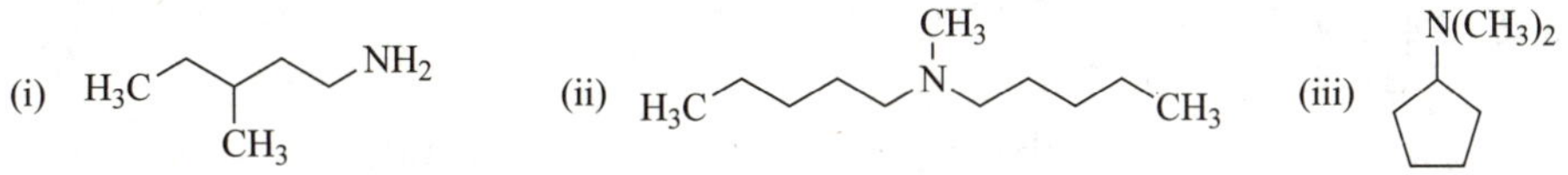

答

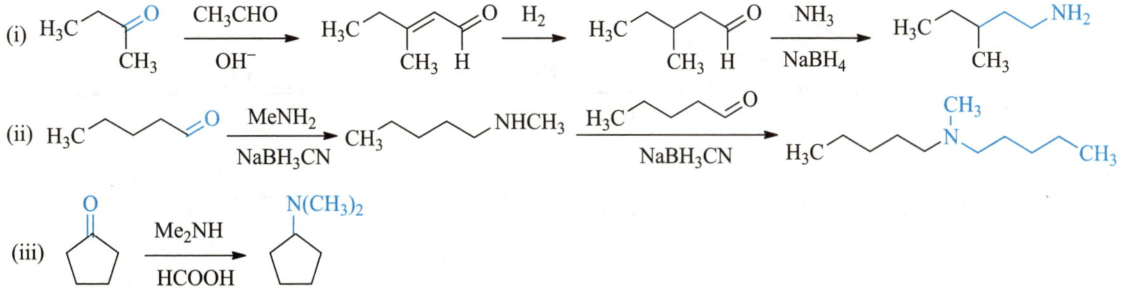

习题14-20 利用还原胺化反应合成下列化合物：

(i) 以六氢吡啶为原料合成 N-环戊基六氢吡啶

(ii) 以四氢吡咯为原料合成 N-乙基四氢吡咯

(iii) 以环己酮为原料合成环己胺

(iv) 以环戊醇为原料合成环戊胺

答

(i) 哌啎 + 环戊酮 $\xrightarrow{HCOOH}$ N-环戊基哌啶

(iii) 四氢吡咯(NH) $\xrightarrow[H_2,\ Raney\ Ni]{CH_3CHO}$ N-Et 四氢吡咯

(ii) 环己酮 $\xrightarrow{HCOONH_4}$ 环己胺(NH_2)

(iv) 环戊醇(OH) $\xrightarrow[2.\ HCOONH_4]{1.\ CrO_3,\ Py}$ 环戊胺(NH_2)

习题14-21 完成以下反应式:

(i) 环己酮 + $(CH_3)_2NH$ $\xrightarrow[H^+]{NaBH(OAc)_3}$

(ii) $PhCH_2CH(CN)CH_3$ $\xrightarrow{LiAlH_4}$ $\xrightarrow{H_2O}$

(iii) 丁酮 + $(CH_3CH_2)_2NH$ $\xrightarrow[H^+]{NaBH_3CN}$

答

(i) 环己基-$N(CH_3)_2$　(ii) $PhCH_2CH(CH_2NH_2)CH_3$　(iii) $CH_3CH(N(CH_2CH_3)_2)CH_2CH_3$

习题14-22 结合第 18 章中苯胺的知识,以苯胺为原料合成对氨基苯磺酰胺。

答

$C_6H_5NH_2$ $\xrightarrow{Ac_2O}$ C_6H_5NHAc $\xrightarrow[\triangle]{H_2SO_4}$ $p\text{-}HO_3S\text{-}C_6H_4\text{-}NHAc$ $\xrightarrow[2.\ NaOH/H_2O,\triangle]{1.\ SOCl_2;\ NH_3}$ $p\text{-}H_2NO_2S\text{-}C_6H_4\text{-}NH_2$

浓硫酸会氧化苯胺,需要用乙酰基事先保护氨基;磺酰胺的水解速率比酰胺慢得多,故乙酰基可以被选择性脱去。

习题14-23 完成下列反应式:

(i) 3-环己基丙酰氯($C_6H_{11}CH_2CH_2COCl$) $\xrightarrow[(CH_3CH_2)_3N]{CH_3NH_2}$ 　　$\xrightarrow{LiAlH_4}$ $\xrightarrow{H_2O}$

(ii) $H_3C\text{-}C_6H_4\text{-}SO_2Cl$ $\xrightarrow[(CH_3CH_2)_3N]{CH_3NH_2}$ 　　$\xrightarrow{NaOH}$ $\xrightarrow{CH_3I}$

(iii) $H_3C\text{-}C_6H_4\text{-}SO_2Cl$ $\xrightarrow[(CH_3CH_2)_3N]{(CH_3)_2NH}$ 　　$\xrightarrow{NaOH}$ $\xrightarrow{CH_3I}$

答

(i) $C_6H_{11}CH_2CH_2C(=O)N(H)CH_3$, $C_6H_{11}CH_2CH_2CH_2N(H)CH_3$　(ii) $H_3C\text{-}C_6H_4\text{-}S(=O)_2\text{-}N(H)CH_3$, $H_3C\text{-}C_6H_4\text{-}S(=O)_2\text{-}N(CH_3)_2$

(iii) 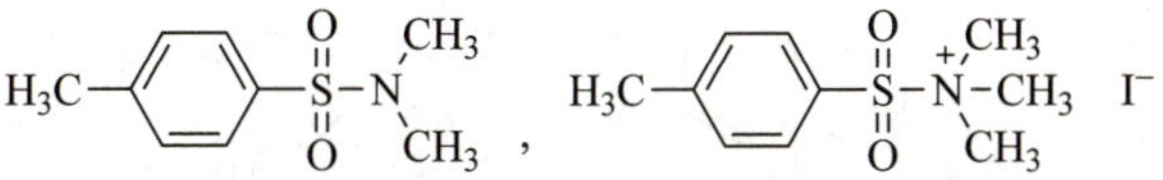 $H_3C-C_6H_4-SO_2-N(CH_3)_2$ ， $H_3C-C_6H_4-SO_2-\overset{+}{N}(CH_3)_3\ I^-$

习题14-24 Sildenafil 是磷酸二酯酶 5(PDE5)的一种选择性抑制剂，并且是第一例具有治疗男性勃起功能障碍作用的药物。Pfizer 公司以 VIAGRA 为商标生产这种药物，在 1998 年通过美国食品和药品监督管理局(FDA)批准后的第一年，全球销售额就达到 7.88 亿美元。它就是一种磺酰胺类药物，其合成中的一步就是磺酰胺的构建。完成以下反应式：

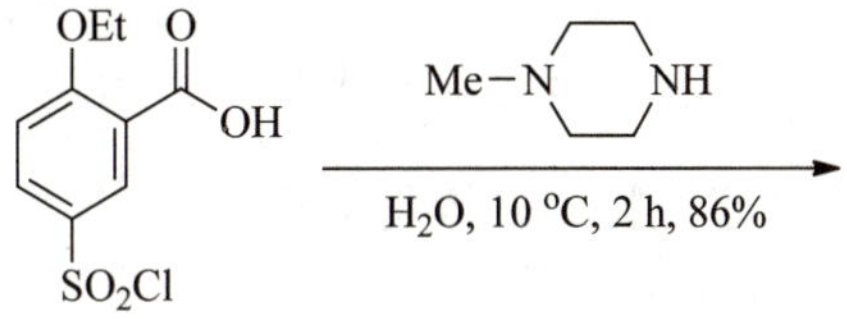

2-乙氧基-5-氯磺酰基苯甲酸（OEt, COOH, SO_2Cl） $\xrightarrow[H_2O,\ 10\ ^\circ C,\ 2\ h,\ 86\%]{Me-N\quad NH \text{（N-甲基哌嗪）}}$

答

2-乙氧基-5-氯磺酰基苯甲酸（OEt, COOH, SO_2Cl） $\xrightarrow[H_2O,\ 10\ ^\circ C,\ 2\ h\ \ 86\%]{Me-N\quad NH}$ 2-乙氧基-5-[(4-甲基哌嗪-1-基)磺酰基]苯甲酸（OEt, COOH, $O_2S-N\quad N-Me$）

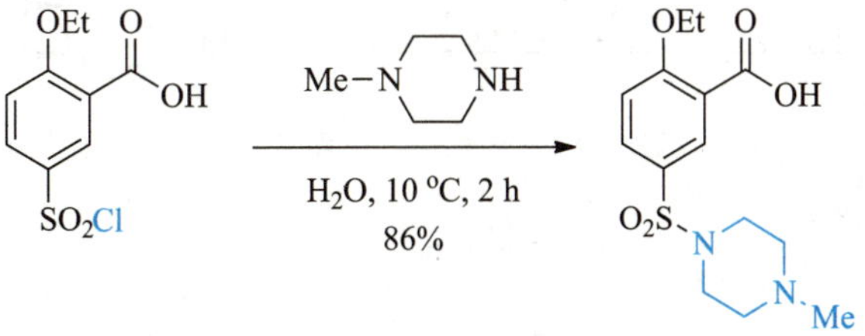

习题14-25 根据 Hofmann 消除反应的机理推测以下列底物为原料经彻底甲基化、Ag_2O 处理后加热的主要产物：

(i) 环己胺　(ii) 2,4-二甲基四氢吡咯　(iii) N-乙基六氢吡啶

(iv) 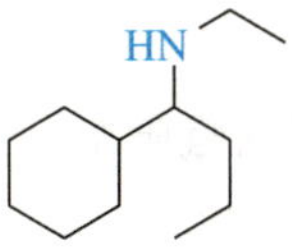 环己基-CH(NH-乙基)-$CH_2CH_2CH_3$（HN）　(v)  奎宁环（N）

答

(i)  环己烯　(ii) 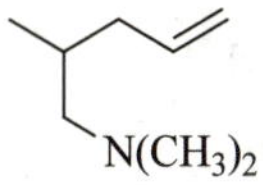 $CH_2=CH-CH_2-CH(CH_3)-CH_2-N(CH_3)_2$　(iii) 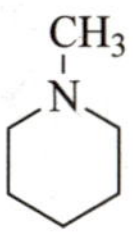 N-甲基哌啶（CH_3, N）　(iv) 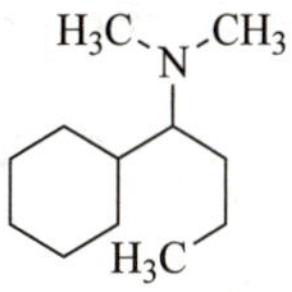 环己基-CH($N(CH_3)_2$)-CH=CH-CH_3（H_3C, N, CH_3）　(v) 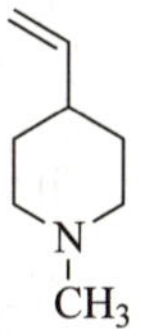 4-乙烯基-1-甲基哌啶（N, CH_3）

习题14-26 完成以下反应式：

(i)  喹嗪烷（N） $\xrightarrow{CH_3I}$ $\xrightarrow{Ag_2O}$ $\xrightarrow{\triangle}$ $\xrightarrow{1.\ CH_3I\ \ 2.\ Ag_2O\ \ 3.\ \triangle}$

(ii) 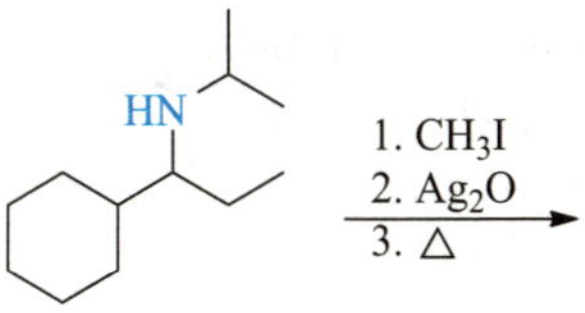 环己基-CH(NH-异丙基)-CH_2CH_3（HN） $\xrightarrow{1.\ CH_3I\ \ 2.\ Ag_2O\ \ 3.\ \triangle}$

(iii) 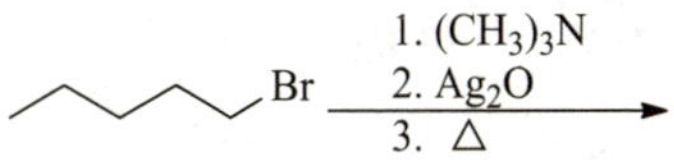 正戊基溴（Br） $\xrightarrow{1.\ (CH_3)_3N\ \ 2.\ Ag_2O\ \ 3.\ \triangle}$

(iv) 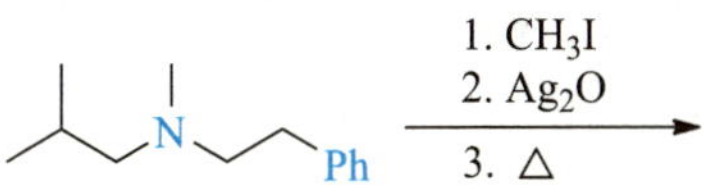 异丁基-N(CH_3)-CH_2CH_2-Ph（N, Ph） $\xrightarrow{1.\ CH_3I\ \ 2.\ Ag_2O\ \ 3.\ \triangle}$

(v)  $(CH_3CH_2)_2N-CH_2-CH(CH_3)-C(=O)OCH_2CH_3$（N, O, OCH_2CH_3） $\xrightarrow{1.\ CH_3I\ \ 2.\ Ag_2O\ \ 3.\ \triangle}$

答

(i) 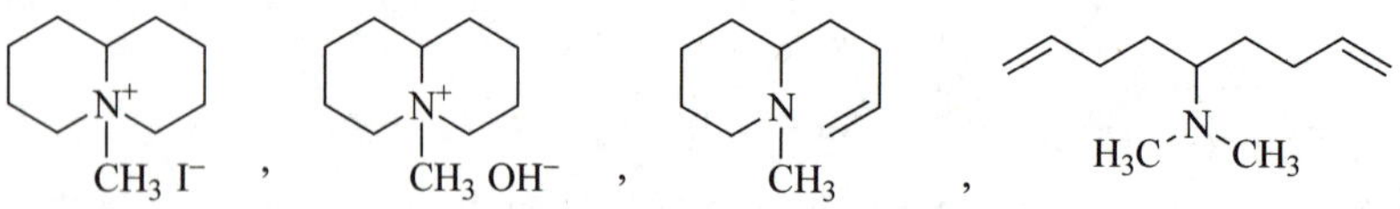

(ii) 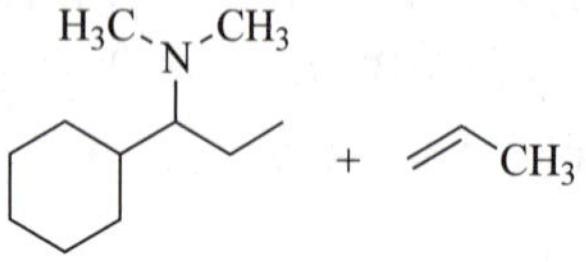 (iii) 

(iv) 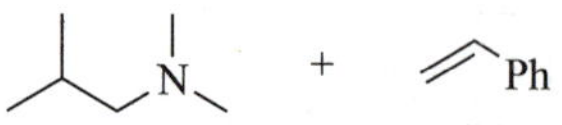 (v) 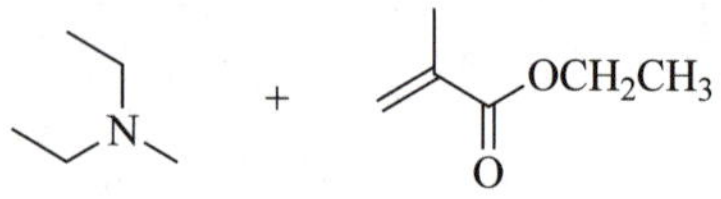

习题14-27 完成以下反应式(注意产物的立体化学)：

(i) 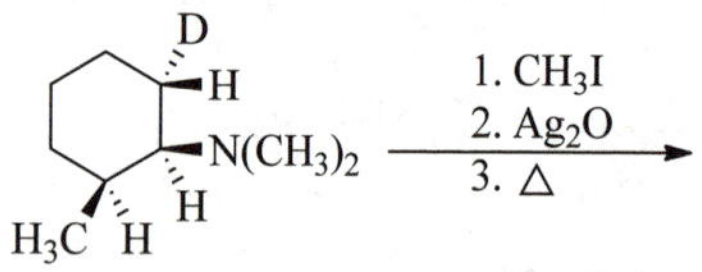 (ii) 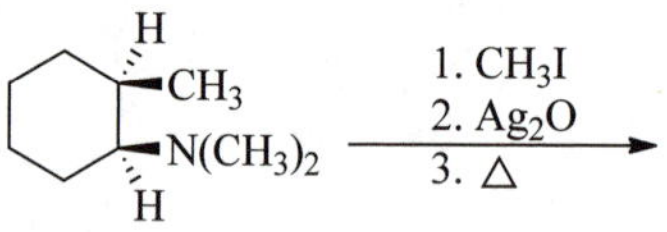

(iii) 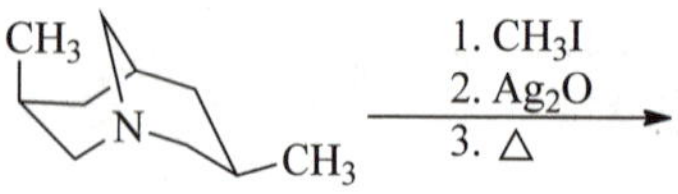

答

(i) 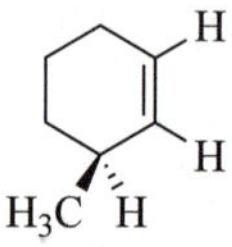 (ii) 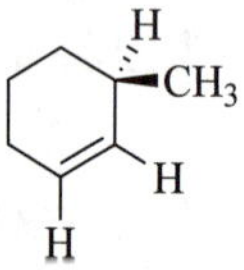 (iii) 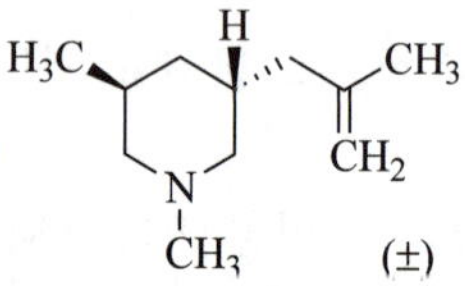 (±)

习题14-28 写出以下三级胺经双氧水处理并加热后的主要产物：

(i) *N*,*N*-二甲基环己胺 (ii) *N*,*N*-二乙基环己胺 (iii) *N*-乙基六氢吡啶

(iv) *N*,*N*-二甲基-1-甲基环己胺

答

(i)  (ii) 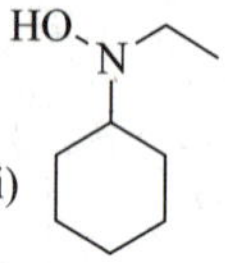 (iii) 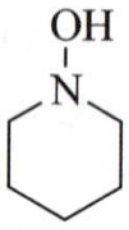 (iv) 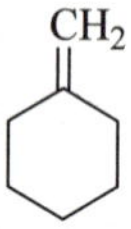

习题14-29 完成下列反应式(注意产物的立体化学)：

(i) 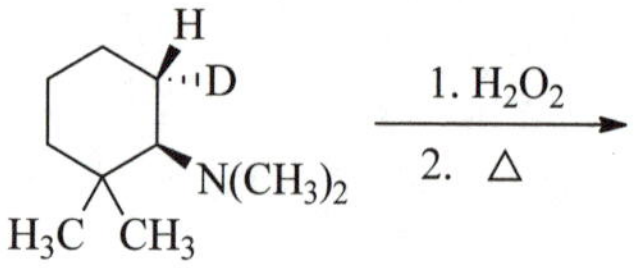 (ii) 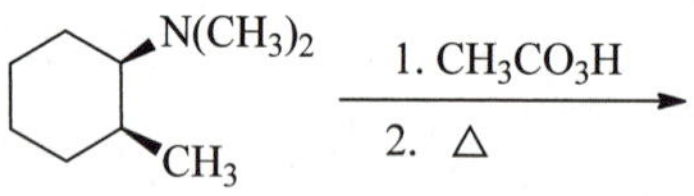

(iii) 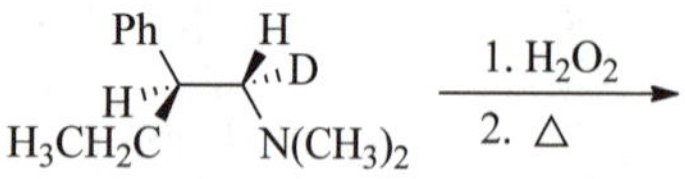 (iv) 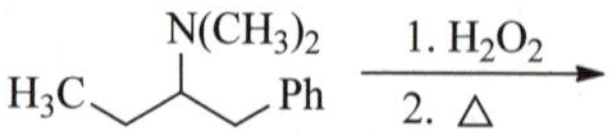

答

(i) 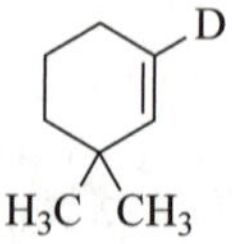 (ii) 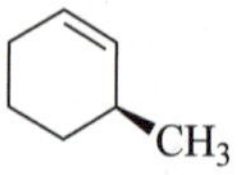 (iii) 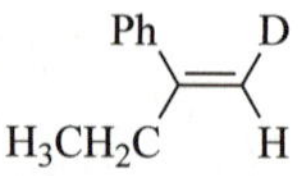 (iv) 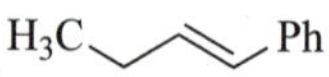

习题14-30 设计一个鉴别以下胺类化合物的实验方案：

己胺、六氢吡啶、*N*-甲基六氢吡啶

答 鉴别一级胺、二级胺、三级胺的方法有 Hinsberg 反应和与亚硝酸的反应：

	己胺(一级胺)	六氢吡啶(二级胺)	N-甲基六氢吡啶(三级胺)
Hinsberg 反应	生成磺酰胺,可以溶在 NaOH 中	生成磺酰胺,不能溶解在 NaOH 中	无明显现象
与亚硝酸反应	生成重氮盐,分解生成氮气	生成亚硝胺,黄色固体或液体	无明显现象

习题14-31 完成下列反应式:

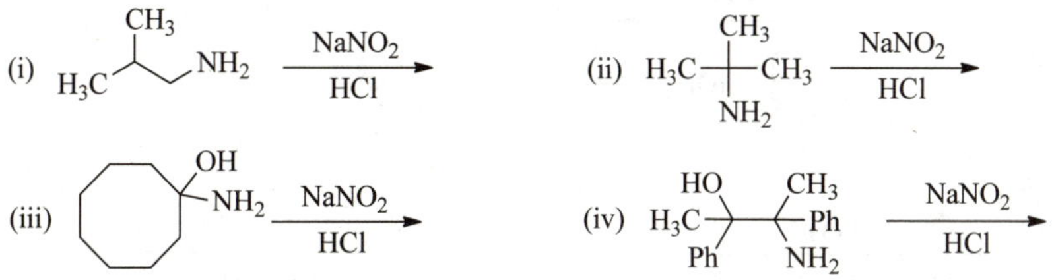

(i) $(CH_3)_2CHCH_2NH_2 \xrightarrow[HCl]{NaNO_2}$　(ii) $(CH_3)_3C-NH_2 \xrightarrow[HCl]{NaNO_2}$

(iii) 1-氨基环辛醇 $\xrightarrow[HCl]{NaNO_2}$　(iv) $H_3C-C(OH)(Ph)-C(CH_3)(Ph)-NH_2 \xrightarrow[HCl]{NaNO_2}$

答 (i) $H_3C-CH=CH-CH_3$　(ii) $(CH_3)_2C=CH_2$　(iii) 环辛酮　(iv) $CH_3C(=O)-C(Ph)_2CH_3$

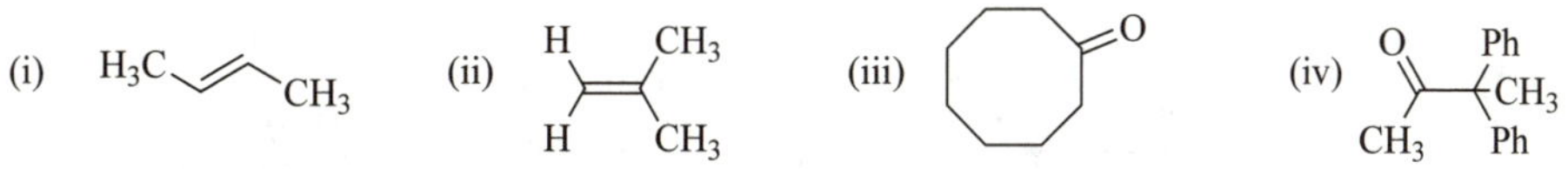

习题14-32 分别写出以下 pinacol 重排和 Tiffeneau-Demjanov 重排反应的反应机理,从中对比其异同点:

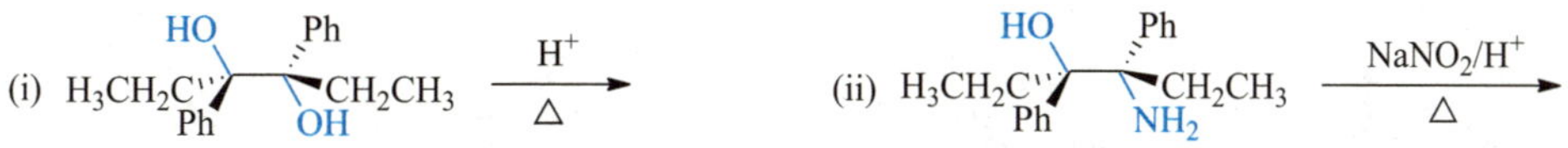

(i) $H_3CH_2C-C(HO)(Ph)-C(Ph)(OH)-CH_2CH_3 \xrightarrow[\triangle]{H^+}$　(ii) $H_3CH_2C-C(HO)(Ph)-C(Ph)(NH_2)-CH_2CH_3 \xrightarrow[\triangle]{NaNO_2/H^+}$

答

$H_3CH_2C-C(HO)(Ph)-C(Ph)(OH)-CH_2CH_3 \xrightarrow[\triangle]{H^+} H_3CH_2C-C(HO)(Ph)-C(Ph)(OH_2^+)-CH_2CH_3$

$H_3CH_2C-C(HO)(Ph)-C(Ph)(NH_2)-CH_2CH_3 \xrightarrow[\triangle]{NaNO_2/H^+} H_3CH_2C-C(HO)(Ph)-C(Ph)(N_2^+)-CH_2CH_3$

$\longrightarrow H_3CH_2C-C(HO\!:)(Ph)-C^+(Ph)-CH_2CH_3 \longrightarrow H_3CH_2C-C(=OH^+)-C(Ph)_2-CH_2CH_3 \xrightarrow{-H^+} H_3CH_2C-C(=O)-C(Ph)_2-CH_2CH_3$

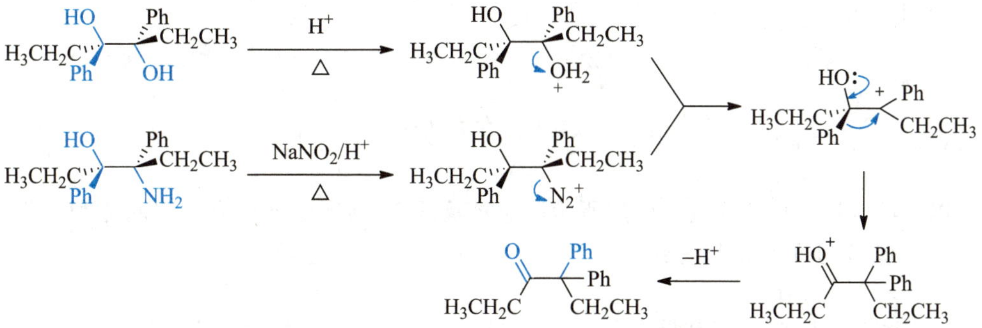

这两个反应的机理很类似,差别在于生成碳正离子的方式不同。碳正离子生成后发生 1,2-苯基迁移,得到相同的产物。如果是一个不对称的二醇,那么可能会生成两种正离子,而β-氨基醇则可以选择性生成碳正离子。

习题14-33 完成下列反应式:

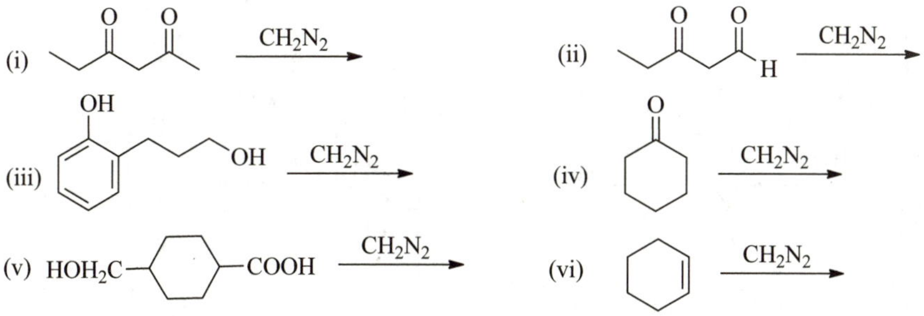

(i) $CH_3CH_2COCH_2COCH_3 \xrightarrow{CH_2N_2}$　(ii) $CH_3CH_2COCH_2CHO \xrightarrow{CH_2N_2}$

(iii) 2-(3-羟丙基)苯酚 $\xrightarrow{CH_2N_2}$　(iv) 环己酮 $\xrightarrow{CH_2N_2}$

(v) $HOH_2C-C_6H_{10}-COOH \xrightarrow{CH_2N_2}$　(vi) 环己烯 $\xrightarrow{CH_2N_2}$

答

(i) $H_3C-CH_2-C(OCH_3)=CH-C(=O)-CH_3$ + $H_3C-CH_2-C(=O)-CH=C(OCH_3)-CH_3$　(ii) $H_3C-CH_2-C(=O)-CH_2CH_2-CHO$

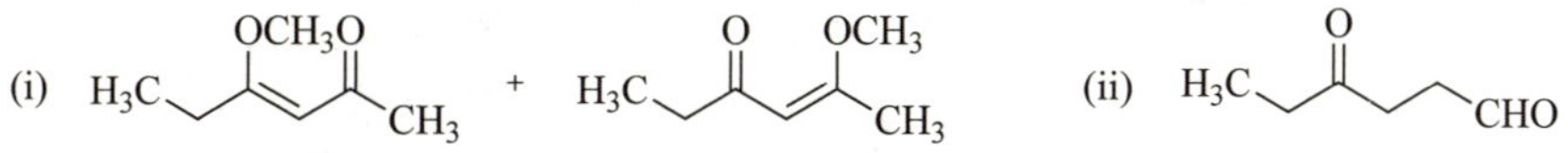

(iii) 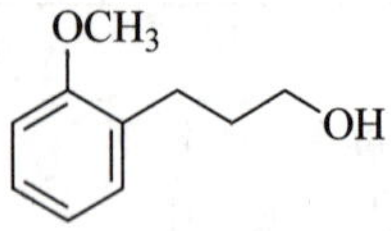 (iv) 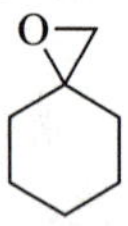 (v) 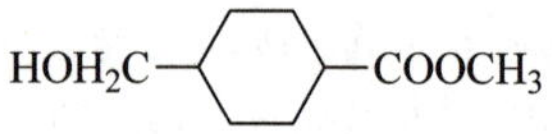 HOH_2C—⟨⟩—$COOCH_3$ (vi) 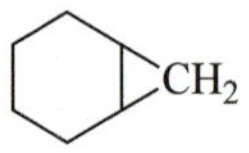 CH_2

习题14-34 完成下列反应式：

(i) 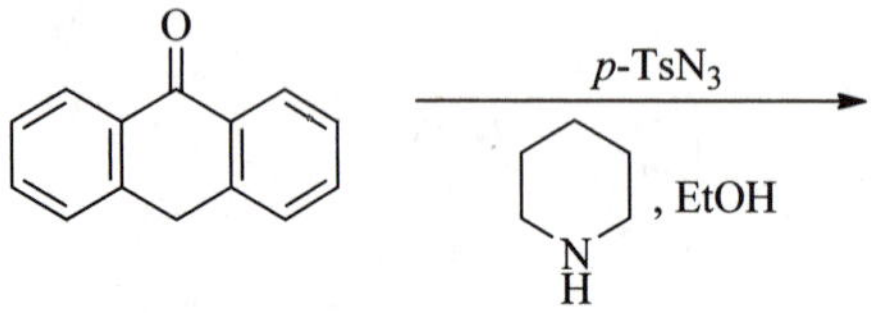 $\xrightarrow[\text{, EtOH}]{p\text{-}TsN_3}$

(ii) 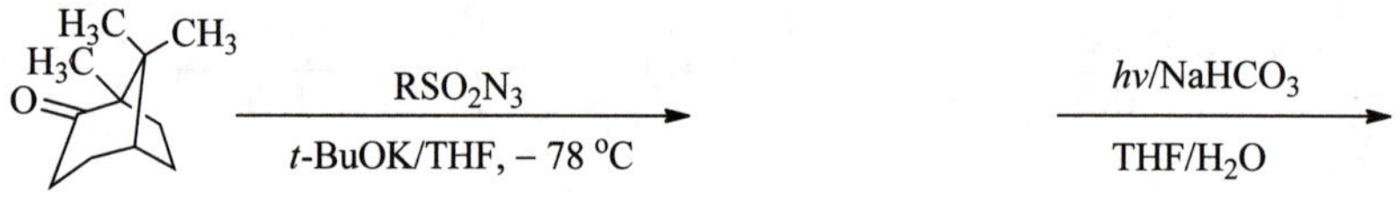 $\xrightarrow[t\text{-BuOK/THF, }-78\ ^{\circ}C]{RSO_2N_3}$ $\xrightarrow[THF/H_2O]{h\nu/NaHCO_3}$

(iii) 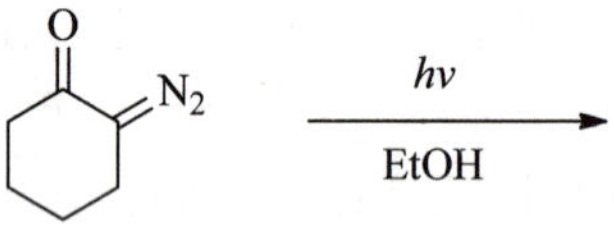 $\xrightarrow[EtOH]{h\nu}$ (iv) 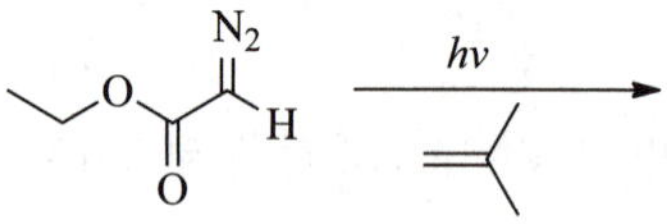 $\xrightarrow{h\nu}$

答

(i) 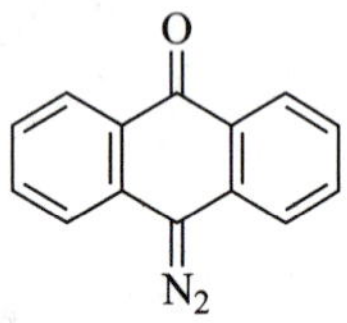 (ii) 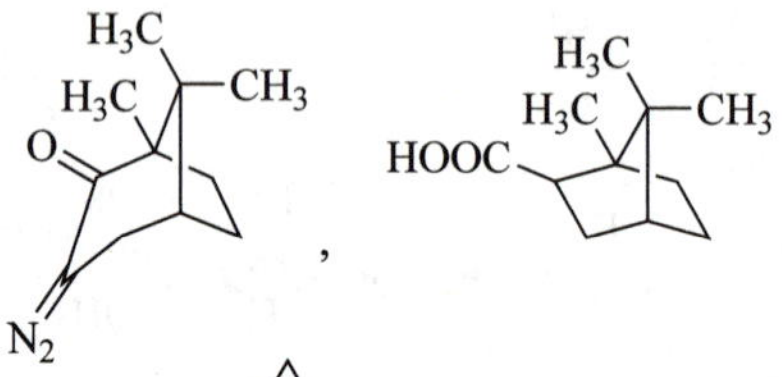 ， HOOC

(iii) 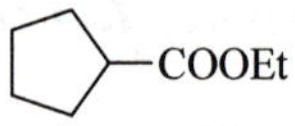 —COOEt (iv)

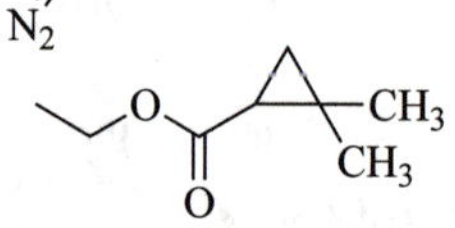

习题14-35 以下反应均为扩环反应。根据所给反应物及试剂，画出以下反应的中间体和产物的结构式，并画出合理、分步的反应机理：

(i) 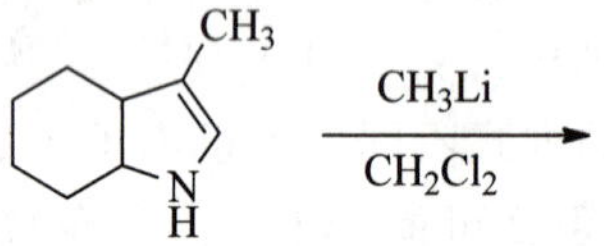 $\xrightarrow[CH_2Cl_2]{CH_3Li}$ (ii) 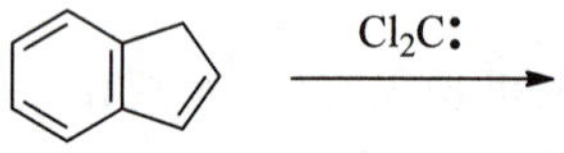 $\xrightarrow{Cl_2C:}$

(iii) 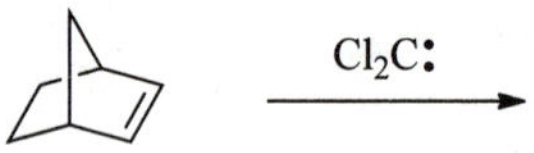 $\xrightarrow{Cl_2C:}$

答

(i) 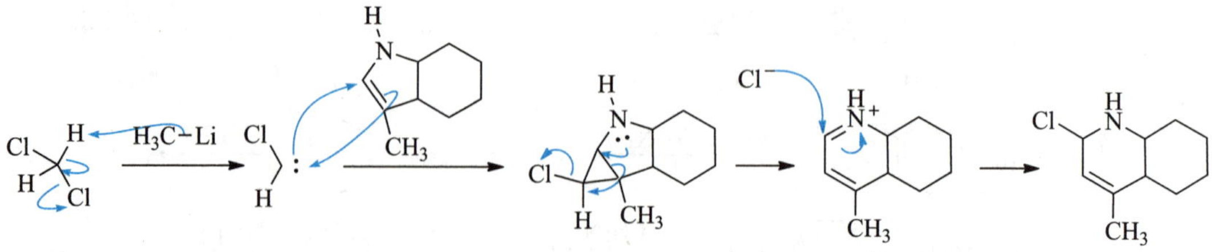 H_3C—Li

(ii) 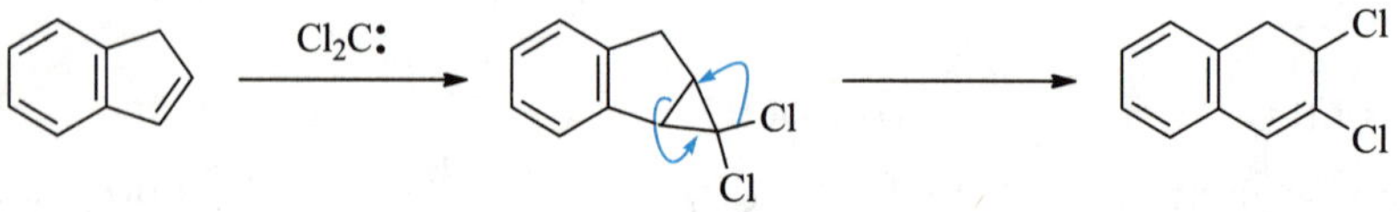 $\xrightarrow{Cl_2C:}$ $\longrightarrow$

(iii) 降冰片烯 $\xrightarrow{Cl_2C:}$ 二氯环丙烷加合物 $\longrightarrow$ 重排产物（Cl, Cl）

习题14-36 根据指定的原料和必要的试剂合成目标化合物：

(i) 从戊二酸合成己二酸二乙酯　(ii) 从 2-甲基-2-苯基丁酸合成 3-甲基-3-苯基戊酸

答

(i) $HO_2C\frown\frown CO_2H \xrightarrow{P_2O_5}$ 戊二酸酐 $\xrightarrow{EtOH} EtO_2C\frown\frown CO_2H$

$\xrightarrow[\text{2. } CH_2N_2\text{ (2 eq)}\\ \text{3. } Ag_2O,\ H_2O]{\text{1. } SOCl_2} EtO_2C\frown\frown C(H_2)\text{—}CO_2H \xrightarrow[H^+]{EtOH} EtO_2C\frown\frown\frown CO_2Et$

二酸的直接单酯化反应选择性很差，可以通过先形成酸酐来实现单边选择性的酯化反应。Arndt-Eistert 增碳反应中，酰氯上被取代下来的氯离子会与重氮甲烷定量反应生成氯甲烷和氮气，因此重氮甲烷需加入两倍量。

(ii) $CH_3CH_2C(Ph)(Me)COOH \xrightarrow[\text{2. } CH_2N_2\text{ (2 eq)}\\ \text{3. } Ag_2O,\ H_2O]{\text{1. } SOCl_2} CH_3CH_2C(Ph)(Me)CH_2COOH$

习题14-37 画出上述双环内酰胺合成中分子内的 Schmidt 重排反应分步的、合理的机理。

答

[机理图：$MeAlCl_2$ 与环己酮羰基配位（N_3 侧链，Ph）$\longrightarrow$ 叠氮基进攻活化的羰基（$\bar{A}lMeCl_2$，^+O）$\longrightarrow$ 中间体（$N\equiv N^+$，$O\text{-}\bar{A}lMeCl_2$）$\longrightarrow$ 双环内酰胺产物（O，N，Ph）]

习题14-38 从所给的原料出发，分别利用以上四个重排反应制备以下化合物：

(i) 正己酸合成正戊胺　(ii) 软脂酸合成 $n\text{-}C_{15}H_{31}NHCOOC_2H_5$　(iii) (*R*)-2-甲基丁酰胺合成 (*R*)-2-丁胺　(iv)溴代环己烷合成环己胺

答

(i) $CH_3(CH_2)_4COOH \xrightarrow[\triangle]{NH_3} CH_3(CH_2)_4CONH_2 \xrightarrow[NaOH]{NaOCl} CH_3(CH_2)_4NH_2$

(ii) $n\text{-}C_{15}H_{31}COOH \xrightarrow[\text{2. } NaN_3,\ \triangle]{\text{1. } SOCl_2} n\text{-}C_{15}H_{31}\text{—}N{=}C{=}O \xrightarrow{EtOH} n\text{-}C_{15}H_{31}\text{—}NH\text{—}C(O)OEt$

(iii) $CH_3CH_2CH(Me)CONH_2 \xrightarrow[NaOH]{NaOCl} CH_3CH_2CH(Me)NH_2$

(iv) 溴代环己烷（Br）$\xrightarrow{NaN_3}$ 环己基叠氮（N_3）$\xrightarrow[THF]{PPh_3}$ 环己胺（NH_2）

习题14-39 $(CH_3CH_2)_3CBr$ 以及 $(CH_3)_3CBr$ 由于空阻大，不能与氨通过 S_N2 反应直接得到相应的胺。根据以上重排反应合成胺类目标化合物。

答 $Me_3CCONH_2 \xrightarrow[NaOH]{Br_2} Me_3CNH_2$ $Et_3CCONH_2 \xrightarrow[NaOH]{Br_2} Et_3CNH_2$

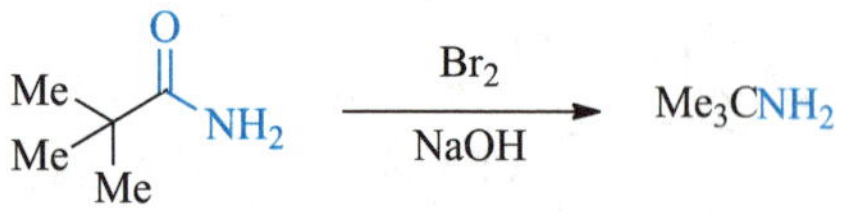

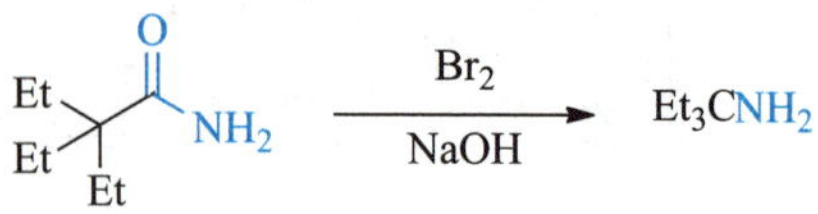

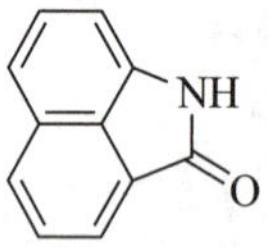

习题14-40 完成下列反应式：

(i) 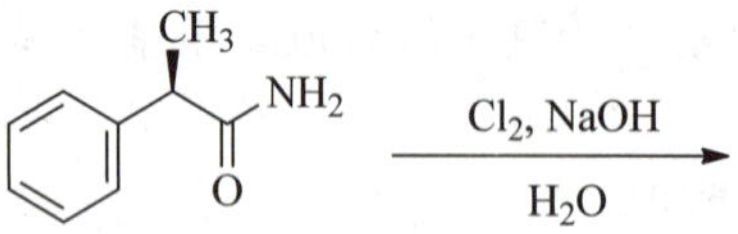 $\xrightarrow[H_2O]{Cl_2,\ NaOH}$

(ii) 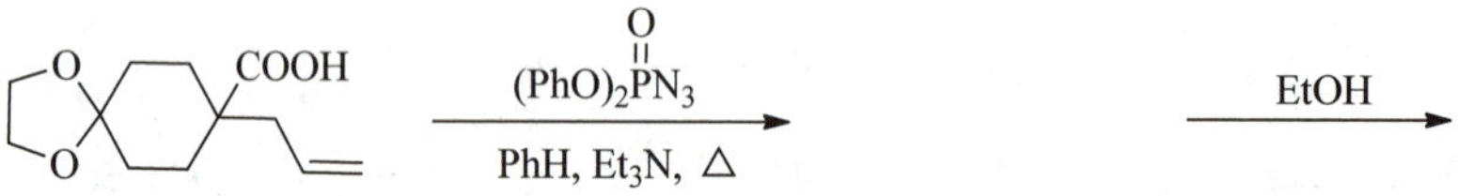 $\xrightarrow[PhH,\ Et_3N,\ \triangle]{(PhO)_2P(O)N_3}$ $\xrightarrow{EtOH}$

(iii) 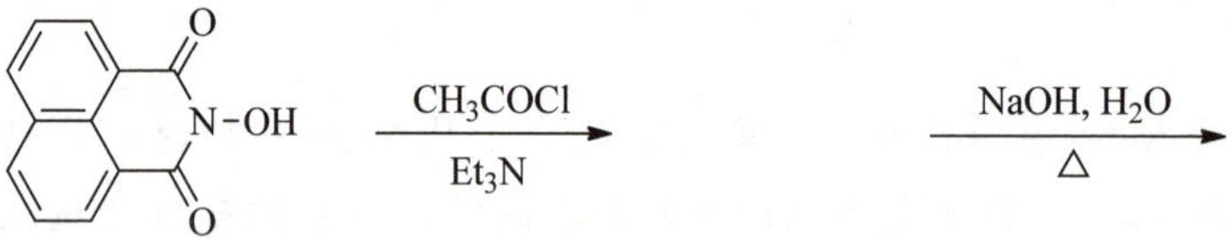 N-OH $\xrightarrow[Et_3N]{CH_3COCl}$ $\xrightarrow[\triangle]{NaOH,\ H_2O}$

(iv) 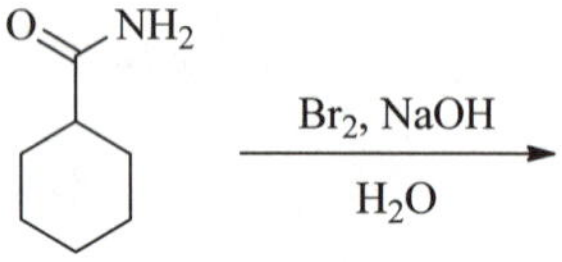 $\xrightarrow[H_2O]{Br_2,\ NaOH}$

答 (i) 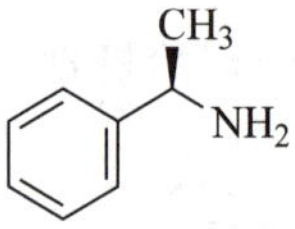 CH_3 NH_2 (ii) 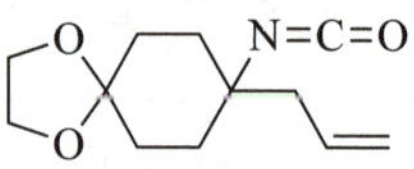 N=C=O , HN-C(=O)OEt

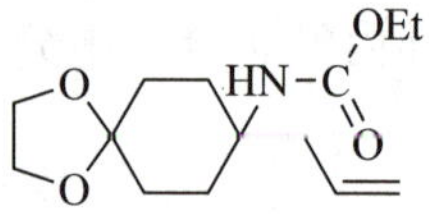

(iii) 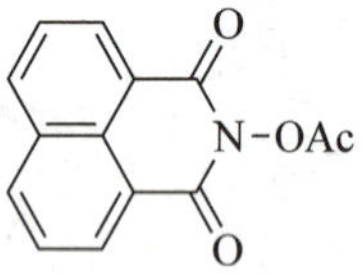 N-OAc , NH (iv) 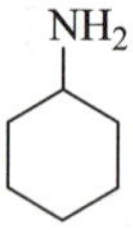 NH_2

习题14-41 下列哪些胺类化合物有对映体？并解释其原因。

(i) 顺-2-乙基环己胺 (ii) *N*-乙基-*N*-正丙基环己胺 (iii) *N*-乙基吖啶 (iv) *N*-甲基-*N*-乙基-*N*-苯基碘化铵

答 (i) 有对映体 (ii) 无对映体 (iii) 无对映体 (iv) 有对映体

习题14-42 画出下列化合物的结构式，并指出它们是一级、二级、三级胺还是四级铵盐。

(i) 乙基异丙胺 (ii) 四异丙基碘化铵 (iii) 六氢吡啶 (iv) 乙胺 (v) 二甲胺

答

(i) 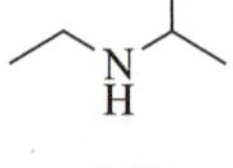 二级胺 (ii) 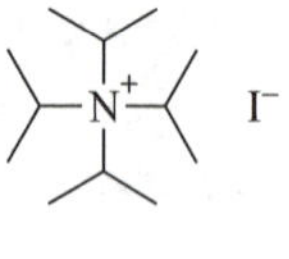 I^- 四级铵盐 (iii) 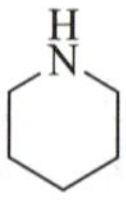 二级胺 (iv)  H_2N 一级胺 (v)  二级胺

习题14-43 按碱性从强到弱给下列化合物排序，并解释其原因。

(i) 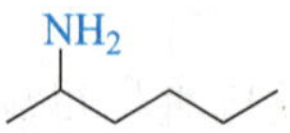 NH_2 (ii) 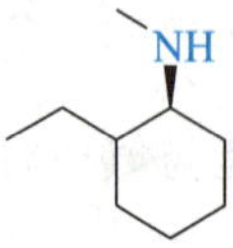 NH (iii) 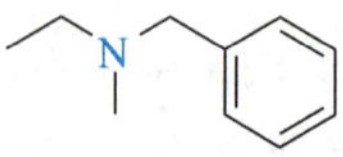 N (iv) 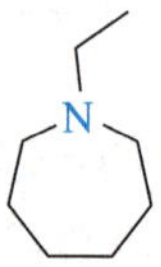 N (v) 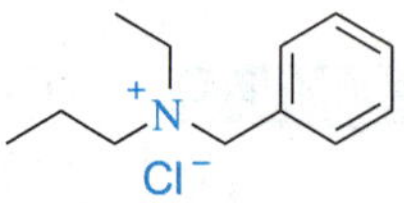 N^+ Cl^-

答

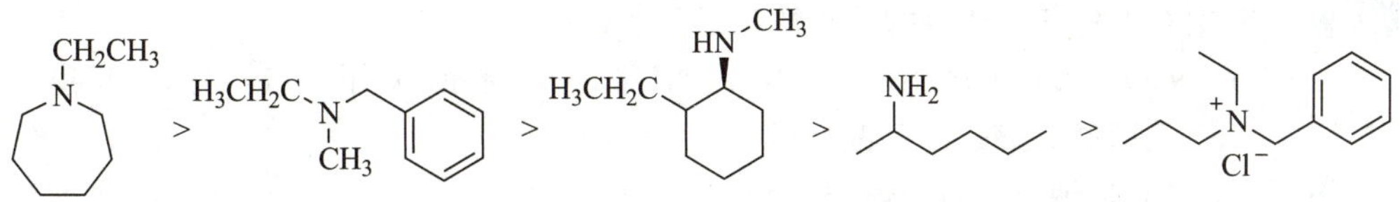

(iv) > (iii) > (ii) > (i) > (v)

胺(iv)的翻转被环的构象所限制，孤对电子更加暴露

二级胺(ii)的碱性小于三级胺(iii)

一级胺(i)的碱性小于二级胺(ii)

四级铵盐(v)碱性极弱

上述排序均不考虑溶剂化作用。

习题14-44 给出从下列化合物中提纯目标化合物的方法。

(i) 从混有少量乙胺和二乙胺的混合物中提纯三乙胺　(ii) 从混有少量乙胺和三乙胺的混合物中提纯二乙胺　(iii) 从混有少量二乙胺和三乙胺的混合物中提纯乙胺

答 (i) 加入对甲苯磺酰氯，乙胺及二乙胺形成磺酰胺除去，再用 NaOH 洗去过量的磺酰氯，蒸馏得到三乙胺。

(ii) 加入对甲苯磺酰氯，乙胺及二乙胺形成磺酰胺，除去不反应的三乙胺，接着加入 NaOH 水溶液，乙胺与对甲苯磺酰氯形成的磺酰胺溶于 NaOH 水溶液，而二乙胺转化的磺酰胺不溶，从而进行分离。

(iii) 分离的方法和原理同(ii)。

习题14-45 给出下列官能团的中英文名称。如果这些官能团均有可能被氧化的话，尝试从易到难进行排序。

答

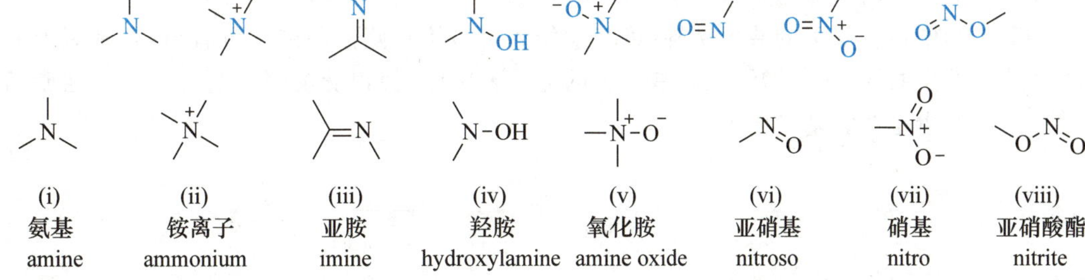

还原性顺序：(viii)＜(vi)＜(i)＜(iii)＜(iv)。(ii)，(v)，(vii)不能被氧化。

习题14-46 画出下列胺类化合物的结构式，判断哪些胺类化合物会有对映异构体，并给出解释。

(i) 顺-2-乙基-环己胺　(ii) *N*-甲基-*N*-乙基环己胺　(iii) 甲基乙基正丁基碘化铵　(iv) *N*-乙基吖啶　(v) 甲基乙基丙基异丁基碘化铵

答

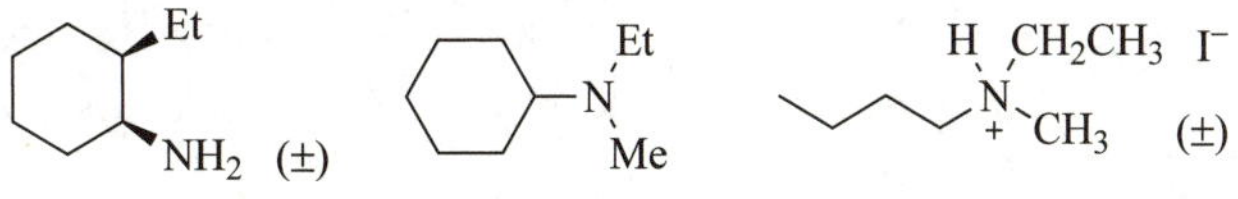

(i) (±)　(ii)　(iii) (±)

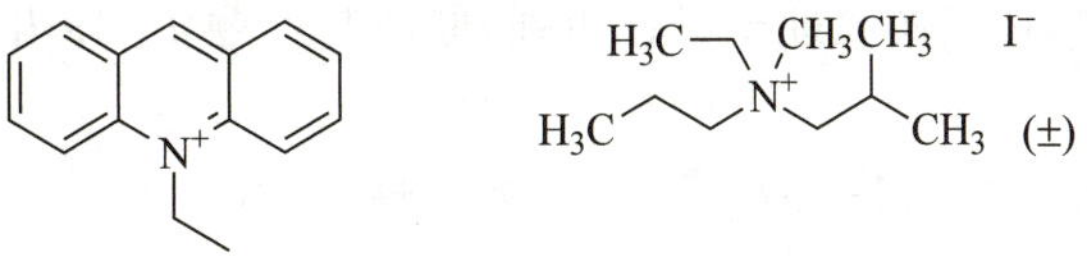

(iv)　(v) (±)

(i)，(iii)，(v)有对映异构体。

习题14-47 分别对下列各组化合物按碱性从强到弱排序。

(i) NaOH, $CH_3CH_2NH_2$, $PhNH_2$, NH_3 (ii) 苯胺，对甲苯胺，对硝基苯胺

(iii) 乙酰胺，乙胺，二乙酰亚胺

答 (i) 氢氧化钠>乙胺>氨>苯胺

(ii) 对甲苯胺>苯胺>对硝基苯胺

(iii) 乙胺>乙酰胺>二乙酰亚胺

习题14-48 用化学方法鉴别下列化合物。

(i) 乙胺和乙酰胺 (ii) 环己胺和六氢吡啶 (iii) 烯丙基胺和丙胺 (iv) 四正丙基氯化铵和三正丙基氯化铵

答 (i) 胺和酰胺，可直接用 pH 试纸检测水溶液 pH，通过溶液是否碱性或碱性的强弱鉴别。

(ii) 一级胺和二级胺，用 Hinsberg 反应或与亚硝酸的反应鉴别。

(iii) 烯基和烷基，用溴水鉴别。

(iv) 三级胺的盐酸盐和四级铵盐，用 NaOH 水溶液鉴别。

习题14-49 许多胺类化合物中含有多个氮原子，它们通常在有机反应中作为碱性试剂使用。通常将以下官能团称为脒基(imidine)，此官能团常显出比普通脂肪胺更强的碱性(对比羧基，两个氧原子被两个氮原子替换)：

请问这两个氮原子哪一个亲核能力强?

答 脒中存在如下的共振结构(可与酯作类比)，从右侧极限式中可看出，氨基氮上的电子可与亚氨基发生共轭，显著增强亚氨基氮上的电子云密度，使得脒的碱性明显强于普通脂肪胺。亲核能力强的也是亚氨基氮原子。

值得注意的是，一般含孤立 sp^2 杂化氮原子的胺，其碱性往往比含 sp^3 杂化氮原子的胺小(为什么?)。如在水(或 DMSO)中，三乙胺的 pK_b 为 3.25(26.0)，而吡啶的 pK_b 为 8.79(31.6)。

习题14-50 写出 1,5-二氮杂二环[4.3.0]-5-壬烯(DBN)和 1,8-二氮杂二环[5.4.0]-7-十一烯(DBU)的结构简式。判断其结构中哪个氮原子的碱性强，并给出理由。

答

DBU DBN

两个结构中，蓝色的氮原子碱性更强，原因与习题 14-49 相同。DBN 比 DBU 碱性更强，这与环的构象有关。

习题14-51 画出过量碘乙烷与 1-丙胺反应的转换机理。

答

$H_3C\text{CH}_2\text{CH}_2NH_2 \xrightarrow{EtI} H_3C\text{CH}_2\text{CH}_2NHEt \xrightarrow{EtI} H_3C\text{CH}_2\text{CH}_2NEt_2 \xrightarrow{EtI} H_3C\text{CH}_2\text{CH}_2N^+Et_3\ I^-$

习题14-52 完成以下反应式：

(i) 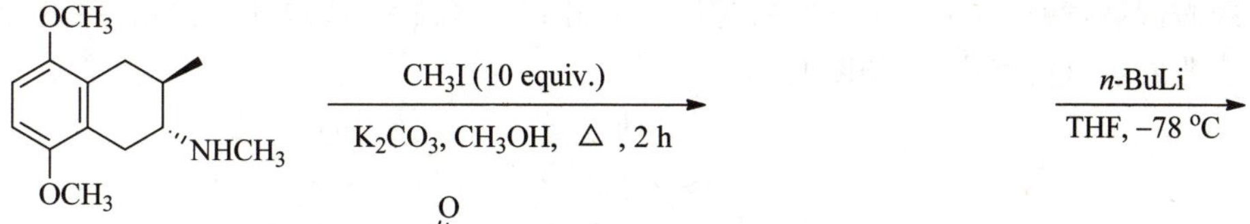 [5,8-二甲氧基-3-甲基-2-(甲氨基)四氢萘] $\xrightarrow[K_2CO_3,\ CH_3OH,\ \triangle,\ 2\ h]{CH_3I\ (10\ equiv.)}$ $\xrightarrow[THF,\ -78\ ^{\circ}C]{n\text{-BuLi}}$

(ii) 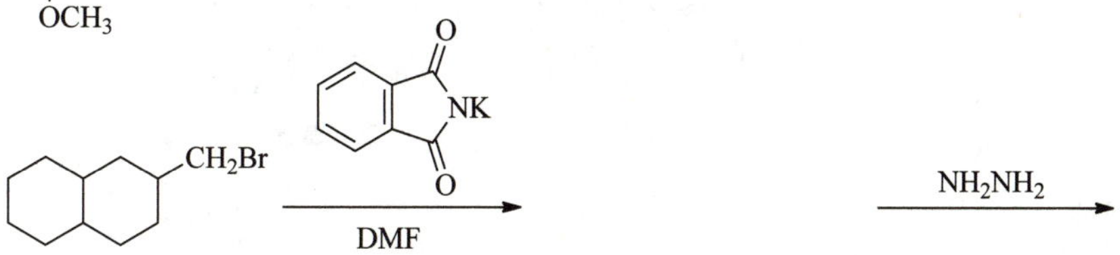 [十氢萘-2-基 CH_2Br] $\xrightarrow[DMF]{\text{邻苯二甲酰亚胺钾 (NK)}}$ $\xrightarrow{NH_2NH_2}$

(iii)  [环戊基 CHO] $\xrightarrow{CH_3NH_2}$ $\xrightarrow[CH_3CH_2OH]{NaBH_3CN}$

(iv) [N-甲基哌啶] $\xrightarrow{H_2O_2}$ $\xrightarrow{\triangle}$

(v) [溴代环戊烷] $\xrightarrow{NaN_3}$ $\xrightarrow[2.\ H_2O]{1.\ PPh_3/THF}$

(vi) 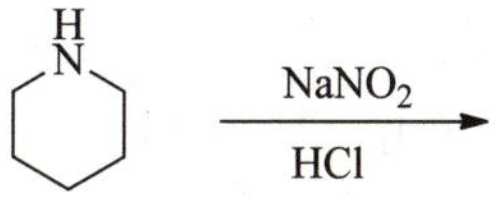 [哌啶] $\xrightarrow[HCl]{NaNO_2}$

(vii) [2-戊酮] $\xrightarrow{NaCN/HCl}$ $\xrightarrow{LiAlH_4/THF}$

(viii) [1-(二甲氨基)-1-甲基环戊烷，$(H_3C)_2N$，CH_3] $\xrightarrow{H_2O_2}$ $\xrightarrow{\triangle}$

答

(i) 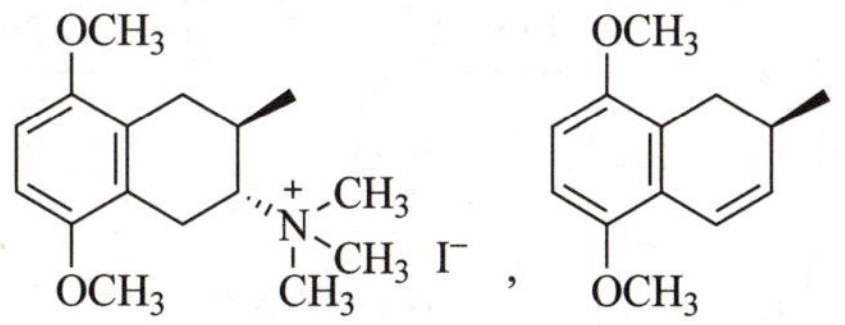 [季铵盐：$\overset{+}{N}(CH_3)_3\ I^-$]，[烯烃产物]

(ii) 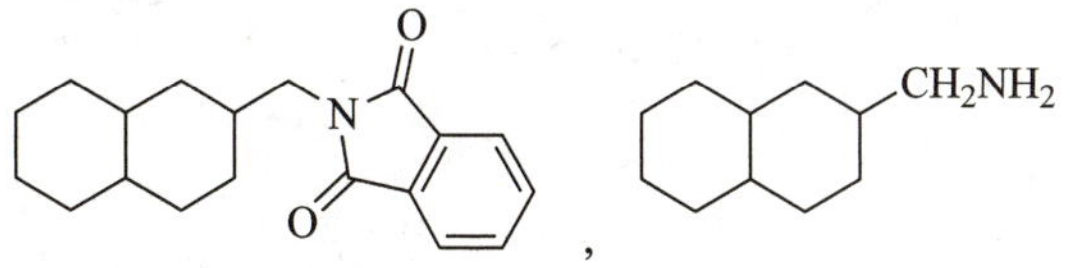 [N-(十氢萘-2-基甲基)邻苯二甲酰亚胺]，[十氢萘-2-基 CH_2NH_2]

(iii) 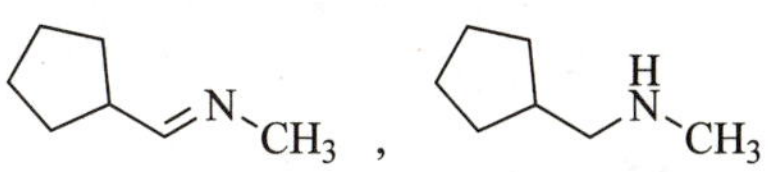 [环戊基 $CH=N-CH_3$]，[环戊基 $CH_2-NH-CH_3$]

(iv) 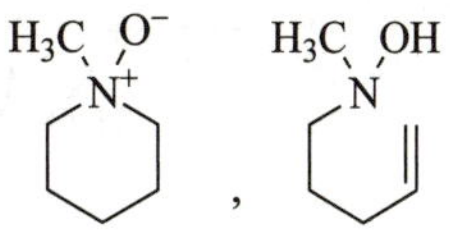 [H_3C，O^-，$\overset{+}{N}$ 哌啶 N-氧化物]，[H_3C，OH，N 开环烯烃]

(v) 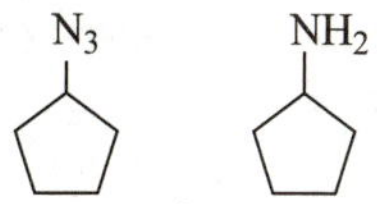 [N_3 环戊烷]，[NH_2 环戊烷]

(vi) 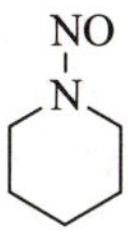 [N-NO 哌啶]

(vii) 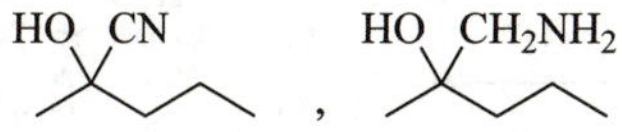 [HO，CN]，[HO，CH_2NH_2]

(viii) [CH_3，$\overset{+}{N}(CH_3)_2$，O^-]，[环戊基 $=CH_2$]

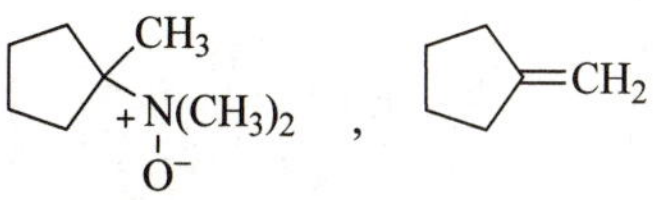

习题14-53 苯丙醇胺(phenylpropanolamine，PPA)是一种人工合成的拟交感神经兴奋性胺类物质，它与肾上腺素、去氧肾上腺素、麻黄碱和苯丙胺的结构类似，很多治疗感冒和抑制食欲药品中含有这种成分。后来研究发现，服用该药可能引起血压升高、心脏不适、颅内出血、痉挛甚至中风。2000 年，

含有这种成分的感冒药已经被我国医药部门通告停用。如果 PPA 中氮原子被甲基化，则生成二级胺假麻黄碱，也是一类重要的药物。画出 PPA 和假麻黄碱的结构式，并设计以 PPA 为原料合成假麻黄碱的路线（三条以上）。

答

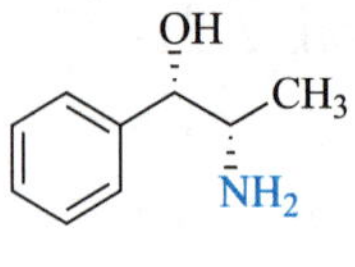

PPA 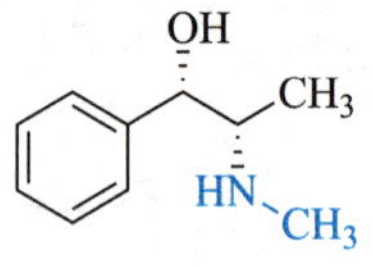　　假麻黄碱

合成方案：

(i) $(CH_2O)_n$，$NaBH_3CN$

(ii) (1) CH_2O；(2) H_2，Pd/C

(iii) HCO_2H，$LiAlH_4$

习题 14-54 画出以下转化分步的、合理的反应机理：

(i) 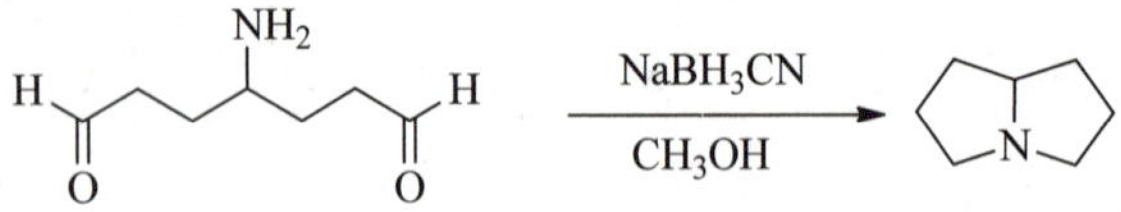 $\xrightarrow[CH_3OH]{NaBH_3CN}$

(ii) 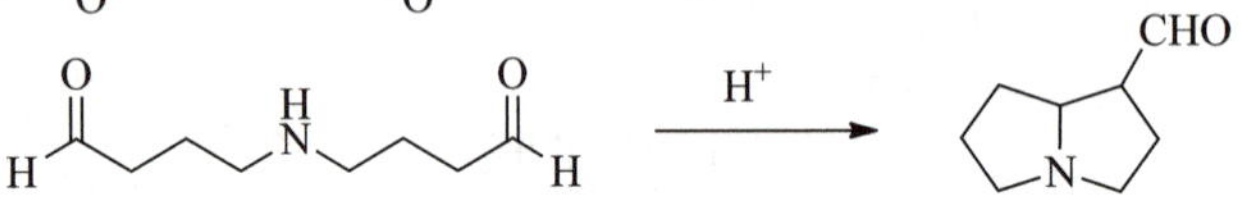 $\xrightarrow{H^+}$

(iii) 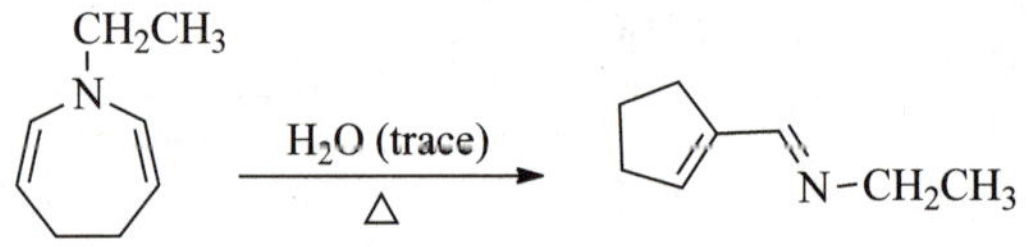 $\xrightarrow[\triangle]{H_2O\ (trace)}$

(iv) 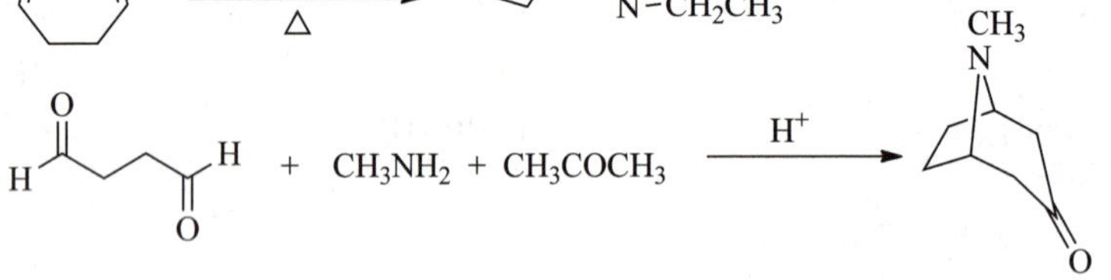 $+ CH_3NH_2 + CH_3COCH_3 \xrightarrow{H^+}$

答

(i)

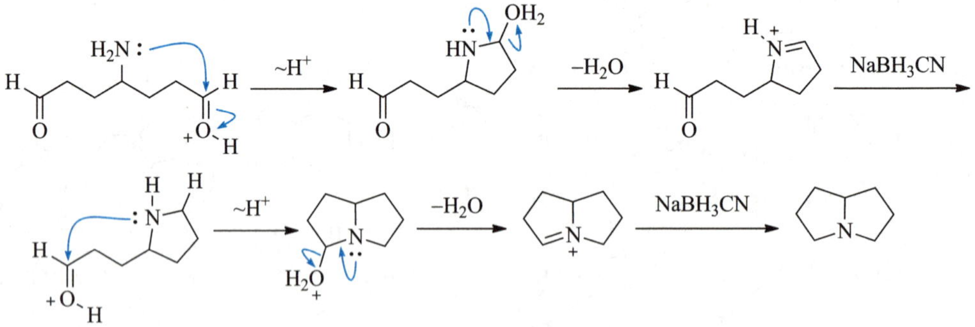

(ii)

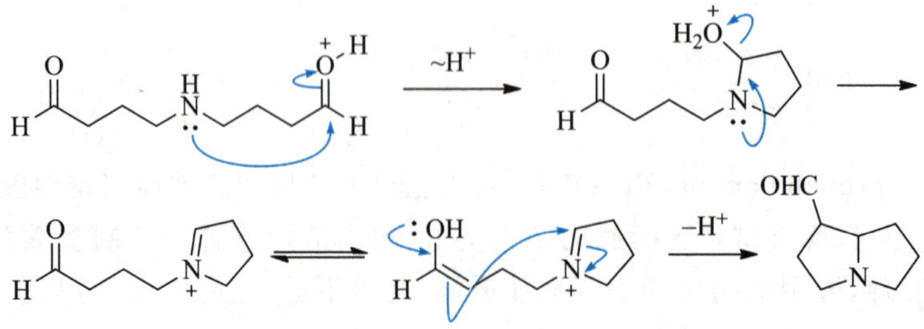

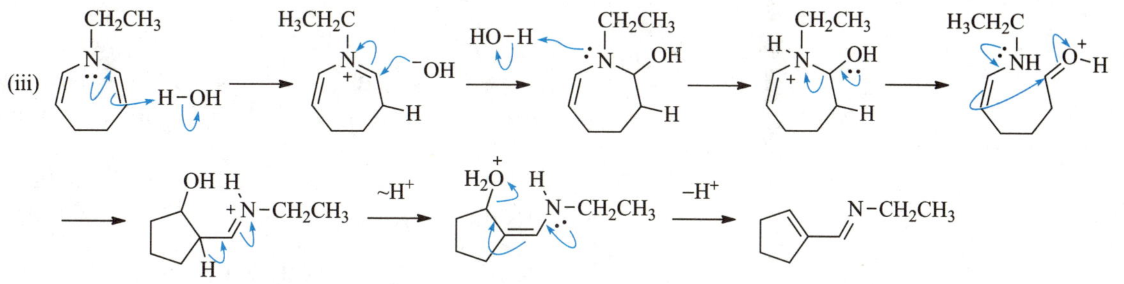

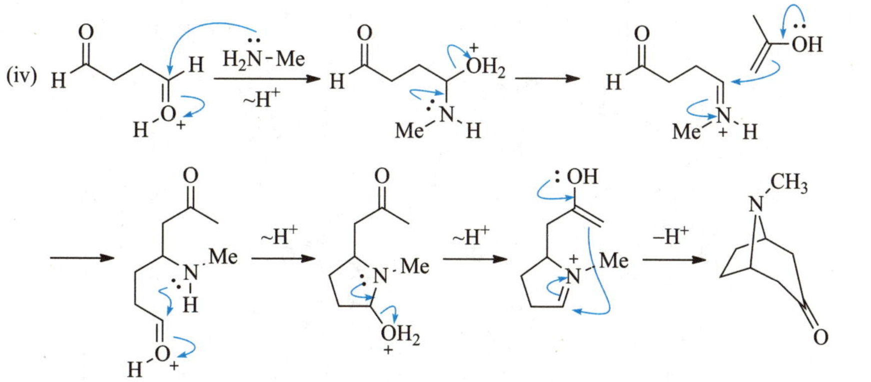

习题14-55 在 Hofmann 消除反应中，如果 β 位有羟基存在，通常不发生消除反应。你认为会发生何类反应？根据你的判断，完成下列反应式：

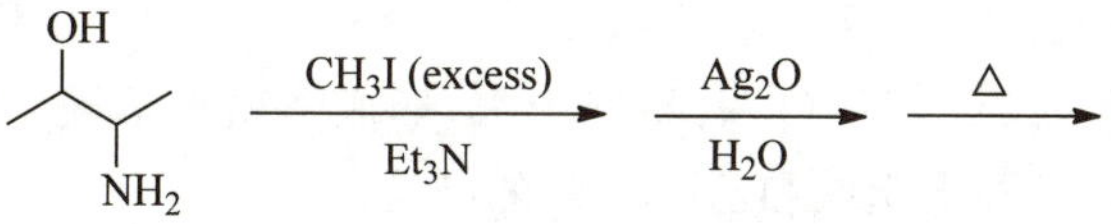

为你所提供的转换写出分步的、合理的反应机理。通过文献查阅，画出麻黄碱和假麻黄碱的立体结构式，并根据以上转换方式画出这两个反应的产物，对比它们的产物的立体结构式的异同点。

答

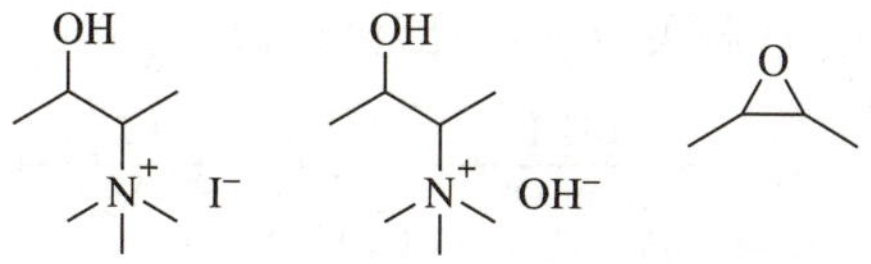

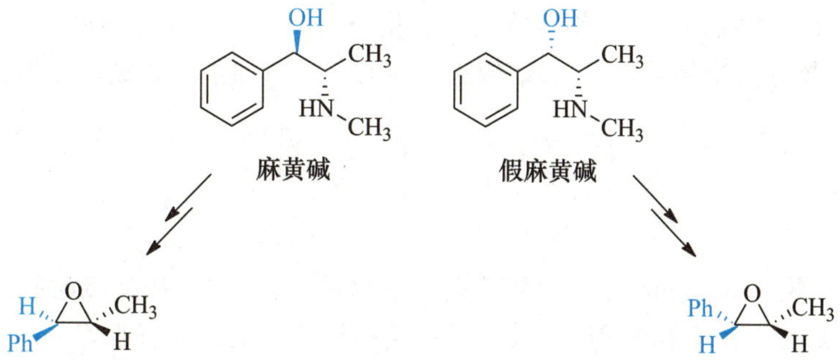

习题14-56 根据以下转换画出化合物 A～H 的结构式：

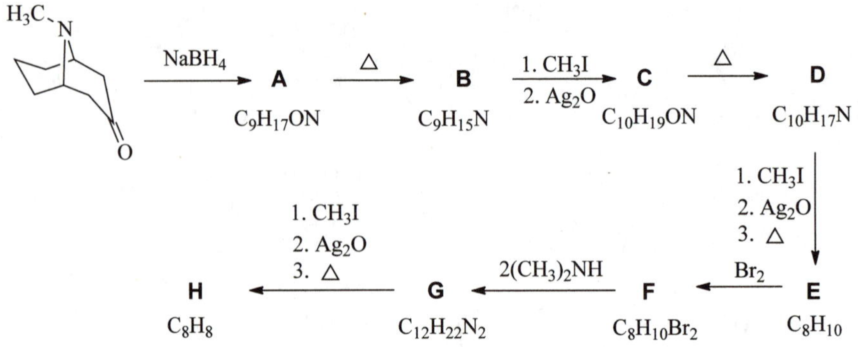

$$\xrightarrow{NaBH_4} \mathbf{A}\ (C_9H_{17}ON) \xrightarrow{\triangle} \mathbf{B}\ (C_9H_{15}N) \xrightarrow[2.\ Ag_2O]{1.\ CH_3I} \mathbf{C}\ (C_{10}H_{19}ON) \xrightarrow{\triangle} \mathbf{D}\ (C_{10}H_{17}N)$$

$$\mathbf{D} \xrightarrow[2.\ Ag_2O\ \ 3.\ \triangle]{1.\ CH_3I} \mathbf{E}\ (C_8H_{10}) \xrightarrow{Br_2} \mathbf{F}\ (C_8H_{10}Br_2) \xrightarrow{2(CH_3)_2NH} \mathbf{G}\ (C_{12}H_{22}N_2) \xrightarrow[2.\ Ag_2O\ \ 3.\ \triangle]{1.\ CH_3I} \mathbf{H}\ (C_8H_8)$$

答

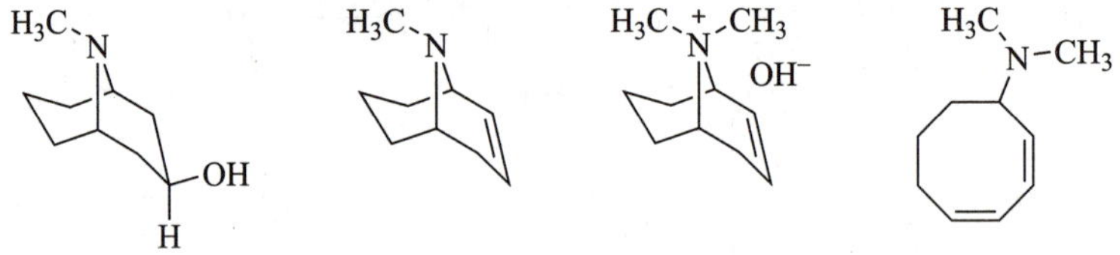

A　B　C　D

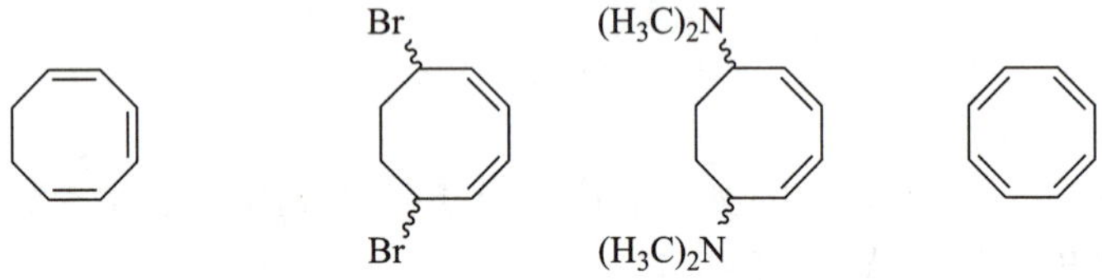

E　F　G　H

习题14-57 胆碱的分子式为 $C_5H_{15}O_2N$，易溶于水，形成强碱性溶液。它可以利用环氧乙烷和三甲胺的水溶液反应制备。画出胆碱和乙酰胆碱的结构式。

答

胆碱　乙酰胆碱

习题14-58 根据以下转换和一些相关表征，画出化合物 **A**～**D** 的结构式：

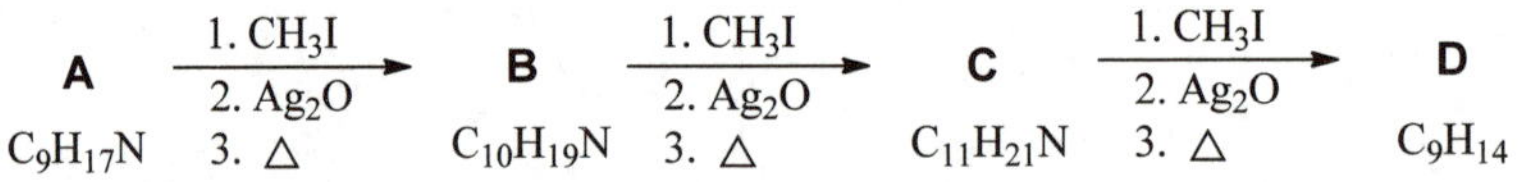

$$\mathbf{A}\ (C_9H_{17}N) \xrightarrow[2.\ Ag_2O\ \ 3.\ \triangle]{1.\ CH_3I} \mathbf{B}\ (C_{10}H_{19}N) \xrightarrow[2.\ Ag_2O\ \ 3.\ \triangle]{1.\ CH_3I} \mathbf{C}\ (C_{11}H_{21}N) \xrightarrow[2.\ Ag_2O\ \ 3.\ \triangle]{1.\ CH_3I} \mathbf{D}\ (C_9H_{14})$$

化合物 **A** 在铂催化下不吸收氢气。化合物 **D** 不含甲基；紫外吸收表征证明，其结构中没有共轭双键；核磁共振氢谱表明，其结构中一共有 8 个氢原子与碳碳双键相连。

答

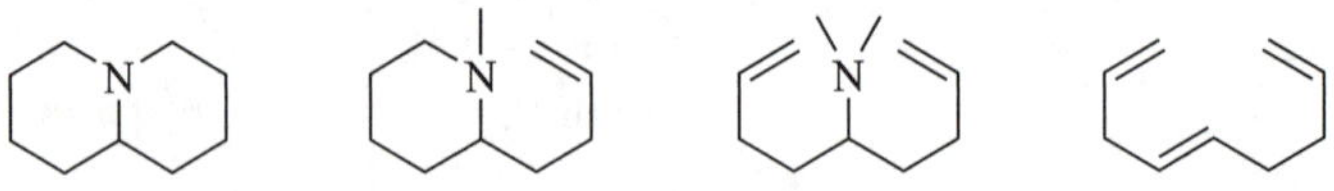

A　B　C　D

习题14-59 托品酮(tropinone)是一个莨菪烷类生物碱，是合成阿托品硫酸盐的中间体。它的合成在有机合成史上具有里程碑式的意义。托品酮的许多衍生物具有很好的生理活性。在进行以下衍生化的过程中发现，产物为两个互为立体异构体的 **A** 和 **B**：

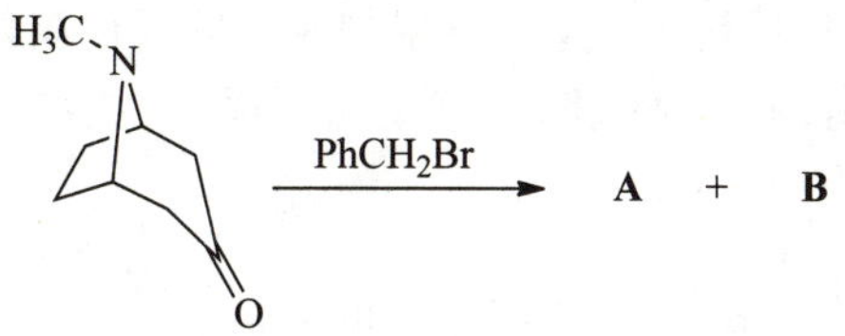

$\xrightarrow{PhCH_2Br}$ **A** + **B**

在碱性条件下，**A** 和 **B** 可相互转换，因此，任何一个纯净的 **A** 或 **B** 在碱性条件下均会变成一混合物。画出 **A** 和 **B** 的立体结构式，以及在碱性条件下 **A** 和 **B** 相互转换的反应机理。

答 **A** 和 **B** 的立体结构式：

A **B**

A 和 **B** 相互转化的机理：

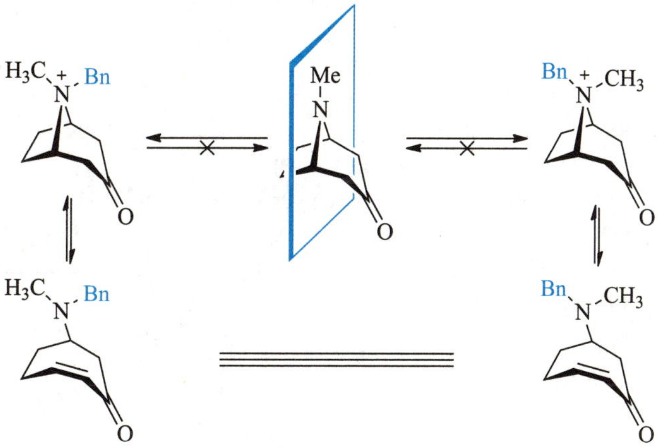

习题14-60 对比以下转换，请解释：

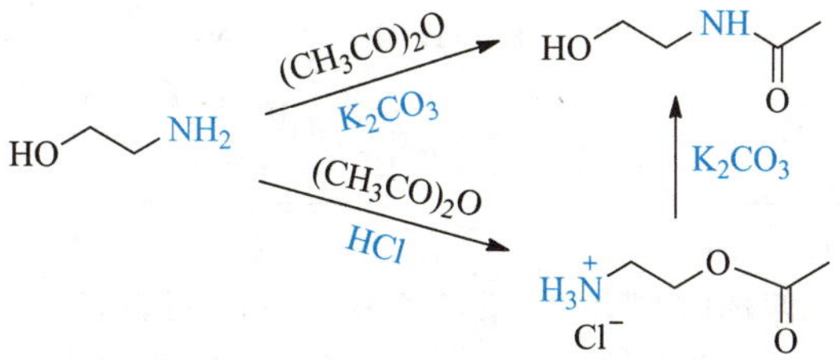

(i) 为什么在 K_2CO_3 作用下，氨基乙醇与等物质的量的乙酸酐反应时，氨基被酰化；而在 HCl 作用下，羟基被酰化？

(ii) 为什么羟基乙酰化的产物可以在 K_2CO_3 作用下转化为氨基乙酰化产物？

答 (i) 氨基亲核性强，优先发生反应，但在酸性环境下，氨基被质子化，失去亲核能力，不能再发生酰基化反应。

(ii) 因为发生了如下的分子内亲核取代反应，胺的碱性比醇更强，平衡右移。

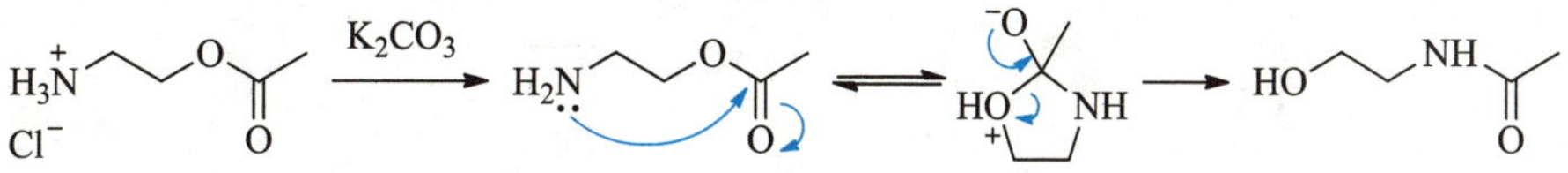

习题14-61 Labetalol(盐酸拉贝洛尔)是一种甲型肾上腺受体阻断剂和乙型肾上腺受体阻滞剂,用于治疗高血压。其作用机理是,通过阻断肾上腺素受体,放缓窦性心律,减少外周血管阻力。Labetalol 的结构式如下:

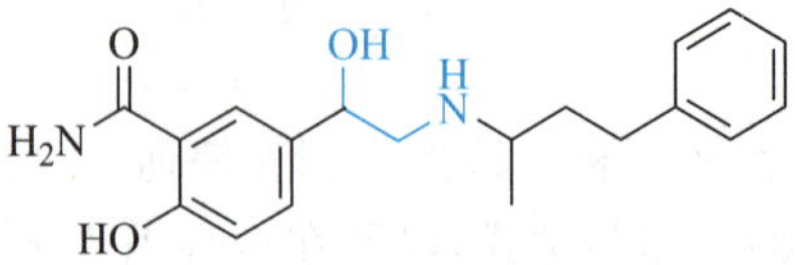

它可通过 S_N2 反应合成。写出参与 S_N2 反应的原料的结构式,并推测可能的反应条件。

答

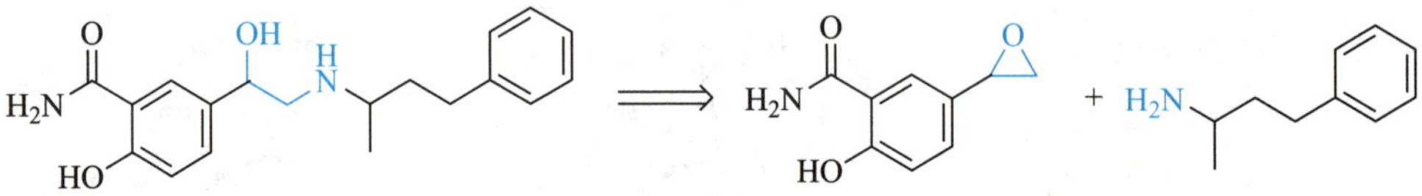

根据环氧化合物开环的位置,可以判断该反应是在碱性条件下进行的,如 Et_3N/二氯甲烷。

习题14-62 在自然界中,有很多类似于 Hofmann 消除的生化反应。在这些反应中,氨基在酸性环境中成盐而无需彻底甲基化。例如,Adenylosuccinate 在氨基被质子化后可发生消除反应。完成下列反应式:

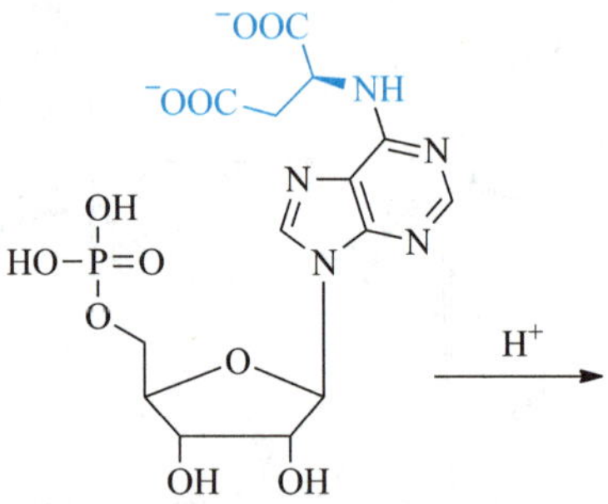

答

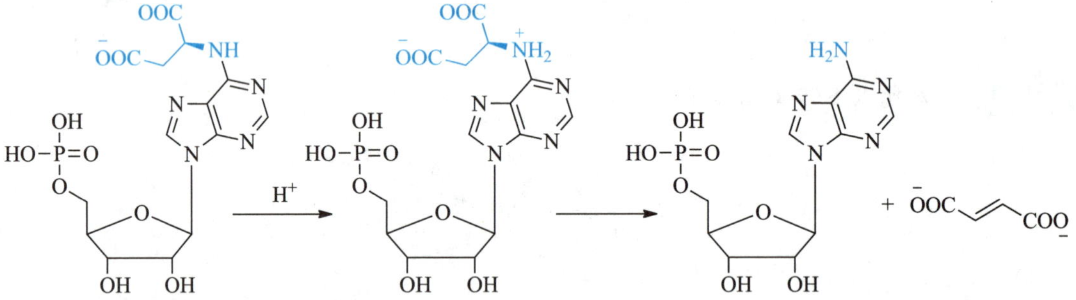

习题14-63 1,3,5,7-环辛四烯[(1*Z*,3*Z*,5*Z*,7*Z*)-cycloocta-1,3,5,7-tetraene,COT]是一类非常重要的配体,可与金属形成配合物,比如夹心型的双(环辛四烯基)铀 $U(COT)_2$、双(环辛四烯基)铁 $Fe(COT)_2$,以及一维结构的 Eu-COT。1911 年,R. M. Willstätter 首次报道了环辛四烯的合成工作。1939—1943 年,许多化学家均未成功制备环辛四烯,因此他们对 Willstätter 的合成产生了质疑,认为 Willstätter 并未合成得到环辛四烯,而是制出了它的同分异构体苯乙烯。1947 年,C. Overberger 在 Arthur Cope 的指导下,终于重复了 R. M. Willstätter 的实验,成功获得环辛四烯。他以伪石榴碱为起始原料,通过 Hofmann 消除反应合成环辛四烯:

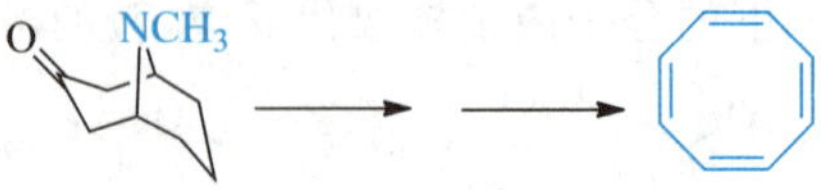

画出以上转换合理的、分步的反应机理。

答 见习题 14-56。

习题14-64 利用所提供的试剂为原料合成目标化合物：

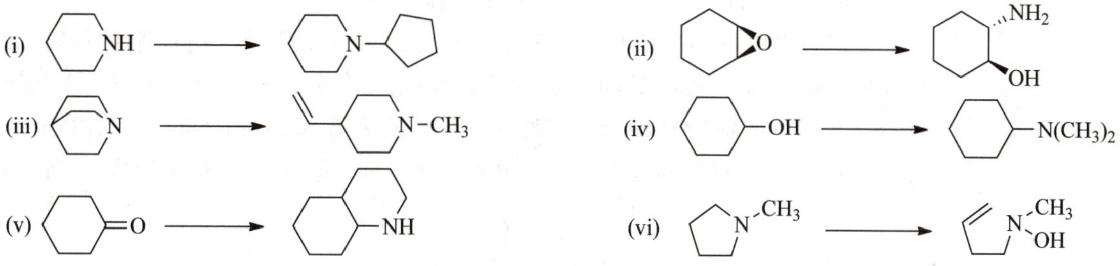

(i) 哌啶 → N-环戊基哌啶　(ii) 环氧环己烷 → 反-2-氨基环己醇　(iii) 奎宁环 → 4-乙烯基-N-甲基哌啶　(iv) 环己醇 → N,N-二甲基环己胺　(v) 环己酮 → 十氢喹啉　(vi) N-甲基吡咯烷 → N-甲基-N-羟基烯丙胺衍生物

答

(i) 哌啶 + 环戊酮，$NaBH_3CN$ → N-环戊基哌啶

(ii) 环氧环己烷，NaN_3；$LiAlH_4$ → 反-2-氨基环己醇

(iii) 奎宁环，1. CH_3I (xs)；2. Ag_2O, △ → 4-乙烯基-1-甲基哌啶（N−CH_3）

(iv) 环己醇 $\xrightarrow{CrO_3\cdot 2Py}$ 环己酮 $\xrightarrow[NaBH_3CN]{(CH_3)_2NH}$ 环己基−$N(CH_3)_2$

(v) 环己酮 $\xrightarrow[NaOH]{\text{丙烯醛}}$ 3-(2-氧代环己基)丙醛 $\xrightarrow[NaBH_3CN]{NH_3}$ 十氢喹啉（NH）

(vi) N-甲基吡咯烷 $\xrightarrow{H_2O_2}$ N-氧化物（N^+−O^-，CH_3） $\xrightarrow{\triangle}$ 烯丙基−N(CH_3)−OH

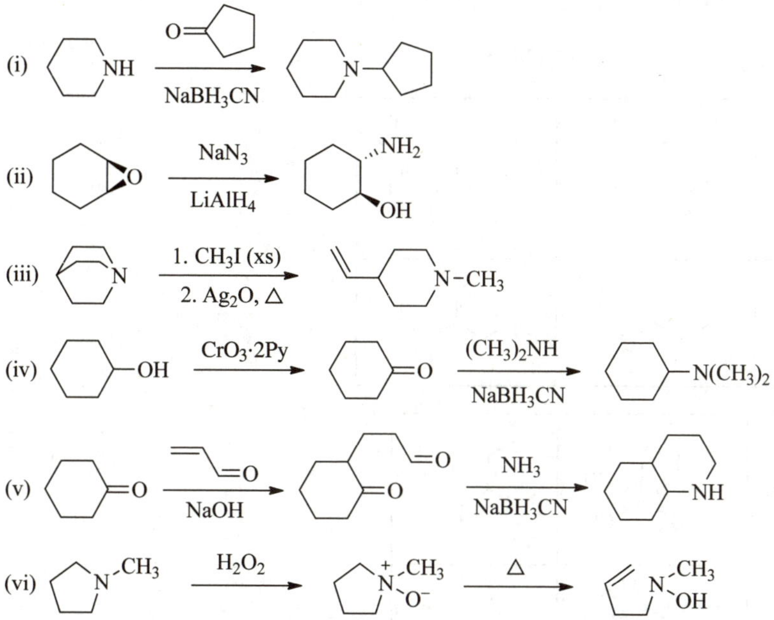

习题14-65 在还原胺化的反应中，如果以氨为原料，产物为一级胺；以一级胺为原料，产物为二级胺；以二级胺为原料，产物为三级胺。分别画出苯乙酮与以上胺类化合物经还原胺(氨)化反应的所有中间体和产物的结构式。

答

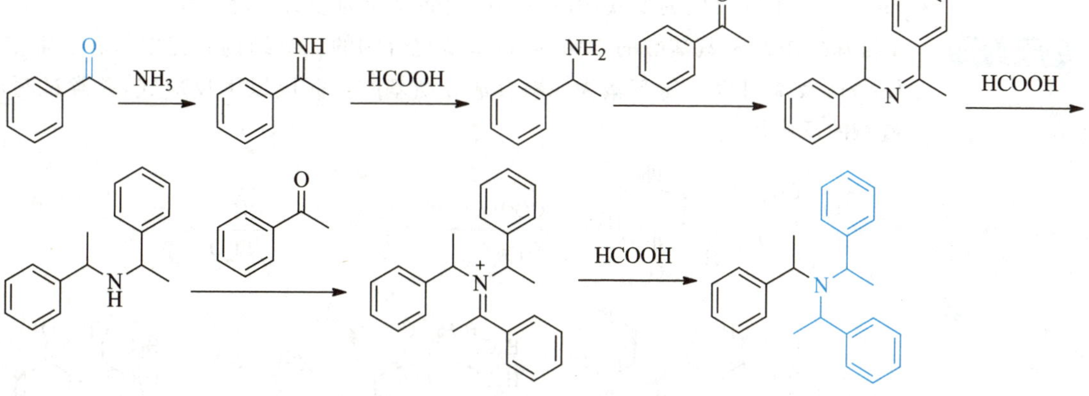

苯乙酮 $\xrightarrow{NH_3}$ 亚胺（NH） $\xrightarrow{HCOOH}$ 1-苯乙胺（NH_2） $\xrightarrow{\text{苯乙酮}}$ 亚胺（N=） $\xrightarrow{HCOOH}$ 二级胺（NH） $\xrightarrow{\text{苯乙酮}}$ 亚胺正离子（N^+=） $\xrightarrow{HCOOH}$ 三级胺（N）

习题14-66 下列三级胺可通过 Hofmann 消除和 Cope 消除反应制备烯烃，它具有两个手性中心。

N(CH$_3$)$_2$

(i) 画出此三级胺的(R,R)和 (R,S)的立体构型。

(ii) 分别画出以(R,R)和 (R,S)为原料的 Hofmann 消除和 Cope 消除反应的主要产物。

(iii) 在 Hofmann 消除和 Cope 消除反应过程中，常会有 Zaitsev 产物生成。在 Hofmann 消除反应中，(R,R)-异构体的副产物 Zaitsev 产物的双键构型为 E 型；而用间氯过氧苯甲酸处理，(R,R)-异构体的 Zaitsev 产物的双键构型为 Z 型。分别画出两种 Zaitsev 产物的结构式，并解释其不同的原因。

答

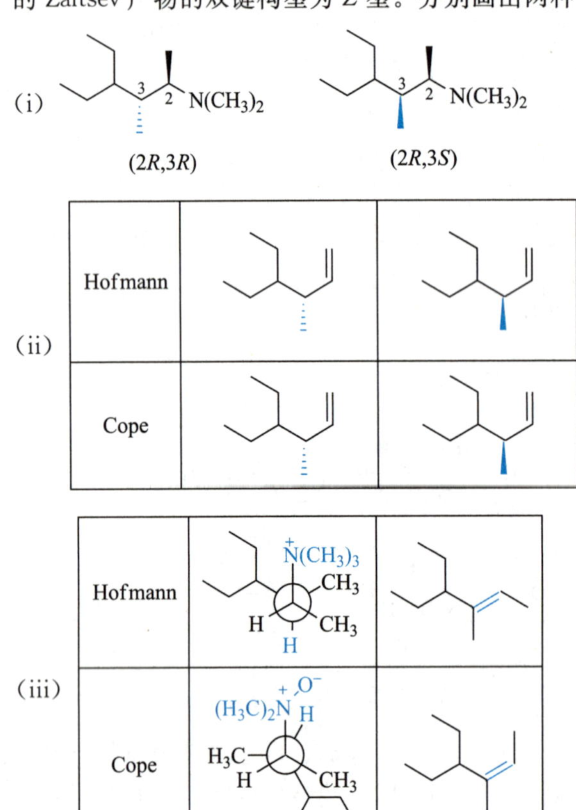

Hofmann 消除反应为反式消除，Cope 消除反应为顺式消除。

习题14-67 β-氨基酸作为 α-氨基酸的参照物，在多肽化合物的二级结构研究中起着非常重要的作用。Arndt-Eistert 反应可以 α-氨基酸为原料合成 β-氨基酸。完成以下反应式，并尝试写出羧酸转换成 α-重氮酮的反应机理。

$$\text{Boc-Phe-OH}\ \xrightarrow[\text{Et}_3\text{N}]{\text{ClCOOEt}}\ \xrightarrow[\text{Et}_2\text{O}]{\text{CH}_2\text{N}_2}\ \xrightarrow[\text{Et}_3\text{N/H}_2\text{O}]{\text{CF}_3\text{COOAg}}$$

(H$_3$C)(H$_3$C)(CH$_3$)C–O–C(=O)–NH–CH(CH$_2$Ph)–C(=O)OH

答

(H$_3$C)$_2$(CH$_3$)C–O–C(=O)–NH–CH(CH$_2$Ph)–C(=O)Cl，(H$_3$C)$_2$(CH$_3$)C–O–C(=O)–NH–CH(CH$_2$Ph)–C(=O)–CH$_2$–$\overset{+}{N}\equiv N$，(H$_3$C)$_2$(CH$_3$)C–O–C(=O)–NH–CH(CH$_2$Ph)–CH$_2$–C(=O)OH

机理如下：

$$\mathrm{RCOOH} \xrightarrow{\mathrm{ClCOOEt},\ :\mathrm{NEt_3}} \mathrm{RC(O)O{-}C(O^-)(OEt)Cl} \xrightarrow{-\mathrm{Cl^-}} \mathrm{RC(O)OC(O)OEt} \xrightarrow{\mathrm{Cl^-}} \mathrm{RC(O^-)(Cl)OC(O)OEt}$$

$$\xrightarrow[-\mathrm{EtO^-}]{-\mathrm{CO_2}} \mathrm{RC(O)Cl} \xrightarrow{\mathrm{H_2C{=}\overset{+}{N}{=}\overset{-}{N}}} \mathrm{RC(Cl)(O^-)CH_2{-}\overset{+}{N}{\equiv}N} \xrightarrow{-\mathrm{Cl^-}} \mathrm{RC(O)CH_2{-}\overset{+}{N}{\equiv}N}$$

15 第15章 苯 芳烃 芳香性

内容提要

以前，将苯(C_6H_6)及含有苯环结构的化合物统称为芳香化合物，现在指具有特殊稳定性的不饱和环状化合物。此类化合物中的芳香环具有特殊的稳定性和对化学反应的惰性。

15.1 苯结构的假说和确定

自 1825 年分离得到苯后，科学家们一直在探索如何能准确表达出苯的结构：Kekulé 式、Dewar 苯、棱晶烷、盆苯、向心结构式、对位价键结构式，以及余价结构式。

15.2 共振论对苯的结构和芳香性的描述

苯环的稳定性以及不能发生亲电加成而只能发生亲电取代反应的根源就在于其离域能，这也是芳香化合物的芳香性的本源。

15.3 分子轨道理论对苯的结构和芳香性的描述

分子轨道理论对苯结构解释的基本要点为：(1) 由于有六个 p 电子组成苯环的 π 体系，因此有六个分子轨道；(2) 能量最低的分子轨道应该是六个 p 电子相互通过相邻的 p 电子重叠成全离域成键的，在此分子轨道中没有节面；(3) 随着分子轨道的能量增加，节面就增加；(4) 分子轨道必须分成成键和反键轨道两种；(5) 一个稳定的体系应该是全满的成键轨道和全空的反键轨道。

15.4 多苯芳烃和稠环芳烃

多个苯基取代的烷烃为多苯芳烃；由两个或多个苯环并接在一起的芳香化合物为稠环芳烃。

15.5 芳烃的物理性质

芳烃通常为非极性，不溶于水，但溶于有机溶剂。

15.6 芳香性

Hückel 规则：如果一个闭合环状平面型共轭多烯(轮烯)的 π 电子数为 $4n+2$，该环系就具有芳香性；如果 π 电子数为 $4n$，则为反芳香性（n 为 0，1，2，3）。

轮烯的芳香性、反芳香性以及无芳香性，周边共轭体系化合物和离子化合物的芳香性均可以根据 Hückel 规则判断。

同芳香性：芳香性的一种特例，主要描述结构中共轭体系被一个 sp^3 杂化的碳原子间隔后仍能体现芳香性的有机化合物。

多环（稠环）分子的芳香性：Hückel 规则只能判断单环体系的芳香性，不适用于这类化合物的芳香性。

富瓦烯类化合物和杂环化合物的芳香性。

球面芳香性："分隔五边形规则（IPR）"预言，所有五边形都被六边形分隔的富勒烯比由五边形直接连接的富勒烯更为稳定。这类分子所具有的芳香性称为球面芳香性。

Möbius 芳香性：具有 Möbius 环的稳定的轮烯体系称为 Möbius 芳香性体系。

Y-芳香性：胍正离子，三亚甲基甲烷的二价正、负离子具有非常特殊的稳定性，其化学性质与苯也有相似性，称为 Y-芳香性。

15.7 芳烃的基本化学反应

加成反应：在特殊情况下，芳烃才能发生加成反应。

氧化反应：苯即使在高温下与高锰酸钾、铬酸等强氧化剂同煮，也很难被氧化。只有在五氧化二钒的催化作用下，苯才能在高温下被氧化成顺丁烯二酸酐。

还原反应：碱金属（钠、钾或锂）在液氨与醇（乙醇、异丙醇或二级丁醇）的混合液中，与芳香化合物反应，苯环可被还原成 1，4-环己二烯类化合物，这种反应叫做 Birch 还原。苯环在催化氢化反应中一步生成环己烷体系。

习题解析

习题 15-1 为什么苯的六根碳碳键键长是等长的？

答 由于苯环中具有 π_6^6 的大 π 键，六个 π 电子在苯环的六个原子间完全离域，使得三根双键和三根单键平均化，从而苯环中的六根碳碳键键长平均化。

习题 15-2 从分子式来看，苯是一个高度不饱和的化合物，应该很容易进行加成反应。但是，实验结果表明，苯很难进行加成反应。为什么？

答 由于苯环中具有大 π 键，具有离域能，在加成的过程中需要破坏离域能，所以很难加成。

习题 15-3 从苯被发现后很多年，化学家一致认为，只要是单双键交替的环状共轭体系，均应该具有和苯环类似的稳定性。这些化合物被命名为 annulenes（轮烯）。画出环丁二烯、苯、环辛四烯以及环癸五烯的所有共振式。假定这些分子都是平面的，画出这些分子中碳原子的 p 轨道以及可能形成的离域 p 轨道，通过这些结果解释环辛四烯不能形成平面体系的原因。

答 共振式：

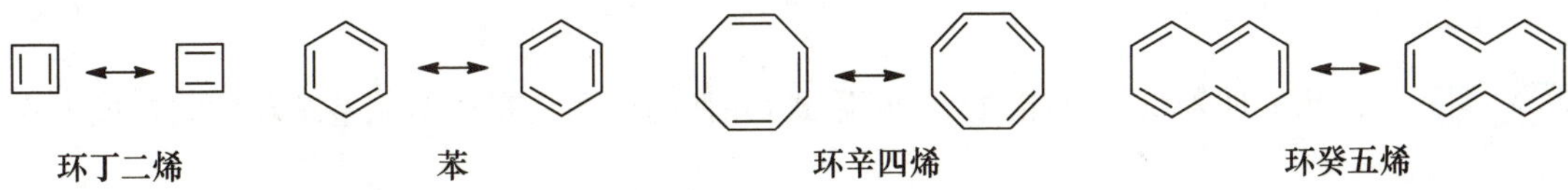

离域 p 轨道：

环丁二烯　　苯　　环辛四烯　　环癸五烯

环辛四烯所形成的离域 p 轨道中，如果环辛四烯希望具有平面结构，其 8 个电子中的 2 个会填入非键轨道中，从而形成一个类似双自由基的不稳定状态，导致其能量很高。所以，环辛四烯不能保持为平面体系。

习题 15-4 环丁二烯不能分离得到，此化合物很容易发生二聚。写出此反应式。

答

习题 15-5 利用上述给出的环己烯、1,4-和 1,3-环己二烯氢化热、稳定能数据，计算苯被还原成 1,4-环己二烯和环己烯的氢化热。

答 使用 Hess 定律进行计算：

1,4-环己二烯的氢化热：$\Delta H_1 = -239.2\ \mathrm{kJ \cdot mol^{-1}}$

1,3-环己二烯的氢化热：$\Delta H_2 = -229.7\ \mathrm{kJ \cdot mol^{-1}}$

苯的氢化热：$\Delta H_3 = -208.5\ \mathrm{kJ \cdot mol^{-1}}$

苯被还原到 1,4-环己二烯：$\Delta H_4 = \Delta H_3 - \Delta H_1 = 30.7\ \mathrm{kJ \cdot mol^{-1}}$

苯被还原到 1,3-环己二烯：$\Delta H_5 = \Delta H_3 - \Delta H_2 = 21.2\ \mathrm{kJ \cdot mol^{-1}}$

从计算中也可以看出，苯的加氢反应很难停留在中间的某步，会直接被氢化为环己烷。

习题 15-6 蒽有多少个一取代的衍生物？画出其结构式，并命名这些化合物。

答 三个。以单甲基取代的化合物为例：

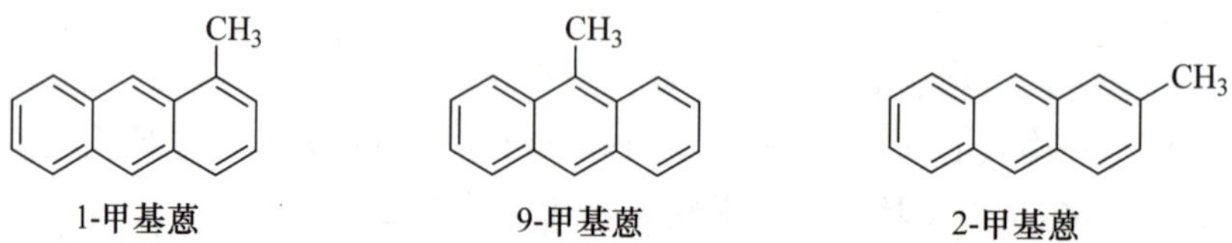

1-甲基蒽　　9-甲基蒽　　2-甲基蒽

习题 15-7 萘的共振能为 252 kJ · mol^{-1}，不是苯的共振能(151 kJ · mol^{-1})的二倍。解释其原因。

答 下图为萘的 X 射线衍射实验数据。可以看出，虽然萘环也是平面对称的，π 电子可以贯穿在 10 个碳原子的环系中，但是由其键长和键角数据可以看出，萘的键长并不等长，并不如苯那样完全的键长平均化，因此萘环不是两个苯环简单地拼接在一起。因此，萘的共振能不可能是苯的两倍。

142 pm　137 pm　139 pm　140 pm　121°

习题 15-8 画出并四苯所有可能的共振极限式，并仔细观测具有最多完整苯环的共振极限式有多少个？

答 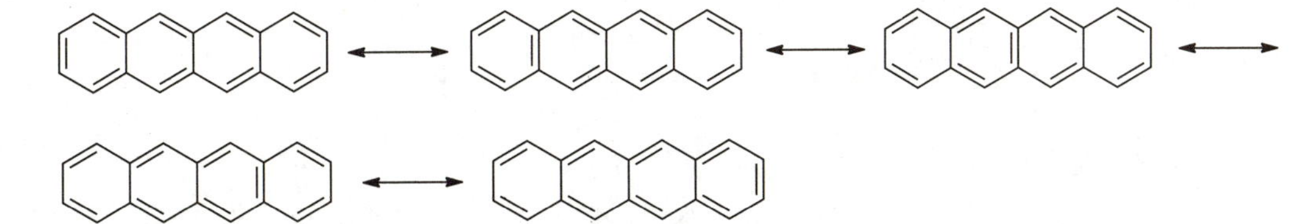

最多能有两个完整苯环，有三个这样的共振极限式。

习题 15-9 科学研究表明，宇宙中超过 20%的碳与稠环芳烃有关，它也可能是生命体形成的起始物。稠环芳烃可能在大爆炸后不久就形成了，并广泛地存在于宇宙中。䓛主要存在于煤焦油中，但现在证明也存在于宇宙中。画出䓛的 Lewis 结构式，以及所有的共振式。

答 Lewis 结构式可以参照下图共振式画出，此处略。

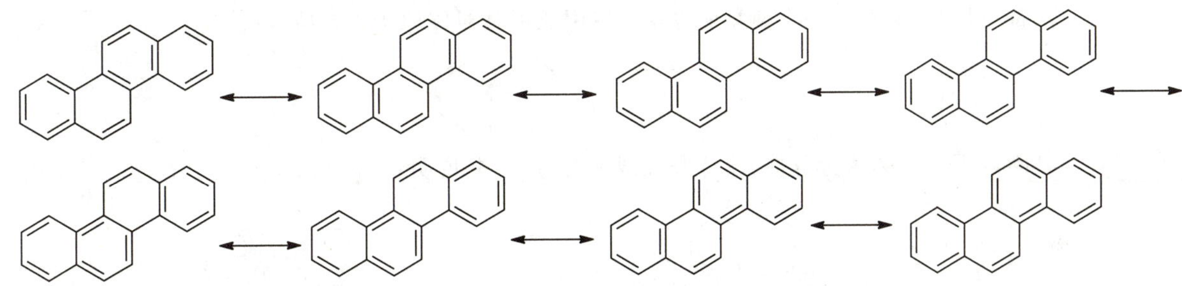

习题15-10 1,2-二氘代-1,3-环丁二烯存在两个立体异构体。画出这两个异构体的结构式，并解释其不同的原因。

答 两个立体异构体的结构式如下：

从红外数据中可以看出，环丁二烯结构并不是正方形的，而是长方形的分子。这体现了环丁二烯的反芳香性质所导致双键的部分定域。

习题15-11 通过文献查阅了解 R. Willstätter 合成环辛四烯的方法。有人曾质疑他的结果。在不考虑现代表征技术下，提出几种验证其产物为环辛四烯的方法。

答 验证方法：

(1) 将环辛四烯催化氢化还原后得到环辛烷，环辛烷可以用 Liebig 法等鉴定。

(2) 将环辛四烯其中一根双键双羟基化，接着将其他三根双键饱和后，再氧化，可以得到辛二酸。

以上方法都可以验证产物是环辛四烯而不是其他分子式相同的有机物，如苯乙烯。

习题15-12 在 70℃ 和约 300 nm 光源照射下，环辛四烯气体几乎可以定量地异构为半瞬烯(semibullvalene)——三环[3.3.0.0^{2,8}]辛-3,6-二烯。写出其反应方程式。

答 $\xrightarrow[300\ \text{nm}]{70\ ^\circ\text{C}}$

semibullvalene

半瞬烯是一类十分重要的芳香性化合物，在同芳香性领域有重要的研究意义。

习题15-13 由于环辛四烯具有非平面结构且双键定域，因此取代的环辛四烯可能有两类异构体：环翻转异构体和双键易位异构体。画出单取代环辛四烯所有异构体的结构式。

答 环翻转异构体：

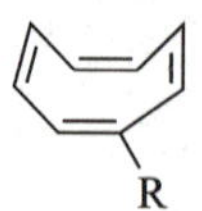

双键易位异构体：

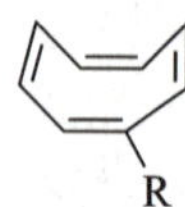
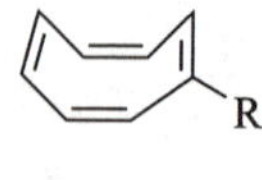

可以看出，环翻转异构体和胺的翻转异构体类似，双键易位异构体与环丁二烯类似。

习题15-14 [10]-轮烯无芳香性。请考虑通过何种方法使得[10]-轮烯的衍生物具有芳香性。

答 一切可以消除C1和C6两个碳原子的"内氢"重叠的位阻效应，同时不破坏分子的平面结构的办法都可以，下面给出一个典型的办法：使用亚甲基对碳原子进行桥连。

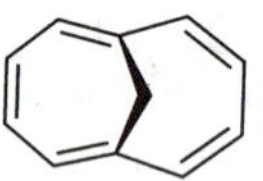

习题15-15 判断以下化合物为芳香性、反芳香性或无芳香性，并说明理由。

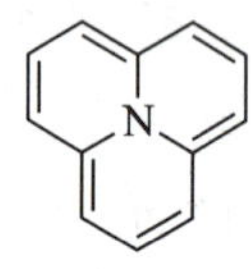
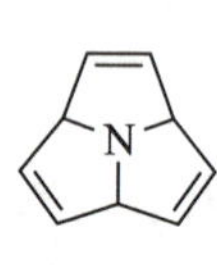
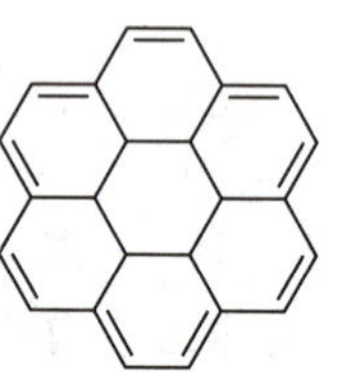

答 (i) 反芳香性：该化合物与芳香阴离子(phenalenyl anion)不能互为等电子体。

(ii) 有芳香性：三同芳体系。

(iii) 有芳香性：最外18个碳原子构成的结构属于$4n+2$体系，故有芳香性。

习题15-16 至今为止，科学家们还合成了[20]-轮烯、[22]-轮烯以及[24]-轮烯等化合物，请判断这些分子哪些具有芳香性？哪些无芳香性？

答 因为环刚性减弱，[20]-轮烯和[24]-轮烯容易形成非平面体系，与环辛四烯一样不具有芳香性，与普通共轭烯烃类似。

[22]-轮烯具有芳香性。因环增大，空阻变小，分子可以处于一个平面，故有芳香性。

习题15-17 对比以下离子的稳定性，并说明你的理由；

(i) 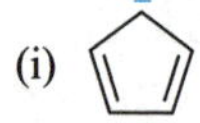  (ii) 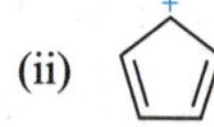  (iii) 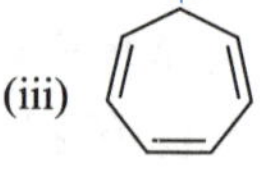 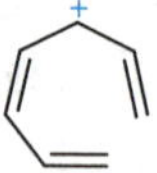

答 (i) 前者，因前者具有芳香性。

(ii) 后者，因前者具有反芳香性。

(iii) 前者，因前者具有芳香性。

习题15-18 判断以下化合物或离子为芳香性、反芳香性或无芳香性：

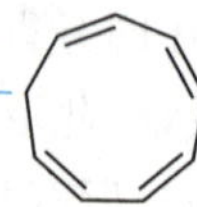
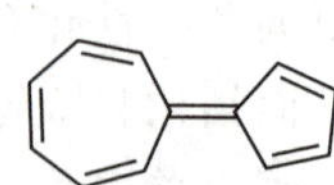
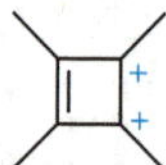

答 反芳香性；芳香性；芳香性；芳香性。

习题15-19 解释为何环丙烯酮和环庚三烯酮非常稳定；而环戊二烯酮却不太稳定，很容易发生Diels-Alder反应。

答 三种环酮均可以表示为如下形式：

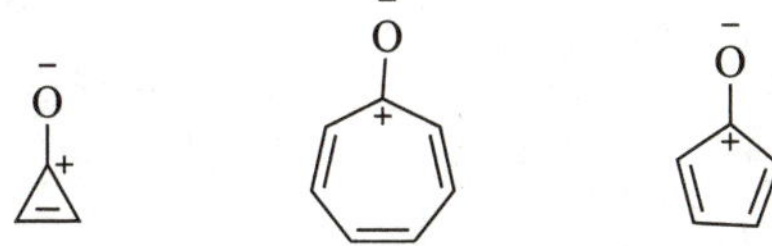

前两个均具有芳香性，而第三个具有反芳香性，不稳定。

习题15-20 实验结果表明，室温下以下两个化合物在 2,2,2-三氟乙醇溶液中会发生溶剂解，其中化合物 **A** 的溶剂解速率是 **B** 的 10^4 倍。

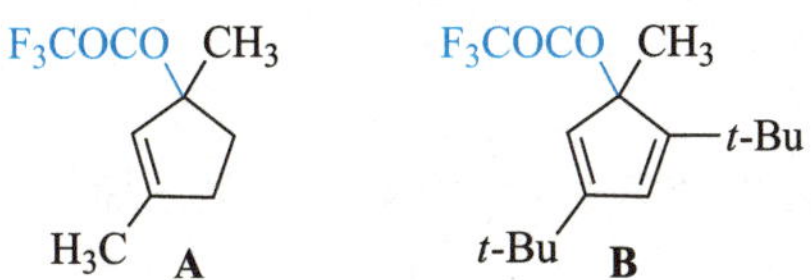

完成其溶剂解的反应式，并解释其速率相差巨大的原因。

答

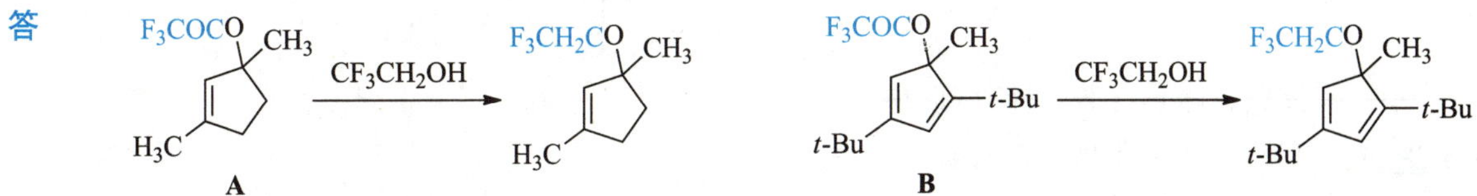

三级碳上的溶剂解反应的机理应当是 S_N1 机理，中间体正离子的稳定性决定了反应的速率快慢。第二个反应中的正离子中间体是一个反芳香性物质，反应速率远远小于第一个正常烯烃稳定的正离子。

习题15-21 判断以下反应能否进行，并说明理由。

$HOSO_2F$，SbF_5，SO_2ClF，$-78\ ^{\circ}C$

答 能进行，中间体是一个具有同芳香性稳定的正离子，仍然有较高的热力学稳定性。

中间体：

非传统共振式

习题15-22 判断以下具有类似结构的中性化合物哪些具有同芳香性，哪些具有同反芳香性，哪些无同芳香性。

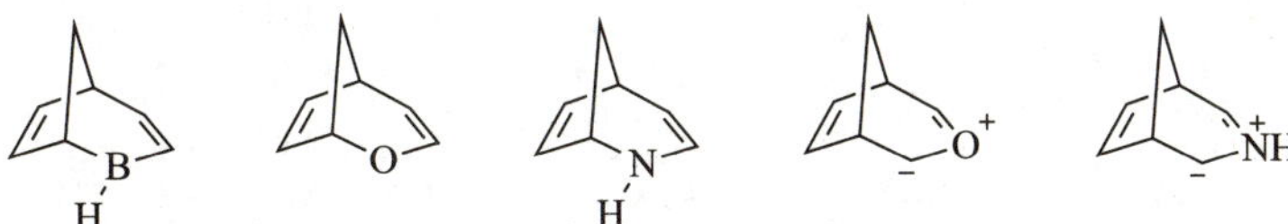

答 同反芳香性，$4n$ 电子；无同芳香性，氧 p 轨道共轭不好；同芳香性，$4n+2$ 电子；同芳香性，$4n+2$ 电子；同芳香性，$4n+2$ 电子。

习题15-23 环辛四烯为无芳香性化合物，它很容易与酸反应生成一个正离子。判断此正离子是否稳定，并解释你的理由。

答 稳定，会生成有同芳香性的热力学稳定的正离子：

CH_2

习题15-24 判断以下化合物是否具有芳香性：

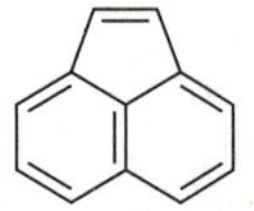
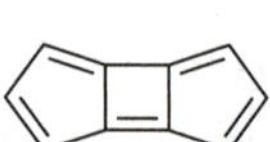
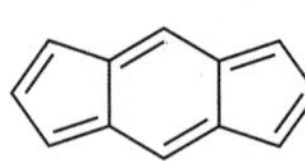
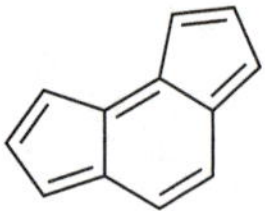

答 有；无；无；弱或无；弱或无。

习题15-25 并环戊二烯非常不稳定，很容易二聚，完成其二聚的反应式。

答

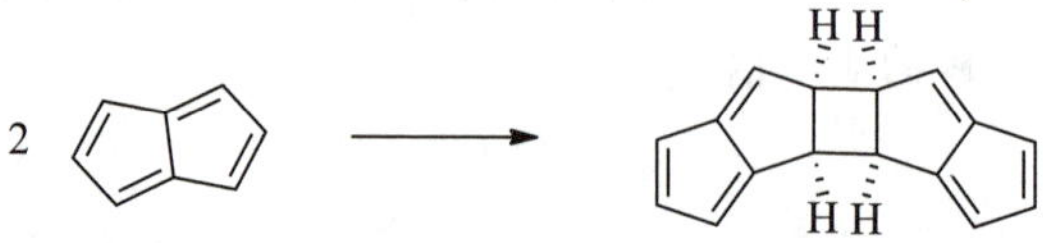

习题15-26 并环庚三烯的共轭酸非常稳定，画出并环庚三烯共轭酸的最稳定共振式，并解释其稳定的原因。

答

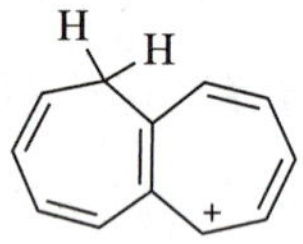

该共轭酸具有芳香性，所以稳定。

习题15-27 判断以下化合物是否具有芳香性：

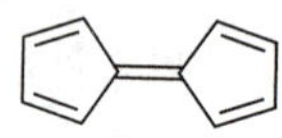
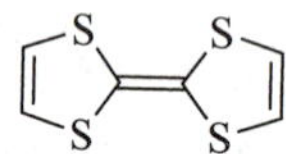

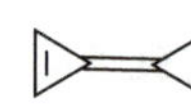
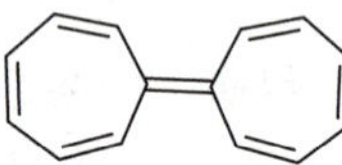

答 无；无；无；无。

习题15-28 判断以下化合物是否具有芳香性：

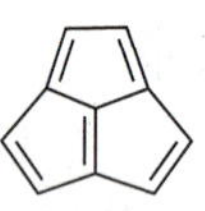
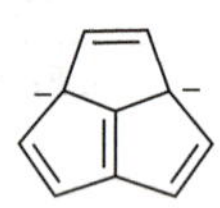
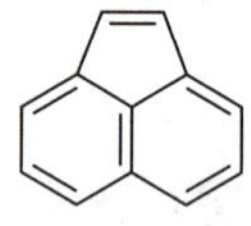
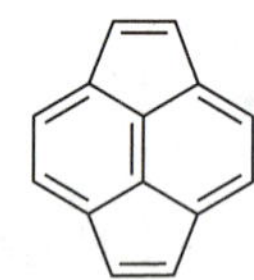

答 无；无；有；有；有；有。

习题15-29 通过网络检索，画出两个 Möbius 芳香性体系的结构式。

答

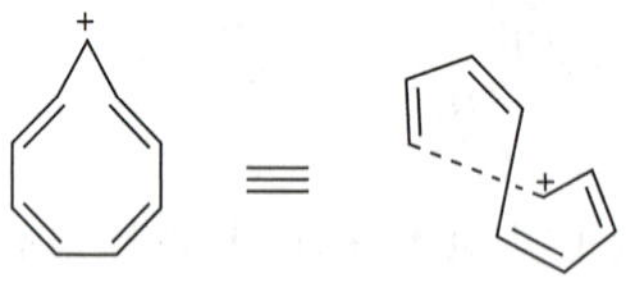

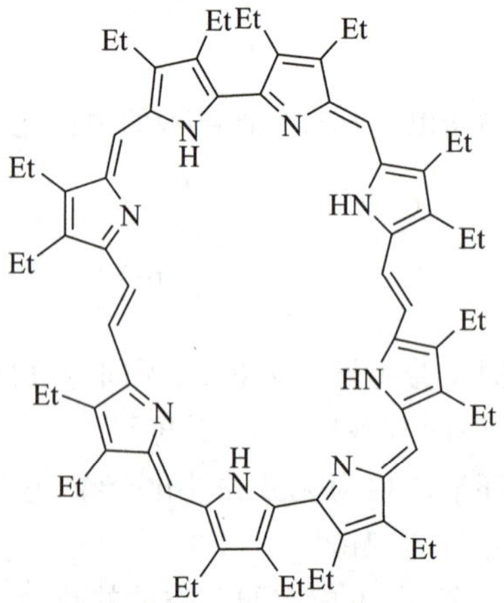

习题15-30 苯和氯气在加热、加压或阳光下反应生成 1,2,3,4,5,6-六氯环己烷被认为属于自由基反应，画出此反应的转换机理。（提示：第一步反应首先破坏了苯环的芳香性，第二分子氯气的反应就会很快。）

答

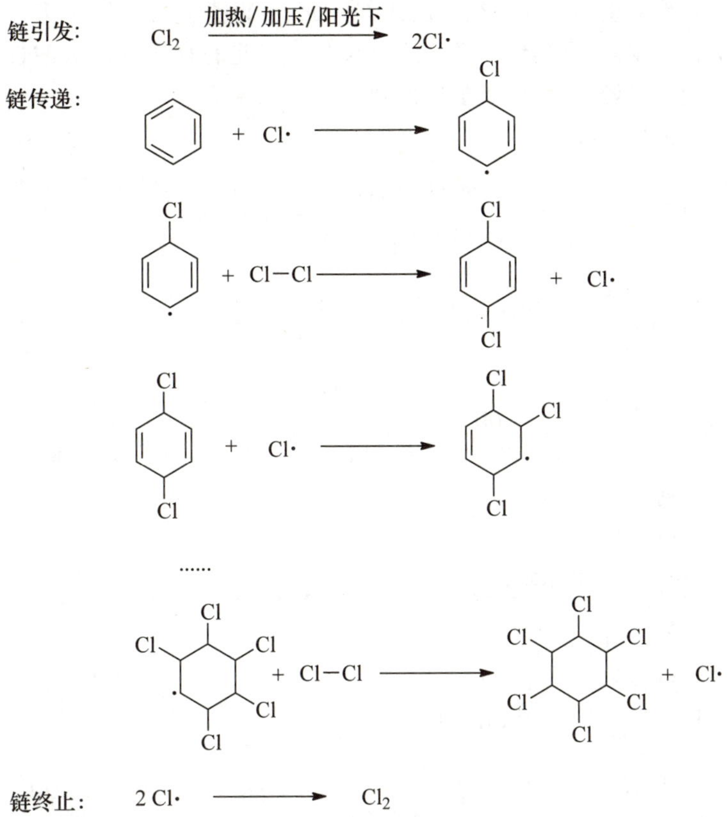

链引发：　$Cl_2 \xrightarrow{\text{加热/加压/阳光下}} 2Cl\cdot$

链传递：

$$\text{苯} + Cl\cdot \longrightarrow \text{1-氯环己二烯自由基}$$

$$\text{1-氯环己二烯自由基} + Cl-Cl \longrightarrow \text{3,6-二氯环己-1,4-二烯} + Cl\cdot$$

$$\text{3,6-二氯环己-1,4-二烯} + Cl\cdot \longrightarrow \text{三氯环己烯自由基}$$

……

$$\text{五氯环己基自由基} + Cl-Cl \longrightarrow \text{六氯环己烷} + Cl\cdot$$

链终止：　$2\,Cl\cdot \longrightarrow Cl_2$

链传递中省略了两步电子转移过程，与中间两步一样，读者可以自行画出。

习题15-31　1,2,3,4,5,6-六氯环己烷一共有八个异构体，画出这八个异构体的立体构象，并指出哪一些异构体最稳定。

答

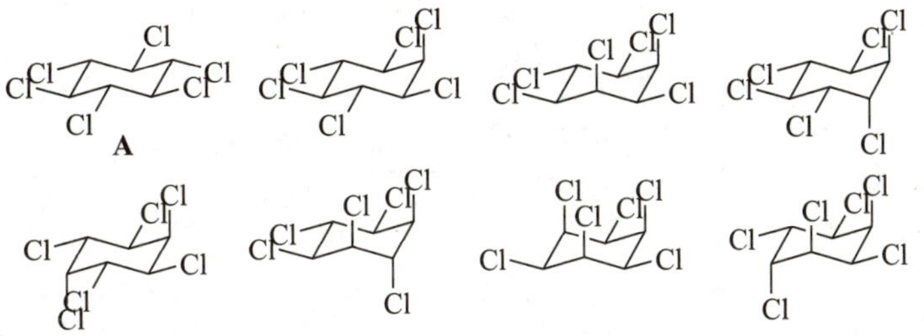

A

全是平伏键的 **A** 最稳定。

习题15-32　在动物体内，γ-六氯环己烷首先转化为 1,2,4-三氯苯，接着生成三氯酚的各种异构体，并经与葡糖醛酸结合而排出体外。在昆虫体内，γ-六氯环己烷主要降解为五氯环己烯，再与谷胱甘肽形成加成产物。假定动物体内具有一定的碱性环境，画出 γ-六氯环己烷转化为 1,2,4-三氯苯的反应机理。

答

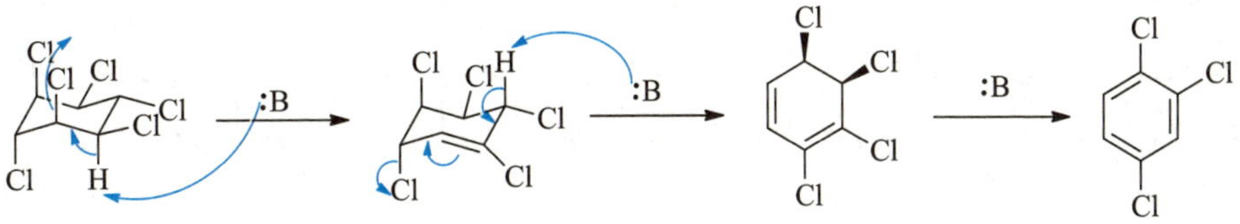

:B　:B　:B

由于消除的空间条件必须是反式共平面，所以直立键氯原子旁边碳上的直立键氢首先发生消除反应得到双键，得到单烯烃。此时与双键相连的直立键的氢酸性变强，更容易发生消除反应，得到共轭二烯烃，最后形成苯环得到1,2,4-三氯苯。

习题15-33 完成下列反应式：

(i) $(H_3C)_3C$–C₆H₅ $\xrightarrow[\text{MeCN, CCl}_4\text{, 24 h}]{\text{RuCl}_3\text{, NaIO}_4}$　(ii) 喹喔啉 $\xrightarrow[H_2O]{KMnO_4}$

(iii) 萘 $\xrightarrow{O_3,\ CH_3OH}$ $\xrightarrow[HCOOH]{H_2O_2}$

答

(i) $(CH_3)_3C$–COOH　(ii) 吡嗪-2,3-二甲酸（COOH, COOH）　(iii) 邻苯二甲酸（COOH, COOH）

习题15-34 完成下列反应：

(i) 苯甲酸（COOH） $\xrightarrow{\text{Li, NH}_3\text{ (l)}}$ $\xrightarrow{\text{环戊基溴 (Br)}}$　(ii) $(H_3C)_3C$–C₆H₄–OCH_3 $\xrightarrow[CH_3CH_2OH]{\text{Li, NH}_3\text{ (l)}}$

(iii) 1-萘酚（OH） $\xrightarrow[CH_3CH_2OH]{\text{Li, NH}_3\text{ (l)}}$　(iv) H_3C, $CON(CH_3)_2$, OCH_3 取代苯 $\xrightarrow[(CH_3)_3COH]{\text{K, NH}_3\text{ (l)}}$

答

(i) 1-环戊基-2,5-环己二烯-1-甲酸（COOH）　(ii) $(H_3C)_3C$–环己-1,4-二烯–O–CH_3　(iii) 5,6,7,8-四氢-1-萘酚（OH）　(iv) H_3C, $CON(CH_3)_2$, OCH_3 取代的1,4-环己二烯

习题15-35 写出以下转换的反应机理：

苯乙烯 $\xrightarrow[EtOH]{\text{Na, NH}_3\text{ (l)}}$ 1-乙基环己-1,4-二烯

答

e → 自由基负离子 $\xrightarrow{EtOH}$ 自由基 →(e) 负离子 $\xrightarrow{EtOH}$ 乙基苯

→ 乙基苯 (e) → 自由基负离子 $\xrightarrow{EtOH}$ 自由基 →(e) 负离子 $\xrightarrow{EtOH}$ 1-乙基环己-1,4-二烯

习题15-36 苯乙烯和下列试剂是否会反应？如果能，写出其产物；如果不能，说明其原因。

(i) Br_2 的 CCl_4 溶液　(ii) 室温低压催化氢化　(iii) 高温高压催化氢化　(iv) 冷的 $KMnO_4$ 溶液　(v) 热的 $KMnO_4$ 溶液

答

(i) C₆H₅CH(Br)CH₂Br　(ii) 乙苯　(iii) 乙基环己烷　(iv) C₆H₅CH(OH)CH₂OH　(v) C₆H₅COOH

习题15-37 根据 Hückel 规则，判别以下化合物哪些具有芳香性：

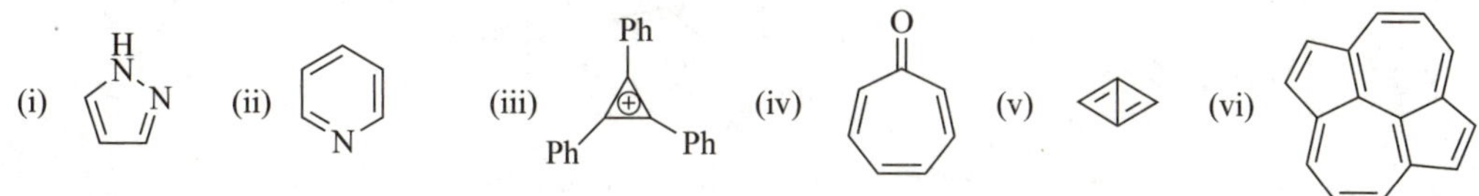

答 有；有；有；有；无；有。

习题15-38 1964 年，Woodward 提出了利用化合物 **A**($C_{10}H_{10}$)作为前体合成一种特殊的化合物 **B**($C_{10}H_6$)。化合物 **A** 有三种不同化学环境的氢，其数目比为 6∶3∶1；化合物 **B** 分子中所有氢的化学环境相同，**B** 在质谱仪的自由区场中寿命约为 1 微秒，在常温下不能分离得到。30 年后化学家们终于由 **A** 合成了第一个碗形芳香二价负离子 **C**，$[C_{10}H_6]^{2-}$。化合物 **C** 中六个氢的化学环境相同，在一定条件下可以转化为 **B**。化合物 **A** 转化为 **C** 的过程如下：

$$\underset{\mathbf{A}}{C_{10}H_{10}} \xrightarrow[(CH_3)_2NCH_2CH_2N(CH_3)_2]{n\text{-BuLi},\ t\text{-BuOK},\ n\text{-}C_6H_{14}} [C_{10}H_6]^{2-}\cdot 2K^+ \xrightarrow[C_2H_5OC_2H_5\quad n\text{-}C_6H_{14}]{Me_3SnX} \xrightarrow[CH_3OCH_2CH_2OCH_3\quad -78\ ^{\circ}C]{MeLi} \underset{\mathbf{C}\cdot 2Li^+}{[C_{10}H_6]^{2-}\cdot 2Li^+}$$

根据以上条件，分别画出 **A**、**B** 以及 **C** 的结构式。

答

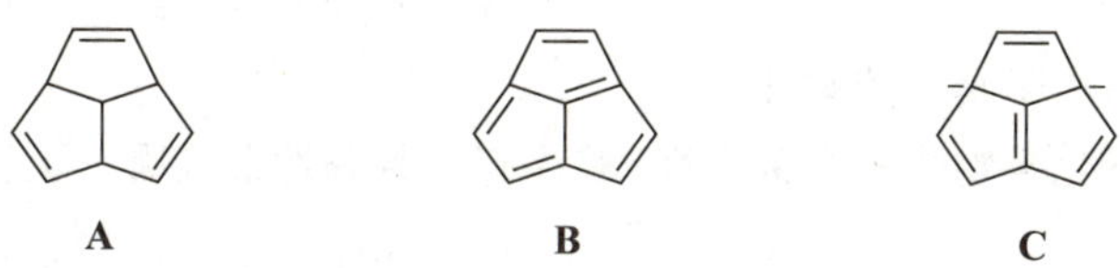

习题15-39 如果将无数个苯环稠合在一起，你会得到什么样的化合物？你认为此化合物是否稳定？

答 石墨烯、碳纳米管均有可能，此类化合物十分稳定。

习题15-40 以下化合物中哪个化合物的酸性最强？为什么？

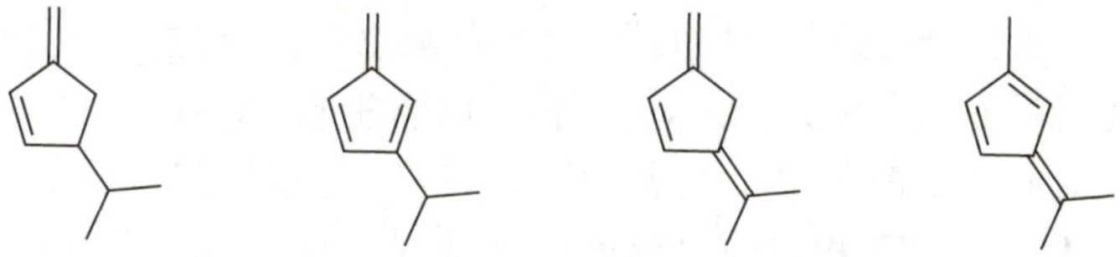

答 酸性最强：

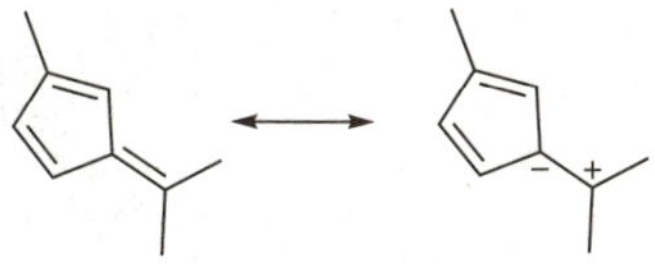

该化合物电荷最为分散，由于负离子可以被环戊二烯稳定，其酸性最强。

习题15-41 以下化合物是否具有芳香性？如果没有，如何将其转化成具有芳香性的化合物？

答 (i) 不具有芳香性；加酸，脱水生成环庚三烯正离子，或氧化生成环庚三烯酮，具有芳香性。

(ii) 不具有芳香性；加入四氟硼酸银生成环丙烯正离子，具有芳香性。

(iii) 不具有芳香性；加入氨基钠生成环戊二烯负离子，具有芳香性。

(iv) 具有芳香性。

习题15-42　实验结果表明以下化合物具有很强的分子双极性，解释其原因。

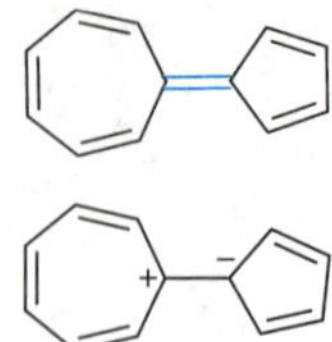

答

如上图所示，两边环系都具有芳香性，所以它有很强的双极性。

习题15-43　当 3-氯环丙烯用 $AgBF_4$ 处理时，除生成 AgCl 沉淀外，其产物 BF_4^- 盐能形成晶体，也可以溶解在如硝基甲烷等极性溶剂中，但不溶于己烷等非极性溶剂。当用含 KCl 的硝基甲烷溶解此产物时，又会得到 3-氯环丙烯。写出以上所有转换的反应式，并判断产物 BF_4^- 盐是否具有芳香性。

答

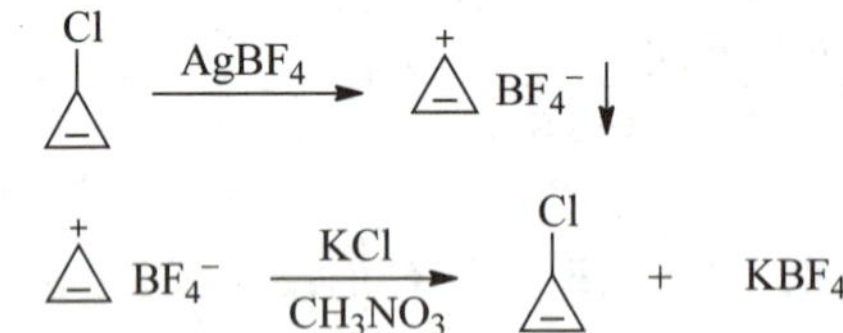

环丙烯正离子具有芳香性。

习题15-44　判断以下化合物哪些有芳香性、哪些有反芳香性以及哪些无芳香性：

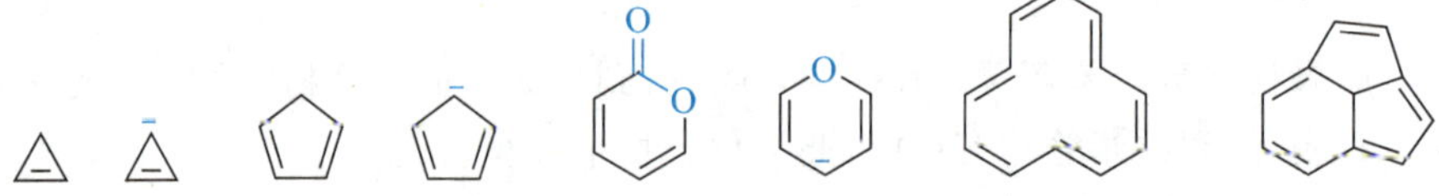

答　无；反；无；有；无；反；反；有。

注：第五个化合物的芳香性问题，有些教科书认为有，这一点仍存在争论。但此化合物几乎不存在类似吡喃正离子的共振式，绝大多数以内酯形式存在。

习题15-45　碳氢化合物的负离子很难制备，其双负离子更难得到。而下面这个化合物很容易在 2 倍量的 *n*-BuLi 作用下生成稳定的双负离子，与此双负离子相应的中性类似物却极不稳定。写出此双负离子和其中性类似物的结构式。

答

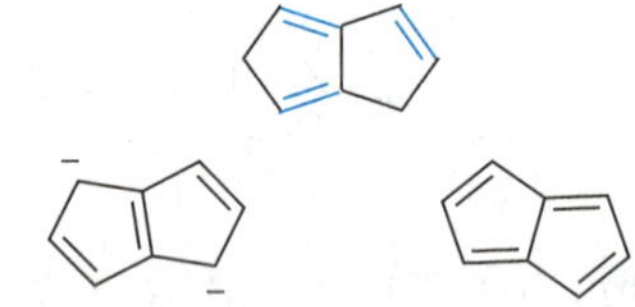

习题15-46　前文已经讨论过由于苯环 π 电子的离域，苯的 1,2-取代衍生物就只有一个，没有 1,2-取代和1,6-取代之分。那么，环辛四烯的 1,2-取代和 1,8-取代是否也是一样的？画出它们的结构式，并解释之。

答　两种取代结构不同。由于环辛四烯为澡盆状，则性质类似于普通共轭烯烃，单双键不等长。

习题15-47　教材章首列出了六螺苯的结构式。由于螺苯中的每一个碳原子均是 sp^2 杂化的，因此很难想象其具有光活性。实际上，六螺苯由一对对映异构体组成，其旋光度$[\alpha]_D = 3700$。画出六螺苯的对映异构体的结构式，并说明其旋光度如此大的原因。

答

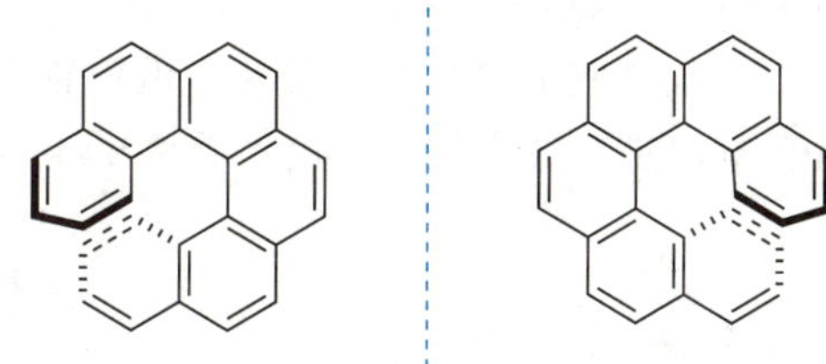

由于六螺苯的螺旋是由共轭体系构成的，其电子可极化性很大，很容易受光和电磁场影响，使得其旋光度很大。

习题15-48 环丙烯酮和环庚三烯酮均非常稳定，而环戊二烯酮的稳定性比前两者差了很多，且很容易通过Diels-Alder 反应发生二聚。画出以上三个化合物的结构式和环戊二烯酮二聚的反应式，并解释其稳定性差别的原因。

答

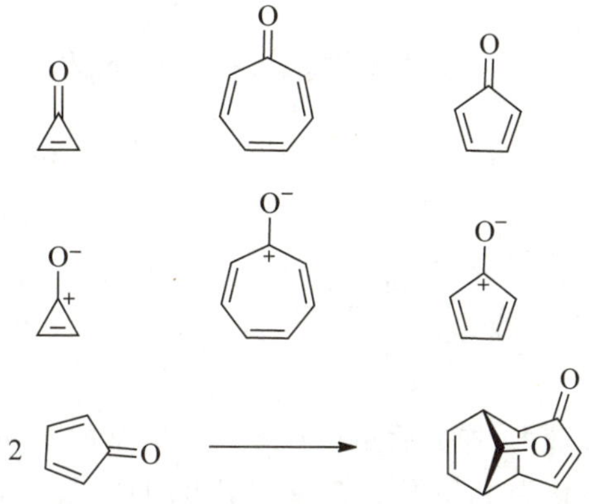

从这三个结构的环正离子形式来看，前两者都具有芳香性，而环戊二烯正离子则具有反芳香性，因此，环戊二烯正离子极不稳定。

习题15-49 苯的紫外-可见吸收光谱的最大吸收峰 λ_{max} 为 261 nm，已三烯为 268 nm，1，3-已二烯为 259 nm，因此苯接近于 1，3-已二烯。常用的防晒霜中含有 4-氨基苯甲酸：

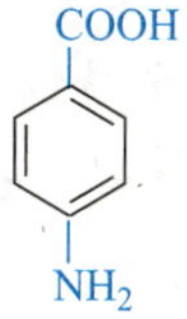

其最大吸收峰处有很大的摩尔吸光系数，因此可以吸收太阳光中对人体有害的紫外光。请估算对氨基苯甲酸的最大紫外-可见吸收峰值。

答 由 Woodward-Fieser 规则估计，母体为 1，3-已二烯，为二烯烃 $\lambda=217$ nm，有氨基基团和羧基基团，分别加 36 nm 和 60 nm，估计值为$(217+36+60)$nm$=313$ nm。实际值为 293 nm，与估计值较为相近。

习题15-50 请解释萘与氯气的加成产物为 1，4-二氯-1，4-二氢合萘，而不是 1，2-二氯-1，2-二氢合萘，并画出其转换的反应机理。

答

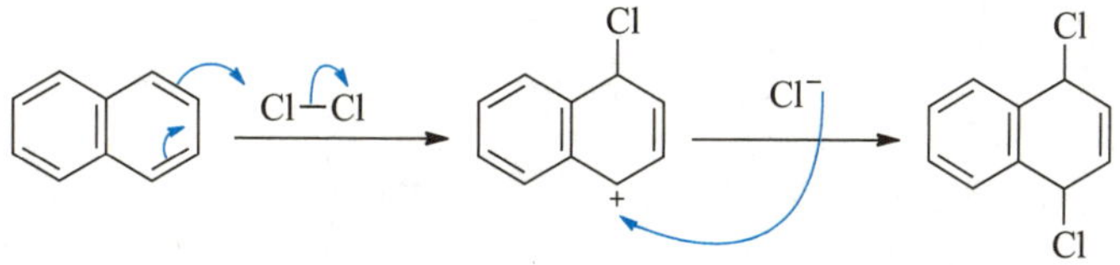

共轭加成过程中，电荷远离最活泼最容易反应的位点。

习题15-51 请解释 1,4-二氯-1,4-二氢合萘加热后失去氯化氢的产物为 1-氯代萘，而不是 2-氯代萘；1,2,3,4-四氯-1,2,3,4-四氢合萘加热后失去氯化氢的产物为 1,4-二氯代萘，并画出其转换的反应机理。

答

1,4 位氢的活性高，更容易离去，并且得到的产物最稳定。

习题15-52 蒽与菲在 CCl_4 中可以与溴发生加成反应。写出这两个转化的反应机理，并说明反应为何发生在中间的环上。

答

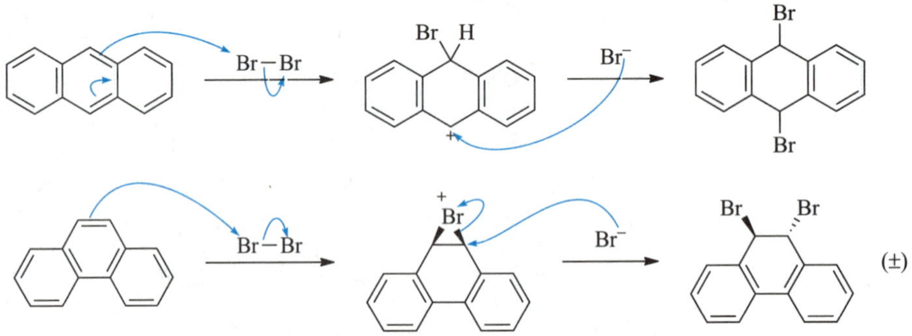

因为中间环的活性最大，加成后可以保留两个完整的苯环，稳定性最强。

习题15-53 环丁烯加热开环转化为 1,3-丁二烯，释放出约 41.8 $kJ \cdot mol^{-1}$ 的热量。但是，苯并环丁烯开环生成 5,6-二亚甲基-环己-1,3-二烯则需要吸收相同的热量，解释其原因。

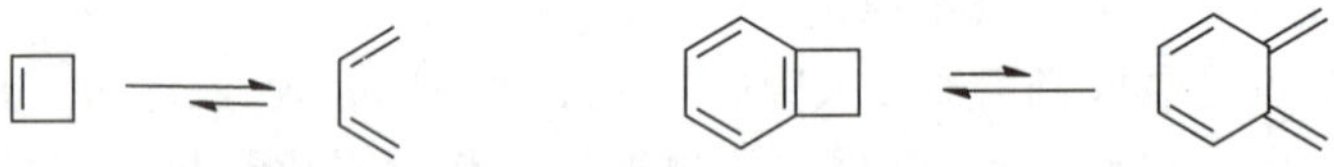

答 因为在环丁烯四元环开环的过程中解除了环张力，所以反应放热。而在第二个反应中，虽然同样解除了环张力，但是会破坏苯环的芳香性，所以两相比较，产物变得不稳定，需要吸热。

习题15-54 2,3-二苯基环丙烯酮可以与 HBr 反应生成一种离子盐。完成其反应式，判断此离子盐是否稳定，并给出你的理由。

答

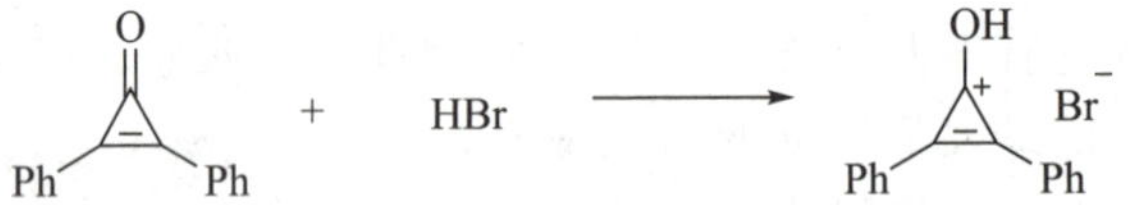

稳定，因为其正离子具有芳香性。

16 第16章 芳环上的取代反应

内容提要

芳香族化合物芳环上的取代反应从机理上分类，主要包括亲电、亲核以及自由基取代三种类型。在亲电取代反应中，正离子或极性分子 δ+ 端被芳环进攻，离去基团绝对不能带着其与碳原子成键的那对电子离去(其最终的离去方式是以正离子形式离去)。而在亲核取代反应中，正离子或极性分子 δ+ 端被亲核试剂或负离子进攻，离去基团通常带着孤对电子离去(其最终的离去方式必须是以负离子形式离去)。

16.1 芳香亲电取代反应的定义

芳香亲电取代反应是指芳环上的氢原子被亲电试剂所取代的反应。典型的芳香亲电取代有苯环的硝化、卤化、磺化、烷基化和酰基化等等。

16.2 芳香亲电取代反应的机理

芳香亲电取代反应主要分为二步历程，即亲电试剂对芳环的亲电加成和 E1 消除。

16.3 硝化反应

有机化合物分子中的氢被硝基($—NO_2$)取代的反应称为**硝化反应**。

16.4 卤化反应

有机化合物分子中的氢被卤素(—X)取代的反应称为**卤化反应**。

16.5 磺化反应

有机化合物分子中的氢被磺酰基或磺酸基($—SO_3H$)取代的反应称为**磺化反应**。

16.6 Friedel-Crafts 反应

有机化合物分子中的氢被烷基取代的反应称为**烷基化反应**，被酰基取代的反应称为**酰基化反应**。苯环上的烷基化反应和酰基化反应统称为 **Friedel-Crafts 反应**。

16.7 Blanc 氯甲基化反应与 Gattermann-Koch 反应

苯与甲醛、氯化氢在无水氯化锌作用下反应生成氯甲基苯，此反应称为 **Blanc 氯甲基化反应**。氯甲基化反应是在芳环上引入取代基的重要方法，氯甲基可通过后续的各种反应引入更多官能团。

芳香化合物与等物质的量的一氧化碳和氯化氢的混合气体反应生成芳香醛，此反应叫 **Gattermann-Koch 反应**。

16.8 取代基的定位效应

一元取代苯进行亲电取代反应时，已有的基团将对后进入基团进入苯环的位置产生制约作用，这种制约作用即为**取代基的定位效应**。取代基的定位效应是与取代基的诱导效应、共轭效应、超共轭效应等电子效应紧密相关的。

取代基的定位效应包括以下几种类型：给电子诱导效应为主的取代基的定位效应；吸电子诱导效应为主的取代基的定位效应；给电子共轭效应为主的取代基的定位效应；吸电子共轭效应为主的取代基的定位效应；卤原子取代基的定位效应。

取代基的反应性能和定位效应总结： 在反应时，如果 E 优先在 G 的邻、对位反应，G 为邻/对位定位基团；若 E 优先在 G 的间位反应，G 为间位定位基团。G 对 E 进入苯环的难易也有影响，若使 E 进入苯环变得容易，称 G 为活化基团；若使 E 进入苯环变得困难，称 G 为钝化基团。

16.9 苯环上多元亲电取代的经验规律

从芳香亲电取代反应的本质去理解：这是芳环与亲电基团的反应，由于亲电基团是缺电子的，因此活化基团可以加速在芳环邻、对位上的亲电进攻；而钝化基团会减慢在芳环邻、对位上的亲电进攻。活化基团的作用超过钝化基团的作用，因此定位效应由活化基团控制。

16.10 萘、蒽和菲的亲电取代反应

蒽、菲以及萘比苯更易发生亲电取代反应。

16.11 芳香亲核取代反应

与芳环反应的试剂为亲核基团或试剂，其结果是此亲核基团在芳香环上取代了一个离去基团。这类反应称为**芳香亲核取代反应**。

16.12 芳香亲核取代反应(一)　加成-消除机理(S_N2Ar 机理)

此类芳香亲核取代反应是分两步进行的，首先是亲核试剂进攻苯环，生成 σ 负离子(或称 σ 配合物)，然后离去基团离去，转化为产物。

16.13 芳香亲核取代反应(二)　亲核加成-开环-关环机理(ANRORC 机理)

加成-开环-关环型的芳香亲核取代反应过程包括氨基负离子(或氨)对亚胺键的亲核加成，接着发生分子内的亲核消除，打开嘧啶环，然后溴负离子离去形成氰基，最后通过氮原子上的孤对电子对氰基进行亲核加成，再次关上嘧啶环。

16.14 芳香亲核取代反应(三) 间接芳香亲核取代反应(VNS)

间接亲核取代反应中的离去基团不是苯环上的卤素取代基,更不可能是芳环上的氢以负离子形式离去,而是亲核试剂(或基团)上的卤素取代基代替了氢作为离去基团离去。

习题解析

习题 16-1 随着研究的深入,科学家们发现,大量的亲电试剂或基团可以参与芳香亲电取代反应。根据你所具有的知识,写出能够参与芳香亲电取代反应的正离子或分子。

答 根据之前所学知识,部分可以直接参与芳香亲电取代反应的物种有:

$$O{=}\overset{+}{N}{=}O \qquad X_2 \text{ 或 } X_2\text{–}ML_n\ (X = Cl, Br) \qquad SO_3 \qquad R_3C^+ \qquad RCOCl \text{ 或 } RCO^+$$

习题 16-2 芳香亲电取代反应机理表明,第一步反应是亲电试剂与苯环 π 电子的反应。为什么这一步反应是决速步?

答 因为苯环 σ 正离子是活泼中间体,形成中间体需要破坏苯环的共轭体系,因此经过势能很高的过渡态。而失去质子,E1 消除的过程是热力学有利的,再次形成芳香体系,这是一个放热的过程。因此,第一步反应为决速步。

习题 16-3 在苯的亲电取代反应中,苯可以与亲电试剂或基团形成 π 配合物(通过苯环的 π 电子与亲电试剂或基团作用)或 σ 配合物(苯与亲电试剂或基团直接形成 σ 键)。请分别画出苯与亲电试剂或基团形成的 π 配合物和 σ 配合物的结构示意图。

答

E^+ H E +

π配合物　　σ配合物

习题 16-4 G. A. Olah 教授及其合作者在研究中将苯与强酸体系 HF/SbF_5 混合,并通过核磁共振谱研究其混合体系。其核磁共振氢谱和碳谱的表征结果如下(提示:SbF_6^- 是一个无亲核能力、无碱性的对离子):

^{1}H NMR:δ 5.69 (2H),8.61 (2H),9.38 (1H),9.71 (2H) ppm;

^{13}C NMR:δ 52.2,136.9,178.1 ppm。

推断此物种可能的结构式,并归属这些谱学数据。

答

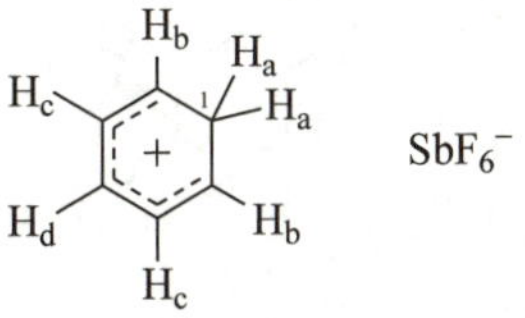

H_b H_a H_c H_a + H_d H_b H_c SbF_6^-

H_a: 5.69 ppm　H_b: 9.71 ppm
H_c: 8.61 ppm　H_d: 9.38 ppm

C_1: 52.2 ppm

请思考:为什么只有三种类型的碳原子而不是四种?

习题 16-5 硝化反应的体系主要有硝酸/浓硫酸、硝酸/乙酸/CH_3NO_2、硝酸/乙酸酐、硝酸盐/三氟乙酸酐/$CHCl_3$、硝酸/ $Yb(SO_3CF_3)_3$、NO_2BF_4 以及 NO_2/O_3。请分别写出以上反应体系中生成亲电基团 $^+NO_2$ 的转换机理。

答 硝酸被硫酸或乙酸质子化,随后脱水得到硝酰正离子:

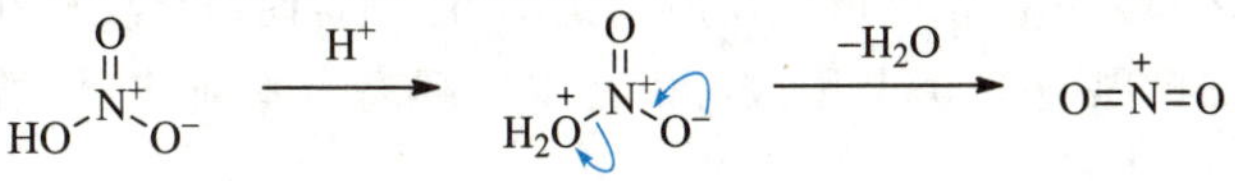

$$HO\text{–}\overset{+}{N}(=O)\text{–}O^- \xrightarrow{H^+} H_2\overset{+}{O}\text{–}\overset{+}{N}(=O)\text{–}O^- \xrightarrow{-H_2O} O{=}\overset{+}{N}{=}O$$

硝酸根进攻酸酐，随后脱去乙酸根得到硝酰正离子：

$$O_2N-O-YbL_n^{2+} \xrightarrow{H^+} O_2N-\overset{+}{O}(H)-YbL_n^{2+} \xrightarrow{-HOYbL_n^{2+}} NO_2^+$$

三氟甲磺酸钇作为 Lewis 酸可以与—OH 结合，从而释放出硝酰正离子：

NO_2BF_4 直接电离即可产生硝酰正离子。

NO_2 可被臭氧氧化为 N_2O_5，后者电离产生 NO_2^+。

习题 16-6 为何硝酸中的氮原子亲电能力很弱，而硝基正离子中氮原子的亲电能力却很强？

答 因为相比硝基正离子，硝酸分子中氮原子周围有更多的氧原子做电子给体，氮原子的缺电子性更低。此外，硝酸分子与亲核试剂成键时，需要破坏分子中稳定的离域 π_4^6 键，形成拥挤的四面体中间体；而硝基正离子成键时只需要破坏定域 π 键(或极弱的 π_3^4 键)，且形成的平面三角形中间体空阻较小。

习题 16-7 为什么苯的多元硝化的条件越来越强烈？

答 引入的硝基会降低苯环的 π 电子云密度，大幅度降低了苯环的亲核能力，与硝基正离子的反应能力大幅度降低，从而使得硝化难度越来越大，需要的条件也越来越剧烈。

习题 16-8 在芳香亲电取代反应中，下列物质哪些不需要 Lewis 酸催化，直接就可以与苯发生卤化反应？

Br_2、HOCl、Cl_2、ICl、HCl、NaBr、CH_3COOCl、CH_3CH_2Br

答 能够直接产生 X^+ 离子而不需要催化剂的试剂为 HOCl、ICl 以及 CH_3COOCl。

习题 16-9 如果利用碘单质进行碘化反应，只能与比较活泼的苯环才能进行，因此为了进一步拓展底物的范围，发展了许多 I_2 和氧化剂混合的碘化试剂。这些氧化剂包括高碘酸、I_2O_5、NO_2 和 $Ce(NH_3)_2(NO_3)_6$；其他还有 $CuI/CuCl_2$ 和 I_2/Ag^+ 或 Hg^{2+}。写出由以上这些体系形成的亲电基团的结构式及其与苯反应的机理。

答 氧化剂可以氧化碘单质为 I_3^+ 或者 I^+。重金属离子可以结合 I^-，诱导碘单质歧化产生 I^+。

习题16-10 画出苯的氯化反应在光照情况下主要产物的结构式。解释其与芳香亲电取代中氯化反应的不同。

答

光照下发生自由基加成，而不是亲电取代。

习题16-11 写出苯磺酸在稀硫酸作用下转化成苯的反应机理。

答

习题16-12 为何硝化和卤化的亲电取代反应均是不可逆的，而磺化反应在稀酸条件下是可逆的？

答 从上题的机理可知，芳基磺酸可以在水中解离为苯磺酸根，增加了芳环电子云密度，使得其易于与质子反应进而失去 SO_3。而硝化或卤化产物的芳环电子云密度较低，难以与质子反应。

习题16-13 将苯磺酸与过量的 NaCl 混合后可以得到一种晶体。画出此晶体的结构式，并解释其原因。

答 该晶体为苯磺酸钠，此外反应产生氯化氢，并以气体形式逸出，促进平衡向产物方向移动。

习题16-14 写出在 Lewis 酸或质子酸作用下能形成傅-克烷基化反应的亲电物种的反应底物种类，并写出其转化成亲电物种的反应机理。

答 底物包括醇、卤代烃、烯烃等。反应机理均涉及碳正离子：

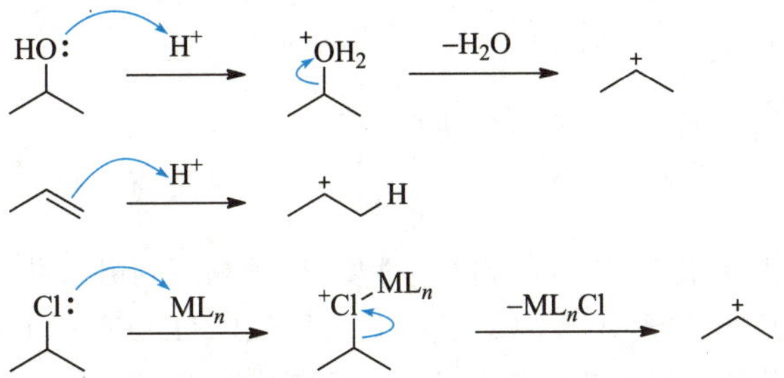

HO: + H^+ → $^+OH_2$ —$-H_2O$→ +

H^+ → + H

Cl: + ML_n → ^+Cl—ML_n —$-ML_nCl$→ +

还有环氧乙烷在酸性条件下开环形成正离子。

习题16-15 将对二甲苯和甲苯在 $AlCl_3$ 的作用下在苯中回流 24 h，最后此反应的主要产物为 1,3,5-三甲苯。画出此转换的反应机理。

答 傅-克烷基化是可逆的：

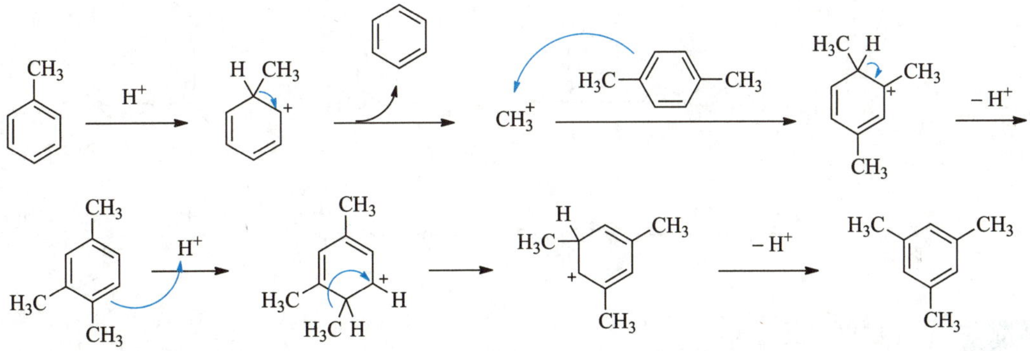

CH_3 —H^+→ H CH_3 + → CH_3^+ —H_3C—⬡—CH_3→ H_3C H CH_3 + CH_3 —$-H^+$→

CH_3 H_3C CH_3 —H^+→ CH_3 H_3C + H H_3C H → H H_3C CH_3 + CH_3 —$-H^+$→ H_3C CH_3 CH_3

习题16-16 通过网络检索了解对二甲苯的基本性质以及用途，画出工业合成的方法，并说明在工业生产中如何提高对二甲苯的产率。

答 对二甲苯是无色液体，在工业上用于生产对苯二甲酸，后者是生产聚酯的重要原料。利用甲苯歧化可以得到对二甲苯以及苯。为提高产率，工业上使用特定组成的沸石作为催化剂，其孔径大小与对二甲苯接近，可以高选择性得到所需产物。

习题16-17 傅-克烷基化反应的主要亲电物种为碳正离子。通常碳正离子很容易重排，因此傅-克烷基化反应通常得到的是混合物。写出以下反应的所有一元取代的产物：

(i) 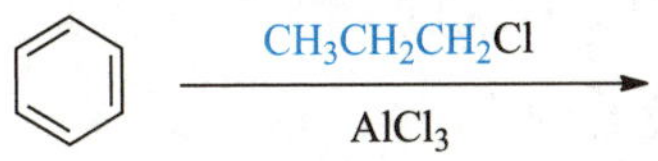 苯 —$CH_3CH_2CH_2Cl$, $AlCl_3$→

(ii) 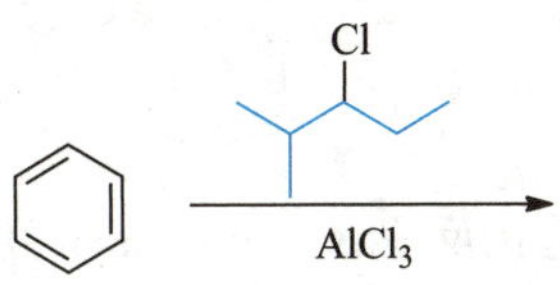 苯 —Cl, $AlCl_3$→

(iii) 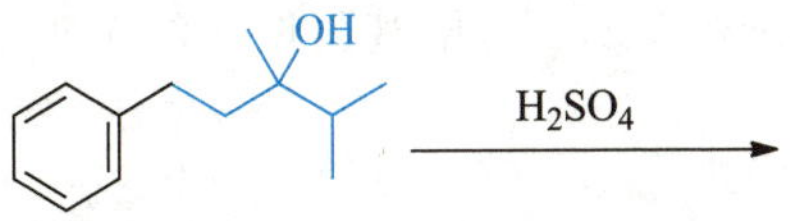 OH —H_2SO_4→

答

(i) 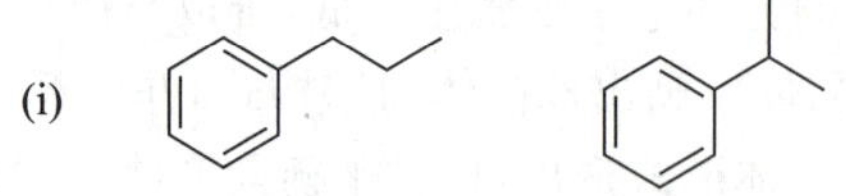

(ii)

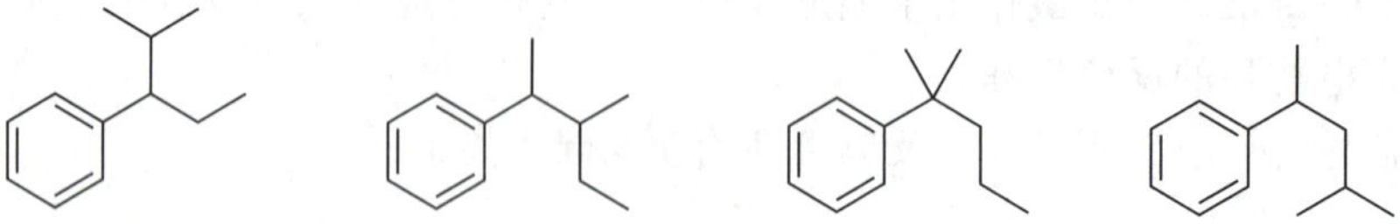

(iii)

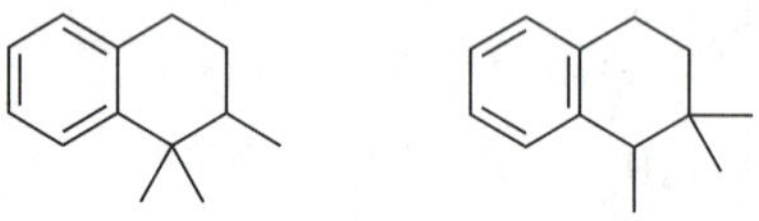

习题16-18 结合傅-克烷基化反应对苯环的电性要求，预测下列哪些化合物不能发生傅-克烷基化反应。
C_6H_5CN、$C_6H_5CH_3$、$C_6H_5CCl_3$、C_6H_5CHO、C_6H_5OH、$C_6H_5COCH_3$

答 甲苯以及苯酚可以发生烷基化反应，而苯甲腈、三氯甲苯、苯甲醛以及苯乙酮则无法发生。

习题16-19 写出下列转换的合理的、分步的反应机理：

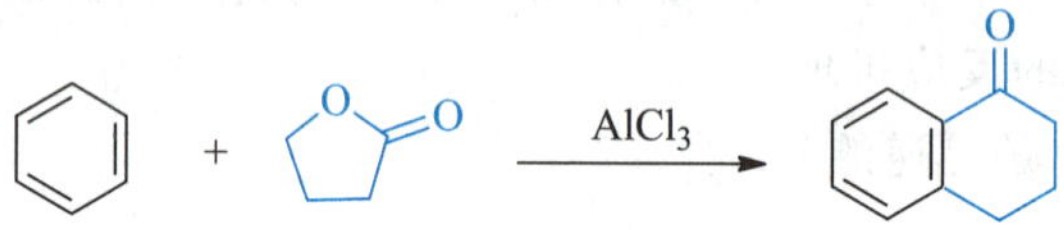

$AlCl_3$

答

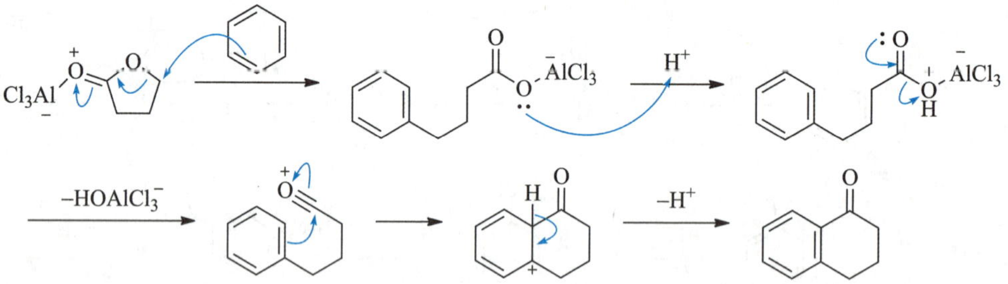

H^+

$-HOAlCl_3^-$

$-H^+$

习题16-20 完成以下反应式：

(i) 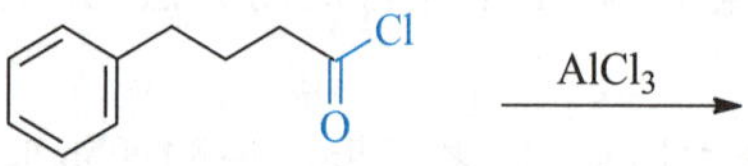 $\xrightarrow{AlCl_3}$ (ii) 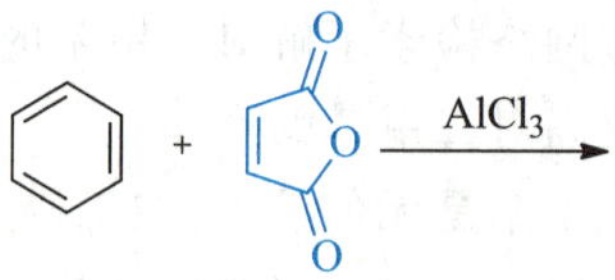 $\xrightarrow{AlCl_3}$

(iii) 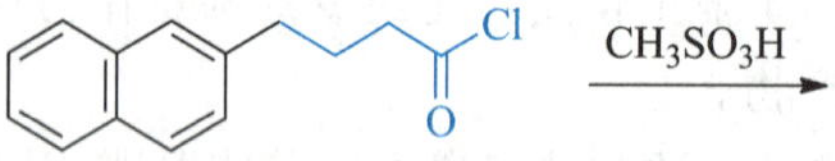 $\xrightarrow{CH_3SO_3H}$

答

(i) 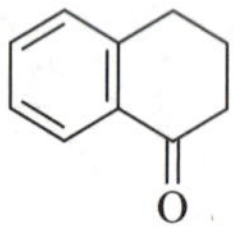 (ii) 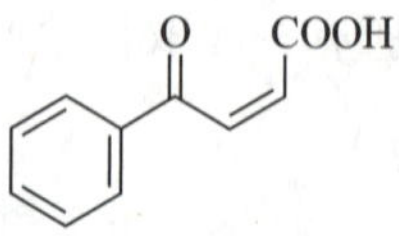 (iii)

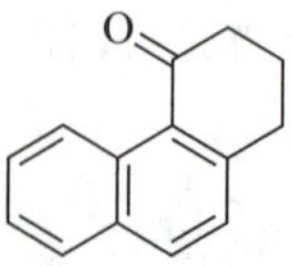

习题16-21 利用傅-克酰基化反应、Clemmensen 还原合成以下化合物：

(i) 3-甲基-1-苯基丁烷 (ii) 二苯酮 (iii) 1-苯基-2,2-二甲基丙烷 (iv) 正丁苯

答

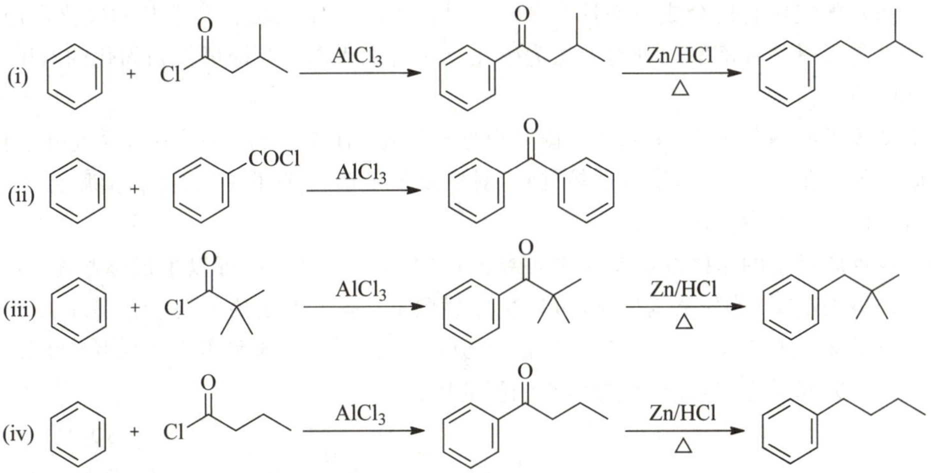

（i）苯 + 3-甲基丁酰氯 $\xrightarrow{AlCl_3}$ 酮 $\xrightarrow[\triangle]{Zn/HCl}$ 烷基苯

（ii）苯 + 苯甲酰氯（COCl） $\xrightarrow{AlCl_3}$ 二苯甲酮

（iii）苯 + 新戊酰氯 $\xrightarrow{AlCl_3}$ 酮 $\xrightarrow[\triangle]{Zn/HCl}$ 烷基苯

（iv）苯 + 丁酰氯 $\xrightarrow{AlCl_3}$ 酮 $\xrightarrow[\triangle]{Zn/HCl}$ 丁基苯

习题16-22 除了 CO 可以用于在苯环上引入酰基外，HCN 和 RCN 也具有同样的作用。写出 HCN 和 RCN 在酸性条件下形成亲电物种的转化机理。

答

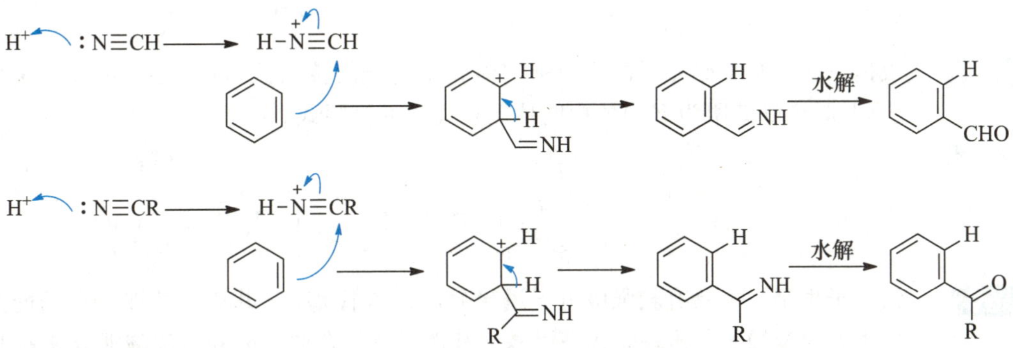

H^+ + :N≡CH ⟶ H−$\overset{+}{N}$≡CH；苯进攻 ⟶ 中间体（C=NH）⟶ 亚胺（NH）$\xrightarrow{水解}$ CHO

H^+ + :N≡CR ⟶ H−$\overset{+}{N}$≡CR；苯进攻 ⟶ 中间体（R−C=NH）⟶ 亚胺（NH, R）$\xrightarrow{水解}$ 酮（O, R）

习题16-23 二氯甲基甲基醚是在苯环上引入甲酰基的一种特殊试剂。写出二氯甲基甲基醚与苯在 $SnCl_4$ 作用下生成苯甲醛的反应机理，并分析与甲醛相比，其反应条件应该如何改变。

答

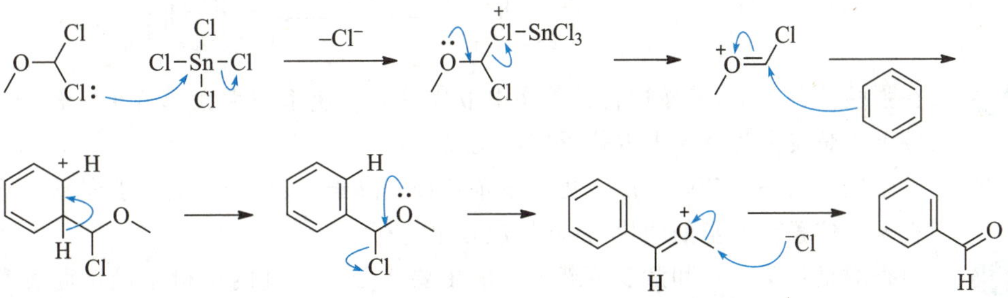

CH_3OCHCl_2 + $SnCl_4$ $\xrightarrow{-Cl^-}$ $\overset{+}{Cl}$−$SnCl_3$ 络合物 ⟶ $\overset{+}{O}$=CHCl ⟶ 苯进攻 ⟶ 中间体（H, Cl, OCH₃）⟶ ⟶ $\overset{+}{O}$=CH 正离子 $\xrightarrow{^-Cl}$ 苯甲醛（O, H）

氯甲基化反应使用质子酸作为催化剂，而这里需要使用 Lewis 酸。

习题16-24 根据甲苯硝化时的反应中间体碳正离子的极限式，画出甲苯发生芳香亲电取代反应（此时亲电基团为 E^+）的中间体碳正离子的极限式。

答 以对位取代为例：

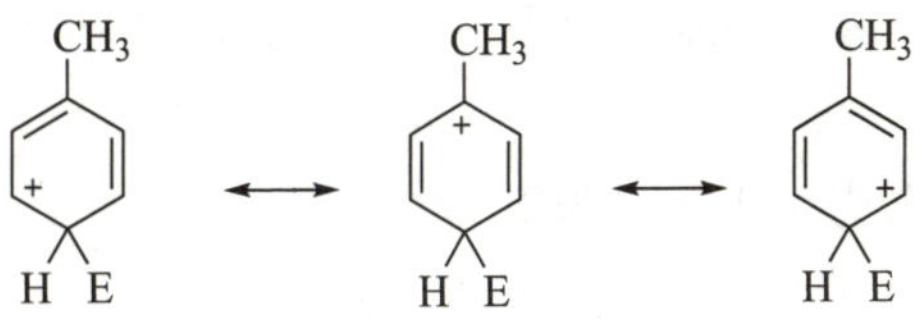

（CH_3、H、E 标注的三个共振极限式，以 ⟷ 相连）

习题16-25 对甲基苯磺酸在有机合成中是具有非常重要作用的固体强酸。在甲苯的磺化反应中其产率约为40%。与邻甲基苯磺酸的分离方法为磺化反应后加入 NaCl,即可得到固化的对甲基苯磺酸钠,分析其中原因。

答 邻甲基苯磺酸钠分子中,甲基与苯磺酸根处于邻位,有较强的排斥作用,导致分子构型较为扭曲,溶质分子间作用力较弱,溶解性较好;而对甲基苯磺酸钠分子平面性高,溶质分子间作用力强,易于结晶而从溶液中析出。

习题16-26 带有各种取代基的苯磺酰氯是非常重要的原料,若和醇反应,可以生成磺酸酯,为 S_N2 反应提供合适的离去基团;若与氨基反应,可以生成磺酰胺,是非常重要的药物。其常用的制备方法为取代苯与磺酰氯反应,如甲苯与氯磺酸反应,生成邻甲基苯磺酰氯(40%)和对甲基苯磺酰氯(15%)。完成反应式,说明产物为磺酰氯的原因。

答

$HO-SO_2-Cl \xrightarrow{-Cl^-} HO-\overset{+}{S}O_2$;与甲苯反应 → σ-络合物(碳正离子中间体)$\xrightarrow{ClSO_3H}$ $p-CH_3C_6H_4SO_2-OSO_3H$ $\xrightarrow[-H_2O]{Cl^-}$ $p-CH_3C_6H_4SO_2Cl$

习题16-27 根据三氟甲基苯硝化时的反应中间体碳正离子的极限式,画出三氟甲基苯发生芳香亲电取代反应(此时亲电基团为 E^+)的中间体碳正离子的极限式。

答

(三氟甲基苯间位进攻所得碳正离子的三个共振极限式,CF_3 在上,H、E 连于间位碳,正电荷分别位于三个不同碳上,以 ⟷ 相连)

习题16-28 铵离子也是一个具有较强吸电子诱导效应的取代基,三甲基苯基铵正离子的芳香亲电取代反应速率要比苯慢 10^7 倍。完成三甲基苯基铵正离子在浓硝酸和浓硫酸混合体系中的反应式。

答

$C_6H_5\overset{+}{N}H_3 \xrightarrow{HNO_3/H_2SO_4} m-O_2N-C_6H_4\overset{+}{N}H_3$

习题16-29 在强酸性条件下,苯胺进行芳香亲电取代反应的速率被大大降低了。解释其原因,并预测在此条件下苯胺发生芳香亲电取代反应的主要产物。

答 由于酸性条件下苯胺被质子化形成苯基铵正离子,铵离子具有很强的吸电子诱导效应,亲电基团进入的位置在氨基的间位,且此反应较难进行。

习题16-30 茴香醇是甘草香味和薰衣草芳香味的主要成分。通过网络检索确定茴香醇的结构,用系统命名法命名茴香醇,并以茴香醚为原料合成茴香醇。

答

茴香醇:$p-CH_2OH-C_6H_4-OMe$;茴香醚:C_6H_5OMe

$C_6H_5OMe \xrightarrow[ZnCl_2]{CH_2O/HCl} p-ClCH_2C_6H_4OMe \xrightarrow[H_2O]{(CH_2)_6N_4} p-OHCC_6H_4OMe \xrightarrow{CH_2O,\ KOH} p-HOCH_2C_6H_4OMe$

茴香醇的系统名为 4-甲氧基苯甲醇。

习题16-31 结合反应机理，讨论为何对甲苯乙酮不能进行傅-克酰基化反应，而对硝基甲苯却能进行硝化反应，而且2,4-二硝基甲苯也能进行硝化反应。并说明在芳香亲电取代反应中起主导作用的物种。

答 芳香亲电取代反应起主导作用的是亲电试剂：硝基正离子是很强的亲电试剂，因此即使苯环上电子云密度较低，也能发生反应。而酰基正离子、碳正离子是弱的亲电试剂，只能在相对富电子的苯环上发生亲电取代反应。

习题16-32 苯甲酸乙酯硝化的主要产物是什么？写出该硝化反应过程中产生的中间体碳正离子的极限式和离域式。

答 硝化产物是间硝基苯甲酸乙酯。

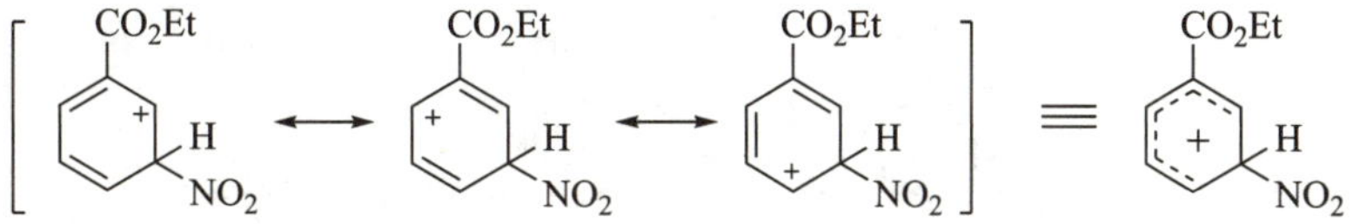

CO_2Et H NO_2 ⟷ CO_2Et H NO_2 ⟷ CO_2Et H NO_2 ≡ CO_2Et H NO_2

习题16-33 通过文献检索，画出杀虫剂DDT的结构式，并写出工业上利用氯苯和三氯乙醛为原料在99%硫酸作用下合成DDT的分步的、合理的反应机理。

答

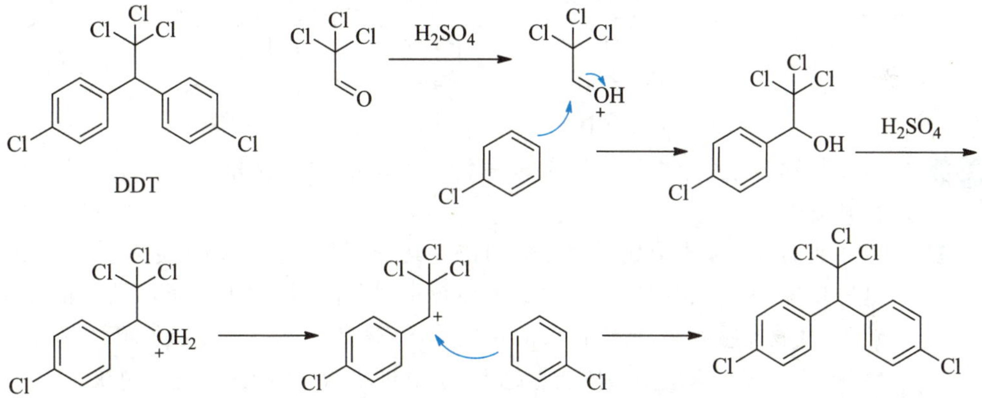

DDT

H_2SO_4 OH H_2SO_4 OH_2

习题16-34 苯基作为取代基时在芳香亲电取代反应中为活化基团，属于邻/对位定位基团，解释其原因，并画出联苯发生芳香亲电取代反应时的正离子中间体。

答 苯基作为共轭体系可以增加芳环电子云密度，稳定邻位以及对位的碳正离子，因此属于邻/对位活化基团。中间体的一个极限式如下：

E H ⟷ E H ⟷ E H ⟷ ……

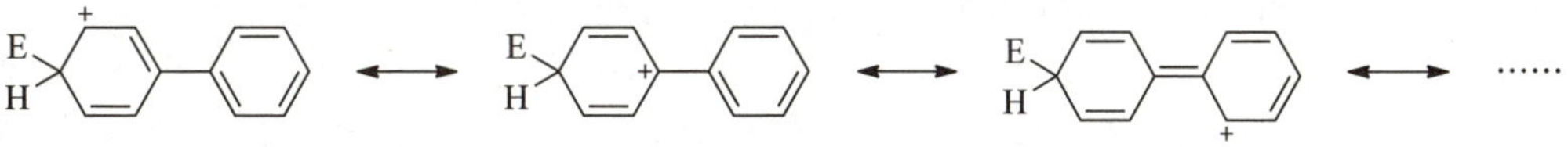

习题16-35 解释磺酸基为间位定位基团的原因，并画出苯磺酸发生芳香亲电取代反应时的正离子中间体。

答 磺酸具有吸电子诱导效应和共轭效应，降低芳环电子云密度，因此为间位定位基团。中间体的一个极限式如下：

SO_3H H E ⟷ SO_3H H E ⟷ SO_3H H E

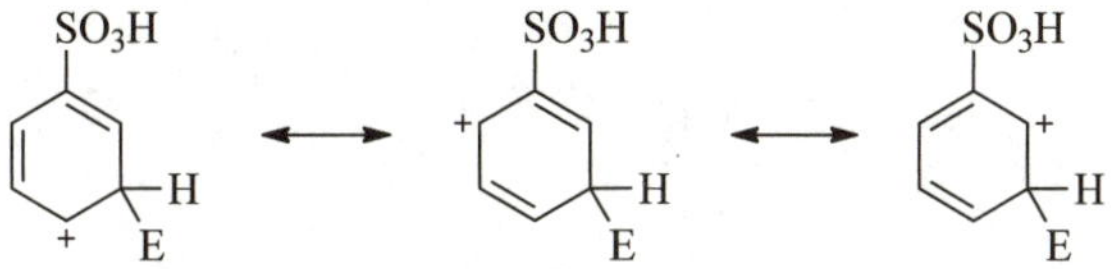

习题16-36 利用电子效应解释甲氧基、羟基、氨基以及烷基为何是邻/对位定位基团，而硝基和铵盐正离子是间位定位基团。

答　甲氧基、羟基以及氨基的 p 轨道与苯环共轭，具有很强的给电子共轭效应，而烷基具有给电子诱导效应与给电子超共轭效应，因此它们为邻/对位定位基团。硝基具有吸电子诱导和共轭效应，铵盐正离子有很强的吸电子诱导效应，因此它们为间位定位基团。

习题16-37　用箭头表示以下化合物在芳香亲电取代反应中新引入基团的位置：

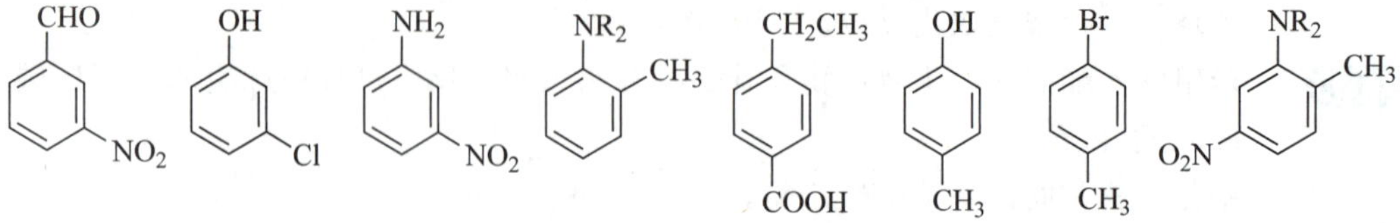

CHO, NO_2 (间硝基苯甲醛)　OH, Cl　NH_2, NO_2　NR_2, CH_3　CH_2CH_3, COOH　OH, CH_3　Br, CH_3　NR_2, CH_3, O_2N

答

CHO, NO_2　OH, Cl　NH_2, NO_2　NR_2, CH_3

CH_2CH_3, COOH　OH, CH_3　Br, CH_3　NR_2, CH_3, O_2N

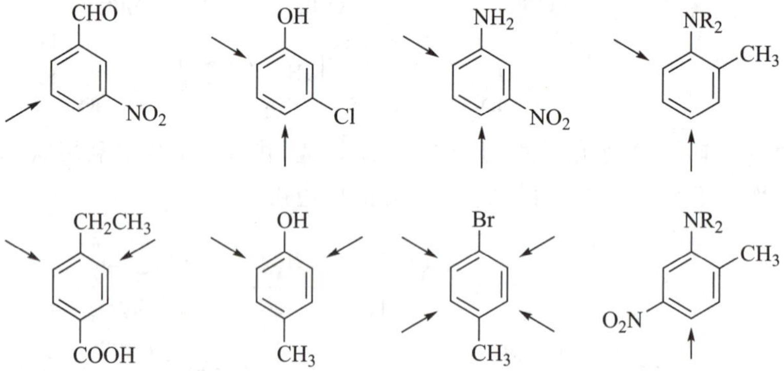

习题16-38　已知萘发生芳香亲电取代反应的速率要比苯快，判断蒽和菲进行此类反应时是否同样加快，并解释其原因。

答　蒽和菲的芳香亲电取代反应也会加快。其一，苯环越多，稠环芳烃的电子云密度越高，第一步亲电进攻(决速步)速率越快；其二，苯环越多，稠环芳烃中单个苯环结构的芳香稳定化能(离域能)越小，底物能量越高，亲电进攻活化能越低，速率越快；其三，苯环越多，碳正离子的离域范围越大(共振式更多)，亲电中间体能量越低，亲电进攻活化能越低，速率越快。

习题16-39　写出以下单硝化的反应式：

(i) 1,3-二甲基萘　(ii) 2-硝基萘　(iii) 1,6-二氯萘

答

(i) 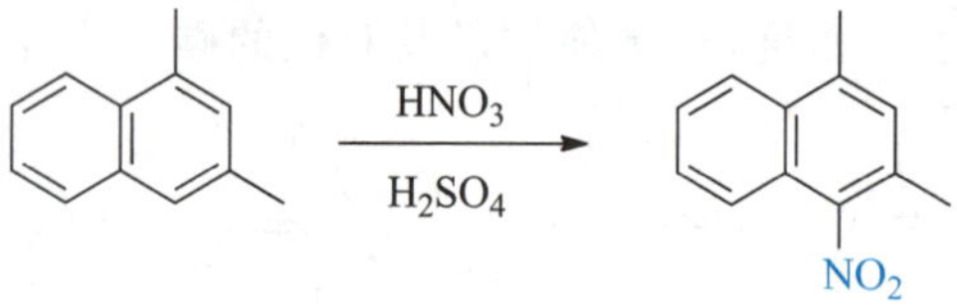 $\xrightarrow[H_2SO_4]{HNO_3}$ NO_2

(ii) 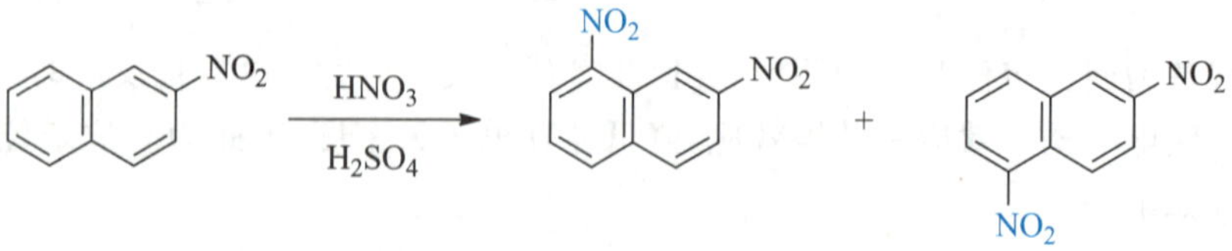 NO_2 $\xrightarrow[H_2SO_4]{HNO_3}$ NO_2, NO_2 + NO_2, NO_2

(iii) 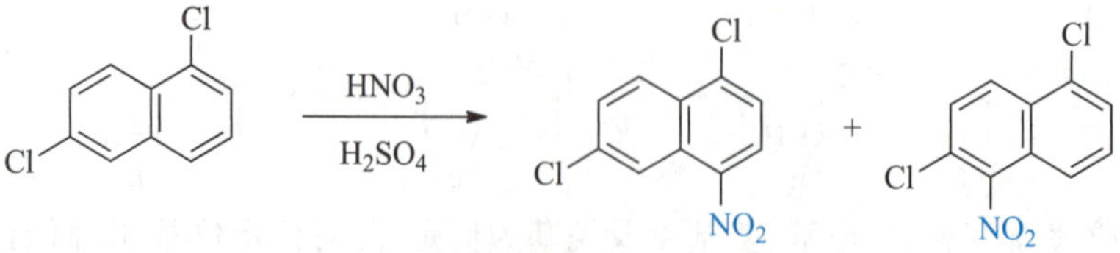 Cl, Cl $\xrightarrow[H_2SO_4]{HNO_3}$ Cl, Cl, NO_2 + Cl, Cl, NO_2

习题16-40　画出萘磺化反应的势能图，分别标出动力学控制产物和热力学控制产物，并说明理由。

答

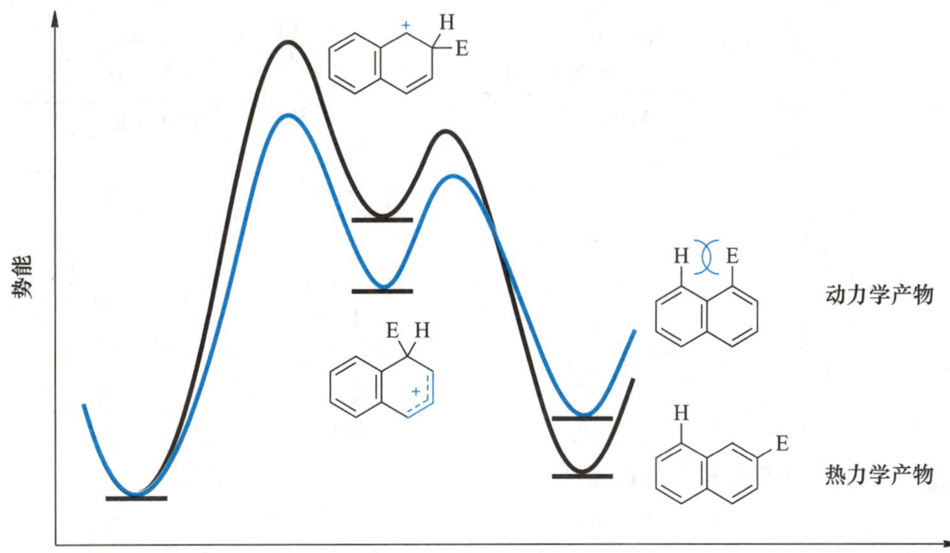

习题16-41 完成下列反应：

(i) 1-萘甲醛 $\xrightarrow{Cl_2,\ FeCl_3}$　　(ii) 2-甲基萘 $\xrightarrow{HNO_3,\ H_2SO_4}$

(iii) 菲 $\xrightarrow{Br_2,\ Fe}$　　(iv) H_3C-萘-$NHCOCH_3$ $\xrightarrow{HNO_3,\ H_2SO_4}$

答

(i) Cl, CHO（8-氯-1-萘甲醛） + CHO, Cl（5-氯-1-萘甲醛）　　(ii) O_2N, CH_3 + NO_2, CH_3

(iii) Br（9-溴菲）　　(iv) $NHCOCH_3$, NO_2, H_3C + NO_2, $NHCOCH_3$, H_3C

习题16-42 写出2,4-二硝基氯苯在下列反应条件下产物的结构式：

(i) 甲胺　(ii) 硫氢化钠水溶液　(iii) 水合肼　(iv) 甲醇钠的甲醇溶液

答

(i) $NHCH_3$, NO_2, NO_2　(ii) SH, NO_2, NO_2　(iii) $NHNH_2$, NO_2, NO_2　(iv) OCH_3, NO_2, NO_2

习题16-43 完成下列反应式：

(i) F, NO_2 $\xrightarrow[DMSO,\ K_2CO_3]{HN\ \ O}$　　(ii) F, CF_3 $\xrightarrow[DMSO,\ K_2CO_3]{HN\ \ -Ph}$

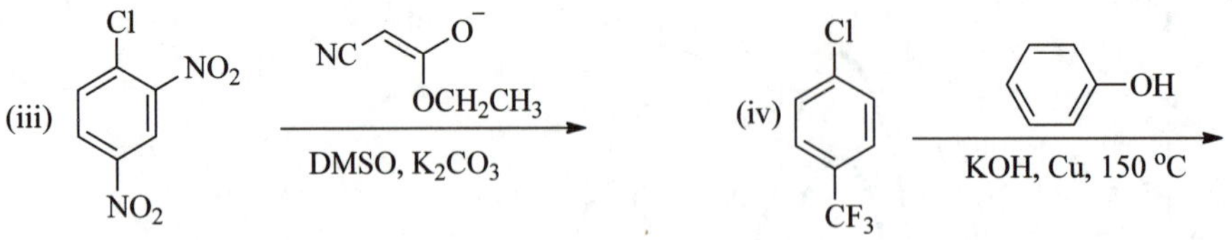

(iii) (iv)

DMSO, K_2CO_3

KOH, Cu, 150 °C

答

(i) (ii) (iii) (iv)

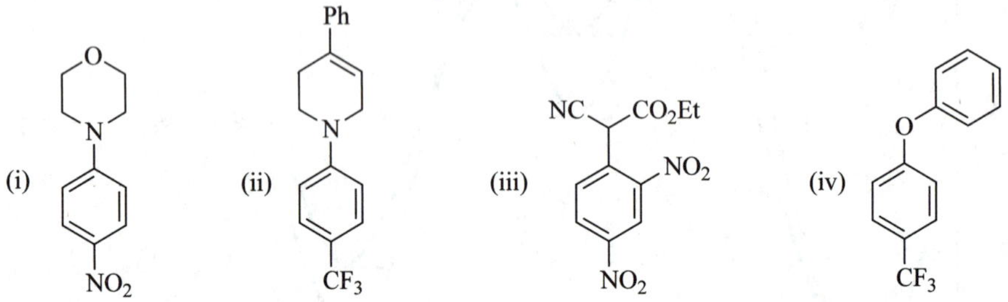

习题16-44 写出以下转换的反应机理：

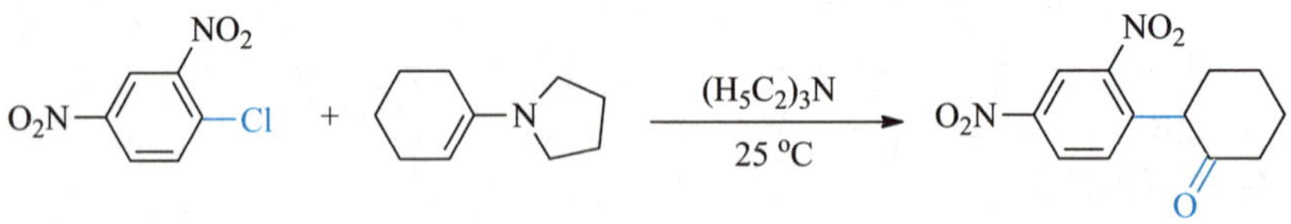

$(H_5C_2)_3N$, 25 °C

答

$-Cl^-$

$\sim H^+$

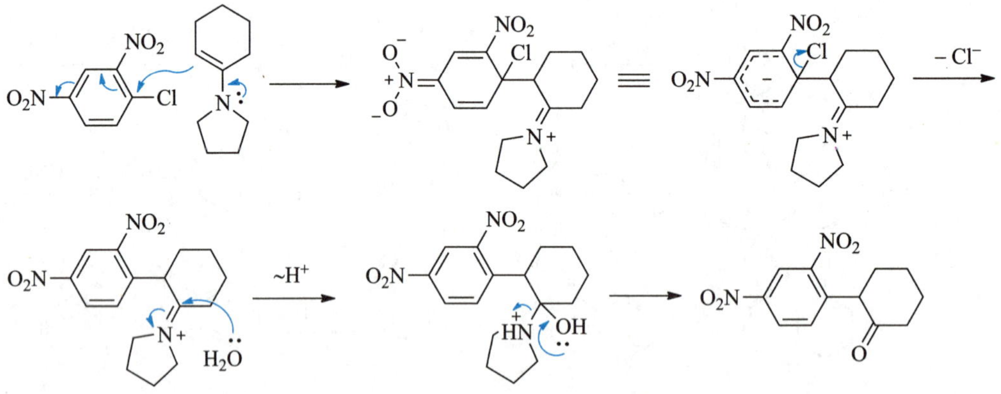

习题16-45 氟嗪酸(ofloxacin)是抗菌谱广的高效新一代氟代喹诺酮类药物，对多数革兰氏阴性菌、革兰氏阳性菌和某些厌氧菌有广谱的抗菌活性。至今的临床试验表明，氟嗪酸对全身性感染和急、慢性尿道感染有效，人体对氟嗪酸的耐受性也较好，而且细菌对氟嗪酸的耐药现象似乎不易发生。其结构式如下图 **A** 所示：

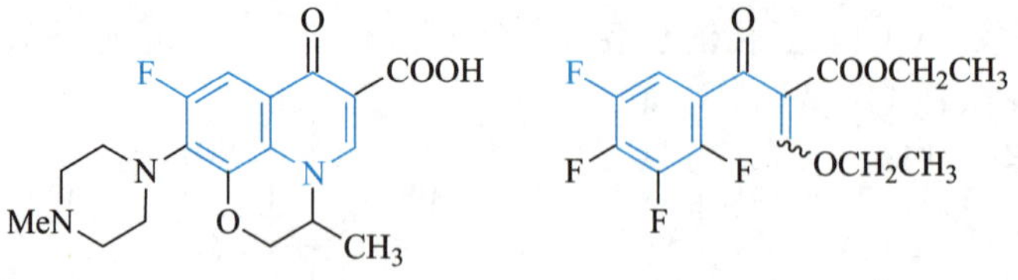

A **B**

以 **B** 为原料，对比二者的结构区别，找出其他反应底物完成氟嗪酸的合成，并利用加成-消除机理画出这些转换过程。

答

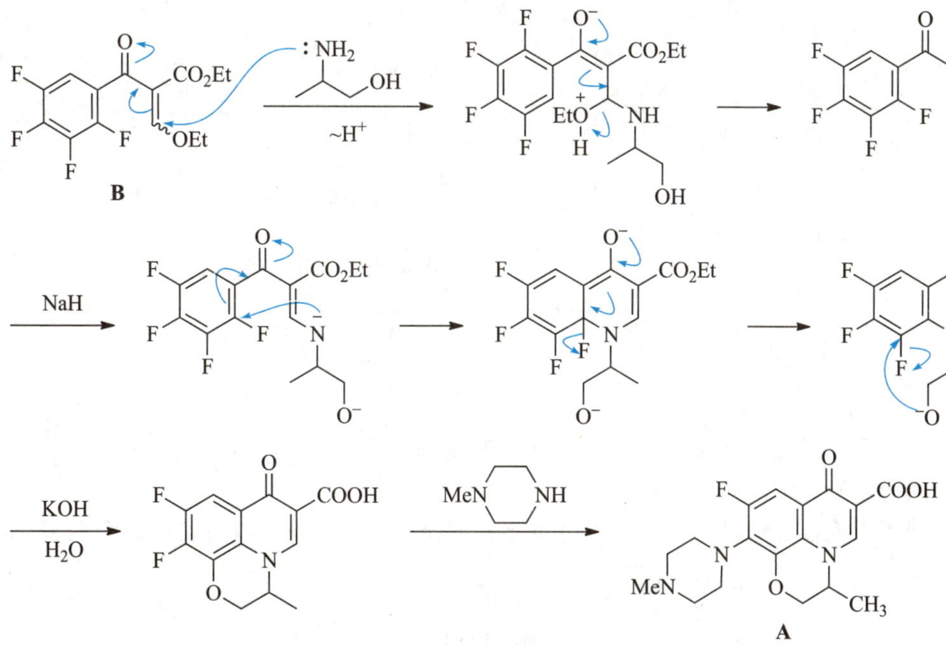

B

A

习题16-46 2006 年和 2007 年，日本和美国的两个研究小组都声称，他们通过 *N*-芳基吡啶盐氯化物和取代苯胺(或脂肪胺)反应，合成了 12 元环的二氮杂轮烯分子。

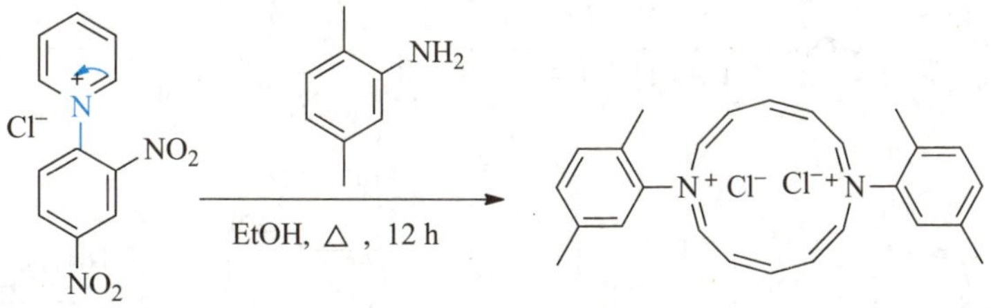

EtOH, △，12 h

不久后，德国化学家 M. Christl 指出，上述反应与有 100 余年历史的 Zincke 反应是一样的，而且，这两个团队提出的产物结构是错误的——产物中并不含 12 元环，其结构只是简单六元的吡啶鎓盐而已。看到这篇质疑，这两个团队回应称，他们起初的确是忽略了 Zincke 反应的相关文献，不过产物的结构没有错，这一点可以利用反应产物的电喷雾电离(ESI)质谱表征结果来证明。其后，M. Christl 继续发文，称 ESI 中分子的缔合是很常见的现象，不足以证明产物为二聚体；而相反，产物的熔点和 NMR 谱反而可以证明其吡啶盐的性质。时隔一年多后，2007 年底，日本的研究小组因为“产物结构不明”，撤回了他们最早发表在 *Organic Letters* 上的文章。而同年 12 月，美国的研究小组亦对其早先所发表的文章作出改正，称其“希望修改早先提出的轮烯结构”。假定产物就是二氮杂轮烯，画出其可能的转换形式，并从中体会其可能的不合理之处。

答

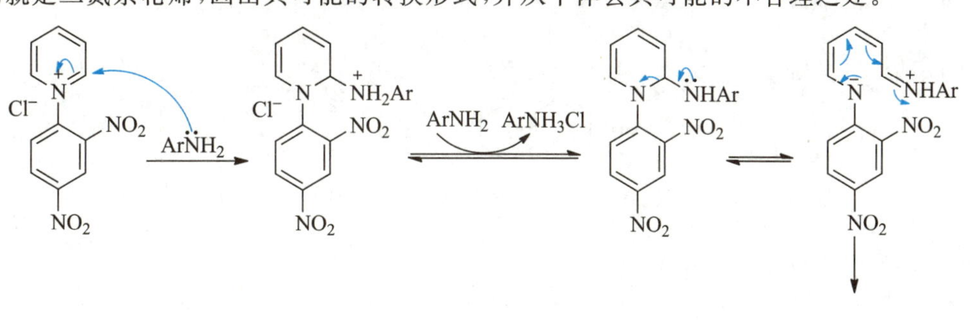

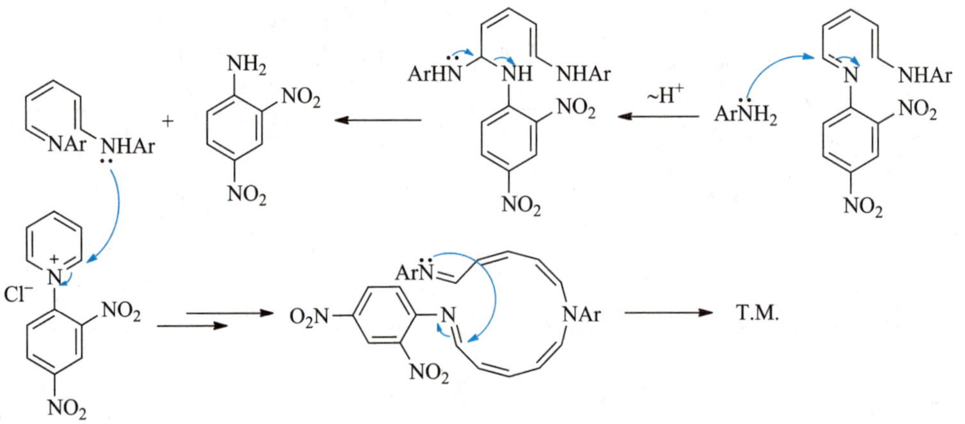

可以看出最后一步闭环需要二级胺进攻，但是中间体为亲核能力较差的亚胺，而且需要形成一个热力学不稳定的大环体系。

习题16-47 利用下列反应经过分子内转换可以合成吲哚衍生物。画出以下转换的合理、分步的机理：

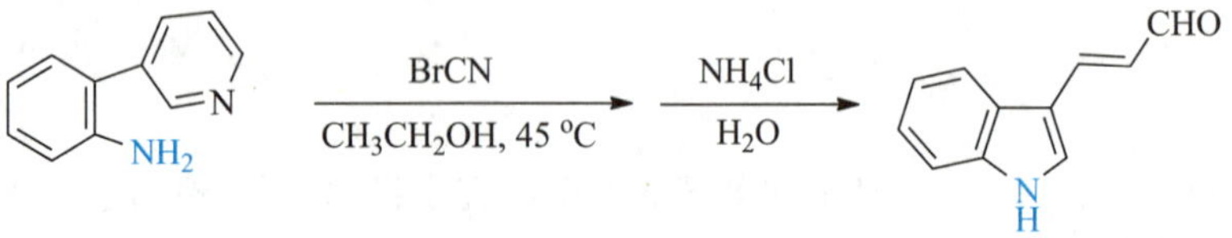

BrCN, CH_3CH_2OH, 45 °C; NH_4Cl, H_2O

答

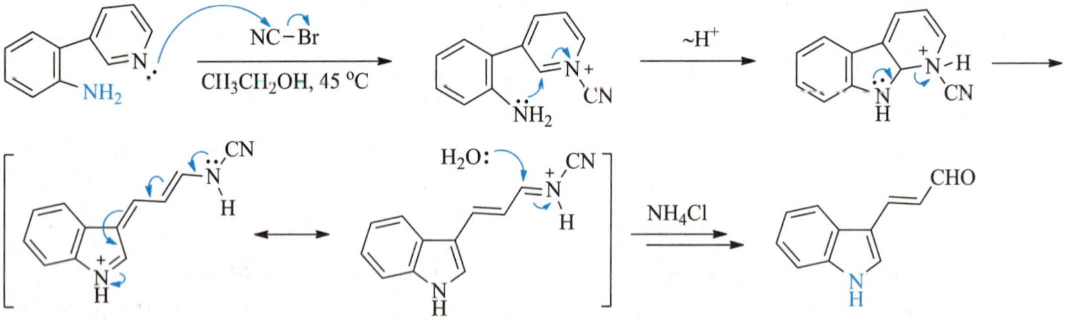

习题16-48 完成以下反应式：

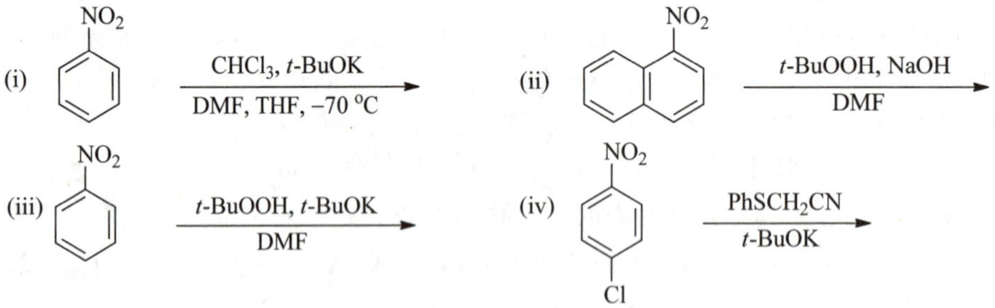

(i) $CHCl_3$, t-BuOK, DMF, THF, −70 °C

(ii) t-BuOOH, NaOH, DMF

(iii) t-BuOOH, t-BuOK, DMF

(iv) $PhSCH_2CN$, t-BuOK

答

(i) (ii) (iii) (iv)

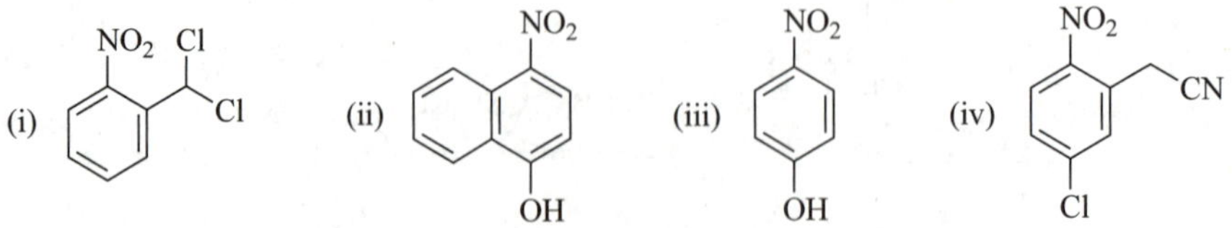

习题16-49 画出以下转换的分步的、合理的反应机理：

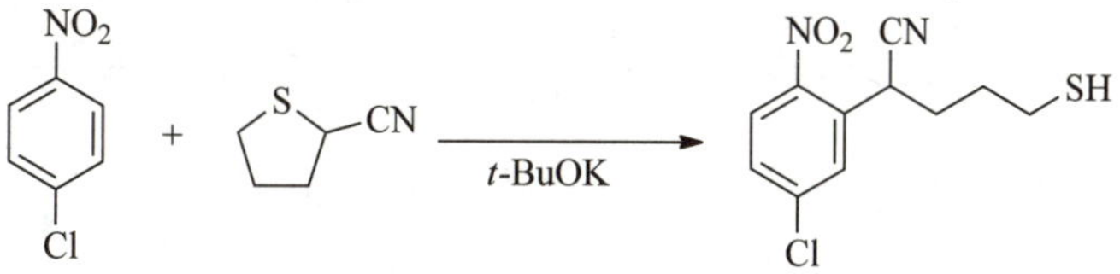

答

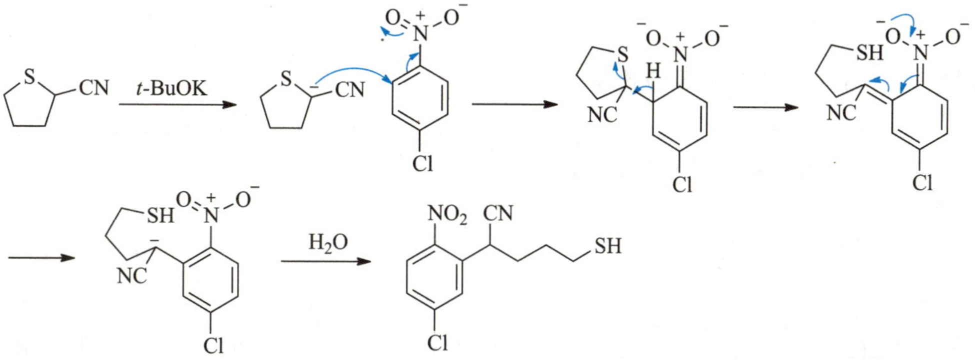

习题16-50 为何在芳香亲电取代反应的机理分析中，离去基团常常是 H^+？如果多取代的苯环发生亲电取代反应，离去基团是否可以是其他基团？举例说明。

答 其原因在于质子是很好的离去基团。此外，烷基正离子、磺酰基也可以。

习题16-51 当将苯溶解在 D_2SO_4 中一段时间后，在 ^1H NMR 谱图中苯的信号完全消失，得到了一种相对分子质量为 84 的新化合物。画出此化合物的结构式，并画出形成此化合物的反应机理。

答

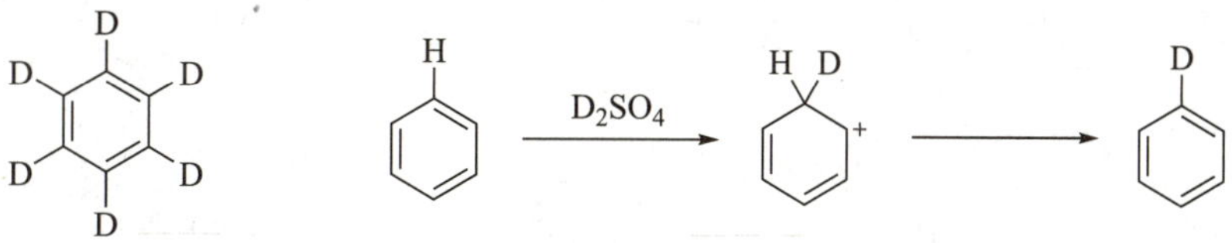

重复五次后，可以得到六氘代苯。

习题16-52 通过计算一些加成反应的 $\Delta H^{\ominus}$，给出苯不发生加成反应的原因。

答 略

习题16-53 将苯与氯甲烷在 $AlCl_3$ 作用下反应，分离后得到一个结晶，其分子式为 $C_{10}H_{14}$，核磁共振的氢谱数据如下：2.27(s,12H)，7.15(s,2H) ppm。根据以上数据和实验事实确定其结构式。

答

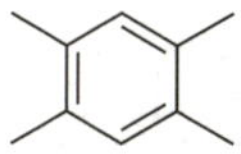

习题16-54 异丙苯是制备苯酚的工业原料，在工业生产中制备的方法是苯与丙烯在磷酸的催化下得到的。画出此反应的反应机理。

答

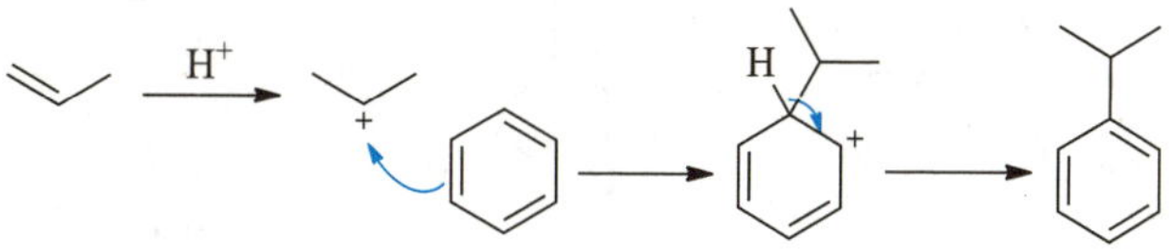

习题16-55 在 Lewis 酸的催化作用下，1-氯丁烷与苯反应生成两个一元取代的产物。画出此两个产物的结构式，并画出此转换的反应机理。

答

$$\text{CH}_3\text{CH}_2\text{CH}_2\text{CH}_2\text{Cl} \xrightarrow[-\text{Cl}^-]{\text{Lewis酸}} \text{CH}_3\text{CH}_2\text{CH}_2\text{CH}_2^+ \xrightarrow{\text{C}_6\text{H}_6} \text{C}_6\text{H}_5\text{CH}_2\text{CH}_2\text{CH}_2\text{CH}_3$$

$$\text{CH}_3\text{CH}_2\text{CH}_2\text{CH}_2^+ \longrightarrow \text{CH}_3\text{CH}_2\overset{+}{\text{C}}\text{HCH}_3 \xrightarrow{\text{C}_6\text{H}_6} \text{C}_6\text{H}_5\text{CH}(\text{CH}_3)\text{CH}_2\text{CH}_3$$

习题16-56　比较以下各组的反应速率大小：

(i) $v_{甲苯的间位硝化}$，$v_{氯苯的邻位硝化}$　(ii) $v_{苯酚的对位硝化}$，$v_{苯的硝化}$　(iii) $v_{溴苯的间位硝化}$，$v_{溴苯的对位硝化}$

(iv) $v_{苯甲酸的间位硝化}$，$v_{甲苯的间位硝化}$　(v) $v_{硝基苯的硝化}$，$v_{间二硝基苯的硝化}$

答　>；>；<；<；>。

习题16-57　完成下列反应式：

(i) $\text{C}_6\text{H}_5\text{OH} \xrightarrow[-10\ ^\circ\text{C}]{\text{H}_2\text{SO}_4}$

(ii) C_6H_6 + 环己烯 $\xrightarrow[0\ ^\circ\text{C}]{\text{HF}}$

(iii) $\text{C}_6\text{H}_6 + \text{BrCH}_2\text{CH}_2\text{F} \xrightarrow[-20\ ^\circ\text{C}]{\text{BF}_3}$

(iv) 1-萘甲醛（CHO） $\xrightarrow[\text{FeCl}_3]{\text{Cl}_2}$

(v) 2-硝基联苯（O_2N） $\xrightarrow[\text{Fe}]{\text{Br}_2}$

(vi) $\text{C}_6\text{H}_6 + \text{ICl} \xrightarrow[\text{HOAc}]{\text{ZnCl}_2}$

(vii) $\text{C}_6\text{H}_5\text{CH}_2\text{CH}_3 + \text{H}_3\text{C}\text{C(=O)ONO}_2 \xrightarrow[\text{CH}_3\text{CN}]{\text{H}^+}$

(viii) $\text{C}_6\text{H}_5\text{CH}_3$ + 3-OCH_3-$\text{C}_6\text{H}_4\text{CH}_2\text{Cl}$ $\xrightarrow{\text{TiCl}_4}$

(ix) $\text{C}_6\text{H}_5\text{CH}_2\text{CH}_2\text{CH}_2\text{CH}_2\text{C(OH)(CH}_3)\text{CH}_3 \xrightarrow{\text{H}_2\text{SO}_4}$

(x) $\text{C}_6\text{H}_5\text{CH}_2\text{CH(C}_6\text{H}_5)\text{CH}_2\text{CH}{=}\text{CHCH}_3 \xrightarrow{\text{H}_2\text{SO}_4}$

答

(i) 4-HO-C_6H_4-SO_3H　(ii) 环己基苯　(iii) $\text{C}_6\text{H}_5\text{CH}_2\text{CH}_2\text{Br}$　(iv) 5-氯-1-萘甲醛（CHO，Cl）

(v) Br-C_6H_4-C_6H_4-NO_2（O_2N）　(vi) $\text{C}_6\text{H}_5\text{I}$　(vii) 4-CH_2CH_3-C_6H_4-NO_2　(viii) 4-CH_3-C_6H_4-CH_2-C_6H_4-3-OCH_3

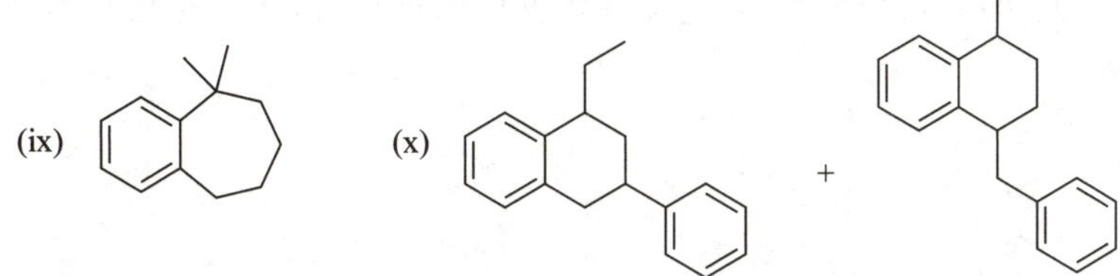

习题16-58 完成下列反应式，并说明需要何种催化剂以及催化剂的用量：

(i) 苯与叔丁基氯　(ii) 苯与环戊烯　(iii) 萘与丁二酸酐

答

(i) 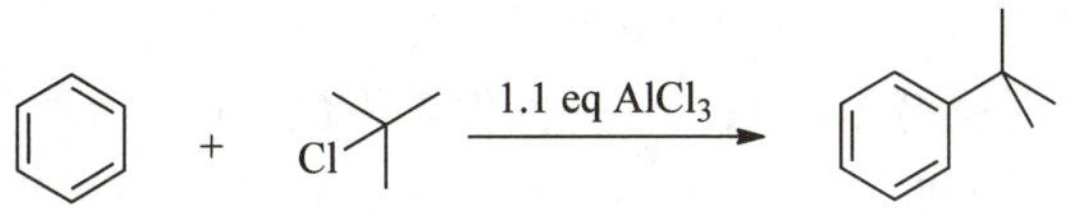 1.1 eq $AlCl_3$

(ii) 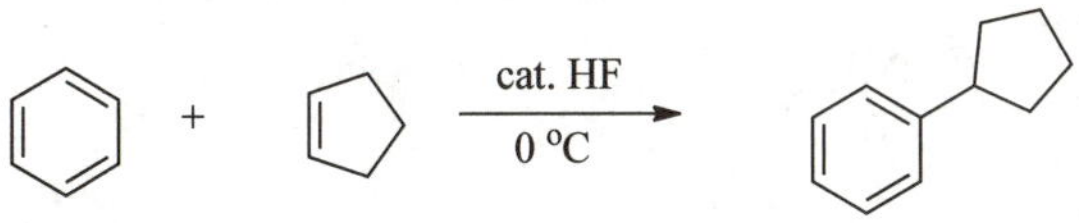 cat. HF，0 °C

(iii) 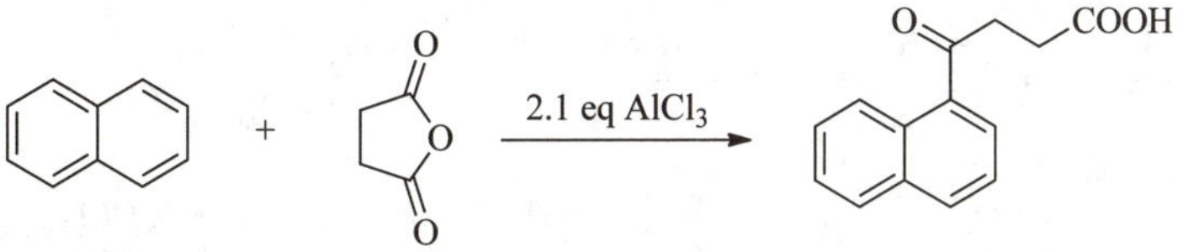 2.1 eq $AlCl_3$

习题16-59 在气相下实验测得对硝基氯苯的偶极矩为 2.81 D，与氯苯及硝基苯偶极矩向量和的计算值相差较多。说明其原因。

答 对硝基氯苯中氯原子上的孤对电子可以与硝基形成共振结构，弱化了 C—Cl 键的极性，因而对硝基氯苯的偶极矩并不等于氯苯与硝基苯偶极矩的向量和。

习题16-60 对下列化合物的一元间位硝化产物的产率从高到低进行排序，并说明理由：

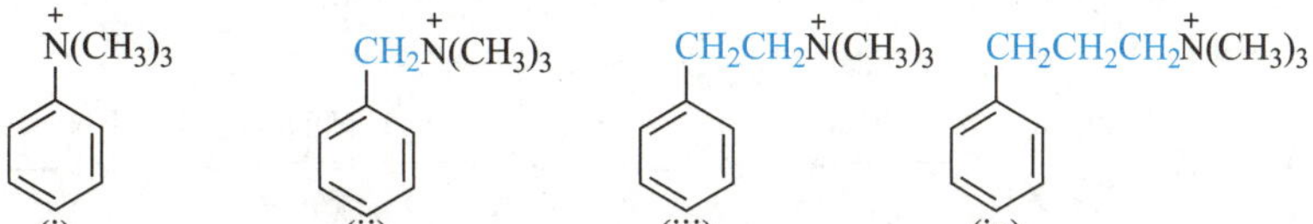

(i) $C_6H_5\overset{+}{N}(CH_3)_3$　(ii) $C_6H_5CH_2\overset{+}{N}(CH_3)_3$　(iii) $C_6H_5CH_2CH_2\overset{+}{N}(CH_3)_3$　(iv) $C_6H_5CH_2CH_2CH_2\overset{+}{N}(CH_3)_3$

答 (i)＞(ii)＞(iii)＞(iv)。因为随着烷基链增加，铵正离子的吸电子诱导效应减弱。

习题16-61 画出下列反应式，并解释其实验结果：

(i) 异丁烯与苯的混合溶液在盐酸作用下，只生成一种产物。

(ii) 新戊醇在强酸作用下与大量的苯反应，生成两种产物；这两种产物分别与酸作用，又各生成两种产物，但其中一个产率很低。

答 (i) 叔丁基碳正离子不发生重排，仅得到一种产物：

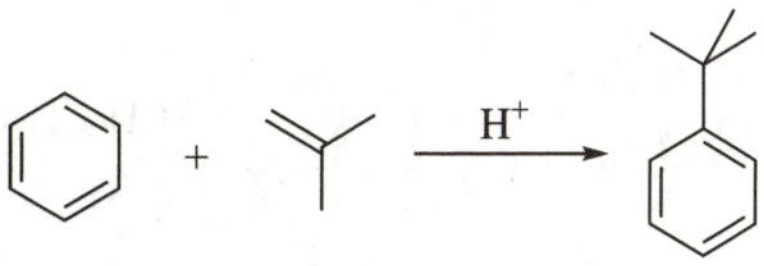

H^+

(ii) 新戊醇在酸性条件下与大量的苯反应，生成以下两种产物：

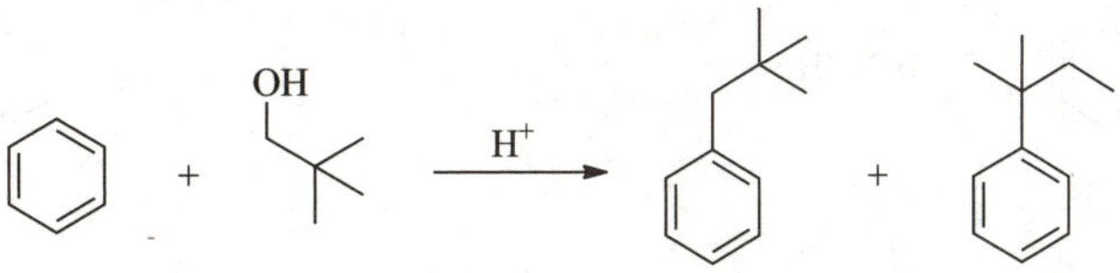

OH　H^+

这两个化合物继续与酸作用，可以发生傅-克烷基化反应的逆反应，再次生成烷基正离子，最终产物为

$\xrightarrow{H^+}$ + $\xrightarrow{H^+}$ +

其中，2-苯基-3-甲基丙烷的产率很低。

习题16-62 以苯、甲苯为原料合成以下化合物：

(i) 丙苯 (ii) 对氯苯乙酮 (iii) 对氨基苯乙酮 (iv) 间溴苯甲酸 (v) 苄胺 (vi) 对甲基苯甲醛 (vii) 苄醇 (viii) 对甲基苯基乙酸

答

(i) 苯 + HO—CH(CH$_3$)$_2$ $\xrightarrow{H^+}$ 异丙苯

(ii) 苯 $\xrightarrow{Cl_2, FeCl_3}$ 氯苯 —Cl $\xrightarrow{Ac_2O, AlCl_3}$ 对氯苯乙酮（O，—Cl）

(iii) 苯 $\xrightarrow{HNO_3}$ 硝基苯（NO_2） $\xrightarrow[\text{2. AcCl, Py}]{\text{1. Sn, HCl}}$ 乙酰苯胺（NHAc） $\xrightarrow[AlCl_3]{AcCl}$ NHCOCH$_3$（对位乙酰基，O） $\xrightarrow[H_2O]{NaOH}$ NH$_2$（对位乙酰基，O）

(iv) H_3C—苯 $\xrightarrow[H^+]{KMnO_4}$ HOOC—苯 $\xrightarrow[FeBr_3]{Br_2}$ HOOC—苯（间位 Br）

(v) H_3C—苯 $\xrightarrow[h\nu]{Cl_2}$ Cl—CH$_2$—苯 $\xrightarrow[\text{2. }H_2\text{, Pd/C}]{\text{1. }NaN_3}$ H_2N—CH$_2$—苯

(vi) H_3C—苯 $\xrightarrow[CuCl, HCl]{CO}$ H_3C—苯—CHO

(vii) H_3C—苯 $\xrightarrow[h\nu]{Cl_2}$ Cl—CH$_2$—苯 $\xrightarrow[H_2O]{NaOH}$ HO—CH$_2$—苯

(viii) H_3C—苯 $\xrightarrow[HCl]{\text{环氧乙烷 (O)}}$ H_3C—苯—CH_2CH_2OH $\xrightarrow[H^+]{Na_2Cr_2O_7}$ H_3C—苯—CH_2CO_2H

习题16-63 完成下列反应式：

(i) 对溴硝基苯（Br，NO_2） + $(CH_3)_2NH$ $\xrightarrow[\text{吡啶 (N)}]{NaHCO_3}$

(ii) 1-硝基-2-乙酰氨基萘（NO_2，NHCOCH$_3$） $\xrightarrow[H_2O]{NaOH}$

(iii) 2,4-二硝基苯甲醚 + $H_2NOCH_2CH=CH_2$ ⟶

(iv) 2,4,6-三硝基氯苯 $\xrightarrow{NaOCH_3}$

(v) 2,4-二硝基氟苯 $\xrightarrow{NaOCH_3}$

(vi) 对溴氯苯 $\xrightarrow{Na_2S}$

(vii) 1,2,3,5-四氯苯 $\xrightarrow{NaOCH_2CH_2OCH_3}$

(viii) 对二硝基苯 $\xrightarrow{Na_2S}$

答

(i) $N(CH_3)_2$ / NO_2 (ii) NO_2, NH_2 (萘) (iii) HN–O–$CH_2CH=CH_2$, NO_2, NO_2 (iv) OCH_3, O_2N, NO_2, NO_2

(v) OCH_3, NO_2, NO_2 (vi) SH, Cl (vii) $OCH_2CH_2OCH_3$, Cl, Cl, Cl (viii) NH_2, NO_2

习题16-64 将苯酚衍生物与多聚甲醛、苯硼酸在丙酸溶液中加热，可以在酚羟基的邻位高区域选择性地引入羟甲基。为了研究此反应机理，利用 2-甲基苯酚为原料，分离得到了此反应的关键中间体，经分析此中间体的分子式为 $C_{14}H_{13}O_2B$。画出此中间体的结构式，并推测此反应的转换机理以及苯硼酸的作用：

$$\text{2-甲基苯酚} \xrightarrow[CH_3CH_2COOH]{HCHO,\ PhB(OH)_2} C_{14}H_{13}O_2B \xrightarrow{H_2O_2} \text{(CH}_3\text{, OH, CH}_2\text{OH)}$$

答

$$\text{2-甲基苯酚} \xrightarrow[CH_3CH_2COOH]{HCHO,\ PhB(OH)_2} \text{ArO–B(Ph)–O–CH}_2\text{–}\overset{+}{O}H_2 \xrightarrow{-H_2O} \text{ArO–B(Ph)–}\overset{+}{O}\text{=CH}_2$$

$$\xrightarrow{-H^+} \text{(环状硼酸酯，B–Ph)} \xrightarrow{H_2O_2} \text{(环状硼酸酯，B–OPh)} \xrightarrow{H_2O} \text{(CH}_3\text{, OH, CH}_2\text{OH)}$$

苯硼酸的配位作用使得反应选择性地在邻位进行。

习题16-65 当化合物 **A** 在-78℃下溶解在 FSO_3H 中，经 NMR 谱测定形成了一种碳正离子；当反应温度升至－10℃时，形成了另一种不同的碳正离子。将反应混合溶液用15% NaOH水溶液猝灭后，第一种碳正离子的产物为**B**，第二种碳正离子的产物为**C**。分别画出这两种碳正离子的结构式。

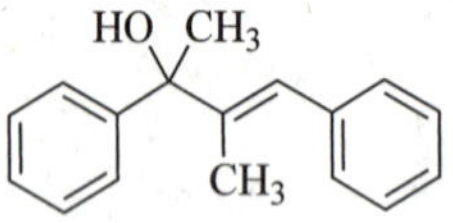

A 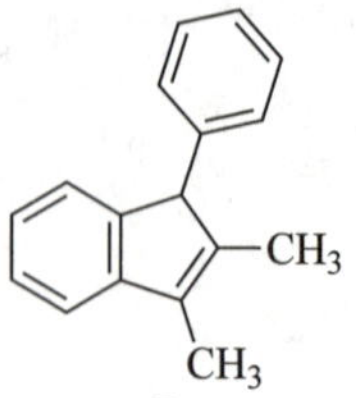　　B 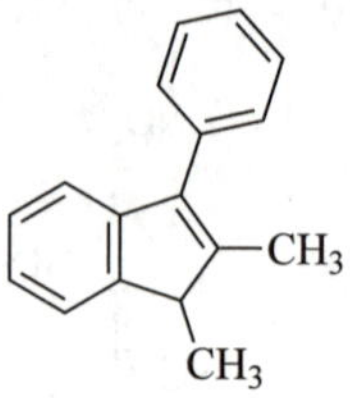　　C

答

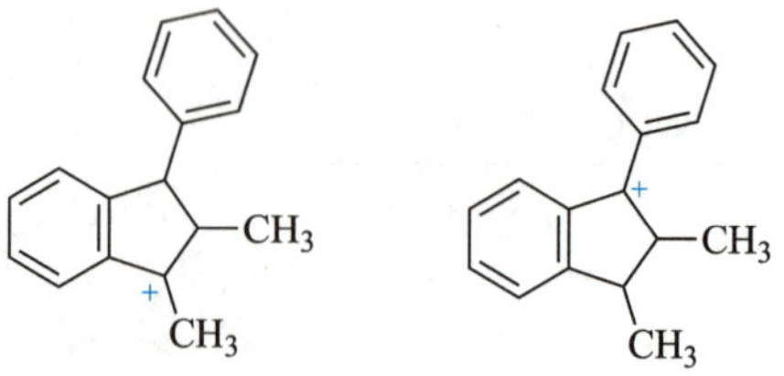

17

第17章 烷基苯衍生物　酚　醌

内容提要

由于苯环所独具的芳香性导致其具有与众不同的稳定性，因此烷基取代苯的骨架可以近似看做苯环修饰的烃类衍生物，它们可能会具有与烷烃类化合物不同的性质。酚的基本性质应该与醇的一致，其反应也基本类似；但是由于苯环的引入，使得这些化合物与醇相比存在明显的区别。那么，在比较它们相同性的同时，重点需要了解其产生不同点的原因，也就是要了解苯环是如何影响其所连接基团的化学性质的。因此，苯环对烷基、羟基的影响是非常重要的。

17.1 苄位的化学性质

苯环上的甲基要比甲烷活泼得多，苯环的引入活化了甲基，使其与普通烷烃相比具有了更高的反应活性。

17.2 酚的命名、结构与物理性质

凡是羟基连接在 sp^3 杂化的碳原子上，就称为**醇**（英文名称为 alcohol）；而羟基连接在碳碳双键和 sp^2 杂化碳原子上，称为**烯醇**（英文名称为 enol）；羟基只有直接与芳环相连的才称为**酚**。

17.3 酚羟基的反应

由于氧原子上孤对电子与苯环的 p-π 共轭体系增强了羟基氢原子的解离能力，这使得苯酚的酸性要比醇强得多。酚羟基也具有弱碱性，这是因为其氧原子的孤对电子能与强酸反应，形成相应的苯氧鎓离子。

酚羟基在碱性条件下，与卤代烷或烷基磺酸酯反应，可以转化为酚醚。烯丙基乙烯基醚类衍生物在加热条件下重排成相应的 γ,δ-不饱和羰基化合物的反应称为 **Claisen 重排**。

酚由于孤对电子参与了 p-π 共轭，导致其亲核能力降低，因此须在碱（碳酸钾、吡啶、三乙胺）或质子酸（硫酸、磷酸）的催化作用下，与酰氯或酸酐反应才能形成酯。将酚酯与 Lewis 酸或 Brønsted 酸一起加热，发生酰基重排生成邻羟基或对羟基芳酮的混合物的反应统称为 **Fries 重排**。

17.4 酚芳环上的取代反应

酚羟基上 p 电子与苯环的 π 体系共轭作用使羟基邻、对位的电子云密度增大了，所以酚羟基的邻、对位亲核能力很强，使得苯环成为了各类亲电反应的活泼中心。

卤化反应：酚的卤化反应不需要任何催化剂，并常常会发生多卤代反应。

磺化、硝化和亚硝基化反应：苯酚与浓硫酸在较低的温度(15～25℃)下很容易进行磺化反应；在室温时，用稀硝酸即可使苯酚硝化；苯酚在酸性溶液中与亚硝酸作用，能发生亚硝基化反应。

Friedel-Crafts 反应：苯酚还可以进行 Friedel-Crafts 烷基化和酰基化反应。

Reimer-Tiemann 反应：苯酚在 10%NaOH 溶液中与氯仿加热，会转化成邻羟基苯甲醛和对羟基苯甲醛，其中以邻羟基苯甲醛为主要产物。

Kolbe-Schmitt 反应：将酚在碱性条件下与高压 CO_2 反应生成邻、对位羟基取代的芳香羧酸。

芳香醚的 Birch 还原：Birch 还原从反应过程中可以理解为芳环的 1,4-还原。

苯酚与甲醛的缩合——酚醛树脂：在碱性或酸性条件下，苯酚都能与甲醛发生羟醛缩合反应，生成邻、对位羟甲基取代的苯酚。

17.5 多环芳酚和多元酚的反应

Bucherer 反应：α-或 β-萘酚在亚硫酸氢钠存在下与氨作用，转变成相应的萘胺。

由于有酚羟基的给电子共轭效应以及可以稳定所形成的碳正离子中间体，多酚类化合物比苯酚更容易进行亲电取代反应。此外，这些多酚类化合物还有一些特殊反应：间苯二酚的还原反应、**Houben-Hoesch 反应**、合成荧光染料。

17.6 酚的制备

一元酚的制备：异丙苯法、芳香亲核取代法、格氏试剂-硼酸酯法、苯炔中间体法，以及重氮盐法等。

多元酚的制备：Dakin 反应等。

17.7 醌的结构

含有共轭环己二烯二酮结构的一类化合物称为**醌**。

17.8 对苯醌的反应

对苯醌含有两种官能团：酮羰基和碳碳双键。因此，对苯醌的反应主要包括 α,β-不饱和酮的 1,2-和 1,4-加成，以及碳碳双键的亲电加成反应和环加成反应。此外，作为一类缺电子体系，对苯醌还具有一定的氧化性。

对苯醌的加成反应：1,2-加成、1,4-加成、与碳碳双键的亲电加成，以及与双烯体的环加成反应。

对苯醌的氧化性：对苯醌具有氧化性，易被还原成对苯二酚。

17.9 醌的制备

醌通常采用氧化反应来制备。

习题解析

习题 17-1 写出苄基自由基和苄基正离子的所有共振式。

答

习题 17-2 写出甲苯在加热下溴化的反应机理。

答

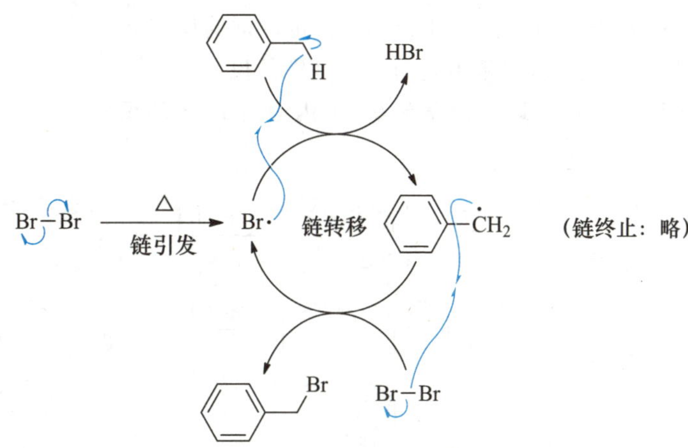

习题 17-3 下列化合物均能在加热条件下溴化，完成其反应式；并对这些化合物在加热条件下溴化活性进行排序。

(i) 甲苯 (ii) 二苯甲烷 (iii) 1,2-二苯乙烷 (iv) 1,3-二苯丙烷

答

(i) $\xrightarrow[\triangle]{Br_2}$

(ii) $\xrightarrow[\triangle]{Br_2}$

(iii) $\xrightarrow[\triangle]{Br_2}$

(iv) $\xrightarrow[\triangle]{Br_2}$

活性排序：二苯甲烷>1,2-二苯乙烷≈1,3-二苯丙烷>甲苯。

习题 17-4 画出下列化合物的结构式，并判断哪个化合物在乙醇溶液中更容易进行 S_N1 反应？说明你的

理由。

(i) 1-溴丙基-4-甲氧基苯　(ii) 1-溴丙基-3-甲氧基苯

答 (i) MeO-C₆H₄-CH(Br)CH₂CH₃ $\xrightarrow{-Br^-}$ MeO^+=C₆H₄=CHCH₂CH₃

(ii) 3-MeO-C₆H₄-CH(Br)CH₂CH₃ $\xrightarrow{-Br^-}$ 3-MeO-C₆H₄⁺=CHCH₂CH₃

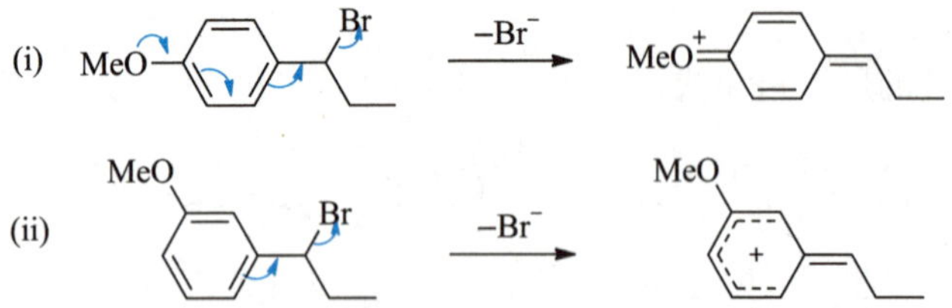

二者发生 S_N1 反应的难易程度取决于中间体碳正离子的稳定性。苄位的正离子可以被苯环的电子云稳定，而苯环上的甲氧基的给电子共轭效应可以进一步稳定正电荷。从图中可以看出，甲氧基处于邻、对位时可以更好地稳定这类苄基正离子，故 (i) 更容易发生 S_N1 反应。

习题 17-5 完成以下反应式，并对这些化合物与特定试剂的反应能力进行排序：

(i) 甲苯、二苯甲烷、三苯甲烷与正丁基锂的反应

(ii) 1-苯基-1-丙醇、1-(4-硝基苯基)-1-丙醇与 HBr 的反应

答 (i)

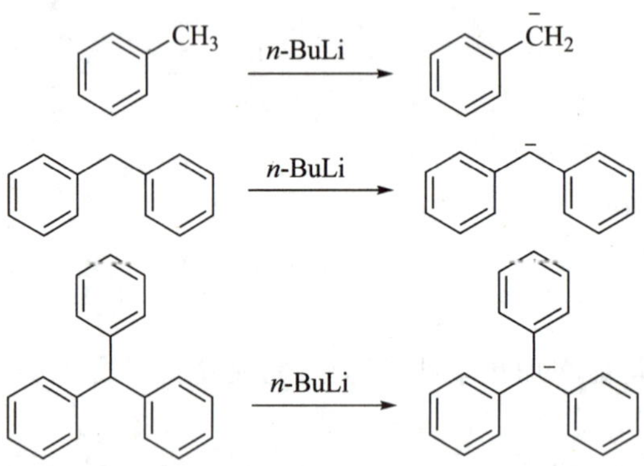

$PhCH_3 \xrightarrow{n\text{-BuLi}} Ph\overset{-}{C}H_2$

$Ph_2CH_2 \xrightarrow{n\text{-BuLi}} Ph_2\overset{-}{C}H$

$Ph_3CH \xrightarrow{n\text{-BuLi}} Ph_3C^-$

反应活性排序为三苯甲烷>二苯甲烷>甲苯。

(ii)

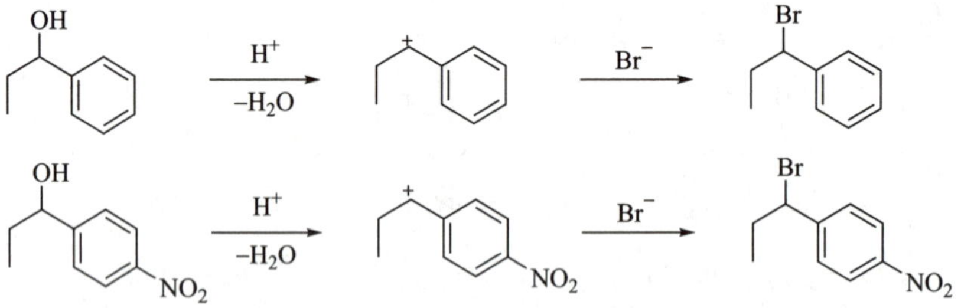

$PhCH(OH)CH_2CH_3 \xrightarrow[-H_2O]{H^+} Ph\overset{+}{C}HCH_2CH_3 \xrightarrow{Br^-} PhCH(Br)CH_2CH_3$

$4\text{-}O_2NC_6H_4CH(OH)CH_2CH_3 \xrightarrow[-H_2O]{H^+} 4\text{-}O_2NC_6H_4\overset{+}{C}HCH_2CH_3 \xrightarrow{Br^-} 4\text{-}O_2NC_6H_4CH(Br)CH_2CH_3$

醇在酸性条件下的取代反应偏向于 S_N1 反应，决速步为 H_2O 的离去。苯基可以分散正电荷，稳定 α 位的碳正离子；但苯环对位连接了共轭吸电子的硝基后，π 电子云密度降低，分散正电荷的能力会变差。故前者反应活性更强。

习题 17-6 实验结果表明，当苯环上没有吸电子取代基时，溴苄的 Kornblum 反应产率很低；此外，对于脂肪族卤代烷，只有在银盐的作用下转化为磺酸酯或者在碱性条件下，才能被氧化。根据这些实验结果，写出 Kornblum 反应的机理。

答 Kornblum 反应通式为

$$RCH_2X \xrightarrow{CH_3SOCH_3} RCHO$$

DMSO 氧化一级卤代烃时，首先发生亲核取代反应，生成一个重要的 $Me_2S^+—OCH_2R$ 中间体，随后 Me_2S 在碱的作用下消除，生成产物醛。此处需要判断两点：首先，生成该中间体的亲核取代反应属于 S_N1 还是 S_N2? 其次，亲核取代反应和 Me_2S 的消除反应这两步，哪一步是决速步？

由题目条件，R 为富电子芳基时反应不容易发生，而为缺电子芳基时反应容易发生，这说明中间体的生成反应倾向于 S_N2 机理——吸电子基团使得邻位碳原子正电性增强，更容易被亲核进攻。反之，若亲核取代反应倾向于 S_N1 机理，则富电子芳基有利于碳正离子的形成，理应加快反应速率——这与实验事实是矛盾的。同时，脂肪族卤代烃只有在碱性条件下才能完成转化，而碳正离子很难在碱性条件下存在，这也佐证了该反应倾向于 S_N2 机理。

另一方面，反应的决速步是 Me_2S 的消除反应，显然，缺电子芳基使其邻位碳上氢的酸性增强，有利于消除反应的发生。在亲核取代与 Me_2S 消除这两步中，取代基的电子效应对反应速率与反应完全程度的影响是相同的。

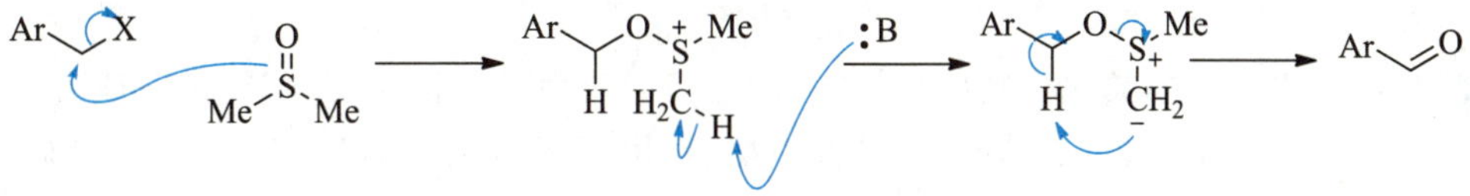

Ar–CH₂–X + Me–S(=O)–Me → Ar–CH(H)–O–S⁺(Me)–CH₂–H →(:B) Ar–CH(H)–O–S⁺(Me)–CH₂⁻ → Ar–CH=O

习题 17-7 完成以下反应式：

(i) 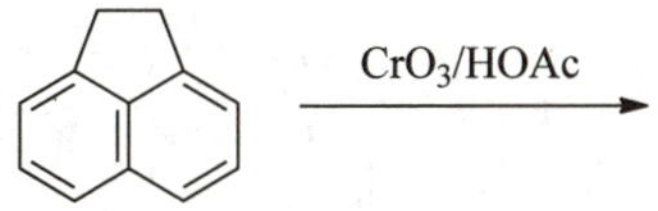 苊 $\xrightarrow{CrO_3/HOAc}$

(ii) 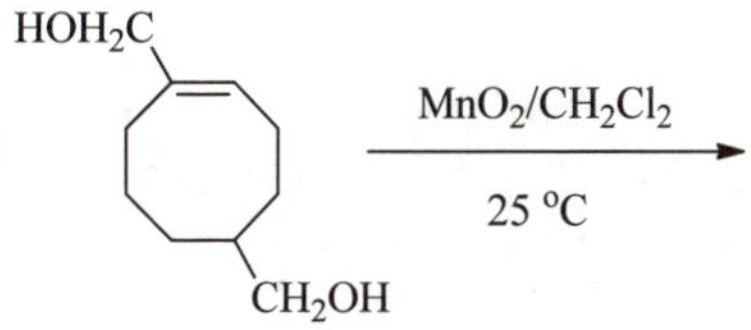 1-(HOH₂C)-5-(CH₂OH)环辛烯 $\xrightarrow[25\ ^\circ C]{MnO_2/CH_2Cl_2}$

(iii) $PhCH{=}CHCH_2OH \xrightarrow[CH_2Cl_2]{CrO_2}$

(iv) 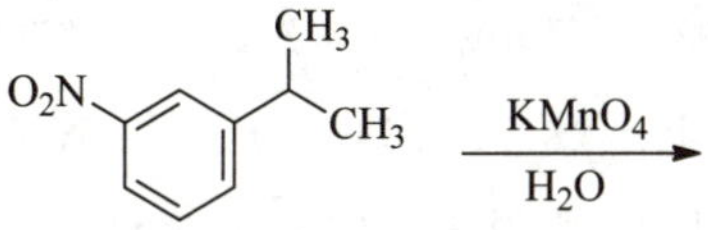 3-异丙基硝基苯（O_2N，$CH(CH_3)_2$） $\xrightarrow[H_2O]{KMnO_4}$

(v) 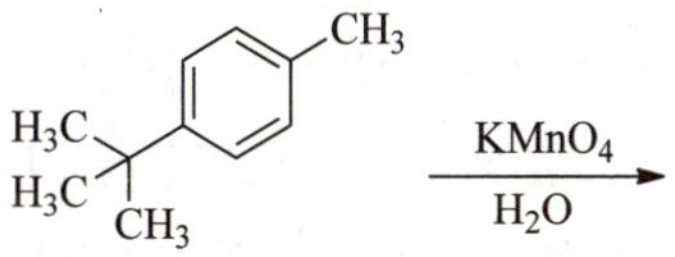 4-叔丁基甲苯（$(H_3C)_3C$，CH_3） $\xrightarrow[H_2O]{KMnO_4}$

答

(i) 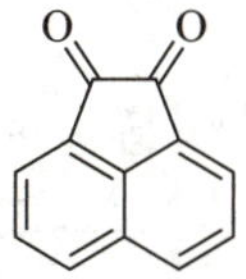 苊醌（O，O）

(ii) 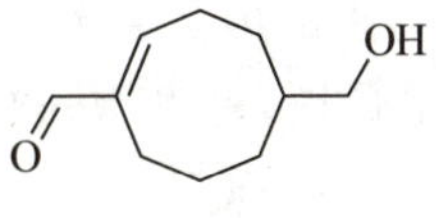 醛基环辛烯（CHO，OH）

(iii) $PhCH{=}CHCHO$

(iv) 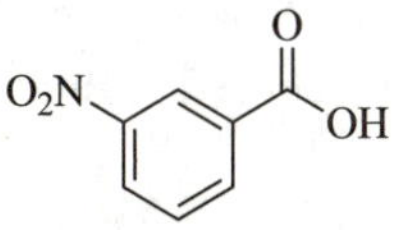 3-硝基苯甲酸（O_2N，COOH）

(v) 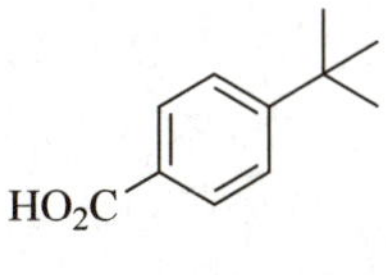 4-叔丁基苯甲酸（HO_2C）

习题 17-8 小儿退烧药布洛芬的起始原料为异丁基苯。请给出以苯为原料合成异丁基苯的方法。

答

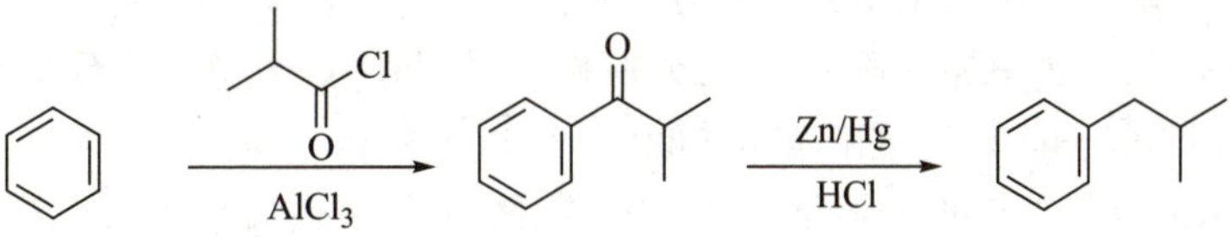

苯 $\xrightarrow[AlCl_3]{(CH_3)_2CHCOCl}$ PhCOCH(CH₃)₂ $\xrightarrow[HCl]{Zn/Hg}$ PhCH₂CH(CH₃)₂

习题 17-9 甾族类化合物具有非常重要的生理活性，是许多药物的主要成分。下面这个化合物是合成甾族类化合物的重要中间体。请画出以下转换的反应机理，准确判断反应的起始位点，并说明你的理由。

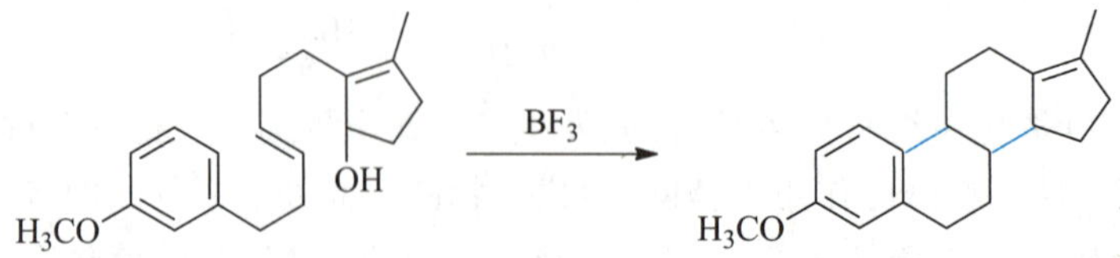

答　该反应为串联的傅-克烷基化反应。

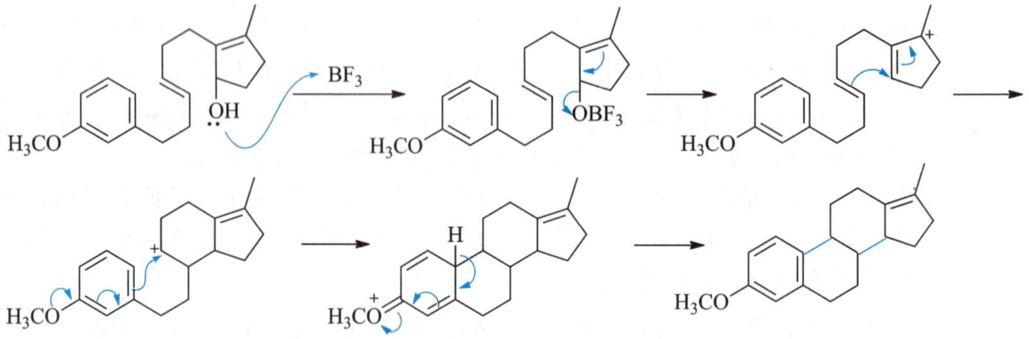

习题17-10　画出以下酚类化合物的结构式，对它们的酸性进行排序，并解释排序理由。

邻甲基苯酚、对氯苯酚、对硝基苯酚、对甲氧基苯酚、对氰基苯酚、2,4-二硝基苯酚、2,4,6-三硝基苯酚、1-萘酚

答

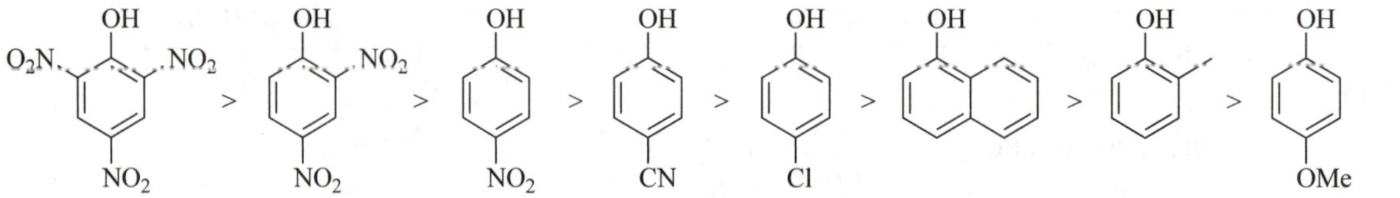

2,4,6-三硝基苯酚 > 2,4-二硝基苯酚 > 对硝基苯酚 > 对氰基苯酚 > 对氯苯酚 > 1-萘酚 > 邻甲基苯酚 > 对甲氧基苯酚

习题17-11　有人认为，苯酚具有一定的酸性是因为苯环的吸电子效应。你认为是否准确？为什么？

答　这样理解是有问题的。相比于正常的醇，芳香酚的酸性明显提高了很多，而两者的唯一差别在于ROH中的脂肪基换成了芳香基，这种差别的确是芳香环引起的。

首先 sp^2 碳原子具有比饱和碳更高的电负性，可以增强羟基的酸性，但是这并不是酚羟基酸性增加的主因。芳香环对酚羟基酸性影响的主要原因有以下两方面：(1) 酚羟基氧原子上的孤对电子可以与苯环 π 体系形成更大的共轭体系，这使得酚羟基的 O—H 键极性大幅度增加；(2) 由于芳环的 π 体系具有良好的分散电荷的能力，氢离子解离后，形成的酚氧基负离子可以与芳环 π 体系形成更大的共轭体系，这使得酚氧基负离子更为稳定。

习题17-12　为对下列混合物进行分离提纯提供合理的方法：

(i) 甲苯　对硝基苯甲酸　苯酚　硝基苯　　(ii) 邻二甲苯　苦味酸　1,4-二甲氧基苯

答　(i) 向混合物中加入适量水，充分搅拌下用 NaOAc 调节 pH 至 5，分出有机相，水相加入过量盐酸至 pH=1～2，析出对硝基苯甲酸。

残余的有机相中加入适量稀 NaOH 溶液，充分搅拌后分出有机相，水相加入过量 HOAc，析出苯酚层。分液后有机相以少量饱和 $NaHCO_3$，H_2O 分别洗涤后干燥，得到苯酚。

残余的有机相含有甲苯和硝基苯（以及少量残留的杂质），二者极性相差很大，故沸点有较大差异：甲苯沸点 111℃，硝基苯沸点 210℃。故可在 111℃蒸馏出甲苯馏分，随后减压蒸出硝基苯。

(ii) 与上一问相似，先用碱溶液萃取分出苦味酸，再利用沸点差异蒸馏分离邻二甲苯（沸点144℃）和对二甲氧基苯（213℃）。

习题17-13 完成下列反应式：

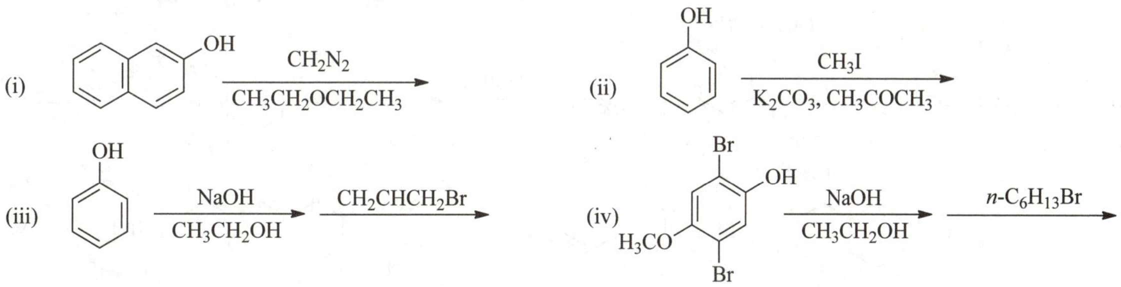

(i) 2-萘酚 $\xrightarrow[CH_3CH_2OCH_2CH_3]{CH_2N_2}$

(ii) 苯酚 $\xrightarrow[K_2CO_3,\ CH_3COCH_3]{CH_3I}$

(iii) 苯酚 $\xrightarrow[CH_3CH_2OH]{NaOH}$ $\xrightarrow{CH_2CHCH_2Br}$

(iv) 2,5-二溴-4-甲氧基苯酚 $\xrightarrow[CH_3CH_2OH]{NaOH}$ $\xrightarrow{n\text{-}C_6H_{13}Br}$

答

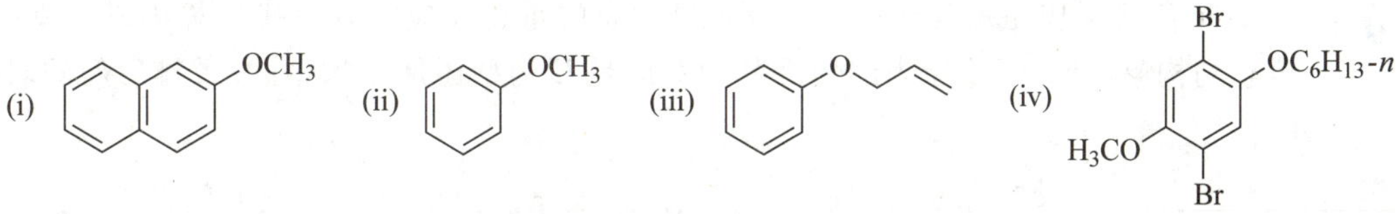

(i) 2-萘基 OCH_3　(ii) 苯基 OCH_3　(iii) 苯基-O-烯丙基　(iv) 2,5-二溴-1-甲氧基-4-OC_6H_{13}-n 苯

习题17-14 苯甲醚在氢卤酸参与下水解时，通常生成苯酚和卤代甲烷，而不是卤代苯和甲醇。请解释其原因。

答

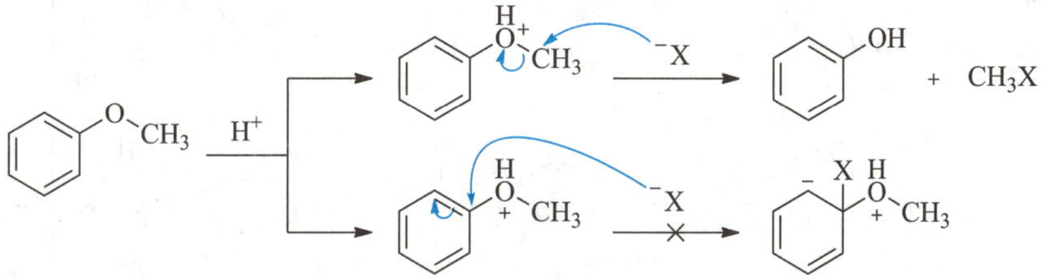

苯甲醚 $\xrightarrow{H^+}$ 质子化苯甲醚 $\xrightarrow{^-X}$ 苯酚 + CH_3X

质子化苯甲醚 $\xrightarrow{^-X}$ ✕ (X 进攻苯基碳)

两种反应路线的区别在于卤素离子进攻质子化的苯甲醚的哪个位点：若进攻甲基碳，则得到苯酚和卤代甲烷；若进攻苯基碳，则可能得到卤代苯和甲醇，而芳基上没有吸电子基团时几乎不可能发生此芳香亲核取代反应（有吸电子基团的情况见下一题）。所以该反应倾向于前一个路线，在位阻很小的甲基上发生 S_N2 反应得到产物。

习题17-15 除用卤代烃与苯酚在碱性条件下制备外，芳基醚还通过芳香亲核取代反应制备。除草剂达克尔(Acifluorfen)的合成步骤中采用了酚羟基与苯环上氟取代基的亲核取代反应：

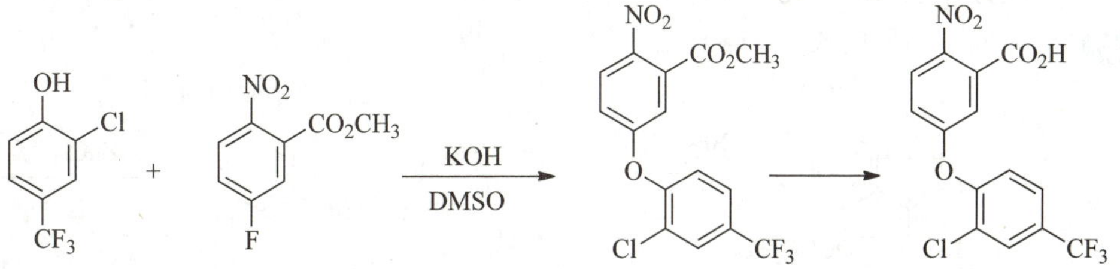

2-氯-4-三氟甲基苯酚 + 5-氟-2-硝基苯甲酸甲酯 $\xrightarrow[DMSO]{KOH}$ 二芳基醚（NO_2, CO_2CH_3, Cl, CF_3） $\longrightarrow$ 二芳基醚（NO_2, CO_2H, Cl, CF_3）

Acifluorfen

写出以上转换分步、合理的机理。

答

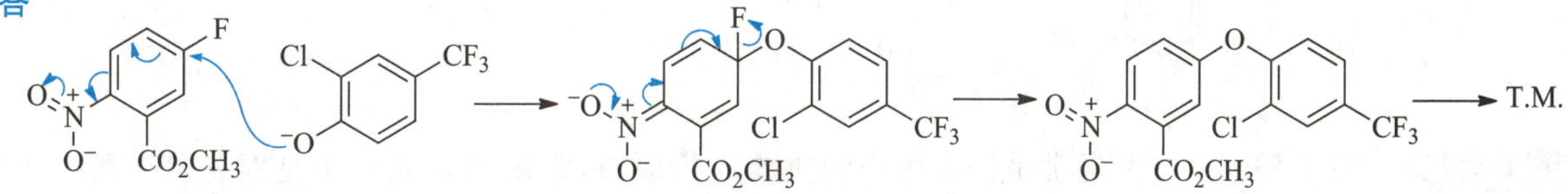

酚氧负离子进攻氟代碳 $\longrightarrow$ Meisenheimer 中间体（F, O-Ar 同碳；$^-O-N^+(O^-)=$） $\longrightarrow$ 消除 F^- 得二芳基醚（NO_2, CO_2CH_3, Cl, CF_3） $\longrightarrow$ T.M.

习题17-16 完成以下反应式：

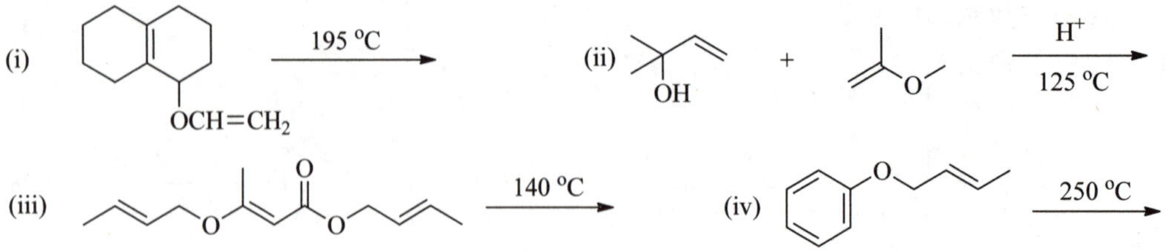

(i) (ii) (iii) (iv)

195 °C　H^+ 125 °C　140 °C　250 °C

$OCH=CH_2$

答 (i) CHO (ii) (iii) CH_3 O, H_3C O (iv) OH

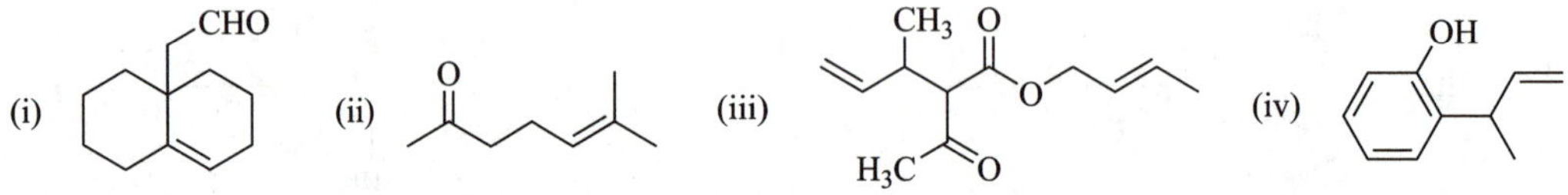

习题17-17 Claisen 重排反应是一类通过六元环状过渡态的重排反应。以取代的烯丙基苯基醚为例，根据过渡态的构象说明，无论原来的烯丙基的双键是 E 构型还是 Z 构型的，重排后新的双键总是 E 构型的。

答

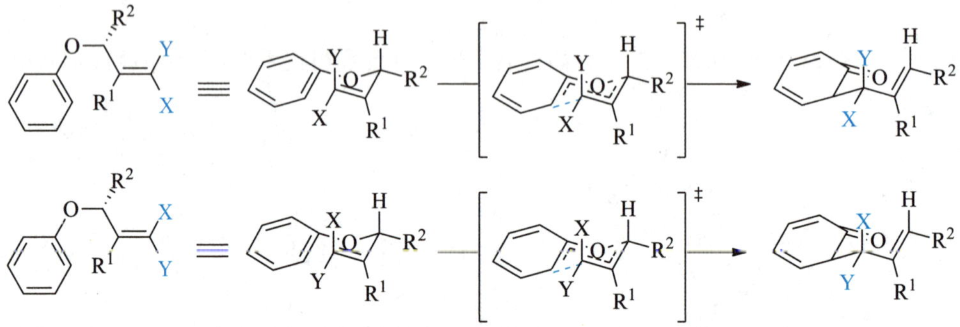

习题17-18 在常规的实验室制备芳基酯时，常采用在碱性条件下苯酚与酸酐或酰氯反应。解释其原因。

答 在酸性条件下，酚羟基的亲核性较弱，不易反应；若提高酸性，活化羰基生成酰基正离子，则会发生傅-克酰基化反应。从 Fries 重排的机理（教材第 816 页）也可看出这一点：酸性条件下苯酚和酰基正离子发生的是芳环上而非羟基上的酰基化过程。因此，需要注意的是，在碱性条件下，酚氧负离子的亲核能力被大幅度增加，提高了酯化产物的产率，随后也可以继续发生 Fries 重排，生成芳环上的酰基化产物。

习题17-19 完成下列反应式：

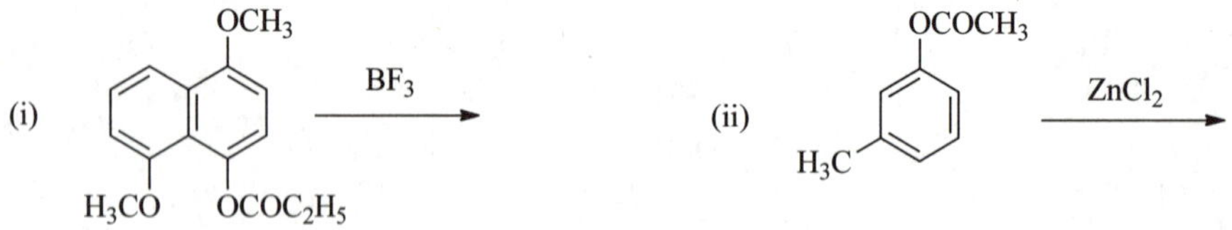

(i) OCH_3, H_3CO, $OCOC_2H_5$ —BF_3→ (ii) $OCOCH_3$, H_3C —$ZnCl_2$→

答 (i) (ii)

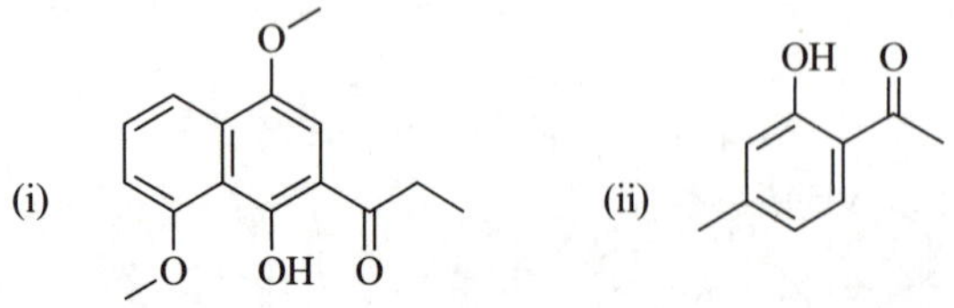

习题17-20 对乙酰氨基苯酚通常是许多药物的重要起始原料，常用的合成方法是对氨基苯酚与乙酰氯直接反应。解释最终产物为酰胺而不是酯的原因。

答 中性条件下，酚羟基的亲核性要比氨基弱，因此常得到氨基被酰化的产物。

习题17-21 酚在碱性溶液中为什么比在酸性溶液中更易被卤化？

答 该反应为亲电反应，碱性条件下酚羟基解离，生成酚氧负离子，酚氧负离子具有更强的给电子共轭效应，从而提高了苯环电子云密度，增强了苯环的亲电能力。

习题17-22 2,4,4,6-四溴环己-2,5-二烯酮是一类非常好的 Br^+ 提供体。实际上，NBS 也是 Br^+ 提供体。前面已经学过 NBS 通常产生溴自由基，那么在什么反应条件下 NBS 会成为 Br^+ 提供体？你还可以说出哪些试剂是 Br^+ 的来源？

答 在极性溶剂条件下低温、避光，NBS 很容易产生 Br^+。除了这两种试剂外，还可以产生 Br^+ 的试剂有：

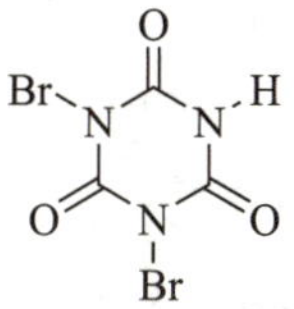

以及液溴（在酸性条件下或在 Lewis 酸作用下）、Br_2/HgO 等。

习题17-23 磺酰基是苯酚发生芳香亲电取代反应很好的保护基。写出苯酚经磺酰化转化为苦味酸的反应机理。

答

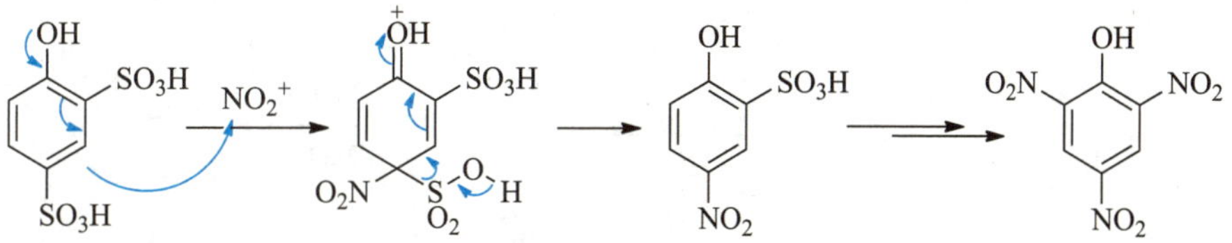

磺酰基作为吸电子基团，在强氧化性条件下保护了原本富电子的苯酚环不被氧化；同时可以被硝基取代，易于脱除。

习题17-24 对亚硝基苯酚在浓硫酸中可与苯酚缩合，形成绿色的靛酚硫酸氢盐。此反应液用水稀释，则可变成红色，再加入氢氧化钠，又转变成深蓝色。这一系列的颜色变化可以用来鉴别亚硝酸盐（先与苯酚反应生成对亚硝基苯酚）和亚硝基。写出以上转换的反应式，并通过电子效应解释这些颜色的变化。

答

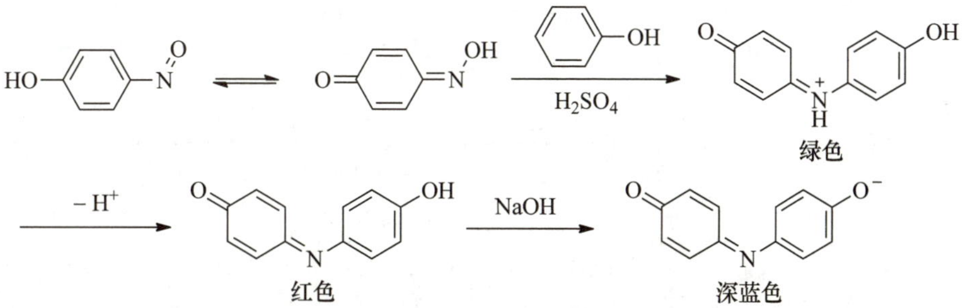

绿色

红色

深蓝色

在中性或弱酸性条件下，此时体系是苯酚与醌式结构的共轭体系，主要吸收可见光区的蓝光和绿光区域，因此体系呈现红色；加入碱后，形成酚羟基负离子，氧负离子的强给电子能力使得体系的吸收光谱红移，主要吸收绿光和红光部分，从而体系呈现深蓝色。

习题17-25 写出以下转换的反应机理：

答

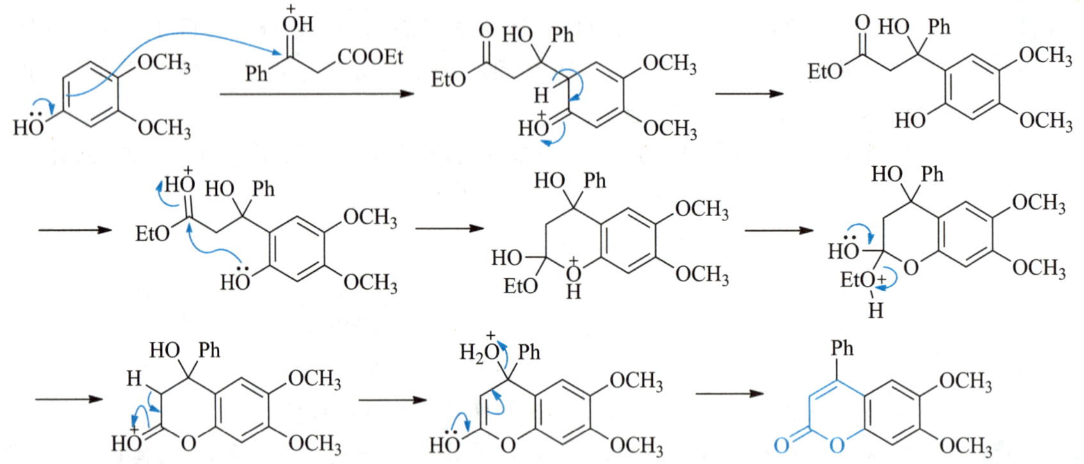

习题17-26 写出以下转换的反应机理,并解释产物去芳香性的原因。

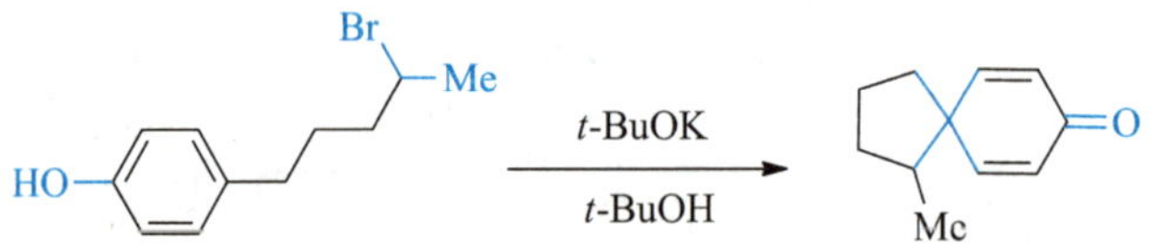

答

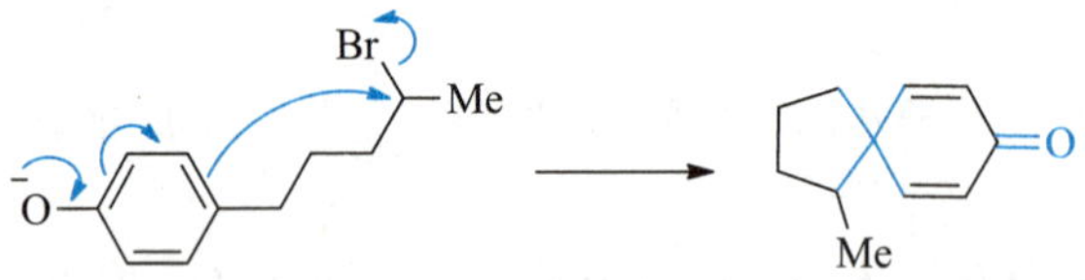

这是由于在碱性条件下,酚氧负离子强的给电子能力使得苯环成为一个非常活泼的富电子体系,可发生类似于烯醇负离子的烷基化反应。

习题17-27 写出以下转换的反应机理(二烯酮-酚重排),并解释其反应的驱动力。

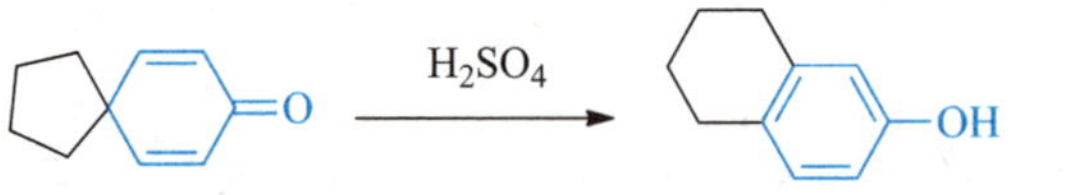

答

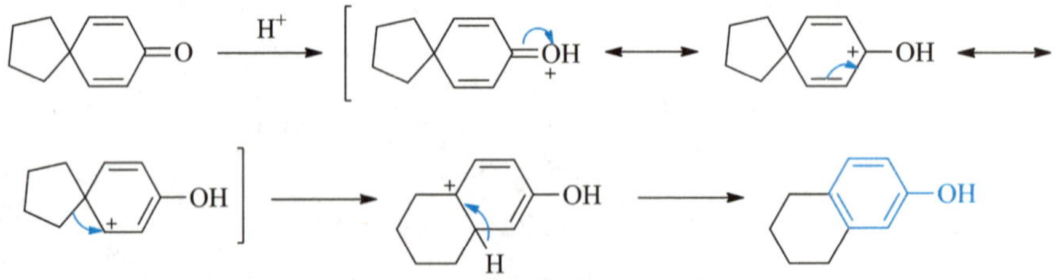

反应的驱动力在于稳定碳正离子的形成,以及最后的芳构化。

习题17-28 酚酞在强酸性(pH<0)条件下显橙色,而在强碱性(pH>13)条件下显无色。分别画出酚酞在pH<0和 pH>13 时所应具有物种的结构式,并画出其由酚酞转换的反应机理,解释其颜色变化的原因。

答

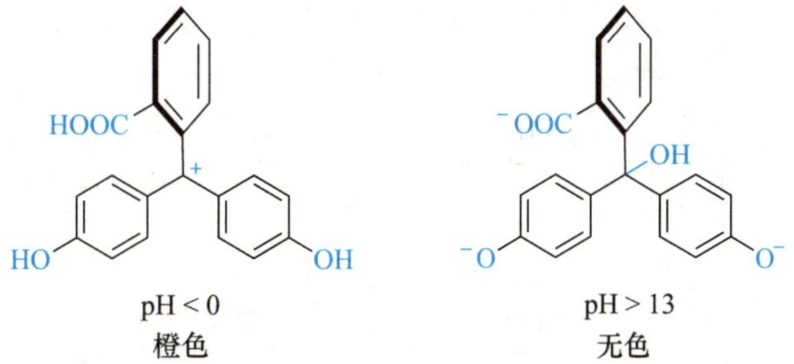

HOOC　　$^{-}$OOC　　OH

HO　　OH　　$^{-}$O　　O^{-}

pH < 0　　pH > 13

橙色　　无色

在强酸性条件下，三个苯环可以通过中间的正离子实现共轭，实现 π 体系的离域，使得此正离子的吸收光谱红移，溶液为橙色；而在强碱性条件下，三个苯环为各自独立的体系，吸收光谱只是单个苯环的吸收，因此溶液为无色。转化机理请读者自行完成，并查阅文献进行对照。

习题17-29 在吡咯进行 Reimer-Tiemann 反应时，常会有副产物 3-氯吡啶。参照烯烃与卡宾的反应机理，解释生成 3-氯吡啶的原因。

答

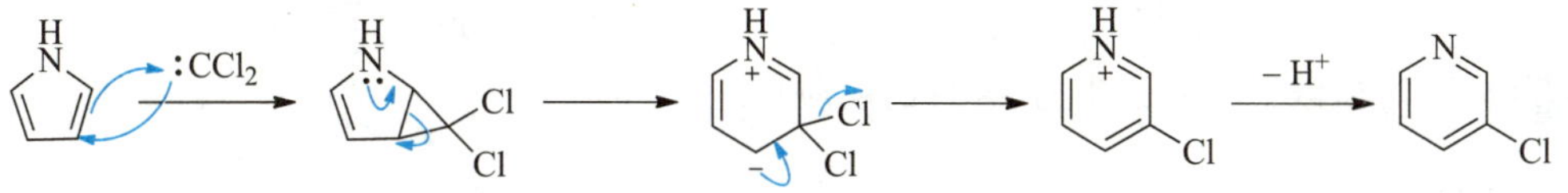

$:CCl_2$　　Cl　Cl　　Cl　Cl　　Cl　　$-H^+$　　Cl

习题17-30 酚羟基的邻位或对位有取代基时，常有副产物 2,2-或 4,4-二取代的环己二烯酮产生。完成下列反应式，尽可能写出所有产物：

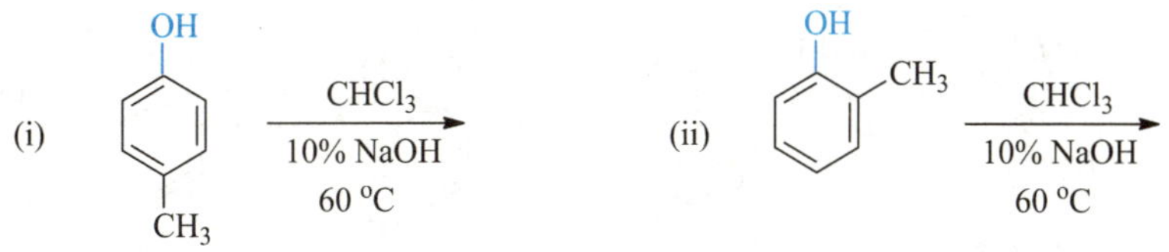

(i) OH, CH_3 $\xrightarrow[\text{60 °C}]{CHCl_3,\ 10\%\ NaOH}$　　(ii) OH, CH_3 $\xrightarrow[\text{60 °C}]{CHCl_3,\ 10\%\ NaOH}$

答

(i) OH, CHO, CH_3 + O, OHC, CH_3　　(ii) OHC, OH, CH_3 + OH, CH_3, CHO + O, CHO, CH_3

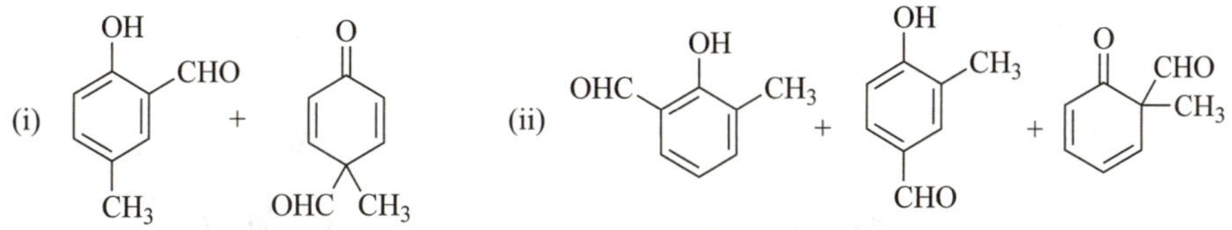

习题17-31 完成下列反应式：

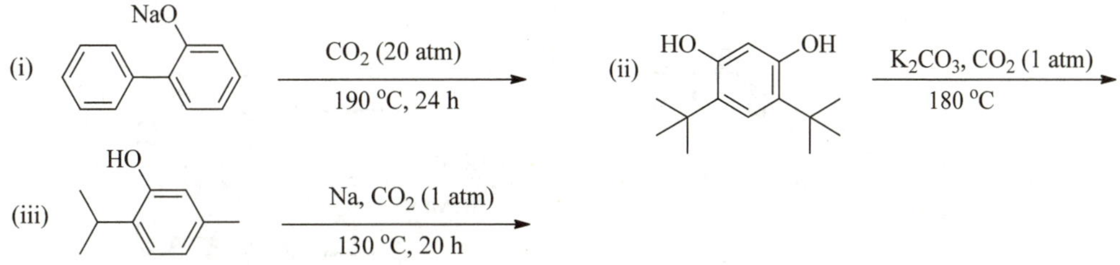

(i) NaO $\xrightarrow[\text{190 °C, 24 h}]{CO_2\ (20\ atm)}$　　(ii) HO, OH $\xrightarrow[\text{180 °C}]{K_2CO_3,\ CO_2\ (1\ atm)}$

(iii) HO $\xrightarrow[\text{130 °C, 20 h}]{Na,\ CO_2\ (1\ atm)}$

答 以下均为反应后经酸化处理的产物。

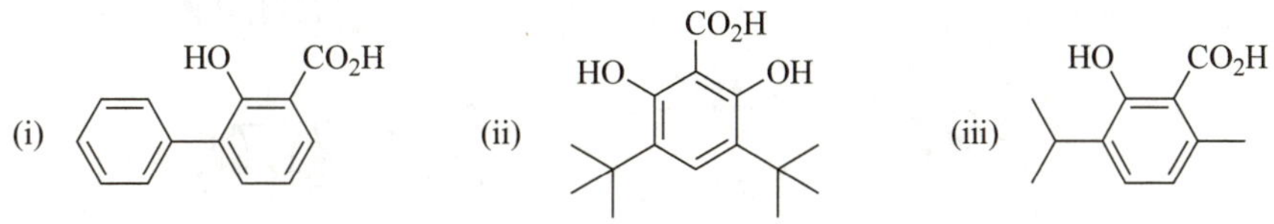

(i) HO, CO_2H　　(ii) CO_2H, HO, OH　　(iii) HO, CO_2H

习题17-32　写出苯乙烯的 Birch 还原反应的产物以及反应机理。

答

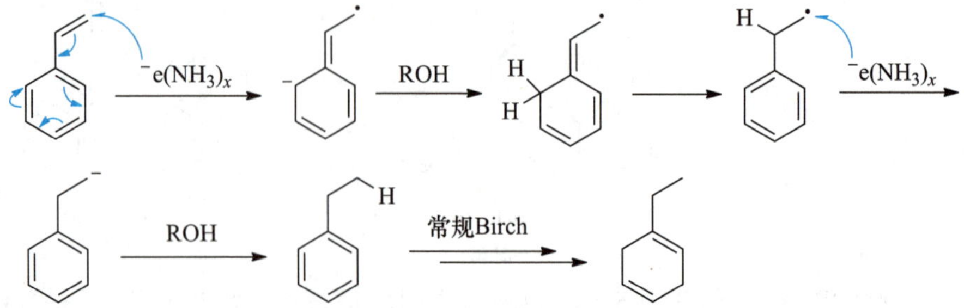

$^{-}e(NH_3)_x$　ROH　$^{-}e(NH_3)_x$

ROH　常规Birch

习题17-33　3,4,5-三甲氧基苯甲酸在 Birch 还原条件下生成二氢苯甲酸衍生物，产率为 94%。经检验其结构中只有两个甲氧基。通过反应机理推测此化合物的结构式。

答

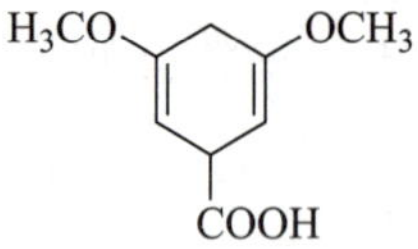

H_3CO　OCH_3　COOH

习题17-34　写出以下转换分步的、合理的反应机理：

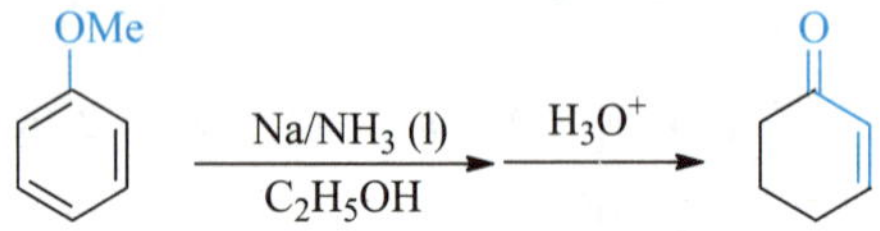

OMe　Na/NH_3 (l)　C_2H_5OH　H_3O^+　O

答

OMe　Na　NH_3　:OMe　H^+　H_2O:　$\overset{+}{O}Me$　H　HO　$\overset{+}{O}Me$　O　H_3O^+　O

习题17-35　在以下转换中，顺式烯烃为主要产物，解释其原因：

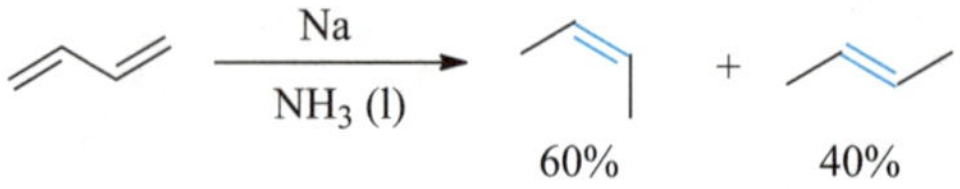

Na　NH_3 (l)　60%　+　40%

答

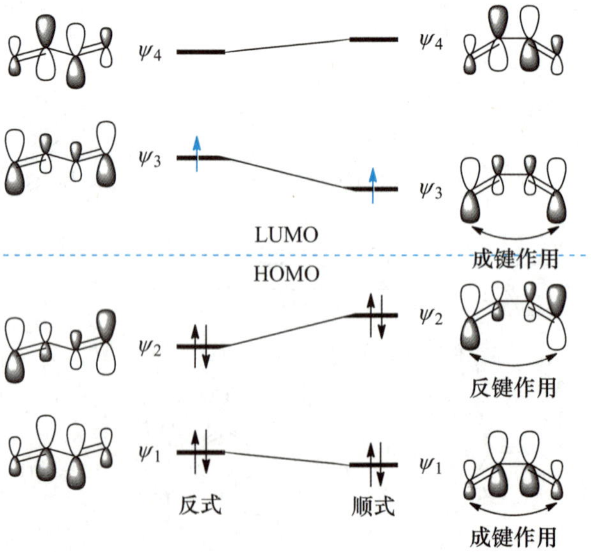

ψ_4　ψ_4

ψ_3　ψ_3

LUMO　成键作用

HOMO

ψ_2　ψ_2　反键作用

ψ_1　ψ_1　反式　顺式　成键作用

在该反应过程中，底物的 *s*-反式构象更稳定，而产物中生成了较多的顺式烯烃。产物中双键并不能旋转，所以必然是还原过程中的中间体旋转成了顺式构象。这个从反式转为顺式构象的过程是自发进行的，意味着中间体自由基负离子的顺式构象反而比反式构象更稳定。

如果单纯从 1,4 位氢的排斥力考虑，无论在底物、中间体还是产物的顺式构象中，两个氢的距离都是相近的，并没有显著的差异，所以需要从轨道角度考虑。

上图为丁二烯的分子轨道能级图。在 *s*-反式分子中，1,4 号位波瓣无明显相互作用。而在 *s*-顺式分子中，1,4 号位波瓣距离较近而产生了成键(或反键)作用，可以降低(或升高)能量。在 ψ_1，ψ_4 中，两侧波瓣较小，故能量变化较小；而 ψ_2，ψ_3 中，两侧波瓣较大，能量变化较大。

在丁二烯中，分别有两个电子占据 ψ_1 和 ψ_2 轨道。顺式与反式分子相比，ψ_2 能量上升的值比 ψ_1 能量下降的值更大，所以顺式构象的 π 轨道总能量高于反式构象。

而在丁二烯负离子基中，增加了一个占据 ψ_3 轨道的单电子，这个轨道的顺式能量有较强的成键作用，相比反式轨道更稳定，这反而使顺式构象 π 轨道总能量低于反式构象。即使再考虑 1,4-排斥力，该离子基中间体的顺式构象仍略稳定于反式构象，也就造成了产物中顺式构象的微小优势。

即便反式产物的能量更低，但是该反应几乎不可逆，故中间体的能量高低的动力学因素影响了立体选择性。

习题17-36 画出利用间甲苯酚合成的酚醛树脂的大致结构式。

答

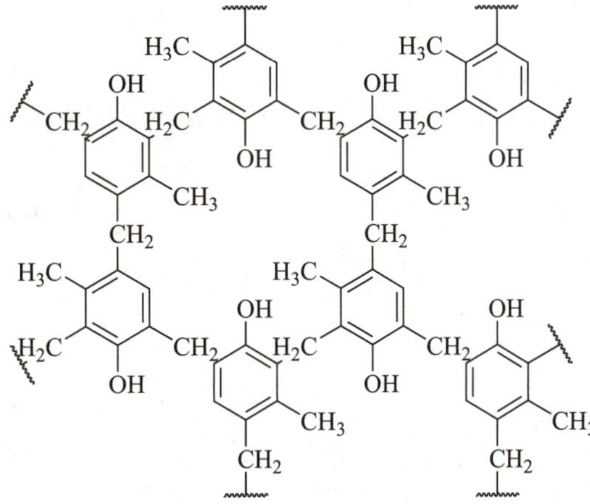

习题17-37 画出在酸性条件下，2-羟甲基苯酚和 4-羟甲基苯酚转化为醌式结构的反应机理。

答 以邻羟甲基苯酚为例：

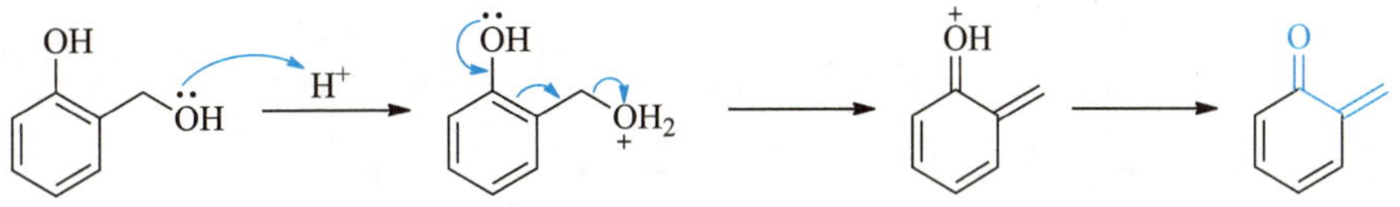

习题17-38 画出在酸性条件下，醌式结构中间体与苯酚发生连续反应最终生成酚醛树脂的机理。

答

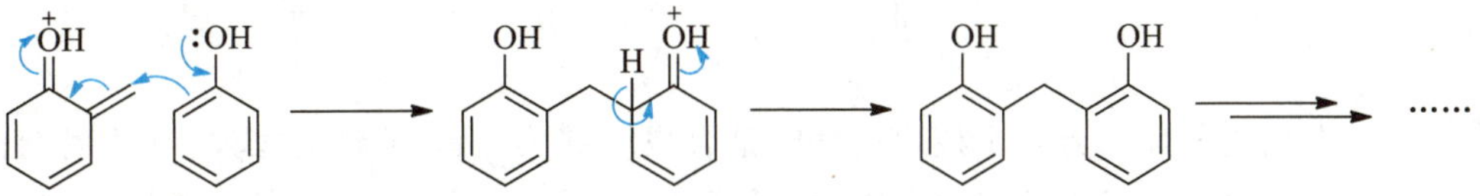

习题17-39 画出由 4-特丁基苯酚和甲醛在酸性条件下生成杯[4]芳烃的反应机理。

答 略

习题17-40　画出 α-萘酚在 Bucherer 反应条件下转化成 α-萘胺的机理。

答

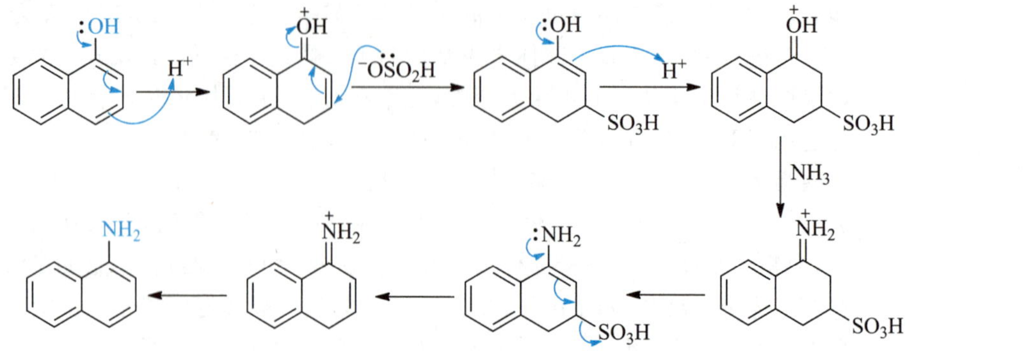

习题17-41　查阅文献，设计以多酚为原料合成曙红和红汞的反应路线。

答　以曙红为例：

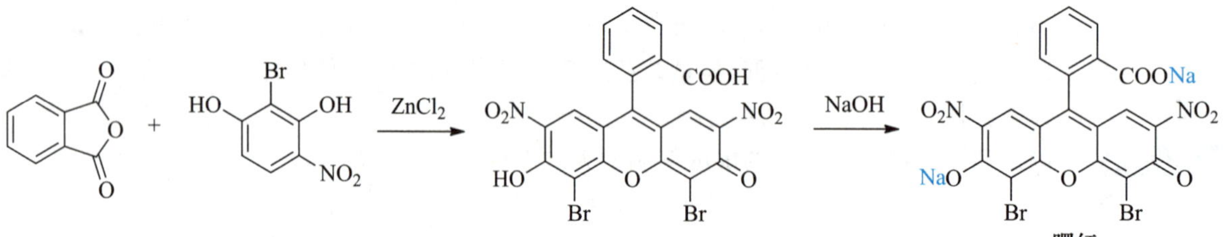

曙红

习题17-42　写出由间苯二酚合成荧光黄的分步的、合理的反应机理。

答

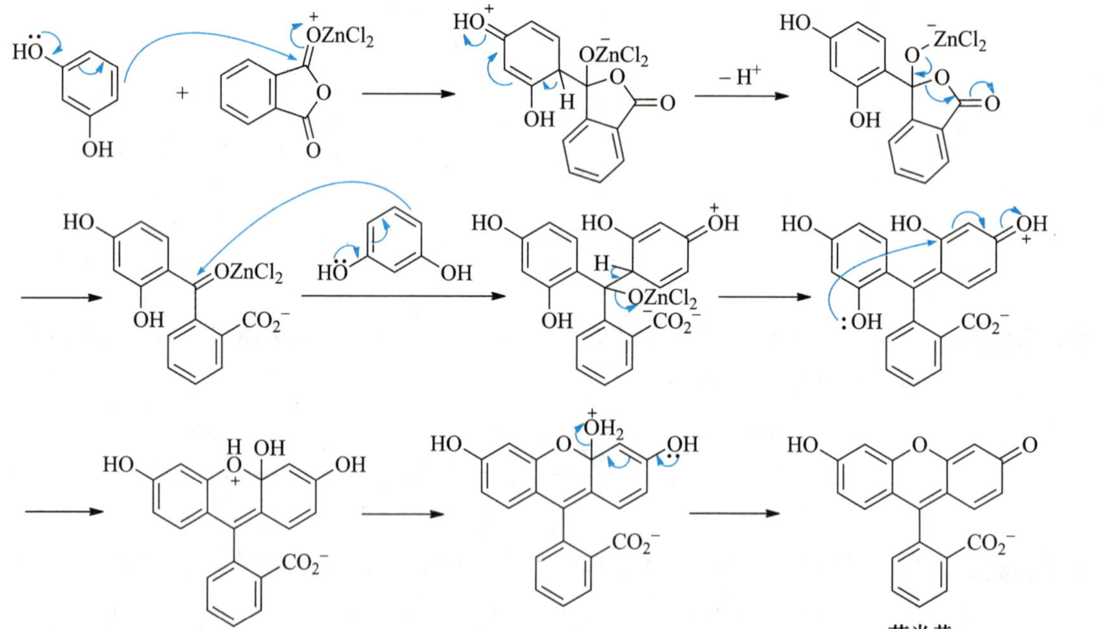

荧光黄

习题17-43　多氯代芳烃的芳香亲核取代反应是合成一些常用除草剂、农药以及杀菌剂的有效方法。通过网络检索给出以下这些化合物的名称和用途，并以 1,2,4,5-四氯苯为原料制备这些化合物：

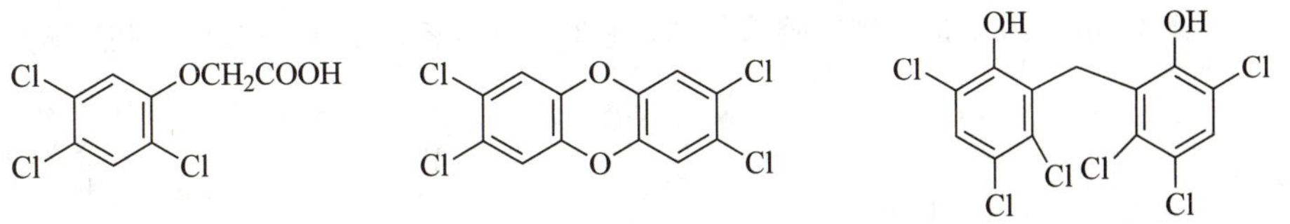

答 (1) 2,4,5-三氯苯氧乙酸 (2,4,5-T)，可用做除草剂、植物生长调节剂。

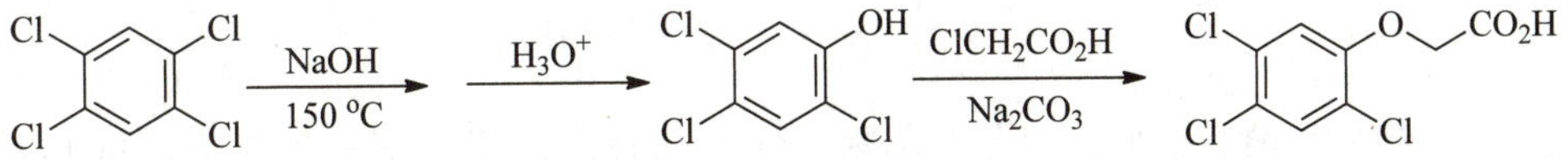

$$\xrightarrow[150\ ^\circ C]{NaOH} \quad \xrightarrow{H_3O^+} \quad \xrightarrow[Na_2CO_3]{ClCH_2CO_2H}$$

(2) 上述反应第一步的产物三氯苯酚负离子也可以作为亲核试剂，与另一分子 2,4,5-三氯苯酚继续发生芳香亲核取代反应，得到题中的第二种物质：2,3,7,8-四氯代二苯并对二噁英 (2,3,7,8-TCDD)。它是工业中很多高温过程所产生的副产物，是已知毒性最强的污染物之一，被列为一级致癌物。

说明：二噁英可以特指 1,4-二氧杂环己二烯(1,4-dioxin)，也可以指一系列的多卤代(通常为氯代)二苯并对二噁英衍生物(polychlorinated dibenzodioxins)。

(3) 2,2′-亚甲基双(3,4,6-三氯苯酚)，也称为六氯酚，可用做皮肤消毒剂和杀菌剂。

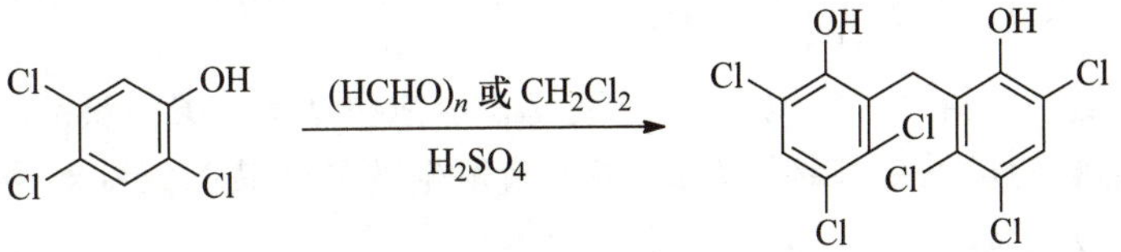

$$\xrightarrow[H_2SO_4]{(HCHO)_n \text{ 或 } CH_2Cl_2}$$

习题17-44 Dakin 反应是制备多元酚的常用方法。完成下列反应式：

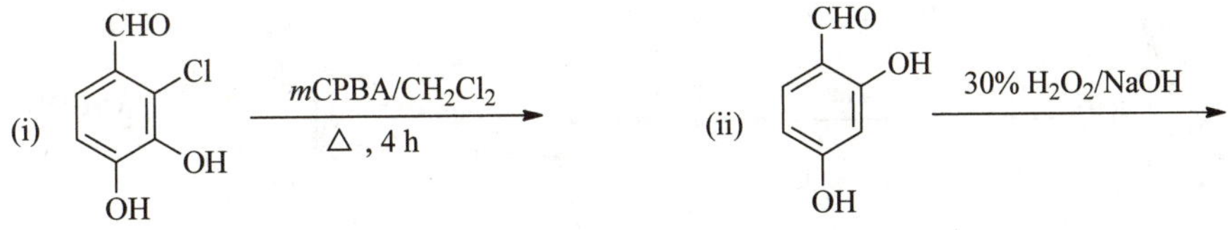

(i) $\xrightarrow[\triangle,\ 4\ h]{mCPBA/CH_2Cl_2}$ (ii) $\xrightarrow{30\%\ H_2O_2/NaOH}$

答 (i) (ii)

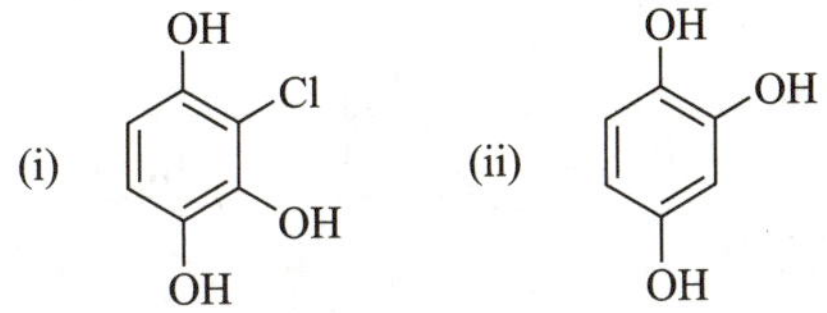

习题17-45 完成下列反应式：

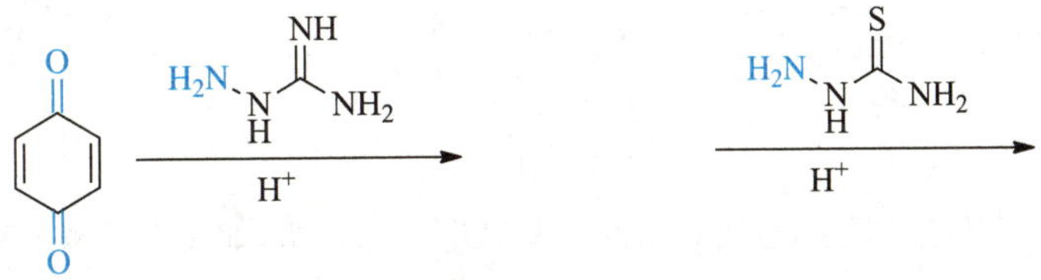

$$\xrightarrow[H^+]{H_2N-NH-C(=NH)-NH_2} \quad \xrightarrow[H^+]{H_2N-NH-C(=S)-NH_2}$$

最终的产物具有很强的碱性。请根据其结构分析其强碱性的来源。

答

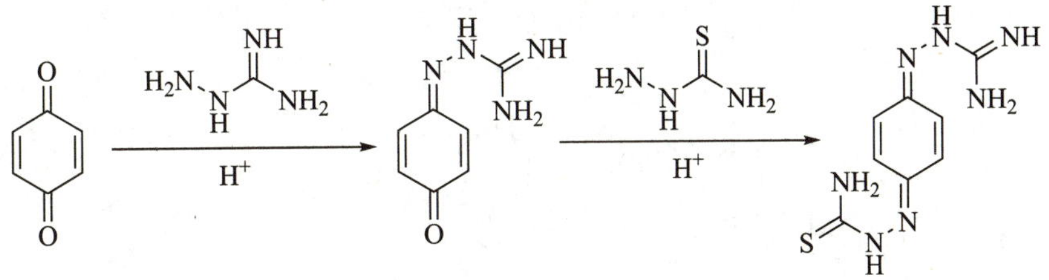

$$\xrightarrow[H^+]{H_2N-NH-C(=NH)-NH_2} \quad \xrightarrow[H^+]{H_2N-NH-C(=S)-NH_2}$$

产物 ambazone 是一种口腔杀菌剂。它有如下具有较大共轭结构的共振式，故表现出比较强的碱性。

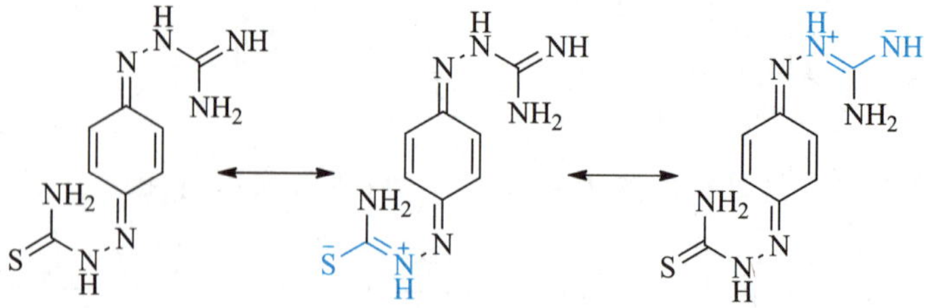

习题17-46 苯胺和甲醇类似，可以与对苯醌进行 1,4-加成反应，生成 2,5-二苯氨基-1,4-苯醌；所不同的是，多余的苯胺能与 2,5-二苯氨基-1,4-苯醌进行 1,2-加成反应，生成 2,5-二苯氨基-1,4-苯醌缩二苯胺。根据以上实验结果，写出其所有反应式，并说明其会再次发生 1,2-加成反应而不是 1,4-加成反应的原因。

答

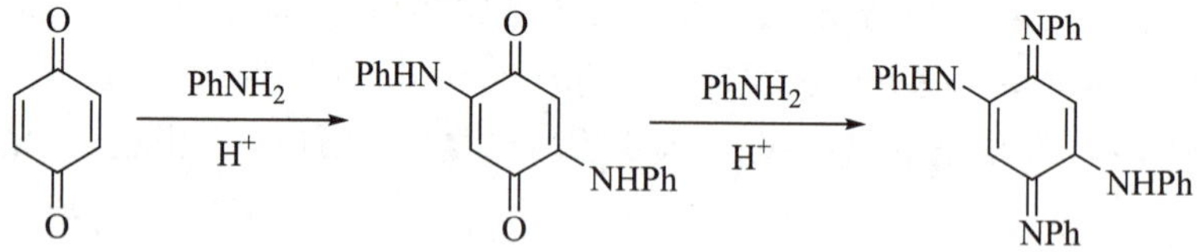

$\xrightarrow[H^+]{PhNH_2}$ $\xrightarrow[H^+]{PhNH_2}$

由于氨基的给电子共轭效应，导致 α,β-不饱和体系中碳碳双键的亲电性降低，再进行 1,4-共轭加成的可行性大幅度降低，因此，接下来发生的是苯胺的氨基对羰基的 1,2-加成，接着发生消除反应生成亚胺。

习题17-47 完成以下反应式：

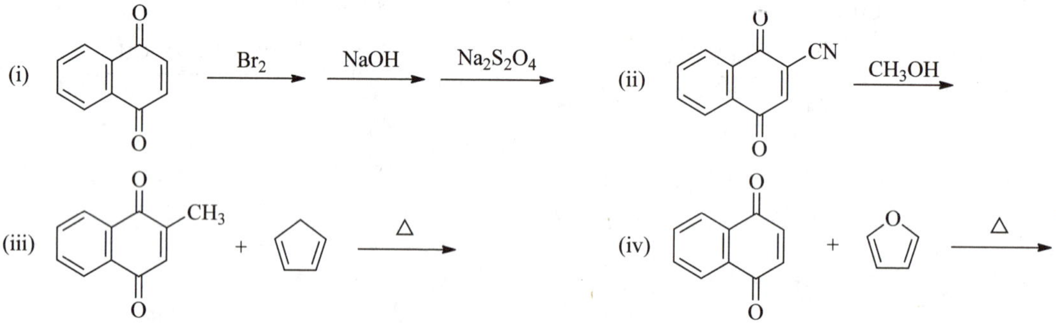

(i) $\xrightarrow{Br_2}$ $\xrightarrow{NaOH}$ $\xrightarrow{Na_2S_2O_4}$ (ii) $\xrightarrow{CH_3OH}$

(iii) + $\xrightarrow{\triangle}$ (iv) + $\xrightarrow{\triangle}$

答

(i) (ii) (iii) (±) (iv) (±)

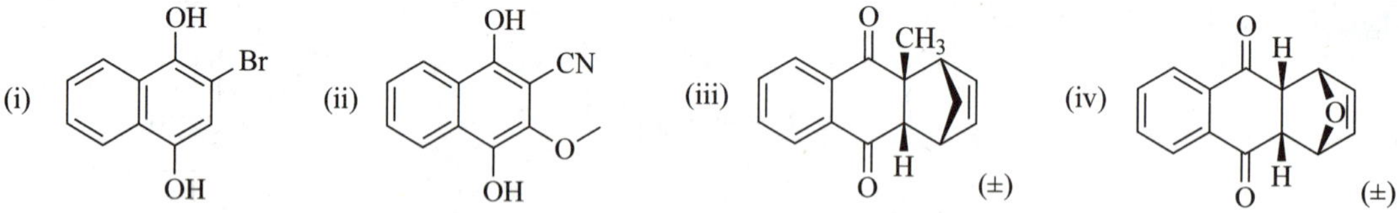

习题17-48 DDQ 不仅可以脱氢，也可以脱除一些富电子保护基，如对甲氧基苄基等。画出以下转换的反应机理：

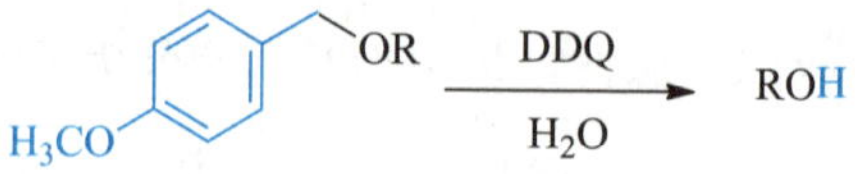

$\xrightarrow[H_2O]{DDQ}$ ROH

答

$\xrightarrow{H_2\ddot{O}}$

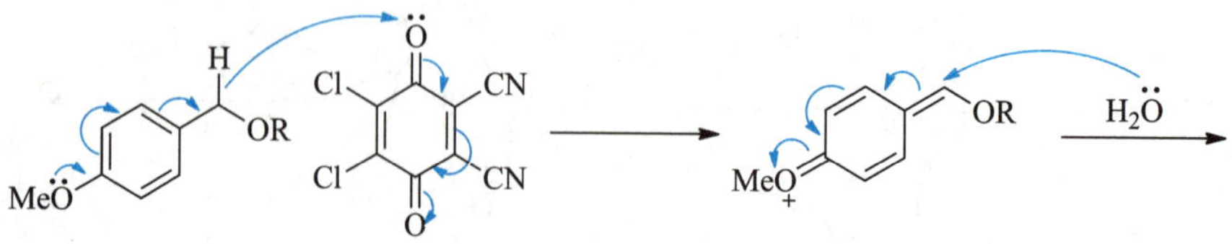

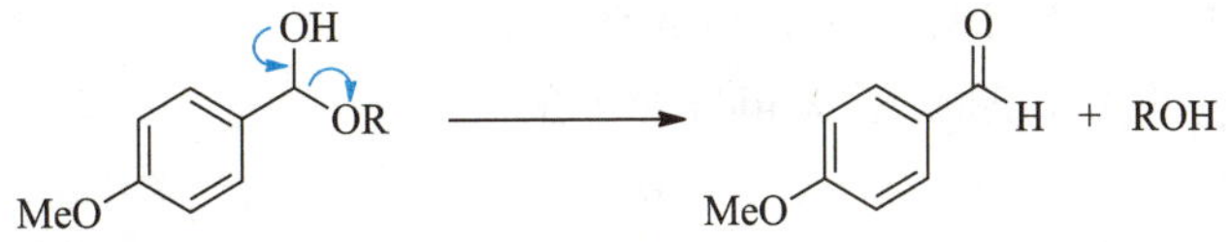

反方向鱼钩箭头

请读者自己画出

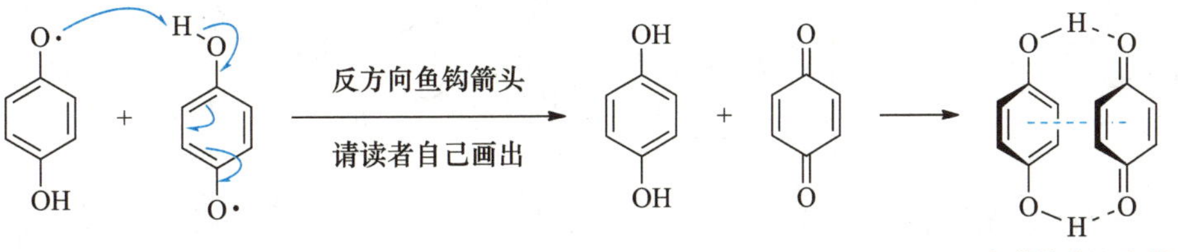

电荷转移配合物

习题17-49 对苯二酚失去一个电子后所形成的自由基可歧化成醌和对苯二酚，并能彼此形成电荷转移配合物，因此终止了很多自由基的连锁反应。画出对苯二酚自由基的歧化反应。

答

习题17-50 维生素 C 也是有效的抗氧化剂，它可以使维生素 E 再生。通过网络检索确定维生素 C 的结构，并写出其使维生素 E 再生的反应式。

答

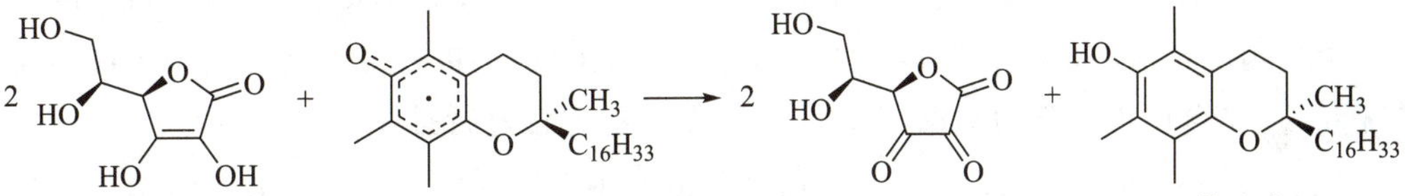

维生素C　维生素E

习题17-51 完成下列反应式：

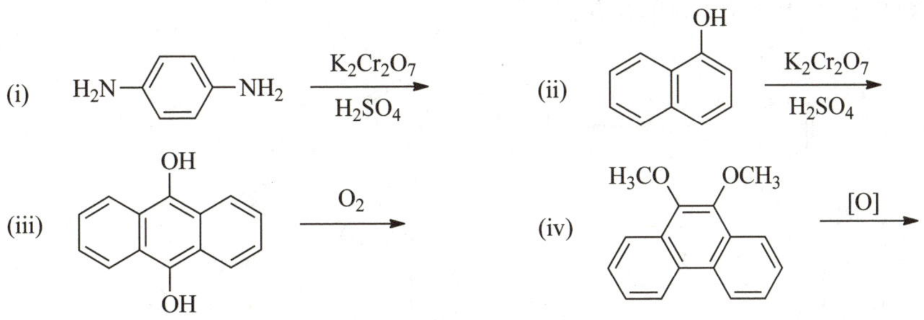

(i) $H_2N-C_6H_4-NH_2 \xrightarrow[H_2SO_4]{K_2Cr_2O_7}$　(ii) $\xrightarrow[H_2SO_4]{K_2Cr_2O_7}$

(iii) $\xrightarrow{O_2}$　(iv) $\xrightarrow{[O]}$

答

(i)　(ii)　(iii)　(iv)

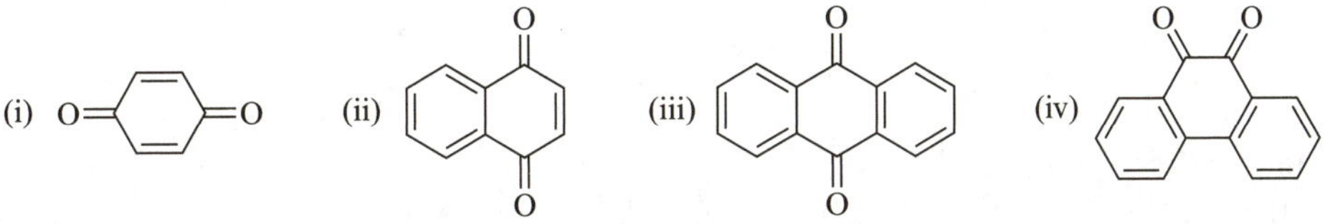

习题17-52 解释为何甲苯的卤化在光照或加热条件下发生在苄位，而在 Lewis 酸作用下发生在苯环上。

答 甲苯的苄位卤化是自由基反应，经历了卤素自由基攫取苄基活泼氢的步骤。芳基氢并不活泼，很难被攫取后形成自由基。故反应位点只能为苄位的甲基。

而甲苯与 Lewis 酸的反应是芳香亲电取代反应，经历了芳环 π 电子云进攻亲电试剂的步骤。而此时，在酸性条件下，甲基并不会变为负离子，不可能发生苄位的卤化反应，故反应位点只能是苯环上的碳原子。

习题17-53 解释为何 4-甲基苯磺酸-4-甲氧基苯甲酯与 4-甲基苯磺酸苯甲酯相比更易发生 S_N1 反应，而卤化苄或磺酸苄酯在强的亲核试剂作用下更易发生 S_N2 反应。

答 由于给电子基团—OMe 的存在，p-$MeOC_6H_4CH_2^+$ 相比于 $C_6H_5CH_2^+$ 更稳定。所以前者更容易发生 S_N1 反应，生成被甲氧基稳定的正离子；而后者并没有足够的动力直接发生异裂，故经历 S_N2 机理。

习题17-54 判断以下每一组中哪一个底物更容易反应：

(i) 与正丁基锂反应：二苯甲烷和甲苯

(ii) 与 HCl 反应：

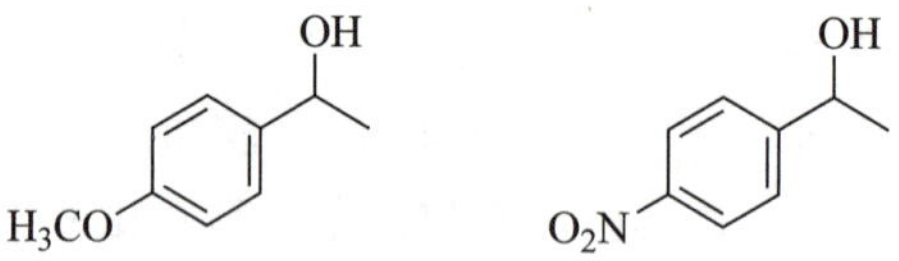

(iii) 与 $NaOCH_3$ 的甲醇溶液反应：

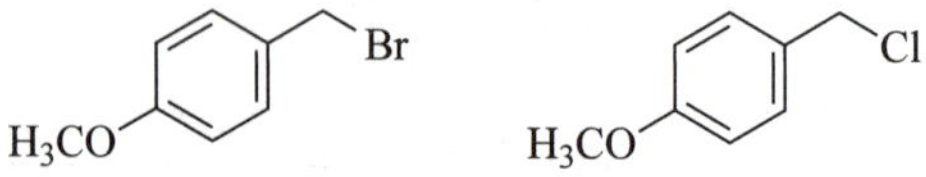

答

(i) 二苯甲烷 (ii) (iii)

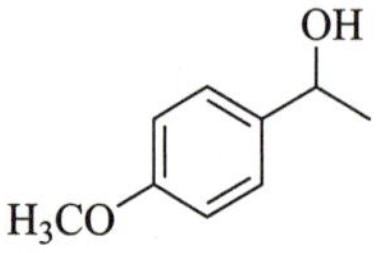

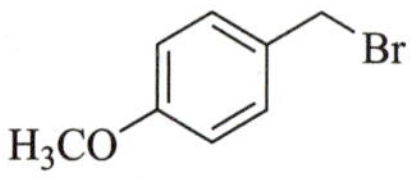

习题17-55 结合以前所学的知识，对以下碳正离子的稳定性进行排序：

$$(C_6H_5)_3\overset{+}{C},\quad C_6H_5\overset{+}{C}H_2,\quad R_3\overset{+}{C},\quad H_3\overset{+}{C},\quad R\overset{+}{C}H_2,\quad R_2\overset{+}{C}H,\quad (C_6H_5)_2\overset{+}{C}H,\quad H_2C{=}CH\overset{+}{C}H_2$$

答 $Ph_3C^+ > Ph_2CH^+ > PhCH_2^+ > H_2C{=}CHCH_2^+ > R_3C^+ > R_2CH^+ > RCH_2^+ > CH_3^+$

习题17-56 结合以前所学的知识，对以下自由基的稳定性进行排序：

$$(C_6H_5)_3\dot{C},\quad C_6H_5\dot{C}H_2,\quad R_3\dot{C},\quad H_3\dot{C},\quad R\dot{C}H_2,\quad R_2\dot{C}H,\quad (C_6H_5)_2\dot{C}H,\quad H_2C{=}CH\dot{C}H_2$$

答 $Ph_3C\cdot > Ph_2CH\cdot > PhCH_2\cdot > H_2C{=}CHCH_2\cdot > R_3C\cdot > R_2CH\cdot > RCH_2\cdot > CH_3\cdot$

习题17-57 请为以下转换提供合理的、分步的反应机理：

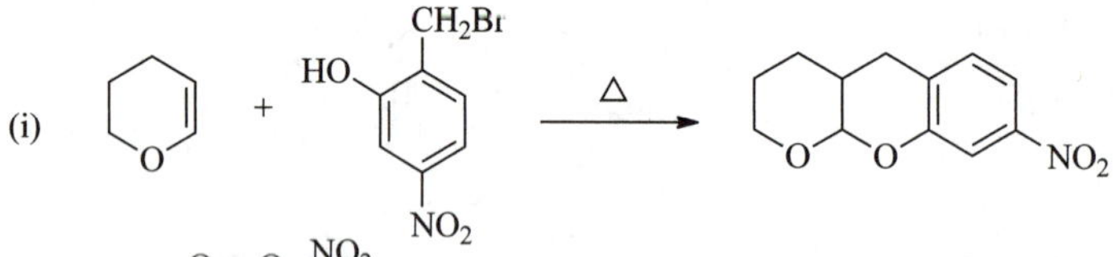

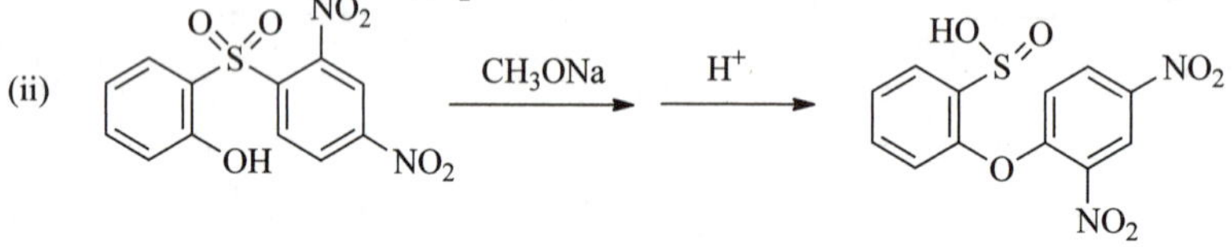

(i)

(ii)

答

(i)

(ii)

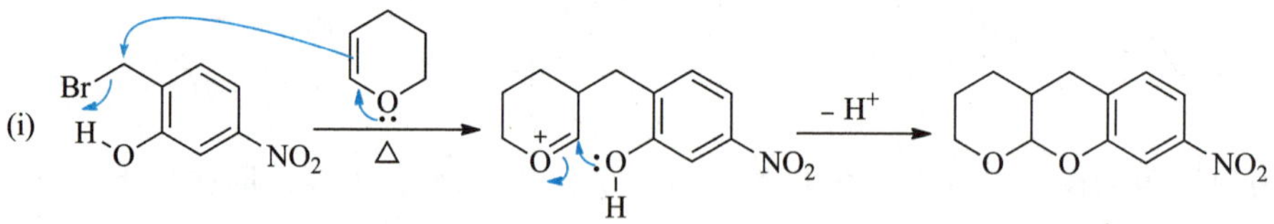

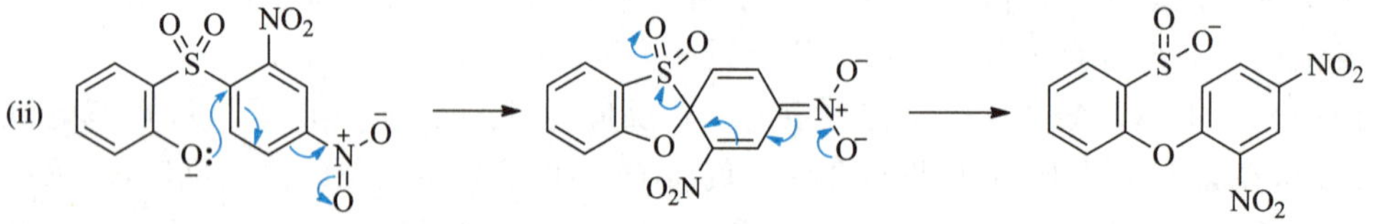

习题17-58 对硝基苯酚和2,6-二甲基-4-硝基苯酚的 pK_a 均为7.15，但是3,5-二甲基-4-硝基苯酚的 pK_a 则为8.25。请解释为何与前两者相比，3,5-二甲基-4-硝基苯酚的酸性偏弱。

答 硝基两侧的甲基的位阻使硝基无法处于苯环平面上，吸电子共轭效应变弱，稳定苯酚负离子的能力降低。

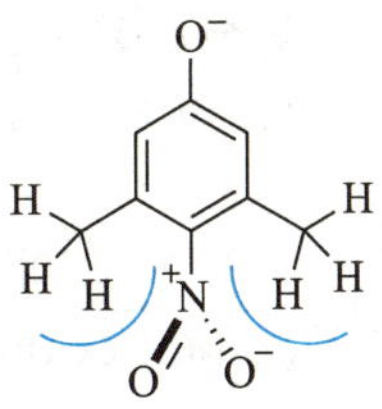

说明：一定程度上偏离苯环平面不代表不能共轭，存在夹角也可以存在部分轨道重叠，如教材中本章提到的螺旋桨型三苯甲基自由基也比较稳定。苯酚的 pK_a 是 9.9，可见位阻不太大的情况下，不共面的硝基还可以表现出一定的吸电子效应。

习题17-59 写出以下转换分步的、合理的反应机理，并说明其反应类型。

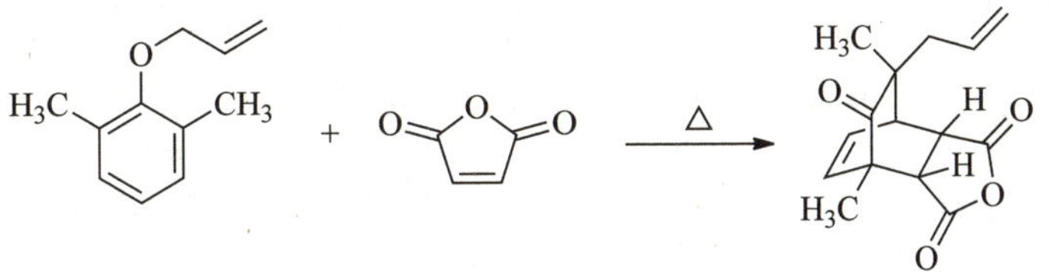

答

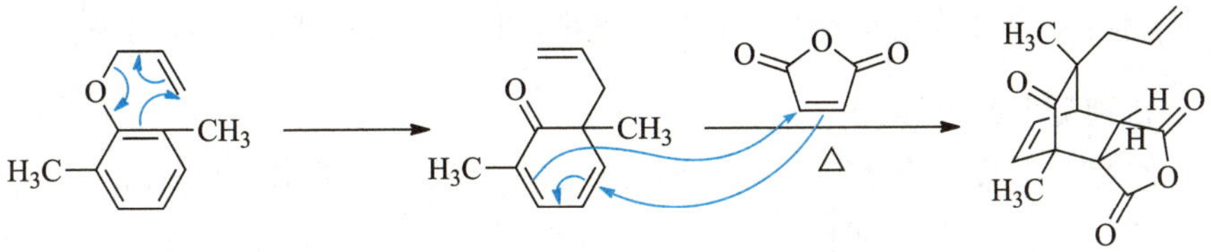

本质上是 Claisen 重排反应和 Diels-Alder 反应的串联。

习题17-60 在某些生物转化过程中，也会发生 Claisen 重排。研究表明，Claisen 重排是以分支酸（chorismic acid）为原料转化为酪氨酸和苯丙氨酸的生物合成的关键步骤：

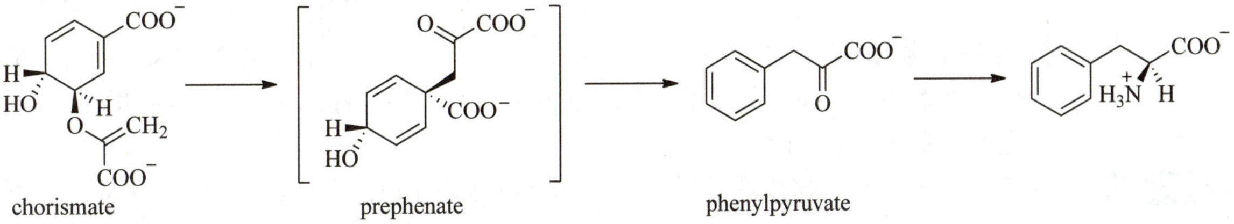

chorismate　　prephenate　　phenylpyruvate

写出从分支酸转化为苯基丙酮酸（phenylpyruvate）的反应机理。

答

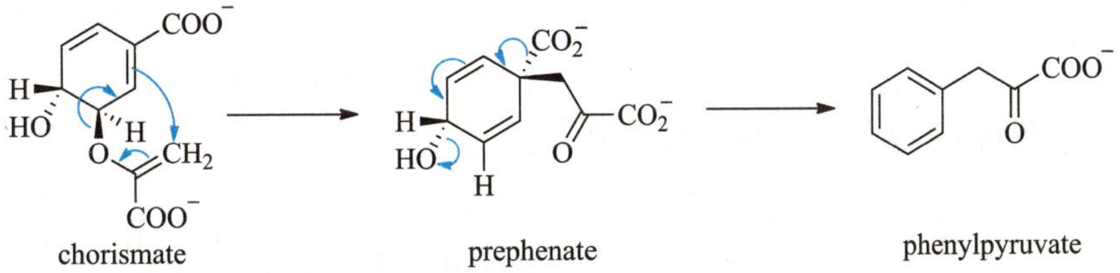

chorismate　　prephenate　　phenylpyruvate

说明：以上机理省略了质子转移的过程。

习题17-61 通过对 Fries 重排和芳香亲电取代反应的学习回答：当苯酚与酰氯混合后，在 Lewis 酸或 Brønsted 酸中加热，你认为先生成酚酯接着再进行重排反应，还是直接发生 Friels-Crafts 酰基化反应？

答 此反应首先生成酚酯，然后再进行 Fries 重排。这是由于酰卤中的羰基碳具有很强的亲电性，很容易与酚羟基反应生成酯。

习题17-62 在苯酚羟甲基化的过程中，通常会有邻位和对位的产物存在。通过加入苯硼酸，可以使苯酚与甲醛在丙酸溶液中反应生成邻位羟甲基化的产物：

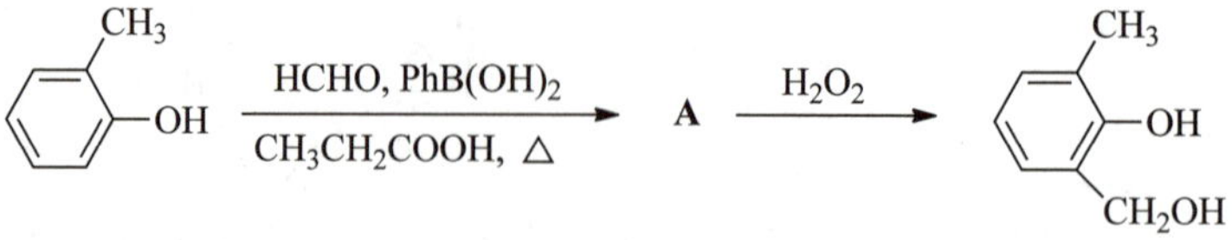

CH_3 OH —HCHO, $PhB(OH)_2$ / CH_3CH_2COOH, △→ A —H_2O_2→ CH_3 OH CH_2OH

通过^{1}H NMR 表征得知，**A** 结构中没有活泼氢存在，芳香区只有三组氢的信号。写出此转换的反应机理，并说明苯硼酸的作用。

答 苯酚与苯硼酸结合生成苯硼酸苯酚酯，剩余的一个羟基结合甲醛，控制反应位点在邻位。**A** 的结构如下：

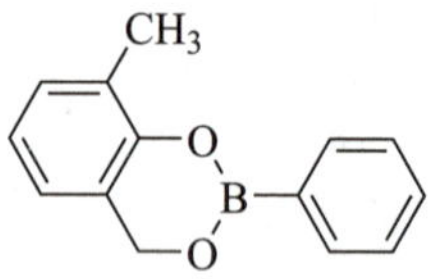

CH_3 O B O

随后 **A** 在过氧化氢的作用下发生重排，Ph—B< 变为 PhO—B<，随后水解得到产物。具体的反应机理见习题 16-64。

习题17-63 写出以下转换的分步反应机理，并说明主产物去甲基化的原因。

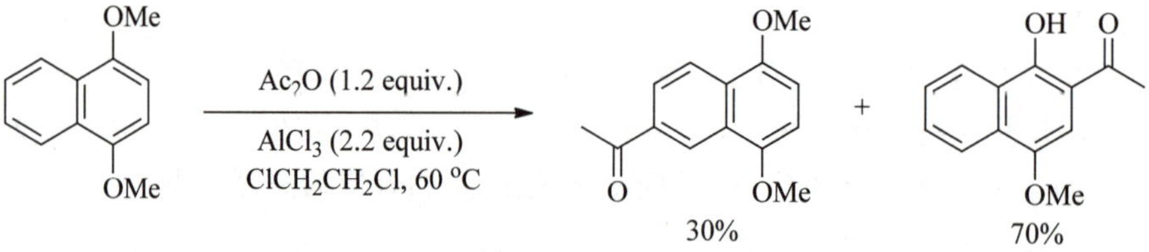

OMe OMe —Ac_2O (1.2 equiv.) / $AlCl_3$ (2.2 equiv.) $ClCH_2CH_2Cl$, 60 °C→ OMe O OMe 30% + OH O OMe 70%

答 傅-克酰基化机理略。C2 位酰化产物的中间体可以配位 $AlCl_3$，接着与 C1 位的甲氧基形成环状配位化合物，使 C1 位甲氧基的氧原子正电性增强，甲基离去能力增强，故甲基可以被亲核进攻，发生 S_N2 反应而被脱除。

习题17-64 双酚 A 是合成环氧树脂的重要原料，其结构式如下图所示。以苯和必要的有机、无机试剂为原料合成双酚 A。

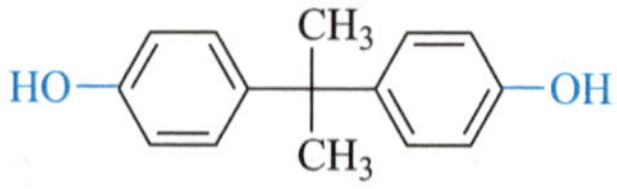

HO CH_3 CH_3 OH

答 苯酚和丙酮在酸催化下反应得到双酚 A。

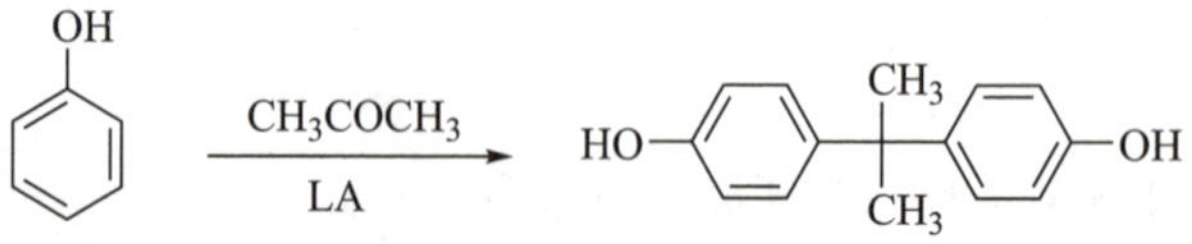

OH —CH_3COCH_3 / LA→ HO CH_3 CH_3 OH

习题17-65 [2,3]σ 重排反应发展至今，有了许多改进。其中之一就是利用三元环代替双键，形成六元环体系，请据此写出以下转换的机理：

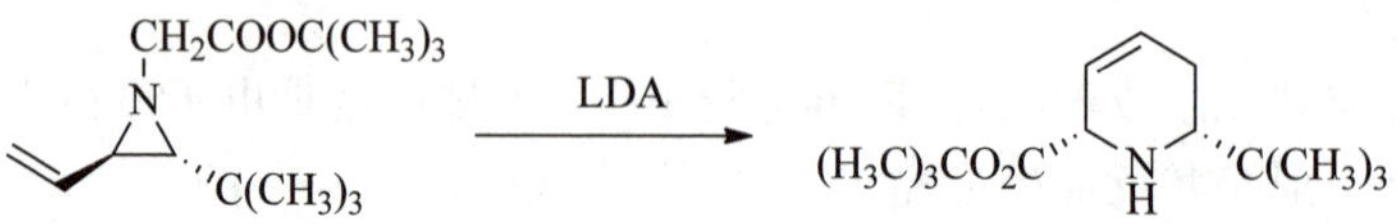

$CH_2COOC(CH_3)_3$ N $C(CH_3)_3$ —LDA→ $(H_3C)_3CO_2C$ N H $C(CH_3)_3$

答 这个反应不是 Claisen 重排，而是[2,3]-Wittig 重排。

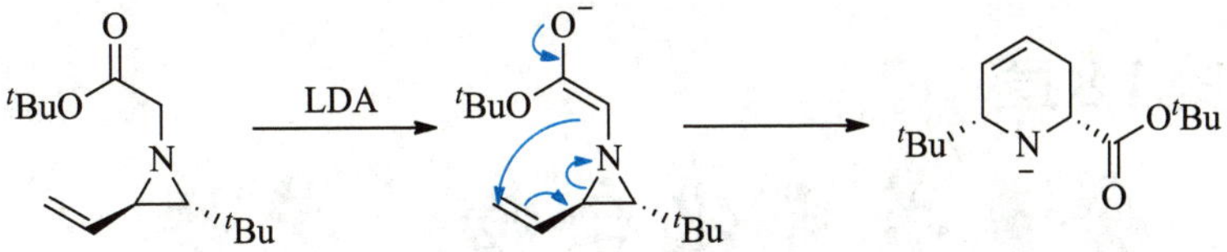

18

第18章

含氮芳香化合物 芳炔

内容提要

含氮芳香化合物在有机化学的发展过程中起着非常重要的作用。含氮芳香化合物的种类很多,本章只讨论氮原子直接与芳环相连的化合物。氨基与硝基作为苯环取代基中电子效应的两个极端,它们二者之间的转换以及后续的反应是官能团转换的重要组成部分。

18.1 芳香胺的结构特征和基本化学性质

苯胺中氮原子的杂化轨道在某种形式上介于 sp^2 和 sp^3 杂化之间。苯胺的碱性比氨或烷基胺弱得多。

18.2 芳香硝基化合物的结构、基本性质及其用途

硝基与苯环直接相连的化合物称为**芳香硝基化合物**。根据分子中所含硝基的数目,可以分为一元、二元、三元或多元芳香硝基化合物。芳香硝基化合物中氮原子为 sp^2 杂化。硝基既具有强的吸电子诱导效应,又具有强的吸电子共轭效应。

18.3 硝基和氨基在芳环上的作用对比

对比芳香硝基化合物和芳香胺的结构特点,硝基和氨基这两个取代基对芳环电子云密度的影响是截然相反的。

18.4 芳香胺的制备:芳香硝基化合物的还原反应

由于芳香硝基化合物相对容易制备,因此通过各类还原反应可以将芳香硝基化合物还原为芳香胺,这也是制备苯胺衍生物的有效方法。许多还原试剂可以将芳香硝基化合物完全还原为芳香胺。

18.5 芳香胺的氧化

芳香胺的氧化反应主要分为两类:氨基的氧化以及富电子苯环的氧化。

氨基的氧化:一级芳香胺很容易被氧化成亚硝基化合物;二级芳香胺在同样条件下会被氧化成芳香羟胺;三级芳香胺可以高产率地被氧化成氮氧化合物。

苯环的氧化：由于氨基的强给电子效应，苯环也很容易被氧化。

18.6 芳香胺的芳香亲电取代反应

芳香亲电取代反应是在质子酸或 Lewis 酸作用下的反应，因此需要考虑在此条件下氨基与质子酸或 Lewis 酸成盐的因素；但是，反应体系中又存在盐和中性胺的平衡，而中性芳香胺的亲电取代反应速率肯定比铵盐的快得多。因此，只有在非常强的酸性条件以及中性胺的浓度足够低的情况下，铵盐才占主导因素，芳香亲电取代反应才会在苯环的间位进行。

卤化：氯化或溴化反应都直接生成 2,4,6-三卤苯胺，很难使反应停留在一取代的阶段。

酰基化：在酰基化反应中，存在着氨基酰基化和芳环酰基化的竞争反应。

磺化：苯胺磺化反应通常在浓硫酸或发烟硫酸中直接反应。

硝化：苯胺很容易被硝酸氧化，因此很少直接用硝酸将苯胺硝化。

Vilsmeier-Haack 甲酰化反应：在富电子体系芳环中通过亚胺盐方式引入甲酰基的方法。

18.7 联苯胺重排和 Wallach 重排

联苯胺重排：氢化偶氮苯在酸催化下可以发生重排反应，生成约 70%的 4,4′-二氨基联苯和 30%的 2,4′-二氨基联苯。

Wallach 重排：在硫酸或其他强酸的作用下氧化偶氮苯，可以转化为对羟基取代的偶氮苯。

18.8 芳香重氮盐

一级芳香胺和亚硝酸或亚硝酸盐及过量的酸在低温下可以转化为芳香重氮盐，此转换反应也称为**重氮化反应**。

18.9 芳香亲核取代反应(四)

芳香重氮基能被多种其他基团如卤素、氰基、羟基等取代。

芳香自由基取代($S_{NR}1Ar$)机理：芳香重氮盐在亚铜离子催化下生成取代苯的反应；凡是苯基自由基参与的取代反应均统称为芳香自由基取代反应。

芳香正离子亲核取代(S_N1Ar)机理：是单分子的芳香亲核取代反应；反应分两步进行，先是重氮盐分解成苯基正离子和氮气，苯基正离子立刻和具有亲核性的水分子反应生成酚。例如，**Schiemann(或 Balz-Schiemann)反应**：芳香重氮盐与氟硼酸反应生成溶解度较小的氟硼酸重氮盐，此盐在加热或光照时会分解放出氮气并产生芳香氟化物。

18.10 重氮盐的还原

重氮盐作为含氮氮叁键的正离子体系，很容易被还原。重氮盐的还原反应主要分为由氢给体作为亲核试剂对重氮基的取代反应以及重氮基团中氮氮叁键被还原成氮氮单键等两类反应。

去氨基还原反应：重氮盐在水溶液中在还原剂的作用下能发生重氮基被氢原子取代的反应。

肼的制备：在某些还原剂的作用下，芳香重氮盐能被还原成苯肼。

18.11 重氮盐的偶联反应

重氮盐正离子可以作为弱的亲电试剂与酚、三级芳香胺等活泼的芳香化合物进行芳环上的亲电取代反应，生成偶氮化合物，此反应称为**重氮偶联反应**。

18.12 苯炔的发现和它的结构

苯炔中含有一个特殊的碳碳叁键。

18.13 苯炔的制备

苯炔活性很高，因此通常采用原位制备的方式进行研究。

18.14 苯炔的反应

苯炔具有很高的反应活性。此外，苯炔的反应也都围绕在碳碳叁键的加成反应上。

环加成反应：能与大多数 1,3-二烯类化合物发生 Diels-Alder 反应。

二聚反应：自身就能聚合成二聚体。

亲核加成反应：许多亲核试剂或基团如醇、烷氧负离子、烃基锂、氨或胺、羧酸根负离子、氰基负离子、烯醇负离子等，都能与苯炔发生亲核加成反应。

亲电加成反应：三烷基硼、卤素、卤化汞、卤化锡、卤化硅等亲电试剂易与苯炔发生亲电加成。

过渡金属参与的芳炔反应：制备金属芳炔配合物。

18.15 芳香亲核取代反应(五)　苯炔中间体机理

即使没有吸电子基团存在，在强碱作用下，卤代苯也可以进行芳香亲核取代反应，其过程基本上属于消除-加成机理，常称为**苯炔中间体机理**。

习题解析

习题 18-1 对比苯胺、苯酚和苯甲醚的结构特点，判断哪一类化合物与苯环的共轭性更好。

答 苯胺中的 N 原子介于 sp^2 杂化和 sp^3 杂化之间，苯酚和苯甲醚中的 O 原子为 sp^2 杂化；苯酚和苯甲醚中杂原子的孤对电子与苯环 π 电子云的共轭性更好。

习题 18-2 如何理解苯胺中氮原子的杂化形式介于 sp^2 和 sp^3 杂化之间？

答

125°　　142.5°　　180°

脂肪胺　　苯胺　　酰胺

未参与共轭的三取代 N 原子为 sp^3 杂化(如脂肪胺)，完全共轭的三取代 N 原子为 sp^2 杂化(如酰胺)。而在苯胺中，由于苯环与孤对电子占据的轨道存在一定的共轭，使得该轨道的 p 成分较未共轭时增多，因此，此杂化形式介于 sp^3 杂化和 sp^2 杂化之间。

习题 18-3 按酸性从强到弱给以下化合物排序：

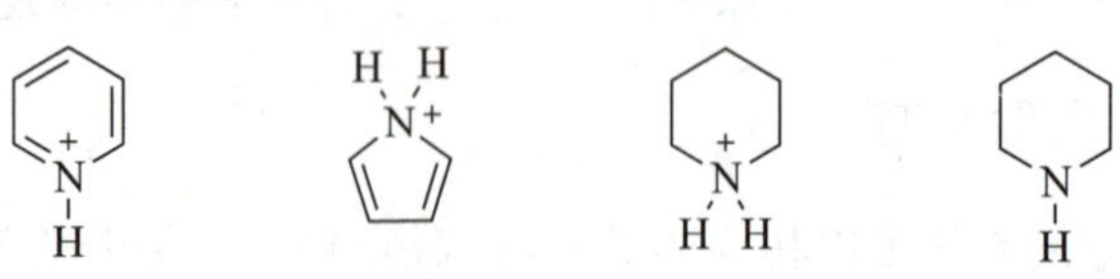

答

> > >

习题 18-4 组织胺(histamine)是一种活性胺化合物。作为身体内的一种化学传导物质,可影响许多细胞的反应,包括过敏、发炎、胃酸分泌等,也可影响脑部神经传导,造成人体嗜睡等效果。它的结构如下图所示,其中含有三个氮原子。按碱性从强到弱的顺序给这三个氮原子排序,并给出理由。

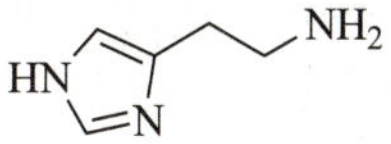

HN NH_2 N

答

3 HN 1 NH_2 N 2

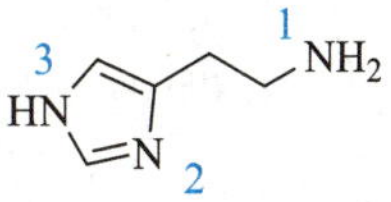

碱性:N1>N3>N2。比较碱性强弱即比较孤对电子与质子结合能力的强弱。对于不同杂化形式的 N 原子,sp^3 杂化的碱性要比 sp^2 杂化的碱性更强;对于同为 sp^2 杂化的 N 原子来说,若其孤对电子参与共轭,其碱性会减弱。

习题 18-5 大多数芳香硝基化合物都是由芳环直接硝化制备的。如爆炸值最高的炸药 *N*-甲基-*N*,2,4,6-四硝基苯胺可以用苦味酸做原料合成。分别用所给的试剂为原料合成 *N*-甲基-*N*,2,4,6-四硝基苯胺:

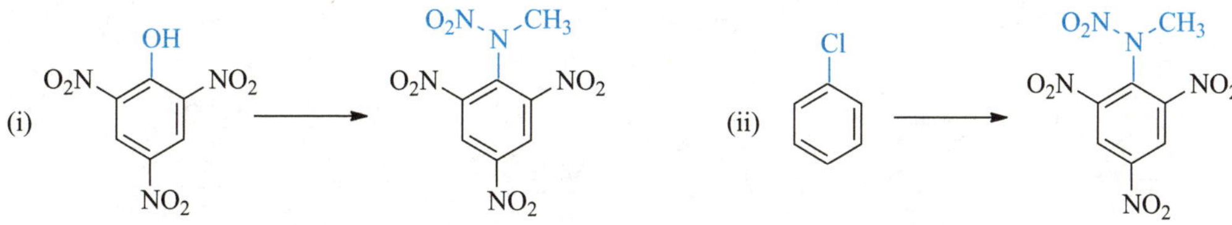

(i) OH O_2N NO_2 NO_2 → O_2N N CH_3 O_2N NO_2 NO_2 (ii) Cl → O_2N N CH_3 O_2N NO_2 NO_2

答

(i) OH O_2N NO_2 NO_2 —$POCl_3$, Py→ Cl O_2N NO_2 NO_2 —CH_3NH_2, Py→ H N CH_3 O_2N NO_2 NO_2 —HNO_3→ O_2N N CH_3 O_2N NO_2 NO_2

(ii) Cl —HNO_3 / H_2SO_4→ Cl O_2N NO_2 —HNO_3, H_2SO_4 / △→ Cl O_2N NO_2 NO_2

—CH_3NH_2, Py→ H N CH_3 O_2N NO_2 NO_2 —HNO_3→ O_2N N CH_3 O_2N NO_2 NO_2

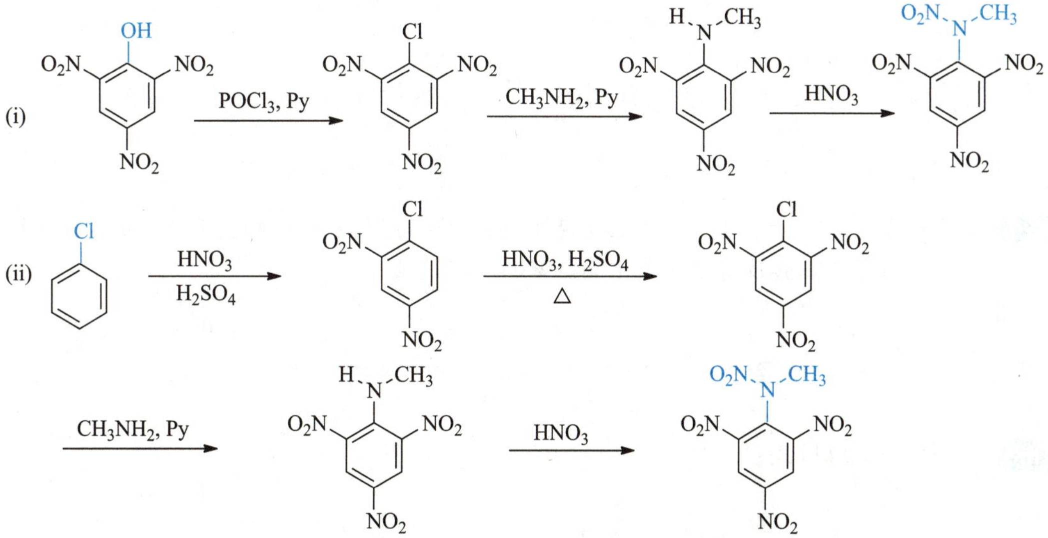

习题 18-6 19 世纪,A. Baur 希望寻找一种威力大而且安全的爆炸物,在烷基苯的硝化时,他偶然得到了一种具有强烈麝香(musk)气味的物质。在 1894—1898 年间,A. Baur 通过硝化反应合成了葵子麝香、酮麝香以及二甲苯麝香等香料。这些芳香硝基化合物是第一代的合成麝香,在 20 世纪 50 年代之前香水业主要都使用这些麝香。请分别用所给的试剂为原料合成相应的合成麝香:

(i) → (ii) → (iii) →

说明：因为这些合成麝香具有神经和光毒性、导致香水变色的高活性，以及较低的生物降解性和在有机体中易沉积的特点，在 20 世纪 80 年代开始被禁用。

答

(i) 甲苯 $\xrightarrow[H^+]{\text{异丁烯}}$ 4-叔丁基甲苯 $\xrightarrow[\triangle]{AlCl_3}$ 3-叔丁基甲苯 $\xrightarrow[\triangle]{HNO_3,\ H_2SO_4}$ 产物

(ii) 间甲酚 $\xrightarrow[K_2CO_3]{CH_3I}$ 间甲基苯甲醚 $\xrightarrow[H^+]{\text{异丁烯}}$ $\xrightarrow[\triangle]{HNO_3,\ H_2SO_4}$ 产物

(iii) 间二甲苯 $\xrightarrow[H^+]{\text{异丁烯}}$ $\xrightarrow[\triangle]{AlCl_3}$ 5-叔丁基间二甲苯 $\xrightarrow[AlCl_3]{CH_3COCl}$ $\xrightarrow[\triangle]{HNO_3,\ H_2SO_4}$ 产物

习题 18-7 硝基苯及其单分子还原产物之间是通过类似于羟醛缩合的反应过程生成双分子还原产物的。写出硝基苯与苯胺反应生成氧化偶氮苯的反应机理。

答

$O{=}\overset{+}{N}(Ar){-}O^-$ + $H_2N{-}Ar$ $\xrightarrow{\sim H^+}$ $Ar{-}N(O^-)(OH){-}\overset{+}{N}H_2{-}Ar$ ⟶ $Ar{-}N(=O){-}NH{-}Ar$ $\xrightarrow{^-OH}$ $Ar{-}\overset{+}{N}(O^-){=}N{-}Ar$

习题 18-8 完成下列反应式：

(i) $O_2N{-}C_6H_4{-}NHCOCH_3$ $\xrightarrow{SnCl_2/HCl}$

(ii) $O_2N{-}C_6H_3(NO_2){-}CH_3$ $\xrightarrow{Na_2S}$

(iii) $O_2N{-}C_6H_3(NO_2){-}CH_3$ $\xrightarrow[100\ ^\circ C]{Raney\ Ni,\ H_2}$

(iv) $O_2N{-}C_6H_4{-}CN$ $\xrightarrow[CH_3OH]{H_2NNH_2,\ FeCl_3}$

答

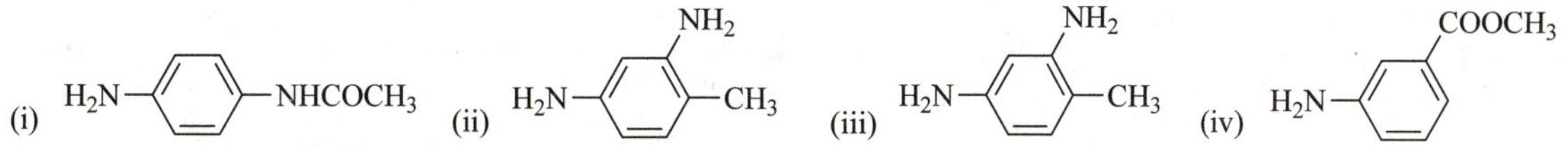

(i) H_2N–C₆H₄–$NHCOCH_3$ (ii) (iii) (iv)

习题 18-9 5-氨基-1-萘磺酸，俗称劳伦酸(Laurent's acid)，以及 8-氨基-1-萘磺酸，俗称周位酸，都是重要的偶氮染料中间体。以萘为原料分别合成 5-氨基-1-萘磺酸和 8-氨基-1-萘磺酸。

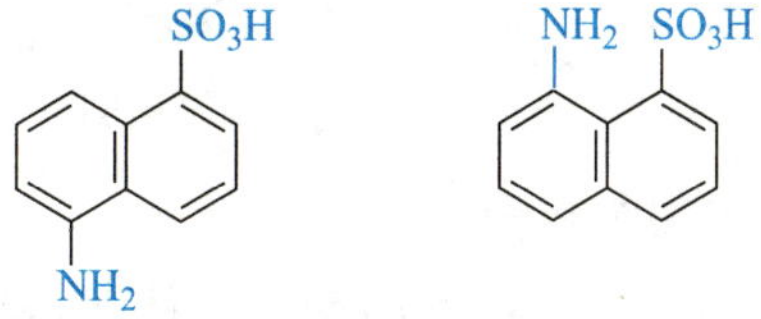

答

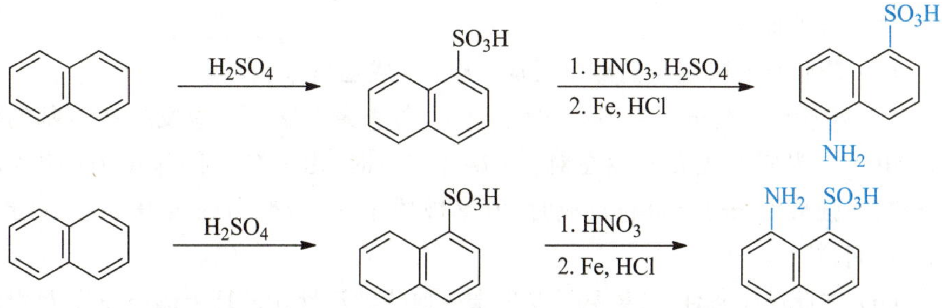

$$\text{萘} \xrightarrow{H_2SO_4} \text{1-萘磺酸} \xrightarrow[\text{2. Fe, HCl}]{\text{1. }HNO_3,\ H_2SO_4} \text{5-氨基-1-萘磺酸}$$

$$\text{萘} \xrightarrow{H_2SO_4} \text{1-萘磺酸} \xrightarrow[\text{2. Fe, HCl}]{\text{1. }HNO_3} \text{8-氨基-1-萘磺酸}$$

习题18-10 二级胺在氧化时先转化为羟胺，如果羟胺的 α 位碳原子上有氢原子，那么羟胺可以被氧化为硝酮(nitrone)：

画出羟胺被氧化为硝酮的反应机理。

答 [O]

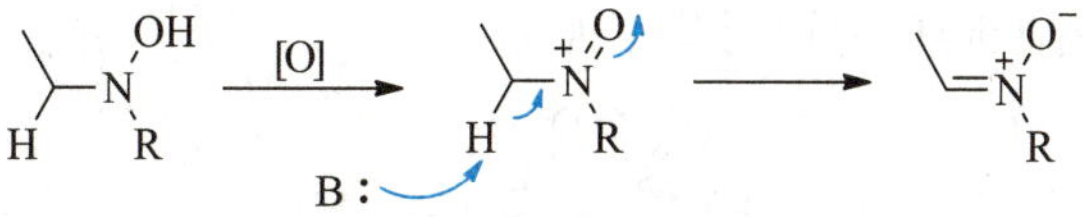

习题18-11 在苯胺被 Fremy 盐氧化时产物为苯醌，请解释氨基是如何被消除的。

答 KO_3S–N(O•)–SO_3K H_2O

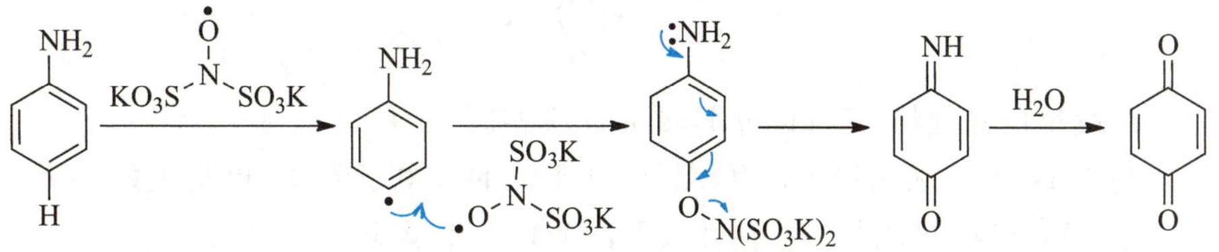

醌式中的亚胺水解为酮羰基。

习题18-12 对氨基苯磺酰胺类化合物是常用的磺胺药。磺胺类药物是最早用于临床的抗感染类药物。在第二次世界大战期间，磺胺类药物挽救了无数人的生命。其中最简单的是对氨基苯磺酰胺，也叫氨苯磺胺。以苯胺、乙酸、2-吡啶甲酸和 2-噻唑甲酸为原料制备以下磺胺类化合物，并了解下列药物的药理性质：

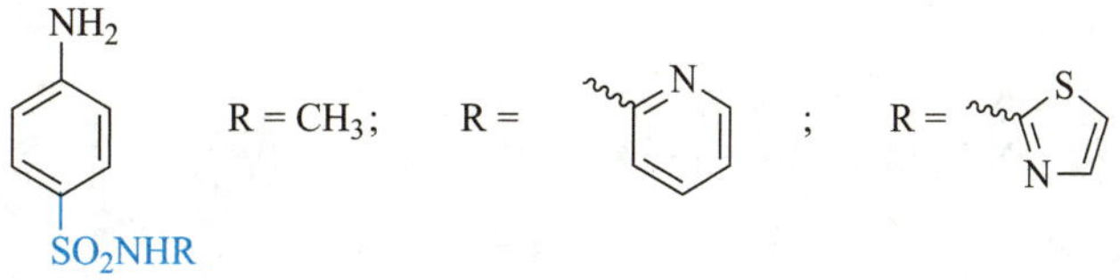

$R = CH_3$； R = 2-吡啶基； R = 2-噻唑基

答

$$RCOOH \xrightarrow{SOCl_2} \xrightarrow{NH_3} RCONH_2 \quad R = CH_3;\ R = \text{2-吡啶基};\ R = \text{2-噻唑基}$$

$$PhNH_2 \xrightarrow[NEt_3]{Ac_2O} PhNHAc \xrightarrow{HSO_3Cl} p\text{-}AcNHC_6H_4SO_2Cl \xrightarrow{RCONH_2} p\text{-}AcNHC_6H_4SO_2NHCOR \xrightarrow[H_2O]{NaOH} p\text{-}H_2NC_6H_4SO_2NHCOR$$

习题18-13 说明得到下列实验结果的原因：

(i) 在芳香亲电取代反应中，在不同反应条件下，苯胺分别转化为邻、对位或间位产物，请说明产物不同的原因。

(ii) 苯胺与乙酰氯或乙酸酐反应，优先生成乙酰苯胺。

答 (i) 氨基是强给电子基团，一般情况下，芳香亲电取代反应发生在氨基的邻位或对位，温度较低时由于位阻原因主要发生在对位；温度较高时，由于分子间作用力的影响，氨基的邻位产物增多。当在强酸性条件下进行反应时，氨基被质子化，转变为强吸电子基团，此时反应主要发生在氨基的间位。

(ii) 在此反应条件下，氮原子发生亲核取代的活性比苯环上碳原子发生芳香亲电取代的活性更高。

习题18-14 苯酚在碱性条件下溴化，会生成 2,4,4,6-四溴-环己-2,5-二烯酮。苯胺在碱性条件下溴化，是否也可以生成类似的四溴代产物？

答 碱性条件下，苯胺具有与苯酚负离子相似的亲核性，也可以发生类似的反应生成类似的四溴代产物，但是生成的亚胺可以水解为酮。

习题18-15 如果用$(CF_3SO_2)_2O$代替 $POCl_3$，一些活性较弱的芳环，如萘、菲，也能进行 Vilsmeier 反应。写出此转换的反应机理，并说明其原因。

答

$$F_3C\text{-}SO_2\text{-}O\text{-}SO_2\text{-}CF_3 + HC(=O)N(CH_3)R \longrightarrow TfO\text{-}CH{=}\overset{+}{N}(CH_3)R$$

后续反应机理与 Vilsmeier-Haack 反应相同。

与 Vilsmeier 试剂相比，TfO 是比 Cl 更强的吸电子基团，也是更好的离去基团，使得中间碳原子亲电性更强，可以与一些活性较弱的芳环发生反应。

习题18-16 完成下列反应：

(i) $O_2N\text{-}C_6H_4\text{-}NH\text{-}NH\text{-}C_6H_4\text{-}NO_2 \xrightarrow{H^+}$

(ii) $o\text{-}ClC_6H_4\text{-}NH\text{-}NH\text{-}C_6H_4Cl\text{-}o \xrightarrow{H^+}$

(iii) $o\text{-}H_3CC_6H_4\text{-}NH\text{-}NH\text{-}C_6H_4CH_3\text{-}o \xrightarrow{H^+}$

(iv) $p\text{-}EtC_6H_4\text{-}NH\text{-}NH\text{-}C_6H_4Et\text{-}p \xrightarrow{H^+}$

(v) 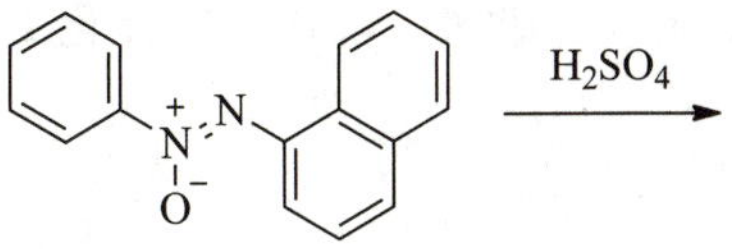 [chemical structure] $\xrightarrow{H_2SO_4}$

答

(i) 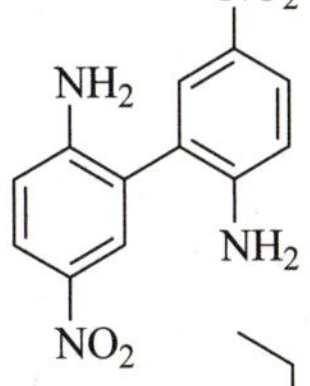 [chemical structure: NO_2, NH_2, NH_2, NO_2] (ii) 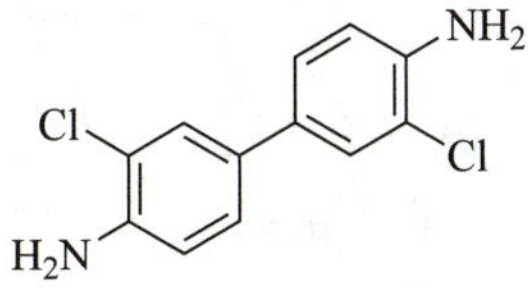 [chemical structure: Cl, NH_2, Cl, H_2N] (iii) 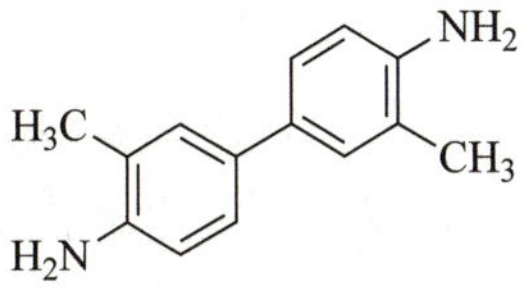 [chemical structure: H_3C, NH_2, CH_3, H_2N]

(iv) 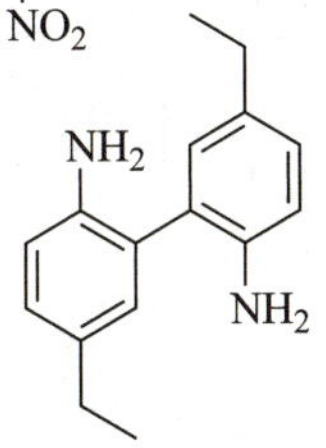 [chemical structure: NH_2, NH_2] (v) 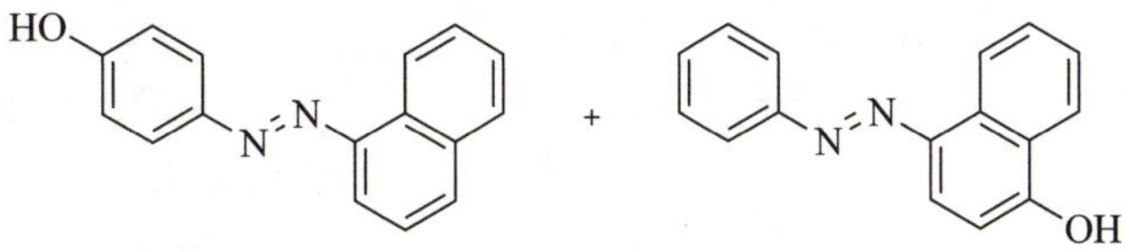 [chemical structure: HO, N=N] + [chemical structure: N=N, OH]

习题18-17 完成下列反应式，并画出其合理的、分步的反应机理：

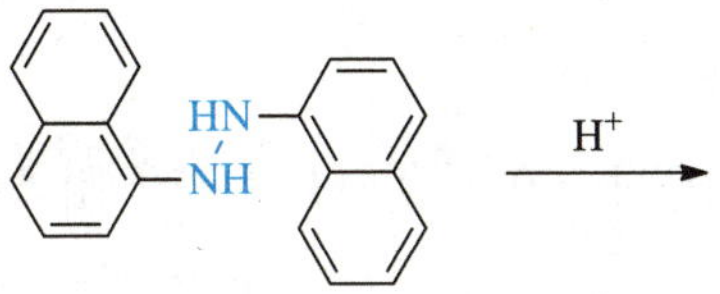

[chemical structure: HN–NH] $\xrightarrow{H^+}$

答

[chemical structure: HN–NH] $\xrightarrow{H^+}$ [chemical structure: H_2N, H_2N] + [chemical structure: NH_2, NH_2] + [chemical structure: HN]

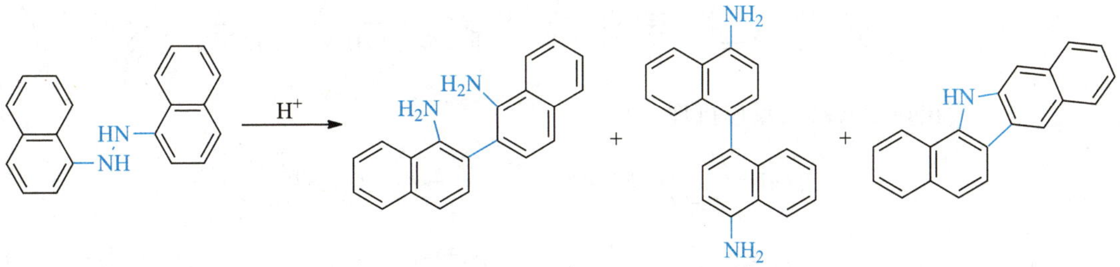

反应条件下，联苯胺重排与Fisher吲哚合成反应可发生串联。请读者自己给出机理。

习题18-18 写出联苯胺重排中生成 p-半联胺的可能的转换机理。

答

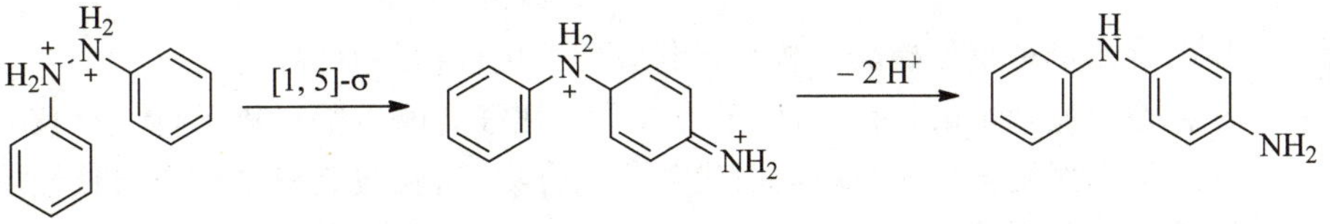

[chemical structure: $H_2\overset{+}{N}$, $\overset{+}{N}H_2$] $\xrightarrow{[1,5]\text{-}\sigma}$ [chemical structure: $\overset{+}{N}H_2$, $\overset{+}{N}H_2$] $\xrightarrow{-2H^+}$ [chemical structure: NH, NH_2]

习题18-19 在金属铜催化下，芳香重氮盐可以分别与二氧化硫、亚硝酸钠、亚硫酸钠、硫氰酸钾反应，生成相应的取代芳香化合物。完成这些转换的反应式。

答

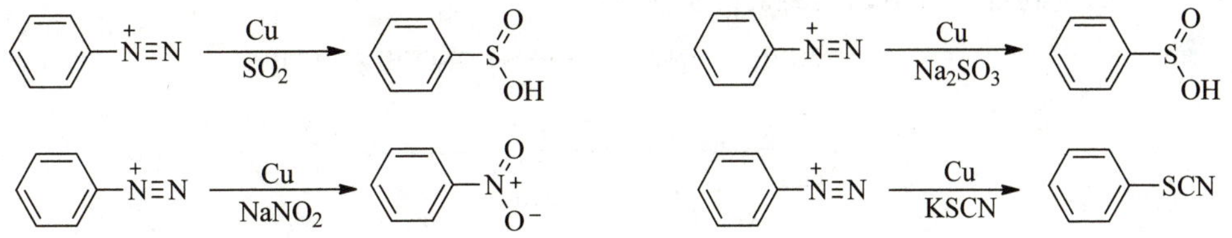

$PhN_2^+ \xrightarrow[SO_2]{Cu} PhS(O)OH$　　$PhN_2^+ \xrightarrow[Na_2SO_3]{Cu} PhS(O)OH$

$PhN_2^+ \xrightarrow[NaNO_2]{Cu} PhNO_2$　　$PhN_2^+ \xrightarrow[KSCN]{Cu} PhSCN$

习题18-20 在 Sandmeyer 反应中，碘苯的制备无需亚铜盐的催化。此外，I^- 还可以催化 Pschorr 反应。写出 I^- 催化此反应的机理。

答

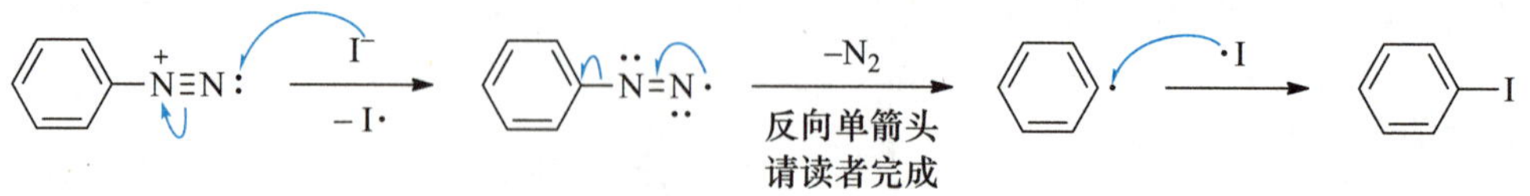

I^- $-I\cdot$ $-N_2$ 反向单箭头 请读者完成 $\cdot I$

I^- 可以作为自由基源，起到与 Cu 盐相同的作用。

习题18-21 画出香豆素与氯化对氯苯基重氮盐在催化量的 $CuCl_2$ 作用下进行 Meerwein 反应的机理。

答

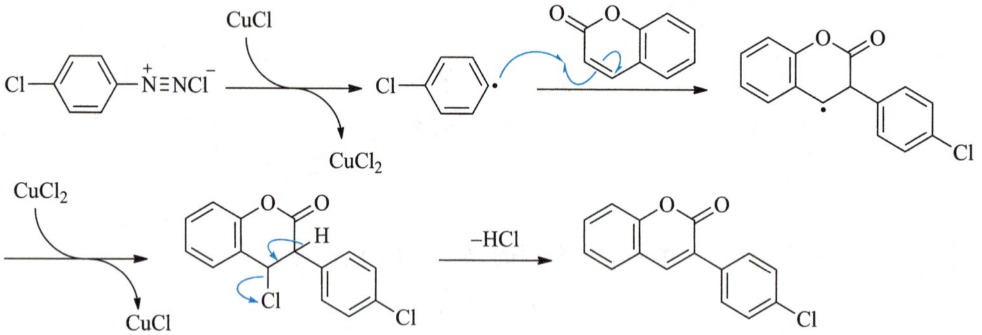

CuCl $CuCl_2$ $CuCl_2$ CuCl $-HCl$

习题18-22 在 Meerwein 反应中，可以在无金属盐参与下制备大量以下目标化合物：

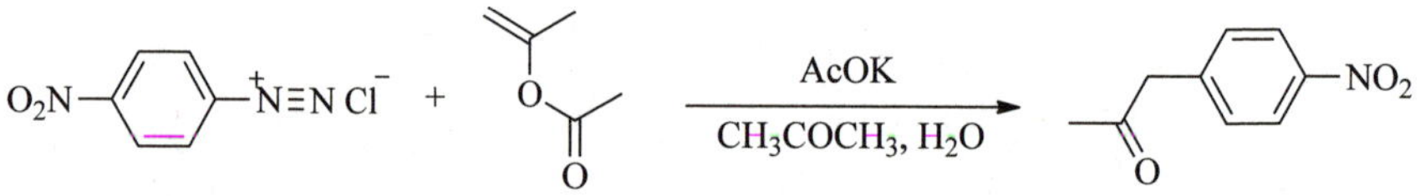

AcOK CH_3COCH_3, H_2O

写出以上转换的反应机理。

答

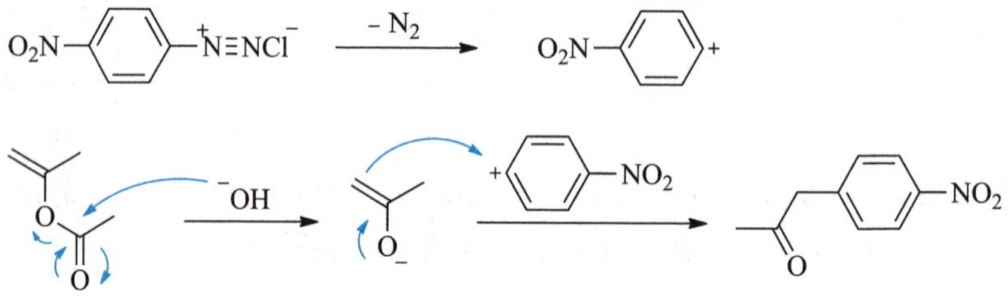

$-N_2$ ^-OH

习题18-23 说明常用芳香重氮硫酸氢盐水解制备酚类化合物的原因。

答 在芳香重氮盐水解过程中，由于生成了活性很高的芳基正离子，体系内存在的任何亲核试剂或基团都可与之结合生成对应的取代芳香化合物，而硫酸氢根是一个亲核性非常弱的阴离子，很难形成硫酸芳基酯等副产物，因而可以较高效率地制备酚类化合物。

习题18-24 氟硼酸重氮盐也可用氟硼酸亚硝酰直接与芳香胺反应制得，而氟硼酸亚硝酰可用 N_2O_3 与氟硼酸反应制备。写出以上转换的反应式。

答

$$2HBF_4 + N_2O_3 \longrightarrow 2NO^+BF_4^- + H_2O$$

$$C_6H_5NH_2 + NO^+BF_4^- \longrightarrow C_6H_5\overset{+}{N}{\equiv}N\ BF_4^- + H_2O$$

习题18-25 以苯为原料合成以下化合物：

答

(i) 苯 $\xrightarrow[AlCl_3]{CH_3COCl}$ 苯乙酮 $\xrightarrow[H_2SO_4]{HNO_3}$ 间硝基苯乙酮 $\xrightarrow{Zn/HCl}$ 3-乙基苯胺 $\xrightarrow{NO^+BF_4^-}$ $C_2H_5C_6H_4N_2^+BF_4^-$ $\xrightarrow{\triangle}$ 3-氟乙苯

(ii) 苯 $\xrightarrow[H_2SO_4]{HNO_3}$ 间二硝基苯 $\xrightarrow{Sn/HCl}$ 间苯二胺 $\xrightarrow{NO^+BF_4^-}$ $C_6H_4(N_2^+BF_4^-)_2$ $\xrightarrow{\triangle}$ 间二氟苯

(iii) 苯 $\xrightarrow[H_2SO_4]{HNO_3}$ 间二硝基苯 $\xrightarrow{Sn/HCl}$ 间苯二胺 $\xrightarrow[HCl]{HNO_2}$ $C_6H_4(N_2^+Cl^-)_2$ $\xrightarrow{CuCN}$ 间苯二腈

(iv) 苯 $\xrightarrow[H_2SO_4]{HNO_3}$ $C_6H_5NO_2$ $\xrightarrow{Sn/HCl}$ $C_6H_5NH_2$ $\xrightarrow[Py]{Ac_2O}$ C_6H_5NHAc $\xrightarrow[H_2SO_4]{HNO_3}$ 对硝基乙酰苯胺 $\xrightarrow{H_2O}$ 对硝基苯胺 $\xrightarrow[2.\ H_2O]{1.\ NO^+BF_4^-}$ 对硝基苯酚 $\xrightarrow{Sn/HCl}$ $\xrightarrow[HCl]{HNO_2}$ $HOC_6H_4N_2^+Cl^-$ $\xrightarrow{CuCN}$ 对羟基苯甲腈

习题18-26 在重氮盐的去氨基还原中，在 $FeSO_4$ 的催化作用下，DMF 也可以作为氢原子的给体。写出此转换的机理(提示：从自由基反应的链引发开始，DMF 自身转化成 CO 和亚胺)。

答

$C_6H_5N_2^+ \xrightarrow{-N_2} C_6H_5^+ \xrightarrow{Fe(II)} C_6H_5\cdot \xrightarrow{HCON(CH_3)_2} C_6H_5H$ + $(CH_3)_2N\dot{C}{=}O$

$(CH_3)_2N\dot{C}{=}O \xrightarrow{-CO} H_3C\dot{N}CH_3 \xrightarrow{Fe(III)} H\text{-}CH_2\text{-}\overset{+}{N}H\text{-}CH_3 \longrightarrow H_3C\text{-}N{=}CH_2$

习题18-27 完成下列反应式：

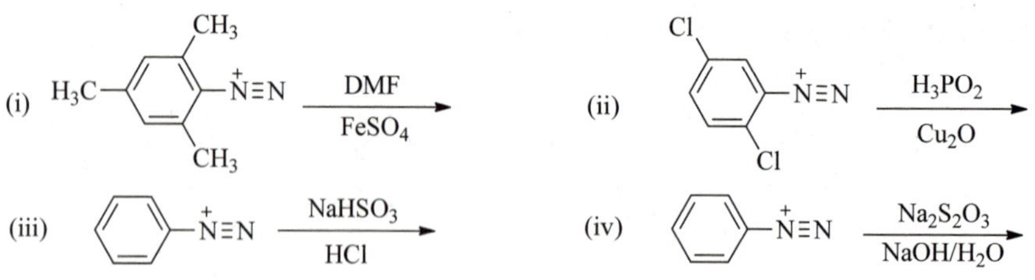

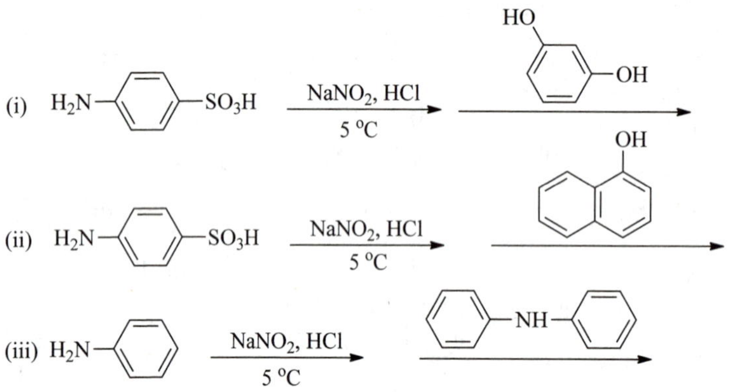

答

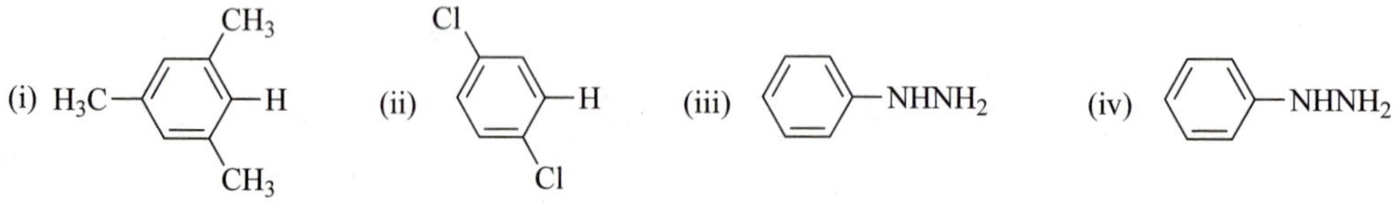

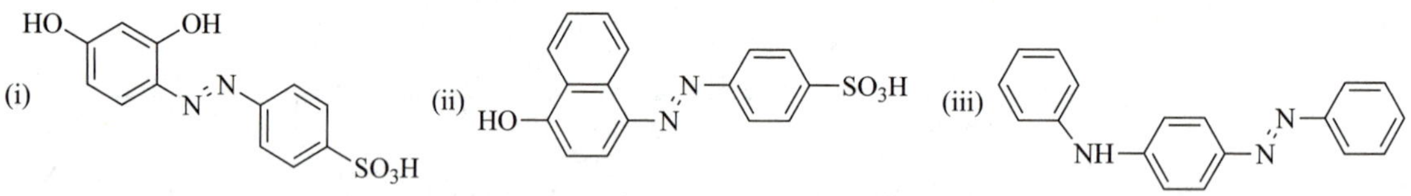

由于二苯胺中氮原子与两个苯基有共轭作用，无论从位阻上还是从亲核性上来考虑，都较难发生氮原子上的亲核反应，因此发生在氮原子的对位。

习题18-28 完成以下反应：

答

习题18-29 偶氮化合物可通过偶氮基的还原，使氮氮键断裂而生成氨基化合物，这也是合成氨基化合物的一种方法。以苯胺和β-萘酚为原料通过偶氮化合物的还原法合成α-氨基-β-萘酚。

答

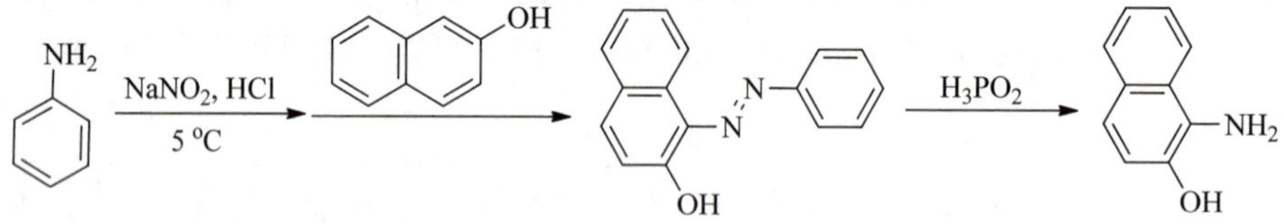

习题18-30 1932年，德国拜耳实验室的研究人员偶然发现prontosil（百浪多息）对于治疗溶血性链球菌感染有很强的功效。此后prontosil成为了世界上第一种商品化的合成抗菌药（synthetic antibacterial agent）和磺胺类抗菌药（sulfonamide antibacterial agent），并开启了合成药物化学发展的新时代。以苯和必要的有机、无机试剂为原料通过重氮偶联法合成prontosil：

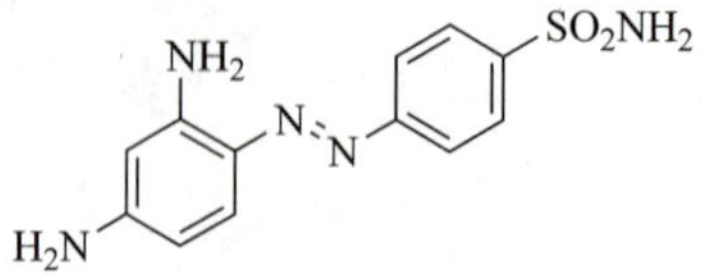

答

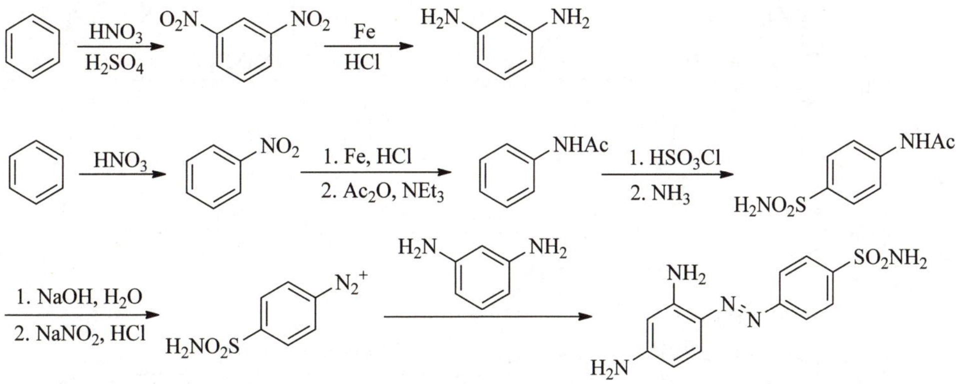

习题18-31 刚果红是一种酸碱指示剂，当 pH 低于 3.0 时呈蓝色，高于 5.2 时呈红色。在生物学上可用刚果红筛选纤维素分解菌。刚果红与纤维素反应生成红色复合物，但与纤维素水解后的产物则不发生此反应。因此，通过向含纤维素的培养基中加入刚果红，若存在可分解纤维素的细菌，则会以这个细菌为中心出现透明圈，即细菌分解了纤维素，使之无法与刚果红合成红色复合物。以苯、萘以及必要的有机、无机试剂为原料通过重氮偶联法合成刚果红：

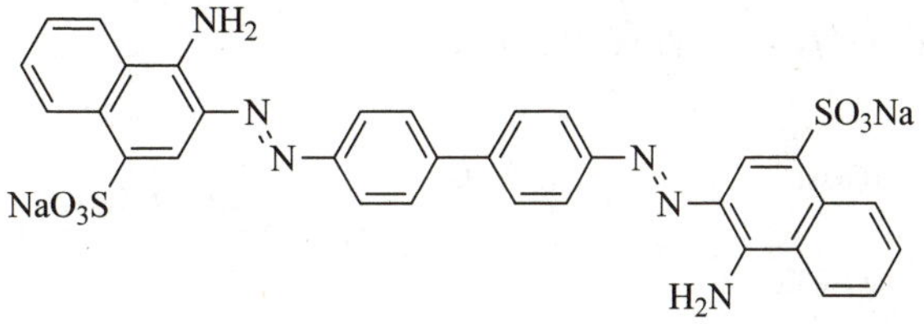

答

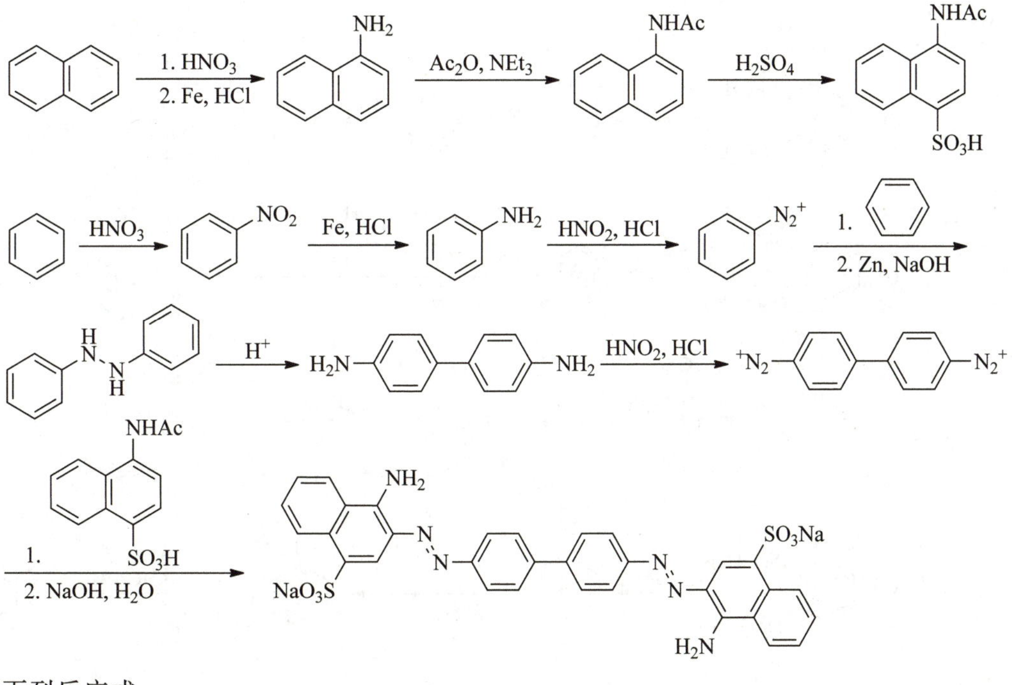

习题18-32 完成下列反应式：

(i) OMe, Br, t-Bu substituted benzene —$NaNH_2$→ —(furan)→

(ii) CH_3, Cl, CH_3 substituted benzene —$NaNH_2$→ —NC(Ph)CH–Li→ —PhI→

(iii) o-dibromobenzene + tetra-t-Bu-cyclobutadiene —n-BuLi→ —105 °C→

(iv) $Si(CH_3)_3$, OSO_2CF_3 naphthalene —$Pd(OAc)_2$, CsF→ —$MeO_2C—≡—CO_2Me$→

答

(i) OMe, O-bridged, t-Bu (ii) CH_3, I, CN, CH_3, Ph (iii) t-Bu, t-Bu, t-Bu, t-Bu , t-Bu, t-Bu, t-Bu, t-Bu (iv) MeO_2C, CO_2Me

习题18-33 写出以下转换分步的、合理的机理：

(i) $Si(CH_3)_3$, OSO_2CF_3 benzene + diethyl malonate —KF, 18-C-6 / THF, 25 °C→ product

(ii) $Si(CH_3)_3$, OSO_2CF_3 benzene + H_3C-N imidazole —CsF, CH_3CN / 50 °C, 12 h→ H_3C–N(Ph)-anthracene

答

(i) $Si(CH_3)_3$, OSO_2CF_3 —KF→ benzyne —(enol: O, OH, O, O)→ → OEt, O, O → O⁻ → —H_2O→

(ii) $Si(CH_3)_3$, OSO_2CF_3 —CsF→ benzyne —H_3C-N imidazole [4+2]→ MeN, N —– HCN→ NMe

—benzyne [4+2]→ MeN, H → NHMe —benzyne→ H_3C, N, Ph

习题18-34 完成下列反应式：

(i) 4-溴苯甲醚 $\xrightarrow[NH_3\,(l)]{KNH_2}$ 丙酮烯醇负离子 $\longrightarrow$ (ii) 邻羧酸根苯重氮盐 + H_3C–CH=CH–CH=CH–CH_3 $\xrightarrow{\triangle}$

(iii) 2-氯苯丙腈 $\xrightarrow{KNH_2}$ (iv) 溴苯 $\xrightarrow[DMSO]{t\text{-BuOK}}$

答

(i) H_3CO–C₆H₄–CH_2COCH_3 (ii) 1,4-二甲基-1,4-二氢萘 (iii) 苯并环丁烯-CN (iv) 苯酚 (OH)

习题18-35 画出以下转换分步的、合理的反应机理：

邻羧酸根苯重氮盐（N_2^+, COO^-） + 苯并呋喃 $\longrightarrow$ 产物

答

邻羧酸根苯重氮盐 $\xrightarrow[-\,CO_2]{-\,N_2}$ 苯炔 $\xrightarrow[[4+2]]{\text{苯并呋喃}}$ 中间体 $\xrightarrow[[2+2]]{\text{苯炔}}$ 产物

习题18-36 以邻氨基苯甲酸以及必要的有机和无机试剂为原料合成以下化合物：

1,1-二氯苯并环丁烯（Cl, Cl）

答

邻氨基苯甲酸根（NH_2, COO^-） $\xrightarrow[HCl]{HNO_2}$ 重氮盐（N_2^+, COO^-） $\xrightarrow{\triangle}$ 苯炔 $\xrightarrow[[2+2]]{Cl_2C=CH_2}$ 1,1-二氯苯并环丁烯（Cl, Cl）

习题18-37 以下两个胺的共轭酸的 pK_a 相差 4 万倍。判断哪个胺的碱性更强，并说明其原因。

(i) 1,2,3,4-四氢喹啉（NH） (ii) 1,2,3,4-四氢异喹啉（NH）

答 (ii)碱性更强，分子中的 N 原子不与苯环共轭，接受质子的能力更强。

习题18-38 以下三个化合物均能发生芳香亲电取代反应，请对其反应性从高到低进行排序：

(i) C₆H₅–SCH_3 (ii) C₆H₅–OCH_3 (iii) C₆H₅–$NHCH_3$

答 反应活性顺序为：(iii)＞(ii)＞(i)。

S 原子半径最大，与苯环共轭最弱，亲核能力最强；O 原子次之；而 N 原子由于只有一对孤对电子，且与苯环共轭较强，亲核能力最弱。

习题18-39　画出 A. Vilsmeier 最初发现的以下转换的分步、合理的反应机理：

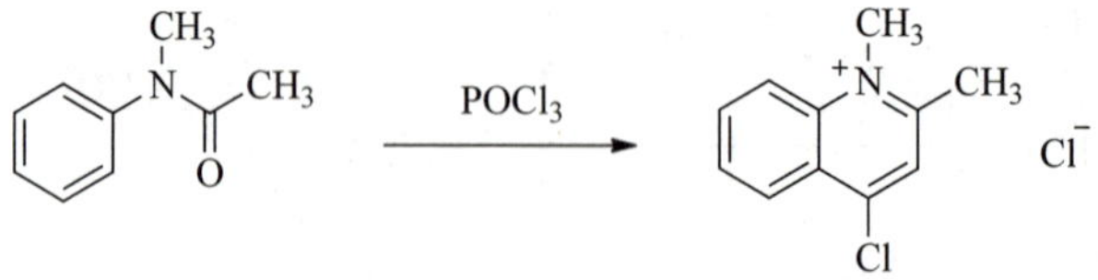

答

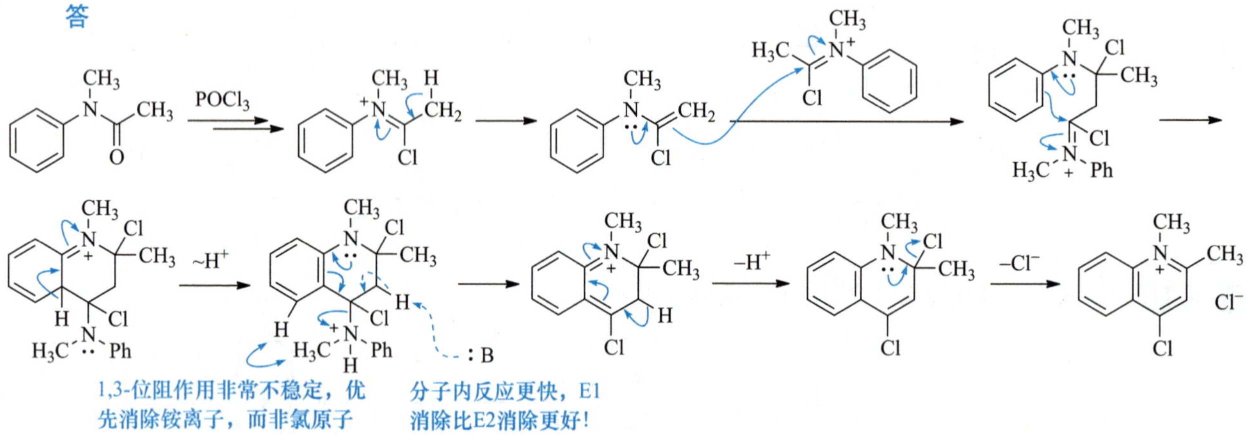

1,3-位阻作用非常不稳定，优先消除铵离子，而非氯原子

分子内反应更快，E1消除比E2消除更好！

习题18-40　苯胺和苯酚衍生物均可以进行 Vilsmeier 反应。请判断烯胺是否可以进行 Vilsmeier 反应？如可以，请写出以下反应的分步、合理的转换机理；如不行，请说明原因。

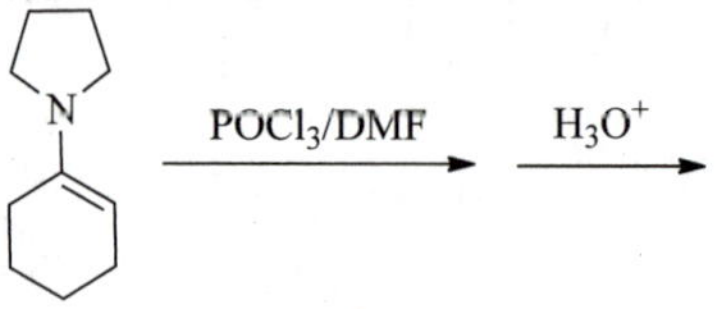

答　烯胺也可进行类似反应，首先 DMF 与 $POCl_3$ 生成 Vilsmeier 试剂，随后的机理如下：

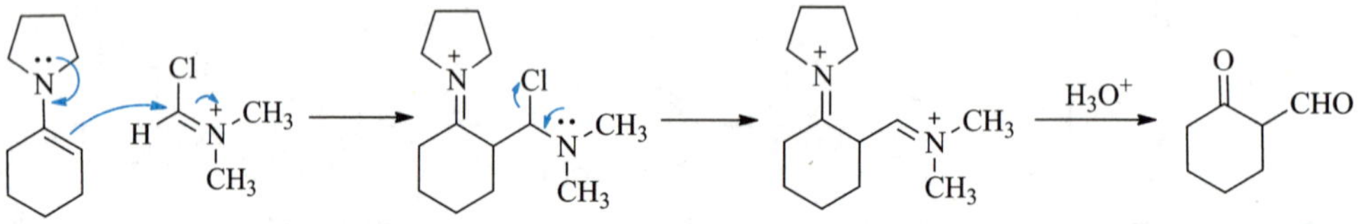

习题18-41　Vilsmeier 反应是一类在酸性条件下通过亲电取代反应引入甲酰基的有效方法。与其类似，有些化合物在酸性条件下不稳定或存在较多的副反应，因此发展了一类在碱性条件下在芳环上引入甲酰基的有效方法：

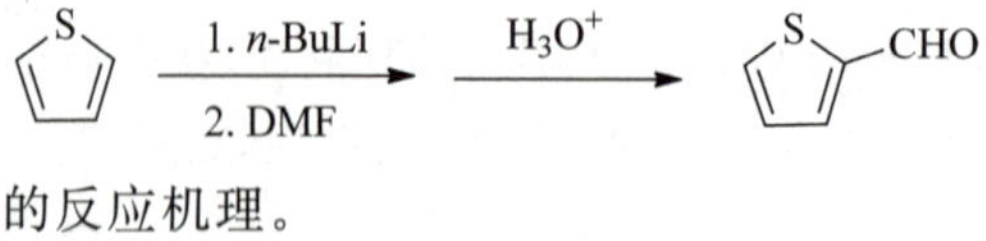

画出以上转换分步的、合理的反应机理。

答

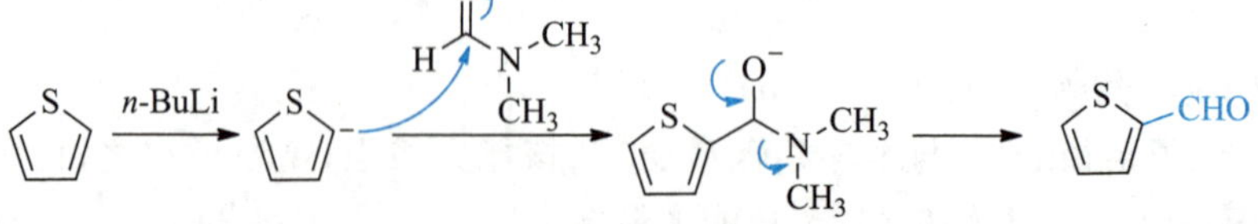

习题18-42　莫西塞利(thymoxamine)是一种 α-肾上腺素受体拮抗药，可用于治疗原发性慢性闭角型青光眼。请以 2-异丙基-5-甲基苯酚、二甲基-2-氯乙基胺以及必要的有机、无机试剂为原料合成莫西塞利：

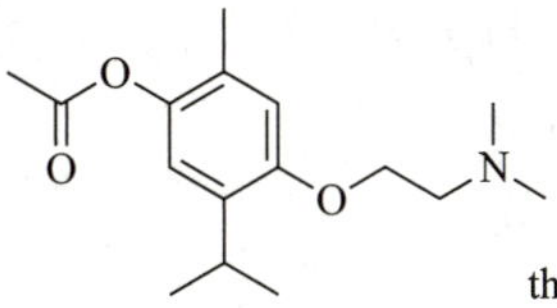
thymoxamine

答

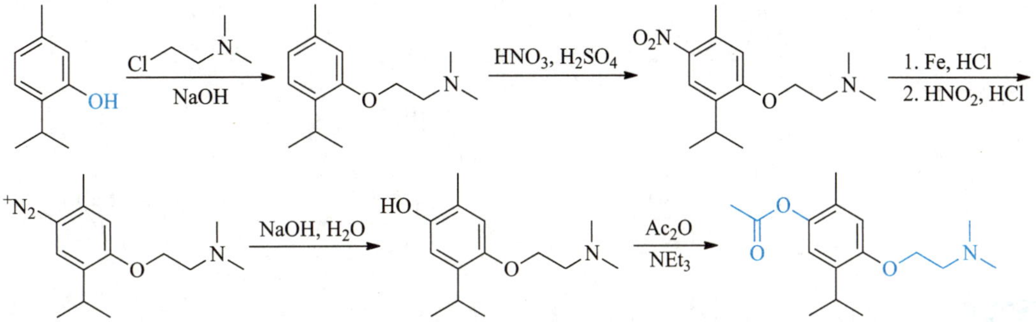
OH
Cl
N
NaOH
O
HNO3, H2SO4
O2N
1. Fe, HCl
2. HNO2, HCl
+N2
NaOH, H2O
HO
Ac2O
NEt3
O

习题18-43 以苯以及必要的有机和无机试剂为原料制备 1,3,5-三溴苯。

答

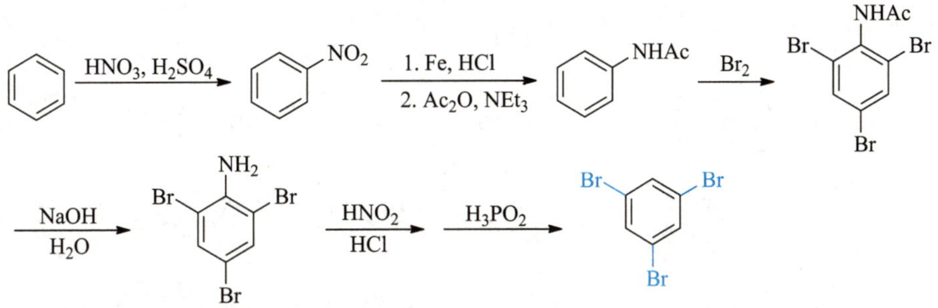
HNO3, H2SO4
NO2
1. Fe, HCl
2. Ac2O, NEt3
NHAc
Br2
Br
NaOH
H2O
NH2
HNO2
HCl
H3PO2

习题18-44 曾作为食品色素的亮橙色染料——甲基黄被怀疑为致癌物后已被禁用。以苯胺和必要的有机、无机试剂为原料合成甲基黄：

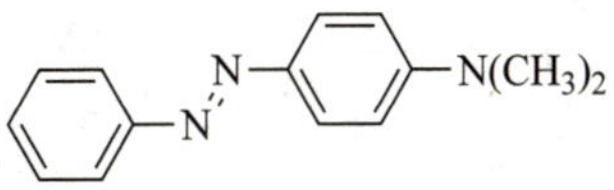
N
N(CH3)2

答

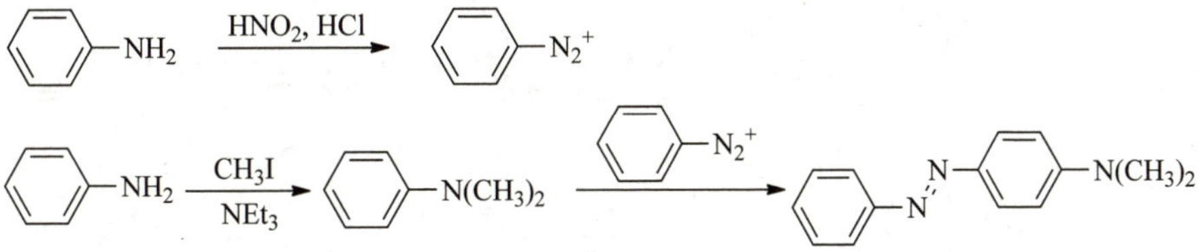
NH2
HNO2, HCl
N2+
CH3I
NEt3
N(CH3)2
N

习题18-45 下列每一个化合物中哪一个氮原子的碱性最强？

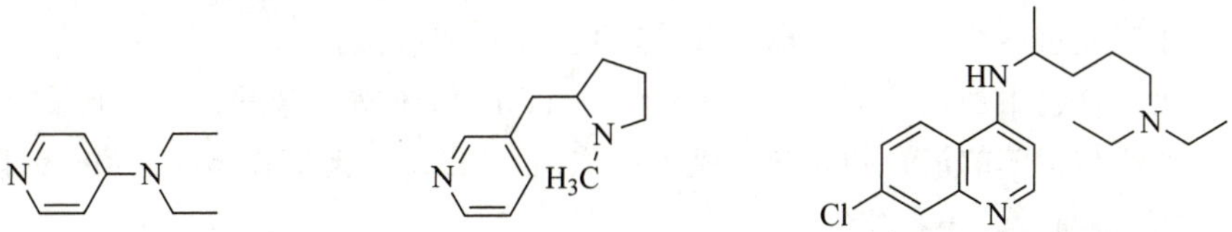
N
H3C
HN
Cl

答

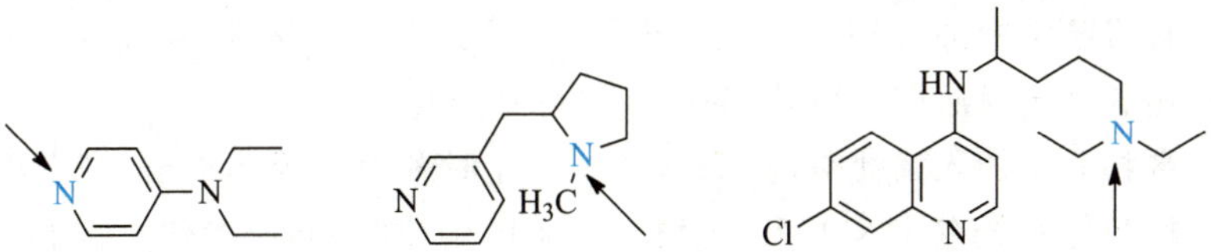
N
H3C
HN
Cl

习题18-46 以苯胺以及必要的有机和无机试剂为原料合成以下化合物：

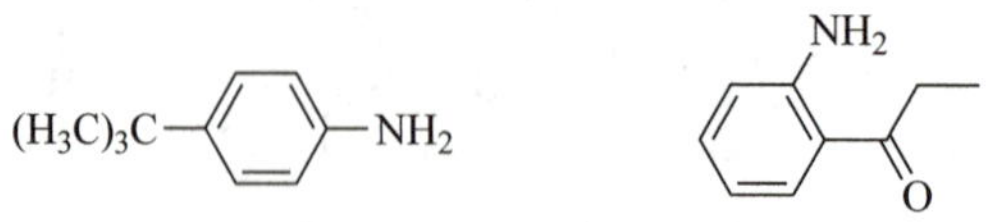

$(H_3C)_3C-C_6H_4-NH_2$ (对叔丁基苯胺)　　邻氨基苯丙酮

答

苯胺 $\xrightarrow[NEt_3]{Ac_2O}$ 乙酰苯胺 $\xrightarrow[H^+]{\text{异丁烯}}$ 对叔丁基乙酰苯胺 $\xrightarrow[H_2O]{NaOH}$ $(H_3C)_3C-C_6H_4-NH_2$

苯胺 $\xrightarrow[2.\ H_2SO_4]{1.\ Ac_2O,\ NEt_3}$ $HO_3S-C_6H_4-NHAc$ $\xrightarrow[AlCl_3]{\text{丙酰氯 } ClCOCH_2CH_3}$ 2-乙酰氨基-5-磺酸基苯丙酮 $\xrightarrow[H_2O]{NaOH}$ 邻氨基苯丙酮

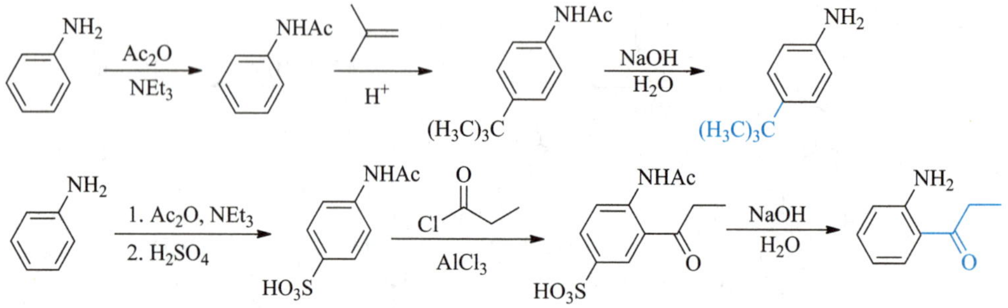

习题18-47 以苯以及必要的有机和无机试剂为原料合成以下化合物：

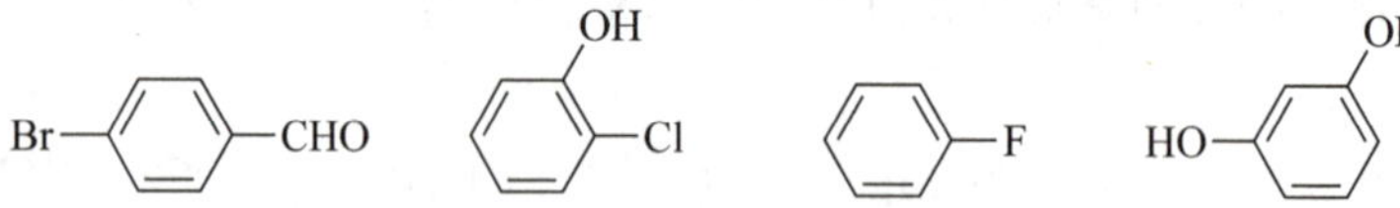

$Br-C_6H_4-CHO$　　邻氯苯酚　　C_6H_5-F　　间苯二酚

答

苯 $\xrightarrow[H_2SO_4]{HNO_3}$ $C_6H_5-NO_2$ $\xrightarrow[HCl]{Fe}$ $C_6H_5-NH_2$ $\xrightarrow[NEt_3]{Ac_2O}$ C_6H_5-NHAc $\xrightarrow[POCl_3]{DMF}$

$OHC-C_6H_4-NHAc$ $\xrightarrow[H_2O]{NaOH}$ $\xrightarrow[HCl]{HNO_2}$ $OHC-C_6H_4-N_2^+$ $\xrightarrow{CuBr}$ $OHC-C_6H_4-Br$

C_6H_5-NHAc $\xrightarrow[2.\ HNO_3]{1.\ H_2SO_4}$ $HO_3S-C_6H_3(NO_2)-NHAc$ $\xrightarrow[2.\ NaOH/H_2O]{1.\ H^+/H_2O}$ 邻硝基苯胺 $\xrightarrow[HCl]{HNO_2}$

$\xrightarrow{CuCl}$ 邻氯硝基苯 $\xrightarrow[HCl]{Fe}$ 邻氯苯胺 $\xrightarrow[2.\ H_2O]{1.\ HNO_2,\ HCl}$ 邻氯苯酚

$C_6H_5-NH_2$ $\xrightarrow{NO_2^+BF_4^-}$ $C_6H_5-N_2^+BF_4^-$ $\xrightarrow{\triangle}$ C_6H_5-F

苯 $\xrightarrow[H_2SO_4]{HNO_3}$ 间二硝基苯 $\xrightarrow[HCl]{Fe}$ 间苯二胺 $\xrightarrow[HCl]{HNO_2}$ $\xrightarrow{H_2O}$ 间苯二酚

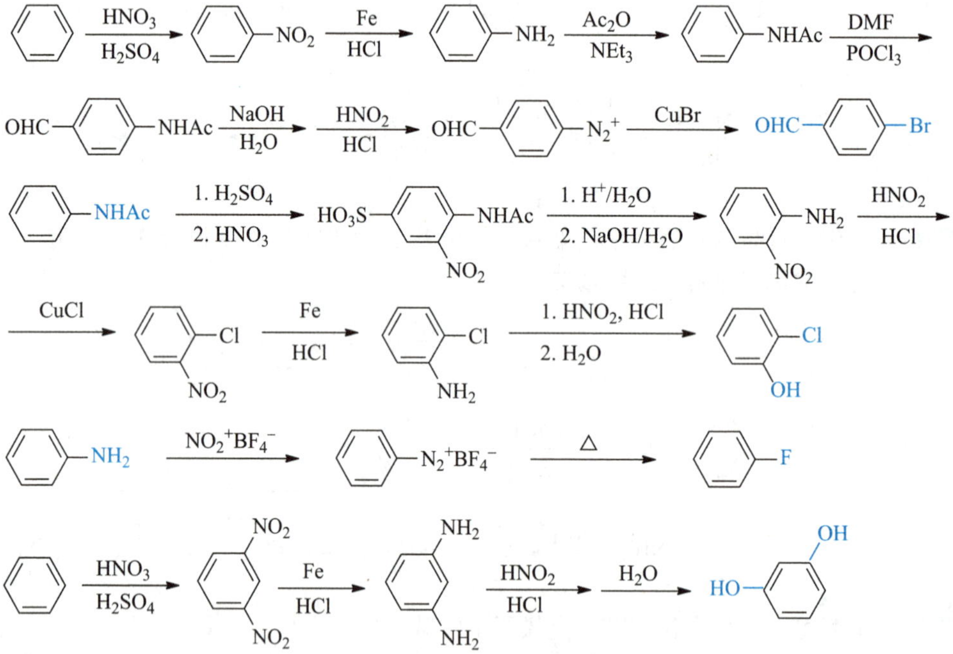

习题18-48 如何通过萃取的方法分离甲苯、苯甲酸以及苯胺混合物？

答 在混合物中加入稀盐酸，调 pH 至 3～4，此时，苯胺以苯胺盐酸盐形式进入水相Ⅰ，有机相Ⅰ为苯甲酸与甲苯的混合物。向水相Ⅰ中加入 $NaHCO_3$ 溶液调 pH 至 8～9，除去水相后干燥即得到苯胺，蒸馏可进一步纯化。

向有机相Ⅰ中加入 Na_2CO_3 水溶液至 pH 约为 10，此时苯甲酸以苯甲酸盐的形式进入水相Ⅱ，有机相Ⅱ经干燥后即为甲苯，蒸馏可进一步纯化。

向水相Ⅱ中加入稀盐酸调 pH 至 3～4，此时苯甲酸固体析出，用去离子水洗去无机盐即可纯化。

习题18-49 解释为何苯胺在 HNO_3 和 H_2SO_4 体系中硝化时，间位硝化产物的产率接近 50%？

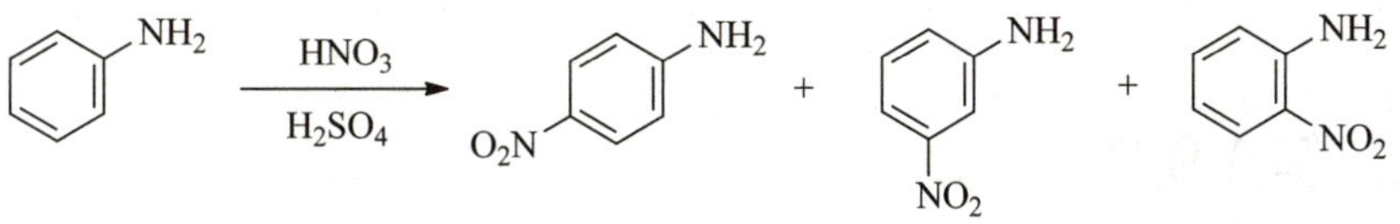

答　在强酸性条件下，苯胺被质子化，并且与未质子化的苯胺达到平衡。未被质子化的苯胺主要得到对位产物，而质子化的苯胺由于苯环上连接一个强吸电子基团，芳香亲电取代主要发生在间位。因而有大量的间位产物产生。

习题18-50　画出以下转换合理的、分步的反应机理：

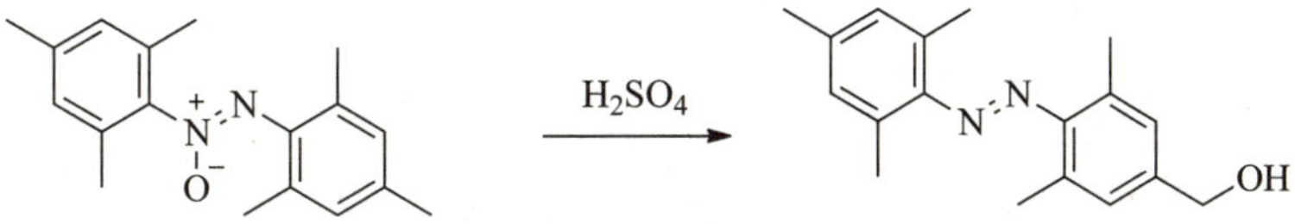

答

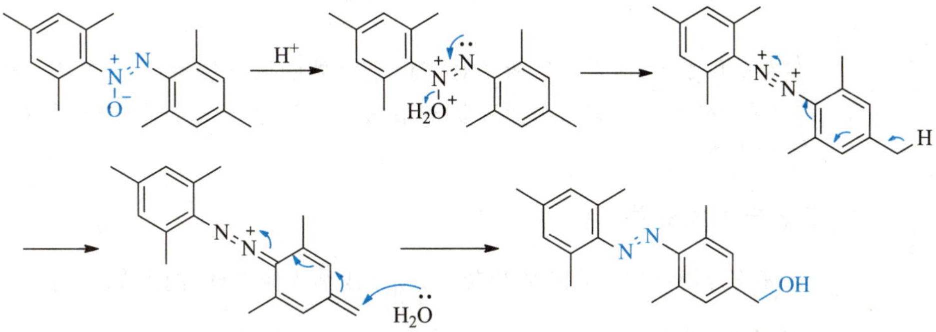

习题18-51　按照习题 18-49 的转换方式，完成以下转换的反应式，并画出其分步的、合理的反应机理：

(i) $\xrightarrow[H_2O]{H_2SO_4}$　(ii) $\xrightarrow{HCl}$

答

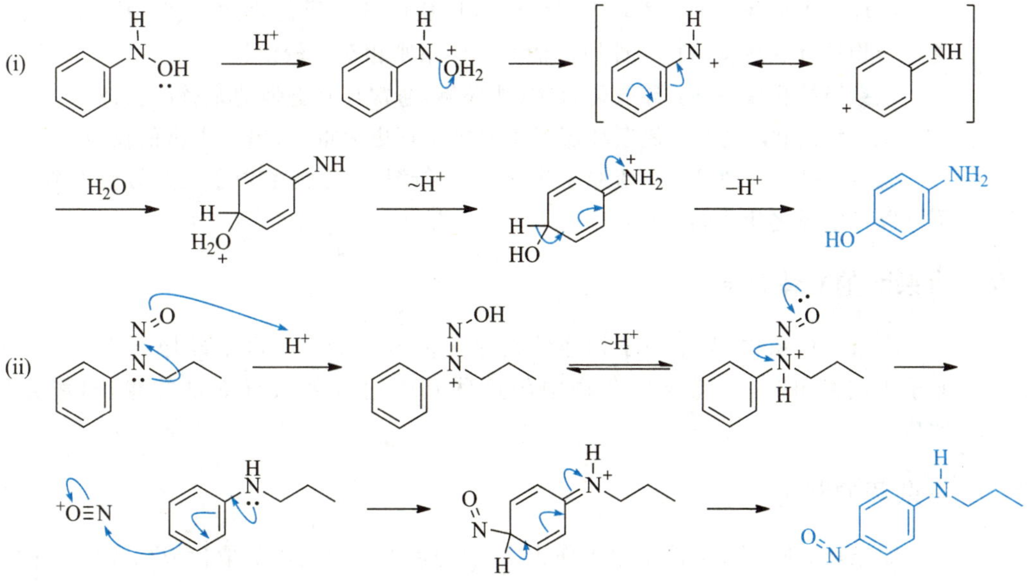

19 第19章 杂环化合物

内容提要

在有机化学中，通常将碳原子和氢原子之外的原子统称为**杂原子**。最常见的杂原子是氮原子、氧原子和硫原子。如果组成环状体系的原子中包含杂原子，这类环系称为**杂环**，含有杂环的有机物称为**杂环化合物**。

19.1 杂环化合物的分类

杂环化合物可分为脂杂环和芳香杂环(或称为芳杂环)两大类。

19.2 杂环化合物的命名

杂环化合物的命名比较复杂和混乱，常常是系统命名和习惯名称在一起交替使用。

19.3 脂杂环化合物的化学性质

小环类脂杂环由于张力较大、易开环，比相应的链形化合物活泼，例如环氧乙烷比一般的醚类化合物具有更活泼的化学性质。而大环体系则相对比较惰性。

氧杂环的化学性质：环氧化合物(即环醚)通常具有更强的亲核能力。

氮杂环的化学性质：氮杂环展示了比氧杂环更为重要、更为丰富的反应。

硫杂环的化学性质：与硫原子相连的 α 位碳原子上的氢原子具有较强的酸性，这是由于硫原子可以稳定与之相连的碳负离子。

19.4 脂杂环的立体化学

在杂环体系中，与杂原子相连的碳原子称为**异头碳**。这个碳原子上连接一些电负性比碳原子大的基团时，在此类化合物中的这些基团通常采取直立键构象，这种效应称为**异头碳效应**。

19.5 脂杂环的制备

脂杂环的制备大多以杂原子作为亲核位点，通过分子内的取代或加成反应来实现。

19.6 芳香杂环化合物的电子结构及其化学反应

芳杂环化合物可以分为单杂环和稠杂环两大类，稠杂环是由苯环与单杂环，或两个或多个单杂环稠并而成的。

五元杂环芳香体系为富电子体系；六元杂环体系上的碳原子为缺电子体系。

由于这些杂环化合物形成封闭的芳香共轭体系，与苯环类似，在核磁共振谱上，因外磁场的作用而诱导出一个绕环转的环电流。

芳杂环因杂原子参与，使其与苯相比具有了较强的碱性。芳杂环分子与质子的反应称为**质子化反应**。

芳香杂环中杂原子的亲核性在有机反应中体现了非常重要的作用。

芳杂环的芳香亲电取代反应的机理与苯的一致。

芳杂环中杂原子和取代基在芳香亲电取代反应中的定位效应，包含杂原子的定位效应和取代基的定位效应。

19.7 芳杂环的芳香亲核取代反应

只有缺电子体系的芳环才能进行芳香亲核取代反应。

吡啶环的芳香亲核取代反应：在吡啶及其衍生物中的亲核位点直接进行氨基化的反应，也称为 **Chichibabin 反应**。

19.8 芳杂环的加成反应

还原反应：大部分的芳杂环与苯环一样，可以在催化氢化的条件下形成饱和的杂环化合物。

与双烯体的加成反应：六元芳杂环很难进行 Diels-Alder 反应，但是有些五元芳杂环可以与亲双烯体发生 Diels-Alder 反应。

氧化反应及其氧化产物的后续反应：呋喃、吡咯以及噻吩等富电子的芳杂环很容易被氧化，而且产物非常复杂。

19.9 苯并杂环的基本性质和反应

苯并呋喃、苯并噻吩和吲哚的基本性质和反应：五元杂环苯并体系易发生芳香亲电取代反应等。

嘌呤的基本性质和反应：嘌呤环可看做由嘧啶和咪唑并合而成的并环体系。

苯并六元杂环体系的基本性质和反应：喹啉和异喹啉环的基本化学性质是吡啶和苯环的结合体，因此，它们具有碱性，可以发生芳香亲电取代和芳香亲核取代反应，等等。

19.10 芳杂环的构建和碳原子与杂原子间键连接的基本方式

杂环的构建主要包括两部分：碳原子与杂原子间键的连接以及环的构建。

以二羰基化合物为基本原料：Paal-Knorr 呋喃合成法、Paal-Knorr 吡咯合成法、Feist-Bénary 呋喃合成法、Hantzsch 二氢吡啶合成法、Combes 喹啉合成法。

以其他羰基衍生物为基本原料：Knorr 合成法、Skraup 合成法、Bischler-Napieralski 异喹啉合成法、Pictet-Gams 改进法、Traube 嘌呤合成法。

重排反应：Fischer 吲哚合成法。

环加成反应：Huisgen 环加成反应。

习题解析

习题 19-1 请根据以下英文名称画出其结构式，并给出中文名称：

(i) aziridine　(ii) azetidene　(iii) dioxolane　(iv) oxirane　(v) propane-2-thione

答

(i) 　(ii) 　(iii) 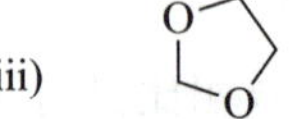　(iv)　(v)

氮杂环丙烷　1-氮杂环丁烯　1,3-氧杂环戊烷　环氧乙烷　四氢噻吩

习题 19-2 给出下列化合物的中文名称，通过网络查阅其英文名称：

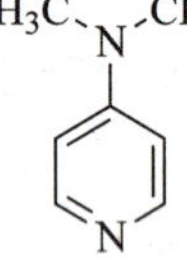
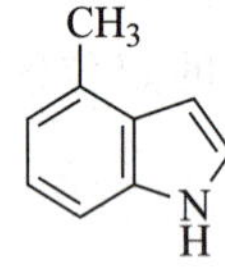
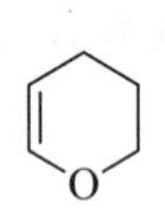
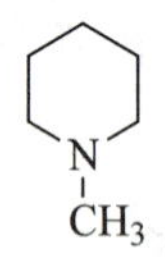
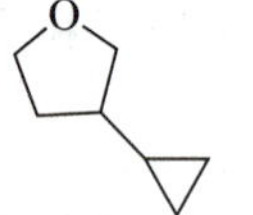
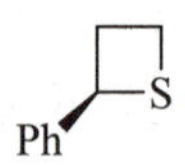
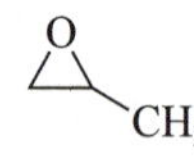

答 (i) 4-二甲氨基吡啶　dimethylaminopyridine

(ii) 4-甲基吲哚　4-methylindole

(iii) 2,3-二氢吡喃　2,3-dihydropyran

(iv) *N*-甲基哌啶(*N*-甲基六氢吡啶)　*N*-methylpiperidine

(v) 3-环丙基四氢呋喃　3-cyclopropyltetrahydrofuran

(vi) (*R*)-2-苯基硫杂环丁烷　(*R*)-2-phenylthietane

(vii) 甲基环氧乙烷(环氧丙烷)　methyloxirane

习题 19-3 根据以下中文名称给出其结构式：

(i) 3-甲基氧杂环戊烷　(ii) 2-氟硫杂环丁烷　(iii) 3-乙基氧杂环丁烷　(iv) *N*-乙基-(2*S*,3*S*)-2,3-二甲基氮杂环丙烷　(v) 2,5-二甲基噻吩

答

(i) 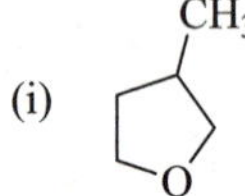　(ii) 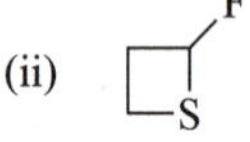　(iii) 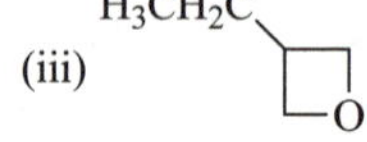　(iv) 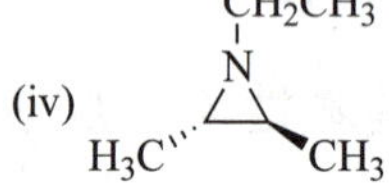　(v)

习题 19-4 为以下两种转换提供合理的反应机理，并对其不同的结果提供合理的解释：

答

这两种反应的区别在于，第二个反应中加入了兼具碱性与亲核性的三乙胺。首先三乙胺作为碱可以

快速脱除不稳定中间体乙酰环丙铵离子上的氢原子，防止 Cl^- 进攻 C—N 键发生开环。其次三乙胺作为硬亲核试剂优先进攻乙酰氯，取代得到的游离 Cl^- 进入溶液，同样降低了乙酰环丙铵离子被进攻的可能性。思考：为什么亲核试剂三乙胺本身不会进攻乙酰环丙铵离子而开环？

习题 19-5 为以下转换提供合理的、分步的反应机理：

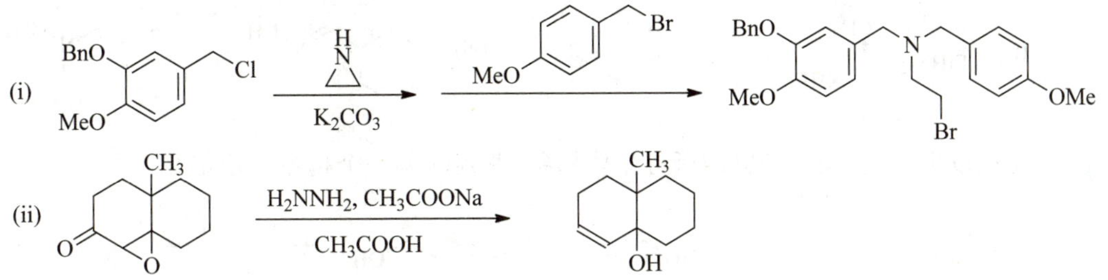

(i) BnO/MeO-苄氯 $\xrightarrow[K_2CO_3]{\text{氮丙啶 (HN)}}$ $\xrightarrow{\text{MeO-C}_6\text{H}_4\text{-CH}_2\text{Br}}$ 产物（N-苄基-N-(4-甲氧基苄基)-2-溴乙胺）

(ii) $\xrightarrow[CH_3COOH]{H_2NNH_2,\ CH_3COONa}$ (CH$_3$, OH)

答

(i) CO_3^{2-}; HN; BnO; MeO; Cl; H; N; +; Br; OMe

BnO; MeO; OMe; N+; :Br$^-$; N; Br

(ii) CH_3; O; $\xrightarrow[-H_2O]{NH_2NH_2}$ H; N; N; H^+; $\xrightarrow{\text{极性反转}}$ H; N; N; H; O

$\xrightarrow{HOAc}$ H; N; N; H; O+; H $\xrightarrow[-N_2]{-H^+}$ CH_3; OH

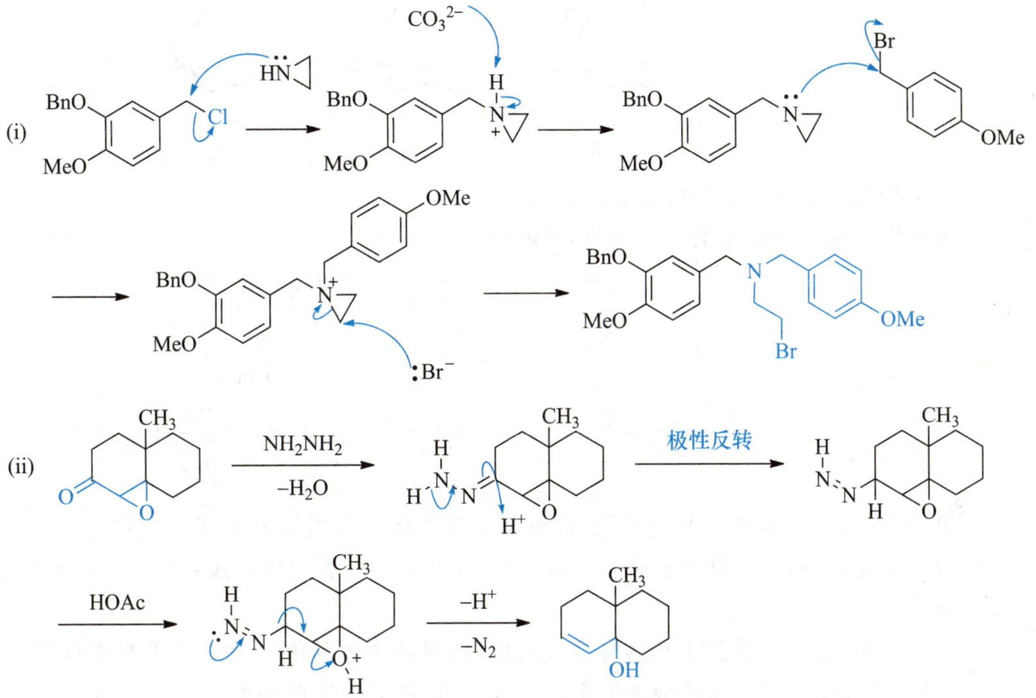

习题 19-6 完成下列反应：

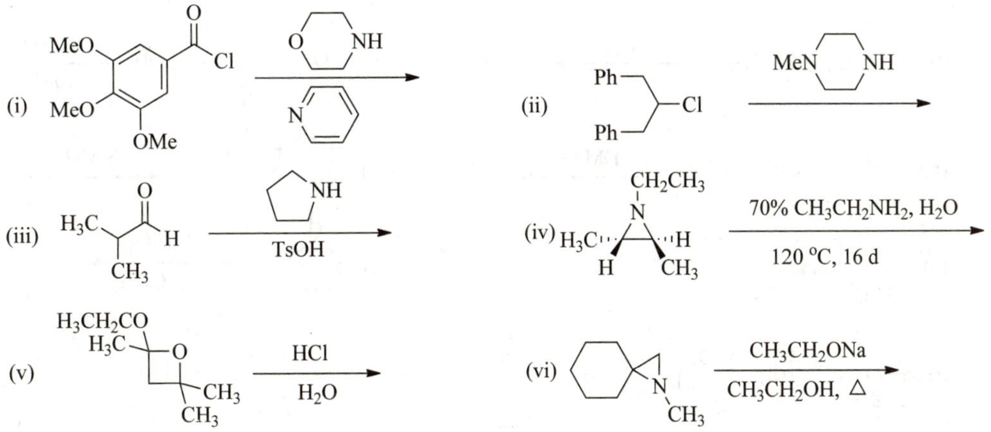

(i) MeO; MeO; OMe; O; Cl $\xrightarrow[\text{吡啶 (N)}]{\text{吗啉 (O, NH)}}$

(ii) Ph; Ph; Cl $\xrightarrow{\text{MeN, NH (N-甲基哌嗪)}}$

(iii) H_3C; O; H; CH_3 $\xrightarrow[TsOH]{\text{四氢吡咯 (NH)}}$

(iv) CH_2CH_3; N; H_3C; H; H; CH_3 $\xrightarrow[120\ ^\circ C,\ 16\ d]{70\%\ CH_3CH_2NH_2,\ H_2O}$

(v) H_3CH_2CO; H_3C; O; CH_3; CH_3 $\xrightarrow[H_2O]{HCl}$

(vi) N; CH_3 $\xrightarrow[CH_3CH_2OH,\ \triangle]{CH_3CH_2ONa}$

答

(i) 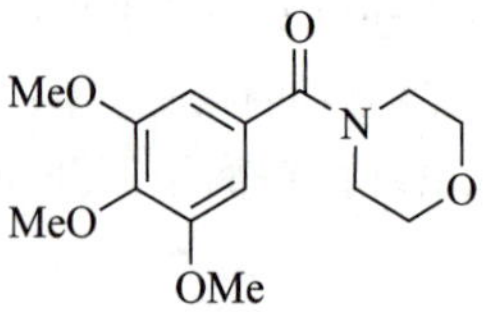 (ii) 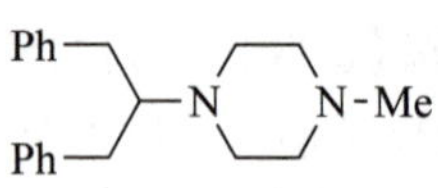 (iii)

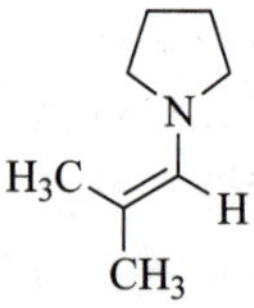

(iv) 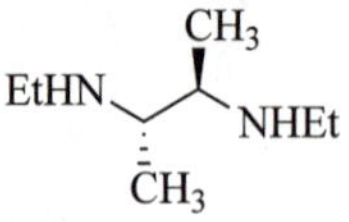 (v) 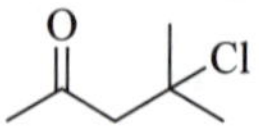 (vi)

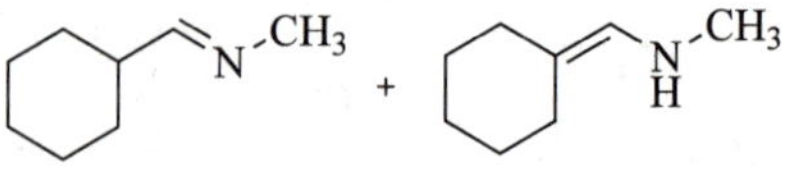

习题 19-7 完成以下反应，画出产物的所有立体构象，并判断哪一个构象最稳定：

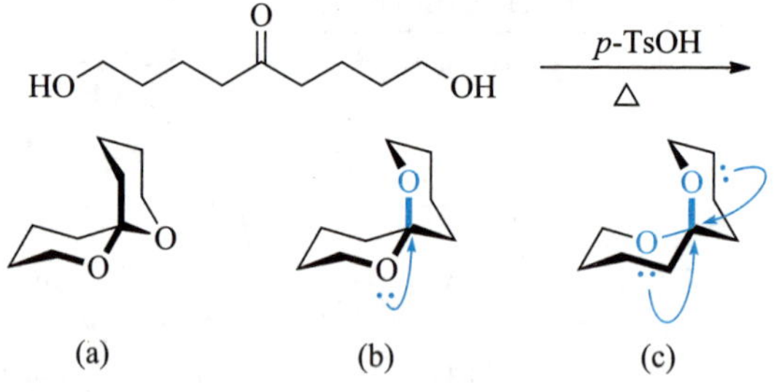

答

考虑异头碳效应，(c)的构象更加稳定。

习题 19-8 画出以下化合物稳定的立体构象，并解释之：

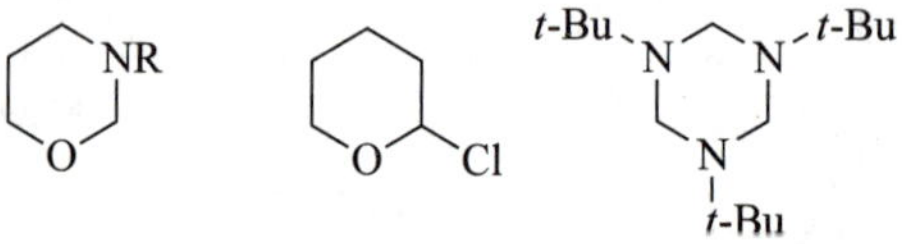

答

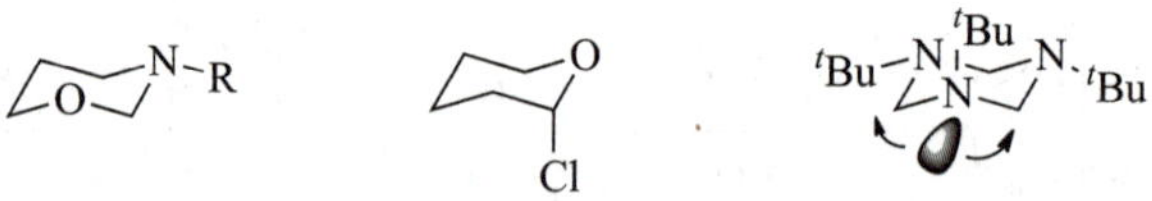

第一个化合物，考虑到 R 的位阻，因此最稳定的构象应当是 R 处于平伏键上。

第二个化合物，考虑到异头碳效应，C—Cl 键方向应与氧的轴向孤对电子方向平行，从而稳定整个分子。

第三个化合物，尽管叔丁基具有很大的位阻，但是由于其中一个氮原子的孤对电子如果能处在平伏键，可以反馈到相邻两根碳氮键的反键轨道，从而稳定此构象。

习题 19-9 完成以下反应：

(i) 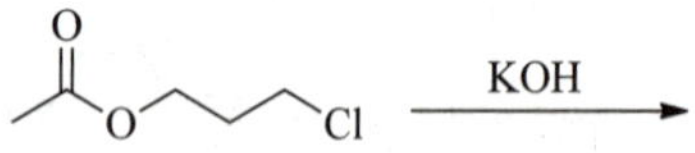 KOH

(ii) 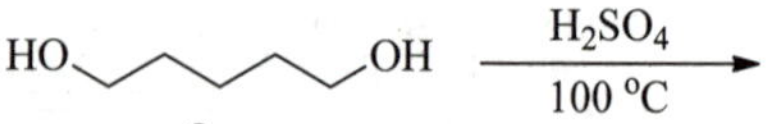 H_2SO_4, 100 °C

(iii) 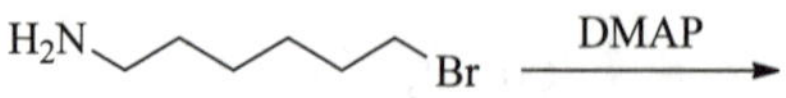 DMAP

(iv) 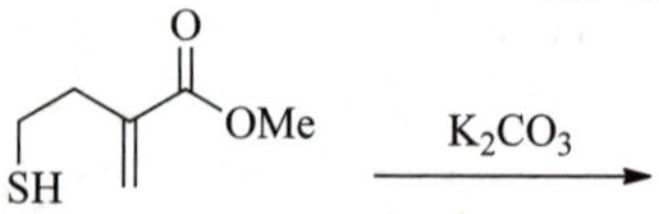 K_2CO_3

(v) 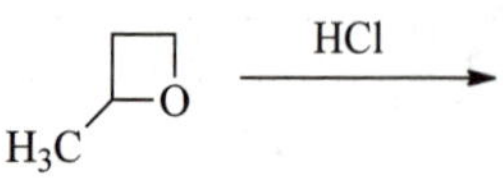 HCl

(vi) 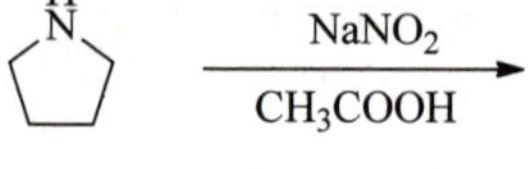 $NaNO_2$, CH_3COOH

答

(i) 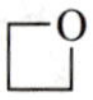 (ii)  (iii)

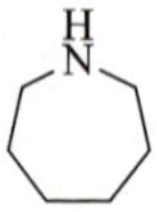

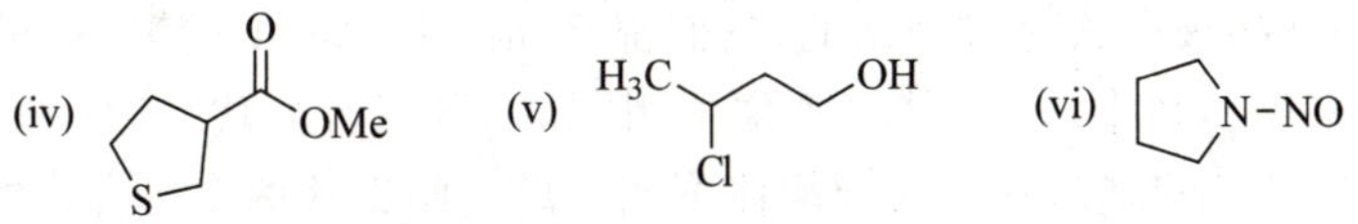

(iv) (v) H_3C … OH, Cl (vi) N−NO

习题19-10 为以下转换提供合理的、分步的反应机理：

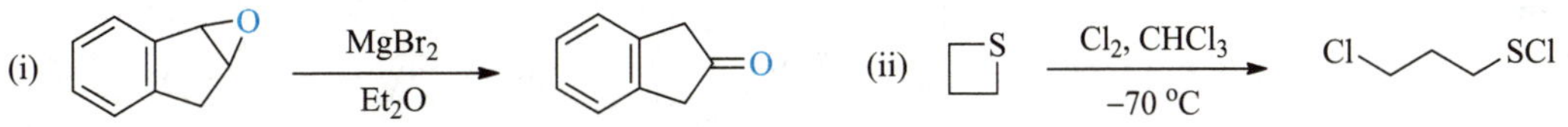

(i) $\xrightarrow[Et_2O]{MgBr_2}$ (ii) $\xrightarrow[-70\ ^{o}C]{Cl_2,\ CHCl_3}$ Cl~~~SCl

答

(i) $MgBr_2$ → → H, $\bar{M}gBr_2$

→ $-O\bar{M}gBr_2$ $\xrightarrow[-MgBr_2]{H_3O^+}$

(ii) Cl−Cl $\xrightarrow{-Cl^-}$ → Cl~~~S−Cl

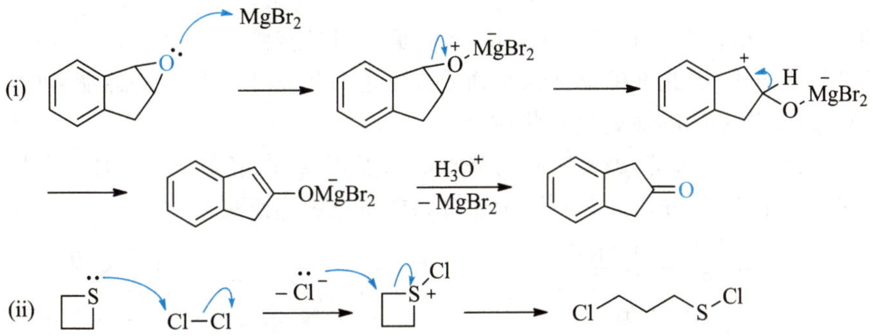

习题19-11 以所给的试剂为原料制备目标化合物：

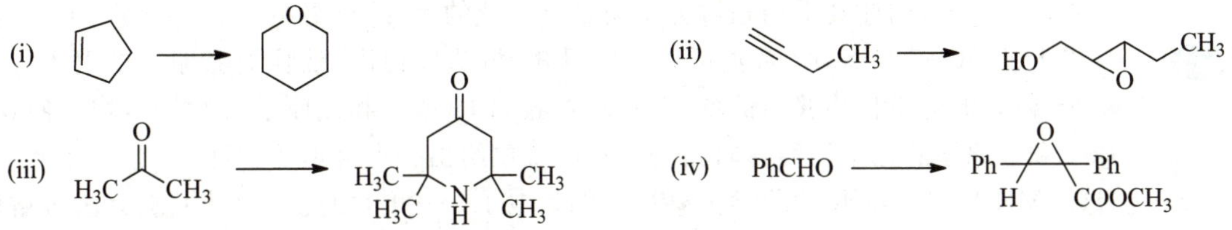

(i) → (ii) → HO … CH_3

(iii) H_3C(C=O)CH_3 → (iv) PhCHO → Ph, H, Ph, $COOCH_3$

答

(i) $\xrightarrow[Me_2S]{O_3}$ O=…=O $\xrightarrow{LiAlH_4}$ HO…OH $\xrightarrow{H_2SO_4}$

(ii) CH_3 $\xrightarrow[KOH]{HCHO}$ OH … CH_3 $\xrightarrow[Pd/C,\ BaSO_4]{H_2}$ HO−…−CH_3 $\xrightarrow{CF_3CO_3H}$ HO−…−CH_3

(iii) H_3C(C=O)CH_3 $\xrightarrow{KOH}$ H_3C, CH_3, O, CH_3, CH_3 $\xrightarrow[H_2O]{NH_3}$ H_3C, H_3C, N, H, CH_3, CH_3

(iv) PhCHO $\xrightarrow[NaOEt]{PhCHBrCOOCH_3}$ Ph, H, Ph, $COOCH_3$

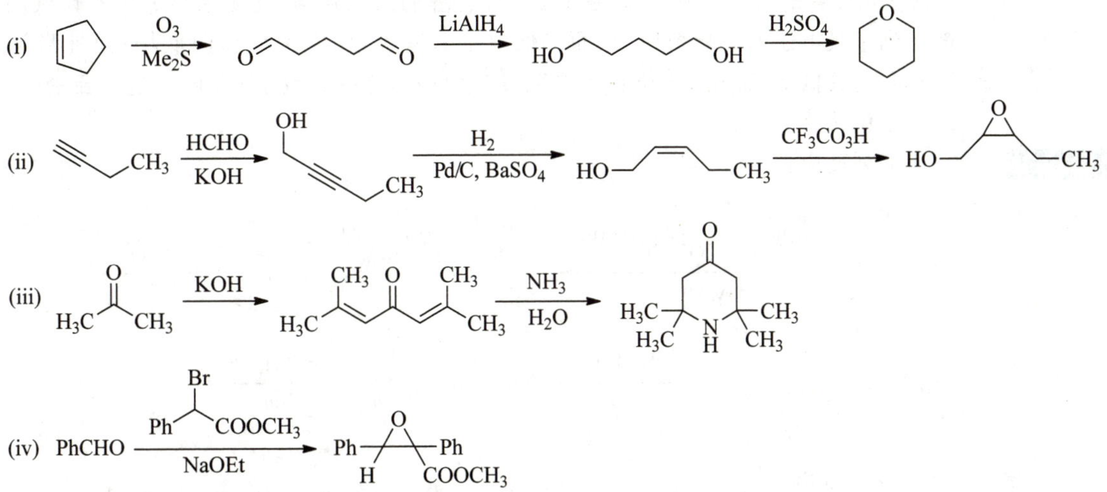

习题19-12 画出呋喃、噻吩以及吡咯的共振式，并判断最稳定的共振极限式。

答

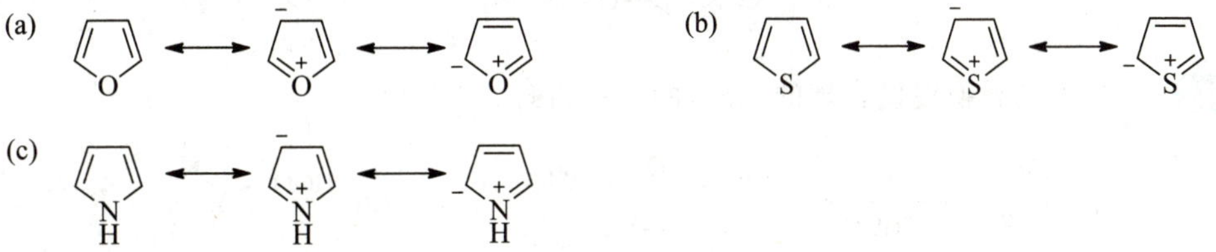

(a) ⟷ ⟷ (b) ⟷ ⟷

(c) ⟷ ⟷

很显然，没有形式电荷的共振极限式是最稳定的，它们都是(a)(b)(c)中的第一个共振极限式。

习题19-13 在咪唑环的互变异构的平衡体系中，C4位与C5位是相同的，但当有取代基时，则存在互变异构体。例如，4-甲基咪唑与5-甲基咪唑，这一对异构体不能分离。画出这两个化合物的结构式，并用中英文命名之。如果此命名方式有问题，你认为应该如何解决？

答

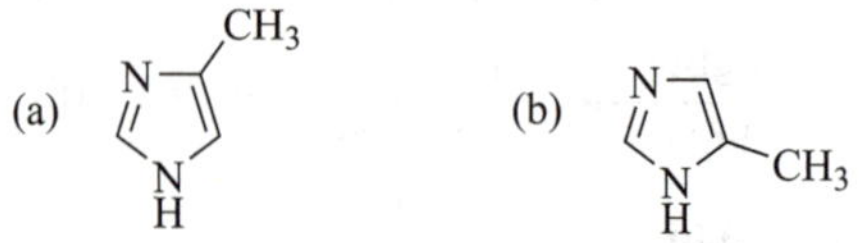

(a) [结构式] (b) [结构式]

其中(a)是4-甲基咪唑(4-methylimidazole)，(b)是5-甲基咪唑(5-methylimidazole)。由于两者在溶液中可以互变异构，因此准确描述这个物质是不能只用其中一种异构体命名的，但为了简单起见，可以约定用4-甲基咪唑命名这个物质。

习题19-14 由于可以形成分子间的氢键，因此吡唑与咪唑的沸点较高，在室温下是固体。分别画出吡唑与咪唑所形成的氢键结构式，并由此判断哪个化合物的熔点和沸点更高。

答

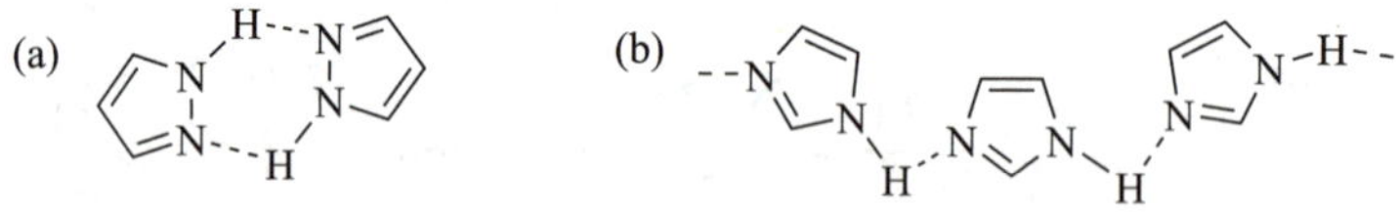

(a) [结构式] (b) [结构式]

很显然，由于邻位氮原子的缘故，吡唑倾向于生成二聚体，而咪唑的氮原子互为间位，倾向于生成二维链状结构，因此其平均相对分子质量比吡唑的大，沸点更高。

习题19-15 从以上的 ^1H 和 ^{13}C NMR 数据可以分析得知，与苯环相比，吡啶类氮原子的引入，均会使邻、对位上H和C的化学位移移向低场；而吡咯类氮原子(或氧和硫原子)的引入，均会使其C3位上的氢原子和碳原子的化学位移移向高场。对此现象给出一个合理的解释。

答 ^1H NMR 与 ^{13}C NMR 的化学位移反映的是电子云密度，因此可以从共振式来理解吡啶与吡咯类杂环C3位置的化学位移。吡啶只有一种合理的共振式，因此无论是邻位的碳氢还是对位的碳氢都受到了吸电子的诱导效应，从而降低电子云密度，化学位移移向低场；而吡咯类杂环有其他两种不同的共振式，都在C3位有负电荷，综合来看，这就导致了C3位的电子云密度上升，从而碳氢的化学位移移向高场。

习题19-16 完成下列反应：

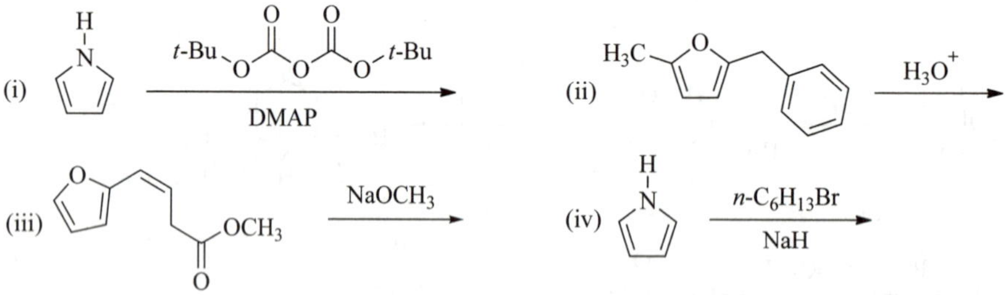

(i) 吡咯 $\xrightarrow[\text{DMAP}]{t\text{-BuOC(O)OC(O)O}t\text{-Bu}}$ (ii) [结构式] $\xrightarrow{H_3O^+}$

(iii) [结构式] $\xrightarrow{NaOCH_3}$ (iv) 吡咯 $\xrightarrow[\text{NaH}]{n\text{-}C_6H_{13}Br}$

答

(i) [结构式: N-CO-O-t-Bu 吡咯] (ii) [结构式, CH_3] (iii) [结构式, OH] (iv) [结构式, n-C_6H_{13}]

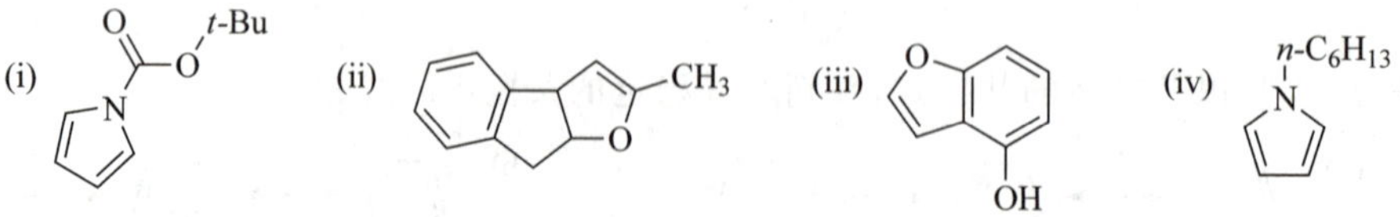

习题19-17 为下列转换提供合理的、分步的反应机理：

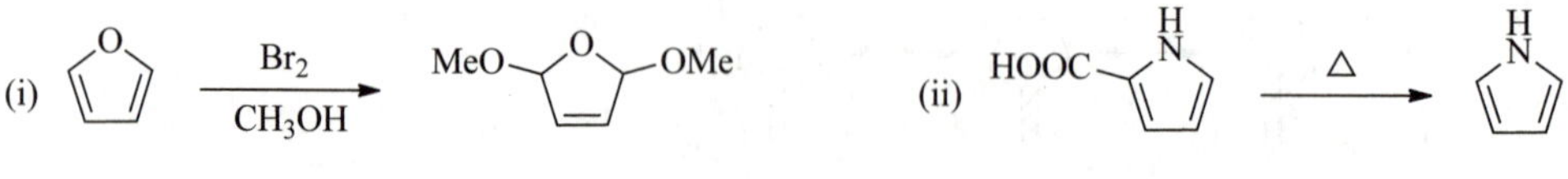

(i) 呋喃 $\xrightarrow[CH_3OH]{Br_2}$ MeO—[二氢呋喃]—OMe (ii) HOOC—[吡咯] $\xrightarrow{\triangle}$ 吡咯

答

(i) 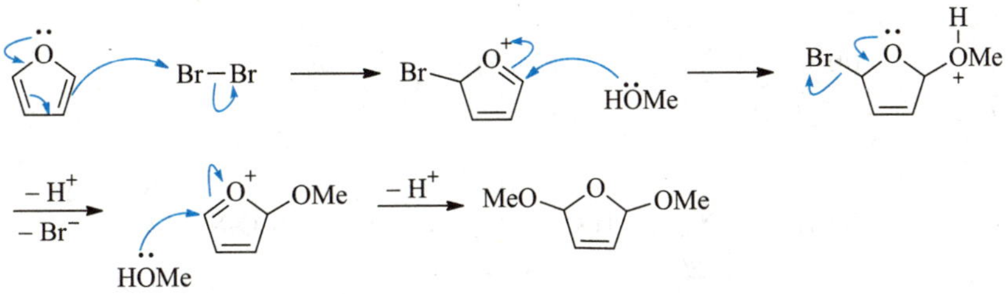 [反应机理图：呋喃与 Br_2 加成，甲醇进攻，$-H^+$，$-Br^-$，再经甲醇进攻、$-H^+$ 得 2,5-二甲氧基-2,5-二氢呋喃]

(ii) 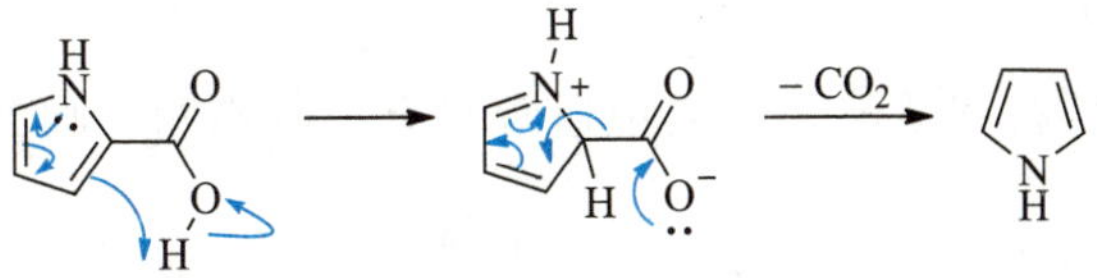 [反应机理图：吡咯-2-甲酸质子转移，$-CO_2$ 得吡咯]

习题19-18 解释为何在许多酯化或酰胺化反应中，常用吡啶或吡啶衍生物做催化剂和碱。

答 因为吡啶或者其衍生物既是一个好的亲核试剂，也是一个好的离去基团，而且还是一个碱，在反应过程中，可以有效降低反应的活化能。

习题19-19 CDI是一个非常好的酰基化试剂。为以下利用CDI进行酰基化反应的转换提供合理、分步的机理：

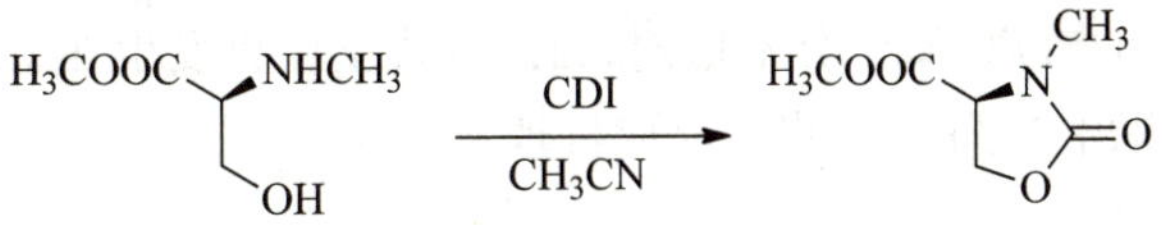

[反应式：H_3COOC–CH($NHCH_3$)–CH_2OH 经 CDI/CH_3CN 得 N-甲基噁唑烷-2-酮衍生物]

并解释为何CDI中的酰胺键没有普通的酰胺键稳定。

答

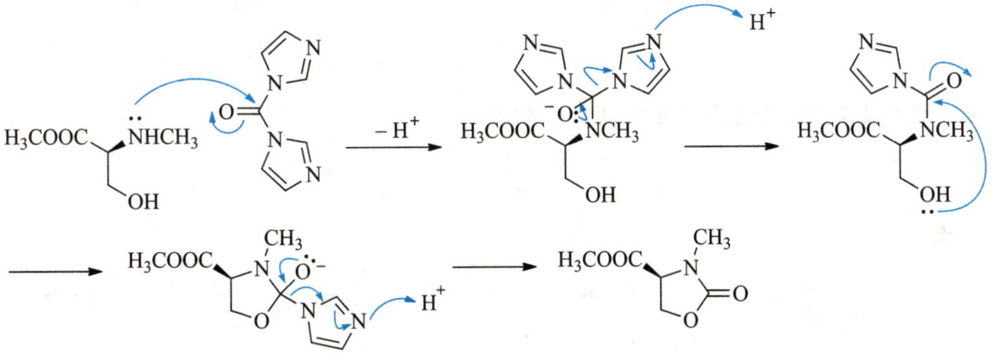

[反应机理图：胺氮进攻CDI羰基，$-H^+$，四面体中间体脱去咪唑，羟基进攻羰基成环，脱去咪唑得产物]

CDI中的酰胺键和普通的酰胺键有着很大区别，为了维持咪唑环的芳香性，与羰基相邻氮的孤对电子必须与五元环上的另外四个电子共轭，从而削弱了与羰基的共轭，所以在CDI中，酰胺键的键级弱于普通的酰胺键。

习题19-20 完成下列反应：

(i)  3-甲基噻吩 $\xrightarrow[CH_3COOH/CHCl_3,\ 0\ ^\circ C]{NBS}$

(ii) 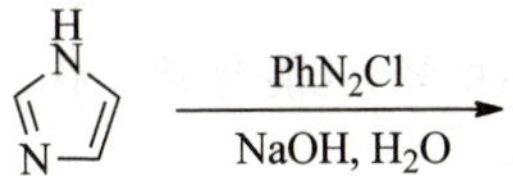 咪唑 $\xrightarrow[NaOH,\ H_2O]{PhN_2Cl}$

(iii) 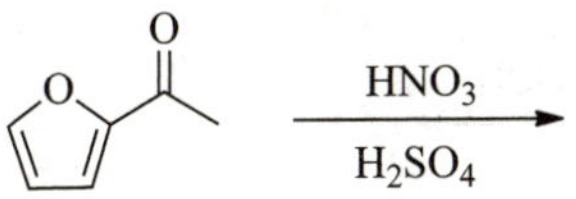 2-乙酰基呋喃 $\xrightarrow[H_2SO_4]{HNO_3}$

(iv) 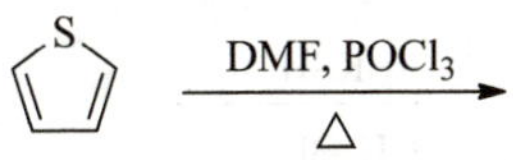 噻吩 $\xrightarrow[\triangle]{DMF,\ POCl_3}$

(v) 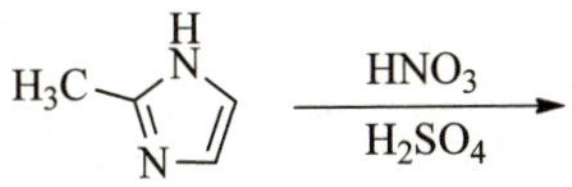 2-甲基咪唑 $\xrightarrow[H_2SO_4]{HNO_3}$

(vi) 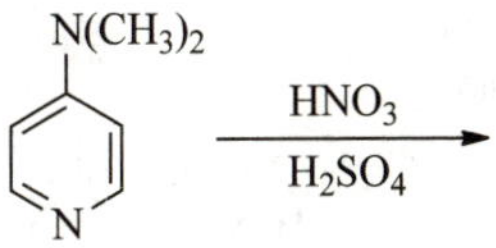 4-$N(CH_3)_2$-吡啶 $\xrightarrow[H_2SO_4]{HNO_3}$

答

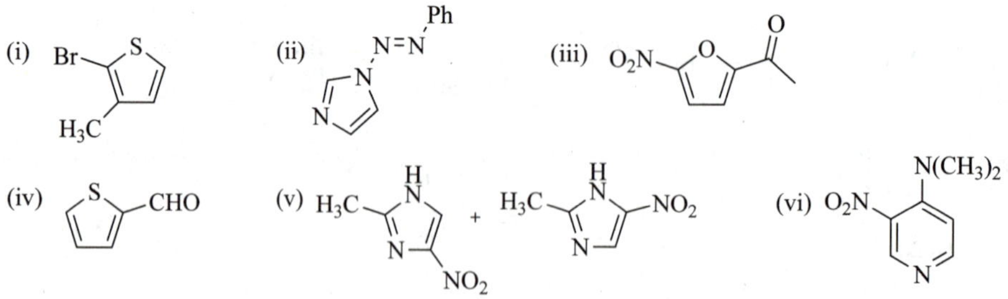

(i) (ii) (iii)

(iv) (v) (vi)

习题19-21 当噻吩环的 C3 位有吸电子基团时，在其单溴化反应中通常只有一种产物。画出此产物的结构式，并解释其原因。

答

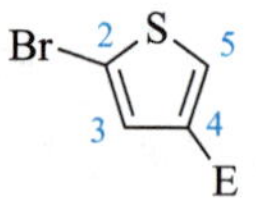

产物的结构式如上图所示。由于在 C4 位有吸电子基团，因此 C5 位的电子云密度下降，在整个噻吩环中，电子云密度最高的位置在 C2 位；同时，若在 C5 位反应，由于反应的中间体是一个正电荷在 C4 和 S 上的芳离子，十分不稳定，因此取代反应也发生在 C2 位。

习题19-22 为下列转换提出合理的、分步的反应机理：

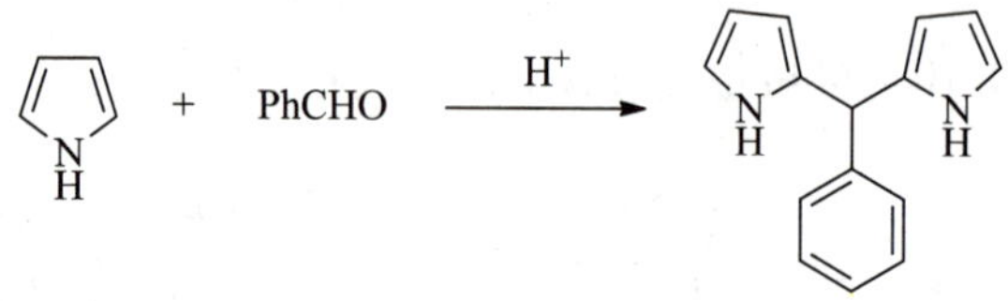

$$\text{吡咯} + PhCHO \xrightarrow{H^+}$$

在此基础上，思考合成卟啉的常用路线。

答

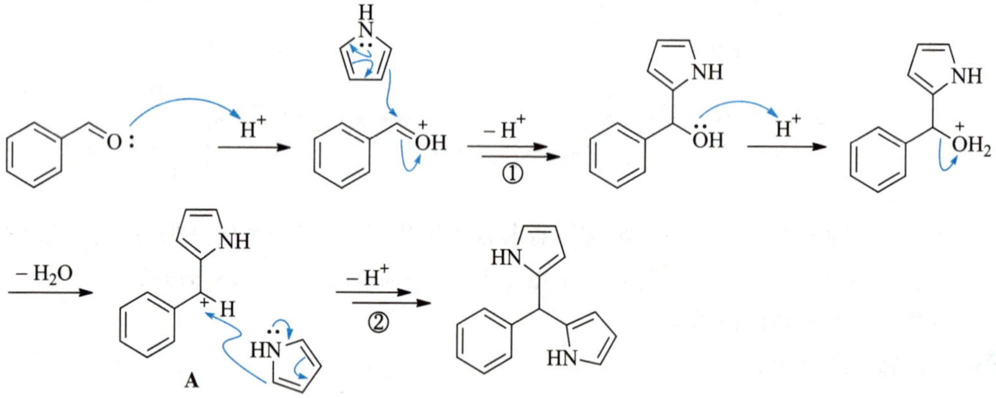

将苯甲醛换做甲醛，就能合成卟啉。请读者自行补全①、②两步的机理，并画出中间体 **A** 的共振式。

习题19-23 完成下列反应：

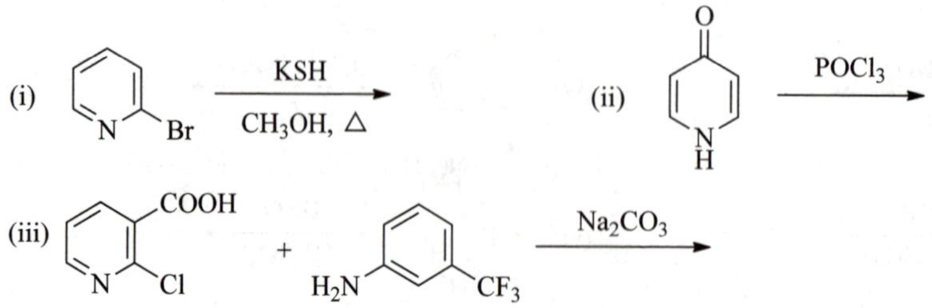

(i) $\xrightarrow[CH_3OH,\ \triangle]{KSH}$ (ii) $\xrightarrow{POCl_3}$

(iii) + $\xrightarrow{Na_2CO_3}$

(iv) 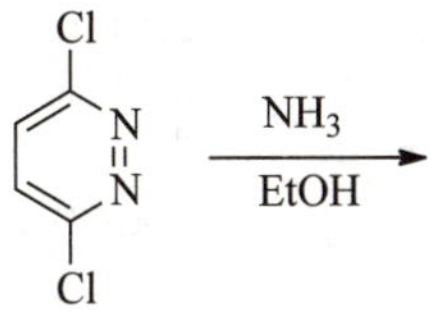 3,6-二氯哒嗪 $\xrightarrow[EtOH]{NH_3}$ (v) 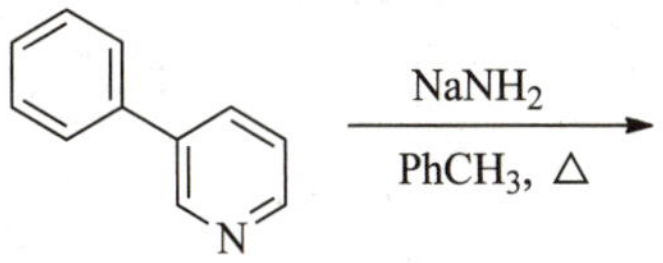 3-苯基吡啶 $\xrightarrow[PhCH_3,\ \triangle]{NaNH_2}$

答

(i) 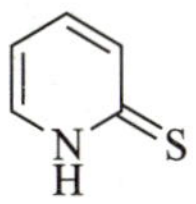 (ii) 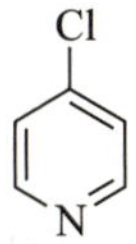 (iii) 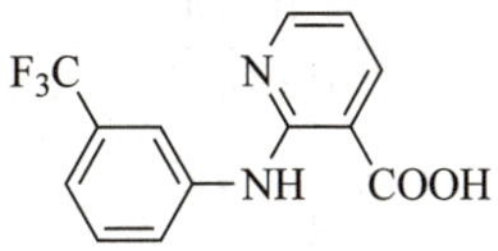 (iv) 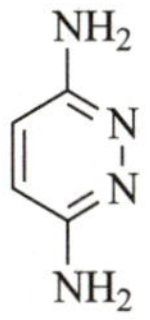 (v) 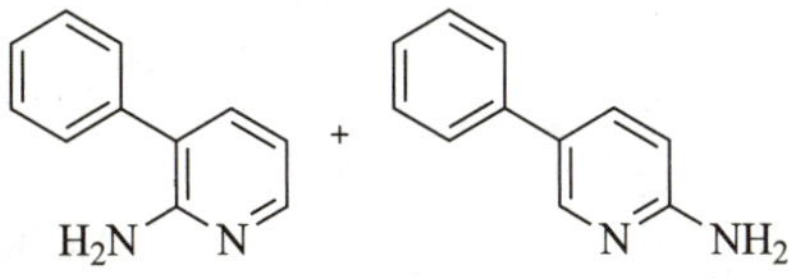 +

习题19-24 据实验测定,2-氯吡啶、3-氯吡啶以及 4-氯吡啶在甲醇的溶液中与甲醇钠的反应速率为 3000∶1∶8100。分别画出其转换机理,并解释其速率差别的原因。

答

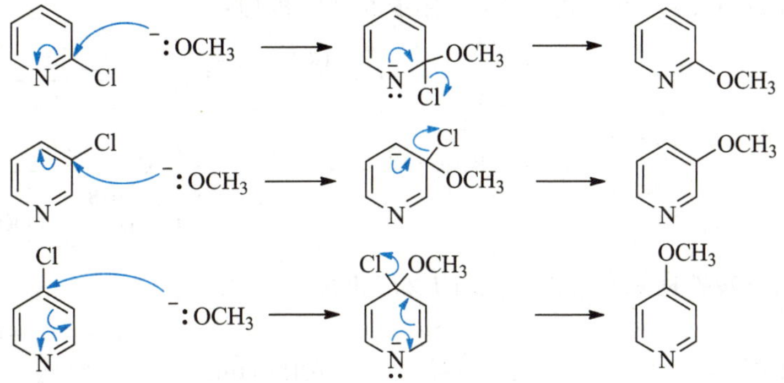

无论是 2-氯吡啶还是 4-氯吡啶,在芳香取代反应过程中产生的负离子都能被氮原子所稳定,但是 3-氯吡啶没有类似的稳定化作用,因此 3-氯吡啶反应的活化能最大,相应速率最慢。

习题19-25 以下两个化合物均可以通过互变异构形成最终的状态:

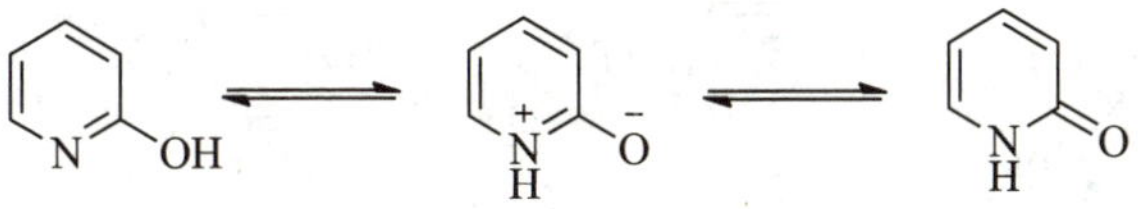

分别判断这两个化合物的最稳定结构式。实验结果表明,在 $POCl_3$ 作用下,2-羟基吡啶可以转化为 2-氯吡啶,而 2-吡喃酮则不行。解释其原因。

答 羟基吡啶的酮式是最稳定结构式,相应地,2-吡喃酮的酮式是最稳定结构式。此外,由于氧的给电子能力不如氮,因此羟基吡啶的氧具有比吡喃酮的氧更强的亲核能力(可以类比酯羰基和酰胺羰基的亲核能力)。当羟基吡啶中羟基转化为氯原子后,形成具有芳香体系的吡啶环;而 2-吡喃酮则将转化为吡喃正离子,尽管此体系看上去类似于芳香体系,但这不是一个稳定的形式,因此 2-吡喃酮不能转化为 2-氯吡喃。

习题19-26 完成以下反应:

(i) 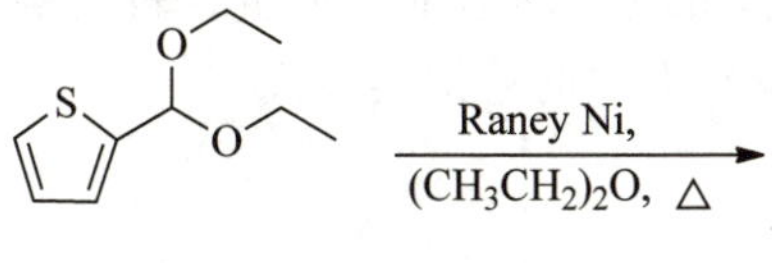 $\xrightarrow[(CH_3CH_2)_2O,\ \triangle]{Raney\ Ni,}$ (ii) 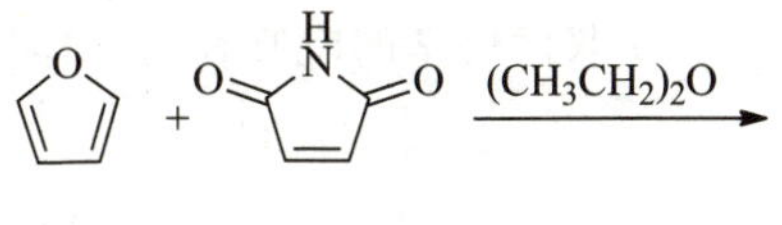 + $\xrightarrow{(CH_3CH_2)_2O}$

(iii) 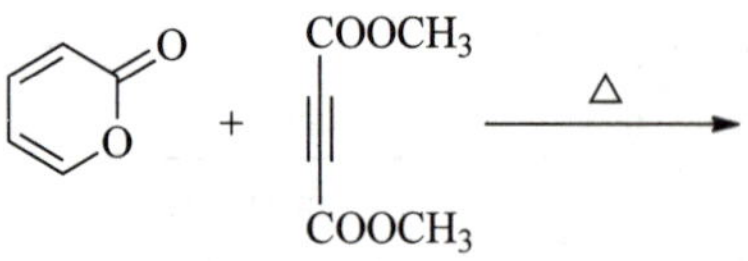 + $\xrightarrow{\triangle}$ (iv) 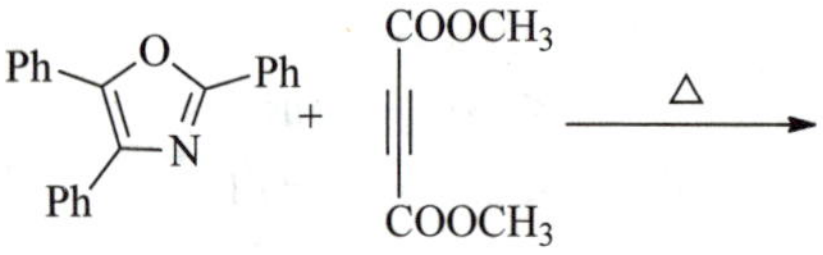 + $\xrightarrow{\triangle}$

(v) 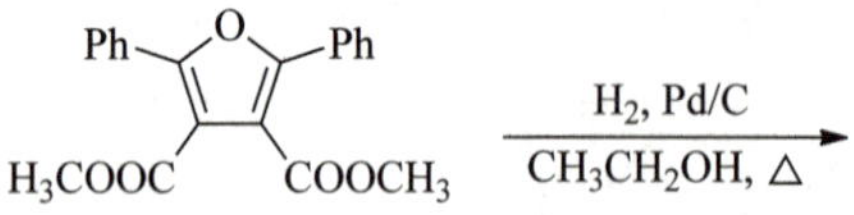 $\xrightarrow[CH_3CH_2OH,\ \triangle]{H_2,\ Pd/C}$

答

(i) 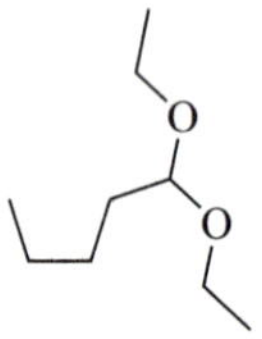 (ii) 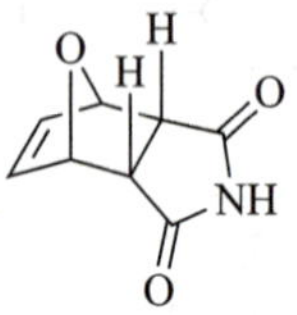 (iii)

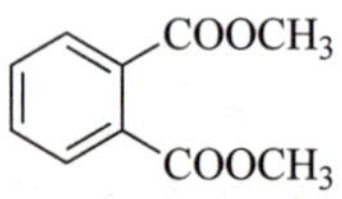

(iv) 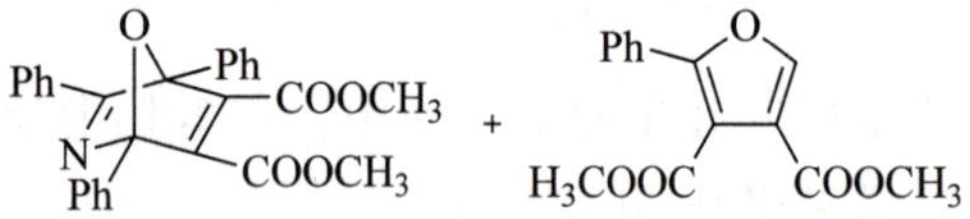 + (v)

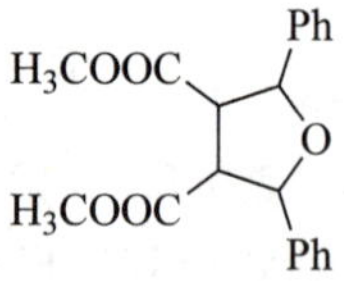

习题19-27 完成以下反应，并画出合理的、分步的反应机理：

$\xrightarrow{RCH_2Cl}$? $\xrightarrow{NaOH}$ RCHO

答 $\longrightarrow$ $\longrightarrow$ + RCHO

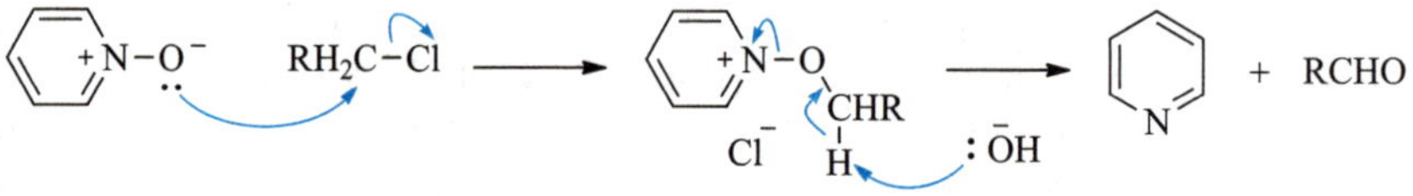

习题19-28 为以下转换提供合理的、分步的反应机理：

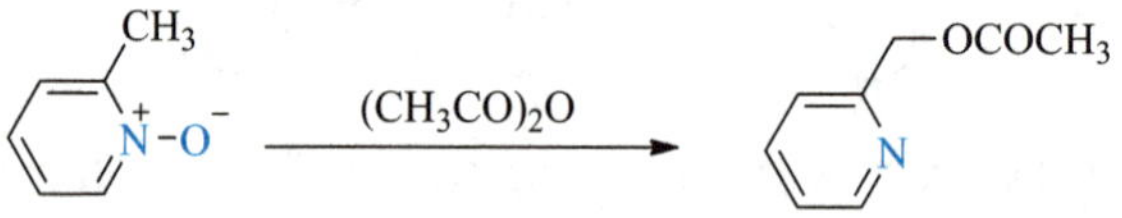

$\xrightarrow{(CH_3CO)_2O}$

答

$\longrightarrow$ $\longrightarrow$ $\longrightarrow$ $\xrightarrow{[3,3]}$

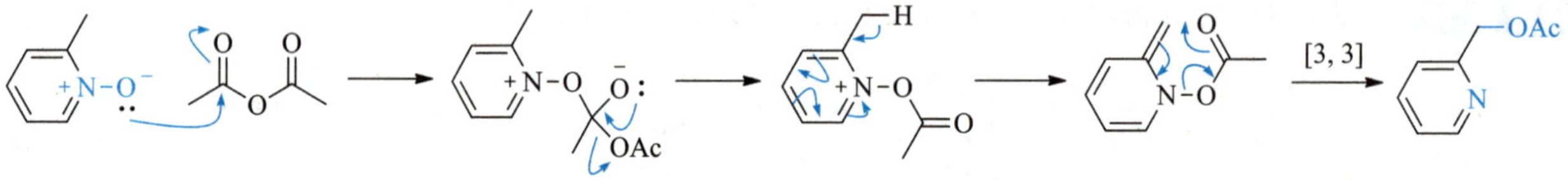

习题19-29 吡啶环上C2、C4或C6位取代烷基的α-H比苯环侧链α-H活泼，从这种意义上来说，其酸性与甲基酮的α-H相似，在强碱催化下可以进行缩合反应；而吡啶环上C3位取代烷基在同样情况下不发生反应，这在吡啶化学中是很有用的。为什么吡啶C2、C4或C6位侧链的α-H酸性较强？

答 可以分别写出这三个位点碳负离子的共振式：

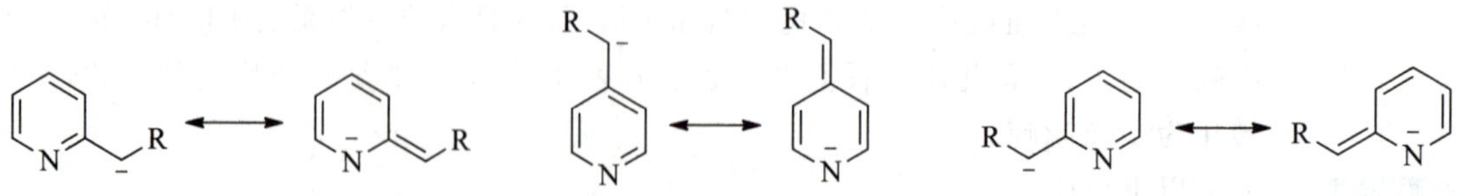

可以很容易看出它们都有相当稳定的共振式，负电荷都集中在电负性较大的氮原子上，而C3和C5取代烷基的吡啶在与碱作用后的负离子没有类似的稳定共振式。

习题19-30 为以下转换提供合理的、分步的反应机理：

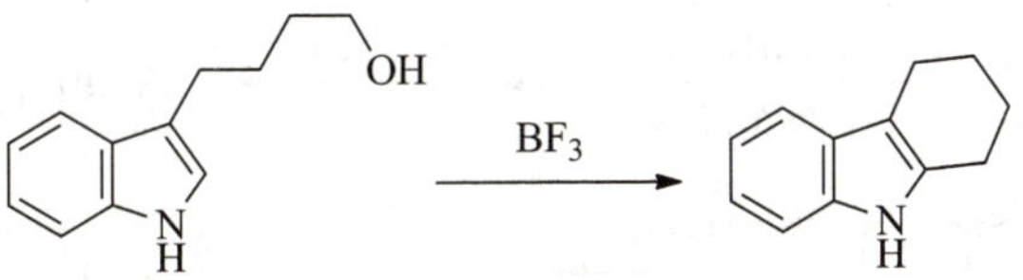

$\xrightarrow{BF_3}$

答

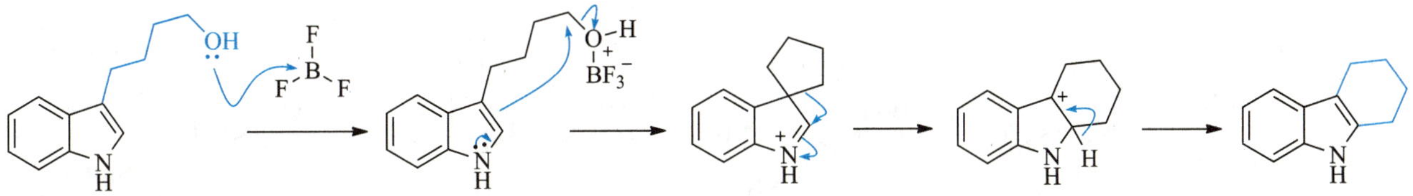

习题19-31 完成下列反应：

(i) 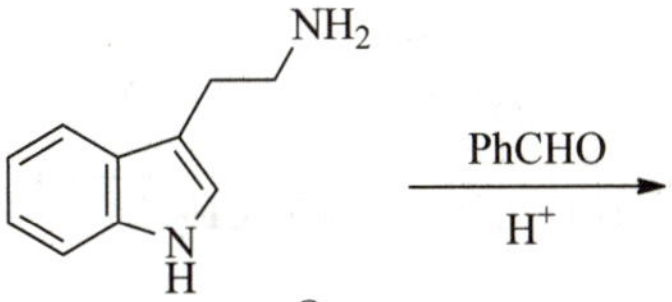 $\xrightarrow[H^+]{PhCHO}$

(ii) 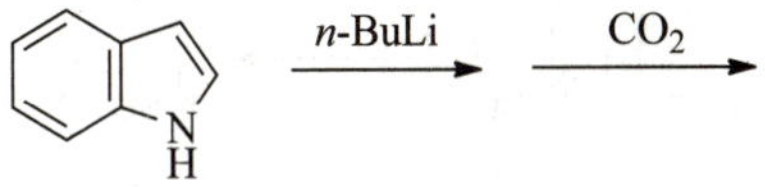 $\xrightarrow{n\text{-BuLi}}$ $\xrightarrow{CO_2}$

(iii) 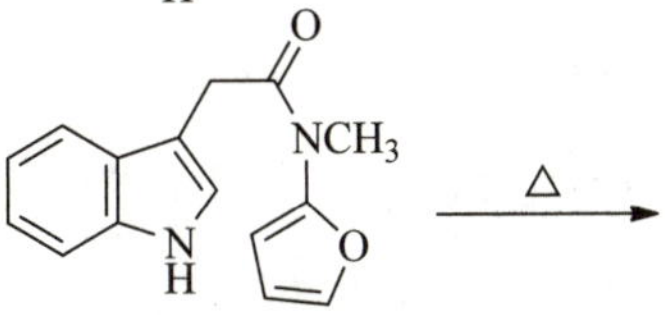 $\xrightarrow{\triangle}$

(iv) 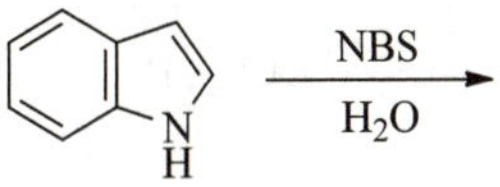 $\xrightarrow[H_2O]{NBS}$

答

(i) 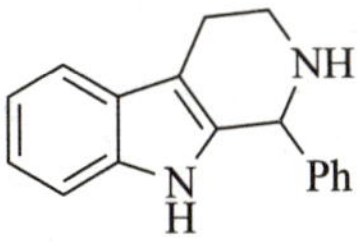 (ii) 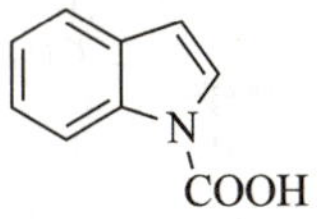 (iii) 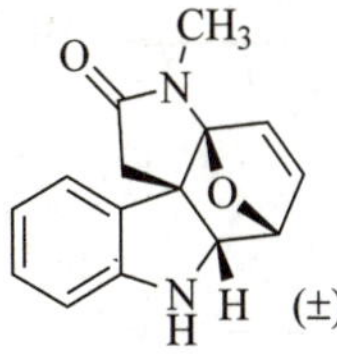 (±) (iv)

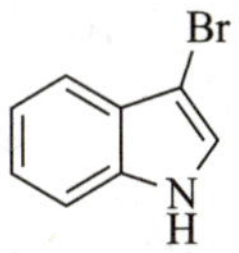

习题19-32 在医院里肠杆菌等细菌的鉴定常利用吲哚实验，这是利用有些细菌具有色氨酸酶，能分解蛋白质中的色氨酸产生吲哚，加入柯氏(Kovac)试剂与色氨酸结合生成红色的玫瑰吲哚。画出呈红色的化合物的结构式，并完成以上转换的反应式。

答

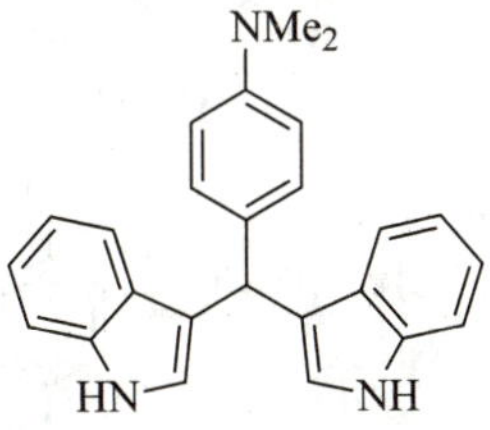

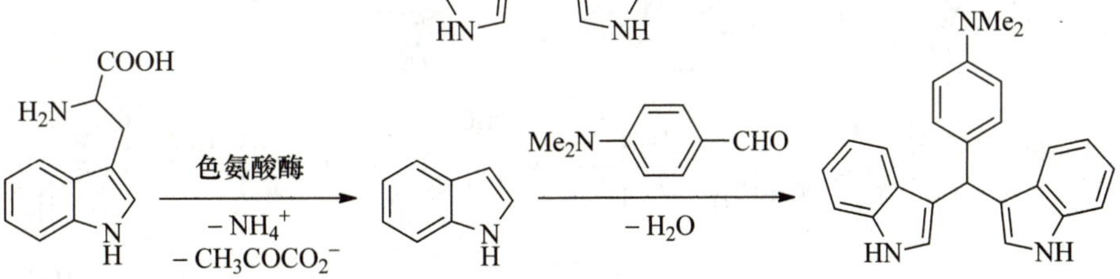

$\xrightarrow[-NH_4^+,\ -CH_3COCO_2^-]{\text{色氨酸酶}}$ $\xrightarrow[-H_2O]{Me_2N\text{-}C_6H_4\text{-}CHO}$

此化合物很容易被氧化。

习题19-33 完成下列反应：

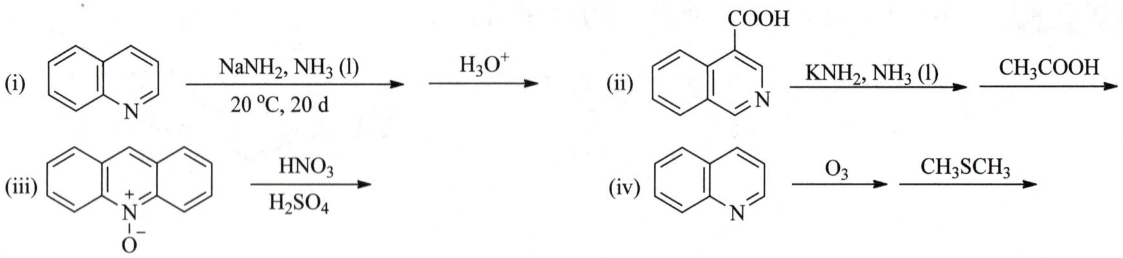

(i) 喹啉 $\xrightarrow[20\ ^\circ C,\ 20\ d]{NaNH_2,\ NH_3\ (l)}$ $\xrightarrow{H_3O^+}$

(ii) 4-羧基异喹啉（COOH） $\xrightarrow{KNH_2,\ NH_3\ (l)}$ $\xrightarrow{CH_3COOH}$

(iii) 吖啶 N-氧化物（N^+–O^-） $\xrightarrow[H_2SO_4]{HNO_3}$

(iv) 喹啉 $\xrightarrow{O_3}$ $\xrightarrow{CH_3SCH_3}$

答

(i) 2-氨基-1,2-二氢喹啉（N–H，NH_2）

(ii) 1-氨基-1,2-二氢异喹啉-4-羧酸（COOH，NH，NH_2）

(iii) 9-硝基吖啶 N-氧化物（NO_2，N^+–O^-）

(iv) 喹啉 N-氧化物（N^+–O^-）

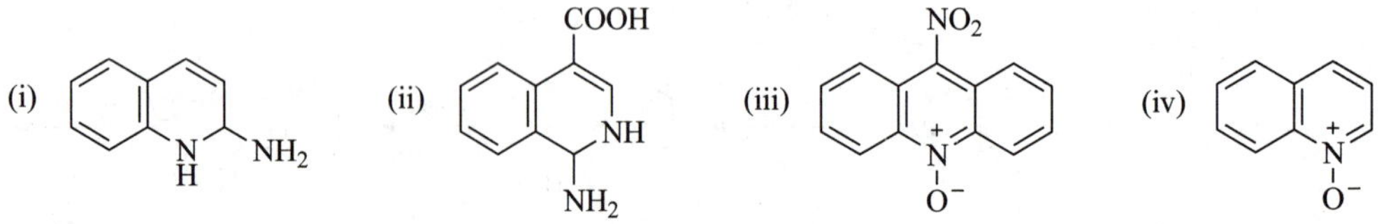

习题19-34 以所给的试剂为原料合成目标化合物：

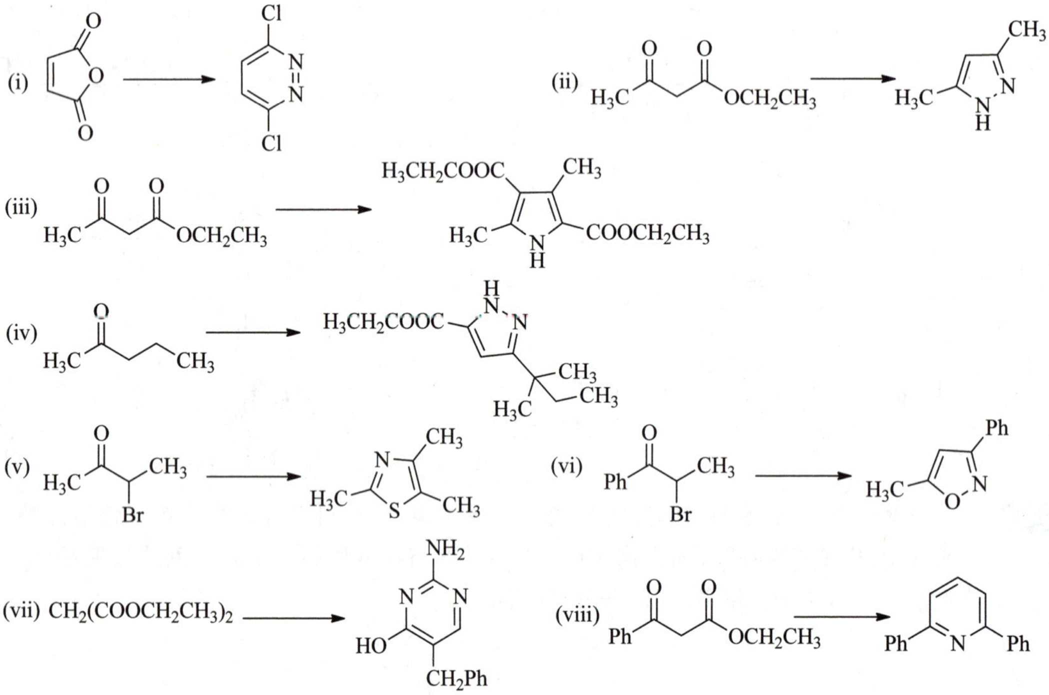

(i) 马来酸酐 ⟶ 3,6-二氯哒嗪（Cl，N，N，Cl）

(ii) $H_3C-CO-CH_2-CO-OCH_2CH_3$ ⟶ 3,5-二甲基吡唑（CH_3，H_3C，N–H）

(iii) $H_3C-CO-CH_2-CO-OCH_2CH_3$ ⟶ 吡咯（H_3CH_2COOC，CH_3，H_3C，N–H，$COOCH_2CH_3$）

(iv) $H_3C-CO-CH_2CH_3$ ⟶ 吡唑（H_3CH_2COOC，N–H，N，$C(CH_3)_2CH_2CH_3$）

(v) $H_3C-CO-CH(Br)-CH_3$ ⟶ 2,4,5-三甲基噻唑（CH_3，N，H_3C，S，CH_3）

(vi) $Ph-CO-CH(Br)-CH_3$ ⟶ 异噁唑（Ph，H_3C，O–N）

(vii) $CH_2(COOCH_2CH_3)_2$ ⟶ 嘧啶（NH_2，N，N，HO，CH_2Ph）

(viii) $Ph-CO-CH_2-CO-OCH_2CH_3$ ⟶ 2,6-二苯基吡啶（Ph，N，Ph）

答

(i) 马来酸酐 $\xrightarrow[H^+]{H_2N-NH_2}$ 环状酰肼（O，NH–NH，O） $\xrightarrow{POCl_3}$ 3,6-二氯哒嗪（Cl，N，N，Cl）

(ii) $H_3C-CO-CH_2-CO-OCH_2CH_3$ $\xrightarrow[H^+]{H_2N-NH_2}$ 吡唑啉酮（H_3C，N–NH，=O） $\xrightarrow[2.\ H^+]{1.\ CH_3Li}$ 3,5-二甲基吡唑（H_3C，N–N–H，CH_3）

(iii) $H_3C-CO-CH_2-CO-OCH_2CH_3$ $\xrightarrow[H^+]{NaNO_2}$ $H_3C-CO-CH(NO)-CO-OCH_2CH_3$ $\xrightarrow[Zn]{H_3C-CO-CH_2-CO-OCH_2CH_3}$ 吡咯（H_3CH_2COOC，CH_3，H_3C，N–H，$COOCH_2CH_3$）

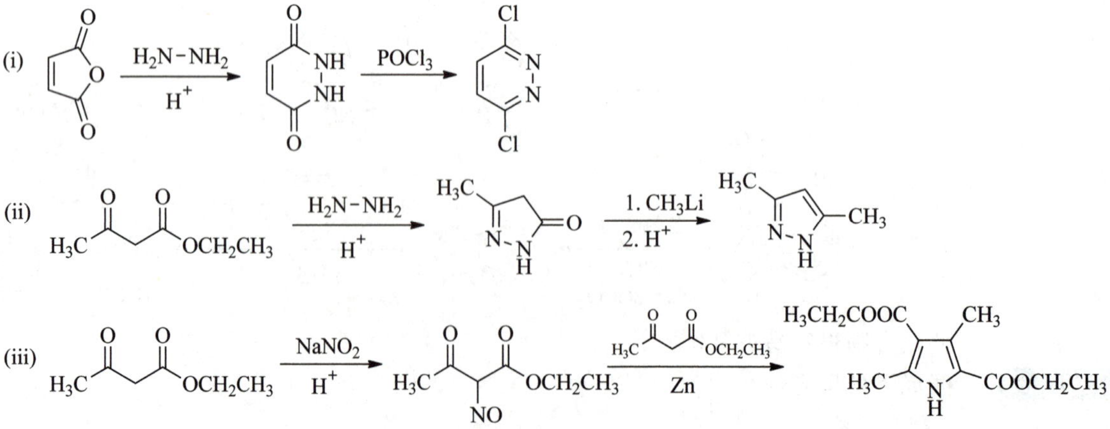

(iv) H_3C … CH_3 (O) $\xrightarrow[\text{MeI}]{\text{NaH}}$ H_3C … CH_3, H_3C CH_3 (O) $\xrightarrow[\text{NaOEt}]{(COOCH_2CH_3)_2}$ H_3CH_2COOC … CH_3, H_3C CH_3 (O, O)

$\xrightarrow[H^+]{H_2N-NH_2}$ H_3CH_2COOC (H, N, N) CH_3, H_3C, CH_3

(v) H_3C (O) CH_3, Br $\xrightarrow[H^+]{H_3C(S)NH_2}$ H_3C (N, S) CH_3, CH_3

(vi) Ph (O) CH_3, Br $\xrightarrow[H^+]{CH_2N_2}$ O, Ph, CH_3, Br $\xrightarrow[H^+]{NH_2OH}$ H_3C (O-NH) Ph $\xrightarrow{[O]}$ Ph (N, O) CH_3

(vii) $CH_2(COOCH_2CH_3)_2$ $\xrightarrow[\text{NaI}]{PhCH_2Cl}$ H_3CH_2CO (O, O) OCH_2CH_3, CH_2Ph $\xrightarrow[H^+]{\text{NaOH}}$ HO (O) CH_2Ph $\xrightarrow{\text{DIBAL-H}}$ H (O) CH_2Ph

$\xrightarrow[H^+]{\text{HCHO}}$ H (O) CH_2Ph $\xrightarrow{[O]}$ HO (O) CH_2Ph $\xrightarrow{\text{Guanidine}}$ NH_2 (N, N) HO, CH_2Ph $\xrightarrow{[O]}$ NH_2 (N, N) HO, CH_2Ph

(viii) Ph (O, O) OCH_2CH_3 $\xrightarrow[\text{NaI}]{\text{(O) Ph}}$ Ph (O, O) OCH_2CH_3, Ph (O) $\xrightarrow[2.\ H^+]{1.\ \text{NaOH}}$ Ph (O), Ph (O) $\xrightarrow[2.\ [O]]{1.\ NH_3}$ Ph (N) Ph

习题19-35 为下列反应提供合理的、分步的反应机理：

(i) (O) $\xrightarrow[160\ ^{\circ}C]{(H_3C)_2N \ldots (O)Ph}$ $\xrightarrow[HCl/CH_3CH_2OH]{H_2NOH}$ (N) Ph

(ii) (O) Ph $\xrightarrow[CH_3CH_2ONa]{HCO_2CH_2CH_3}$ $\xrightarrow{H_2N(O)\ CN}$ Ph (N, H) O, CN

(iii) NH_2 $\xrightarrow{\text{(O) Ph, O Ph}}$ (N) Ph, Ph

(iv) H_3CO (N, N) NH_2 $\xrightarrow{\text{Br (O) } OCH_3}$ H_3CO (N, N, N) OCH_3

答

(i) 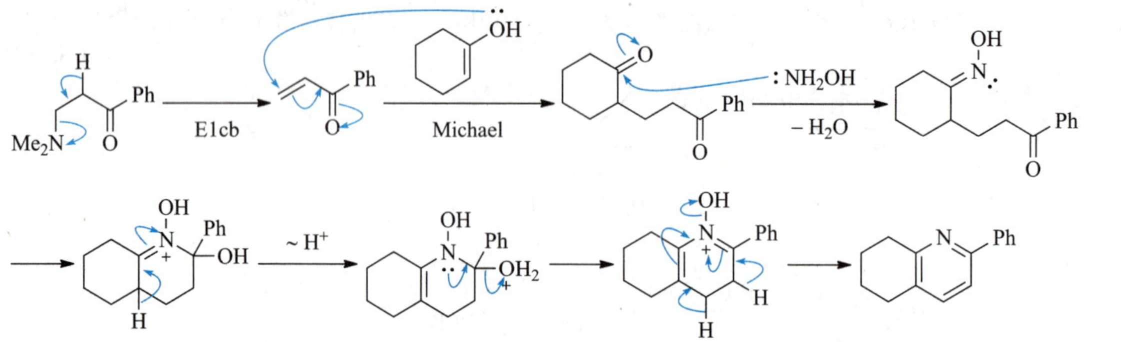 E1cb; Michael; $:NH_2OH$, $-H_2O$; $\sim H^+$

(ii) 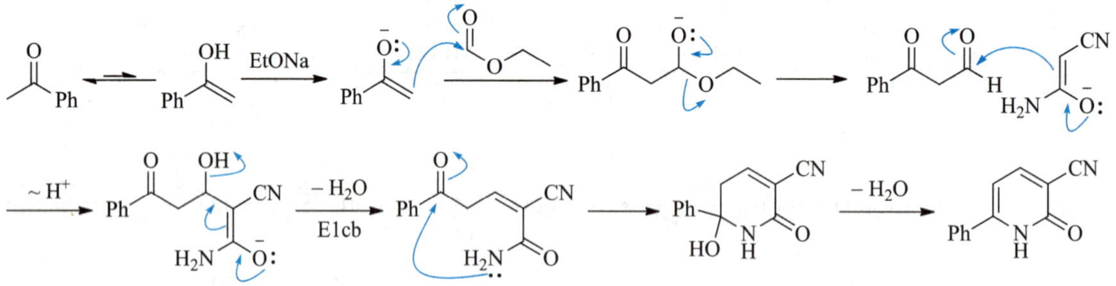 EtONa; $\sim H^+$; $-H_2O$ E1cb; $-H_2O$

(iii) 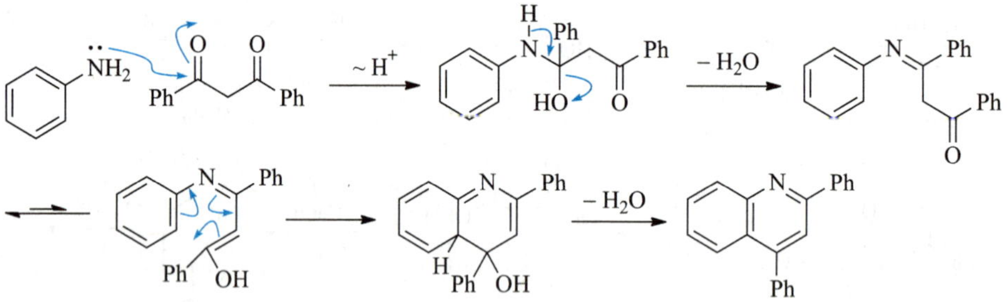 $\sim H^+$; $-H_2O$; $-H_2O$

(iv) 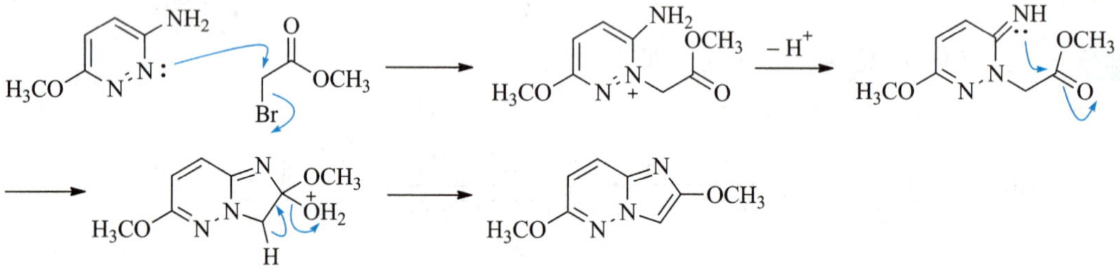 $-H^+$

习题19-36 为以下转换提供合理的、分步的反应机理：

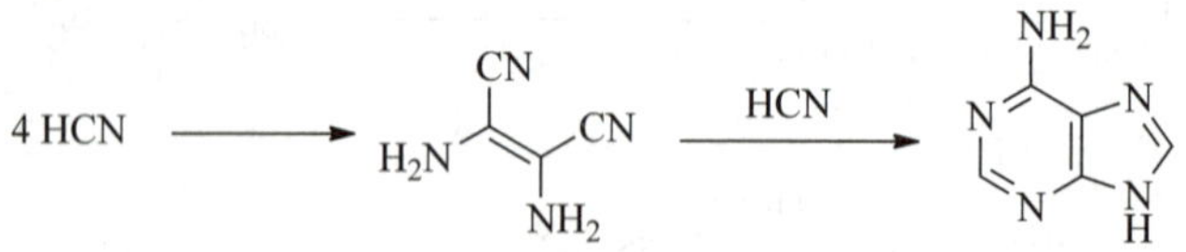

4 HCN → (H_2N, CN, CN, NH_2) —HCN→ (腺嘌呤)

答

$N\equiv C-H \xrightleftharpoons{-H^+} {}^-:C\equiv N$；$H-C\equiv N \xrightarrow{+H^+}$ … $\xrightarrow{+H^+}$ … $\xrightleftharpoons{\sim H^+}$ …

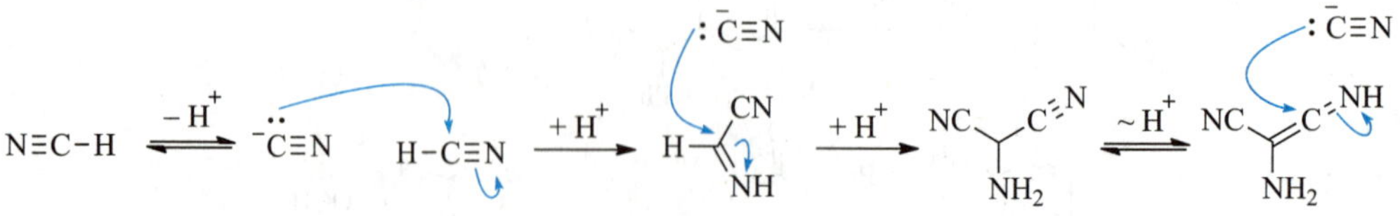

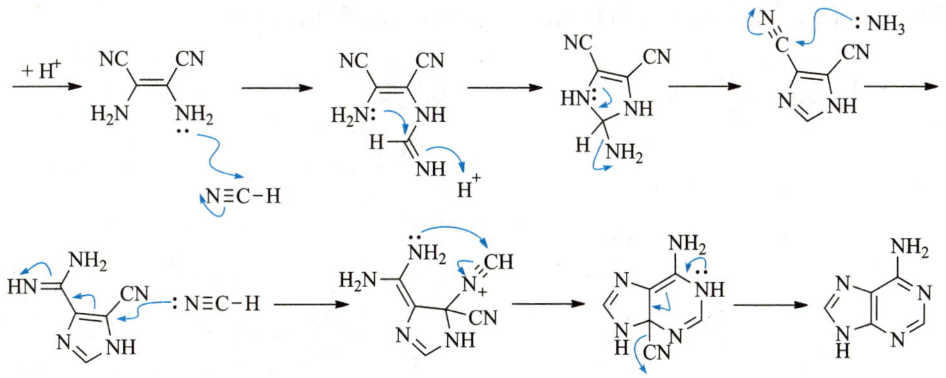

习题19-37 为以下转换提供合理的、分步的反应机理：

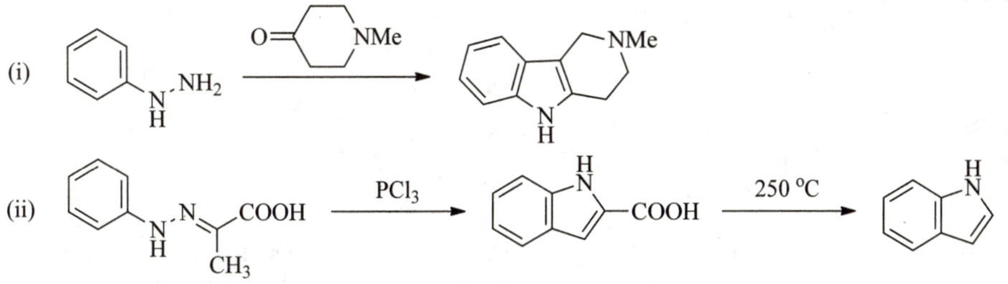

(i)

(ii) PCl_3 250 °C

答

(i)

(ii)

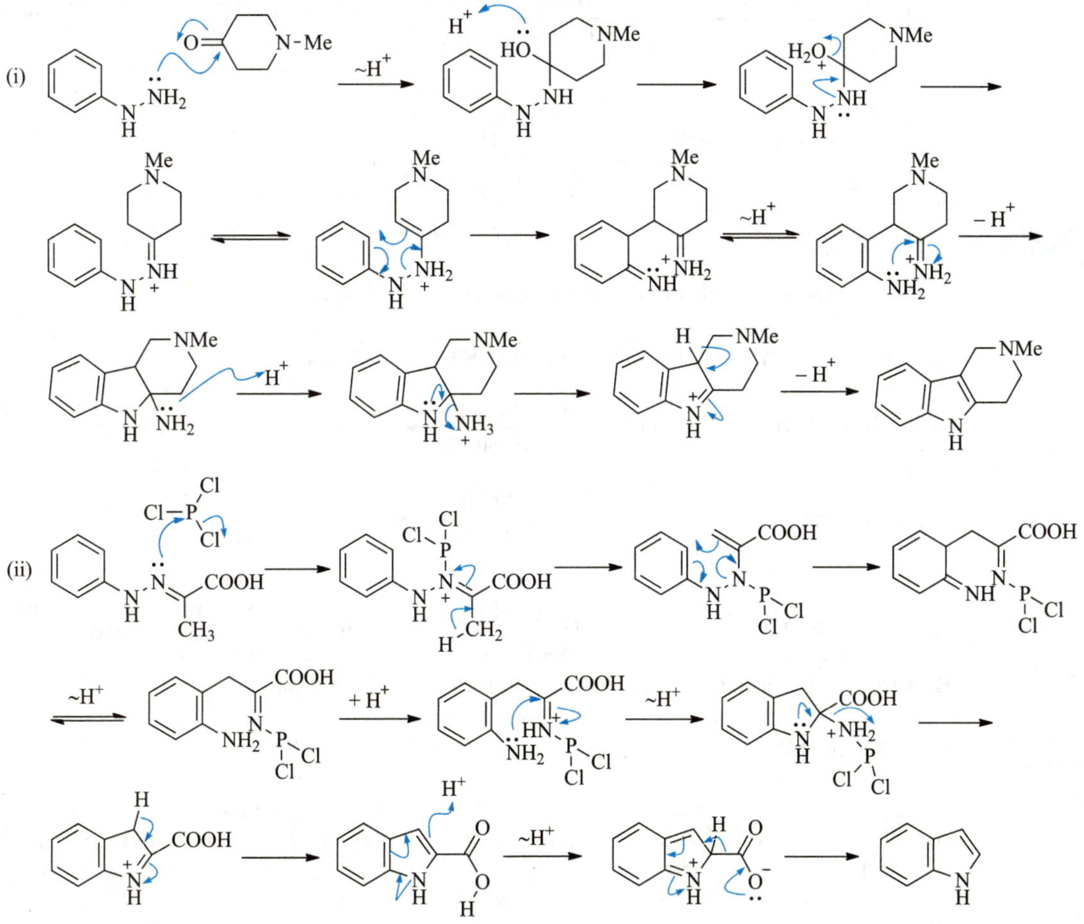

习题19-38 以苯以及必要的无机和有机试剂为原料合成下列化合物：

(i) (ii) CH_3 N H OCH_3

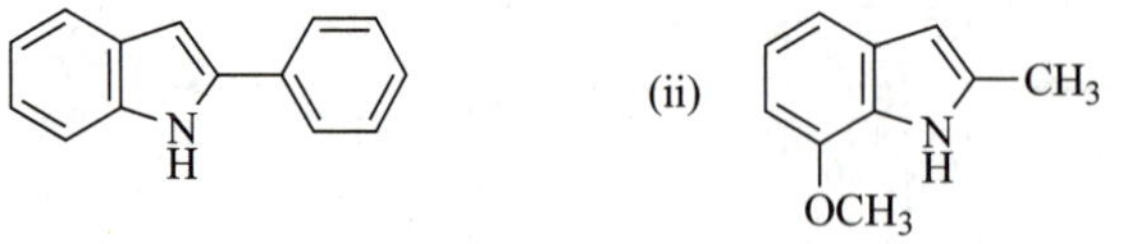

答

(i) + Cl CH_3 O $\xrightarrow{AlCl_3}$ H_3CCOPh

$\xrightarrow[H_2SO_4]{HNO_3}$ NO_2 $\xrightarrow{H_2}$ NH_2 $\xrightarrow[HCl]{NaNO_2}$ $\overset{+}{N_2}\overset{-}{Cl}$ $\xrightarrow{Zn}$ $NHNH_2$

$\xrightarrow[HCl]{H_3CCOPh}$ N H

(ii) $\xrightarrow{H^+}$ $\xrightarrow[H^+]{O_2}$ OH + H_3C O CH_3

OH $\xrightarrow{NaH,\ CH_3I}$ OCH_3 $\xrightarrow[H_2SO_4]{HNO_3}$ OCH_3 NO_2 $\xrightarrow{H_2}$ OCH_3 NH_2 $\xrightarrow{NaNO_2,\ HCl}$ $\xrightarrow{Zn}$

OCH_3 $NHNH_2$ $\xrightarrow[HCl]{H_3C\overset{O}{C}CH_3}$ OCH_3 H N CH_3

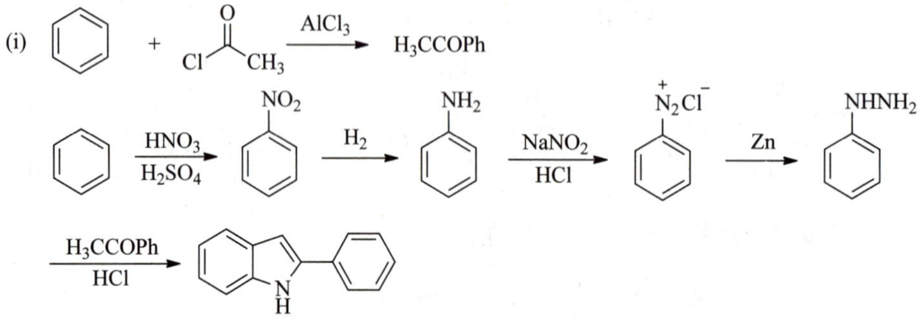

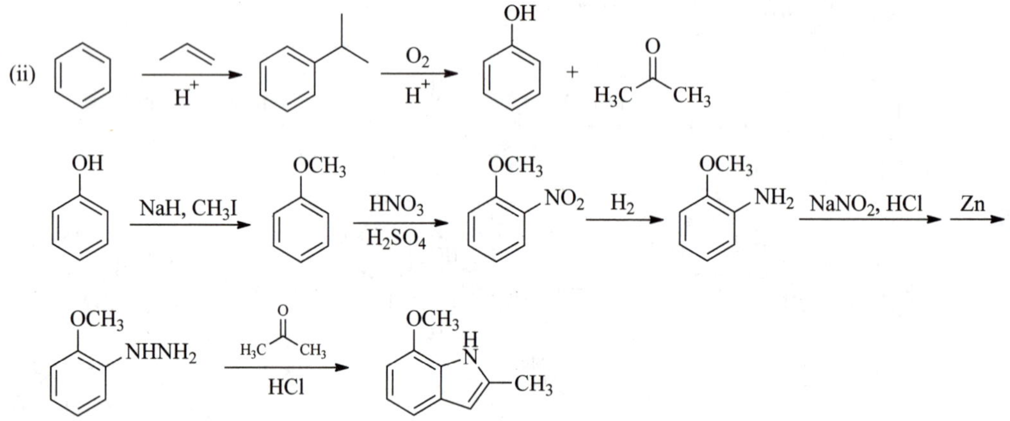

习题19-39 完成以下反应：

(i) $Ph-N=\overset{+}{N}=\overset{-}{N}$ + $H_3COOC-\equiv-COOCH_3$ $\xrightarrow{\triangle}$

(ii) $H_3C-C\equiv\overset{+}{N}-\overset{-}{O}$ + $H_3COOC-\equiv-COOCH_3$ $\xrightarrow{\triangle}$

(iii) n-Bu—≡CH + BnN_3 $\xrightarrow[DMF,\ 60\ ^{o}C]{CuI\ (10\ mol\%)}$

(iv) n-Bu—≡CH + N O Cl O CH_3 $\xrightarrow[\triangle,\ 48\ h]{PhCH_3}$

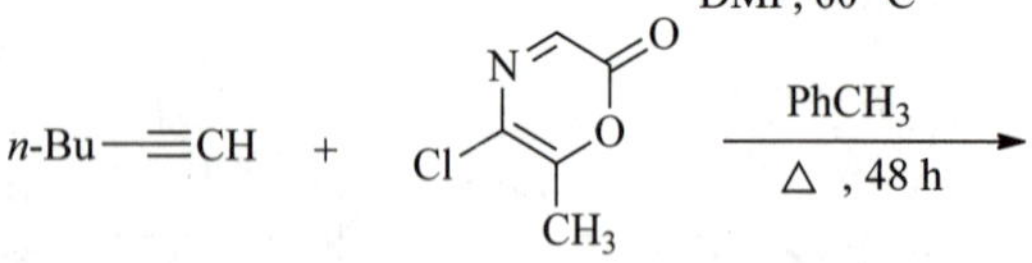

答

(i) N N N-Ph H_3COOC $COOCH_3$ (ii) O N CH_3 H_3COOC $COOCH_3$ (iii) N N N Bn n-Bu (iv) n-Bu N Cl CH_3

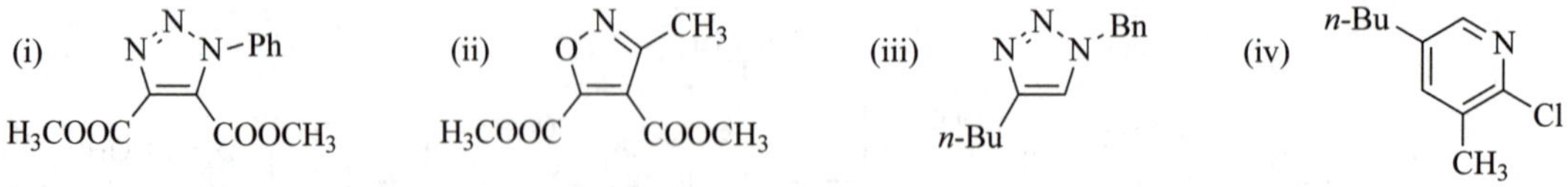

习题19-40 命名以下化合物：

(i) O Ph (ii) N CH_3 (iii) CHO N (iv) n-C_6H_{13} S (v) COOH N

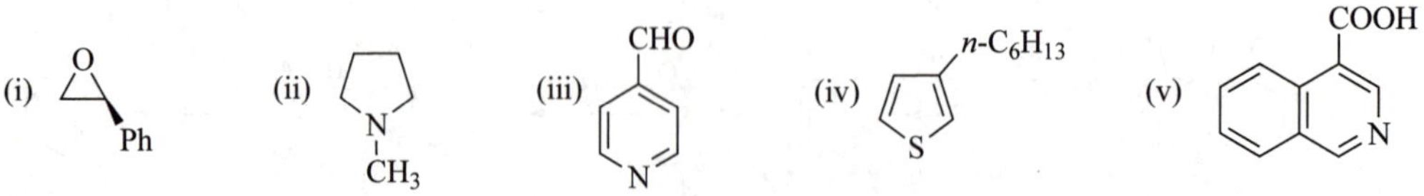

(vi) 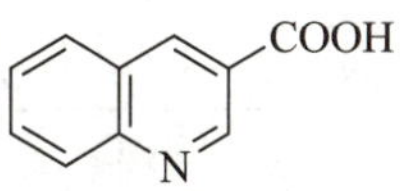 COOH N (vii) 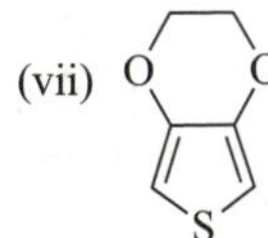 (viii) N NH_2 (ix) 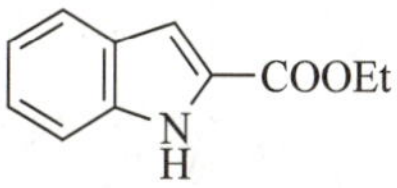 N H COOEt

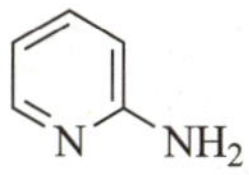

答 (i) (*S*)-2-苯基环氧乙烷　(*S*)-2-phenyloxirane

(ii) *N*-甲基四氢吡咯　*N*-methylpyrrolidine

(iii) 吡啶-4-甲醛　pyridine-4-carbaldehyde

(iv) 3-己基噻吩　3-hexylthiophene

(v) 异喹啉-4-甲酸　isoquinoline-4-carboxylic acid

(vi) 喹啉-3-甲酸　quinoline-3-carboxylic acid

(vii) 3,4-乙烯二氧噻吩　3,4-ethylenedioxythiophene

(viii) 2-氨基吡啶　2-aminopyridine

(ix) 吲哚-2-甲酸乙酯　ethyl 1*H*-indole-2-carboxylate

习题19-41 根据以下化合物的化学名称画出其结构式,并给出英文名称:

(i) 反-2,3-二苯基环氧乙烷　(ii) 3-硫杂环丁酮　(iii) *N*-甲基-β-内酰胺　(iv) 己内酰胺　(v) 呋喃-2-甲醛　(vi) 4-甲基异噁唑　(vii) 2-甲基噻唑　(viii) *N*-乙基咪唑　(ix) 5-溴嘧啶　(x) 2-甲基-3-溴吡嗪　(xi) 3-溴吲哚　(xii) 鸟嘌呤

答

(i) 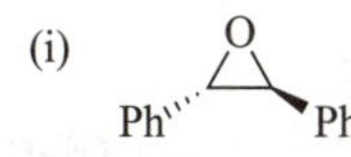
trans-2,3-diphenyloxirane

(ii) 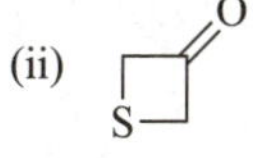
thietan-3-one

(iii) 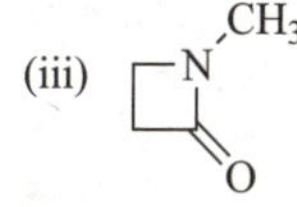
1-methylazetidin-2-one

(iv) 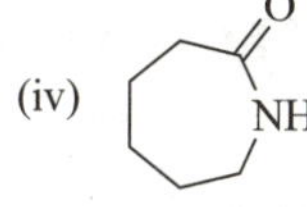
azepan-2-one

(v) 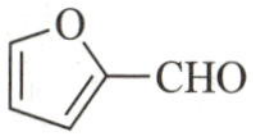 O CHO
furan-2-carbaldehyde

(vi) 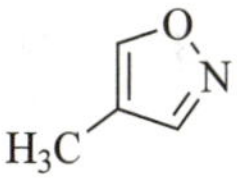 O N H_3C
4-methylisoxazole

(vii) 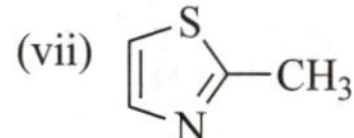
2-methylthiazole

(viii) 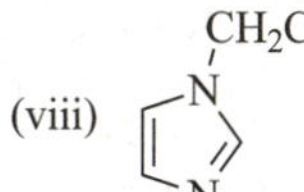
1-ethyl-imidazole

(ix) 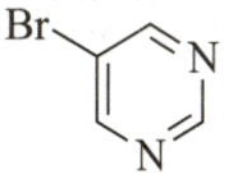 Br N N
5-bromopyrimidine

(x) 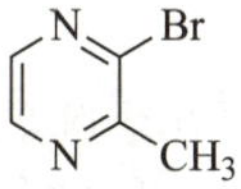 N Br N CH_3
2-bromo-3-methylpyrazine

(xi) 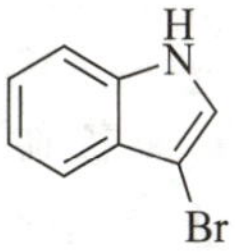 H N Br
3-bromo-indole

(xii) 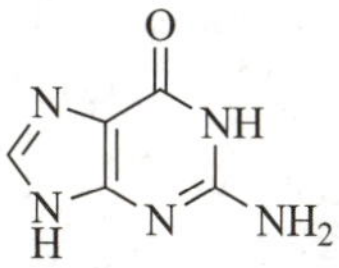 O N NH N H N NH_2
2-amino-9*H*-purin-6(1*H*)-one; or guanine

习题19-42 完成下列反应:

(i) 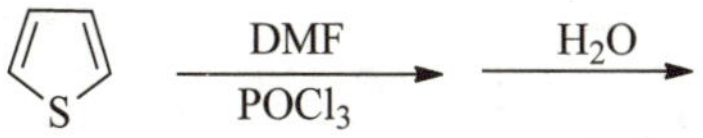 S $\xrightarrow[POCl_3]{DMF}$ $\xrightarrow{H_2O}$　(ii) 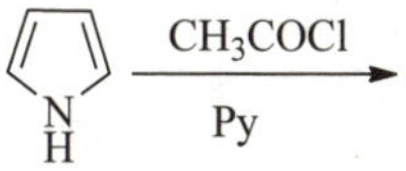 N H $\xrightarrow[Py]{CH_3COCl}$　(iii) 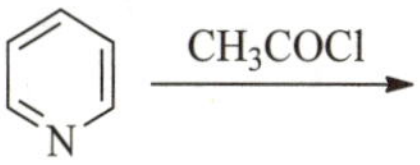 N $\xrightarrow{CH_3COCl}$

(iv) 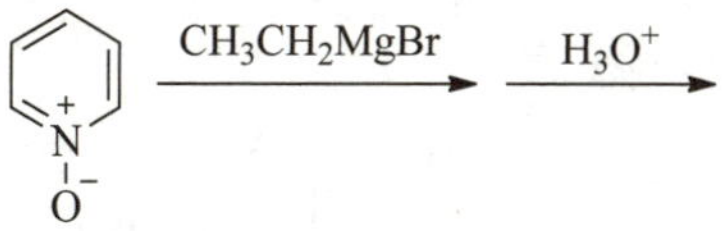 N^+ O^- $\xrightarrow{CH_3CH_2MgBr}$ $\xrightarrow{H_3O^+}$　(v) 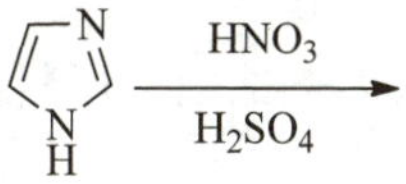 N N H $\xrightarrow[H_2SO_4]{HNO_3}$　(vi) 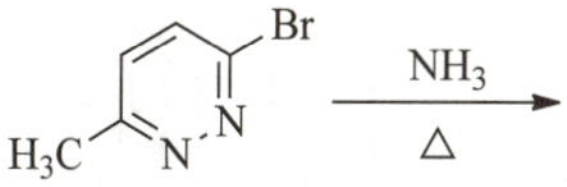 Br H_3C N N $\xrightarrow[\Delta]{NH_3}$

(vii) 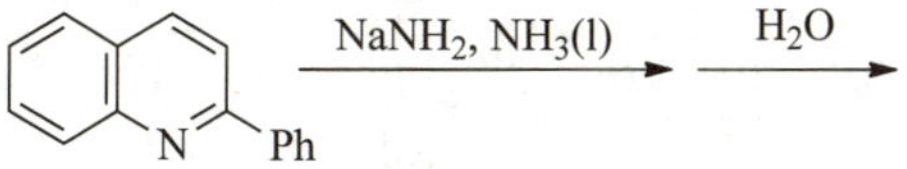 N Ph $\xrightarrow{NaNH_2, NH_3(l)}$ $\xrightarrow{H_2O}$　(viii) N CH_3 $\xrightarrow[ZnCl_2, 100\ ^{\circ}C]{PhCHO}$

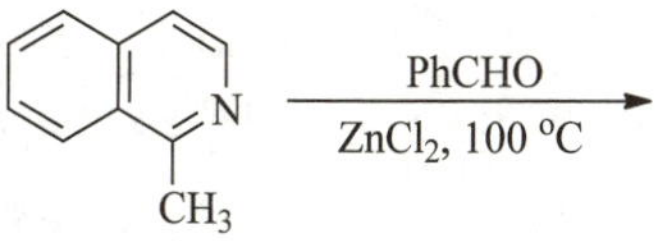

(ix) 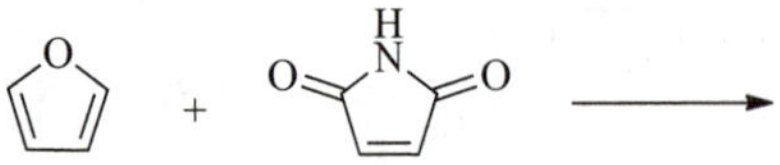 + ⟶ (x) 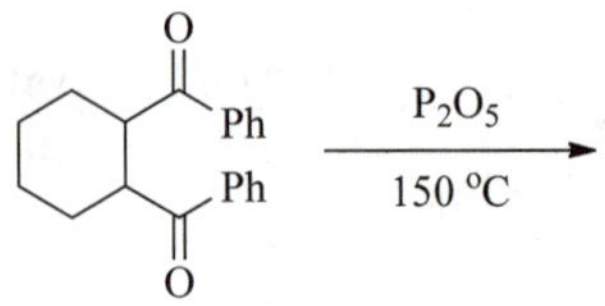 $\xrightarrow[150\ ^{\circ}C]{P_2O_5}$

答

(i) 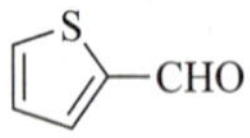 CHO (ii)  Ac (iii) 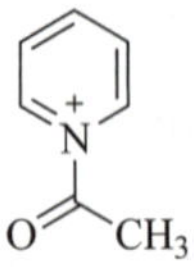 CH_3 (iv) 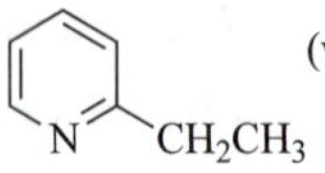 CH_2CH_3 (v) 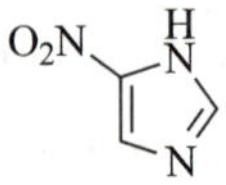 O_2N (vi) 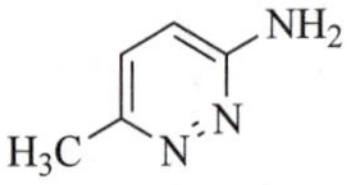 NH_2 H_3C

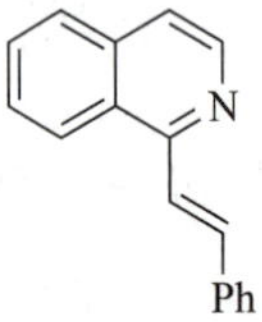

(vii) 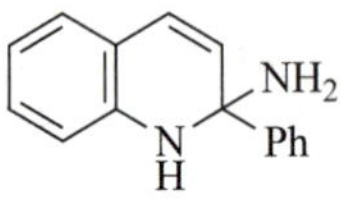 NH_2 Ph (viii) Ph (ix) 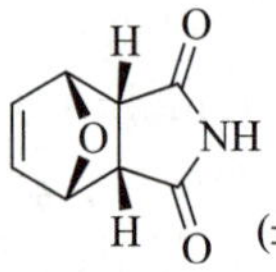 NH (±) (x) 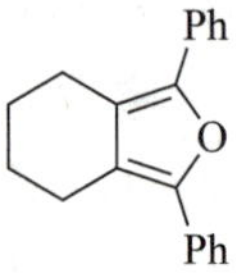 Ph Ph

习题19-43 维生素 B_6(pyridoxin)是一个吡啶衍生物，鼠类缺少这种维生素即患皮肤病。它在自然界分布很广，是维持蛋白质正常代谢必要的维生素。它是由酵母内取得的，其结构式如下：

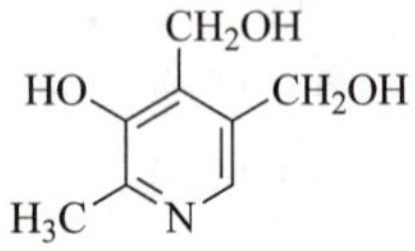

HO CH_2OH CH_2OH H_3C N

以乙氧基乙酸乙酯、丙酮以及必要的有机和无机试剂为原料合成维生素 B_6。

答

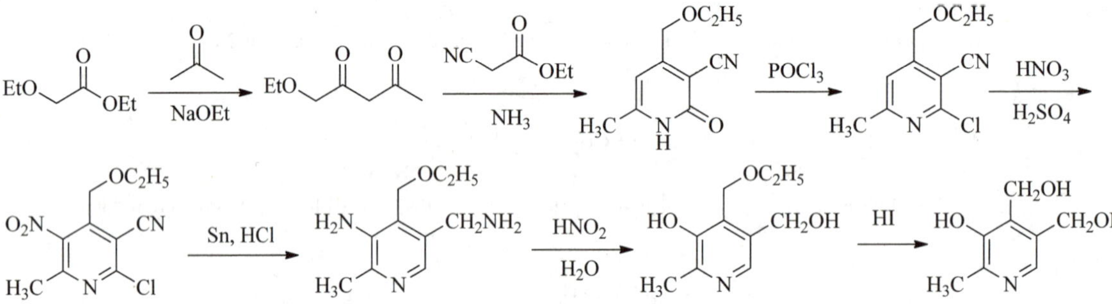

EtO OEt $\xrightarrow{NaOEt}$ EtO $\xrightarrow[NH_3]{NC\text{-}CH_2\text{-}CO_2Et}$ OC_2H_5 CN H_3C N H O $\xrightarrow{POCl_3}$ OC_2H_5 CN H_3C N Cl $\xrightarrow[H_2SO_4]{HNO_3}$

O_2N OC_2H_5 CN H_3C N Cl $\xrightarrow{Sn, HCl}$ H_2N OC_2H_5 CH_2NH_2 H_3C N $\xrightarrow[H_2O]{HNO_2}$ HO OC_2H_5 CH_2OH H_3C N $\xrightarrow{HI}$ HO CH_2OH CH_2OH H_3C N

习题19-44 Serotonin(5-羟色胺)最早是从血清中发现的，又名血清素，广泛存在于哺乳动物组织中，特别在大脑皮层质及神经突触内含量很高。它是一种抑制性神经递质，是强血管收缩剂和平滑肌收缩刺激剂。在体内，5-羟色胺可以经单胺氧化酶催化成 5-羟色醛以及 5-羟吲哚乙酸而随尿液排出体外。其结构式如下：

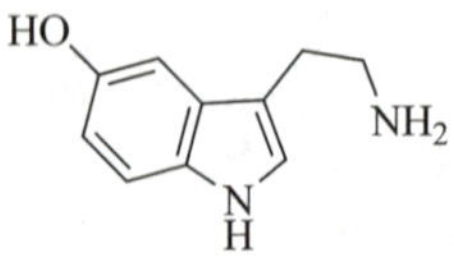

HO NH_2 N H

以苯酚和必要的有机、无机试剂为原料合成 5-羟色胺。

答

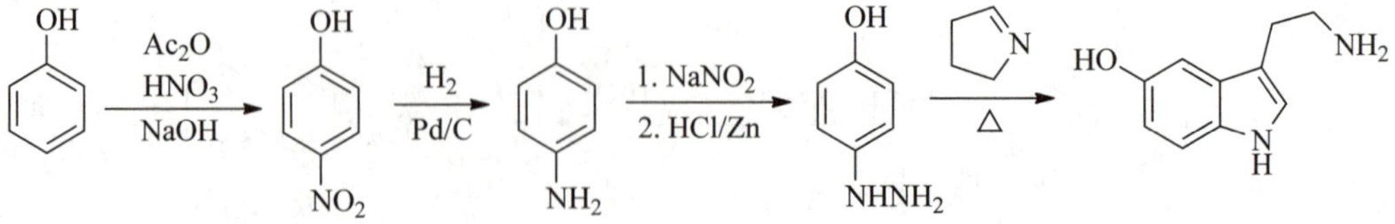

OH $\xrightarrow[NaOH]{Ac_2O,\ HNO_3}$ OH NO_2 $\xrightarrow[Pd/C]{H_2}$ OH NH_2 $\xrightarrow[2.\ HCl/Zn]{1.\ NaNO_2}$ OH $NHNH_2$ $\xrightarrow[\triangle]{\text{N}}$ HO NH_2 N H

习题19-45 1962 年，G. Y. Lesher 等发现 1，8-萘啶衍生物有抗菌作用，特别是对革兰氏阴性菌有独特的抗菌作用；并且对当时已开始增多的抗生素耐药菌也有相应的作用，因此十分引人注目。目前，这一系列中抗菌作用最强的萘啶酸作为药物已开发成功。Rosoxacin（罗素沙星）就是其中一个药物，其结构式如下：

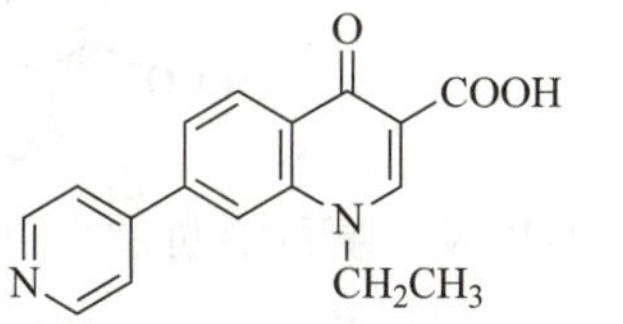

O COOH N N CH_2CH_3

以丙炔酸、3-硝基苯甲醛、丙二酸以及必要的有机和无机试剂为原料合成 Rosoxacin。

答

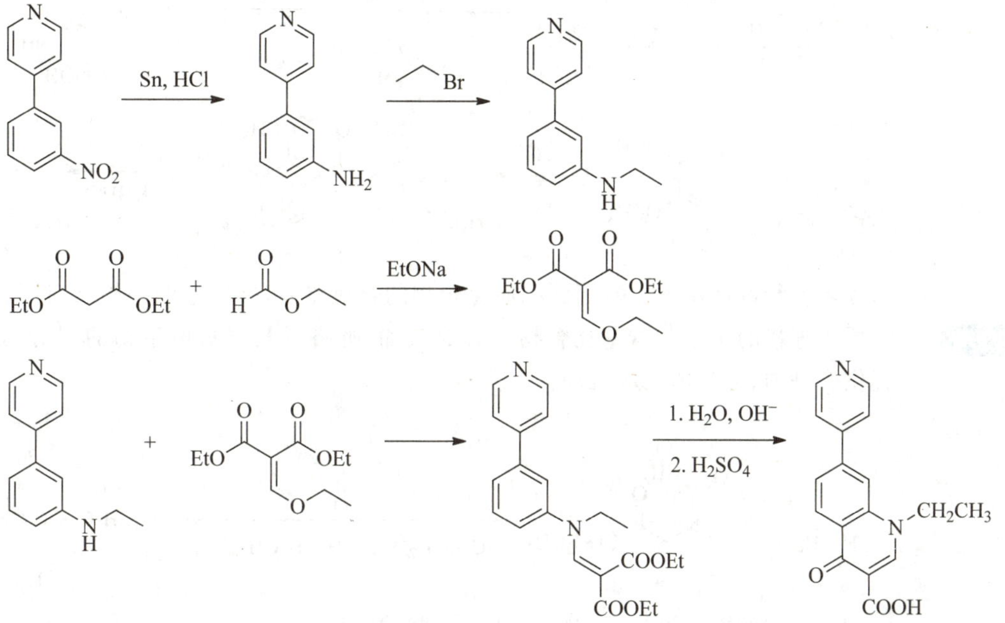

N NO_2 Sn, HCl N NH_2 Br N N H

O O EtO OEt + O H O EtONa O O EtO OEt O

N N H + O O EtO OEt O → N N COOEt COOEt 1. H_2O, OH^- 2. H_2SO_4 N N CH_2CH_3 O COOH

习题19-46 Amlodipine（苯磺酸氨氯地平）属于二氢吡啶类钙拮抗剂，是钙离子拮抗剂或慢通道阻滞剂。心肌和平滑肌的收缩均依赖于细胞外钙离子通过特异性离子通道进入细胞。Amlodipine 可以选择性抑制钙离子跨膜进入平滑肌细胞和心肌细胞，对平滑肌的作用大于心肌，是目前治疗高血压和冠心病的主要药物。Amlodipine 的结构式如下：

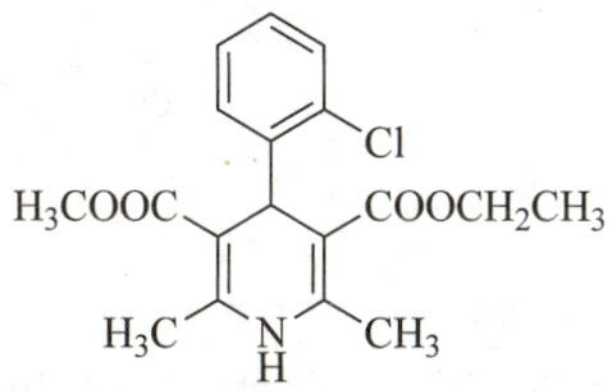

Cl H_3COOC $COOCH_2CH_3$ H_3C N H CH_3

以 2-氯苯甲醛、乙酰乙酸乙酯、乙酰乙酸甲酯以及必要的有机和无机试剂为原料合成 Amlodipine，并画出合成杂环的关键步骤的分步、合理的反应机理。

答

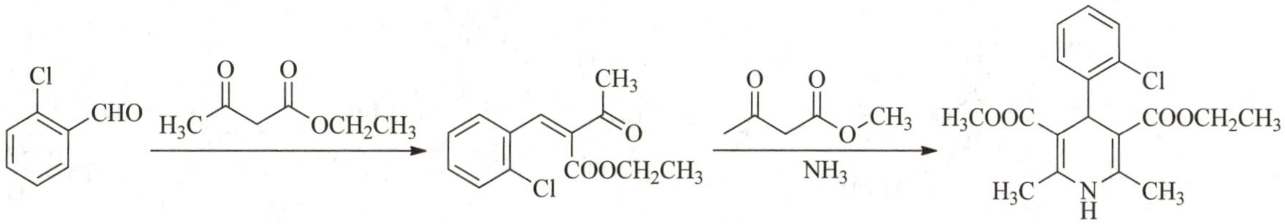

Cl CHO O O H_3C OCH_2CH_3 → CH_3 O Cl $COOCH_2CH_3$ O O CH_3 O NH_3 → Cl H_3COOC $COOCH_2CH_3$ H_3C N H CH_3

习题19-47 Trimethoprim(甲氧苄啶)是一类抗菌增效药,可以单独用于治疗呼吸道感染、泌尿道感染、肠道感染等病症,也可以治疗家禽细菌感染和球虫病。Trimethoprim 的结构式如下:

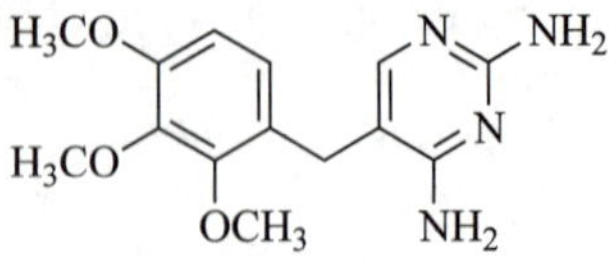

以丙二酸、没食子酸、胍以及必要的有机和无机试剂为原料合成 Trimethoprim。

答

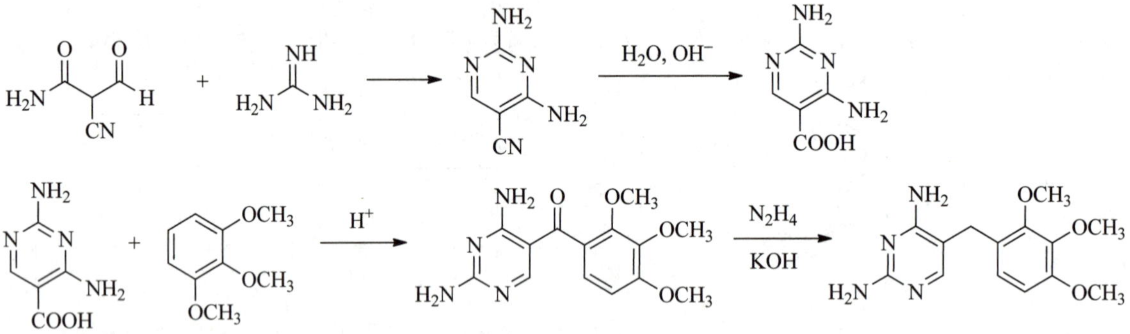

请读者自行设计从丙二酸等到相应化合物的合成路线,并通过网络检索对照。

习题19-48 杂原子连接的 1,5-二羰基化合物是合成呋喃、吡咯以及噻吩衍生物的很好的原料。为以下转换提供合理的、分步的反应机理:

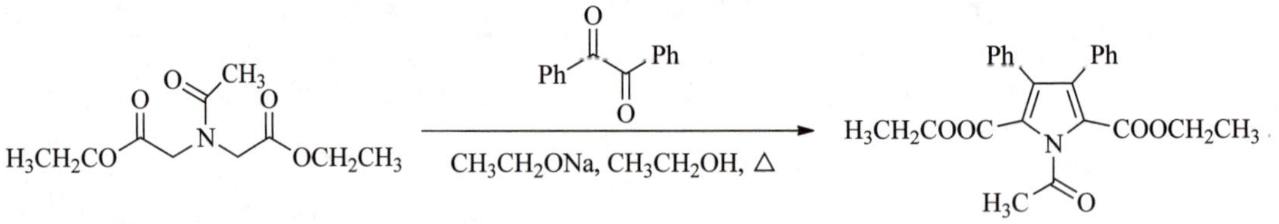

$$\xrightarrow[\text{CH}_3\text{CH}_2\text{ONa, CH}_3\text{CH}_2\text{OH, }\triangle]{}$$

并利用类似的方法设计合成噻吩-2,5-二羧酸乙酯。

答

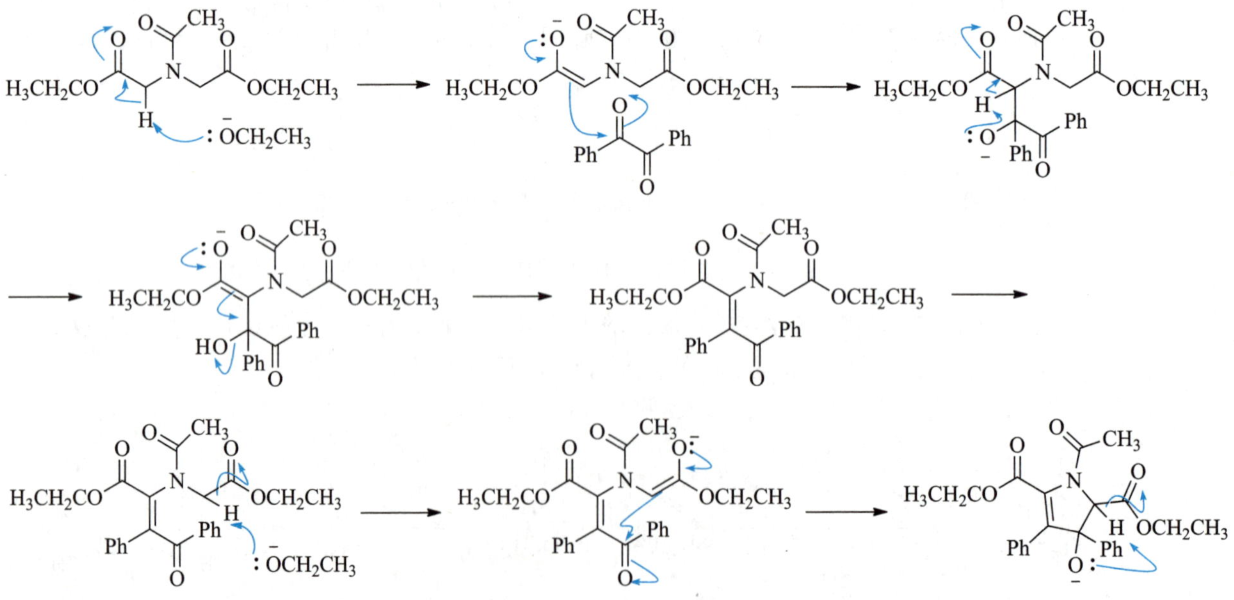

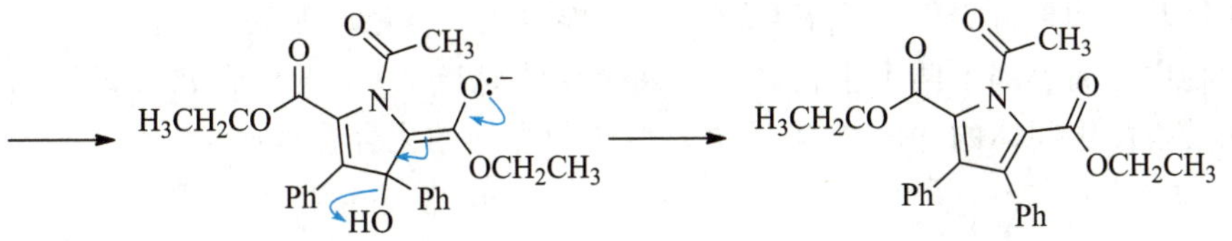

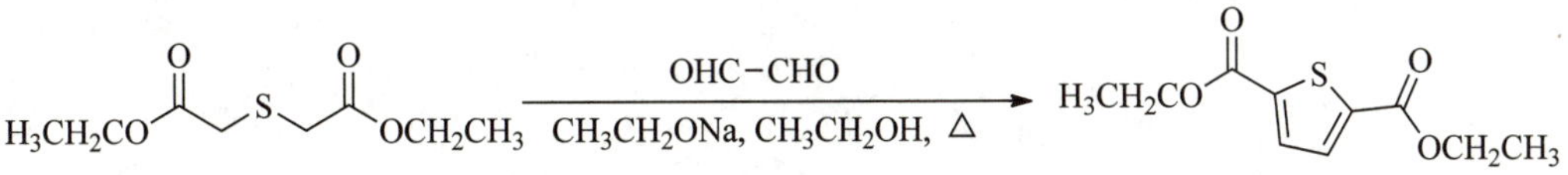

$$\xrightarrow[CH_3CH_2ONa,\ CH_3CH_2OH,\ \triangle]{OHC-CHO}$$

习题19-49　以下是以硝基苯衍生物为原料的 Reissert 吲哚合成法。画出其分步的、合理的反应机理：

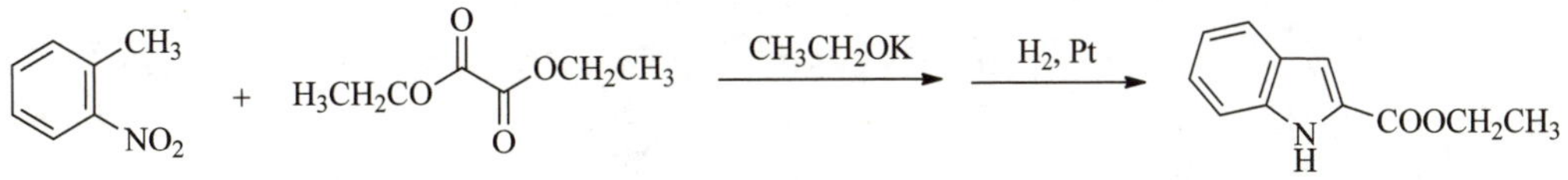

$$\xrightarrow{CH_3CH_2OK} \xrightarrow{H_2,\ Pt}$$

答

$$\xrightarrow{H_2,\ Pt} \quad \xrightarrow{\sim H^+} \quad \xrightarrow{-H_2O}$$

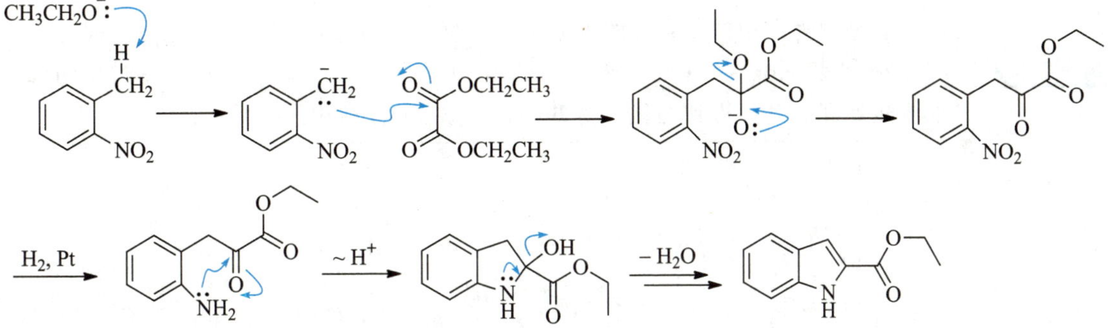

习题19-50　通常情况下，$LiAlH_4$ 可以将酮羰基还原为二级醇。但在以下反应中，在过量的 $LiAlH_4$ 作用下，酮羰基转换成了亚甲基。为以下转换提供合理的、分步的反应机理：

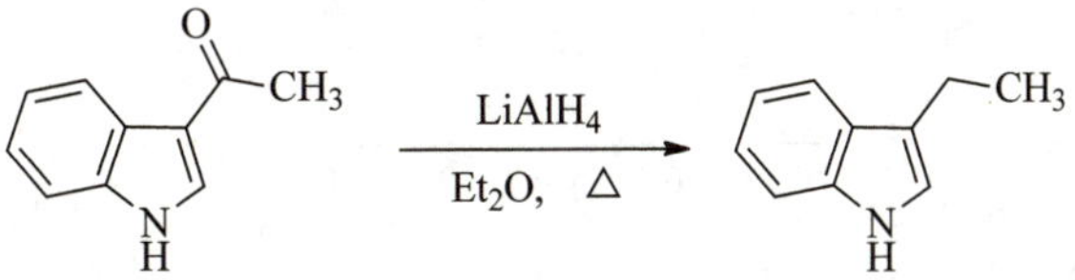

$$\xrightarrow[Et_2O,\ \triangle]{LiAlH_4}$$

解释为何在其他体系中的酮羰基，如苯乙酮，在此条件下不能转化为亚甲基。如果酮羰基在吲哚的 C2 位，是否也会转化为亚甲基？

答

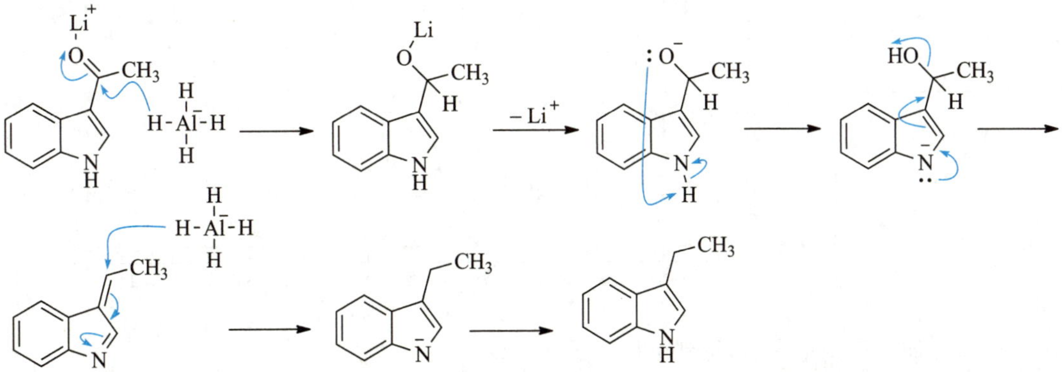

$$\xrightarrow{-Li^+}$$

主要原因是吲哚氮负离子的孤对电子作用，可以发生分子内的 S_N2' 反应，接着亚胺键可以再被还原，然后发生[1,3]-氢迁移，转化为稳定的吲哚结构。如果是苯乙酮，无法进行类似的转换过程，因此不能转化为亚甲基。如果将酮羰基移至 C2 位，也不能将酮羰基还原为亚甲基。

习题19-51 从澳大利亚海洋生物中分离得到了两个生物碱。这两个生物碱以 3∶2 的混合物方式达到平衡态。画出它们互相转换的中间体的立体结构式，并解释为何左边的化合物含量高。

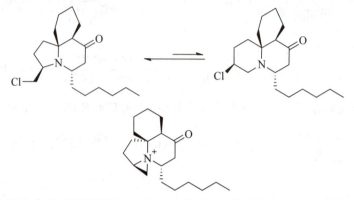

答 这可能是因为右边的化合物的氯原子处于直立键位置，空间位阻相对大一点。

习题19-52 实验室中杂环化合物 **A** 的分子式为 C_8H_8O，经核磁共振氢谱测定的图谱如图(a)所示；经浓盐酸水溶液处理后分离得到的化合物 **B** 的核磁共振氢谱如图(b)所示：

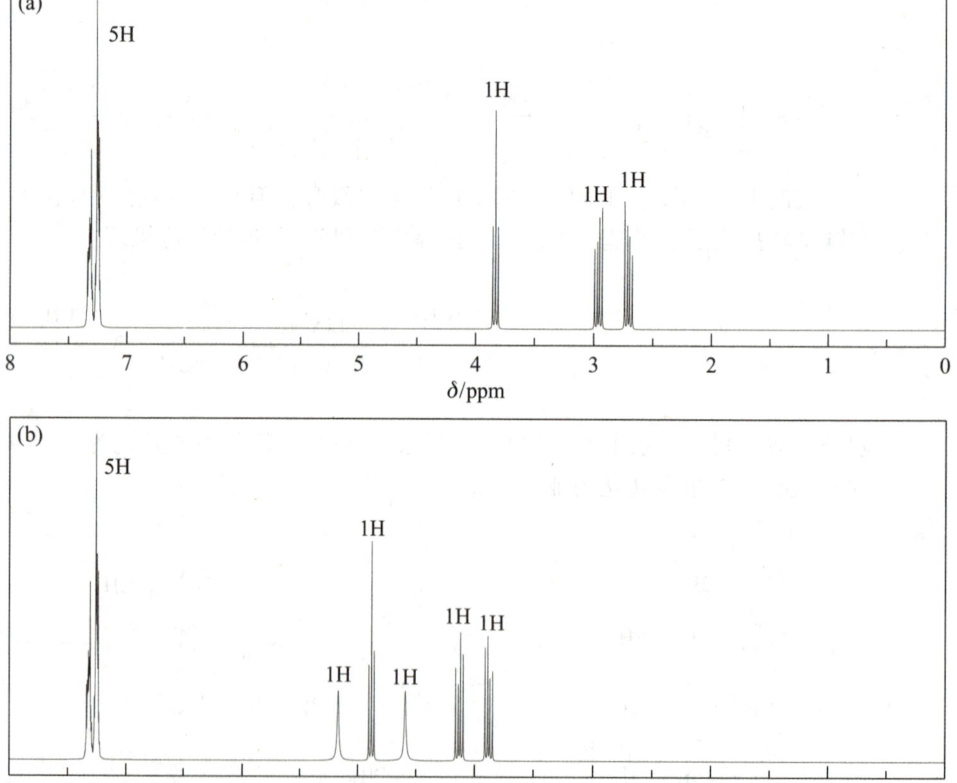

加入一滴重水后，得到了如下图谱(c)：

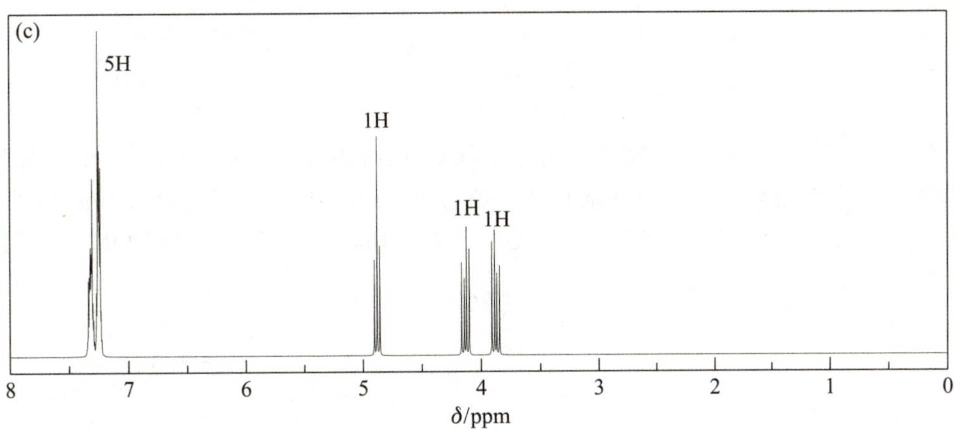

画出化合物 **A** 和 **B** 的结构式。

答

A　　B

判断方式：低场区有五个氢，结合化合物的高不饱和度，可以推断是单取代的苯环。随后观察高场区的化学位移最小的一对峰，具有明显的屋顶效应，说明很有可能是同碳上的两个氢，由于化合物 **A** 是一个杂环化合物，结合多余的两个碳原子推断是环氧乙烷结构，H_c 也在图谱上得到了验证，分裂成了三重峰。

加入浓盐酸后，从氢谱上获知多了两个活泼氢，这说明环氧被开环，同时，亚甲基和苄位氢的峰特征未变，说明不受影响，不用考虑它们的变化。注意：末端碳上两个氢是不等价的！

习题19-53 杂环化合物 **A** 是一种重要的化工原料。其分子式为 $C_5H_4O_2$，核磁共振氢谱如下所示：

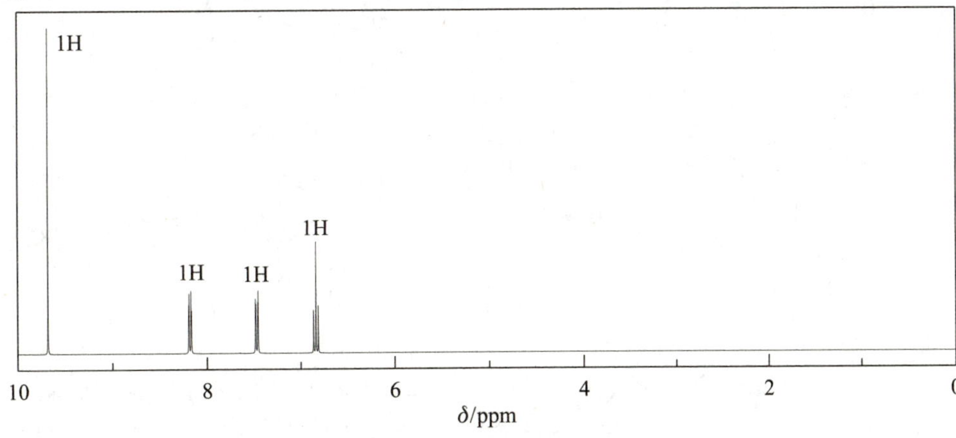

化合物 **A** 可以经过以下转换形成化合物 **B**，**B** 为治疗青光眼的药物。画出化合物 **A** 和 **B** 的结构简式。

$$\underset{C_5H_4O_2}{\textbf{A}} \xrightarrow[NaBH_3CN]{NH_3} \xrightarrow[Et_2O]{2\ CH_3I} \underset{C_7H_{11}NO}{\textbf{B}}$$

答

A　　B

从氢谱上获知，化合物 **A** 含有一个醛基，同时还有三个芳环上的氢，于是判断 **A** 为糠醛。

习题19-54　二氢吡喃(DHP)是常用的羟基保护剂，其与羟基反应后转化为四氢吡喃(THP)，是一类在碱性条件下稳定而在酸性条件下不稳定的保护基团，画出二氢吡喃与 ROH 反应的机理。

答

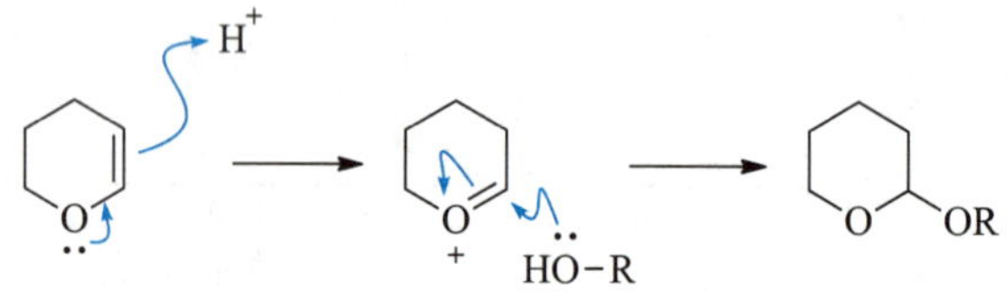

习题19-55　DMAP 俗称万能的亲核性催化剂。在羟基的酯化、氨基的酰胺化等反应中，由于电子效应或空间位阻较大等原因不能反应时，加入 DMAP 可以使这些反应顺利进行，如三级醇酯化的 Steglich 酯化反应和 Yamaguchi 大环内酯化反应等等。画出以下反应的机理：

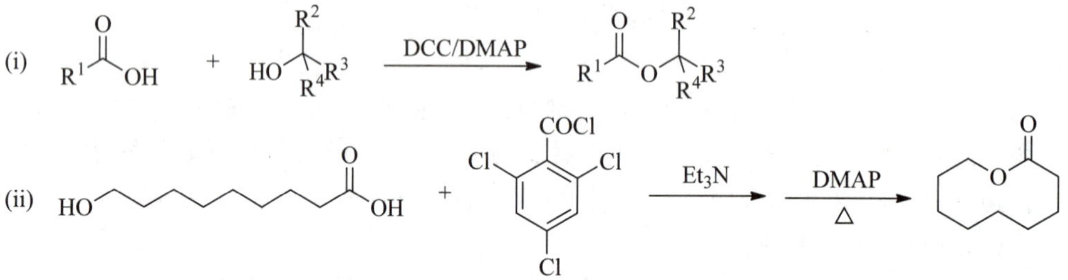

(i)　DCC/DMAP

(ii)　Et_3N　DMAP　△

答

(i)

(ii)

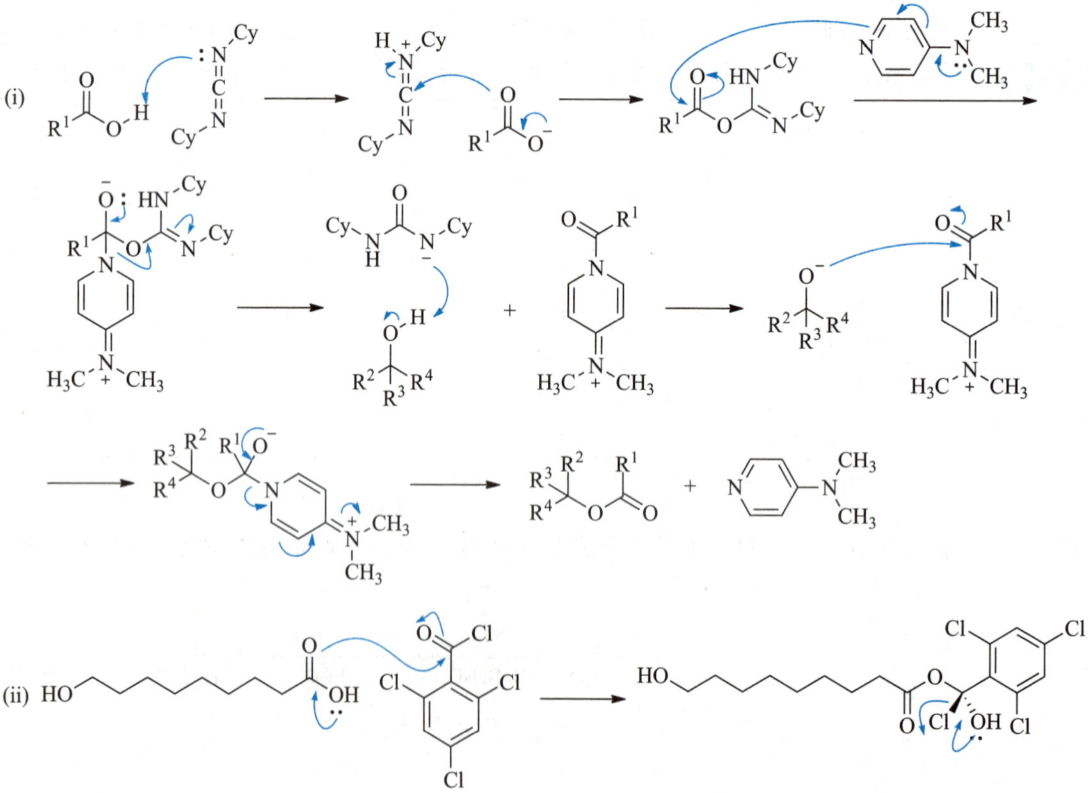

→ HO⌇⌇⌇C(=O)–O–C(=O)–$C_6H_2Cl_3$ $\xrightarrow{\text{DMAP}}$ HO⌇⌇⌇C(=O)–N^+(pyridinium)–N(CH_3)$_2$

$\xrightarrow{-H^+}$ (cyclic tetrahedral intermediate: O, N^+, O^-, N(CH_3)$_2$) → (lactone: O, O)

20

第20章

糖类化合物

内容提要

糖类化合物也称为碳水化合物(carbohydrate),是我们最熟悉的物质之一,在自然界分布很广。糖类化合物指的是一大类含有多个羟基的醛或酮类化合物的统称,属于多官能团化合物。

20.1 糖类化合物的分类、命名与结构

按照结构单元分类,糖类化合物可以分为单糖、双糖(又称二糖)、三糖、寡糖,以及多糖。

单糖类化合物既可以按照它们主链所含有的碳原子个数进行分类,也可以按照其所含有的官能团的不同进行分类。如,含有甲酰基的糖类化合物为醛糖;含有酮羰基的糖类化合物为酮糖。然后,根据其碳链的长度进行命名,如含有三个碳原子的为丙醛糖或丙酮糖,四个碳原子的为丁醛糖或丁酮糖,五个碳原子的为戊醛糖或戊酮糖,等等。

20.2 糖类化合物的环状结构和变旋现象

糖类化合物中同时存在羟基和羰基,这使其很容易形成分子内环状半缩醛或半缩酮,常以形成五元环或六元环为主。

一个有旋光的化合物,放入溶液中,它的旋光度逐渐变化,最后达到一个稳定的平衡值,这种现象称为变旋现象。变旋现象是糖类化合物中普遍存在的现象。

20.3 糖类化合物的构象:异头碳效应

异头碳效应是非常重要的一个现象,属于立体电子效应,对糖类化合物的结构有重要影响。

20.4 自然界中存在的特殊单糖

在糖类化合物中,当羟基被氢原子所替换,称为脱氧糖;当羟基被氨基所替换,称为氨基糖;在其主链带有一个碳原子取代基,称为支链糖。

20.5 单糖的反应

单糖大多以异构体的形式存在,包括开链式、各种环状(如呋喃糖和吡喃糖)的 α-和 β-端基异构体。

单糖的氧化：Fehling 试剂和 Tollens 试剂，以及由柠檬酸、硫酸铜与碳酸钠配制的 Benedict 试剂，均可将醛糖氧化为糖酸。

单糖的还原：单糖可以用催化氢化或硼氢化钠还原为相应的多元醇。

糖苷——酯键和醚键的形成：环状糖的半缩醛(酮)的羟基与其他羟基的反应活性是不同的，另一分子化合物中的羟基、氨基或巯基等可以选择性地只与半缩醛羟基反应失去一分子水转化为缩醛，在糖类体系中此类缩醛产物称为糖苷，也称为糖配体。

磷酸糖酯的形成：单糖分子可以在生命体中与磷酸反应生成磷酸糖酯。

糖脎的形成：糖中的酮羰基连续与苯肼反应生成双苯腙化合物，此化合物称为脎或苯脎。

糖的递增反应：是指使糖的碳链增长的反应。常用的方法是 **H. Kiliani 氰化增碳法**。

糖的递降反应：是使糖的碳链缩短的方法，一次降解一个碳原子。(1) **Wohl 递降法**：糖先转化为肟，再酰化消除为腈，然后在甲醇钠的甲醇溶液中，在发生酯交换反应的同时，发生羰基与氰化氢加成的逆反应，形成减少一个碳原子的醛糖。(2) **Ruff 递降法**：糖酸钙盐在 Ruff 试剂 [$Fe(OAc)_3$ 或 $FeCl_3$ 等] 作用下，经 H_2O_2 氧化，得到一个不稳定的 α-羰基羧酸，脱羧后形成低一级的醛糖。

20.6 双糖

双糖，也称二糖，是一个单糖分子中的半缩醛羟基(即异头碳原子上的羟基)和另一单糖分子中的羟基失水得到的糖。例如，纤维二糖、麦芽糖、乳糖，以及蔗糖。

20.7 三糖和寡糖

例如，棉子糖、环六糊精(α-环糊精)、环七糊精(β-环糊精)，以及环八糊精(γ-环糊精)。

20.8 多糖

例如，纤维素、半纤维素、淀粉，以及糖原。

20.9 决定血型的糖

血型实质上是由不同的红细胞质膜上的鞘糖脂表面抗原决定的。

20.10 杂原子修饰的糖类化合物

例如，氨基脱氧糖。

习题解析

习题 20-1 写出下列糖类化合物的俗名，并说明分别属于哪一类糖。

(i)
```
   CHO
H──┼──OH
H──┼──OH
   CH2OH
```

(ii)
```
   CH2OH
   ═O
H──┼──OH
H──┼──OH
   CH2OH
```

(iii)
```
   CHO
H──┼──OH
H──┼──OH
H──┼──OH
H──┼──OH
   CH2OH
```

(iv)
```
   CH2OH
   ═O
H──┼──OH
H──┼──OH
H──┼──OH
   CH2OH
```

答　(i) D-(－)-赤藓糖，属于醛糖；(ii) D-(＋)-核酮糖，属于酮糖；(iii) D-(＋)-阿洛糖，属于醛糖；(iv) D-(＋)-阿洛酮糖，属于酮糖。

习题 20-2　写出以下糖类化合物的系统命名，并确定每个手性中心的绝对构型。

(i) D-(－)-塔格糖　(ii) D-(＋)-半乳糖　(iii) D-(＋)-葡萄糖　(iv) D-(＋)-木糖

(v) D-(－)-赤藓糖　(vi) D-(－)-果糖

答　画出每个分子的 Fischer 投影式，再进行命名：

(i) (3*S*,4*S*,5*R*)-1,3,4,5,6-五羟基-2-己酮

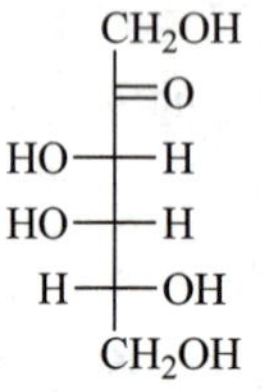

(ii) (2*R*,3*S*,4*S*,5*R*)-2,3,4,5,6-五羟基己醛

```
      CHO
  H ─┼─ OH
 HO ─┼─ H
 HO ─┼─ H
  H ─┼─ OH
     CH2OH
```

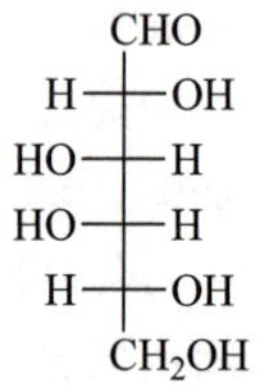

(iii) (2*R*,3*S*,4*R*,5*R*)-2,3,4,5,6-五羟基己醛

```
      CHO
  H ─┼─ OH
 HO ─┼─ H
  H ─┼─ OH
  H ─┼─ OH
     CH2OH
```

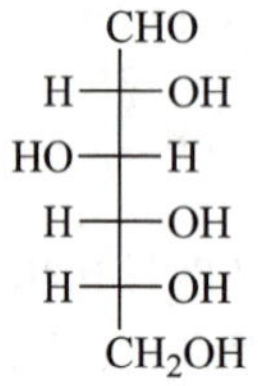

(iv) (2*R*,3*S*,4*R*)-2,3,4,5-四羟基戊醛

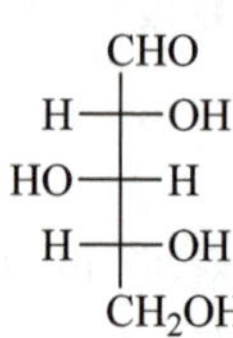

(v) (2*R*,3*R*)-2,3,4-三羟基丁醛

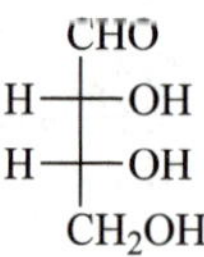

(vi) (3*S*,4*R*,5*R*)-1,3,4,5,6-五羟基-2-己酮

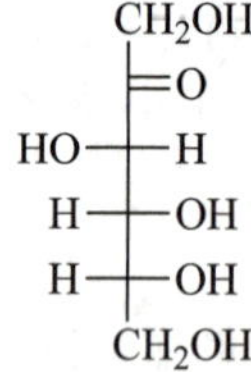

习题 20-3　将以下结构转化为 Fischer 投影式，并确定其俗名。

(i) 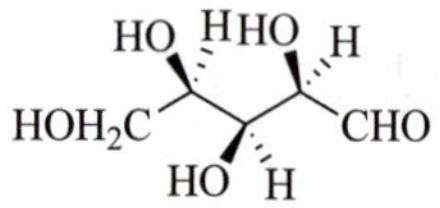 HO H HO H; HOH_2C CHO; HO H

(ii) 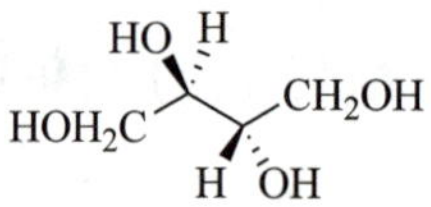 HO H; HOH_2C CH_2OH; H OH

答　(i) D-(＋)-木糖

```
      CHO
  H ─┼─ OH
 HO ─┼─ H
  H ─┼─ OH
     CH2OH
```

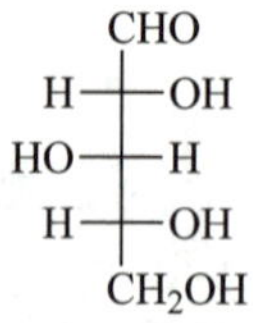

(ii) 为 D-(－)-赤藓糖的还原产物，称为赤藓糖醇。

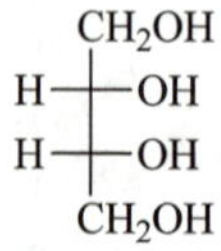

```
     CH2OH
  H ─┼─ OH
  H ─┼─ OH
     CH2OH
```

习题 20-4 有人认为，在葡萄糖形成吡喃葡萄糖时，发生的反应为羟基对甲酰基的亲核加成，应该生成一对对映体，而且比例为 1∶1。你认为这种说法是否准确？为什么？

答 这种说法不正确。生成一对等量对映异构体的反应，不存在反应进程中的立体选择性或是反应产物的能量差异。然而，链式葡萄糖缩合为吡喃葡萄糖时，无论从动力学还是热力学角度分析，从平面两侧进攻均存在差异：由于链上存在多个手性中心，导致羰基处于优势构象时平面两侧位阻并不一样(可用教材上册第 460 页的 Cram 规则解释)，从平面两侧进攻的速率不同；该反应可逆，产物最终达到的平衡分布取决于两种构象的能量差，而两种产物由于平伏键和直立键的差异，能量并不相等。综上，该反应得到的一对非对映异构体(差向异构体)的量并不相等。

习题 20-5 画出以下化合物的 Haworth 结构式：

(i) α-D-(+)-吡喃葡萄糖 (ii) β-D-(+)-呋喃果糖 (iii) β-D-(+)-吡喃阿拉伯糖

答

习题 20-6 根据相应环烷烃的数据，计算 β-D-吡喃葡萄糖的全平伏构象式和通过环翻转后得到的构象式之间的自由能差(假设在椅式构象中，羟甲基相当于甲基，环中的氧原子相当于亚甲基；直立键与平伏键的能量差为 $7.14\ kJ \cdot mol^{-1}$)。

答 在环烷烃中，甲基直立键和平伏键的能量差为 $7.1\ kJ \cdot mol^{-1}$；羟基为 $3.3\ kJ \cdot mol^{-1}$。全平伏键形式如下：

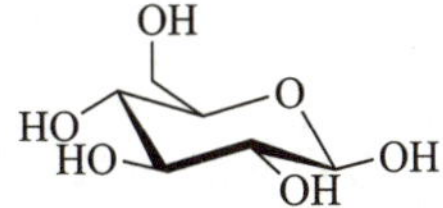

共四个羟基，一个羟甲基。把羟甲基近似为甲基后，全平伏键与全直立键的能量差为

$$(3.3\times4+7.1)kJ \cdot mol^{-1}=20.3\ kJ \cdot mol^{-1}$$

估算二者常温下平衡时的比例为

$$e^{-\frac{\Delta G}{RT}}\approx1:(4\times10^3)$$

习题 20-7 糖类化合物的变旋现象还存在另一种机理，即通过氧鎓离子中间体，请画出此转换机理。

答

氧鎓离子的形成使得环上出现潜手性中心，水分子从不同侧进攻产生不同的异构体。

习题 20-8 画出氯甲基甲基醚的最稳定构象。

答 根据异头碳效应，氧的孤对电子与 C—Cl 反键轨道重叠最大时最稳定，所以孤对电子—O—C—Cl 的二面角为 180°时构象最稳定。

习题 20-9 画出 β-D-吡喃半乳糖和 β-D-吡喃甘露糖的最稳定椅式构象，并标出直立键和平伏键。你认为这两个构象哪一个更稳定？

答

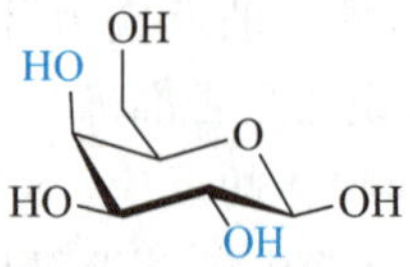

β-D-吡喃半乳糖 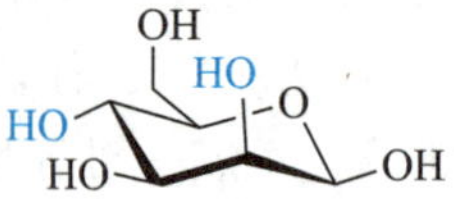　　β-D-吡喃甘露糖

β-D-吡喃甘露糖更稳定。

习题20-10 画出 β-L-吡喃半乳糖的最稳定椅式构象。

答 考虑异头碳效应,应让半缩醛羟基处于直立键位置。

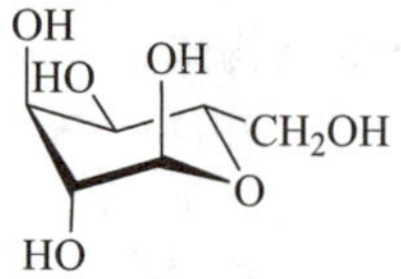

习题20-11 画出 D-apiose 的呋喃糖构象式和 Haworth 结构式,并判断可能有多少个呋喃糖构象式?

答

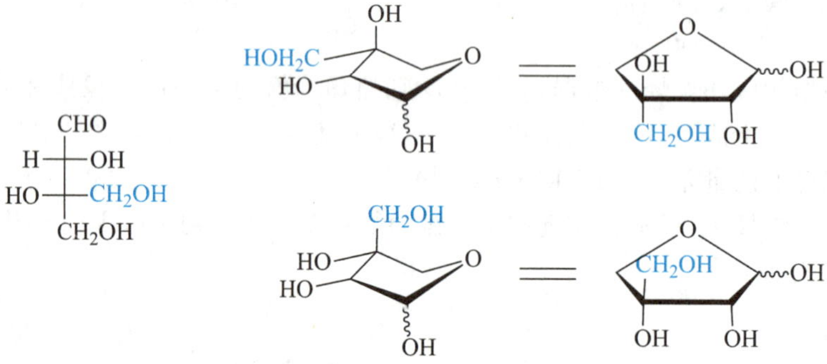

共有 4 种构象式(以上每种均有一对 α-和 β-端基异构体)。

习题20-12 分别写出 D-果糖、D-甘露糖与下列氧化剂反应的反应方程式:

(i) Fehling 试剂　(ii) 溴水　(iii) 稀硝酸　(iv) 浓硝酸　(v) 高碘酸

答 (i) Fehling 试剂选择性氧化醛基或羰基旁的羟基:

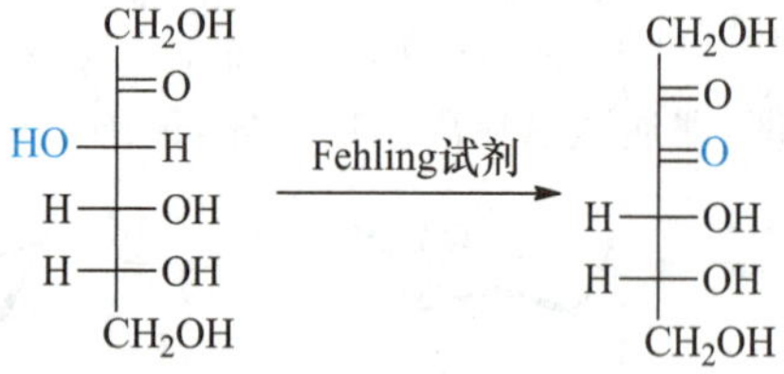

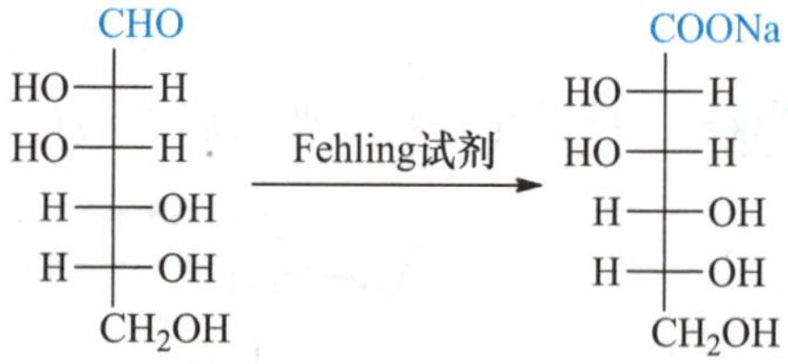

Fehling试剂　　Fehling试剂

(ii) 溴水不与酮糖反应,氧化醛基至羧基:

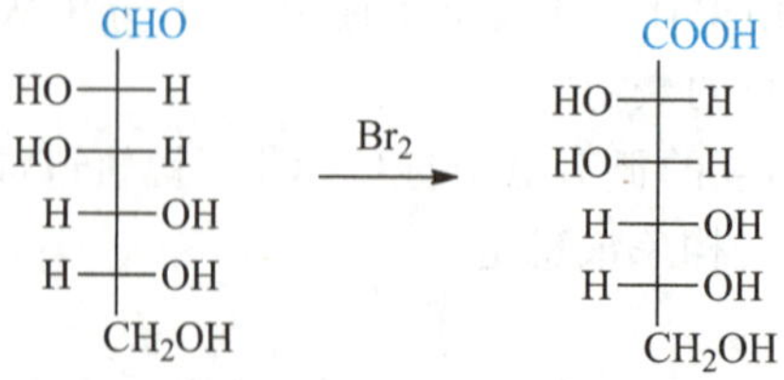

Br_2

(iii) 稀硝酸将羟甲基氧化为羧基,并存在 α-羰基酸的脱羧反应:

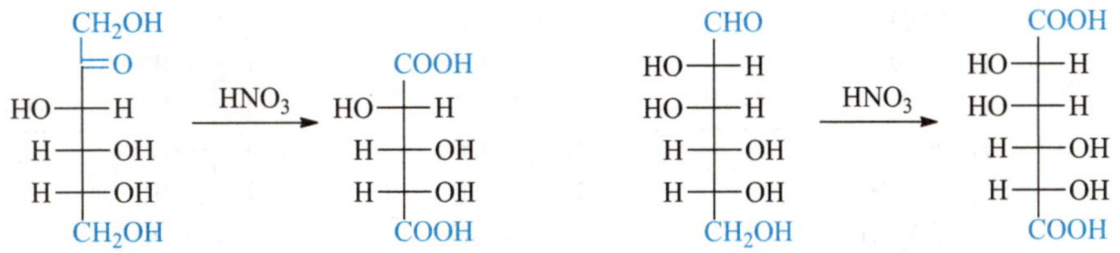

(iv) 浓硝酸将糖全部氧化：

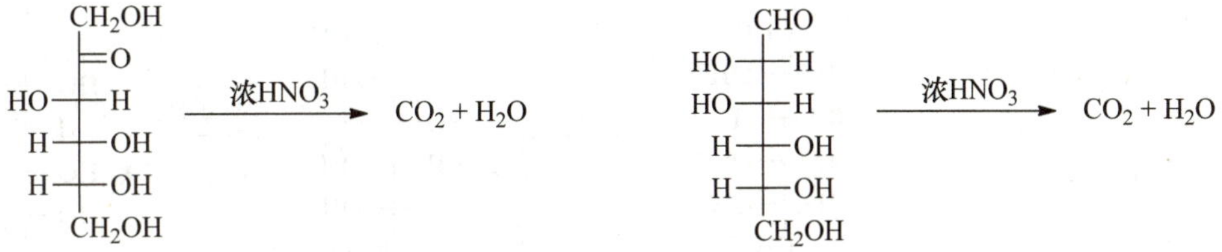

$\xrightarrow{\text{浓}HNO_3} CO_2 + H_2O$　　　$\xrightarrow{\text{浓}HNO_3} CO_2 + H_2O$

(v) 高碘酸氧化邻二醇和 α-羟基酮/醛，形成甲酸、甲醛和 CO_2：

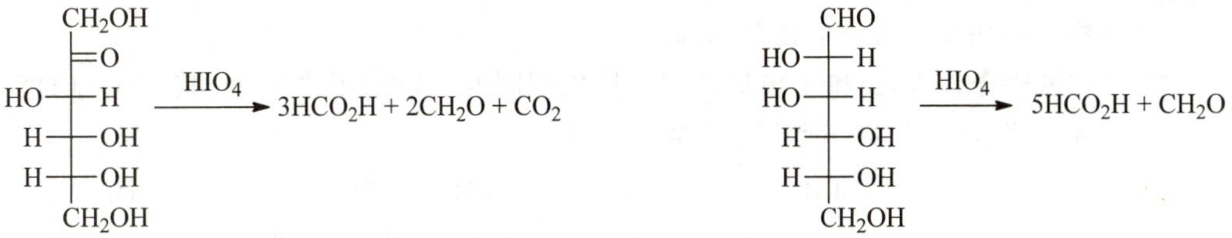

$\xrightarrow{HIO_4} 3HCO_2H + 2CH_2O + CO_2$　　　$\xrightarrow{HIO_4} 5HCO_2H + CH_2O$

习题20-13 D-阿洛糖和 D-葡萄糖的唯一差别在 C3 位的构型。如何通过旋光仪和稀硝酸区分这两个化合物？

答 用稀硝酸处理这两个化合物，测量产物的旋光度。若旋光度消失，则为 D-阿洛糖；反之，则为 D-葡萄糖。这是由于 D-阿洛糖被氧化后的阿洛糖酸为内消旋化合物，而 D-葡萄糖酸仍有旋光性。

习题20-14 有些酮糖也是还原糖，这是由于在碱性条件下，酮羰基可以转化为甲酰基：

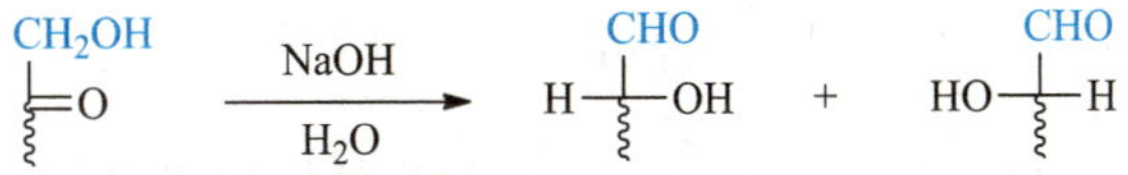

$\xrightarrow[H_2O]{NaOH}$

画出 D-果糖在碱性条件下转化为 D-葡萄糖和 D-甘露糖的反应机理。

答

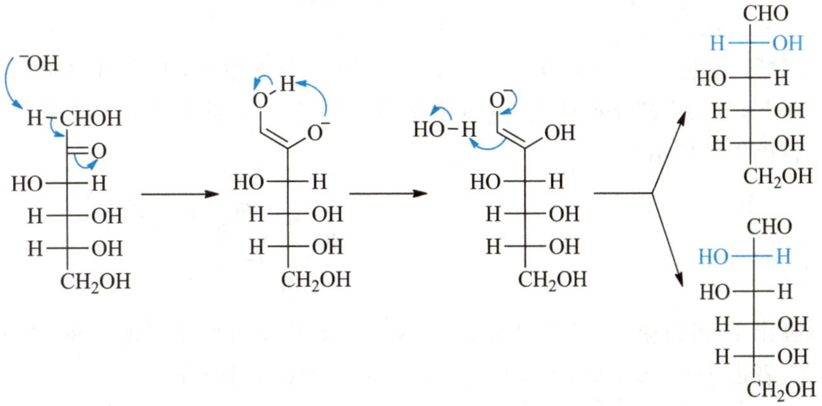

习题20-15 请解释：为何 D-葡萄糖被 $NaBH_4$ 还原后的产物具有光活性，而 D-半乳糖的还原产物不具有光活性？

答 半乳糖还原后得到的半乳糖醇分子内存在镜面，为内消旋化合物。

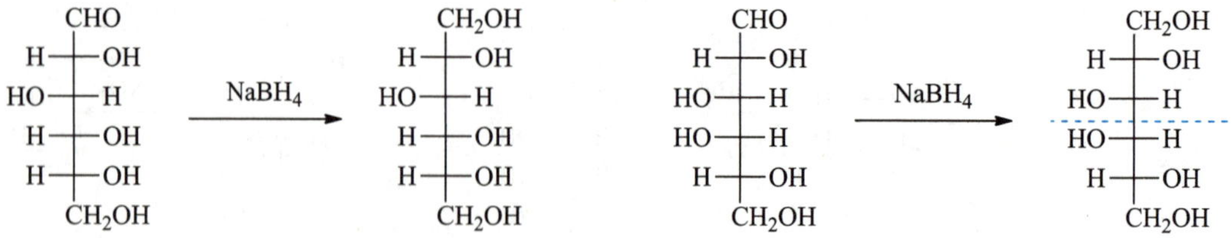

习题20-16 请解释：为何 D-葡萄糖和 L-葡萄糖的还原产物是一样的？

答

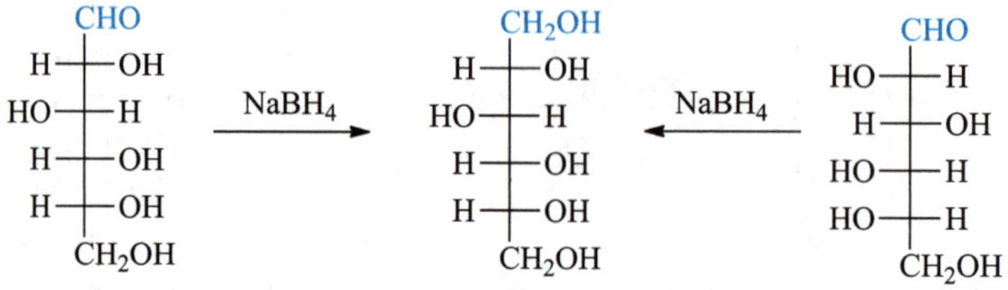

习题20-17 无论以纯的 α-或 β-D-吡喃葡萄糖为原料，在酸性条件下，与甲醇反应均生成 α-和 β-葡萄糖苷混合物。请用反应机理解释其原因。

答 在酸性条件下，α-和 β-端基异构体形成相同的氧鎓离子中间体，其与甲醇的反应不存在高度的立体选择性，因此最终得到混合物。

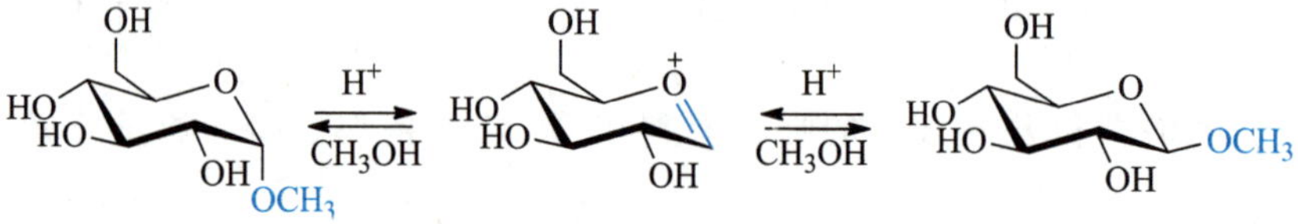

习题20-18 已知 α-D-吡喃葡萄糖甲苷与 2 倍量的 HIO_4 会发生以下反应：

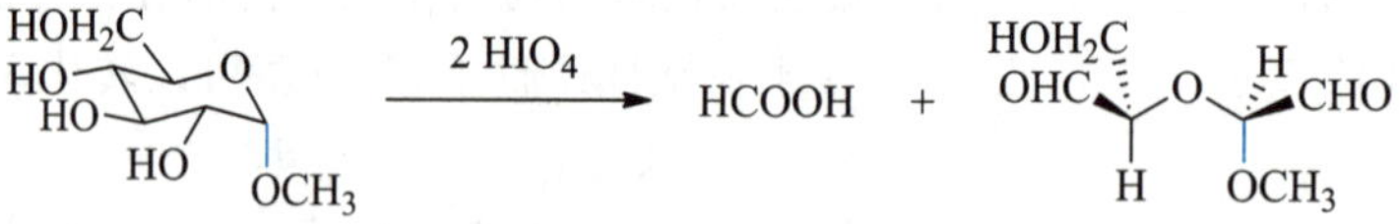

在实验室中，有一未知的糖类化合物，初步的结构测定表明其为五碳醛糖，与甲醇形成糖苷后再与 1 倍量的 HIO_4 反应，发现产物中含与以上反应一致的二醛产物，但是没有甲酸。请推测此糖甲苷的结构。

答 二醛产物除去甲氧基的碳原子外，已经有 5 个碳原子，即原料中全部的碳原子均在产物结构中。因此，将两个醛基碳相连，并将羰基还原为羟基后，即为产物。对照产物的立体化学，可以写出原料糖甲苷的结构：

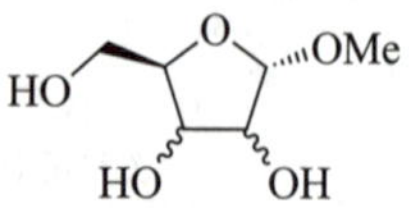

习题20-19 画出 D-葡萄糖、D-果糖以及 D-甘露糖与苯腙反应形成脎的结构式，并通过对比找出其共同点。

答 三者由于 C3、C4 及 C5 位构型相同，因此形成相同的脎：

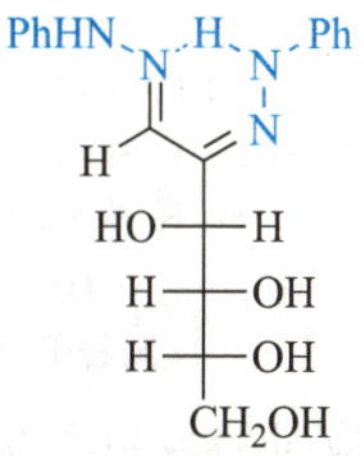

习题20-20 画出3-羟基丙酮-1-单磷酸酯转化为D-甘油醛-3-磷酸酯的反应机理。

答 此反应在酶催化下，通过α-羟基酮的烯醇化，进行羰基移位：

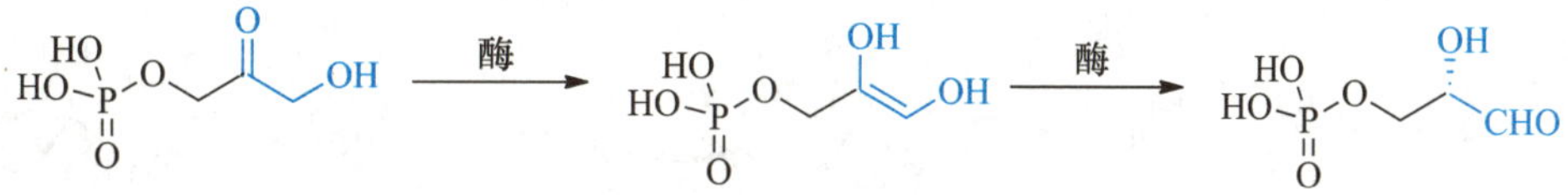

习题20-21 请判断以下两种单糖通过递增反应的产物，并画出其结构式：

(i) D-苏阿糖 (ii) D-阿拉伯糖

答 Kiliani氰化增碳法得到的产物，在原有糖分子基础上增加一个CHOH单元，并存在两种异构体；新增的碳原子构型无法确定，其余碳原子手性不变。

(i) D-苏阿糖

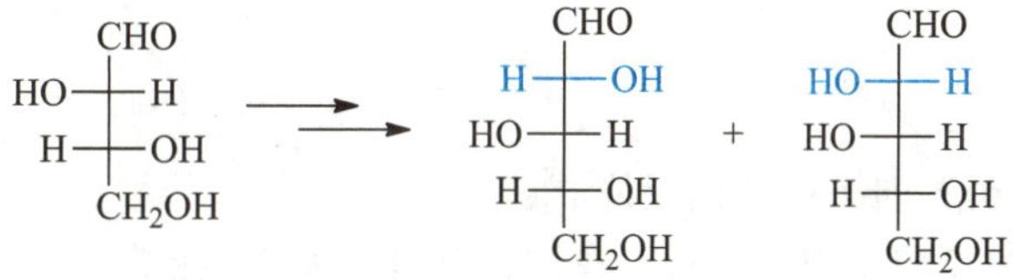

(ii) D-阿拉伯糖

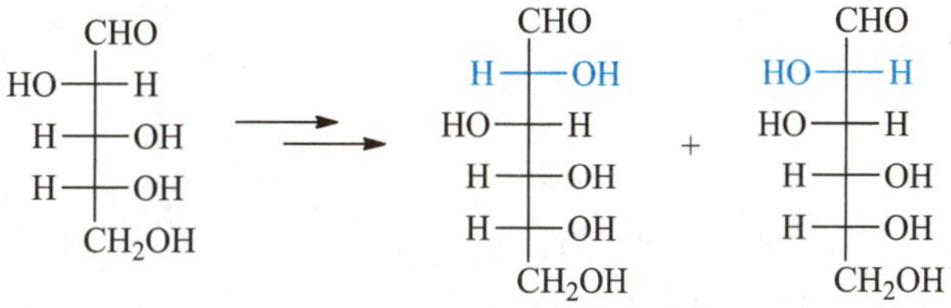

习题20-22 画出Wohl降解法将D-甘露糖转化为D-阿拉伯糖的反应方程式。

答

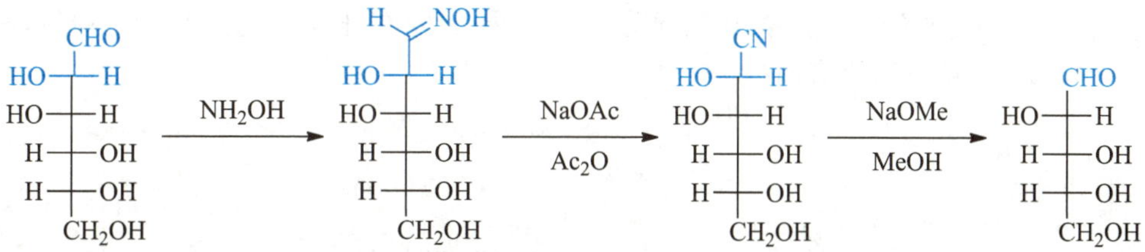

习题20-23 如用D-阿拉伯糖经Ruff降解后转化为内消旋酒石酸，D-来苏糖经Ruff降解后转化为D-(−)-酒石酸，分别确定此两糖中的C3和C4位的构型。

答 D-阿拉伯糖经Ruff降解后得到内消旋酒石酸，因此C3与C4位的羟基在Fischer投影式中朝向同侧；D-来苏糖中的C3、C4位羟基则朝向异侧。D-阿拉伯糖和D-来苏糖均为D构型，即C4羟基均朝向右侧。因此，两者的结构式为

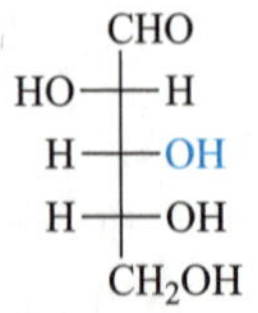

D-阿拉伯糖 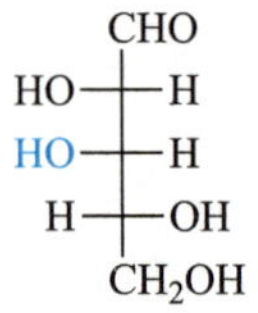　　D-来苏糖

习题20-24 画出麦芽糖与以下试剂反应时的最初产物的结构式：

(i) Br_2　(ii) 苯肼(3 倍量)

答 (i) Br_2 首先氧化末端的自由半缩醛羟基，形成内酯。

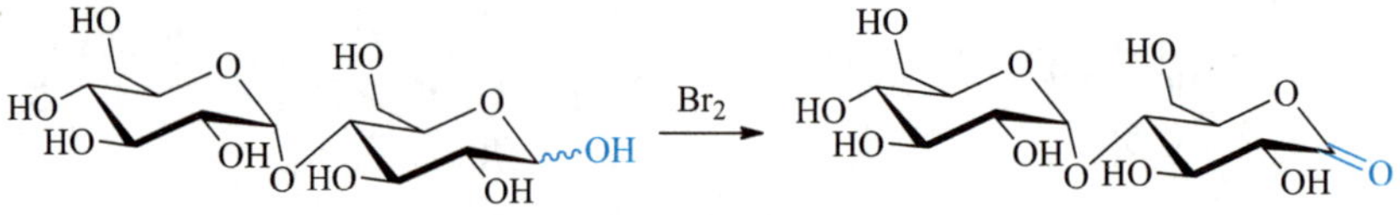

(ii) 末端自由羟基所在的单糖可以开环后与苯肼反应，形成糖脎。

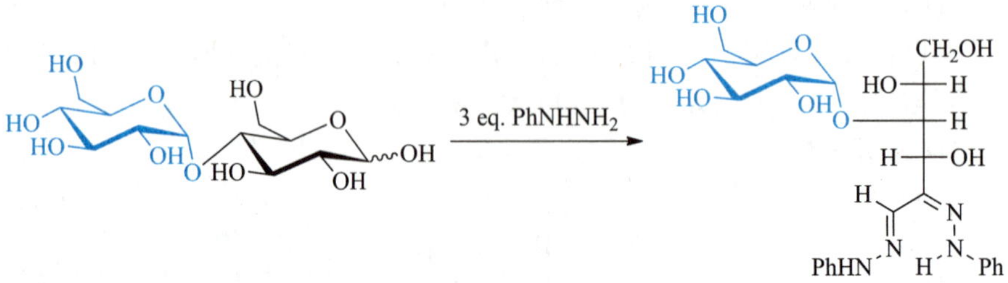

习题20-25 完成蔗糖在下列条件下的反应式：

(i) 过量的硫酸二甲酯　(ii) 在酸性条件下水解，接着再用 $NaBH_4$ 还原

答 (i) 过量的 Me_2SO_4 可以使游离羟基全部甲基化，得到全甲基化蔗糖。

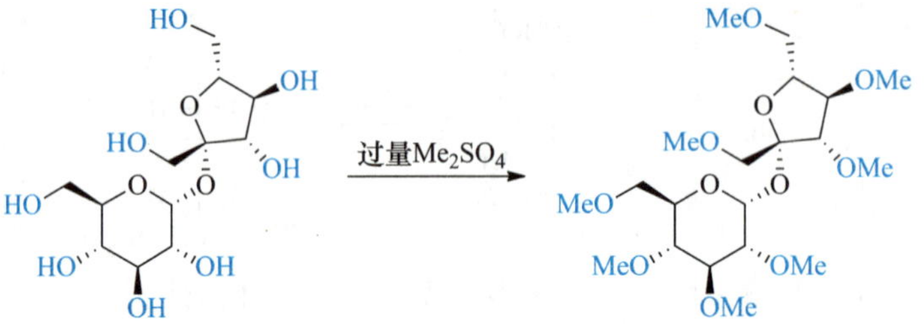

(ii) 酸性条件下水解，得到葡萄糖和果糖；果糖在还原时得到两种异构体，其中一种为 D-葡萄糖醇，因此总产物有两种。

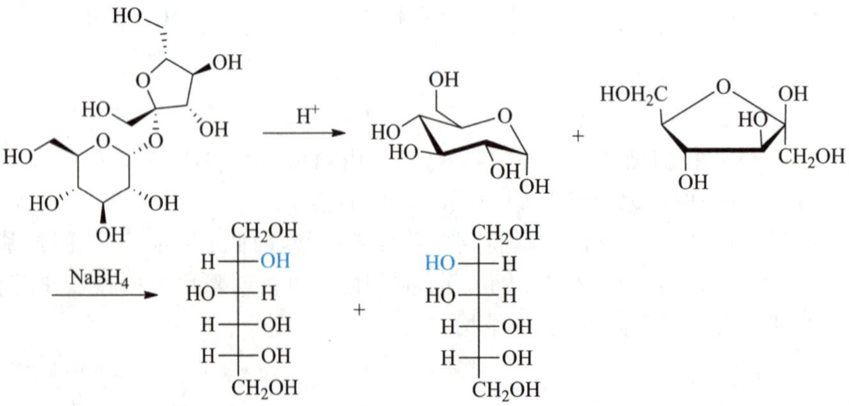

习题20-26 假定纤维素是由纤维二糖形成的长链聚合体，可以利用 Haworth 的端基测定法测定其相对分子质量。此法是将纤维素进行甲基化后再水解。请说明 Haworth 测定法的科学依据、可能造成的偏差及其造成偏差的原因。

答 此法的主要原理是纤维素末端存在游离羟基，纤维素甲基化再水解后得到的产物有两类：一种为中间单糖；一种为末端单糖。两类单糖相对分子质量不同。

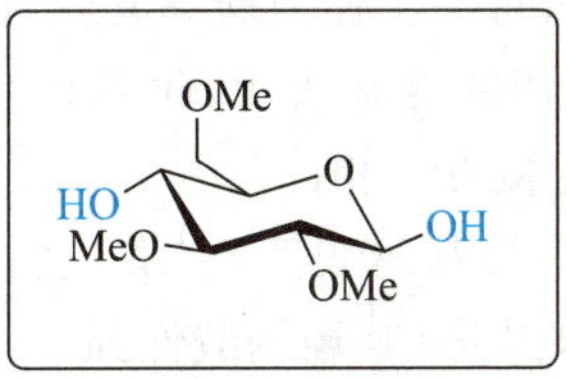

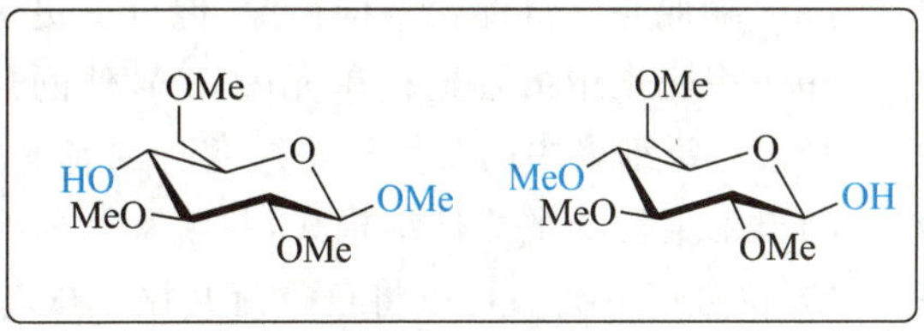

利用色谱或 NMR 可以确认两类单糖的相对含量，进而得到纤维素的相对分子质量。

这种方法属于高分子的相对分子质量测定方法中的基本思路，可能存在两个主要误差：

(1) 纤维素的聚合度不均一，此法只能获得平均聚合度，无法得到相对分子质量分布信息。

(2) 纤维素的溶解性不好，使得甲基化和水解的反应程度不完全，使测量结果出现误差。

习题20-27 纤维素可溶于 Schweitzer 溶液(硫酸铜的 20%的氨水溶液)，并形成一个铜氨配合物。这个配合物遇酸后即被分解，原来的纤维素又沉淀下来。人造丝就是利用这个性质制造的。将人造丝的铜氨溶液压过细孔，压到酸性溶液中，就得到细长的丝状物质，比未经加工以前的分子要长得多，光泽很好。另一种制造人造丝的方法叫做黏液法，这种方法是将纤维素和二硫化碳在氢氧化钠水溶液中处理，分子中的羟基就变成所谓的黄原酸盐，成为一个黏液，在酸内也同样被分解。

(i) 画出此铜氨配合物的最简结构式；

(ii) 写出黏液法制造人造丝的反应方程式。

答 (i) 在纤维素的结构中存在能够与金属形成螯合配合物的双羟基，与 Cu^{2+} 形成配合物后，整体呈电中性。

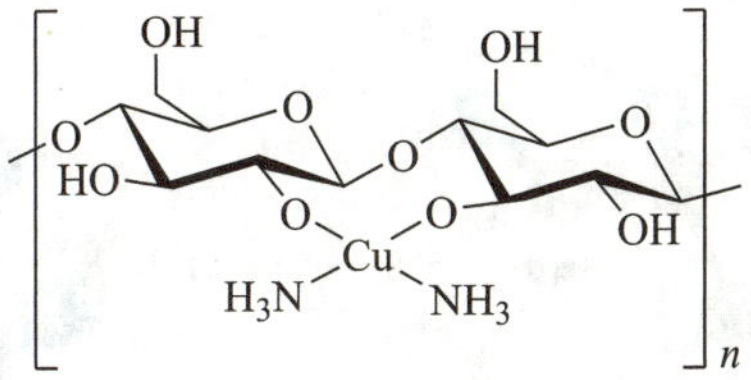

(ii)

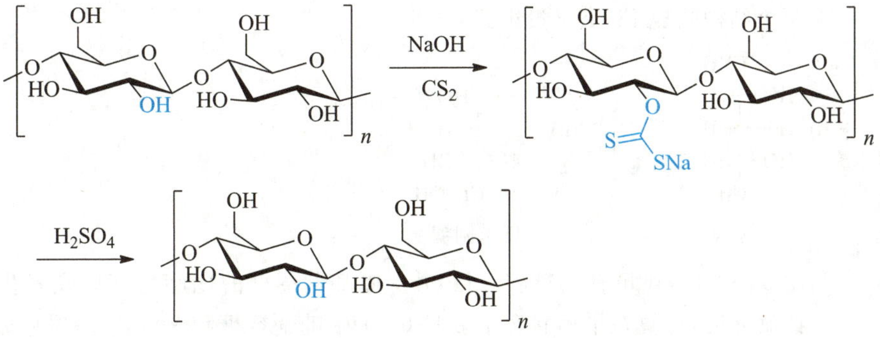

$\xrightarrow[CS_2]{NaOH}$

$\xrightarrow{H_2SO_4}$

习题20-28 请指出以下化合物在结构上的不同点：

(i) 直链淀粉和纤维素　(ii) 直链淀粉和支链淀粉　(iii) 支链淀粉和糖原

(iv) 纤维素和甲壳素

答　(i) 直链淀粉中葡萄糖之间的连接方式为 α-1,4 连接;而纤维素中为 β-1,4 连接。

(ii) 支链淀粉中有通过 α-1,6 连接形成的侧链,侧链上又有相似的侧链,呈树枝状分布;而直链淀粉只有 α-1,4 连接形成的直链结构。

(iii) 糖原与支链淀粉结构很像,但分支更多一些,每一个葡萄糖单元就有一个分支。

(iv) 甲壳素中的葡萄糖单元内,2 号位的羟基为乙酰氨基取代,此单元形成的 β-1,4 聚合物为甲壳素。纤维素中的 2 号位是羟基。二者的单糖连接方式相同。

习题20-29　画出维生素 C 的立体结构式,并解释为何 C3 位上羟基的酸性比 C2 位的强。

答　C3 位羟基电离后可以将负电荷共振至羰基氧上,因此 C3 羟基酸性强。

(HO, OH, O, OH, OH) $\xrightarrow{-H^+}$ (HO, OH, O, OH, O^-) ⇌ (HO, OH, O^-, OH, O)

习题20-30　请判断以下楔形结构式中哪一个为 D-甘油醛或 L-甘油醛。

(i) CH_2OH (上), HO—C—H, CHO (下)　(ii) H (上), HOH_2C—C—CHO, OH (下)　(iii) CHO (上), HOH_2C—C—H, OH (下)

答　将三个结构画成 Fischer 投影式:

(i) $\begin{array}{c} CHO \\ H-\!\!+\!\!-OH \\ CH_2OH \end{array}$ D-甘油醛　(ii) $\begin{array}{c} CHO \\ HO-\!\!+\!\!-H \\ CH_2OH \end{array}$ L-甘油醛　(iii) $\begin{array}{c} CHO \\ H-\!\!+\!\!-OH \\ CH_2OH \end{array}$ D-甘油醛

习题20-31　下列属于哪种醛糖?

(i) (ii)

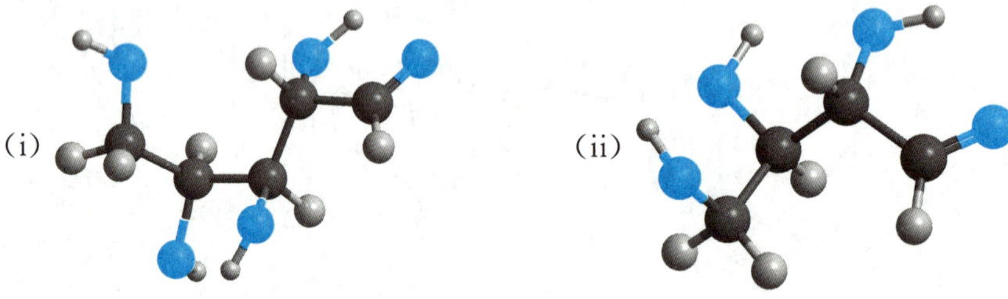

答　将两个结构画成 Fischer 投影式:

(i) $\begin{array}{c} CHO \\ HO-\!\!+\!\!-H \\ HO-\!\!+\!\!-H \\ HO-\!\!+\!\!-H \\ CH_2OH \end{array}$ L-核糖　(ii) $\begin{array}{c} CHO \\ HO-\!\!+\!\!-H \\ H-\!\!+\!\!-OH \\ CH_2OH \end{array}$ D-苏阿糖

习题20-32　利用 α-D-(+)-吡喃葡萄糖和 β-D-(+)-吡喃葡萄糖的比旋光度以及发生变旋现象后达到平衡时的比旋光度,计算在平衡状态下 α-D-(+)-吡喃葡萄糖和 β-D-(+)-吡喃葡萄糖的比值。

答　忽略溶液中的链式葡萄糖,由于旋光度对于溶液活度具有线性叠加性,有

$$112x+(1-x)\times 18.7=52.7$$

解出 $x=0.364$。因此，α-D-(+)-吡喃葡萄糖比例为 36.4%，β-D-(+)-吡喃葡萄糖比例为 63.6%。

习题20-33 D-半乳糖的 α-端基异构体和 β-端基异构体的比旋光度分别为+150.7°和+52.8°。在水中发生变旋现象达到平衡时的比旋光度为 80.2°。请计算在平衡时 α-和 β-端基异构体的含量。

答 同上一题，有

$$150.7x-(1-x)\times 52.8=80.2$$

解出 $x=0.280$。因此，α-D-(+)-半乳糖比例为 28%，β-D-(+)-半乳糖比例为 72%。

习题20-34 画出 β-L-吡喃葡萄糖的稳定椅式构象。

答

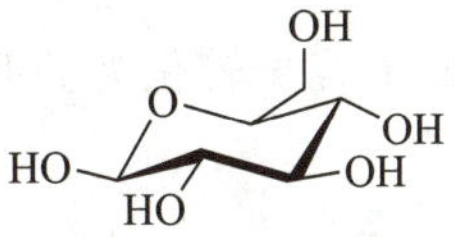

OH O OH HO OH HO

习题20-35 在实验室中有两个 D 构型的五碳糖 **A** 和 **B**，经 Ruff 降解后转化为两个新的糖类化合物 **C** 和 **D**。在 HNO_3 氧化下，**A** 和 **B** 转化为同一个具有光活性的糖二酸，**C** 转化为内消旋的酒石酸，**D** 转化为一个光活性的酸。请确定这四个化合物的名称，并画出其结构式。

答

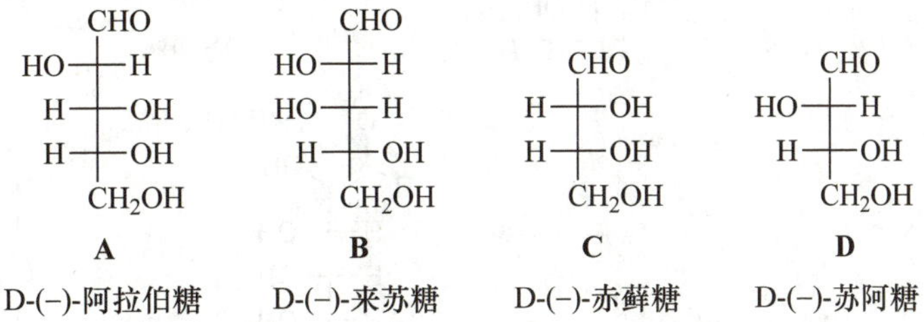

A	B	C	D
CHO	CHO	CHO	CHO
HO—H	HO—H	H—OH	HO—H
H—OH	HO—H	H—OH	H—OH
H—OH	H—OH	CH_2OH	CH_2OH
CH_2OH	CH_2OH		
D-(−)-阿拉伯糖	D-(−)-来苏糖	D-(−)-赤藓糖	D-(−)-苏阿糖

解题思路：首先根据 **C** 和 **D** 的氧化产物确定 **C** 和 **D** 的构型；再根据 **A** 和 **B** 的氧化产物相同，确定 **A** 和 **B** 中三个光活性碳的羟基朝向。

习题20-36 蔗糖分子中环的大小可用高碘酸氧化方法测定。蔗糖用高碘酸氧化时，需消耗三分子高碘酸，产生一分子甲酸和一个四醛化合物 **A**；将四醛化合物 **A** 用溴水氧化，得四元酸 **B**；**B** 再用酸水解，只得一种具有光活性的化合物即二分子 D-(−)-甘油酸，还有一分子的 3-羟基-2-氧代丙酸和一分子的 2-氧代乙酸。请尝试确定蔗糖的分子结构。

答

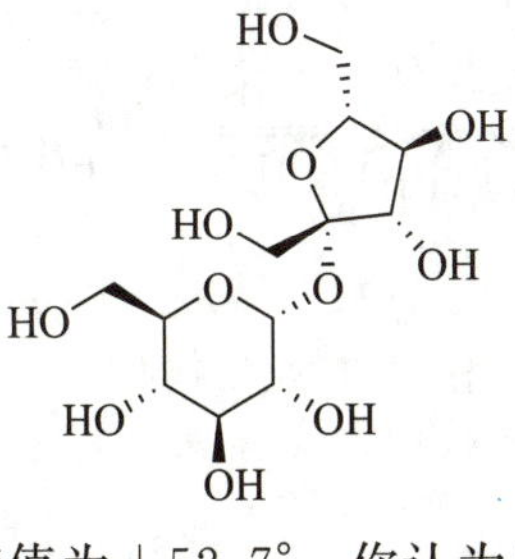

HO OH O HO OH O HO O HO OH OH

习题20-37 葡萄糖在水溶液中旋光度的恒定平衡值为+52.7°。你认为果糖在水溶液中旋光度的恒定平衡值为多少？为什么？

答 首先，可以根据果糖的旋光度为左旋的，判定其水溶液中旋光度的恒定平衡值为负值，再根据相关数据计算。

习题20-38 命名以下化合物：

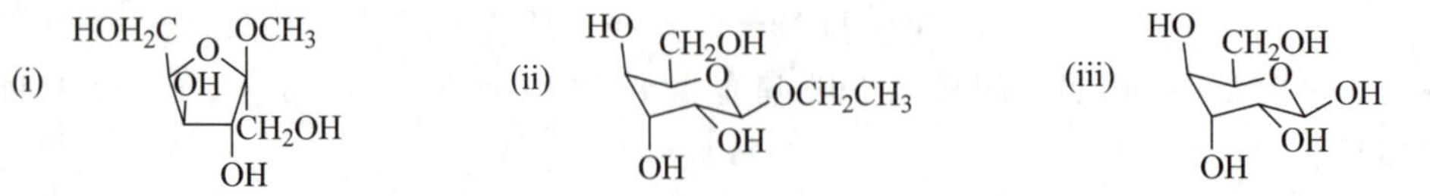

(i) (ii) (iii)

答 (i) β-D-(＋)-呋喃山梨糖甲苷 (ii) β-D-(－)-吡喃古罗糖乙苷 (iii) β-D-(－)-吡喃古罗糖

习题20-39 一个相对分子质量为150的单糖，不具有任何的光活性，请判断此单糖的结构。

答

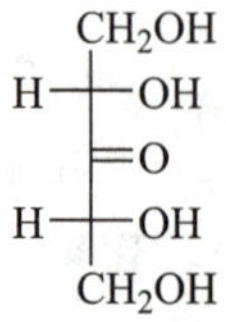

习题20-40 请画出在碱性条件下由D-葡萄糖转化为D-阿洛糖的反应机理。

答

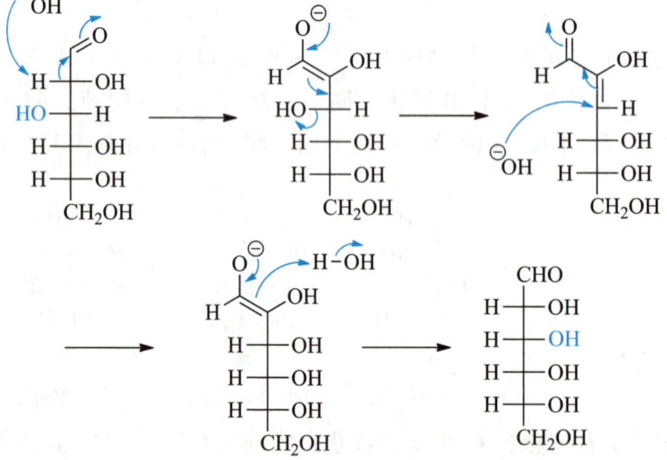

习题20-41 请画出在酸性条件下α-D-葡萄糖与β-D-葡萄糖相互转化的反应机理。

答

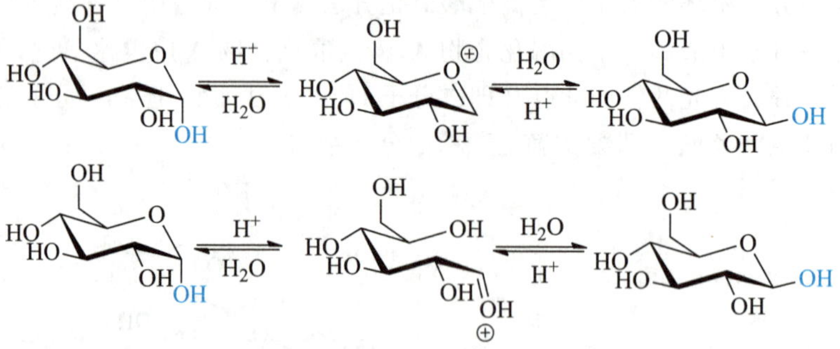

习题20-42 判断D-木糖的三个手性中心的R、S构型。

答

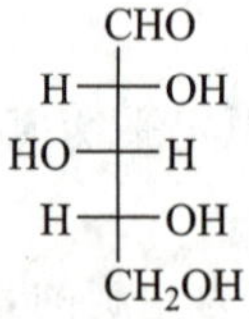

D-(＋)-木糖；(2R,3S,4R)-2,3,4,5-四羟基戊醛

习题20-43 画出以下化合物在开链状态下的Fischer投影式。

(i) 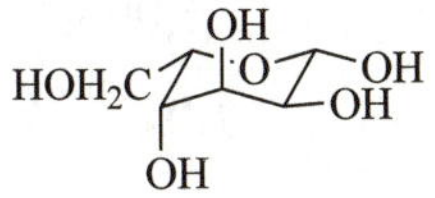 (ii) 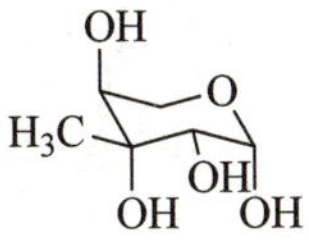 (iii) 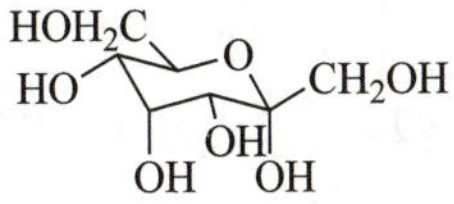 (iv)

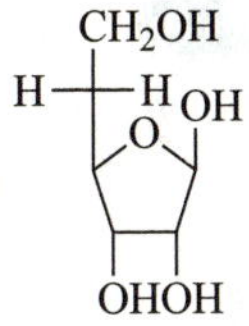

答

(i) 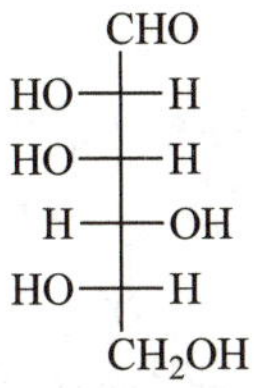 (ii) 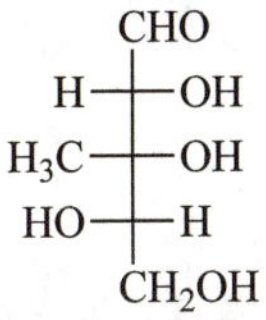 (iii) 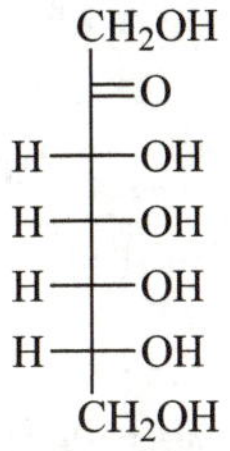 (iv)

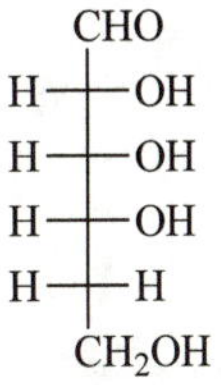

习题20-44 保护基在糖类化合物的反应中具有重要的作用。按照提示完成以下反应式：

(i) 三苯基氯甲烷常用于糖类化合物中一级醇的保护。

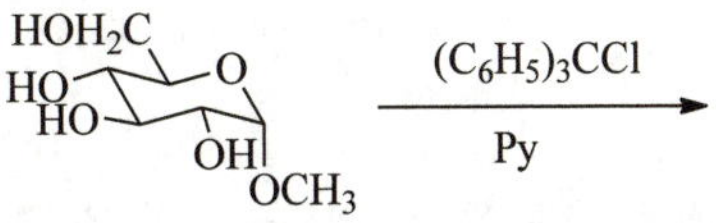

$\xrightarrow[\text{Py}]{(C_6H_5)_3CCl}$

(ii) 在甲基化的 α-D-吡喃葡萄糖中有四个羟基，通常可以用苯甲醛保护其中两个羟基，形成缩醛。此缩醛环系与四氢吡喃形成反十氢合萘的骨架，且苯环处在平伏键位置。完成以下反应式，并画出产物的绝对立体构型：

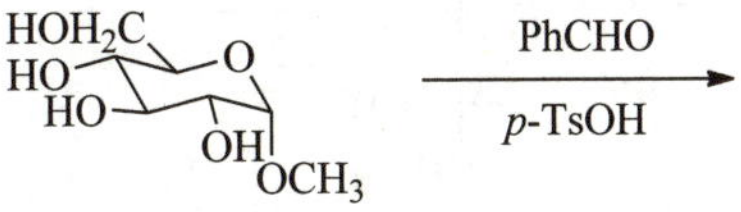

$\xrightarrow[p\text{-TsOH}]{\text{PhCHO}}$

答

(i) 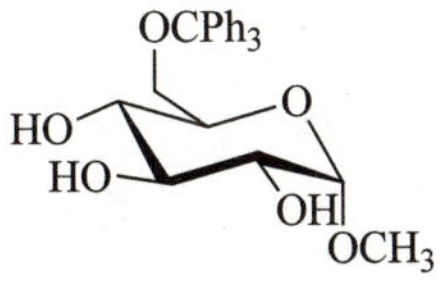 (ii)

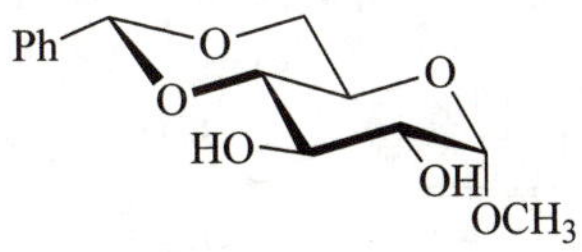

习题20-45 糖 **A** 被高碘酸氧化成化合物 **B**，**B** 的分子式为 $C_7H_{12}O_4$；化合物 **B** 经酸性水解得到化合物 **C**，**C** 的分子式为 $C_4H_8O_4$；化合物 **C** 被 Br_2 氧化为化合物 **D**，**D** 的分子式为 $C_4H_6O_4$。请分别画出化合物 **B**、**C** 以及 **D** 的绝对立体构型。

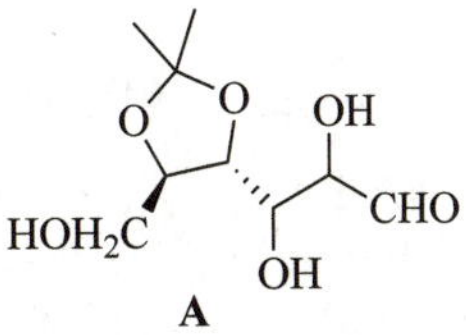

A

答 **A** 经高碘酸氧化后，邻二醇间碳碳键断裂，形成两个醛基，左边片段为 **B**；**B** 经酸水解后，缩酮水解得到二醇 **C**；随后醛基被 Br_2 氧化得到羧酸 **D**。

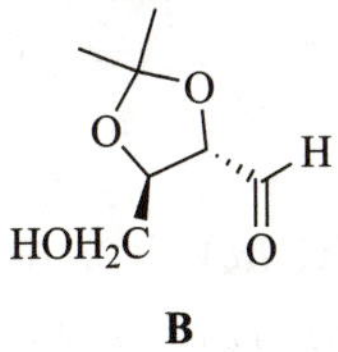

B 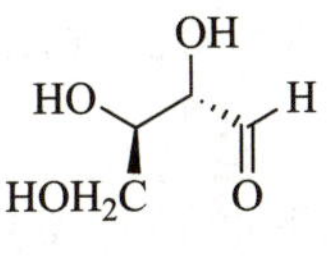 **C** 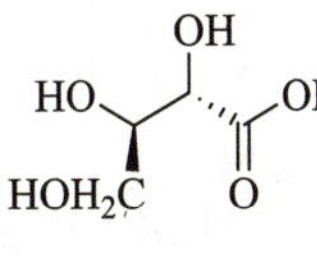 **D**

习题20-46 为以下反应提供合理的转换机理：

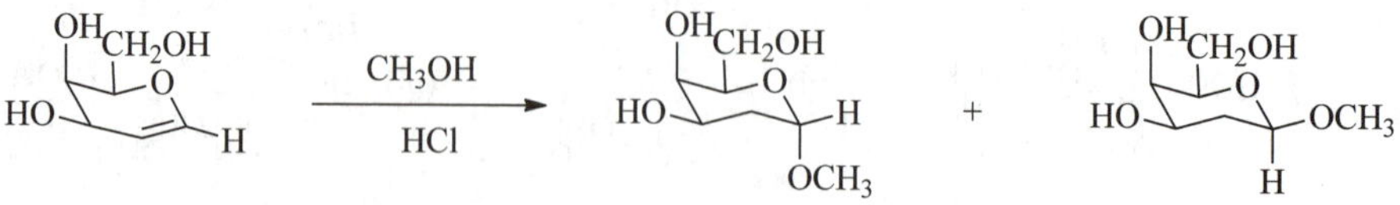

OH CH$_2$OH HO O H $\xrightarrow[HCl]{CH_3OH}$ OH CH$_2$OH HO O H OCH$_3$ + OH CH$_2$OH HO O OCH$_3$ H

答 这个反应实质为烯基醚在酸性条件下与醇的加成反应：

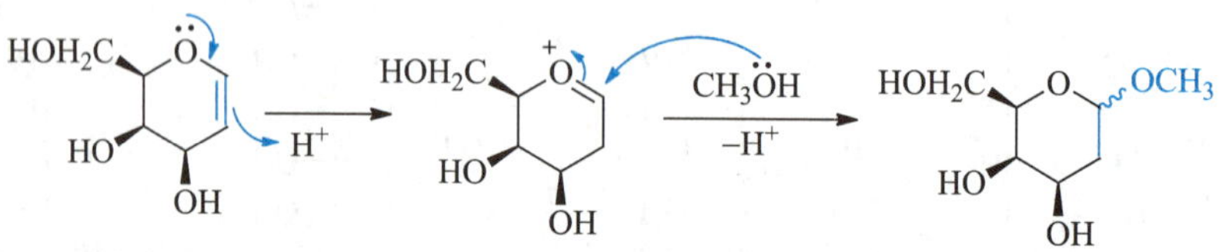

HOH$_2$C O HO OH $\xrightarrow{H^+}$ HOH$_2$C O$^+$ HO OH $\xrightarrow[-H^+]{CH_3\ddot{O}H}$ HOH$_2$C O OCH$_3$ HO OH

由于甲醇在进攻类羰基的时候存在从环上或环下方进攻两种方式，因此会产生立体异构体。

习题20-47 γ-内酯化的 D-古龙酸(D-gulonic acid)的结构式如下：

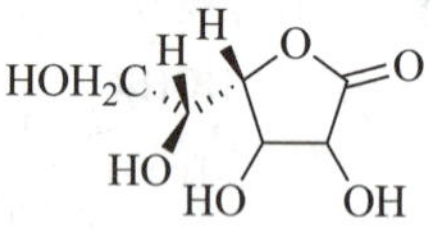

HOH$_2$C H H O O HO HO OH

此化合物是通过戊醛糖经$^-$CN 加成水解后形成的。请写出从一个戊醛糖转化为 γ-内酯化的 D-古龙酸的合成路线。

答 CHO H—OH HO—H H—OH CH$_2$OH $\xrightarrow{NaCN}$ HO CN H—OH HO—H H—OH CH$_2$OH $\xrightarrow[2.\ CH_3OH,\ H^+]{1.\ Ba(OH)_2}$ HO COOCH$_3$ H—OH HO—H H—OH CH$_2$OH $\xrightarrow[CH_3OH]{CH_3ONa}$ HOH$_2$C H H O O HO HO OH

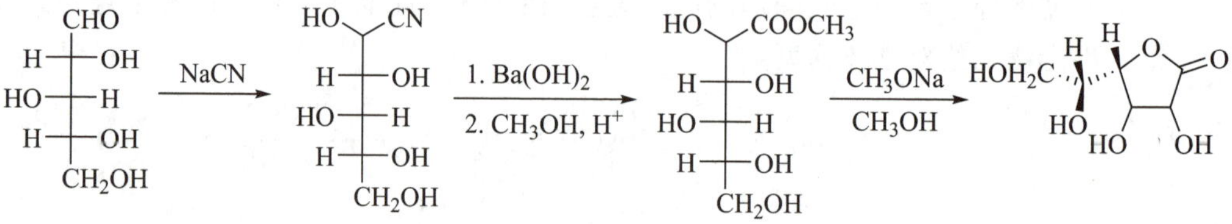

习题20-48 缩醛在酸催化下的第一步转化为半缩醛的机理可能如下：

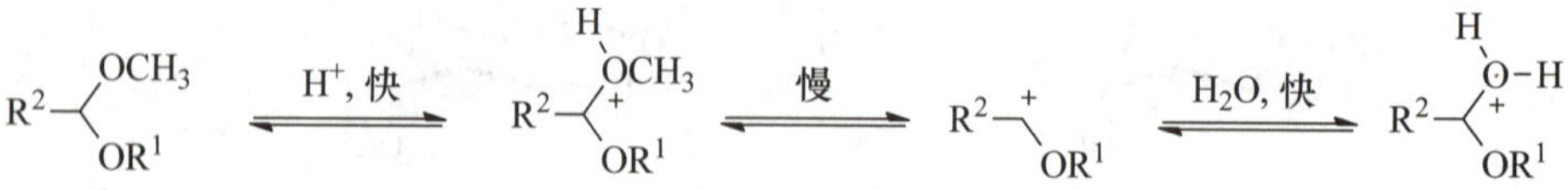

R^2 OCH$_3$ OR^1 $\xrightleftharpoons{H^+,快}$ R^2 H OCH$_3$ + OR^1 $\xrightleftharpoons{慢}$ R^2 + OR^1 $\xrightleftharpoons{H_2O,快}$ R^2 H O—H + OR^1

为以下的反应现象提供合理的解释：

(i) 在酸性条件下，α-D-呋喃果糖甲苷(**A**)的水解速率要比 α-D-呋喃葡萄糖甲苷(**B**)的快 10^5 倍。

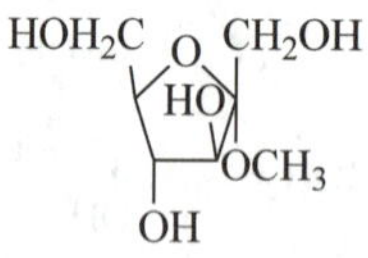

HOH$_2$C O CH$_2$OH HO OCH$_3$ OH **A**

CH$_2$OH HO—H O OH OCH$_3$ OH **B**

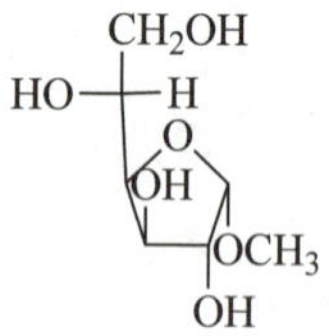

(ii) β-D-2-脱氧吡喃葡萄糖甲苷(**C**)的水解速率要比 β-D-吡喃葡萄糖甲苷(**D**)的快 10^3 倍。

HOH$_2$C HO HO O OCH$_3$ **C**

HOH$_2$C HO HO O OCH$_3$ OH **D**

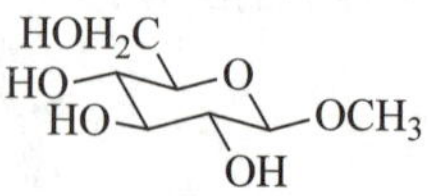

答 (i) 在水解过程中，化合物 **A** 可以通过邻基参与形成稳定的中间体氧鎓离子，因此反应更快。

(ii) 化合物 **D** 生成氧鎓离子后，与邻位的羟基继续反应，最终生成环氧化合物，阻碍了水解反应的发生。

习题20-49 一个D-戊醛糖在硝酸的氧化下可以转化为一个光活性的醛糖二酸。此戊醛糖经Wohl递降法可以转化为一单糖，此单糖在硝酸的氧化下可以转化为一个非光活性的醛糖二酸。请给出此D-戊醛糖的结构式。

答 经Wohl递降氧化后得到非光活性的丁糖二酸，此二酸即为内消旋酒石酸，画为与D-糖一致的构象：

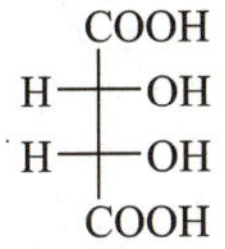

COOH
H—+—OH
H—+—OH
COOH

那递降前氧化得到的戊糖二酸有光活性，即说明戊糖的结构为

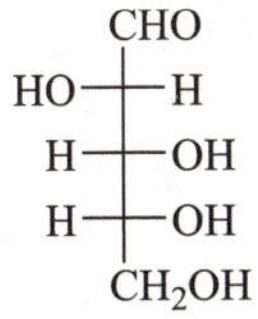

CHO
HO—+—H
H—+—OH
H—+—OH
CH_2OH

习题20-50 请画出在稀盐酸作用下由β-D-葡萄糖和α-D-半乳糖合成β-乳糖的反应机理。

答 略

习题20-51 吡喃糖通常采取椅式构象，当CH_2OH与C1位的羟基都处在直立键的位置时，两者可以形成缩醛。此类化合物也称为脱水糖。下列结构式为D-艾杜糖的脱水式：

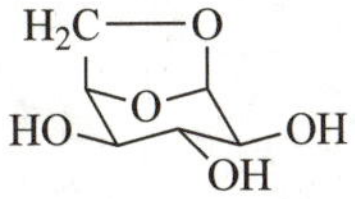

H_2C—O, HO, O, OH, OH

研究结果表明，在100℃的水溶液中80%的D-艾杜糖转化为此脱水糖；而在此条件下，只有0.1%的D-葡萄糖是以脱水糖形式存在的。请解释其原因。

答 画出D-葡萄糖的吡喃型椅式构象：

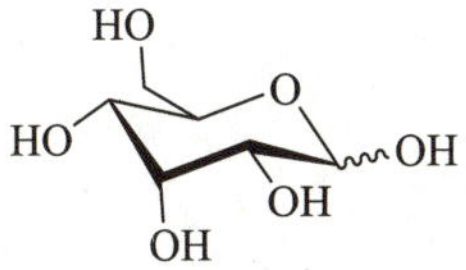

HO, O, HO, OH, OH, OH

所有羟基均处于平伏键(除异头碳羟基外)，如果要形成脱水糖，这些羟基需要转换至直立键，使分子能量提升很大，不稳定。因此，葡萄糖只有很少的比例以脱水糖形式存在。

习题20-52 在糖类化合物的合成中，烯戊基葡萄糖苷常被作为糖的给体参与反应。例如，它可以与溴转化为羰基溴：

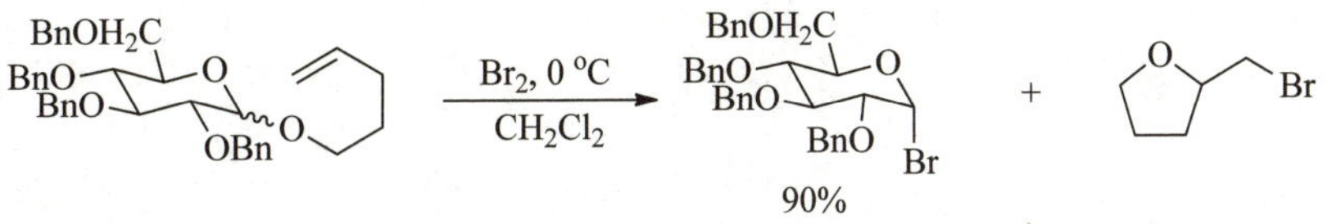

$BnOH_2C$, BnO, BnO, O, OBn, O —[Br_2, 0 °C / CH_2Cl_2]→ $BnOH_2C$, BnO, BnO, O, BnO, Br (90%) + (2-溴甲基四氢呋喃) Br

请给出以上转换的反应机理，并解释为何只生成α-异构体。

答 首先，Br_2与双键发生亲电加成，形成溴鎓离子(为了简化，下面的机理中糖分子用椅式氧代环己烷代替)。随后，氧作为亲核试剂进攻溴鎓离子，形成五元环。由于形成了一个刚性的环状结构，空阻较大，若反应前异头碳的氧为 α-连接，则很难形成此五元环。五元环形成后，得到氧鎓离子。随后溴离子作为亲核试剂，发生 S_N2 反应，取代五元环，得到 α-连接的溴代产物。

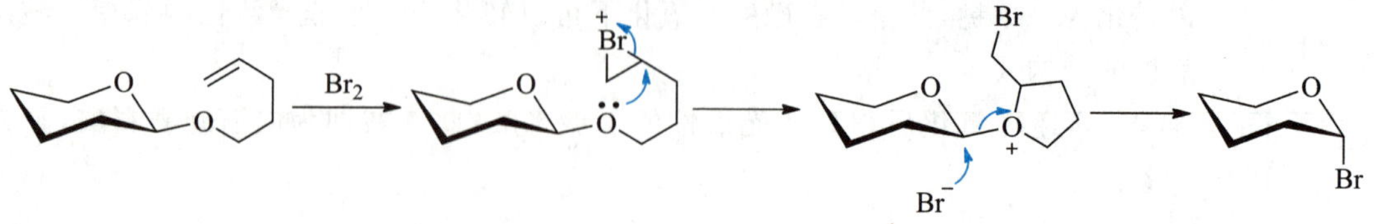

Br_2

Br

Br

Br^-

Br

21

第21章

氨基酸、多肽、蛋白质以及核酸

内容提要

蛋白质是生命的主要物质基础之一。生命体中的蛋白质均由 20 种氨基酸通过肽键连接而成。

21.1 氨基酸的结构与命名

羧酸分子中烃基上的一个或几个氢原子被氨基取代后生成的化合物称为**氨基酸**。根据氨基和羧基的相对位置，氨基酸可以分为 α-氨基酸、β-氨基酸、γ-氨基酸等。

21.2 α-氨基酸的基本化学性质

两性离子性：氨基酸分子中既有碱性基团(氨基)，又有酸性基团(羧基)，它们同时具有胺和羧酸的性质，因此氨基酸具有两性离子性。

酸碱性和等电点：氨基酸是一个两性分子，既能与酸发生反应，又能与碱发生反应。在某 pH 下氨基酸主要以两性离子形式存在，整体呈电中性，则在电场中没有净电荷迁移。该 pH 即为该氨基酸的等电点。

21.3 α-氨基酸的化学反应和生化反应

α-氨基酸的基本化学反应：α-氨基酸含有氨基和羧基，因此，它基本具有这两个官能团的反应特性。

与茚三酮的反应：凡是具有游离 α-氨基的氨基酸，其水溶液和水合茚三酮反应，都能生成一种紫色的化合物。

形成氨基酸金属盐：许多 α-氨基酸，如组氨酸、色氨酸、半胱氨酸等，和金属盐以一定的比例形成分子配合物。

α-氨基酸的生化反应：作为蛋白质和多肽的构造骨架，氨基酸参与了生命体系中的许多生化反应。

21.4 氨基酸的制备

氨基酸的消旋合成法：Strecker 法、Hell-Volhard-Zelinsky α-溴化法，以及 Gabriel 法。

对映体纯的氨基酸的合成：拆分外消旋氨基酸。

21.5 多肽的命名和结构

一个氨基酸的羧基与另一分子氨基酸的氨基通过失水反应，形成一个酰胺键，新生成的化合物称为**肽**，肽分子中的酰胺键叫做**肽键**。

21.6 多肽结构的测定

多肽的纯化、氨基酸分析，以及氨基酸序列的测定。

21.7 多肽合成

氨基的保护、羧基的保护、侧链的保护，以及肽键的构建。

21.8 蛋白质的分子形状

一级结构、二级结构、三级结构和四级结构。

21.9 酶

每一种酶都有一个习惯名称和一个系统名称。酶按其催化性能可以分为氧化还原酶、转移酶、水解酶、裂解酶、异构酶，以及连接酶等。

21.10 核酸

核酸分为脱氧核糖核酸(DNA)和核糖核酸(RNA)两大类。

DNA 的复制和遗传：DNA 在细胞内可以复制出和自身完全相同的子代 DNA，该过程也可用 DNA 聚合酶在体外实现。

习题解析

习题 21-1 写出八种必需氨基酸的 Fischer 投影式、系统名称和三字码代号。

答 八种必需氨基酸分别为缬氨酸、亮氨酸、异亮氨酸、苏氨酸、蛋氨酸(甲硫氨酸)、苯丙氨酸、色氨酸和赖氨酸，注意异亮氨酸和苏氨酸有两个手性碳：

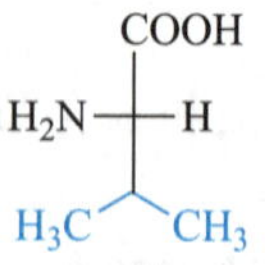

COOH
H_2N—|—H
H_3C CH_3

缬氨酸
(*S*)-2-氨基-3-甲基丁酸
Val

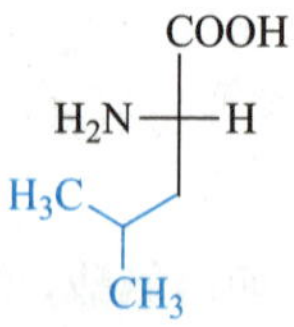

COOH
H_2N—|—H
H_3C CH_3

亮氨酸
(*S*)-2-氨基-4-甲基戊酸
Leu

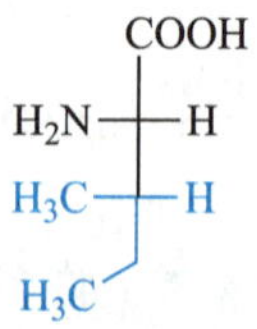

COOH
H_2N—|—H
H_3C—|—H
H_3C

异亮氨酸
(2*S*,3*S*)-2-氨基-3-甲基戊酸
Ile

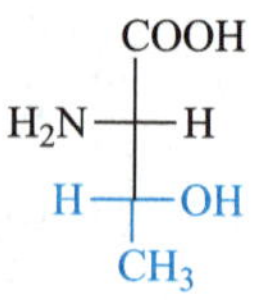

COOH
H_2N—|—H
H—|—OH
CH_3

苏氨酸
(2*S*,3*R*)-2-氨基-3-羟基丁酸
Thr

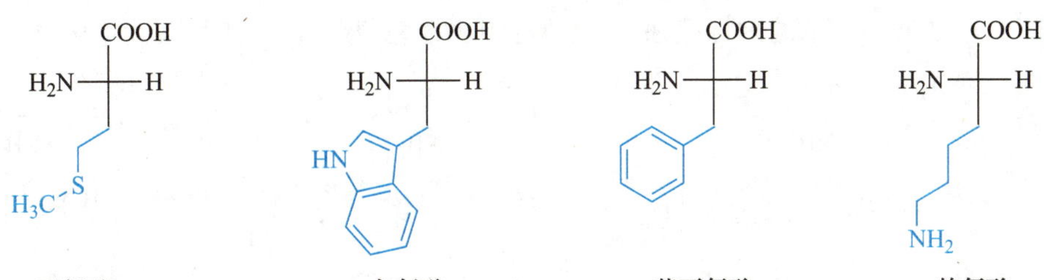

蛋氨酸
(*S*)- 2-氨基-4-甲硫基丁酸
Met

色氨酸
(*S*)-2-氨基-3-(3-吲哚基)丙酸
Trp

苯丙氨酸
(*S*)-2-氨基-3-苯基丙酸
Phe

赖氨酸
(*S*)-2,6-二氨基己酸
Lys

习题 21-2 画出 L-半胱氨酸、D-半胱氨酸、L-谷氨酸以及 D-谷氨酸的楔形线结构。

答

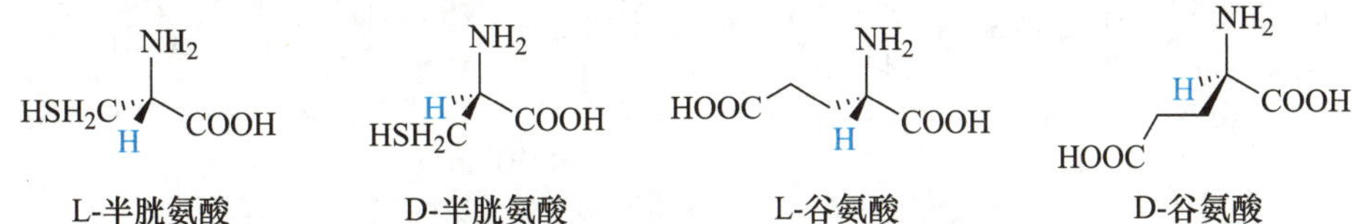

L-半胱氨酸　　D-半胱氨酸　　L-谷氨酸　　D-谷氨酸

习题 21-3 利用教材表 21-1 提供的 pK_a，分别计算精氨酸、组氨酸以及谷氨酸的等电点 pI。

答 等电点的计算：使用与没有净电荷的电中性物种相关的两个 pK_a 的平均值计算 pI。

精氨酸：

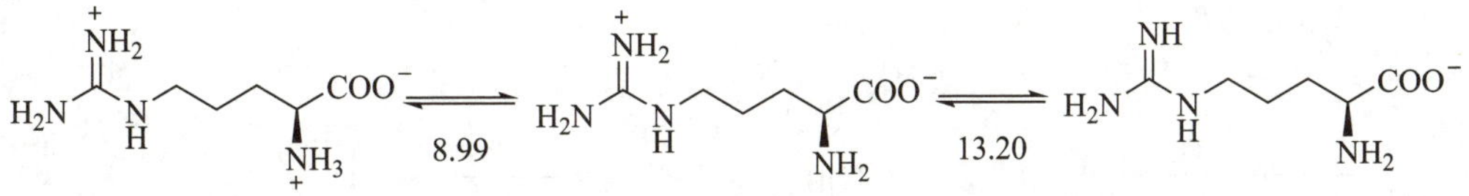

$$pI=\frac{8.99+13.20}{2}=11.10$$

组氨酸：

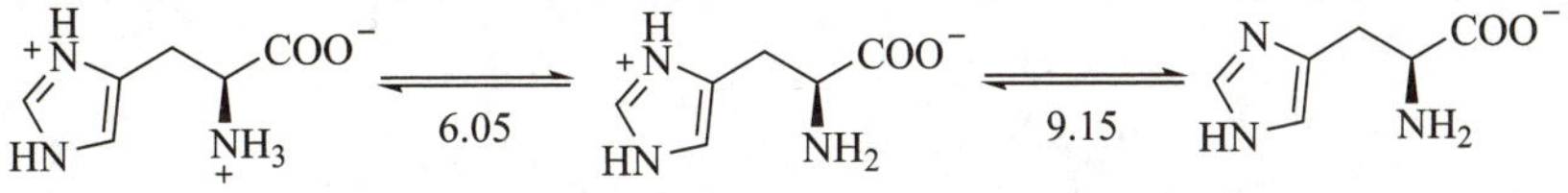

$$pI=\frac{6.05+9.15}{2}=7.60$$

谷氨酸：

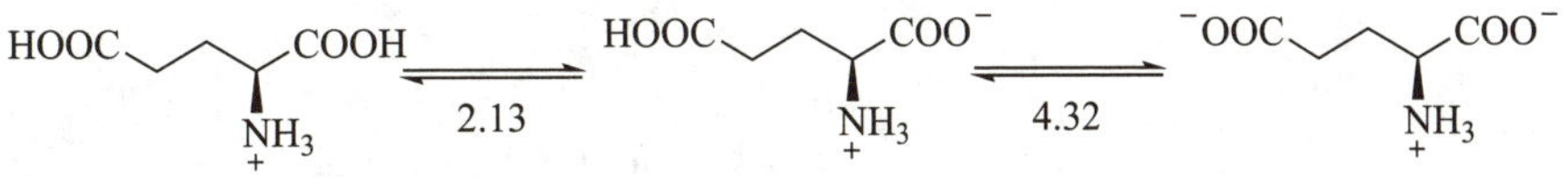

$$pI=\frac{2.13+4.32}{2}=3.22$$

习题 21-4 比较中性氨基酸、酸性氨基酸和碱性氨基酸的等电点 pI 的区别。

答 由上一题答案可以看出，中性氨基酸的 pI 在 7 左右，酸性氨基酸小于 7，而碱性氨基酸大于 7，这与 pH 的酸碱性划分类似。

习题 21-5 当 pH 约为 10 时，水溶液中酪氨酸的主要存在形式的净电荷数为－2，请画出此存在形式的结构式。

答

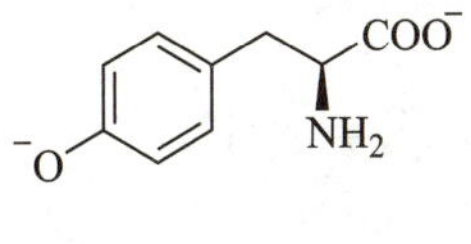

习题 21-6 精氨酸中胍基的碱性很强，主要在于其共轭酸能形成高度共振以稳定该正离子，请画出精氨酸的共振式。

答

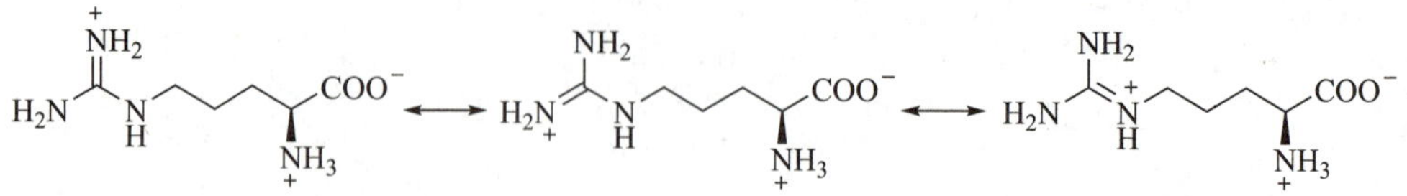

习题 21-7 画出 α-氨基酸与水合茚三酮形成紫色物质的反应机理，并思考除了 α-氨基酸外，其他氨基酸是否也可以进行类似的反应？

答

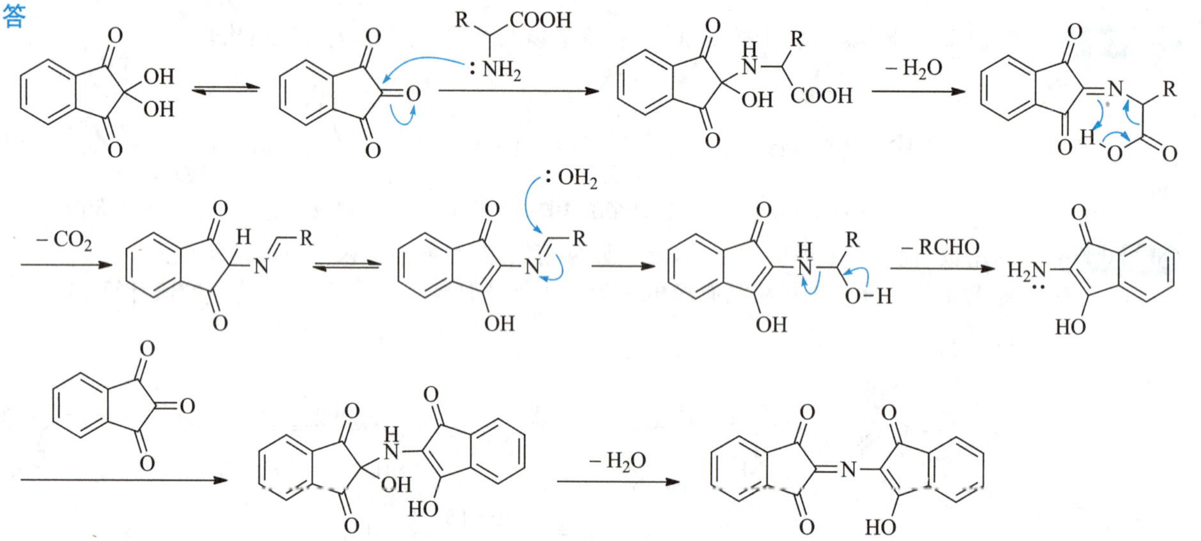

从机理可见，脱羧反应只能在 α-氨基酸作为底物时才能顺利发生。

习题 21-8 画出 α-氨基酸在 PLP 辅酶作用下进行脱羧反应的分步的、合理的反应机理。

答

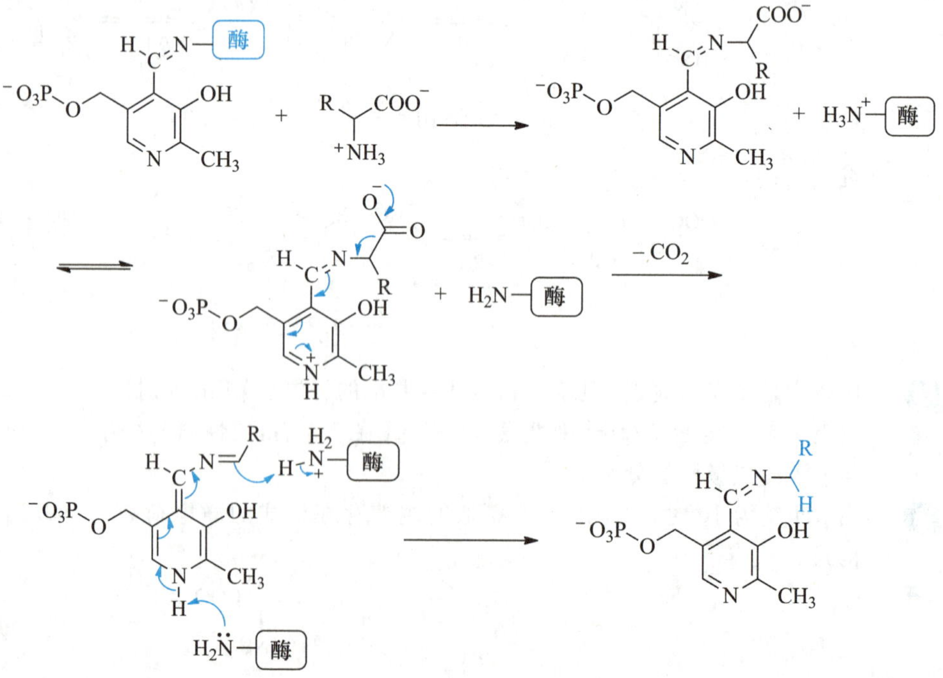

习题 21-9 有一个氨基酸经脱羧反应后，转化为 4-氨基丁酸，请画出此氨基酸的结构式。

答

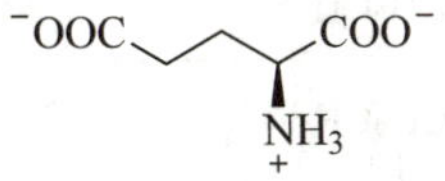

^{-}OOC COO^{-} $\overset{+}{N}H_3$

习题21-10 以相应的醛为原料，利用 Strecker 合成法合成甘氨酸和甲硫氨酸。

答

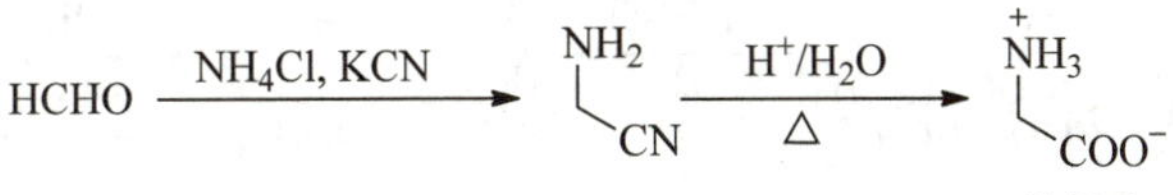

HCHO $\xrightarrow{NH_4Cl,\ KCN}$ NH_2 CN $\xrightarrow[\triangle]{H^+/H_2O}$ $\overset{+}{N}H_3$ COO^-

甘氨酸

H O $\xrightarrow{CH_3SNa}$ S H O $\xrightarrow{NH_4Cl,\ KCN}$ S CN NH_2 $\xrightarrow[\triangle]{H^+/H_2O}$ S COOH NH_2

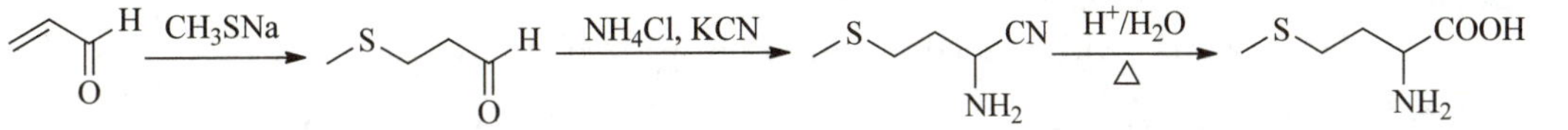

甲硫氨酸

习题21-11 以相应的卤代酸酯为原料，利用 Gabriel 法合成天冬氨酸和谷氨酸。

答

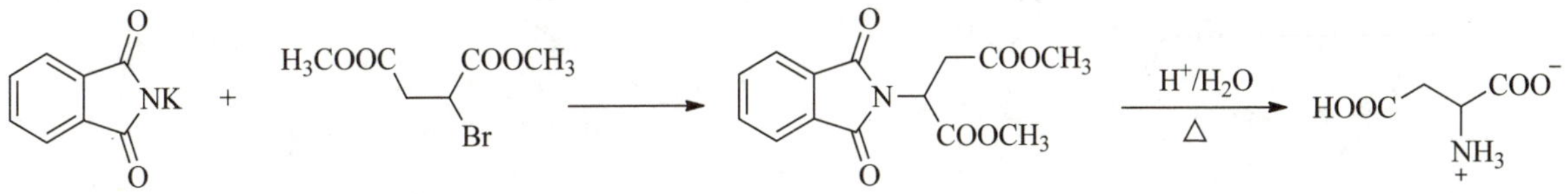

O NK O + H_3COOC $COOCH_3$ Br $\longrightarrow$ O N O $COOCH_3$ $COOCH_3$ $\xrightarrow[\triangle]{H^+/H_2O}$ HOOC COO^- $\overset{+}{N}H_3$

天冬氨酸

O NK O + H_3COOC $COOCH_3$ Br $\longrightarrow$ O N O $COOCH_3$ $COOCH_3$ $\xrightarrow[\triangle]{H^+/H_2O}$ COOH $H_3\overset{+}{N}$ COO^-

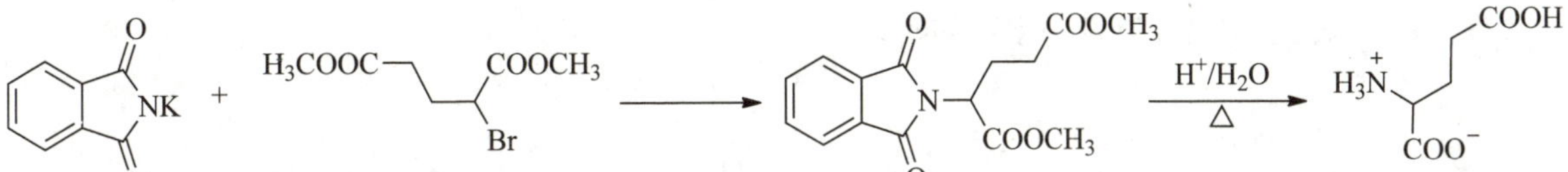

谷氨酸

习题21-12 以 α-溴代丙二酸二酯、邻苯二甲酰亚胺钾以及相应的有机试剂为原料，合成蛋氨酸、谷氨酸以及脯氨酸。

答

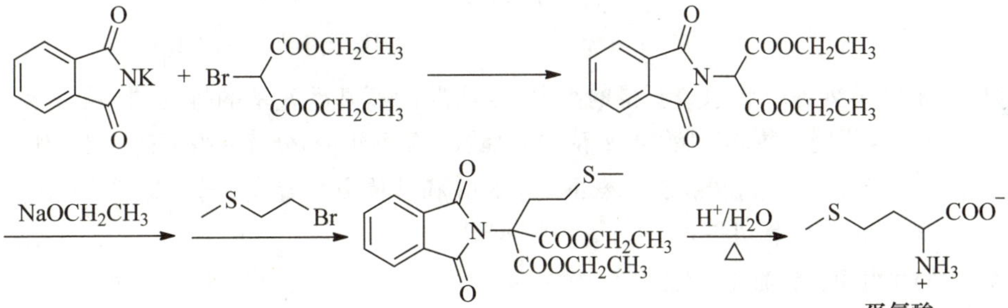

O NK O + Br $COOCH_2CH_3$ $COOCH_2CH_3$ $\longrightarrow$ O N O $COOCH_2CH_3$ $COOCH_2CH_3$

$\xrightarrow{NaOCH_2CH_3}$ $\xrightarrow{S\quad Br}$ O N O S $COOCH_2CH_3$ $COOCH_2CH_3$ $\xrightarrow[\triangle]{H^+/H_2O}$ S COO^- $\overset{+}{N}H_3$

蛋氨酸

O NK O + Br $COOCH_2CH_3$ $COOCH_2CH_3$ $\longrightarrow$ O N O $COOCH_2CH_3$ $COOCH_2CH_3$ $\xrightarrow{NaOCH_2CH_3}$ $\xrightarrow{\quad COOCH_2CH_3}$

O N O $COOCH_2CH_3$ $COOCH_2CH_3$ $COOCH_2CH_3$ $\xrightarrow[\triangle]{H^+/H_2O}$ HOOC COO^- $\overset{+}{N}H_3$

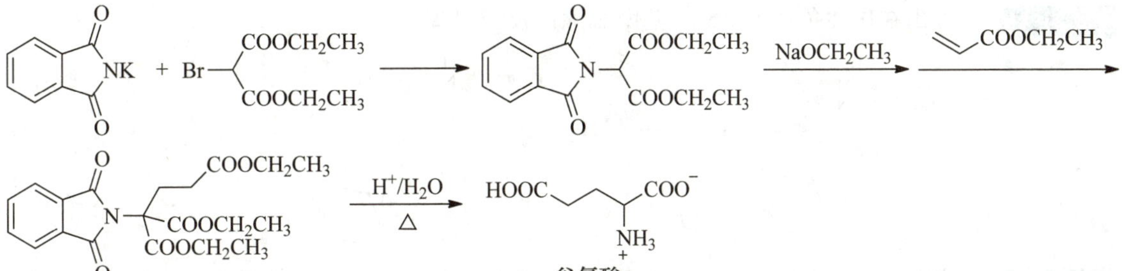

谷氨酸

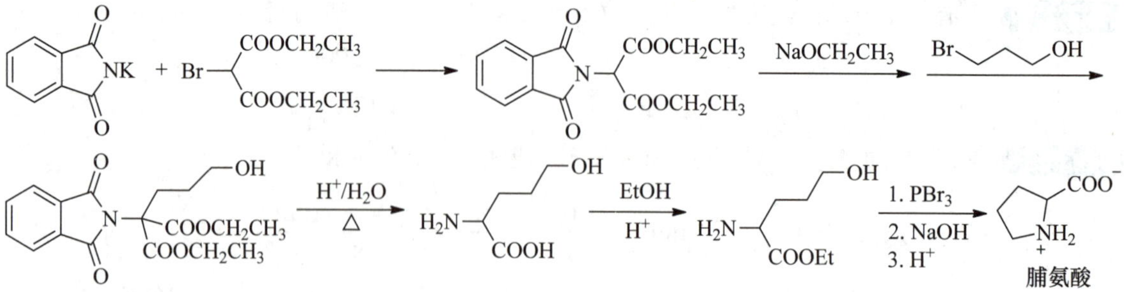

习题21-13 写出以下二肽化合物的结构式：

(i) Gly-Ala (ii) Lys-Gly (iii) Phe-Ala (iv) Gly-Glu

答

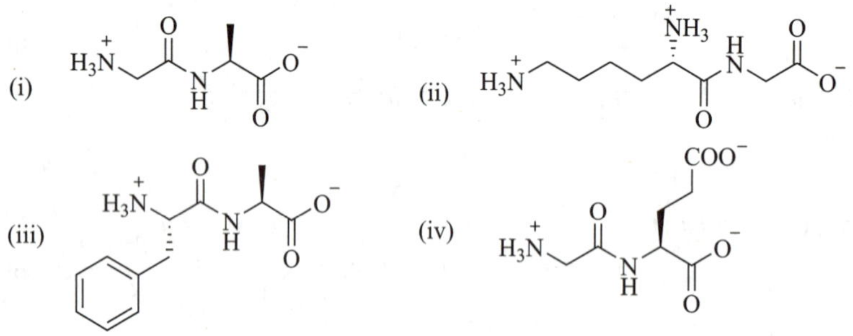

习题21-14 亮氨酸脑啡肽是一个五肽，其氨基酸序列为 Tyr-Gly-Gly-Phe-Leu。请写出亮氨酸脑啡肽的结构式、中文名称以及一字码缩写。

答

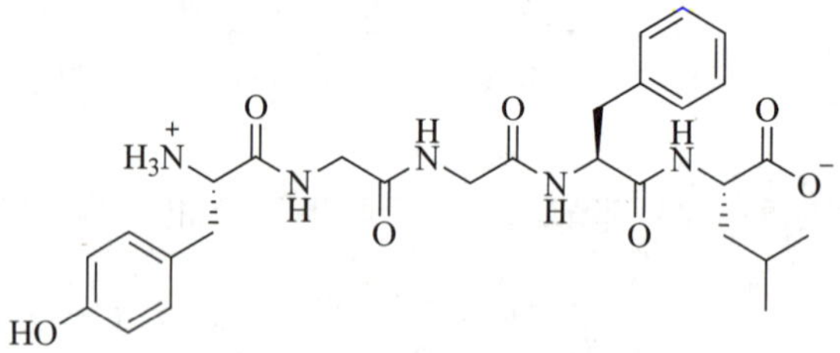

酪-甘-甘-苯丙-亮，YGGFL

习题21-15 根据下列各个肽水解所得的组分，推测肽的氨基酸残基的排列顺序。

(i) 含半胱氨酸、组氨酸、亮氨酸、赖氨酸、色氨酸组分，分解后得下列片段：组-赖-半胱-亮，半胱-亮-色。

(ii) 含精氨酸、脯氨酸、甘氨酸、丝氨酸和苯丙氨酸组分，分解后得下列片段：精-脯-脯，甘-苯丙-丝，脯-苯丙-精，脯-甘-苯丙，丝-脯-苯丙。

答 (i) 组-赖-半胱-亮-色。

(ii) 脯-甘-苯丙-丝-脯-苯丙-精-脯-脯(可以是环状多肽)。

习题21-16 写出在碱性条件下 Fmoc 基团脱除的反应机理。

答

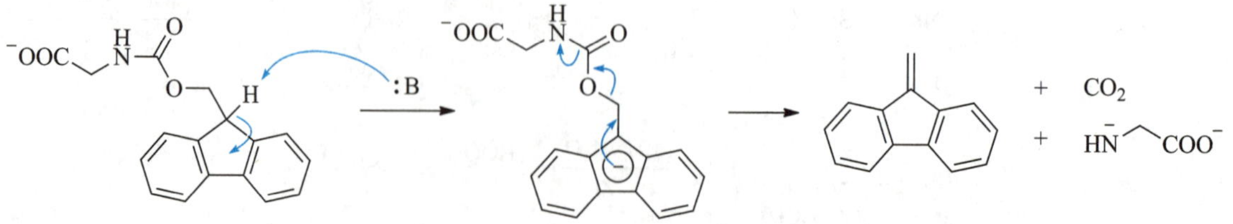

习题21-17 当 Fmoc 基团中芴环的 C2 和 C7 位上有两个溴取代基时，此基团的脱除会更加容易，请说明其原因。

答

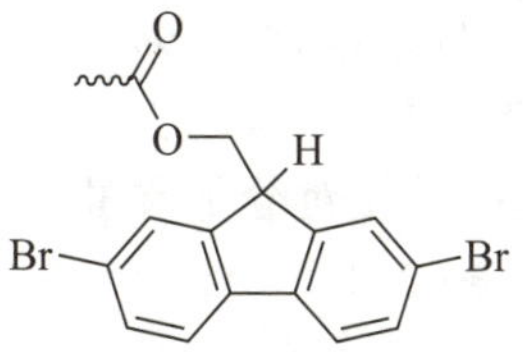

两个溴原子作为吸电子基团，可以使芴的C9位的氢酸性更强，更易在碱性条件下被进攻脱除。

习题21-18 用指定的合成方法合成以下多肽化合物：

(i) 用混合酸酐法合成 Ala-Glu；

(ii) 用活泼酯法合成 Gly-Cys-Gly；

(iii) 用环状酸酐法合成 Trp-Ala-Gly-Glu。

答

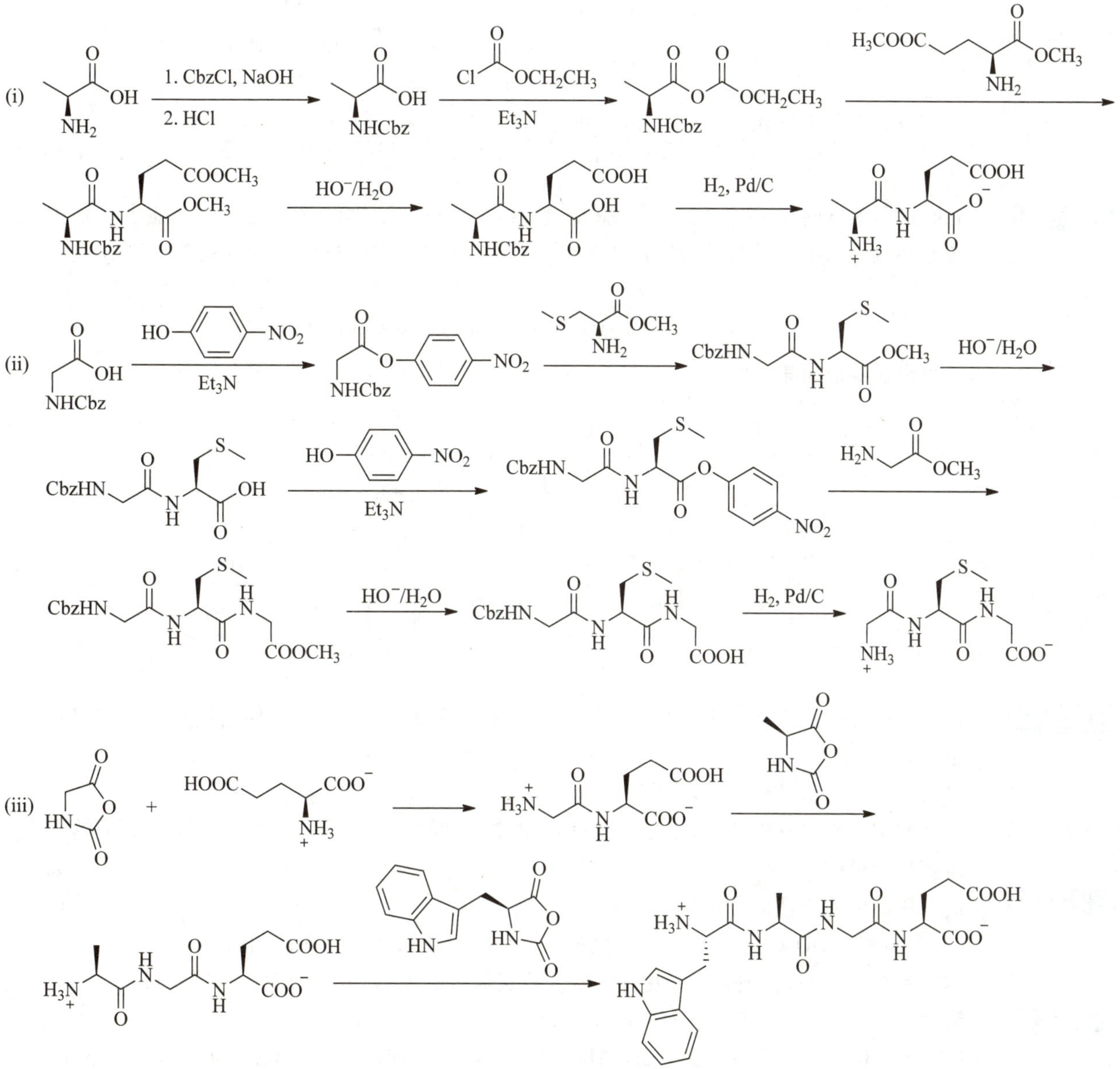

(i) 1. CbzCl, NaOH 2. HCl; Et$_3$N; HO$^-$/H$_2$O; H$_2$, Pd/C

(ii) Et$_3$N; HO$^-$/H$_2$O; Et$_3$N; HO$^-$/H$_2$O; H$_2$, Pd/C

(iii)

习题21-19 用 Z 做保护基，用 DCC 为接肽试剂合成 Leu-Ala-Glu-Ile-Phe。若每步产率为 80%，要合成 2 g 产物，需用各种氨基酸各多少克？

答 首先查阅得到五种氨基酸的相对分子质量：

Leu 131； Ala 89； Glu 147； Ile 131； Phe 165

五肽的相对分子质量为 $663-4\times18=591$，$n=3.38$ mmol。

五肽的合成拆分为二肽和三肽，这里有两种分法，选择一种，Leu-Ala 和 Glu-Ile-Phe。

则分别需要 4.23 mmol，即需要 5.29 mmol 的 Leu，Ala，Phe，6.61 mmol 的 Glu 和 Ile。

即分别为 0.69 g，0.47 g，0.87 g，0.97 g 和 0.87 g 的 Leu，Ala，Phe，Glu 和 Ile。

习题21-20 *N*-乙酰基-2-氨基-丙二酸二乙酯是一类可以代替邻苯二甲酰亚胺进行 Gabriel 法合成氨基酸的原料。请写出以此试剂为原料合成外消旋丝氨酸的反应路线：

$CH_3CONHCH(COOCH_2CH_3)_2$ - - - → $H_3\overset{+}{N}CH(COO^-)CH_2OH$

答

$CH_3CONHCH(COOCH_2CH_3)_2$ —(1. $NaOCH_2CH_3$; 2. HCHO)→ $CH_3CONHC(CH_2OH)(COOCH_2CH_3)_2$ —(H^+/H_2O, △)→ $H_3\overset{+}{N}CH(COO^-)CH_2OH$

习题21-21 后叶加压素（vasopressin）也称为抗利尿激素，是神经性脑垂体激素之一。在哺乳动物中，它可以使毛细血管和细动脉收缩而致血压升高，控制水从身体内的排泄。其氨基酸序列如下：

Cys-Tyr-Phe-Gln-Asn-Cys-Pro-Arg-Gly-NH_2（第1位 Cys 与第6位 Cys 之间以 S—S 相连）

请写出后叶加压素的结构式。

答

（结构式：Cys(1)与Cys(6)经二硫键成环，N端 $^+NH_3$，Tyr、Phe、Gln、Asn 残基侧链，Pro-Arg(侧链胍基 $\overset{+}{N}H_2$)-Gly-NH_2）

习题21-22 赖氨酸的等电点大于 pH 7 还是小于 pH 7？把赖氨酸溶在水中，要使它达到等电点，应当加酸还是加碱？

答 赖氨酸是碱性氨基酸，其 pI 大于 7。

赖氨酸水溶液是碱性溶液，根据质子守恒定律，此时获得质子的形态少于失去质子的形态，因此需要加少量酸。

习题21-23 请采用简单的方法区分下列氨基酸。

(i) 甘氨酸 (ii) 苯丙氨酸 (iii) 脯氨酸 (iv) 天冬氨酸 (v) 赖氨酸

答 本题答案不唯一，合理即可。比如：测五种氨基酸的等电点，查阅数据进行比对。

习题21-24 请用 Fischer 投影式表达下列二肽。

(i) Tyr-Gly (ii) Gly-Ala (iii) Ala-Glu (iv) Glu-Met (v) Met-Asp (vi) Asp-Tyr

答

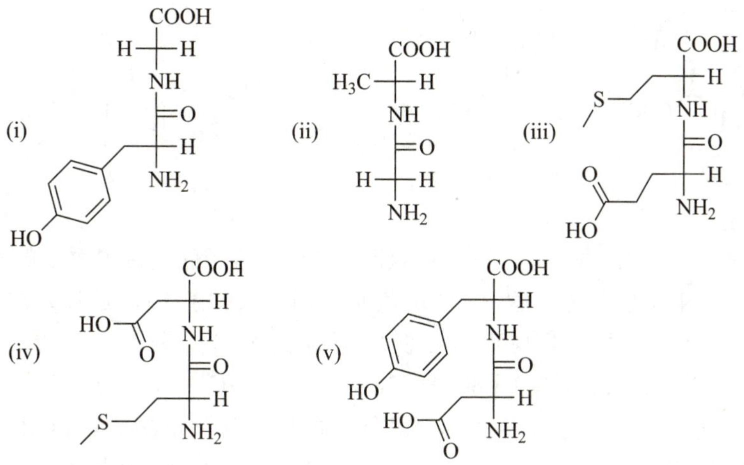

(i) COOH, H—C—H, NH, C=O, H, NH_2, HO (ii) COOH, H_3C—C—H, NH, C=O, H—C—H, NH_2 (iii) COOH, S, H, NH, =O, H, O, HO, NH_2

(iv) COOH, H, HO, NH, O, =O, H, S, NH_2 (v) COOH, H, NH, =O, HO, H, HO, NH_2, O

习题21-25 完成下列反应式：

(i) $PhCH_2CHO + HCN + NH_3 \longrightarrow \xrightarrow[2.\ H^+]{1.\ NaOH/H_2O}$

(ii) $CH_3CH_2COOH + Br_2 \xrightarrow{P} \xrightarrow{NH_3}$

(iii) $CH_2(COOEt)_2 + HNO_2 \longrightarrow \xrightarrow[2.\ HCHO/HO^-]{1.\ H_2/Pt/Ac_2O} \xrightarrow[\triangle]{H^+}$

(iv) 邻苯二甲酰亚胺 (O, NH, O) $\xrightarrow[2.\ (CH_3)_2CHCH(Br)COOCH_3]{1.\ KOH} \xrightarrow[\triangle]{H^+}$

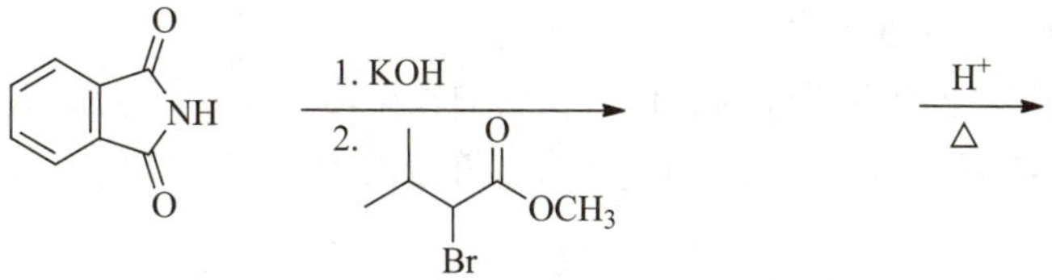

答

(i) Ph, CN, NH_2 ， Ph, COO^-, $\overset{+}{N}H_3$ (ii) COOH, Br ， COO^-, $\overset{+}{N}H_3$

(iii) COOEt, ON, COOEt ， O, COOEt, COOEt, N, H, CH_2OH ， COO^-, $H_3\overset{+}{N}$, CH_2OH (iv) O, N, O, =O, O ， O, O^-, $\overset{+}{N}H_3$

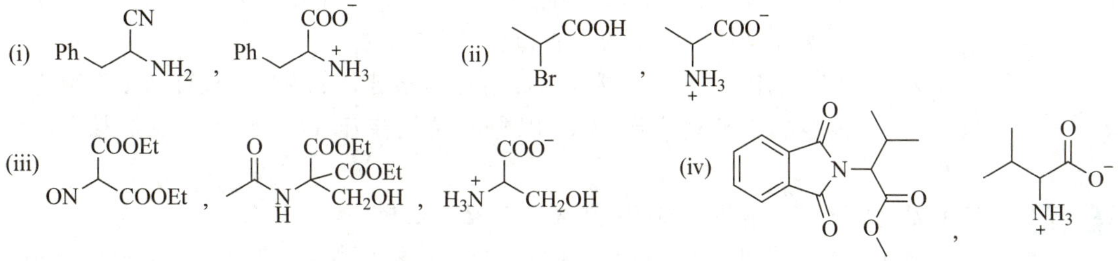

习题21-26 请用合适的方法合成四肽 Ala-Ser-His-Cys。

答 本题答案不唯一，方法正确，保护基适当即可：

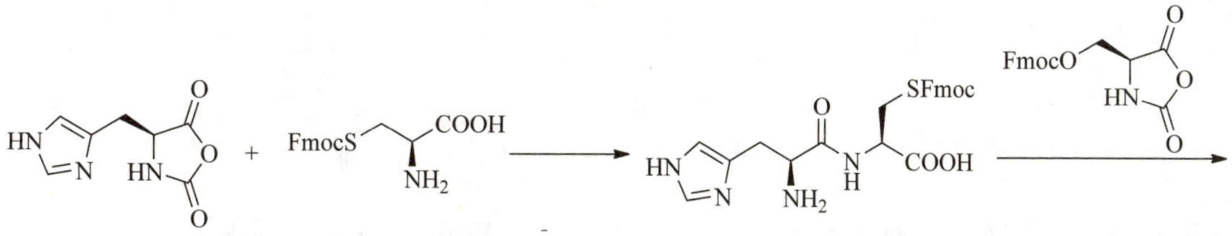

HN, N, O, HN, O, O + FmocS, COOH, NH_2 $\longrightarrow$ HN, N, O, NH_2, N, H, SFmoc, COOH $\xrightarrow{\text{FmocO, O, HN, O, O}}$

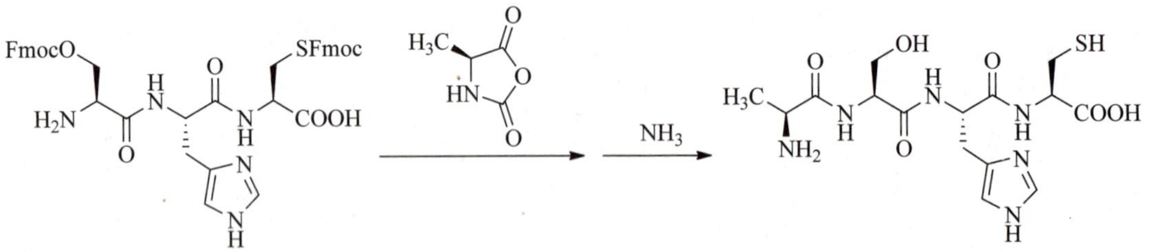

习题21-27 某八肽含下列氨基酸：谷氨酸、异亮氨酸、天冬氨酸、亮氨酸、脯氨酸、甘氨酸、胱氨酸和酪氨酸。用 Sanger 法测定知道 N-端是半胱氨酸，用 C-端氨基酸测定法知道 C-端是甘氨酸。将此八肽用部分裂解法裂解为小碎片，再用端基测定法测定得到四个二肽和两个三肽。它们分别是：(1) Asp-$CySO_3H$，(2) Ile-Glu，(3) $CySO_3H$-Tyr，(4) Leu-Gly，(5) $CySO_3H$-(Leu，Pro)，(6) Tyr-(Glu，Ile)。将此八肽氧化后，用酶部分裂解，再用端基测定法测定得到两个四肽，它们分别是：(7) $CySO_3H$-(Glu，Tyr，Ile)，(8) Asp-($CySO_3H$，Leu，Pro)。请推测此八肽化合物的结构和八肽化合物氧化产物的结构。

答 由碎裂的片段可以推得存在两个片段：

Cys-Tyr-Ile-Glu　和　Asp-Cys-Pro-Leu-Gly

然后再连接起来并将半胱氨酸残基恢复为胱氨酸残基：

Cys-Tyr-Ile-Glu-Asp-Cys-Pro-Leu-Gly

习题21-28 回答下列问题：

(i) 核酸的基本结构单元是什么？

(ii) DNA 和 RNA 在结构上的主要区别是什么？它们在生命活动中的主要功能是什么？

(iii) 说明 Z，Boc，A，C，G，U，dT，dA，dC，dG 等缩写符号的含义。

答 (i) 核糖核苷酸。

(ii) 核糖部分 2 号位是否脱氧，四种碱基中 U 和 T 的替换。DNA 是遗传信息的载体，储存遗传信息，RNA 主要负责遗传信息的传递和基因表达调控。

(iii) Z：苄氧羰基；Boc：叔丁氧羰基；A：腺嘌呤核苷；C：胞嘧啶核苷；G：鸟嘌呤核苷；U：尿嘧啶核苷；dT：胸腺嘧啶脱氧核苷；dA：腺嘌呤脱氧核苷；dC：胞嘧啶脱氧核苷；dG：鸟嘌呤脱氧核苷。

习题21-29 解释氨基酸为何不能像许多胺或羧酸一样溶于乙醚中。

答 氨基酸在晶体中以偶极离子(内盐)的形式存在，极性很大，难以溶于非极性的醚类溶剂，溶剂化的稳定化能不足以弥补类似离子晶体的高晶格能。

习题21-30 天冬氨酰苯丙氨酸甲酯的等电点 pI 为 5.9。请画出在 pH=7.4 时，其主要存在形式的结构式。

答

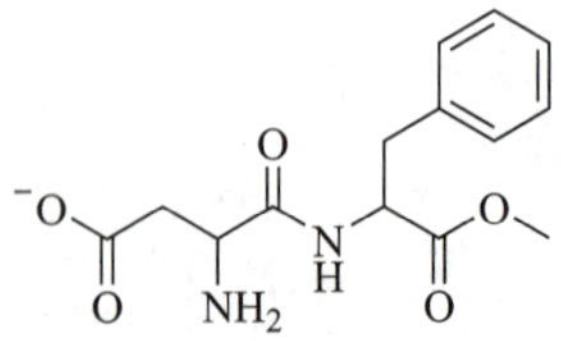

习题21-31 请解释丙氨酸、丝氨酸以及半胱氨酸中羧酸基团 pK_a 不同的原因。

答 这三种氨基酸的区别在于—H，—OH 和—SH，由于吸电子诱导效应逐渐增强，使得这三种氨基酸的 pK_a 逐渐减小。

习题21-32 利用 DCC 方法合成天冬氨酰苯丙氨酸甲酯。

答

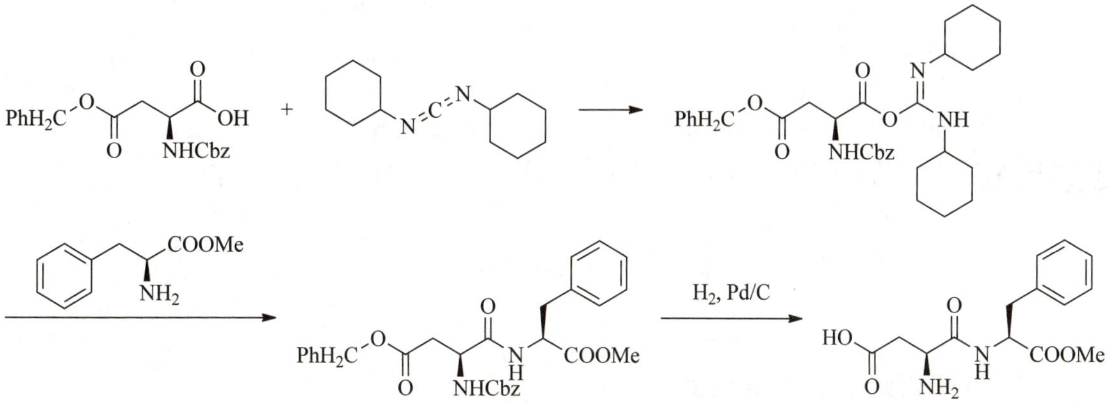

PhH$_2$C NHCbz NH H$_2$, Pd/C COOMe NH$_2$ HO

习题21-33 组氨酸中咪唑环在许多酶催化反应中作为质子的受体。画出咪唑环被质子化后的最稳定形式的结构式，并说明原因。

答

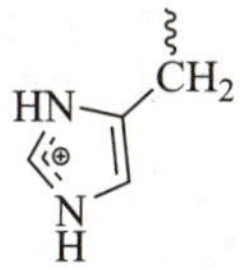

正电荷可以离域在咪唑环上，主要分布在两个氮原子上。

习题21-34 盘尼西林生物合成法中需要两个 α-氨基酸作为其反应原料，请画出这两个 α-氨基酸的结构式。

答 观察盘尼西林的结构，可以找出其中的两个 α-氨基酸：

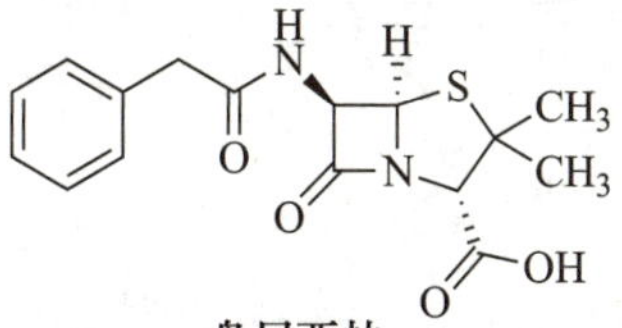

盘尼西林

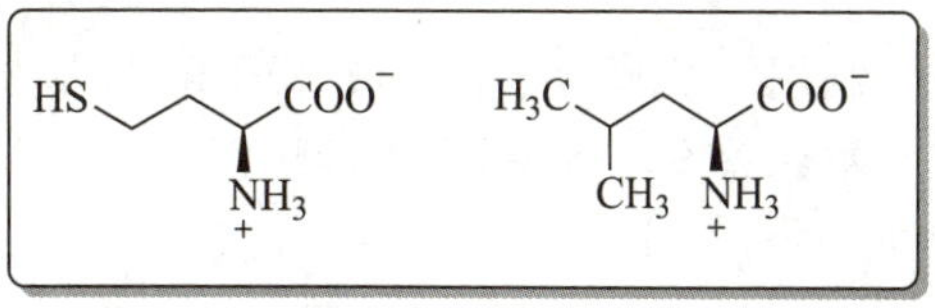

习题21-35 下面这个多肽在老年痴呆症(Alzheimer's disease，AD)发展过程中起了非常重要的作用：

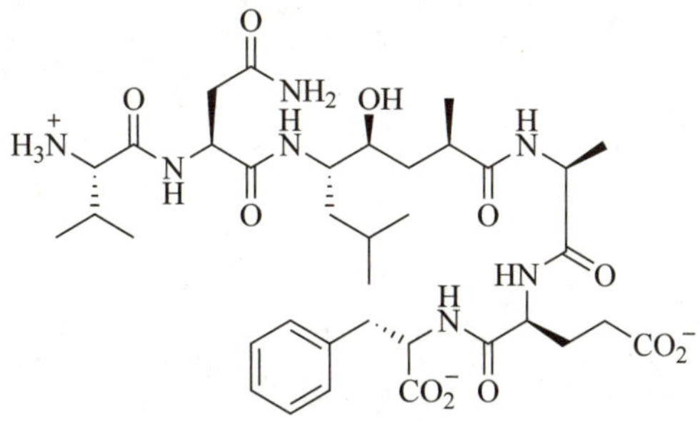

其中含有五个氨基酸，请给出这五个氨基酸的结构式。

答

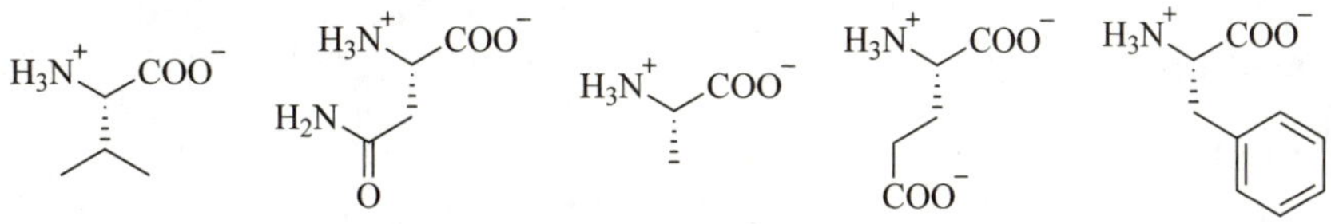

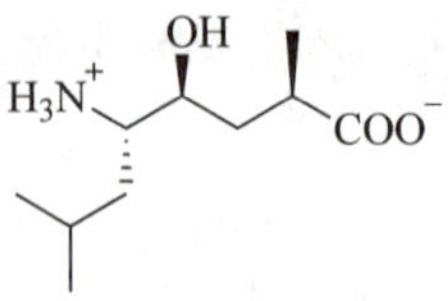

最下面的这个结构式同样是氨基酸，但不是 α-氨基酸。

习题21-36 溴化腈（BrCN）可以专一性切断蛋氨酸与其他氨基酸相连的肽键：

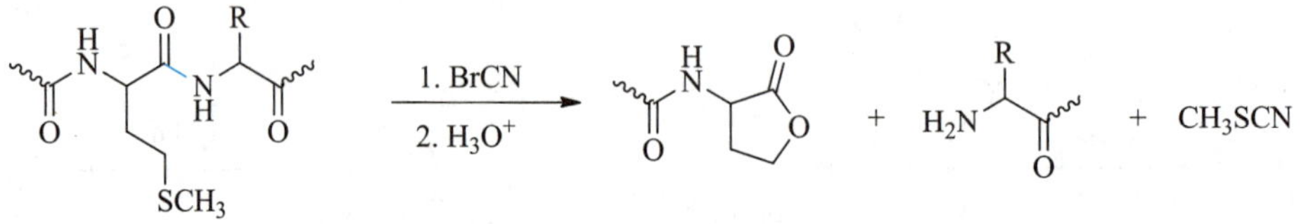

画出此反应的转化机理。

答

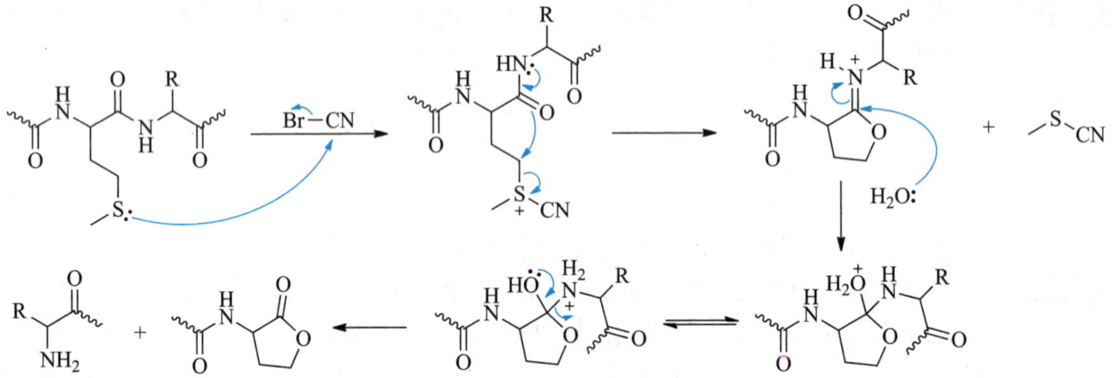

习题21-37 利用丙烯腈为原料合成 β-丙氨酸。

答 本题答案不唯一，合理即可。

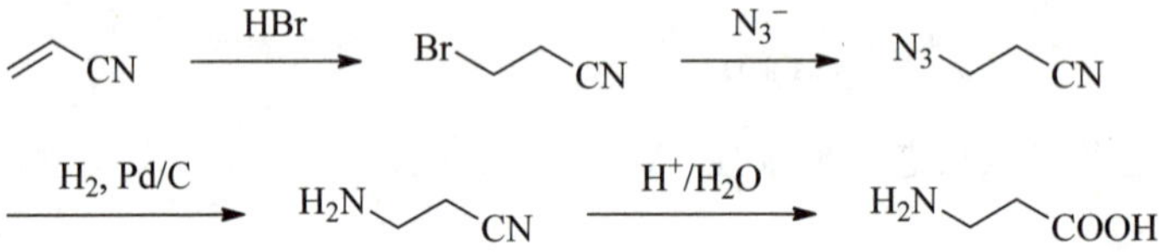

$$\text{CH}_2\text{=CHCN} \xrightarrow{\text{HBr}} \text{BrCH}_2\text{CH}_2\text{CN} \xrightarrow{N_3^-} N_3\text{CH}_2\text{CH}_2\text{CN} \xrightarrow{H_2,\ \text{Pd/C}} H_2N\text{CH}_2\text{CH}_2\text{CN} \xrightarrow{H^+/H_2O} H_2N\text{CH}_2\text{CH}_2\text{COOH}$$

22

第22章

脂类、萜类和甾族化合物

内容提要

脂类、萜类以及甾族化合物都是相当重要的天然产物，它们都是由相同的原始物质转化而来的产物，广泛分布于动植物体内，具有特殊生理效能。

22.1 脂类化合物及其分类

脂类化合物又称脂质，基本上由两个性质完全不同的结构单元——高级脂肪酸和甘油组成，主要包括油脂、蜡、磷脂三大类。可以细分为脂肪酸类、甘油酯类、甘油磷酸酯类、鞘脂类、糖脂类、天然多酮类。

22.2 各种脂类化合物

油脂以及脂肪酸：食物中的油脂主要是油和脂肪。油脂由 C、H、O 三种元素组成。脂肪酸常指带有长烷基链的羧酸。

磷脂：磷脂由 C、H、O、N、P 五种元素组成，也称磷脂类、磷脂质，是指磷酰化的脂类，属于复合脂。磷脂是组成生物膜的主要成分。生命体主要含有两大类磷脂：由甘油构成的磷脂，称为甘油磷脂；由神经鞘氨醇构成的磷脂，称为鞘磷脂。

蜡：蜡是长链烷基化合物组成的一类有机物。

前列腺素：前列腺素是存在于动物和人体中的一类不饱和脂肪酸组成的、具有多种生理作用的活性物质。

22.3 萜类化合物的结构、组成和分类

萜类化合物是广泛分布于植物、昆虫、微生物等体内的一类有机化合物。萜类化合物在结构上具有一个共同点，可以看做是两个或两个以上的异戊二烯分子，以头尾相连的方式结合起来的。

22.4 各种萜类化合物

单萜：单萜类化合物依据具有基本碳骨架是否成环的特征，分为非环状单萜和单环、双环、三环的环状单萜，其中含单环和双环的化合物较多，构成的碳环多数为六元环。

倍半萜：含有三个异戊二烯单元的萜类化合物称为倍半萜。

二萜、三萜和四萜：例如，视黄醇为二萜醇，龙涎香醇是三萜类化合物，胡萝卜素是四萜类化合物。

22.5 甾族化合物的基本骨架和构象式

甾族化合物是指环状骨架具有特殊排布的四环类化合物，其核心的四环稠合骨架含有17个碳原子，其中三个为六元环，另一个为五元环。从左到右，这些环分别为A、B、C以及D环。

22.6 各种甾族化合物

胆固醇：胆固醇是最早发现的一个甾族化合物。

麦角固醇及维生素D：麦角固醇和7-脱氢胆固醇是与胆固醇结构非常类似的两个化合物。

胆酸和糖皮质激素：胆酸也是一种甾醇，是人类四种主要胆汁酸中含量最丰富的一种。糖皮质激素是由肾上腺皮质分泌的一类甾体激素，也可由化学方法人工合成。

甾族性激素：性激素主要有雌性激素、雄性激素与妊娠激素三种。

其他具有生理作用的甾族化合物：代表性的有生理作用的甾族化合物有炔诺酮、蟾蜍他灵、蜕皮激素等。

22.7 脂类、萜类以及甾族化合物的生物合成

乙酰辅酶A：乙酰基在天然化合物的生物合成中起着非常重要的作用。

习题解析

习题22-1 为什么2-油酸-1,3-硬脂酸甘油酯转化为三硬脂酸甘油酯后，熔点会升高、体积会减少？

答 2-油酸-1,3-硬脂酸甘油酯分子的对称性不如三硬脂酸甘油酯，碳碳双键的存在使分子间的紧密堆积程度降低，导致分子间作用力降低，因而熔点较低，体积较大。

习题22-2 写出以下脂肪酸的中文名称以及立体化学结构式：

(i) docosahexaenoic acid (ii) eicosapentaenoic acid (iii) arachidonic acid

答

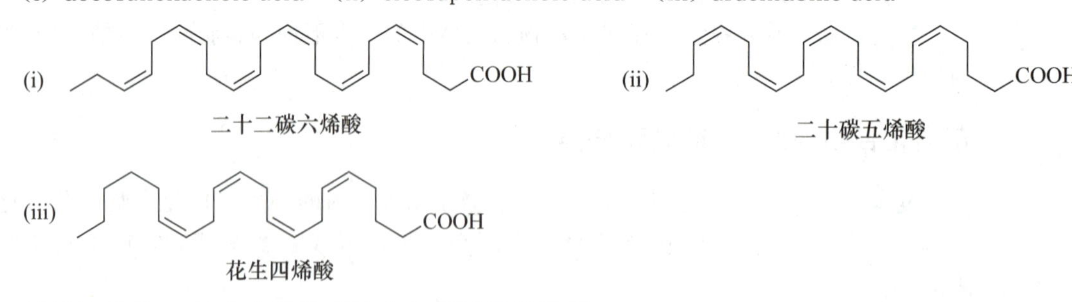

习题22-3 判断单磷酸-L-甘油酯中的手性中心碳原子的构型。

答 *R*构型

习题22-4 通过网络检索，提出单磷酸-L-甘油酯的生化合成路线。

答

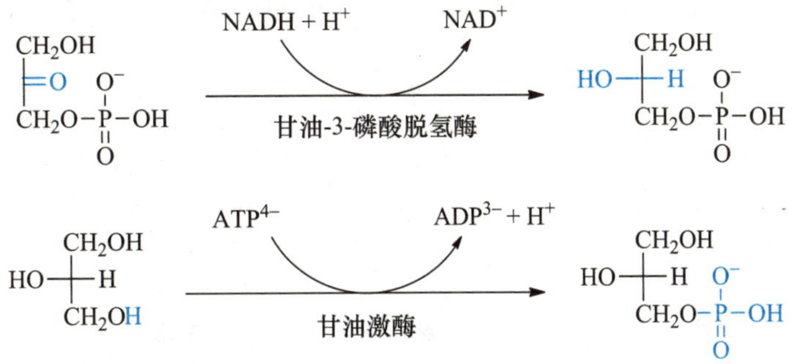

$$\text{CH}_2\text{OH}-\text{CO}-\text{CH}_2\text{O}-\text{P(O)(O}^-\text{)}-\text{OH} \xrightarrow[\text{甘油-3-磷酸脱氢酶}]{\text{NADH + H}^+ \quad \text{NAD}^+} \text{CH}_2\text{OH}-\text{CH(OH)}-\text{CH}_2\text{O}-\text{P(O)(O}^-\text{)}-\text{OH}$$

$$\text{CH}_2\text{OH}-\text{CH(OH)}-\text{CH}_2\text{OH} \xrightarrow[\text{甘油激酶}]{\text{ATP}^{4-} \quad \text{ADP}^{3-}\text{ + H}^+} \text{CH}_2\text{OH}-\text{CH(OH)}-\text{CH}_2\text{O}-\text{P(O)(O}^-\text{)}-\text{OH}$$

习题 22-5 抹香鲸头部器官中产生的鲸蜡(spermaceti)的主要成分为棕榈酸鲸蜡酯,是由棕榈酸(palmitic acid)与鲸蜡醇(cetyl alcohol)形成的酯。画出棕榈酸鲸蜡酯的结构式,并给出其系统命名。

答 $CH_3(CH_2)_{14}COO(CH_2)_{15}CH_3$,十六酸十六酯

习题 22-6 绵羊油(lanolin)是羊的皮脂腺分泌的一种蜡。高品质的绵羊油主要是含脂肪酸长链酯(约占总重量的 97%),以及羊毛醇、羊毛脂酸和羊毛脂的碳氢化合物。通过网络检索,画出这些化合物的可能结构式。

答 主要是高级脂肪酸如二十六酸、十六酸等和高级一元醇如胆甾醇、羊毛脂醇、二十六醇等的酯。结构式(略)。

习题 22-7 白三烯 C_4 被报道参与其他一些疾病,如过敏性气道疾病、皮肤病、心血管疾病、肝损伤、动脉粥样硬化、结肠癌。在生物合成中可以认为是三肽中巯基对白三烯 A_4 中环氧开环后的产物,你认为白三烯 A_4 环氧环在酸性条件下哪个位点更容易被进攻?白三烯 D_4 和 E_4 是白三烯 A_4 分别与 Cys-Gly 与 Cys 反应的产物。请画出白三烯 D_4 和 E_4 的结构式。

答

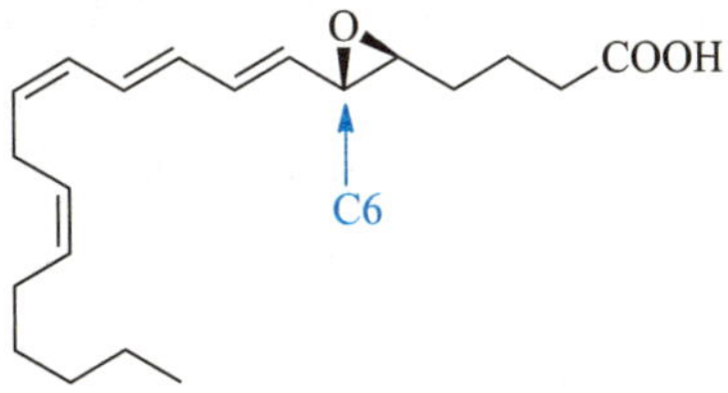

O COOH C6

白三烯A_4

白三烯 A_4 环氧环的 C6 位更容易被进攻,因为酸性环境下,C6 位形成碳正离子最稳定。

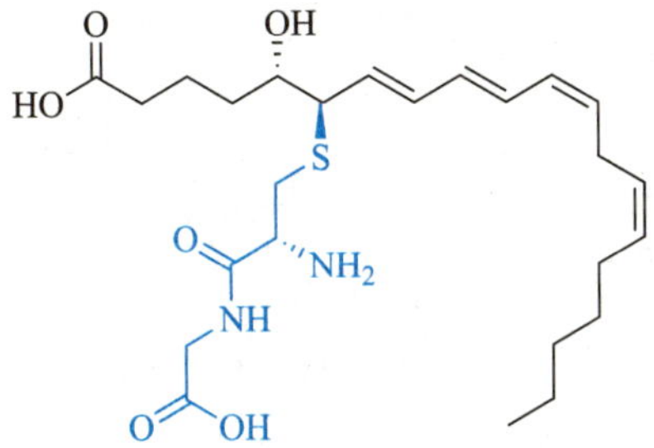

O OH HO S O NH₂ NH O OH

白三烯D_4

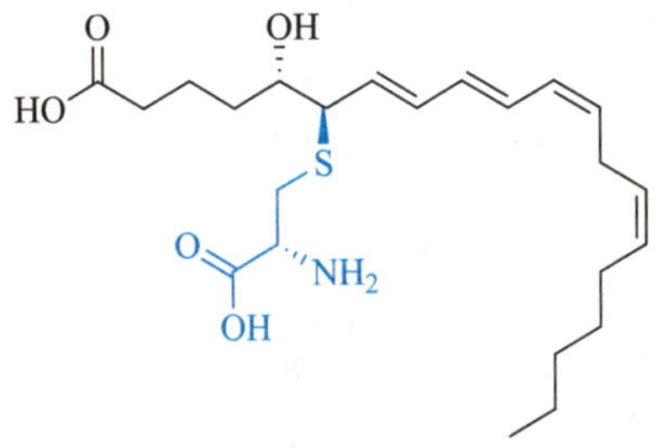

O OH HO S O NH₂ OH

白三烯E_4

习题 22-8 花生四烯酸在脂肪酸环氧化酶的作用下与氧气反应生成 PGG_2。为此转换过程提出合理的转换机理。

答 在这个过程中,主要包括氧气在酶的作用下,与两个双键形成一个桥环体系,以及双键与氧气的 ene 反应。

习题 22-9 画出月桂烯、蛇麻烯、松柏烯以及羊毛甾醇的结构式，并在其结构式中画出异戊二烯单元。

答

月桂烯　　蛇麻烯　　松柏烯　　羊毛甾醇

习题22-10 将下列化合物划分为若干个异戊二烯单元，并指出它们分别属于哪一类（指单萜、倍半萜等）：

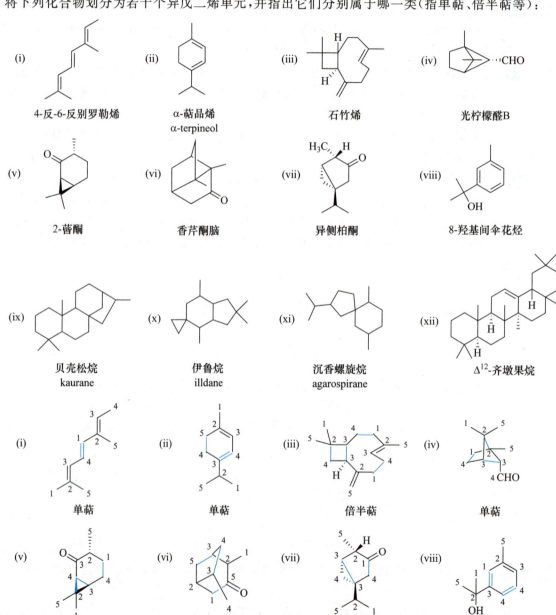

(i) 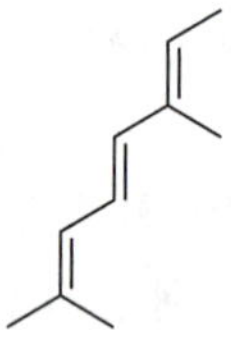 4-反-6-反别罗勒烯

(ii) 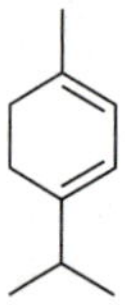 α-萜品烯 α-terpineol

(iii) 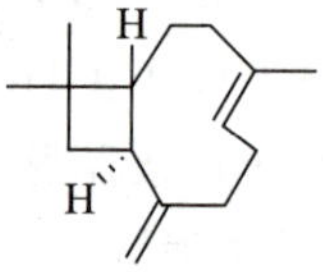 石竹烯

(iv) 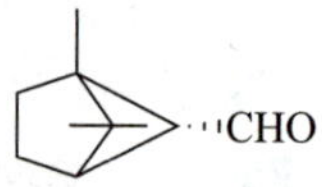 光柠檬醛B

(v) 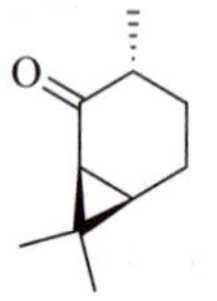 2-蒈酮

(vi) 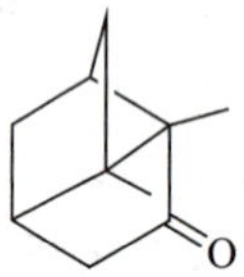 香芹酮脑

(vii) 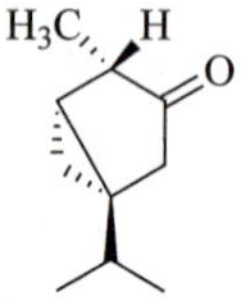 异侧柏酮

(viii) 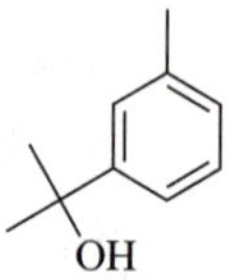 8-羟基间伞花烃

(ix) 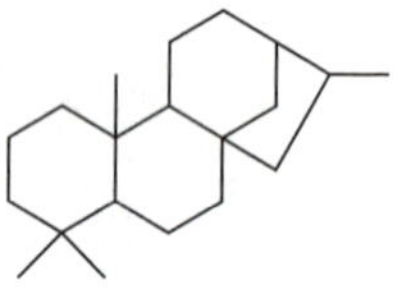 贝壳松烷 kaurane

(x) 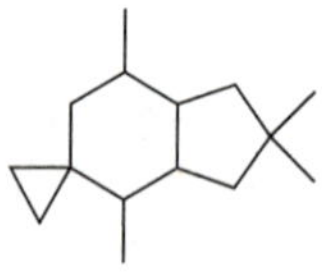 伊鲁烷 illdane

(xi) 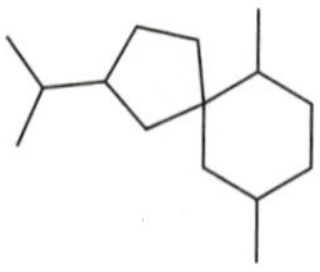 沉香螺旋烷 agarospirane

(xii) 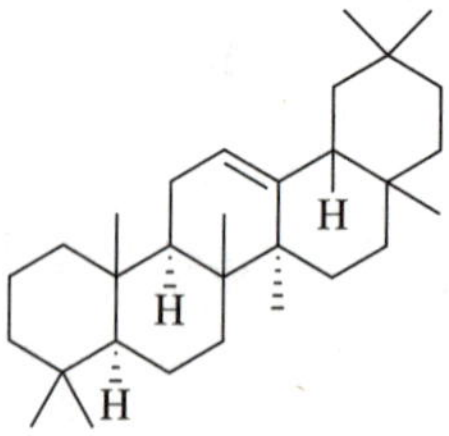 Δ^{12}-齐墩果烷

答

(i) 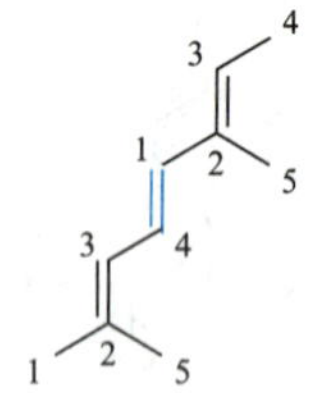 单萜

(ii) 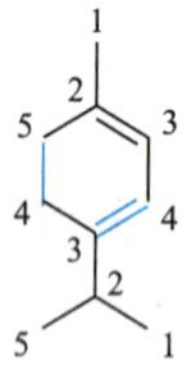 单萜

(iii) 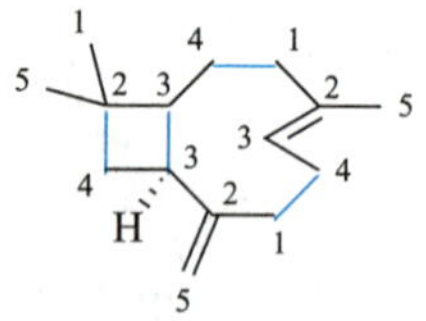 倍半萜

(iv) 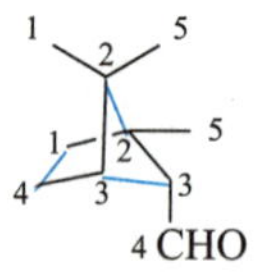 单萜

(v) 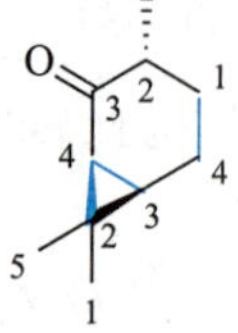 单萜

(vi) 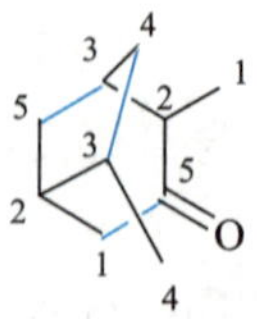 单萜

(vii) 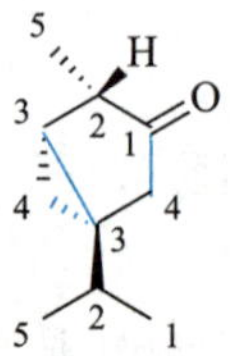 单萜

(viii) 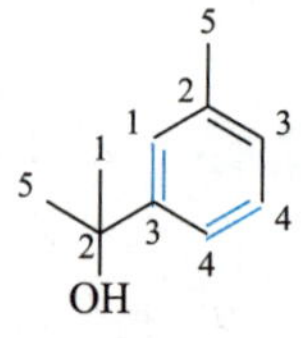 单萜

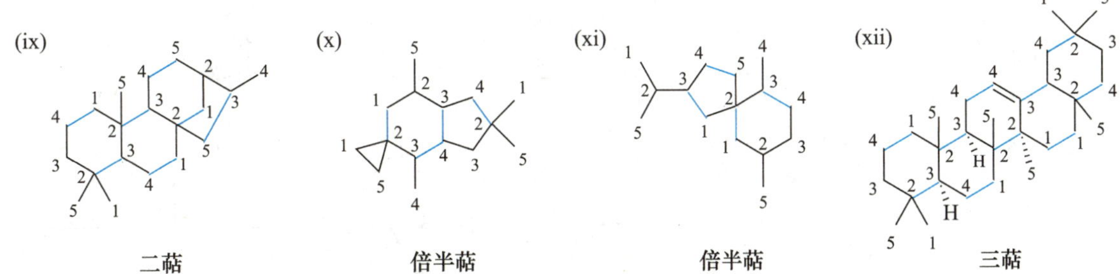

习题22-11 请指出下列各组化合物互为什么异构体？

(i) α-月桂烯，β-月桂烯 (ii) 橙花醇，香叶醇 (iii) 柠檬醛 a，柠檬醛 b

答 (i) 位置异构体 (ii) 顺反异构体 (iii) 顺反异构体

习题22-12 请画出在酸性溶液中，香叶醇转化为环状单萜 α-松油醇的反应机理。

答

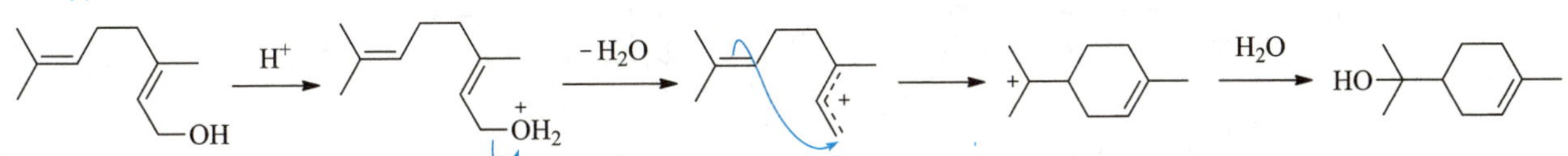

习题22-13 画出薄荷醇的八个旋光异构体的优势构象式。哪一种薄荷醇在自然界中存在最多？分析说明原因。

答

(+)-薄荷醇 (−)-薄荷醇 (+)-异薄荷醇 (−)-异薄荷醇

(+)-新薄荷醇 (−)-新薄荷醇 (+)-新异薄荷醇 (−)-新异薄荷醇

(−)-薄荷醇在自然界中存在最多。从环己烷的椅式构象中可以看出，只有(+)-薄荷醇和(−)-薄荷醇的所有取代基都是位于平伏键上，构象能量最低，最稳定。而自然界是一个不对称的环境，(−)-薄荷醇含量比(+)-薄荷醇多。

习题22-14 在温热的矿物酸作用下，柠檬烯可以异构化成共轭二烯。你认为异构化的主要产物是哪个？如何用实验证明你的猜想？

答

$\xrightarrow{H^+,\ \Delta}$

异构产物主要是 α-松油烯，因为它具有最稳定的有两个给电子烷基的环内共轭二烯结构。通过产物的核磁共振光谱可以确定产物的结构。也可以使用臭氧化分解等方法研究产物碎片来确定产物结构。

习题22-15 写出以下转换的反应机理：

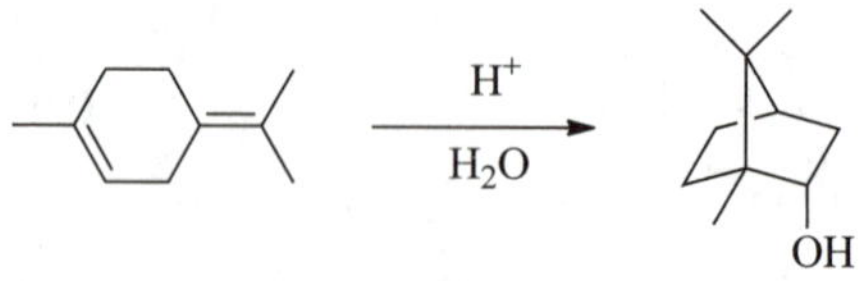

$\xrightarrow[H_2O]{H^+}$

答

$\xrightarrow{H^+}$ $\longrightarrow$ $\longrightarrow$ $\longrightarrow$ $\xrightarrow{-H^+}$

H　H_2O:　$^+OH_2$　OH

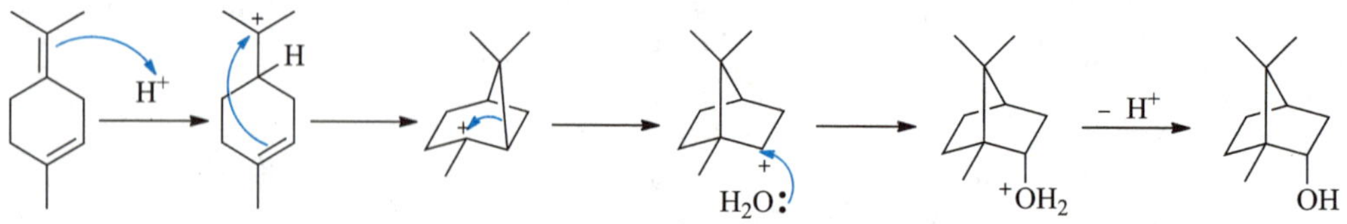

习题22-16　为以下转换提供反应式：

(i) 蒎烯先经 HCl，再在 Mg 粉、氧气中反应，然后酸性水解转化为冰片；

(ii) 右旋樟脑被还原为异冰片。

答

(i) 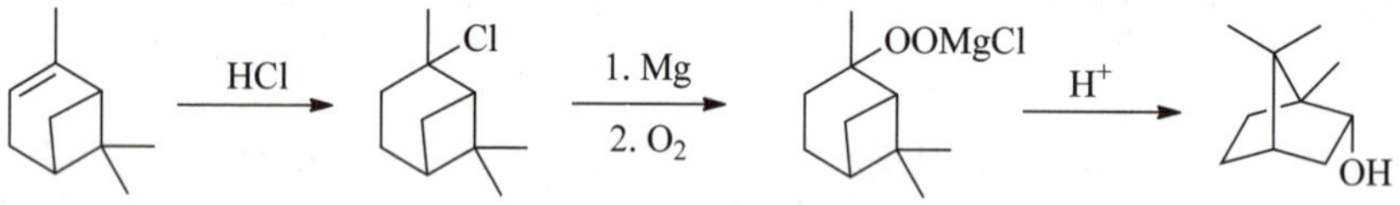 $\xrightarrow{HCl}$ Cl $\xrightarrow[2.\ O_2]{1.\ Mg}$ OOMgCl $\xrightarrow{H^+}$ OH

(ii) 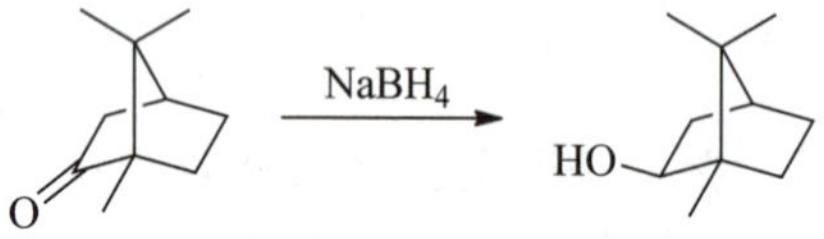 O $\xrightarrow{NaBH_4}$ HO

习题22-17　松香酸可由左旋海松酸在酸的作用下转变而来：

(i) 请通过网络检索确认松香酸的结构，并按异戊二烯规则划分松香酸的结构单元；

(ii) 写出由左旋海松酸转变成松香酸的反应机理。

答

(i)

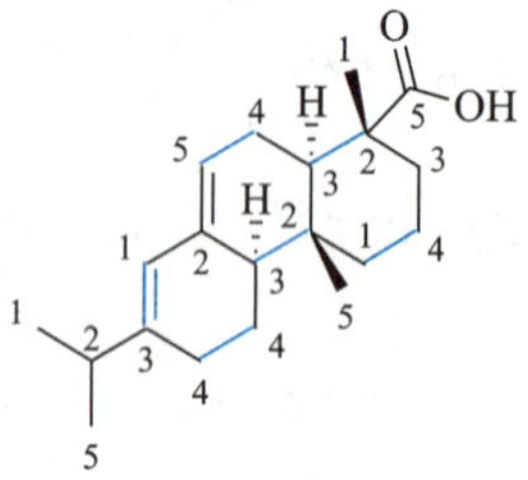

(ii) 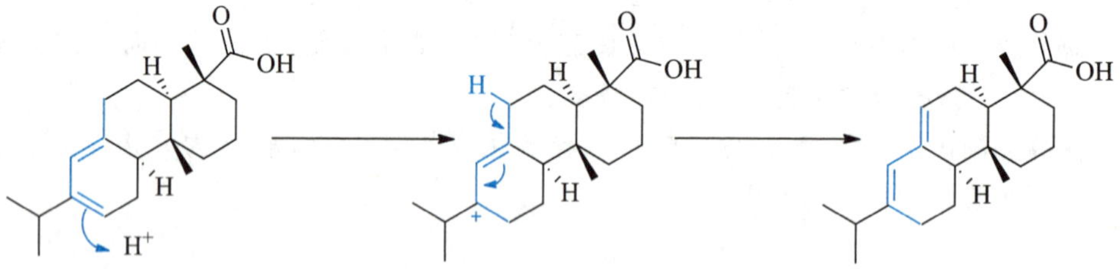 $\longrightarrow$ $\longrightarrow$

习题22-18　画出固塔波胶和天然橡胶的结构式，分别确认它们单体的结构和名称，并用反应式表示生成固塔波胶和生成天然橡胶在立体化学上有什么不同。

答

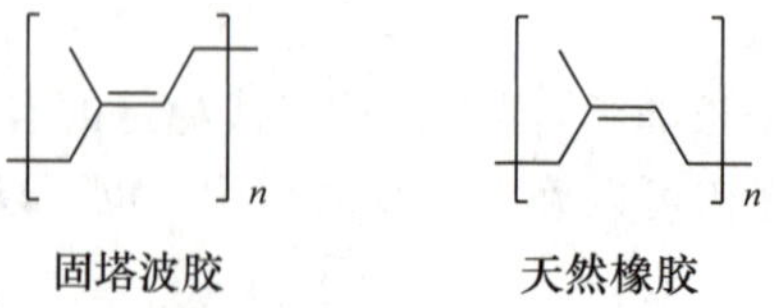

固塔波胶　　天然橡胶

它们的单体都是异戊二烯，但固塔波胶聚合时新生成的双键为 E 构型，而天然橡胶为 Z 构型。

习题22-19 画出 2,3-环氧角鲨烯在 Lewis 酸作用下转化为羊毛甾醇的反应机理。

答

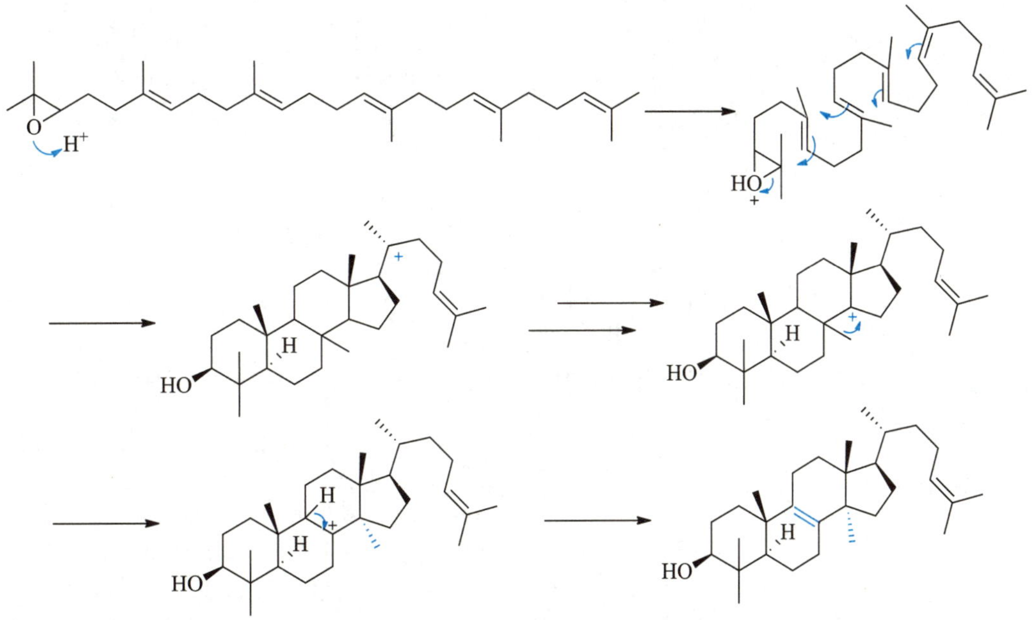

O
H^+
HO
+
+
H
HO
+
H
HO
H
+
H
HO
H
HO

习题22-20 在胆固醇结构的确定过程中，以下步骤是非常重要的，写出以下转换的反应式：

(i) 胆固醇中的二级醇被 CrO_3 氧化；

(ii) 氧化后的产物被某种试剂氧化为二酸；

(iii) 此二酸在某种条件下可以转化为环戊酮。

答

(i) $\xrightarrow{CrO_3}$

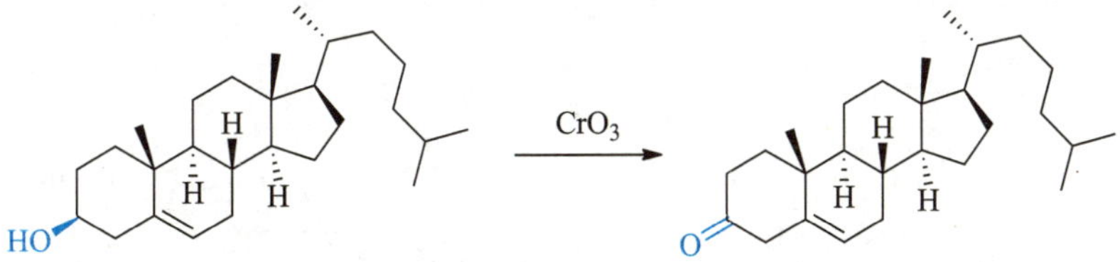

(ii) $\xrightarrow{Pb(OAc)_4}$

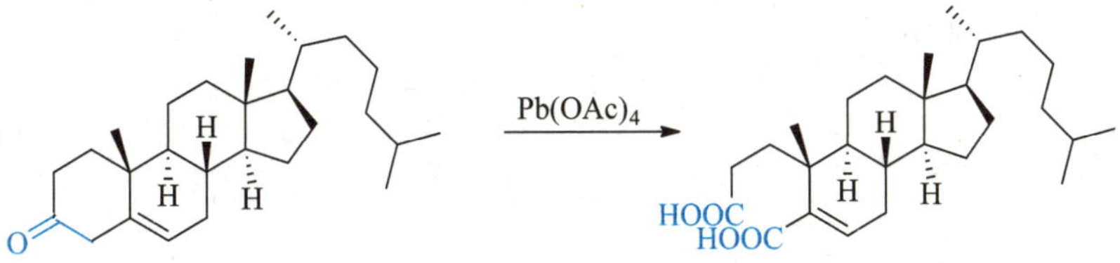

(iii) $\xrightarrow[\text{2. EtONa; 3. NaOH, } H_2O\text{; } H^+, \triangle]{\text{1. EtOH, } H^+}$

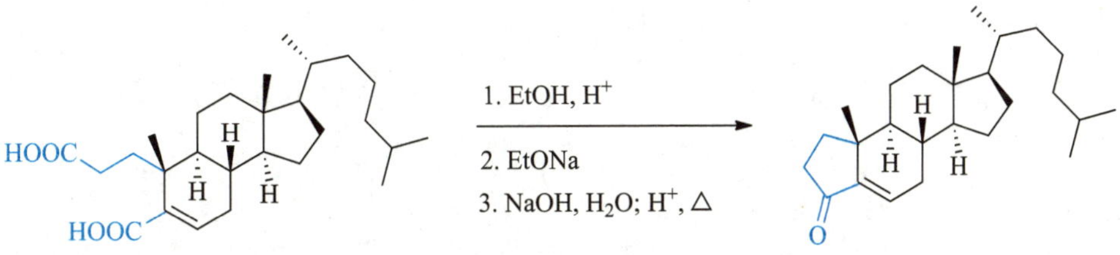

习题22-21 在麦角固醇经光照转化为维生素 D_2 的过程中，需要先转化为原维生素 D_2。通过网络检索，确认原维生素 D_2 的结构式，画出麦角固醇经光照转化为维生素 D_2 的反应机理，并确认原维生素 D_2 转化为维生素 D_2 的反应类型。

答

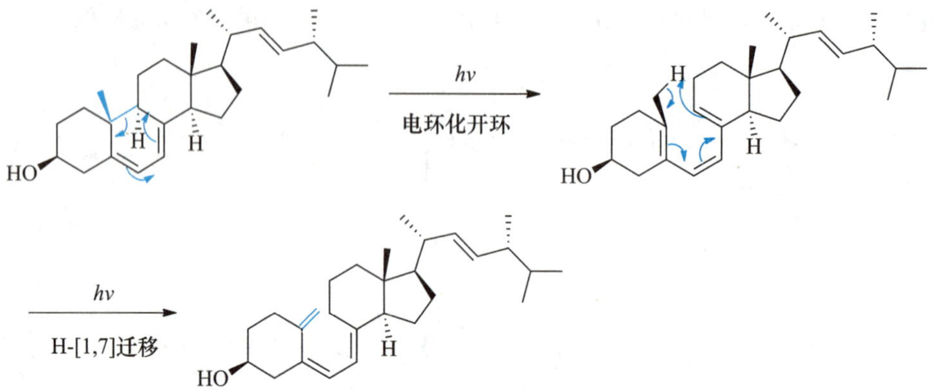

$\xrightarrow[\text{电环化开环}]{h\nu}$

$\xrightarrow[\text{H-[1,7]迁移}]{h\nu}$

习题22-22 画出胆酸的立体结构，并分析其疏水区和亲水区，理解三个羟基均位于同一侧的生理作用。

答

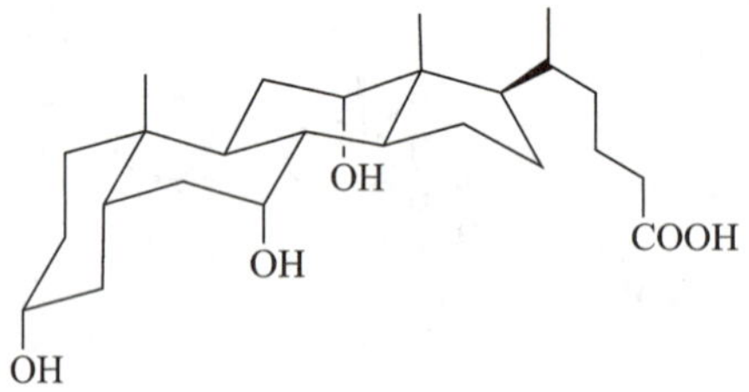

分子上方为疏水区，下方为亲水区。三个羟基位于同一边，使该分子的平面两边具有截然不同的性质，对脂质和水均有亲和性，从而使其具有促进对脂类物质的消化吸收等作用。

习题22-23 通过网络检索确定以下化合物的结构，画出下列化合物的立体构象式：

(i) 妊娠素 (ii) 抗炎松 (iii) 氯地孕甾酮 (iv)皮质醇

答 (i) 妊娠素

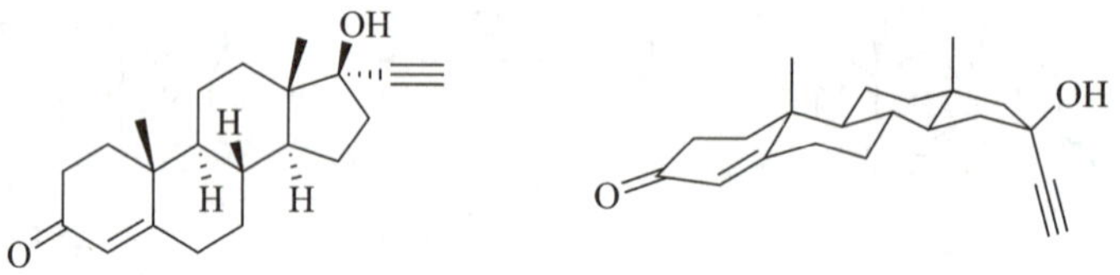

(ii) 抗炎松

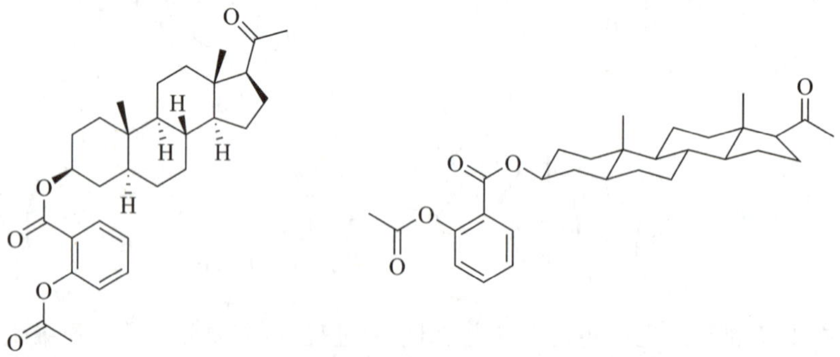

(iii) 氯地孕甾酮

(iv) 皮质醇

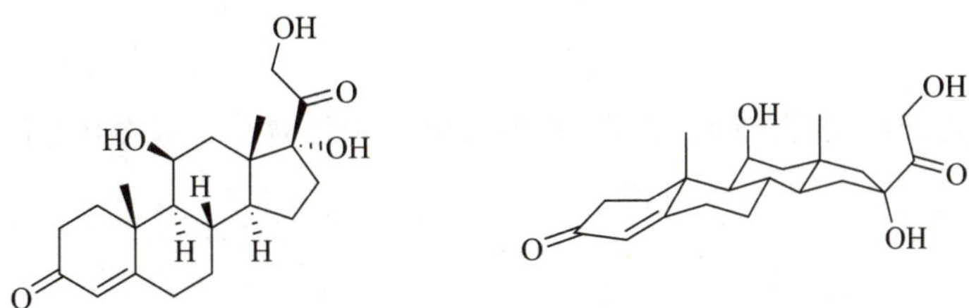

习题22-24 胆甾烷有一对 C5 差向异构体，分别称为 5α-胆甾烷和 5β-胆甾烷（α 表示基团在环平面下方，β 表示基团在环平面上方），它们的结构式如下：

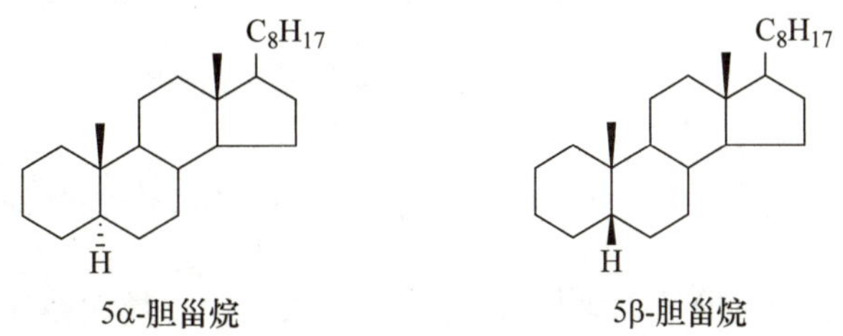

5α-胆甾烷　　5β-胆甾烷

请根据胆甾烷的命名方式命名下列化合物。

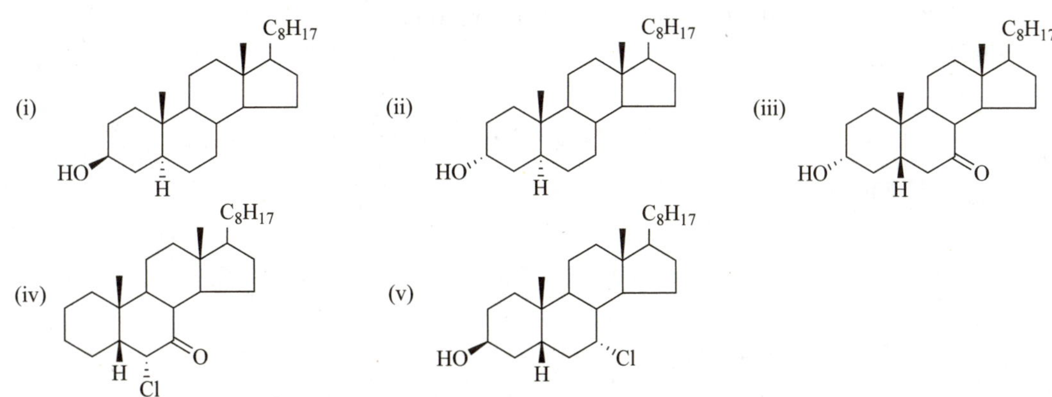

答 (i) 5α-胆甾烷-3β-醇　(ii) 5α-胆甾烷-3α-醇　(iii) 3α-羟基-5β-胆甾烷-7-酮　(iv) 6α-氯-5β-胆甾烷-7-酮　(v) 7α-氯-5β-胆甾烷-3β-醇

习题22-25 (i) 画出生成古塔波胶和天然橡胶的单体的结构式；

(ii) 用反应式表示生成古塔波胶和生成天然橡胶在立体化学上有什么不同。

答 (i)

(ii) 它们都是异戊二烯首尾相连聚合而成的，但古塔波胶中新形成的碳碳双键为 E 构型，而天然橡胶中新形成的碳碳双键为 Z 构型。

习题22-26 牻牛儿醇在酸性条件下可以转化为对蓋烷。请画出此反应的转换机理。

答

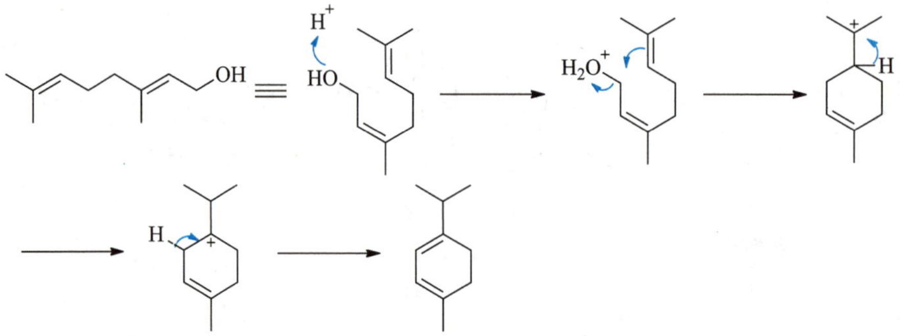

H^+ HO OH H_2O^+ H H + +

习题22-27 画出焦磷酸法呢酯的结构式,并画出由其转化为香叶基香叶醇的反应机理。

答

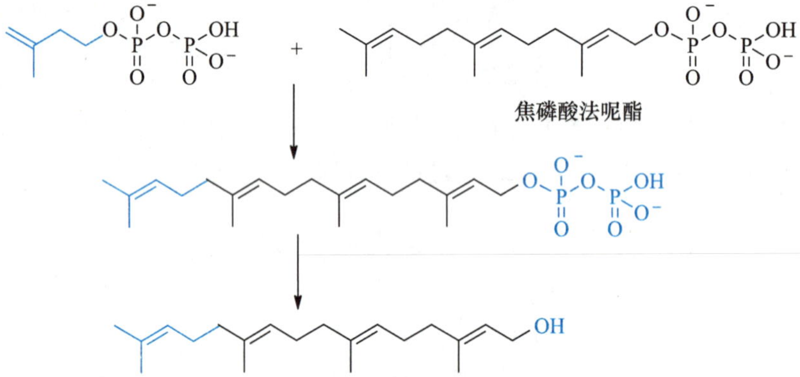

焦磷酸法呢酯

OH O^-

习题22-28 画出下列三个化合物的结构式,对比它们结构中的最大差异,并通过网络检索了解反式脂肪酸的生理作用。

(i) elaidic acid (ii) oleic acid (iii) stearic acid

答 (i) 反油酸

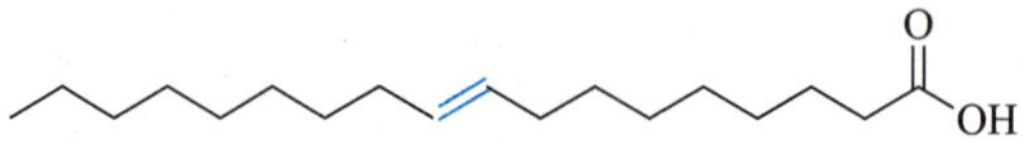

(ii) 油酸

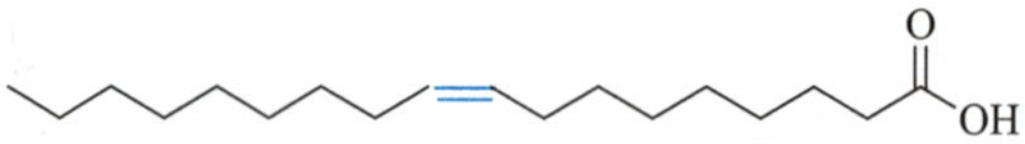

(iii) 硬脂酸

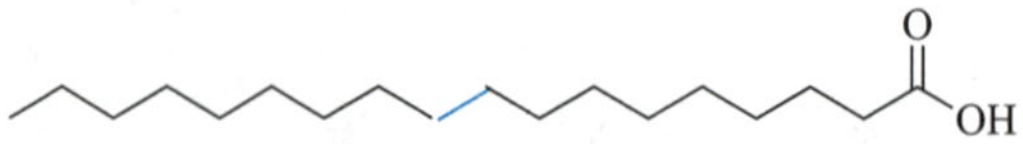

习题22-29 根据以下陈述,写出化学反应式,并解释其原因。

无水氯化氢优先与柠檬烯中的二取代碳碳双键反应,而 *m*CPBA 的环氧化反应则发生在柠檬烯中的三取代碳碳双键上。

答

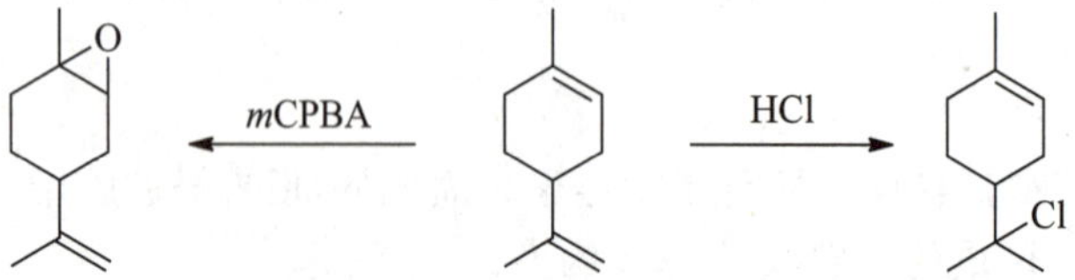

*m*CPBA HCl Cl

*m*CPBA 的环氧化反应优先在富电子体系的双键上进行，因此多取代双键更易反应，而亲电加成反应在环外进行，生成二甲基取代的三级碳正离子，此碳正离子比环内三级碳正离子稳定。

习题22-30 画出以下转换合理的、分步的反应机理：

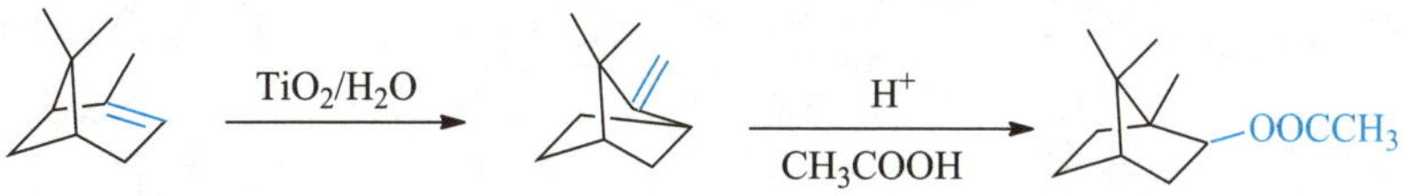

TiO_2/H_2O ; H^+, CH_3COOH ; —$OOCCH_3$

答

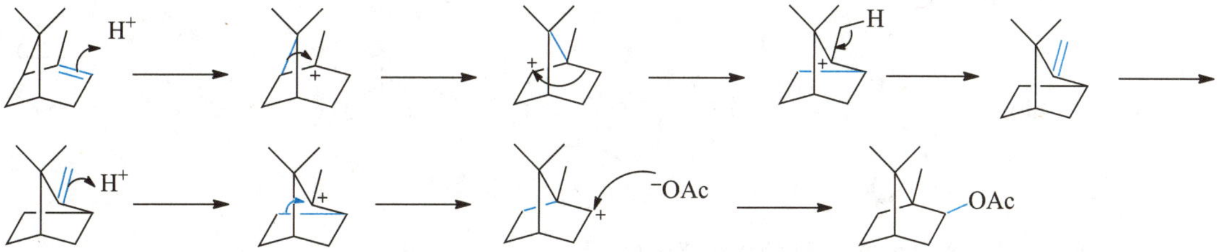

H^+ ; H

H^+ ; ^-OAc ; OAc

习题22-31 画出由焦磷酸香叶酯分别转化为柠檬烯、α-松油醇、α-蒎烯、β-蒎烯以及冰片的反应机理。

答

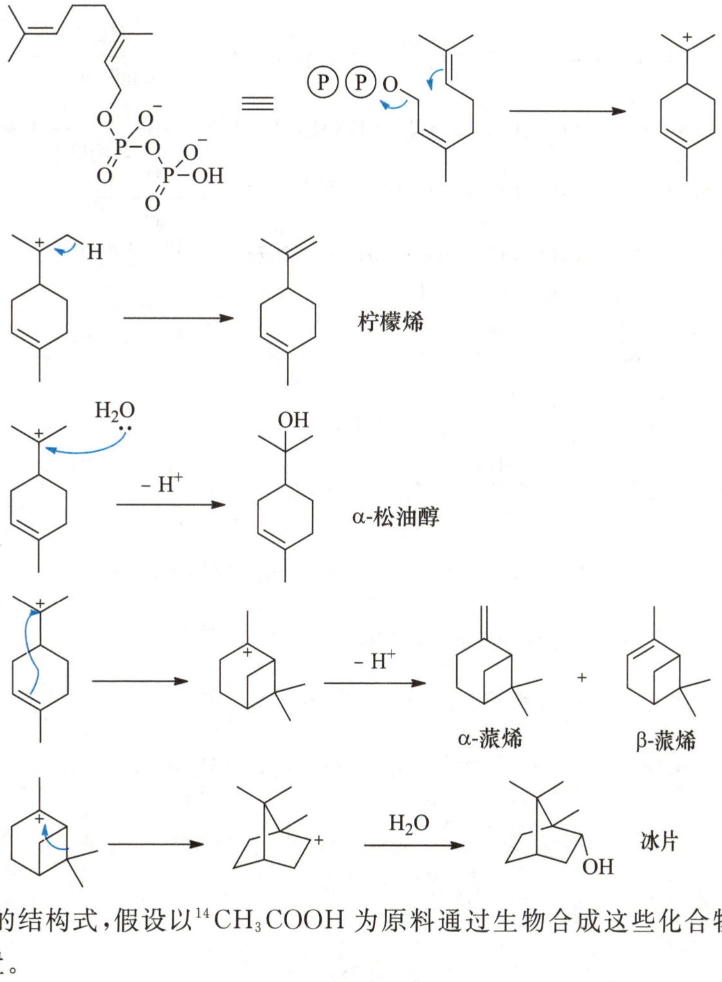

O ; O^- ; P—O ; O^- ; O ; P—OH ; O ; ≡ ; (P) (P) O

H ; 柠檬烯

H_2O ; $-H^+$; OH ; α-松油醇

$-H^+$; + ; α-蒎烯 ; β-蒎烯

H_2O ; OH ; 冰片

习题22-32 画出以下化合物的结构式，假设以 $^{14}CH_3COOH$ 为原料通过生物合成这些化合物，请在结构简式中标出 ^{14}C 的位置。

(i) 棕榈酸 (ii) PGE_2 (iii) 柠檬烯 (iv) β-胡萝卜素

答

(i)

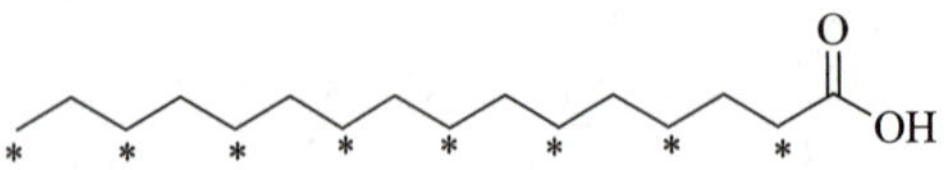

(ii)

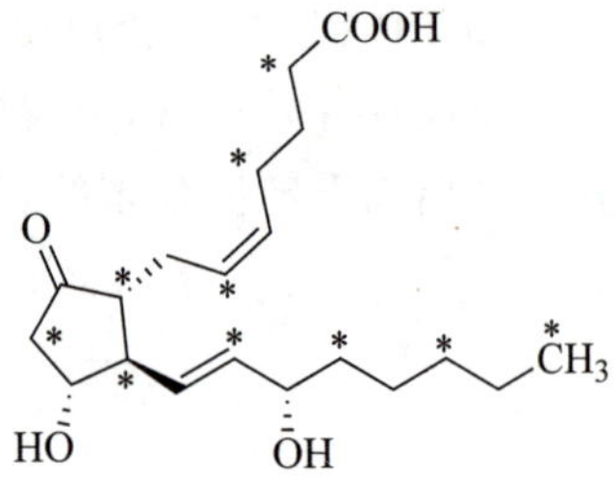

(iii)

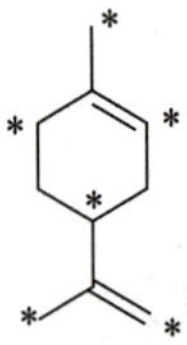

(iv)

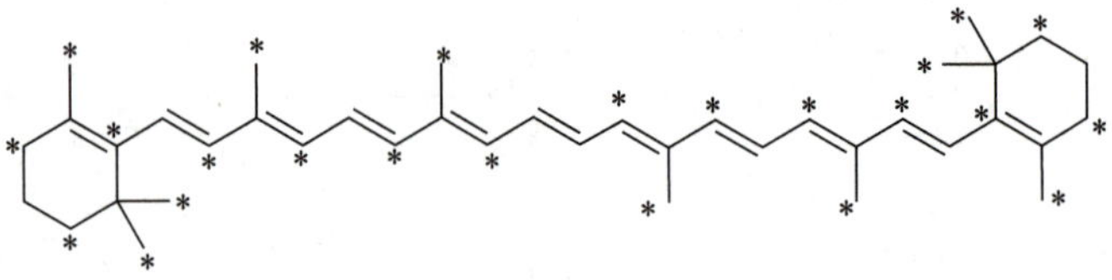

说明：图中标有 * 号的碳即为^{14}C。

习题22-33 完成以下反应式：

(i) $n\text{-}C_8H_{17}-C\equiv C-CH_2CH_2CH_2CH_2CH_2CH_2CH_2COOH \xrightarrow[\text{Lindlar Pd}]{H_2}$

(ii) $n\text{-}C_8H_{17}-C\equiv C-CH_2CH_2CH_2CH_2CH_2CH_2CH_2COOH \xrightarrow[\text{2. } H_2O]{\text{1. Li/NH}_3}$

(iii) 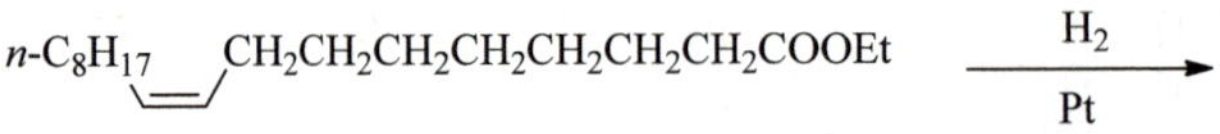 $n\text{-}C_8H_{17}CH{=}CHCH_2CH_2CH_2CH_2CH_2CH_2CH_2COOEt \xrightarrow[Pt]{H_2}$

(iv) 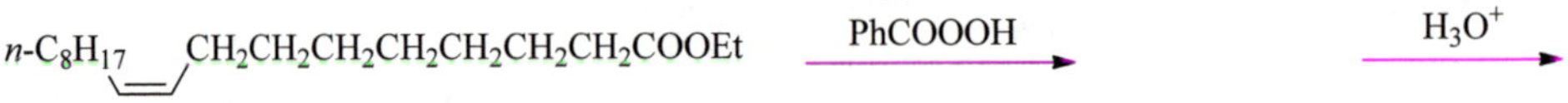 $n\text{-}C_8H_{17}CH{=}CHCH_2CH_2CH_2CH_2CH_2CH_2CH_2COOEt \xrightarrow{PhCOOOH} \quad \xrightarrow{H_3O^+}$

(v)  $\xrightarrow{B_2H_6} \quad \xrightarrow{H_2O_2/NaOH}$

(vi)  $\xrightarrow{B_2H_6} \quad \xrightarrow{H_2O_2/NaOH}$

答 (i) 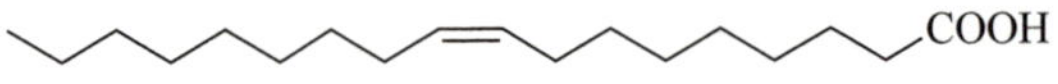 COOH

(ii) 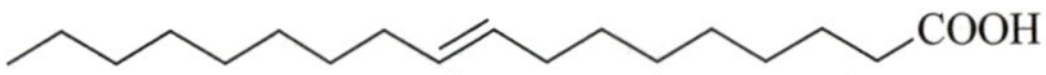 COOH

(iii) 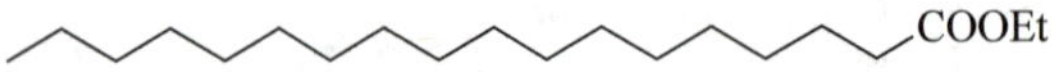 COOEt

(iv) 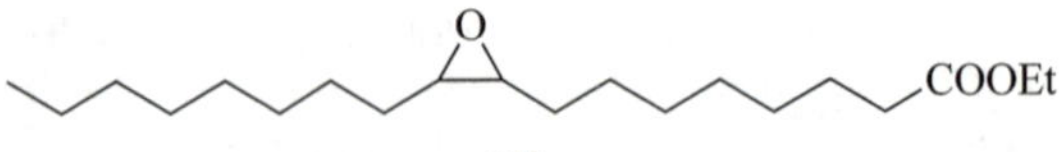 O COOEt ，

OH COOH OH

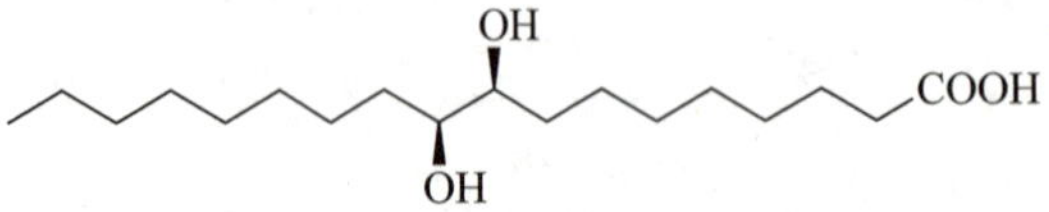

(v) 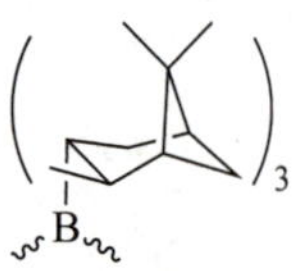 B 3 ， OH

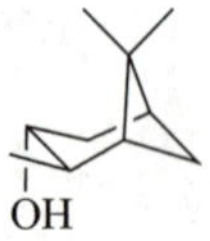

(vi)

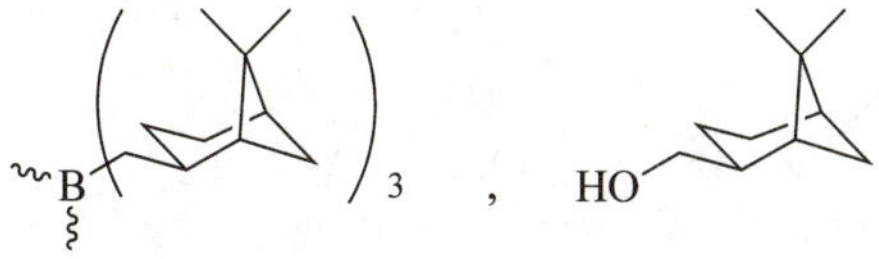

HO

习题22-34 以下天然化合物均为萜类化合物，确定其属于哪一类萜类化合物，在其结构中标出异戊二烯的结构单元，并通过网络检索确定其中英文俗名。

(i)  (ii) 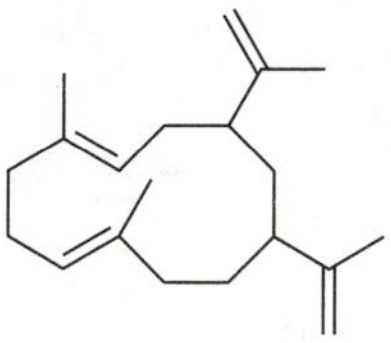 (iii)

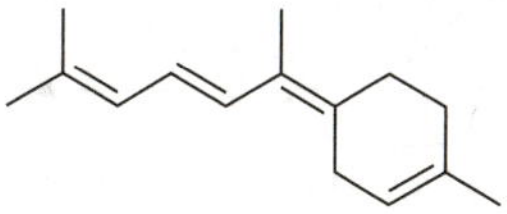

(iv) 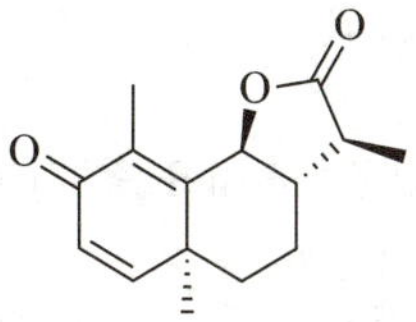 (v)

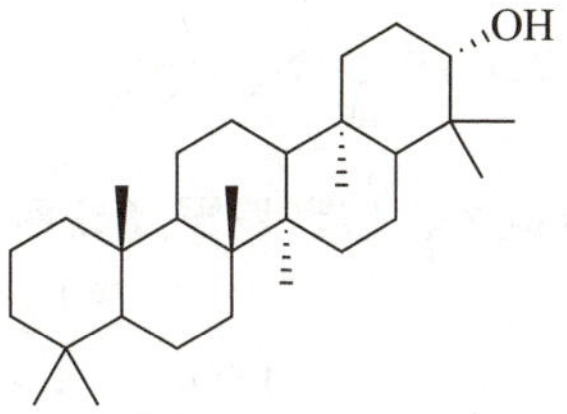

答

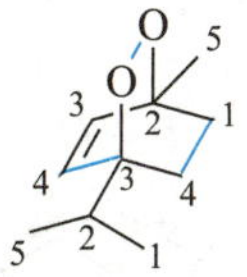

(i) 单萜 阿斯利多 ascaridole 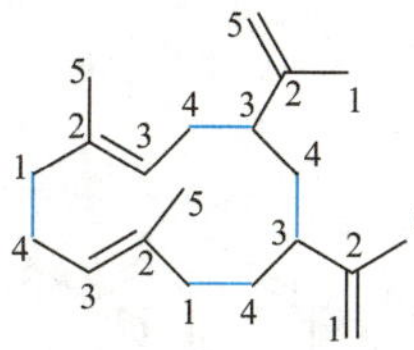 (ii) 二萜 cubitene 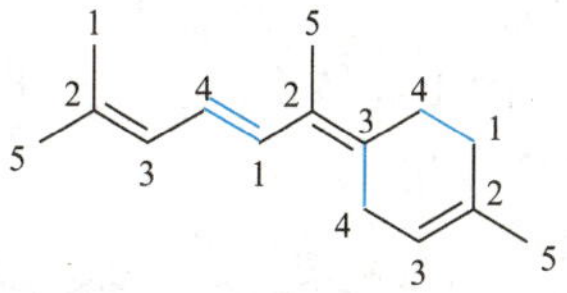 (iii) 倍半萜

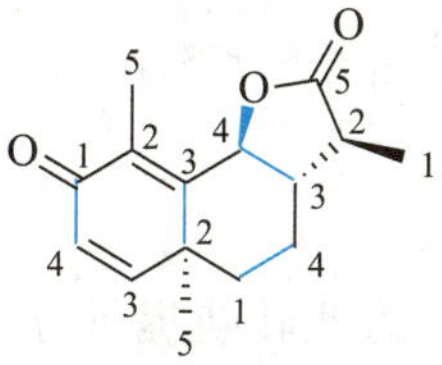

(iv) 倍半萜 驱蛔素 santonin 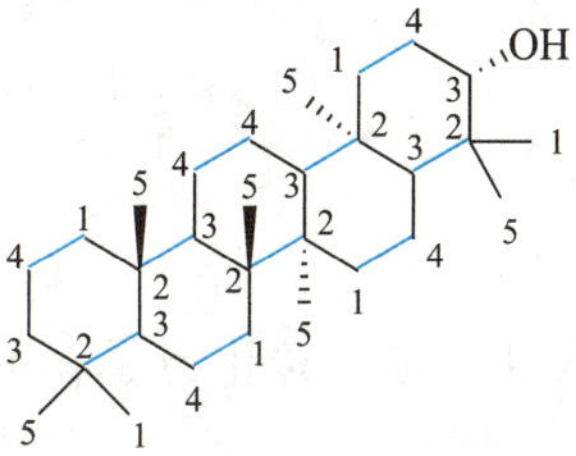 (v) 三萜 四膜虫醇 tetrahymanol

习题22-35 以下异戊烯衍生物是红狐尿液中的臭味剂。以 3-甲基-3-丁烯-1-醇以及必要的无机、有机试剂为原料合成此化合物。

答

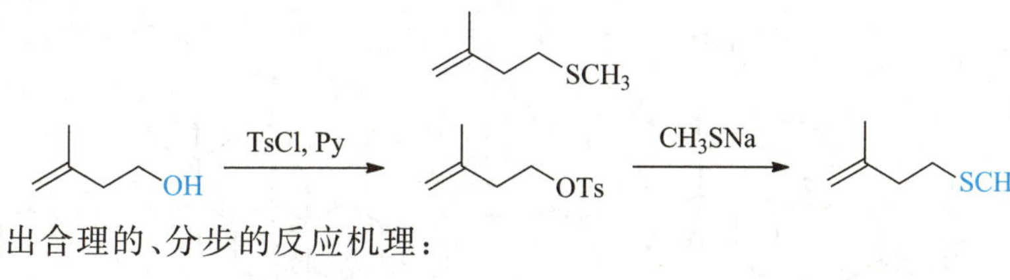

习题22-36 为以下转换画出合理的、分步的反应机理：

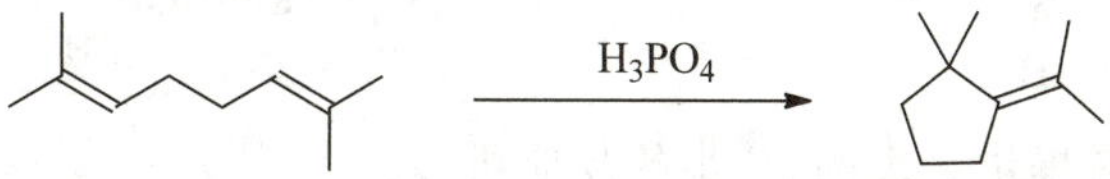

H_3PO_4

实验结果发现还存在以下两个产物，请问这两种化合物是如何形成的？

答

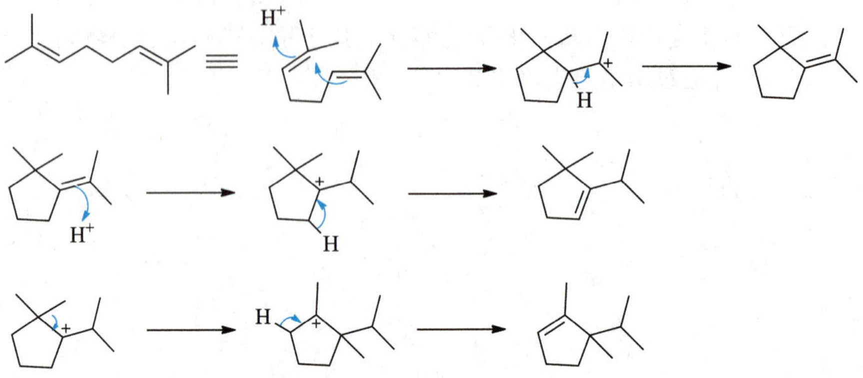

习题22-37 紫罗酮是许多香水中的有效成分。假紫罗酮经硫酸处理会转化为 α-和 β-紫罗酮的混合物：

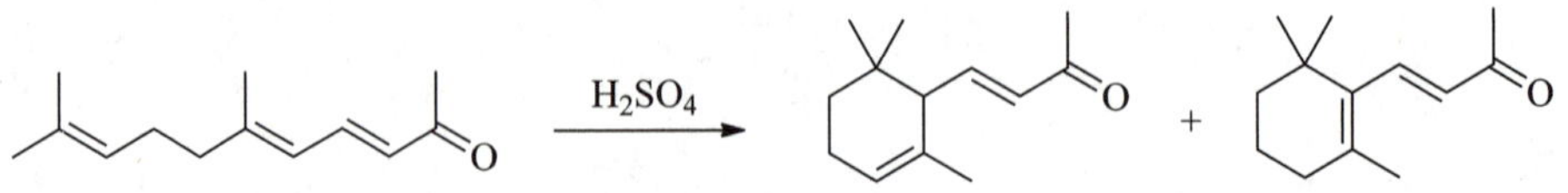

H_2SO_4

画出此转换的反应机理。

答

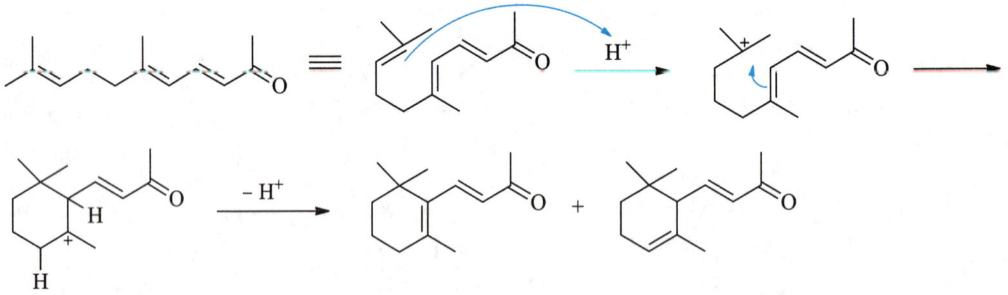

H^+

$-H^+$

习题22-38 β,γ-不饱和甾酮在酸性条件下可以转化为 α,β-不饱和甾酮。为此转换提供分步的、合理的反应机理：

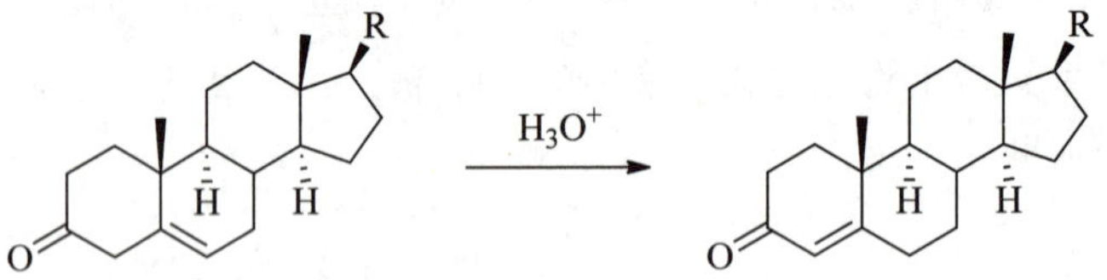

H_3O^+

答

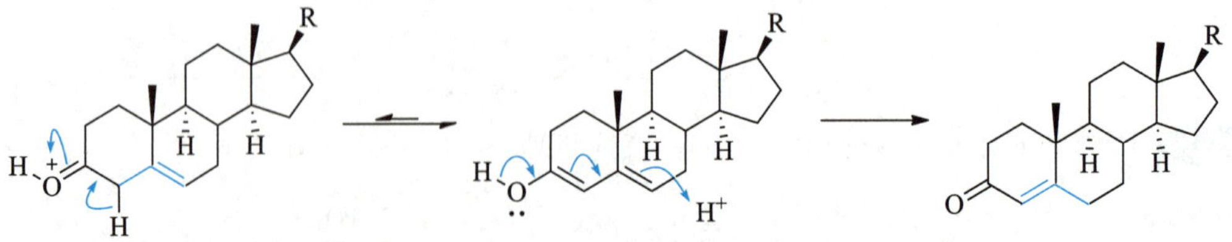

习题22-39 为以下转换提供合理的、分步的反应机理：

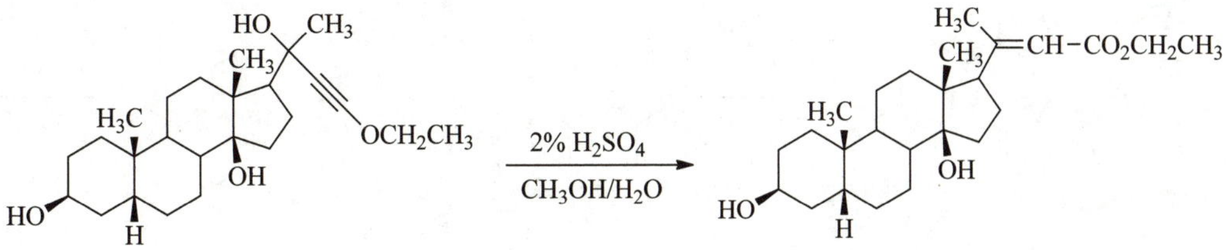

2% H_2SO_4

CH_3OH/H_2O

答

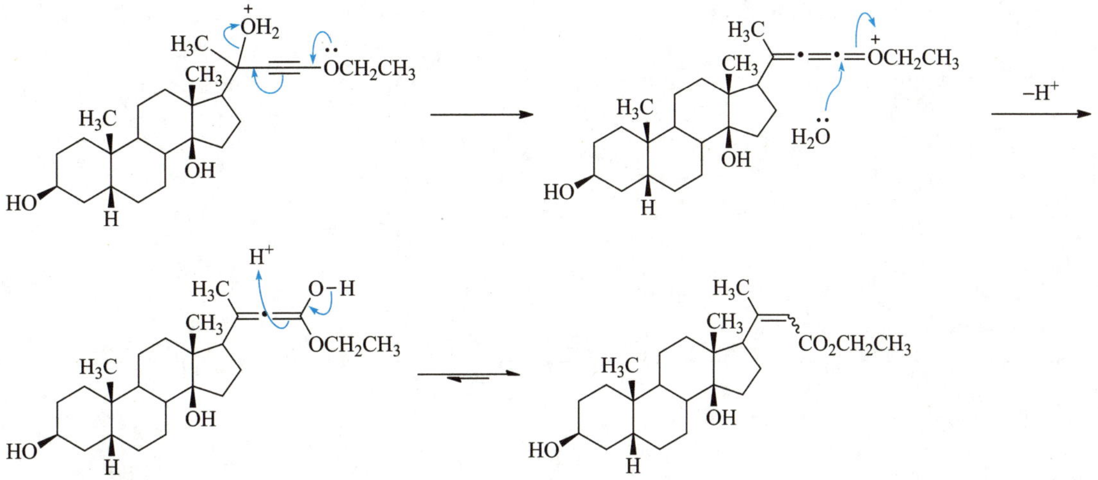

$-H^+$

习题22-40 为以下转换提供合理的反应试剂：

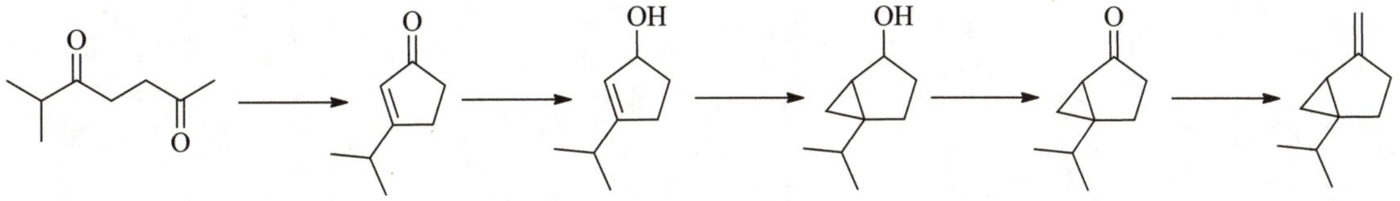

答

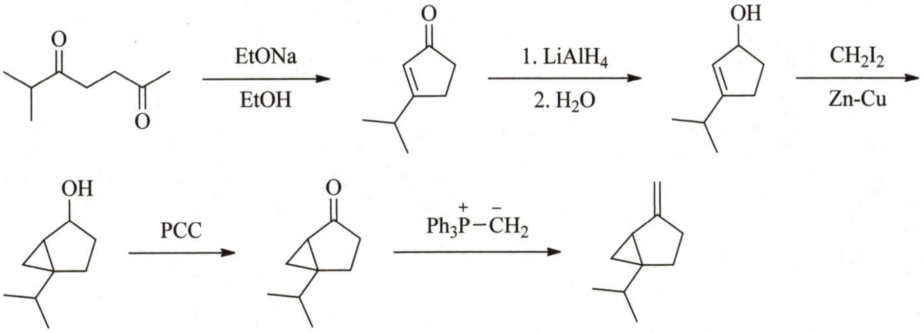

EtONa / EtOH

1. $LiAlH_4$ 2. H_2O

CH_2I_2 / Zn-Cu

PCC

$Ph_3\overset{+}{P}-\overset{-}{C}H_2$

习题22-41 画出焦磷酸香叶酯转化为 α-蒎烯的生化转化机理。

答

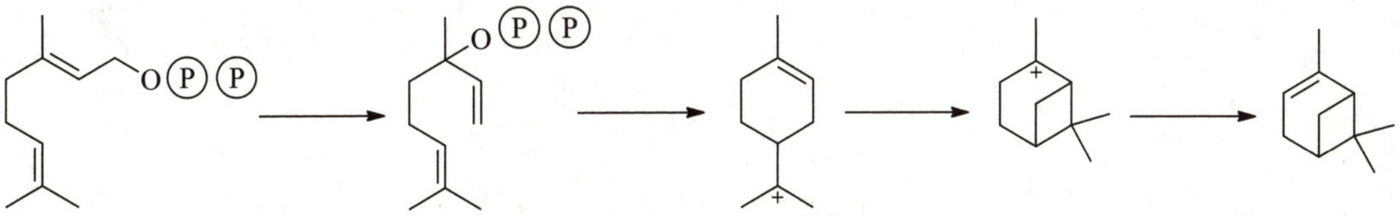

习题22-42 画出焦磷酸法呢酯转化为以下倍半萜烯的生化转化机理。

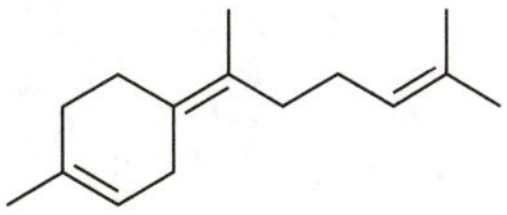

答

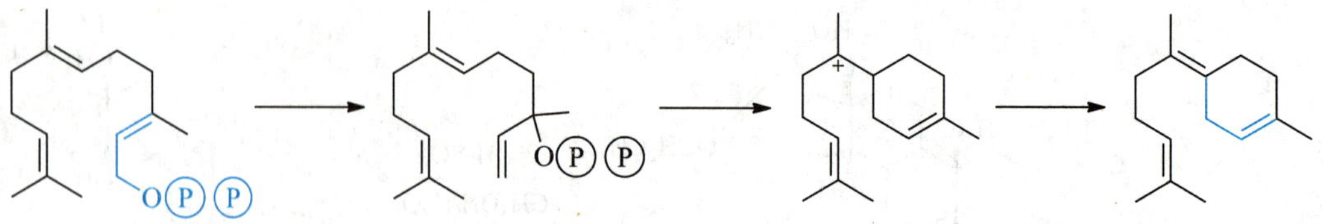

23 第23章 氧化反应

内容提要

在有机化学的发展过程中,氧化反应具有特殊的意义。它最初是有机化合物反应活性的重要评价标准,也用于一些官能团的鉴定。在一个复杂分子的合成中,氧化和还原反应要占到总反应的25%以上。

23.1 有机化合物的氧化态

判断一个有机化合物能否被氧化或在反应过程中是否被氧化,可以根据反应前后底物与产物氧化态的变化来确定。

23.2 有机化合物的氧化反应类型

在有机化合物的转化过程中,能被氧化的碳原子连接的键主要有 C—H,C═C 以及 C—C。

23.3 金属氧化剂

金属氧化剂常常是高价的金属盐,如 $KMnO_4$,OsO_4,RuO_4 以及 $K_2Cr_2O_7$,等等。

Cr(Ⅵ)氧化剂:对醇的氧化、对烯烃的氧化加成和切断、对烯丙位的氧化、对非活化 sp^3 杂化碳氢键的氧化,以及对羰基 α 位的氧化。

锰类氧化剂:对醇的氧化、对碳碳双键的氧化加成、对碳碳双键的氧化切断,以及对非活化 sp^3 杂化碳氢键的氧化。

四氧化锇:对碳碳双键的氧化加成和对碳碳双键的氧化切断。

金属钌氧化剂:对烯烃的氧化加成和对碳碳双键的氧化切断。

四醋酸铅:邻二醇的碳碳键可以被氧化切断。

Ag(Ⅰ)氧化剂:氧化醛生成羧酸。

Pd(Ⅱ)氧化剂:烯醇硅醚在醋酸钯/对苯醌作用下在室温下可以形成新的 α,β-不饱和酮,以及乙烯在化学计量的 $PdCl_2$ 作用下在水相中反应可以被氧化。

主族金属氧化剂:通过合适的方法将醛转化为酯再水解,也是将醛温和氧化的一类方法。

23.4 非金属氧化剂

一些非金属氧化剂已经被深入广泛地研究，如硝酸、硫酸、碘类氧化剂、氯类氧化剂、双氧水、臭氧以及分子氧等等。

碘类氧化剂：碘原子具有原子半径大、可极化程度高以及电负性小等特点，这些特点使其容易形成稳定的高价态、多配位的高价碘试剂。$NaIO_4$ 是最典型的对邻二醇中碳碳键氧化切断的氧化剂。此外，此类氧化剂还有 Dess-Martin 高价碘化物(DMP)、亚碘酰苯及其衍生物。

亚氯酸钠：Pinnick 氧化。

二氧化硒：是一类非常高效的烯丙位和苄位的氧化剂。

单线态 O_2：对碳碳双键的氧化。

臭氧与碳碳双键的臭氧化反应：臭氧是 1,3-偶极体，具有很强的亲电能力。

23.5 有机氧化剂

比较典型的、也是常用的有机氧化剂有二甲亚砜(DMSO)、过氧酸、氮氧化物以及叶利德等。

二甲亚砜：Kornblum 氧化反应、Pfitzner-Moffatt 氧化反应、Albright-Goldman 氧化反应、Parikh-Doering 氧化反应，以及 Swern 氧化。

氮氧化物：最常用的两个氮氧化物为 2,2,6,6-四甲基哌啶氮氧化物(TEMPO)和 *N*-甲基吗啉氮氧化物(NMO)。Davis 氧化反应。

过氧化物：Rubottom 氧化、Dakin 反应，以及 Baeyer-Villiger 氧化反应。

叶利(立)德：Johnson-Corey-Chaykovsky 反应。

23.6 不对称氧化反应

烯烃的不对称双羟基化反应：Sharpless 不对称双羟基化反应和胺羟基化反应。

烯烃的不对称环氧化反应：Sharpless 不对称环氧化反应、Jacobsen 不对称环氧化反应，以及 Katsuki 不对称环氧化反应。

23.7 氮原子和硫原子参与的氧化反应

一级胺可以被氧化为腈类衍生物。在强氧化剂的作用下，一级胺还可以被氧化为硝基化合物。

二级胺可以被氧化为亚胺。

三级胺则可以被 H_2O_2 氧化为氮氧化物。硫醚可以被氧化为亚砜和砜。

习题解析

习题 23-1 二级的烯丙基醇在 Swern 氧化条件下被氧化，通常会生成 α-卤代的 α,β-不饱和酮。请为以下转换画出分步的、合理的反应机理：

OH / Cl —— DMSO, $(COCl)_2$ / Et_3N, CH_2Cl_2, −80 °C ⟶ O / Cl / Cl

答　本题需要深入理解 Swern 氧化反应的机理。细致观察反应得到的产物结构，可以发现除了羟基被氧化之外，烯烃的 C—H 键被氧化为 C—Cl 键。推测是发生了加成-消除的过程，其中加成的过程同时也是氧化，需要活化的 DMSO 提供 Cl^+，形成二氯化物后再消除一分子 HCl 得到产物。可能的机理如下：

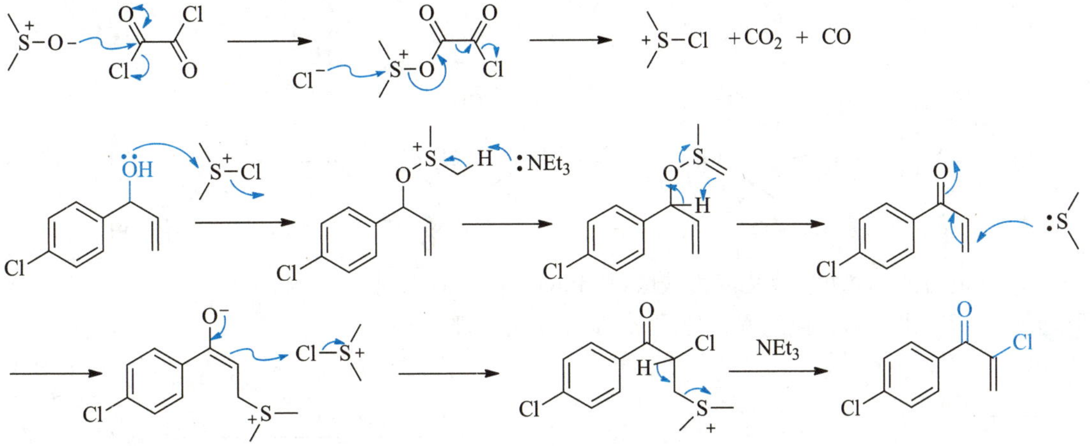

习题 23-2　请为以下转换画出分步的、合理的反应机理：

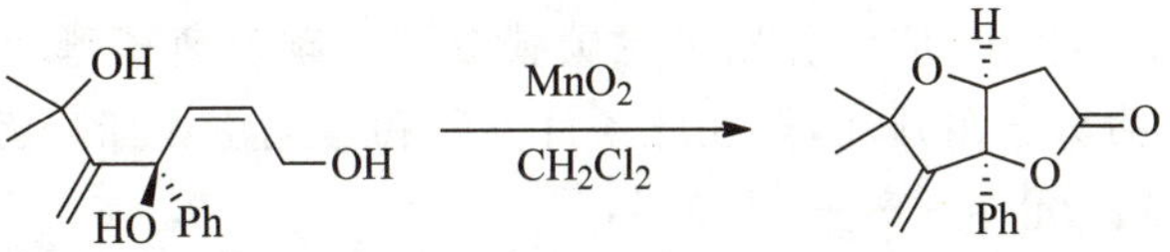

答　MnO_2 可以氧化烯丙醇为 α,β-不饱和羰基体系。此底物中有三个羟基，其中有两个为三级羟基，无法氧化。因此，MnO_2 首先将一级醇氧化为醛后，接着与一个三级醇形成五元环状的半缩醛，半缩醛中的羟基相当于二级醇，而且还是在烯丙位，可以继续氧化后成 α,β-不饱和的内酯。接着发生另一个三级醇的羟基对 α,β-不饱和内酯的 Michael 加成，从而发生第二次关环（请思考：为何是答案中的三级醇优先形成五元环，另一个是否可以？）：

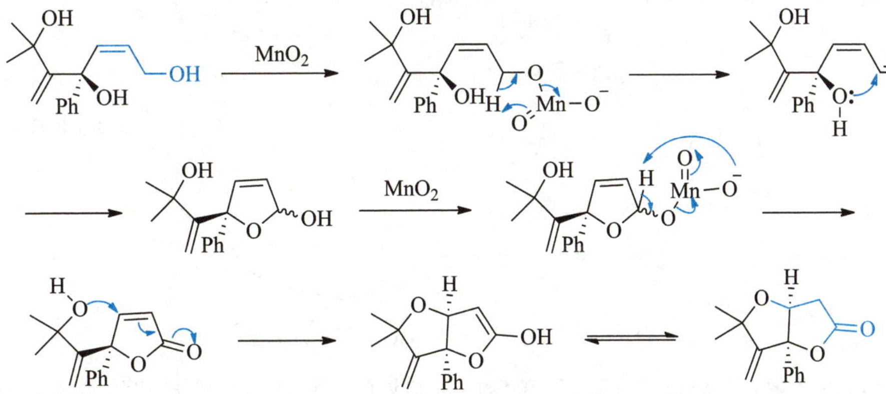

参考文献：G. Mehta, et al. *Tetrahedron Letters*, 2009, 50: 6597～6600.

习题 23-3　请写出以下转换过程合理的、分步的反应机理：

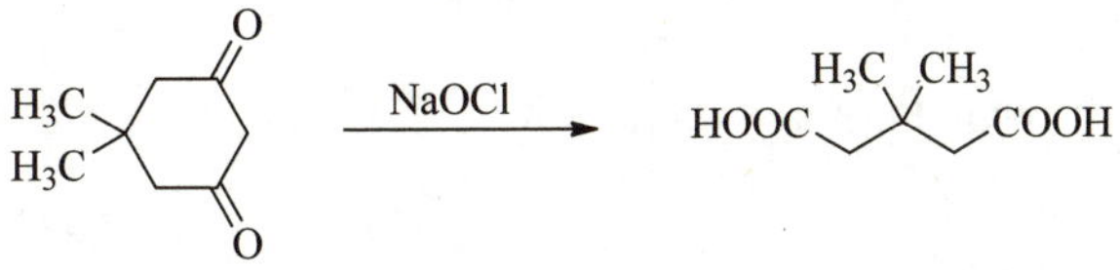

答　从底物到产物的过程中，两个 α-H 被取代(氧化)为 Cl，然后在碱性条件下发生 C—C 键的断裂；最后相当于发生了卤仿反应：

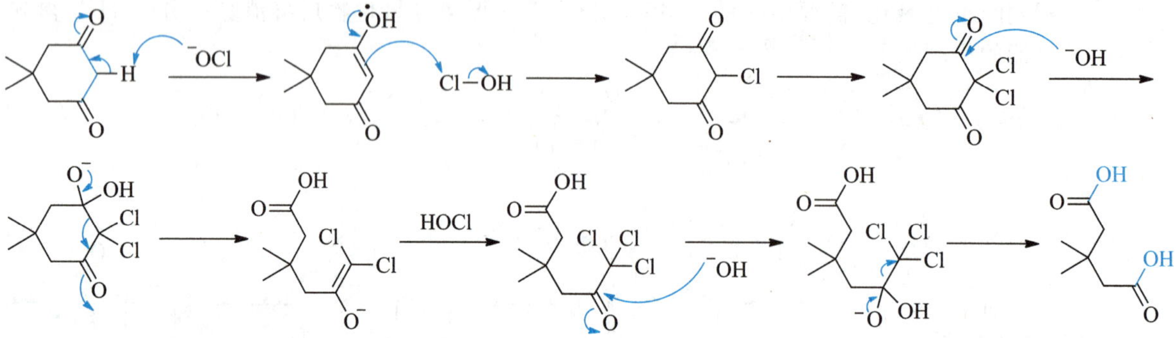

请对照 $NaClO_2$ 氧化醛为羧酸(Pinnick 氧化)的机理。

习题 23-4　请写出下列转换过程合理的、分步的反应机理：

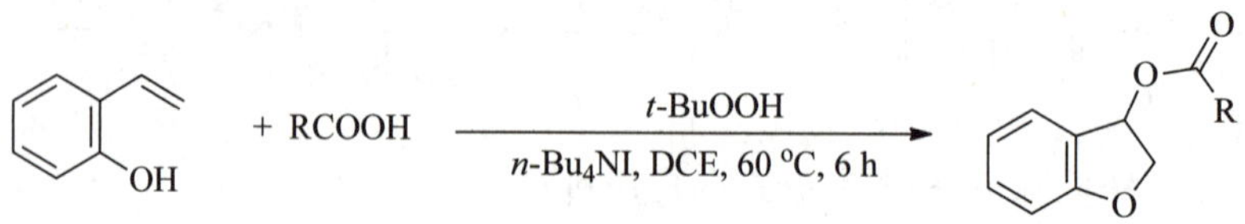

$$\text{RCOOH} \xrightarrow[n\text{-}Bu_4NI,\ DCE,\ 60\,^{\circ}C,\ 6\ h]{t\text{-}BuOOH}$$

答　在此题的理解过程中，应该首先考虑碳碳双键和碘负离子哪个更容易被氧化。如果碳碳双键先被环氧化，之后分子内开环，但在此条件下醇和酸无法成酯。因此，首先考虑碘被氧化后，可以与碳碳双键形成三元环正离子：

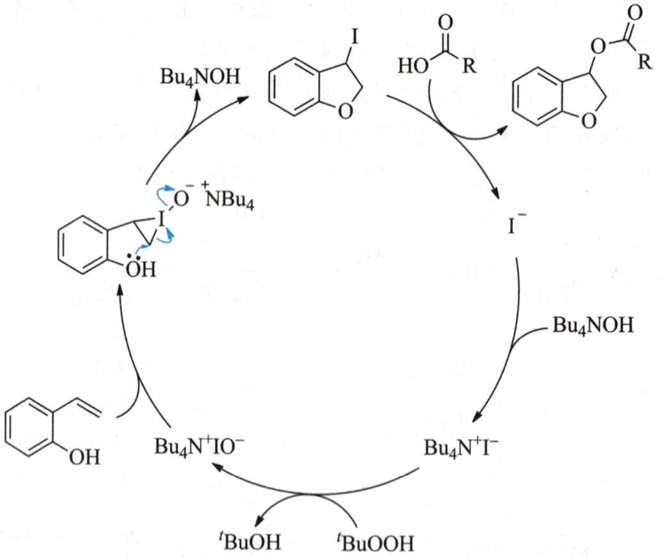

还可以考虑：在形成三元环后，羧酸中羰基氧的亲核能力与酚羟基的亲核能力相比，哪一个更强？如果羧酸中羰基氧的亲核能力强，则可以写成

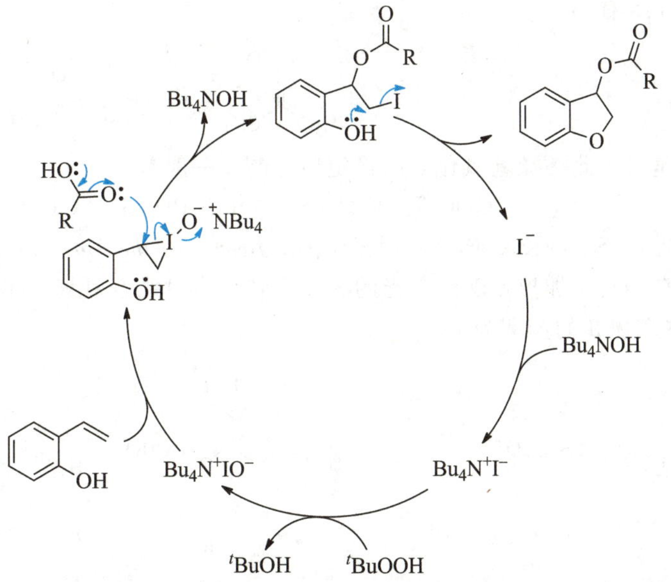

参考文献：Jijun Chen，Ying Shao，Hao Zheng，et al. *J. Org. Chem.*，2015，80：10734～10741.

习题 23-5 不对称臭氧化反应的产物比较复杂，以下是 2-苯基-3-甲基-2-丁烯在甲醇溶液中臭氧化反应的结果：

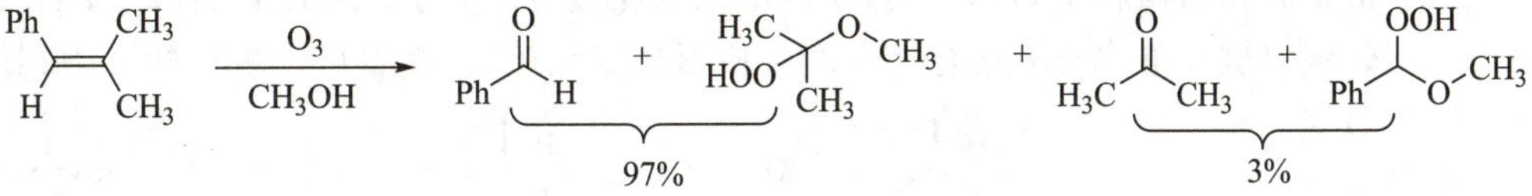

请解释实验结果。

答

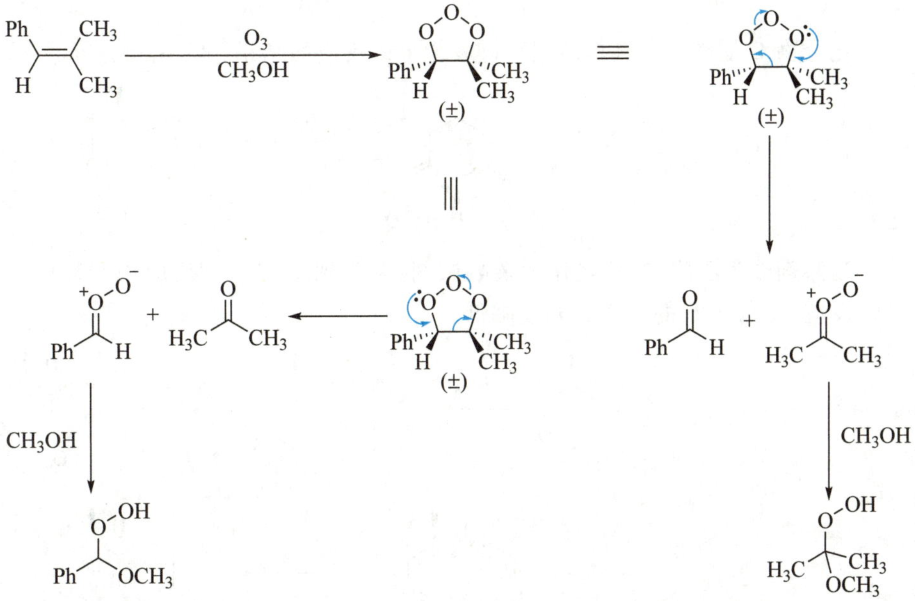

臭氧化反应在醇溶液中进行时，通过 1，3-偶极环加成反应形成的五元杂环可以分解形成新的 1，3-偶极体和羰基化合物。新的 1，3-偶极体可以与醇反应。问题的关键是如何解释两种断裂方式的比例，即不对称烯烃在臭氧化反应中的选择性。主要应该考查何种取代基能够稳定如下形

式的 1,3-偶极体：

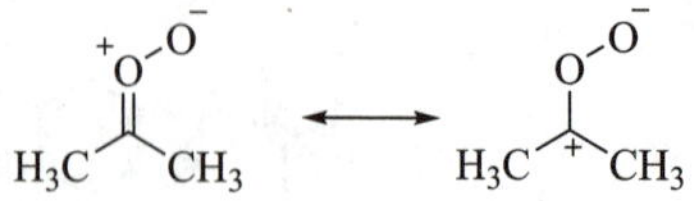

取代基对于此类羰基氧化物的稳定能力顺序一般是

$$COCH_3 > CH_3 > COOH > Ph > H > CH_2OH > COOCH_3$$

参考文献：Sandor Fliszar，Michel Granger. *Journal of the American Chemical Society*，1969，91(12)：3330.

习题 23-6 氧气在染料孟加拉玫瑰红与光的激发下转化为单线态氧气。单线态氧气在甲醇中与化合物 **A** 反应，主产物 **B** 的产率为 72%：

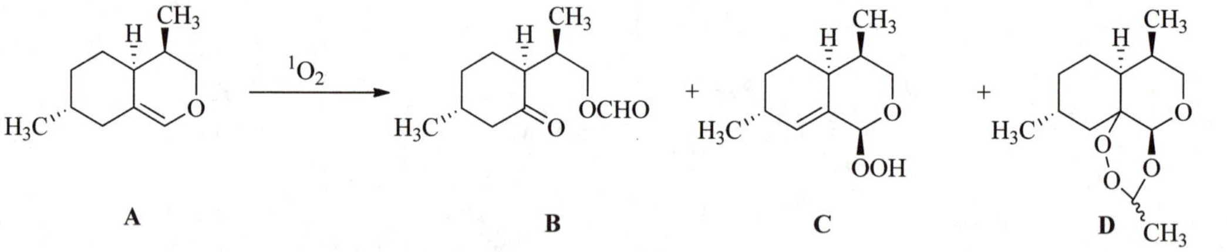

而当反应在乙醛为溶剂中进行时，化合物 **B** 的产率降低到 54%。另外两个产物 **C** 的产率为 19%，**D** 为 17%。请解释这些实验结果。

答 由于底物结构属于烯基醚类，双键电子云密度较大，与单线态氧的[2+2]反应倾向较大。首先，碳碳双键与单线态氧进行[2+2]反应形成四元环后，接着再发生逆的[2+2]反应形成化合物 **B**：

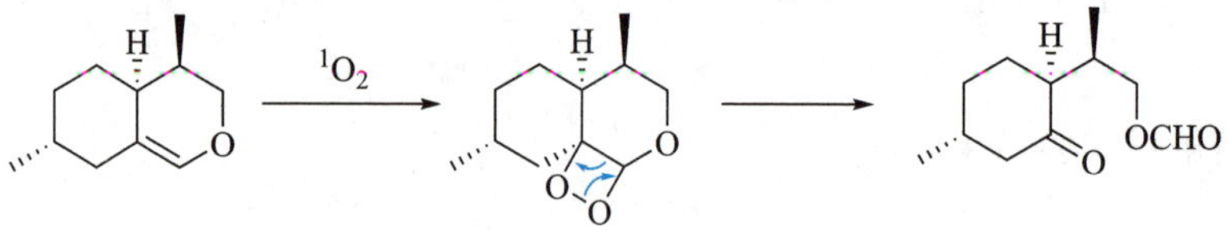

化合物 **C** 是单线态氧与碳碳双键发生 ene 反应的结果：

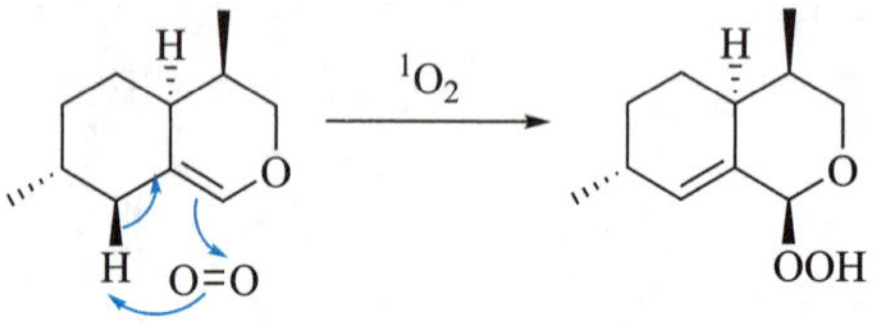

当溶剂改为乙醛时，乙醛作为亲电试剂，参与到了[2+2]反应中开环的一步，抑制了逆的[2+2]反应，使产物 **B** 的产率大幅度降低：

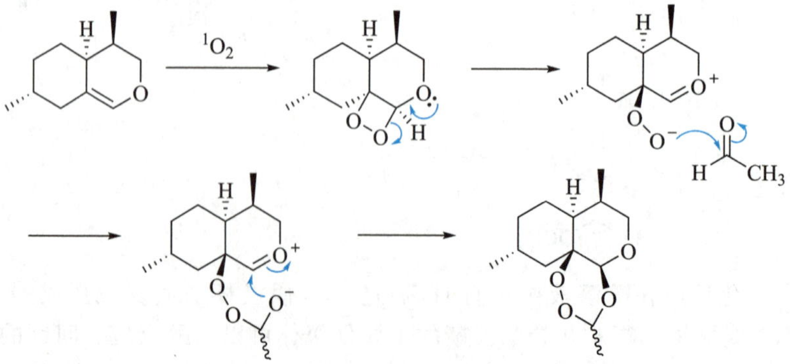

24 第24章 重排反应

内容提要

在有机化学中，重排反应是一类非常重要的反应，它涉及有机分子内骨架的重组、形成新的骨架体系的过程。

24.1 亲核重排的基本规律

从空间效应和电子效应上考虑，1,2-亲核重排反应比亲电重排和自由基重排更容易发生，底物的种类也更多。

24.2 自由基重排的基本规律

1,2-自由基重排反应远比亲核重排要少得多，但其基本过程与亲核重排类似，也包含三步：自由基的产生；自由基迁移；最终新产生的自由基通过其他反应被湮灭。

24.3 亲电重排和卡宾重排的基本规律

亲电重排首先生成负离子，接着一个基团或原子带着正电荷进行迁移，最终形成更为稳定的负离子。

24.4 从碳原子到碳原子的1,2-重排

Wagner-Meerwein 重排：碳正离子型的1,2-重排反应。

Pinacol 重排：邻二醇在酸性条件下脱水转化为醛或酮的反应。

Prins-pinacol 重排：在 Lewis 酸催化下的4-烯基-1,3-二氧杂环戊烷的重排。

Demjanov 和 Tiffeneau-Demjanov 重排：氨甲基取代的环烷烃在亚硝酸处理下发生重排。

二烯酮-苯酚重排：环己二烯酮的对位或邻位有两个烷基取代基时，在酸性条件下可以发生重排。

二苯基乙二酮-二苯乙醇酸型重排：α-二酮的重排。

Favorskii 重排：至少含一个α氢的α-卤代酮经碱处理发生重排。

基于酰基卡宾的重排：α-重氮酮的重排，包括 Wolff 重排和 Arndt-Eistert 重排。

24.5 从碳原子到氮原子的 1,2-重排

Hofmann 重排、Curtius 重排、Lossen 重排以及 Schmidt 重排等反应均属于此类反应。

24.6 从碳原子到氧原子的 1,2-重排

重点了解 Criegee 中间体。Baeyer-Villiger 重排和 Dakin 反应属于此类反应。

24.7 从杂原子到碳原子的重排

Baker-Venkataraman 重排：邻酰氧基苯乙酮在碱性条件下可以重排为 1,3-二羰基化合物。

Payne 重排：羟甲基取代的环氧乙烷在催化量强碱作用下会异构成 2,3-环氧醇。

Smiles 重排：双-(2-羟基-1-萘基)硫醚在碱性条件下可以异构化为 2-羟基-2′-巯基-双-(1-萘基)醚。

Stevens 重排：α 位上具有吸电子基团的季铵盐或硫鎓盐在强碱(醇钠或氨基钠)作用下，脱去一个 α 活泼氢生成叶利德，然后氮或硫原子上烃基进行分子内的[1,2]-迁移，生成叔胺或硫醚。

Sommelet-Hauser 重排：苄基四级铵盐在强碱作用下的[2,3]-σ 重排。

Pummerer 重排：苯亚磺酰基乙酸可以转化为苯硫醇和乙醛酸。

Meyer-Schuster 和 Rupe 重排：1,1,3-三苯基-2-丙炔醇在浓硫酸和乙醇中转化成 1,3,3-三苯基丙炔酮。

Fries 重排：酚酯与 Lewis 酸或 Brønsted 酸一起加热，发生酰基重排生成邻羟基或对羟基芳酮的混合物。

24.8 从杂原子到杂原子的亲核重排

硼氢化氧化：三烷基硼在双氧水和 NaOH 作用下发生氧化重排。

24.9 σ 迁移重排

邻近一个或多个 π 体系的一个原子或基团的 σ 键迁移至新的位置，同时其 π 体系发生转移进行重组，这种分子内非催化的异构化协同反应称 σ(迁移)重排。

[1,*j*]-氢 σ 迁移重排：[1,3]-和[1,5]-氢 σ 迁移(重排)最为常见。

[1,*j*]-碳 σ 迁移重排：烷基或芳基的 σ 迁移重排与相应的氢 σ 迁移重排相比要少得多，也难得多。

[3,3]-σ 迁移重排：Cope 重排、Claisen 重排、Fischer 吲哚合成以及金属原子参与的重排反应。

[2,3]-和[1,2]-σ 迁移重排：[1,2]-Wittig 重排、[2,3]-Wittig 重排以及 Mislow-Evans 重排。

习题解析

习题 24-1 请为以下反应的不同结果提供合理的解释：

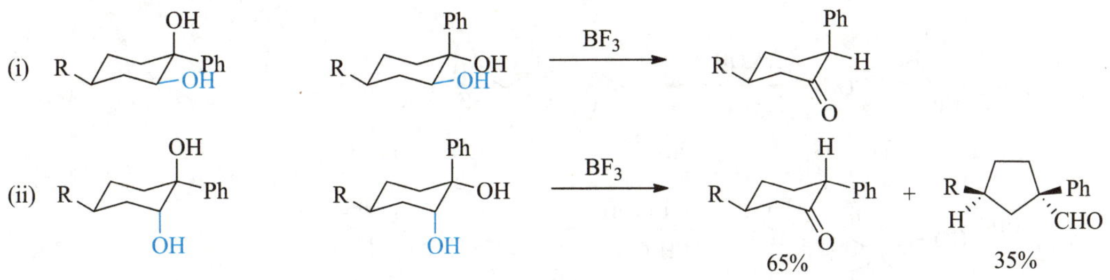

答　在 BF_3 的作用下，四个底物的 C1 位上羟基离去，形成稳定的苄基正离子。对于前两个底物，容易发生[1,2]-氢迁移生成相应不缩环的产物，而烷基迁移的产物很少。对于后两个产物，要发生迁移的氢几乎处于碳正离子平面内，由于构型关系而无法直接迁移；不过，底物可通过互变为能量较高的船式构象，从而完成氢迁移。这使得生成六元环产物的反应相对变慢，从而与碳迁移反应的竞争优势变弱，最终可观察到五元环产物。

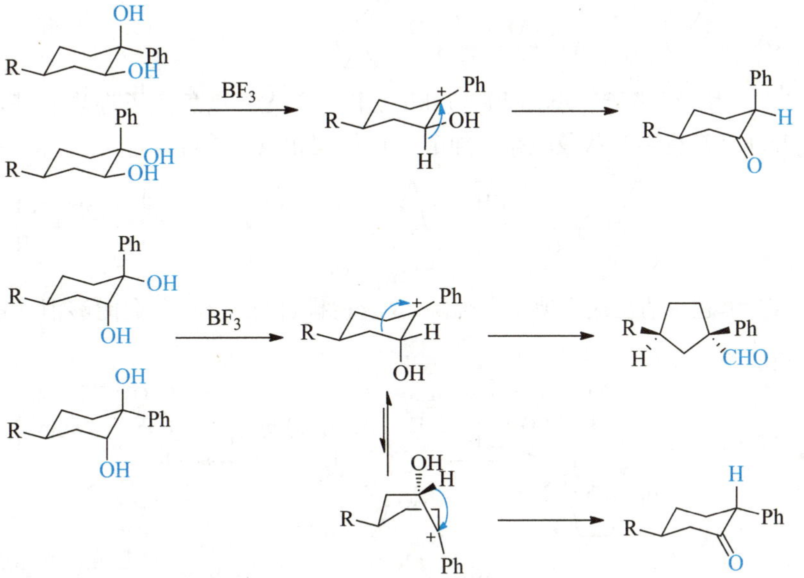

思考：请比较本题中的 pinacol 重排反应与下面的 semipinacol 重排反应的异同。［提示：本题中的 pinacol 重排更接近于碳正离子过程，而下面的 semipinacol 重排则更接近于协同过程（即基团迁移与氯离子离去基本同时发生），因此后者中存在迁移基团必须处于离去基团反位的立体化学要求］

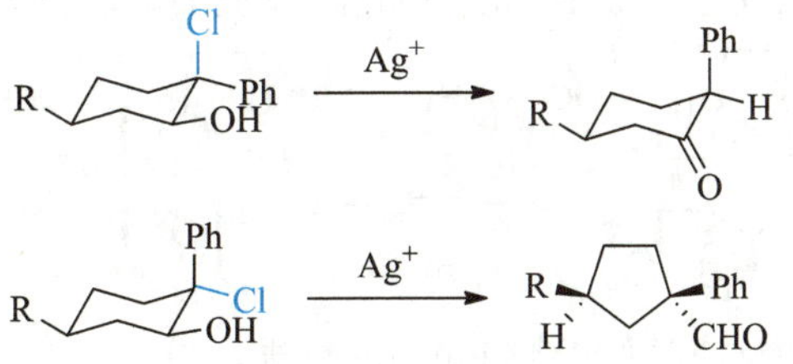

参考文献：Barili，P. L.；Berti，G.；Macchia，B.；Macchia，F.；Monti，L. *J. Chem. Soc.*，1970，9：1168～1172.

习题 24-2　为以下反应提供合理的、分步的反应机理：

(i) 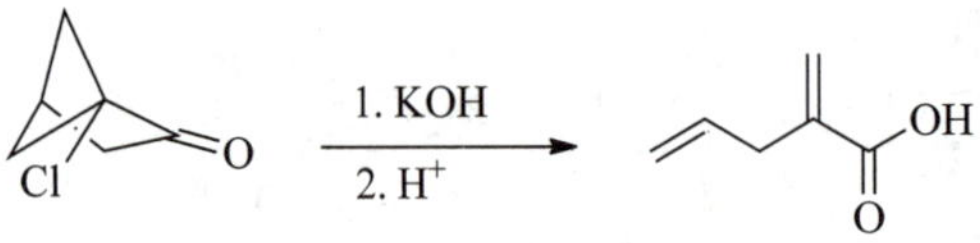 1. KOH 2. H^+

(ii) 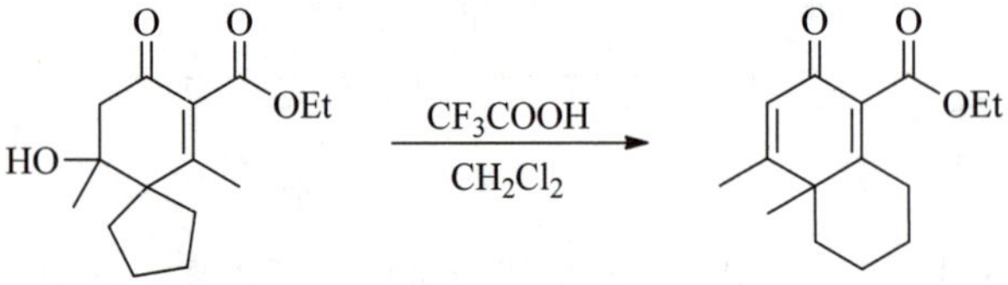 CF_3COOH CH_2Cl_2

(iii) 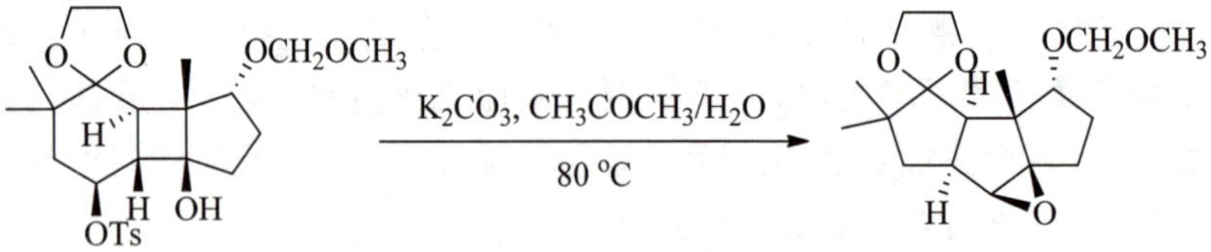 K_2CO_3, CH_3COCH_3/H_2O 80 ℃

(iv) 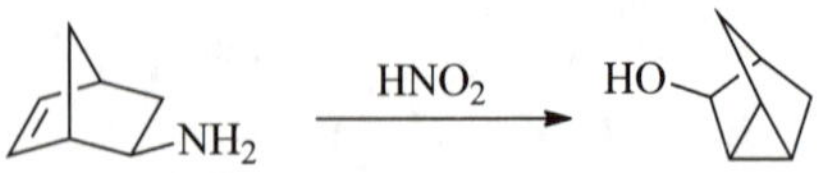 HNO_2

答 (i) 此反应类似于 Quasi-Favorskii 重排。首先氢氧负离子进攻羰基，随后由于双环体系的张力，开环裂解得到链状羧酸盐。加酸处理得到相应的羧酸。

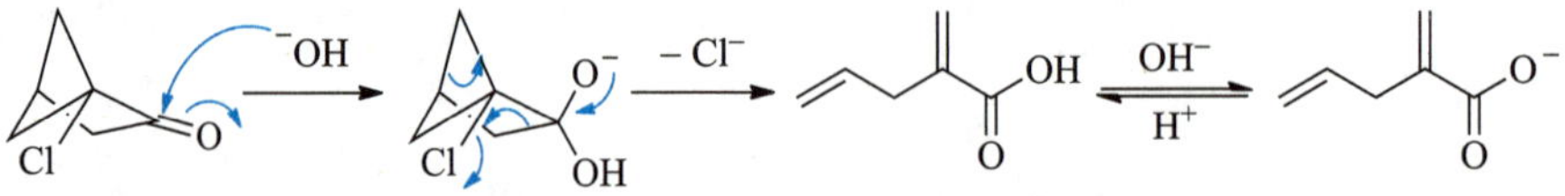

(ii) 本题中的反应类似于二烯酮-苯酚重排，但由于不存在能够消除的质子而无法重排得到苯酚衍生物。

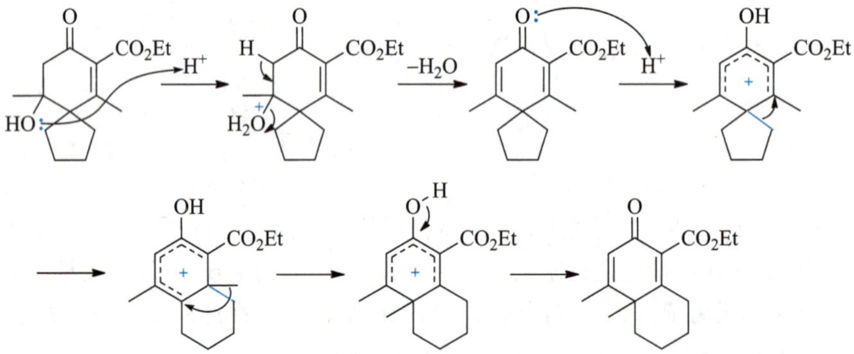

(iii) 本题中的反应类似于 Payne 重排，反应的驱动力为四元环张力的释放。

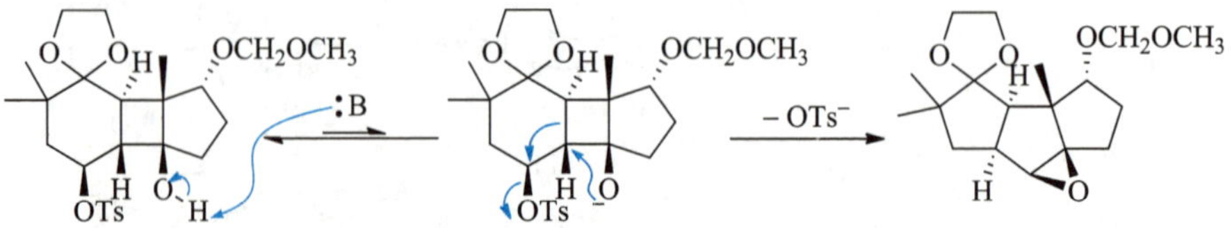

(iv) 本题中的反应类似于 Demjanov 重排。

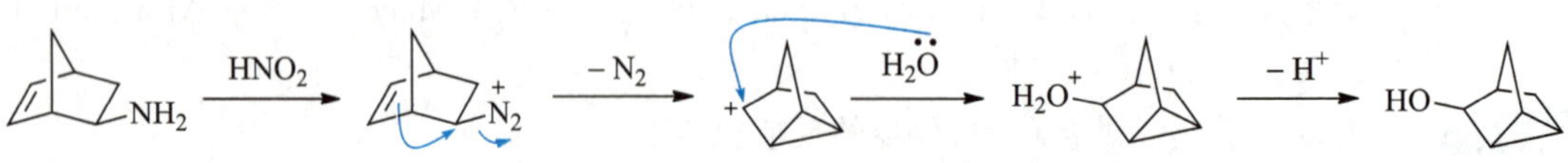

习题 24-3 为以下实验结果提供合理的解释：

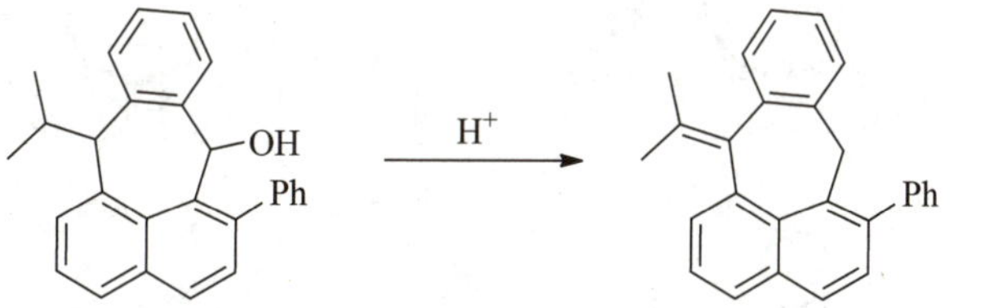

$\xrightarrow{H^+}$

其产物不是羟基失水后形成的正离子与苯环发生傅-克反应形成的：

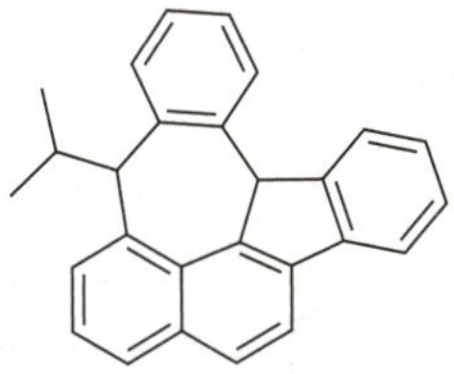

答 首先简单讨论实际反应所经历的机理。底物先质子化、脱水得到二芳基碳正离子；随后可能发生[1,5]-氢迁移反应，也可能发生1,4-消除反应，得到最终产物。虽然这两种机理均是合理的，不过更进一步的氘代实验证实，此反应实质上是经过[1,5]-氢迁移完成的：

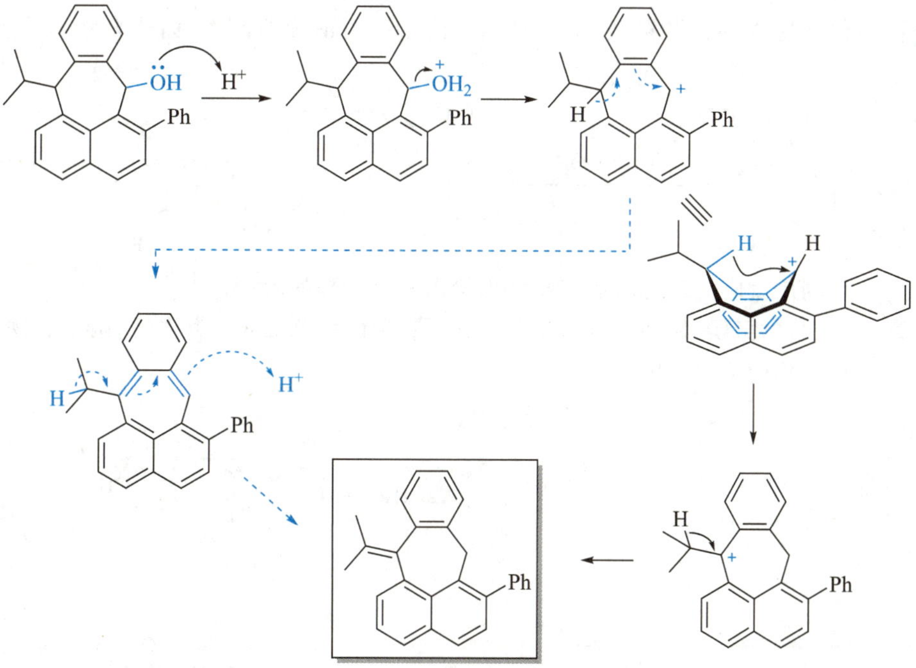

底物脱水形成碳正离子后，还存在另一种可能的反应途径，即傅-克关环；但在实际反应中并没有观察到这样的产物。其原因在于其构象限制，导致碳正离子的空轨道无法与苯环的π轨道有效重叠，导致该反应较难发生。若将底物的异丙基替换为苯基，则该苯环能旋转至合适位置，从而获得相关轨道的较好重叠，得到傅-克关环的桥环体系；而另一个苯环则不会参与反应。

不过，上述反应只是速率远低于烯烃化反应，而并非不能进行；只要将异丙基替换为甲基或乙基，在烯烃化反应难以进行的情况下，傅-克关环产物仍然是主产物。

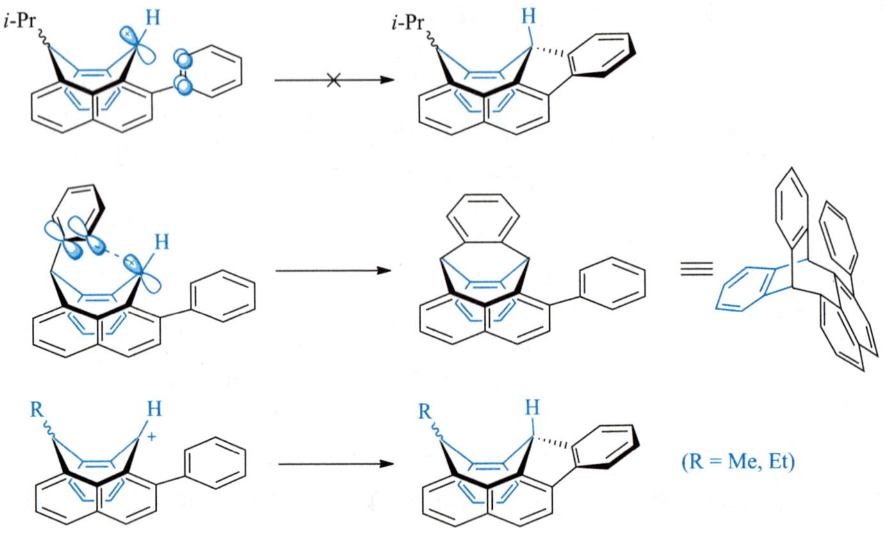

参考文献：Lansbury，P. T.；Bieber，J. B.；Saeva，F. D.；Fountain，K. R. *J. Am. Chem. Soc.*，1969，91：399～405.

习题 24-4 化合物 **A** 在乙酸溶液中溶剂解，得到了一对消旋的产物；而化合物 **B** 在同样条件下其构型保持不变：

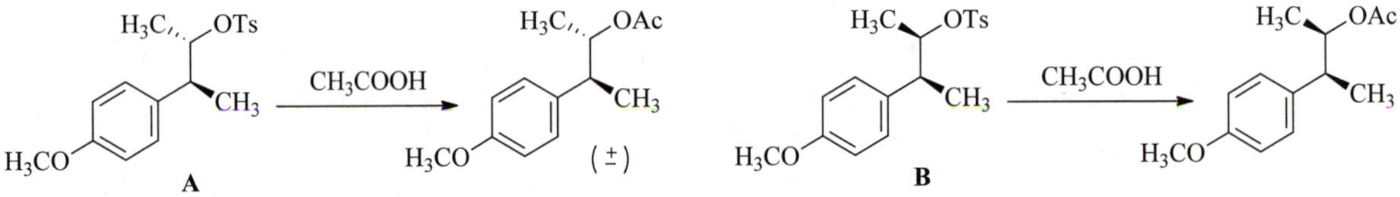

请利用反应机理对以上实验结果给出一个合理的解释。

答 本题主要复习邻基参与的相关知识。在磺酰氧基 TsO^- 离去后，两个底物不同的对称性导致了目标产物的不同立体化学。

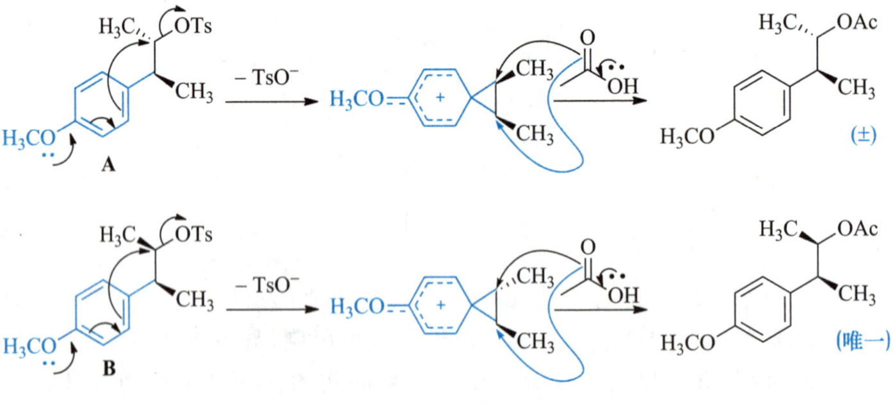

习题 24-5 请利用反应机理分析以下实验结果，解释不能环化的原因。

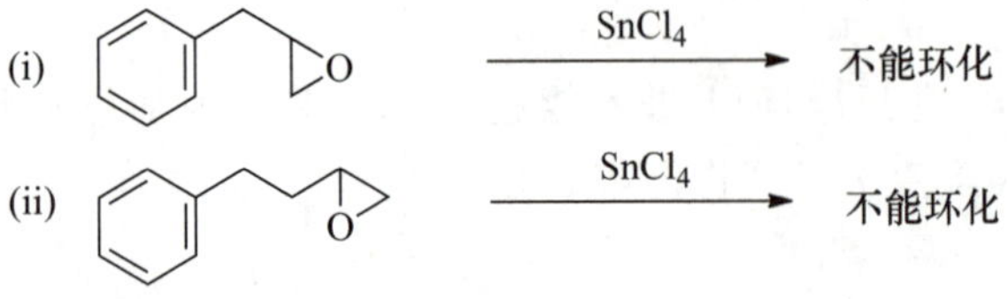

(i) $\xrightarrow{SnCl_4}$ 不能环化

(ii) $\xrightarrow{SnCl_4}$ 不能环化

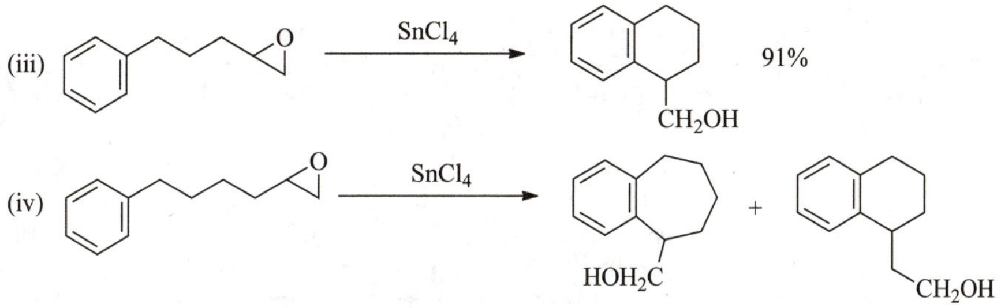

(iii) SnCl$_4$ 91%

CH$_2$OH

(iv) SnCl$_4$ +

HOH$_2$C CH$_2$OH

答 此傅-克反应也可认为是环氧官能团的亲核开环反应。虽然从本质上来说，该反应经历的是 S_N2 机理，但反应的过渡态具有更类似于碳正离子的行为。二级碳比一级碳能更好地分散正电荷，因此更易受苯环的亲核进攻：

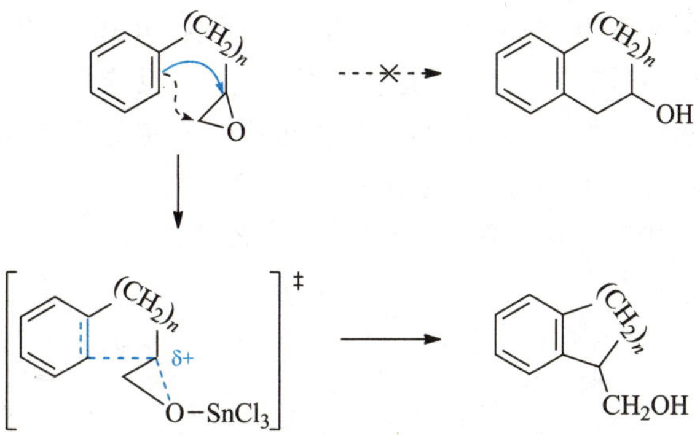

$(CH_2)_n$ O $(CH_2)_n$ OH

$(CH_2)_n$ δ+ O−SnCl$_3$ ‡ $(CH_2)_n$ CH$_2$OH

由于空间距离的原因，芳环上的 π 电子轨道无法与碳正离子的反键轨道进行有效重叠，所以(i)中的反应物无法关上五元环，(ii)中的反应物也无法形成五元环系，而形成六元环又不符合环氧环在酸性条件下开环的基本规律。在此处的条件下，傅-克反应最容易关上六元环，七元环次之，而五元及以下的环则很难关上，这是因为(i)和(ii)中反应物的几何构象阻碍了相关轨道的有效重叠(或者说，若要保证有效重叠，则过渡态的张力太大)。

在此处的条件下，傅-克反应过渡态的相关轨道如下图所示(为明确起见，将其当做碳正离子简单处理)：

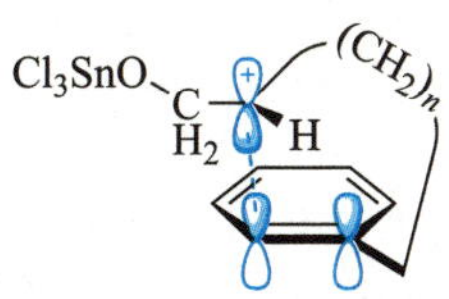

Cl$_3$SnO C H$_2$ H $(CH_2)_n$

参考文献：Taylor, S. K.; Hockerman, G. H.; Karrick, G. L.; Lyle, S. B.; Schramm, S. B. *J. Org. Chem.*, 1983, 48: 2449～2452.

习题 24-6 请利用反应机理解释以下实验结果：

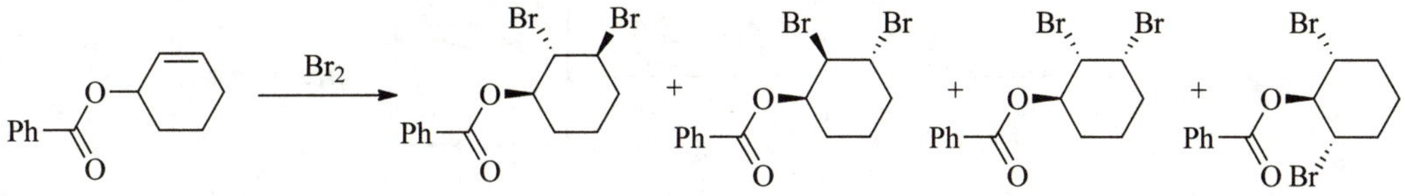

Ph O O Br$_2$ → Br Br + Br Br + Br Br + Br Br

答 本题主要复习邻基参与的相关知识。由于苯酰氧基的位阻，溴加成的位置处于其异侧：

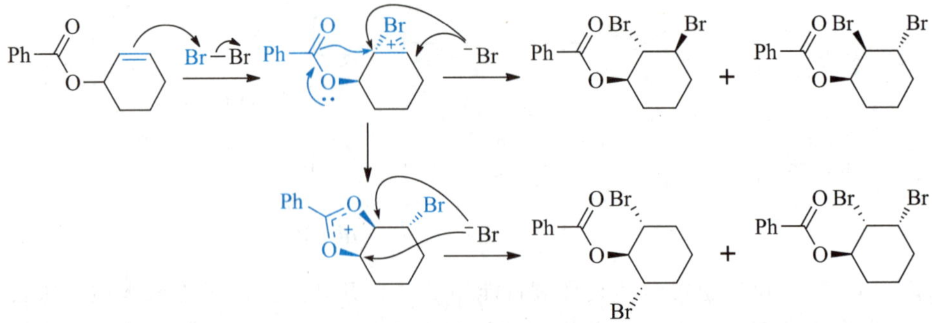

习题 24-7 在 1,3-丁二烯衍生物发生电环化反应形成取代的环丁烯时，其立体化学的控制性比较差，也就是说 1,3-丁二烯衍生物中双键的位置很容易变化。请解释其原因。

答 从分子轨道的角度分析，[1,5]-氢迁移属于同面迁移，这使得 1,3-丁二烯衍生物容易发生[1,5]-氢迁移，导致双键的位置容易进行移位。因此，反应形成取代的环丁烯时，其立体化学的控制性比较差。教材下册 24.9.1 中提到，无法合成稳定的 5-单取代的环戊二烯，也是因为单取代的环戊二烯很容易发生[1,5]-氢迁移。

习题 24-8 请写出以下转换过程合理的、分步的反应机理：

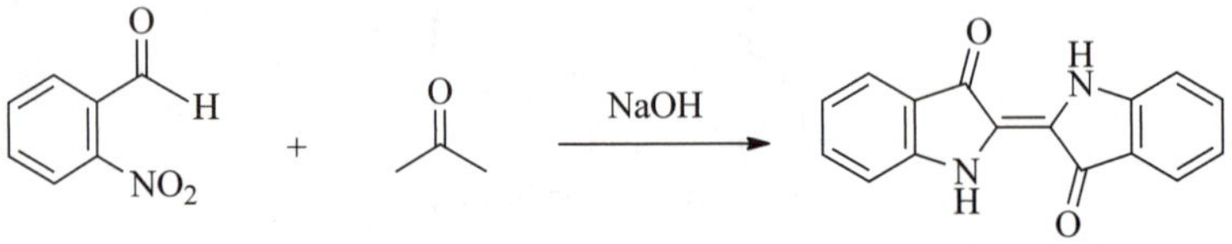

答 此反应是著名的 Baeyer-Drewson 靛蓝合成法。两个反应物首先在碱性条件下发生羟醛缩合，所得烯醇负离子继续亲核进攻硝基，随后经过酸式水解、脱水消除等一系列反应得到重要中间体 3H-3-吲哚酮。

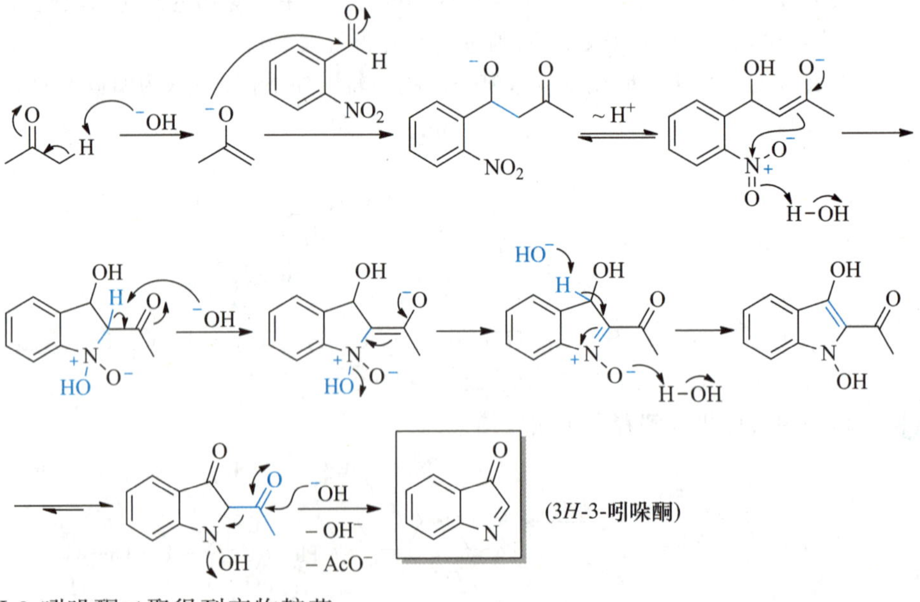

(3H-3-吲哚酮)

最后，3H-3-吲哚酮二聚得到产物靛蓝。

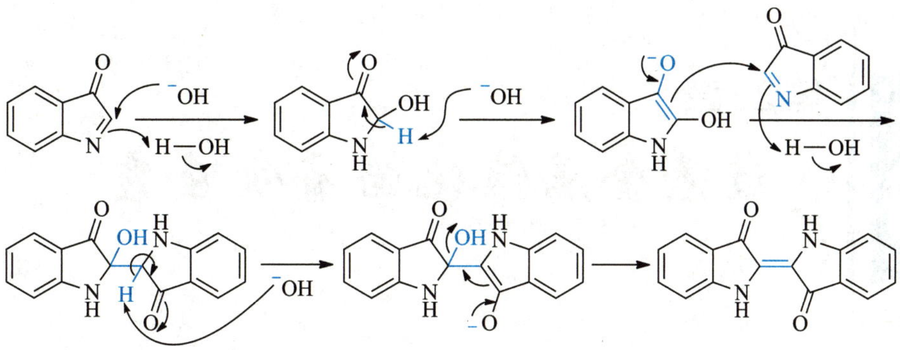

$$\ce{O}$$

25

第25章

过渡金属催化的有机反应

内容提要

金属有机化合物的反应主要包括中心金属上的反应、配体上的反应以及金属-碳键之间发生的反应。鉴于金属原子、配体以及金属-碳键的多样性，金属有机化合物所发生的反应不仅多种多样，而且新颖独特，其中包括很多以前无法想象的反应(如 CO 和 H_2 直接反应生成 CH_3OH 等)。

25.1 金属有机化合物的发展历史

Zeise 盐、四羰基合镍、Grignard 试剂、Ziegler-Natta 催化剂、Wilkinson 催化剂，以及金属催化的偶联反应。

25.2 金属配合物、价键理论及 18 电子规则

中心金属的氧化态及配位数：金属有机化合物中金属的氧化态是指金属与配体 L 所形成的键发生异裂(配体 L 以满壳层离去)时，中心金属所保留的价态。中心金属的配位数可以认为是金属原子与配体形成的配位键的数量。

18 电子规则：热力学稳定的过渡金属羰基化合物中每个金属原子的价电子数和它周围的配体提供的电子数加在一起等于 18，或等于最邻近的下一个稀有气体原子的价电子数，这种现象被称为 18 电子规则。

25.3 金属有机配合物中的配体

有机配体的齿合度：不同的配体具有不同的齿合度，或称为齿数。

配体的类型与电子数：金属有机化合物中的配位数是指配体与中心金属之间形式上存在的 σ 键数。

25.4 金属与配体成键的基本性质

σ 配体、π 配体以及 π 酸配体。

25.5 过渡金属有机化合物的基元反应

这些基元反应包括配位和解离、氧化加成和还原消除、插入和去插入、配体的官能团化、转金

属化，等等。

25.6 过渡金属催化的碳碳键偶联反应

碳碳键的偶联反应是在金属催化下形成新的碳碳键的反应。这些偶联反应可以分为 Kumada 偶联、Suzuki 偶联、Stille 偶联、Negishi 偶联、Sonogashira 偶联、Heck 偶联，等等。

25.7 过渡金属催化的碳杂原子键偶联反应

指在金属催化下形成新的碳杂原子键的反应。

25.8 钯催化偶联反应总结

钯可以催化芳基或烯基卤代物、三氟甲磺酸酯与各类金属有机化合物偶联形成碳碳键的反应。

25.9 金属卡宾和金属卡拜

金属卡宾可以认为是金属与卡宾配体以双键的方式相连接的化合物；而金属卡拜则是金属与卡拜配体以叁键的方式相连接的化合物。

金属卡宾主要分为两类：Fischer 卡宾和 Schrock 卡宾。Fischer 卡宾属于单线态卡宾，其基本性质为亲电性的。Schrock 卡宾属于三线态卡宾，其基本性质为亲核性的。

25.10 烯烃复分解反应

烯烃在催化剂的作用下发生碳碳双键的断裂生成亚烷基，然后再进行重新组合生成新的烯烃的反应称为烯烃复分解反应。

25.11 过渡金属催化反应的最新发展

金、铜和铁催化反应的研究越来越多。

习题解析

习题 25-1 为以下反应提供合适的反应试剂和条件：

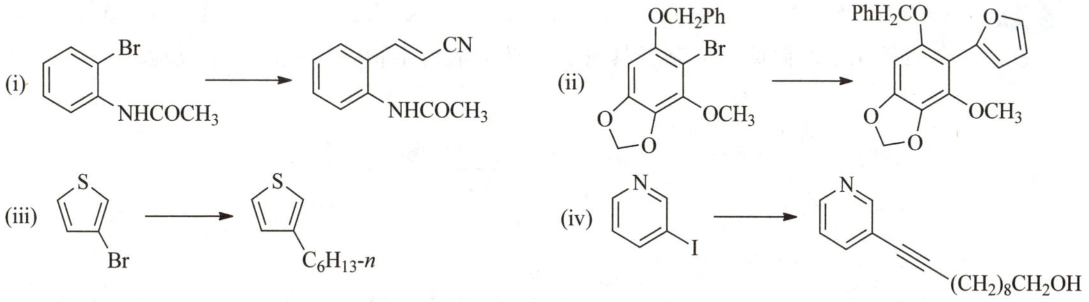

(i) Br, $NHCOCH_3$ ⟶ CN, $NHCOCH_3$

(ii) OCH_2Ph, Br, OCH_3, O, O ⟶ PhH_2CO, O, OCH_3, O, O

(iii) S, Br ⟶ S, C_6H_{13}-*n*

(iv) N, I ⟶ N, $(CH_2)_8CH_2OH$

答 本题主要复习不同偶联反应的选择。

(i) Heck 偶联反应：$H_2C{=}CHCN$，$Pd(PPh_3)_4$，$(o\text{-tol})_3P$，△。

(ii) Stille 偶联反应：n-Bu_3SnR（R＝2-呋喃基），$Pd(PPh_3)_4$，△；Suzuki 偶联反应也可以，请同学们思考呋喃-2-硼酸类化合物的合成方法。

(iii) Kumada 偶联反应：n-$C_6H_{13}MgBr$，$NiCl_2dppp$，0℃。

(iv) Sonogashira 偶联反应：$HOCH_2(CH_2)_8C\equiv CH$，$Pd(PPh_3)_4$，CuI，Et_3N，r. t.。

习题 25-2 为以下转换提供合理的、分步的反应机理：

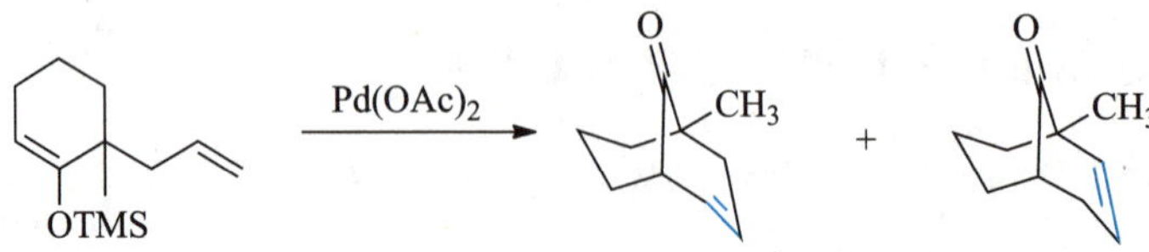

$\xrightarrow{Pd(OAc)_2}$ CH3 + CH3

OTMS

答

TMSO $\xrightarrow{Pd(OAc)_2}$ [PdII] O TMS ⁻OAc → [PdII] O → O CH3 [PdII]

$\xrightarrow{[1,2]\text{-插入反应}}$ O CH3 H H Pd OAc $\xrightarrow{\beta\text{-H 消除}}$ O CH3 + O CH3 + H–Pd–OAc

↓

Pd + HOAc

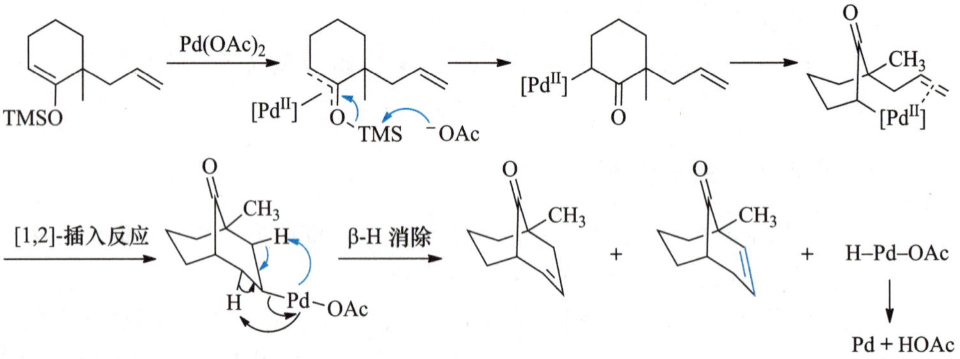

习题 25-3 请判断以下配合物中心金属的氧化态。并说明哪些是配位不饱和的，哪些是配位饱和的？

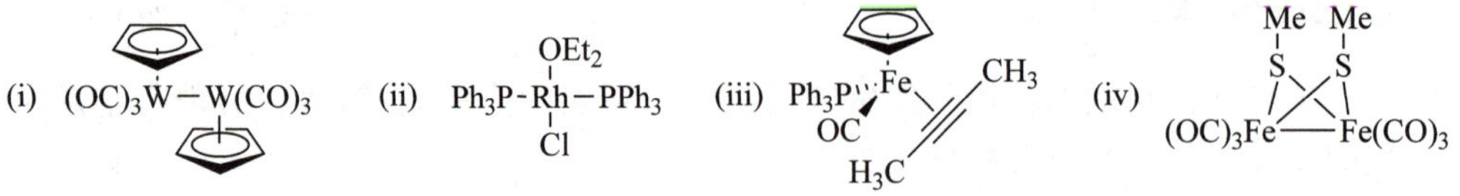

(i) $(OC)_3W-W(CO)_3$　(ii) OEt_2 $Ph_3P-Rh-PPh_3$ Cl　(iii) Ph_3P Fe OC CH_3 H_3C　(iv) Me Me S S $(OC)_3Fe-Fe(CO)_3$

答 本题主要复习金属有机配合物中心离子氧化态及 18 电子规则。

(i) ＋1 氧化态，18 电子，配位饱和。

(ii) ＋1 氧化态，16 电子，配位不饱和。虽然对于平面正方构型的铑（Ⅰ）配合物，16 电子构型是稳定的，但它仍然容易接收一个配体配位以形成 18 电子构型，因此它可视为配位不饱和的。

(iii) ＋1 氧化态，19 电子，配位不饱和。

(iv) ＋1 氧化态，18 电子，配位饱和。按照 18 电子规则的第二种计算方法，每个 MeS—分别给两侧的铁原子各提供 1 个、2 个电子。

习题 25-4 2010 年，著名制药公司罗氏公司（Hofmann-LaRoche）申请了一项国际专利。专利内容是通过在金属催化下的偶联反应制备具有类似结构的衍生物。请完成以下反应式：

(i) NH O N Br $\xrightarrow[DMF]{Zn(CN)_2,\ Pd(PPh_3)_4}$

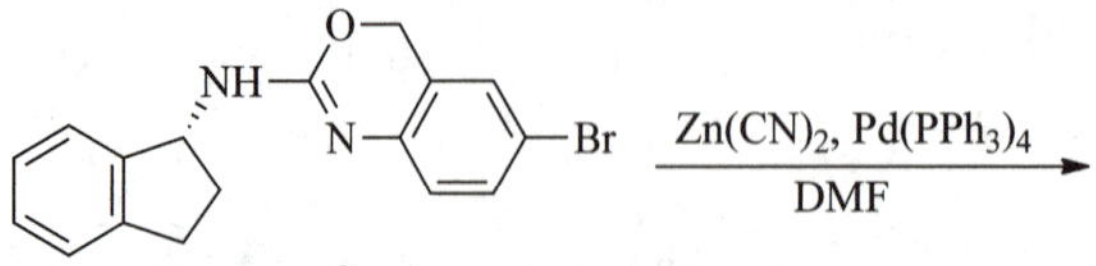

(ii) NH O N Br $\xrightarrow[Pd(PPh_3)_4,\ PhMe,\ \triangle]{Bu_3SnCH{=}CH_2}$

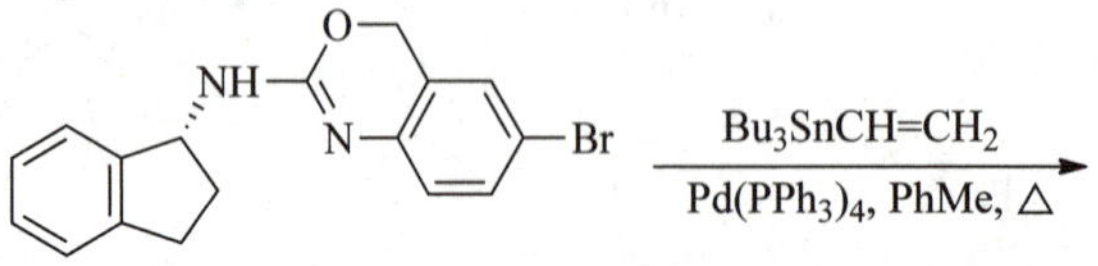

(iii) 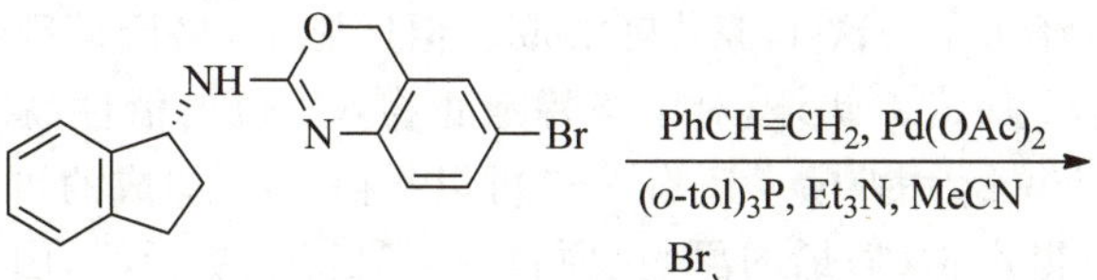 [Reaction scheme: bromo-substituted benzoxazine with indanyl-NH group] $\xrightarrow[(o\text{-tol})_3P,\ Et_3N,\ MeCN]{PhCH{=}CH_2,\ Pd(OAc)_2}$

(iv) 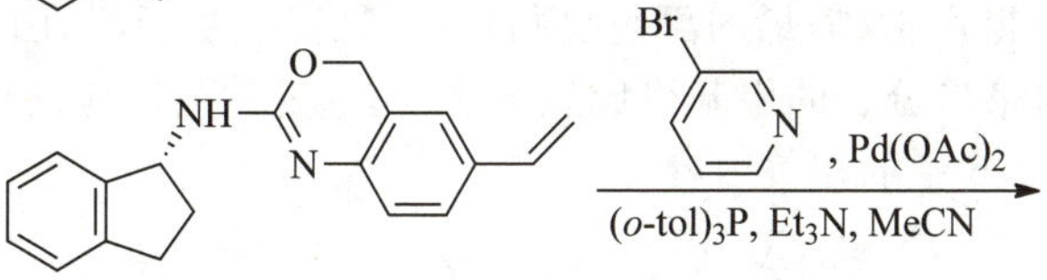 [Reaction scheme: vinyl-substituted benzoxazine with indanyl-NH group] $\xrightarrow[(o\text{-tol})_3P,\ Et_3N,\ MeCN]{3\text{-bromopyridine},\ Pd(OAc)_2}$

答

(i) 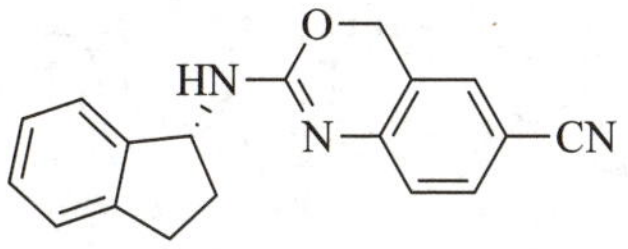 HN, O, N, CN　　(ii) 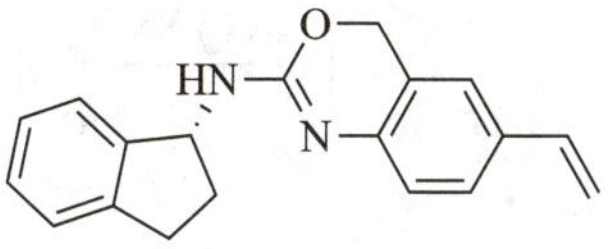 HN, O, N

(iii) 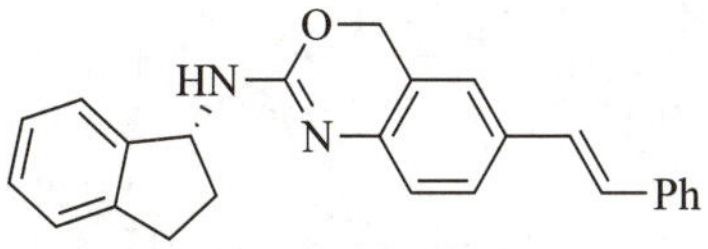 HN, O, N, Ph　　(iv) 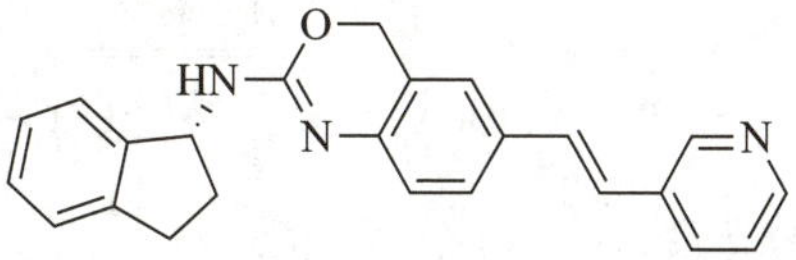 HN, O, N, N

习题 25-5　完成以下反应机理：

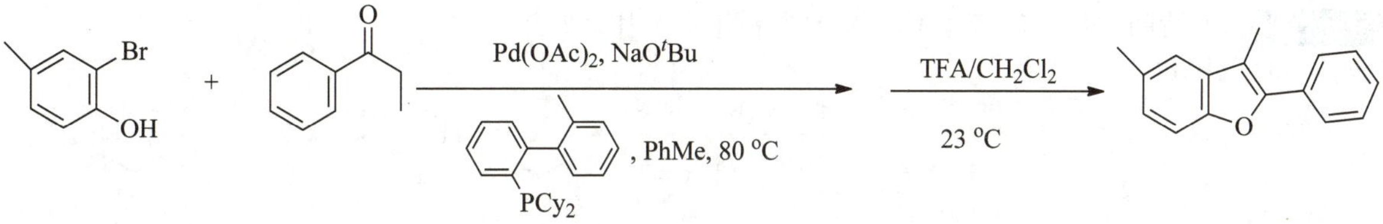

Br, OH + O $\xrightarrow[\text{PCy}_2\text{ ligand},\ PhMe,\ 80\ ^\circ C]{Pd(OAc)_2,\ NaO^tBu}$ $\xrightarrow[23\ ^\circ C]{TFA/CH_2Cl_2}$ O

答

$Pd^{II}(OAc)_2$ $\xrightarrow[-\ ArCy_2P{=}O,\ -\ Ac_2O]{ArPCy_2}$ Pd^0L_n $\xrightarrow[\text{氧化加成}]{\text{Br, OH}}$ Br, Pd^{II}—L, O $\xrightarrow{t\text{-BuO}^-}$ Br, Pd, O, O, H

$\longrightarrow$ Br, 2−, Pd, O, O $\xrightarrow{\text{还原消除}}$ L_n, 2−, Pd^0, Br, O, O $\longrightarrow$ O⁻, O ($-\ Pd^0L_n$)

$\xrightarrow{H^+}$ OH, +OH $\xrightarrow{H^+}$ +O, H, OH $\xrightarrow{\text{质子交换}}$ O, +OH_2 $\longrightarrow$

H, O+ $\longrightarrow$ O

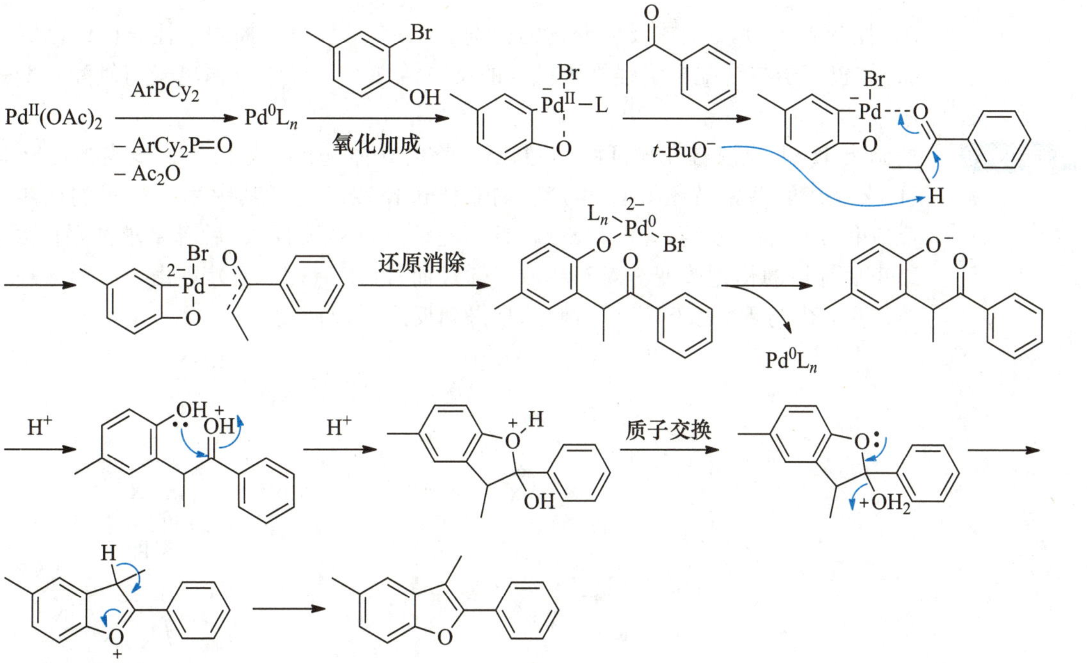

习题 25-6　请为下述转换提供分步、合理的反应机理：

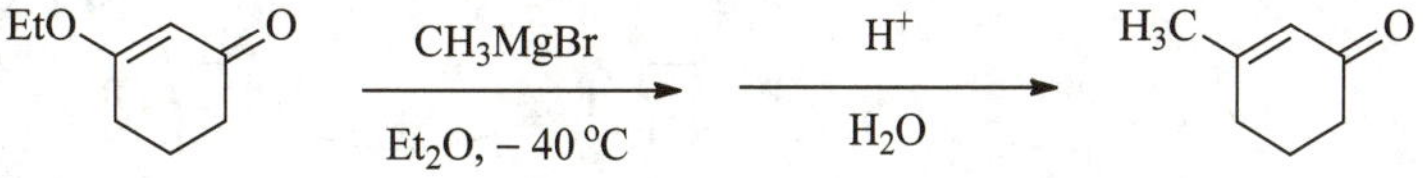

EtO, O $\xrightarrow[Et_2O,\ -40\ ^\circ C]{CH_3MgBr}$ $\xrightarrow[H_2O]{H^+}$ H_3C, O

答　做本题时，容易误以为反应是经历了一次 1,4-共轭加成。但实际上，格氏试剂在铜催化剂不参与的情况下，更容易发生的是 1,2-加成。此外，对于该特定底物，C1 位的活性高于 C3 位的活性，因为前者对应于酮而后者对应于(插烯的)酯。还有一点可以排除 1,4-加成的可能：当第一分子的甲基格氏试剂参与反应后，所得产物(插烯的酮)比原料(插烯的酯)更活泼，因此无法控制反应停留在第一步，而是会进一步与第二分子的甲基格氏试剂反应，这显然与反应结果不符。

请复习教材上册 10.6.1 及 12.6 中的相关内容。

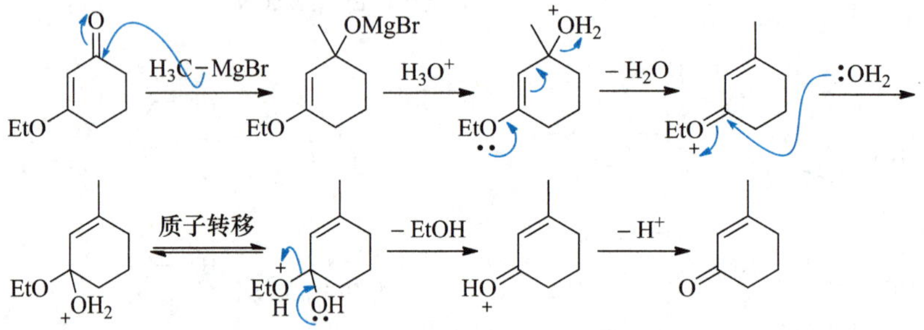

O
EtO
$H_3C-MgBr$
OMgBr
EtO
H_3O^+
$^+OH_2$
EtO
$-H_2O$
EtO
$:OH_2$
EtO
$^+OH_2$
质子转移
EtO
H
OH
$-$EtOH
HO
$-H^+$
O

参考文献：Woods, G. F.; Griswold, P. H., Jr.; Armbrecht, B. H.; Blumenthal, D. I.; Plapinger, R. *J. Am. Chem. Soc.*, 1949, 71: 2028～2031.

习题 25-7　请问在以下反应中 CuCN 的主要作用是什么？(　　)

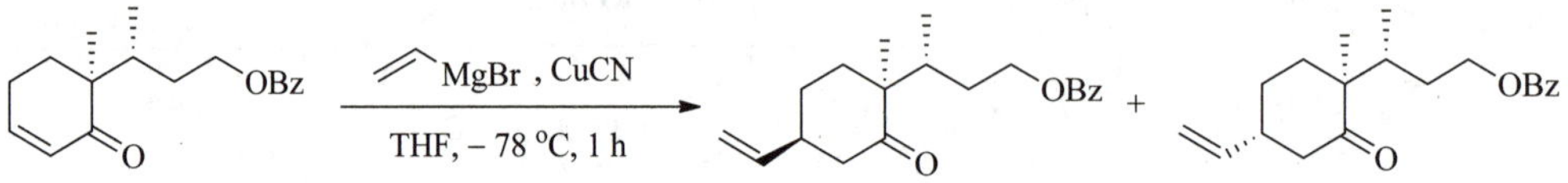

OBz
O
MgBr , CuCN
THF, − 78 °C, 1 h
OBz
O
+
OBz
O

5　　　　:　　　　1

A. 控制 1,4-、1,2-加成反应产物的比例　　B. 控制手性异构体比例

C. 氰根离子与镁配合增强格氏试剂的反应活性　　D. 亚铜离子与氧配合增强羰基的正电性

答　A

习题 25-8　请画出 Heck 反应催化循环图，并判断产物的立体选择性是由哪一步或哪几步机理控制的？

答　Heck 反应的催化循环图见下，产物的立体选择性取决于其中用 * 标示的两步(分别为烯烃插入反应和 β-H 消除反应)。一般地说，前者是协同的顺式插入，后者要求共平面顺式消除，因此反应结束后烯烃的构型改变。对于单取代烯烃而言($R^2=R^3=H$)，则由于空阻效应，在 β-H 消除的过渡态中，R^1 与 R^4 处于异侧，因而总是得到反式烯烃产物。

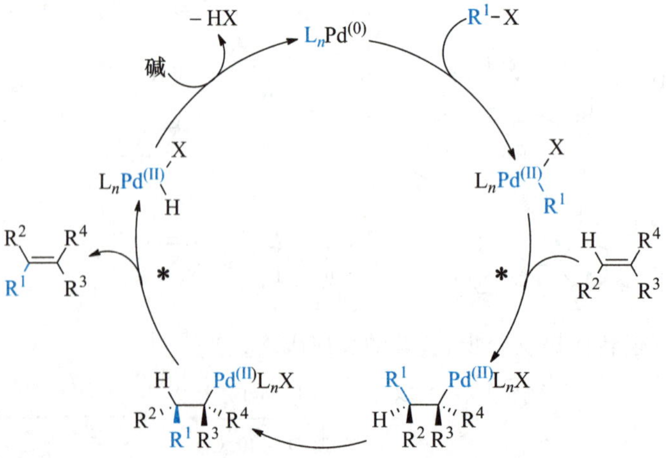

− HX
碱
$L_nPd^{(0)}$
R^1-X
$L_nPd^{(II)}$ X H
$L_nPd^{(II)}$ X R^1
*
*

26 第26章 有机合成与逆合成分析

内容提要

1828 年，德国科学家 F. Wöhler 首次人工合成了尿素。此后，有机合成研究成为了一个十分活跃的研究领域。除了少量可以从植物或海洋生物中分离得到外，大量的药物是化学家们在实验室合成的；除了少量从植物提取外，大量更为有效、更能持久着色的染料是化学家们在实验室合成的；人类日常生活使用得更多的材料，如合成高分子材料正在深刻地影响着我们的生活，而这些材料也都是化学家们在实验室中首先合成的。

26.1 逆合成分析

逆合成分析理论是当今有机合成中最被普遍接受的合成设计方法论。

26.2 有机合成的基本要求和驱动力

有机合成的基本要求：合成的反应步骤越少越好，每步反应的产率越高越好，以及原料越便宜越易得越好。

26.3 有机合成设计的基本概念

基本概念：逆合成分析、起始原料和目标分子、切断、合成子、反合成子，以及合成等价物。

切断的基本方式和基本原则：极性键的切断方式；通过官能团转换、官能团引入和官能团消除的切断方式；切断转换：碳碳键构筑的反应；连接：碳碳键切断的反应；重排：碳碳键重组的反应。

26.4 C—X 键的切断

单官能团化合物中 C—X 键的 1,1-切断
双官能团化合物中 C—X 键的 1,1-切断

26.5 C—C 键的切断

单官能团化合物中 C—C 键的切断
部分典型双官能团化合物中 C—C 键的切断

26.6 有机合成中的保护基

羟基保护基：主要为将羟基转化为缩醛或缩酮，将醇羟基转化为醚，或者使用硅保护基进行保护。

羰基保护基：主要为将羰基转化为缩醛或缩酮，或将羧酸转化为酯。

氨基保护基：最常用的是将氨基转化为酰胺。

26.7 简单有机化合物的合成实例分析

设计一个化合物的合成路线，首先要分析目标分子的结构。有机分子的碳架结构是分子的支柱，有机分子的官能团是分子的活化中心，这都是分析结构时必须予以关注的地方。

26.8 天然产物全合成的实例分析

青霉素 V 的全合成分析

利血平的全合成分析

紫杉醇的全合成分析

习题解析

习题 26-1 在不影响碳碳键的基础上，如何实现以下官能团的转换：

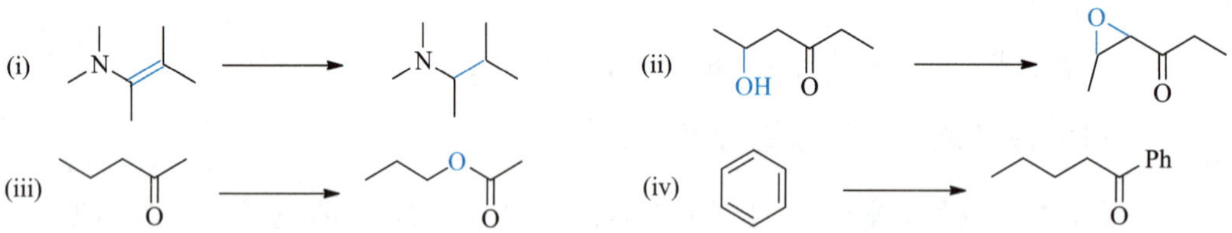

(i) N (ii) OH O → O O (iii) O → O O (iv) → Ph O

答 (i) 还原反应：可以选择 H_2，Pd/C 条件；此外，烯胺由于可互变为亚胺而具有较高的还原活性，因此使用更温和的条件如 $NaBH(OAc)_3/HOAc$ 也可实现转化。(**参考文献**：Yan，X.-Y.；Chen，C.；Zhou，Y.-Q.；Xi，C.-J. *Org. Lett.*，2012，14：4750～4753.)

请比较 $NaBH(OAc)_3$ 与 $NaBH_4$ 的还原性强弱。

(ii) 卤化-取代反应：LDA (2 eq.)/I_2。(**参考文献**：Lin，J.-T.；Yamazaki，T.；Takeda，M.；Kitazume，T. *J. Fluorine Chem.*，1989，44：113～120.) 两分子强碱先后攫取羟基与羰基 α 位质子，随后烯醇负离子发生 α-碘代反应，最终烷氧负离子亲核进攻碘代位点，关环，完成转化。这里要注意不能选择 Br_2 或 Cl_2 作为卤代试剂，否则它们会氧化羟基官能团。

(iii) Baeyer-Villiger 氧化反应：*m*-CPBA。

(iv) Friedel-Crafts 酰基化反应：*n*-BuCOCl/$AlCl_3$。

习题 26-2 以苯酚、邻甲氧基苯酚、少于四个碳的有机试剂和必要的无机试剂为原料合成：

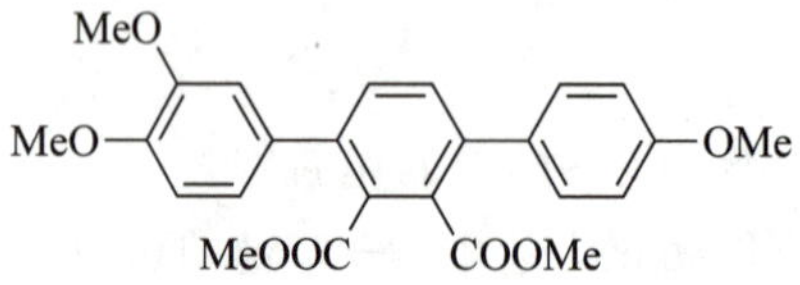

MeO MeO OMe MeOOC COOMe

答 逆合成分析如下：

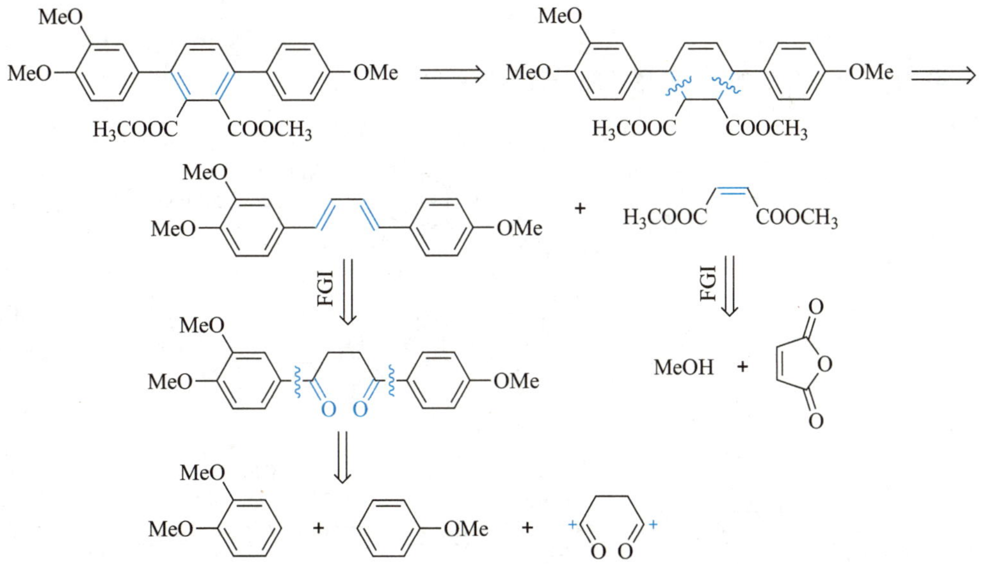

合成路线如下：

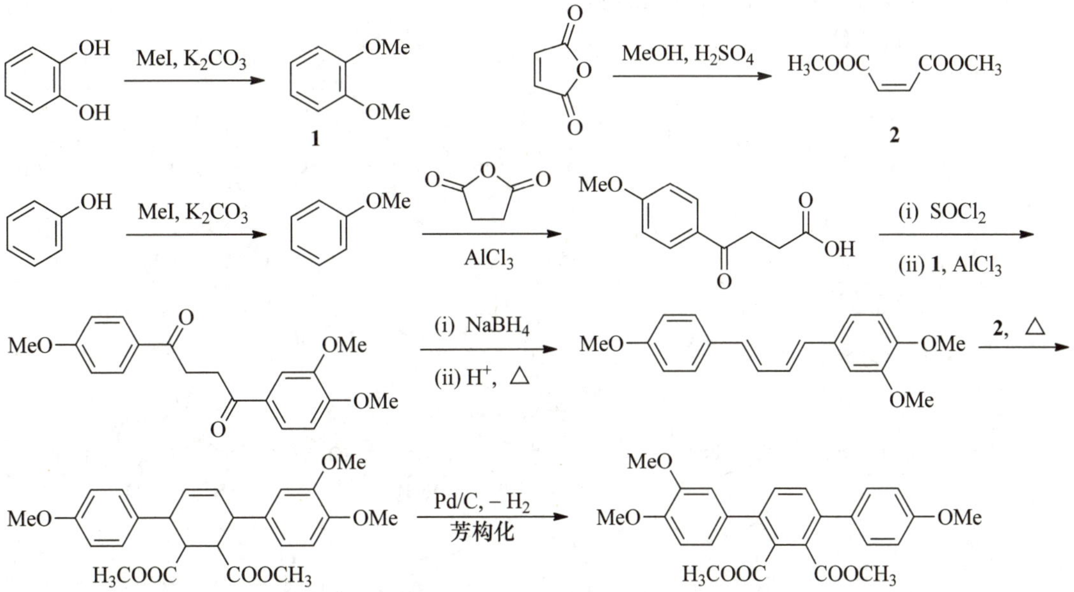

$\xrightarrow{MeI,\ K_2CO_3}$ 1 ；$\xrightarrow{MeOH,\ H_2SO_4}$ $H_3COOC\text{–}CH{=}CH\text{–}COOCH_3$ 2

$\xrightarrow{MeI,\ K_2CO_3}$ ；$\xrightarrow{AlCl_3}$ ；(i) $SOCl_2$ (ii) **1**, $AlCl_3$

(i) $NaBH_4$ (ii) H^+, △ ；**2**, △ ；$Pd/C, -H_2$ 芳构化

第三步反应为何具有分子间交叉（而非分子内）酰基化的选择性？（提示：考虑两个苯环上的电子云密度。）合成路线的最后一步转化也可由酯基 α 位的卤代、消除反应实现。

此合成路线还可以考虑使用丁炔二酸二甲酯作为亲双烯体，以及环戊二烯酮衍生物作为双烯体参与 Diels-Alder 反应，读者可以自己设计这些化合物的合成路线。

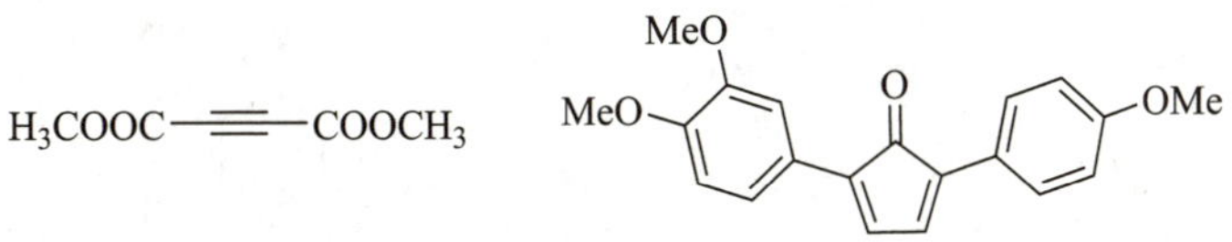

$H_3COOC{-}C{\equiv}C{-}COOCH_3$

习题 26-3 以丙二酸二乙酯、必要的有机试剂和无机试剂为原料合成：

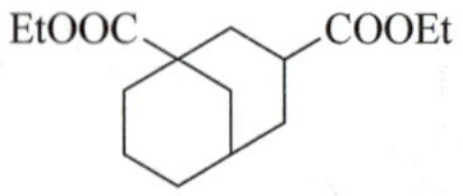

答　逆合成分析如下(省略了部分官能团的转化)：

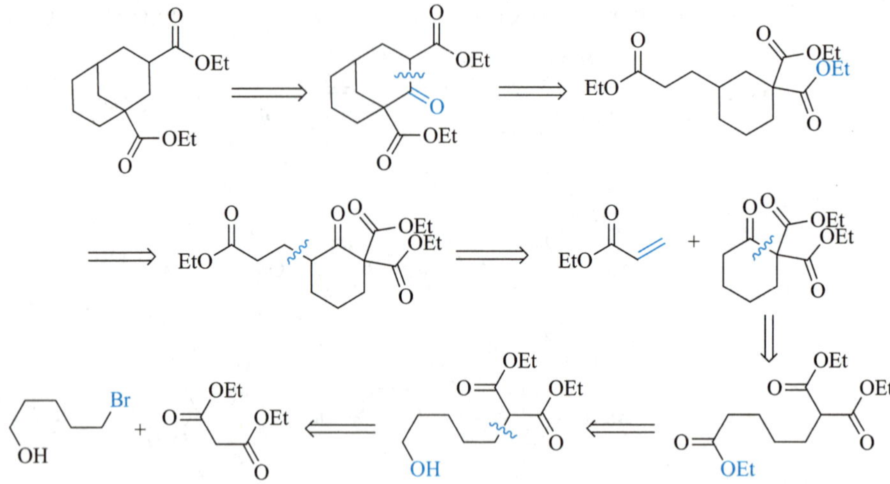

可以考虑如何制备5-溴正戊醇。

合成路线如下：

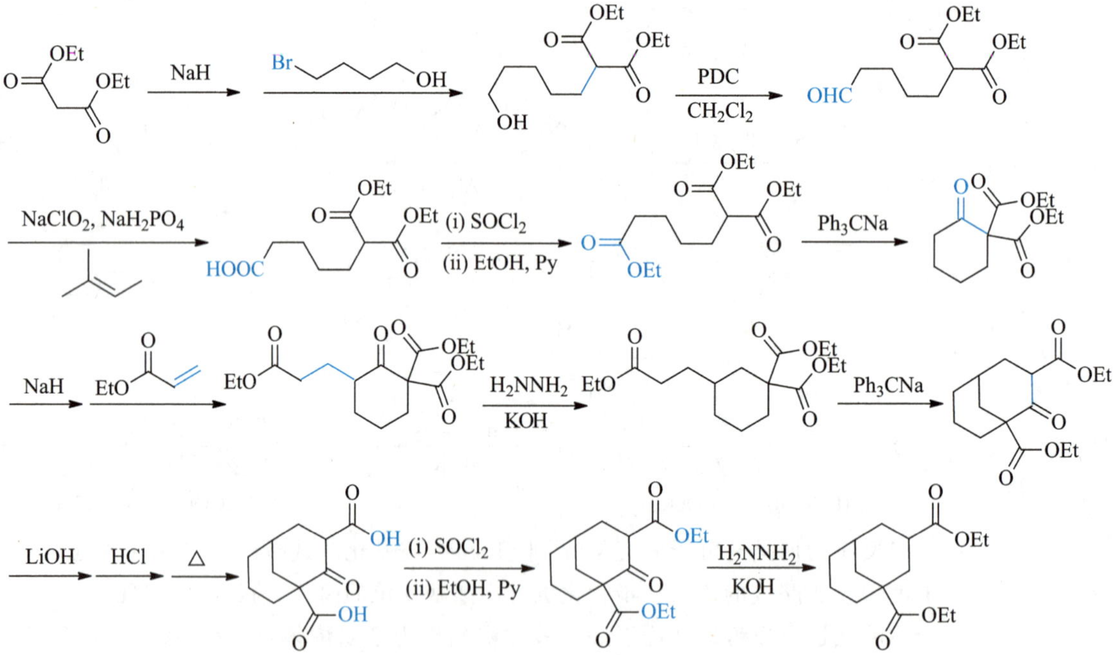

NaH　Br⌒⌒OH　PDC, CH_2Cl_2　$NaClO_2$, NaH_2PO_4　(i) $SOCl_2$ (ii) EtOH, Py　Ph_3CNa　NaH　EtO　H_2NNH_2, KOH　Ph_3CNa　LiOH　HCl　△　(i) $SOCl_2$ (ii) EtOH, Py　H_2NNH_2, KOH

习题 26-4　以1,6-萘二酚、少于五个碳的有机试剂和必要的无机试剂为原料合成：

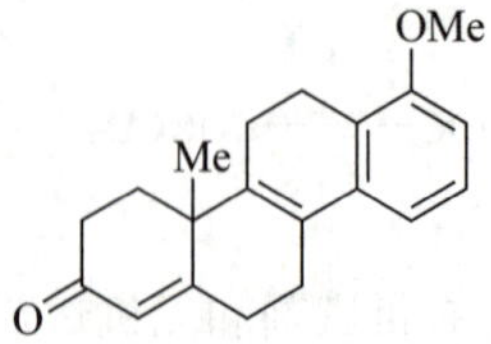

答 从目标分子骨架来看，它比萘二酚多两个六元环，其中还存在角甲基，故可考虑使用 Robinson 增环法：

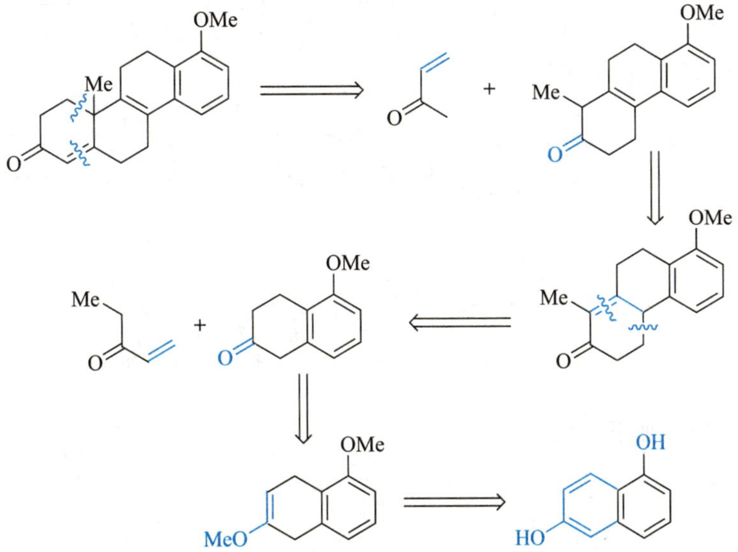

请思考：

第一步反应如何控制在哪个芳环上发生还原反应？（提示：从产物稳定性角度考虑。）

如何控制两步 Robinson 增环发生的位点？（提示：从烯醇的稳定性角度考虑。）

为何要将 Robinson 增环的底物做成 Mannich 碱？

合成路线如下：

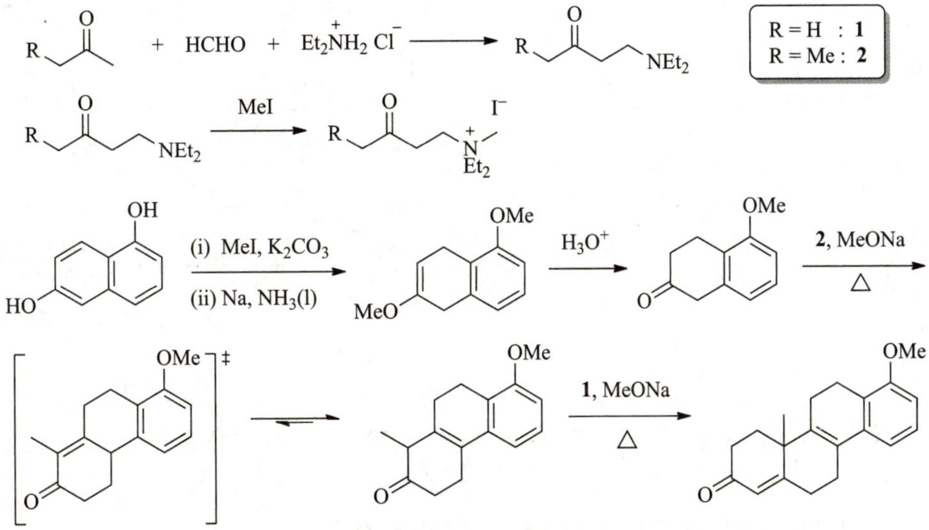

R = H ：**1**
R = Me：**2**

(i) MeI, K_2CO_3
(ii) Na, $NH_3(l)$

H_3O^+

2, MeONa, △

1, MeONa, △

习题 26-5 以甲苯、丁二酸酐以及必要的有机试剂和无机试剂为原料合成：

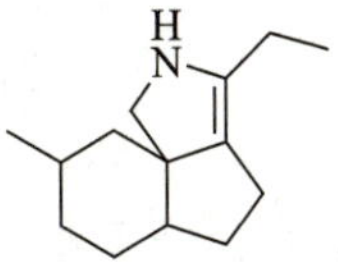

答 逆合成分析如下（省略了部分官能团的转化）：

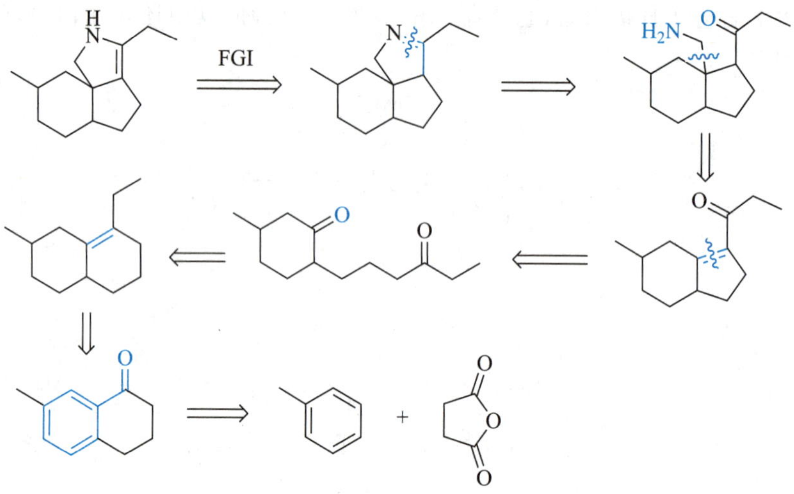

合成路线如下：

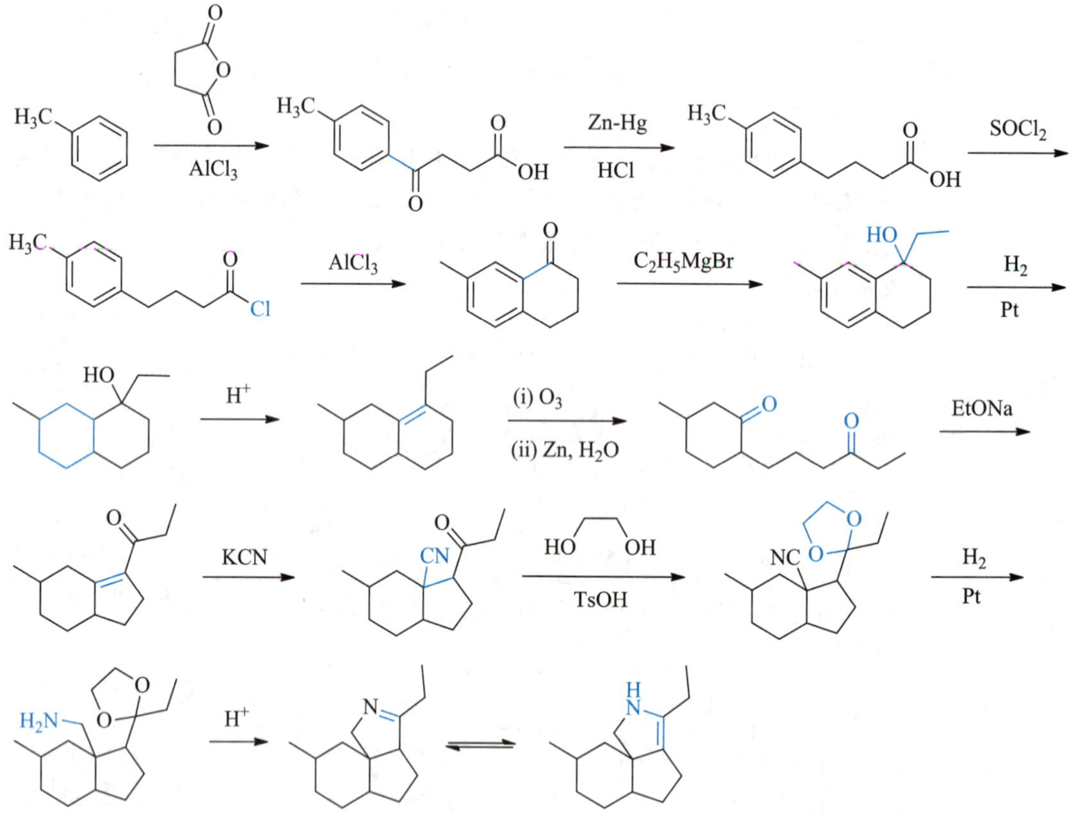

习题 26-6 以苯以及必要的有机试剂和无机试剂为原料合成：

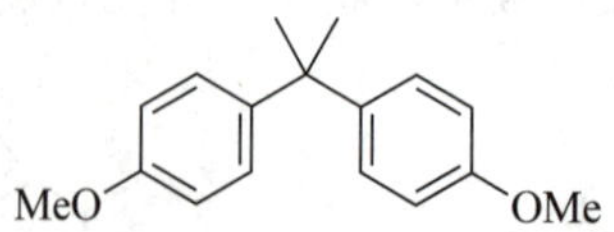

答 苯酚与丙酮在浓硫酸条件下缩合是工业生产双酚 A 的主要途径。双酚 A 是世界上使用最广泛的工业化合物之一，主要用于生产各种树脂。

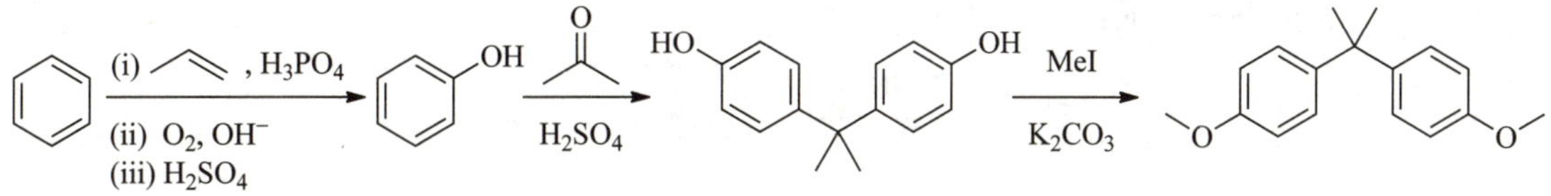

习题 26-7 以苯以及必要的有机试剂和无机试剂为原料合成：

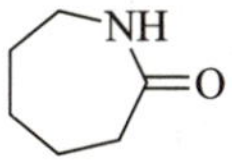

答 合成的目标分子为环酰胺，它是环己酮肟的 Beckmann 重排产物，而后者又可通过环己酮与羟胺缩合得到。于是，可以将目标化合物转化为如何从苯出发得到环己酮。

事实上，环己酮在工业上的一种制备方法是在镍催化剂存在下，苯与氢气在 120～180℃下进行加氢反应，生成的环己烷接着与空气在 150～160℃、0.908 MPa 下进行氧化反应生成环己醇和环己酮混合物，最后分离得环己酮产品。分离剩余的环己醇亦可在 350～400℃、锌钙催化剂存在下进行脱氢反应生成环己酮。

在实验室条件下，也可以通过更温和的方式，从苯出发反应得到环己酮。

路线一

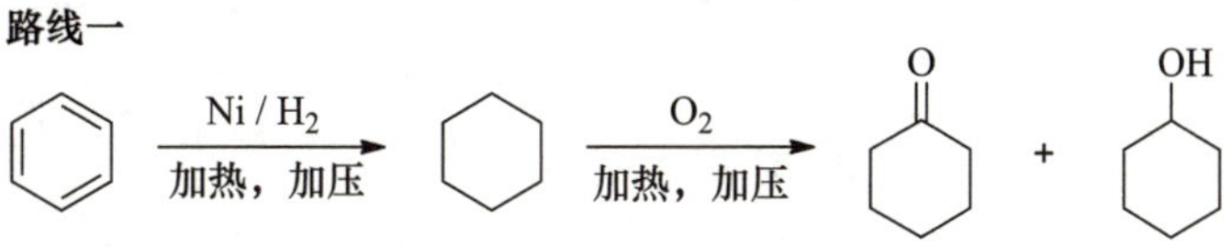

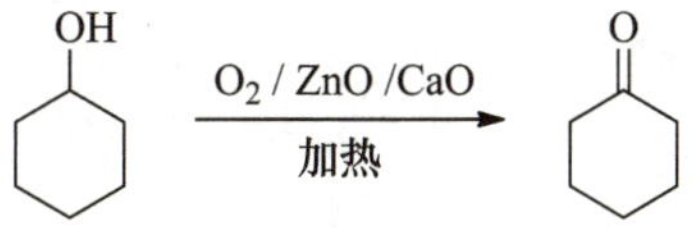

路线二

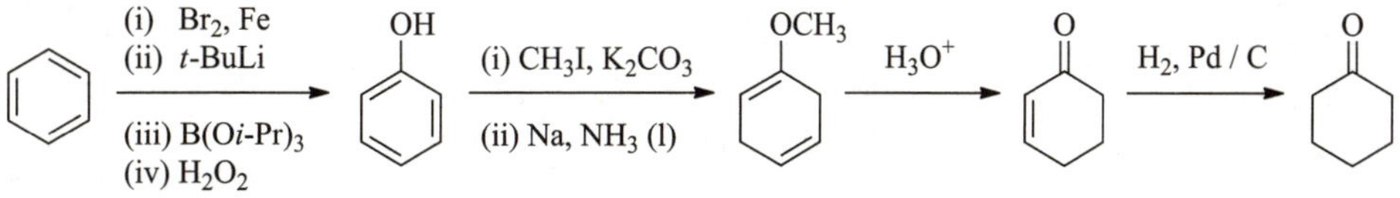

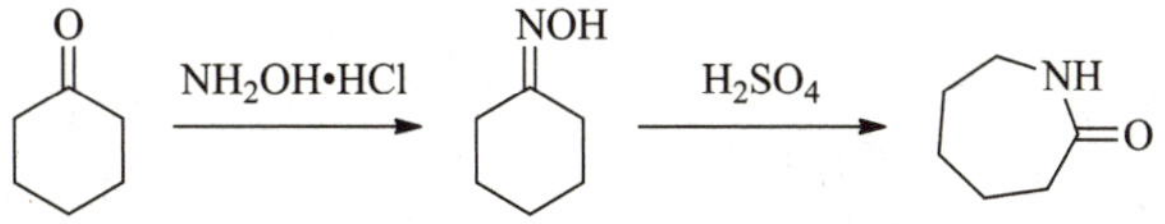

请复习教材第 17 章相关内容，指出路线二中各步反应分别完成了何种转化。

习题 26-8 以苯、环戊二烯以及必要的有机试剂和无机试剂为原料合成：

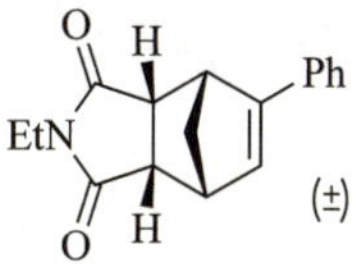

答 从目标分子的骨架及立体构型来看，可采用 Diels-Alder 反应构筑环己烯体系：

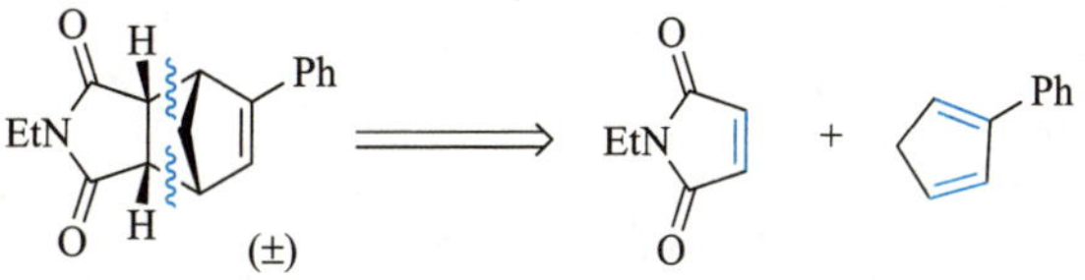

合成路线如下：

$$\text{maleic anhydride} \xrightarrow{EtNH_2} \text{N-ethylmaleimide} \quad \mathbf{A}$$

$$\text{cyclopentadiene} \xrightarrow{HBr} \text{3-bromocyclopentene} \xrightarrow{NaOH} \text{cyclopent-2-en-1-ol} \xrightarrow[CH_2Cl_2]{PDC} \text{cyclopent-2-en-1-one} \quad \mathbf{B}$$

$$\text{benzene} \xrightarrow[FeBr_3]{Br_2} \text{PhBr} \xrightarrow[THF]{Mg} \text{PhMgBr} \xrightarrow{\mathbf{B}} \text{1-phenylcyclopent-2-en-1-ol}$$

$$\xrightarrow[2.\ C_5H_5N]{1.\ TsCl} \text{1-phenylcyclopentadiene} \xrightarrow{\mathbf{A}} \text{Diels-Alder adduct (EtN imide, Ph)} \ (\pm)$$

27

第27章

化学文献与网络检索

内容提要

化学文献是人类化学知识的集合，是前人对化学贡献的结晶，也是后人研究的基石。在开展一项科学研究之前，文献的查阅是必须进行的，只有这样才能对课题的背景、内容、发展现状等信息有所了解，避免或少走弯路。20 世纪 70 年代以来，互联网与信息技术的长足发展，使得文献的网络检索方法成为主流。

27.1 一次文献、二次文献、三次文献

科学文献的分类标准很多，根据其来源、原创性与可靠性的不同，可以将科学文献划分为一次文献、二次文献及三次文献这三个不同的类别。

27.2 期刊

期刊又称杂志，是由多位作者共同编写，定期发行的连续出版物。根据所刊载文献的性质不同，可以将期刊分为原始性期刊、综述性期刊、新闻动态期刊、文献索引期刊、综合性期刊等。

期刊所刊载的论文，按篇幅、时效性等划分为论著、通讯/快报、研究实录、评论与综述等多种形式。

27.3 专利

专利文献有内容新颖、报道迅速、内容广泛、实用性强、分类及格式统一以及重复报道量大等特点。然而，在使用专利文献指导科研活动时，我们应当保持更加审慎的态度。

27.4 书籍

书籍指手册、辞典、百科全书、丛书、专著和教科书等。

27.5 文献检索引擎：SciFinder，Web of Science® 与 Reaxys®

《化学文摘》与 SciFinder、《科学引文索引》与 Web of Science®、《Beilstein 有机化学手册》与 Reaxys® 是化学科研中最常使用的三类检索引擎。

27.6 网络检索

除文献的直接访问之外，掌握 SciFinder、Web of Science®、Reaxys®三大数据库的使用方法是非常重要的。

习题解析

习题 27-1 访问 Thieme 药物出版社主页（www. thieme. com），了解《合成》（*Synthesis*）、《合成快报》（*Synlett*）期刊。

答 为了了解某些期刊的基本信息和出版内容，我们常常可以访问它们所在的出版社主页。***Synthesis*** 和 ***Synlett*** 就是 Thieme 旗下的出版物。Thieme 出版社是德国著名的科学和医学出版社，由 Georg Thieme 于 1886 年在德国 Leipzig 创建。访问其出版社主页（http://www. thieme. com/），单击上方导航栏的 Journals 按钮（http://www. thieme. com/journals-main），可以查看出版社所出版的所有期刊名称，按字母顺序找到 SYNTHESIS 和 SYNLETT，点击访问就可获取我们所关注的信息。以 *Synthesis* 为例，其主页（http://www. thieme. com/books-main/chemistry/product/2191-synthesis）上就注有其简介、影响因子、分类等基本信息。如果我们想浏览该刊物近期刊登的文献，点击主页上的 Table of Contents 即可访问。

习题 27-2 比较、总结三大检索引擎——SciFinder、Web of Science®和 Reaxys®的内容与功能，它们各自的适用情境是什么？如何最大限度地覆盖所有结果？如何最高效地得到重要的信息？

答 SciFinder 与 Web of Science®是分别由两大文献索引巨头 CA 与 SCI 推出的网络检索服务，是使用**主题检索**时最常用的工具，两者均收录了大量期刊及专利。Reaxys®则基于《Beilstein 有机化学手册》数据库，在对化合物（主要是有机化合物）进行结构式、反应、合成路线检索时有一定优势。三种工具均可进行化学结构检索，但其中 Web of Science®的使用更麻烦一些（需要指定数据库为“**Web of Science®核心合集**”，选择“**化学结构检索**”，并且必须安装一个指定的浏览器控件才能正常绘制结构）。总的来说，SciFinder 更全面，Web of Science®关注前沿，Reaxys®重视合成。

为了最大限度覆盖所有结果，可以使用多种数据库同时进行检索。对于某些化合物的反应数据，SciFinder 和 Reaxys®的信息常常是互补的，两者所收录的期刊、对文献的挖掘深度各有不同。长期使用单一的检索工具容易造成信息上的遗漏。

为了最高效地获得重要信息，需要根据每种工具的特点分别进行检索，比如进行光谱检索则优选 SciFinder，寻找化合物的合成路线则优选 Reaxys®，等等。

习题 27-3 查询下列化合物的中英文名称、分子式、结构式、相对分子质量、熔沸点、密度、溶解性、反应性等信息，总结成表。你能想到几种检索方式？哪些效率最高？

正戊烷、正己烷、环己烷；二氯甲烷、三氯甲烷、四氯化碳、四溴化碳；甲醇、乙醇、正丁醇；乙醚、四氢呋喃；甲醛、丙酮、乙酰丙酮；乙酸、丁酸、特戊酸、三氟乙酸；乙酰氯；乙酸酐；乙酸乙酯；*N*,*N*-二甲基甲酰胺；乙腈；二甲胺、三乙胺、DABCO；二甲亚砜、二氯亚砜、对甲氧基苯磺酸；苯、甲苯、二甲苯；氯苯、二氯苯；苯甲醛；苯甲酸；苯胺、对甲苯胺；吡啶、吡咯、噻吩、呋喃；氢化铝锂、硼氢化钠、DIBAL；PCC、PDC、Jones 试剂；醋酸钯、四（三苯基膦）钯、$Pd_2(dba)_3$、三苯基膦；水、硫酸、盐酸、硝酸、氢氧化钠、氢氧化钾、氯化钠、硫酸钠、碳酸钾、碳酸铯、硫代硫酸钠、液溴、碘。

答 各种**化学手册**整合了大量前人的实验数据，使得我们不必进行枯燥而重复的测定工作就能对某种化合物的性质有一个全面的了解。《CRC 化学物理手册》和《兰氏(Lange's)化学手册》,就为我们提供了大量已知化合物的物理化学特性。这两种化学手册均已有电子版,并且处于不断更新中,方便了我们的检索和查阅。

搜索引擎检索,如 Google 检索"solubility dimethylamine",但对结果来源要进行严格筛查。

网络百科全书,如著名的 Wikipedia,一般也会在化合物对应的词条下注明它的某些物理化学数据。但是网络百科全书的缺点是可靠程度差、出处难以考证、数据可能不全面。如果在数据下方列有引用来源,更为保险的做法还是访问其所引文献确认相关结果。

网络数据库的检索效率最高。如上文提到的 SciFinder,只要输入结构,网站就能提供大量的实验及预测信息。网络数据库的优点在于和一些化学常用软件的联用,如教材中提到的 SciFinder 和 ChemDraw®,极大地改善了用户的检索体验。ChemDraw® 的优点还在于可以实现化合物结构与相应化学名称甚至俗名的相互转化。又如免费软件 ACD/ChemSketch 可以与 PubChem、ChemSpider 等数据库联用,令我们可以方便地获取化合物熔沸点、质子解离常数等数据。

以 DABCO 为例。**中文名**:1,4-二氮杂双环[2.2.2]辛烷;**英文名**:1,4-diazabicyclo[2.2.2]octane;**相对分子质量**:112.17;**熔点**:158℃;**沸点**:174℃;**密度**:1.14 g·cm^{-3}(28℃);**溶解性**:可溶于水;**反应性**:稳定,但吸潮。

习题 27-4 访问 **Google 学术**(http://scholar.google.com/),按照教材 27.6 的方法熟悉其使用方式。相比于传统的科研检索引擎,Google 学术有何优缺点?

答 Google Scholar 可以进行关键字搜索,也可以在检索结果中添加时间、作者等限制。Google Scholar 不但能像传统的主题检索那样寻找到某一领域的所有相关文献,而且可以在已知标题(或作者、出版年份、卷号等)的情况下更高效快捷地找到某一篇特定的文献,并能提供该文献的多个可访问的链接。这在对文献所引的文献进行查找时是很有帮助的。此外,鉴于 Google 的影响力,许多文章作者会在 Google Scholar 上注册账号,我们可以通过检索作者来了解他的研究兴趣及文章发表情况。此外,在进行关键字检索时,文章标题下方会显示作者姓名,其中有下划线的便是已注册账号的学术个人,我们可以直接访问这个链接以进一步了解作者。

Google Scholar 的缺点在于:它不能进行化学结构的检索,而且它并没有对文献包含的反应式、实验数据等信息进行整理和再处理。为了了解文献中的某个细节,必须由读者自己从整篇文献中提取信息。因此,在了解某个物质的物理化学性质、反应、合成路线时,Google Scholar 便不如 SciFinder 等传统检索工具有优势。

习题 27-5 什么是 ACS **Articles ASAP**?美国化学会通过引入 Articles ASAP,对文献的发行、传播有何影响?

答 自从美国化学会(ACS)提出了"**As Soon As Publishable (ASAP)**"的口号,很多期刊发行商都要求下属各期刊杂志提高发行效率,缩短定稿和出版时间差。因此,很多学术期刊都在印刷版发行之前发行网络版(**Articles ASAP**,一般在文章接受后大约 20 天发布,有的甚至在文章接受的当天或隔天发布)。这样的做法加快了期刊的发表流程,使读者能尽快得知最新进展,并大幅度提高了科技信息发布和传播的效率。ASAP 的问世使热门领域中的科研人员备感压力,科研日益成为全球范围的、竞争激烈的领域。

习题 27-6 什么是 ISI **引文桂冠得主**?引文桂冠得主都有哪些?比较诺贝尔奖获得者名单与 ISI 引文桂冠得主名单,这体现了 SCI 引擎的什么特点?

答 ISI(美国科技信息所)在 2016 年之前是汤森路透集团(Thomson Reuters)的一部分,因此 ISI 引文桂冠得主又称**汤森路透引文桂冠得主**。它首先根据近三十年内文献总引用次数及高被引文章篇数筛选出前千分之一的领域精英，然后评选出最可能获得诺贝尔奖的科学家作为每年的引文桂冠得主，且奖项的颁布在当年诺贝尔奖之前，因此具有预测诺贝尔奖的性质。化学领域的引文桂冠得主包括我们熟悉的 D. A. Evans，K. C. Nicolaou，K. B. Sharpless，R. H. Grubbs 等，其中最后两位分别获得 2001 与 2005 年的诺贝尔化学奖。汤森路透引文桂冠奖对诺贝尔奖预测的准确度很高，素有“风向标”的美誉，这是基于 SCI 引擎强大的检索和分析功能之上的，只有对文献的全面收录和对引用次数等数据的定量考察，才能最终对文献的学术价值及科学家的个人学术成就作出正确的判断。

习题 27-7 近年来，对 SCI 影响因子的批评声音愈演愈烈。诺贝尔生理学或医学奖得主 R. W. Schekman 曾愤愤地说道：“影响因子的高低对知识含金量并没有任何意义。实际上，影响因子是数十年前图书管理员为了决定其所在机构应该订阅哪些期刊而设立的，其目的从来不是为了衡量知识价值。”2016 年 7 月 11 日，美国微生物学会(American Society for Microbiology，ASM)宣布，决定以后将不再在其期刊网站上公布影响因子。ASM 希望通过这一举动远离影响因子系统，同时也希望其他期刊能够效仿自己的做法。

(i) SCI 影响因子在学术界处于一个怎样的地位？其优势与不足是什么？

(ii) SCI 影响因子是否被滥用？原因是什么？造成了怎样的影响？

(iii) 可以怎样修正 SCI 影响因子，使其能更好地反映学术工作的实际影响力？

(iv) 是否存在比 SCI 影响因子更好的评价体系？从学科、期刊、科研工作者等多种角度进行思考。

答 (i) SCI 影响因子已被世界上许多大学或学术机构作为评价学术水平的一个标准；它同时也是作者投稿的参考标准(根据期刊的影响因子决定投稿方向)。引用率一般与学术价值正相关，但由于计算公式过于简化，没有纳入更多其他方面的考虑；此外，定义两年的年限标准也比较随意，因此并不一定适合。

(ii) SCI 影响因子容易引起滥用。比如自我引用、增加综述，便可以“方便地提高”期刊的影响因子；此外，反面引用也会使影响因子虚高，并不能反映期刊的真实学术价值。

(iii) 比如：(1) 去掉 Review 类文章的引用数目；(2) 考虑 Google 搜索的排序办法(PageRank)，即考虑被什么级别的期刊引用，如果被优秀期刊引用，则应提高相应计算权重；(3) 只应在相同学术领域内比较 IF，不要过度夸大 IF 的内涵；(4) 只应比较文章的影响力，而不应比较刊物的影响力。

(iv) 比如习题 27-6 提到的引文桂冠评选，多加上一步同行评议的定性环节，可以有效筛除定量评价体系中的水分。诺贝尔评选体系则更为严格，但由于评选人的因素也会遗漏一些真正重要的贡献。不过，如此评价的工作量也会大幅提高。

习题 27-8 什么是 **Nature 因子**(Nature Index)？Nature 因子是怎么得到的？相比 SCI 影响因子，Nature 因子有何优劣？

答 **自然指数(Nature Index)**是依托于全球 68 本顶级期刊，统计各高校、科研院所(国家)在国际上最具影响力的研究型学术期刊上发表论文数量的数据库，据此可以根据各机构的论文发表数量及类别来进行排名和期刊索引。

自然指数有三种计量方法来评价作者所在单位的信息：

(1) **论文计数(article count，AC)**：不论一篇文章有一个还是多个作者，每位作者所在的国家或机构都获得 1 个 AC 分值。

(2) **分数计量(fractional count, FC)**:考虑的是每位论文作者的相对贡献。每篇文章的 FC 总分值为 1,在假定每人的贡献是相同的情况下,该分值由所有作者平等共享。例如,一篇论文有十个作者,那每位作者的 FC 得分为 0.1。如果作者有多个工作单位,那其个人 FC 分值将在这些工作单位中再进行平均分配。

(3) **加权分数式计量(weighted fractional count, WFC)**:即为 FC 增加权重,以调整占比过多的天文学和天体物理学论文。这两个学科有四种期刊入选自然指数,但这四种期刊上论文的权重为其他论文的 1/5。

自然指数聚焦于数量相对较少的高质量论文,为分析高质量的科研产出带来了一种免费获取和简明易懂的方法,这对科研界现有的其他衡量标准和评估工具是一个补充。但它只将特定的 68 种期刊纳入计算,显然也有一定的局限性。

习题 27-9 什么是 ***h* 因子**(h-index)? h 因子是怎么得到的? 文献类型的不同(论著、快报、综述等)是否会对 h 因子造成很大的影响? 访问 Google 学术主页,检索不同期刊的 Google $h5$ 因子,并与它们的 SCI 影响因子对比,你能得到什么结论?

答 ***h* 因子**是一个混合量化指标,可用于评估研究人员的学术产出数量与学术产出水平。它的计算基于其研究者的论文数量及其论文被引用的次数,若一个人在其所有学术文章中有 n 篇论文分别被引用了至少 n 次,他(她)的 h 因子就是 n。具体的做法可以是先将此人发表的所有 SCI 论文按被引次数从高到低排序,然后从前往后查找排序后的列表,直到某篇论文的序号大于该论文被引次数,所得序号减一即为 h 因子。文献类型的不同一般不会显著影响 h 因子。

Google *h*5 因子的计算方法同上,其中的 5 代表统计的是最近五年的数据。它与 SCI 影响因子的排序基本一致,但细节上略有不同。两者的评价系统各有利弊,不能互相替代。